实例百分百丛

中文版

CorelDRAW图形创意与制作实例精讲

郭新生 张瑞娟 主编

实例的素材和最终作品
100个实例的高清晰视频教学

内容简介

本书通过100个精美的实例向读者详细介绍了使用CorelDRAW进行平面设计活动的各种方法和技巧。

全书由16章内容组成，这些内容包括卡片设计；信笺与宣传页设计；插画的绘制；质感字效设计；变形字效设计；立体字效设计；海报的设计与制作；产品类海报设计；广告招贴设计；产品广告设计；公益、文化广告设计；产品包装设计；商业类网页设计；娱乐类网页设计；文化设计类网页设计。

全书结构清晰，实例丰富精美，语言叙述简练，在讲述软件功能的同时，强调每个实例的设计思路和技术要点，目的性的增强使每个翻阅本书的人能够迅速找到自己需要的内容。本书适合于CorelDRAW的各层次读者使用，既可作为专业设计人员的参考手册，也可作为院校相关专业及社会办学领域的培训教材。

本书光盘内容为实例素材、100个实例视频教学和多媒体教学。

图书在版编目（CIP）数据

中文版 CorelDRAW 图形创意与制作实例精讲/郭新生，张瑞娟主编.—北京：科学出版社，2009.1
（实例百分百丛书）

ISBN 978-7-03-023471-1

Ⅰ.中… Ⅱ.①郭… ②张… Ⅲ.图形软件，CorelDRAW
Ⅳ. TP391.41

中国版本图书馆 CIP 数据核字（2008）第 184749 号

责任编辑：邓 伟 / 责任校对：马 君
责任印刷：双 青 / 封面设计：青青果园

科学出版社 出版
北京东黄城根北街 16 号
邮政编码：100717
http://www.sciencep.com
双青印刷厂 印刷
科学出版社发行 各地新华书店经销
*
2009 年 1 月第 一 版 开本：787×1092 1/16
2009 年 1 月第一次印刷 印张：33.75 彩插 16 页
印数：1-3 000 字数：770 640

定价：49.00 元（配 1 张 DVD）

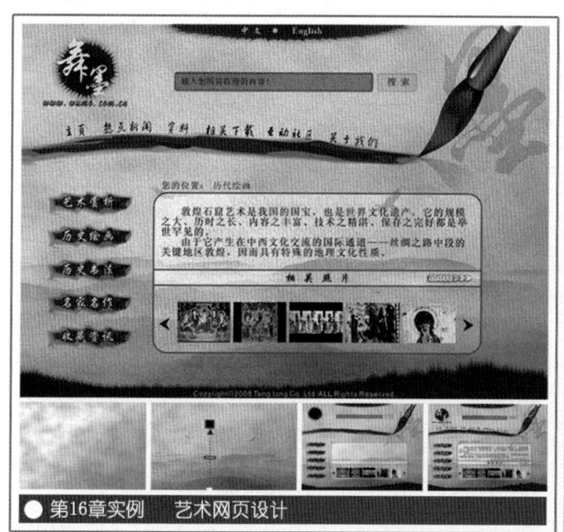

第16章实例　艺术网页设计

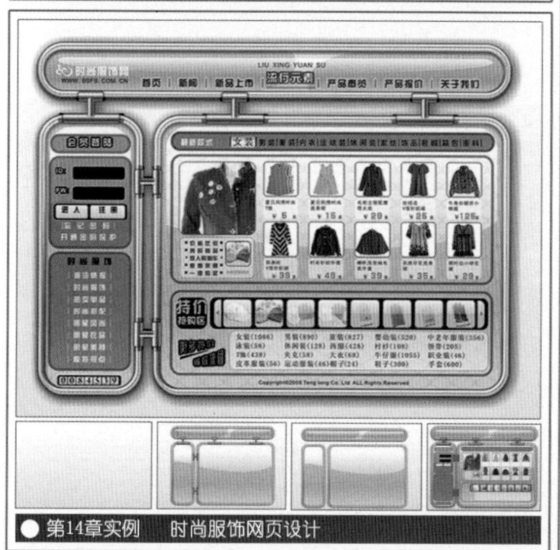

第14章实例　时尚服饰网页设计

第8章实例　葡萄酒宣传海报

第8章实例　玩具海报

第8章实例　饰品pop海报

第8章实例　店面POP海报设计

● 第4章实例 皮革烙印字效

● 第4章实例 水晶字效

● 第5章实例 卡通变形字体

● 第1章实例 古典书签设计

● 第1章实例 便签卡 ● 第2章实例 公司宣传招贴

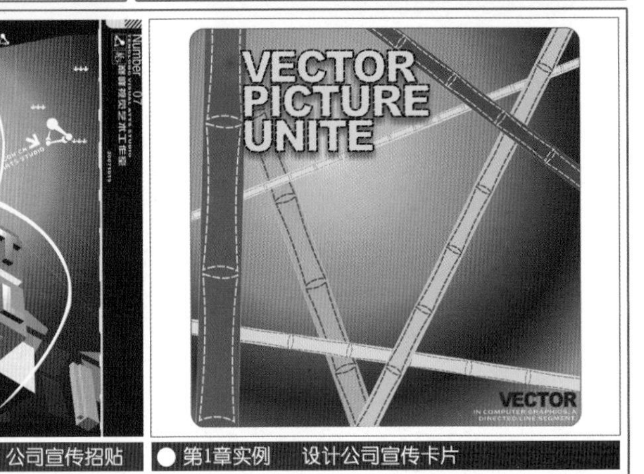

● 第1章实例 设计公司宣传卡片

第10章实例　洗涤剂广告

第10章实例　果汁广告

第6章实例　组合立体字效

第6章实例　钻石字

第3章实例　卡通插画

第3章实例　古典插画

第3章实例　图书插画

第2章实例　设计公司宣传页

第15章实例 时尚音乐网页设计

第4章实例 自发光字效

第3章实例 时尚插画

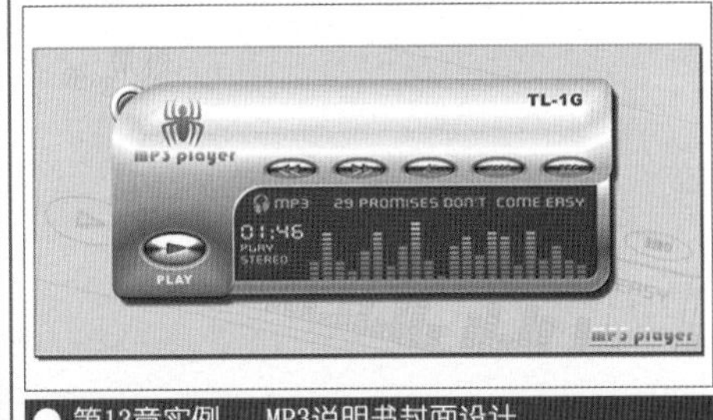

第13章实例 MP3说明书封面设计

第1章实例 卡片设计

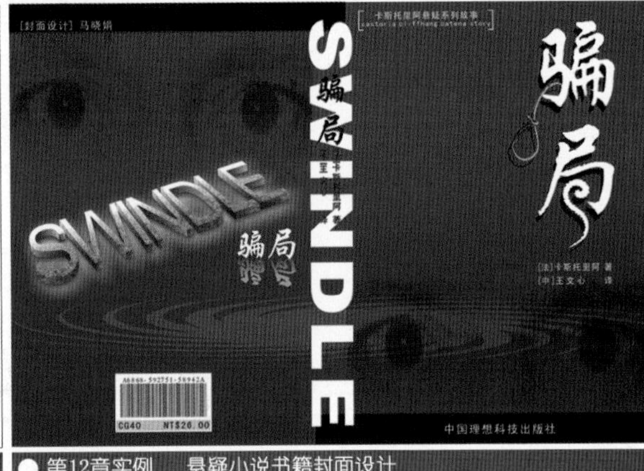

第12章实例 悬疑小说书籍封面设计

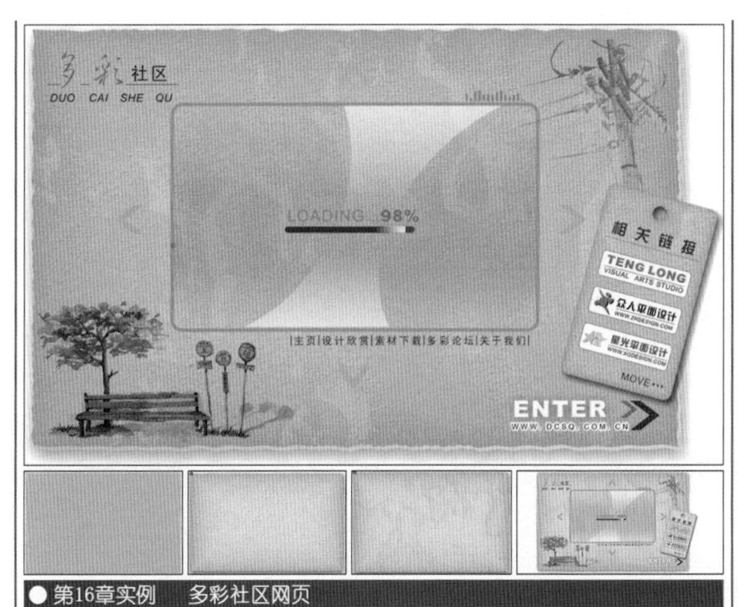

● 第16章实例　多彩社区网页

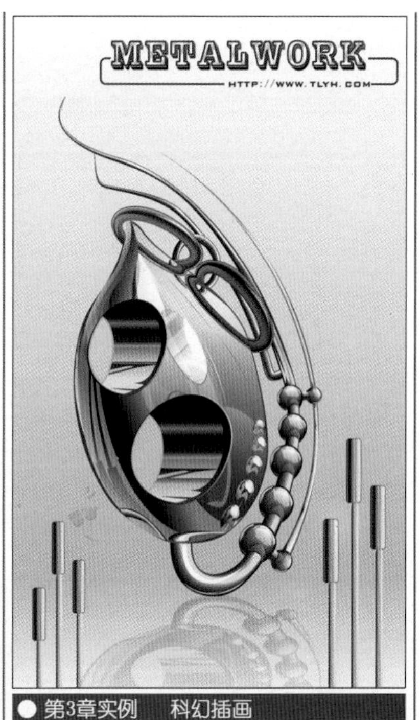

● 第3章实例　科幻插画

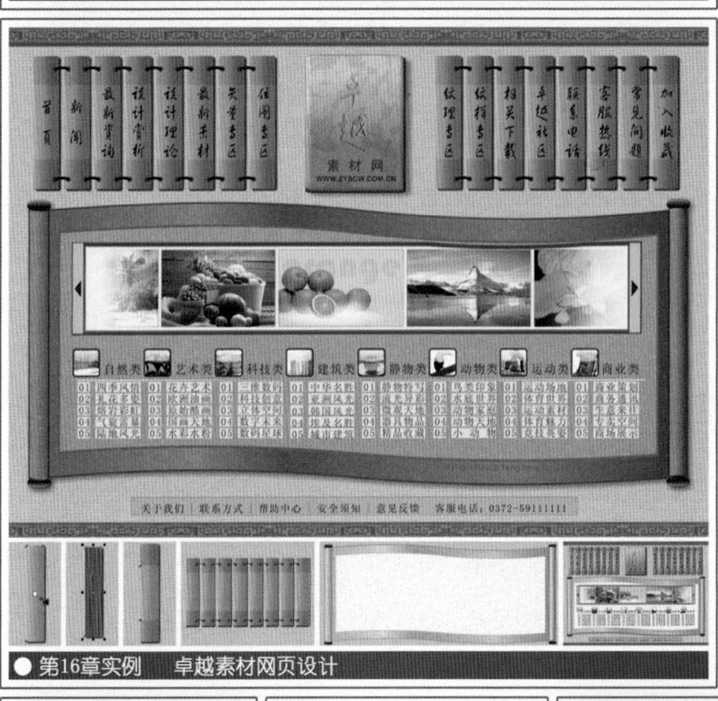

● 第16章实例　卓越素材网页设计

● 第1章实例　贺卡

● 第2章实例　宣传设计

● 第6章实例　立体字特效

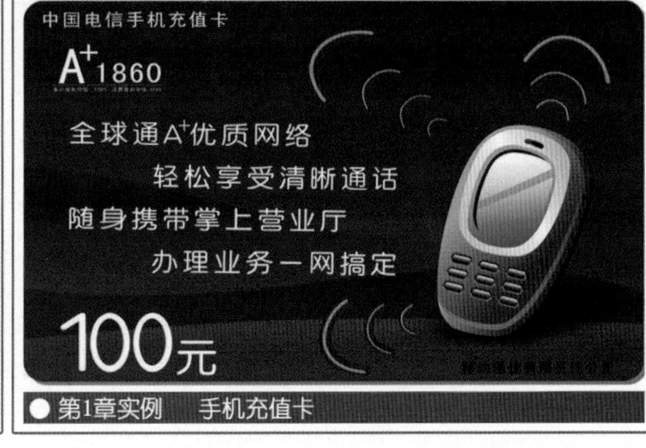

● 第1章实例　手机充值卡

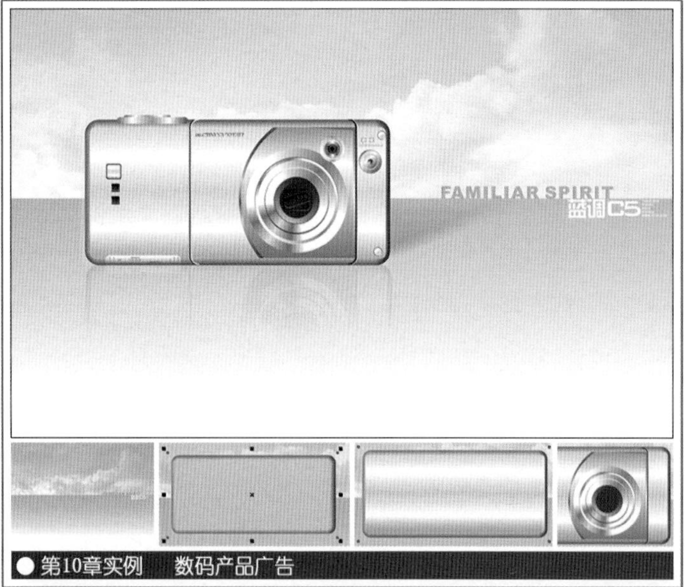

● 第10章实例　数码产品广告

● 第8章实例　产品宣传海报

● 第4章实例　不锈钢特效字体

● 第3章实例　多色版画

● 第3章实例　装饰画

● 第15章实例 游戏网页设计

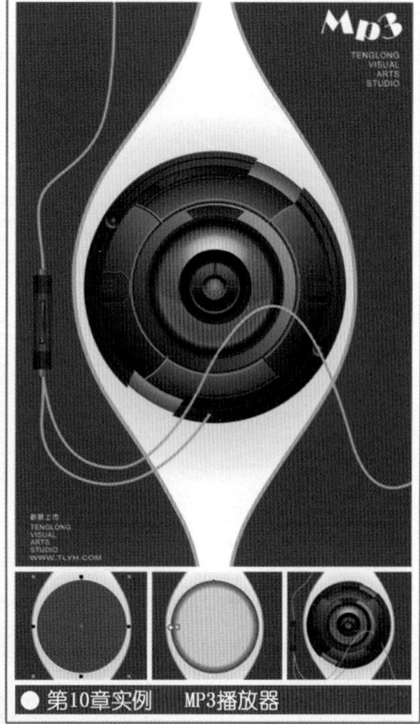

● 第10章实例 MP3播放器

● 第7章实例 游戏海报

● 第7章实例 POP海报

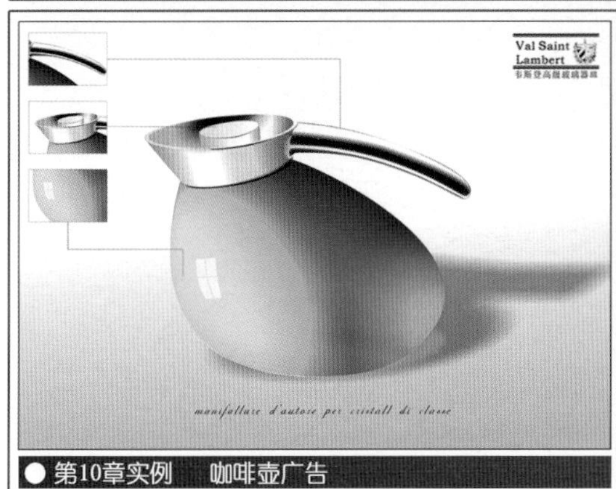

● 第10章实例 咖啡壶广告

● 第5章实例 符号化字效

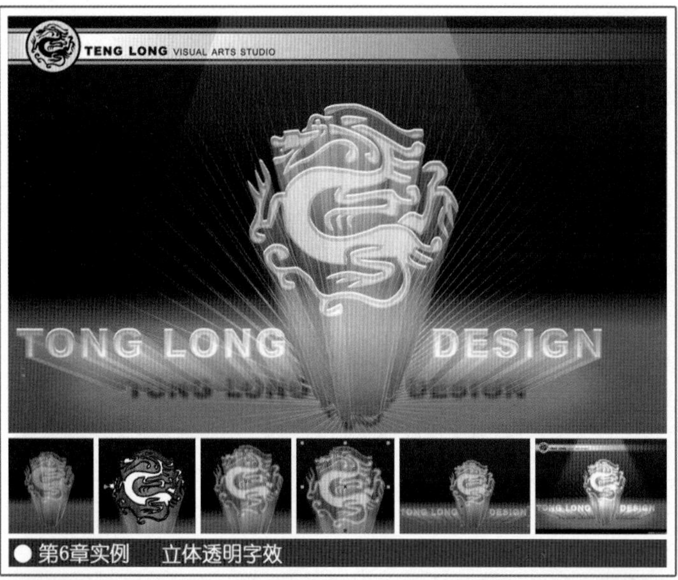

● 第6章实例　立体透明字效

● 第9章实例　京剧宣传招贴

● 第16章实例　摄影网页设计

● 第9章实例　文艺节招贴

● 第9章实例　广告招贴

● 第1章实例　书签

第10章实例　化妆品广告

第10章实例　茶具宣传广告

第2章实例　杂志宣传册

第9章实例　卡通招贴设计

第4章实例　磨沙金属板字效

第13章实例　光盘封面设计

● 第4章实例　石碑雕刻字效

● 第4章实例　拉丝金属字效

● 第5章实例　液化变形字效

● 第13章实例　CD包装封面设计(二)

● 第9章实例　童话图书宣传招贴

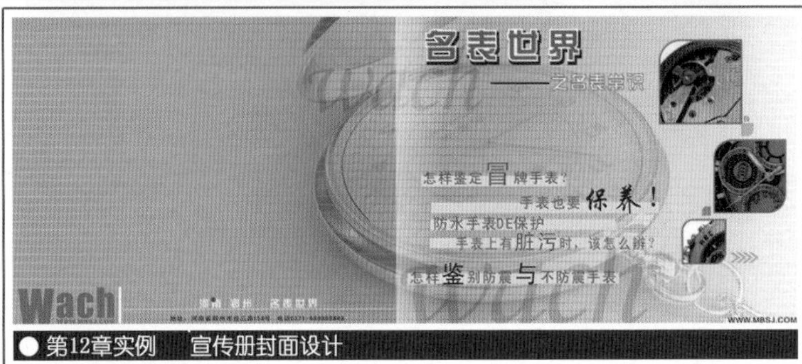

● 第12章实例　宣传册封面设计

● 第6章实例　立体材质字效

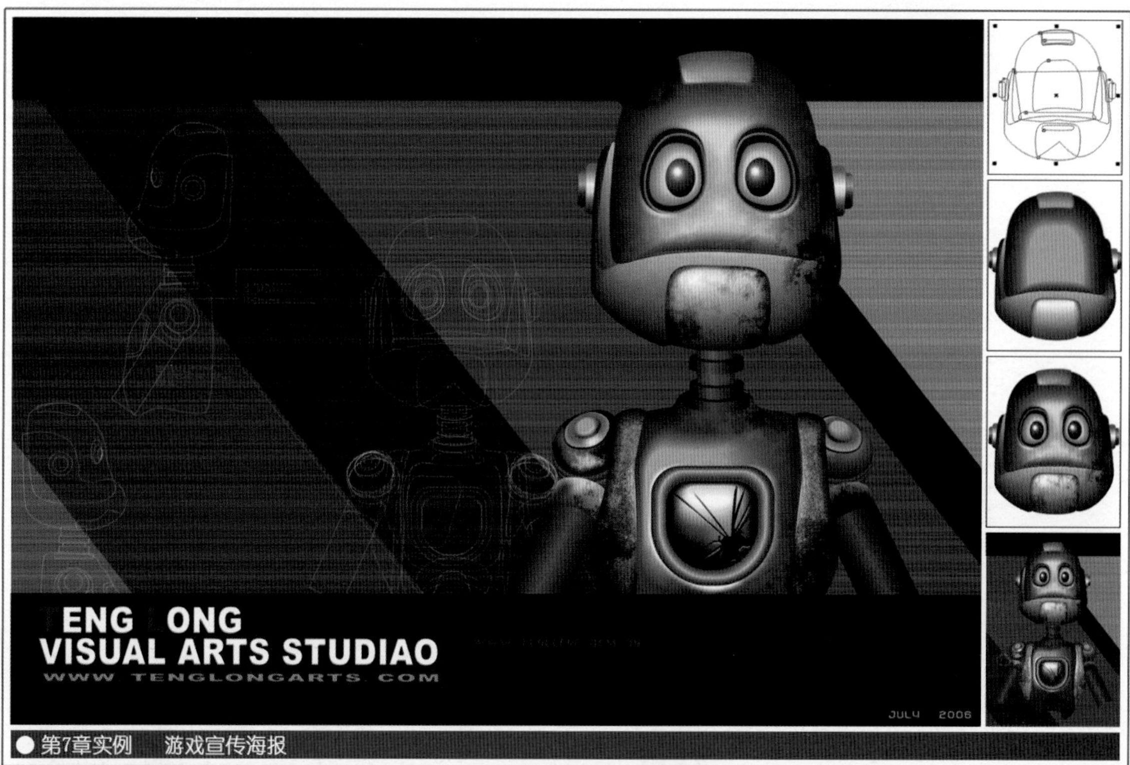

第7章实例　游戏宣传海报

第10章实例　家用电器广告

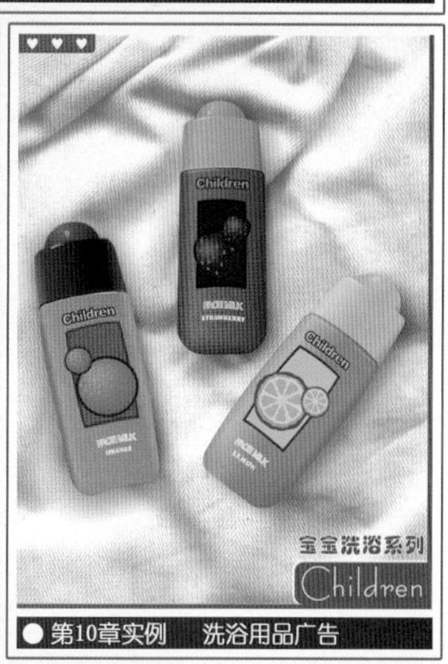

第10章实例　洗浴用品广告

第12章实例　电子杂志封面设计

第7章实例　葡萄酒节宣传海报

第7章实例　海报

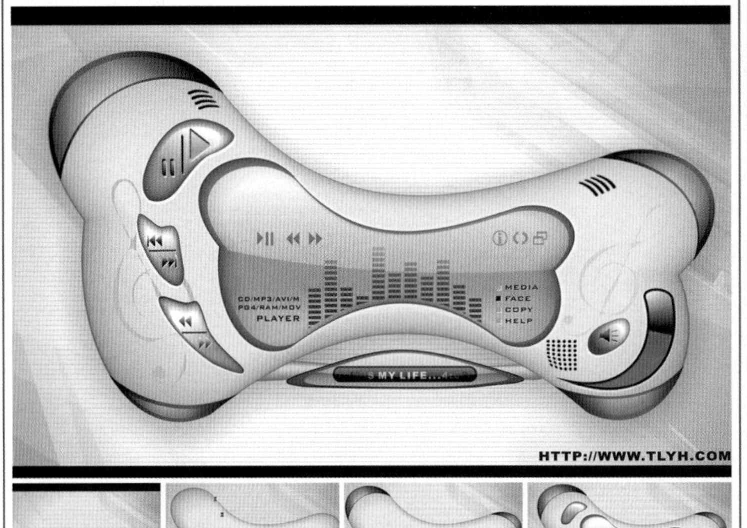

● 第13章实例　播放器包装盒封面设计

● 第9章实例　海滨度假村宣传招贴

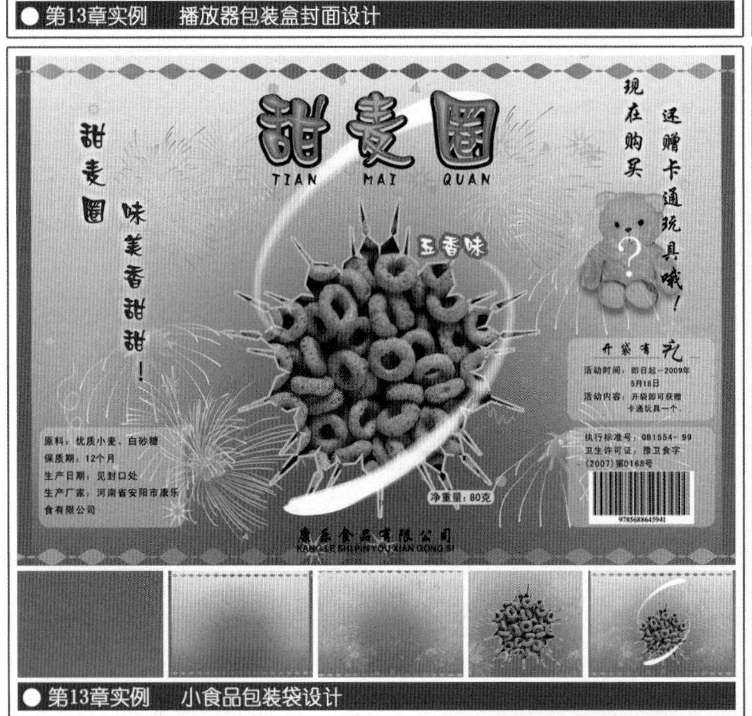

● 第13章实例　小食品包装袋设计

● 第11章实例　公益广告

● 第8章实例　海洋馆宣传海报

● 第15章实例　音乐网页设计(一)

● 第3章实例　插画

● 第12章实例　作品集封面设计

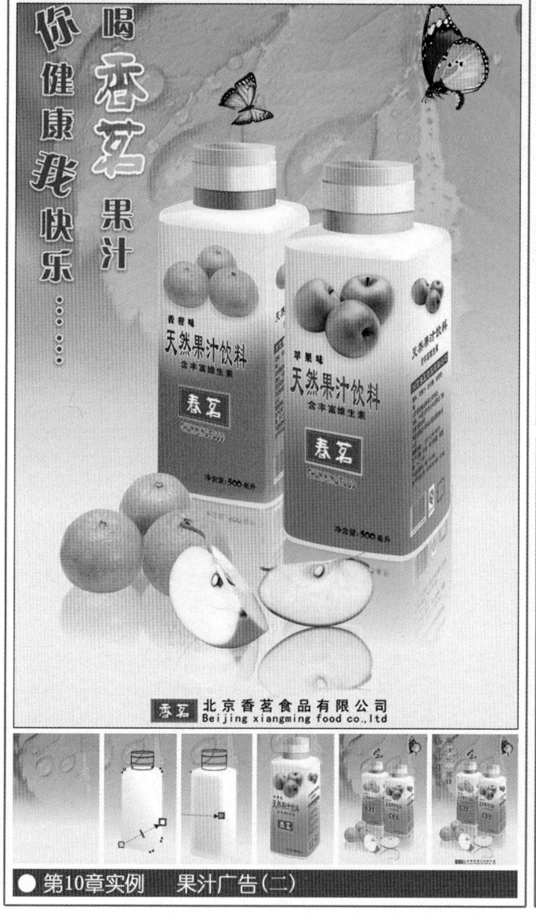

● 第10章实例　果汁广告（二）

● 第13章实例　食品包装盒设计

● 第11章实例　旅游广告

● 第10章实例　咖啡广告

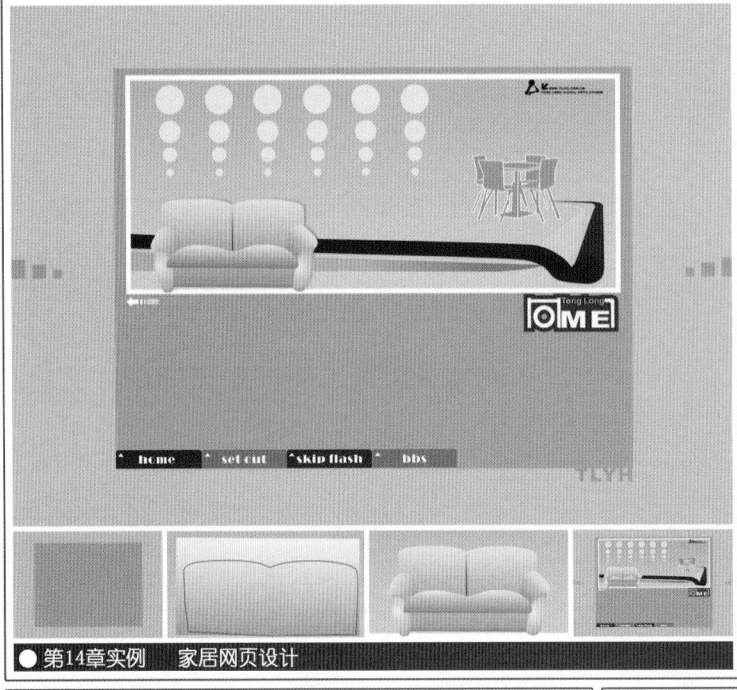

● 第14章实例 家居网页设计

● 第11章实例 玉器工艺文化广告

● 第12章实例 书籍封面设计

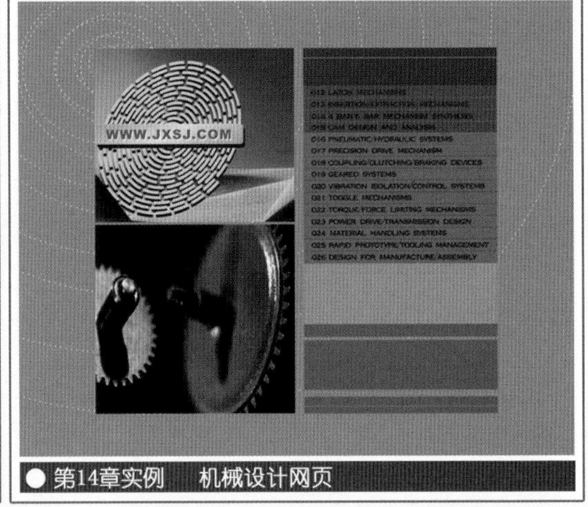

● 第14章实例 机械设计网页

● 第14章实例 设计公司网页设计

● 第13章实例 CD包装封面设计(一)

● 第15章实例　游戏网页设计（一）

● 第10章实例　手提包广告

● 第3章实例　单色版画

● 第14章实例　旅游网页设计

● 第15章实例　玩偶网页设计

● 第6章实例　彩虹立体字

● 第2章实例　装饰公司信笺设计

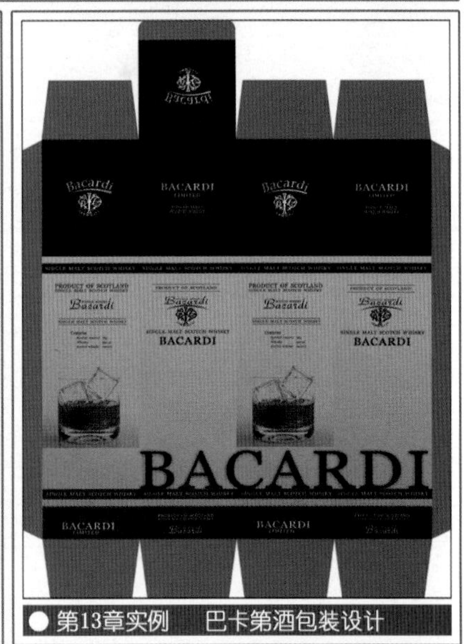

● 第13章实例　巴卡第酒包装设计

● 第13章实例　什锦果汁包装设计

● 第3章实例　杂志插画

● 第7章实例　海报

前 言

CorelDRAW 是一款优秀的矢量绘图软件，它以其功能强大、简单易学的特点赢得广大图形制作者的一致好评。最新的 CorelDRAW X3 简体中文版是一个功能强大但是操作简便的软件套装，使用户能够轻松完成绘制图形、修饰图像、创建网络动画等一系列的工作，程序间相互结合紧密，工作流程集中且高效。

本书主要介绍 CorelDRAW X3 在平面设计工作中的用途，为读者精心准备了 100 组实例，共分为 16 章内容，向读者详细讲解了 CorelDRAW 的各种工具及命令的特点以及在实践操作中的应用技巧。书中安排的实例涉及平面设计领域所有常见的类型，包括装饰画、海报制作、特殊字效设计、页面排版、网页设计等内容。

全书各章内容如下：

第 1 章介绍卡片设计。在设计此类印刷物时，要尽量简化画面信息，最大化的突出主题内容。本章包含 8 组实例，分别是：制作时尚便签、卡通礼品便签、制作书签、设计公司宣传卡片、卡片设计、古典书签设计、手机充值卡、贺卡制作。

第 2 章介绍信笺与宣传页设计。设计此类作品时要考虑页面排版的合理性，使其符合人们的阅读习惯，起到宣传目的。本章包含 5 组实例，分别是：宣传单设计、设计公司宣传页、杂志宣传册、装饰公司信笺设计、公司宣传招贴。

第 3 章介绍插画的绘制。随着发展插画的类型也有了多种变化。在融入各种设计风格和创作思维后，插画在表达的形式上更加丰富多彩。本章包含 10 组实例，分别是：时尚插画、图书插画、卡通插画、科幻插画、商业插画、装饰画、古典插画、单色版画、多色版画、杂志插画。

第 4 章介绍质感字效设计。将文字与各种材质进行结合，使其具有特殊的质感效果，以加强作品的画面效果和视觉冲击力。本章包含 7 组实例，分别是：不锈钢特效字体、石碑雕刻字效、拉丝金属字效、皮革烙印字效、自发光字效、磨沙金属板字效、水晶字效。

第 5 章介绍变形字效设计。字体变形使文字形态更生动、更象形化，也更具有装饰性。本章包含 3 组实例，分别是：符号化字效、液化变形字效、卡通变形字效。

第 6 章介绍立体字效设计。立体字效通过表现文字的体积感、透视关系、光影变化等，来塑造文字的立体效果。本章包含 7 组实例，分别是：组合立体字效、平面立体字特效、立体透明字效、立体材质字效、立体镶钻字效、彩虹立体字。

第 7 章介绍海报的设计与制作。随着社会的进步，海报的设计与制作手段也变得异常丰富。本章包含 6 组实例，分别是：POP 海报设计、旅行社海报、游戏海报、葡萄酒节宣传海报、游戏宣传海报、摄影器材展销海报。

第 8 章介绍产品类海报设计。此类海报在设计上要求客观准确，画面信息主题突出，以此引发消费者的注意力。章包含 6 组实例，分别是：产品宣传海报、饰品 pop 海报、店面 POP 海报设计、玩具海报、海洋馆宣传海报、葡萄酒宣传海报。

第 9 章介绍广告招贴设计。本章包含 6 组实例，分别是：广告招贴、卡通招贴设计、童话图书宣传招贴、京剧宣传招贴、文艺节招贴、海滨度假村宣传招贴。

第 10 章介绍产品广告设计。此类广告常以产品本身作为广告画面的重点刻画对象，这样有助于人们对产品作直观的了解。本章包含 12 组实例，分别是：MP3 宣传广告、数码产品广告、洗涤剂广告、咖啡壶广告、家用电器广告、茶具宣传广告、洗浴用品广告、化妆品广告、果汁广告（一）、果汁广告（二）、手提包广告、咖啡广告。

第 11 章介绍公益、文化广告。本章包含 3 组实例，分别是：公益广告、玉器工艺文化广告、旅游文化节宣传广告。

第 12 章介绍书籍封面设计。在设计书籍封面时，设计风格要与书籍的内容相统一，这样才能达到促进宣传的目的。本章包含 5 组实例，分别是：书籍封面设计、作品集封面设计、悬疑小说书籍封面设计、电子杂志封面设计、宣传册封面设计

第 13 章介绍产品包装设计。包装是产品最外在、最直观的表现形式，它作为一种促销商品的重要广告形式，往往决定了消费者的最终购买行为。本章包含 9 组实例，分别是：什锦果汁包装设计、食品包装盒设计、小食品包装袋设计、巴卡第酒包装设计、CD 包装封面设计（一）、CD 包装封面设计（二）、光盘封面设计、MP3 说明书封面设计、播放器包装盒封面设计。

第 14 章介绍商业类网页设计。本章包含 5 组实例，分别是：家居网页设计、机械设计网页、设计公司网页设计、时尚服饰网页设计、旅游网页设计。

第 15 章介绍娱乐类网页设计。此类网页常采用独具特色风格，增强网页的轻松氛围，给人带来快乐和趣味。本章包含 5 组实例，分别是：音乐网页设计（一）、音乐网页设计（二）、玩偶网页设计、游戏网页设计（一）、游戏网页设计（二）。

第 16 章介绍文化设计类网页设计。本章包含 4 组实例，分别是：多彩社区网页设计、艺术网页设计、卓越素材网页设计、摄影网页设计。

全书每个实例在讲解之前都安排了“设计思路”和“技术剖析”。使读者在具体制作之前对实例有一个整体的认识，明确创作思路，了解技术重点和大概的制作步骤。在练习过程中，可随时打开本书配套的光盘文件，使用附送的大量素材图片并查阅相关参数设置。

随书附带多媒体教学光盘 1 张，其中收录了书中实例的素材和最终作品，以及视频教学文件。通过光盘的辅助教学，读者可以快速掌握书中讲述的软件操作技术和绘图技法。

本书由郭新生、张瑞娟主编，另外参与本书编写、整理工作的人员还有关运泽、杨昆、孙姣、段海鹏、何玉风、时盈盈、李海燕、张瑞玲、李永明、张楠、朱科、姚敏、侯辉、李宏伟、侯静、李建伟、徐建华、莫黎、秦贝贝等。由于时间仓促，作者水平有限，对于书中出现的失误与不妥之处，敬请读者批评和指正。您的意见或建议可以发送邮件至 zrj0419@163.com，我们一定将给予满意答复。

编者

目 录

第 4 篇　户外广告

第 5 篇　包装与封面设计

第 6 篇　网页设计

第 1 篇　简单印刷物

平面印刷物在设计制作方面具有简洁明了、主题明确、成本低廉的特点。常见的印刷物包括卡片、书签、信笺、招贴以及宣传页等内容。在设计这些印刷品时，需要注意如何将文字、插图等视觉元素，合理地组织安排在一定的平面上，在有限的空间制作出图文并茂的视觉效果，突出主题，实现有效传达信息的目的。

本篇安排了“卡片设计与制作”、“制作信笺与宣传页”以及“绘制插画”3 章内容，每一章都列举了大量的实例，从实战出发，分门别类地介绍各种平面印刷物的制作方法与技巧。

第 1 章　卡片设计与制作

卡片、书签是最常见到的平面印刷物。在设计此类印刷物时，要尽量简化画面信息，最大化地突出主题内容。本章安排了 8 组实例，图 1-1 展示了本章实例的完成效果。

图 1-1　本章实例完成效果图

本章实例

实例 1　制作时尚便签	实例 5　卡片设计
实例 2　卡通礼品便签	实例 6　古典书签设计
实例 3　制作书签	实例 7　手机充值卡
实例 4　设计公司宣传卡片	实例 8　贺卡制作

实例1　制作时尚便签

在本小节的学习中，将制作一张宣传设计类工作室的时尚便签。便签的设计风格要与工作室的工作风格保持一致，从而达到良好的宣传效果。如图1-2所示，为本节实例的完成效果。

图1-2　完成效果

设计思路

这是一则为设计工作室制作的便签，画面色彩设计大胆鲜明，整体采用了漫画的设计风格，整个画面简洁明了、生动活泼，充满了时尚感。

技术剖析

该实例主要使用"交互式轮廓图"工具制作完成，如画面中层叠的火焰造型。首先使用"贝塞尔"工具绘制火焰形状的路径，然后使用"交互式轮廓图"工具为其添加轮廓效果即可。图1-3出示了本实例的制作流程。

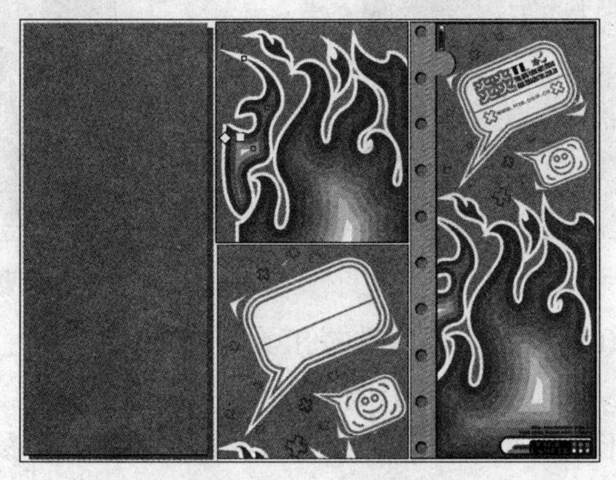

图1-3　制作流程

制作步骤

01 运行 CorelDRAW X3，执行“文件”→“打开”命令，打开本书附带光盘\Chapter-01\“时尚便签背景.cdr”文件，如图 1-4 所示。

图 1-4 打开背景素材

02 使用“贝塞尔”工具在页面中绘制火焰图形，并将其填充为洋红色，轮廓色为无，如图 1-5 所示。

提示 读者也可以导入本书附带光盘\Chapter-01\“火焰图形.cdr”文件到文档中相应位置，并按<Ctrl+U>键取消群组，继续接下来的操作。

03 使用“挑选”工具框选火焰图形，按小键盘上的<+>键，将其原位置再制。单击属性栏中的“焊接”按钮，将图形焊接，设置其轮廓色为白色，并在属性栏中设置轮廓宽度。完毕后按<Ctrl+PageDown>键将再制图形调整到原图形下方，如图 1-6 所示。

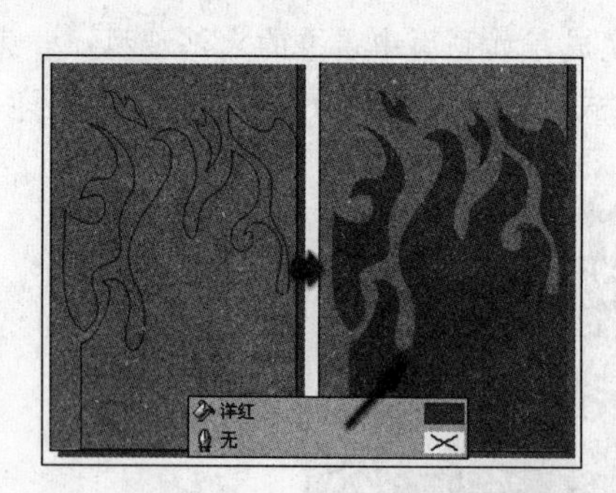

图 1-5 绘制图形

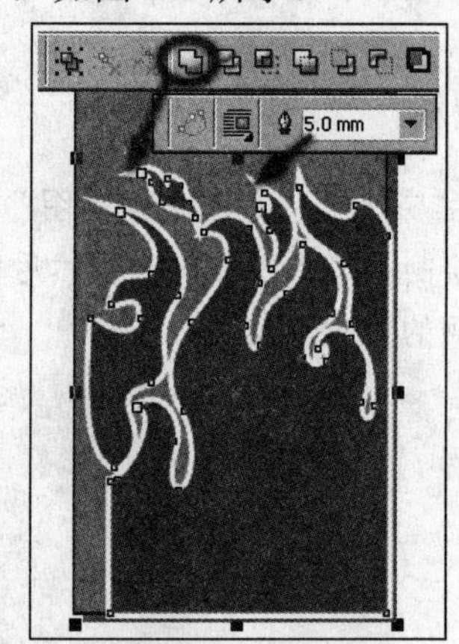

图 1-6 设置轮廓宽度并焊接图形

04 选中位于上层的洋红色火焰图形，选择工具箱中的“交互式轮廓图”工具，参照图 1-7 所示设置属性栏参数，为图形添加轮廓图效果。

05 选中左侧洋红色图形，再次选择“交互式轮廓图”工具，参照图 1-8 所示设置其属性栏参数，为图形添加轮廓图效果。

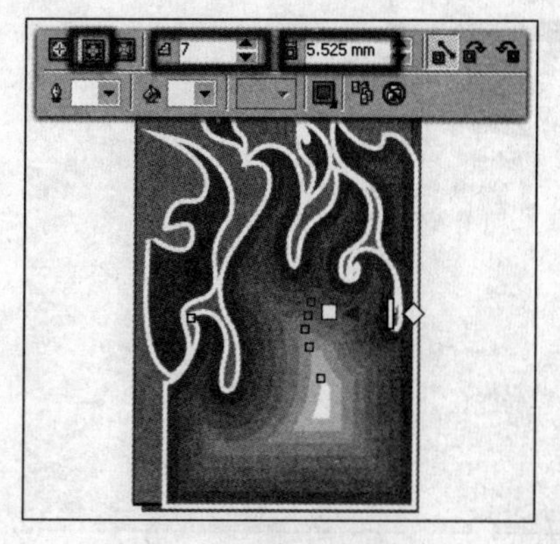

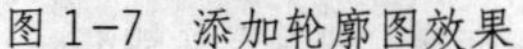
图 1-7 添加轮廓图效果

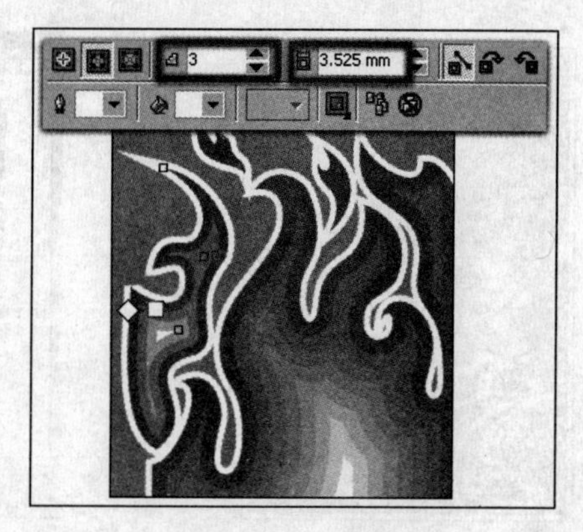

图 1-8 设置属性栏

06 使用“矩形”工具，在页面中绘制矩形，并填充为洋红色，轮廓色为无。选择“挑选”工具，并按小键盘上的<+>键原地复制矩形。在矩形上单击，出现旋转控制柄，配合按<Ctrl>键同时将其旋转 90 度，如图 1-9 所示。

在旋转对象时，按<Ctrl>键将以 15° 增量旋转图形。

07 使用“挑选”工具，按下<Shift>键的同时将两个矩形同时选中，并单击属性栏中的“焊接”按钮，将两个矩形焊接为一个整体。保持焊接后图形的选择状态，选择“交互式轮廓图”工具，参照图 1-10 所示设置属性栏，为其添加轮廓图效果。

图 1-9 绘制矩形

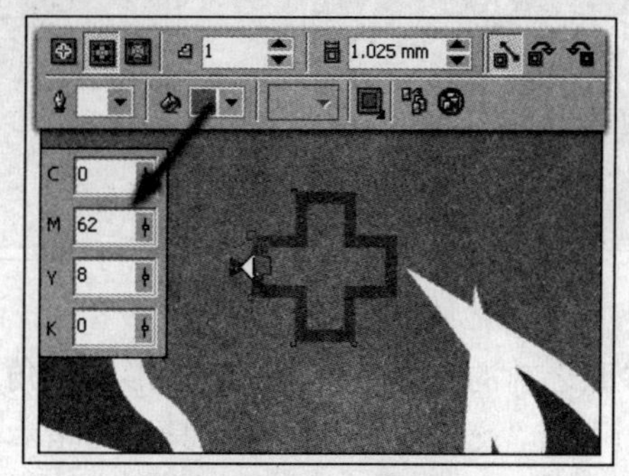

图 1-10 添加轮廓图效果

08 使用“挑选”工具，选择之前添加轮廓图效果的图形复制多个，并分别调整图形的位置、大小、旋转角度和轮廓图属性。如图 1-11 所示。

在调整图形大小后，轮廓图也将受图形大小调整的影响产生相应变化，可以根据图形效果来调整轮廓图的偏移量参数。

在该步骤中读者可以先将轮廓图进行拆分，然后进行复制并调整大小及旋转角度。

09 执行“工具”→“选项”命令，打开“选项”对话框，参照图 1-12 所示设置对话框。

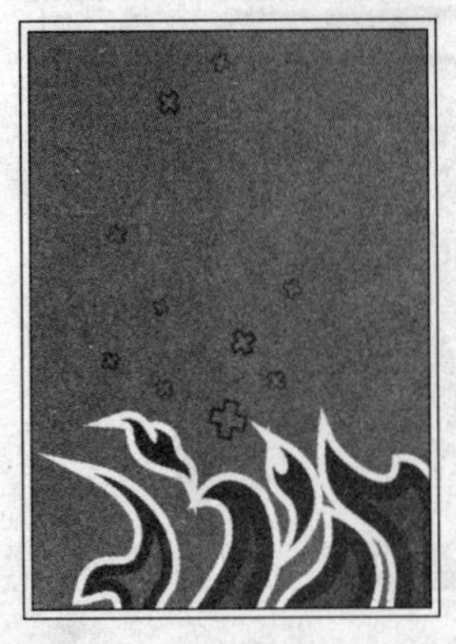

图 1-11　复制并调整图形

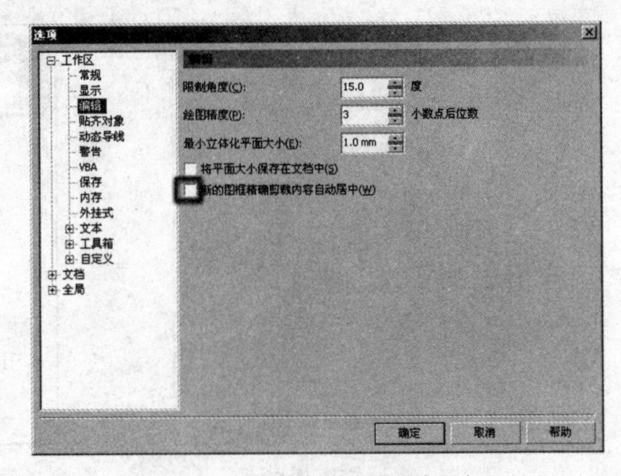

图 1-12　设置“选项”对话框

10 使用“挑选”工具，将页面中除背景矩形之外的所有图形选中。执行“效果”→“图框精确剪裁”→“放置在容器中”命令，当鼠标变为黑色箭头时单击背景矩形，将选中的图形放置在背景矩形当中，如图 1-13 所示。

11 使用“矩形”工具，在页面中绘制矩形，并在其属性栏中设置“边角圆滑度”参数，制作出圆角矩形。使用“贝塞尔”工具，参照图 1-14 所示在圆角矩形左下角绘制三角图形。

图 1-13　图框精确剪裁

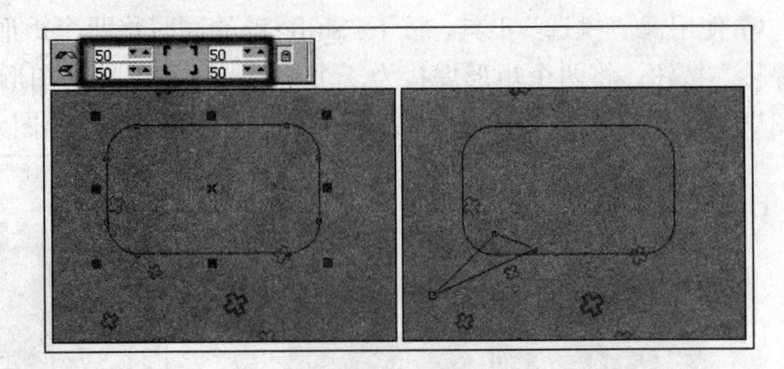

图 1-14　绘制圆角矩形

12 参照之前的操作方法将圆角矩形和三角图形进行焊接，并设置其填充色，轮廓色和轮廓宽度。使用“交互式轮廓图”工具，为指示图标添加轮廓图效果，如图 1-15 所示。

13 使用“挑选”工具，调整指示图标图形的位置，并在上面单击，出现旋转控制柄，参照图 1-16 所示调整其旋转角度。完毕后按小键盘上的<+>键，将其原位置再制。

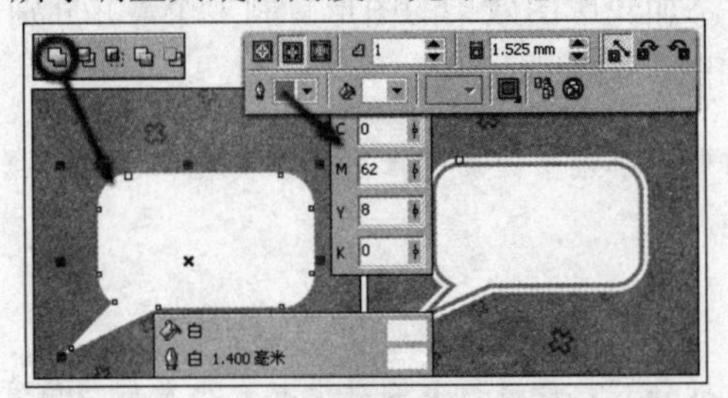

图 1-15　添加轮廓图效果

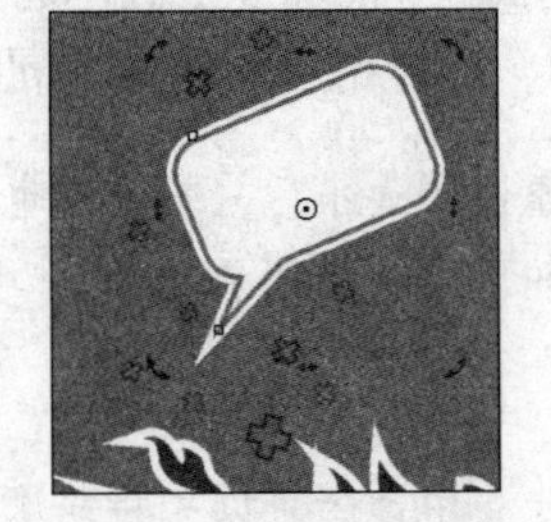

图 1-16　调整旋转角度

14 保持再制图形的选择状态，选择“交互式轮廓图”工具，参照图 1-17 所示设置其属性栏参数，更改图形的轮廓图效果。

15 参照以上操作方法，再制作另一个指示图标图形，如图 1-18 所示。

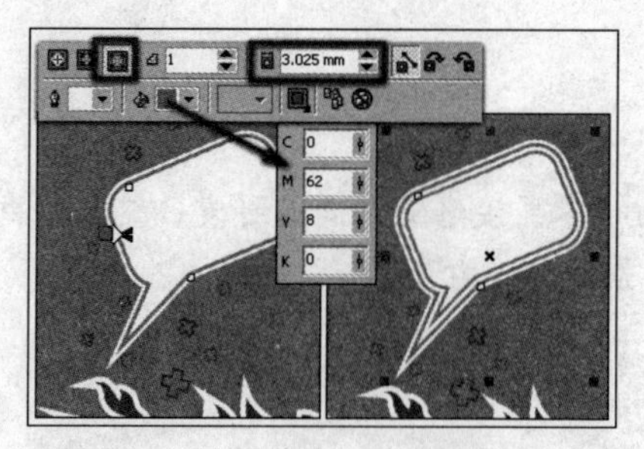

图 1-17　更改轮廓图效果

图 1-18　添加装饰图形

16 最后执行“文件”→“导入”命令，导入本书附带光盘\Chapter-01\“装饰文字.cdr”文件，并调整其位置，完成本实例的制作，效果如图 1-19 所示。

17 在制作过程中遇到问题，可以打开本书附带光盘\Chapter-01\“时尚便签.cdr”文件进行查阅。

图 1-19　完成效果

实例 2　卡通礼品便签

在这一节的学习中，将制作一张精致的卡通礼品便签，画面主题是一个可爱的卡通娃娃，紧扣商品内容，整体颜色亮丽，充满了童趣，其完成效果如图 1-20 所示。

图 1-20　完成效果

设计思路

该实例是为玩偶制作的礼品便签，为了让顾客直接感受玩偶的可爱，这里将商品制作成讨人喜爱的卡通形象，整个画面主题明确，具有很强的渲染力。

技术剖析

在实例的制作过程中，主要学习手绘工具的操作方法和使用技巧，以及路径的编辑方法。在制作过程中要注意路径节点的属性变化。图 1-21 所示为本实例的制作流程图。

图 1-21　制作流程

制作步骤

01 运行 CorelDRAW X3，执行“文件”→“打开”命令，打开本书附带光盘\Chapter-01\“背景.cdr”文件，如图 1-22 所示。

02 使用工具箱中的“手绘”工具，在页面中单击并拖动鼠标，绘制卡通女孩头部轮廓图形，如图 1-23 所示。

图 1-22　打开背景素材

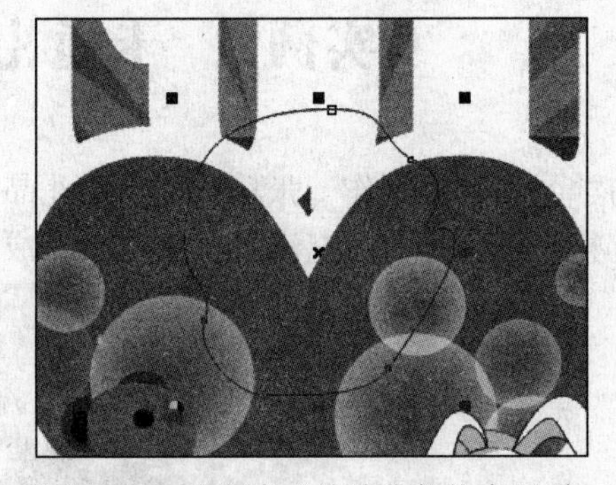

图 1-23　绘制卡通娃娃头部轮廓图形

03 使用“形状”工具，在轮廓路径相应位置双击添加节点，并调整节点位置，对形状进行调整，如图 1-24 所示。

04 选中如图 1-25 所示节点，单击属性栏中的“使节点成为尖突”按钮，更改节点属性。调整节点控制柄的位置。

05 使用“形状”工具，在图 1-26 所示位置双击添加节点，在属性栏中单击“使节点成为尖突”按钮，更改节点属性。完毕后拖动控制柄，调整路径形状。

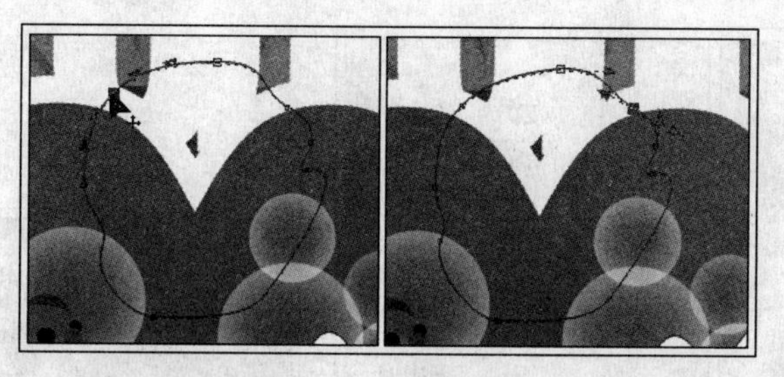

图 1-24 调整路径

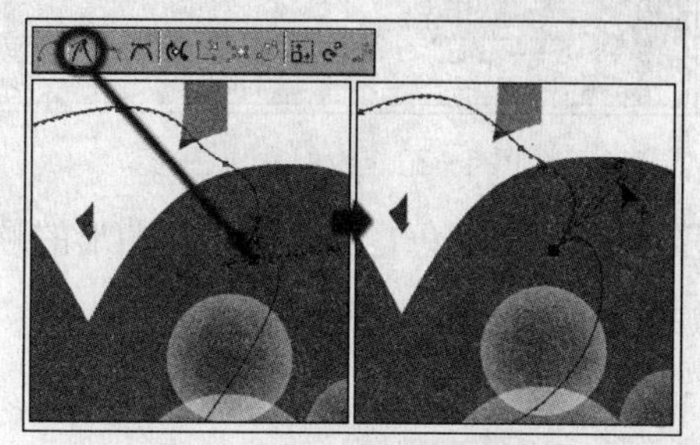

图 1-25 编辑路径

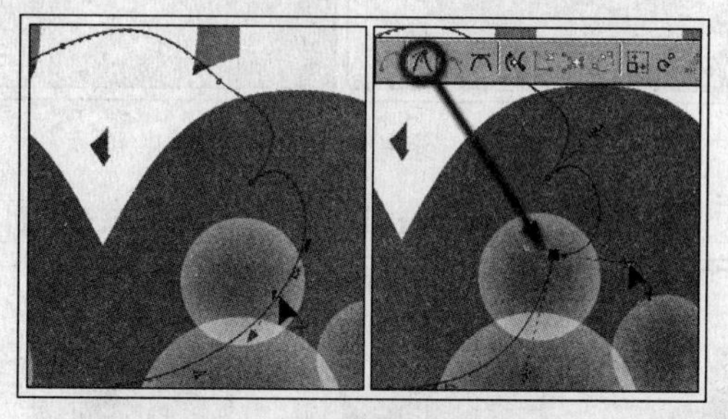

图 1-26 编辑节点

06 参照以上操作方法，继续调整轮廓图形的形状，然后为图形填充颜色，设置轮廓色为无，如图 1-27 所示。

07 参照以上的操作方法制作出卡通女孩的头发和裙子图形，如图 1-28 所示。

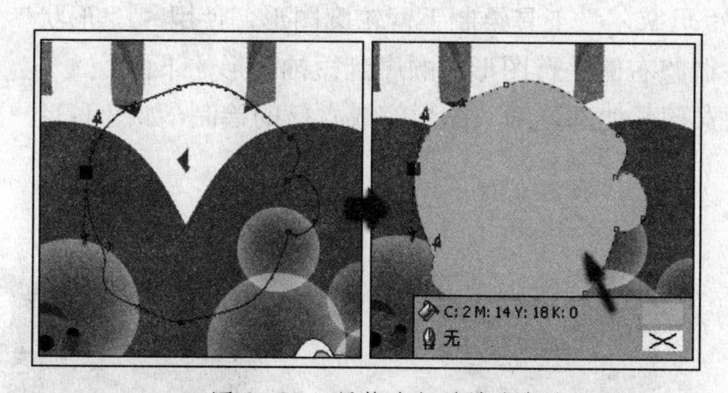

图 1-27 调整路径并填充颜色

图 1-28 绘制头发和裙子图形

08 参照以上绘制图形的方法，再绘制出脖子轮廓图形，使用“交互式填充”工具，为其填充渐变色，轮廓色为无，如图 1-29 所示。

09 使用“挑选”工具，选择脖子图形，通过按<Ctrl+PageDown>键，调整其顺序到脸部图形下面。

10 使用“贝塞尔”工具，参照图 1-30 所示，绘制女孩上衣轮廓图形并分别为其填充颜色。

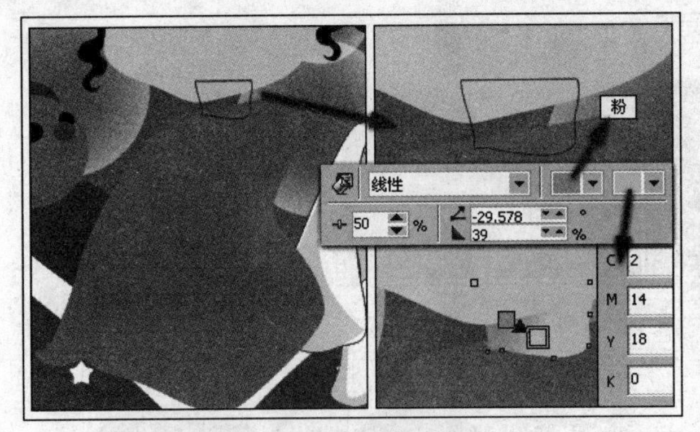

图 1-29 绘制图形并调整顺序

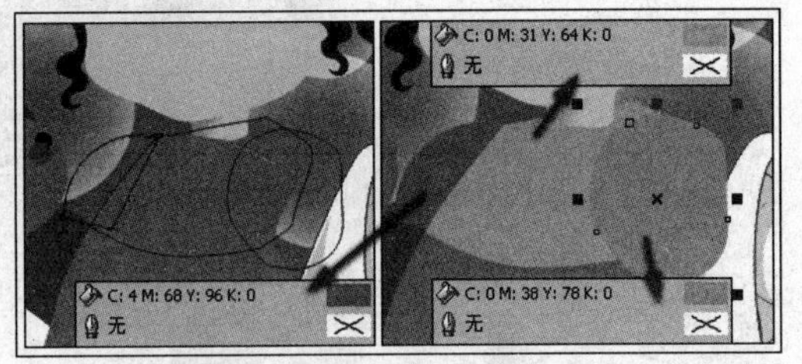

图 1-30 绘制衣服图形

11 参照图 1-31～图 1-32 所示绘制女孩领口图形，分别填充颜色，并调整相应图形的顺序。

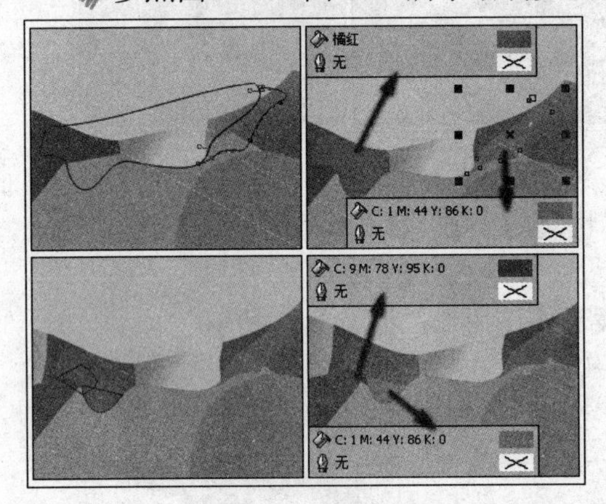

图 1-31 绘制领口图形

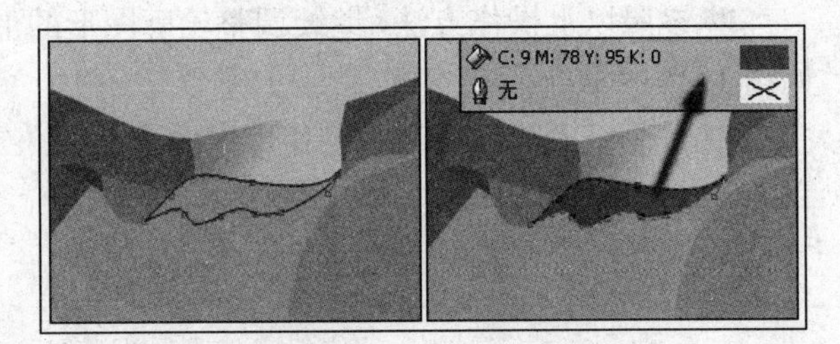

图 1-32 绘制领口暗部图形

12 参照图 1-33 所示，使用“贝塞尔”工具绘制手臂轮廓图形，使用“形状”工具对图形调整。完毕后为其填充颜色并调整右侧手臂图形的顺序到短袖图形的下面。

13 参照以上操作方法，再绘制女孩其他部位细节图形完成女孩的绘制，如图 1-34～图 1-35 所示。

图 1-33 绘制手臂图形

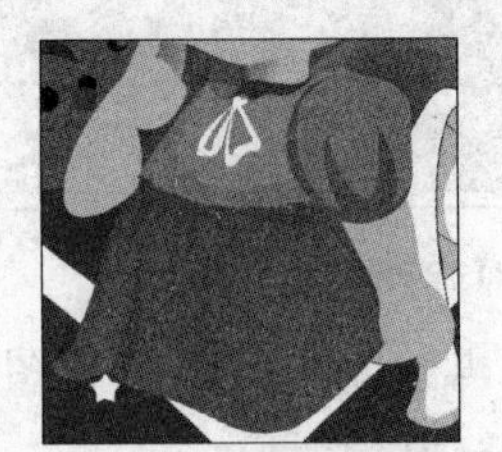

图 1-34 绘制衣褶皱图形

图 1-35 绘制五官和头发阴影图形

14 使用“挑选”工具，配合按<Shift>键的同时，选中女孩裙子和裙子上褶皱图形，按<Ctrl+G>键将其群组，完毕后调整其顺序到右侧玩偶图形下面，如图 1-36 所示。

15 最后添加相关文字信息，完成本实例的制作，效果如图 1-37 所示。在制作过程中遇到问题，可以打开本书附带光盘\Chapter-01\“卡通礼品便签.cdr”文件进行查阅。

图 1-36 调整图形顺序

图 1-37 完成效果

实例3 制作书签

本小节将制作一张图书书签，画面清新，具有浓厚的装饰画效果。图 1-38 展示了本实例的完成效果。

图 1-38 完成效果

设计思路

书签也是平面印刷中的一种，通常在很小的平面上绘制精美的画面，因此具有很高的艺术欣赏价值。本实例中制作的书签，画面具有浓厚的装饰插画风格，生动的图案，明亮的色彩，都将给人留下深刻的印象。

技术剖析

在本实例的制作过程中，火红的枫叶、轻柔的白云以及天空中自由翱翔的小鸟都是由 CorelDRAW 中自带的“艺术笔”工具绘制而成的。图 1-39 出示了本实例的制作流程。

图 1-39 制作流程

制作步骤

01 运行 CorelDRAW X3，执行“文件”→“打开”命令，打开本书附带光盘\Chapter-01\“书签背景.cdr”文件，如图 1-40 所示。

02 使用“贝塞尔”工具，在页面中绘制曲线，如图 1-41 所示。

图 1-40 打开光盘文件

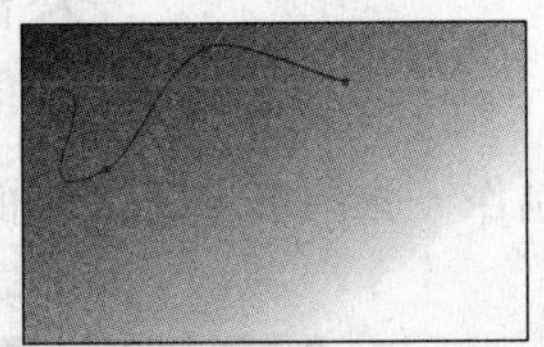

图 1-41 绘制曲线

03 选择工具箱中的“艺术笔”工具，单击属性栏中的“喷罐”按钮，在曲线上单击将其选中，在属性栏中打开“喷涂列表文件列表”下拉菜单，从中选择要为曲线添加的艺术笔效果，如图 1-42 所示。

提示 由于添加艺术效果的随机性很强，所以每次添加的艺术笔效果都不一样，在制作时不必追求与图示中效果完全相同。

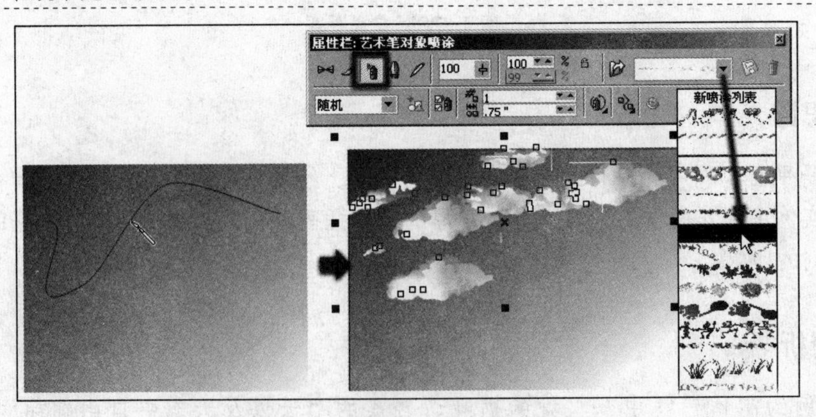

图 1-42 为路径添加艺术笔触效果

04 按<Esc>键取消当前云彩艺术笔触的选择状态，参照图 1-43 所示设置其属性栏，在页面中绘制艺术笔图形。

图 1-43　添加飞鸟图形

05 保持飞鸟图形的选择状态，按<Ctrl+K>键拆分艺术笔样式群组，选中拆分出来的曲线，按<Delete>键将其删除。选择飞鸟图形，按<Ctrl+U>键取消图形的群组，参照图 1-44 所示将多余飞鸟图形删除，并对相应图形进行调整。

06 使用“艺术笔”工具，参照图 1-45 所示设置属性栏，在页面中绘制图形。再设置其填充色为棕色（C45、M79、Y96、K5），制作出树杆图形。

图 1-44　调整图形

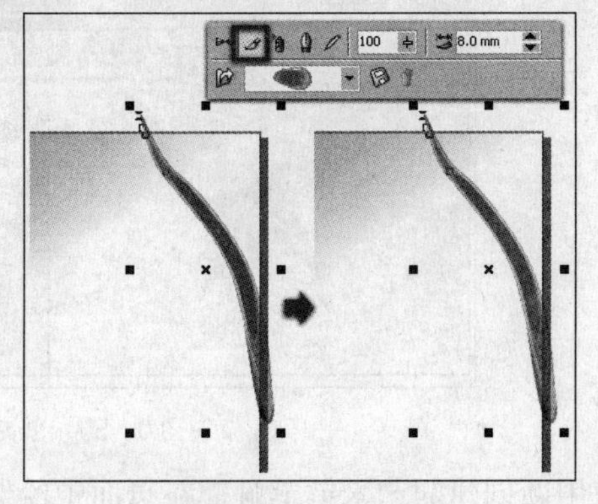

图 1-45　绘制图形

07 保持树杆图形的选择状态，选择“挑选”工具，按小键盘上的<+>键 3 次，将其原位置再制 3 个，接着框选树杆图形，按<Ctrl+G>键将其群组。参照以上绘制方法，再制作其他树枝图形，如图 1-46 所示。

08 再次使用“艺术笔”工具，参照图 1-47 所示设置其属性栏，在页面中绘制图形，并设置填充色为棕色（C45、M79、Y96、K5），完毕后将其原位置再制 3 个。

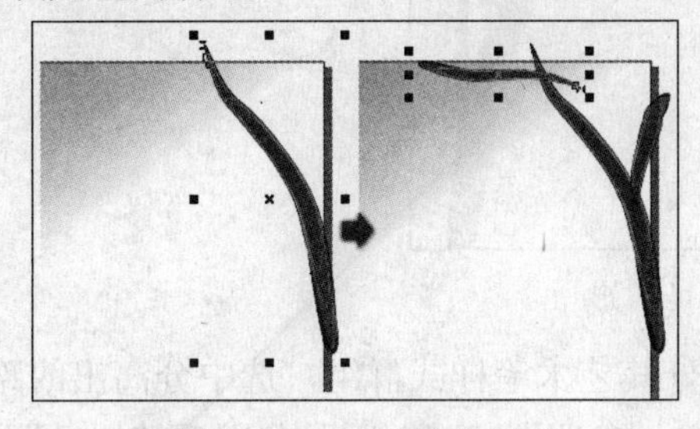

图 1-46　制作树枝图形

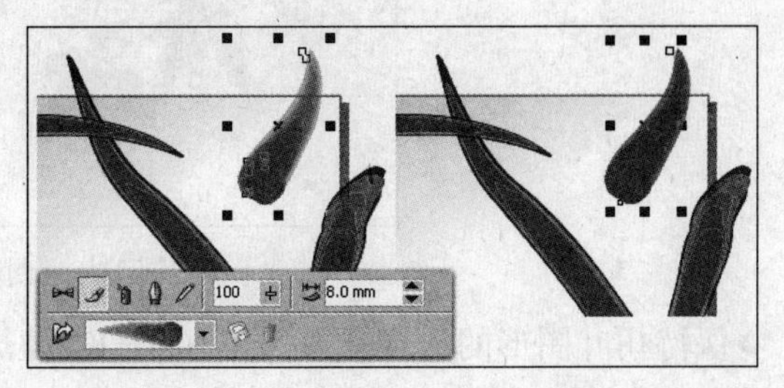

图 1-47　绘制图形并调整

09 继续使用“艺术笔”工具，参照图 1-48 所示设置其属性栏并绘制树枝图形，设置填充色均为深灰色（C87、M80、Y63、K47）。

10 执行“文件”→“导入”命令，导入本书附带光盘\Chapter-01\“树叶.cdr”文件，如图1-49 所示。

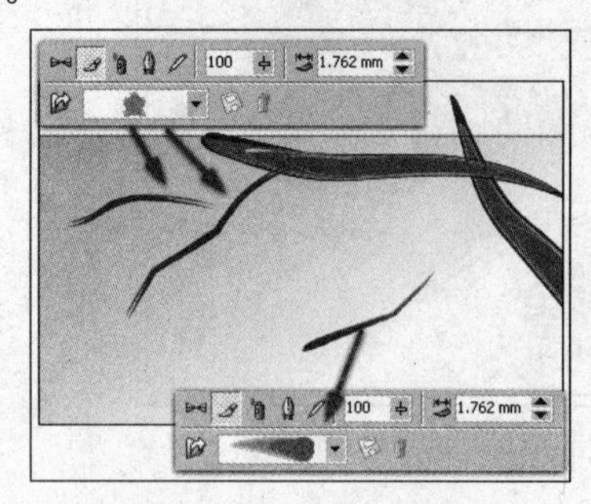

图 1-48 制作树枝图形

图 1-49 导入树叶图形

11 选择“艺术笔”工具，在喷涂列表中选择“新喷涂列表”，在树叶图形上单击将其选中，此时属性栏中的“添加到喷涂列表”按钮呈可用状态。单击该按钮，将树叶添加到新喷涂列表当中，如图 1-50 所示。

图 1-50 创建新喷涂列表

12 使用新创建的艺术笔笔触，在页面中绘制树叶图形，如图 1-51 所示。

图 1-51 绘制树叶图形

13 保持树叶图形的选择状态，按<Ctrl+K>键拆分其艺术笔样式群组，选中分离出的路径，将其删除。选择树叶图形，按<Ctrl+U>键取消其群组，参照图 1-52 所示分别调整树叶图形大小、位置和旋转角度。

图 1-52 调整图形

14参照以上操作方法，再次绘制出其他树叶图形，如图 1-53 所示。

15选择"交互式填充"工具，参照图 1-54 所示分别设置属性栏各选项参数，对颜色进行调整。

图 1-53 绘制树叶

图 1-54 调整树叶颜色

16保持该图形的选择状态，按<Ctrl+K>和<Ctrl+U>键，拆分艺术笔样式并取消群组，将分离出的路径删除，分别对树叶图形进行调整，如图 1-55 所示。

17参照以上绘制树叶并调整的方法，再制作其他树叶图形，调整相应树叶图形的顺序，如图 1-56 所示。

提示

通过对树叶亮、灰、暗三部分的表达，使树叶产生层次分明的效果，从而也增加画面的空间感。

图 1-55 调整树叶图形

图 1-56 制作其他树叶

18执行"工具"→"选项"命令，打开"选项"对话框，参照图 1-57 所示设置对话框，单击“确定”按钮，关闭对话框。

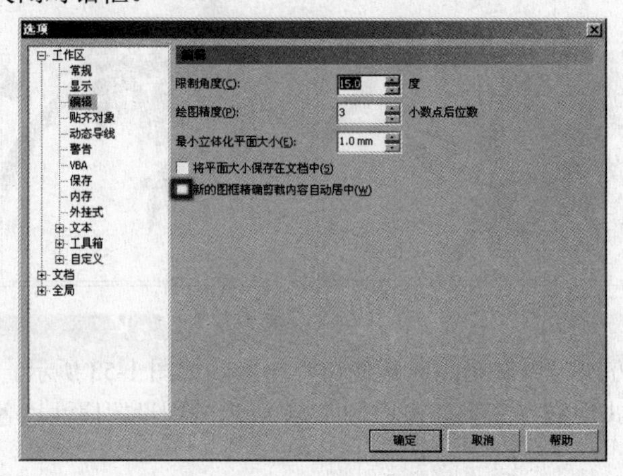

图 1-57　设置“““选项”对话框

19 双击工具箱中的 “矩形”工具，创建一个与页面等大的矩形，并调整顺序到树枝和树叶下面。完毕后，使用 “挑选”工具，将树枝和树叶同时选中。

20 执行“效果”→“图框精确剪裁”→“放置在容器中”命令，当鼠标变为黑色箭头时单击创建的矩形，将其放置在矩形当中，如图 1-58 所示。完毕后设置矩形轮廓色为无。

提示

为便于观察创建矩形的图形顺序，暂时将其填充为灰色。

图 1-58　图框精确剪裁

21 最后导入本书附带光盘\Chapter-01\“装饰.cdr”文件，调整图形在页面中的位置。并按<Ctrl+U>键取消群组，使用 “挑选”工具选择精确剪裁的装饰图形，按<Ctrl+PageDown>键两次，将该图形放置到飞鸟图形的下方，如图 1-59 所示。

22 至此完成本实例的制作，在制作过程中遇到问题，可以打开本书附带光盘\Chapter-01\“书签.cdr”文件进行查阅。

图 1-59 完成效果

实例4 设计公司宣传卡片

在本小节的学习中，将制作一张设计公司的宣传卡片，如图 1-60 所示，为本实例的完成效果。

图 1-60 完成效果

设计思路

这是一张为设计公司制作的宣传卡片，画面由抽象的竹子图形组成，整体使用了黄绿色调，从而突出该设计公司健康向上的形象特点。

技术剖析

整个实例的制作较为简单，通过使用基础的工具，首先绘制出竹竿各部分的轮廓图形，然后设置图形的轮廓笔即可。图 1-61 出示了本实例的制作流程。

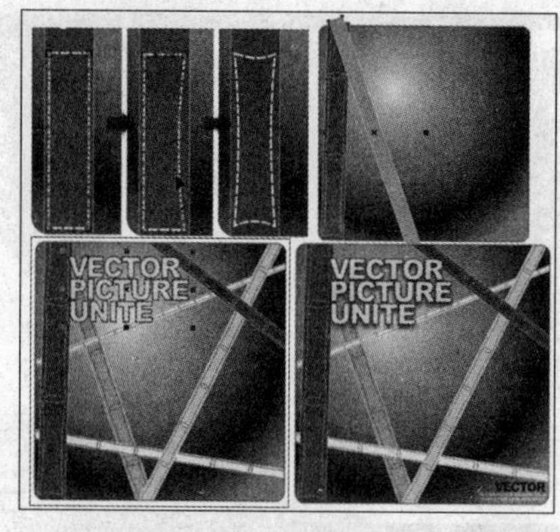

图 1-61 制作流程

制作步骤

01 启动 CorelDRAW X3，创建一个新文档，保持属性栏中的默认设置。

02 使用"矩形"工具，按<Ctrl>键的同时，单击并拖动鼠标绘制一个正方形，然后参照图 1-62 所示设置其属性栏，制作出圆角矩形。

03 保持矩形的选择状态，使用工具箱中的"交互式填充"工具，参照图 1-63 所示设置属性栏，为矩形填充渐变色。

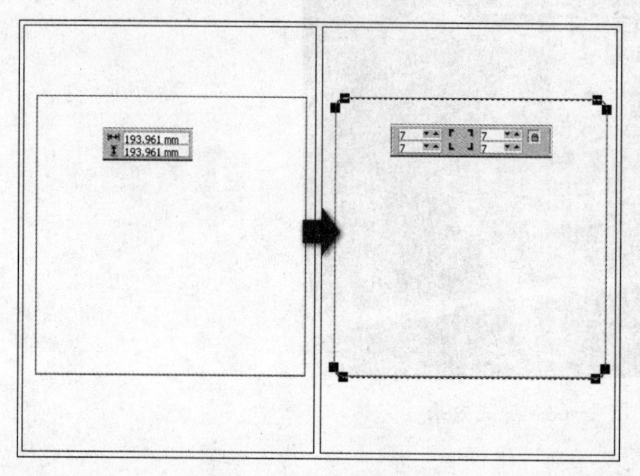

图 1-62 绘制圆角矩形

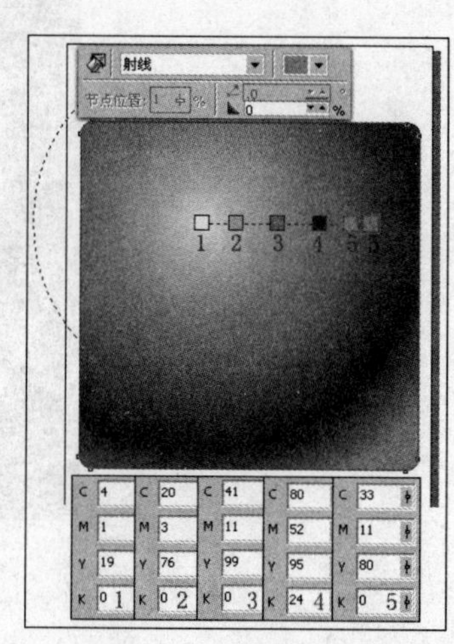

图 1-63 填充渐变色

04 使用"矩形"工具，在页面左侧绘制矩形，并设置矩形的填充色和轮廓色，如图 1-64 所示。

05 使用"矩形"工具，在绿色矩形条底部绘制矩形，如图 1-65 所示。

06 保持矩形的选择状态，单击工具箱中的"轮廓"工具，在展开的工具栏中单击"轮廓画笔对话框"按钮，打开"轮廓笔"对话框，参照图 1-66 所示设置对话框，设置矩形的轮廓属性。

07 保持矩形的选择状态，按<Ctrl+Q>键将其转换为曲线，使用"形状"工具，框选四个节点，单击属性栏中的"转换直线为曲线"按钮，将直线转换为曲线，完毕后参照图 1-67 所示，拖动控制柄对其形状进行调整。

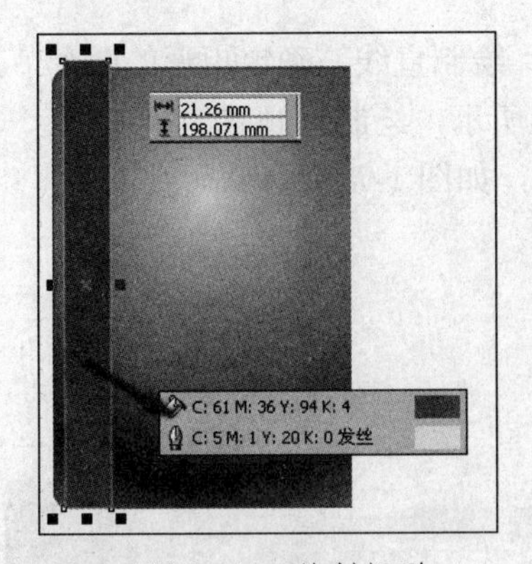

图 1-64　绘制矩形

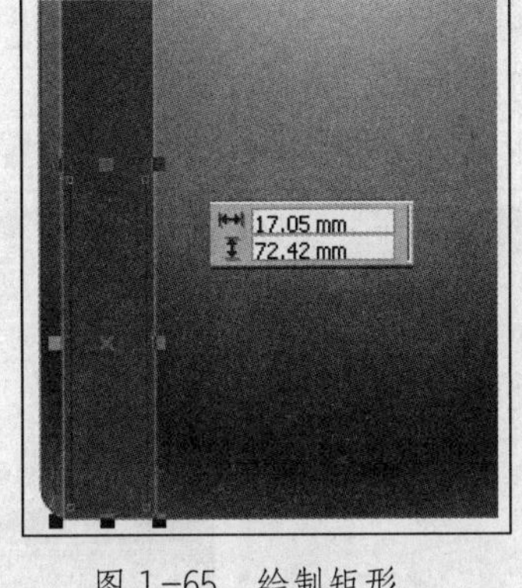

图 1-65　绘制矩形

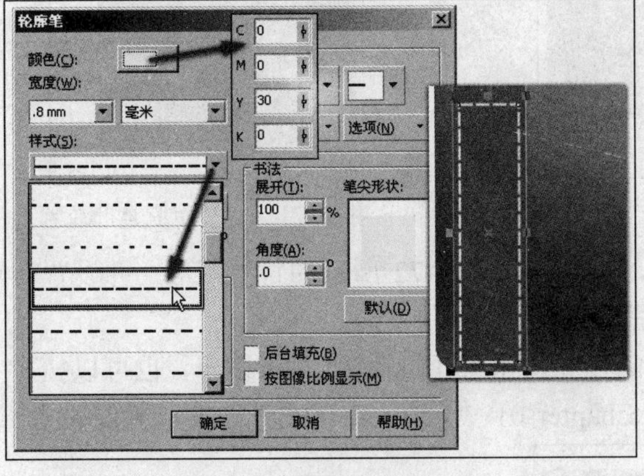

图 1-66　设置轮廓属性

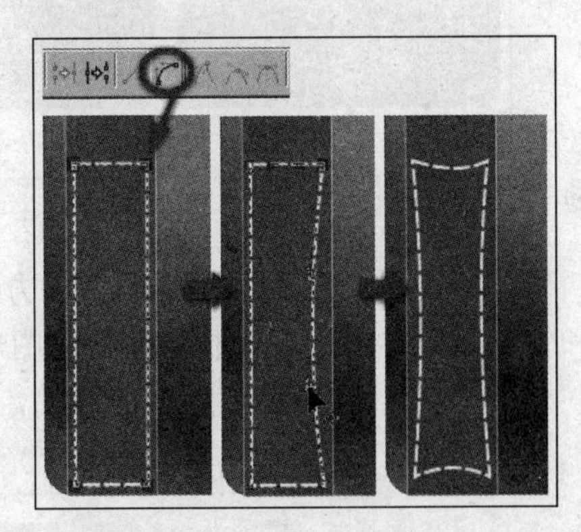

图 1-67　调整图形

08 选择“挑选”工具，按<Esc>键取消当前图形的选择状态。在属性栏中设置“再制距离”参数。完毕后选择图形并通过按<Ctrl+D>键，将图形再制两个，如图 1-68 所示。

09 使用“挑选”工具，框选绘制的竹子图形并按<Ctrl+G>键将其群组，在图形上单击，出现旋转控制柄，参照图 1-69 所示调整其旋转角度。

图 1-68　再制图形

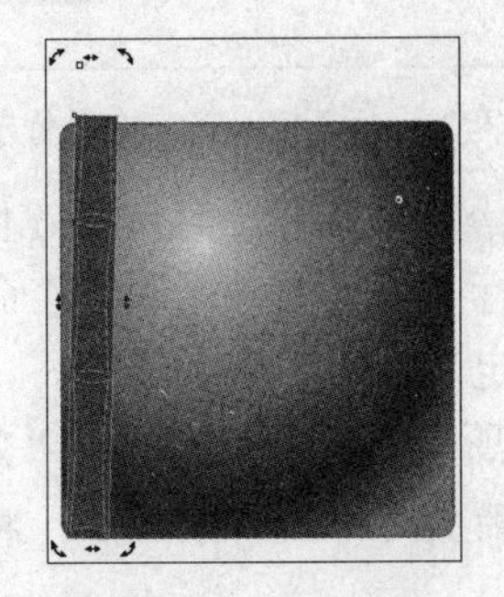

图 1-69　旋转图形

10 使用“3 点矩形”工具，单击并拖动鼠标，绘制直线，确定矩形的两个节点，松开鼠标后单击并向右拖动，确定矩形的宽度，如图 1-70 所示，绘制出倾斜的矩形。

11 将矩形填充为淡绿色，轮廓色设置为浅绿色，如图 1-71 所示。

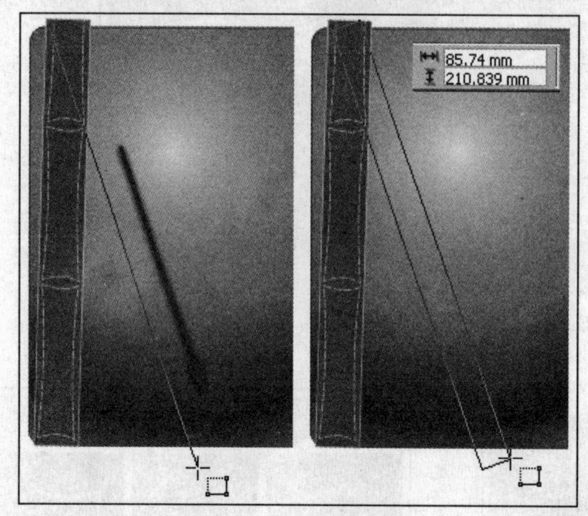

图 1-70　绘制矩形

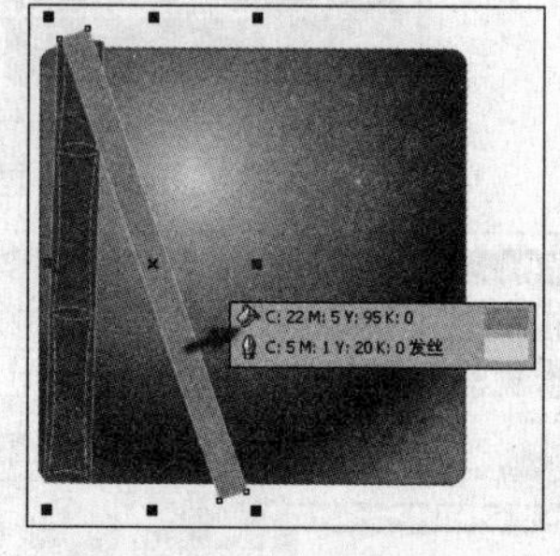

图 1-71　设置填充色和轮廓色

12 参照之前制作竹节图形的操作方法，再制作出图 1-72 所示的竹节图形，并设置其轮廓色和轮廓属性。完成后将制作的竹子图形群组。

13 参照以上制作竹子图形的方法，再制作如图 1-73 所示其他竹子图形。也可以执行“文件”→“导入”命令，导入本书附带光盘\Chapter-01\“竹子.cdr”文件，并调整其位置。

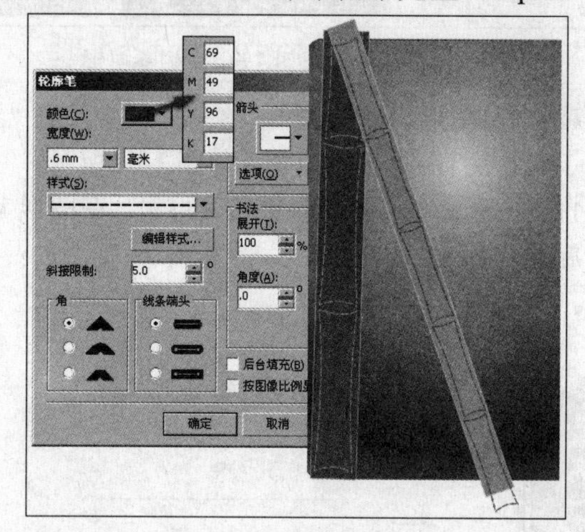

图 1-72　绘制竹节图形

图 1-73　绘制竹子图形

14 使用“挑选”工具选择左侧绿色较粗的竹子图形，按<Shift+PageUp>键调整其顺序到最上面。执行“工具”→“选项”命令，打开“选项”对话框，参照图 1-74 所示设置对话框，并单击“确定”按钮关闭对话框。

15 选择所有竹子图形，执行“效果”→“图框精确剪裁”→“放置在容器中”命令，当鼠标变为黑色箭头时单击背景矩形，将竹子放置在背景当中，如图 1-75 所示。

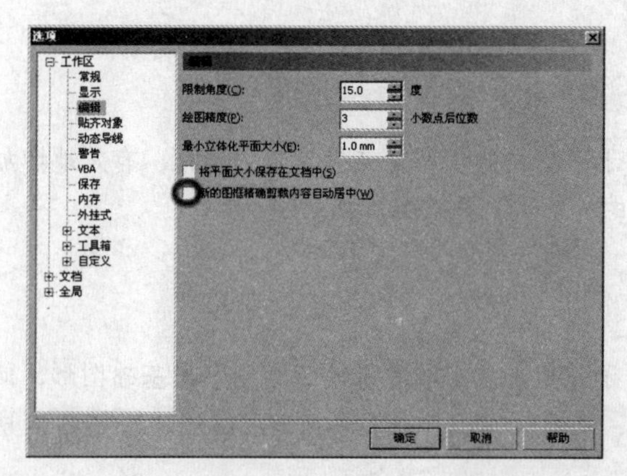

图 1-74　设置“选项”对话框　　　　图 1-75　图框精确剪裁

16 最后添加相关文字信息完成本实例的制作，效果如图 1-76 所示。在制作过程中遇到问题，可以打开本书附带光盘\Chapter-01\“设计公司宣传卡片.cdr”文件进行查看。

图 1-76　完成效果

实例 5　卡片设计

各种宣传产品的卡片在日常生活中随处可见，本节将制作一张用于宣传玩偶产品的小卡片。如图 1-77 所示为本实例的完成效果。

图 1-77　完成效果

设计思路

这是为玩偶制作的广告宣传卡片，干净明快的色调，充满童趣的图框，有效地增加了画面的宣传力度和感染力，从而达到宣传的目的，使人们喜欢上玩偶产品。

技术剖析

在该实例的制作过程中，主要使用了“矩形”工具等基础工具绘制出基础图形，使用“交互式变形”工具对基础图形进行变形操作，从而制作出卡片的装饰边框图形。如图1-78所示为本实例的制作流程。

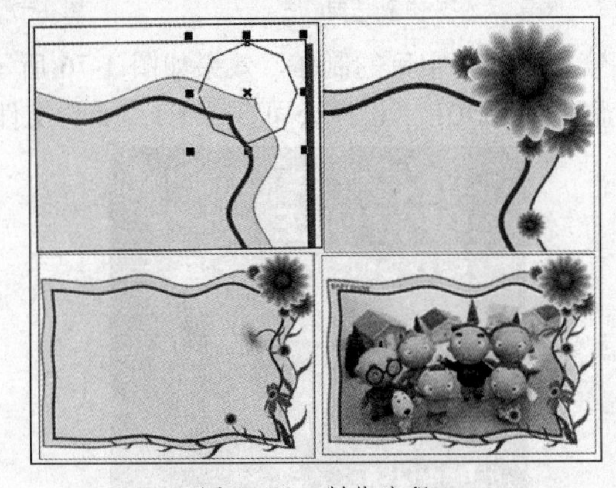

图1-78 制作流程

制作步骤

01 运行CorelDRAW X3，新建一个空白文档，参照图1-79所示设置其属性栏，设置页面大小。

02 使用“矩形”工具，在页面中绘制矩形，并设置其填充色和轮廓色，如图1-80所示。

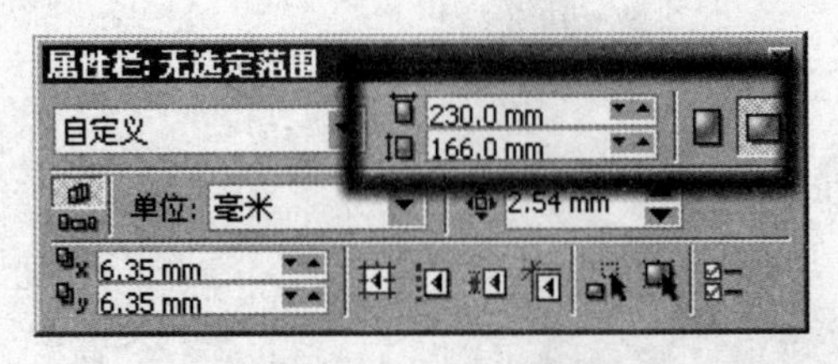

图1-79 设置属性栏

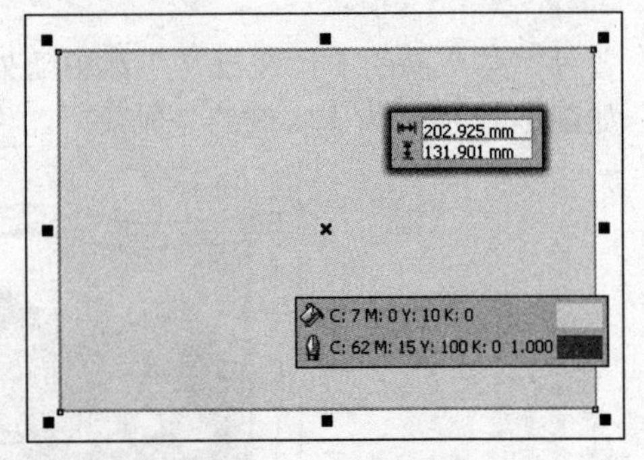

图1-80 绘制矩形

03 选择“交互式变形”工具，在其属性栏中单击“拉链变形”按钮，然后在矩形右上角单击并拖动鼠标，为矩形添加拉链变形效果，如图1-81所示。

04 保持添加变形后矩形的选择状态，参照图1-82所示设置属性栏参数，调整变形效果。

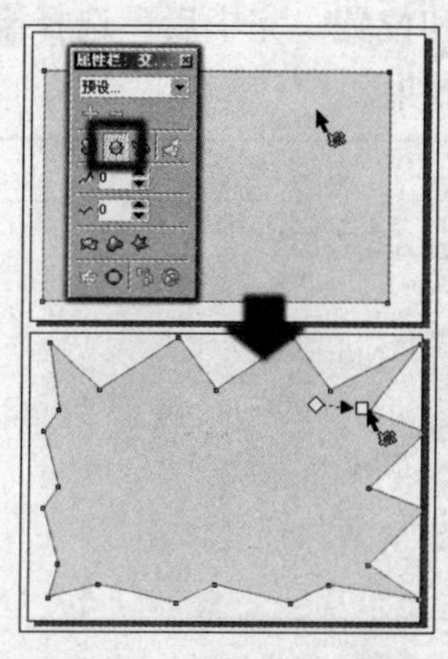

图 1-81 添加变形效果

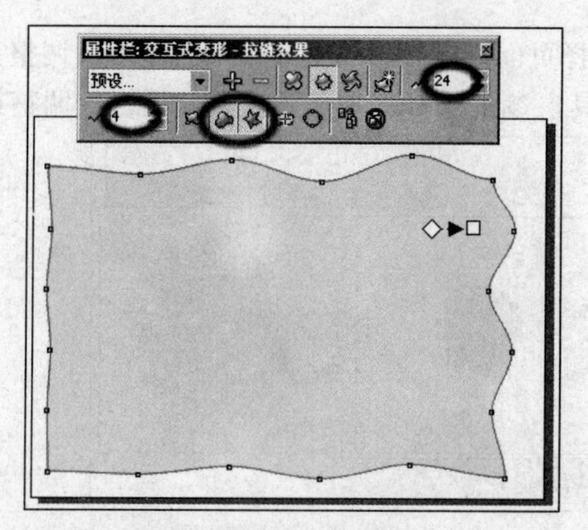

图 1-82 设置属性栏

05 选择 “挑选”工具，按小键盘上的<+>键，将其原位置再制并调整大小，完毕后设置其轮廓色和轮廓宽度，如图 1-83 所示。

06 选择工具箱中的 “多边形”工具，参照图 1-84 所示设置其属性栏，并配合按<Ctrl>键的同时绘制出边长相等的八边形。

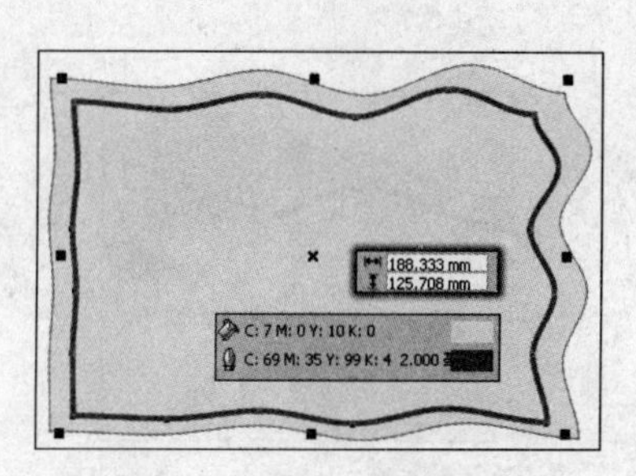

图 1-83 再制图形并调整

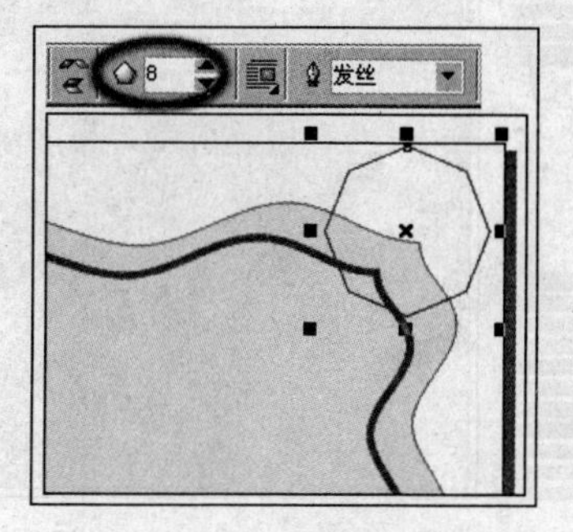

图 1-84 绘制多边形

07 使用 “形状”工具，框选八边形的所有节点，在其属性栏中依次单击 “转换直线为曲线”按钮和 “生成对称节点”按钮，设置八边形节点属性，如图 1-85 所示。

08 保持该图形的选择状态，选择 “交互式变形”工具，参照图 1-86 所示设置其属性栏，为图形添加变形效果。完毕后再制该图形并放置到页面空白处。

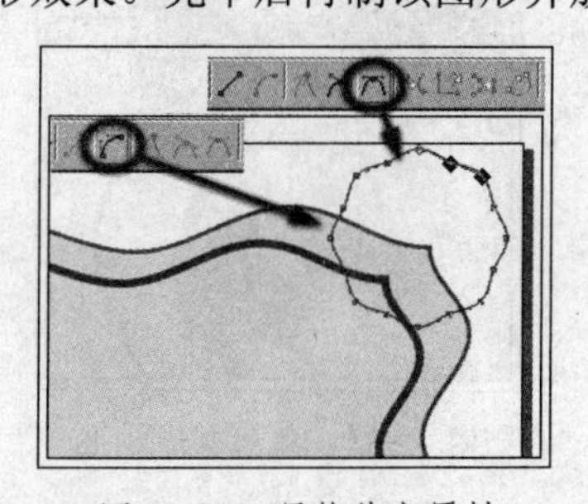

图 1-85 调整节点属性

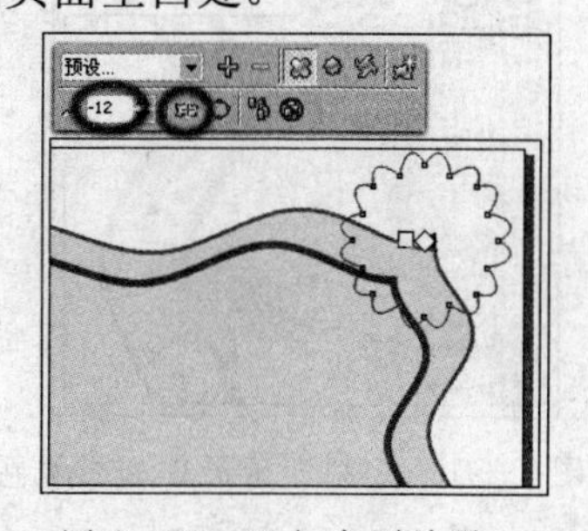

图 1-86 添加变形效果

09 将变形后图形填充为淡黄色，使用 “挑选”工具按<Shift>键，同时向内拖动角控制柄并右击鼠标，将图形向中心等比缩小再制，设置填充色为红色。使用 “交互式调和”工具，为两个图形添加调和效果，如图 1-87 所示。

10 选择页面空白处添加变形效果的图形，调整其大小和位置。完毕后，选择 "交互式变形"工具，参照图 1-88 所示设置其属性栏，调整其变形效果。

图 1-87 添加调和效果

图 1-88 调整图形

11 使用 "交互式填充"工具，为图形填充渐变色，如图 1-89 所示。

12 使用 "挑选"工具，框选制作的花朵图形，按<Ctrl+G>键将其群组。完毕后再制并调整图形大小和位置。使用同样的操作方法，再制作其他不同颜色的花朵图形。如图 1-90 所示。

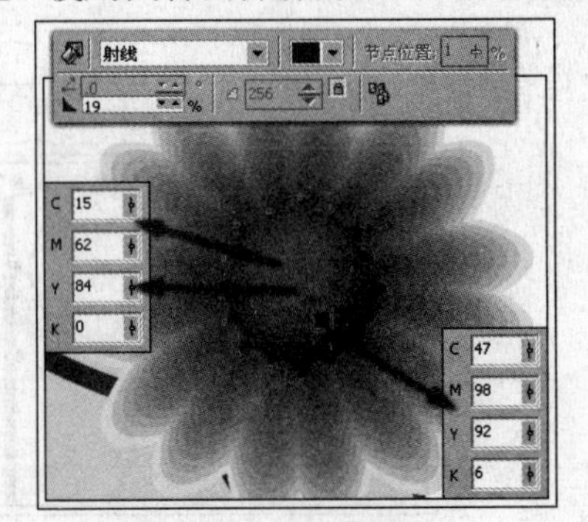

图 1-89 填充渐变色

图 1-90 制作花朵效果

13 使用 "多边形"工具，参照图 1-91 所示设置其属性栏，按<Ctrl>键的同时绘制等边三角形，并填充橘红色，设置轮廓色为无。

14 使用 "交互式变形"工具，参照图 1-92 所示，为三角形添加变形效果。

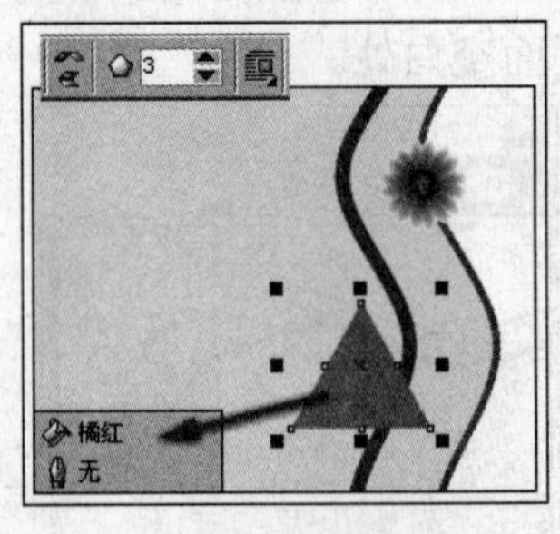

图 1-91 绘制三角形并填充颜色

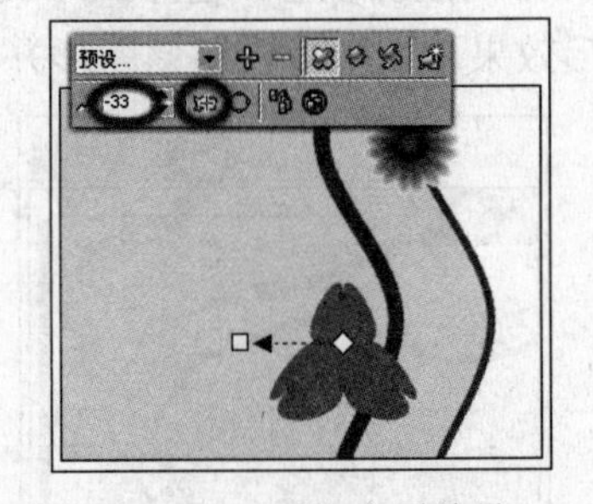

图 1-92 添加变形效果

15 再次使用 "交互式变形"工具，为其添加变形效果，并参照图 1-93 所示设置其属性栏。

16 将上面制作的花朵图形再制，调整其大小和旋转角度，并调整位置制作出花蕊图形。使用 "贝塞尔"工具，参照图 1-94 所示绘制花茎图形，设置轮廓色和轮廓宽度。完毕后按<Ctrl+PageDown>键，调整其顺序到花朵图形的下面。

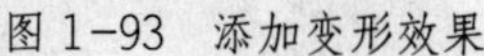
图 1-93　添加变形效果　　　　图 1-94　制作花朵图形

17 使用"多边形"工具，参照图 1-95 所示绘制多边形。使用"形状"工具，框选多边形的所有节点，单击属性栏中的"转换直线为曲线"按钮和"生成对称节点"按钮，设置多边形节点属性。

18 使用"交互式变形"工具，为多边形添加变形效果，设置属性栏参数，如图 1-96 所示。

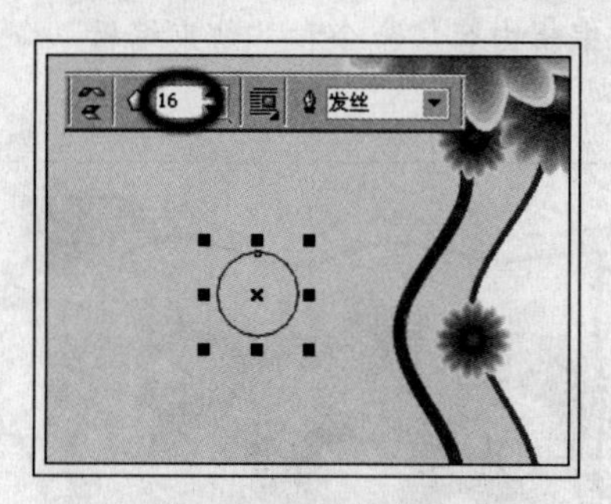

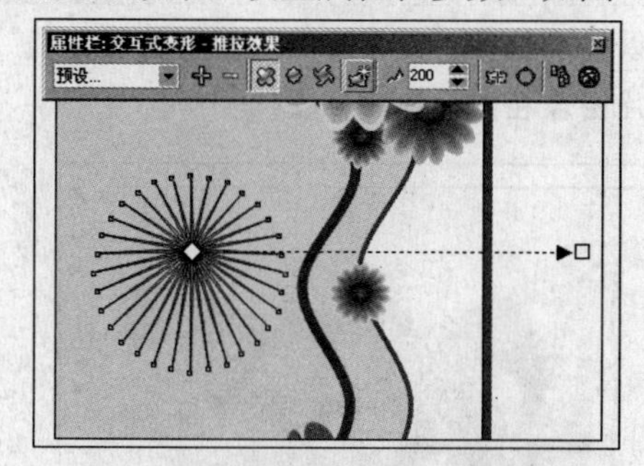

图 1-95　绘制多边形　　　　图 1-96　添加变形效果

19 再次使用"交互式变形"工具，参照图 1-97 所示为图形添加扭曲变形效果并设置其属性栏。

20 将添加变形后的图形填充为黄色，轮廓色为无。将其再制并调整大小和位置，设置填充色为橘红色，如图 1-98 所示。使用"贝塞尔"工具绘制出花茎图形并调整其顺序到花朵图形的下方。

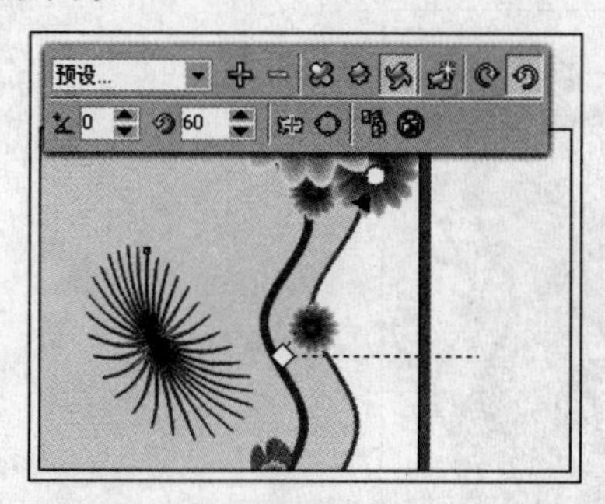

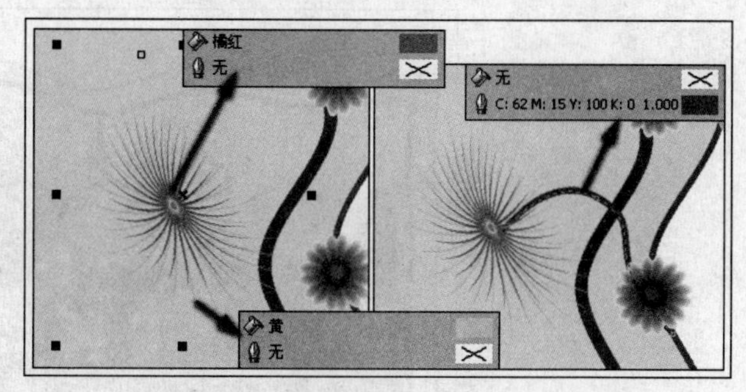

图 1-97　添加扭曲变形效果　　　　图 1-98　再制图形并设置颜色

21 执行"文件"→"导入"命令，将本书附带光盘\Chapter-01\"叶子.cdr"文件导入到文档相应位置，如图 1-99 所示。

图 1-99　导入光盘文件

22 再次导入本书附带光盘\Chapter-01\“照片.jpg”文件，如图 1-100 所示。

23 保持位图图像的选择状态，执行“效果”→“图框精确剪裁”→“放置在容器中”命令，当鼠标变为黑色箭头时单击内部边框图形，将照片图像放置该图形当中，如图 1-101 所示。

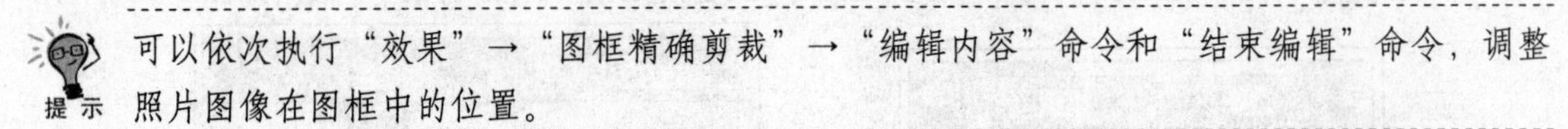

提示　可以依次执行“效果”→“图框精确剪裁”→“编辑内容”命令和“结束编辑”命令，调整照片图像在图框中的位置。

图 1-100　导入照片图形

图 1-101　图框精确剪裁

24 最后添加相关文字信息，完成本实例的制作，效果如图 1-102 所示。在制作过程中遇到问题，可以打开本书附带光盘\Chapter-01\“卡片设计.cdr”文件进行查阅。

图 1-102　完成效果

实例6 古典书签设计

本小节将制作一张书签，画面古香古色，具有传统文化特色。如图1-103所示，为本实例的完成效果图。

图1-103 完成效果

设计思路

本实例中使用的素材图像具有浓厚的传统重彩写意效果，因此在文字和装饰图形的搭配上要注意整体效果，将画面中古色古香的感觉烘托出来。

技术剖析

在本实例中，通过导入素材图像，根据画面的色调和感觉，绘制文字图形并为其添加纹理效果和阴影效果，制作出古香古色的文字效果。图1-104出示了本实例的制作流程。

图1-104 制作流程

制作步骤

01 运行 CorelDRAW X3，执行“文件”→“打开”命令，打开本书附带光盘\Chapter-01\“风景.cdr”文件，如图1-105所示。

02 使用“椭圆形”工具，绘制椭圆，并参照图1-106所示在属性栏中进行设置，将椭圆调整为弧形。

图 1-105 打开光盘文件

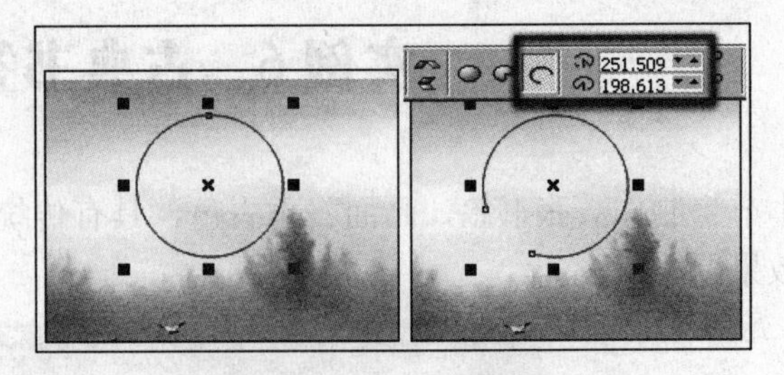
图 1-106 绘制弧形

03 保持弧线的选择状态，选择工具箱中的“艺术笔”工具，参照图 1-107 所示设置其属性栏，为弧线添加艺术笔触效果。

04 按<Ctrl+K>键拆分艺术笔群组，将拆分出的弧线删除。使用“形状”工具，对图形进行调整。完毕后使用“粗糙笔刷”工具，设置其属性栏在图形上涂抹，将图形粗糙化处理，如图 1-108 所示。

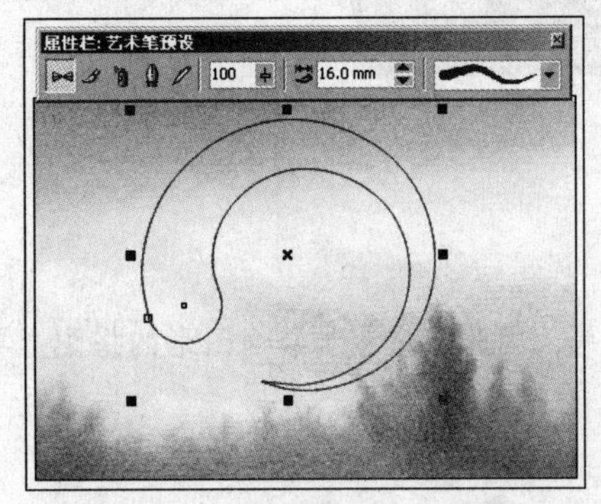

图 1-107 添加艺术笔效果

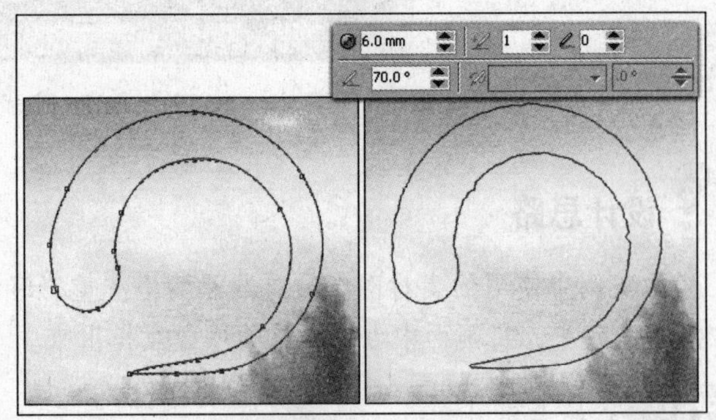

图 1-108 调整图形并粗糙化处理

05 选择“交互式轮廓图”工具，参照图 1-109 所示设置其属性栏，为图形添加轮廓图效果。

06 保持该图形的选择状态，按<Ctrl+K>键拆分轮廓图群组。选择外部图形并填充颜色。选择“交互式透明”工具，参照图 1-110 所示设置其属性栏，为图形添加透明效果。

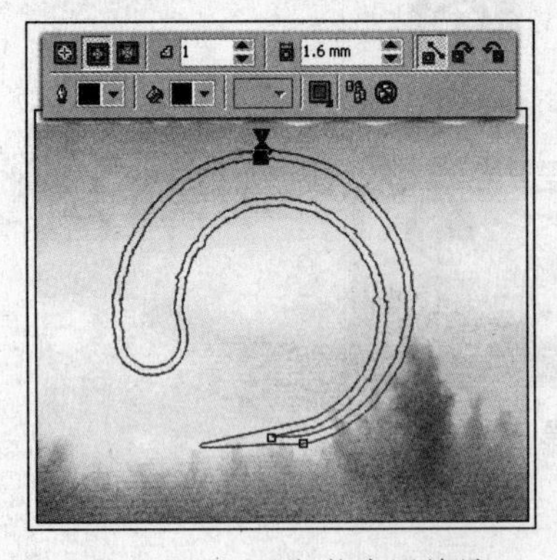

图 1-109 添加轮廓图效果

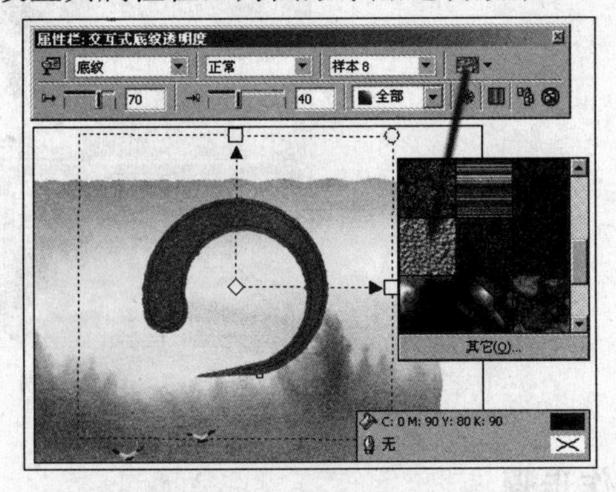

图 1-110 添加透明效果

07 选择内部图形并填充颜色。使用“交互式透明”工具，参照图 1-111 所示设置其属性栏，为图形添加透明效果。

08 使用“矩形”工具，在图 1-112 所示位置绘制矩形。使用“挑选”工具，按<Shift>键的同时将外部图形同时选中，单击属性栏中的“修剪”按钮，将图形修剪。

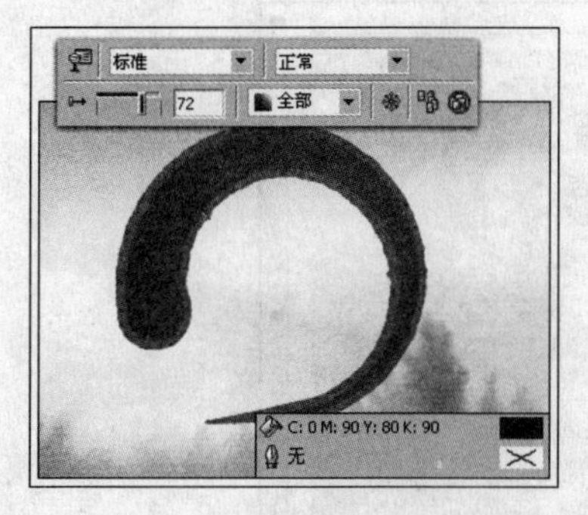

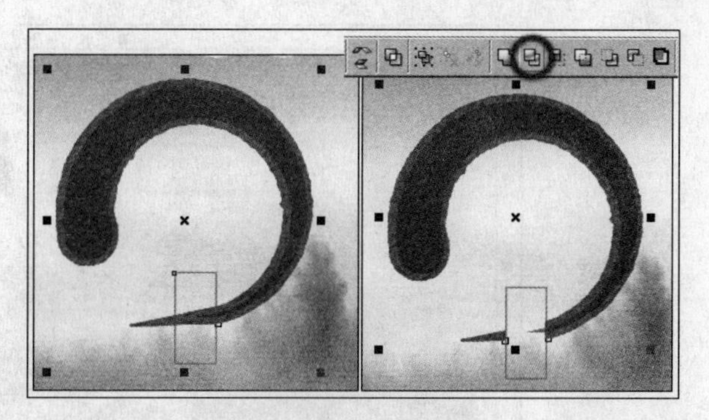

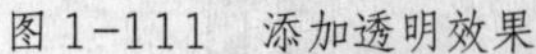

图 1-111 添加透明效果　　　　图 1-112 修剪图形

09 参照上一步骤中的操作方法，再将内部图形修剪，完毕后删除矩形。选择外部图形，使用“交互式阴影”工具，为其添加阴影效果，如图 1-113 所示。

10 框选制作的图形，将其再制并调整大小和位置，使用“形状”工具，对局部图形进行调整，如图 1-114 所示。

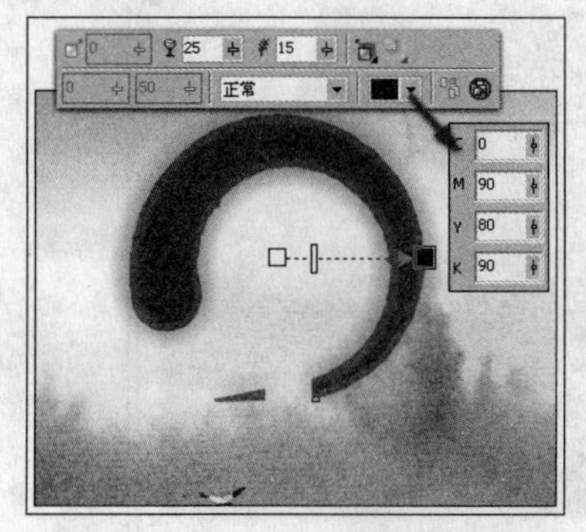

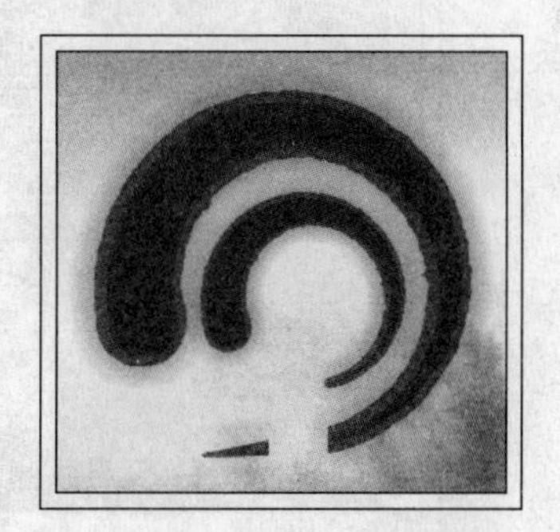

图 1-113 添加阴影效果　　　　图 1-114 再制图形并调整

11 使用“贝塞尔”工具，参照图 1-115 所示绘制文字图形。

技巧：也可以输入类似的文字图形，按<Ctrl+Q>键，将文字转换为曲线，并使用“形状”工具对其进行调整，快速制作出该步骤中的图形效果。

12 参照之前为图形添加纹理效果的方法，再制作出如图 1-116 所示文字效果。

图 1-115 绘制文字图形　　　　图 1-116 制作文字效果

13 使用“矩形”工具，参照如图 1-117 所示绘制矩形，并在属性栏中设置边角圆滑度。

图 1-117 绘制圆角矩形

14 再次使用"矩形"工具，参照图 1-118 所示绘制矩形，并在属性栏中设置其边角圆滑度。

图 1-118 绘制矩形

15 保持该图形的选择状态，按<Ctrl+Q>键将矩形转换为曲线。使用"粗糙笔刷"工具，参照图 1-119 所示设置其属性栏，在图形的边缘上涂抹，将图形粗糙化处理。

提示

为便于观察，暂时为矩形设置轮廓色和轮廓宽度。

图 1-119 将图形粗糙化处理

技巧

在该步骤中使用"粗糙笔刷"工具涂抹图形时，可以适当的调整"笔尖大小"参数，使图形边缘产生更丰富的效果。

16 使用 “挑选”工具，按<Shift>键的同时将两个矩形同时选中，单击属性栏中的 “结合”按钮，将图形结合。

17 单击工具箱中的 “填充”工具按钮，在展开的工具栏中单击 “图样填充对话框”按钮，打开“图样填充”对话框，参照图 1-120 所示设置对话框，为图形填充图案。

18 使用 “交互式阴影”工具，为边框图形添加阴影效果，如图 1-121 所示。

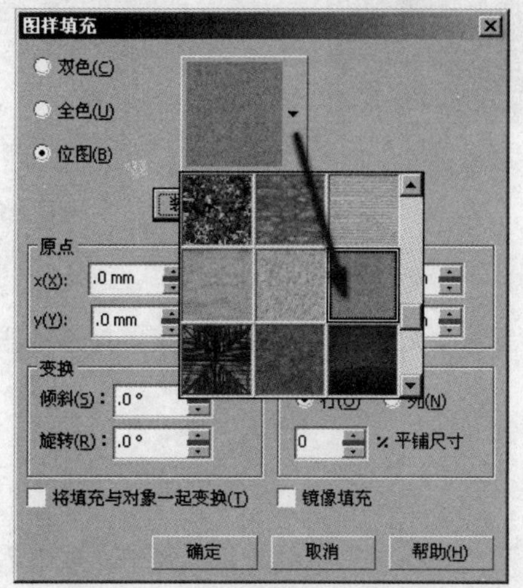

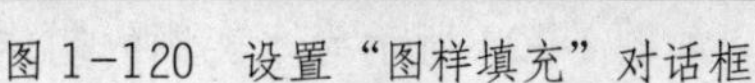
图 1-120　设置“图样填充”对话框

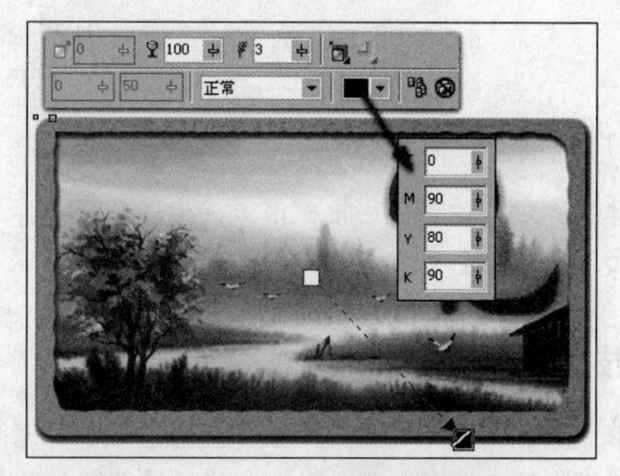

图 1-121　添加阴影效果

19 最后添加相关文字信息，完成本实例的制作，效果如图 1-122 所示。在制作过程中遇到问题，可以打开本书附带光盘\Chapter-01\“古典书签设计.cdr”文件进行查阅。

图 1-122　完成效果

实例 7　手机充值卡

手机充值卡也是对外进行宣传的一种传播方式，在本小节的实例学习中，将制作一张手机充值卡的画面。画面中另类的主体造型，夸张的设计元素，具有强烈的视觉冲击力。图 1-123 出示了本实例的完成效果。

图 1-123　完成效果

设计思路

本实例制作的一张手机充值卡，为了体现卡片的宣传主题，将采用造型夸张、时尚的卡通手机图形来完成整个充值卡的设计。

技术剖析

在该实例的操作过程中，主要使用了“贝塞尔”工具绘制出手机的轮廓图形。使用“交互式填充”工具填充颜色，制作生动、形象的手机图形。如图 1-124 所示为本实例的制作流程。

图 1-124　制作流程

制作步骤

01 运行 CorelDRAW X3，执行“文件”→“打开”命令，打开本书附带光盘\Chapter-01\“充值卡背景.cdr”文件，如图 1-125 所示。

图 1-125　打开光盘文件

02 使用工具箱中的“贝塞尔”工具，参照图 1-126 所示，在背景图形右侧绘制手机的轮廓图形，并使用“形状”工具对其进行调整。

03 使用“挑选”工具选择手机轮廓图形，参照图 1-127 所示设置属性栏，将图形旋转，并按小键盘上的<+>键将图形原位再制，将再制图形与原图形错位摆放。完毕后按<Ctrl+PageDown>键将再制图形调整到原图形的下面。

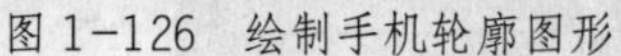

图 1-126 绘制手机轮廓图形　　图 1-127 再制并调整图形

04 使用“交互式填充”工具，参照图 1-128 所示分别为两个手机轮廓图形填充渐变色，并设置轮廓色均为无。

提示：为了便于观察，这里暂时将图形的轮廓色设置为白色。

05 使用“挑选”工具，选择顶层的手机轮廓图形，将其原位再制，使用“形状”工具调整轮廓形状。选择“交互式填充”工具，参照图 1-129 所示调整该图形的渐变填充效果。

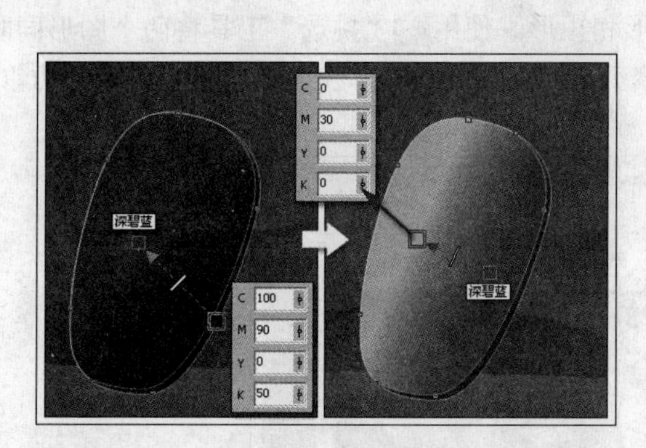

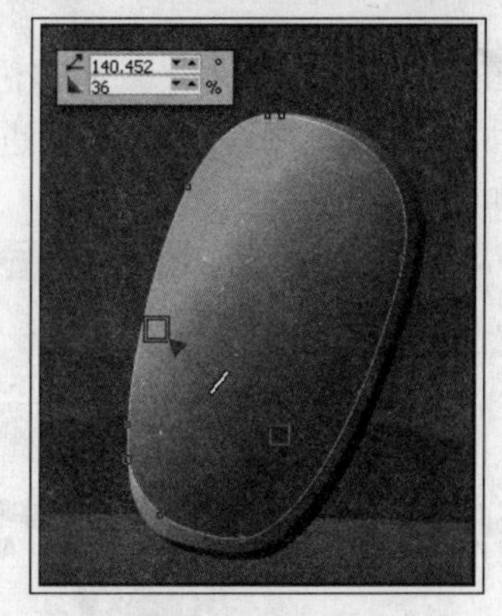

图 1-128 填充渐变色　　图 1-129 再制轮廓图形并调整渐变效果

06 保持该图形的选择状态，选择“挑选”工具，按<+>键将其原位再制。参照图 1-130 所示使用“形状”工具调整再制图形的形状。将该图形与原图形同时选中，单击属性栏中的“修剪”按钮，修剪图形。

07 使用“交互式填充”工具，为简化后的图形填充渐变颜色，制作出手机的侧面高光图形，如图 1-131 所示。

08 参照以上绘制手机轮廓图形的操作方法，绘制手机的屏幕图形，并分别为其填充颜色，轮廓色均设置为无，如图 1-132 所示。

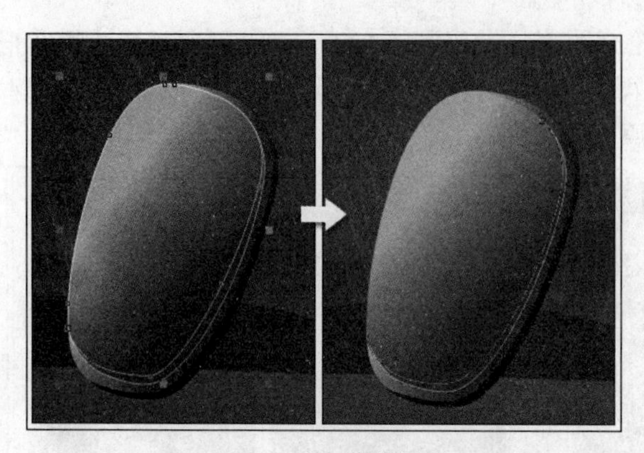

图 1-130　修剪图形

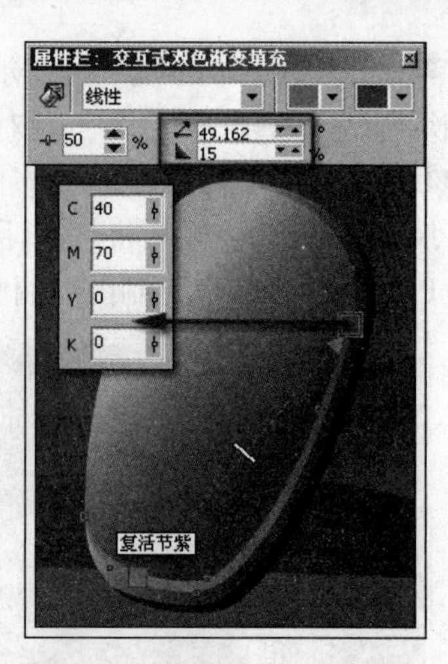

图 1-131　修剪图形并填充渐变色

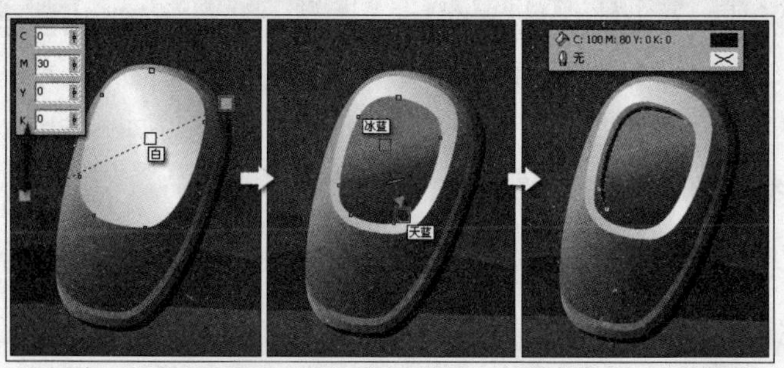

图 1-132　绘制手机屏幕图形

09 参照图 1-133 所示，绘制白色图形和矩形。使用"挑选"工具将两个图形同时选中，单击属性栏中的"后减前"按钮进行修剪。完毕后使用"交互式透明"工具，为修剪后的图形添加线性透明效果。

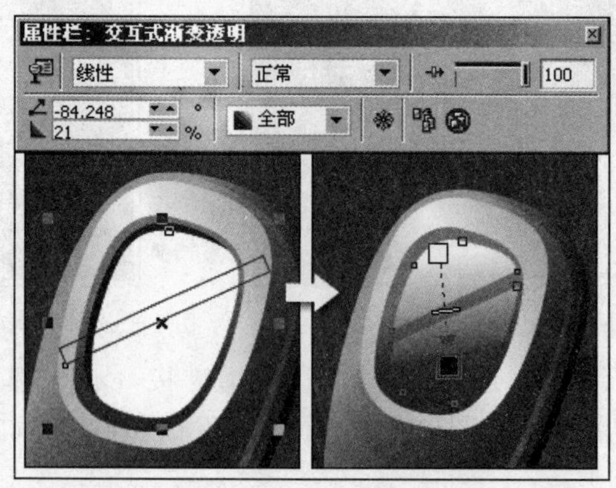

图 1-133　制作屏幕高光图形

10 选择"矩形"工具，参照图 1-134 所示设置其属性栏参数，在页面空白处绘制一个圆角矩形。选择"交互式轮廓图"工具，设置属性栏为圆角矩形添加轮廓图效果。

11 保持该图形的选择状态，按<Ctrl+K>键拆分轮廓图群组，参照图 1-135 所示分别为两个矩形填充渐变色，轮廓色均为无。

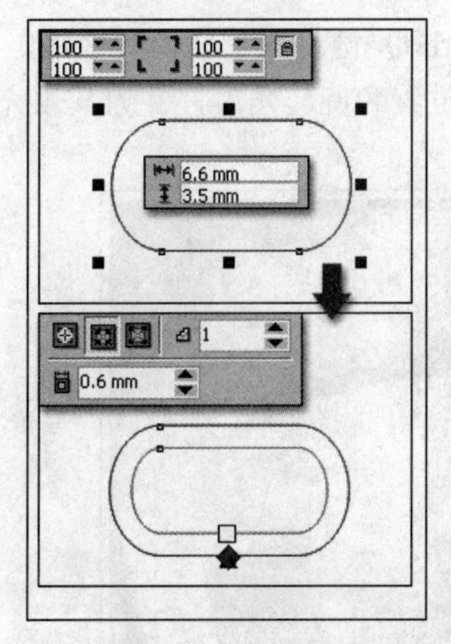

图 1-134　添加轮廓图效果

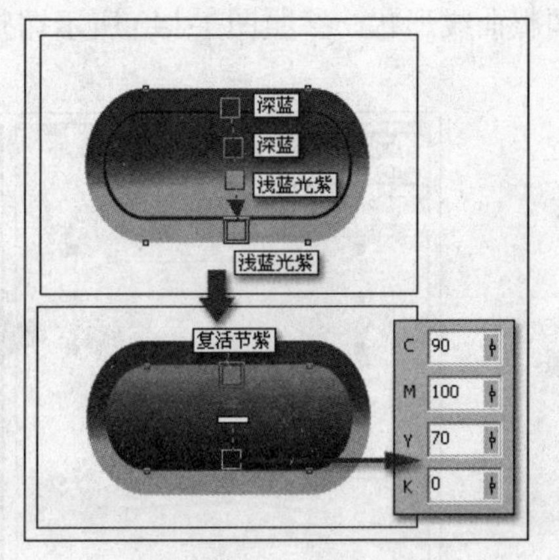

图 1-135　填充渐变色

12 将上层的矩形原位置再制，缩小并填充白色。使用“交互式透明”工具为其添加线性透明效果，如图 1-136 所示。使用“挑选”工具，将制作好的按钮图形框选，按<Ctrl+G>键群组。

13 选择“挑选”工具并按<Esc>键，取消当前对象的选择状态，参照图 1-137 置属性栏中的“再制距离”参数。选择按钮图形，按<Ctrl+D>键两次，将按钮图形等距再制。

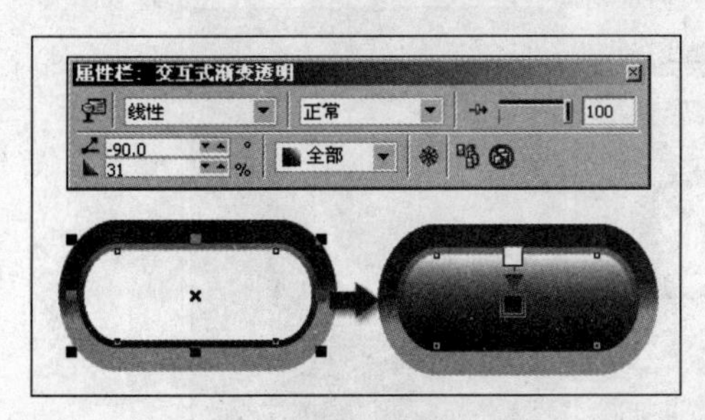

图 1-136　制作按钮高光图形

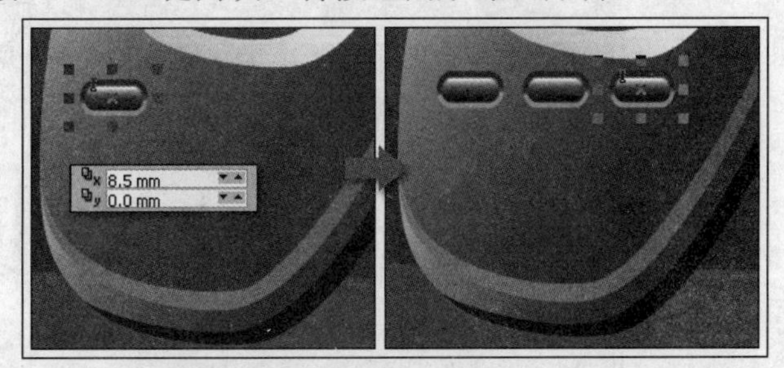

图 1-137　再制按钮图形

14 参照图 1-138，再次设置属性栏中“等距再制”选项，框选三个按钮图形，按下<Ctrl+D>键两次，将其等距再制。

15 将绘制的按钮图形全部选中，按下<Ctrl+G>键进行群组，并调整其旋转角度和位置，如图 1-139 所示。

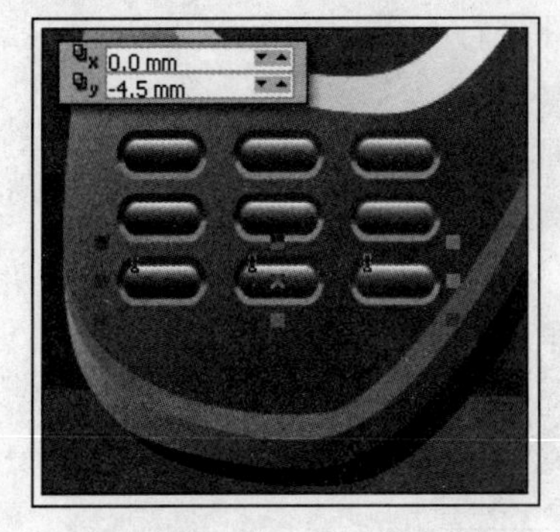

图 1-138　等距再制按钮图形

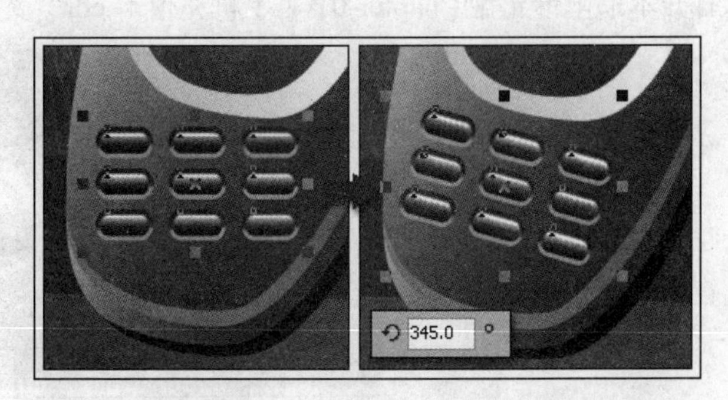

图 1-139　按钮图形并旋转其角度

16 使用“矩形”工具绘制圆角矩形，并按<Ctrl+Q>键将图形转换为曲线，使用“形状”工具调整曲线形状。参照图 1-140 所示调整图形位置和旋转角度，并为其填充白色，轮廓色为无。

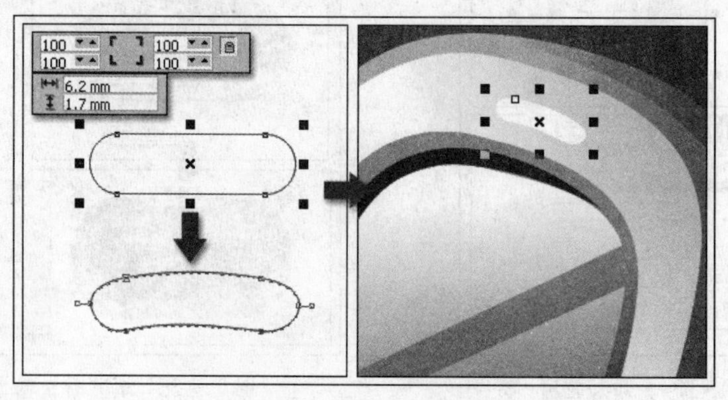

图 1-140　制作手机听筒图形

17 将白色图形原位再制，并为其填充渐变色。完毕后调整该图形的位置和大小，使其与原图形稍微错开，如图 1-141 所示。

18 使用“挑选”工具将绘制完成的手机图形框选，按<Ctrl+G>键将其群组。使用“交互式阴影”工具，为手机图形添加阴影效果，并参照图 1-142 设置属性栏。

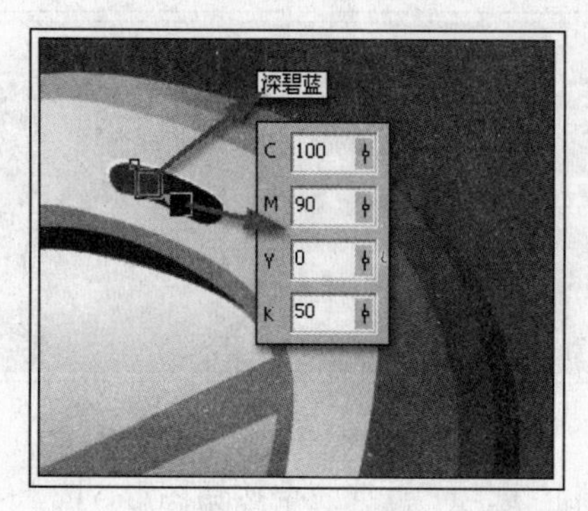

图 1-141　复制图形并填充渐变

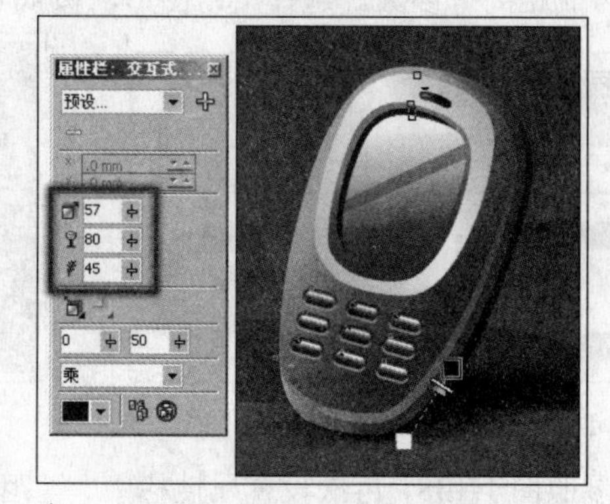

图 1-142　为手机图形添加阴影效果

19 执行“文件”→“导入”命令，将本书附带光盘\Chapter-01\“文字装饰图形.cdr”文件导入到文档中相应位置，完成本实例的制作，效果如图 1-143 所示。在制作过程中遇到问题，可以打开本书附带光盘\Chapter-01\“手机充值卡.cdr”文件进行查看。

图 1-143　完成效果

实例 8 贺卡制作

贺卡作为平面印刷物的一种，种类繁多。它承载的是节庆日里人们的问候和祝福。在本小节中将制作一张圣诞节贺卡，如图 1-144 所示为本实例的完成效果。

图 1-144 完成效果

设计思路

本实例制作的是一张圣诞节贺卡，为了突出卡片的特点，使用了布满雪花的背景图形，点明了圣诞节到来的时间，然后以色彩明快的铃铛图形做主体，烘托出节日的喜庆气氛。

技术剖析

在本实例的制作过程中，将重点介绍“交互式网格填充”工具的使用方法和技巧。实例中的主体物铃铛主要是通过使用“贝塞尔”工具绘制轮廓图形，然后使用“交互式网格填充”工具填充颜色制作而成的。图 1-145 所示为本实例的制作流程。

图 1-145 制作流程

制作步骤

01 运行 CorelDRAW X3，执行“文件”→“打开”命令，打开本书附带光盘\Chapter-01\“雪背景.cdr”文件，如图 1-146 所示。

图 1-146　打开光盘文件

02 使用“贝塞尔”工具，参照图 1-147 所示，在页面空白处绘制铃铛的轮廓图形。

提示　也可以导入本书附带光盘\Chapter-01\“铃铛.cdr”文件到页面空白处，以便更快完成铃铛轮廓的绘制。

03 使用“交互式网状填充”工具，选择铃铛轮廓图形并为其添加交互式网格效果，完毕后参照图 1-148 所示设置属性栏调整网格数量。

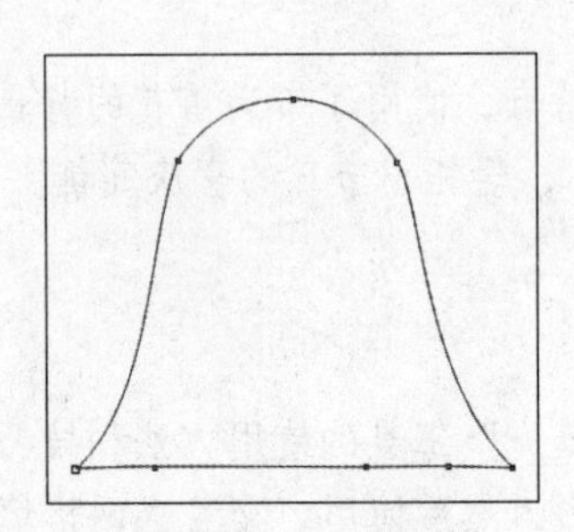

图 1-147　绘制图形

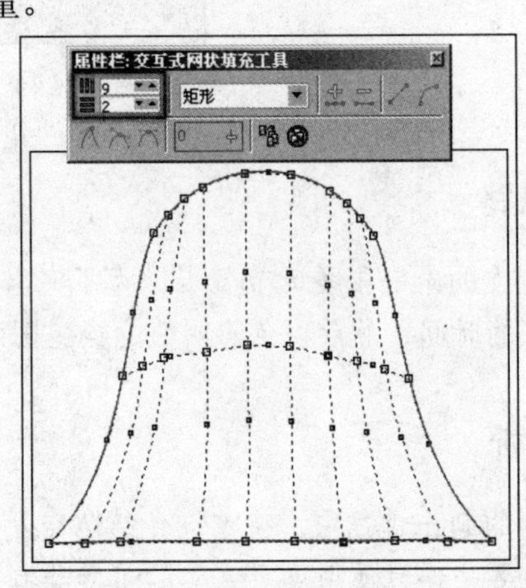

图 1-148　添加网格

04 使用“交互式网状填充”工具在图形上双击，添加网格线，如图 1-149 所示。

05 使用“交互式网状填充”工具，将网格中的部分节点选中，按<Delete>键将其删除，并参照图 1-150 所示对图形内部节点和网格线进行调整。

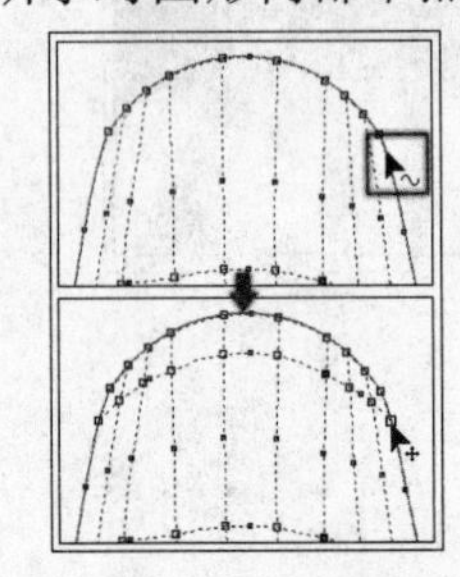

图 1-149　添加网格线

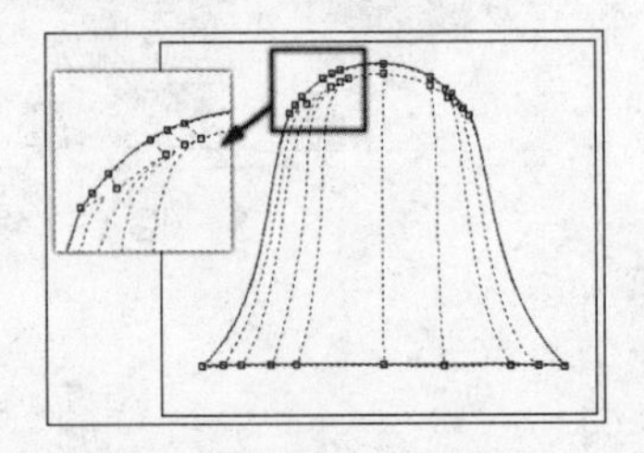

图 1-150　调整图形内部节点和网格线

06 执行“窗口”→“泊坞窗”→“颜色”命令，打开“颜色”泊坞窗。使用“交互式网状填充”工具，参照图1-151所示选择节点，设置“颜色”泊坞窗并单击“填充”按钮，为选择的节点填充颜色。

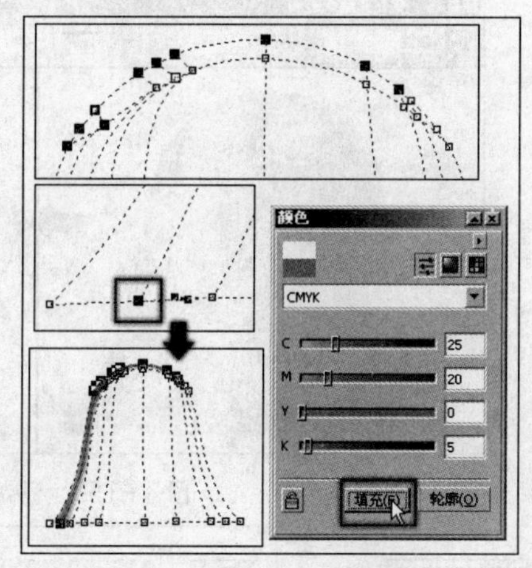

图1-151　填充颜色

被选中的节点呈黑色实心矩形状态，未被选中的节点呈空心矩形状态。

07 使用“交互式网状填充”工具，分别选中图1-152所示节点，在“颜色”泊坞窗中设置颜色参数，并单击“填充”按钮填充颜色。

08 参照图1-153所示使用鼠标在网格中单击，将该网格上相应的节点选中，在“颜色”泊坞窗中设置颜色参数并单击“填充”按钮，对该网格上的节点填充颜色。

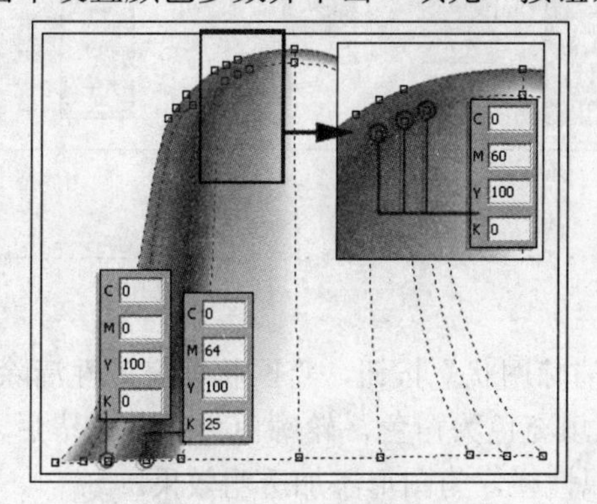

图1-152　填充颜色

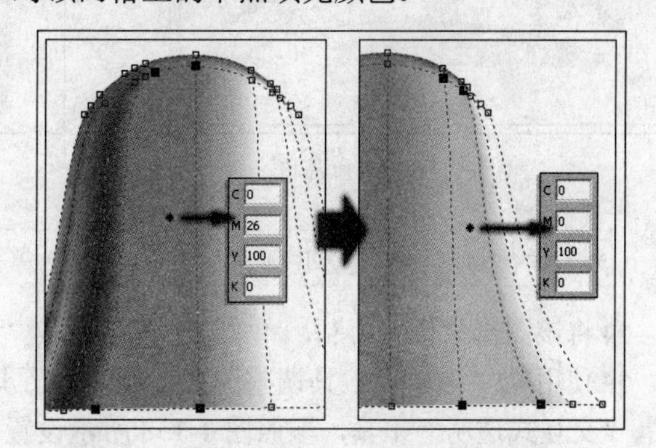

图1-153　为网格上对应的节点填充颜色

09 参照以上为节点填充颜色的方法，继续选择节点并填充相应颜色，如图1-154所示。

10 完毕后，使用“贝塞尔”工具绘制高光图形，将其填充为白色，轮廓色设置为无。使用“交互式透明”工具为高光图形添加透明效果，如图1-155所示。

11 使用“贝塞尔”工具绘制如图1-156所示图形。使用“交互式网状填充”工具，设置其属性栏，为图形添加网格并进行调整。

12 参照前面使用“交互式网状填充”工具的方法，为图形填充颜色，如图1-157所示。

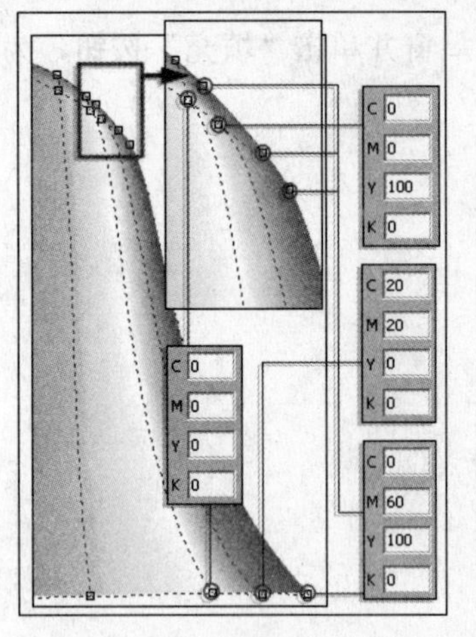

图 1-154 为节点填充颜色

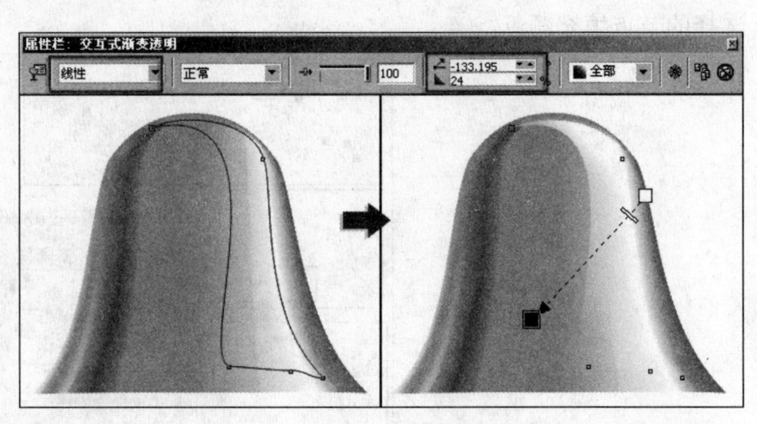

图 1-155 添加高光

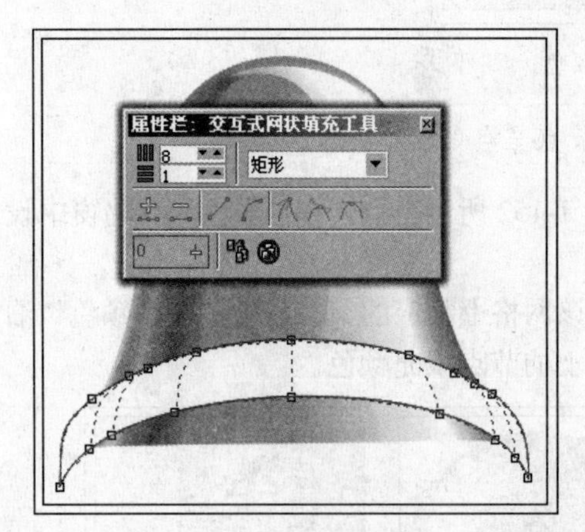

图 1-156 添加网格

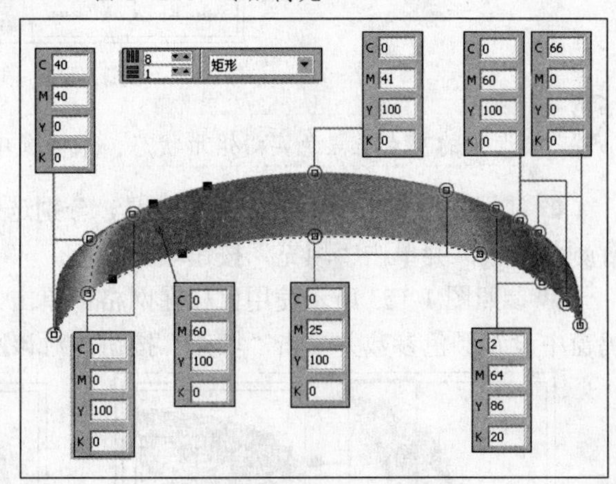

图 1-157 填充颜色

为了方便观察，暂时为图形添加了一个白色背景。

13 将该图形原位置再制，单击属性栏中的“清除网状”按钮，将网状填充属性清除。

14 使用“形状”工具调整图形形状，设置其填充色为白色，轮廓色为无。完毕后，选择“交互式透明”工具，参照图 1-158 所示设置属性栏，为图形添加透明效果。

提示：为了便于观察，这里暂时将图形的轮廓色设置为黑色。

15 使用“椭圆形”工具，绘制椭圆并按<Esc>键取消椭圆的选择状态。选择“交互式网状填充”工具，参照图 1-159 所示设置其属性栏，单击椭圆添加网格并为网格填充颜色。

16 保持该图形的选择状态，通过按<Ctrl+PageDown>键调整图形位置如图 1-160 所示。

17 参照之前同样的操作方法，再绘制图形并对图形进行网状填充，如图 1-161 所示。

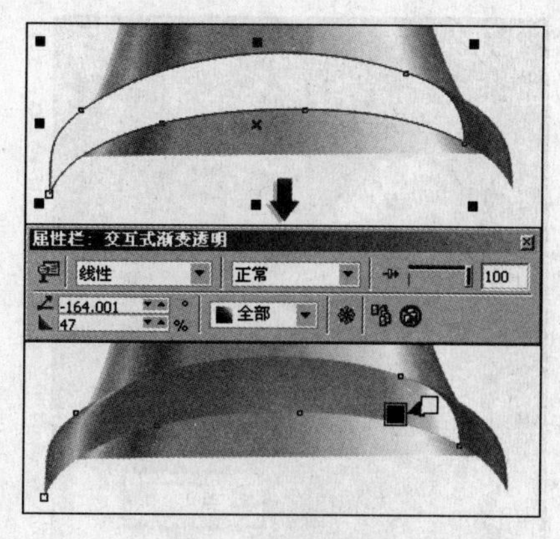

图 1-158　绘制高光

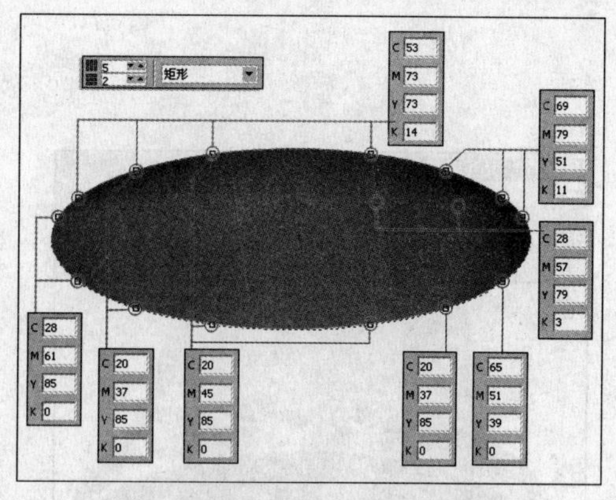

图 1-159　填充颜色

图 1-160　调整图形顺序

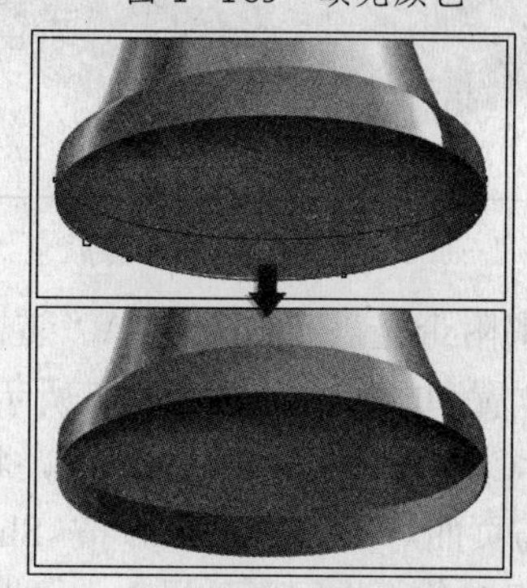

图 1-161　填充图形

18 使用"椭圆形"工具，参照图 1-162 所示在视图中绘制椭圆。接着按小键盘中的<+>键，将椭圆原地再制，并按<Shift>键的同时缩小图形，得到一个同心椭圆。

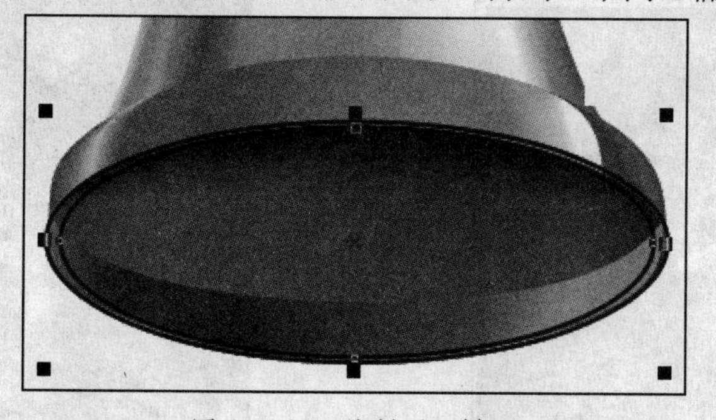

图 1-162　绘制同心椭圆

19 使用"挑选"工具，将这两个椭圆同时选中，单击属性栏中的"后减前"按钮，图形被修剪成一个圆环。使用"交互式填充"工具为圆环填充渐变色，轮廓色为无，如图 1-163 所示。

20 使用"挑选"工具，框选铃铛图形并按<Ctrl+G>键群组图形。完毕后，将其放置到背景图形中并旋转角度，如图 1-164 所示。

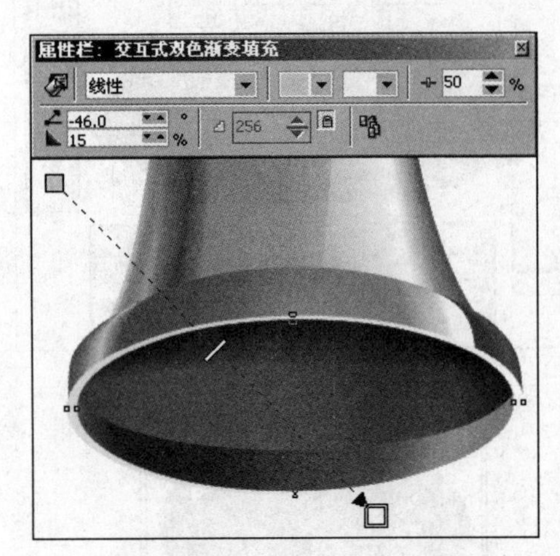

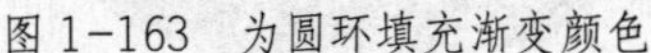

图 1-163　为圆环填充渐变颜色

图 1-164　调整图形位置及角度

21 导入本书附带光盘\Chapter-01\“装饰图形.cdr”文件，并按<Ctrl+U>键取消群组，完毕后调整图形的位置和顺序，如图 1-165 所示。

22 依次按<Ctrl+A>键和<Ctrl+G>键，将图形全选并群组。双击工具箱中的“矩形”工具，创建一个与页面等大的矩形，并按<Shift+PageUp>键调整其顺序到最顶层。

23 选择群组对象，执行“效果”→“图框精确剪裁”→“放置在容器中”命令，当光标变成黑色箭头时，单击矩形将群组对象精确剪裁，完成本实例的制作，效果如图 1-166 所示。在制作过程中遇到问题，可以打开本书附带光盘\Chapter-01\“贺卡.cdr”文件进行查看。

图 1-165　导入装饰图形

图 1-166　最终效果

第 2 章　制作信笺与宣传页

本章安排了 5 组实例，分别为“宣传单设计”、“设计公司宣传页”、“杂志宣传册”、“装饰公司信笺设计”和“公司宣传招贴”。在制作宣传页类的印刷品时，要考虑页面排版的合理性，使其符合人们的阅读习惯，才能达到宣传目的。图 2-1 所示为本章实例的完成效果图。

图 2-1　完成效果图

本章实例

实例 1　宣传单设计

实例 2　设计公司宣传页

实例 3　杂志宣传册

实例 4　装饰公司信笺设计

实例 5　公司宣传招贴

实例 1　宣传单设计

本小节将设计制作一则杂志书籍的宣传单。本实例采用了稳重含蓄的暗红色调，搭配以鲜明的文字主题，视觉效果突出，与杂志的内容相得益彰。图 2-2 所示为本实例的完成效果图。

图 2-2　完成效果

设计思路

本小节中宣传的对象是一本视觉杂志，因此在制作中要凸显出杂志的风格。宣传页设计为一张被撕裂的纸张，纸张的纹理效果和撕裂图形为设计重心。

技术剖析

在本实例的制作过程中，通过使用“底纹填充”对话框和“交互式透明”工具制作出纸张的底纹效果。使用“橡皮擦”、“涂抹”、“粗糙笔刷”和“交互式轮廓图”等工具来绘制编辑出纸张的撕裂效果。图 2-3 出示了本实例的制作流程。

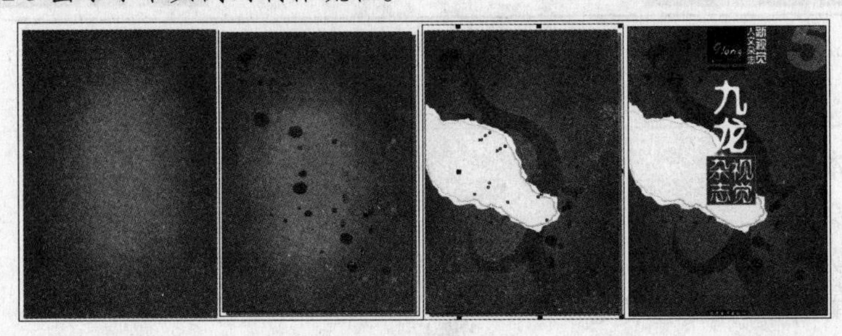

图 2-3　制作流程

制作步骤

1.绘制纸张

01 运行 CorelDRAW X3，在欢迎界面中单击“打开”图标，打开本书附带光盘\Chapter-02\“宣传单页背景.cdr”文件，如图 2-4 所示。

02 选择“艺术笔”工具，参照图 2-5 所示设置其属性栏各选项参数，在绘图页面上绘制艺术笔触图形并填充颜色，完毕后，使用“挑选”工具调整艺术笔图形。

03 使用同样的方法再次绘制艺术笔图形，并调整图形的大小和位置，如图 2-6 所示。

04 双击“矩形”工具创建出与页面等大的矩形，并按键盘上的<Shift+PageUp>键，将其调整顺序到图层顶部。

图 2-4　打开光盘文件

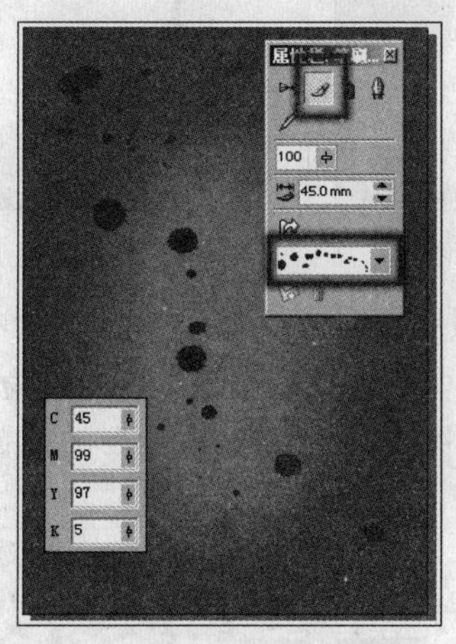

图 2-5　绘制图形

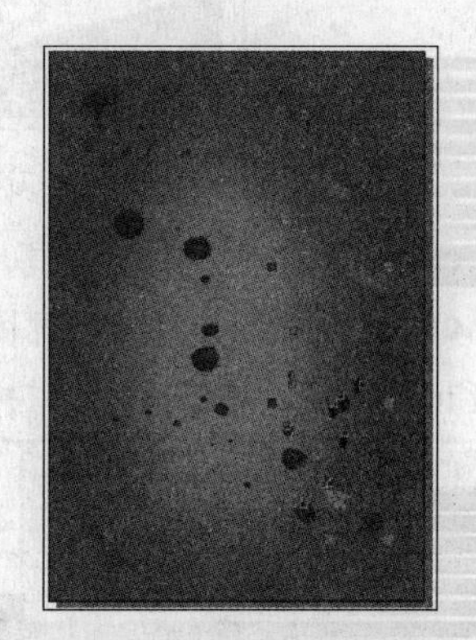

图 2-6　绘制图形

05 单击工具箱中的“填充”工具，在展开的工具栏中单击“底纹填充对话框”按钮，弹出“底纹填充”对话框，参照图 2-7 所示设置该对话框，并单击“确定”按钮关闭对话框，为矩形填充纹理。

06 使用“交互式填充”工具，参照图 2-8 所示，在绘图页面中单击并拖动鼠标，定义填充纹理的大小。

07 选择“交互式透明”工具，参照图 2-9 所示设置其属性栏，为图形添加透明效果。

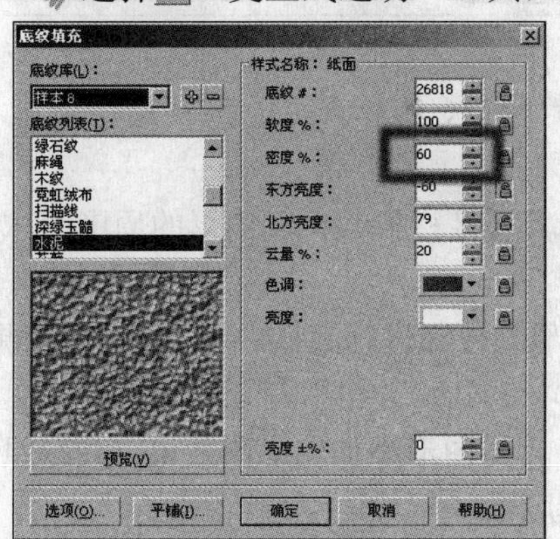

图 2-7　填充纹理

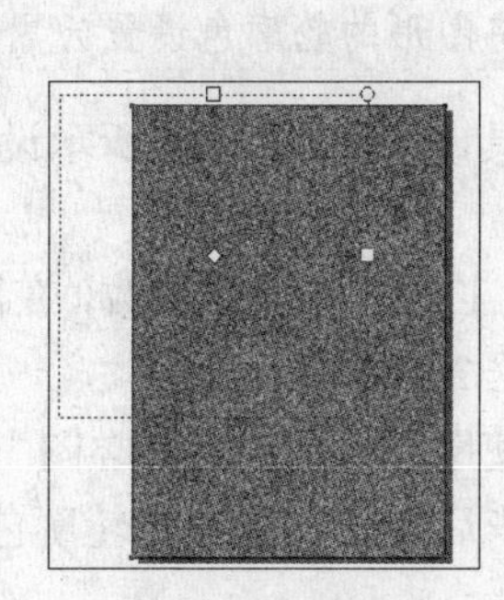

图 2-8　调整纹理

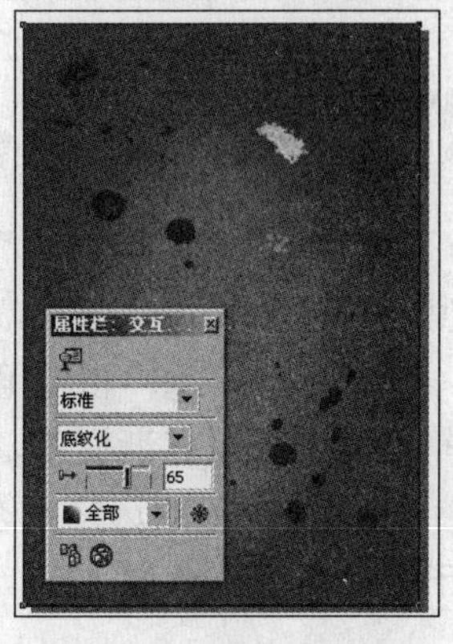

图 2-9　添加透明效果

2.绘制撕裂效果

01 双击"矩形"工具，创建与页面等大的矩形。按<Shift+PageUp>键调整其顺序到顶层，设置填充色为白色，轮廓色为无。

02 选择"橡皮擦"工具，并设置其属性栏参数，在图形的周围进行擦除，如图 2-10 所示。

03 保持当前工具的选择状态，参照图 2-11 所示设置其属性栏中"橡皮擦厚度"参数值，再次使用"橡皮擦"工具在图形的周围进行擦除。

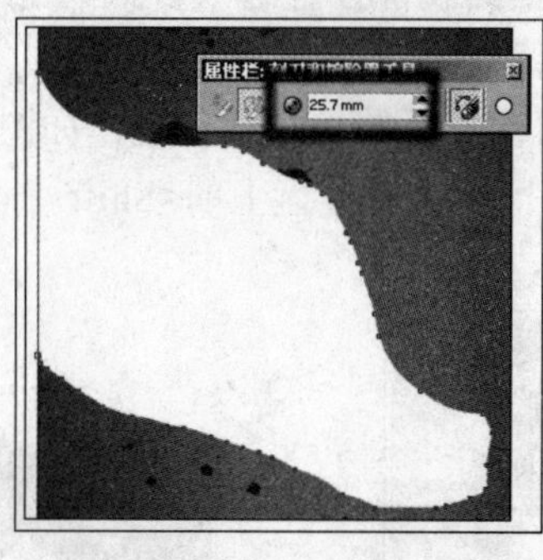

图 2-10 擦除图形

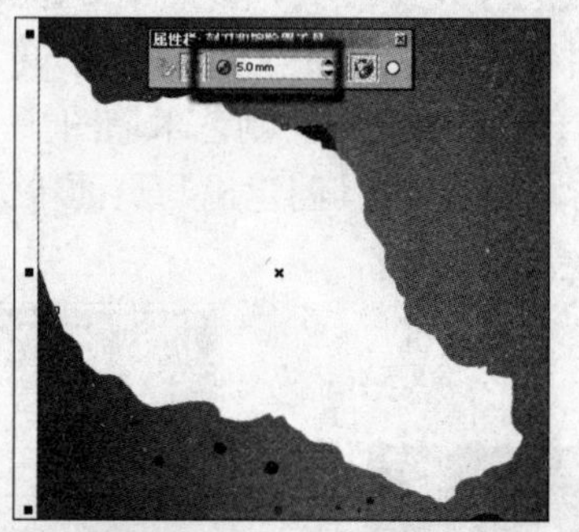

图 2-11 擦除图形

04 选择"涂抹"工具，参照图 2-12 所示设置其属性栏参数，在图形的周围进行涂抹。

05 选择"交互式轮廓图"工具，设置其属性栏参数，为图形添加轮廓图效果。按键盘上的<Ctrl+K>键拆分轮廓图，并参照图 2-13 所示调整图形的位置和大小。

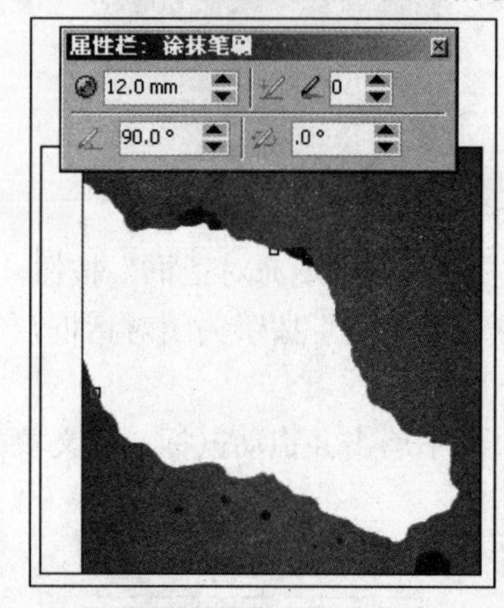

图 2-12 涂抹图形

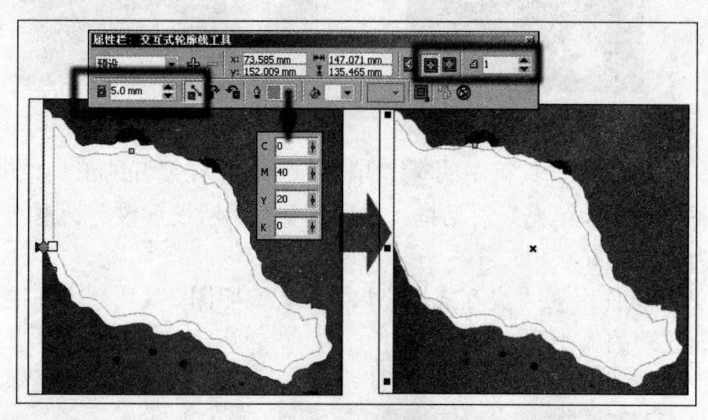

图 2-13 添加轮廓图效果

提示

为了方便观察，这里暂时将图形的轮廓色设置为黑色。

06 选择"粗糙笔刷"工具，参照图 2-14 所示设置其属性栏参数，在图形的周围涂抹，使其边缘产生锯齿状效果。

07 再次设置"粗糙笔刷"工具的属性栏参数，在图形的边缘进行涂抹，制作出粗糙效果。完毕后为图形填充渐变色，如图 2-15 所示。

08 保持图形的选择状态，使用"交互式轮廓图"工具为图形添加轮廓图效果，并参照图 2-16 所示设置属性栏参数，完毕后设置该对象的轮廓色为无。

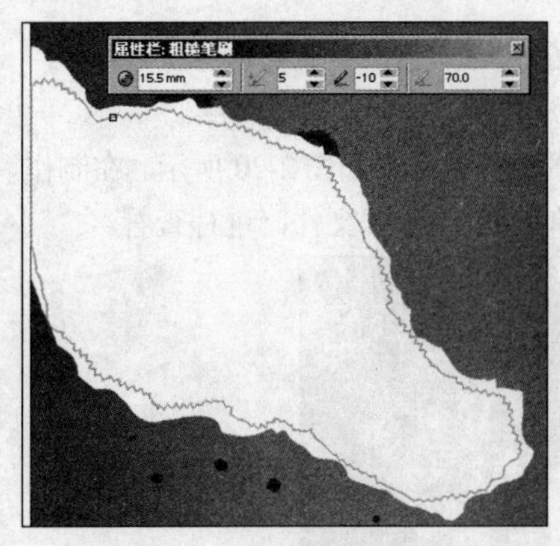

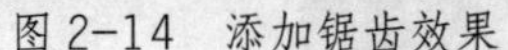
图 2-14 添加锯齿效果

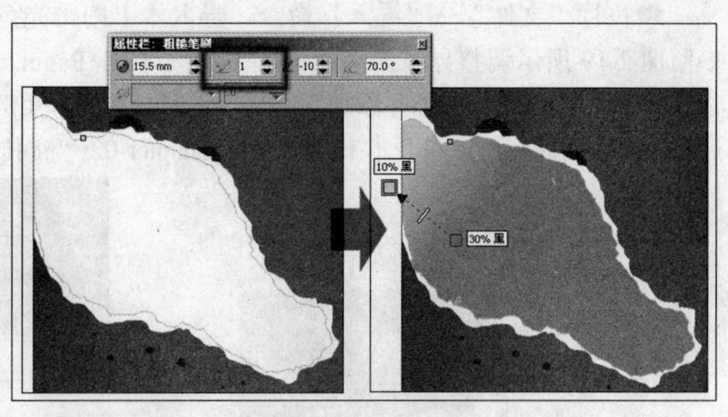

图 2-15 添加粗糙效果

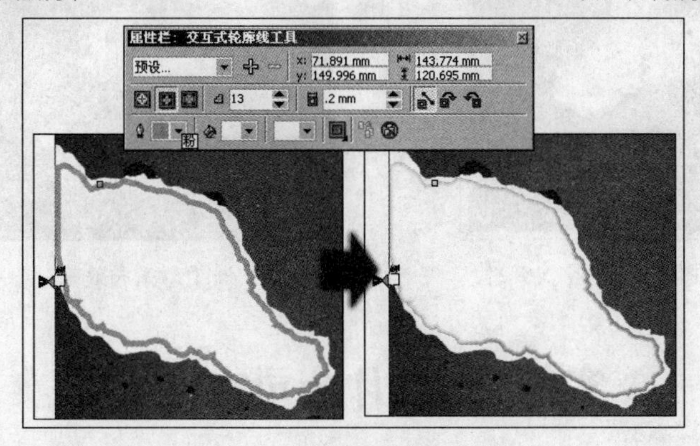

图 2-16 添加轮廓图效果

09选择“挑选”工具，按小键盘上的<+>键原地复制对象，单击属性栏中的“清除轮廓”按钮，取消其轮廓图效果。

10单击工具箱中的“填充”工具，在展开的工具栏中单击“底纹填充对话框”按钮，打开“底纹填充”对话框，参照图 2-17 所示设置该对话框为图形填充纹理效果。

11选择“交互式透明”工具，参照图 2-18 所示设置其属性栏中的各选项参数，为填充纹理后的图形添加透明效果。

图 2-17 填充纹理

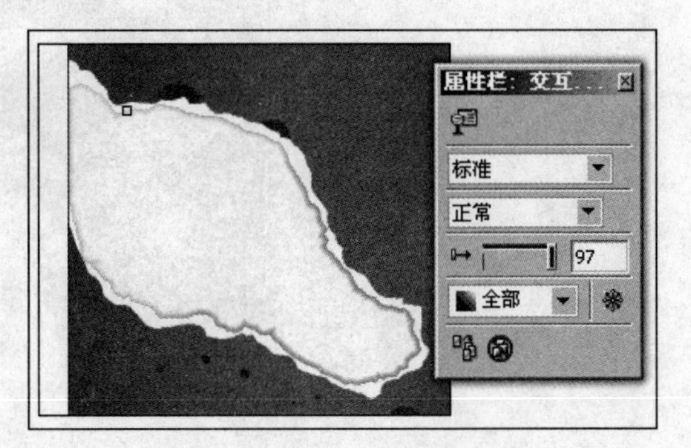

图 2-18 添加透明效果

12 执行“文件”→“导入”命令，导入本书附带光盘\Chapter-02\“装饰纹样.cdr”文件，参照图 2-19 所示调整导入图形的位置，并按<Ctrl+PageDown>键将其向后调整顺序。

13 最后绘制装饰图形并添加相关文字信息，完成本实例的制作，效果如图 2-20 所示。在制作过程中遇到问题，可以打开本书附带光盘\Chapter-02\“宣传单页设计.cdr”文件，进行查看。

图 2-19 导入素材

图 2-20 完成效果

实例 2 设计公司宣传页

本实例制作的是一幅设计公司的宣传页，整个画面的颜色以蓝绿色调为主，给人以冷静、可靠的视觉感受，通过绘制造型奇特的图形，不仅很好地装饰了画面，从另一方面还体现出了该设计公司独特的思维模式以及创新意识。图 2-21 所示为本实例的完成效果图。

图 2-21 完成效果

设计思路

本实例以装饰性极强的图形为背景，通过图形、色彩、文字等视觉元素来营造画面中空间的视觉张力，突出该设计公司的自我风格，达到宣传公司形象的目的。

技术剖析

本实例的制作较为简单，主要使用了“交互式轮廓图”工具制作而成。在使用“交互式轮廓图”工具时，需要注意的是，合理的设置“轮廓步长”值和“轮廓偏移”值，不仅可以达到理想的画面效果、减小工作文档的大小，还可以提高工作效率。图2-22出示了该实例的制作流程。

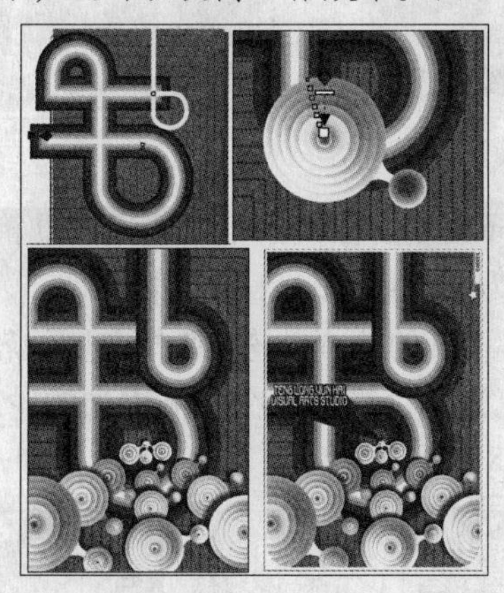

图2-22 制作流程

制作步骤

01 运行CorelDRAW X3，新建一个空白文档，保持属性栏的默认设置。双击工具箱中的“矩形”工具，创建一个与页面等大且重合的矩形，并为其填充颜色，如图2-23所示。

02 保持矩形的选择状态，选择“挑选”工具，按小键盘上的<+>键，将其原位置再制，并调整其位置，设置填充色为无。双击状态栏右侧的轮廓色块，打开“轮廓笔”对话框，参照图2-24所示设置对话框，调整图形的轮廓宽度和类型。

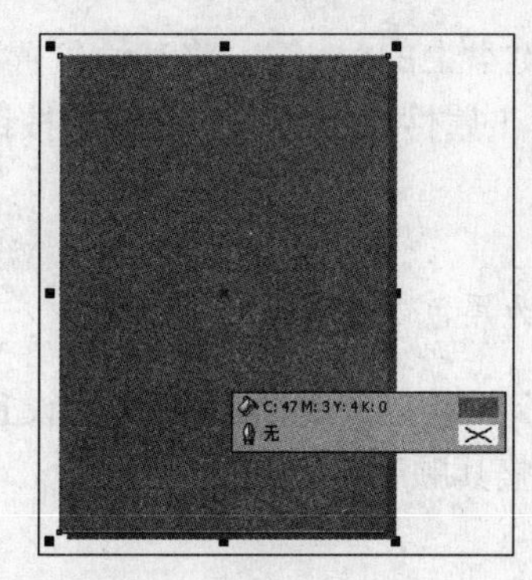

图2-23 创建矩形并填充

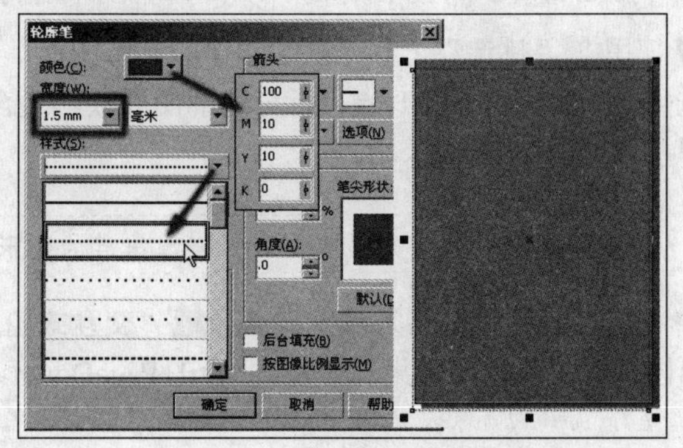

图2-24 再制矩形并调整

03 将矩形再次原位置再制，拖动右上角控制柄向左下角移动将其缩小。使用“交互式调和”工具，为两个矩形添加调和效果，如图 2-25 所示。

04 使用“贝塞尔”工具，参照图 2-26 所示分别绘制曲线，并设置其轮廓属性。

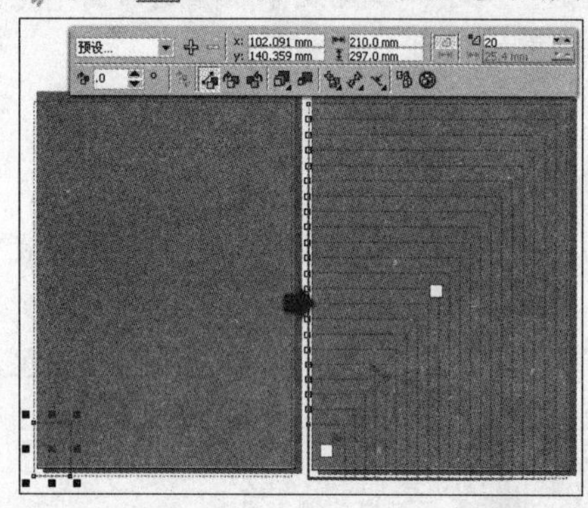

图 2-25 添加调和效果

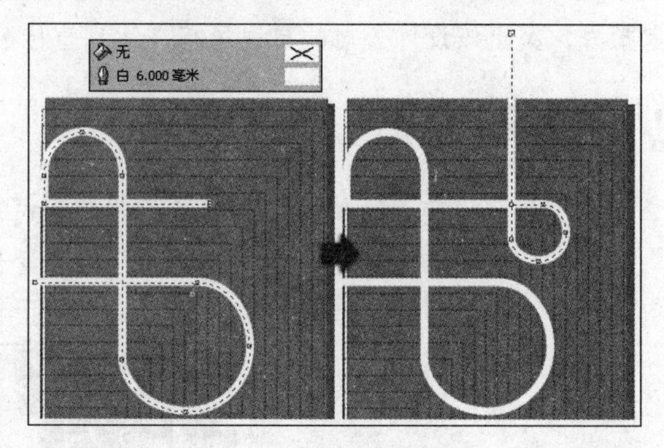

图 2-26 绘制曲线图形

05 使用“挑选”工具选择左侧的曲线图形。选择工具箱中的“交互式轮廓图”工具，参照图 2-27 示设置其属性栏，为图形添加轮廓图效果。

06 保持“交互式轮廓图”工具的选择状态，选择右侧的轮廓图形，单击属性栏中的“复制轮廓图属性”按钮，当鼠标变为黑色箭头时在左侧添加的轮廓图效果上单击，为右侧图形添加同样的轮廓图效果，如图 2-28 所示。

图 2-27 添加轮廓图效果

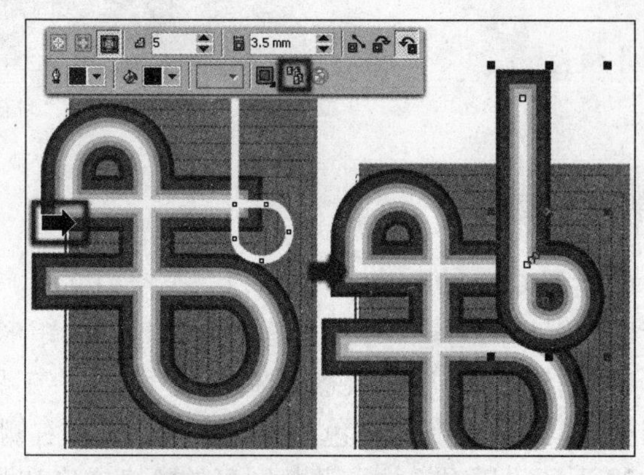

图 2-28 复制轮廓图效果

07 使用“挑选”工具，框选制作的装饰图形，按小键盘上的<+>键，将其原位置再制。依次按<Ctrl+K>和<Ctrl+U>键，拆分轮廓图并取消组合。单击属性栏中的“焊接”按钮，将图形焊接，如图 2-29 所示。

提示

为便于观察焊接后图形效果，暂时将焊接后的图形填充为黑色，轮廓色为无。

08 将焊接后图形填充为蓝色，选择“交互式轮廓图”工具，参照图 2-30 所示设置属性栏，为图形添加轮廓图效果。然后按<Ctrl+PageDown>键调整其顺序。

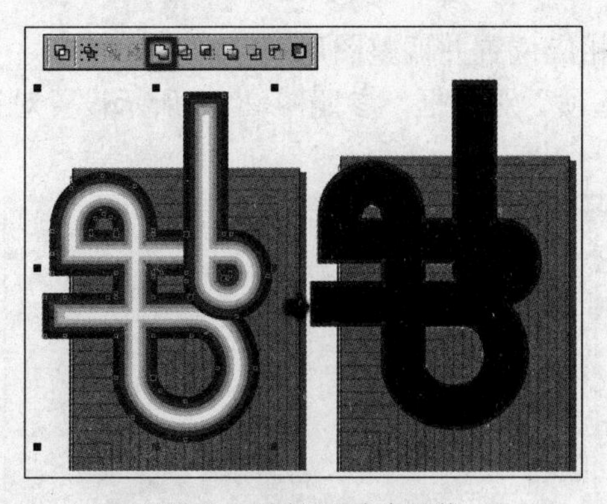

图 2-29　再制图形并调整

图 2-30　添加轮廓图效果并调整顺序

09 使用"椭圆形"工具，配合按<Ctrl>键绘制圆形，使用"贝塞尔"工具，参照图 2-31 所示在圆形右侧绘制图形，并调整顺序到圆形下面，将其填充为白色，轮廓色为无。使用"交互式填充"工具，为圆形填充渐变色。

10 将填充渐变色的圆形再制，并调整大小和位置，使用"交互式填充"工具，调整控制柄，对再制圆形的渐变色进行调整。使用"交互式轮廓图"工具，参照图 2-32 所示设置属性栏，为较大的圆形添加轮廓图效果。

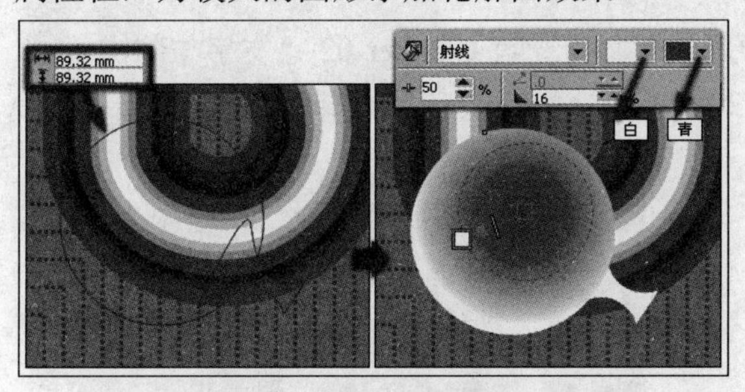

图 2-31　绘制图形并分别填充

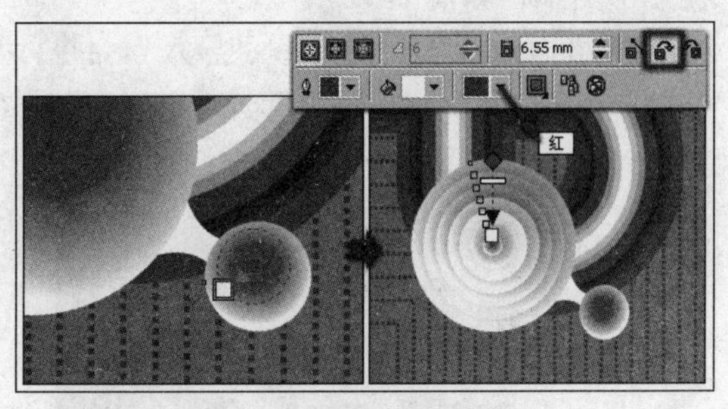

图 2-32　添加轮廓图效果

11 参照上一步骤中同样的操作，再为小圆添加轮廓图效果，设置属性栏参数如图 2-33 所示。

12 分别调整大圆和小圆的旋转角度，使用"挑选"工具，框选制作的装饰图形，按<Ctrl+G>键将其群组。使用"交互式阴影"工具，为其添加阴影效果，如图 2-34 所示。

图 2-33　添加轮廓图效果

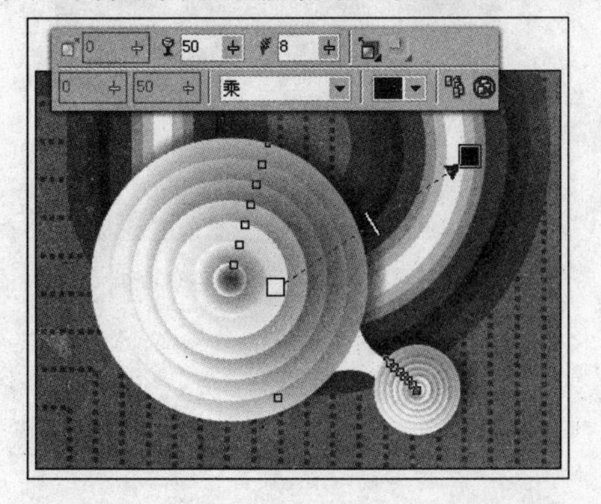

图 2-34　添加阴影效果

13 参照之前同样的操作方法再制作出其他装饰图形，如图 2-35 所示。也可以将本书附带光盘\Chapter-02\“装饰.cdr”文件导入到文档中相应位置并调整图形顺序。

14 执行“工具”→“选项”命令，打开“选项”对话框，参照图 2-36 所示设置对话框，单击“确定”按钮，关闭对话框。

图 2-35　再制图形并调整

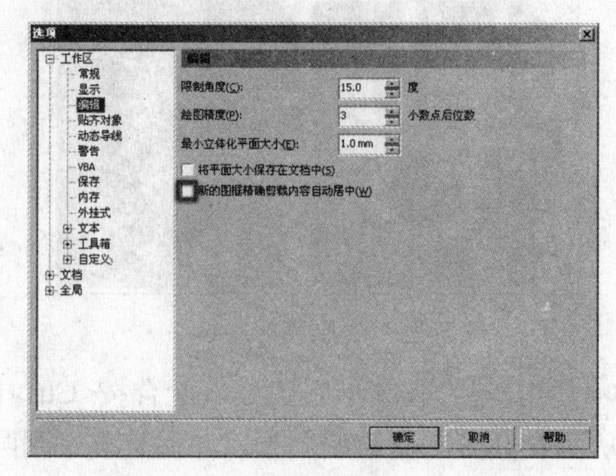

图 2-36　设置“选项”对话框

15 使用“挑选”工具，将页面中除背景矩形之外的所有图形选中，执行“效果”→“图框精确剪裁”→“放置在容器中”命令，当鼠标变为黑色箭头时单击矩形，将选中的图形放置在矩形当中，如图 2-37 所示。

16 最后执行“文件”→“导入”命令，导入本书附带光盘\Chapter-02\“文字与装饰.cdr”文件，并调整其位置，完成本实例的制作，如图 2-38 所示。读者可打开本书附带光盘\Chapter-02\“设计公司宣传页.cdr”文件进行查阅。

图 2-37　图框精确剪裁

图 2-38　完成效果

实例 3　杂志宣传册

宣传册相比较前面学习制作的宣传单来讲，能容纳较多的宣传内容，因此在设计宣传册时，更注重从整个页面入手，合理的编排色彩与构图。图 2-39 展示了本实例的完成效果。

图 2-39 完成效果

设计思路

本节实例制作的是一幅设计杂志的宣传册，根据杂志的内容特色，整个页面采用了极具设计感的时尚风格，优美的文字本身在宣传杂志内容的同时，又起到了美化页面的装饰效果。

技术剖析

在该实例中主要使用了“文本”工具，通过输入美术文字和段落文本，并进行合理的编排，从而传达宣传册的主题信息。如图 2-40 所示，为本实例的制作流程图。

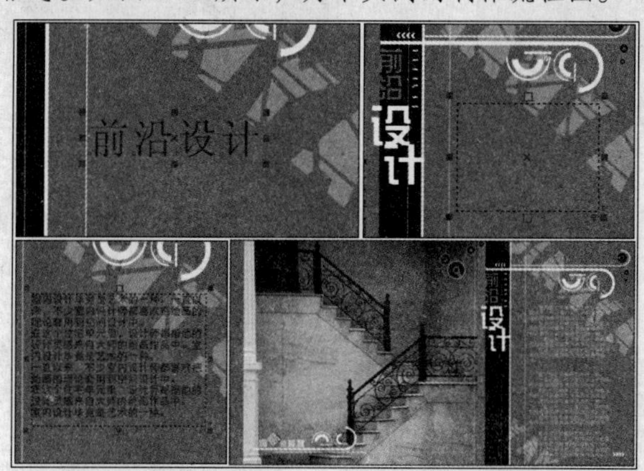

图 2-40 制作流程

制作步骤

1.制作文本

01 运行 CorelDRAW X3，在欢迎屏幕中单击“打开”图标，打开本书附带光盘\Chapter-02\“橙色背景.cdr”文件，如图 2-41 所示。

02 使用工具箱中的“文本”工具，在绘图页面中单击，插入光标并输入文字，如图 2-42 所示。

图 2-41　打开背景素材

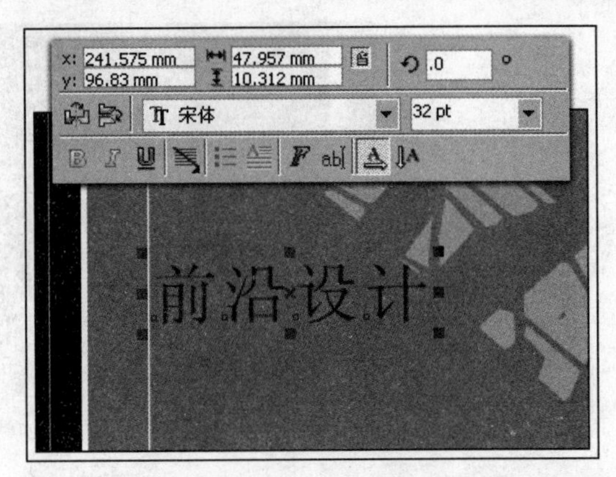

图 2-42　输入文字

03 单击属性栏中的“将文字更改为垂直方向”按钮，更改文本的方向，如图 2-43 所示。

04 单击属性栏中的“字符格式化”按钮，打开“字符格式化”泊坞窗，参照图 2-44 所示在泊坞窗中设置文字的字体。为文字填充白色，并调整文字在绘图页面中的位置。

图 2-43　更改文字方向

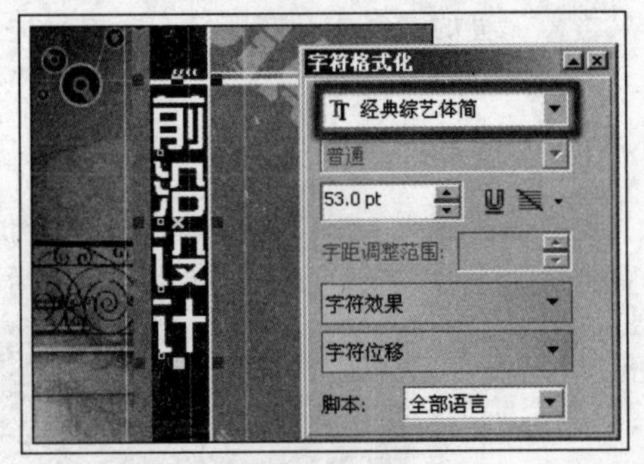

图 2-44　调整文本字体

05 使用“文本”工具在文本中单击并拖移鼠标，选中“前沿”两个文字，设置其填充颜色，并在“字符格式化”泊坞窗中设置其字体大小和字距，如图 2-45 所示。

06 选择“设”字，参照图 2-46 所示在“字符格式化”泊坞窗中设置字距、水平和垂直位移。

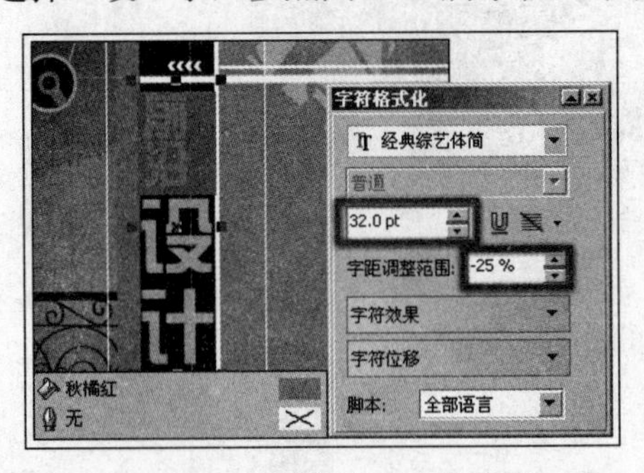

图 2-45　设置文字大小和字距

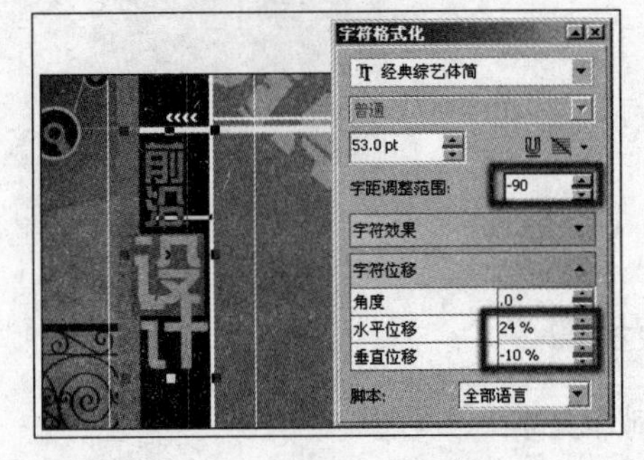

图 2-46　设置文本

07 参照以上方法，再对“计”文字的垂直位移进行设置，如图 2-47 所示。

08 使用“挑选”工具，适当调整“前沿设计”文本的位置，使用“文本”工具，再次输入字母，并设置字体、大小和方向，然后参照图 2-48 所示在“字符格式化”泊坞窗中设置其字距。

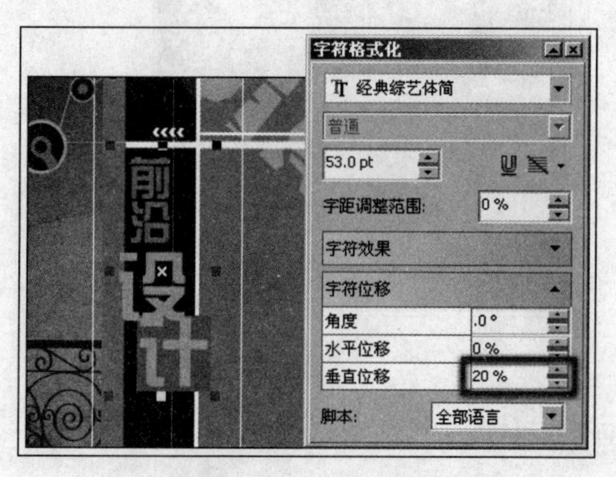

图 2-47　设置文本垂直位移

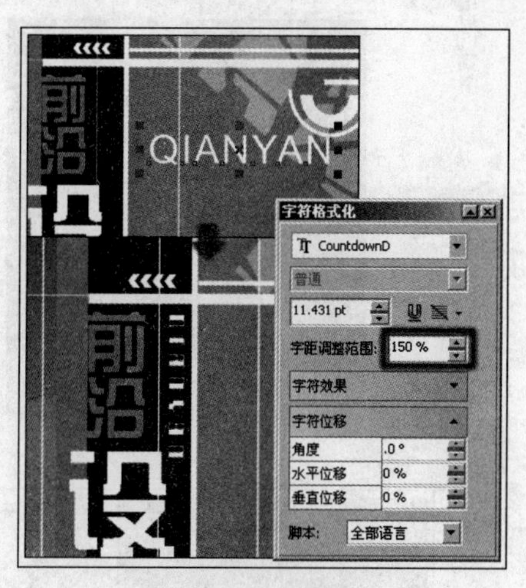

图 2-48　输入字母并调整

2.绘制段落文本

01 使用字“文本”工具，在如图 2-49 所示位置单击并拖动鼠标，绘制一个段落文本框。

02 打开本书附带光盘\Chapter-02\“杂志文本.txt”文件，将文字全选，按<Ctrl+C>键进行复制。

03 切换到“CorelDRAW X3”中，确认文本框为当前可编辑状态，在其属性栏中设置字体和大小，然后按<Ctrl+V>键，粘贴文本。如图 2-50 所示，当文本超出文本框后将不可见，此时文本框下方出现溢出标示。

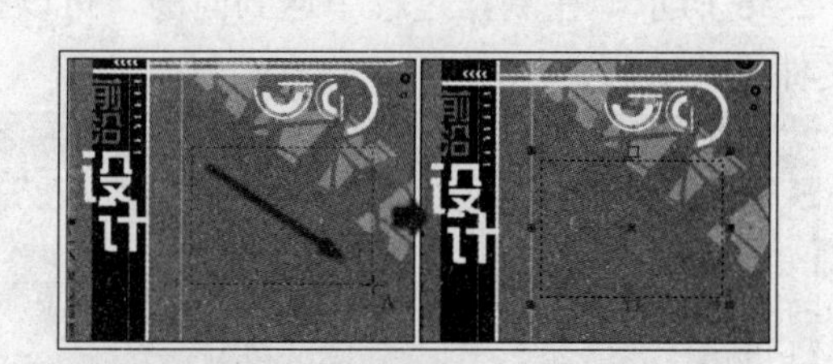

图 2-49　绘制文本框

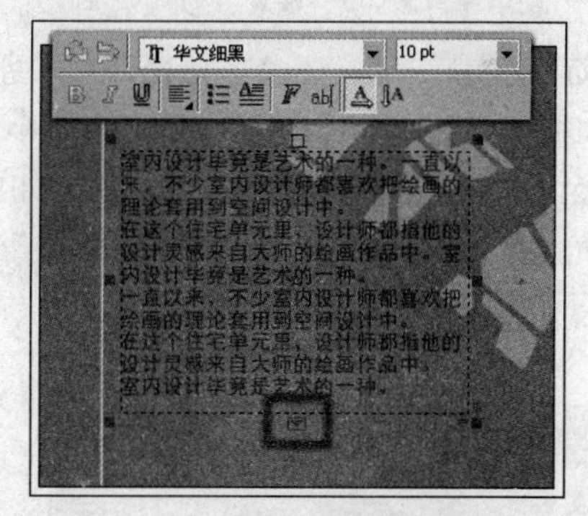

图 2-50　添加文字

04 使用字“文本”工具，在段落文本下方绘制文本框。完毕后选中上方的段落文本，并单击溢出标示，如图 2-51 所示。

05 将光标移动到新建的文本框上，当鼠标变为黑色箭头时单击文本框，将两个文本框链接，溢出文本将流向新文本框中，如图 2-52 所示。

06 使用字“文本”工具将文字全选，执行“文本”→“段落格式化”命令，打开“段落格式化”泊坞窗，参照图 2-53 所示在泊坞窗中设置首行缩进量参数，并设置文字的填充色为白色。

07 再次使用字“文本”工具，在页面左下方输入文字，并设置字体和大小，如图 2-54 所示。

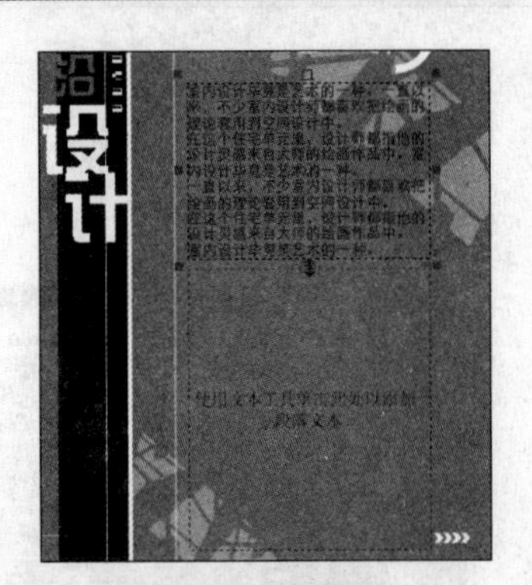
图 2-51　绘制文本框

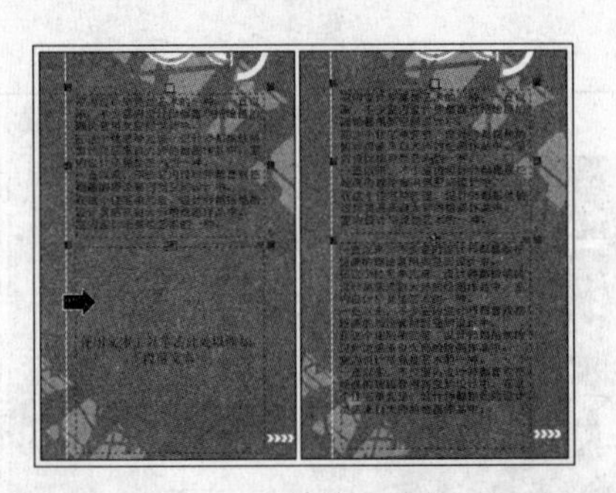
图 2-52　链接文本框

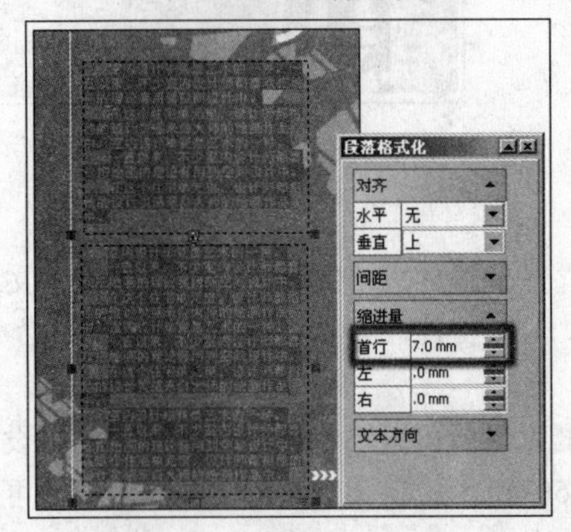

图 2-53　设置首行缩进量

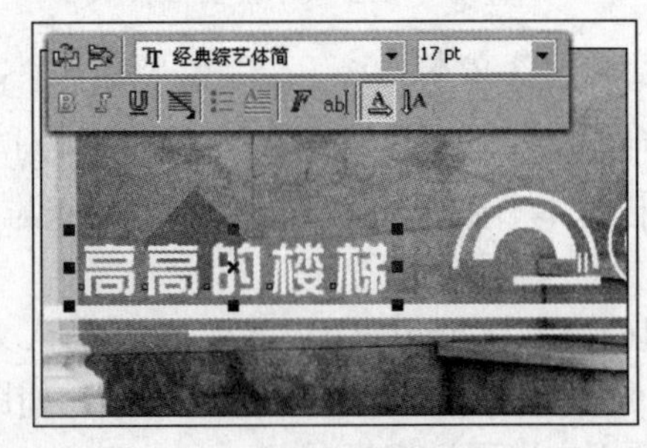

图 2-54　输入文字

08 选中“高”字，在“字符格式化”泊坞窗中设置字体大小、角度和水平位移。然后再依次设置如图 2-55 所示其他两个字体的大小。

09 至此本实例就制作完成了，效果如图 2-56 所示。在制作过程中遇到问题，可以打开本书附带光盘\Chapter-02\“杂志宣传册.cdr”文件进行查阅。

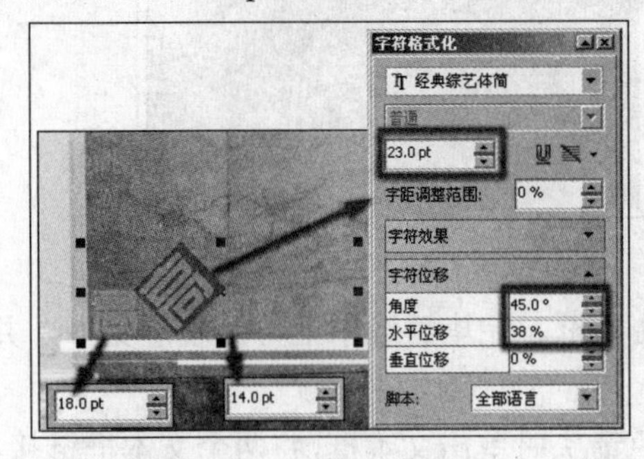

图 2-55　设置文字效果

图 2-56　完成效果

实例 4　装饰公司信笺设计

信笺属于办公事务用品，是公司对外公共交往的重要媒体，无时无刻不在传达企业的信息。在本小节中将学习制作公司信笺的方法，如图 2-57 所示，为本实例的完成效果。

图 2-57　完成效果

设计思路

本实例是为“大自然装饰公司”设计信笺，为了突出公司特点，整体采用绿色调，给人以自然、健康、洁净的视觉感受。

技术剖析

在整个实例的制作过程中，信封的形状由“矩形”工具绘制而成。使用“交互式网格填充”工具为其填充颜色，制作出淡雅的图形。如图 2-58 所示，为本实例的制作流程图。

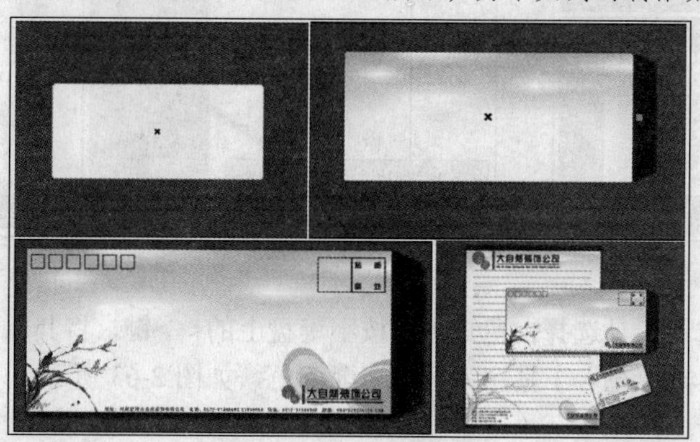

图 2-58　制作流程

制作步骤

01 运行 CorelDRAW X3，在欢迎屏幕中单击“打开”图标，打开本书附带光盘\Chapter-02\“背景.cdr”文件，如图 2-59 所示。

02 使用“矩形”工具，在页面中绘制矩形，并将其填充为白色，轮廓色为无，如图 2-60 所示。

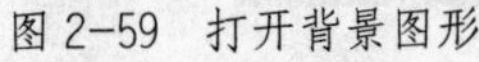
图 2-59　打开背景图形

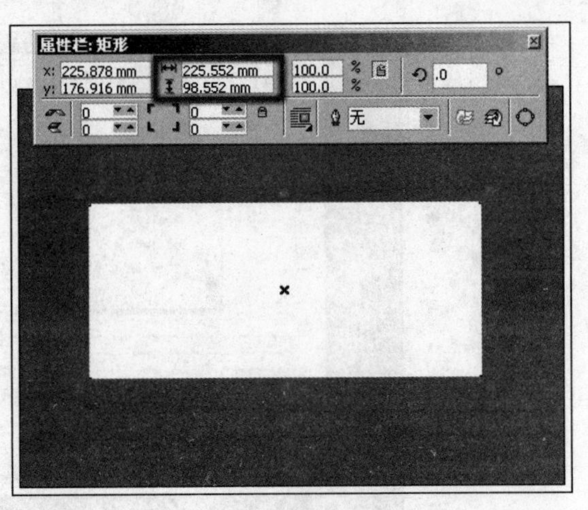

图 2-60　绘制矩形

03 保持矩形的选择状态，将鼠标放置到矩形左侧，当鼠标变为双向箭头时单击并向右侧拖动，拖动至合适位置后右击鼠标，将矩形再制，如图 2-61 所示。

04 将再制的矩形填充为绿色，轮廓色为黑色，按<Ctrl+Q>键将其转换为曲线。使用“形状”工具选中右侧两个节点，单击属性栏中的“伸长和缩短节点连线”按钮，按<Shift>键的同时，向下拖动控制柄，调整两个节点之间的距离，如图 2-62 所示。

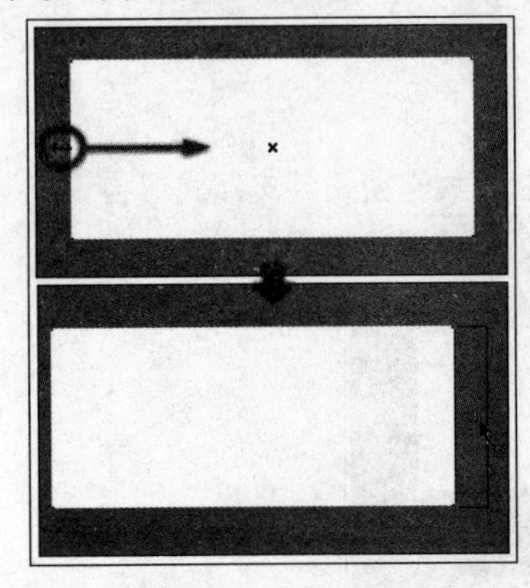
图 2-61　再制矩形

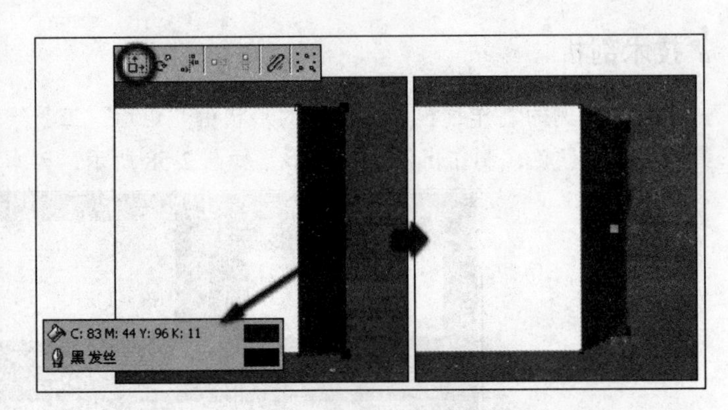

图 2-62　调整图形

05 使用“挑选”工具选择白色矩形，按小键盘上的<+>键，将其原位置再制，并调整其大小。使用“交互式填充”工具，为其填充渐变色，如图 2-63 所示。

提示　为了更便于观察再制矩形的大小，暂时将轮廓色设为黑色。

06 按<Esc>键取消当前图形的选择状态。选择“交互式网状填充”工具，设置其属性栏，并单击填充渐变色的矩形为其添加网格。然后在图 2-64 所示位置双击，添加交叉节点。

07 参照图 2-65 所示，调整相应节点的位置，并拖动屏幕右侧调色板上的白色色块到如图 2-65 所示节点上，为节点设置颜色。

08 参照以上编辑网格的操作方法，对网格进行编辑，并为相应节点填充白色，制作出云彩效果，如图 2-66 所示。

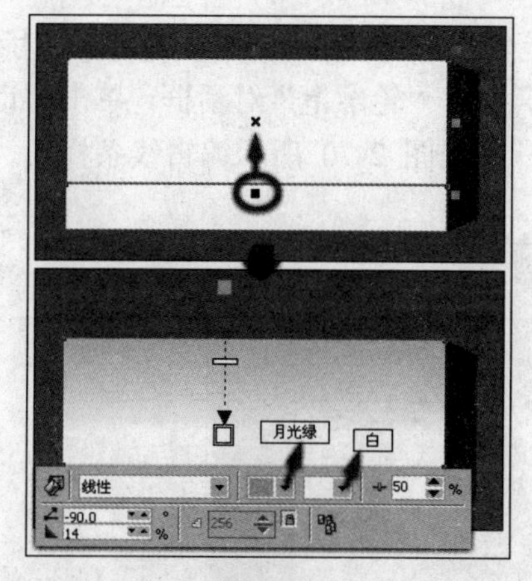

图 2-63　再制矩形并填充渐变色

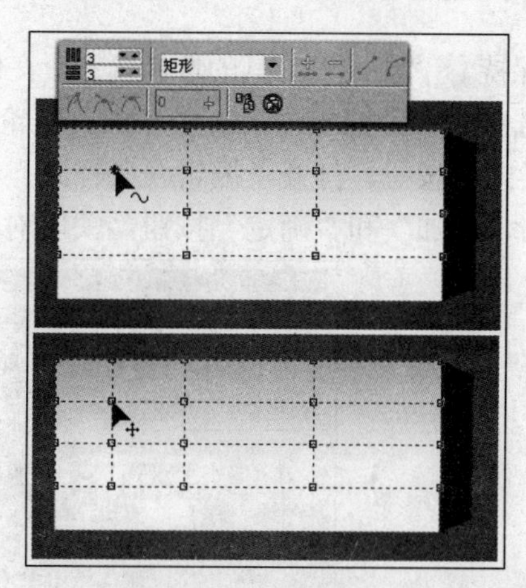

图 2-64　添加网格

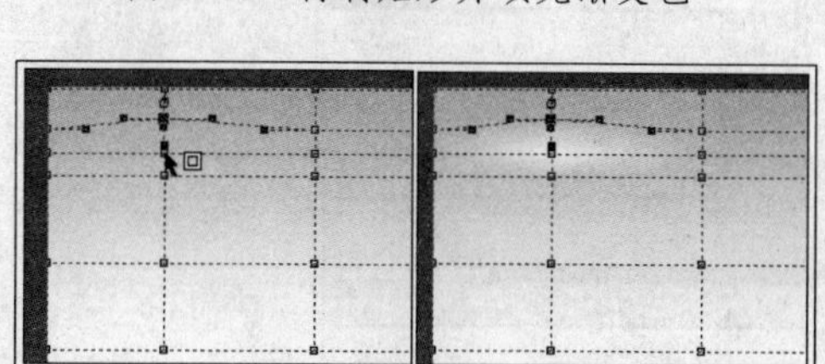

图 2-65　填充节点颜色

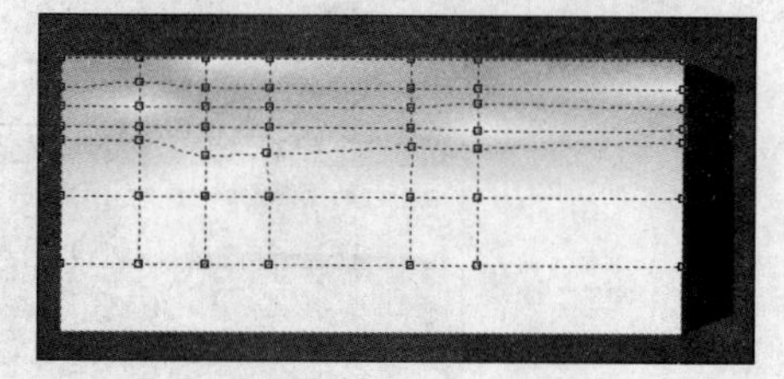

图 2-66　制作云彩图形

09 使用“挑选”工具，选择底部的白色矩形，依次按<Ctrl+C>键和<Ctrl+V>键，将矩形复制并粘贴，设置填充色为无，轮廓色为绿色，如图 2-67 所示。

10 选择“挑选”工具并按<Esc>键，取消当前对象的选择状态。参照图 2-68 所示在属性栏中设置再制的距离。

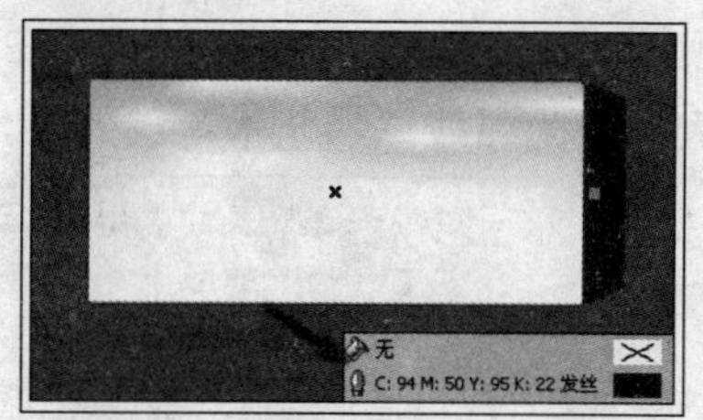

图 2-67　复制矩形并调整

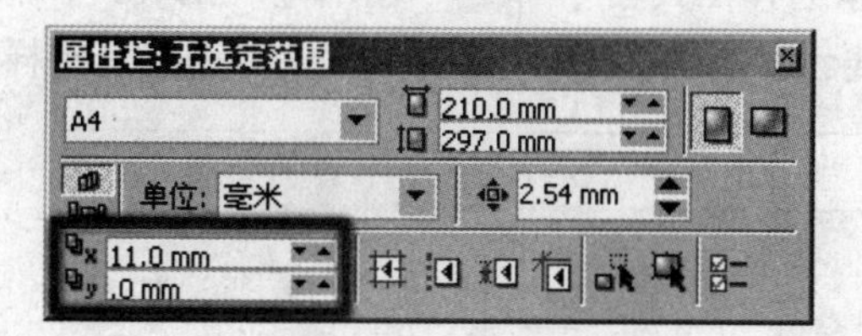

图 2-68　设置属性栏

11 使用“矩形”工具，按<Ctrl>键的同时绘制正方形，并设置轮廓色为绿色。通过按<Ctrl+D>键将其再制，如图 2-69 所示。

图 2-69　绘制矩形并再制

12 保持"矩形"工具的选择状态，在信封右上角绘制两个矩形，设置轮廓色均为绿色。

13 选择左侧的矩形，双击状态栏右侧轮廓色块，打开"轮廓笔"对话框，单击对话框中的"编辑样式"按钮，打开"编辑线条样式"对话框，参照图 2-70 所示编辑线条样式，完毕后依次单击"添加"和"确定"按钮，关闭对话框。

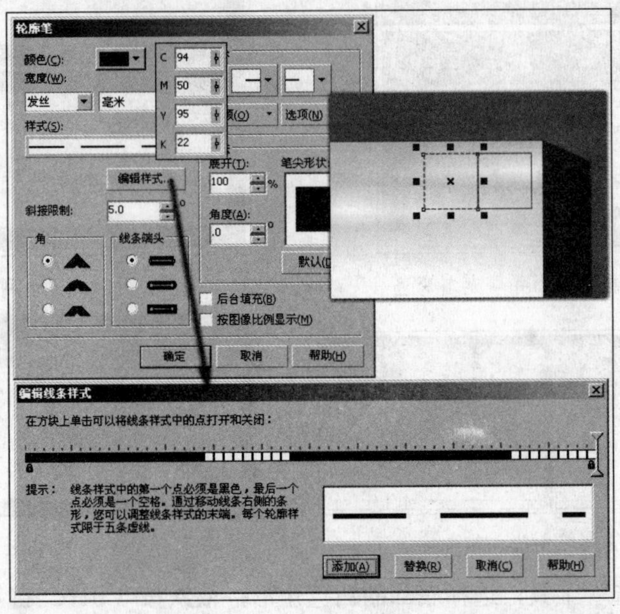

图 2-70　设置轮廓属性

14 使用"椭圆形"工具，配合按<Ctrl>键的同时在页面中绘制圆形，并参照图 2-71 所示设置属性栏，将其调整为弧形。

15 选择工具箱中的"艺术笔"工具，在属性栏中单击"笔刷"按钮，并选择页面中的弧线。参照图 2-72 所示在属性栏中设置笔刷样式和大小，为弧线添加艺术笔触效果。

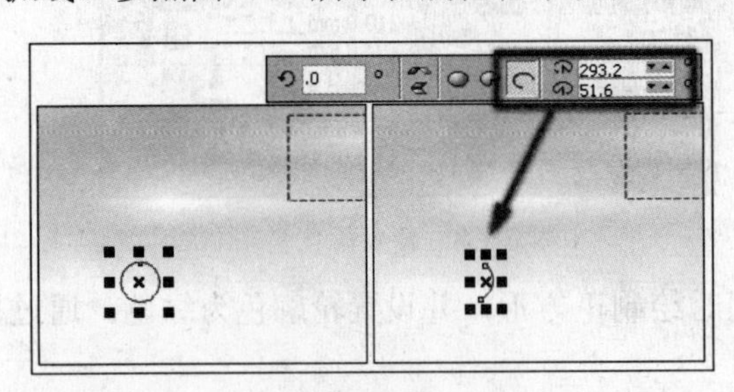

图 2-71　绘制弧形

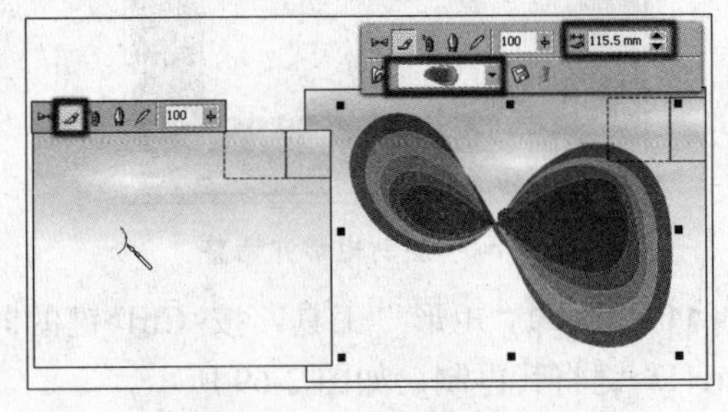

图 2-72　添加艺术笔样式效果

16 执行"工具"→"选项"命令，打开"选项"对话框，参照图 2-73 所示设置对话框，并单击"确定"按钮，关闭对话框。

17 使用"矩形"工具，参照图 2-74 所示绘制矩形。将之前添加艺术笔触效果的图形填充为月光绿，并调整其大小和位置。

18 执行"效果"→"图框精确剪裁"→"放置在容器中"命令，当鼠标变为黑色箭头时单击绘制的矩形，将其放置在矩形中，完毕后设置矩形轮廓色为无。

19 使用"椭圆形"工具，按<Ctrl>键的同时绘制圆形。按<Ctrl+Q>键将圆形转换为曲线。

使用“形状”工具，框选所有节点，并单击属性栏中的“添加节点”按钮两次，为曲线添加节点，如图 2-75 所示。

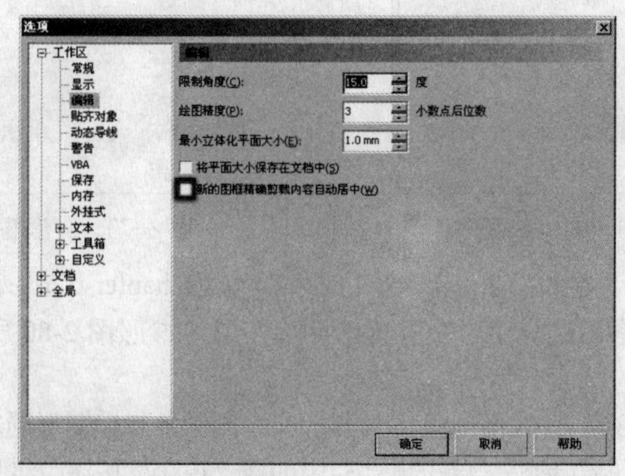

图 2-73　设置“选项”对话框

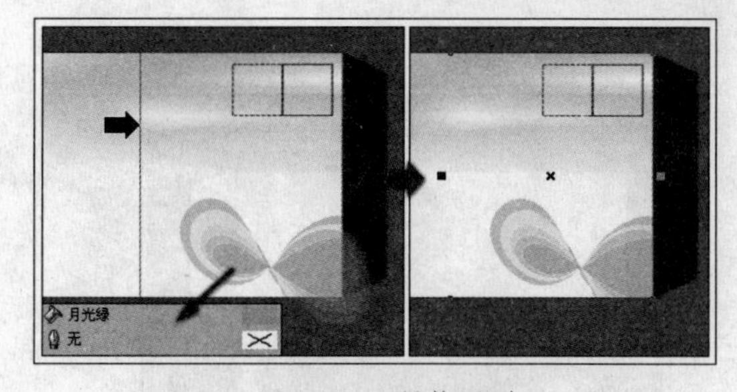

图 2-74　调整图形

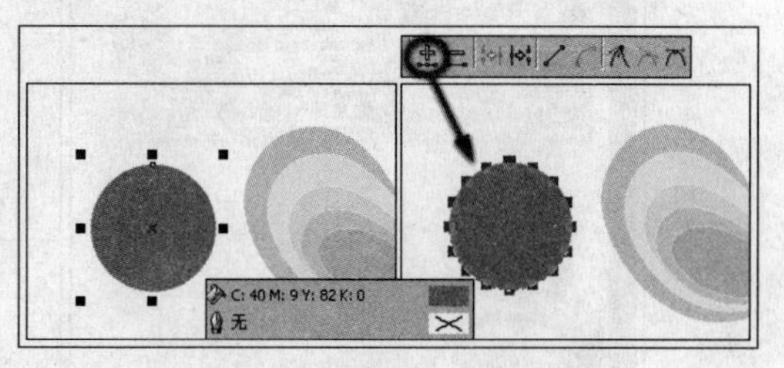

图 2-75　绘制圆形调整

20 使用工具箱中的“交互式变形”工具，在圆形上单击并拖动鼠标，为其添加变形效果，并参照图 2-76 所示设置属性栏参数。

21 单击属性栏中的“拉链变形”按钮，在圆形上拖动，再次添加变形效果，并参照图 2-77 所示设置其属性栏参数。

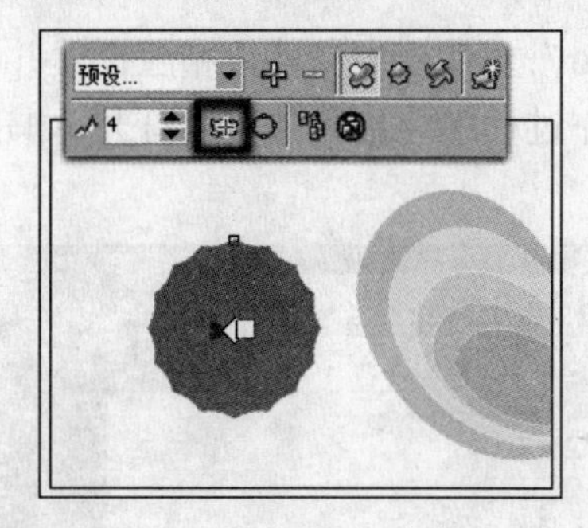

图 2-76　添加变形效果

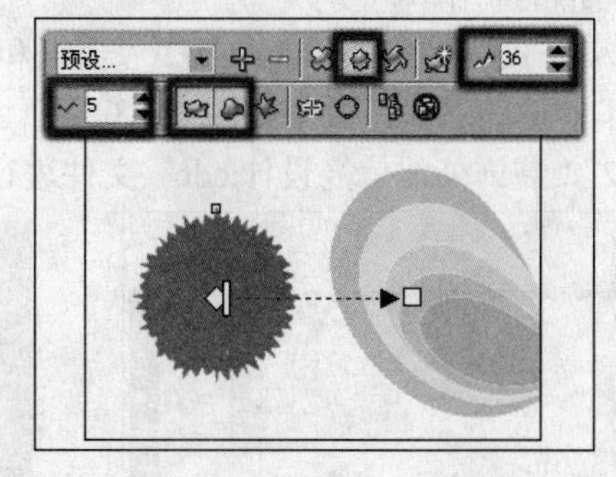

图 2-77　再次添加变形效果

22 单击属性栏中的“添加新的变形”按钮，参照以上添加变形效果的方法，再次为圆形添加推拉变形效果，如图 2-78 所示。

23 保持该图形的选择状态，调整图形的大小和位置。完毕后再制该图形并调整其大小及位置，如图 2-79 所示。

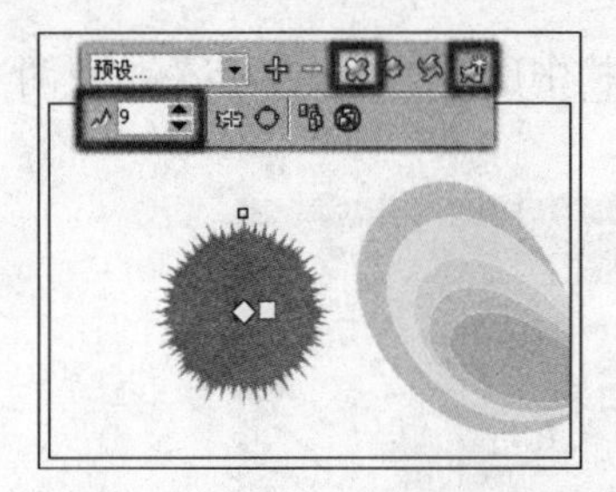

图 2-78 添加变形效果

图 2-79 制作墨滴图形

24 执行“文件”→“导入”命令，将本书附带光盘\Chapter-02\“水墨画.cdr”文件，导入到文档中相应位置。完毕后选择“交互式透明”工具，参照图 2-80 所示设置其选项栏参数，为图像添加透明效果。

25 使用“挑选”工具，将底部白色信封图形和右侧绿色封口图形同时选中，依次按<Ctrl+C>键和<Ctrl+V>键，将其复制并粘贴。单击属性栏中的“焊接”按钮，将其焊接，如图 2-81 所示。

图 2-80 导入水墨画图像

图 2-81 复制图形并焊接

26 使用工具箱中的“交互式阴影”工具，参照图 2-82 所示为信封图形添加阴影效果。通过按<Ctrl+PageDown>键调整其顺序到底部信封图形的下面。完毕后再添加相关文字信息，完成信封图形的制作。

27 导入本书附带光盘\Chapter-02\“信纸和名片.cdr”文件，到文档中相应位置并调整其顺序，完成本实例的制作，效果如图 2-83 所示。在制作过程中遇到问题可以打开本书附带光盘\Chapter-02\“装饰公司信笺设计.cdr”文件进行查阅。

图 2-82 添加阴影效果

图 2-83 完成效果

实例5　公司宣传招贴

招贴是指在公共场所中张贴、用于宣传的一种印刷品广告。它大致可分为公益性质和商业性质两种形式。在本小节的学习中，将制作一张公司的宣传招贴，如图 2-84 所示，为本实例的完成效果。

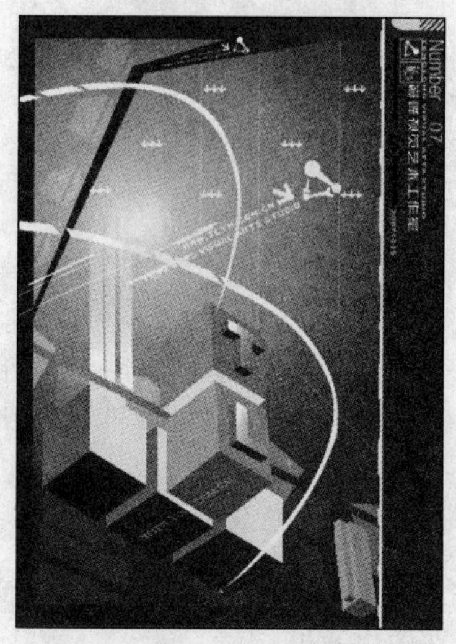

图 2-84　完成效果

设计思路

这是为一个设计公司制作的，以宣传公司形象与理念为主体的宣传招贴。在实例中通过大胆地运用暗紫色和橘红色，使画面更具时尚、前卫的效果，从而达到宣传招贴的目的。

技术剖析

本小节实例的操作并不复杂，主要使用“矩形”工具对图形进行绘制，然后使用“交互式立体化”工具为图形添加立体化效果，最后添加相关的装饰文字，完成实例的制作。图 2-85 出示了本实例的制作流程图。

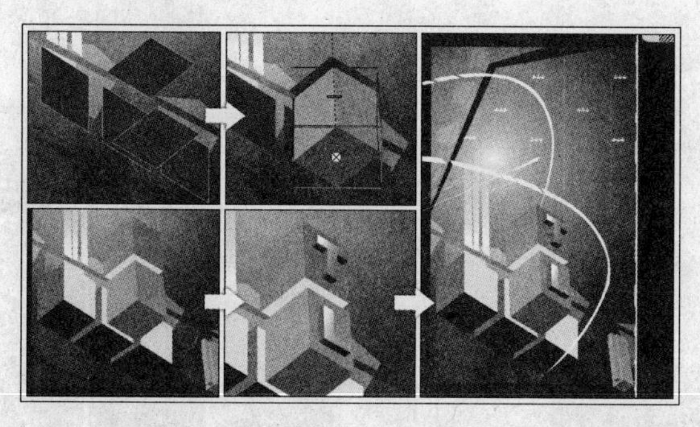

图 2-85　制作流程

制作步骤

01 启动 CorelDRAW X3，执行“文件”→“打开”命令，打开本书附带光盘\Chapter-02\“招贴背景.cdr”文件，如图 2-86 所示。

图 2-86　打开背景文件

02 使用“矩形”工具，在图 2-87 所示位置绘制两个矩形，为其填充红色，轮廓色设置为无。分别对矩形进行斜切和旋转角度，完毕后再将斜切的矩形复制几个。

提示　为了方便观察，这里暂时将矩形的轮廓色设置成了白色。

03 使用“挑选”工具选择图 2-88 所示矩形，使用“交互式立体化”工具，在所选图形上单击并拖动鼠标，为其添加立体化效果。

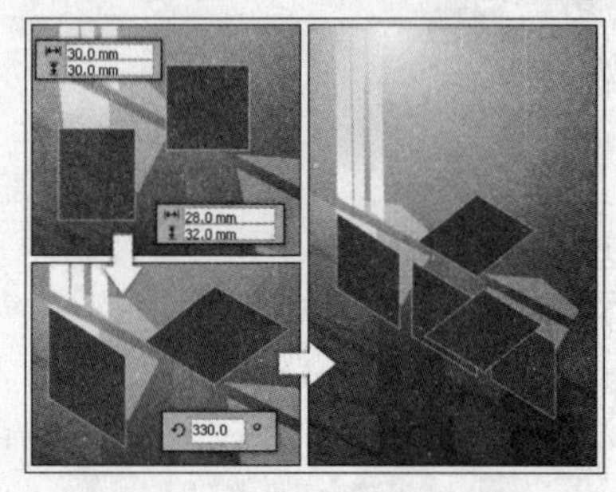

图 2-87　绘制矩形并调整

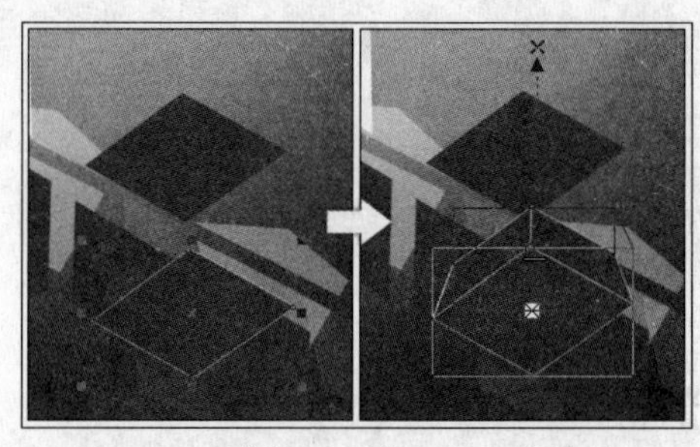

图 2-88　选择图形并添加立体效果

04 保持该图形的选择状态，参照图 2-89 所示设置属性栏，调整图形的立体效果。

05 使用“挑选”工具选择图 2-90 所示矩形，使用“交互式立体化”工具为其添加立体效果。

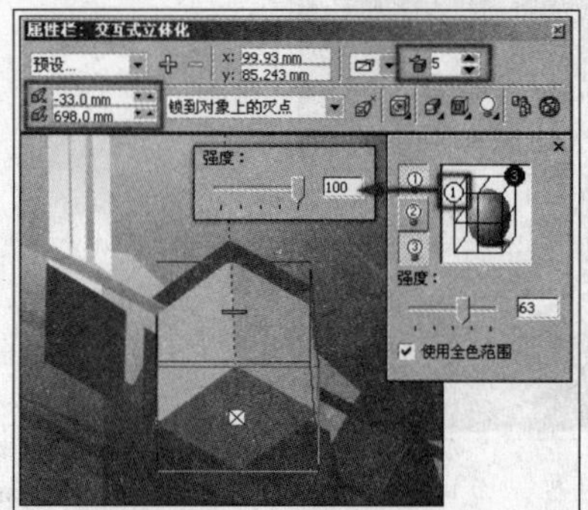

图 2-89　调整立体化效果

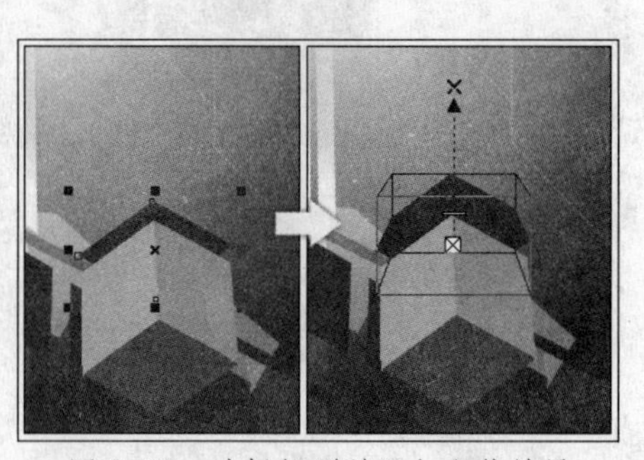

图 2-90　选择矩形并添加立体效果

06 保持该图形的选择状态，参照图 2-91 所示设置属性栏参数，并在“灭点属性”下拉列表中选择“共享灭点”选项。当光标上出现了一个问号时，单击要共享灭点的立体图形，使它们共享一个灭点。

07 保持该立体图形的选择状态。参照图 2-92 所示，在属性栏中为立体化图形设置“照明”选项。

提示　在为立体化图形添加照明时，照明强度默认值为 100，没有专门图示的则为默认参数。

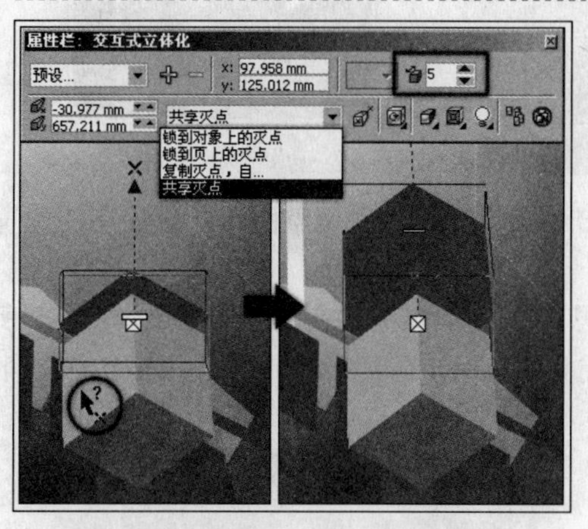

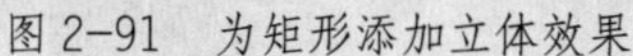

图 2-91　为矩形添加立体效果

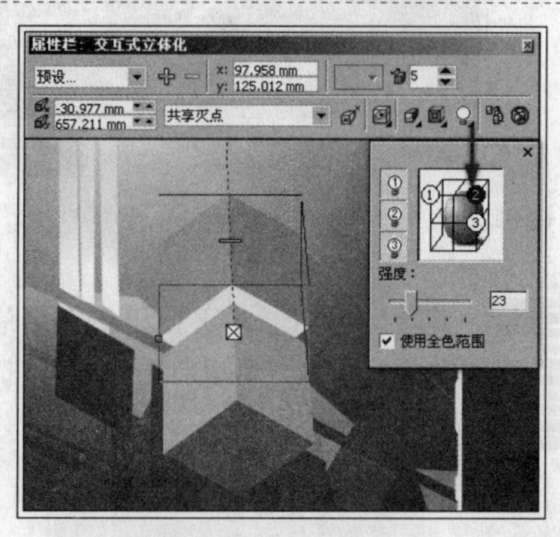

图 2-92　设置照明

08 参照图 2-93 所示选择矩形，使用“交互式立体化”工具为其添加立体化效果，并在属性栏中对图形的立体化效果进行调整。

09 参照图 2-94 所示，使用“交互式立体化”工具为矩形添加立体化效果，完毕后在属性栏中调整立体化图形的“深度”值，并为其设置“共享灭点”的对象。

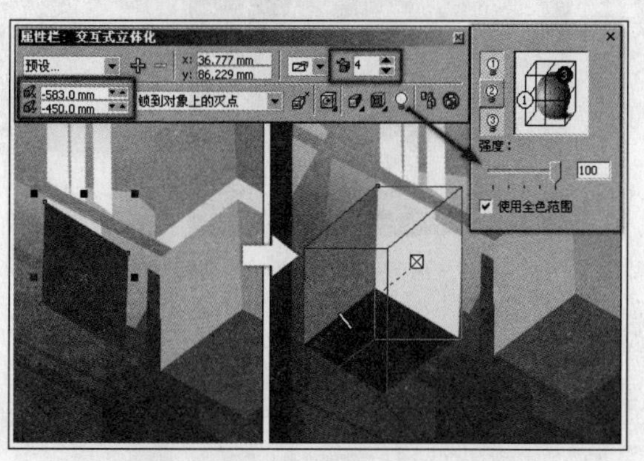

图 2-93　选择图形并添加立体效果

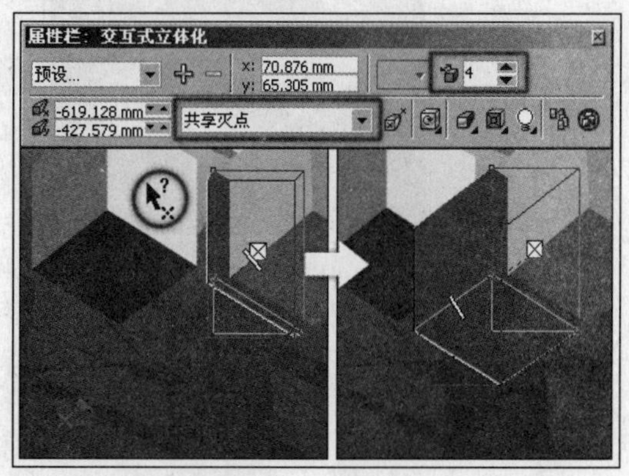

图 2-94　设置“共享灭点”

10 保持该图形的选择状态，参照图 2-95 所示，在属性栏中为图形设置“照明”选项，完毕后按<Ctrl+PageDown>键调整图形的顺序。

11 参照同样的操作方法，再制作出其他立体图形，如图 2-96 所示。

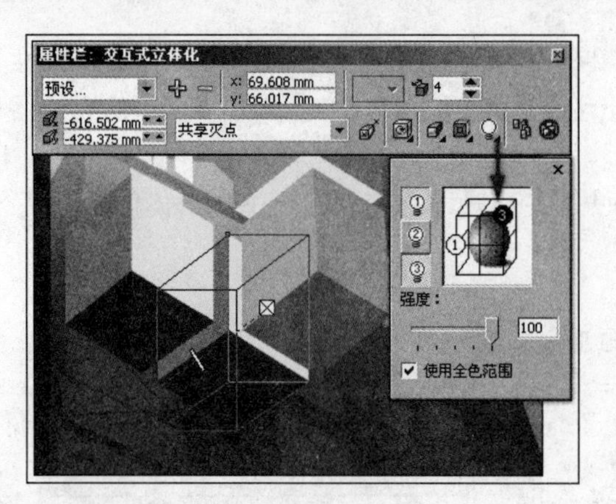

图 2-95 设置照明

图 2-96 为矩形添加立体化效果

12 导入本书附带光盘\Chapter-02\“装饰图形.cdr”文件，并调整图形在页面中的位置，如图 2-97 所示。

13 绘制其他装饰图形并添加相关文字信息，完成本实例的制作，效果如图 2-98 所示。在制作过程中遇到问题，可以打开本书附带光盘\Chapter-02\“公司宣传招贴.cdr”文件进行查看。

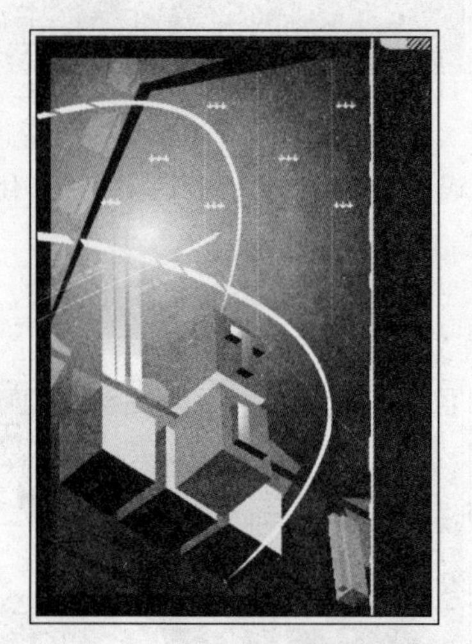

图 2-97 导入装饰图形

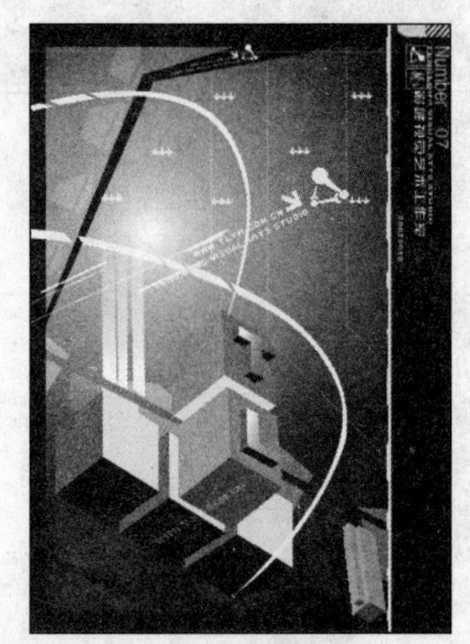

图 2-98 完成效果

第 3 章　绘制插画

在商业美术设计的很多领域都要用到插画，随着社会的发展，插画的类型也有了多种变化。在融入各种设计风格和创作思维后，插画在表达的形式上更加丰富多彩，如专门为图书绘制的图书插画，宣传企业产品或形象的商业插画等。本章安排了 10 组不同风格的插画作品，介绍了使用 CorelDRAW 绘制各种插画的方法与技巧。如图 3-1 所示，为本章实例的完成效果图。

图 3-1　完成效果

本章实例

实例 1　时尚插画	实例 6　装饰画
实例 2　图书插画	实例 7　古典插画
实例 3　卡通插画	实例 8　单色版画
实例 4　科幻插画	实例 9　多色版画
实例 5　商业插画	实例 10　杂志插画

实例1　时尚插画

在本节将制作一幅充满时尚视觉设计元素的时尚插画。在画面中添加时尚前卫的设计元素，比如另类的主体造型，对比强烈的色彩搭配等，能带给人强烈的视觉冲击力。如图 3-2 所示，为本实例的完成效果。

图 3-2　完成效果

设计思路

这是为一个设计俱乐部设计制作的插画作品。为了体现俱乐部年轻时尚的特点，插画整体使用了较为明亮、对比强烈的色调，使整幅画面给人一种时尚、青春的视觉感受。

技术剖析

该实例的制作方法较为简单，重点介绍了“交互式调和”工具的使用方法。背景中的装饰图形以及主体图形，都是由“交互式调和”工具为图形添加调和效果制作而成的。图 3-3 展示了实例的制作流程。

图 3-3　制作流程

制作步骤

01 运行 CorelDRAW X3，在欢迎界面中单击“打开”图标，打开本书附带光盘\Chapter-03\“时尚插画背景.cdr”文件，如图 3-4 所示。

图 3-4　打开光盘文件

02 使用“椭圆形”工具和“矩形”工具，参照图 3-5 所示绘制图形，并填充颜色，轮廓色均为无。

03 使用“挑选”工具，配合按<Shift>键的同时，将绘制的矩形和圆形同时选中，并按<Ctrl+G>键将其群组。完毕后将其再制并调整位置。

04 使用“交互式调和”工具，为群组对象添加调和效果，如图 3-6 所示。

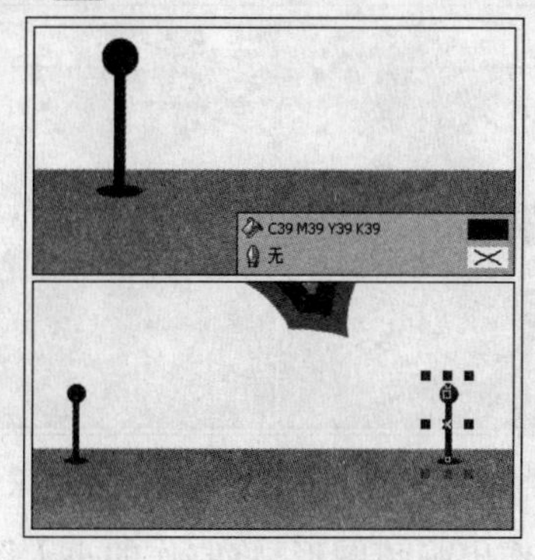

图 3-5　绘制图形并再制

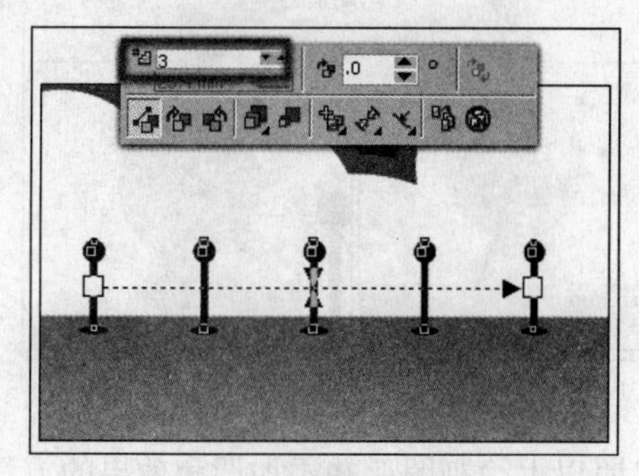

图 3-6　添加调和效果

05 使用“贝塞尔”工具，参照图 3-7 所示绘制图形并填充颜色。将其再制并分别调整位置，制作出护栏图形。使用“挑选”工具框选护栏图形，按<Ctrl+G>键群组。

06 将护栏群组对象再制，单击属性栏中的“水平镜像”按钮，将副本图形水平翻转，调整其位置并填充颜色，如图 3-8 所示。

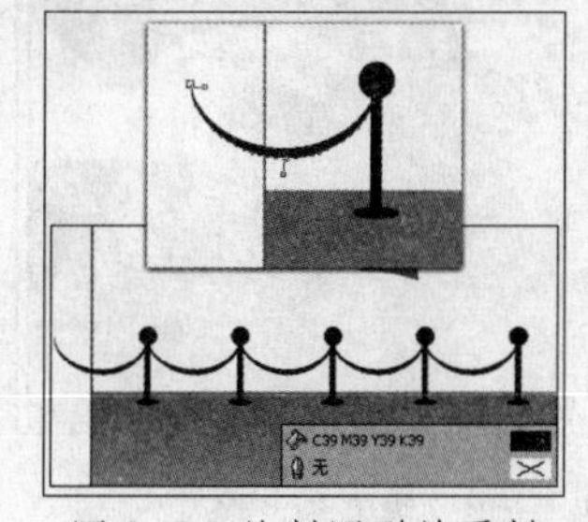

图 3-7　绘制图形并再制

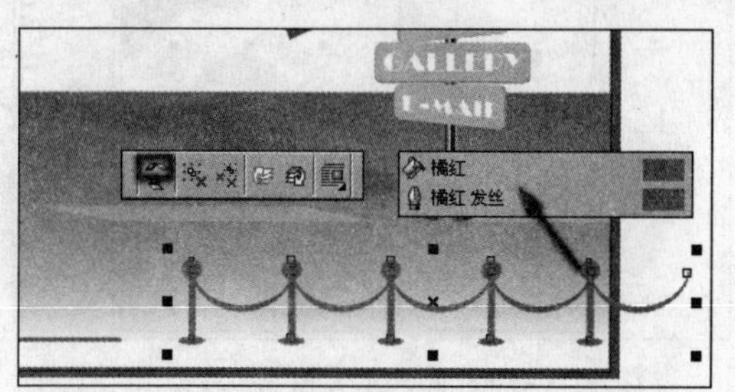

图 3-8　再制图形并调整

07 使用“贝塞尔”工具，参照图 3-9 所示绘制卡通小人身体轮廓图形。使用“椭圆形”工具，配合按<Ctrl>键同时绘制圆形，制作小人头部图形。完毕后分别为其填充颜色。

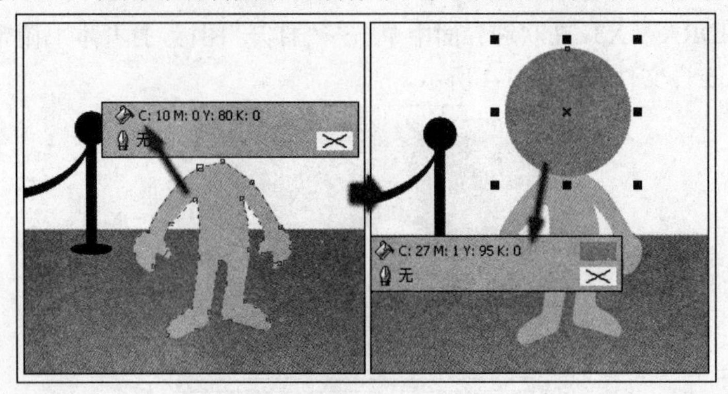

图 3-9　绘制小人图形

08 再次绘制圆形，并设置填充色和轮廓色。使用“交互式调和”工具，为两个圆形添加调和效果，如图 3-10 所示。完毕后依次按<Ctrl+K>键和<Ctrl+G>键，拆分调和对象并群组。

09 使用“挑选”工具选中小人身体轮廓图形，将其再制调整其大小并填充颜色。使用“交互式调和”工具为其添加调和效果，完毕后依次按<Ctrl+K>和<Ctrl+G>键，拆分调和对象并群组，如图 3-11 所示。

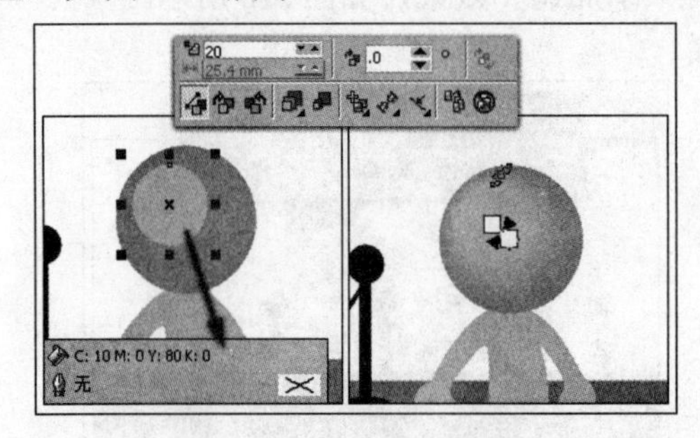

图 3-10　添加调和效果

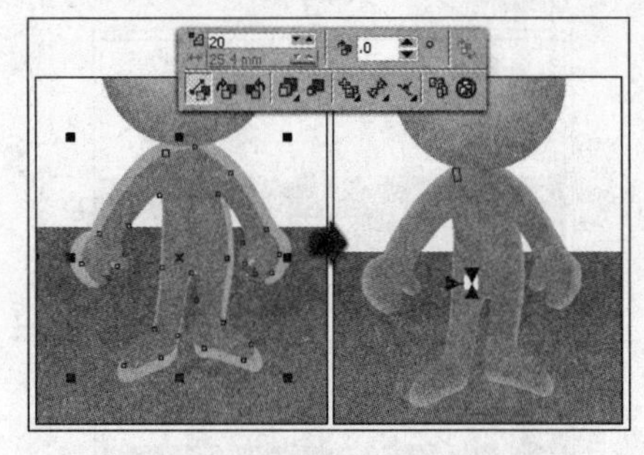

图 3-11　为身体图形添加调和效果

10 参照以上绘制图形并添加调和效果的方法，再制作出眼睛图形。将制作的小人图形群组，再制并调整图形的位置和大小，如图 3-12 所示。

11 使用“交互式调和”工具，为小人图形添加调和效果，设置属性栏参数如图 3-13 所示。完毕后调整调和对象的顺序到护栏图形的下面。

图 3-12　再制小人图形

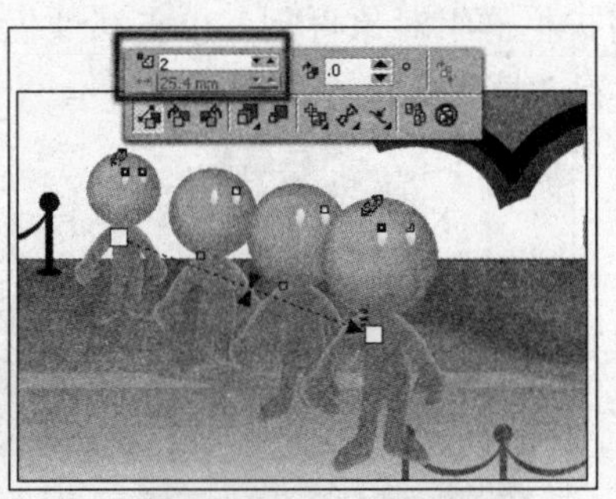

图 3-13　添加调和效果

12 使用“矩形”工具绘制矩形。使用“挑选”工具，选中护栏和小人图形。执行“效果”→“图框精确剪裁”→“放置在容器中”命令，当鼠标变为黑色箭头时单击绘制的矩形，将选中的图形放置在矩形当中，如图 3-14 所示。完毕后设置矩形的轮廓色为无。

提示 将护栏和小人图形放置到矩形当中后，可以依次执行“效果”→“图框精确剪裁”→“放置在容器中”命令和“结束编辑”命令，调整护栏和小人图形在容器当中的位置。

13 最后导入本书附带光盘\Chapter-03\“文字.cdr”文件，并调整其位置，如图 3-15 所示，完成本实例的制作。在制作过程中遇到问题，可以打开本书附带光盘\Chapter-03\“时尚插画.cdr”文件进行查阅。

图 3-14 图框精确剪裁

图 3-15 完成效果

实例 2 图书插画

插画经常被放在图书中，对书的正文进行说明的同时也会对图书的版面起到装饰的作用，使读者对阅读产生更浓厚的兴趣。本节将演示制作一幅图书插画，插画画面幽静深远，富有诗意。图 3-16 展示了本实例的完成效果。

图 3-16 完成效果

设计思路

这是为一本诗集设计制作的一张插画，为了切合诗集的优雅意境，将插图的色调定为蓝色，内容采用了极具诗意的风景图形，很好地烘托出与图书内容相应的氛围。

技术剖析

在本实例的制作中，主要通过巧妙地使用“交互式调和”工具，制作出幽深的夜景和生动、形象的荷花图形。图 3-17 出示了本实例的制作流程图。

图 3-17　制作流程

制作步骤

01 启动 CorelDRAW X3，执行“文件”→“打开”命令，打开本书附带光盘\Chapter-03\“图书插画背景.cdr”文件，如图 3-18 所示。

图 3-18　打开光盘文件

02 使用工具箱中的“贝塞尔”工具，绘制远处的山脉图形，并参照图 3-19 所示设置填充颜色和轮廓色。

03 使用“贝塞尔”工具，参照图 3-20 所示绘制陆地图形，并分别为图形填充颜色，轮廓色均设置为无。

图 3-19 绘制远山图形

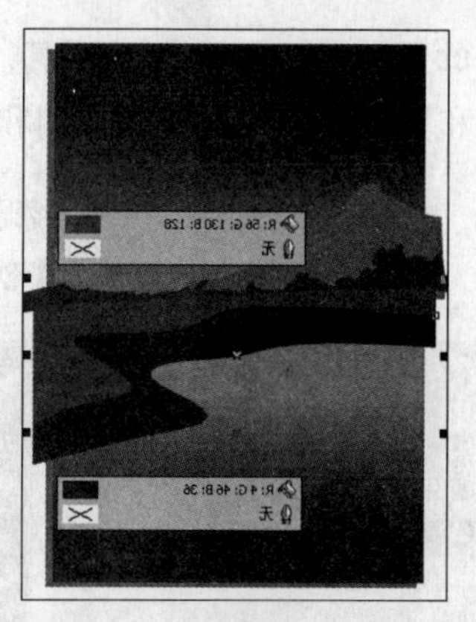

图 3-20 绘制陆地图形

04 使用"交互式调和"工具为陆地图形添加调和效果，并参照图 3-21 所示设置属性栏参数。

05 使用"矩形"工具绘制矩形，将其填充为浅蓝色，轮廓色为无，如图 3-22 所示。单击属性栏中的"转换为曲线"按钮，将矩形转换成曲线。

图 3-21 为陆地图形添加调和效果

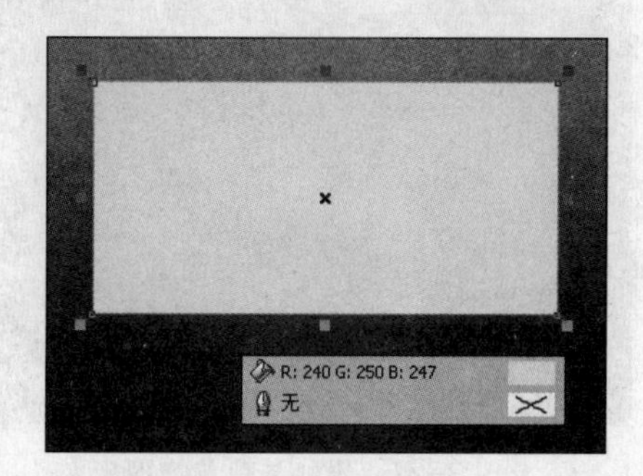

图 3-22 绘制矩形

06 选择"涂抹笔刷"工具，参照图 3-23 所示设置属性栏参数，在矩形上进行涂抹，绘制出水中倒影的形状。

07 参照图 3-24 所示设置调整属性栏参数，继续对倒影图形进行涂抹，制作出更加逼真的水中倒影图形。

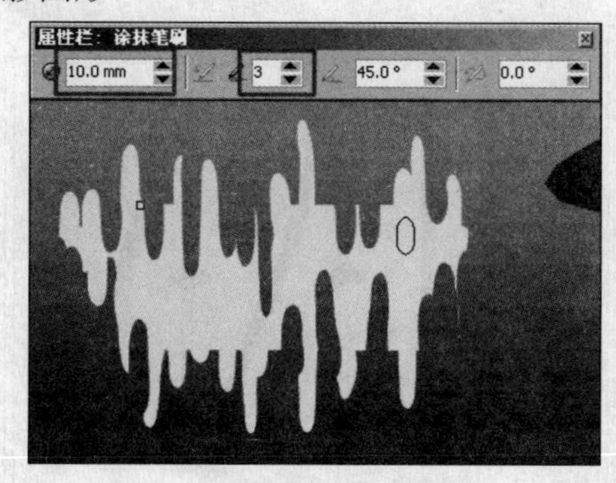

图 3-23 涂抹矩形

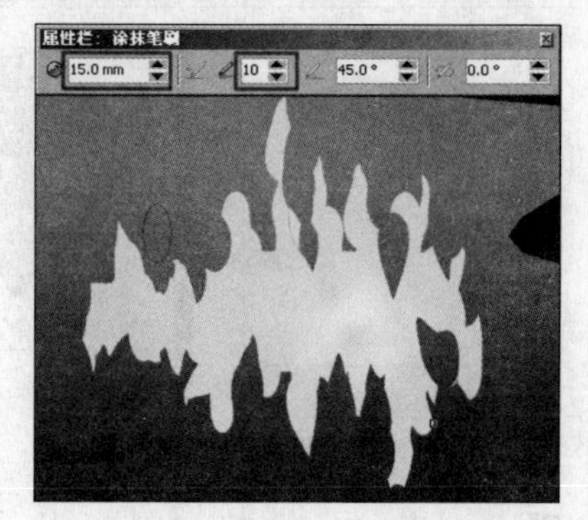

图 3-24 调整笔刷属性

08 使用"挑选"工具调整图形的大小、旋转角度和位置，如图 3-25 所示。

09 使用“贝塞尔”工具，参照图 3-26 所示绘制花瓣图形，并填充颜色。使用“交互式调和”工具，为图形添加调和效果，并设置其属性栏参数。

提示 在该步骤中绘制花瓣图形时，应尽量保持两个图形的节点数量相同，并且节点方向与起始节点保持一致。只有这样在创建调和效果时，才可能产生光滑的过渡效果。

图 3-25 调整图形大小和角度

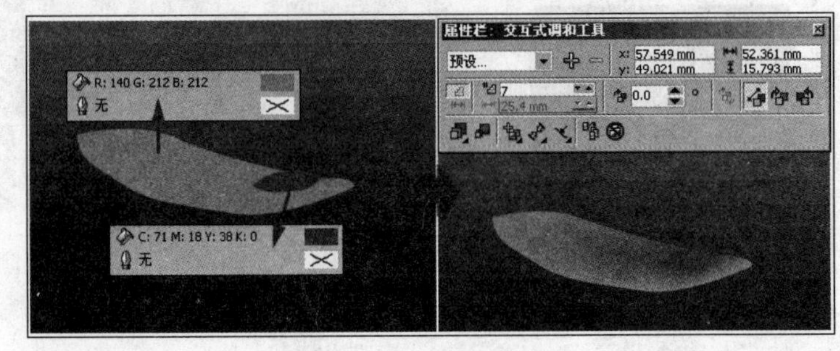

图 3-26 绘制花瓣图形

10 使用同样的操作方法再绘制出其他花瓣图形，如图 3-27 所示。

11 使用“交互式调和”工具分别对花瓣进行调和，如图 3-28 所示。

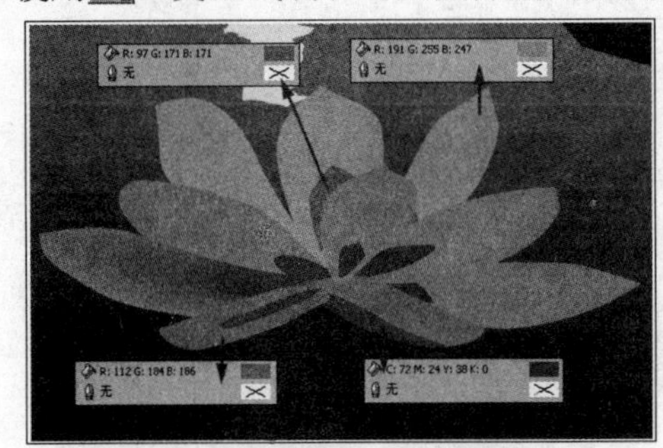

图 3-27 绘制其他花瓣图形

图 3-28 为花瓣图形添加调和效果

12 使用“矩形”工具，绘制两个矩形并分别填充颜色，轮廓色均为无。使用“交互式调和”工具为其添加调和效果，如图 3-29 所示。

13 使用“交互式封套”工具，单击花梗图形为其添加封套，框选中间节点并按<Delete>键将其删除，调整节点和控制柄，制作出花梗的形状，如图 3-30 所示。

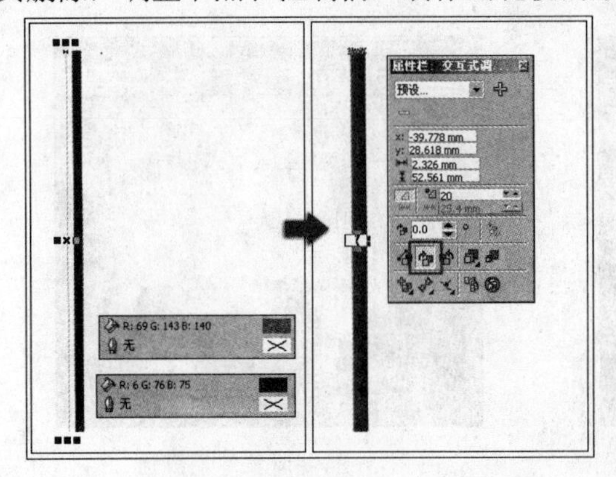

图 3-29 绘制矩形并添加调和效果

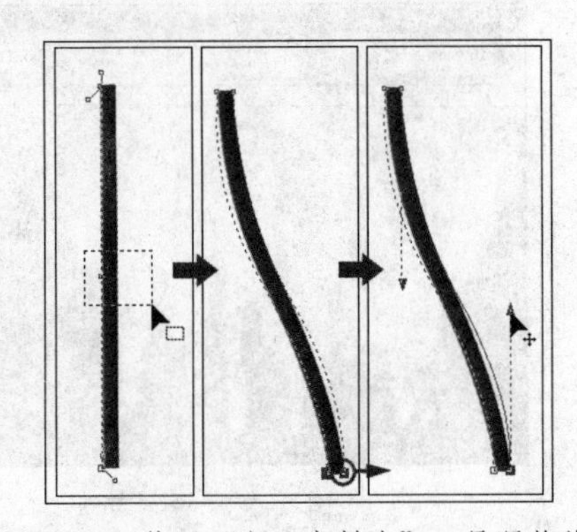

图 3-30 使用“交互式封套”工具调整花梗

14 使用“挑选”工具调整花梗的位置，并通过按<Ctrl+PageDown>键，将其放到荷花图形的下面，如图 3-31 所示。

15 绘制另一朵荷花图形，并调整其大小和位置，如图 3-32 所示。

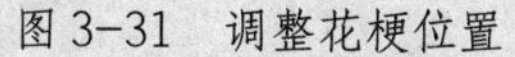

图 3-31 调整花梗位置

图 3-32 绘制另一个荷花图形

16 使用“贝塞尔”工具绘制荷叶图形，设置其填充颜色为黑色，轮廓色为无。选择“挑选”工具，按小键盘上的<+>键将荷叶图形多次复制，并调整荷叶的位置、大小和旋转角度，如图 3-33 所示。

17 执行“文件”→“导入”命令，将本书附带光盘\Chapter-03\“树叶图形.cdr”文件导入文档中并调整其位置，如图 3-34 所示。

图 3-33 绘制荷叶

图 3-34 导入光盘文件

18 双击“选择”工具，将页面中的全部图形选中，单击属性栏中的“群组”按钮，将所选图形群组。双击“矩形”工具创建与页面等大的矩形，按<Shift+PageUp>键调整其顺序到图层的顶部，如图 3-35 所示。

18 选中群组对象，执行“效果”→“图框精确剪裁”→“放置在容器中”命令，当光标变成黑色箭头时，单击矩形将群组对象进行精确剪裁，如图 3-36 所示。

20 最后绘制装饰边框并添加相关的文字信息，完成本实例的制作，效果如图 3-37 所示。在制作过程中遇到问题，可以打开本书附带光盘\Chapter-03\“图书插画.cdr”文件进行查看。

图 3-35　创建矩形并调整顺序

图 3-36　精确剪裁图形

图 3-37　最终效果

实例3　卡通插画

卡通插画充满了夸张和时尚的美感，在本小节的学习中，将制作一幅卡通插画，如图 3-38 所示，为本实例的完成效果。

图 3-38 完成效果

设计思路

在设计制作卡通插画时，为了更好地表现出整体画面效果，在绘制时应以简练概括的线条，并以明快的颜色搭配。

技术剖析

在本实例的制作过程中，主要通过灵活地使用各种填充工具，将丰富的色彩运用到画稿中，使得整个画面色彩丰富。如图 3-39 所示，为本实例的制作流程。

图 3-39 制作流程

制作步骤

1. 制作背景

01 运行 CorelDRAW X3，新建一个空白文档，保持属性栏的默认设置。使用 "椭圆形"

和“矩形”工具，绘制圆形和矩形，如图 3-40 所示。

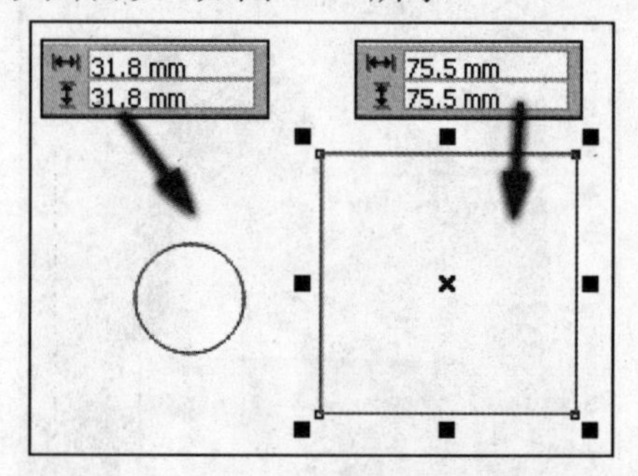

图 3-40 绘制圆形和正方形

02 使用“挑选”工具，框选矩形和圆形，单击属性栏中的“对齐和分布”按钮，打开“对齐与分布”对话框，参照图 3-41 所示设置对话框，单击“应用”和“关闭”按钮，将图形对齐。

技巧 在该步骤中选择两个图形后，可以分别按<E>键水平居中对齐和<C>键垂直居中对齐，从而快速达到该步骤中的对齐效果。

03 将圆形填充为黑色，并设置矩形轮廓色为无。选择矩形并执行“工具”→“创建”→“图样”命令，打开“创建图样”对话框，如图 3-42 所示，单击“确定”按钮。

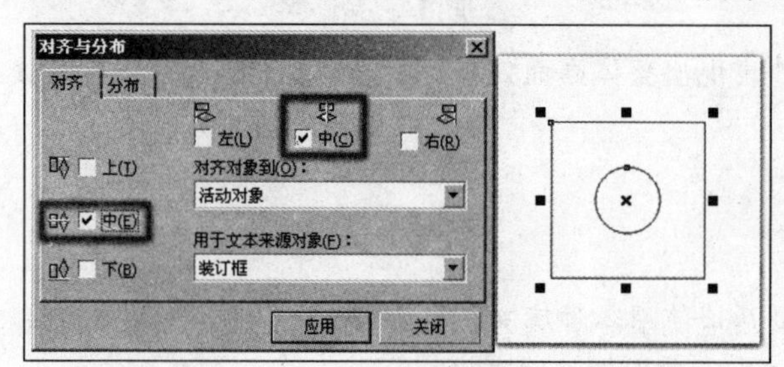

图 3-41 对齐图形

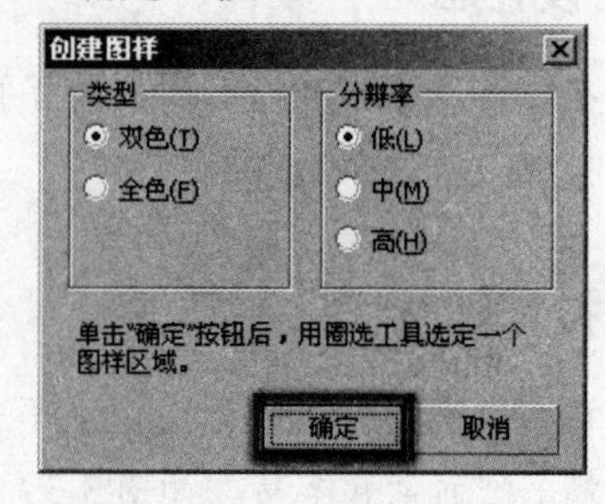

图 3-42 “创建图样”对话框

04 当鼠标变为十字光标时，沿矩形节点单击并拖动，创建图样区域。松开鼠标后，将弹出“创建图样”对话框，单击“确定”按钮，关闭对话框，如图 3-43 所示。

提示 在该步骤操作之前，可以按下<Alt+Z>键，启用“贴齐对象”按钮，以便更好地创建图样。

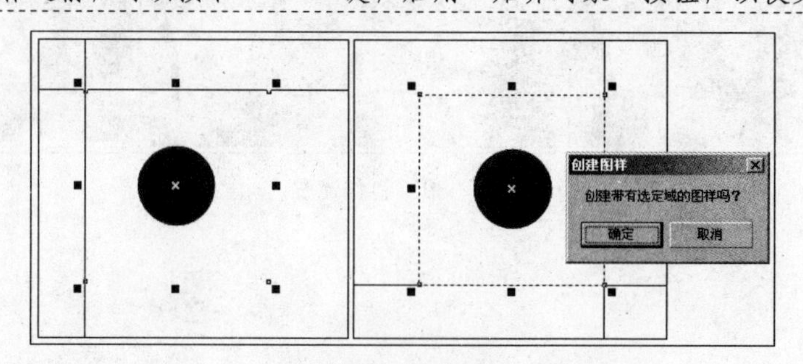

图 3-43 创建图样

05 将页面中绘制的矩形和圆形删除，双击工具箱中的“矩形”工具，创建一个与页面等大且重合的矩形。

06 单击工具箱中的“填充”工具，在展开的工具栏中单击“图样填充对话框”按钮，打开“图样填充”对话框，参照图 3-44 所示设置对话框，为矩形填充图案，如图 3-45 所示。

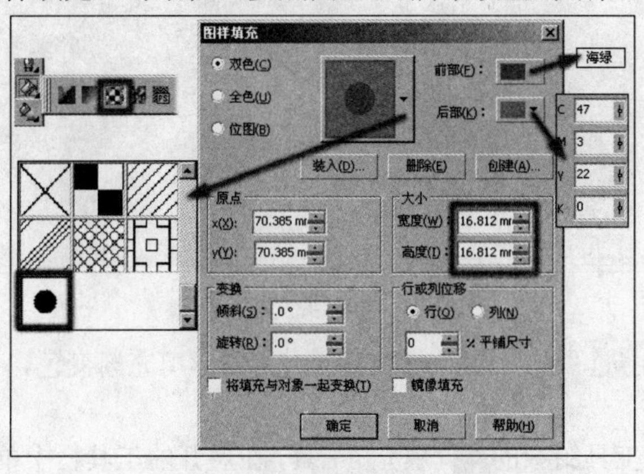

图 3-44 设置“图样填充”对话框

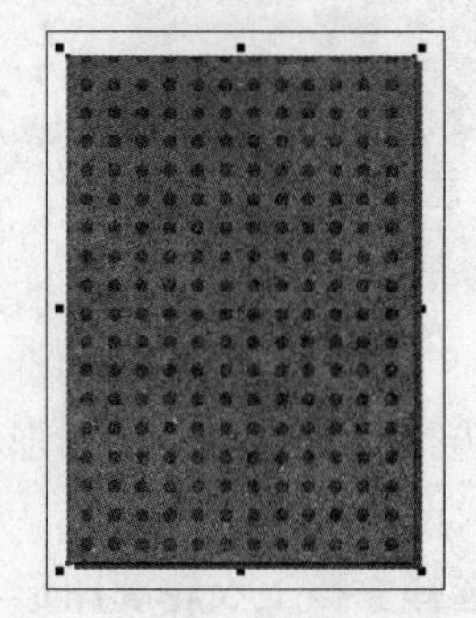

图 3-45 填充图案效果

07 执行“文件”→“导入”命令，导入本书附带光盘\Chapter-03\“背景装饰.cdr”文件，并参照图 3-46 所示调整其位置。

08 使用“挑选”工具，框选“背景装饰”图形，执行“效果”→“图框精确剪裁”→“放置在容器中”命令，当鼠标变为黑色箭头时单击背景矩形，将其放置在矩形当中，如图 3-47 所示。

图 3-46 导入光盘文件

图 3-47 图框精确剪裁

2. 制作卡通人物

01 选择背景图形，执行“排列”→“锁定对象”命令，将背景图形锁定，以便于接下来的操作。

02 执行“文件”→“导入”命令，导入本书附带光盘\Chapter-03\“人物.cdr”文件，参照图 3-48 所示调整其位置，并按<Ctrl+U>键取消其群组。

03 选择女孩头发轮廓图形，双击状态栏右侧填充色块，打开“均匀填充”对话框。参照图 3-49 所示设置对话框，为头发图形填充颜色，并右击调色板顶部☒按钮，取消其轮廓色。

图 3-48　导入人物图形

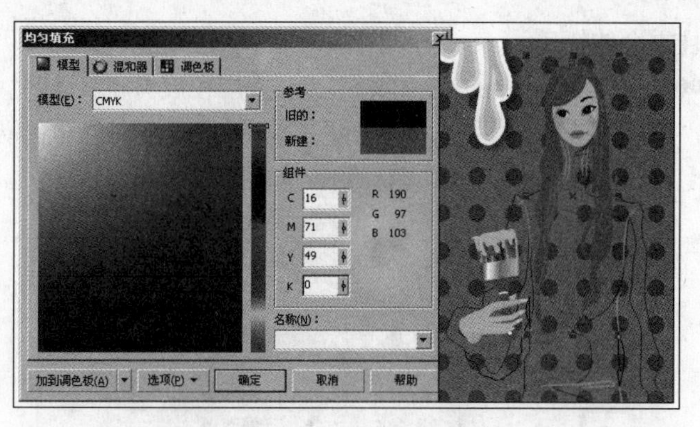

图 3-49　填充头发轮廓图形

04 选择人物脸部轮廓图形。使用“交互式填充”工具，为图形填充渐变色，并参照图 3-50 所示设置属性栏参数。

05 选择女孩上衣轮廓图形，单击工具箱中的“填充”工具，在展开的工具栏中单击“底纹填充对话框”按钮。打开“底纹填充”对话框，参照图 3-51 所示设置对话框，并单击“确定”按钮，为图形填充底纹。

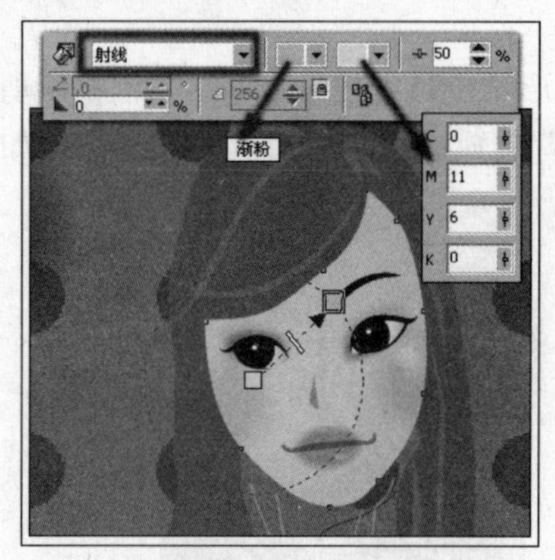

图 3-50　设置填充色

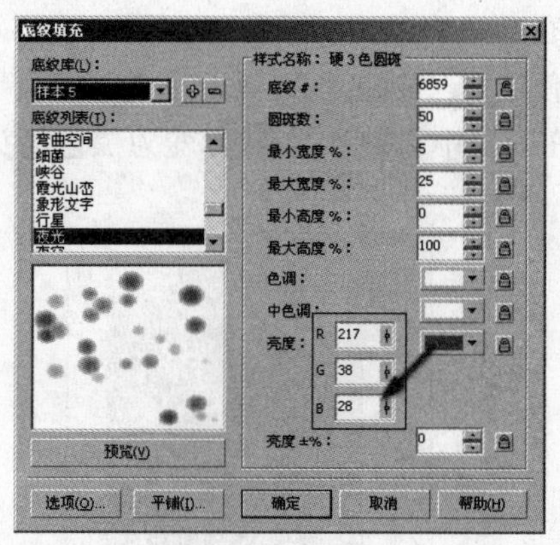

图 3-51　设置“底纹填充”对话框

06 使用工具箱中的“交互式填充”工具，参照图 3-52 所示调整控制柄，对底纹的大小及旋转角度进行调整。

07 使用“挑选”工具，选择女孩裙子轮廓图形，参照以上方法为其填充底纹，设置对话框参数如图 3-53 所示。

图 3-52　调整纹理效果

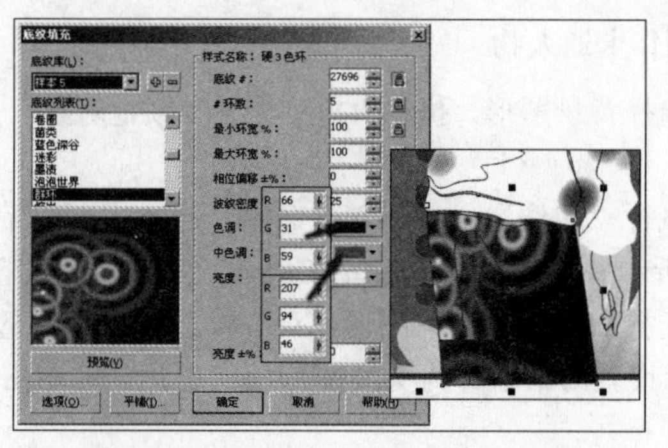

图 3-53　设置“底纹填充”对话框

08 使用“交互式填充”工具，对底纹填充控制柄进行调整，如图3-54所示。

09 接下来分别为女孩的右手轮廓图形填充颜色，使用“交互式透明”工具，为其添加透明效果，并参照图3-55所示设置其属性栏。

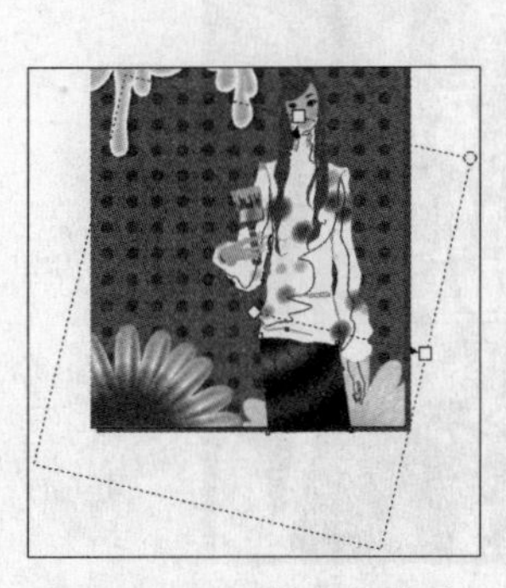

图3-54　调整底纹效果

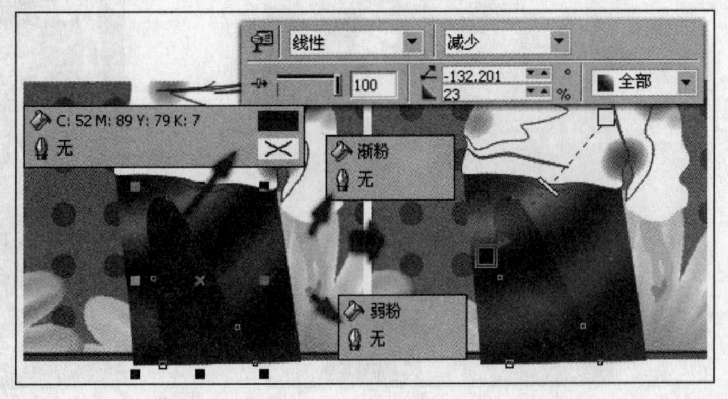

图3-55　填充颜色并添加透明效果

10 选择女孩上衣的阴影图形，使用“交互式填充”工具，为其填充渐变色。选择“交互式透明”工具，参照图3-56所示设置其属性栏，为其添加透明效果。

11 参照以上操作方法，再为女孩其他图形分别填充颜色和渐变色，如图3-57所示。

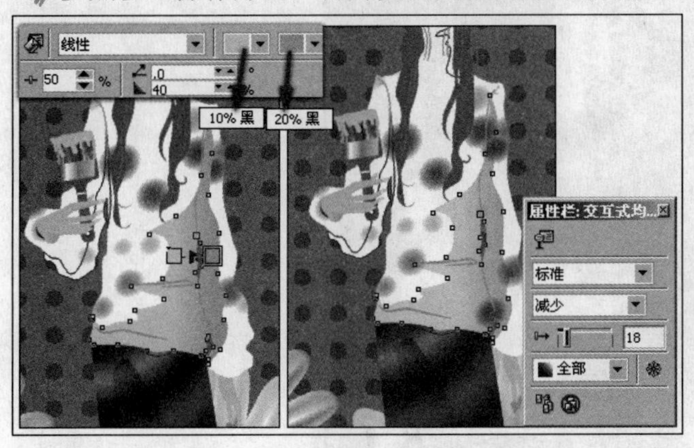

图3-56　填充颜色并添加透明效果

图3-57　填充颜色

12 使用“挑选”工具，框选制作的女孩图形，执行“效果”→“创建边界”命令，为女孩图形创建边界。将创建边界的图形填充为黑色，轮廓色设置为无。按<Ctrl+PageDown>键调整顺序并调整其位置，如图3-58所示。

13 使用“挑选”工具，框选制作的女孩图形，按<Ctrl+G>键将其群组。执行“效果”→“图框精确剪裁”→“放置在容器中”命令，当鼠标变为黑色箭头时单击背景矩形，将其放置在背景矩形当中，如图3-59所示。

提示　在执行“图框精确剪裁”命令时，需要将背景图形取消锁定。

14 最后添加装饰图形和相关文字信息，完成本实例的制作，效果如图3-60所示。在制作过程中遇到问题，可以打开本书附带光盘\Chapter-03\“卡通插画.cdr”文件进行查阅。

图 3-58　制作阴影图形

图 3-59　图框精确剪裁

图 3-60　完成效果

实例 4　科幻插画

该实例制作的是一个以科幻为主题的插画，主体物为一个具有金属质感的器具。整个画面以冰冷的蓝色调为主，如图 3-61 所示，为本实例的完成效果。

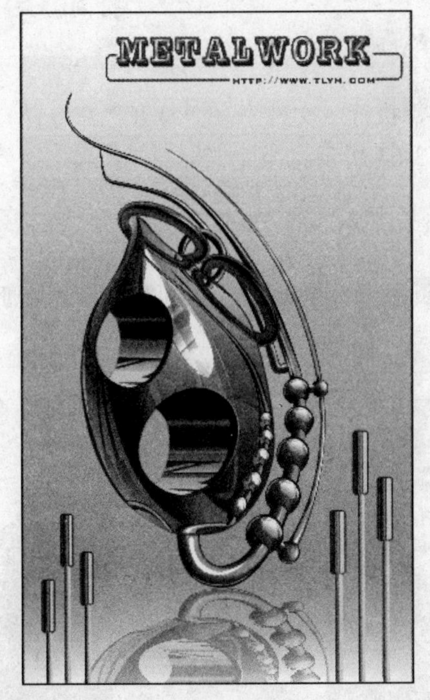

图 3-61 完成效果

设计思路

这是为科幻小说配置的插画，以小说中出现的高科技器具为主要描绘对象，通过细致的刻画表现出金属的光滑、冷硬材质效果，使人仿佛置身于书中的未来世界。

技术剖析

本实例中金属光泽的表现，主要通过巧妙地使用“交互式填充”工具，为图形填充渐变色完成。对图形添加透明效果，从而使主体物的金属效果更加生动、逼真。图 3-62 出示了本实例的制作流程。

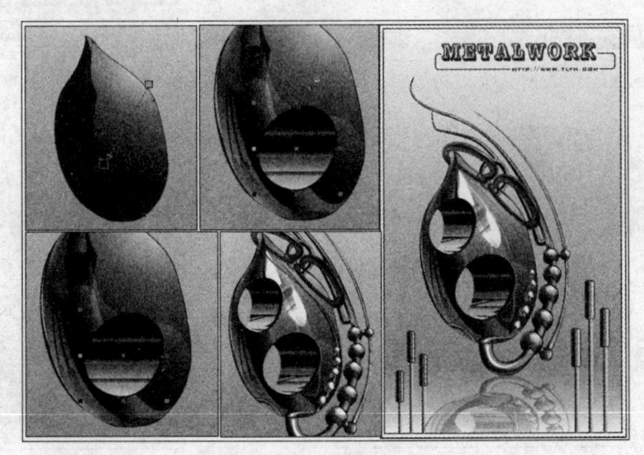

图 3-62 制作流程

制作步骤

01 运行 CorelDRAW X3，执行“文件”→“打开”命令，打开本书附带光盘\Chapter-03\“插画背景.cdr”文件，如图 3-63 所示。

提示　背景矩形为锁定状态。

02 选择工具箱中的“贝塞尔”工具，参照图 3-64 所示在页面中绘制图形，并设置其填充色和轮廓色。

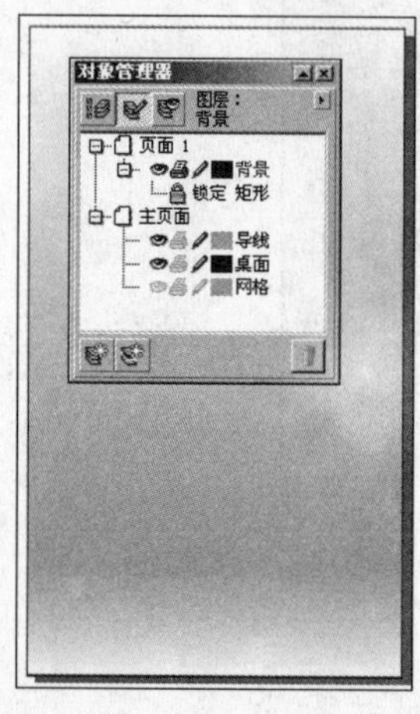

图 3-63　打开“插画背景.cdr”文件

图 3-64　绘制曲线图形

03 使用“贝塞尔”工具，参照图 3-65 所示绘制主体物的高光图形，使用“交互式填充”工具，为其填充渐变色，轮廓色为无。

提示　为了便于观察绘制的图形，在这里暂时将该图形轮廓色设置为白色。

04 使用“交互式透明”工具，为高光图形添加透明效果，并参照图 3-66 所示设置其属性栏参数。

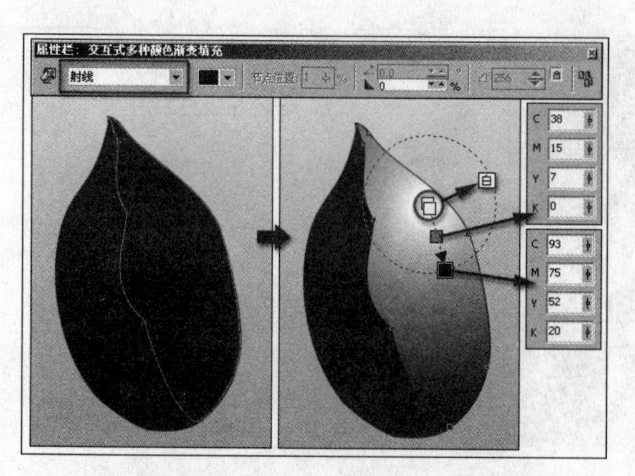

图 3-65　绘制高光图形并填充渐变色

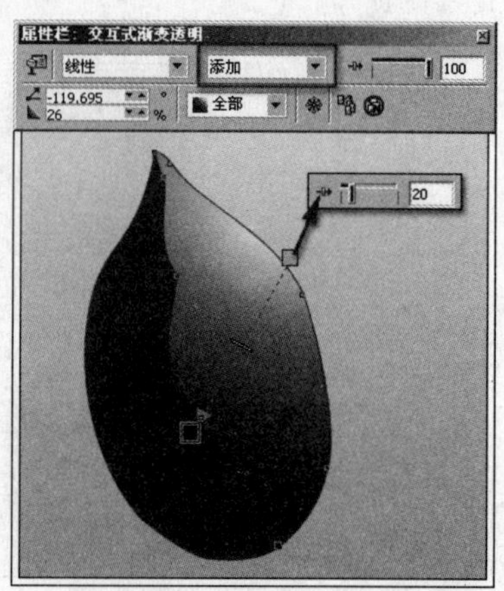

图 3-66　添加透明效果

05 使用“贝塞尔”工具，参照图3-67所示依次绘制图形，并使用“交互式填充”工具分别为其填充渐变色，轮廓色均设置为无。

06 使用“贝塞尔”工具，参照图3-68所示绘制图形，并使用“交互式填充”工具，为其填充渐变色，轮廓色设置为无。

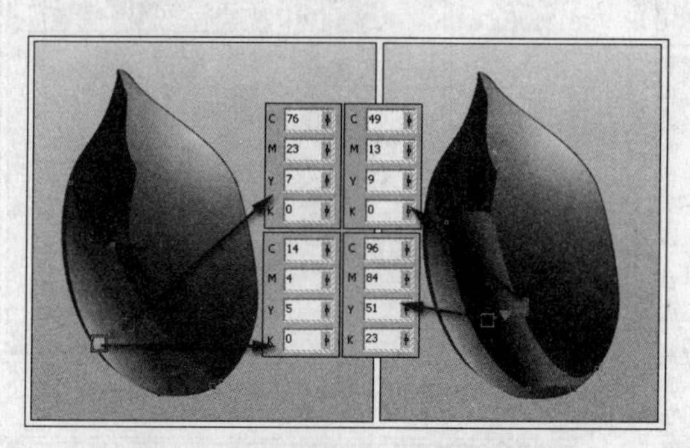

图3-67 绘制图形并填充渐变色

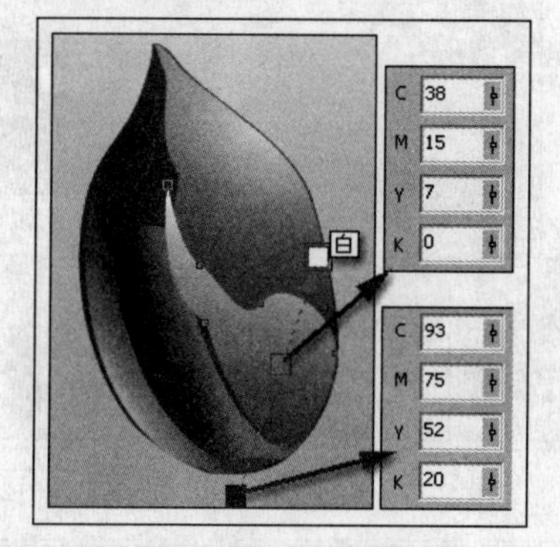

图3-68 绘制图形

07 使用“交互式透明”工具为该图形添加透明效果，并通过按<Ctrl+PageDown>键，调整其图形顺序，如图3-69所示。参照以上操作方法，再绘制其他反光图形。

08 使用“椭圆形”工具绘制圆形，并按<Ctrl+Q>键将其转换为曲线，使用“形状”工具调整图形形状，如图3-70所示。

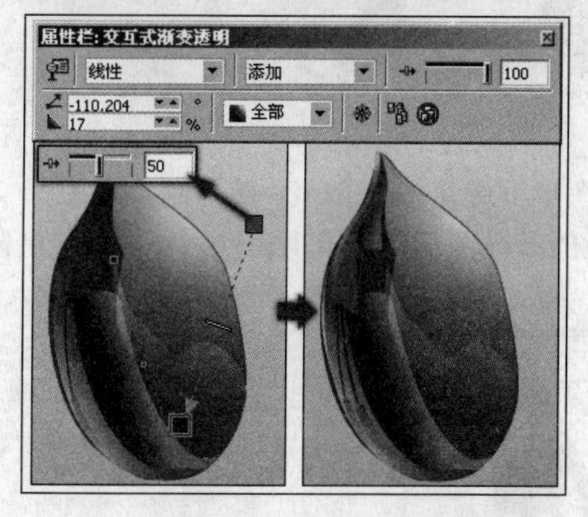

图3-69 绘制图形

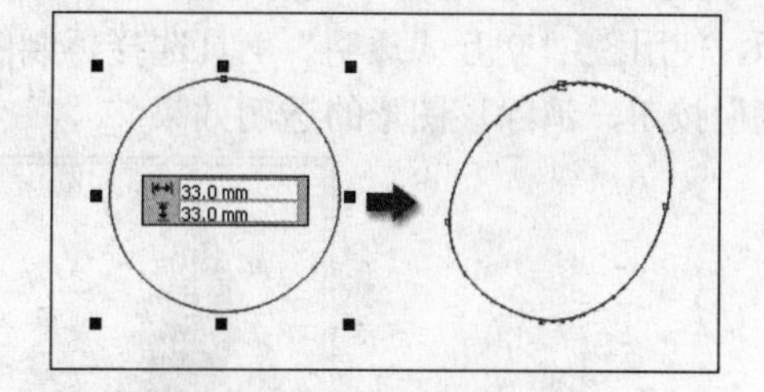

图3-70 绘制椭圆并调整

09 单击“填充”工具展开工具栏中的“渐变填充对话框”按钮，打开“渐变填充”对话框，并参照图3-71所示设置对话框。

提示 参照图3-71所示，从左到右依次设置图形的渐变颜色。

10 完毕后单击“确定”按钮，为图形填充渐变色。调整图形的位置，并设置轮廓属性，如图3-72所示。

11 使用“贝塞尔”工具，参照图3-73所示绘制暗部和反光图形，并分别填充渐变色。

12 使用“贝塞尔”工具在椭圆上绘制图形，制作出镂空效果。使用“挑选”工具框选孔洞图形，按<Ctrl+G>键将图形群组，然后将群组对象再制，并参照图3-74所示调整其大小、位置和旋转角度。

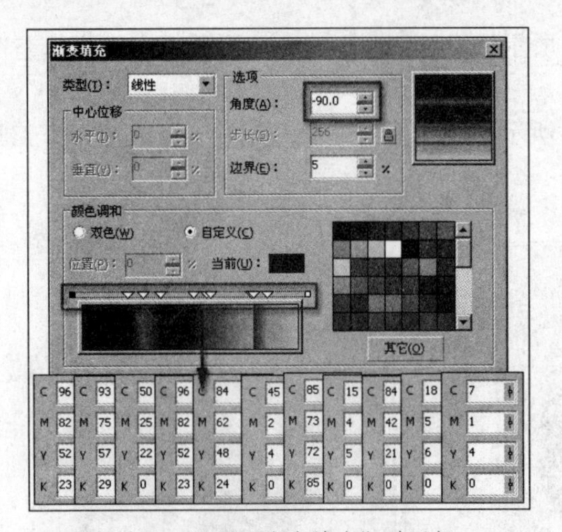

图 3-71　设置“渐变填充”对话框

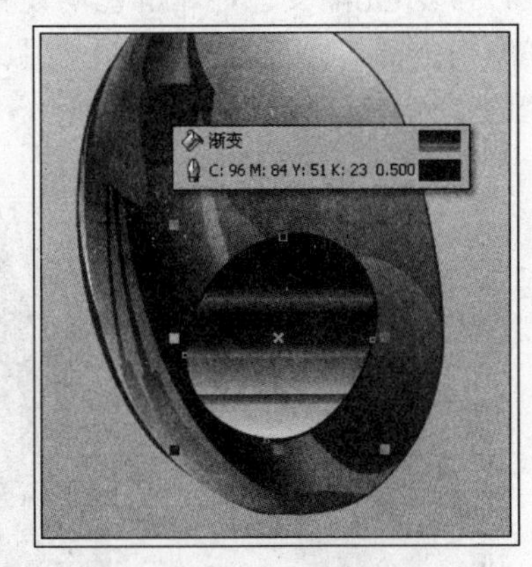

图 3-72　设置轮廓属性

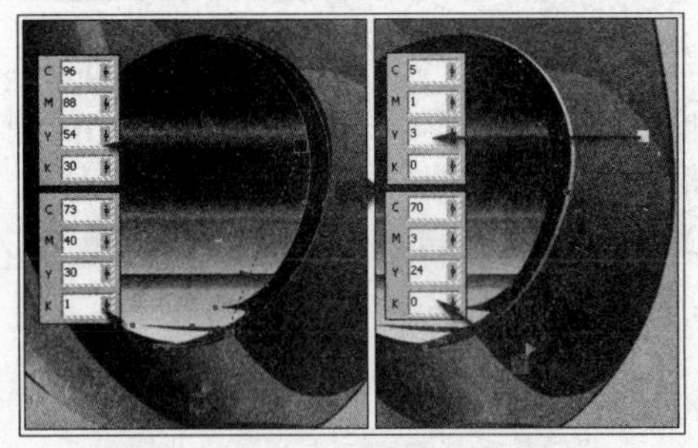

图 3-73　绘制高光图形

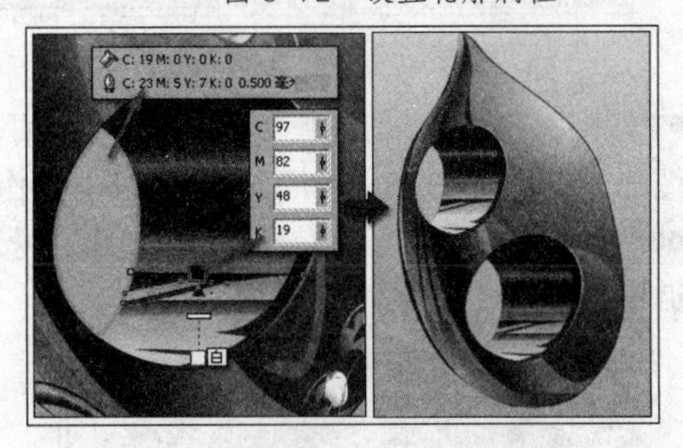

图 3-74　制作孔洞图形

13 使用“挑选”工具将除背景图形外所有图形框选，按<Ctrl+D>键再制。参照图 3-75 所示，使用“交互式透明”工具选择再制图形上的高光图形，并单击属性栏中的“清除透明度”按钮，清除该图形的透明效果。

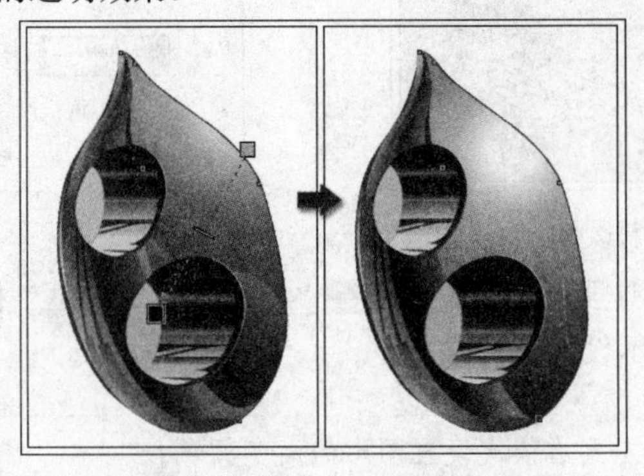

图 3-75　再制图形并调整

提示　这里为了方便查看，暂时为再制图形添加一个白色背景。

14 接下来在页面中调整部分图形的填充色，使用“挑选”工具框选再制图形，按<Ctrl+G>键将其群组。参照图 3-76 所示调整群组对象的大小、位置和旋转角度。完毕后使用“交互式封套”工具，对其形状进行调整。

15 保持该对象的选择状态，选择“交互式透明”工具，设置其属性栏为其添加透明效果。完毕后通过按<Ctrl+PageDown>键，调整群组对象的顺序，如图 3-77 所示。

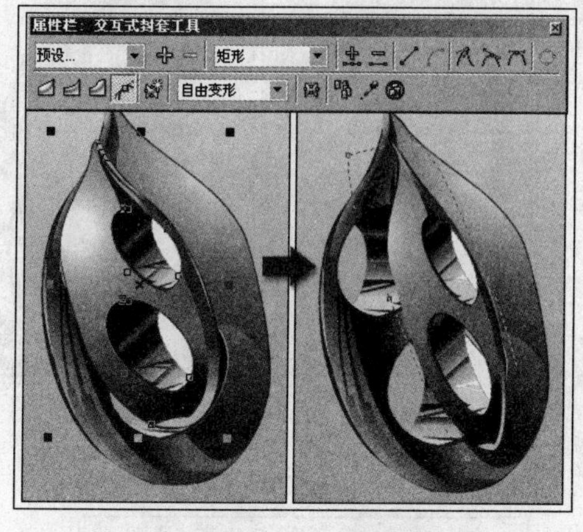

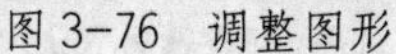
图 3-76　调整图形

图 3-77　添加透明效果并调整顺序

16 执行“文件”→“导入”命令，将本书附带光盘\Chapter-03\“装饰图.cdr”文件导入。参照图 3-78 所示将导入图形调整到主体物下方，并按下<Ctrl+U>键取消图形群组。

17 选择带有金属球的图形，按<Ctrl+C>和<Ctrl+V>键将其复制并粘贴，参照图 3-79 所示调整其大小和位置。完毕后使用“交互式封套”工具调整该图形的形状。

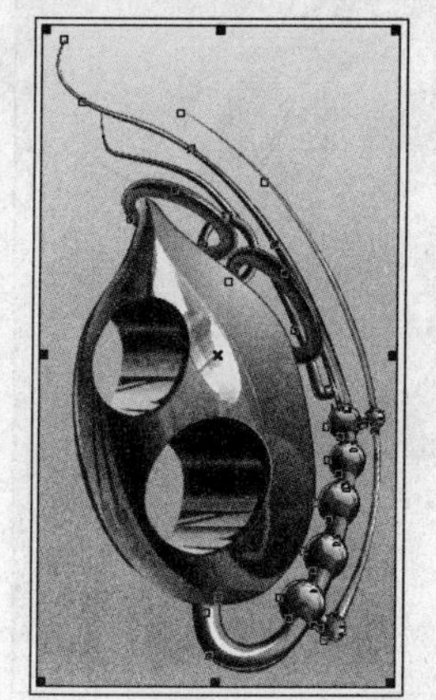

图 3-78　导入装饰图形并调整

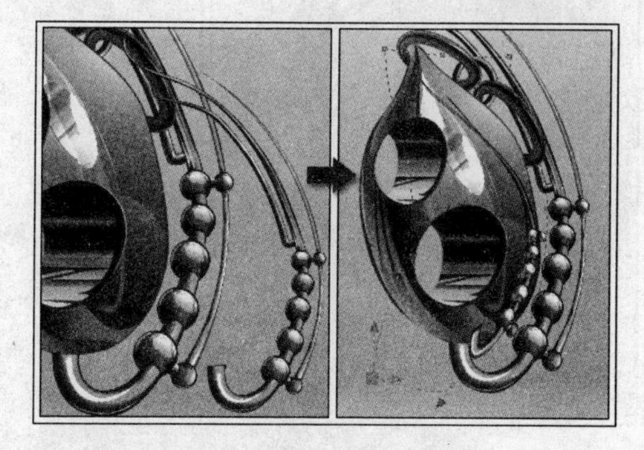

图 3-79　再制图形并调整

18 执行“工具”→“选项”命令，打开“选项”对话框，参照图 3-80 所示设置对话框，取消对“新的图框精确剪裁内容自动居中”选项的启用状态，单击“确定”按钮，关闭对话框。

19 保持添加封套效果图形的选择状态，执行“效果”→“图框精确剪裁”→“放置在容器中”命令，当光标变为黑色箭头时，单击图 3-81 所示的高光图形，将其放置在该图形中，制作出反射图形的效果。

20 参照以上制作反射图形的方法，接着制作主体物金属图形剩余部分的反射效果，如图 3-82 所示。

21 最后将本书附带光盘\Chapter-03\“装饰文字.cdr”文件导入到文档中相应位置，完成本实例的制作，效果如图 3-83 所示。在制作过程中遇到问题，可以打开本书附带光盘\Chapter-03\“科幻插画.cdr”文件进行查看。

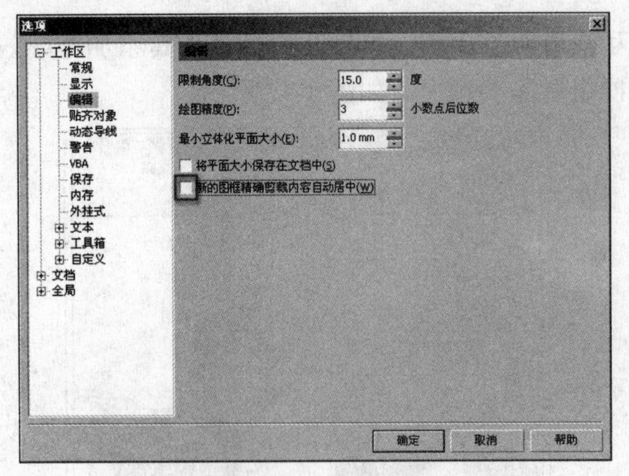

图 3-80　设置“选项”对话框

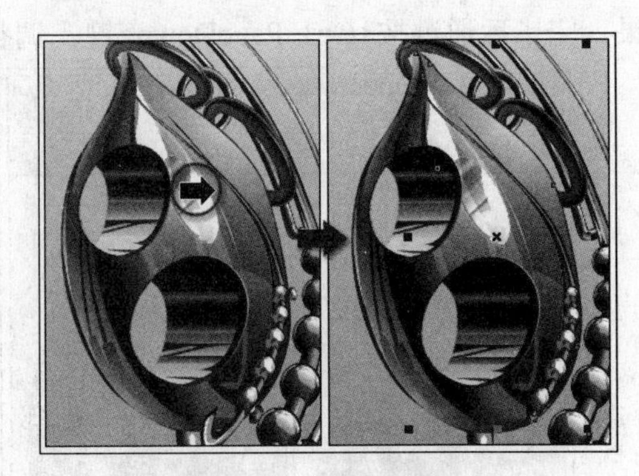

图 3-81　精确裁剪图形

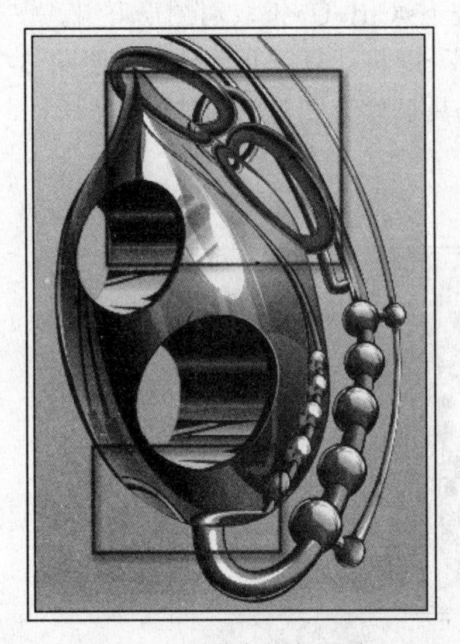

图 3-82　制作反光图形

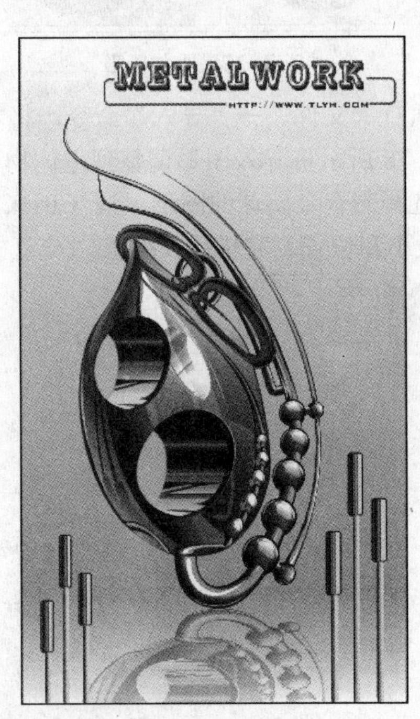

图 3-83　完成效果

实例 5　商业插画

商业插画顾名思义就是指用于商业目的的插画作品，旨在用插画的形式对商家的产品或企业形象进行宣传。这种宣传形式风格简约、内容时尚，深受年轻人喜爱。本小节将制作一幅商业插画，如图 3-84 所示，为本实例的完成效果。

图 3-84 完成效果

设计思路

这是为某公司设计制作的商业插画，由于该公司主要制作女性服饰，针对其用户群体，本节将以一个时尚女性的形象作为商业插画的主题，充分地体现出公司和商品的特点，从而达到宣传目的。

技术剖析

本实例的制作方法比较简单，主要通过使用各种填充方式对导入的图形进行填充，从而得到丰富的纹理效果。图 3-85 出示了本实例的制作流程图。

图 3-85 制作流程

制作步骤

01 运行 CorelDRAW X3，执行“文件”→“打开”命令，打开本书附带光盘\Chapter-03\“背景.cdr”文件，如图 3-86 所示。

02 使用“贝塞尔”工具，在页面空白处绘制女孩儿的各部分轮廓路径，如图 3-87 所示。也可以执行“文件”→“导入”命令，导入本书附带光盘\Chapter-03\“女孩轮廓.cdr”文件直接使用，并按下<Ctrl+U>键取消群组。

提示

为方便观察，图 3-87 中刻意对各组成部分的轮廓进行了不同颜色的设置。

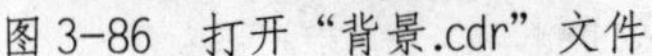

图 3-86　打开“背景.cdr”文件　　　　图 3-87　绘制轮廓图形

03 参照图 3-88 所示，选择图形并分别为其填充颜色，轮廓色设置为无。

提示

这里为了方便查看，暂时为左侧的靴子图形添加黑色轮廓线。

04 使用“挑选”工具选择裙子图形，单击“填充”工具展开工具栏中的“底纹填充对话框”按钮，打开“底纹填充”对话框，参照图 3-89 所示设置对话框，为图形填充纹理。

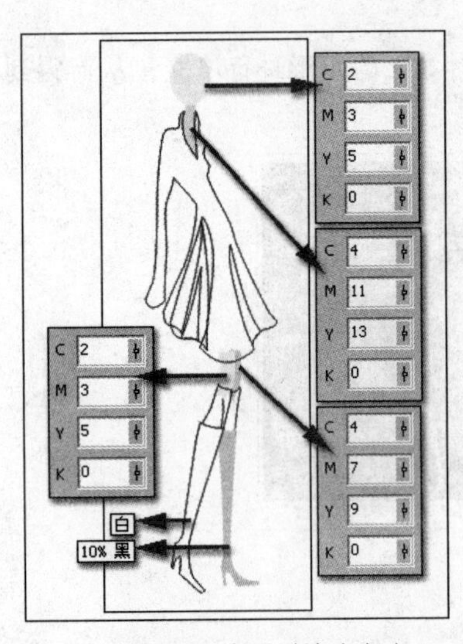

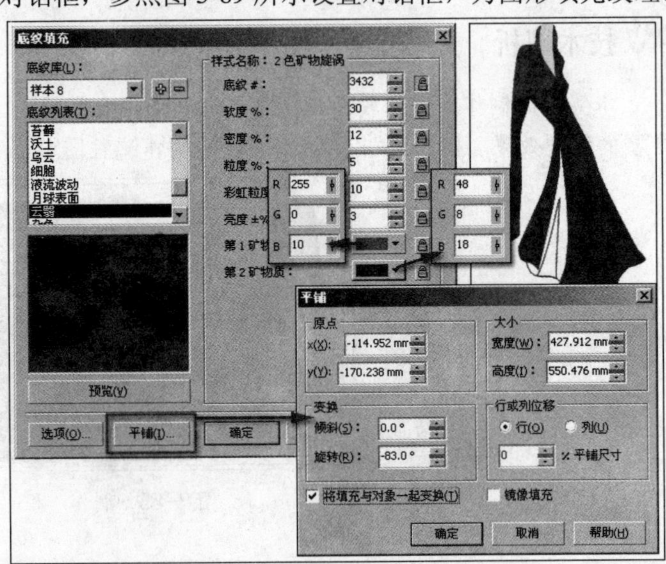

图 3-88　为图形填充颜色　　　　图 3-89　设置“底纹填充”对话框

05 选择衣服褶皱图形，执行“编辑”→“复制属性自”命令，参照图 3-90 所示设置弹出的“复制属性”对话框，完毕后单击“确定”按钮。当光标变为黑色箭头时，在裙子图形上单击，复制裙子图形的填充属性。

提示

为了便于观察，这里暂时将图形的轮廓色设置为白色。

06 使用“交互式填充”工具，对填充的纹理进行调整。完毕后选择“交互式透明”工具，参照图3-91所示设置其属性栏，为衣服褶皱图形添加透明效果。

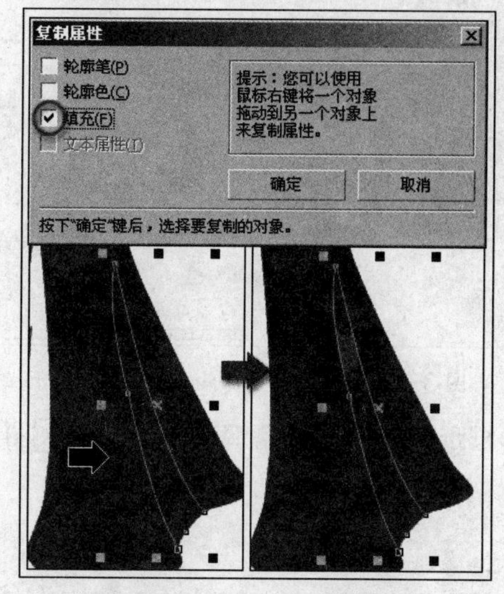

图3-90 复制属性

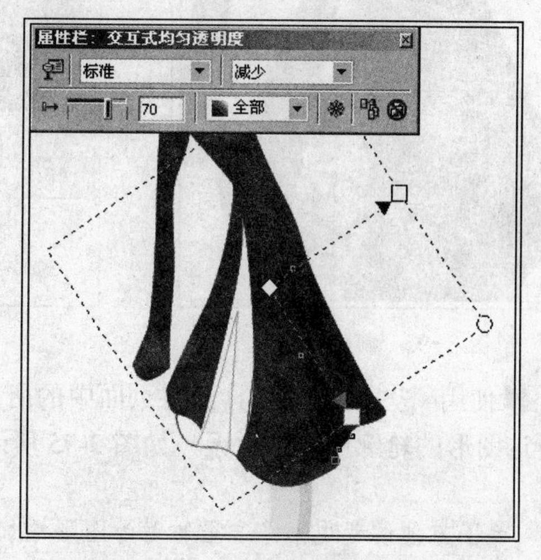

图3-91 为图形添加透明效果

07 使用“挑选”工具选择内部的裙子图形，打开“底纹填充”对话框，参照图3-92所示设置对话框，为该图形填充纹理效果。完毕后使用“交互式填充”工具调整纹理大小。

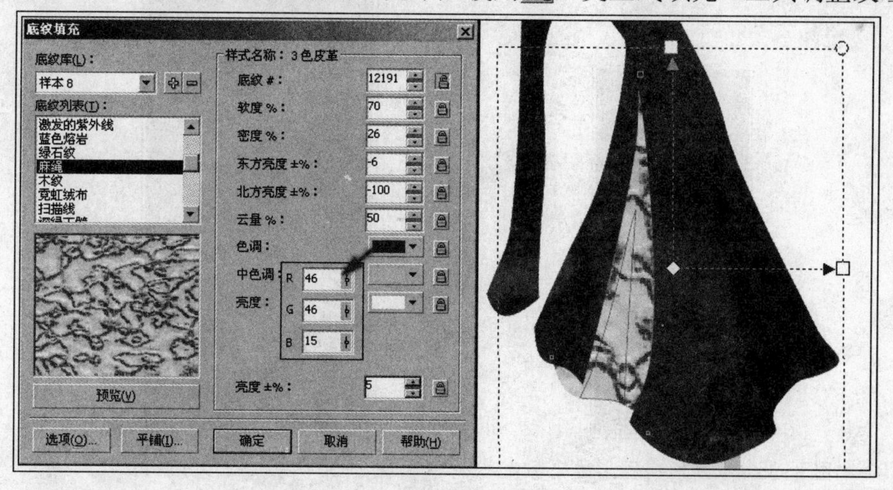

图3-92 填充纹理

08 参照同样的操作方法，为内部裙子的褶皱图形填充相同的纹理效果。选择“交互式透明”工具，参照图3-93所示设置其属性栏，为该图形添加透明效果，如图3-93所示。

09 参照以上对人物衣服图形填充纹理的方法，继续对人物的袜子图形填充纹理效果，并对纹理比例进行调整，如图3-94所示。

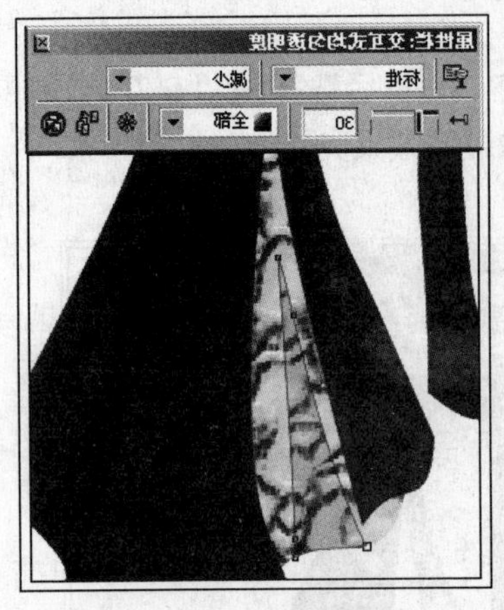
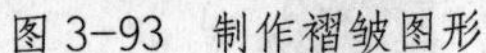

图 3-93 制作褶皱图形

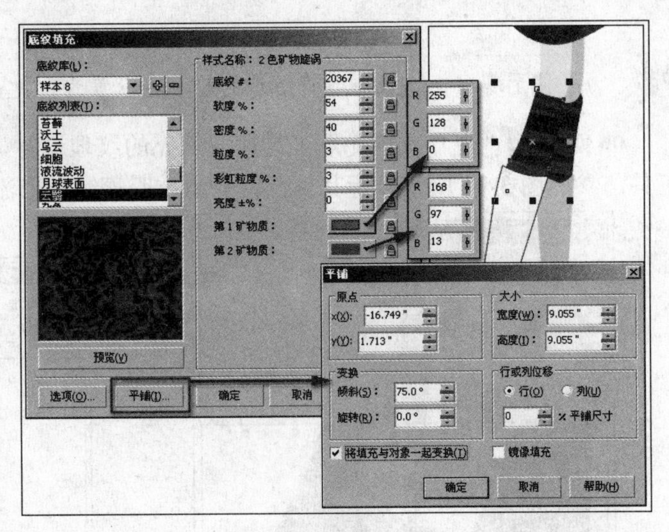

图 3-94 填充纹理效果

10 使用"挑选"工具，将页面中的所有图形框选，并右击屏幕调色板上端的⊠图标，将所选图形的轮廓色设置为无，如图 3-95 所示。

为了方便读者观察，这里暂时为图形添加了一个青色背景。

11 执行"文件"→"导入"命令，导入本书附带光盘\Chapter-03\"人物图形.cdr"文件，按<Ctrl+U>键取消图形的群组状态，并参照图 3-96 所示调整图形的位置及顺序。

图 3-95 取消所有图形的轮廓色

图 3-96 导入图形并调整

12 使用"挑选"工具，将绘制的人物图形全部选中，并按<Ctrl+G>键将其群组，调整其位置到背景图形中，如图 3-97 所示。按<Ctrl+D>键再制群组对象。

13 依次单击属性栏中的"取消群组"按钮和"焊接"按钮，得到如图 3-98 所示图形。使用"形状"工具调整图形，为其填充黑色。完毕后调整到人物图形的下方，制作出人物的投影效果。

图 3-97 调整人物图形的位置

图 3-98 制作投影图形

14 执行“工具”→“选项”命令，打开“选项”对话框，参照图 3-99 所示，取消对“新的图框精确剪裁内容自动居中”选项的启用状态，单击“确定”按钮关闭对话框。

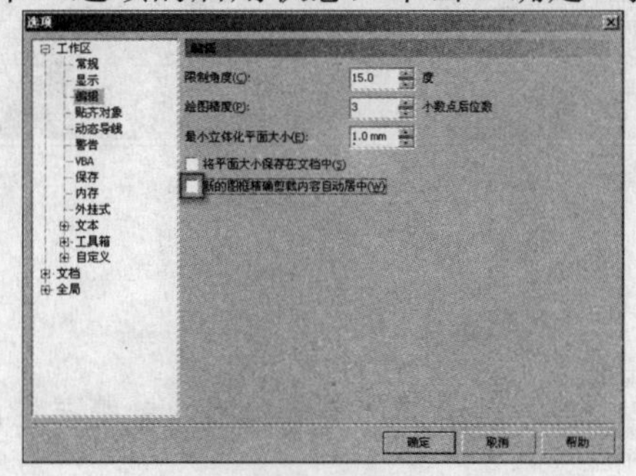

图 3-99 设置“选项”对话框

15 绘制一个与页面等大的矩形，并调整其顺序到最顶层。将人物和投影图形同时选中，执行“效果”→“图框精确剪裁”→“放置在容器中”命令，对人物图形进行精确剪裁，完成本实例的制作，效果如图 3-100 所示。

16 在制作过程中遇到问题，可以打开本书附带光盘\Chapter-03\“绘制商业插画.cdr”文件进行查看。

图 3-100 完成效果

实例 6　装饰画

在本小节的实例学习中，将制作一幅装饰插画，如图 3-101 所示，为本小节实例的完成效果。

图 3-101　完成效果

设计思路

纯装饰类的插画内容简单，但要具有装饰美感，因此就需要在图案的设计和整体颜色的搭配上下工夫。

技术剖析

在本节实例的制作过程中，较多地使用了一些基础工具进行绘制，并对绘制好的图形执行“焊接”、“结合”等造型命令，从而编辑出装饰图形，如图 3-102 所示，为本实例的制作流程。

图 3-102　制作流程

制作步骤

01 运行 CorelDRAW X3，执行“文件”→“打开”命令，打开本书附带光盘\Chapter-03\“装饰背景.cdr”文件，如图 3-103 所示。

02 使用“椭圆形”工具，参照图 3-104 所示在页面中心位置绘制两个椭圆，并分别设置椭圆形的填充颜色和轮廓色。

图 3-103 打开背景文件

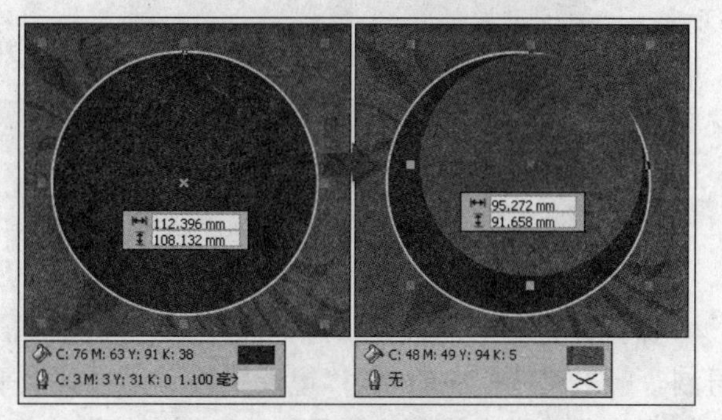

图 3-104 绘制椭圆并填充颜色

03 选择较大的椭圆形，使用“交互式阴影”工具为其添加阴影效果，并参照图 3-105 所示设置其属性栏。

04 使用“矩形”工具绘制矩形，并设置填充颜色和轮廓色。按<Ctrl+Q>键将其转换为曲线。双击“形状”工具，选择所有节点，单击属性栏中的“转换直线为曲线”按钮，转换节点属性，然后参照图 3-106 所示对矩形形状进行调整。

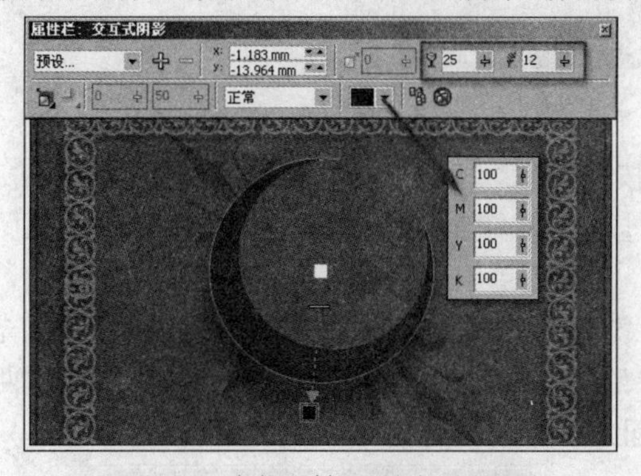

图 3-105 为较大椭圆图形添加阴影

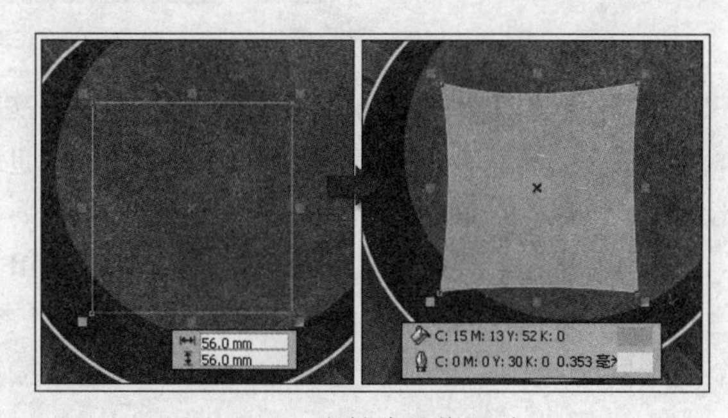

图 3-106 绘制并调整图形

05 使用“钢笔”工具在页面单击建立曲线起点，接着在适当位置单击鼠标建立节点，绘制直线段。然后单击并拖动鼠标，创建带有控制柄的节点。使用同样的操作方法将曲线绘制完毕之后，将鼠标移动到起点位置单击，封闭曲线，如图 3-107 所示。

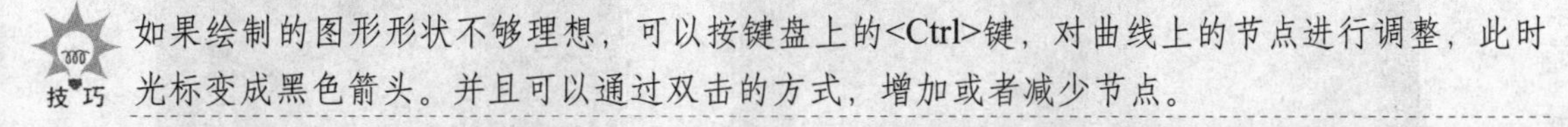

技巧 如果绘制的图形形状不够理想，可以按键盘上的<Ctrl>键，对曲线上的节点进行调整，此时光标变成黑色箭头。并且可以通过双击的方式，增加或者减少节点。

06 选择花朵图形，执行“编辑”→“复制属性自”命令。参照图 3-108 所示设置弹出的“复制属性”对话框，单击“确定”按钮，光标变为黑色箭头时，单击矩形图形，复制该图形的属性。

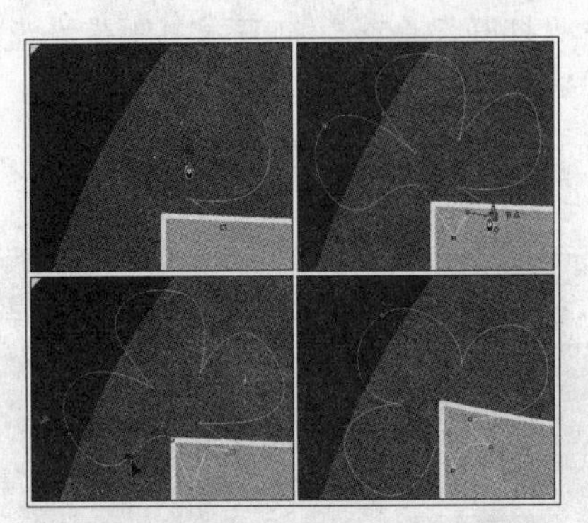

图 3-107　绘制花朵图形

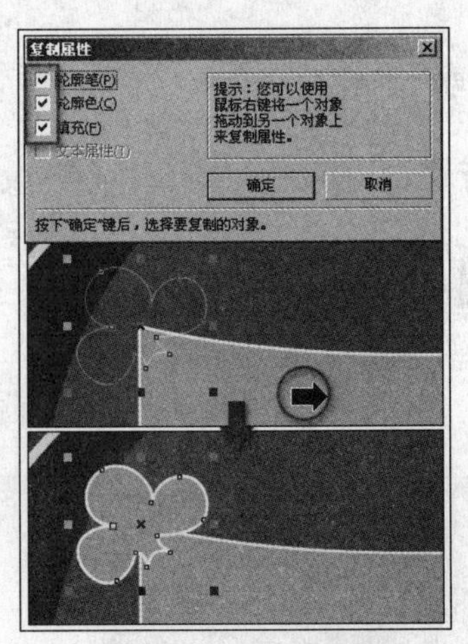

图 3-108　复制属性

07 保持花朵图形的选择状态，选择“挑选”工具并按小键盘上的<+>键，将花朵图形原地再制。单击属性栏中的“镜像”按钮，将其水平镜像，并调整图形的位置。

08 框选两个花朵图形，参照上一步骤中的操作方法将其再制并垂直镜像，完毕后调整图形位置，如图 3-109 所示。

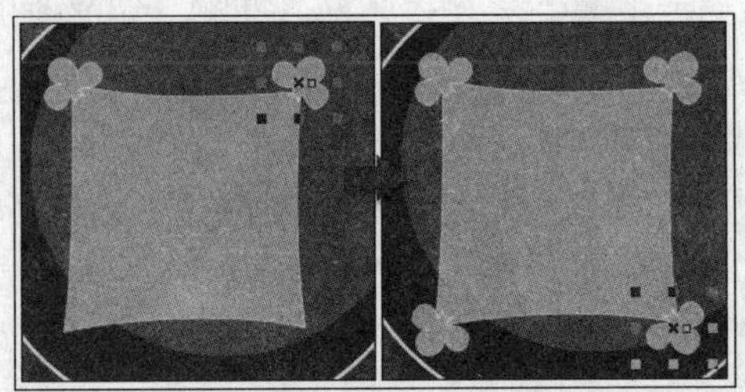

图 3-109　再制图形

09 将花朵图形和下面的矩形全部选中，依次按<Ctrl+C>和<Ctrl+V>键，将其复制并粘贴。单击属性栏中的“焊接”按钮，焊接图形。通过按<Ctrl+PageDown>键，调整其顺序到原图形下方，如图 3-110 所示。

10 使用“挑选”工具选择矩形，按<Shift>键的同时其等比例缩小矩形，并设置其填充色和轮廓色。按小键盘上的<+>键再绘制图形，参照图 3-111 所示将其等比缩小。然后将这两个图形同时选中，单击属性栏中的“结合”按钮，将它们结合为一个图形。

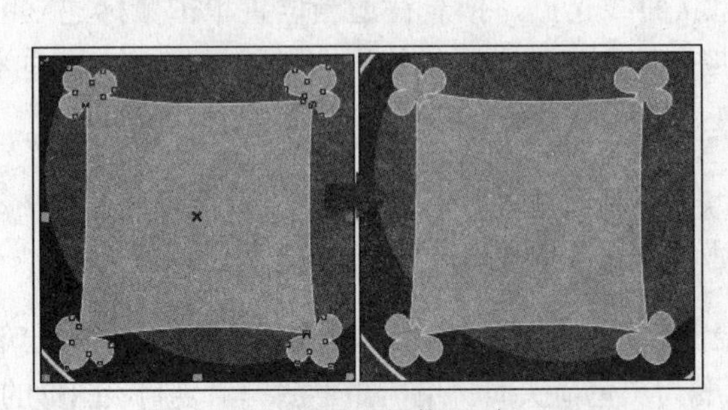

图 3-110　焊接图形

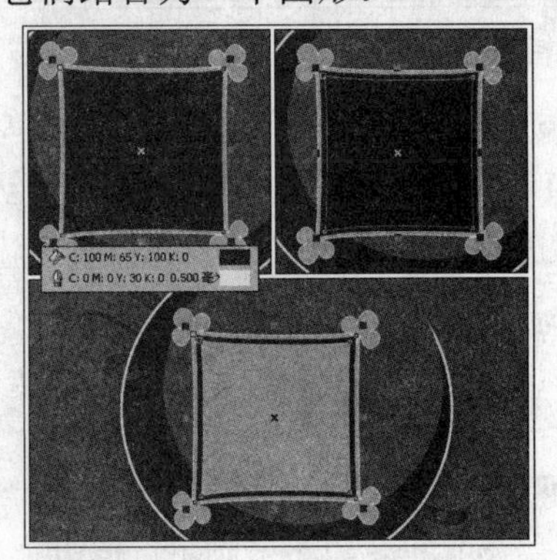

图 3-111　结合图形

11 选择花朵图形，调整其大小和形状，并设置图形的填充颜色和轮廓笔属性。使用同样的操作方法调整其他花朵图形，如图 3-112 所示。

12 选择填充绿色的矩形边框，按小键盘上的<+>键将其原地再制，参照图 3-113 所示等比例缩小再制图形，并调整图形的填充色，轮廓色为无。

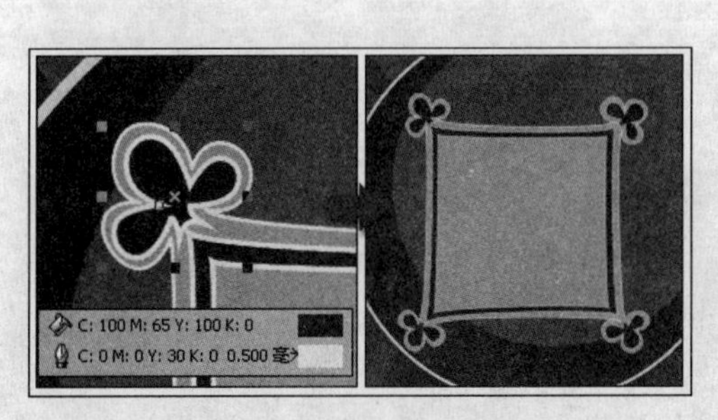

图 3-112 调整图形

图 3-113 再制边框图形

13 使用“挑选”工具在页面空白处单击，取消所有图形的选择状态。在屏幕调色板中的白色色块上右击鼠标，弹出“轮廓色”对话框，保持默认设置，单击“确定”按钮，将默认轮廓色设置为白色，如图 3-114 所示。

14 使用“钢笔”工具，在图 3-115 所示位置绘制花纹图形。

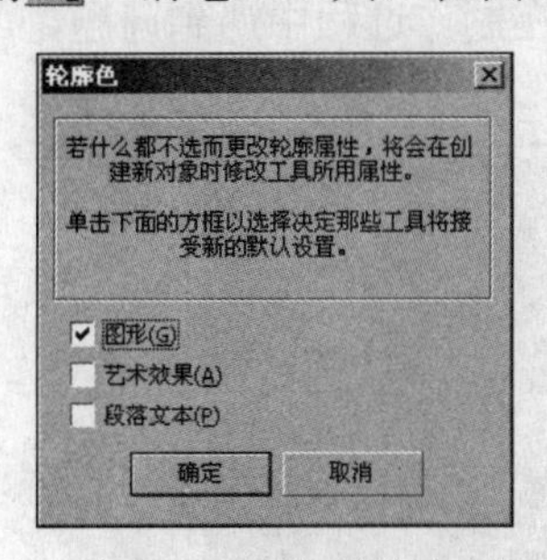

图 3-114 设置轮廓色

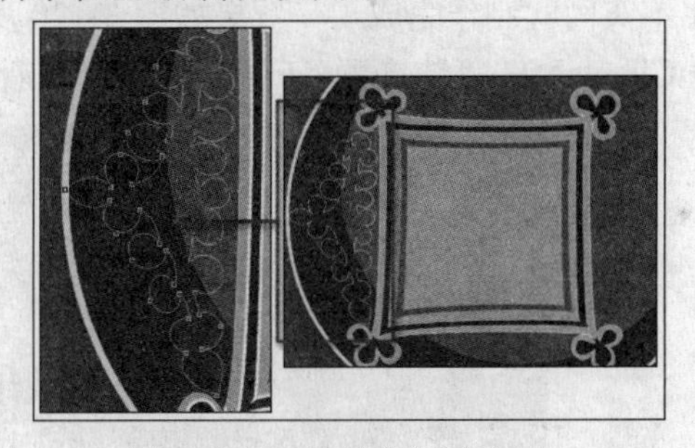

图 3-115 绘制花纹图形

15 为花纹图形设置填充颜色和轮廓色。使用“钢笔”工具，参照图 3-116 所示绘制图形，将其与花纹图形同时选择，单击属性栏中的“结合”按钮，将花纹图形的中间部位镂空。

16 将花纹图形再制，单击属性栏中的“镜像”按钮，将再制的花纹图形水平镜像，并参照图 3-117 所示调整图形的位置。

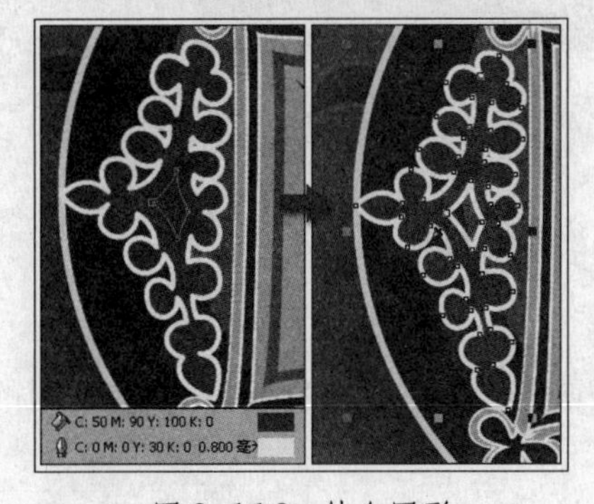

图 3-116 结合图形

图 3-117 再制花纹图形并水平镜像

17 执行"文件"→"导入"命令，导入本书附带光盘\Chapter-03\"素材图案.cdr"文件，并参照图 3-118 所示，调整群组对象的位置。

18 使用"挑选"工具，将背景图形和椭圆图形以外的所有图形框选，按<Ctrl+G>键将其群组。使用"交互式阴影"工具，为群组对象添加阴影效果，如图 3-119 所示。

图 3-118　导入素材并调整位置

图 3-119　添加阴影效果

19 至此本实例就制作完成了，效果如图 3-120 所示。在制作过程中遇到问题，可以打开本书附带光盘\Chapter-03\"装饰画.cdr"文件进行查看。

图 3-120　完成效果

实例 7　古典插画

在本小节中，将制作一幅具有古典风格的插画作品。图 3-121 出示了本实例的完成效果图。

图 3-121 完成效果

设计思路

这是为古典音乐集设计的插画，整幅插画使用了优雅神秘的蓝色作背景色，主体是一个具有梦幻色彩的卡通形象。画面搭配其他装饰图案，给人以古典优美的视觉感受。

技术剖析

该实例分为两部分制作完成。第一部分制作背景；第二部分绘制主体对象。在制作背景时，结合“交互式透明”工具，对导入的图像应用透明效果，从而丰富背景画面。在绘制主体对象时，主要使用了“贝塞尔”等基础绘制工具。图 3-122 出示了本实例的制作流程。

图 3-122 制作流程

制作步骤

1.绘制背景

01 启动 CorelDRAW X3，执行“文件”→“打开”命令，打开本书附带光盘\Chapter-03\

“古典插画背景.cdr”文件，如图 3-123 所示。

02 执行“文件”→“导入”命令，将本书附带光盘\Chapter-03\“底纹.jpg”文件导入文档中。按键盘上的<P>键将其与页面中心对齐，选择“交互式透明”工具，参照图 3-124 所示设置属性栏，为图像添加透明效果。

图 3-123　打开光盘文件

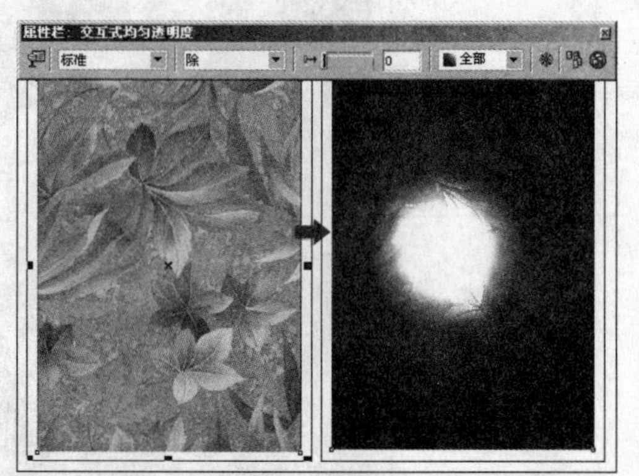

图 3-124　导入图片并添加透明效果

03 选择“挑选”工具，并按小键盘上的<+>键，将添加透明的图像原位置再制。参照如图 3-125 所示设置属性栏，更改图像的透明效果。

2.绘制主体对象

01 导入本书附带光盘\Chapter-03\“蝴蝶翅膀.cdr”文件，并调整其位置。使用“交互式阴影”工具为翅膀图形添加阴影效果，并参照图 3-126 所示设置属性栏参数。

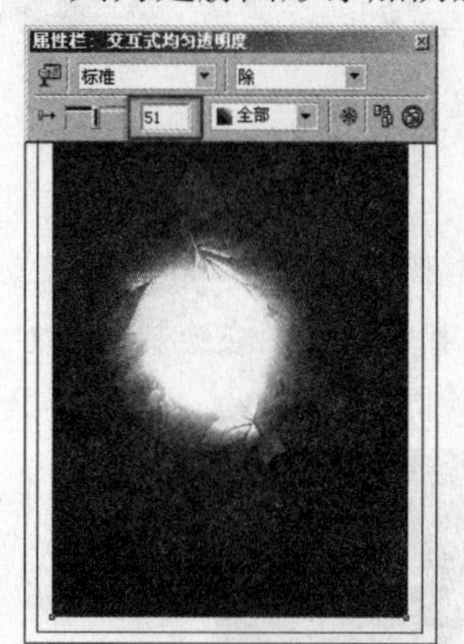

图 3-125　原位置再制图像并设置透明属性

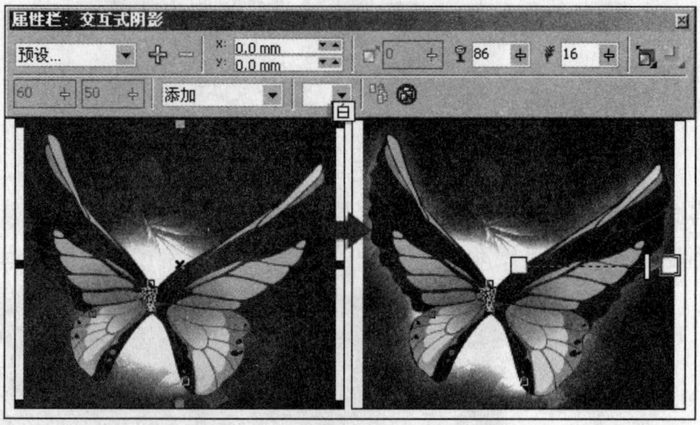

图 3-126　导入蝴蝶翅膀

02 使用“贝塞尔”工具绘制人物身体和尾巴图形，并使用“形状”工具对其进行调整，如图 3-127 所示。

提示　为便于观察，暂时将绘制的轮廓图形填充了颜色，并设置轮廓色为黑色。

03 使用“交互式填充”工具，分别为身体和手臂图形填充渐变色，设置轮廓色为无。选择身体图形，按<Ctrl+PageDown>键，将其调整到翅膀图形下面，如图 3-128 所示。

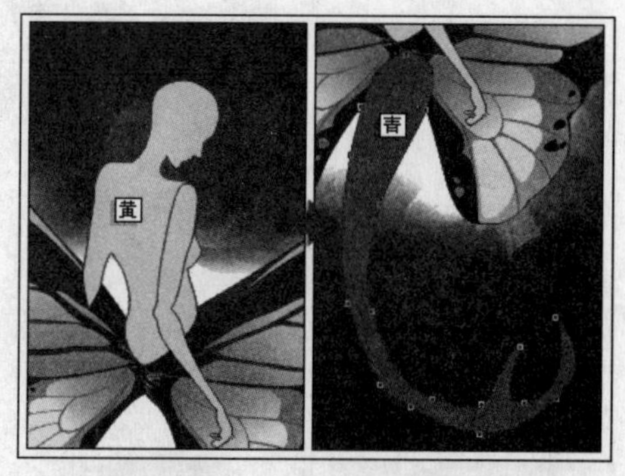

图 3-127 绘制人物轮廓图形

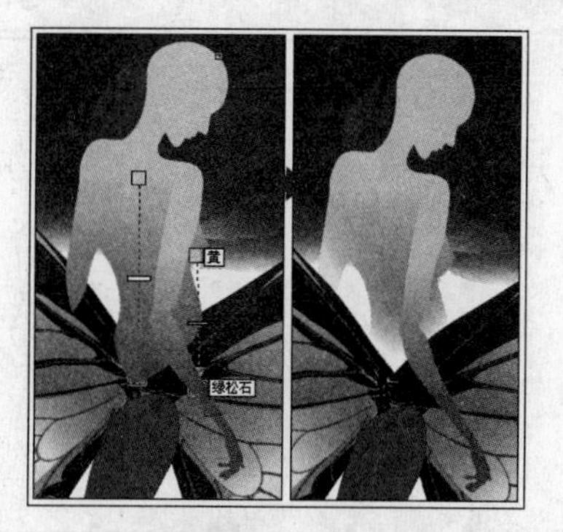

图 3-128 填充渐变

04使用“贝塞尔”工具绘制头发图形，并为其填充颜色，轮廓色为无。绘制曲线，制作出发丝效果，参照图 3-129 所示绘制头发的高光部分。

为了便于观察，在绘制头发轮廓图形时，暂时将其轮廓色设置为白色。

05参照图 3-130 所示，使用“贝塞尔”工具绘制耳朵图形，并分别为耳朵图形填充渐变色，设置轮廓色为无。

为了便于观察，这里暂时将耳朵的轮廓色设置为黑色。

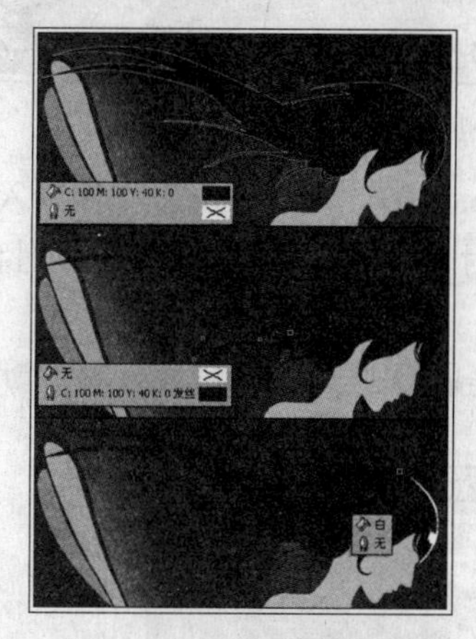

图 3-129 绘制头发图形

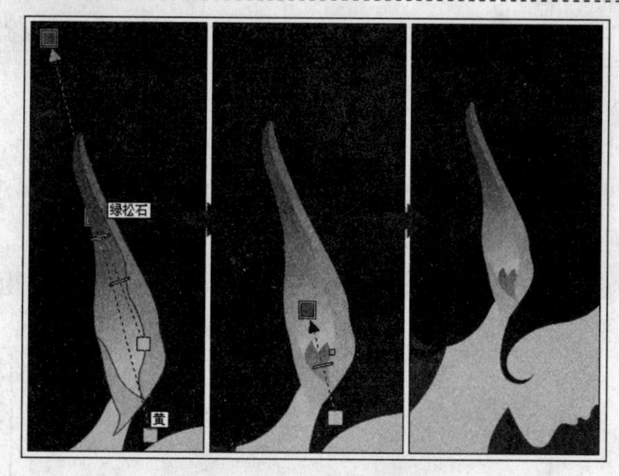

图 3-130 绘制耳朵图形

06选择人物的身体图形，复制并调整其位置到页面空白处，设置填充色为无，轮廓色为黑色，如图 3-131 所示。

07按小键盘上的<+>键将复制的身体图形原位置再制，并错位摆放。将这两个图形同时选中，单击属性栏中的“后减前”按钮进行修剪，如图 3-132 所示。

08将修剪后图形再制，并使用“形状”工具，分别对其进行调整，然后将多余的部位删除。参照图 3-133 所示调整其位置和顺序，设置填充色为白色，轮廓色为无，制作出高光效果。

09使用“贝塞尔”工具，在图 3-134 所示位置绘制曲线，并对轮廓线进行设置，增强图形的立体效果。完毕后分别调整曲线的顺序。

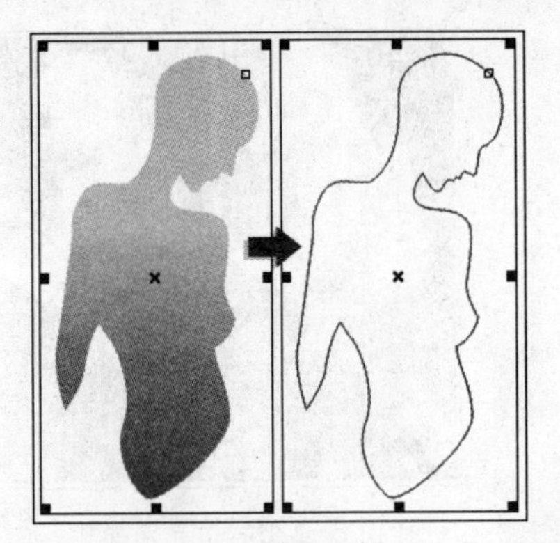

图 3-131　复制身体图形

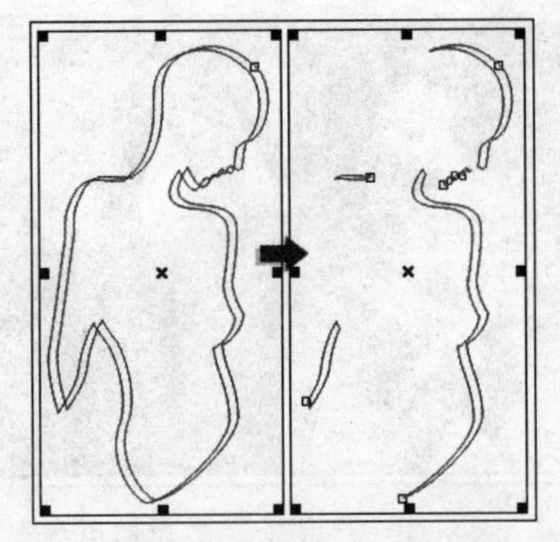

图 3-132　修剪图形

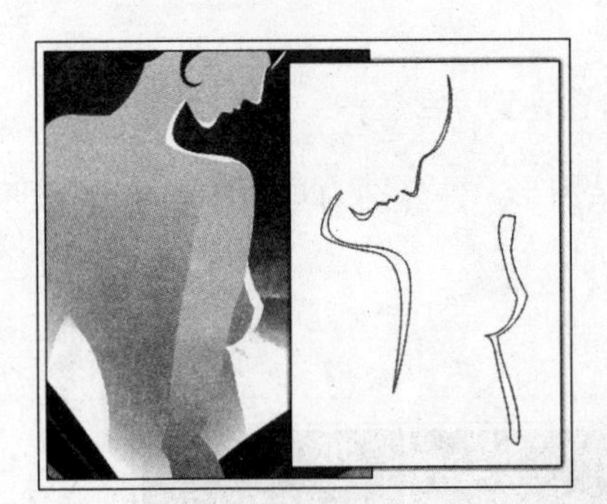

图 3-133　制作高光效果

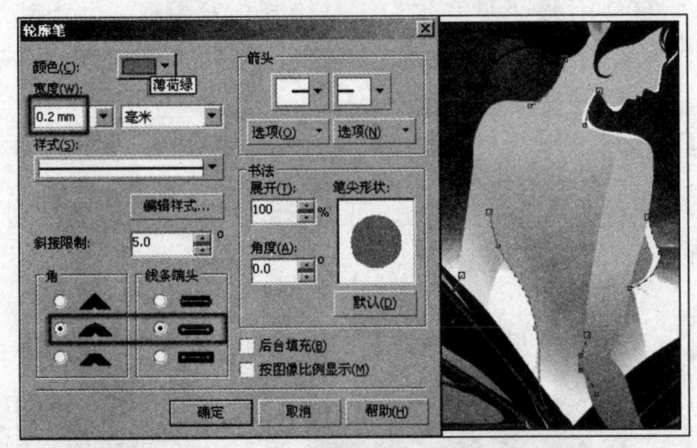

图 3-134　绘制曲线

10 执行“文件”→“导入”命令，将本书附带光盘\Chapter-03\“花纹.cdr”文件导入到文档，并调整花纹图形的位置和顺序。完毕后使用“交互式封套”工具为花纹图形添加封套效果，参照图 3-135 所示调整形状。

11 选择尾巴图形，设置其轮廓色为无，使用“粗糙笔刷”工具并保持属性栏中默认设置，在图形的边缘处涂抹，如图 3-136 所示。

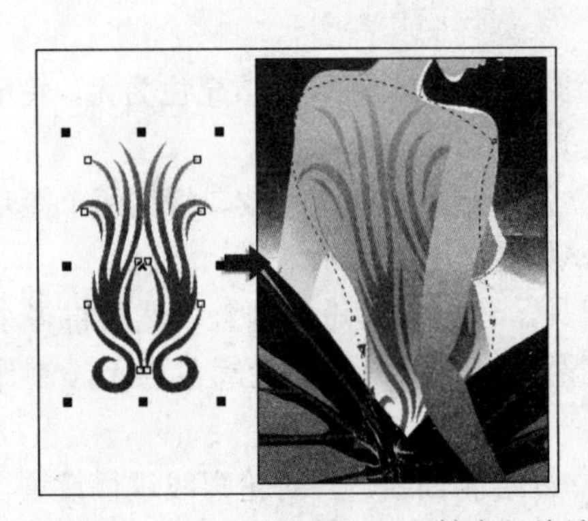

图 3-135　为花纹图形添加“封套”效果

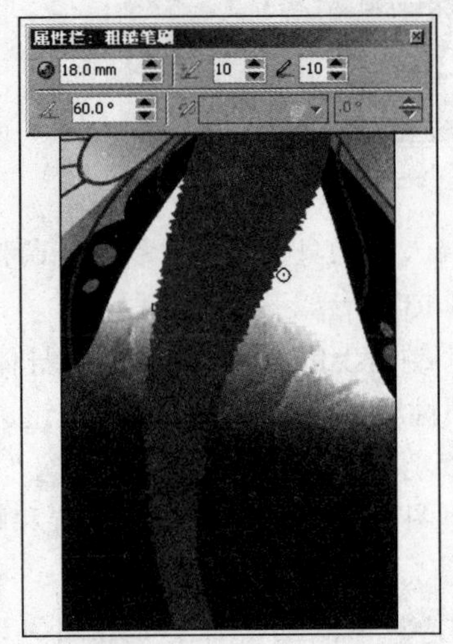

图 3-136　粗糙化图形

12 使用“交互式透明”工具和“交互式阴影”工具，分别为尾巴图形添加线性透明效果和阴影效果，完毕后参照图 3-137 所示分别设置其属性栏。

13 使用“挑选”工具选择尾巴图形，按<Ctrl+PageDown>键，将其放到翅膀图形下方，如图 3-138 所示。

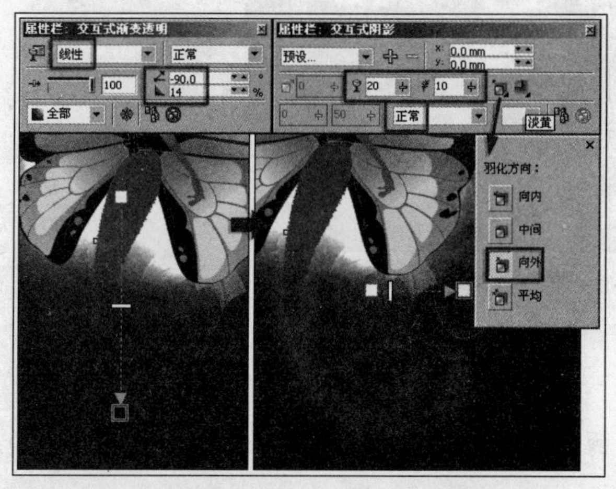

图 3-137 添加透明效果和阴影效果

图 3-138 调整尾巴图形的顺序

14 将本书附带光盘\Chapter-03\“文字与装饰.cdr”文件导入到文档，并将头发和耳朵图形调整到图层最顶层，完成本实例的制作，效果如图 3-139 所示。在制作过程中遇到问题，可以打开本书附带光盘\Chapter-03\“古典插画.cdr”文件进行查阅。

图 3-139 完成效果

实例 8 单色版画

在本小节的实例学习中，将制作一幅具有单色版画效果的画面。此类画面颜色单纯统一，给人简洁干净的视觉效果。如图 3-140 所示，为本节实例的完成效果。

图 3-140　完成效果

设计思路

在本小节的实例制作中，将采用插画的绘画风格绘制一张装饰画，生动的人物形象，清新的色彩都可以给人留下深刻的印象。

技术剖析

本实例的操作方法较为简单，主要使用了“贝塞尔”工具对各个图形进行绘制，并对其进行填充，配合使用“交互式透明”工具调整画面细节，最后添加装饰文字完成实例制作。如图 3-141 所示，为本实例的制作流程图。

图 3-141　制作流程

制作步骤

01 运行 CorelDRAW X3，执行“文件”→“打开”命令，打开本书附带光盘\Chapter-03\“单色版画背景.cdr”文件，如图 3-142 所示。

02 使用“贝塞尔”工具，在视图中绘制竹竿的轮廓路径。也可以直接将本书附带光盘

\Chapter-03\“竹竿轮廓.cdr”文件导入使用，并将该图形填充色设置为淡绿色，轮廓色设置为无，如图 3-143 所示。

图 3-142 打开光盘文件

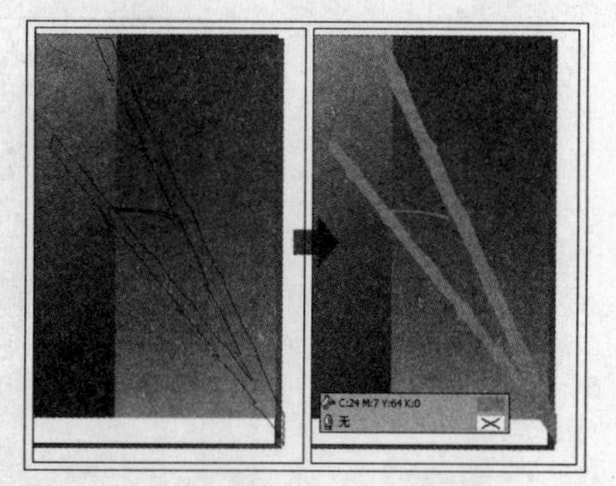

图 3-143 绘制竹竿图形

03 使用“贝塞尔”工具绘制竹叶图形，并为其填充渐变色，轮廓色为无。再绘制出竹叶的叶脉图形，如图 3-144 所示。

04 使用“挑选”工具，将组成竹叶的两个图形同时选中，按<Ctrl+G>键，将其群组。按小键盘上的<+>键，将该竹叶再制两个，并分别调整竹叶图形的大小、位置和角度，如图 3-145 所示。

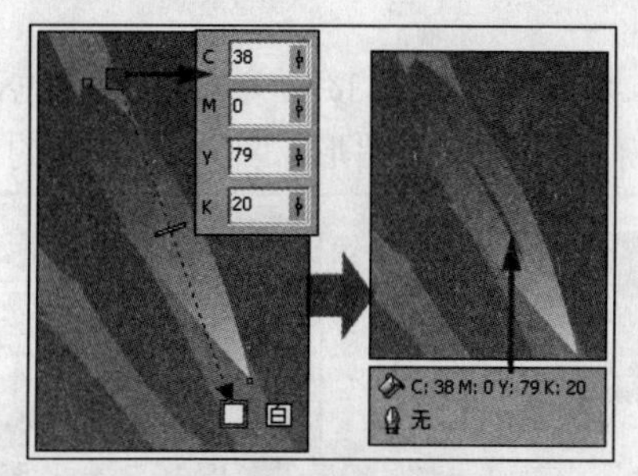

图 3-144 制作竹叶图形

图 3-145 调整竹叶图形

05 参照之前的操作方法，制作出其他竹叶图形和竹子节之间的暗部图形，如图 3-146 所示。

06 将组成竹子的所有图形进行群组，在页面的左侧再制作出其他竹子图形，如图 3-147 所示。

图 3-146 绘制其他竹叶图形

图 3-147 绘制其他竹子图形

提示

在绘制竹子图形时，需要注意竹竿和竹叶的前后顺序。也可以将本书附带光盘\Chapter-03\“竹子.cdr”文件直接导入使用。

07 参照图 3-148 所示选择部分竹子图形并群组。使用“交互式透明”工具分别为群组图形添加透明效果。

图 3-148　为群组对象添加透明效果

提示

为图形添加透明效果，使竹子图形之间产生更为明显的层次效果。

08 执行“文件”→“导入”命令，将本书附带光盘\Chapter-03\“翅膀.cdr”文件导入，如图 3-149 所示。

09 使用工具箱中的“贝塞尔”工具绘制人物轮廓图形，接着为其填充颜色，轮廓色设置为无。参照图 3-150 所示分别绘制出人物的胳膊、手和衣服图形，并调整图形的前后顺序。

图 3-149　导入翅膀图形

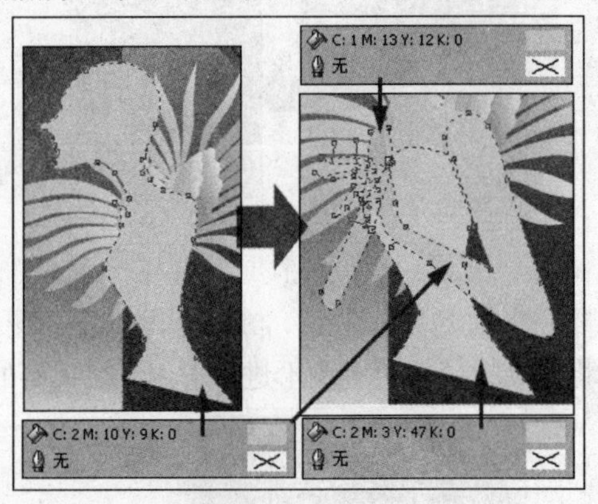

图 3-150　绘制人物

10 使用“贝塞尔”工具绘制脖子阴影图形，并为其填充颜色，轮廓色为无。使用“交互式透明”工具为图形添加线性透明，如图 3-151 所示。

11 参照上一步骤中同样的操作方法，制作出人物身上和衣服上的亮部和暗部图形，使人物看起来更加有层次感，如图 3-152 所示。

12 执行“文件”→“导入”命令，将本书附带光盘\Chapter-03\“五官.cdr”文件导入。参照图 3-153 所示调整群组对象的位置，并按<Ctrl+U>键取消群组，将部分头发图形调整到人物图形下方。

13 再制作出手腕和衣服上的装饰图形。也可以将本书附带光盘\Chapter-03\“人物装饰.cdr”文件导入，更快捷地完成插画人物的绘制，如图 3-154 所示。

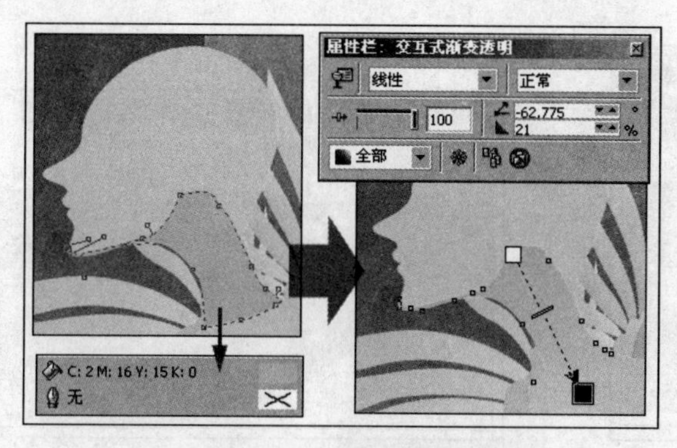

图 3-151 绘制阴影图形

图 3-152 绘制暗部和亮部图形

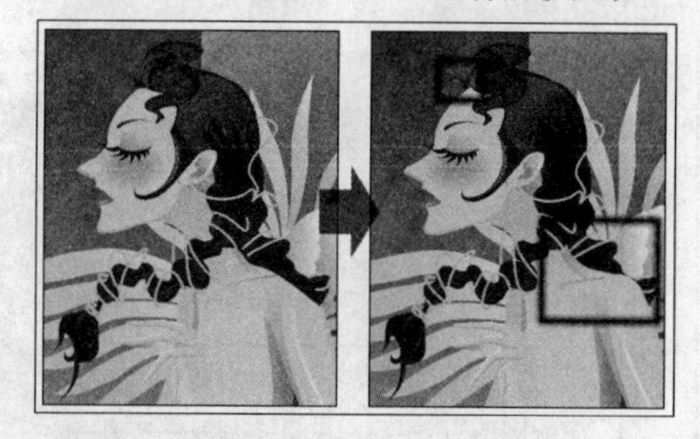

图 3-153 导入图形

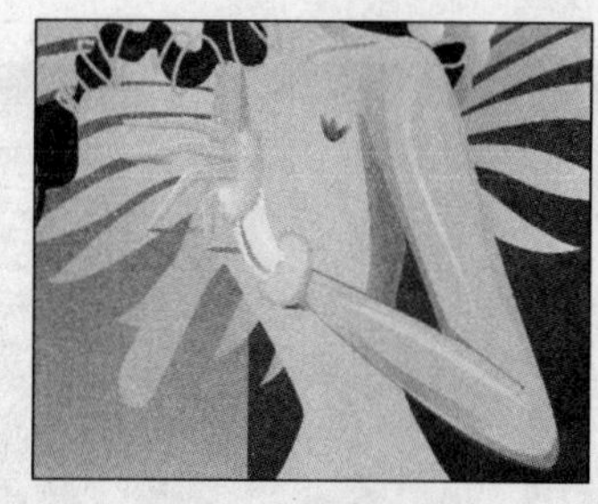

图 3-154 绘制细节图形

14 使用“贝塞尔”工具，绘制出叶子图形的轮廓路径，然后为其填充颜色，轮廓色设置为无，如图 3-155 所示。

15 将本书附带光盘\Chapter-03\“叶脉.cdr”文件导入，调整图形的位置，如图 3-156 所示。

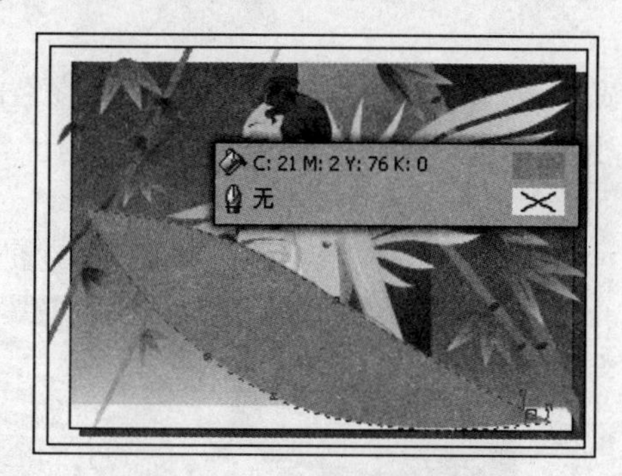

图 3-155 绘制叶子轮廓图形

图 3-156 导入图形

16 使用“挑选”工具，选择叶子的轮廓图形，依次按<Ctrl+C>键和<Ctrl+V>键，复制并粘贴图形，完毕后为其填充绿色，并对该图形的形状稍微调整，如图 3-157 所示。

17 使用工具箱中的“交互式透明”工具，为图形添加线性透明效果，如图 3-158 所示。

18 将组成叶子图形的所有相关图形群组，通过按<Ctrl+PageDown>键，将该图形调整到左胳膊图形的下方，如图 3-159 所示。

19 参照图 3-160 所示，使用“矩形”工具绘制矩形，并为其填充颜色，轮廓色设置为无。使用“挑选”工具，框选页面中的所有图形，按<Ctrl+G>键，对其进行群组。完毕后使用“矩形”工具，绘制出与页面等大的矩形并放置到图层的最顶层。

图 3-157　复制图形

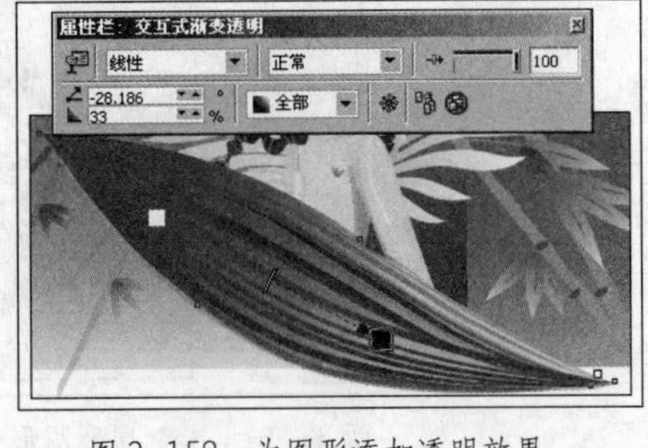

图 3-158　为图形添加透明效果

图 3-159　调整图形顺序

图 3-160　绘制图形

20 执行“工具”→“选项”命令，打开“选项”对话框，参照图 3-161 所示设置对话框。

21 选择群组对象，执行“效果”→“图框精确剪裁”→“放置在容器中”命令，当鼠标变为黑色箭头时，在创建的矩形图形上单击，将其放置在矩形图形内，如图 3-162 所示。

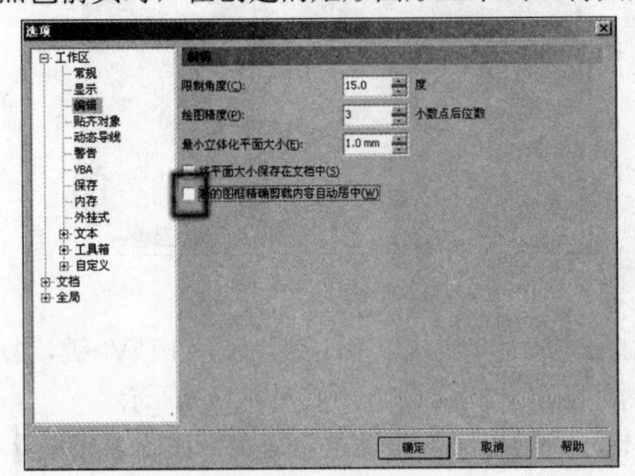

图 3-161　设置“选项”对话框

图 3-162　图框精确剪裁

22 最后在页面中添加相关的文字信息和装饰图形，完成本实例的制作，效果如图 3-163 所示。在制作的过程中遇到问题，可以打开本书附带光盘\Chapter-03\“单色版画.cdr”文件进行查看。

图 3-163　实例完成效果

实例 9　多色版画

多色版画顾名思义就是指具有多样色彩的装饰版画。与单色版画相比，它具有多变的颜色。如图 3-164 所示，为本实例的完成效果。

图 3-164　完成效果

设计思路

由于这是一幅搭配于卡通图书的多色版画，要充分体现出图书内容的特点，因此这里使用了一个可爱的卡通形象，搭配以绚丽的色彩，使得整个画面青春、时尚且带有活泼的气息。

技术剖析

在本实例的制作过程中，主要介绍“贝塞尔”工具、“交互式透明”工具以及填充工具的综合应用技巧。图 3-165 出示了本实例的制作流程。

图 3-165 制作流程

制作步骤

01 运行 CorelDRAW X3，执行“文件”→“打开”命令，打开本书附带光盘\Chapter-03\“多色版画背景.cdr”文件，如图 3-166 所示。

图 3-166 打开背景文件

02 执行“工具”→“对象管理器”命令，打开“对象管理器”泊坞窗，单击“图层 1”上的笔形图标，锁定该图层。单击泊坞窗左下角的“新建图层”按钮，新建“图层 2”，如图 3-167 所示。

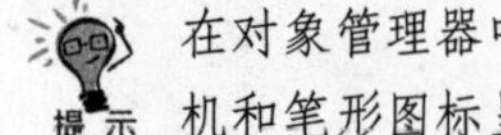

提示 在对象管理器中，单击图层前的眼睛图标。该图标呈灰色时，图层将不可见；同理，当打印机和笔形图标呈灰色时，图层将不进行打印或不可编辑。

03 使用“贝塞尔”工具，参照图 3-168 所示绘制女孩儿的脸部和头发图形，并依次为其设置填充色和轮廓色。

04 执行“文件”→“导入”命令，将本书附带光盘\Chapter-03\“女孩五官.cdr”文件导入。按<Ctrl+U>键取消群组，参照图 3-169 所示将头发图形调整到两个群组对象之间。

05 使用“贝塞尔”工具在娃娃脸部图形的下方绘制衣服和袖子图形，并参照图 3-170 所示设置图形的填充颜色和轮廓色。

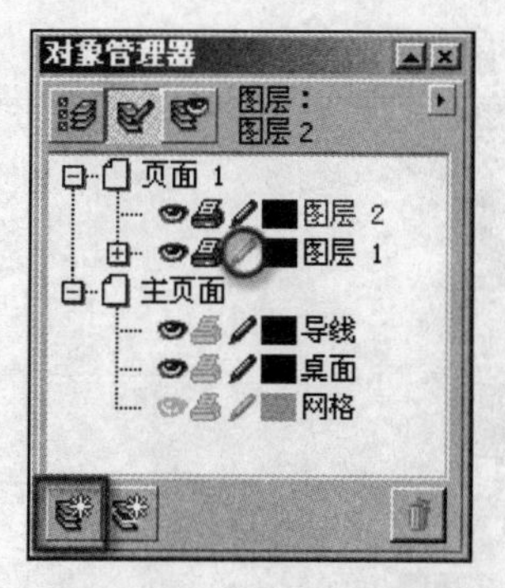

图 3-167 新建图层

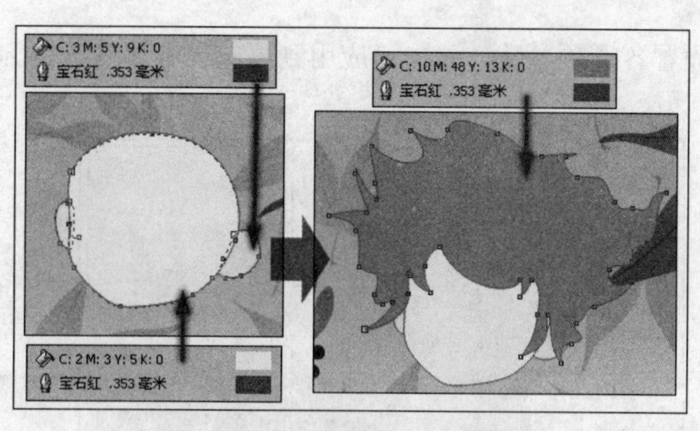

图 3-168 绘制脸部和头发图形

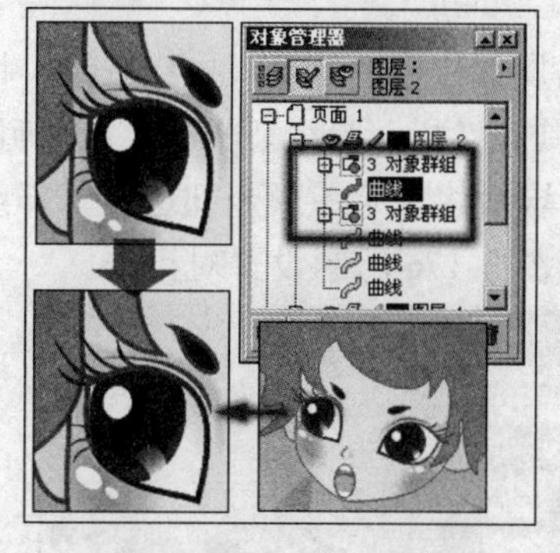

图 3-169 导入图形

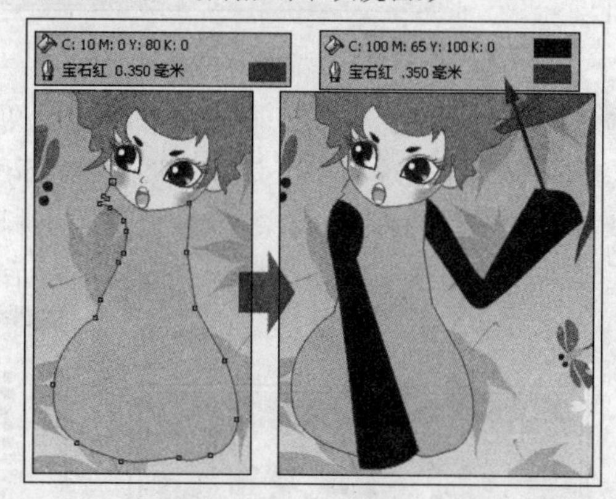

图 3-170 绘制衣服图形

06 使用“贝塞尔”工具，参照图 3-171 所示依次绘制女孩的腿部、鞋子和袜子图形，并分别为图形设置填充颜色和轮廓色。调整腿部图形的顺序到上衣图形的下面。

07 使用 贝塞尔”工具，参照图 3-172 所示，绘制女孩头发的高光图形和暗部图形，并分别设置其填充颜色和轮廓色。

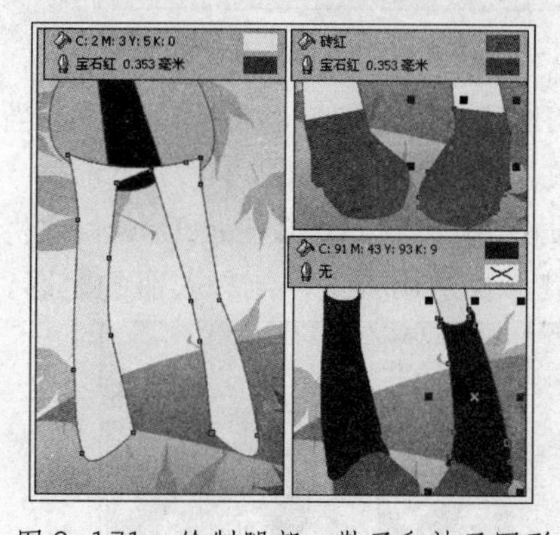

图 3-171 绘制腿部、鞋子和袜子图形

图 3-172 绘制头发暗部和高光图形

08 使用“基本形状”工具，参照图 3-173 所示设置其属性栏，在卡通女孩的衣服上绘制心形图形。按<Ctrl+Q>键将其转换为曲线，使用“形状”工具调整图形形状，并为其填充灰色，轮廓色为无。

09 使用“挑选”工具选择心形图形，按<Alt+F8>键打开“变换”泊坞窗，参照图 3-174

所示设置各选项参数，单击“应用到再制”按钮 3 次，制作出花朵图形。

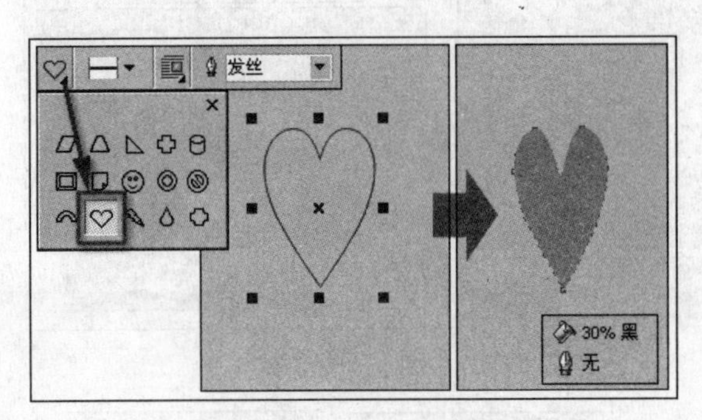

图 3-173 绘制心形图形

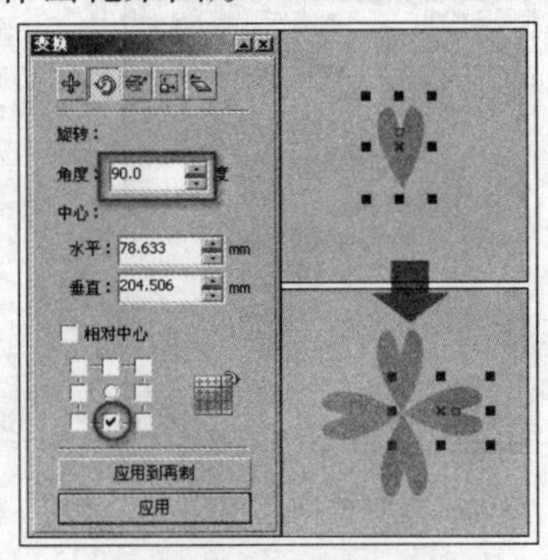

图 3-174 调整图形并再制

10 使用 “挑选”工具，框选制作的花朵图形，单击属性栏中的 “焊接”按钮，将其焊接。选择 “交互式透明”工具，参照图 3-175 所示设置其属性栏，为花朵图形添加透明效果。

11 将花朵图形再制多个，并分别调整大小和位置。完毕后将花朵图形全部选中并群组。执行“工具”→“选项”命令，打开“选项”对话框，参照图 3-176 所示设置对话框。

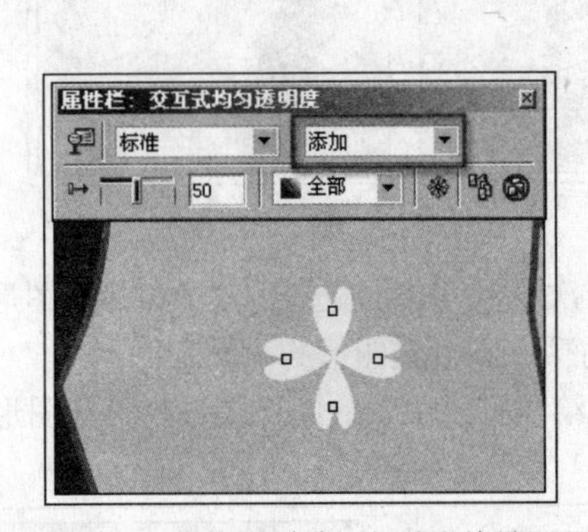

图 3-175 焊接图形并添加透明效果

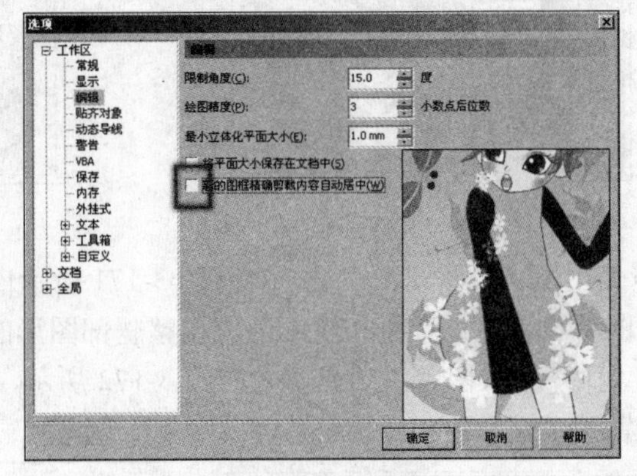

图 3-176 设置“选项”对话框

12 选择花朵群组对象，执行“效果”→“图框精确剪裁”→“放置在容器中”命令，当鼠标变为黑色箭头后，单击衣服图形，将花朵图形放置在衣服图形当中，如图 3-177 所示。

13 使用 “贝塞尔”工具，参照图 3-178 所示绘制阴影图形，按<Ctrl+PageDown>键将其放到娃娃头部图形下面。使用 “交互式透明”工具为其添加透明效果，制作衣服的阴影。

图 3-177 图框精确剪裁

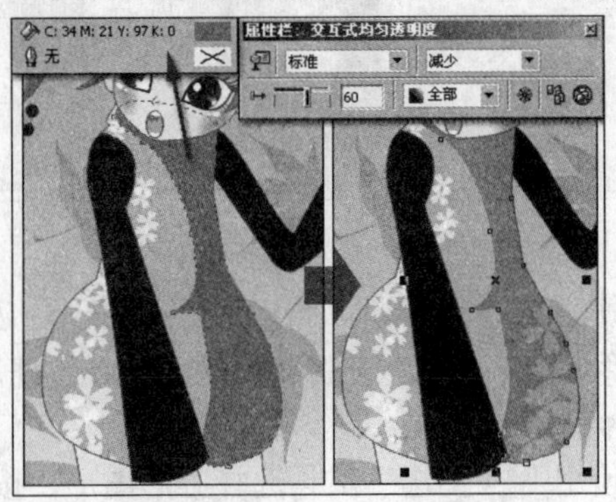

图 3-178 绘制阴影部位

14 根据以上制作衣服阴影方法，参照图 3-179 所示在衣服其他部位绘制图形并分别添加透明效果，丰富衣服的明暗层次。执行“文件”→“导入”命令，将本书附带光盘 Chapter-03\“蝴蝶结.cdr”文件导入文档，并调整其位置和顺序。

15 参照图 3-180 所示，绘制袖子的高光和阴影图形，并设置图形的填充颜色和轮廓色。使用“交互式透明”工具为其添加透明效果，制作衣服的阴影。

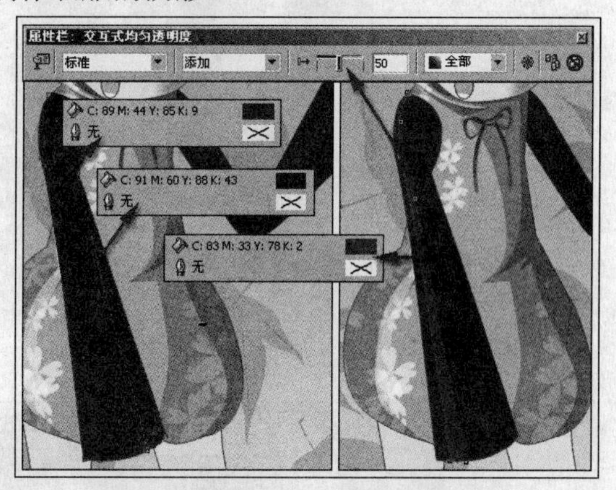

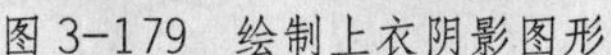

图 3-179 绘制上衣阴影图形

图 3-180 绘制袖子高光图形

16 使用“贝塞尔”工具，在袖子图形上绘制条纹图形，使用“挑选”工具，配合<Shift>键将绘制的条纹图形全部选中，按<Ctrl+L>键将其结合为一个图形，并填充为渐绿色。使用“交互式透明”工具为条纹图形添加透明效果，如图 3-181 所示。

17 在袖子右侧绘制如图 3-182 所示的褶皱图形，并填充为深绿色。完毕后为其添加透明效果。

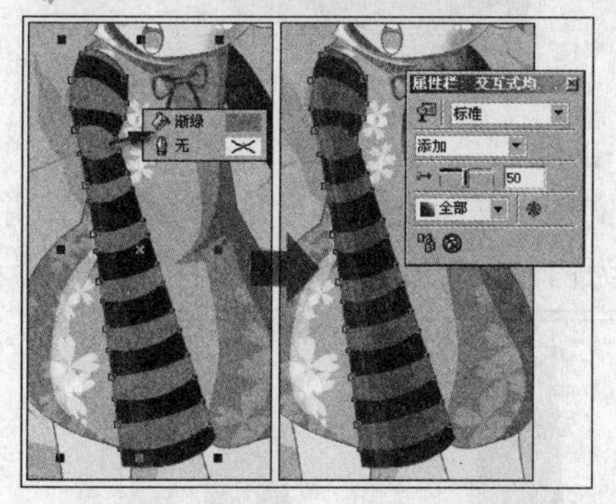

图 3-181 绘制图形并添加透明效果

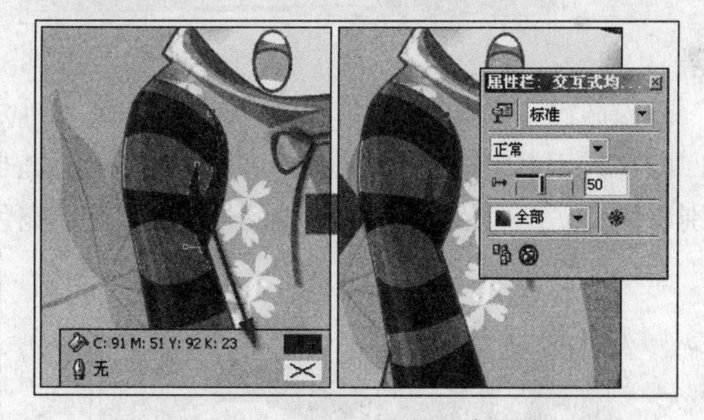

图 3-182 绘制褶皱图形

18 将袖子图形上的阴影、高光以及条纹褶皱图形全部选中，执行“效果”→“图框精确剪裁”→“放置在容器中”命令，将选择的图形放置到袖子图形中，如图 3-183 所示。

19 参照上面制作条纹图形的方法，再绘制右侧袖子上面的条纹图形，如图 3-184 所示。

20 参照图 3-185 所示，使用“贝塞尔”工具，绘制卡通女孩手的轮廓图形，为其设置填充色和轮廓色，接着绘制手指和手纹曲线图形，以及手的暗部图形。

21 将手的暗部图形和手纹曲线全部选中，执行“图框精确剪裁”命令，将其放置到手轮廓图形中。按下<Ctrl+PageDown>键，调整手图形到袖子图形下方，如图 3-186 所示。

图 3-183　图框精确剪裁

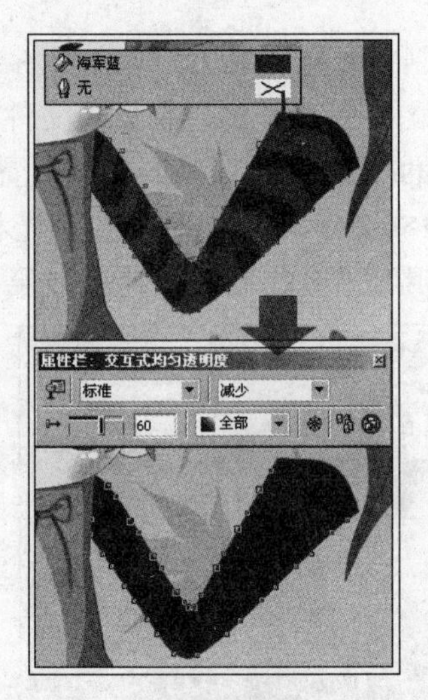

图 3-184　绘制右侧的袖子图形

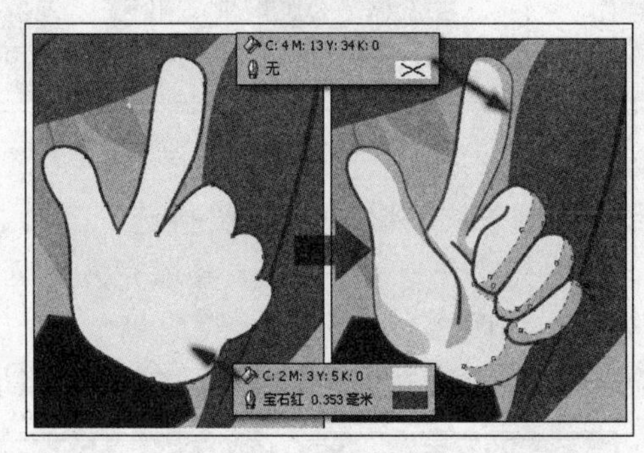

图 3-185　绘制手图形

图 3-186　调整图形顺序

22 参照以上方法再绘制出女孩的另一只手，完成手的绘制，如图 3-187 所示。

23 导入本书附带光盘\Chapter-03\“装饰图形.cdr”文件，按<Ctrl+U>键取消其群组，并且分别调整其位置。绘制袜子的高光图形，设置其填充色为白色，轮廓色为无，如图 3-188 所示。

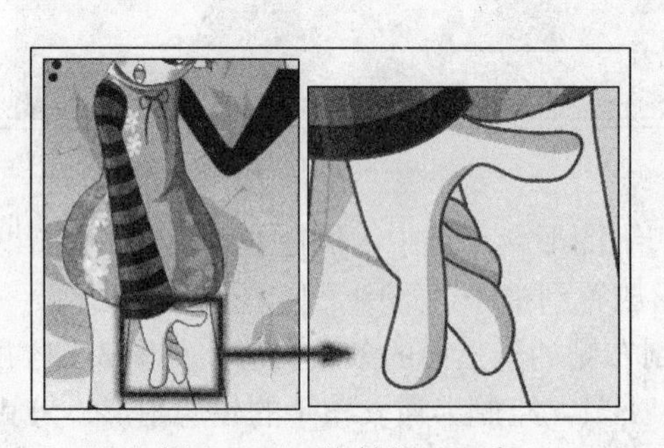

图 3-187　绘制另一只手

图 3-188　导入光盘文件

24 使用“挑选”工具选择鞋子图形，使用“交互式填充”工具，为其填充渐变色。在袜子图形下绘制鞋面图形，并分别填充渐变色，如图 3-189 所示。

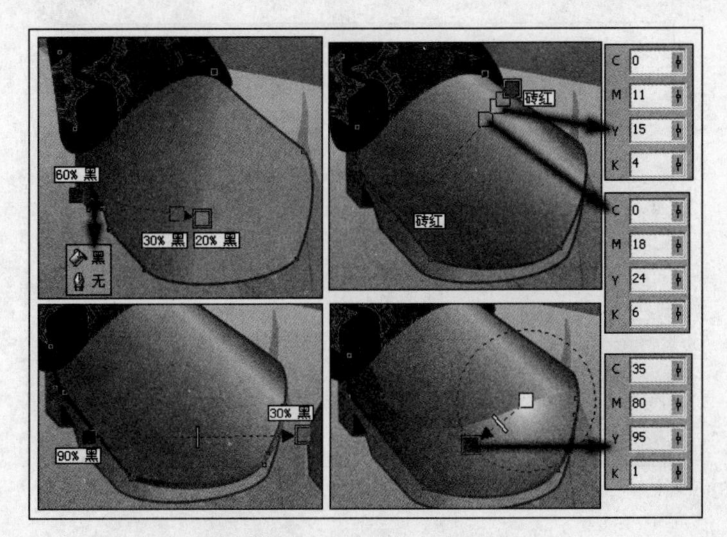

图 3-189 填充渐变色

25 参照上一步骤中同样的操作方法再制作出另一只鞋子，至此本实例就制作完成了，效果如图 3-190 所示。在制作过程中遇到问题，可以打开本书附带光盘\Chapter-03\“多色版画.cdr”文件进行查看。

图 3-190 完成效果

实例 10 杂志插画

在很多杂志中都经常见到插画的身影，插画本身不仅可以起到装饰图书的作用，还可以消除阅读疲劳，增加阅读的趣味性。本小节将制作一幅杂志插画，如图 3-191 所示，为本实例的完成效果。

图 3-191　完成效果

设计思路

这是为一本旅游杂志制作的插画，为了贴合杂志内容，凸现杂志特点，这里将一幅风景画作了特殊的效果处理，给人一种唯美的视觉享受，充分调动起读者的阅读积极性。

技术剖析

在本实例的制作过程中，通过使用了“交互式透明”工具，为图像添加透明制作出唯美的画面效果。通过对图像应用“缩放”命令，制作出模糊、朦胧的效果，进一步加强了整体画面效果。图 3-192 展示了本实例的制作流程。

图 3-192　制作流程

制作步骤

01 运行 CorelDRAW X3，创建一个空白文档，单击属性栏中的“横向”按钮，将页面横向摆放，如图 3-193 所示。

02 执行“文件”→“导入”命令，导入本书附带光盘\Chapter-03\“树.psd”文件，执行“排列”→“对齐和分布”→“在页面居中”命令，调整其位置与页面居中对齐，如图 3-194 所示。

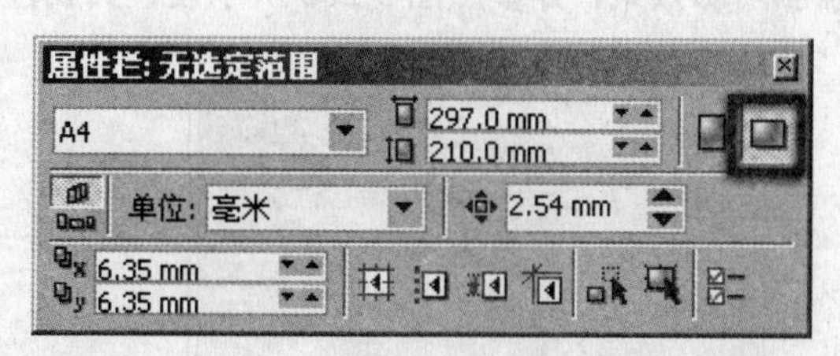

图 3-193 设置属性栏

图 3-194 导入图像

03 按<Ctrl+U>键取消其群组，选择背景图像。使用工具箱中的“交互式透明”工具，为背景图像添加透明效果，并参照图 3-195 所示设置其属性栏。

04 双击工具箱中的“矩形”工具，创建一个与页面等大且重合的矩形，按<Shift+PageUp>键，调整其顺序到最上面，将其充为洋红色，轮廓色为无，如图 3-196 所示。

图 3-195 添加透明效果

图 3-196 创建矩形并填充颜色

05 保持矩形的选择状态，使用“交互式透明”工具，为矩形添加透明效果，如图 3-197 所示。

06 使用“挑选”工具框选树图像，按小键盘上的<+>键将其原位置再制，并将复制图像放置在最顶层。执行“位图”→“模糊”→“缩放”命令，打开“缩放”对话框，参照图 3-198 所示设置对话框参数，为图像添加缩放模糊效果。

图 3-197 添加透明效果

图 3-198 添加模糊效果

07 选择"交互式透明"工具，参照图 3-199 所示设置属性栏，为树图像添加透明效果。

08 使用"交互式阴影"工具，为树图像添加阴影效果，并参照图 3-200 所示设置其属性栏。

图 3-199 添加透明效果

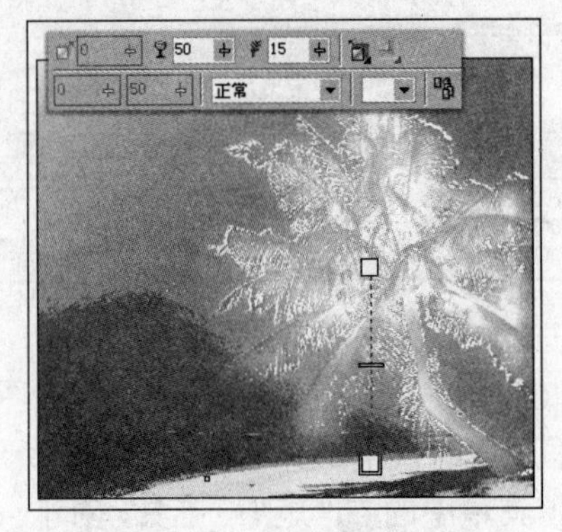

图 3-200 添加阴影效果

09 最后导入本书附带光盘\Chapter-03\"文字装饰.cdr"文件，并调整其位置，完成本实例的制作，效果如图 3-201 所示。在制作过程中遇到问题，可以打开本书附带光盘\Chapter-03\"杂志插画.cdr"文件进行查阅。

图 3-201 完成效果

第 2 篇　字体特效设计

文字在视觉设计中起传递信息的作用，帮助人们更好地交流与沟通。特效文字与标准文字的不同之处就在于，特效文字是在标准文字的基础上，通过对文字字形编辑处理，改变文字笔画形状或修饰文字的外观，创造出特殊的视觉效果，带给观众一种视觉上的美感和享受。因此特效文字是视觉传达设计的重要部分，特效文字的好坏，将直接影响着设计作品的视觉传达效果。

本篇以讲解特效文字的创意方法、制作方法和制作技巧为主，在注重文字可读性的基础上，赋予文字鲜明的个性。在内容安排上，本篇共分为三个章节，第一章讲解各种材质特效字体的制作技巧；第二章讲解字体变形的处理技巧；第三章讲解制作三维立体特效字体的技巧。

第 4 章　质感字效

在日常的设计工作过程中，有时候根据设计要求，需要将文字与各种材质进行结合，使其具有特殊的质感效果。制作质感特效字体，需要设计者准确地把握各种材质的外观，并根据不同材质所具有的不同受光和反光强度设置字体效果的高光和阴影区域。在本章中，将学习制作质感特效字体的方法和技巧，图 4-1 展示了本章实例的完成效果。

图 4-1　完成效果

本章实例

- 实例 1　不锈钢特效字体
- 实例 2　石碑雕刻字效
- 实例 3　拉丝金属字效
- 实例 4　皮革烙印字效
- 实例 5　自发光字效
- 实例 6　磨砂金属板字效
- 实例 7　水晶字效作

实例1 不锈钢特效字体

在本小节中，将制作一则具有不锈钢材质效果的字效。不锈钢材质的质感特点是表面极为光滑，反光性强、光泽变化丰富。在制作不锈钢文字的过程中，只要使文字具有不锈钢的色彩特点和质感特点即可。如图4-2所示，为本实例的完成效果。

图4-2 完成效果

设计思路

这是为一款名为“黑暗之刃”的游戏制作的宣传页。画面的主体由游戏名称构成，根据游戏内容，将文字制作成为不锈钢金属材质，增强整个画面的视觉冲击力。

技术剖析

本实例主要是通过设置文字的立体化效果、为文字填充渐变颜色、添加透明效果的方式，来制作模拟不锈钢材质的文字效果。图4-3出示了本实例的制作流程图。

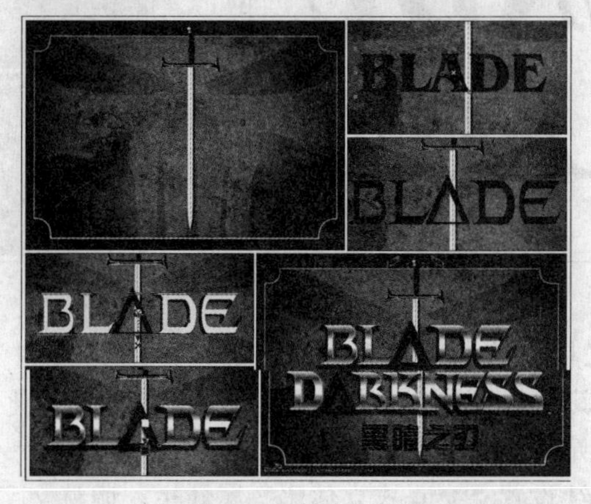

图4-3 制作流程

制作步骤

01 运行 CorelDRAW X3，执行“文件”→“打开”命令，打开本书附带光盘\Chapter-04\“字效背景.cdr”文件，如图 4-4 所示。

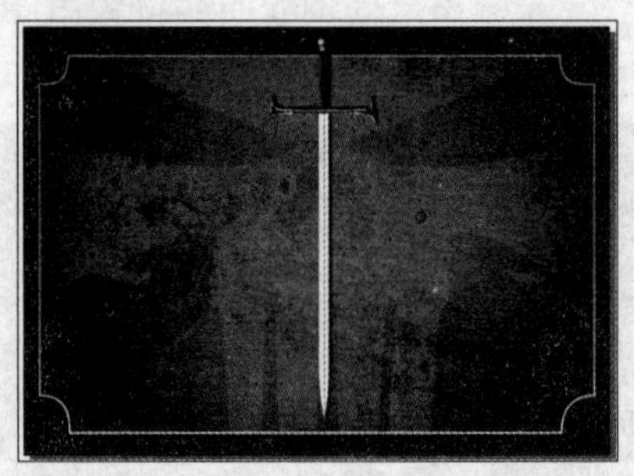

图 4-4　打开光盘文件

02 使用“文本”工具在绘图页面上单击，参照图 4-5 所示设置其属性栏参数，输入文字。使用“形状”工具拖动字母右下角的控制柄，调整字母间距。

为了方便观察，这里暂将背景设置为白色。

03 保持文字图形的选择状态，按<Ctrl+K>键拆分美术字。使用“挑选”工具，框选字母图形并按<Ctrl+Q>键，将字母图形转换为曲线。完毕后使用“形状”工具，分别调整个图形的形状，如图 4-6 所示。

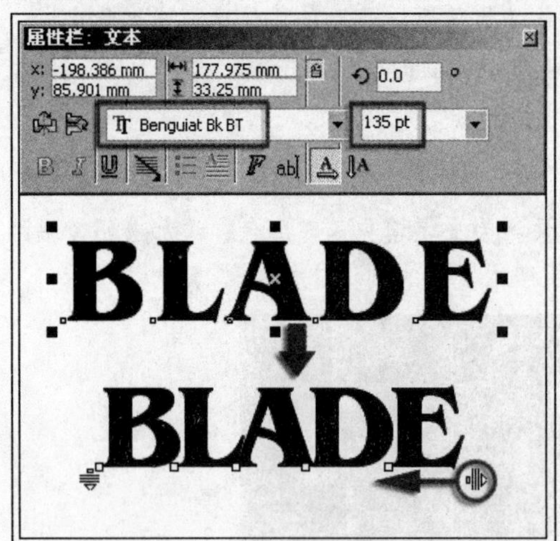

图 4-5　输入字母并调整

图 4-6　拆分并调整字母图形

04 使用“挑选”工具选择“BLDE”曲线文字，单击属性栏中的“结合”按钮，将文字结合。按<Ctrl+C>键将其复制到剪贴板上。使用“交互式立体化”工具，为该图形添加立体化效果，并参照图 4-7 所示设置其属性栏参数。

05 参照图 4-8 所示继续设置“交互式立体化”属性栏，调整文字图形的立体效果。

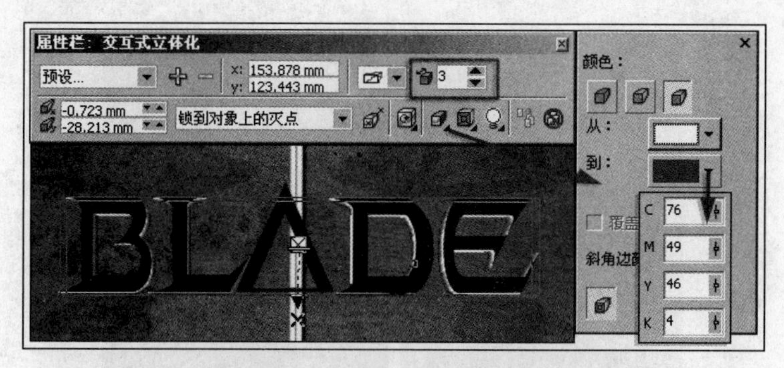

图 4-7 设置立体化效果

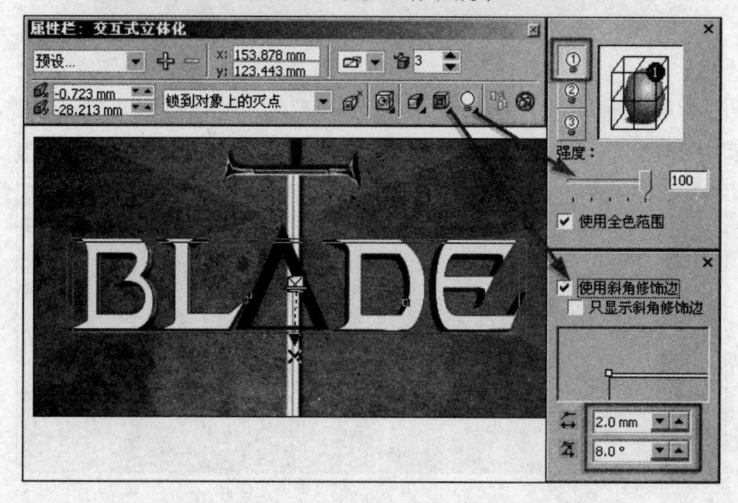

图 4-8 设置立体化效果

06 按<Ctrl+V>键粘贴之前复制的文字图形，单击“填充”工具，在展开的工具栏中单击“渐变填充对话框”按钮，打开“渐变填充”对话框，参照图 4-9 所示设置该对话框。

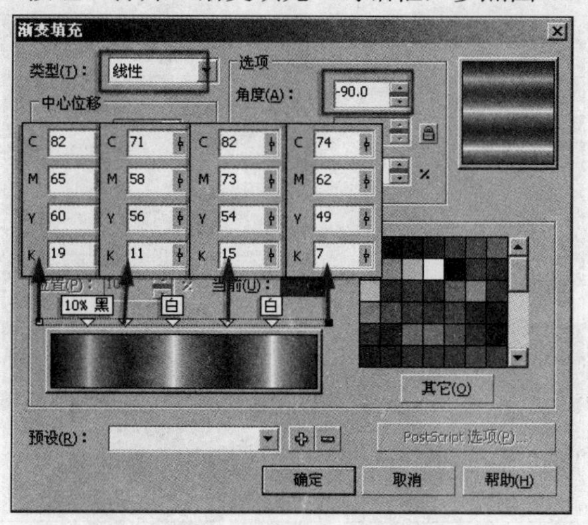

图 4-9 设置“渐变填充”对话框

07 完毕后单击“确定”按钮，为字母图形填充渐变颜色，并使用工具箱中的“交互式填充”工具，拖动渐变色块，对渐变色效果进行调整，如图 4-10 所示。

图 4-10　添加渐变填充

08 保持文字图形的选择状态，选择“挑选”工具，按小键盘上的<+>键，将文字图形原位再制。选择“交互式填充”工具，参照图 4-11 所示对渐变颜色进行调整。

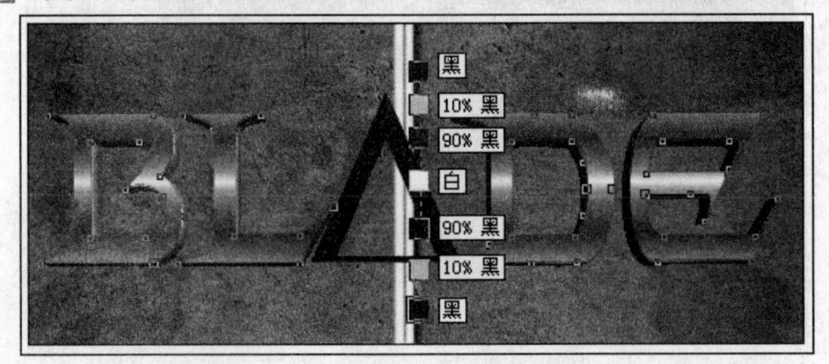

图 4-11　再制图形并更改渐变色

09 使用“交互式透明”工具为再制图形添加透明效果。将该图形原位置再制，并参照图 4-12 所示对透明属性进行调整。

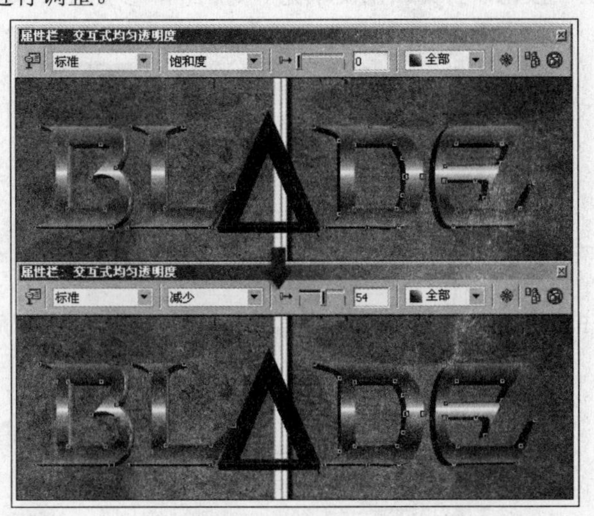

图 4-12　再制图形并调整透明效果

10 选择底部填充渐变色的文字图形，将其复制并粘贴，为图形添加白色轮廓。选择“交互式透明”工具，参照图 4-13 所示设置属性栏参数，为文字图形添加透明效果。

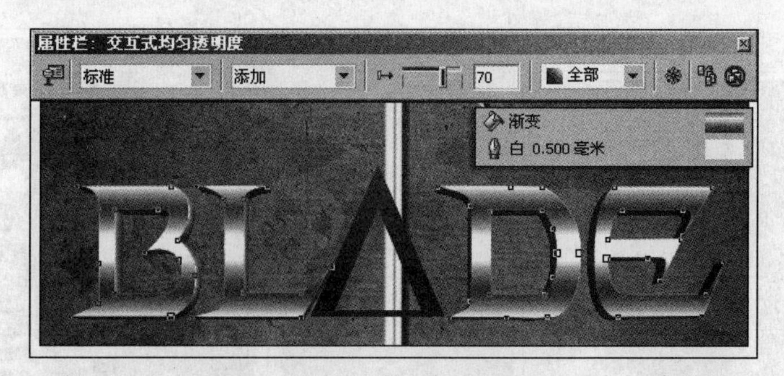

图 4-13　复制并调整图形

11 使用"挑选"工具，选择中间的曲线图形"A"，使用"交互式填充"工具，为其填充渐变颜色，如图 4-14 所示。

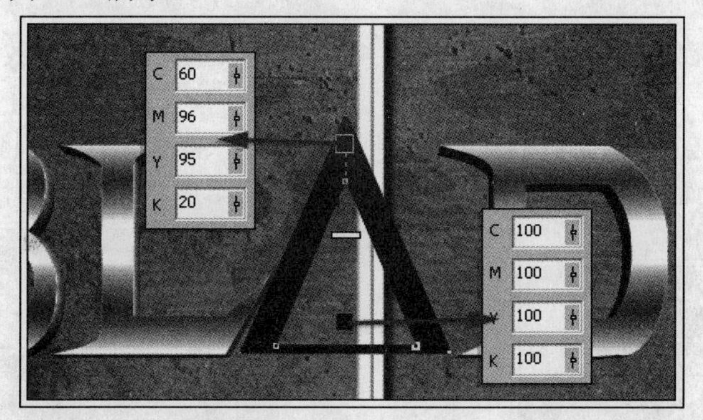

图 4-14　为图形添加渐变色

12 按<Ctrl+C>键将图形"A"复制到剪贴板上，使用"交互式立体化"工具对"A"图形添加立体化效果，并参照图 4-15 所示设置属性栏参数。

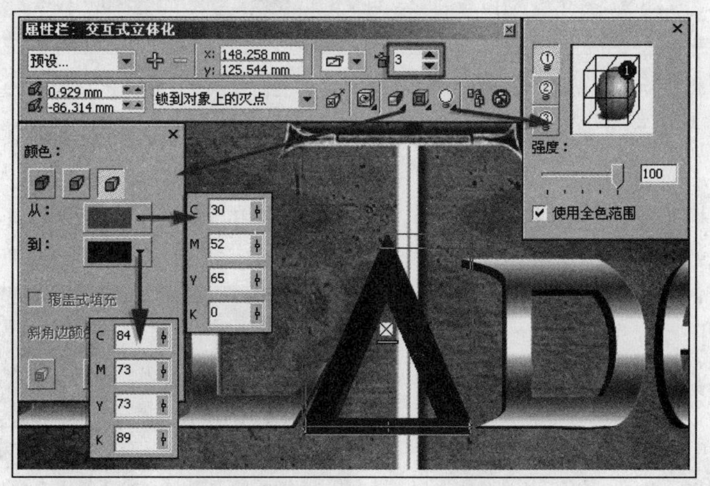

图 4-15　为图形添加立体效果

13 按<Ctrl+V>键粘贴上一步复制的图形"A"，并为其设置轮廓色，如图 4-16 所示。

14 再次按<Ctrl+V>键粘贴图形"A"，选择"交互式填充"工具，参照图 4-17 所示设置属性栏，为图形添加底纹填充效果。

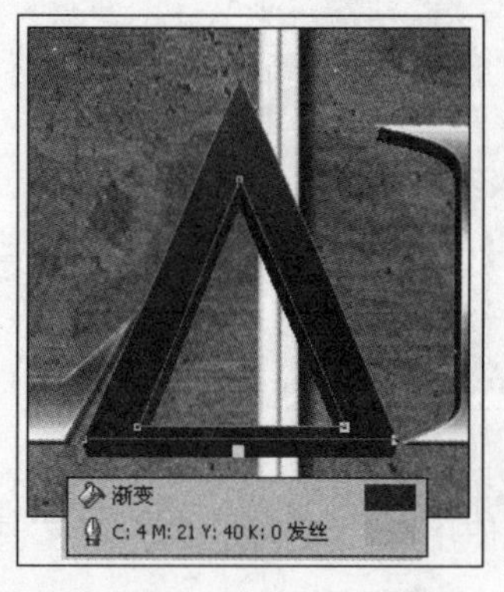

图 4-16　为图形添加轮廓色

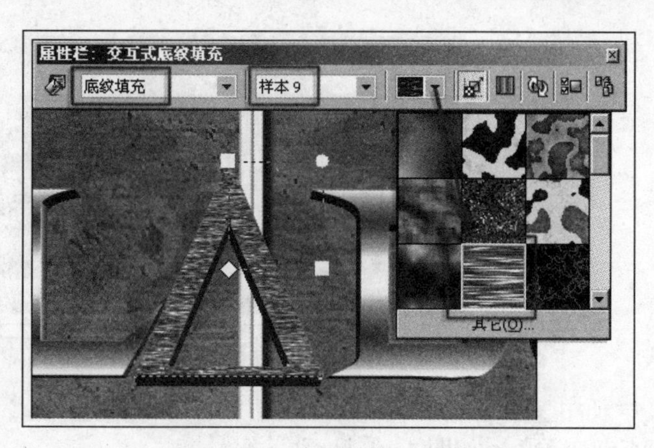

图 4-17　为图形添加纹理效果

15 选择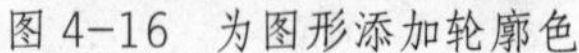“交互式透明”工具，参照图 4-18 所示设置其属性栏参数，为填充纹理的图形添加透明效果。

16 使用“挑选”工具，将所有文字图形全部选中，按<Ctrl+G>键将其群组。使用“交互式阴影”工具，为群组对象添加阴影效果，并参照图 4-19 所示设置属性栏参数。

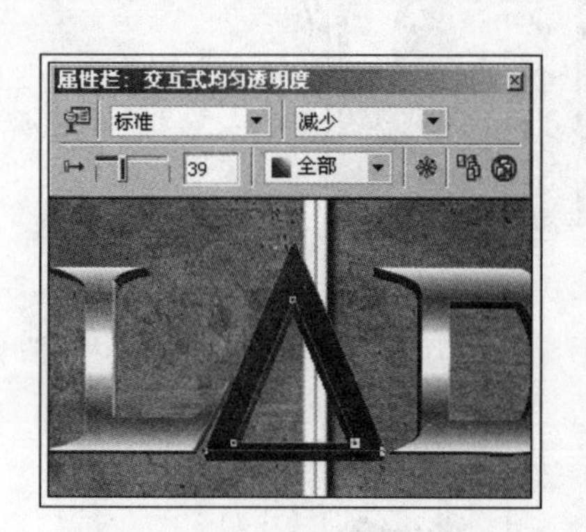

图 4-18　为图形添加透明效果

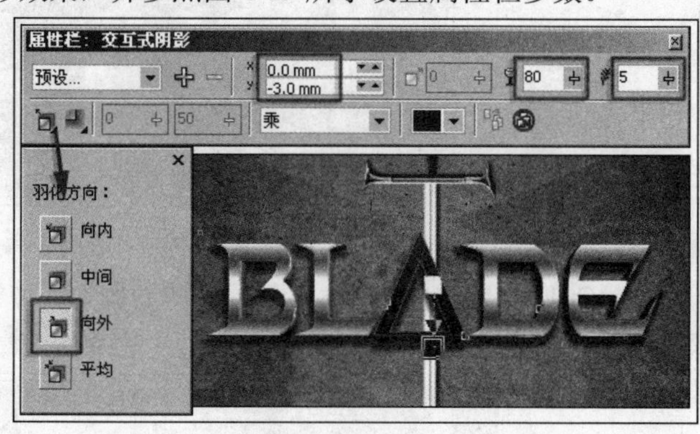

图 4-19　设置阴影效果

17 使用“文本”工具再次输入字母，并参照以上操作方法再制作出其他立体金属字效，如图 4-20 所示。

18 最后添加相关文字信息和装饰图形，完成本实例的制作，效果如图 4-21 所示。在制作过程中遇到问题，可以打开本书附带光盘\Chapter-04\“不锈钢特效字体.cdr”文件，进行查看。

图 4-20　制作另一组字母的金属效果

图 4-21　完成效果

实例2 石碑雕刻字效

石碑雕刻字效的字体造型苍劲古老，整体画面气氛古朴，给人以古老怀旧的视觉印象，如图4-22所示，为本实例的完成效果。

图 4-22 完成效果

设计思路

在制作本实例时，要抓住石材表面布满颗粒、凹凸不平、反光性较差等特点来加以制作。

技术剖析

本实例的制作主要是应用纹理填充的效果，塑造出文字的石碑纹理。其他工具的使用主要有“粗糙笔刷”工具、“交互式填充”工具、“交互式透明”工具、“交互式阴影”工具等。如图4-23所示，为本实例的制作流程。

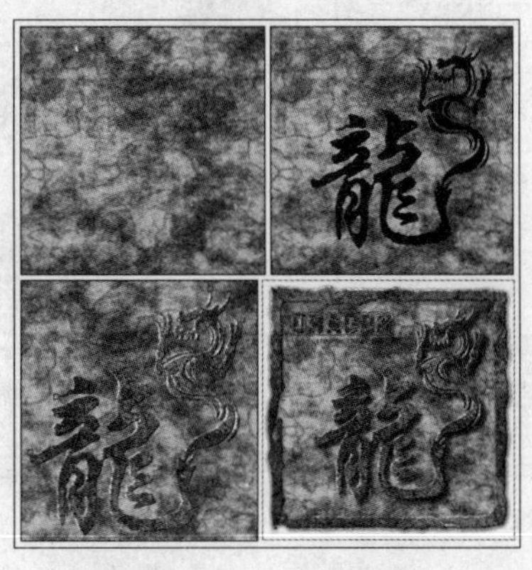

图 4-23 制作流程

制作步骤

01 运行 CorelDRAW X3，新建一个空白文档，参照图 4-24 所示设置属性栏，调整页面大小，使用“矩形”工具，在页面中绘制矩形。

02 单击“填充”工具展开工具栏中的“底纹填充对话框”按钮，打开“底纹填充”对话框，参照图 4-25 所示设置对话框，为矩形填充底纹。

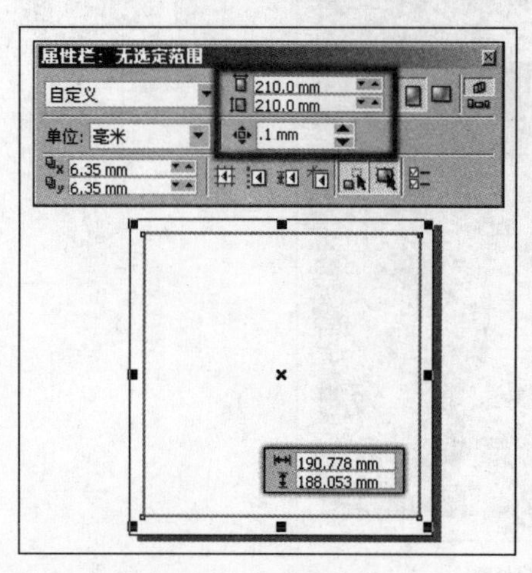

图 4-24　设置页面大小

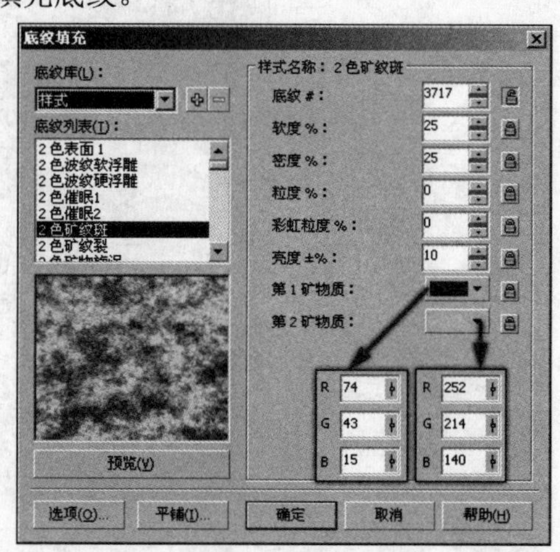

图 4-25　设置“底纹填充”对话框

03 使用“交互式填充”工具，参照图 4-26 所示调整控制柄，对矩形的填充纹理进行调整，设置矩形的轮廓色为橘黄色。

04 选择“挑选”工具，按小键盘上的<+>键，将其原位置再制。双击状态栏右侧的填充色块，打开“底纹填充”对话框，参照图 4-27 所示设置对话框，更改再制图形的纹理效果。

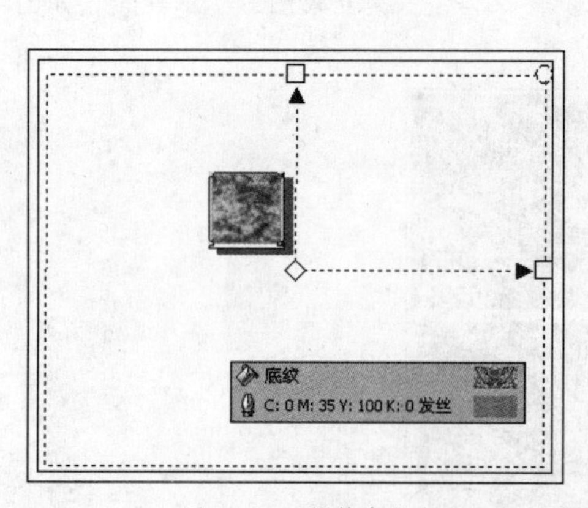

图 4-26　调整底纹

图 4-27　设置“底纹填充”对话框

05 选择“交互式填充”工具，参照以上方法，调整控制柄位置，对矩形的纹理效果进行调整，如图 4-28 所示。

06 选择“交互式透明”工具，参照图 4-29 所示设置其属性栏，为再制矩形添加透明效果。

提示

通过对图形添加透明效果，从而使背景图形产生丰富纹理效果。

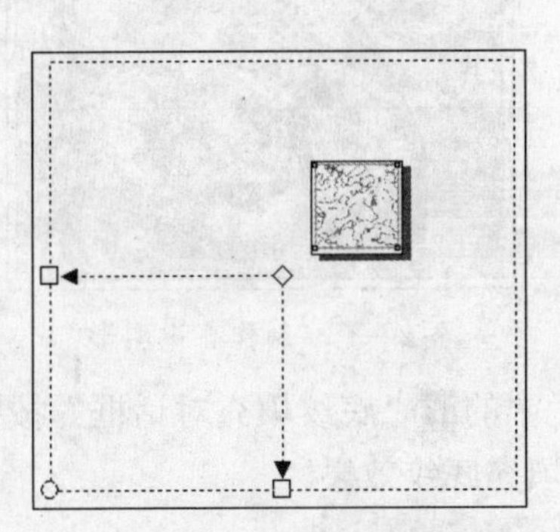
图 4-28 调整底纹的大小

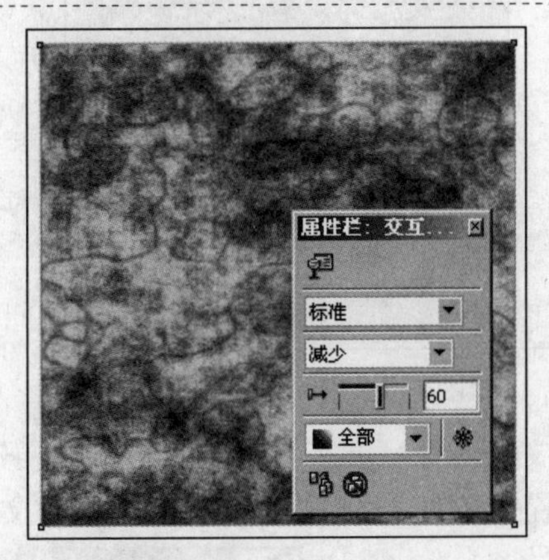

图 4-29 添加透明效果

07 执行“文件”→“导入”命令，将本书附带光盘\Chapter-04\“雕刻字效.cdr”文件导入到文档中，如图 4-30 所示。

08 保持文字图形的选择状态，选择“挑选”工具，按<+>键将其原位置再制，并将再制图形调整到原图形下方，与原图形错位摆放，如图 4-31 所示。

提示

为了方便观察，将再制图形填充为黄色。

图 4-30 导入光盘文件

图 4-31 再制图形

09 使用“挑选”工具框选两个文字图形，单击其属性栏中的“修剪”按钮，将图形修剪，制作文字的阴影效果，如图 4-32 所示。

提示

为了方便观察，这里暂时将文字阴影图形的颜色设置为黄色。

10 参照以上修剪图形的方法，再制文字图形，调整位置后修剪图形，设置填充色为白色，制作文字的高光效果，如图 4-33 所示。

图 4-32 再制图形并修剪

图 4-33 制作高光图形

11 选择文字图形，单击“填充”工具展开栏中的“底纹填充对话框”按钮，参照图 4-34 所示设置打开的“底纹填充”对话框，为文字填充底纹效果。

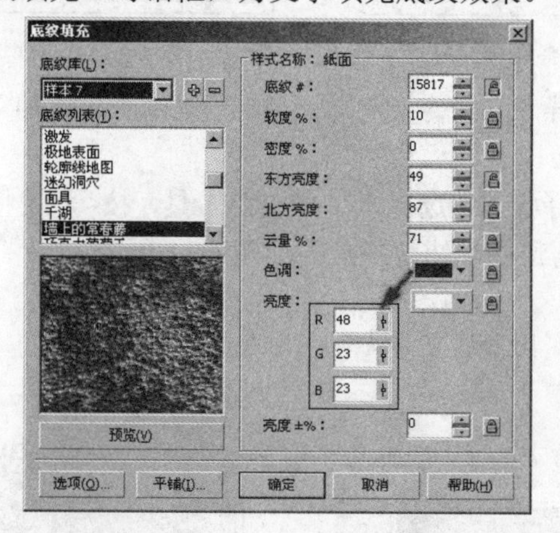

图 4-34 填充底纹

12 使用“交互式填充”工具，参照图 4-35 所示调整控制柄大小与位置，对文字图形的纹理效果进行调整。

13 选择文字图形上的白色高光图形，选择“交互式透明”工具，参照图 4-36 所示设置属性栏，为高光图形添加透明效果。

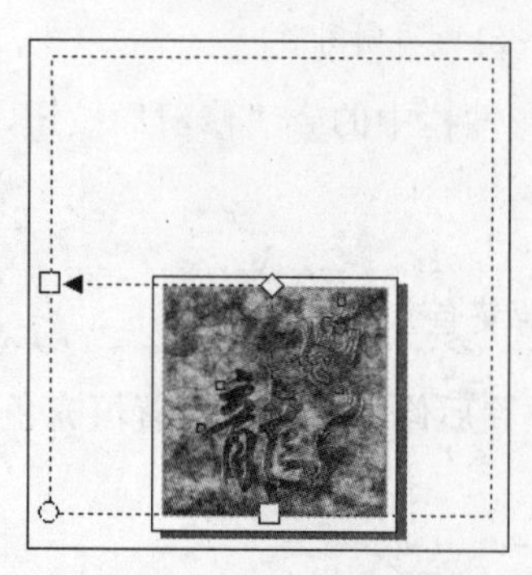

图 4-35 调整纹理效果

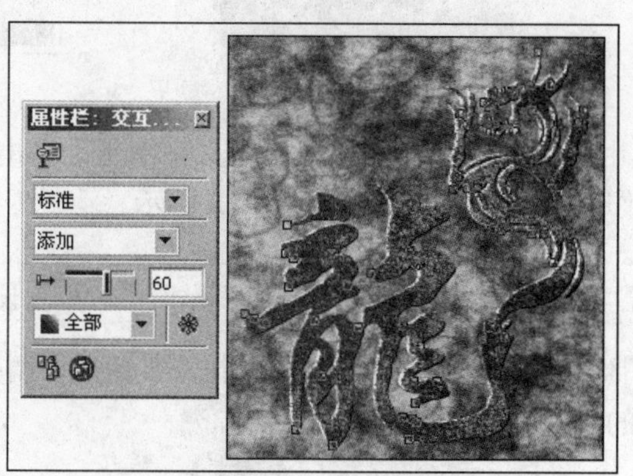

图 4-36 添加透明效果

14 将填充纹理的文字图形原位置再制，按<Shift+PageUp>键调整其顺序到最上面。双击状态栏右侧的填充色块，打开“底纹填充”对话框，参照图 4-37 所示对纹理填充进行调整。

15 使用“交互式填充”工具，拖动其控制柄，对纹理效果进行调整，如图 4-38 所示。

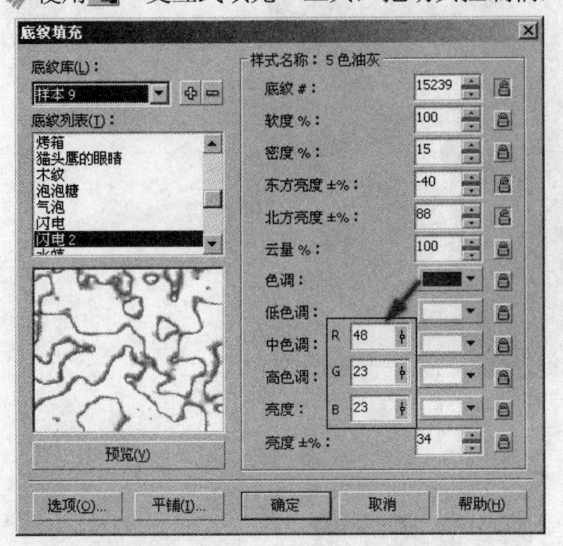

图 4-37　设置“底纹填充”对话框

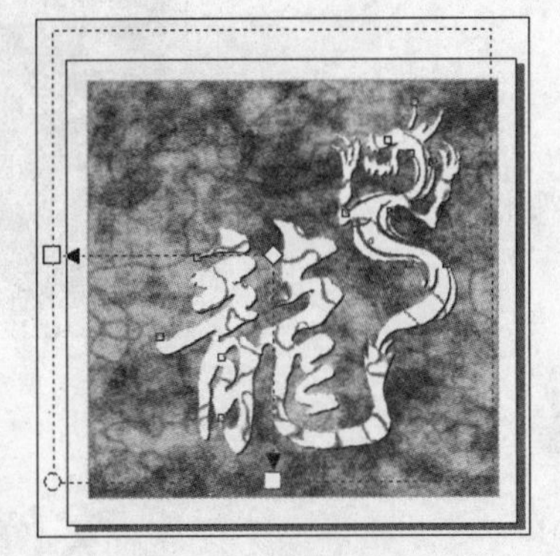

图 4-38　调整纹理效果

16 选择“交互式透明”工具，参照图 4-39 所示设置属性栏，为再制图形添加透明效果。

提示

通过对图形添加透明效果，制作出文字图形的裂痕效果，使文字图形更为生动。

17 将制作的仿古文字图形群组，使用“交互式阴影”工具，为其添加阴影效果，如图 4-40 所示。

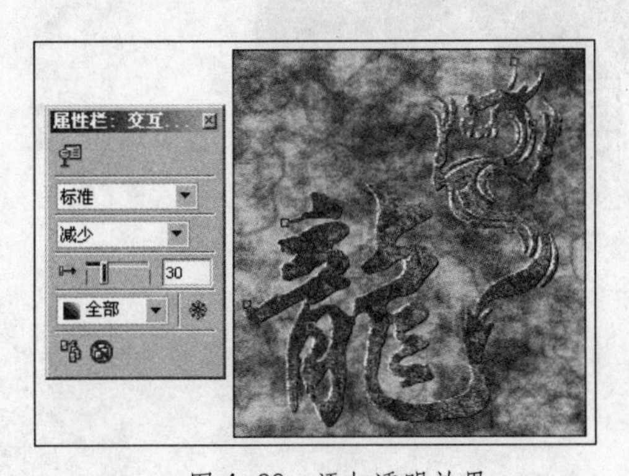

图 4-39　添加透明效果

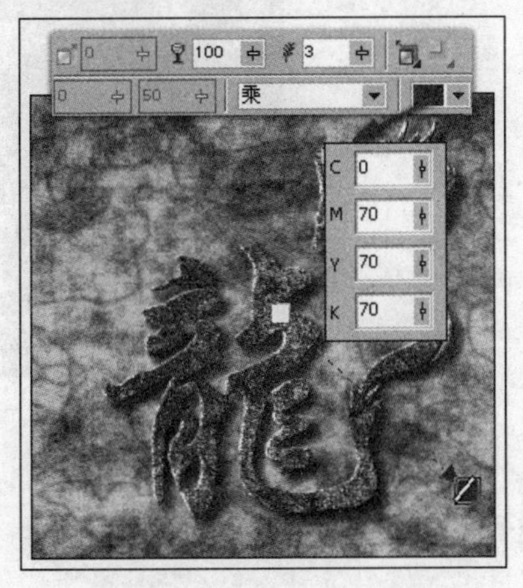

图 4-40　添加阴影效果

18 最后执行“文件”→“导入”命令，导入本书附带光盘\Chapter-04\“文字信息.cdr”文件，并调整其位置，完成本实例的制作，效果如图 4-41 所示。读者可以打开本书附带光盘\Chapter-04\“石碑雕刻字效.cdr”文件进行查阅。

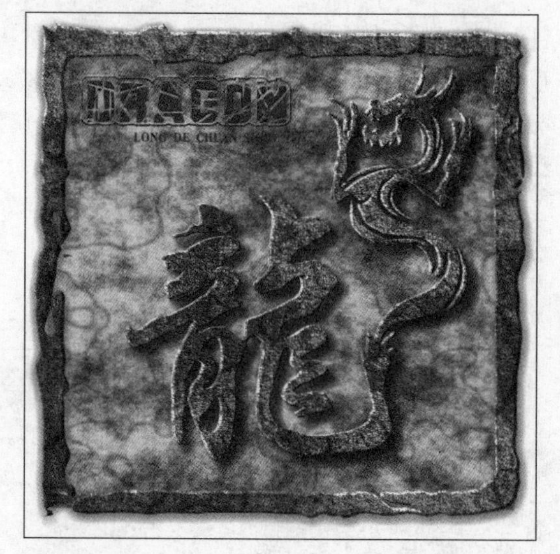

图 4-41　完成效果

实例 3　拉丝金属字效

高反光材质的表面一般都极为光滑，可以强烈的反射光线，具有极强的光泽感。本小节将制作一个拉丝金属效果的艺术字体。如图 4-42 所示，为本实例的完成效果。

图 4-42　完成效果

设计思路

这是为一款射击游戏制作的宣传页，画面的主体由具有拉丝金属质感的文字构成。希望通过这种特殊的质感增强整个画面的视觉冲击力，突出游戏的特点，达到宣传的目的。

技术剖析

在本实例的制作过程中，通过使用“文本”工具绘制文字，并将文字图形修剪一个矩形得到镂空的文字效果，然后在修剪后矩形的基础上进行编辑，如添加阴影效果、应用纹理填充、制作高光效果等，制作出具有拉丝金属效果的文字。如图4-43所示，为本实例的制作流程图。

图4-43　制作流程

制作步骤

01 启动CorelDRAW X3，执行“文件”→“新建”命令，新建空白文档。单击属性栏中的“横向”按钮，将页面横向摆放，并参照图4-44所示设置微调偏移量参数。

02 执行“文件”→“导入”命令，将本书附带光盘\Chapter-04\“游戏图片.jpg”文件导入。调整图片大小，并将其与页面边缘对齐。使用“矩形”工具，沿着页面边缘绘制矩形，如图4-45所示。

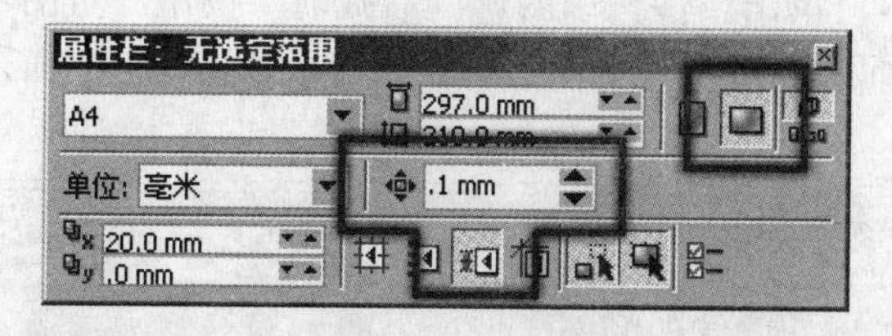

图4-44　设置属性栏

图4-45　导入图像并绘制矩形

03 保持矩形的选择状态，单击“填充”工具，在展开工具栏中的单击“底纹填充对话框”按钮，打开“底纹填充”对话框，参照图4-46所示设置对话框，完毕后单击“确定”按钮，为矩形填充纹理效果。

04 保持矩形的选择状态，使用“交互式阴影”工具，为矩形添加阴影效果，并参照图4-47所示设置属性栏参数。

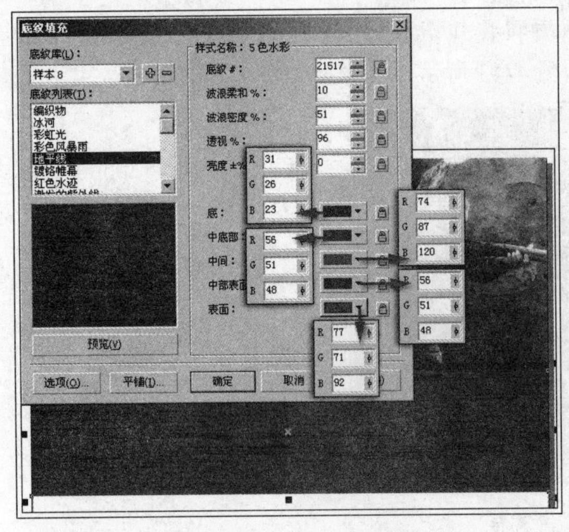

图 4-46　为矩形填充纹理

图 4-47　为矩形添加阴影效果

05 使用“矩形”工具绘制矩形，为其填充灰色，并设置轮廓色为无。使用“挑选”工具，将其与下方填充底纹的矩形同时选中，按键盘上的<E>和<C>键，使图形以中心对齐，如图 4-48 所示。

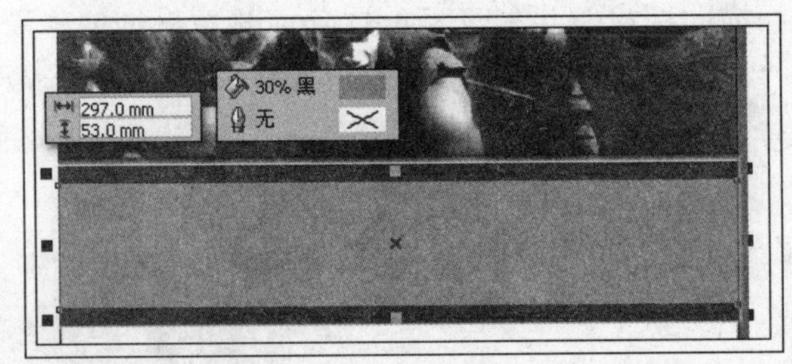

图 4-48　绘制矩形并填充颜色

06 使用“文本”工具，在灰色矩形上方输入文字，使用“挑选”工具调整文字大小，并将文字和灰色矩形以中心对齐，如图 4-49 所示

07 使用“挑选”工具框选文字和矩形，单击属性栏中的“后减前”按钮，对图形进行修剪。使用“交互式阴影”工具，为修剪后的图形添加阴影效果，并参照图 4-50 所示设置属性栏参数。

图 4-49　调整文字

图 4-50　添加阴影效果

08 保持图形的选择状态，依次按<Ctrl+C>和<Ctrl+V>键将其复制并粘贴，按键盘上方向键<↓>键8次、<→>键3次，将再制图形向右下侧稍微移动。使用"交互式阴影"工具，为图形添加阴影效果，并参照图4-51所示设置属性栏参数。

图4-51　复制图形并添加阴影效果

09 保持再制图形的选择状态，执行"编辑"→"复制属性自"命令，参照图4-52所示设置弹出的"复制属性"对话框，单击"确定"按钮，光标变为黑色箭头。

图4-52　执行"复制属性自"命令

10 在纹理图形上单击，为选择图形填充相同的纹理效果，如图4-53所示。

图4-53　复制填充属性

11 双击状态栏右侧的"填充"色块，打开"底纹填充"对话框，参照图4-54所示设置对话框选项，更改底纹填充效果。

图 4-54 设置“底纹填充”对话框

12 完毕后单击“确定”按钮关闭对话框，使用“交互式填充”工具，参照图 4-55 所示调整控制柄，对图形的纹理效果进行调整。按<Ctrl+C>键，将该图形复制到剪贴板中以备接下来的操作中使用。

图 4-55 调整底纹填充效果

13 使用“矩形”工具绘制一个与页面等大的矩形，并填充白色，轮廓色为无。使用“交互式透明”工具为其添加线性透明效果，如图 4-56 所示。

提示：绘制图形并添加透明效果，制作出金属图形的亮光图形，使金属质感更强。

图 4-56 设置线性透明效果

14 按<Ctrl+V>键，将之前复制到剪贴板的图形进行粘贴，如图 4-57 所示。

15 选择添加透明的白色矩形，执行“效果”→“图框精确剪裁”→“放置在容器中”命令，当光标变成黑色箭头时，单击粘贴到上方的纹理图形，将其放置到纹理图形中，效果如图 4-58 所示。

图 4-57 粘贴纹理图形

图 4-58 精确剪裁图形

16 按<Ctrl+V>键，将之前复制的对象再次粘贴。使用“交互式阴影”工具，为该图形添加阴影效果并参照图 4-59 所示设置其属性栏。完毕后按<Ctrl+K>键拆分阴影群组并删除原图形。

17 保持阴影图形的选择状态，执行“位图”→“转换为位图”命令，打开“转换为位图”对话框。参照图 4-60 所示设置对话框，完毕后单击“确定”按钮，将阴影图形转换为位图。

图 4-59 添加阴影效果并拆分

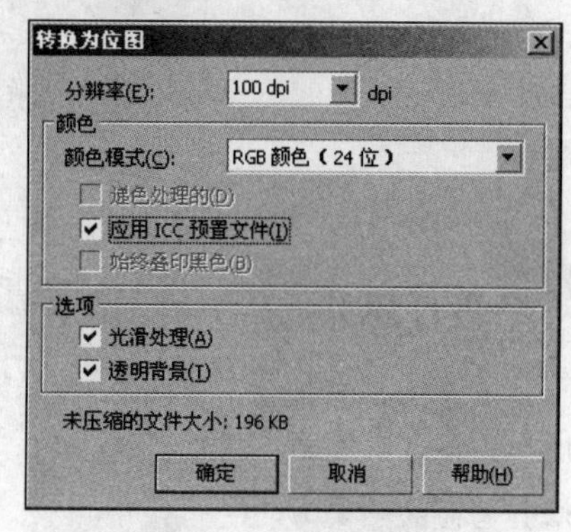

图 4-60 设置对话框

18 调整阴影图像的位置，选择“交互式透明”工具，参照图 4-61 所示设置属性栏参数为其添加透明效果。

19 执行“文件”→“导入”命令，将本书附带光盘\Chapter-04\“装饰物.cdr”文件导入文档并调整位置，完成本实例的制作，效果如图 4-62 所示。在制作过程中遇到问题，可以打开本书附带光盘\Chapter-04\“拉丝金属字效.cdr”文件进行查看。

图 4-61 添加透明效果

图 4-62 完成效果

实例 4　皮革烙印字效

皮革属于亚反光材质，此类材质的表面反光性较弱，一般情况下不会形成太强烈的高光。在高光区域所形成的光晕是呈发散状的，一般较柔和，带有一种散漫的反光特点。本小节将制作一则皮革烙印字效，图 4-63 为本实例的完成效果。

图 4-63　完成效果

设计思路

这是为一款动作、冒险类的游戏制作的宣传页，与前面小节中讲述的射击游戏内容截然不同，因此在设计制作中，根据游戏内容，采用了具有陈旧、古老视觉效果的皮革材质来修饰文字图形，增强画面的感染力。

技术剖析

本实例的制作是在调整文字的形状后，为文字图形填充纹理并设置透明效果，形成皮革质感的文字。使用的主要工具有“粗糙笔刷”工具、“橡皮擦”工具、“交互式透明”工具、“交互式阴影”工具等。如图 4-64 所示，为本实例的制作流程。

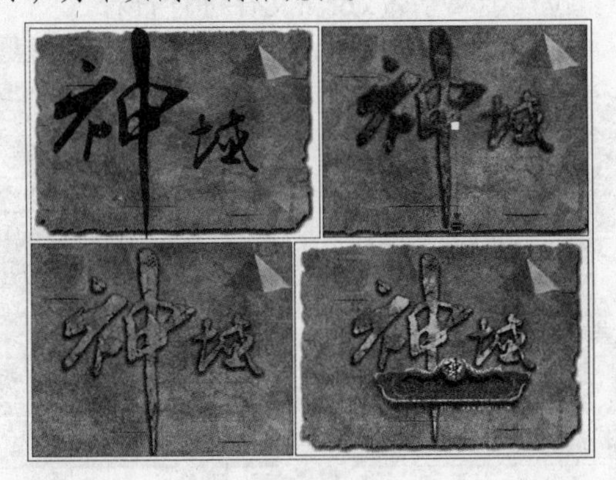

图 4-64　制作流程

制作步骤

01 运行 CorelDRAW X3，执行“文件”→“打开”命令，打开本书附带光盘\Chapter-04\“破旧纸张背景.cdr”文件，如图 4-65 所示。

02 使用“贝塞尔”工具，参照图 4-66 所示绘制文字图形。也可以执行“文件”→“导入”命令，将本书附带光盘\Chapter-04\“皮革烙印主体文字.cdr”文件导入使用。

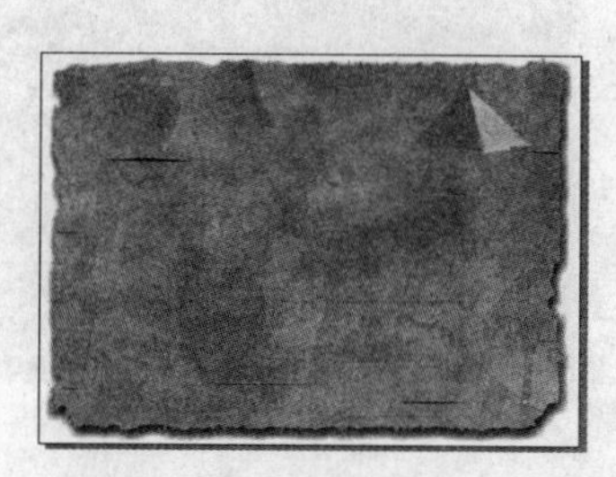

图 4-65 打开背景素材

图 4-66 绘制文字图形

03 选择“粗糙笔刷”工具，参照图 4-67 所示设置属性栏，在文字边缘进行涂抹，将文字边缘粗糙化处理。

04 选择工具箱中的“橡皮擦”工具，参照图 4-68 所示设置属性栏，在文字图形上涂抹，制作文字破损效果。

提示 通过使用“橡皮擦”工具，对图形进行涂抹，使文字图形产生较小的裂痕效果。

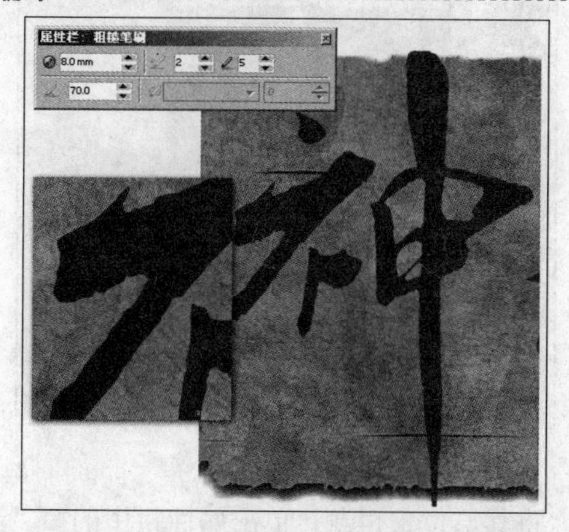

图 4-67 将文字边缘粗糙化

图 4-68 擦除图形

05 再次使用“粗糙笔刷”工具，参照图 4-69 所示，设置其属性栏参数，并在文字图形上涂抹，使文字图形产生破旧的效果。

提示 巧妙的对“粗糙笔刷”工具进行设置，在裂痕上涂抹，使裂痕效果进一步增强。

06 参照以上方法，再制作出“域”字的破损效果，参照图 4-70 所示分别调整文字图形的大小和位置。框选两个文字图形，按<Ctrl+L>键将其结合为一个整体。

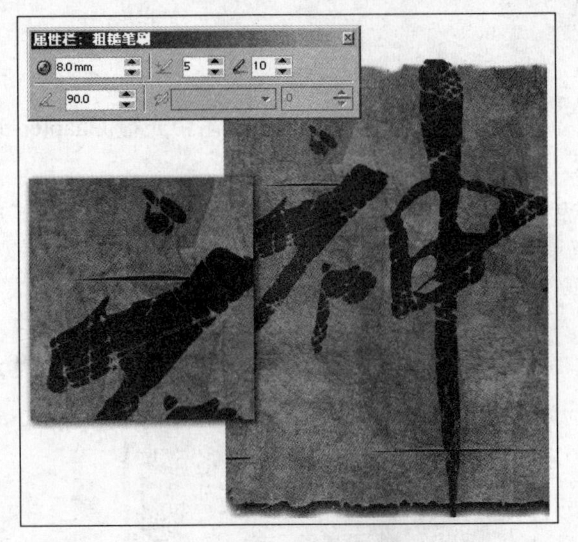

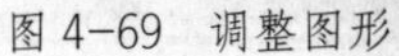

图 4-69 调整图形

图 4-70 调整图形

07 保持文字图形的选择状态，单击“填充”工具展开栏中的“底纹填充对话框”按钮，打开“底纹填充”对话框，参照图 4-71 所示设置对话框，为文字图形填充底纹。

08 使用“交互式阴影”工具，为文字图形添加阴影效果，如图 4-72 所示。

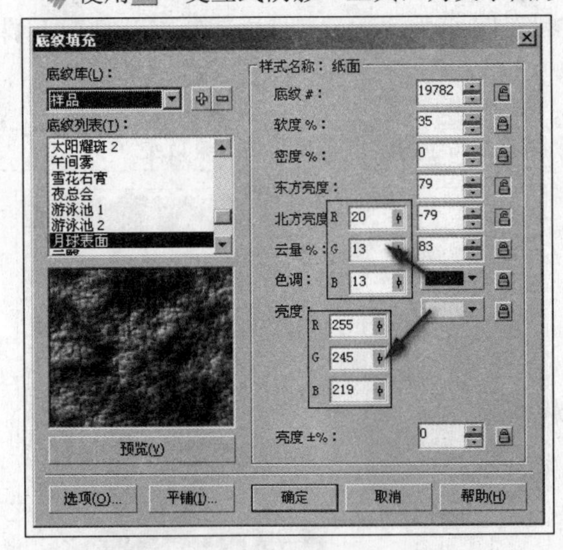

图 4-71 设置“底纹填充”对话框

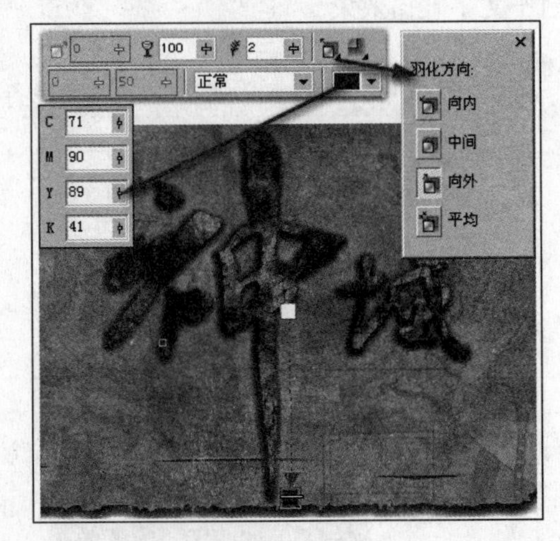

图 4-72 添加阴影效果

09 选择“挑选”工具，按小键盘上的<+>键，将其原位置再制，单击属性栏中的“清除阴影”按钮，清除再制图形的阴影效果。

10 双击状态栏右侧的填充色色块，打开“底纹填充”对话框，参照图 4-73 所示设置对话框，更改再制图形的填充纹理，如图 4-74 所示。

11 选择“交互式透明”工具，参照图 4-75 所示设置属性栏，为其添加透明效果。

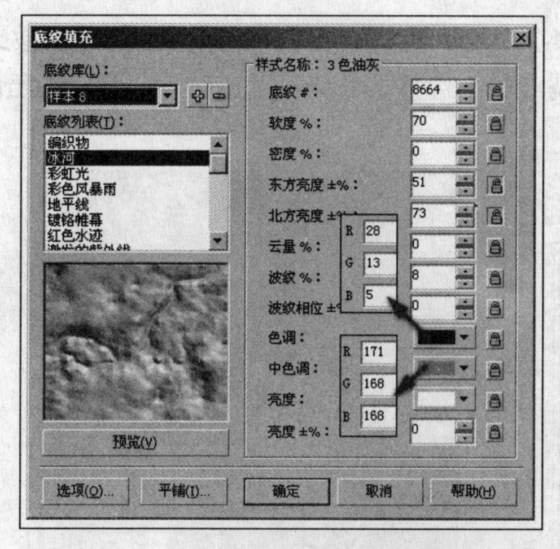

图 4-73 设置“底纹填充”对话框

图 4-74 填充底纹效果

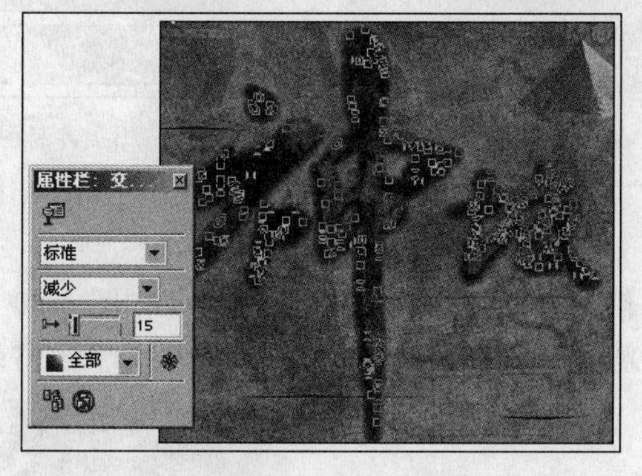

图 4-75 添加透明效果

12 保持添加透明效果图形的选择状态，将其原位置再制。并参照以上操作方法，再次打开“底纹填充”对话框，并参照图 4-76 所示设置对话框参数，调整底纹效果。

图 4-76 设置“底纹填充”对话框

13 选择 "交互式透明" 工具，参照图 4-77 所示设置属性栏，更改图形的透明效果。

14 将文字图形原位置再制，为其填充为橘红色。选择 "交互式透明" 工具，参照图 4-78 所示设置属性栏，更改图形的透明效果。

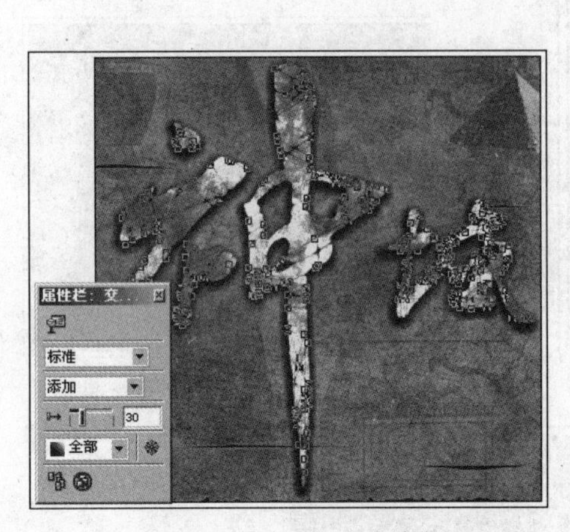

图 4-77 添加透明效果

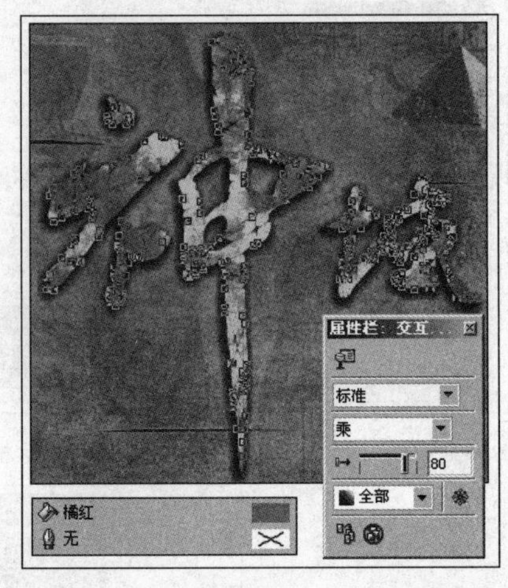

图 4-78 再制图形并添加透明效果

15 执行"文件"→"导入"命令，导入本书附带光盘\Chapter-04\"装饰.cdr"文件，参照图 4-79 所示调整其位置。

16 最后添加相关文字信息，完成本实例的制作，效果如图 4-80 所示。在制作过程中遇到问题，可以打开本书附带光盘\Chapter-04\"皮革烙印字效.cdr"文件进行查阅。

图 4-79 制作装饰图形

图 4-80 完成效果

实例 5 自发光字效

在本小节的实例学习中，将制作一组具有自发光效果的文字特效，如图 4-81 示，为本实例的完成效果。

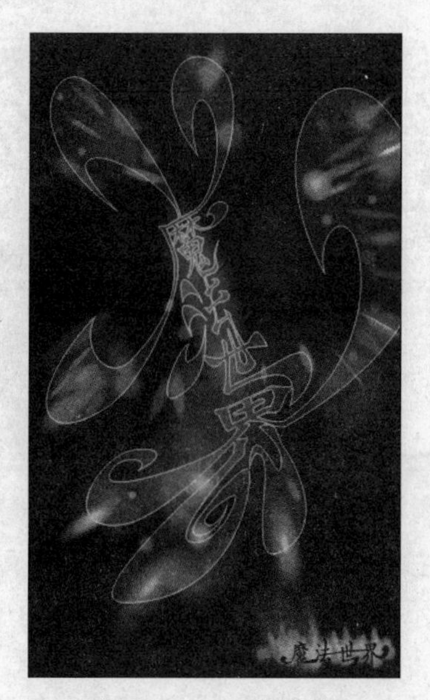

图 4-81 完成效果

设计思路

在设计制作本实例时，采用了比较暗的底色来衬托光效果，而在制作发光效果时，则需要注意光源的强弱、大小以及视觉上的远近关系，这样才能制作出逼真的自发光效果。

技术剖析

本实例的制作是在调整文字图形的形状后，为文字图形设置透明效果，形成发光的文字，然后通过编辑阴影图形的方法，制作出发光的光点和光晕效果。主要使用的工具有“文本”工具、“交互式封套”工具、“交互式透明”工具、“交互式阴影”工具等。如图 4-82 所示，为本实例的制作流程。

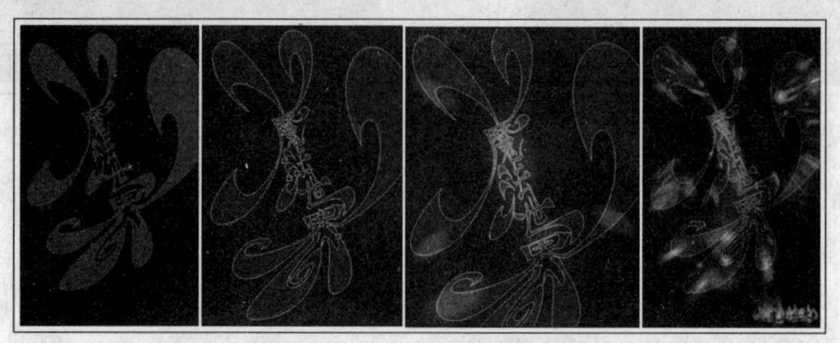

图 4-82 制作流程

制作步骤

01 运行 CorelDRAW X3，执行“文件”→“打开”命令，打开本书附带光盘\Chapter-04\“自发光字体.cdr”文件，如图 4-83 所示。

02 使用“挑选”工具，选择文字图形。选择工具箱中的“交互式透明”工具，参照图 4-84 所示设置其属性栏，为文字图形添加透明效果。

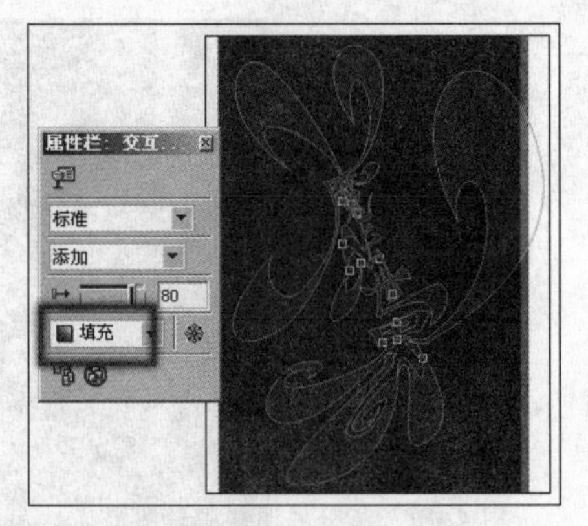

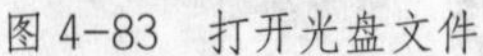
图 4-83　打开光盘文件　　　　图 4-84　添加透明效果

03选择“挑选”工具，按小键盘上的<+>键，将文字图形原位置再制。选择“交互式透明”工具，参照图 4-85 所示调整属性栏中的“开始透明度”参数，更改再制图形的透明效果。

04使用“椭圆形”工具绘制一个椭圆，并为其填充任意颜色。使用“交互式阴影”工具，为椭圆添加阴影效果，并参照图 4-86 所示设置其属性栏。

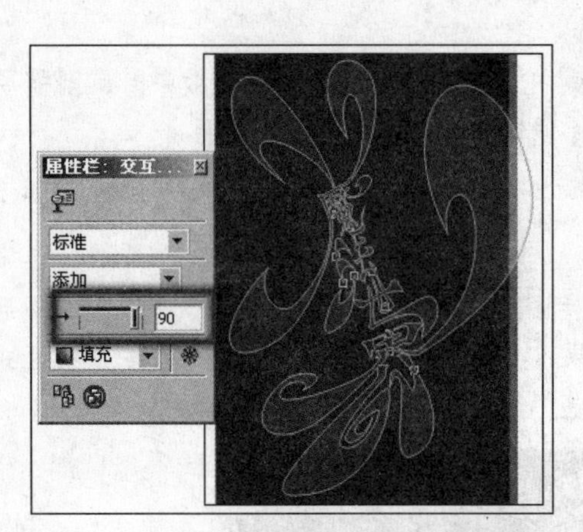

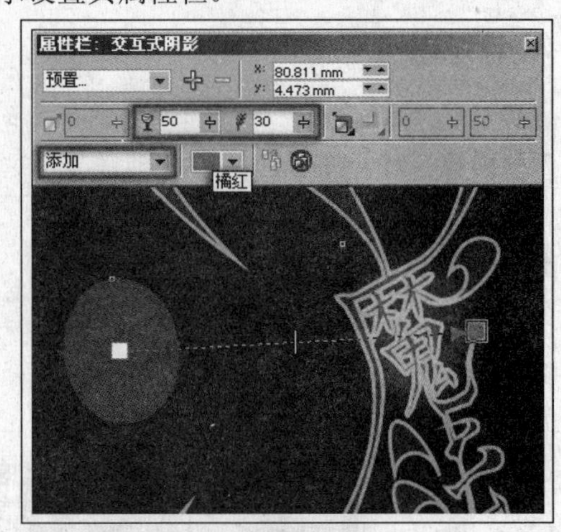

图 4-85　添加透明效果　　　　图 4-86　绘制图形并添加阴影

05保持该图形的选择状态，按<Ctrl+K>键拆分阴影群组，将原椭圆图形删除。完毕后调整阴影图形的大小和位置，如图 4-87 所示。

06使用“挑选”工具选择阴影图形，通过按小键盘上的<+>键将其再制，并分别调整阴影图形大小、位置和旋转角度，如图 4-88 所示。

07使用“挑选”工具，选择图 4-89 所示图形，按键盘上的<+>键，将其原位置再制，并调整再制图形的大小、位置和透明效果。

08参照之前同样的操作方法，再制作出其他光晕图形，如图 4-90 所示。

图 4-87 拆分并调整阴影图形

图 4-88 再制并调整阴影图形

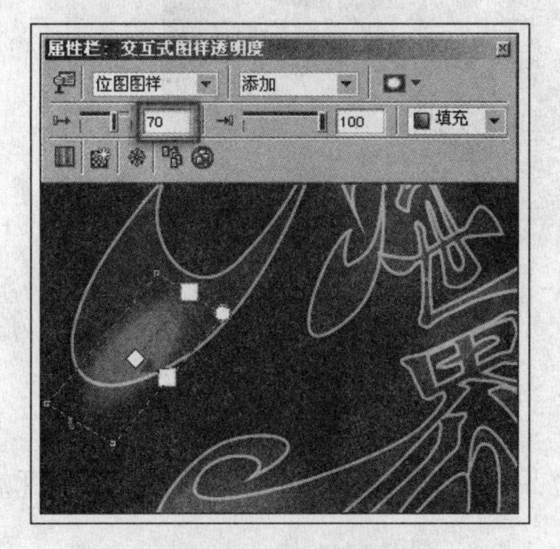

图 4-89 调整阴影

图 4-90 绘制其他光晕图形

09 最后添加相关文字信息，完成本实例的制作，效果如图 4-91 所示。在制作过程中遇到问题，可以打开本书附带光盘\Chapter-04\“自发光字效.cdr”文件进查看。

提示 在该实例制作完毕后可以通过执行“图框精确剪裁”命令，将制作的自发光文字图形放置到背景图形中。

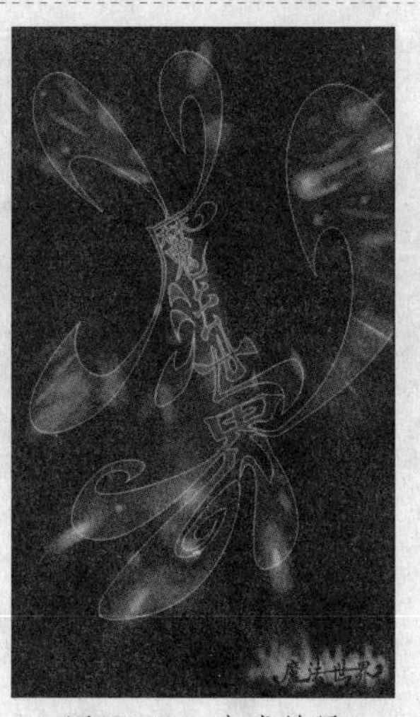

图 4-91 完成效果

实例 6　磨砂金属板字效

磨砂金属板字效是将文字处理成带有磨砂纹理的金属质感效果，这类特效文字光影变化丰富，适用于机械、科幻题材的游戏、电影海报中，可以带给人炫目的视觉效果。如图 4-92 所示为本实例的完成效果图。

图 4-92　完成效果

设计思路

这是为一个科幻游戏制作的宣传页，为了突出游戏特色，将文字制作为带有强烈科幻色彩的金属字体。

技术剖析

金属纹理字是通过为文字图形填充渐变色、底纹效果以及添加透明效果制作而成的。主要使用了“交互式填充”工具、“交互式透明”工具以及“交互式立体化”工具。图 4-93 出示了本实例的制作流程图。

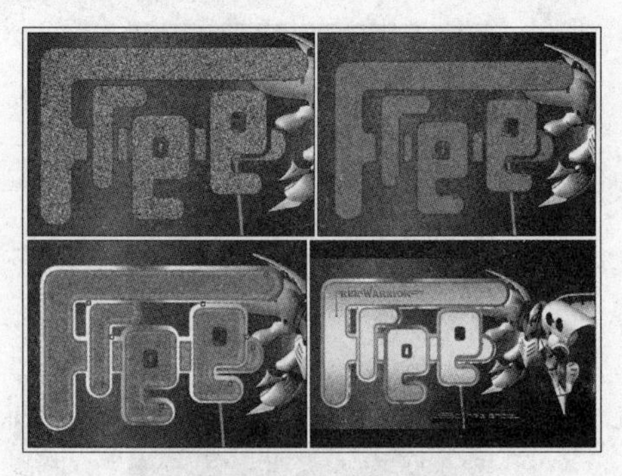

图 4-93　制作流程

制作步骤

01 运行 CorelDRAW X3，执行“文件”→“打开”命令，打开本书附带光盘\Chapter-04\

"磨砂金属板字效背景.cdr"文件，如图4-94所示。

02 选择字母轮廓图形，单击"填充"工具，在展开的工具栏中单击"底纹填充对话框"按钮，打开"底纹填充"对话框，参照图4-95所示设置该对话框。

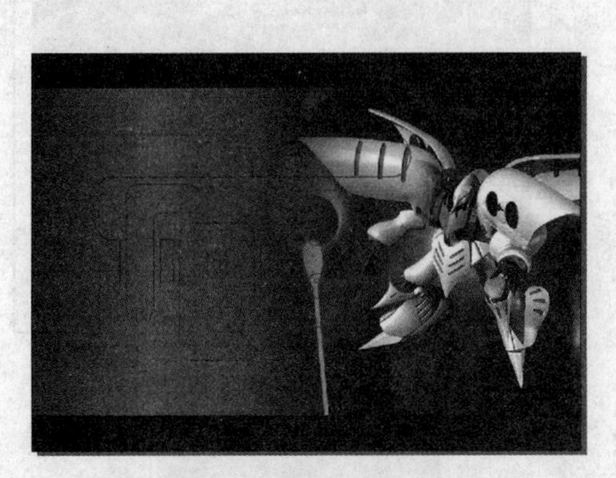

图4-94　打开光盘文件

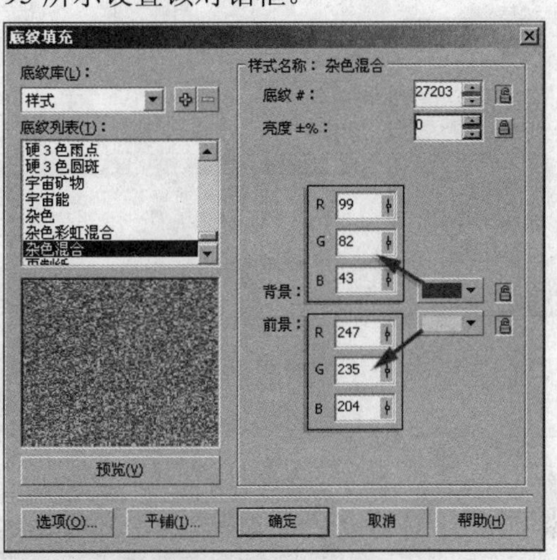

图4-95　设置"底纹填充"对话框

03 完毕后单击"确定"按钮关闭对话框，为文字图形填充纹理效果。选择"交互式填充"工具，拖动白色控制柄对填充纹理的大小、比例进行调整，如图4-96所示。

04 保持该图形的选择状态，为图形添加宽度为1.5mm的轮廓，如图4-97所示。执行"排列"→"将轮廓转换为对象"命令，将轮廓转换为对象。

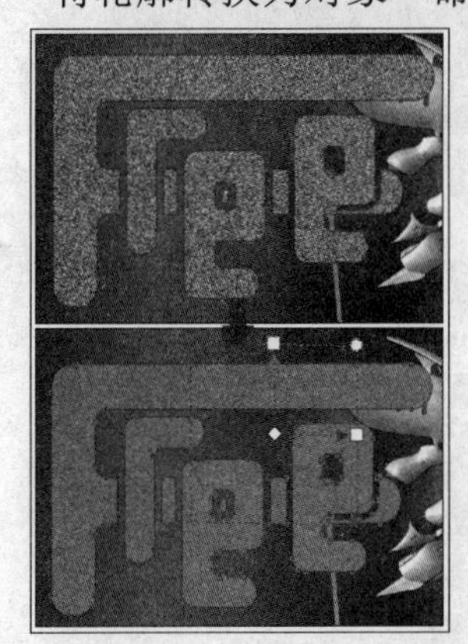

图4-96　为文字图形填充纹理

图4-97　设置轮廓宽度并转换为对象

05 保持该轮廓图形的选择状态，再次打开"底纹填充"对话框，参照图4-98所示设置该对话框，为其填充纹理效果。

06 选择"交互式透明"工具，参照图4-99所示设置其属性栏，为轮廓图形添加透明效果。

07 选择文字曲线图形，按<F12>键打开"轮廓笔"对话框，参照图4-100所示设置该对话框，为图形添加轮廓笔效果。

08 执行"排列"→"将轮廓转换为对象"命令，并将轮廓图形向左上角稍微移动。然后使用"形状"工具，选择部分节点并将其删除，对图形进行修改，如图4-101所示。

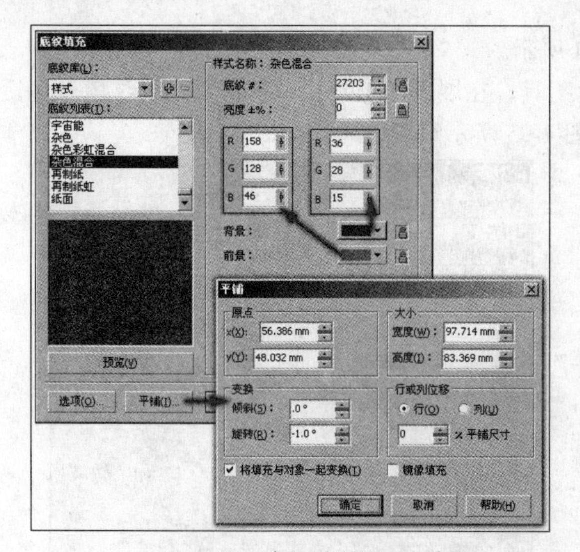

图 4-98　为图形添加纹理效果

图 4-99　为图形添加透明效果

图 4-100　为图形添加轮廓线效果

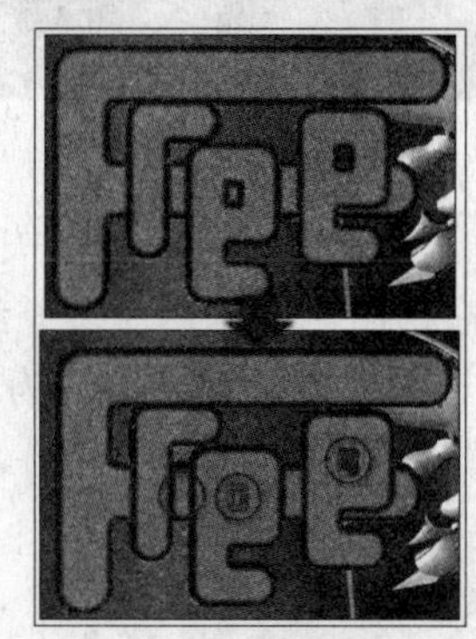

图 4-101　修改图形

09 保持该图形的选择状态，选择“交互式填充”工具，参照图 4-102 所示设置属性栏，为轮廓图形添加渐变颜色。

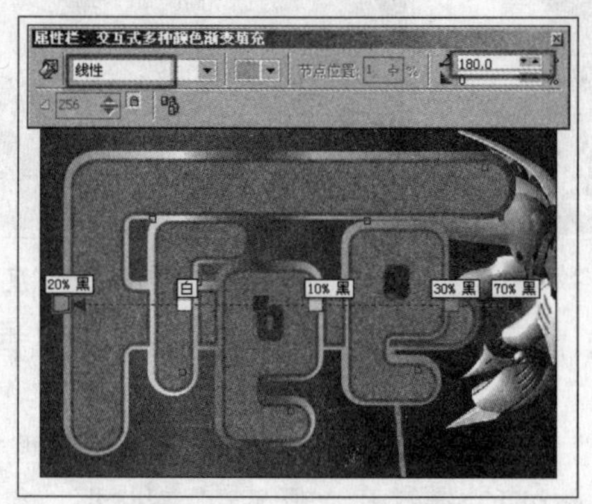

图 4-102　为图形填充渐变色

10 选择“挑选”工具，按小键盘上的<+>键，将该图形原位置再制。打开“底纹填充”对话框，参照图 4-103 所示设置该对话框，为再制轮廓图形添加纹理效果。

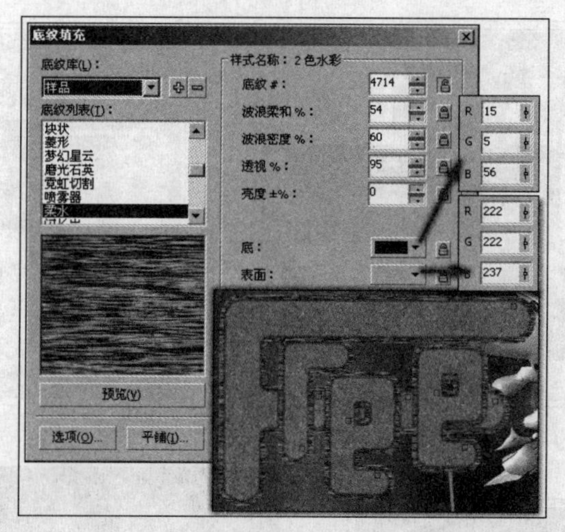

图 4-103 为轮廓图形添加纹理效果

11 使用"交互式透明"工具为图形添加透明效果，并使用"挑选"工具，调整该图形位置向右稍微移动，如图 4-104 所示。

12 保持图形的选择状态，按<Ctrl+PageDown>键调整其顺序到填充渐变色轮廓图形的后面，如图 4-105 所示。

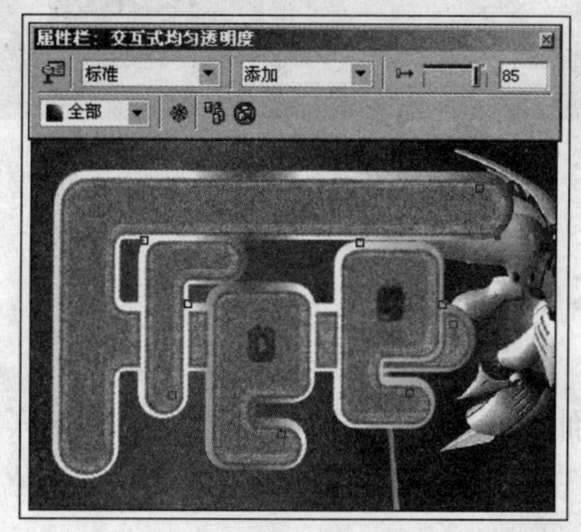

图 4-104 为图形添加透明效果

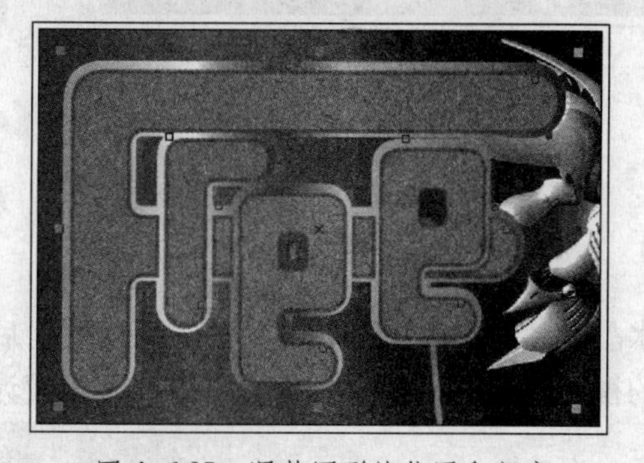

图 4-105 调整图形的位置和顺序

13 使用"挑选"工具，选择填充纹理的文字图形，按<Ctrl+C>和<Ctrl+V>键复制并粘贴图形。参照图 4-106 所示为复制的图形填充渐变色。

14 保持文字图形的选择状态，选择"交互式透明"工具，并参照图 4-107 所示设置其属性栏参数，为该图形添加透明效果。使用"挑选"工具，框选制作的文字图形，按<Ctrl+G>键将其群组。

15 执行"文件"→"导入"命令，将本书附带光盘\Chapter-04\"立体效果.cdr"文件导入，按<Ctrl+PageDown>键，调整其顺序到文字群组对象下面，并调整其位置，制作出文字图形的立体效果，如图 4-108 所示。

16 最后在页面中添加相关的文字信息和装饰图形，完成本实例的制作，效果如图 4-109 所示。在制作过程中遇到问题，可以打开本书附带光盘\Chapter-04\"磨砂金属板字效.cdr"文件进行查看。

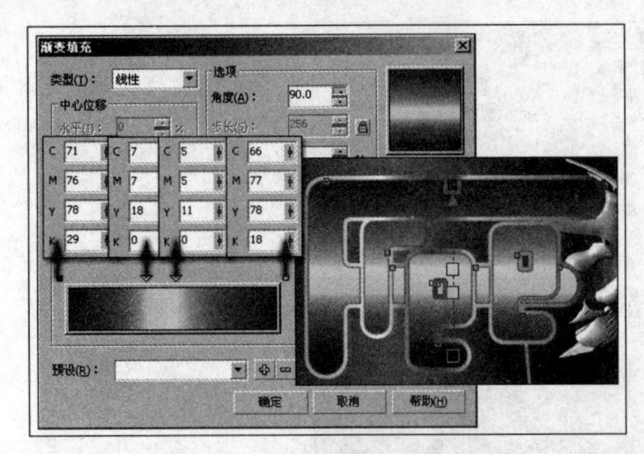

图 4-106　为图形添加渐变色

图 4-107　为图形添加透明效果

图 4-108　导入光盘文件

图 4-109　完成效果

实例 7　水晶字效

水晶字效的特点在于其透明的质感以及对后面图像的折射效果。这种文字往往给人以晶莹剔透的视觉感受，适合用在各种清新高雅的设计作品中。图 4-110 展示了本实例的完成效果。

图 4-110　完成效果

设计思路

这是为水晶工艺品制作的宣传广告，在制作时通过对水晶工艺品晶莹剔透效果的准确表达，使得水晶工艺品最美的一面展现在消费者面前，从而达到广告宣传的效果。

技术剖析

在该实例中主要通过使用“交互式立体化”工具，对字母图形添加立体效果并拆分，制作出水晶字母的形体以及各个转折面的图形。通过对水晶字母的各个转折面填充颜色，使得字母产生晶莹剔透的效果。图4-111展示了本实例的制作流程。

图4-111 制作流程

制作步骤

01 启动CorelDRAW X3，新建一个空白工作文档，并保持属性栏的默认设置。使用“文本”工具，在绘图页面外输入字母“CS”，并设置其属性栏，如图4-112所示。

02 也可以执行“文件”→“导入”命令，将本书附带光盘\Chapter-04\“CS 字母.cdr”文件导入使用。

03 单击工具箱中的“轮廓”工具，在展开的工具栏中单击“轮廓画笔对话框”按钮，打开“轮廓笔”对话框，参照图4-113所示设置该对话框为字母图形添加轮廓。

图4-112 输入文字

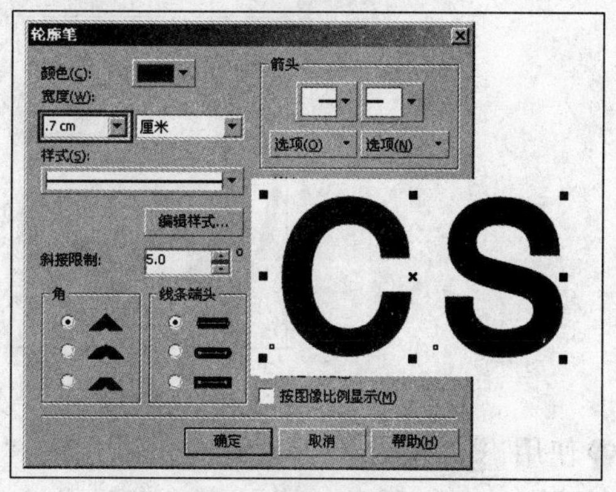

图4-113 设置轮廓

04 保持该图形的选择状态，执行“排列”→“将轮廓转换成对象”命令，将轮廓转换为曲线。完毕后使用“挑选”工具框选字母图形，并单击属性栏中的“焊接”按钮，将图形焊接为一个整体，填充白色，设置轮廓为黑色，如图 4-114 所示。

05 使用“交互式立体化”工具，为图形添加立体效果，并参照图 4-115 所示设置其属性栏。

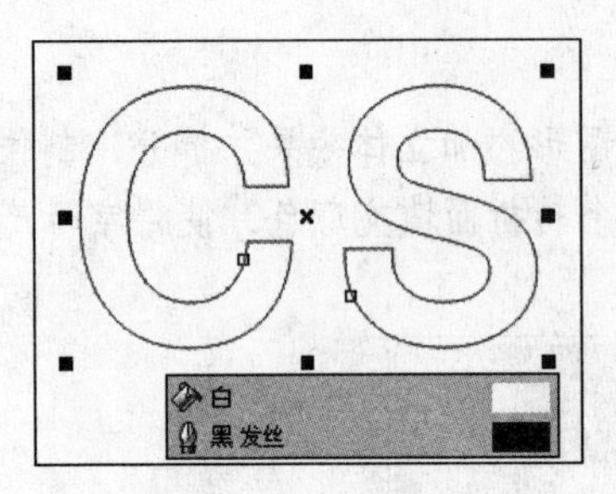

图 4-114　焊接图形

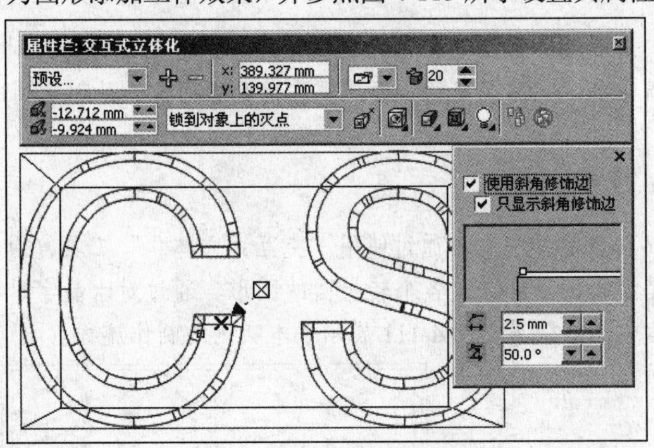

图 4-115　添加立体效果

06 保持该图形的选择状态，依次按<Ctrl+K>键和<Ctrl+U>键，拆分立体化并取消群组，如图 4-116 所示。

07 使用“挑选”工具，参照图 4-117 所示框选图形并单击属性栏中的“焊接”按钮，将其焊接为一个整体。

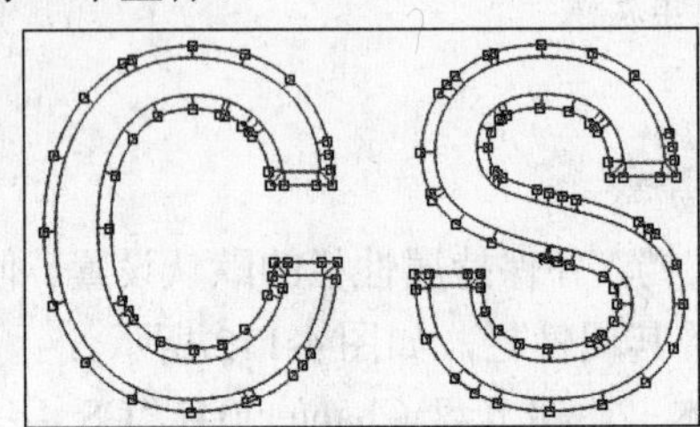

图 4-116　取消群组

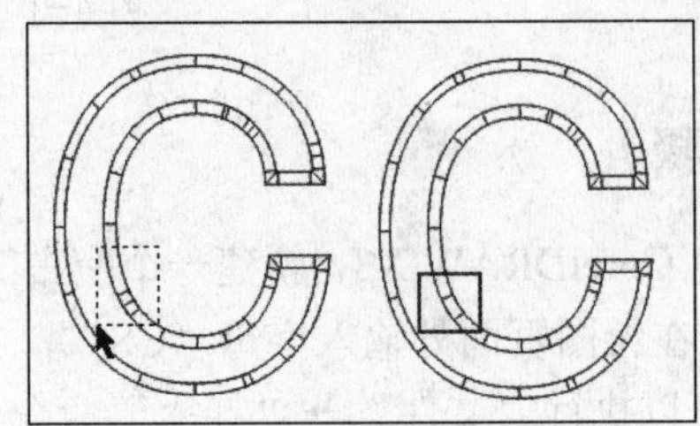

图 4-117　调整图形

08 参照上一步骤中的操作方法，将其他部分斜角面焊接简化，并设置相应填充颜色，轮廓色为无，如图 4-118 所示。

图 4-118　简化斜角面并填充颜色

09 使用“挑选”工具选择最顶层的“C”、“S”字母图形。按<Ctrl+K>键拆分曲线，参照图 4-119 所示，使用“交互式填充”工具，分别为图形填充渐变色，设置轮廓色为无。

提示　也可以导入本书附带光盘\Chapter-04\“水晶字.cdr”文件到文档中，并按<Ctrl+U>键取消群组，继续接下来的操作。

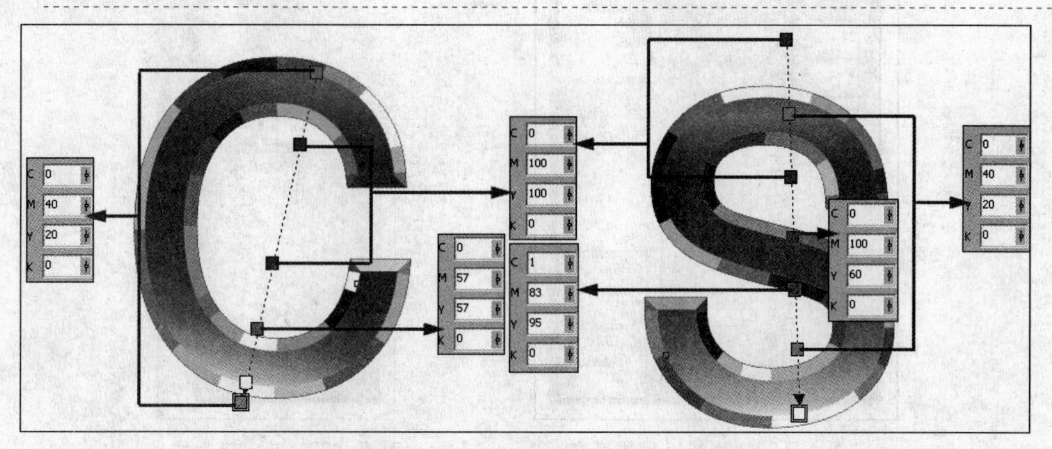

图 4-119　使用“交互式填充”工具填充

10 选择“挑选”工具，参照图 4-120 所示，将顶层的字母图形“C”复制两个并错落摆放。通过单击属性栏中的“后减前”按钮，修剪错落摆放的图形，完毕后调整图形位置并填充白色，制作出字母“C”的高光图形。

提示　为方便观察，将两个字母图形的其中一个填充为蓝色。

11 参照上一步骤中的操作方法，再制作出“S”字母图形上的高光，如图 4-121 所示。

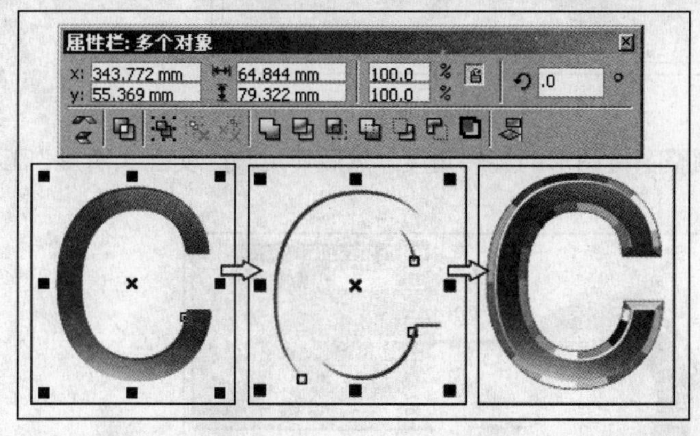

图 4-120　绘制图形　　　　图 4-121　绘制高光图形

12 双击工具箱中的“矩形”工具，创建一个与页面同等大小的矩形，使用“交互式填充”工具为其填充渐变色，如图 4-122 所示。

13 执行“文件”→“导入”命令，导入本书附带光盘\Chapter-04\“光线.cdr”文件，并参照图 4-123 所示调整其位置。

14 选择“挑选”工具，按<Alt>键的同时单击字母图形“C”，按<Ctrl+K>键将两个字母拆分。然后使用“挑选”工具分别框选“C”和“S”，按<Ctrl+G>键群组图形，如图 4-124 所示。

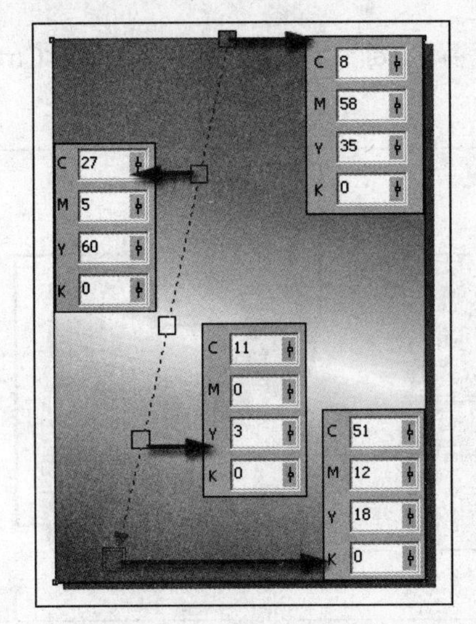

图 4-122 绘制矩形并填充

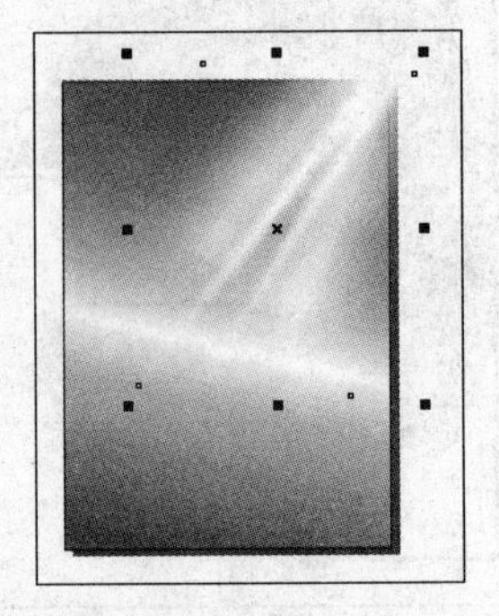

图 4-123 导入光盘文件

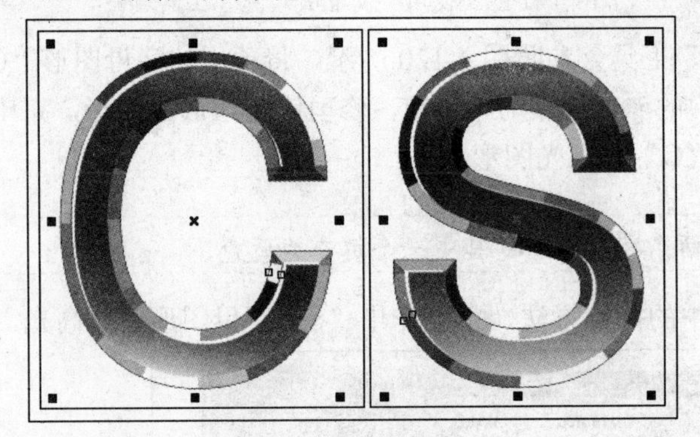

图 4-124 图形群组

15 参照图 4-125 所示分别调整字母图形的旋转角度，然后使用“交互式阴影”工具依次为两个字母添加阴影效果。

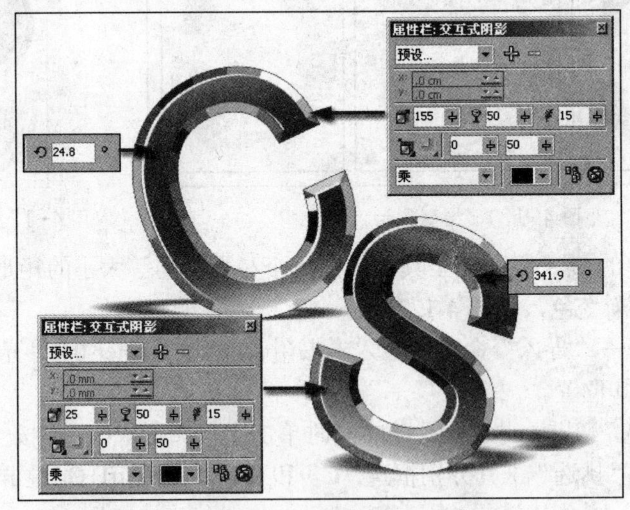

图 4-125 调整图形效果

16 使用 “挑选”工具，框选制作的水晶字母，参照图4-126所示调整其位置。执行“文件”→“导入”命令，将本书附带光盘\Chapter-04\“光线折射.cdr”文件导入，并调整导入图形的顺序及位置。

图4-126 绘制光线折射效果

17 在页面中添加其他的文字信息和装饰图形，完成本实例的制作，效果如图4-127所示。在制作过程中遇到问题，可以打开本书附带光盘\Chapter-04\“水晶字效.cdr”文件进行查看。

图4-127 完成效果

第 5 章　变形字效

字体变形是对文字的整体或局部进行变形处理，使文字形态更生动、更象形化，也更具有装饰性。在针对文字进行变形时，可以侧重于字体本身寓意的表达，尽可能地根据文字本身包含的信息对文字的外形进行调整，通过变形后的字体外观加强观众的印象，使文字起到传情达意的作用。图 5-1 为本章实例的完成效果。

图 5-1　完成效果

本章实例

实例 1　符号化字效
实例 2　液化变形字效
实例 3　卡通变形字效

实例1　符号化字效

符号化字体是指根据文字本身的寓意，通过对文字外形的变化、拼接或组合等操作方法，形成一种具有图形化效果的文字。这种文字具有鲜明的符号化特点，如图5-2所示，为本实例的完成效果。

图5-2　完成效果

设计思路

本实例所要表现的文字为“圆”，根据其寓意特点，将该文字图形与圆形结合，通过对文字形态的变形操作，使文字外形符合圆形特点，达到符号化的效果。

技术剖析

在本实例的制作过程中，主要是使用“椭圆”工具、“贝塞尔”工具绘制出文字图形。使用“交互式立体化”工具和“交互式轮廓图”工具为文字图形添加立体化效果及轮廓图效果。如图5-3所示，为本实例的制作流程。

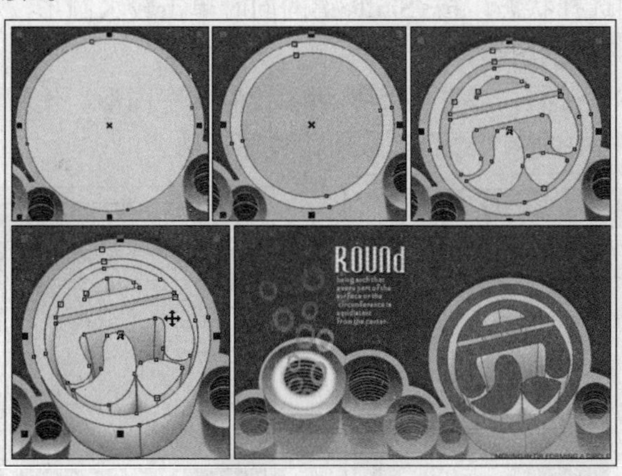

图5-3　制作流程

制作步骤

01 运行 CorelDRAW X3，执行“文件”→“打开”命令，打开本书附带光盘\Chapter-05\“背景素材.cdr”文件，如图 5-4 所示。

图 5-4　打开光盘文件

02 选择“椭圆形”工具，按<Ctrl>键，在页面中相应位置绘制圆形，为其填充浅黄色，设置轮廓色为深褐，如图 5-5 所示。

03 保持圆形的选择状态，选择工具箱中的“挑选”工具，按小键盘上的<+>键，将圆形原地再制。按<Shift>键，使用“挑选”工具将再制图形等比例缩小，如图 5-6 所示。

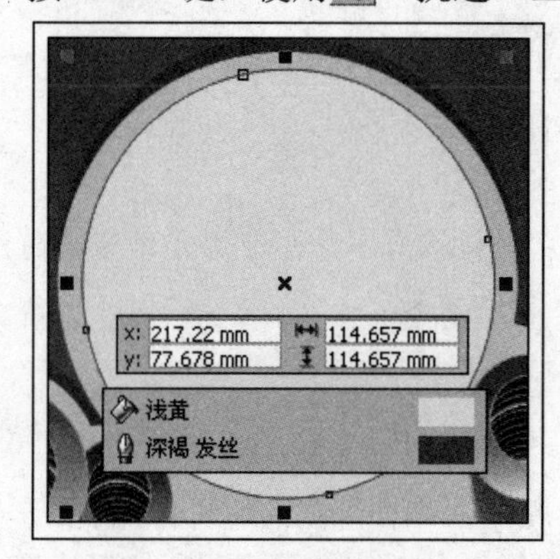

图 5-5　绘制圆形

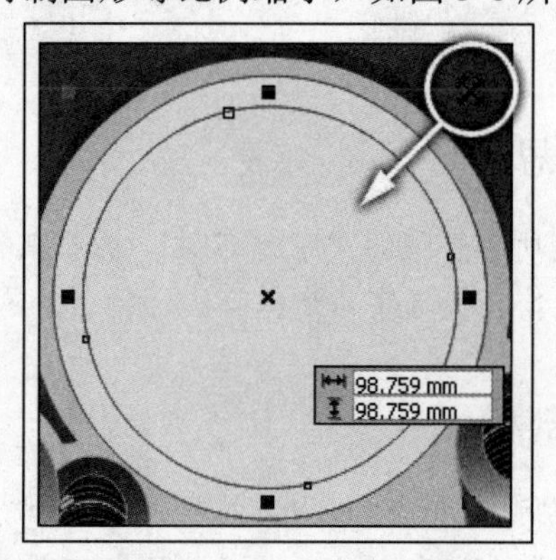

图 5-6　再制并缩小圆形

04 保持再制圆形的选择状态，按<Shift>键的同时单击较大圆形，单击属性栏中的“结合”按钮，得到如图 5-7 所示图形。

05 使用“贝塞尔”工具，参照图 5-8 所示绘制文字图形，使用“挑选”工具，框选文字图形，单击其属性栏中的“结合”按钮，将图形结合。

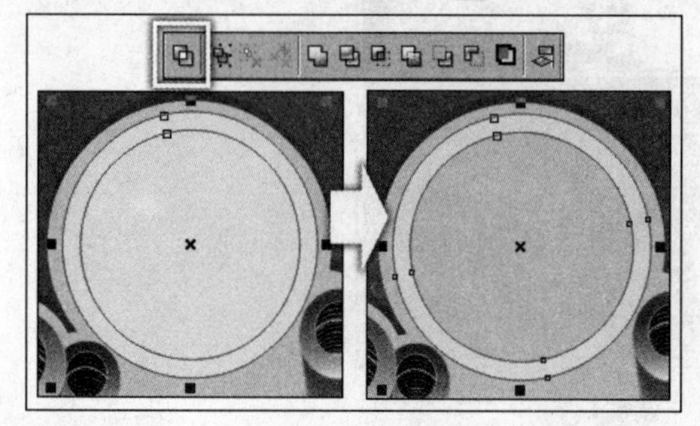

图 5-7　结合图形

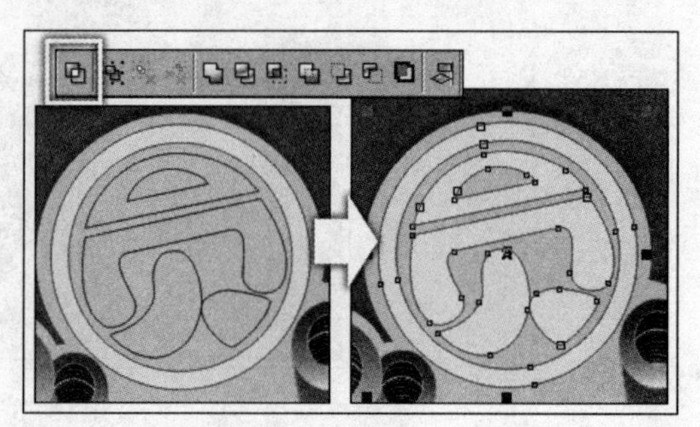

图 5-8　绘制图形

06 参照图 5-9 所示，使用“交互式立体化”工具在文字图形上单击并拖动鼠标，为文字图形添加立体化效果。

在为图形添加立体化效果时，应注意画面整体的透视效果，使画面效果统一。

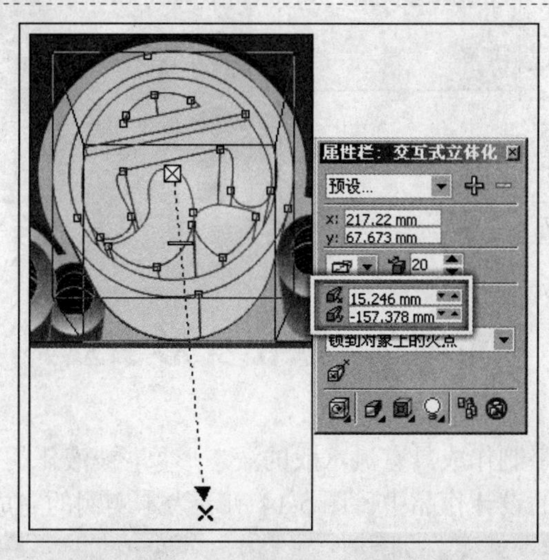

图 5-9 添加立体化效果

07 参照图 5-10 所示设置“交互式立体化”工具属性栏，调整图形的立体化效果。

08 使用“挑选”工具，单击页面空白处，使任何图形不被选择。在黄色文字图形上单击将其选中，按小键盘上的<+>键，将其原位置再制，设置其填充色为深褐色，轮廓色为无，如图 5-11 所示。

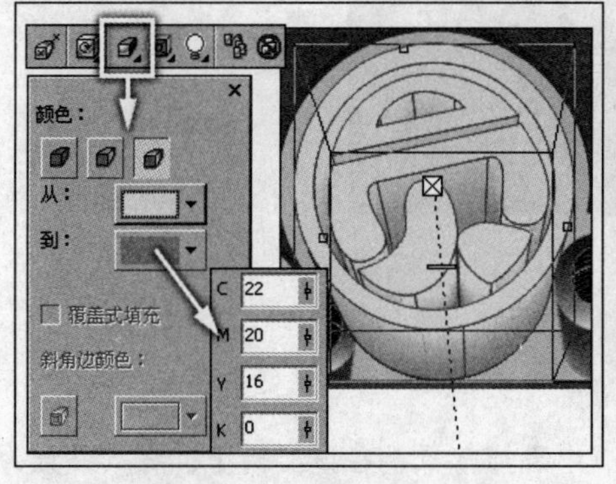

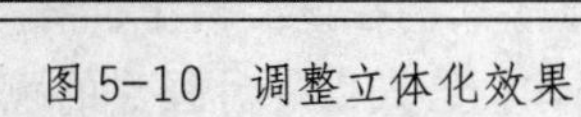
图 5-10 调整立体化效果

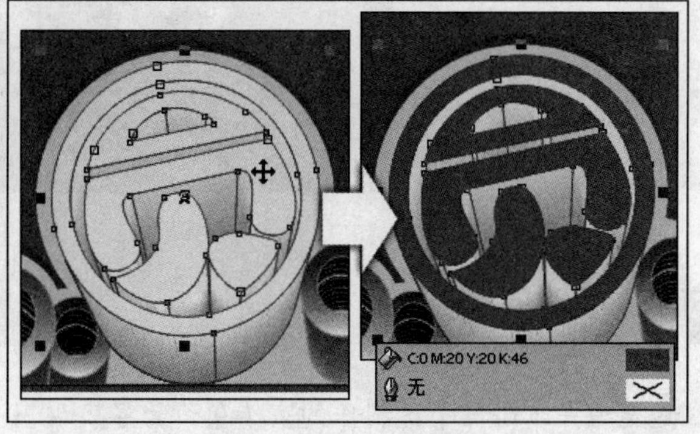

图 5-11 再制图形并设置颜色

09 选择“交互式轮廓图”工具，参照图 5-12 所示为再制文字图形添加轮廓图效果。

10 最后将本书附带光盘\Chapter-05\“装饰图形与文字.cdr”文件导入到页面相应位置，完成本实例的制作，效果如图 5-13 所示。在制作过程中遇到问题，可以打开本书附带光盘\Chapter-05\“符号化字效.cdr”文件进行查阅。

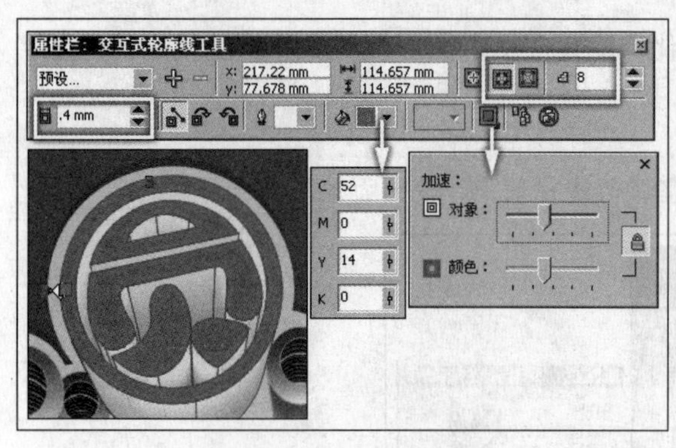

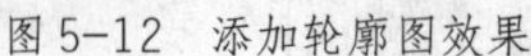

图 5-12　添加轮廓图效果

图 5-13　完成效果

实例 2　液化变形字效

液化变形字是指将文字制作成具有流水般的液态形象，被液化的文字给人一种视觉上的冲击，多用于表现恐怖气氛的设计作品中。图 5-14 所示为本实例的完成效果。

图 5-14　完成效果

设计思路

这是为一本恐怖小说制作的宣传单，为了表现出书中恐怖气氛，在该实例中，背景设置为月夜下的幽暗古堡，暗绿色的月光衬托着带有火焰色调的液态字体，给人以一种强烈的视觉冲击力，很好地传达出书中紧张恐怖的气氛，起到吸引消费者注意力的作用。

技术剖析

在该实例的制作过程中，首先输入文字并转换为曲线，将部分笔画图形删除，搭配以螺纹图形，然后将文字图形结合。使用“交互式封套”工具对其进行变形，使用“涂抹笔刷”工具添加装饰效果即可。图 5-15 出示了本实例的制作流程图。

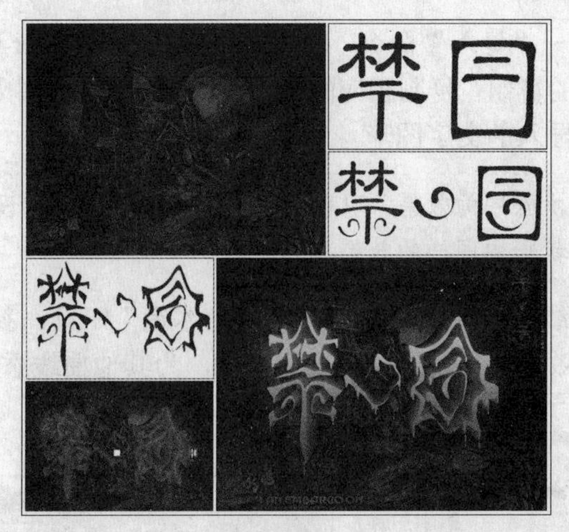

图 5-15　制作流程

制作步骤

01 运行 CorelDRAW X3，执行“文件”→“打开”命令，打开本书附带光盘\Chapter-05\“液化变形字效背景.cdr”文件，如图 5-16 所示。

图 5-16　打开背景素材

02 使用“文本”工具在页面空白处输入文字，并参照图 5-17 所示设置属性栏。

03 按<Ctrl+Q>和<Ctrl+K>键，将文字转换为曲线并拆分。使用“挑选”工具框选“园”字，单击其属性栏中的“结合”按钮，将其结合，如图 5-18 所示。使用同样的操作方法，将另一个文字结合。

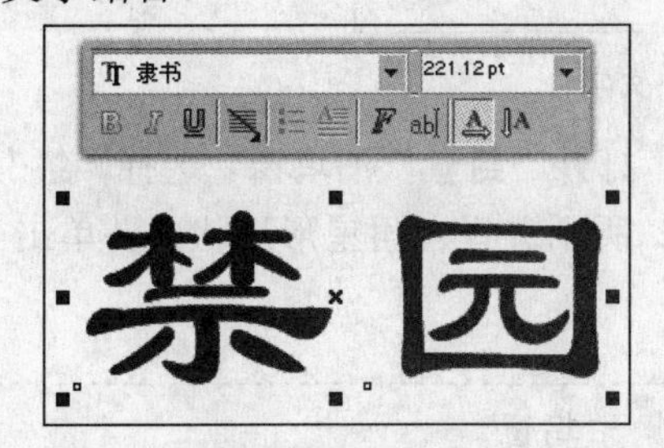

图 5-17　输入文字

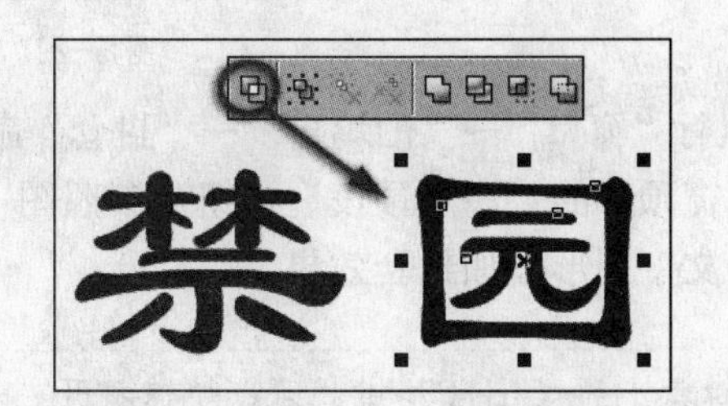

图 5-18　结合文字

04 下面使用“形状”工具，对文字形状进行调整，并将相应节点删除。使用“贝塞尔”工具，再绘制曲线，如图 5-19 所示。

05可以执行“文件”→“导入”命令，将本书附带光盘\Chapter-05\“变形文字.cdr”文件导入到文档中并取消图形的群组，复制相应的文字图形至绘图页面中即可。在后面的制作过程中，也可以使用该步骤中导入的文字图形。

技巧 为了更快地绘制出该步骤中的效果，可以使用“螺纹”工具，设置其属性栏参数，绘制曲线并调整，绘制出该步骤中同样的效果。

06选择“禁”左侧曲线，选择工具箱中的“艺术笔”工具，参照图 5-20 所示设置其属性栏，为其添加艺术笔触效果。使用同样的操作方法，为其他曲线添加艺术笔样式效果。

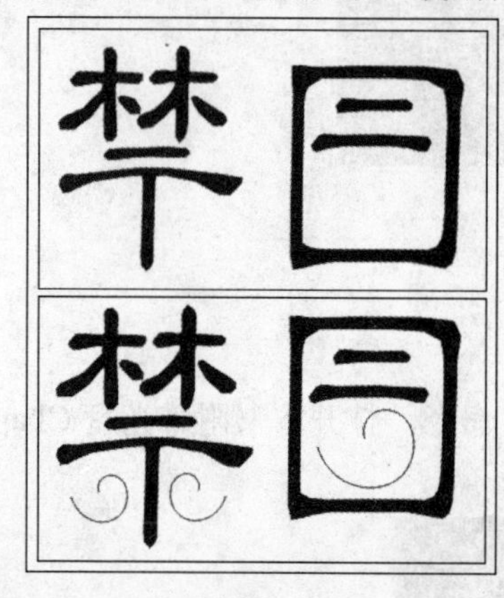

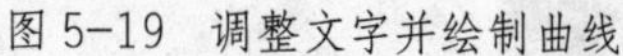

图 5-19 调整文字并绘制曲线

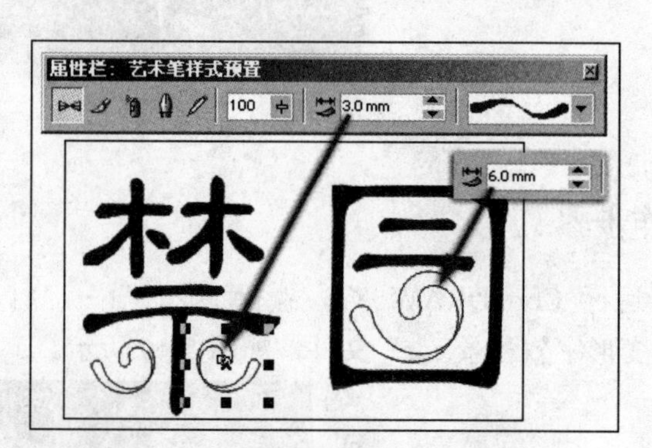

图 5-20 添加艺术笔效果

07保持添加艺术笔效果图形的选择状态，按<Ctrl+K>键拆分艺术样式组，将分离出的路径删除。使用同样的操作方法，将其余艺术笔样式组拆分，并删除路径。

08将“园”字中的曲线图形再制，参照图 5-21 所示分别调整文字和曲线图形的位置，并将曲线图形填充为黑色，轮廓色为无。框选“禁”字图形，按<Ctrl+L>键将其结合，同样的操作方法，将“园”字结合。

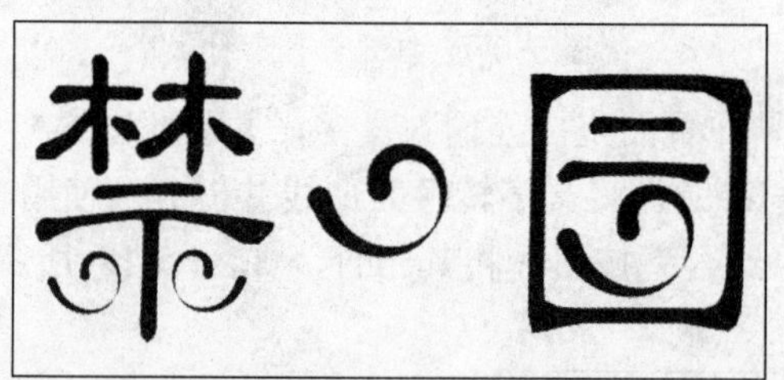

图 5-21 结合文字

09执行“窗口”→“泊坞窗”→“封套”命令，打开“封套”泊坞窗。选择“禁”字图形，单击泊坞窗顶部的“添加预设”按钮，参照图 5-22 所示选择六角星形形状，并单击“应用”按钮，为文字图形添加封套效果。

技巧 按键盘上的<Ctrl+F7>键，可以快速打开“封套”泊坞窗。

10参照图 5-23 所示框选封套下部的节点，按键盘上的<↓>键，将其向下移动，并单击“封套”泊坞窗中的“应用”按钮，调整字体形状。

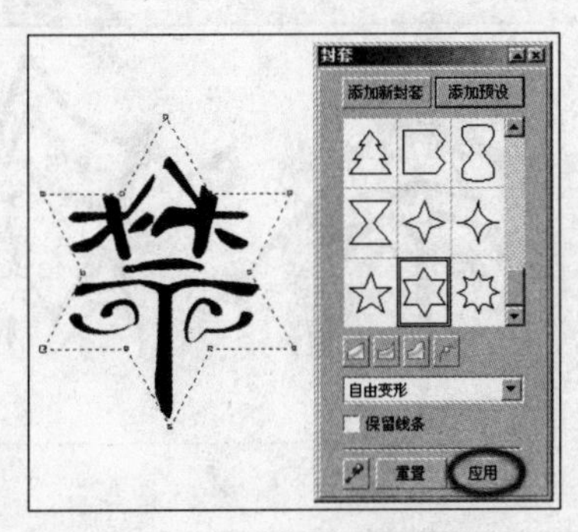

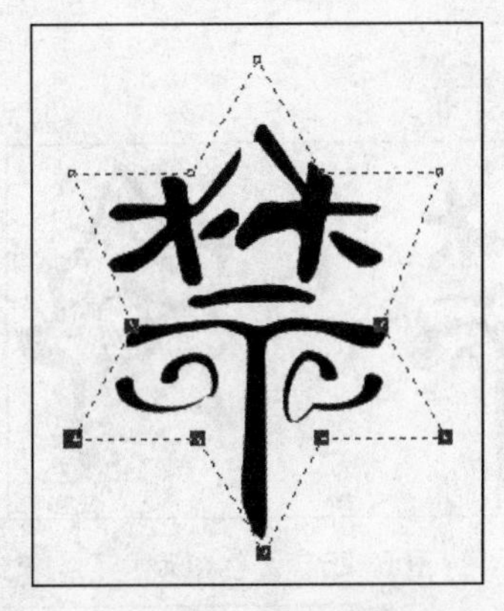

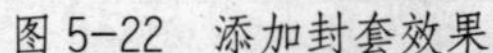

图 5-22 添加封套效果　　　　图 5-23 调整封套

11 选择“园”字样，使用“形状”工具在该字样图形边缘双击，在上面添加节点，如图 5-24 所示。

提示 节点的多少会影响添加封套的最终效果。这里为便于更清楚地观察添加的节点，暂时去除文字的填充色。

---

12 参照以上添加封套效果的方法，再为“园”字样添加预设封套效果，如图 5-25 所示。

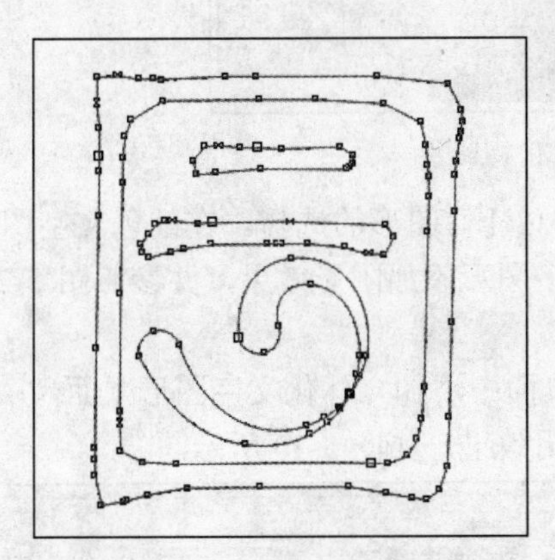

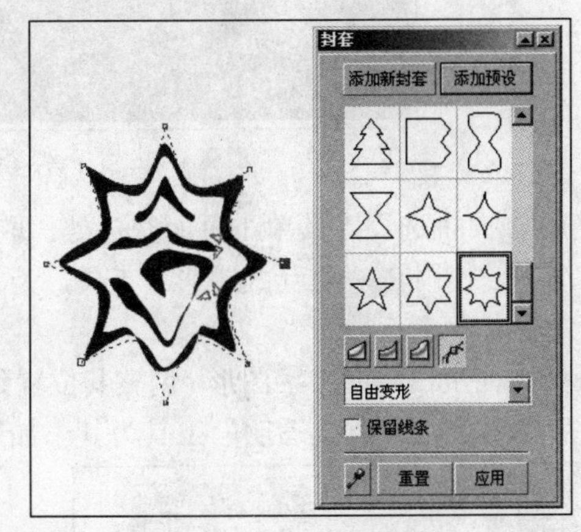

图 5-24 添加节点　　　　图 5-25 添加封套效果

13 使用“交互式封套”工具对“园”字封套局部节点进行调整，选择“禁”和“园”字，按<Ctrl+Q>键，将其转换为曲线。使用“形状”工具，对“禁”字局部进行调整。完毕后参照图 5-26 所示再对两个文字中间图形形状进行调整。

14 将三个文字图形结合。选择“涂抹笔刷”工具，参照图 5-27 所示设置其属性栏，在文字图形底部进行涂抹，涂抹时适当调整画笔大小。

15 将文字图形再制，填充为红色（C2、M98、Y96、K0），调整其位置到背景上面并适当调整大小。使用“交互式立体化”工具，参照图 5-28 所示设置其属性栏，为其添加立体化效果。

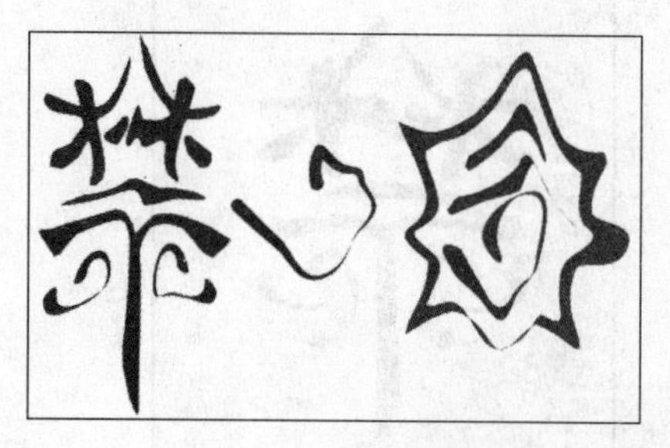

图 5-26　调整图形

图 5-27　涂抹图形

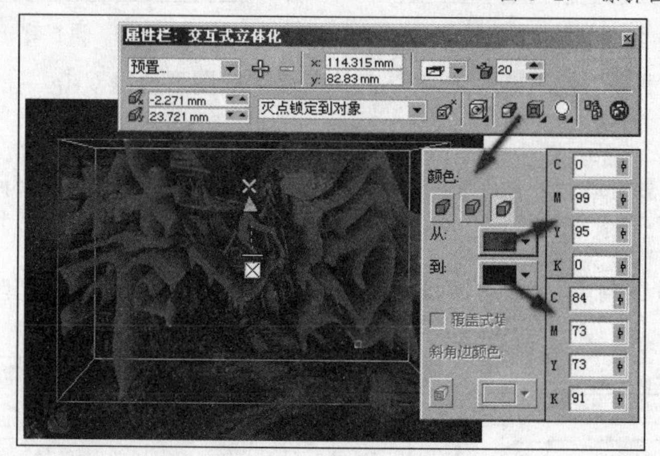

图 5-28　添加立体化效果

16 使用“挑选”工具单击页面空白处，取消对任何图形的选择。在红色文字图形上单击，将其选中。使用“交互式阴影”工具，为文字图形添加阴影效果，并参照图 5-29 所示设置其属性栏参数。

17 选择页面空白处的文字图形，调整其位置到页面中添加立体化文字图形上面，并填充为黄色。然后使用“交互式透明”工具为其添加透明效果，如图 5-30 所示。

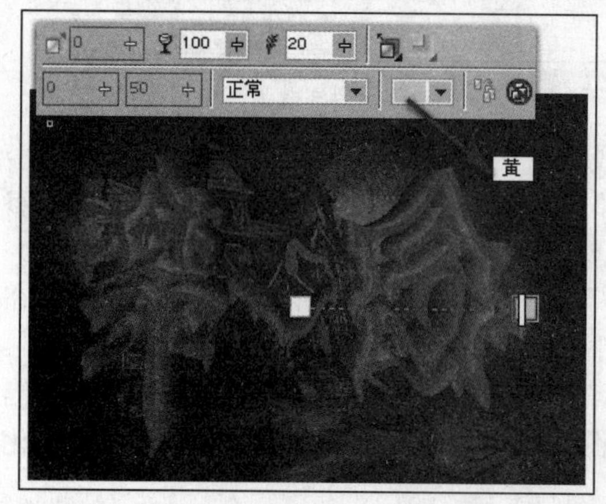

图 5-29　添加阴影效果

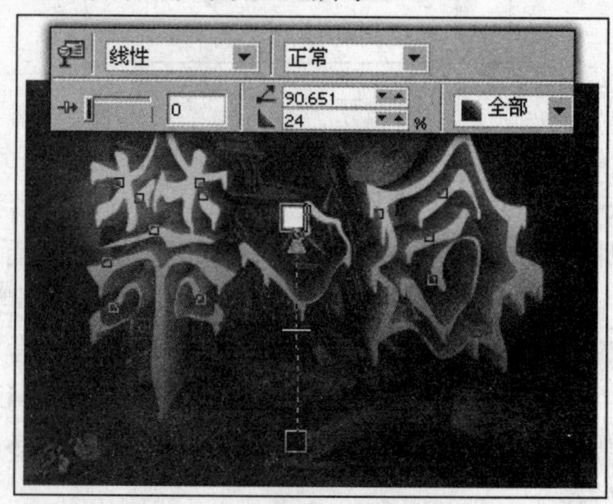

图 5-30　调整图形并添加阴影

18 使用“椭圆形”工具，在文字下面绘制椭圆，并填充颜色，制作文字底部向下流动效果，如图 5-31 所示。

19 最后添加相关文字信息，完成本实例的制作，效果如图 5-32 所示。在制作过程中遇到问题，可以打开本书附带光盘\Chapter-05\“液化变形字效.cdr”文件进行查阅。

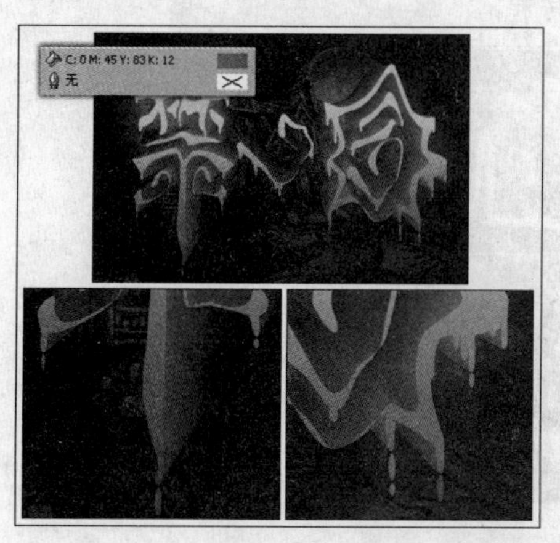

图 5-31 绘制椭圆

图 5-32 完成效果

实例 3 卡通变形字效

卡通变形字效通过对字体进行大胆、夸张的变形，使字体变得更加生动且更具趣味性，从而吸引读者。图 5-33 展示了本实例的完成效果。

图 5-33 完成效果

设计思路

该实例是为某艺术设计工作室制作的宣传广告，为了突出该工作室的特点，在制作时通过对字体进行夸张的变形与搭配明快的颜色，使其无论从色彩还是内容形式上都给人留下很深刻的印象。

技术剖析

在该实例中主要使用了“文本”工具，输入文字并转换为曲线。使用“形状”工具调整形状制作出实例中的变形字体。图5-34展示了本实例的制作流程。

图5-34 制作流程

制作步骤

01 启动 CorelDRAW X3，执行“文件”→“打开”命令，打开本书附带光盘\Chapter-05\“渐变背景.cdr”文件，如图5-35所示。

图5-35 打开背景图形

02 使用“文本”工具在页面空白处输入英文字母“fine”，参照图5-36所示设置其属性栏。

03 使用“挑选”工具将文字选中，按<Ctrl+K>键将其拆分。框选全部字母图形，并按<Ctrl+Q>键将字母转换为曲线，如图5-37所示。

图5-36 输入文本

图5-37 将字母转换为曲线

04 使用 “挑选”工具选择字母“f”，使用 “交互式封套”工具，参照图 5-38 所示对字母图形进行变形操作。完毕后按<Ctrl+Q>键将其转换为曲线，并使用 “形状”工具对其进行调整。

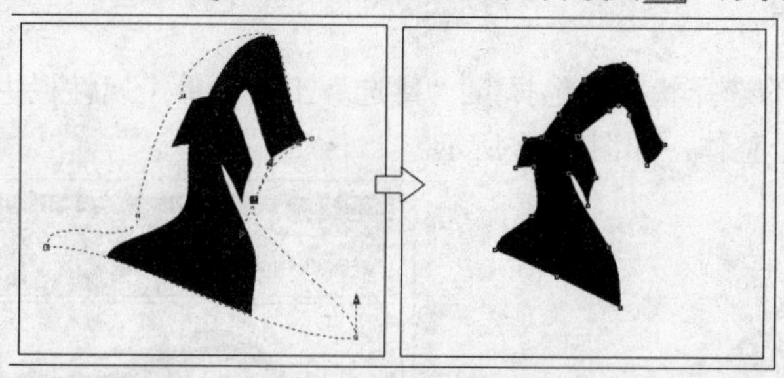

图 5-38 调整图形

05 参照上一步骤中同样的操作方法，对其他的字母图形进行变形操作，并调整其位置，如图 5-39 所示。

提示 也可以将本书的附带光盘\Chapter-05\“变形字母.cdr”文件导入，按<Ctrl+U>键取消群组继续接下来的操作。

图 5-39 字母变形效果

06 使用 “挑选”工具，框选所有字母图形，使用 “交互式填充”工具，参照图 5-40 所示对字母图形填充渐变色，并设置其轮廓属性。

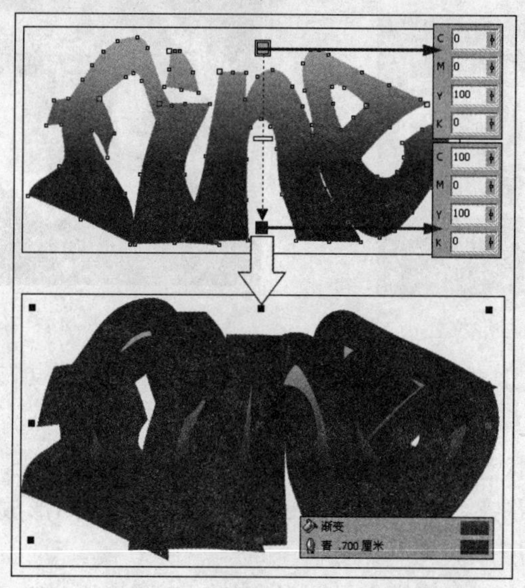

图 5-40 设置填充色和轮廓

07 保持字母图形的选择状态，执行“排列”→“将轮廓转换为对象”命令，将轮廓转换为对象，按<Ctrl+PageDown>键，调整轮廓图形的顺序，将轮廓图形放置在字母图形的后面，如图 5-41 所示。

08 保持轮廓图形的选择状态，选择“挑选”工具，单击属性栏中的“焊接”按钮，将轮廓图形焊接为一个整体，如图 5-42 所示。

图 5-41 调整轮廓图形

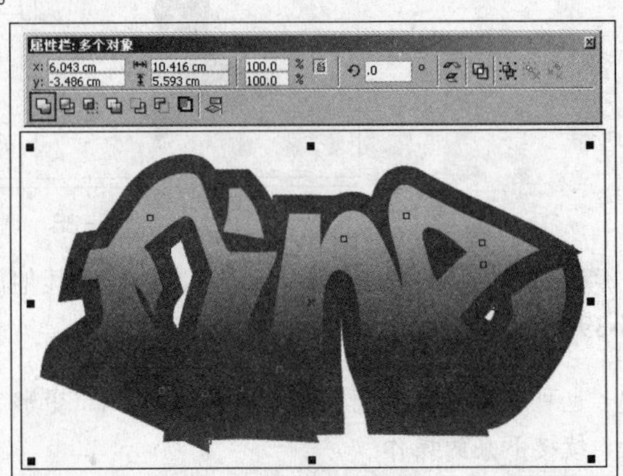

图 5-42 焊接图形

09 使用“挑选”工具，框选字母图形并调整其位置到页面中。使用“形状”工具，调整轮廓图形的形状。完毕后为其填充白色，轮廓色为无，如图 5-43 所示。

10 使用“椭圆形”工具，在绘图页面中绘制多个白色圆形。完毕后将绘制的圆形和轮廓图形同时选中并焊接，如图 5-44 所示。

图 5-43 调整图形位置

图 5-44 绘制圆形

11 使用“挑选”工具选择字母图形“f”，参照图 5-45 所示设置其轮廓。完毕后按<Ctrl+Shift+Q>键，将轮廓转换为曲线。

12 保持该图形的选择状态，为其设置轮廓并将轮廓转换为曲线，如图 5-46 所示。

13 保持该图形的选择状态，按<Ctrl+PageDown>键两次将图形放置到字母图形的后面，并为其设置轮廓，如图 5-47 所示。

14 参照之前的操作方法，为其他字母图形和外轮廓图形添加轮廓装饰，使用“椭圆形”工具在页面中绘制圆形，如图 5-48 所示。

图 5-45　为字母图形添加轮廓

图 5-46　添加轮廓图形

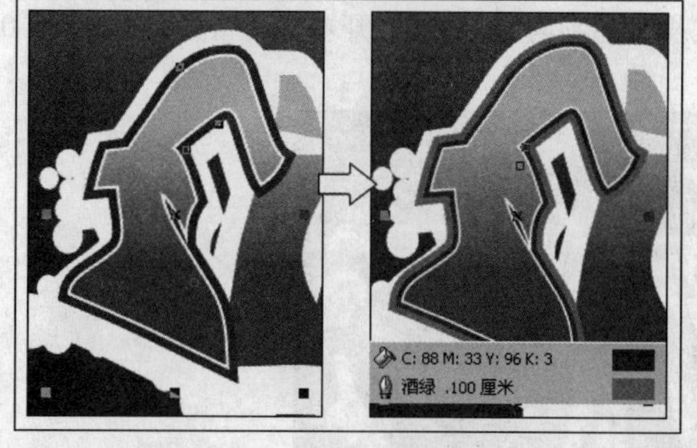

图 5-47　为绿色图形添加轮廓

图 5-48　为其他字母添加轮廓装饰

15 使用“挑选”工具，选择字母图形“f”并复制2个放置到页面空白处，错落摆放。使用“挑选”工具将复制的图形选中，单击属性栏中的“后减前”按钮，创建出高光图形，如图5-49所示。

提示　为方便观察，将两个字母图形的其中一个填充为青色。

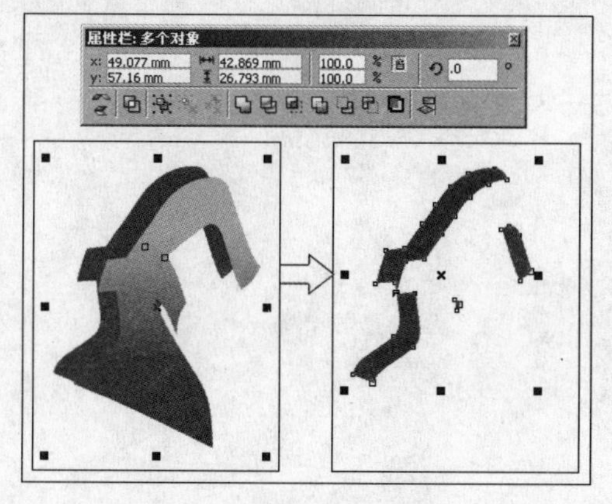

图 5-49　修剪图形

16 保持该图形的选择状态，调整位置并填充白色，使用形状工具对图形进行调整，为字母图形添加高光效果，如图5-50所示。

17 参照上一步骤中的操作方法，为其他字母图形制作高光效果，如图5-51所示。

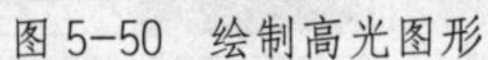
图 5-50　绘制高光图形

图 5-51　添加其他高光图形

18 执行“文件”→“导入”命令，本书附带光盘\Chapter-05\“装饰.cdr”文件导入，完成本实例的制作，效果如图 5-52 所示。在制作过程中遇到问题，可以打开本书附带光盘\Chapter-05\“卡通变形字体.cdr”文件进行查看。

图 5-52　完成效果

第 6 章　立体字效

立体字特效是指具有三维空间感的字体效果，主要是通过表现文字的体积感、透视关系、光影变化等，来塑造文字的立体效果。在本章中，安排了 6 组表现立体字效的实例，图 6-1 为本章实例的完成效果。

图 6-1　本章实例的完成效果

本章实例

实例 1　组合立体字效	实例 4　立体材质字效
实例 2　平面立体字特效	实例 5　立体镶钻字效
实例 3　立体透明字效	实例 6　彩虹立体字

实例 1　组合立体字效

本节实例中的文字效果具有极强的空间感，这种空间感主要是通过塑造文字的透视变化而表现出来的。如图 6-2 所示，为本实例的完成效果。

图 6-2　完成效果

设计思路

这是为一款游戏制作的宣传页，为了在宣传页中表现出游戏特色，画面中的文字采用了背景色调，并制作出具有厚重感的立体效果，给人一种压迫感，增强宣传感染力。

技术剖析

在本实例的制作过程中，主要使用“交互式立体化”工具，为文字创建的立体效果。其他工具的使用包括“文本”工具、“交互式封套”工具、“交互式填充”工具、“交互式透明”工具等。如图 6-3 所示，为本实例的制作流程。

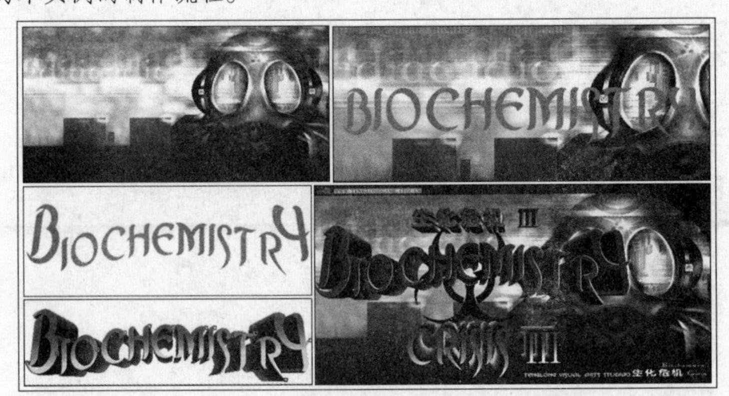

图 6-3　制作流程

制作步骤

01 启动 CorelDRAW X3，执行“文件”→“打开”命令，将本书附带光盘\Chapter-06\“背景.cdr”文件打开，如图 6-4 所示。

02 使用 “挑选”工具，选择中间的字母，然后使用 “交互式封套”工具，参照图6-5所示为字母图形添加封套效果，使用同样的方法，为其他字母图形添加封套效果。

图6-4　打开光盘文件

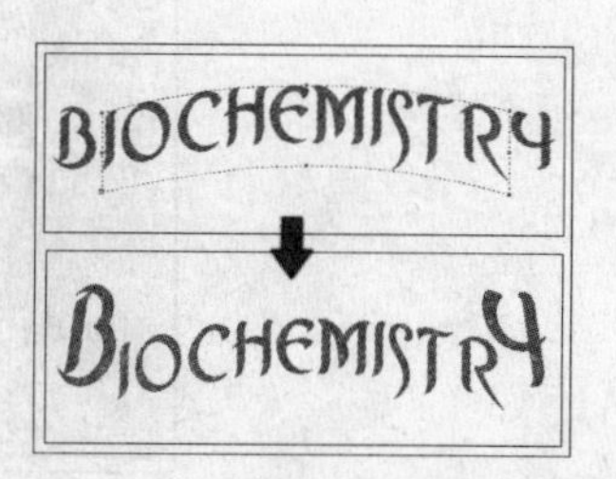

图6-5　为字母添加封套效果

03 使用 “挑选”工具框选文字图形，依次按小键盘上的<+>键和<Ctrl+G>键，将文字图形再制并群组。完毕后将其放置到页面空白处，以备后用。

04 选择字母“B”图形，使用 “交互式立体化”工具，为图形添加立体效果，并参照图6-6所示设置其属性栏中的各选项参数。

图6-6　为字母图形添加立体效果

05 使用 “交互式立体化”工具选择字母“Y”，单击属性栏中的 “复制立体化属性”按钮，当鼠标变成黑色箭头时，在字母“B”的立体效果上单击，复制立体化属性，如图6-7所示。

06 保持该立体对象的选择状态，参照图6-8所示设置属性栏选项，当鼠标变为 时，单击字母“B”，与其共享灭点。

图6-7　复制立体化属性

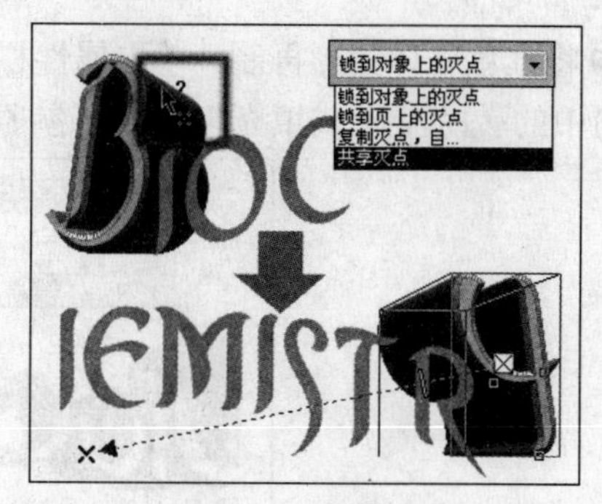

图6-8　共享灭点

07 参照上述添加立体效果的操作方法，继续使用“交互式立体化”工具为群组图形添加立体化效果，并参照图 6-9 所示设置其属性栏，效果如图 6-10 所示。

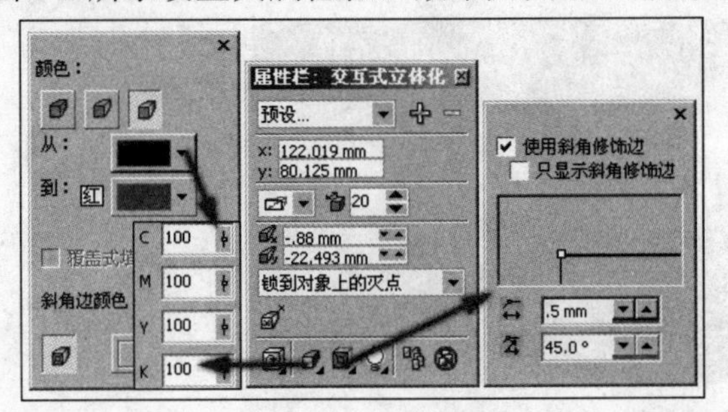

图 6-9 设置属性栏

图 6-10 添加立体化效果

08 选择备用的群组对象，更改其填充色为红色。参照图 6-11 所示调整位置，并为其添加立体化效果。

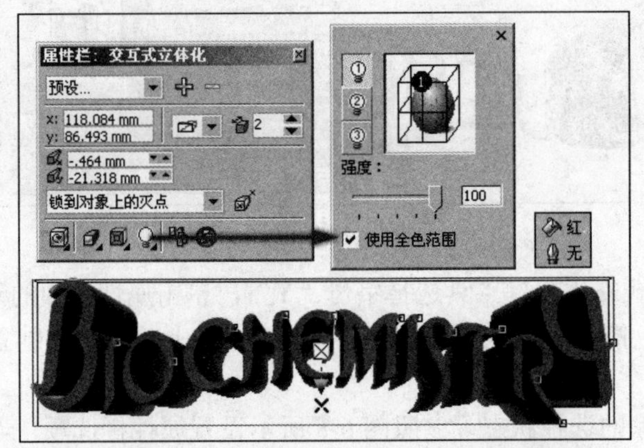

图 6-11 为群组对象添加立体化效果

09 将红色立体图形再制，单击属性栏中的“清除立体化”按钮，将立体效果清除。使用工具箱中的“交互式填充”工具，参照图 6-12 所示为其填充渐变色。

图 6-12 为图形填充渐变色

10 保持填充渐变色图形的选中状态，选择“交互式透明”工具，参照图 6-13 所示设置其属性栏，为图形添加透明效果。

图 6-13 添加透明效果

11 选择“挑选”工具，按<+>键将添加过透明效果的图形原位置再制，选择“交互式透明”工具，单击属性栏中的“清除透明度”按钮，将其透明度清除。

12 使用“交互式填充”工具，为再制图形填充线性渐变色，如图 6-14 所示。

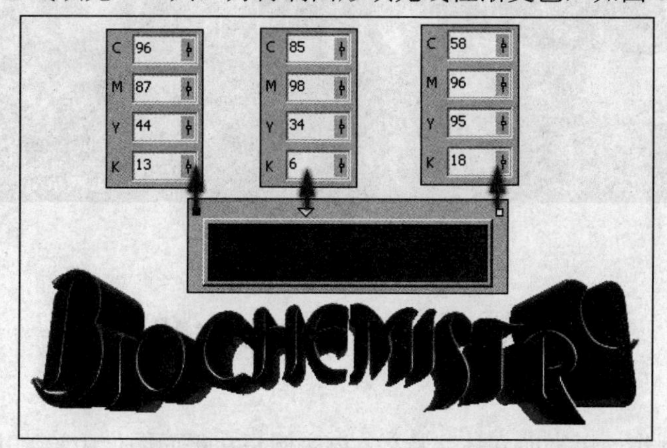

图 6-14 为再制图形更改渐变色

13 使用“交互式透明”工具为再制图形添加透明效果，如图 6-15 所示。

图 6-15 添加透明效果

14 参照以上的制作方法，在视图中制作其他文字图形效果，如图 6-16 所示。

提示

可以将本书附带光盘\Chapter-06\“装饰文字图形.cdr”文件导入到文档中直接使用。

图 6-16 添加其他文字图形

15 最后在视图中添加相关文字信息和装饰图形，完成本实例的制作，效果如图 6-17 所示。在制作过程中遇到问题，可以打开本书附带光盘\Chapter-06\“组合立体字效.cdr”文件进行查看。

图 6-17 最终效果

实例 2 平面立体字特效

在本小节中将制作一幅平面立体字特效。该实例是在平面图像中绘制出具有纵深感的一种立体文字效果，使画面整体既有空间立体感，又具有平面插画的时尚装饰效果。图 6-18 所示为本实例的完成效果图。

图 6-18 完成效果

设计思路

这是为广告设计公司设计制作的，用于宣传公司形象的商业插画。画面中绿色的三维立体字效和二维装饰图形与红色色块交相辉映，给人一种强烈的视觉冲击。整幅插画的构图别致，用色大胆，具有很强的装饰风格。

技术剖析

在本实例中运用了"交互式立体化"工具中的"共享灭点"选项，使多个文字共同使用同一个灭点，从而创建出立体的空间感和层次感。如图6-19所示，为本实例的制作流程。

图6-19　制作流程

制作步骤

01 运行CorelDRAW X3，在欢迎界面中单击"打开"图标，打开本书附带光盘\Chapter-06\"素材.cdr"文件，如图6-20所示。

02 使用"文本"工具，在页面中输入字母"W"，并参照图6-21所示设置字体和字号大小。

图6-20　打开光盘文件

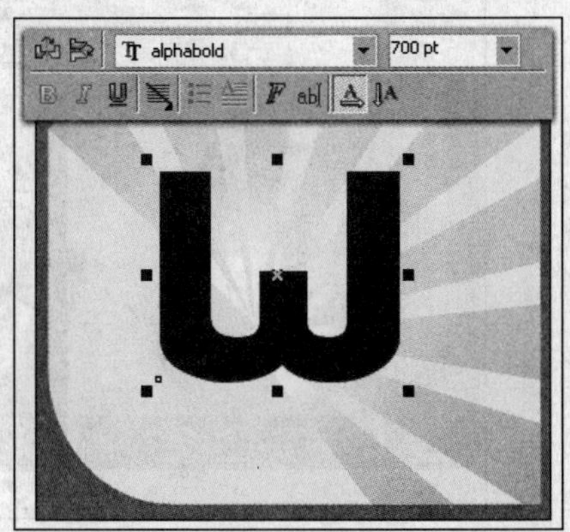

图6-21　输入文字

03 按<Ctrl+Q>键将文本转换为曲线，设置填充色为无，轮廓色为黑色。使用"形状"工具，参照图6-22所示对其形状进行调整。然后使用"椭圆形"工具，在字母上绘制圆形。

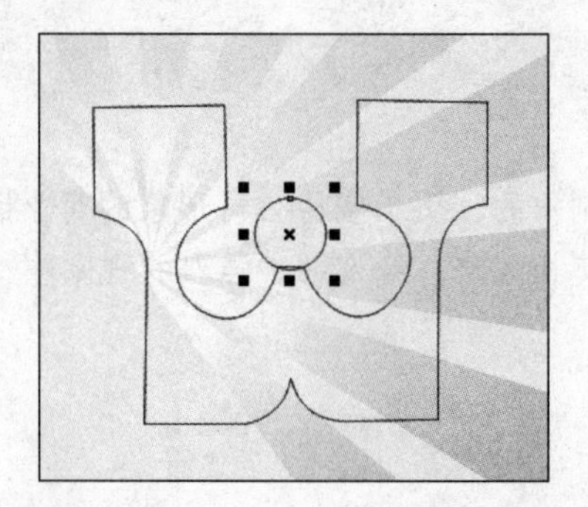

图 6-22 调整形状

04 使用“挑选”工具，框选文字和圆形，单击属性栏中的“焊接”按钮，将图形焊接并调整旋转角度和位置。使用“交互式填充”工具，参照图 6-23 所示为其填充渐变色，并设置轮廓色为无。

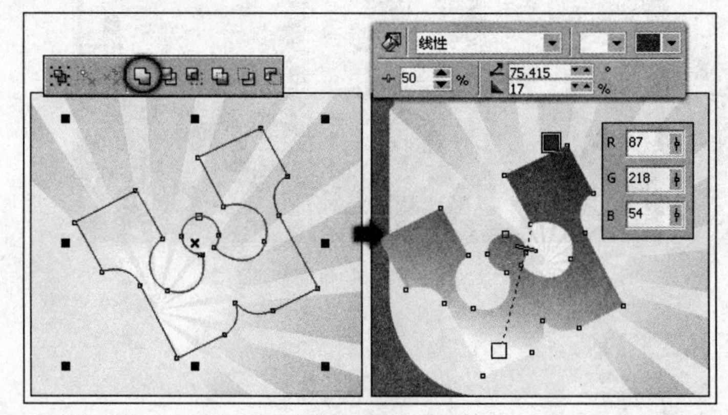

图 6-23 填充渐变色

05 选择“交互式立体化”工具，在文字图形上单击并向左下角拖动鼠标，为其添加立体化效果，如图 6-24 所示。

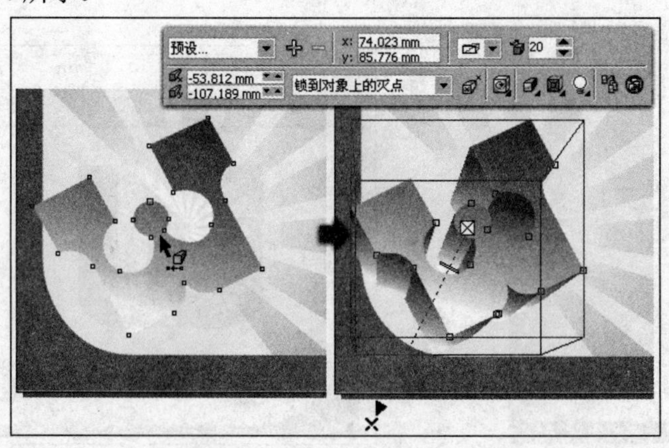

图 6-24 添加立体化效果

06 保持添加立体化字母的选择状态，参照图 6-25 所示设置属性栏参数，调整字母立体效果的颜色。

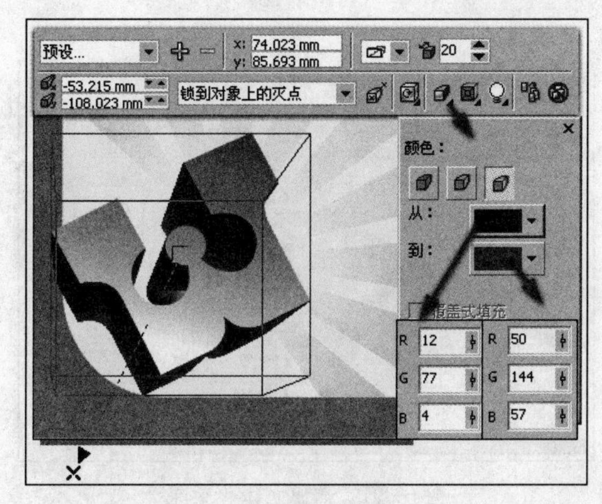

图 6-25 设置“颜色”选项

07 参照图 6-26 所示在属性栏中设置“照明”参数。

08 使用“文本”工具，在页面中输入字母，并调整其大小和旋转角度，如图 6-27 所示。

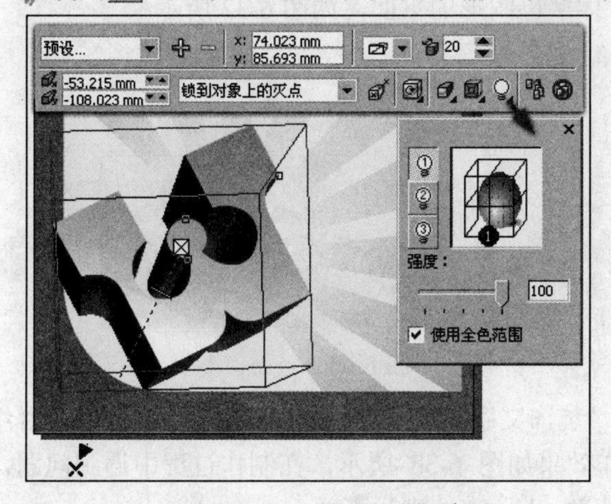

图 6-26 设置“照明”选项

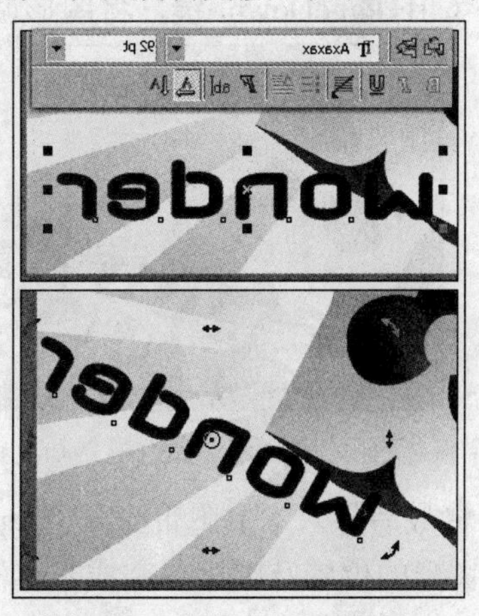

图 6-27 输入文字并调整

09 保持字母图形的选择状态，依次按<Ctrl+Q>和<Ctrl+K>键，将文字转换为曲线并拆分。使用“挑选”工具框选字母“O”，单击属性栏中的“前减后”按钮，对字母进行修剪，如图 6-28 所示。

10 选择第一个字母，使用“交互式填充”工具，为其填充渐变色，如图 6-29 所示。

图 6-28 调整图形

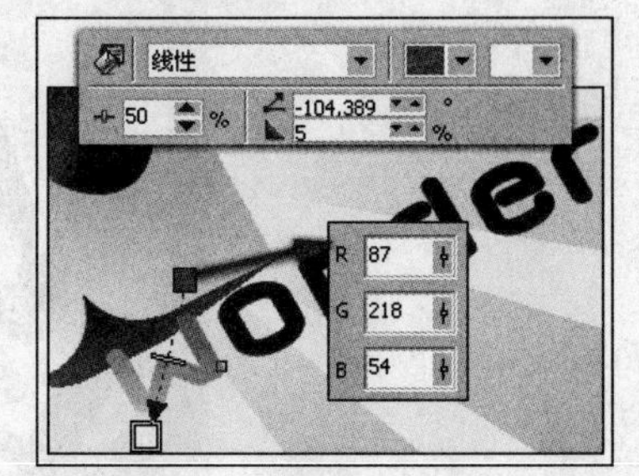

图 6-29 填充渐变色

11 使用“交互式立体化”工具，为第一个字母添加立体化效果，并参照图 6-30 所示设置其属性栏参数。

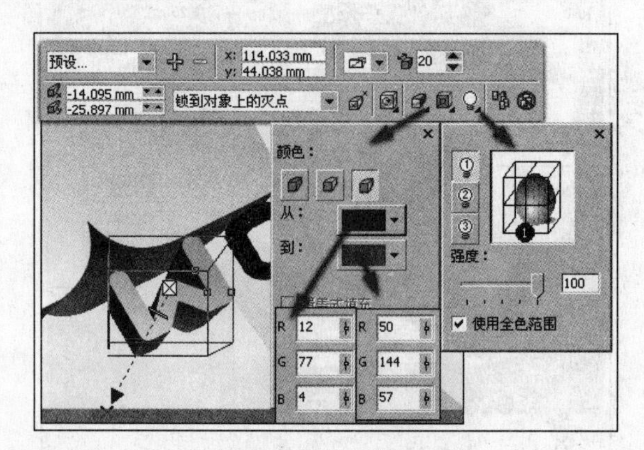

图 6-30　添加立体化效果

12 参照同样的操作方法，再为其他字母图形填充渐变色并添加立体化效果，如图 6-31 所示。

13 使用“贝塞尔”工具，沿字母绘制路径，并为其填充颜色，轮廓色为无。完毕后通过按<Ctrl+PageDown>键，将图形调整到立体字母图形的下面，如图 6-32 所示。

图 6-31　为其他字母图形添加立体效果

图 6-32　绘制图形

14 最后导入本书附带光盘\Chapter-06\“装饰文字.cdr”文件，按<Ctrl+U>键取消其群组并调整图形的位置及顺序，完成本实例的制作效果如图 6-33 所示。在制作过程中遇到问题，可以打开本书附带光盘\Chapter-06\“立体字特效.cdr”文件进行查阅。

图 6-33　完成效果

实例3 立体透明字效

本小节将制作一个具有透明效果的立体字效。该实例中的立体字具有较深的立体感，如图6-34所示，为本实例的完成效果。

图6-34 完成效果

设计思路

这是为一个视觉设计公司制作的形象宣传页，在深紫色的背景上，公司logo被制作成为具有透明效果的立体字，这既是对公司的宣传介绍，又是一种装饰图形，使整个画面显得简洁而梦幻。

技术剖析

在实例的制作过程中，主要使用“交互式立体化”工具，为导入的图形添加立体化效果。通过使用“交互式透明”工具，为图形添加透明效果，使立体化图形产生透明的质感。图6-35展示了本实例的制作流程。

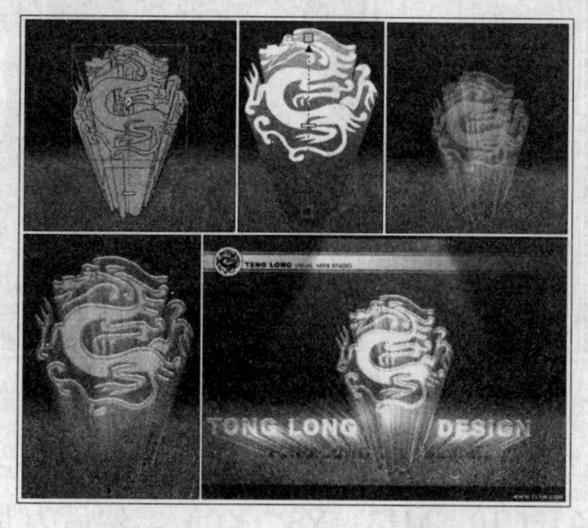

图6-35 制作流程

制作步骤

01 运行 CorelDRAW X3，执行“文件”→“打开”命令，打开本书附带光盘\Chapter-06\

"字效背景.cdr"文件，如图 6-36 所示。

02 使用"交互式立体化"工具，为龙图形添加立体化效果，并参照图 6-37 所示设置属性栏参数。

图 6-36　打开光盘文件

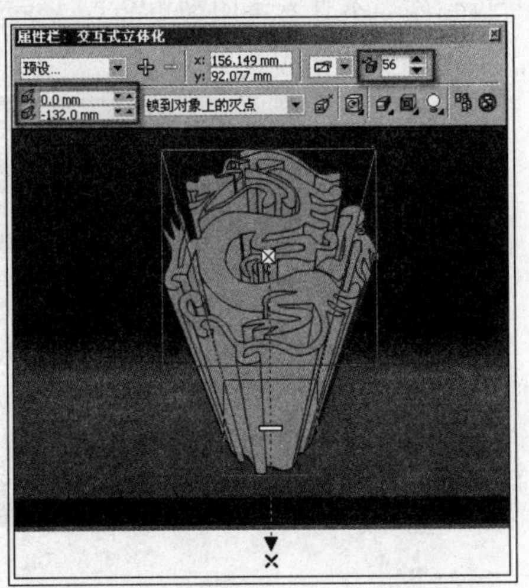

图 6-37　添加立体化效果

03 保持立体化图形的选择状态，按<Ctrl+K>键拆分立体化群组，将拆分后龙图形填充白色，并设置龙图形和立体化图形的轮廓色均为无。使用"交互式填充"工具，为立体化图形填充线性渐变，如图 6-38 所示。

04 保持该图形的选择状态，在属性栏中依次设置填充类型为"射线"和"线性"，此时立体化群组对象中每一个图形都将应用相同的渐变填充，如图 6-39 所示。

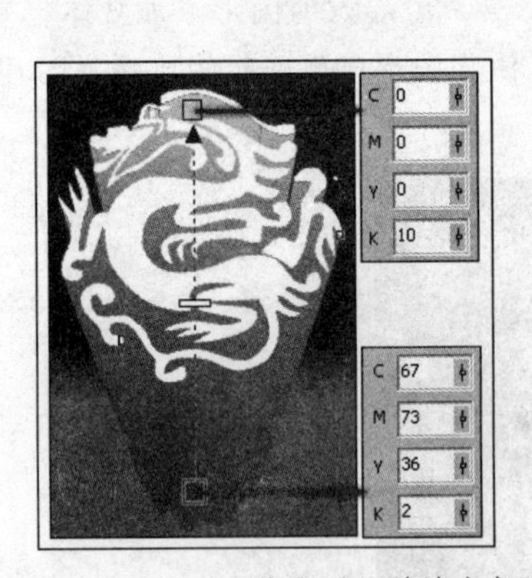

图 6-38　拆分立体化群组并填充颜色

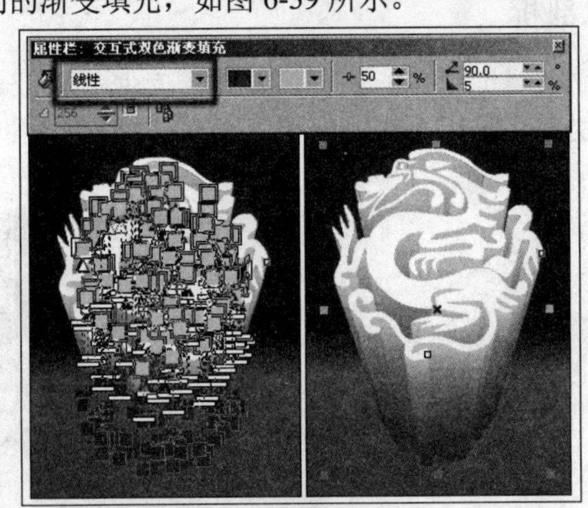

图 6-39　设置渐变填充

05 使用"交互式透明"工具，参照图 6-40 所示设置属性栏，为立体化图形添加线性透明效果并设置轮廓色为淡紫色（C10、M13、Y3、K0）。然后为龙图形添加标准透明效果。

06 将龙图形原位置再制，选择"交互式透明"工具，单击属性栏中的"清除透明度"按钮，取消再制龙图形的透明效果，为其填充蓝色。选择"交互式轮廓图"工具，参照图 6-41 所示设置属性栏，为图形添加轮廓图效果。

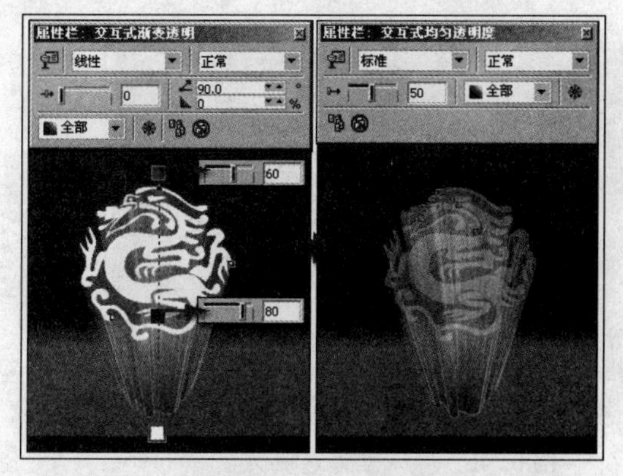

图 6-40　添加透明效果

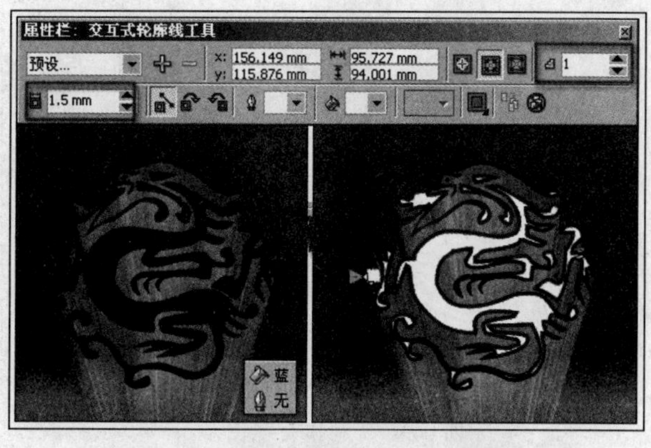

图 6-41　再制图形并添加轮廓图效果

07 按<Ctrl+K>键拆分轮廓图群组，并将拆分的蓝色图形放到页面空白处，选择“交互式透明”工具，为白色的龙图形添加透明效果，如图 6-42 所示。

08 保持添加透明的龙图形的选择状态，使用“挑选”工具，将其向下稍微移动，如图 6-43 所示。

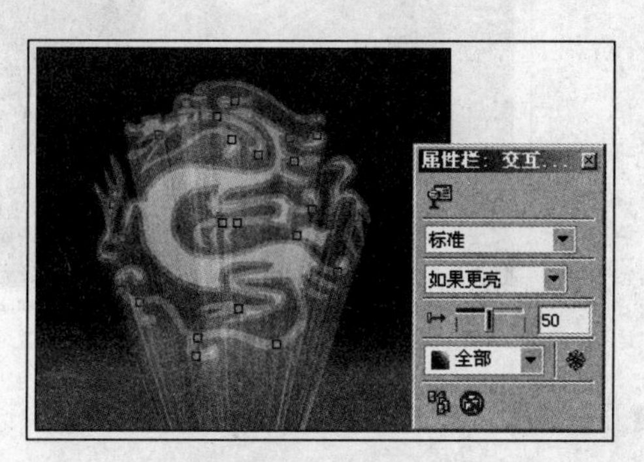

图 6-42　添加透明效果

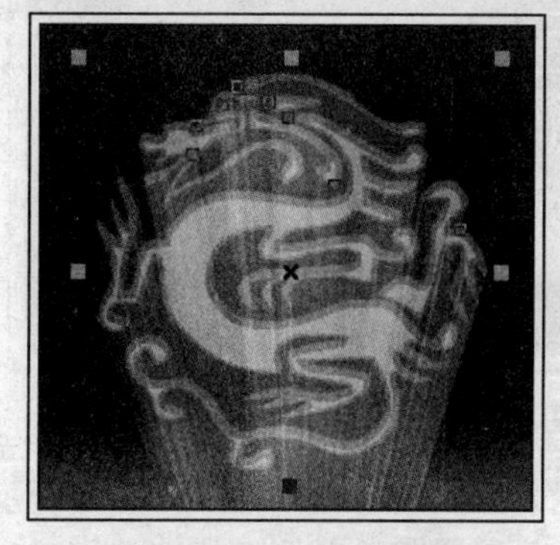

图 6-43　精确剪裁图形

09 选择拆分的蓝色图形，将其复制并错位摆放，然后将这两个图形全部选中，单击属性栏中的“后减前”按钮进行修剪。完毕后为图形填充白色并调整其位置，制作出高光图形，如图 6-44 所示。

提示　为了便于查看，这里将复制的龙图形填充成橘红色。

10 使用同样的操作方法，再制作一组立体透明字效果，并将文字图形调整到龙图形的下方。也可以将本书附带光盘\Chapter-06\“立体透明文字.cdr”文件导入文档直接使用，如图 6-45 所示。

11 使用“椭圆形”工具绘制椭圆形，为其填充任意色。使用“交互式阴影”工具为椭圆添加阴影效果，并参照图 6-46 所示设置属性栏参数，完毕后按<Ctrl+K>键拆分阴影群组并删除椭圆图形。

12 使用“贝塞尔”工具，参照图 6-47 所示绘制灯光图形为其填充颜色并设置轮廓色为无。

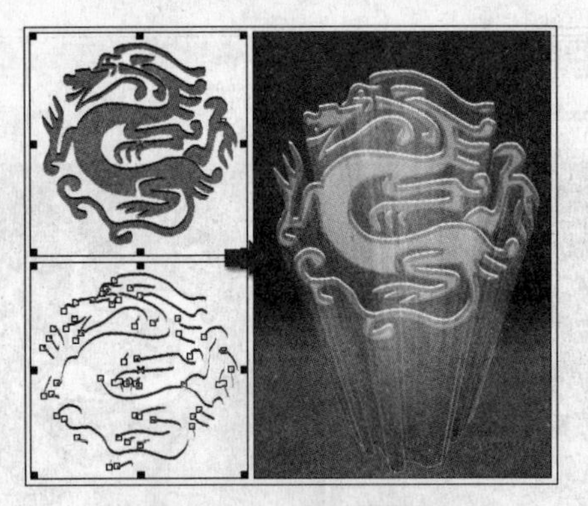

图 6-44　制作高光图形

图 6-45　导入立体透明文字

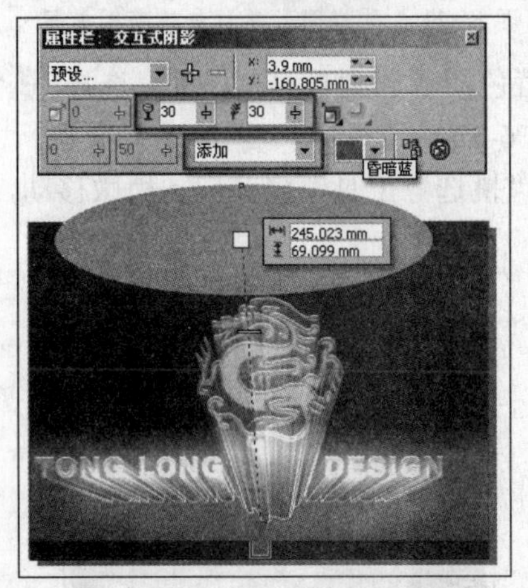

图 6-46　绘制椭圆并添加阴影效果

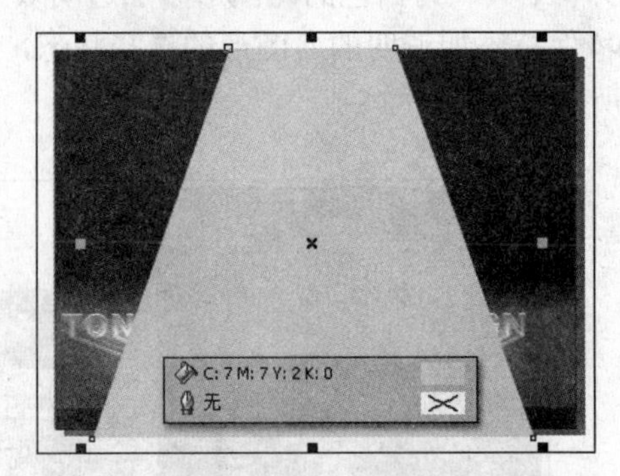

图 6-47　绘制图形并填充颜色

13 使用"交互式透明"工具和"交互式阴影"工具，依次为灯光图形添加透明和阴影效果，并参照图 6-48 设置属性栏参数。

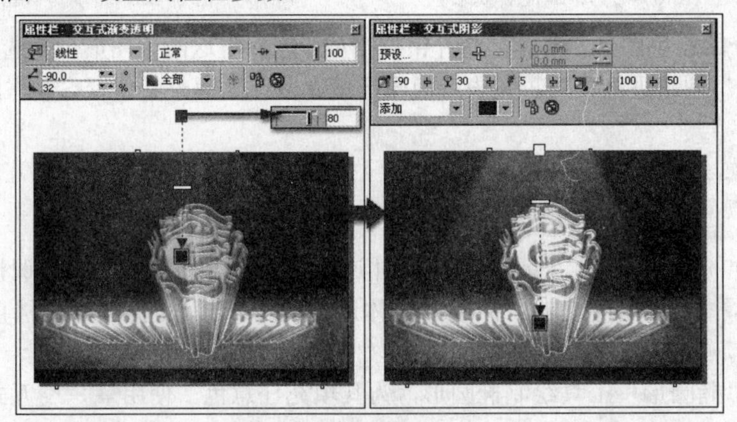

图 6-48　制作灯光效果

14 导入本书附带光盘\Chapter-06\"阴影图形.cdr"文件，使用"交互式阴影"工具为其添加阴影效果，并参照图 6-49 所示设置属性栏。

15 按<Ctrl+K>键拆分阴影群组并将原图形删除，然后参照图 6-50 所示调整阴影图形的位置，并调整其顺序到立体文字图形的下方。

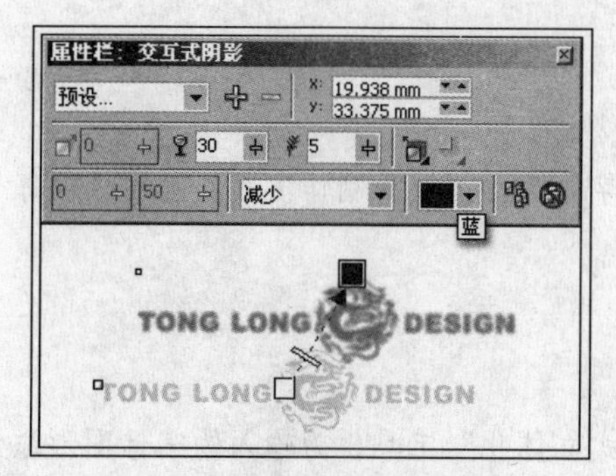

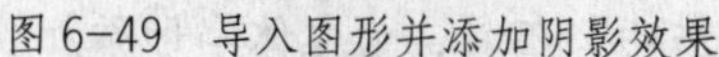
图 6-49 导入图形并添加阴影效果　　图 6-50 调整阴影图形

16 导入本书附带光盘\Chapter-06\“装饰.cdr”文件，按<Ctrl+U>键取消其群组，调整图形的位置和顺序，完成本实例的制作，效果如图 6-51 所示。在制作过程中遇到问题，可以打开本书附带光盘\Chapter-06\“立体透明字效 cdr”文件进行查看。

图 6-51 完成效果

实例 4 立体材质字效

本小节将设计制作一则具有岩石材质的立体字效，如图 6-52 所示，为本实例的完成效果。

图 6-52 完成效果

设计思路

在制作具有材质特效的立体字时，首先要将字体的立体效果制作出来，然后根据每个立体面的受光程度，为其添加相应的材质特效即可。

技术剖析

在该实例的制作过程中，主要使用了“交互式立体化”工具，为输入的字母图形添加立体效果。通过“底纹填充”对话框并配合使用“交互式透明”工具，为立体字母添加纹理，表现出岩石材质的效果。图 6-53 展示了本实例的制作流程。

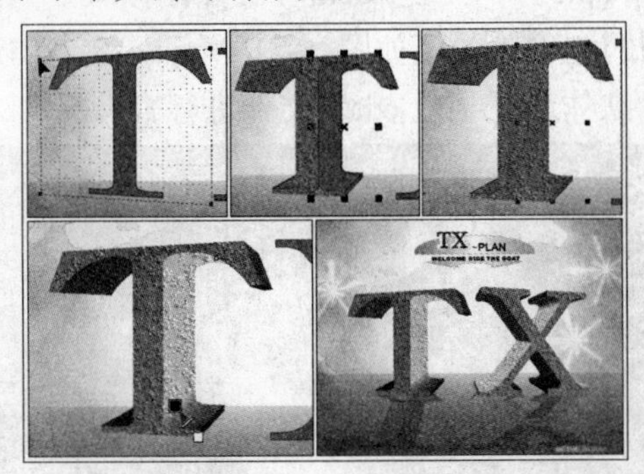

图 6-53　制作流程

制作步骤

01 启动 CorelDRAW X3，执行“文件”→“打开”命令，打开本书附带光盘\Chapter-06\“立体字效背景.cdr”文件，如图 6-54 所示。

02 使用“文本”工具，在页面中心位置输入大写字母“TX”，并参照图 6-55 所示，在属性栏中设置字体类型和大小。

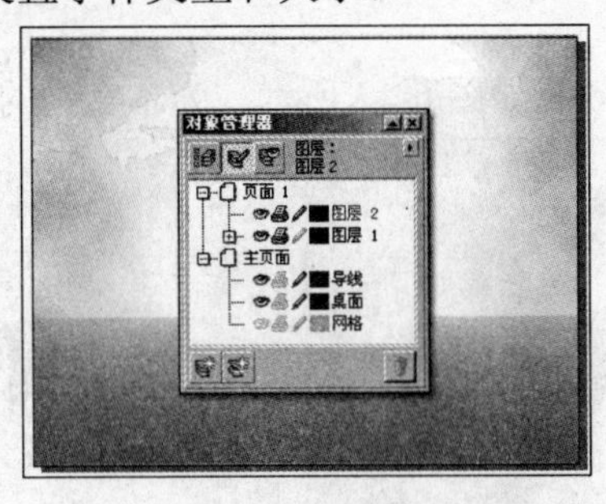

图 6-54　打开背景

图 6-55　输入字母

03 设置字母的填充色为灰色，轮廓色为黑色。按<Ctrl+K>键将美术字拆分。使用“挑选”工具分别调整字母宽度和位置，如图 6-56 所示。

04 选择字母图形“T”，执行“效果”→“添加透视”命令，为其添加透视点，按<Ctrl+Shift>键的同时，参照图 6-57 所示向下拖动透视点，制作透视效果。

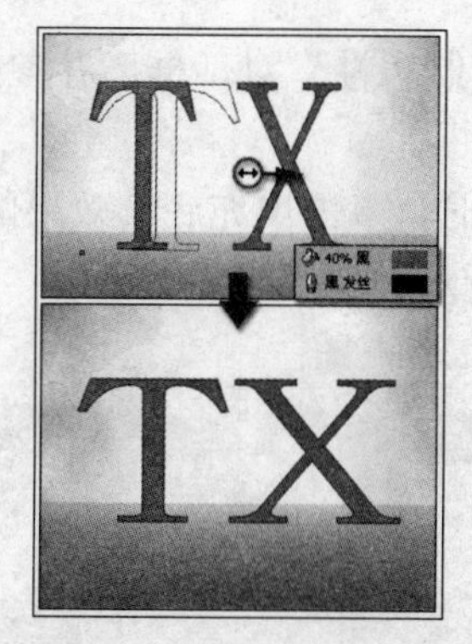

图 6-56　拆分美术字并调整

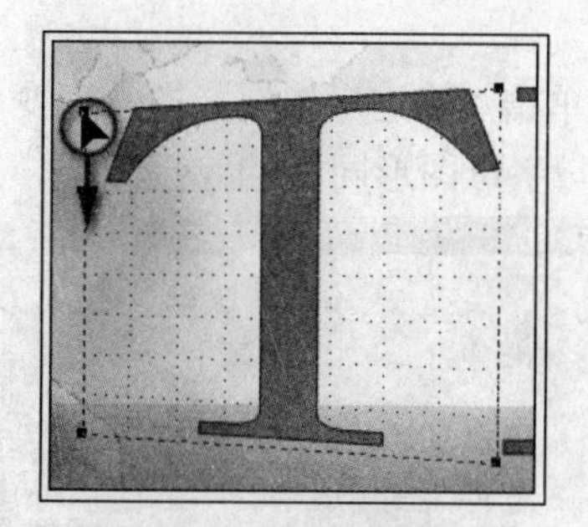

图 6-57　制作透视效果

05 使用“交互式立体化”工具，在字母图形“T”上方单击并拖动鼠标，为其添加立体效果，如图 6-58 所示。完毕后按<Ctrl+K>键拆分立体化群组。

06 使用“挑选”工具选择拆分后的字母图形，单击“填充”展开工具栏中“底纹填充对话框”按钮，打开“底纹填充”对话框，参照图 6-59 所示设置对话框。

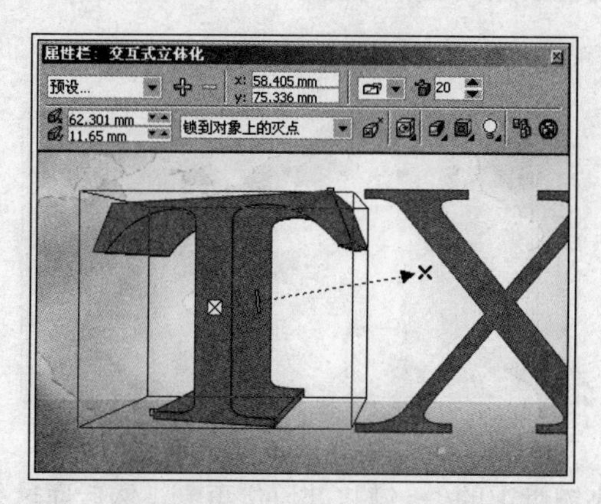

图 6-58　为图形添加立体化效果

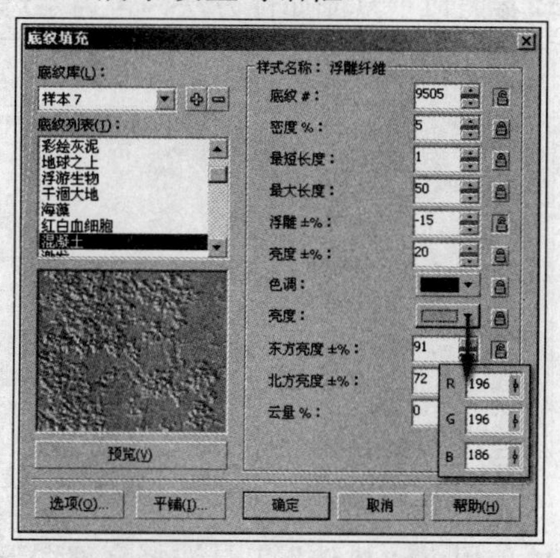

图 6-59　填充底纹

07 完毕后单击“确定”按钮关闭对话框，为字母图形填充底纹效果，并设置其轮廓色为无。使用“交互式填充”工具，调整图形填充纹理的大小，如图 6-60 所示。

08 使用“挑选”工具选择拆分出的立体图形，按<Ctrl+U>键取消其群组。选择字母图形“T”右侧的图形，如图 6-61 所示。

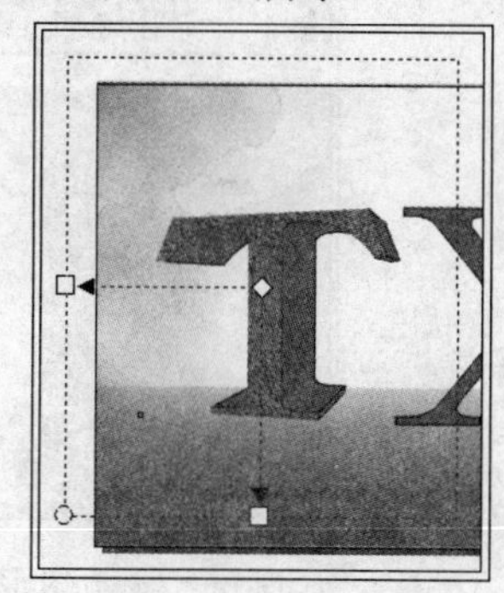

图 6-60　调整纹理效果

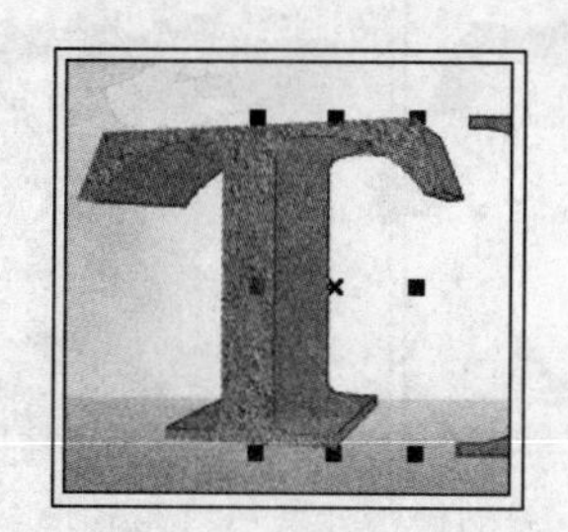

图 6-61　选择图形

09 执行“编辑”→“复制属性自”命令，打开“复制属性”对话框，并参照图 6-62 所示设置对话框。

10 完毕后单击“确定”按钮，当光标变成黑色箭头时，单击填充底纹效果的字母图形，为所选图形填充与字母图形同样的纹理效果，如图 6-63 所示。

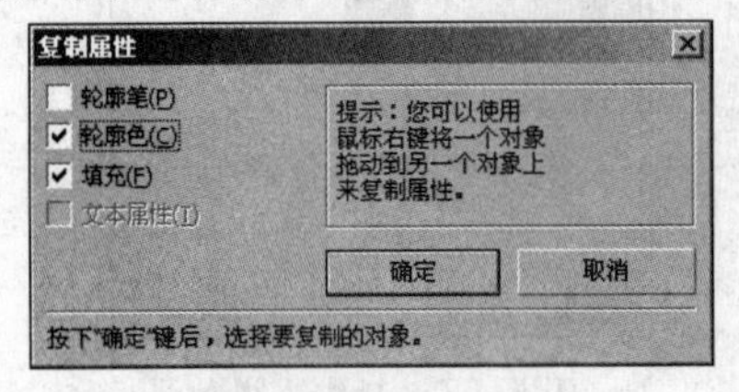

图 6-62 设置对话框

图 6-63 复制填充属性

11 双击状态栏右侧的“填充”色块，打开“底纹填充”对话框，参照图 6-64 所示设置底纹的颜色值，并单击“确定”按钮关闭对话框。完毕后使用“交互式填充”工具调整纹理填充效果，制作出亮部纹理图形。

12 参照以上复制属性方法，再为字母其他部位填充纹理并调整，如图 6-65 所示。

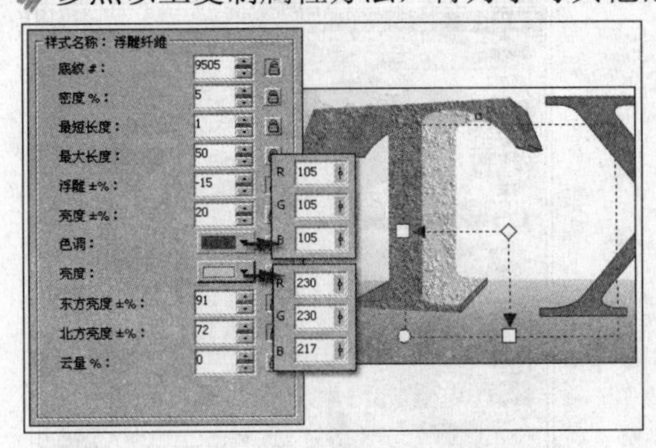

图 6-64 调整底纹效果

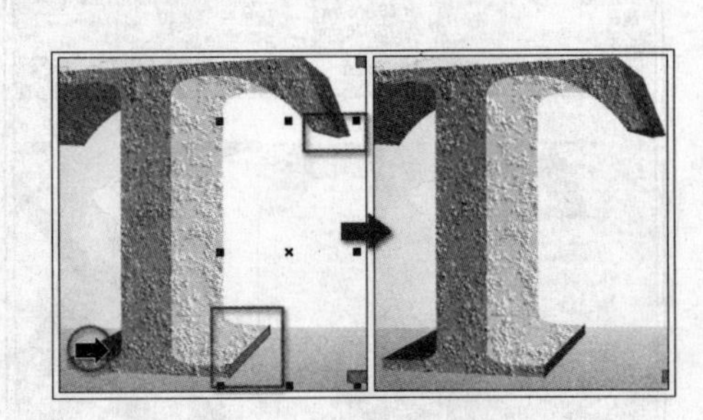

图 6-65 复制填充属性

13 使用“挑选”工具选择亮部图形，按小键盘上的<+>键将其原位再制，然后通过复制填充属性的方式，对其纹理效果进行调整，如图 6-66 所示。

14 保持再制纹理图形的选择状态，使用“交互式透明”工具为其添加透明效果，完成立体字母图形“T”的制作，如图 6-67 所示。

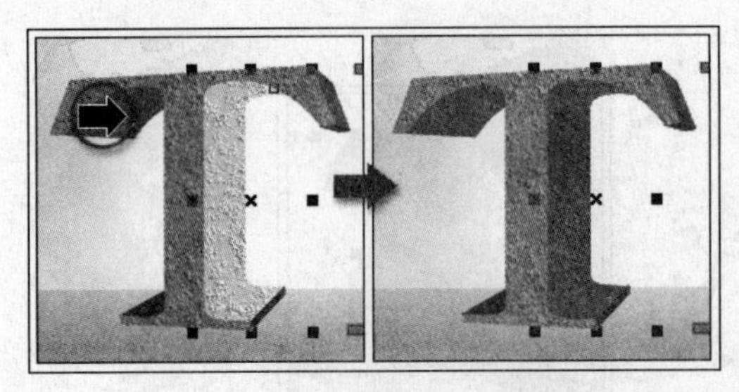

图 6-66 再制图形并复制填充属性

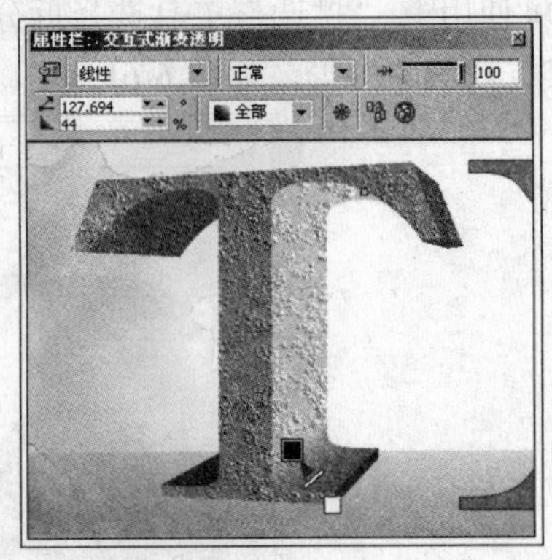

图 6-67 为图形添加透明效果

15 框选制作完成的立体字母图形“T”，并按<Ctrl+G>键将其群组。参照同样的操作方法再制作出字母“X”的立体效果，效果如图 6-68 所示。

16 执行“文件”→“导入”命令，将本书附带光盘\Chapter-06\“倒影和装饰.cdr”文件导入文档，按<Ctrl+U>键取消其群组，并分别调整图形的位置和顺序，完成本实例的制作，效果如图 6-69 所示。在制作过程中遇到问题，可以打开本书附带光盘\Chapter-06\“立体材质字效.cdr”文件进行查看。

图 6-68　制作字母“X”的立体效果

图 6-69　完成效果

实例 5　立体镶钻字效

本小节将制作一幅珠宝的宣传广告。整个画面以立体效果的字母图形与精美的宣传图片为主题，通过巧妙的组合，使得整个宣传广告通过简练的文字与图像，将宣传的信息清晰明了地传达给消费者。图 6-70 展示了本实例的完成效果。

图 6-70　完成效果

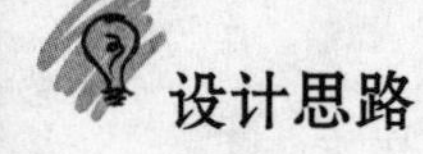

设计思路

珠宝首饰往往给人带来以高贵的气质以及对美好事物的向往。根据这一特点在制作时应多加考虑整体画面的气氛，营造出珠宝首饰的高贵与典雅。

技术剖析

在该实例的制作过程中，主要使用了“交互式立体化”工具，制作出立体的字母图形。使用

“交互式填充”工具，制作出字体的金属质感。图 6-71 展示了本实例的制作流程。

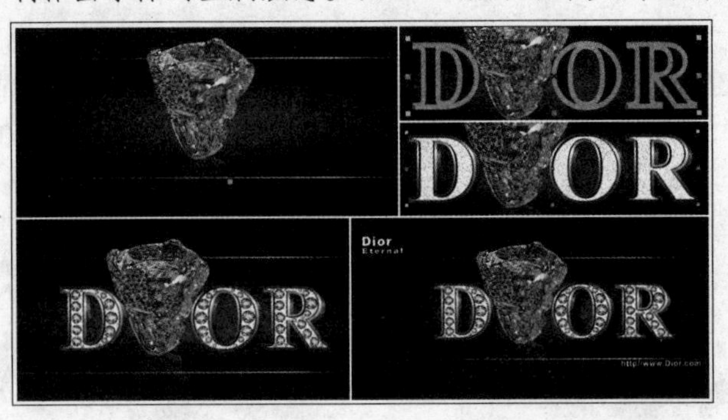

图 6-71　本实例制作流程图

制作步骤

01 启动 CorelDRAW X3，执行“文件”→“打开”命令，打开本书附带光盘\Chapter-06\“立体镶钻字效背景.cdr”文件，如图 6-72 所示。

02 使用“椭圆形”工具，在页面中绘制出一个圆形，并填充为红色。

03 执行“位图”→“转换为位图”命令，打开“转换为位图”对话框，参照图 6-73 所示设置对话框并单击“确定”按钮，将图形转换为位图。

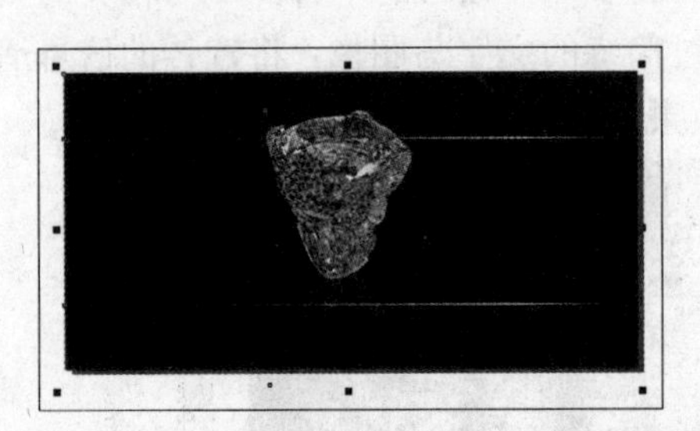

图 6-72　打开文件

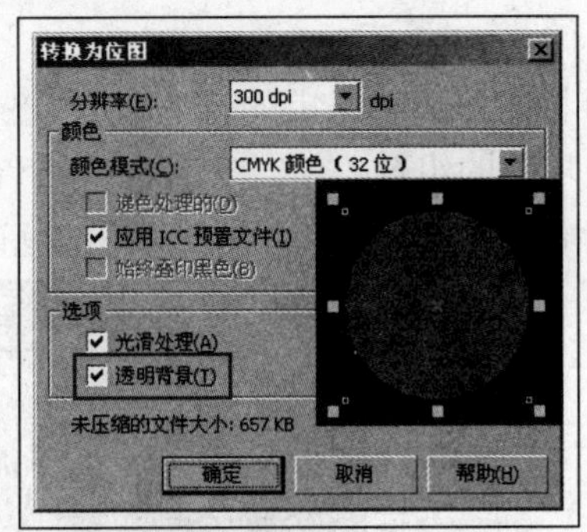

图 6-73　将图形转换为位图

04 执行“位图”→“创造性”→“虚光”命令，打开“虚光”对话框，参照图 6-74 所示对其参数进行设置，完毕后单击“确定”按钮，为图像添加虚光效果。

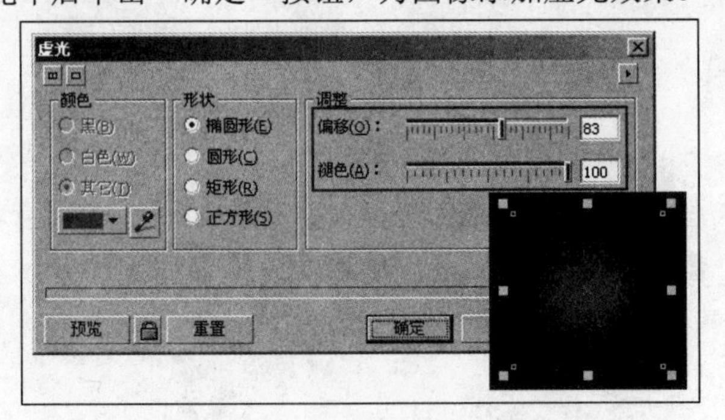

图 6-74　设置“虚光”对话框

05 使用“挑选”工具，调整位图的大小和位置，按<Ctrl+PageDown>键两次调整其顺序，如图 6-75 所示。

06 使用“文本”工具，参照图 6-76 所示，在页面中输入字母图形。也可以导入本书附带光盘\Chapter-06\“钻石字母.cdr”文件，到文档中相应位置继续接下来的操作。

将导入的字母图形再制到页面空白处，以备之后操作使用。

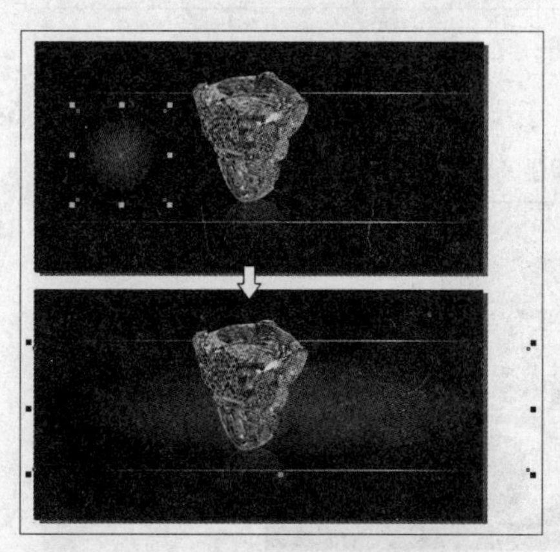

图 6-75　调整图像

图 6-76　输入字母图形

07 参照图 6-77 所示为字母图形添加轮廓。执行“排列”→“将轮廓转换为对象”命令，将字母轮廓转换为对象。

08 使用“挑选”工具，框选字母图形，单击属性栏中的“焊接”按钮，将其合并为一个整体，并为其填充渐变色，如图 6-78 所示。

图 6-77　设置轮廓属性

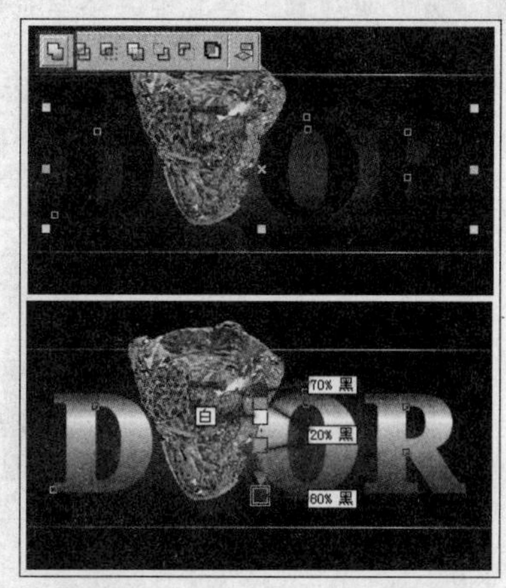

图 6-78　焊接图形并填充渐变色

09 将焊接后的字母再制，调整其位置和渐变色。参照图 6-79 所示使用“形状”工具对复制出的字母边角进行调整，配合按<Ctrl+PageDown>键调整其顺序到原字母图形的后面。

10 使用“挑选”工具选择备用字母，将其再制，填充白色并放置到页面中相应位置。参照之前同样的操作方法，将复制的字母图形转换为位图，如图 6-80 所示。

图 6-79　调整图形

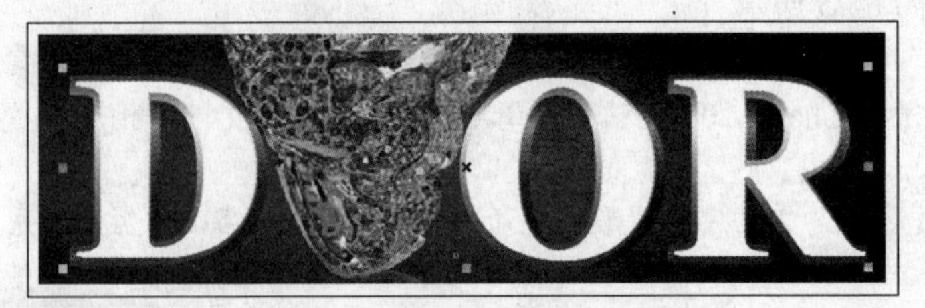

图 6-80　调整字母图形

11 执行“位图”→“杂点”→“添加杂点”命令，打开“添加杂点”对话框，参照图 6-81 所示设置该对话框并单击“确定”按钮，为字母图形添加杂点。

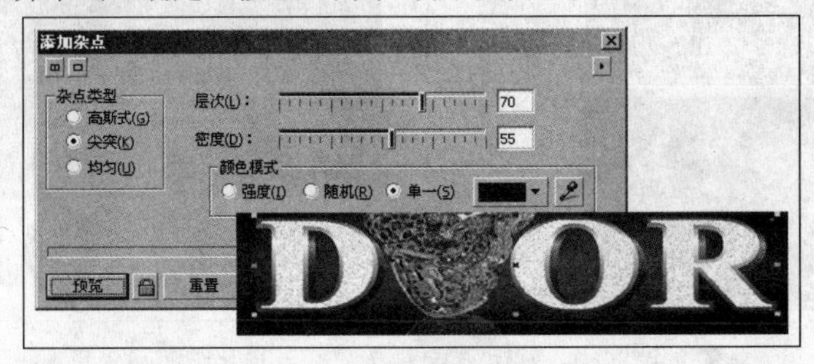

图 6-81　添加杂点

12 将备用文字再制两个并错落放置，框选复制出的两个字母，单击属性栏中的“前减后”按钮，对字母图形进行修剪并填充颜色，如图 6-82 所示。

提示

为方便观察，将其中一个字母图形填充为蓝色。

13 参照上一步骤中的操作方法，再次将备用字母图形复制并着落摆放，框选字母图形并单击属性栏中的“后减前”按钮，修剪字母图形，并填充黑色，如图 6-83 所示。

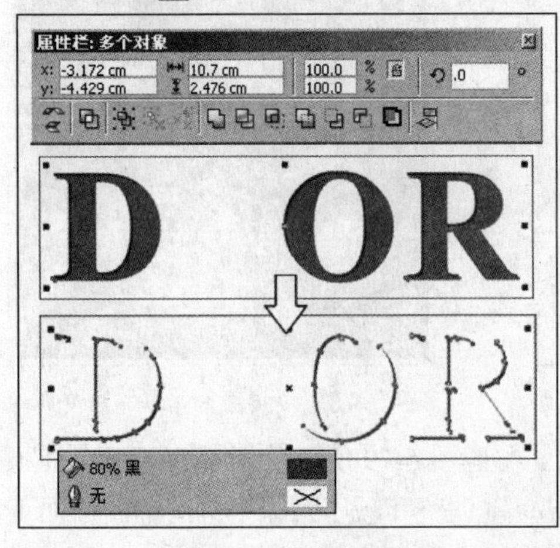

图 6-82　修剪图形

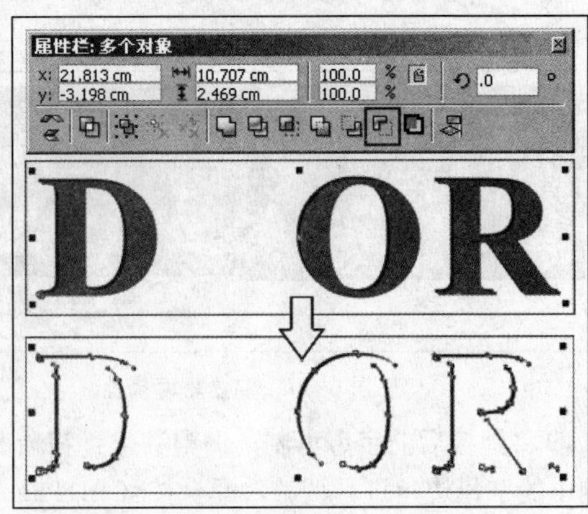

图 6-83　修剪图形

14 使用“挑选”工具，将之前修剪的字母图形移动到页面中图 6-84 所示的位置。

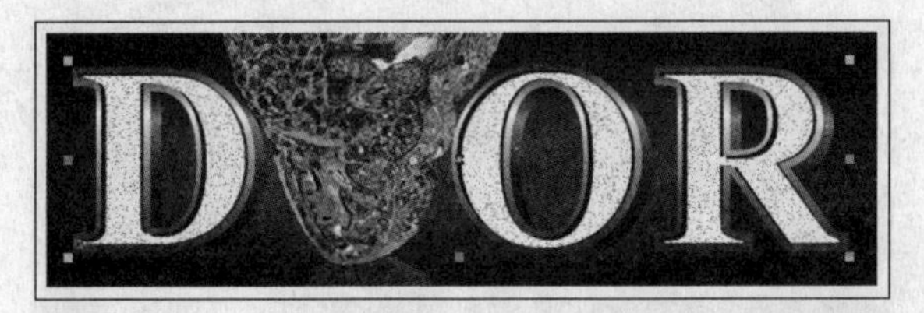

图 6-84 移动图形

15 执行“文件”→“导入”命令，导入本书附带光盘\Chapter-06\“钻石.psd”文件，将其再制多个，参照图 6-85 所示，使用“挑选”工具调整钻石的大小和位置。

16 使用“交互式阴影”工具为备份字母添加阴影效果。使用“挑选”工具将其移动至页面中相应位置，并配合<Ctrl+PageDown>键调整其顺序，如图 6-86 所示。

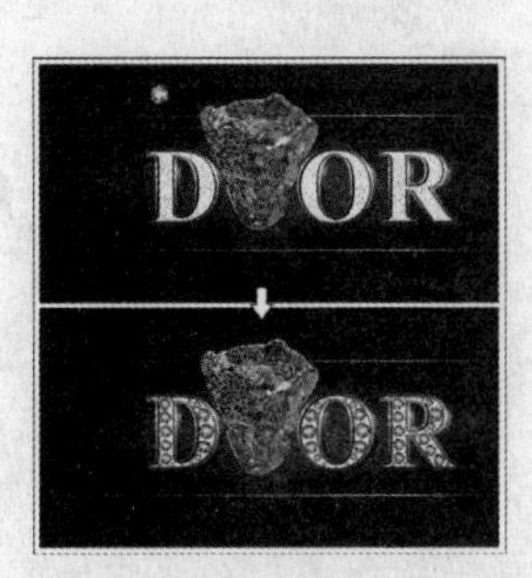

图 6-85 导入文件

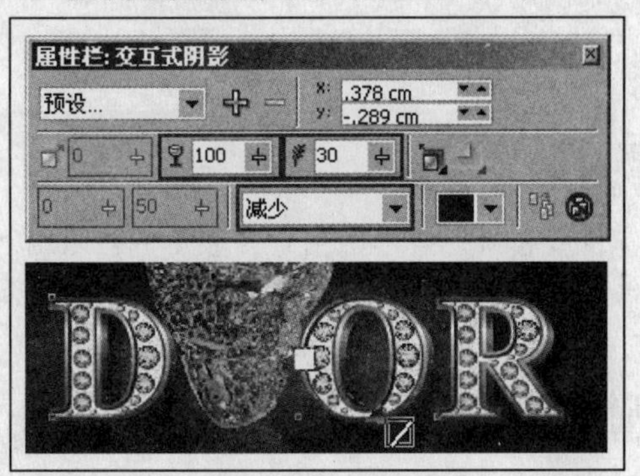

图 6-86 添加阴影效果

17 最后添加相关文字信息，完成本实例的制作，效果如图 6-87 所示。在制作过程中遇到问题，可以打开本书附带光盘\Chapter-06\“钻石字.cdr”文件进行查看。

图 6-87 完成效果

实例 6 彩虹立体字

该实例制作是艺术网站的宣传广告，通过制作立体的字母图形并配以绚丽的色彩，使得整个画面无论是色彩还是构成都给人以耳目一新的视觉感受。图 6-88 展示了本实例的完成效果。

图 6-88 完成效果

设计思路

由于该宣传广告只发布于网上宣传并不进行印刷，在设计制作时可以使用 RGB 色彩模式，使得颜色更加丰富多彩。

技术剖析

在该图形的制作过程中，主要使用了“交互式填充”工具，制作出颜色丰富的彩虹效果。使用“交互式立体化”工具，制作出立体的字母图形。画面中的装饰图形则是通过使用“交互式变形”工具制作而成。图 6-89 展示了本实例的制作流程。

图 6-89 制作流程

制作步骤

01 启动 CorelDRAW X3，新建一个空白的工作文档，参照图 6-90 所示设置属性栏。

02 执行“工具”→“颜色管理”命令，打开“颜色管理”对话框，参照图 6-91 所示设置该对话框，将颜色模式转化为 RGB 模式。

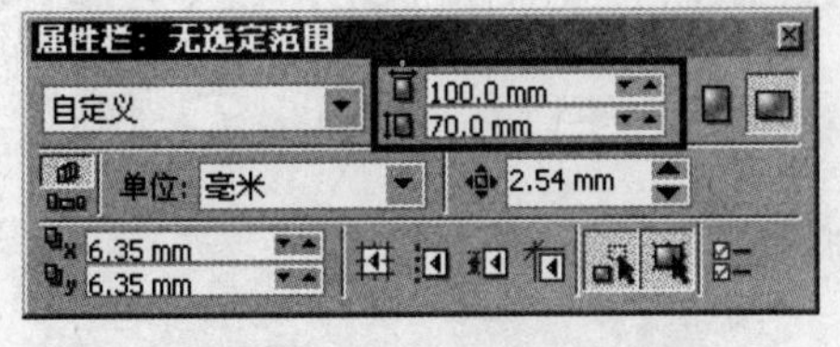

图 6-90 设置页面属性

图 6-91 设置颜色模式

03 执行“文件”→“导入”命令，将本书附带光盘\Chapter-06\“字母.cdr”文件，导入到页面中相应位置，如图 6-92 所示。

图 6-92 导入光盘文件

04 保持字母图形的选择状态，按键盘上的<F11>键，打开“渐变填充”对话框，参照图 6-93 所示设置该对话框，完毕后单击“确定”按钮，为其填充渐变色。

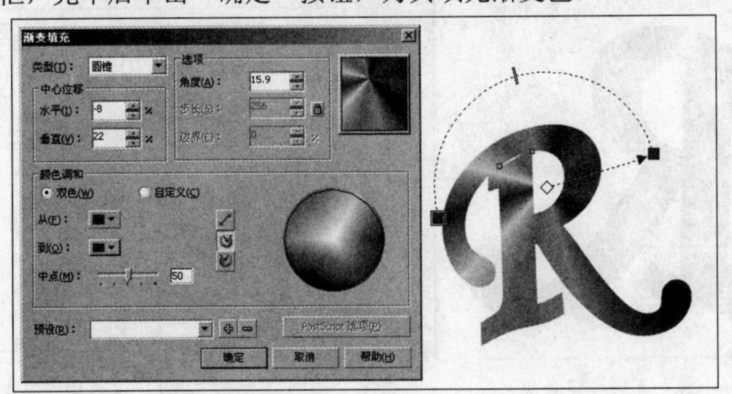

图 6-93 填充渐变

05 选择“挑选”工具，按小键盘上的<+>键 3 次，将字母图形原位置再制 3 个，并将其中两个移动到页面空白处以备后用。

06 选择另一个再制的字母图形，填充黑色。选择“交互式轮廓图”工具，参照图 6-94 所示设置其属性栏，为其添加轮廓图效果。

07 执行“位图”→“转换为位图”命令，打开“转换为位图”对话框，保持该对话框中的默认设置，单击“确定”按钮，将字母图形转换为位图，如图 6-95 所示。

图 6-94 填充轮廓图

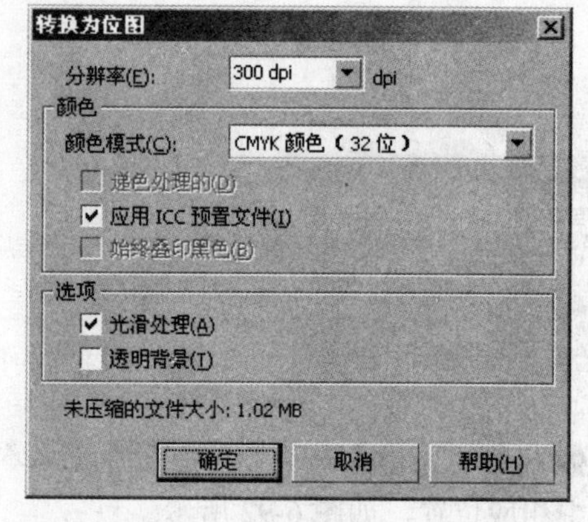

图 6-95 “转换为位图”对话框

08 选择“交互式透明”工具，参照图 6-96 所示设置其属性栏，为字母图形添加透明效果。

09 使用“挑选”工具，将备用的字母图形错落放置，将两个字母图形全部选中后，单击属性栏中的“后减前”按钮，修剪字母图形，如图 6-97 所示。

提示：为方便观察，暂时将其中一个字母图形填充为黑色。

图 6-96 添加透明效果

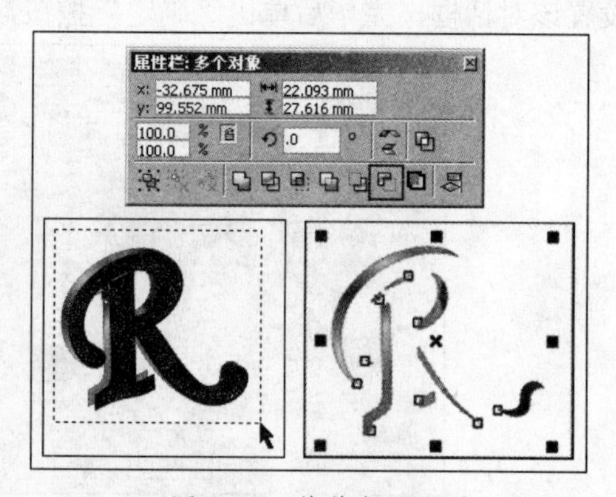

图 6-97 修剪字母图形

10 保持该图形的选择状态，参照图 6-98 所示将修剪后的字母图形移动到页面中相应位置并填充白色。使用“形状”工具，对其进行调整。完毕后按<Ctrl+K>键拆分曲线。

11 选择“交互式透明”工具，参照图 6-99 所示分别对高光图形添加透明效果。

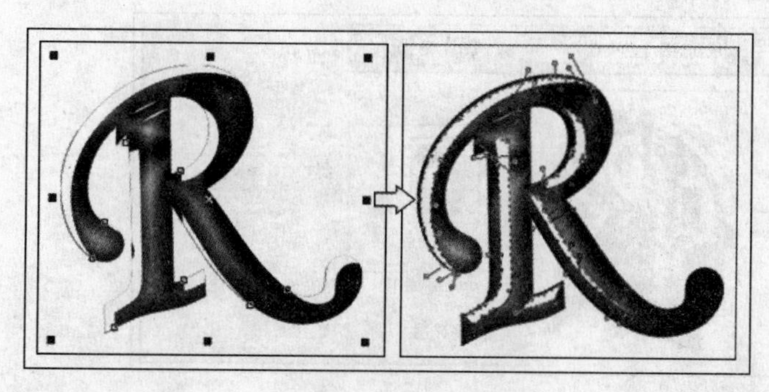

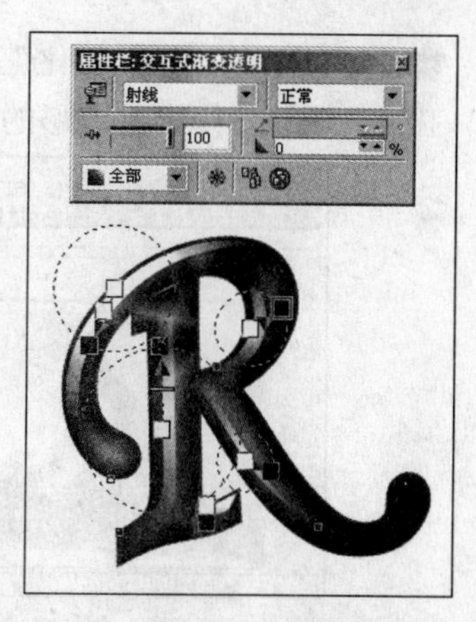

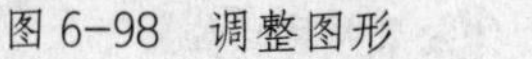
图 6-98 调整图形

图 6-99 添加透明效果

12 选择 “挑选” 工具，按<Alt>键的同时单击字母图形，选择后面的字母图形。将其再制到页面空白处，并设置其轮廓属性，如图 6-100 所示。

13 保持字母图形的选择状态，按<Ctrl+Shift+Q>键将轮廓转换为对象。框选字母和轮廓图形，单击属性栏中的 “焊接” 按钮，将文字加宽，如图 6-101 所示。

图 6-100 再制并调整图形

图 6-101 焊接图形

14 使用 “交互式填充” 工具，参照图 6-102 所示为加宽后的字母图形填充渐变色。

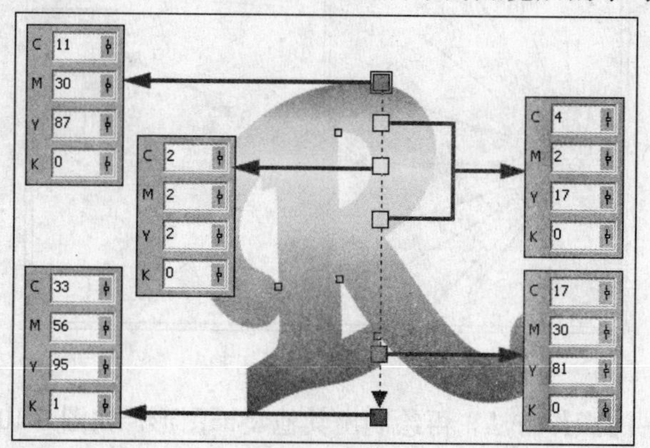

图 6-102 渐变填充

15 使用“交互式立体化”工具，为字母图形添加立体效果，并设置其属性栏。使用“挑选”工具，调整立体字母图形的位置和顺序，如图 6-103 所示。

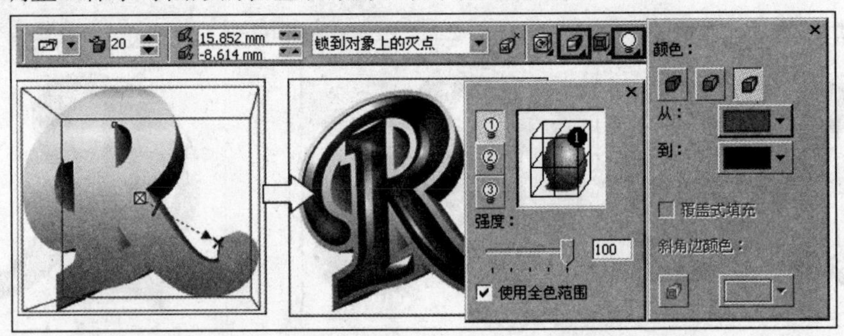

图 6-103 添加立体效果并移动位置

16 执行“文件”→“导入”命令，导入本书附带光盘\Chapter-06\“彩虹立体字效背景.cdr”文件，并调整其位置和顺序，如图 6-104 所示。

17 使用“多边形”工具，在页面空白处绘制一个多边形，并设置其属性栏，如图 6-105 所示。

图 6-104 导入背景文件

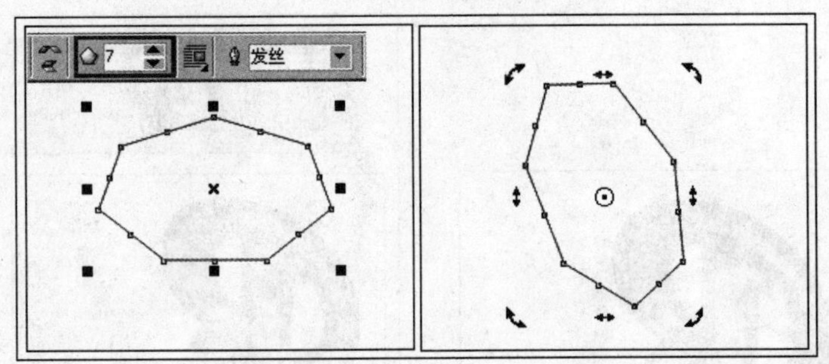

图 6-105 绘制图形

18 使用“交互式变形”工具，参照图 6-106 所示对多边形添加变形效果。使用“交互式填充”工具为该图形填充渐变色，轮廓色为无。

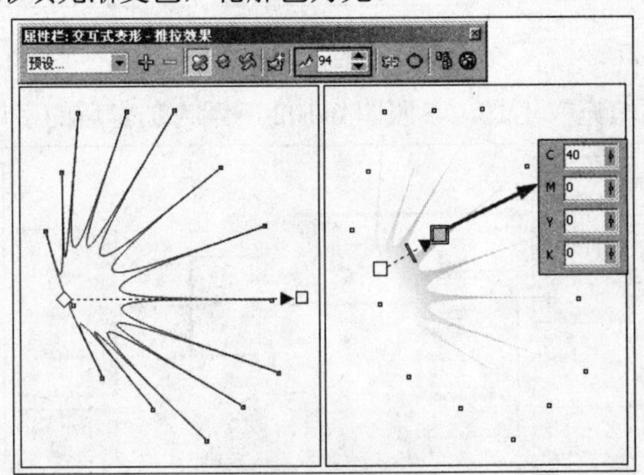

图 6-106 调整图形

19 参照上一步骤中的操作方法，再绘制出其他装饰图形，如图 6-107 所示。也可以导入本书附带光盘\Chapter-06\“装饰图形.cdr”文件，调整其位置和顺序继续接下来的操作。

20 选择“挑选”工具，按<Alt>键的同时，单击字母图形，选择后面的彩虹字母图形，使用“交互式阴影”工具为字母图形添加阴影效果，如图 6-108 所示。

图 6-107 添加装饰图形

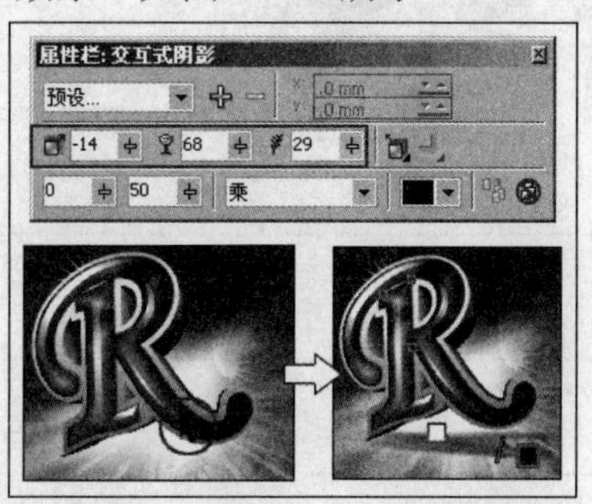

图 6-108 添加阴影效果

21 使用“文本”工具，在页面中输入其他相关文字信息，完成本实例的制作，如图 6-109 所示。在制作过程中遇到问题，可以打开本书附带光盘\Chapter-06\“彩虹立体字.cdr”文件进行查看。

图 6-109 完成效果

读者笔记

第 3 篇　POP 海报

POP 海报是在传统广告的基础上发展形成的一种新型的商业广告形式。与传统海报相比，它有展示方式多样、陈列时间即时性、不受展示地点的限制等特点。POP 广告全称为 Point of Purchase Advertising，又称为“终点广告”。在零售店的周围，一切旨在促进顾客购买的广告形式，都属于 POP 广告的范畴。在本篇的学习中，将介绍海报的设计与制作。本篇共分为三章，分别围绕“海报的设计与制作”、“产品类海报设计”和“广告招贴设计”三个主题来学习海报的设计与制作技巧。

第 7 章　海报的设计与制作

海报是指在公共场所，以张贴或散发形式发布的一种印刷品广告。它是一种信息传播活动，其作用就是向公众传播信息，以期达到推销商品、扩大影响，或者引起刊登广告者所希望的其他反应。海报作为一种平面的、单页的印刷品，受到时间、发布信息量的限制。为了弥补这一问题，通常使用视觉冲击力较强的色彩或图案，并提高印刷质量，使海报具有很高的欣赏价值。随着社会的进步，海报的设计与制作手段也变得异常丰富。本章安排了 6 个宣传海报设计实例，分别是“POP 海报设计”、“旅行社海报”、“游戏海报”、“葡萄酒节海报”、“游戏宣传海报”和“摄影器材展销海报”。如图 7-1 所示，为本章实例完成效果。

图 7-1　完成效果

本章实例

实例 1　POP 海报设计	实例 4　葡萄酒节宣传海报
实例 2　旅行社海报	实例 5　游戏宣传海报
实例 3　游戏海报	实例 6　摄影器材展销海报

实例1　POP海报设计

在本节中将制作一幅POP海报，黑色流畅的线条图案搭配以简洁的橙色背景，给人一种简约时尚的视觉感受。如图7-2所示，为本实例的完成效果。

图7-2　完成效果

设计思路

这是为一家时尚饰品的小店制作的POP海报，以温暖明亮的橙色做底色，使用黑色和白色作为过渡色，搭配以冷绿色的主体图案，使整个画面简洁明了，疏密有致，充满了简约的时尚感。

技术剖析

在本节中将制作一幅POP海报，本实例看起来图案很复杂，其实制作起来非常简单。复杂的图案是由多种基础工具绘制而成，然后为图形填充颜色，添加相关装饰文字即可。图7-3出示了本实例的制作流程图。

图7-3　制作流程

制作步骤

01 启动 CorelDRAW X3，创建一个新文档，参照图 7-4 所示设置属性栏，改变纸张的大小和微调偏移量。

02 双击工具箱中的“矩形”工具，创建出一个与页面等大的矩形，并将其填充为橘红色，轮廓色设置为无，如图 7-5 所示。

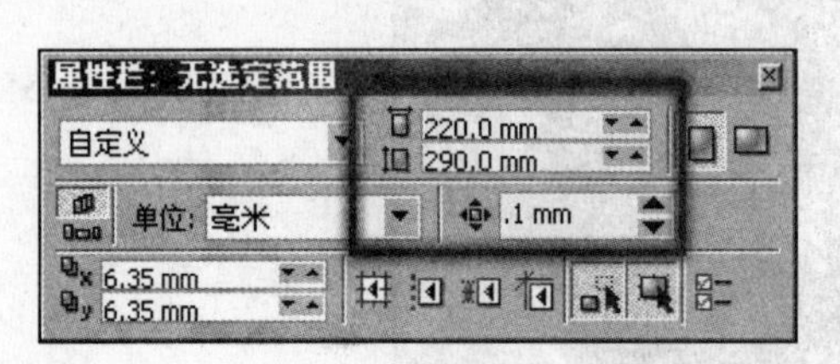

图 7-4 设置属性栏

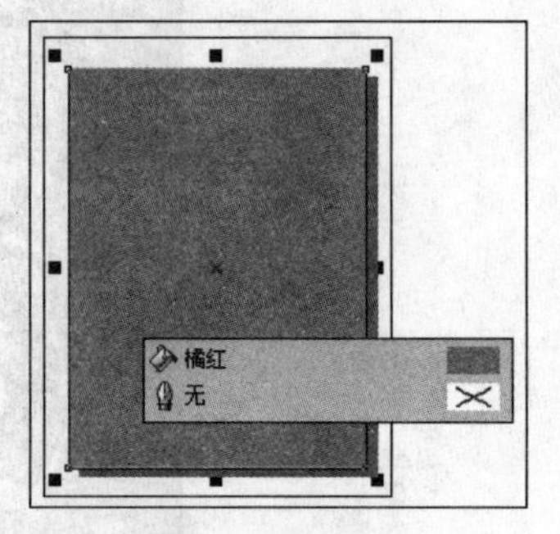

图 7-5 绘制矩形

03 参照图 7-6 所示，使用“贝塞尔”工具在页面绘制图形并填充为白色，轮廓色设置为无。

提示 也可以通过执行“文件”→“导入”命令，导入本书附带光盘\Chapter-07\“轮廓图 1.cdr”文件，并将其放置到绘图页面中相应的位置。

04 保持白色图形的选择状态，选择“挑选”工具，按小键盘上的<+>键，将该图形原位置再制。对再制图形的颜色、大小和位置进行调整，如图 7-7 所示。

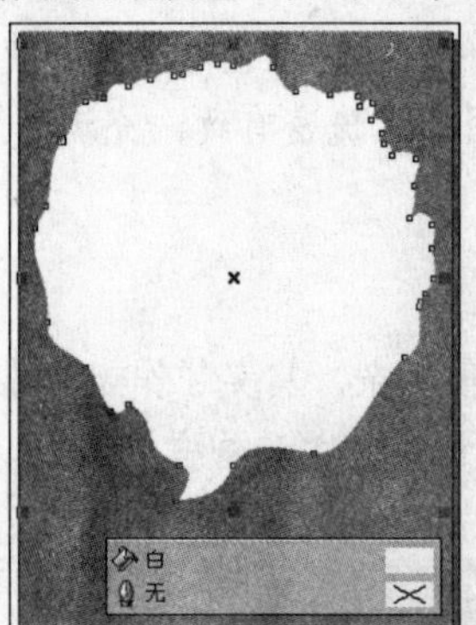

图 7-6 绘制图形

图 7-7 再制并调整图形

05 使用“椭圆形”工具绘制椭圆，并对椭圆形的角度进行调整。按<Ctrl+Q>键，将其转换为曲线对象，使用“形状”工具，对形状进行调整。完毕后设置图形的轮廓宽度、颜色和填充颜色，如图 7-8 所示。

06 使用“贝塞尔”工具，绘制出如图 7-9 所示的图形。

07 参照图 7-10 所示，配合使用工具箱中的“贝塞尔”工具和“椭圆形”工具绘制出头部的其他装饰图形，并调整图形的位置。

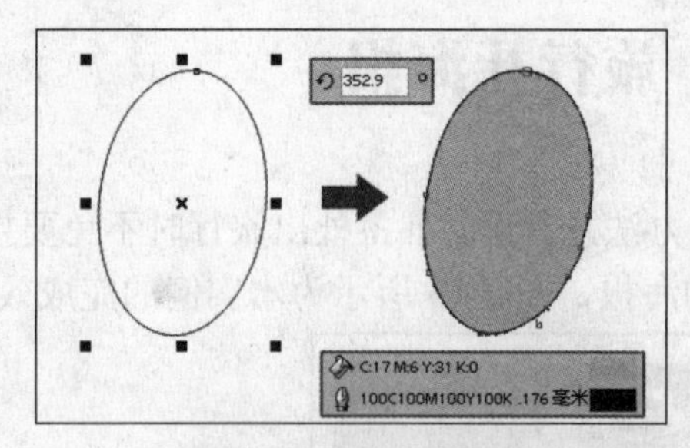

图 7-8 绘制并调整图形

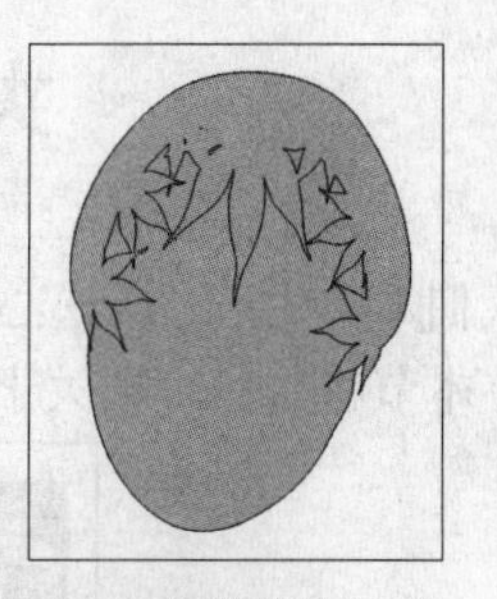

图 7-9 绘制其他图形

图 7-10 绘制图形

08 参照之前绘制图形的操作方法，在页面相应位置绘制出其他相关的图形，如图 7-11 所示。

09 也可以通过执行“文件”→“导入”命令，将本书附带光盘\Chapter-07\“抽象图形.cdr”文件导入到文档中直接使用。

提示 在对其他图形进行绘制时，用户也可根据自己的想象，绘制出抽象、夸张的图形。

10 最后在页面中添加相关的文字信息和装饰图形，完成本实例的制作，效果如图 7-12 所示。在制作过程中遇到问题，可以打开本书附带光盘\Chapter-07\“pop 海报.cdr”文件进行查看。

图 7-11 绘制其他图形

图 7-12 完成效果

实例 2　旅行社海报

旅行是人们丰富生活、放松心情的最佳办法，当我们准备外出旅行时不免要接触到形形色色的旅行社。本节将制作一幅关于旅行社的海报，图 7-13 所示为本实例的完成效果。

图 7-13　完成效果

设计思路

本实例制作的是旅行社的宣传海报，根据宣传内容，以风景为背景，人物为主体，整幅海报给人以直观的感受，从而调动起人们的旅游意向。

技术剖析

在本实例中，主要介绍各种填充工具的使用方法和技巧，图 7-14 展示了本实例的制作流程。

图 7-14　制作流程

制作步骤

01运行 CorelDRAW X3，执行“文件”→“新建”命令，新建一个空白文档，并参照图7-15所示设置属性栏。

02使用“矩形”工具，参照图7-16所示绘制矩形，并按键盘上的<P>键，将矩形与页面中心对齐。

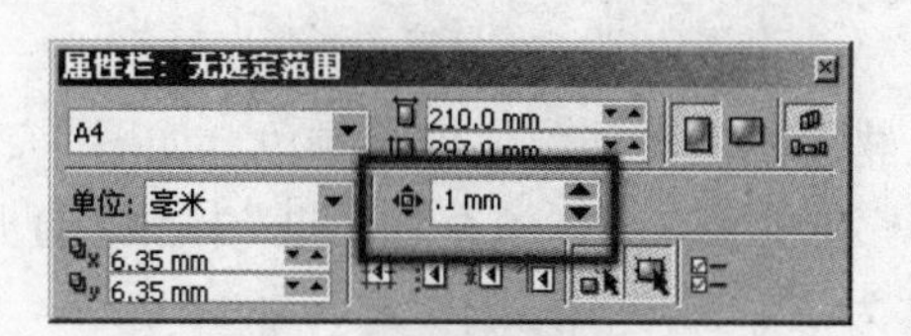

图7-15 设置属性栏

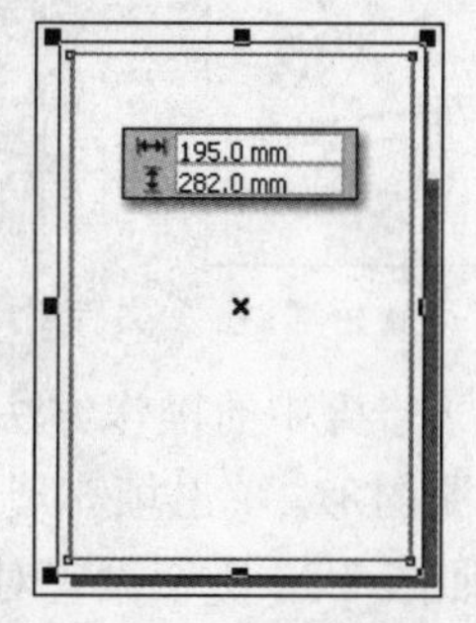

图7-16 绘制矩形

03保持矩形的选择状态，使用“交互式填充”工具在图形上单击并拖动鼠标，为图形填充渐变色。完毕后参照图7-17所示设置属性栏参数，并右击屏幕调色板中的☒图标，设置轮廓色为无。

04执行“文件”→“导入”命令，将本书附带光盘\Chapter-07\“树林景色.cdr”文件导入文档，并调整位置，如图7-18所示。

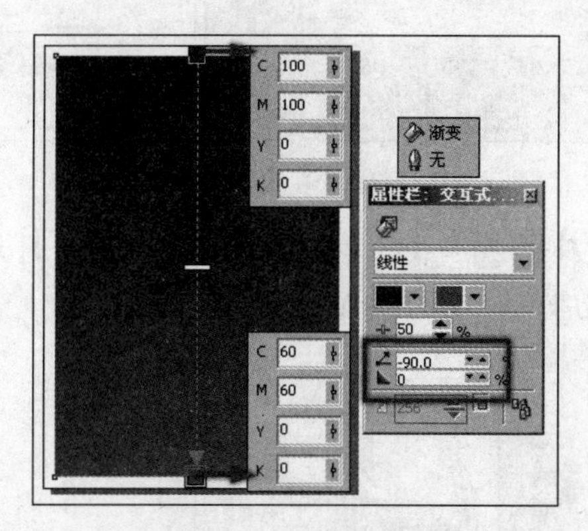

图7-17 填充渐变颜色

图7-18 导入“树林景色.cdr”文件

05再次执行“导入”命令，将本书附带光盘\Chapter-07\“人物轮廓.cdr”文件导入到文档空白处，按<Ctrl+U>键取消对象群组，如图7-19所示。

06选择人物的脸部图形，单击填充展开工具栏中的“填充对话框”按钮，打开“均匀填充”对话框，参照图7-20所示设置对话框，为脸部图形填充颜色。然后在轮廓展开工具栏中单击“无轮廓”按钮，将轮廓色设置为无。

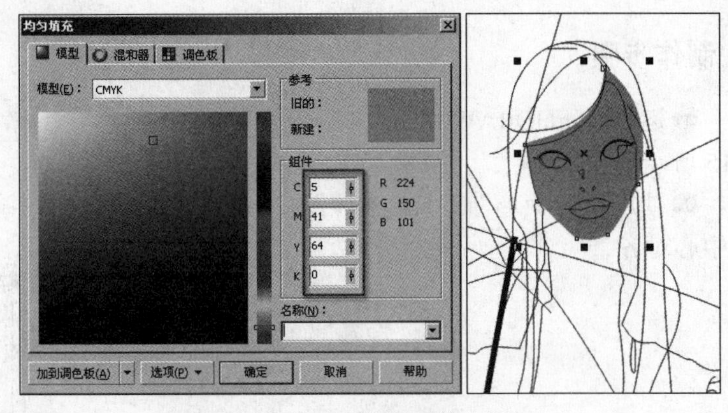

图 7-19　导入“人物轮廓.cdr”文件　　　　图 7-20　为脸部图形填充颜色

07 参照上一步骤中的操作方法，为人物图形的其他部位填充颜色，如图 7-21 所示。

08 选择衣服图形，单击填充展开工具栏中的“图样填充对话框”按钮，打开“图样填充”对话框，并参照图 7-22 所示设置对话框，为衣服图形填充图样。

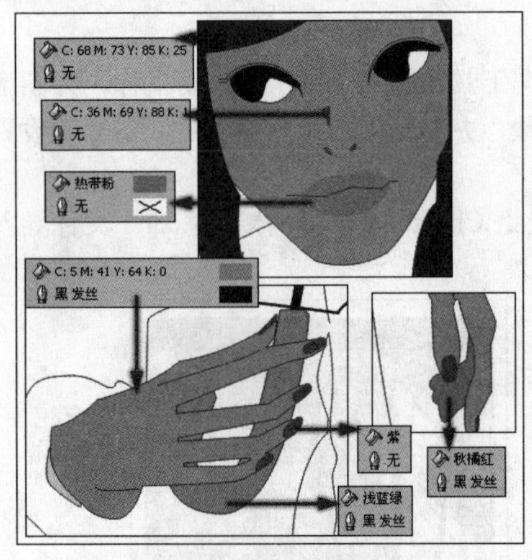

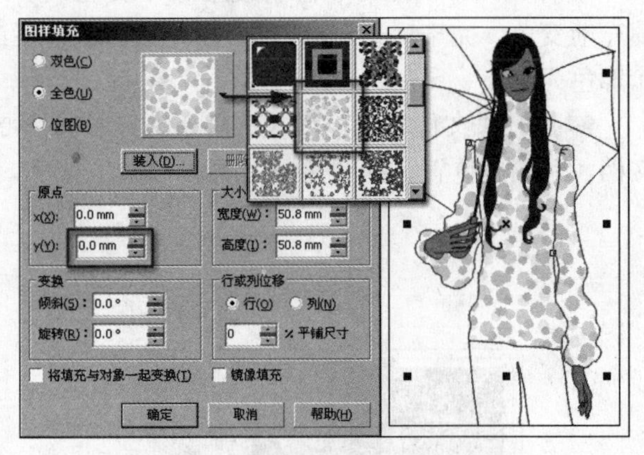

图 7-21　为图形填充颜色　　　　图 7-22　图样填充衣服图形

09 选择裤子轮廓图形，单击填充展开工具栏中的“底纹填充对话框”按钮，打开“底纹填充”对话框，参照图 7-23 所示设置对话框，为裤子图形填充底纹效果。

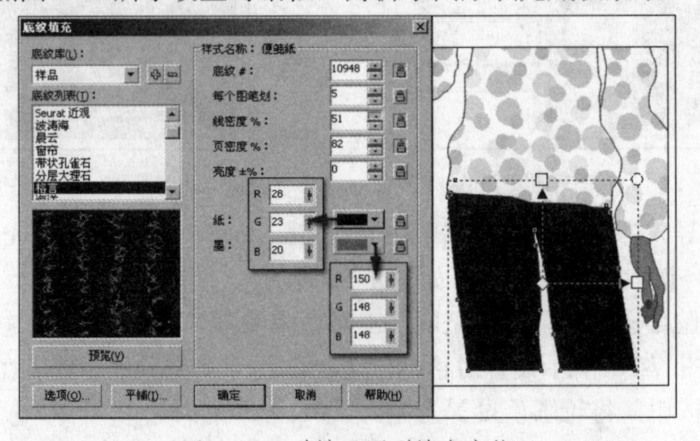

图 7-23　对裤子图形填充底纹

10 选择伞的轮廓图形，单击填充展开工具栏中 "PostScript 填充对话框"按钮，打开"PostScript 底纹"对话框，参照图 7-24 所示设置对话框，为伞图形填充"彩色圆"底纹。

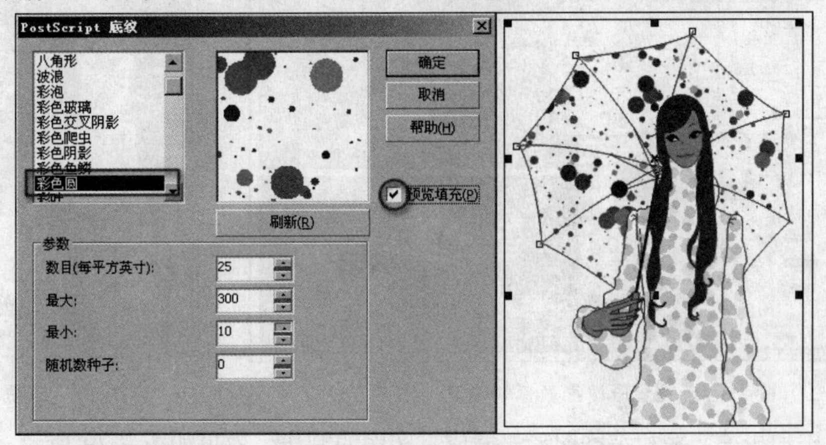

图 7-24　填充伞图形

提示

该填充随机性较强，不必追求与图示一致的填充效果。

11 使用 "挑选"工具将绘制的人物图形框选，调整其位置到背景图形中，如图 7-25 所示。

12 选择伞的轮廓图形和支架图形，在屏幕调色板中的"白"色块上右击鼠标，设置其轮廓色为白色，如图 7-26 所示。

图 7-25　调整人物图形的位置

图 7-26　设置伞的轮廓色

13 选择人物的睫毛曲线图形，按<F12>键，打开"轮廓笔"对话框，参照图 7-27 所示设置对话框参数，调整眼睫毛图形的轮廓颜色和轮廓宽度。

14 参照上一步骤中同样的操作方法，设置人物发丝图形的轮廓色和轮廓宽度，效果如图 7-28 所示。

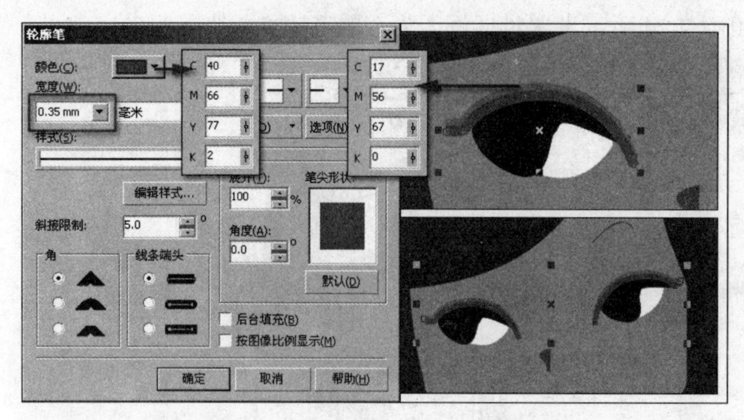

图 7-27 设置眼睫毛颜色和宽度

图 7-28 设置发丝图形

15 最后添加相关文字和装饰图形，完成本实例的制作，效果如图 7-29 所示。在制作过程中遇到问题，可以打开本书附带光盘\Chapter-07\“旅行社海报.cdr”文件进行查看。

图 7-29 完成效果

实例 3 游戏海报

游戏是童年时代最喜欢做的一件事情。在本节中将制作一幅游戏宣传海报，通过这个实例的制作，可以掌握陨石特效的制作方法。图 7-30 所示为本实例的完成效果。

图 7-30 完成效果

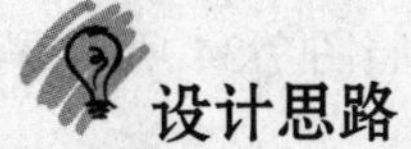

设计思路

海报在设计上，以游戏的内容作为了画面的主题。暗淡的城堡、弥漫的云雾、滑落的陨石，把人们带到了激战的世界中，从而激发人们玩游戏的欲望，达到宣传游戏的效果。

技术剖析

该实例分为两部分制作完成：第一部分绘制陨石燃烧效果，第二部分绘制陨石图形。在第一部分中，通过使用“粗糙笔刷”工具，对绘制的饼形进行调整制作出燃烧时拖尾的光芒图形；通过对图形添加阴影并拆分，进一步加强燃烧的效果。在第二部分中，通过“底纹填充对话框”为图形填充纹理，制作出逼真的陨石效果。图 7-31 展示了本实例的制作流程。

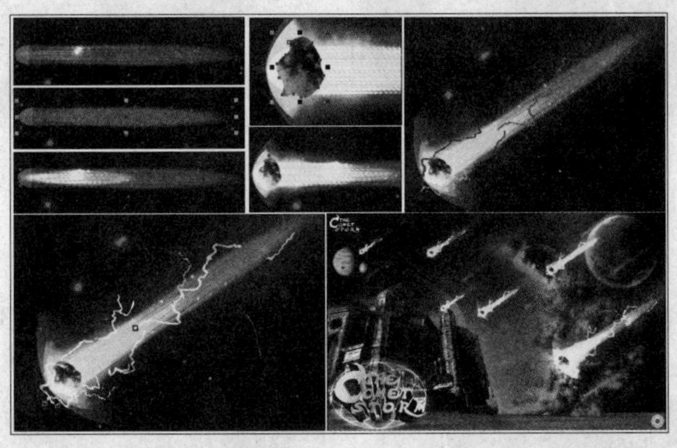

图 7-31 制作流程

制作步骤

1.绘制陨石燃烧效果

01 运行 CorelDRAW X3，执行“文件”→“打开”命令，打开本书附带光盘\Chapter-07\“背景.cdr”文件，如图 7-32 所示。

图 7-32 打开背景

02 参照图 7-33 所示，使用“椭圆形”工具在页面中绘制椭圆，填充白色，轮廓色设置为无。单击属性栏中的“饼形”按钮，并设置属性栏参数，将圆修改为饼形。

03 按<Ctrl+Q>键，将半圆形转换为曲线。选择“粗糙笔刷”工具，参照图 7-34 所示设置其属性栏，对半圆图形进行粗糙处理。

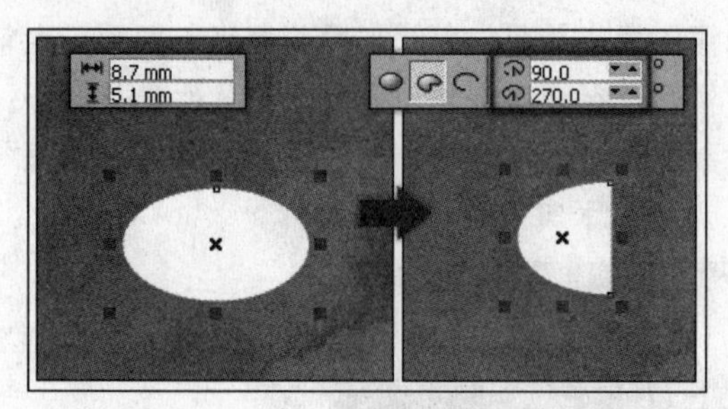

图 7-33 绘制椭圆并调整

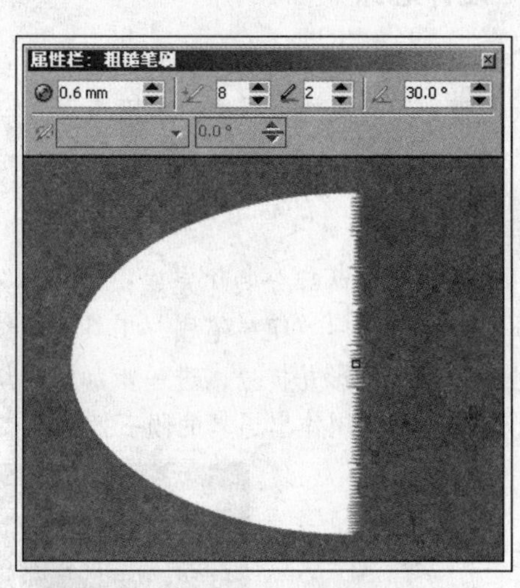

图 7-34 添加粗糙效果

04 使用“形状”工具，按<Ctrl>键的同时，水平调整节点位置，将图形调整为图 7-35 所示效果。

05 保持图形的选择状态，选择“交互式透明”工具，参照图 7-36 所示设置属性栏，为调整后图形添加透明效果。

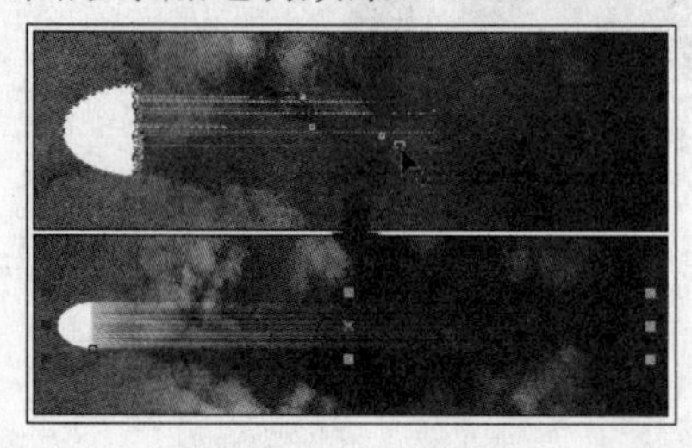

图 7-35 调整节点位置

图 7-36 添加透明效果

06 使用“椭圆形”工具，按<Ctrl>键的同时，在页面空白处绘制圆形，为其填充任意颜色。使用“交互式阴影”工具为圆形添加阴影效果，并参照图 7-37 所示设置属性栏，完毕后按<Ctrl+K>键拆分阴影群组，将蓝色圆形删除。

07 选择拆分后的阴影图形，执行“位图”→“转换为位图”命令，打开“转换为位图”对话框，参照图 7-38 所示设置对话框的参数，将阴影转换为位图。

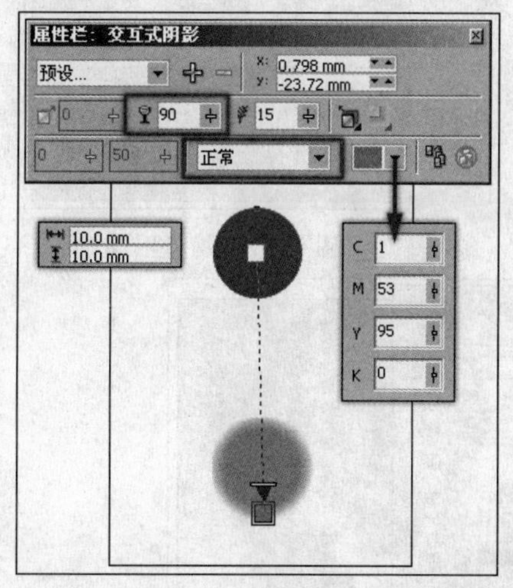

图 7-37 添加阴影效果

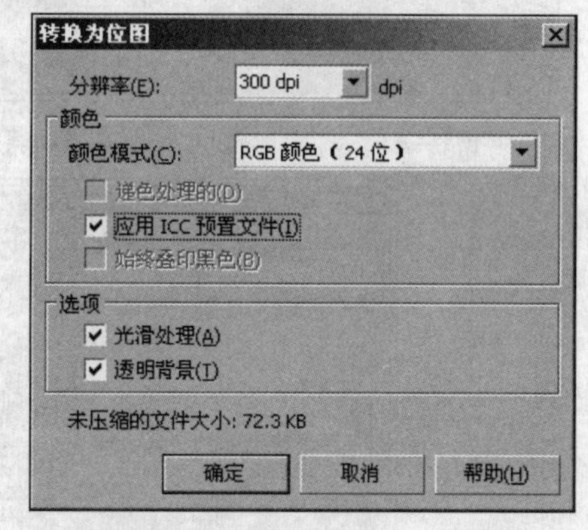

图 7-38 将阴影图形转换为位图

08 按<Ctrl+D>键将位图图像再制，参照图 7-39 所示调整再制图像的位置和大小，并使用“交互式透明”工具，为其添加透明效果。

09 选择“挑选”工具，按小键盘上的<+>键，将添加透明效果的阴影图像原位再制，参照图 7-40 所示调整其大小和位置。

图 7-39 拆分阴影并添加透明效果

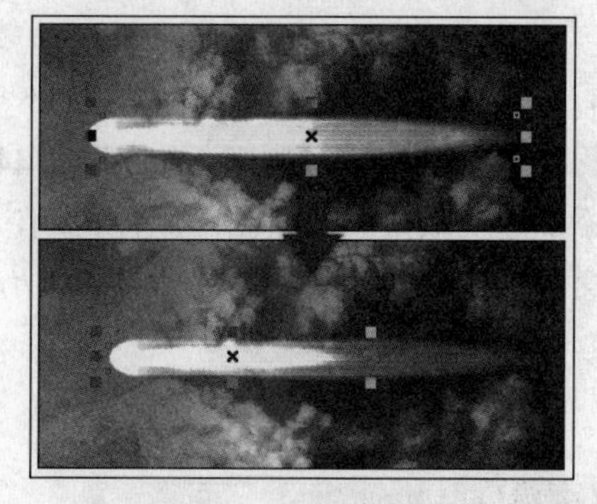

图 7-40 再制图像并调整

10 将页面空白处的圆形阴影图像再制，参照图 7-41 所示调整再制图像的大小与位置，使用“交互式透明”工具，为其添加透明效果。

11 参照以上操作方法，将椭圆图像复制多个，调整副本图像的形状和位置，并设置透明效果，如图 7-42 所示。

2.绘制陨石图形

01 使用“贝塞尔”工具，参照图 7-43 所示绘制图形。单击填充展开工具栏中的“底纹填充对话框”按钮，打开“底纹填充”对话框，并设置对话框为图形填充底纹，图形轮廓色为无，制作出陨石图形。

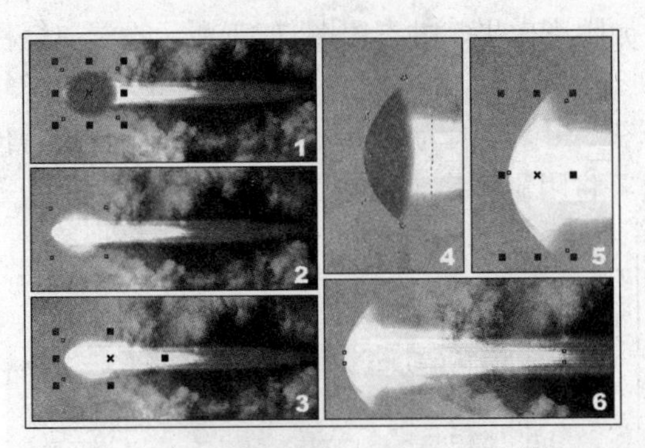

图 7-41　再制图像并添加透明效果

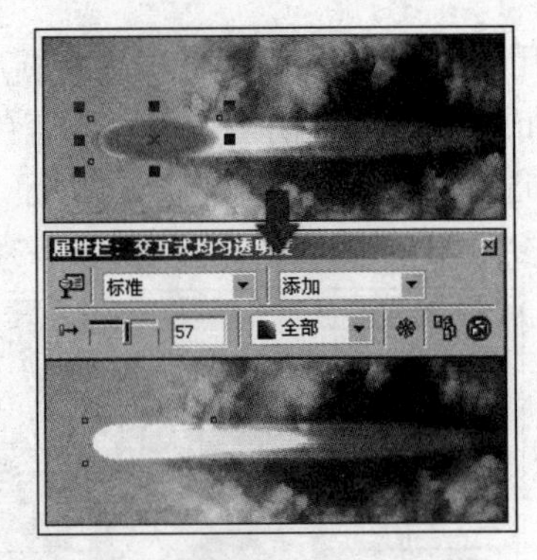

图 7-42　编辑图像

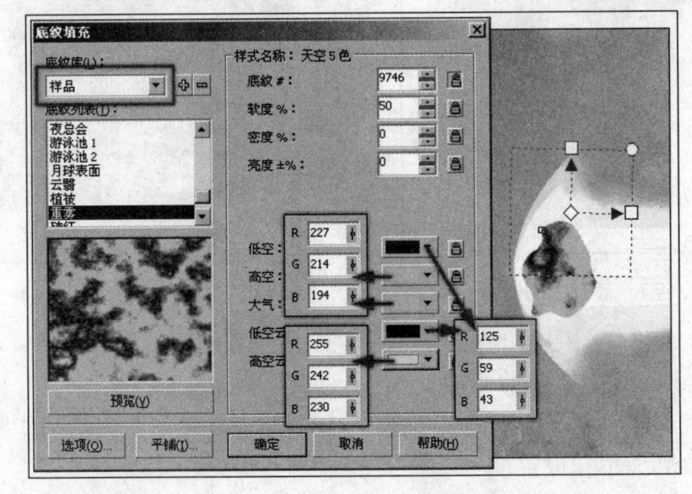

图 7-43　绘制图形并填充底纹

02将制作陨石图形原位再制，使用“交互式填充”工具调整再制图形的纹理效果。完毕后选择“交互式透明”工具，参照图 7-44 所示设置属性栏，为其添加透明效果。

03将添加透明效果的陨石图形原位再制，以增强图形暗部效果。再次原位置再制图形，并选择“交互式透明”工具，参照图 7-45 所示设置属性栏，对其透明效果进行调整，制作出亮部效果。

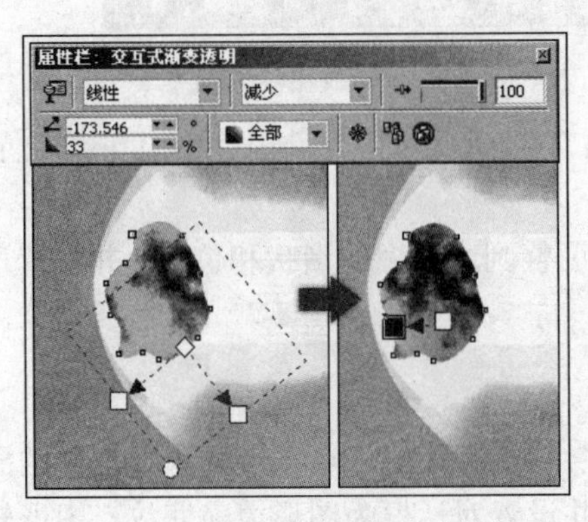

图 7-44　再制图形并添加透明效果

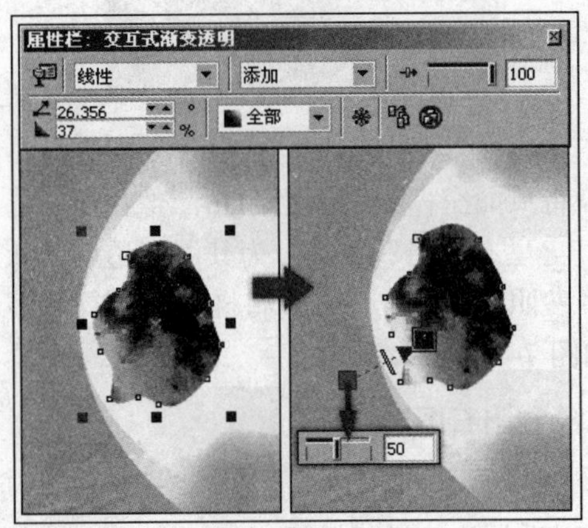

图 7-45　调整图形

04使用“椭圆形”工具，绘制椭圆。打开“底纹填充”对话框，参照图7-46所示设置对话框，为椭圆形填充底纹。使用“交互式填充”工具，调整纹理效果，然后设置椭圆形的轮廓色为无。

05使用“交互式透明”工具，参照图7-47所示设置属性栏，为填充底纹的椭圆添加透明效果。

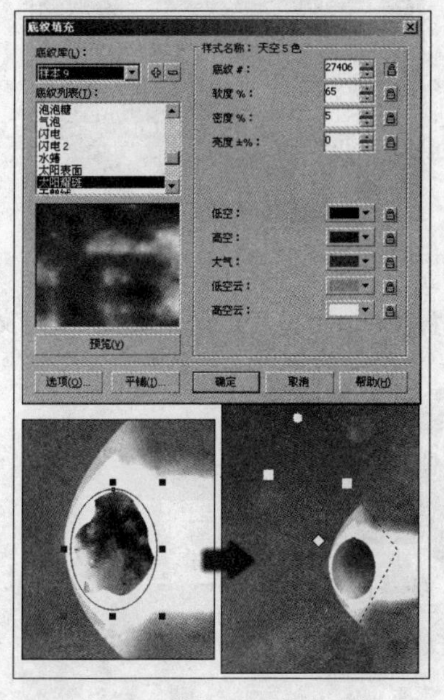

图7-46　绘制图形并填充底纹

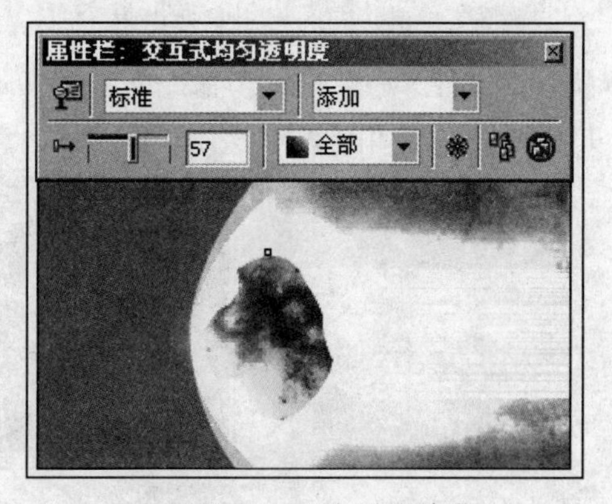

图7-47　添加透明效果

06使用“挑选”工具将绘制的陨石图形框选，按<Ctrl+G>键将其群组，然后调整其位置和旋转角度。使用“交互式阴影”工具为群组对象添加阴影效果，并参照图7-48所示设置属性栏参数。

07选择页面空白处备份的阴影图像，参照图7-49所示调整其位置、大小、方向，并设置透明效果，然后按<Shift+PageDown>键调整其顺序到添加了阴影效果的陨石图形下面。

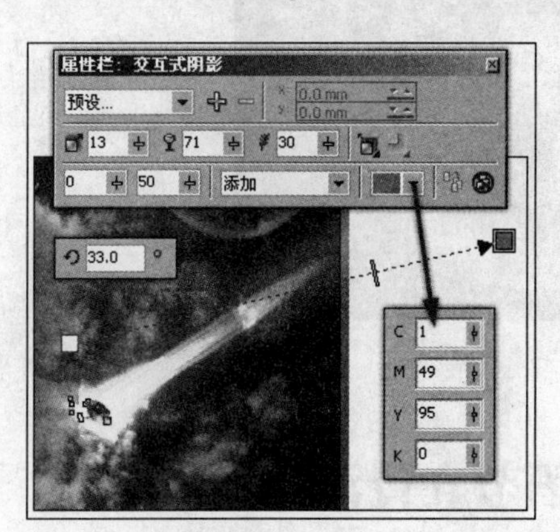

图7-48　添加阴影效果

图7-49　调整阴影图像

08参照图7-50所示使用“手绘”工具绘制曲线图形，并分别设置曲线图形的填充色和轮廓色。将绘制的曲线图形框选并群组，使用“交互式透明”工具为群组对象添加透明效果，

如图 7-51 所示。

图 7-50 绘制曲线图形

图 7-51 添加透明效果

09 执行“文件”→“导入”命令，将本书附带光盘\Chapter-07\“坠落陨石.cdr”文件导入文档，并调整位置，如图 7-52 所示。

图 7-52 导入光盘文件

10 最后导入本书附带光盘\Chapter-07\“装饰文字.cdr”文件，并调整其位置，完成本实例的制作，效果如图 7-53 所示。在制作过程中遇到问题，可以打开本书附带光盘\Chapter-07\“游戏海报.cdr”文件进行查看。

图 7-53 完成效果

实例 4 葡萄酒节宣传海报

本节实例是为葡萄酒节设计制作的宣传海报。海报所宣传的内容是针对即将到来的葡萄酒节。如图 7-54 所示，为本节实例的完成效果。

图 7-54 完成效果

设计思路

在海报的制作过程中，将制作一张具有真实纹理的羊皮纸，配合点明主体的葡萄酒桶和相关的宣传文字，来突出海报宣传的重点。

技术剖析

在实例的制作过程中，主要通过“底纹填充”对话框为图形填充纹理。使用“交互式透明”工具为图形添加透明效果，制作出逼真的羊皮纸效果。图 7-55 展示了本实例的制作流程。

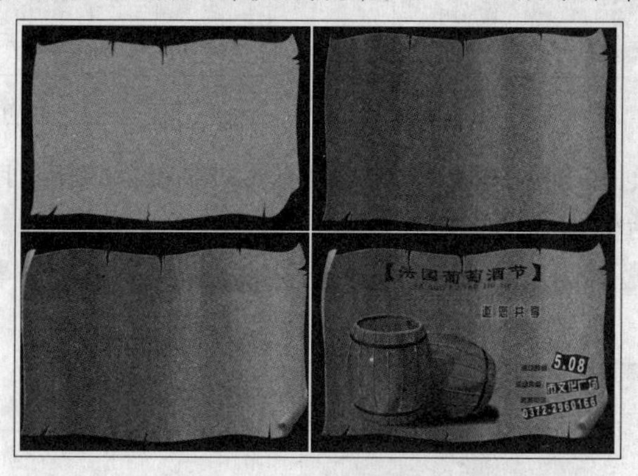

图 7-55 制作流程

制作步骤

01 运行 CorelDRAW X3，创建一个空白文档，单击属性栏中的“横向”按钮，将页面横向摆放，其他保持属性栏默认设置。

02 双击工具箱中的“矩形”工具，创建一个与页面等大且重合的矩形，将其填充为深红色，如图 7-56 所示。

03 使用“贝塞尔”工具，在页面中绘制破损的纸图形并填充为灰色，如图 7-57 所示。也可以执行“文件”→“导入”命令，导入本书附带光盘\Chapter-07\“轮廓路径.cdr”文件直接使用。

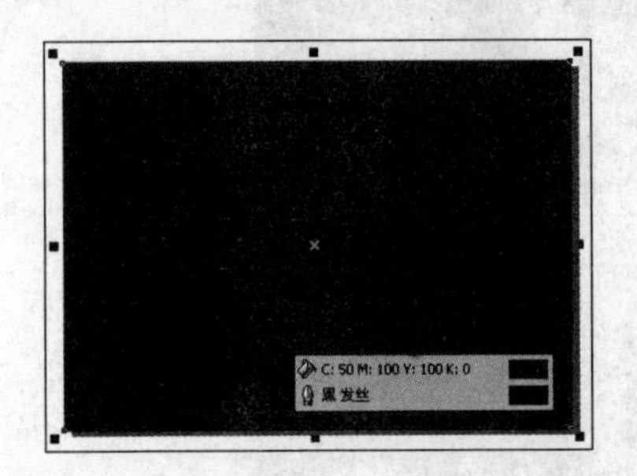

图 7-56　创建矩形

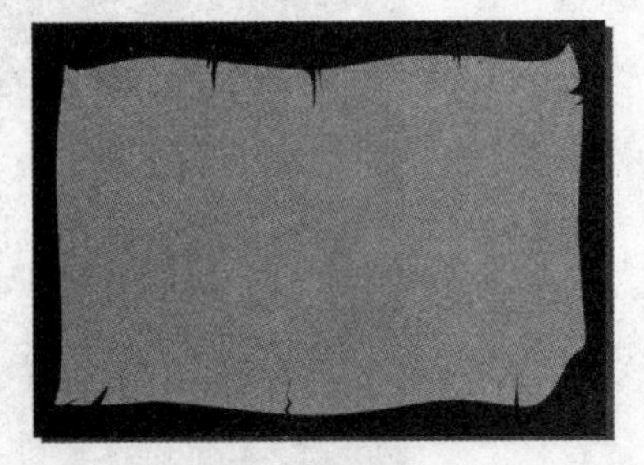

图 7-57　绘制路径

04 保持灰色图形的选择状态，选择“挑选”工具，按键盘上的<+>键，将其原位置再制，接着将再制图形与原图形错位摆放，如图 7-58 所示。

为便于观察位置，暂时将背景隐藏，并将底部图形填充为黑色。

05 使用“挑选”工具框选两个破损的纸图形，单击属性栏中的“修剪”按钮，将图形修剪，如图 7-59 所示。

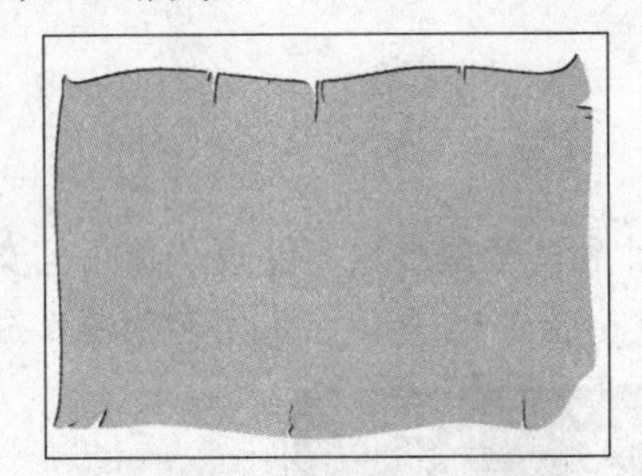

图 7-58　再制图形并调整

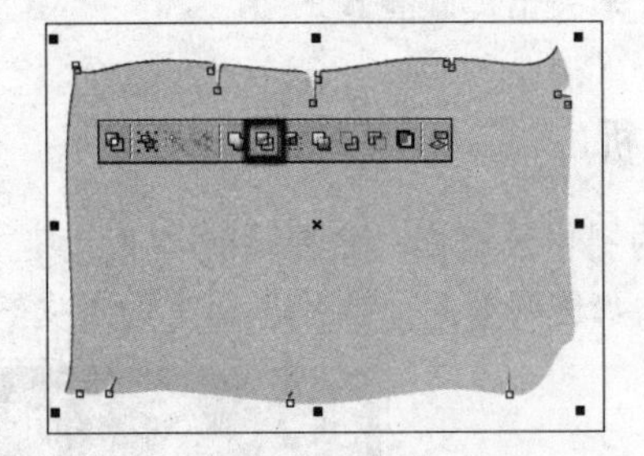

图 7-59　修剪图形

06 选择位于上层的灰色图形，单击“底纹填充对话框”按钮，打开“底纹填充”对话框，参照图 7-60 所示设置对话框，为图形填充底纹。

07 选择工具箱中的“交互式填充”工具，参照图 7-61 所示调整控制柄大小和位置，对底纹效果进行调整。

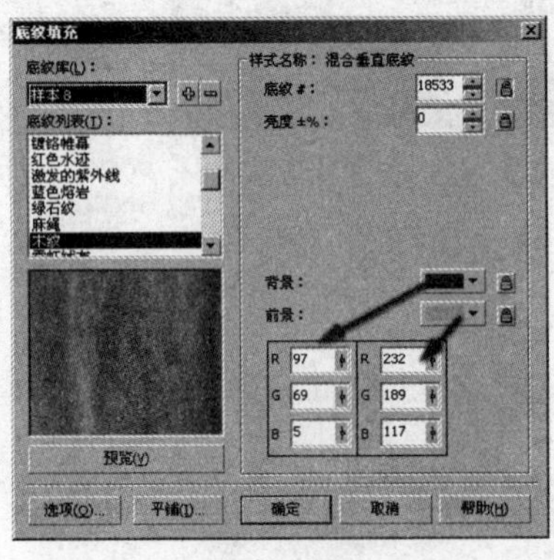

图 7-60　设置“底纹填充”

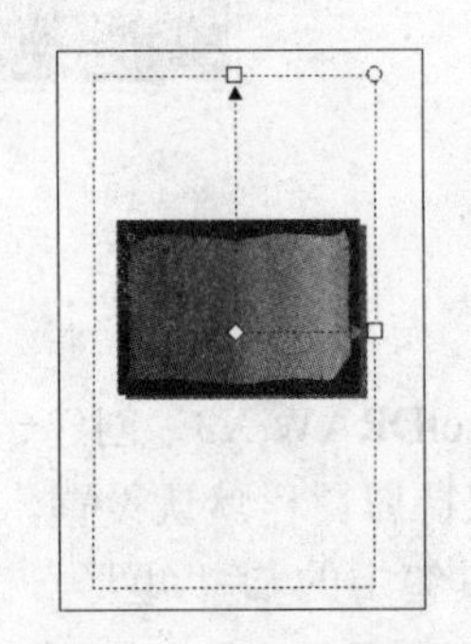

图 7-61　调整纹理效果

08 使用“挑选”工具，选择修剪后得到的图形，按<Shift+PageUp>键调整其顺序到最上层。将其填充为淡黄色，如图 7-62 所示。

09 使用“矩形”工具，在页面中绘制如图7-63所示大小的矩形。

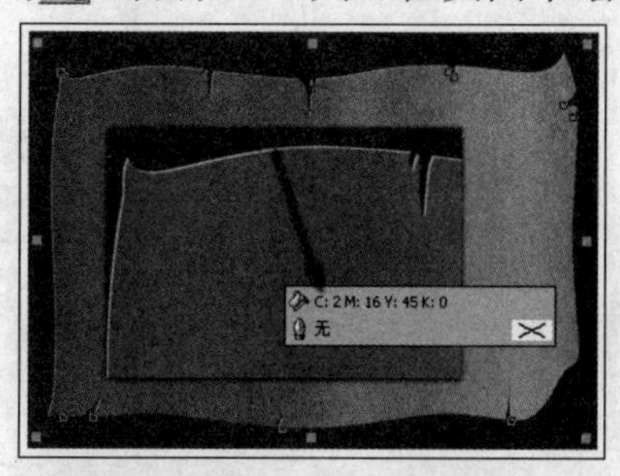

图7-62 调整图形顺序并填充颜色

图7-63 绘制矩形

10 保持矩形的选择状态，参照以上填充底纹的方法，为矩形填充底纹，设置对话框参数如图7-64所示。

11 使用“交互式填充”工具，参照图7-65所示调整控制柄，对矩形的纹理效果进行调整。

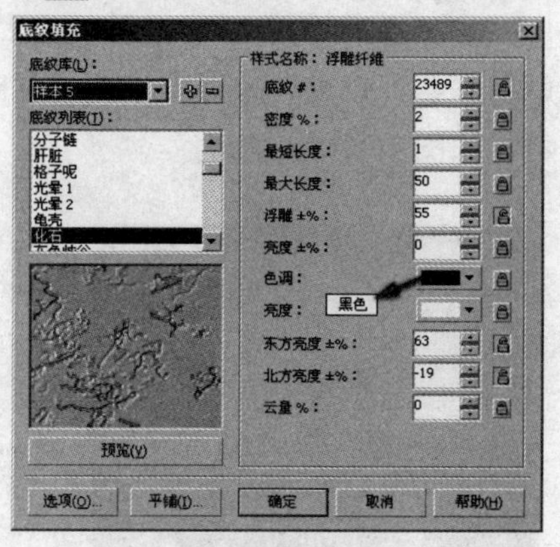

图7-64 设置“底纹填充”对话框

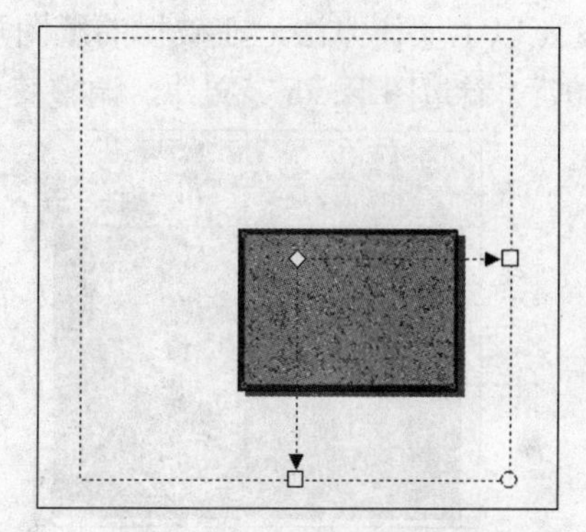

图7-65 调整纹理效果

12 保持矩形的选择状态，选择工具箱中的“交互式透明”工具，参照图7-66所示设置属性栏参数，为图形添加透明效果。按<Ctrl+PageDown>键2次，将其调整到破损的纸图形下方。

13 保持纹理图形的选择状态，执行“效果”→“图框精确剪裁”→“放置在容器中”命令。当鼠标变为黑色箭头时单击破损的纸图形，将纹理图形放置在破损的纸图形当中，如图7-67所示。

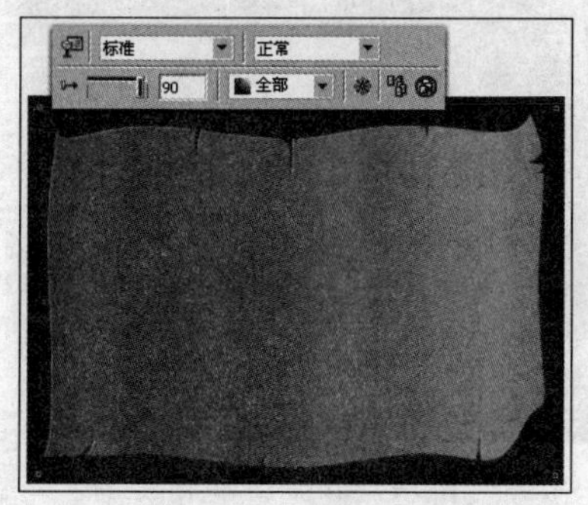

图7-66 添加透明效果

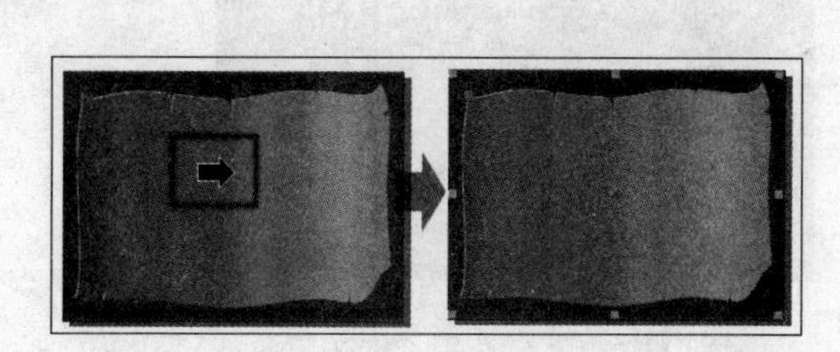

图7-67 图框精确剪裁

14 使用“交互式阴影”工具，为破损的纸图形添加阴影效果，参照图7-68所示设置属性栏参数。

15 使用"贝塞尔"工具，参照图 7-69 所示在破损的纸图形右下角绘制卷页图形。使用"交互式填充"工具，为其填充渐变色。

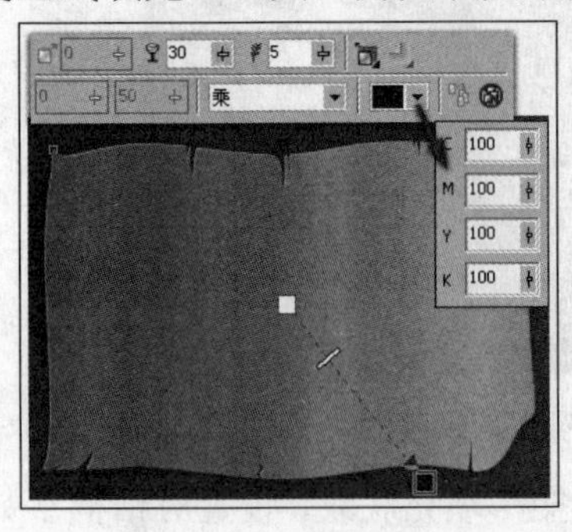

图 7-68　添加阴影效果

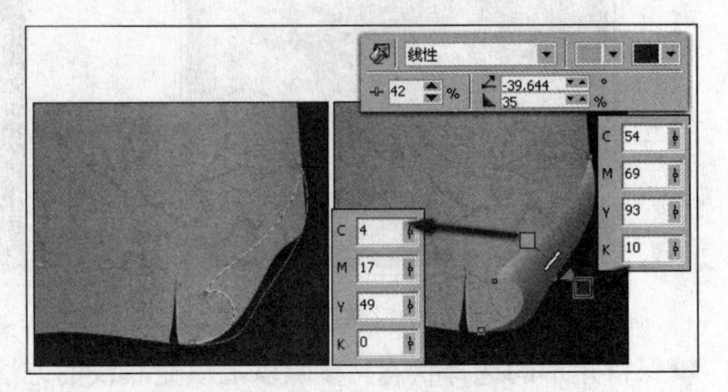

图 7-69　绘制卷页图形

16 使用"交互式阴影"工具，为卷页图形添加阴影效果并设置其属性栏参数，如图 7-70 所示。

17 参照以上操作方法，在破损的纸图形左上角制作卷页效果。也可以导入本书附带光盘\Chapter-07\"卷边图形.cdr"文件，调整其位置即可，如图 7-71 所示。

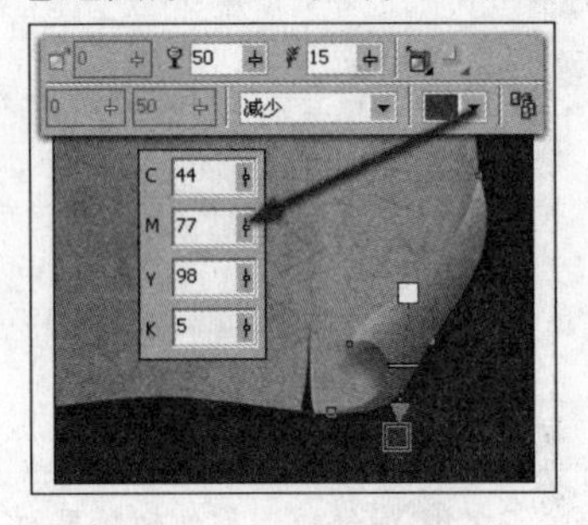

图 7-70　添加阴影效果

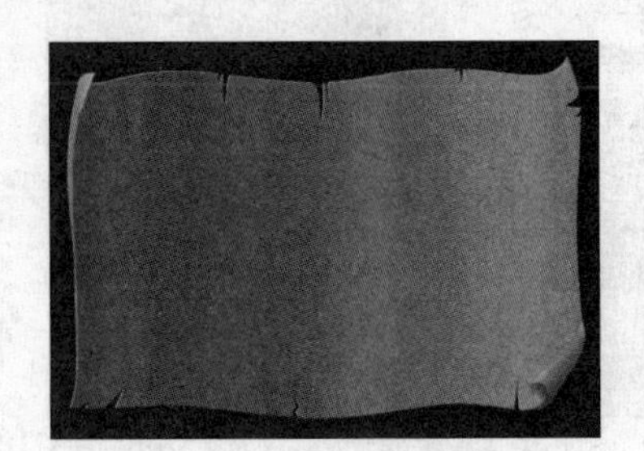

图 7-71　制作卷页效果

18 执行"文件"→"导入"命令，导入本书附带光盘\Chapter-07\"装饰图形.cdr"文件，参照图 7-72 所示调整装饰图形的位置。

19 最后为添加相关文字信息和装饰图形，完成本实例的制作，效果如图 7-73 所示。在制作过程中遇到问题，可以打开本书附带光盘\Chapter-07\"葡萄酒节宣传海报.cdr"文件进行查阅。

图 7-72　导入光盘文件

图 7-73　完成效果

实例5 游戏宣传海报

在本小节的学习中，将为一个机械战争类的网络游戏设计制作一则宣传海报。海报的设计风格要与游戏的内容保持一致，从而达到良好的宣传效果。如图 7-74 所示，为本节实例的完成效果。

图 7-74 完成效果

设计思路

海报使用游戏中的主角小机器人作为宣传主题，直接明了。画面搭配以冷硬的色调，充分烘托出了游戏氛围，达到了吸引人们注意力的效果。

技术剖析

该实例分为两部分制作完成：第一部分绘制机器人头部整体图形，第二部分绘制机器人细节图形。在第一部分中，通过为导入的轮廓图形填充颜色，并添加调和效果制作出机器人头部的立体效果。在第二部分中，通过使用“交互式透明”工具为填充纹理的图形添加透明效果，制作出机器人身上的锈迹效果。图 7-75 为本实例的制作流程。

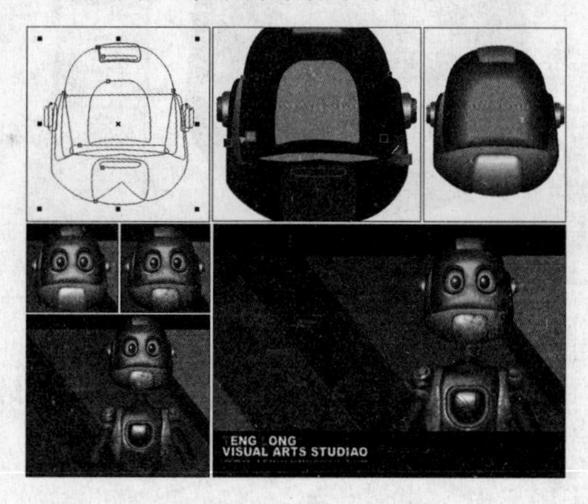

图 7-75 制作流程

制作步骤

1.绘制机器人头部整体图形

01 启动 CorelDRAW X3，执行“文件”→“打开”命令，打开本书附带光盘\Chapter-07\“游戏背景.cdr”文件，如图 7-76 所示。

02 执行“文件”→“导入”命令，将本书附带光盘\Chapter-07\“轮廓.cdr”文件导入文档，如图 7-77 所示。单击属性栏中的“取消群组”按钮，取消对象群组。

图 7-76 打开光盘文件

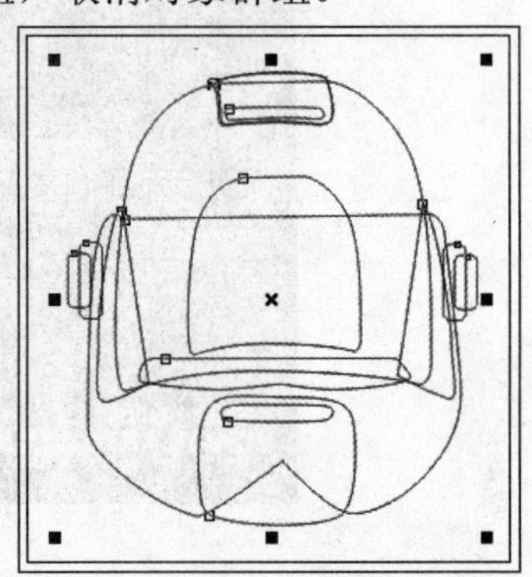

图 7-77 导入机器人轮廓图形

03 参照图 7-78 所示，使用“挑选”工具分别选择各部分轮廓图形，为其填充颜色，并设置轮廓色均为无。

这里为了方便查看，暂时为部分图形添加白色的轮廓色。

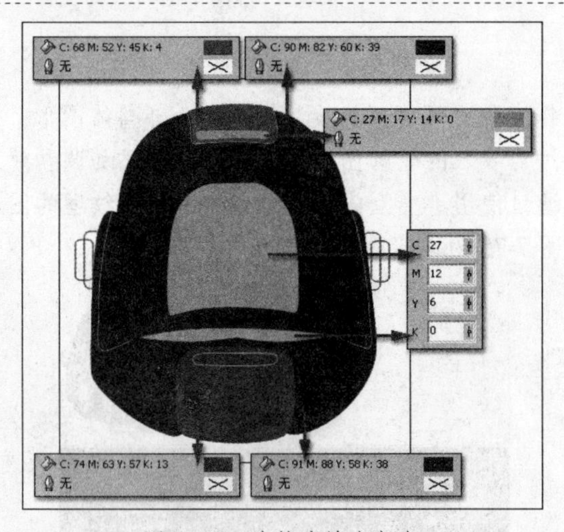

图 7-78 为轮廓填充颜色

04 参照图 7-79~图 7-80 所示，使用“交互式填充”工具为机器人耳朵图形填充渐变色，轮廓色设置为无。

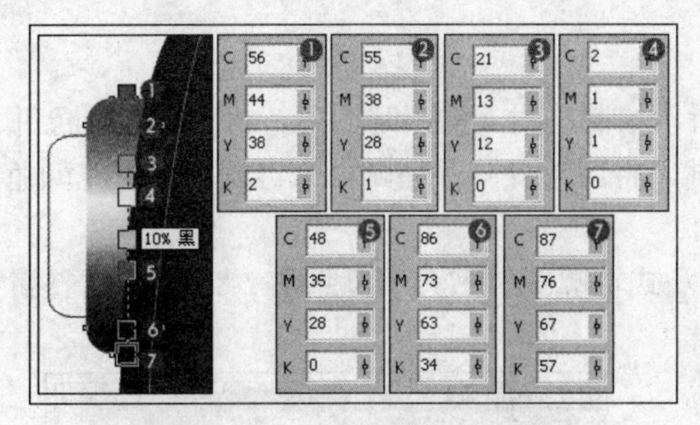

图 7-79 为内耳轮填充渐变颜色

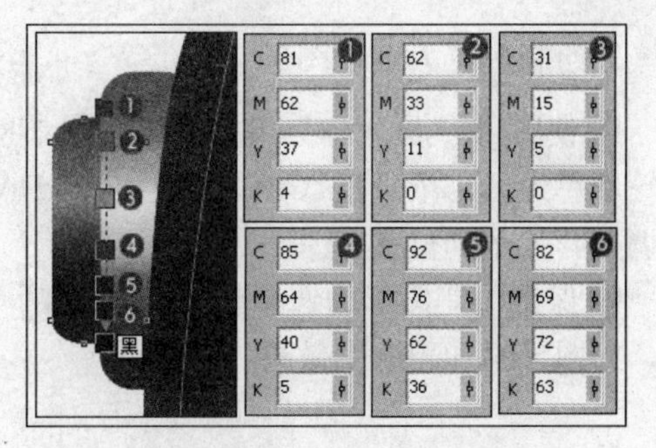

图 7-80 为外耳轮填充渐变颜色

05 使用同样的方法为另一侧的耳朵图形填充相同的渐变色。参照图 7-81~图 7-82 所示，使用"交互式填充"工具分别为嘴巴两侧的图形和下巴上的图形填充渐变颜色，轮廓色设置为无。

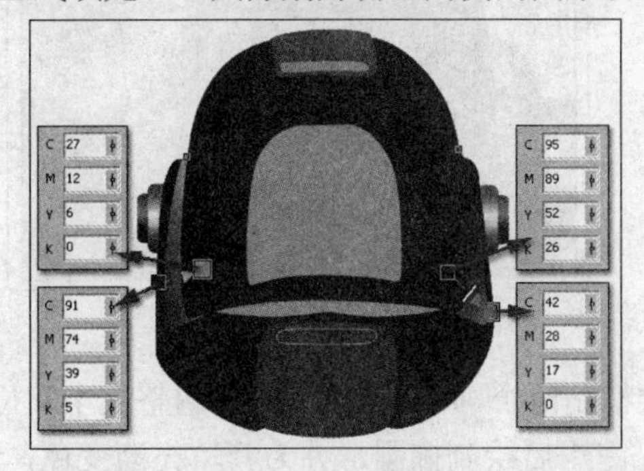

图 7-81 为图形填充渐变色

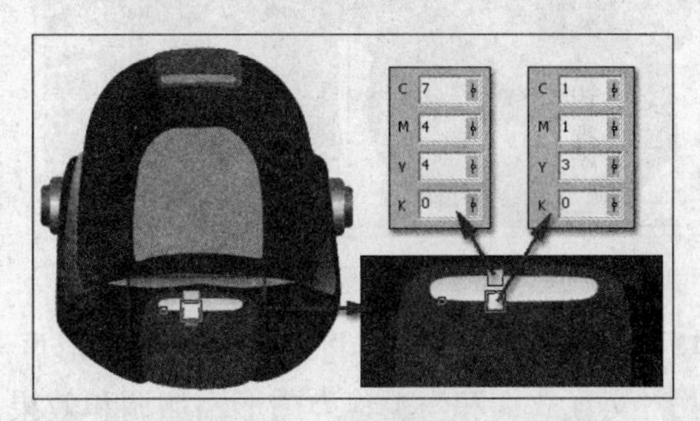

图 7-82 为图形填充渐变色

06 使用"交互式调和"工具，单击浅蓝色图形向下方深蓝色图形拖动鼠标，为图形添加调和效果，参照图 7-83 所示设置属性栏参数，调整调和效果。然后为下巴图形添加同样的调和效果。

07 参照上一步骤中同样的操作方法，使用"交互式调和"工具为头部的其他图形添加调和效果，并参照图 7-84 所示设置属性栏参数。

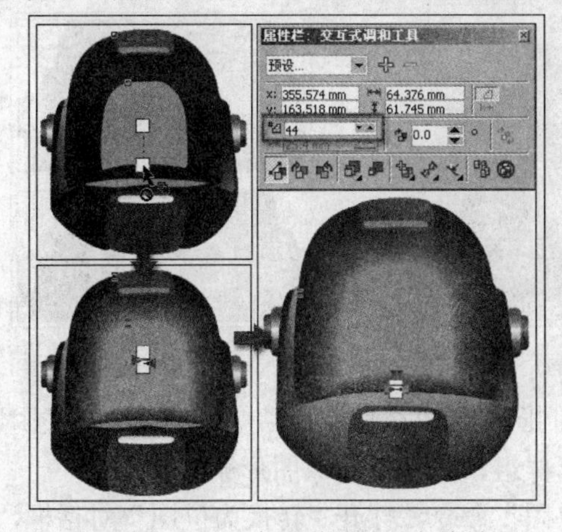

图 7-83 为图形添加调和效果

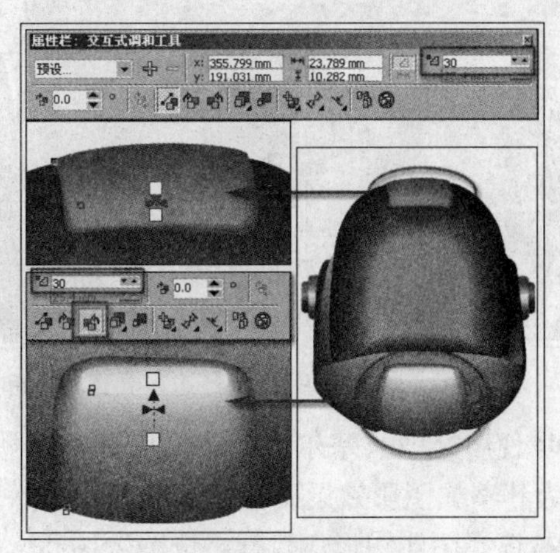

图 7-84 添加调和效果

2.绘制机器人细节图形

01 使用“贝塞尔”工具，参照图 7-85 所示绘制机器人的眼睛图形，将其填充黑色并设置轮廓色为无。依次按<Ctrl+C>键和<Ctrl+V>键，将图形复制并粘贴，为再制图形填充颜色，并调整其大小和位置。

02 保持再制图形的选择状态，选择“交互式轮廓图”工具，参照图 7-86 所示设置属性栏，为图形添加轮廓图效果。

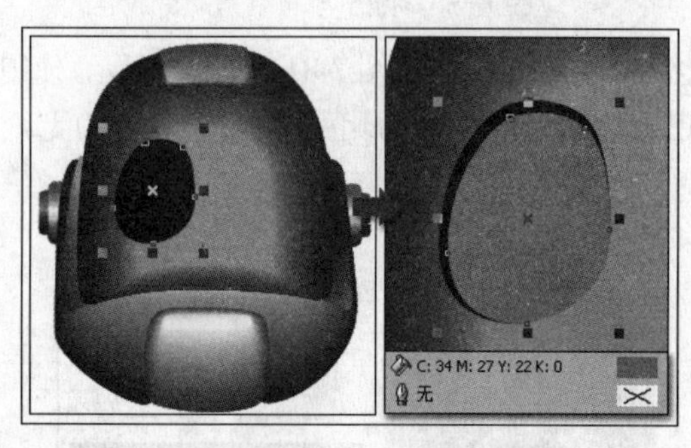

图 7-85　绘制眼睛图形

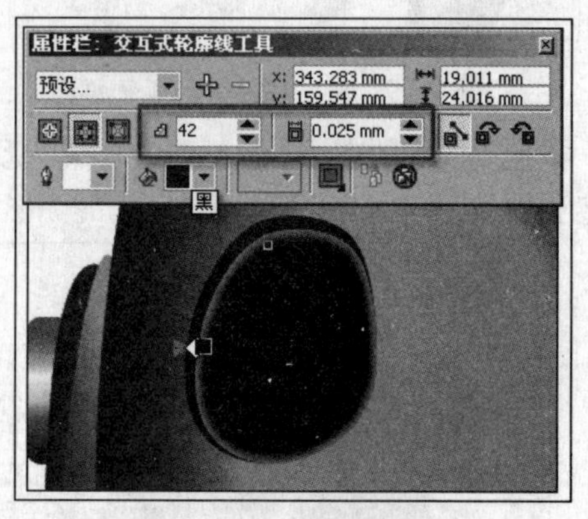

图 7-86　添加轮廓图效果

03 按<Ctrl+V>键两次，将之前复制的图形再次粘贴两个，并分别填充颜色调整大小和位置。使用“交互式调和”工具为图形添加调和效果。完毕后绘制椭圆形并为其填充渐变色，设置轮廓色为无，如图 7-87 所示。

04 使用“挑选”工具，将绘制的眼睛图形框选，按小键盘上的<+>键原地再制。单击属性栏中的“镜像”按钮，将再制图形水平翻转并调整位置。参照图 7-88 所示选择椭圆图形，再次单击“镜像”按钮，将该图形水平翻转。

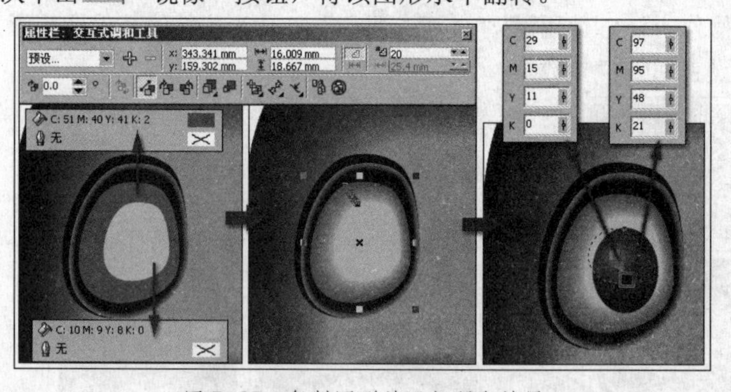

图 7-87　复制图形并添加调和效果

图 7-88　再制并调整图形

05 使用“贝塞尔”工具参照图 7-89 所示绘制图形，填充任意色。使用“交互式阴影”工具为其添加阴影效果，并按<Ctrl+K>键拆分阴影群组，完毕后将原图形删除。

06 选择阴影图形，执行“位图”→“转换为位图”命令，打开“转换为位图”对话框，参照图 7-90 所示设置对话框，完毕后单击“确定”按钮，将阴影图形转换为位图。

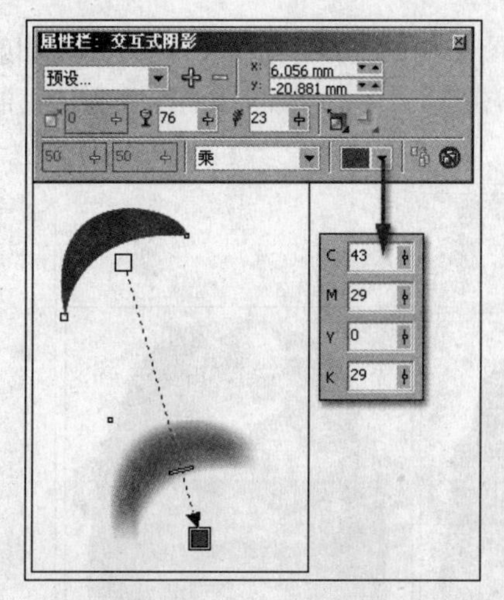

图7-89　绘制图形并添加阴影效果

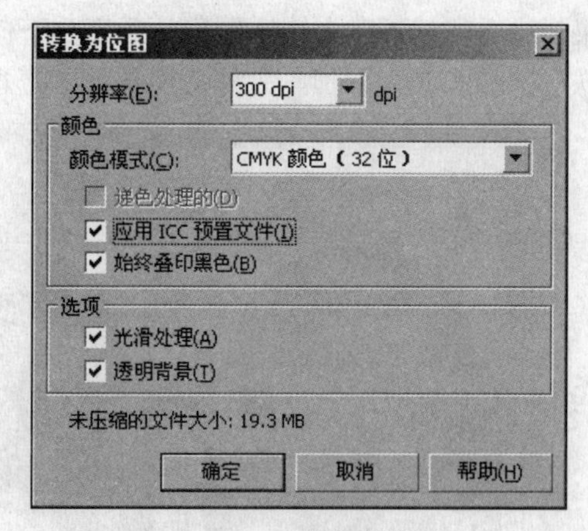

图7-90　转换为位图

07 调整阴影图像位置，使用“交互式透明”工具为阴影图像添加透明效果。通过按<Ctrl+PageDown>键，调整其顺序到所有眼睛图形的下面，如图7-91所示。

08 使用同样的操作方法，再制作出眼睛的高光图形，如图7-92所示。

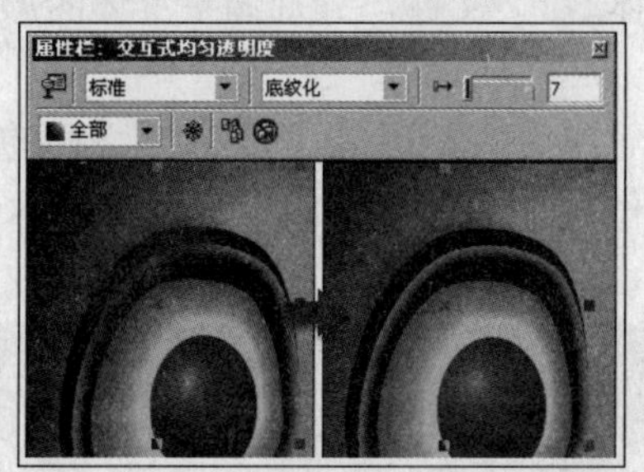

图7-91　添加透明效果

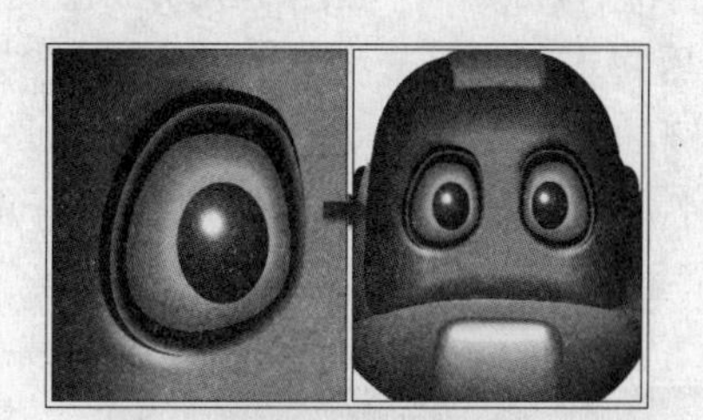

图7-92　制作眼睛的高光图形

09 使用“贝塞尔”工具绘制脸部轮廓图形，单击“底纹填充对话框”按钮，打开“底纹填充”对话框，参照图7-93所示设置对话框，为图形填充纹理。使用“交互式填充”工具，调整纹理填充效果。

10 使用“交互式透明”工具，参照图7-94所示设置属性栏，为纹理图形添加透明效果，制作出铁锈效果。通过按<Ctrl+PageDown>键将其调整到所有眼睛图形的下方。

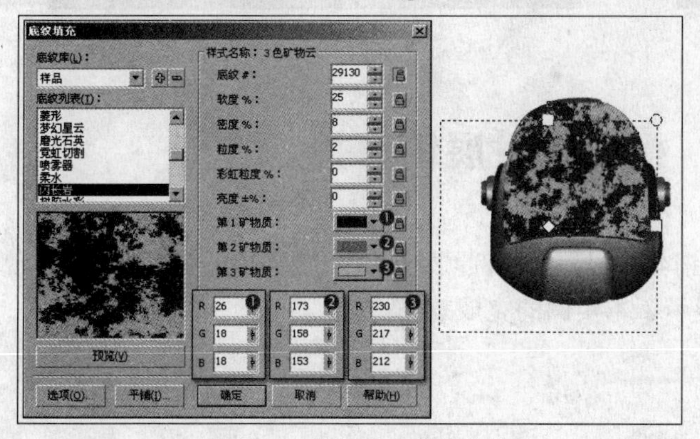

图7-93　绘制图形并填充纹理

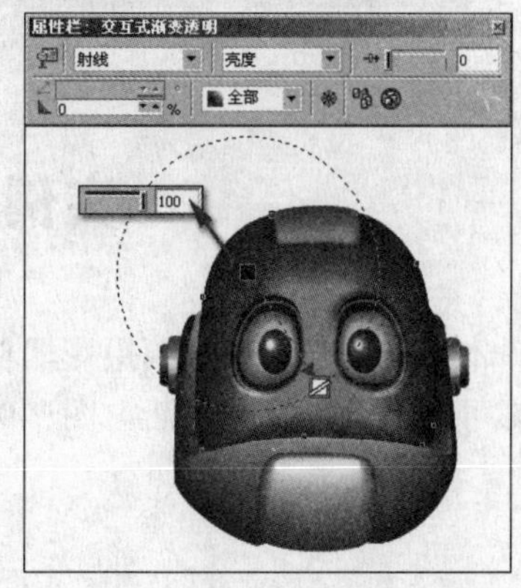

图7-94　为图形添加透明效果

11 参照图 7-95 所示绘制图形，填充与脸部铁锈图形相同的纹理图案，并为其添加射线透明效果。然后调整下巴上铁锈图形的顺序到下巴调和图形上方。参照同样的操作方法，制作出其他铁锈图形和高光图形，完毕后将头部图形群组。

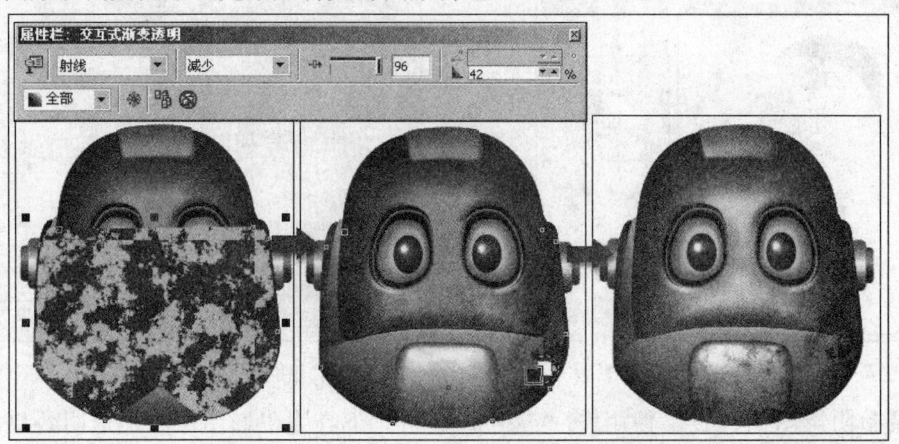

图 7-95 制作其他铁锈图形和高光图形

12 导入本书附带光盘\Chapter-07\“机器人身体.cdr”文件，分别调整身体图形和头部图形在背景中的位置和顺序，如图 7-96 所示。

13 最后将本书附带光盘\Chapter-07\“装饰图形和文字.cdr”文件导入到文档的相应位置，完成本实例的制作，效果如图 7-97 所示。在制作过程中遇到问题，可以打开本书附带光盘\Chapter-07\“游戏宣传海报.cdr”文件进行查看。

图 7-96 导入机器人身体图形

图 7-97 完成效果

实例 6 摄影器材展销海报

本节实例将制作一幅摄影器材展销会海报。本实例颜色明亮、图像对比度强，充分体现了摄影可以记录美好的生活，图 7-98 展示了本实例的完成效果。

图 7-98　完成效果

设计思路

根据宣传内容，海报选择具有代表性的古典建筑说明会展地点，通过艺术化的背景处理，以及摄影常用的构图形式，来表达展销会的主题信息。

技术剖析

该实例的制作过程分为两个部分，分别是绘制画面背景，以及位图效果处理。画面的背景绘制相对较为简单，主要是以一组颜色协调、组织有序的图形组成。画面的主题建筑图案使用CorelDRAW位图编辑功能来制作完成，通过调整位图的色彩，建立遮罩效果使位图同背景融入到一起。图 7-99 展示了实例的制作流程。

图 7-99　制作流程

制作步骤

1.绘制背景

01 启动 CorelDRAW X3，执行“文件”→“新建”命令，新建空白文档并保持属性栏的默认设置。

02 双击工具箱中的“矩形”工具，创建一个与页面等大的矩形，并对其填充颜色，如图 7-100 所示。

03 选择工具箱中的“椭圆形”工具，按键盘上<Ctrl>键的同时单击并拖动鼠标，绘制圆形，如图 7-101 所示。

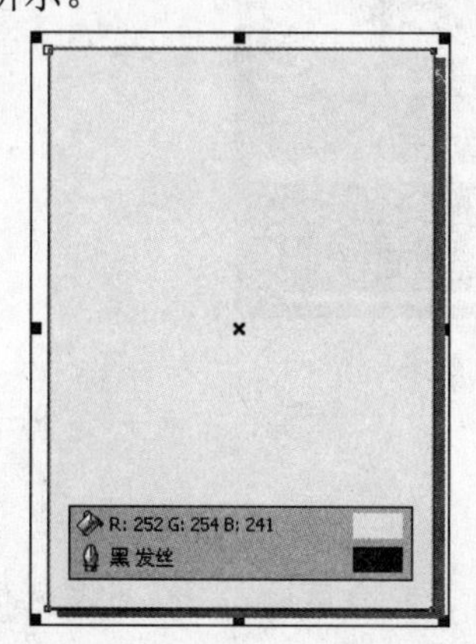

图 7-100　创建矩形并填充颜色

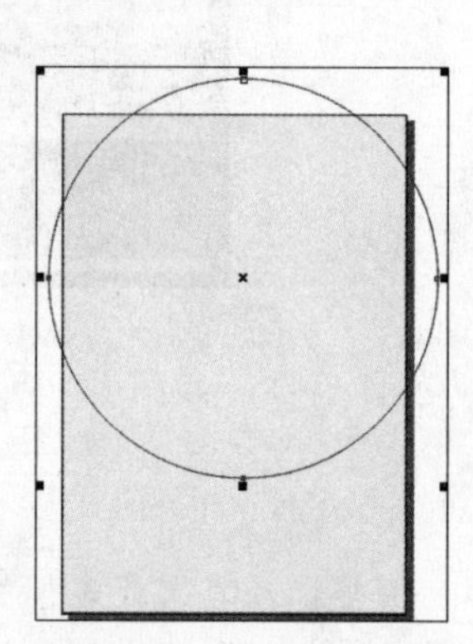

图 7-101　绘制圆形

04 保持圆形的选择状态，按小键盘上的<+>键将其原地再制。按<Shift>键的同时，向内拖动右上角的控制柄，将复制的圆形等比例缩小，如图 7-102 所示。

05 按<Shift>键的同时单击大圆图形，将两个圆形同时选中。执行“排列”→“对齐和分布”→“底端对齐”命令，将图形底端对齐。单击属性栏中“结合”按钮将两个圆形结合，并设置其填充颜色和轮廓色，如图 7-103 所示。

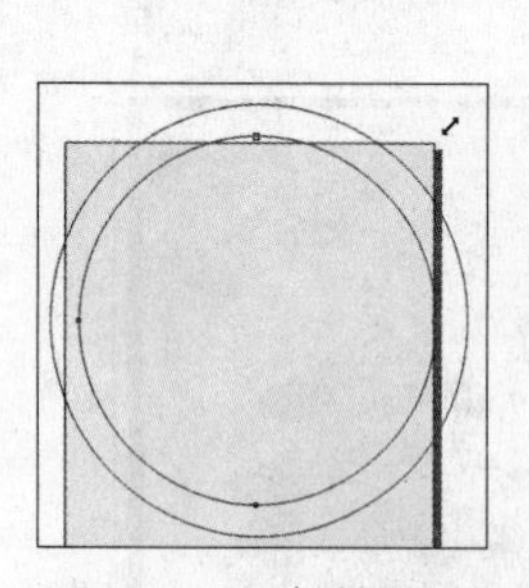

图 7-102　复制圆形

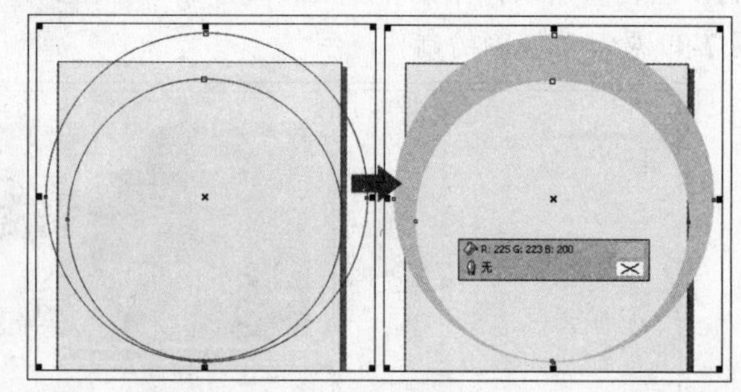

图 7-103　结合图形并填充颜色

06 保持该图形的选择状态，将其多次复制并等比例缩小，如图 7-104 所示。

07 使用“挑选”工具将制作的图形全部选中，单击属性栏中“对齐和分布”按钮，打开“对齐与分布”对话框，参照图 7-105 所示设置该对话框并单击“应用”按钮，将所选图形对齐。

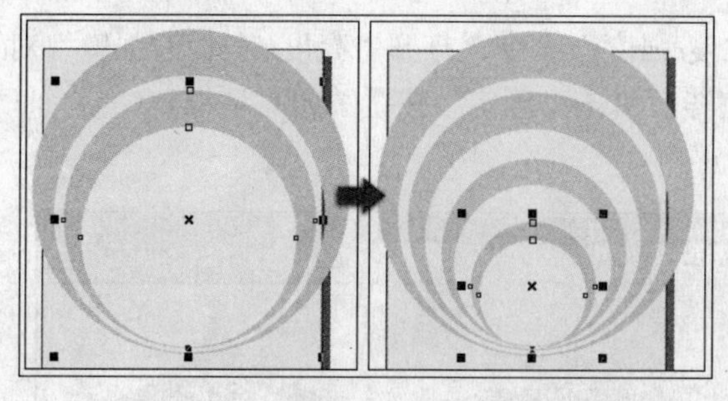

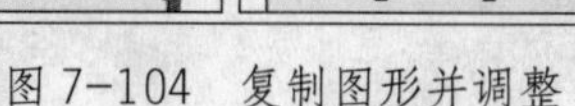

图 7-104 复制图形并调整

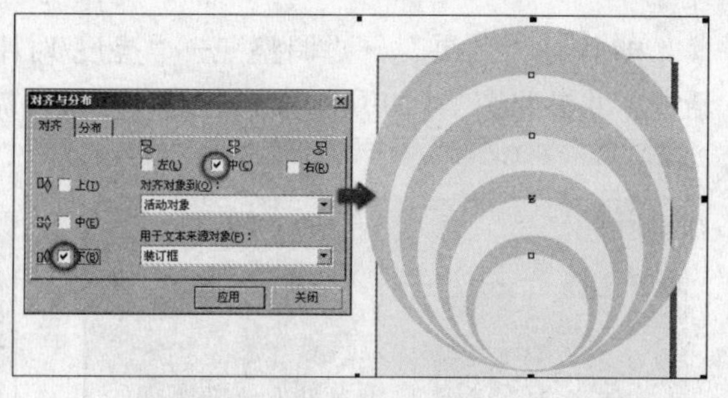

图 7-105 对齐图形

08 使用“椭圆形”工具和“矩形”工具，分别绘制图 7-106 所示的装饰图形，也可以直接将本书附带光盘\Chapter-07\“装饰图形.cdr”文件导入文档中直接使用。

2.位图处理

01 执行“文件”→“导入”命令，将本书附带光盘\Chapter-07\“古建筑.jpg”文件导入到文档中相应位置，如图 7-107 所示。

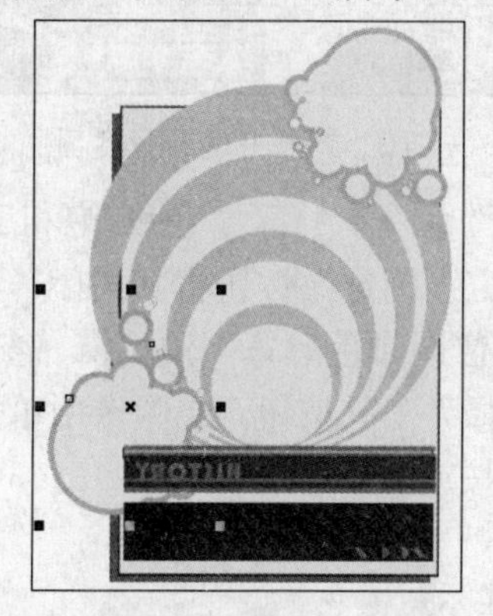

图 7-106 导入“装饰图形.cdr”文件

图 7-107 导入“古建筑”.jpg 文件

02 使用“形状”工具，框选图像底边两个节点，并垂直向上拖动鼠标隐藏部分图像。执行“位图”→“裁剪位图”命令修剪位图，如图 7-108 所示。

图 7-108 裁剪图像

03 执行“效果”→“调整”→“调合曲线”命令，打开“调合曲线”对话框，参照图 7-109 所示设置对话框，完毕后单击“确定”按钮关闭对话框。

提示

单击对话框左下角的“锁定预览”按钮，可以随时观看调整图像的效果。

04 执行“效果”→“调整”→“亮度/对比度/强度”命令，打开“亮度/对比度/强度”对话框，并参照图7-110所示设置各选项参数，完毕后单击“确定”按钮关闭对话框。

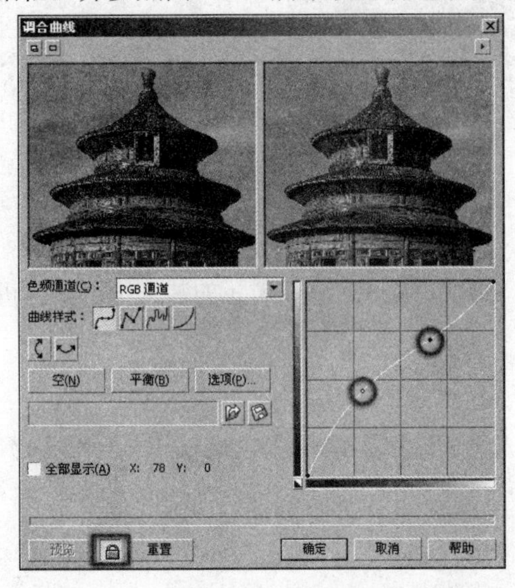

图7-109　调合曲线

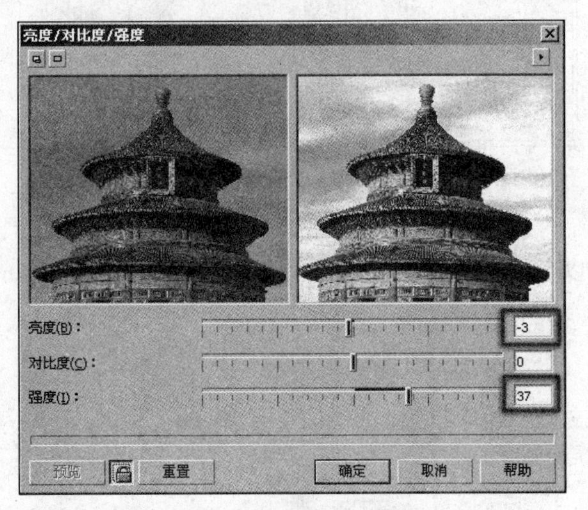

图7-110　调整亮度和强度图

05 执行“效果”→“调整”→“色度/饱和度/亮度”命令，打开“色度/饱和度/亮度”对话框，参照图7-111所示设置该对话框参数，完毕后单击“确定”按钮将其关闭。

06 执行“位图”→“位图颜色遮罩”命令，打开“位图颜色遮罩”泊坞窗，参照图7-112所示单击启用颜色通道左边的复选框。单击“颜色选择”工具按钮，在图像中单击选择需要隐藏的颜色，完毕后设置其容限值大小并单击“应用”按钮。

提示

“位图颜色遮罩”命令可以指定要在位图中隐藏和显示的颜色。

图7-111　调整图像饱和度

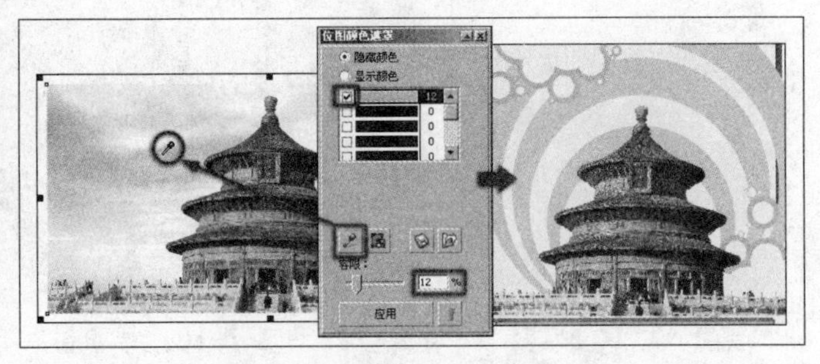

图7-112　应用颜色遮罩

07 调整位图的位置和顺序，使用“交互式阴影”工具，为“古建筑”图像添加阴影效果，并参照图7-113所示设置其属性栏。

08 使用“挑选”工具框选全部图形，并按<Ctrl+G>键将其群组。双击“矩形”工具创建与页面等大的矩形，按<Shift+PageUp>键将矩形放到页面顶端，如图 7-114 所示。

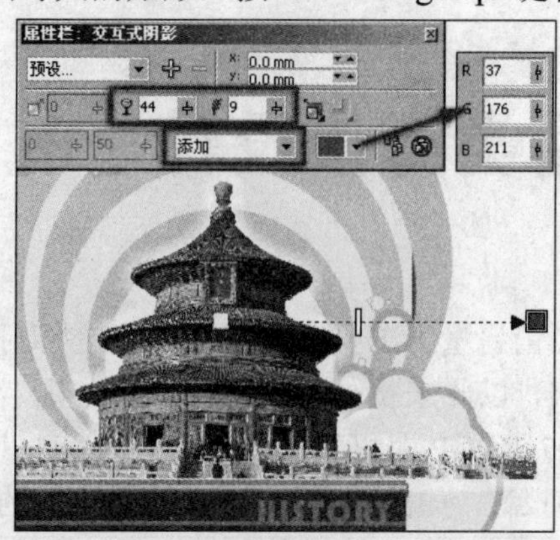

图 7-113　为图像添加阴影效果

图 7-114　绘制矩形

09 选中群组对象，执行“效果”→“图框精确剪裁”→“放置在容器中”命令，当鼠标光标变成黑色箭头时单击顶端的矩形，对群组对象进行剪裁，如图 7-115 所示。

10 最后绘制矩形边框并添加相应的文字信息，完成本实例的制作，效果如图 7-116 所示。在制作过程中遇到问题，可以打开本书附带光盘\Chapter-07“摄影器材展销海报.cdr”文件进行查看。

图 7-115　精确裁剪群组对象

图 7-116　完成效果

第 8 章　产品类海报设计

产品类海报是以宣传某种产品或服务，提高销售量为主要目的的海报。这类海报一般在设计上要求客观准确，产品的特征或服务主题突出，以此来激发消费者的购买欲望。在本章中安排了 6 组实例，分别为“产品宣传海报”、“饰品 POP 海报”、“店面 POP 海报”、“玩具海报”、“海洋馆宣传海报”和“葡萄酒宣传海报”，如图 8-1 所示，为本章实例的完成效果。

图 8-1　完成效果

本章实例

实例 1　产品宣传海报	实例 4　玩具海报
实例 2　饰品 pop 海报	实例 5　海洋馆宣传海报
实例 3　店面 POP 海报设计	实例 6　葡萄酒宣传海报

实例1　产品宣传海报

本小节安排的是为某品牌的水晶饰品制作的形象宣传海报，画面中主体物晶莹剔透，充分突出产品时尚的外观和透明的材质效果。如图8-2所示为本实例的完成效果。

图8-2　完成效果

设计思路

考虑到这是一则宣传水晶饰品的海报招贴，将把精致的饰品图形作为海报的主体物，配合其他装饰图形，营造唯美、华丽的氛围，从感官上刺激消费者购买的欲望，达到宣传的目的。

技术剖析

水晶饰品的透明效果的表现，为本实例的重要表现内容。首先绘制出产品的轮廓图形，然后分别为其填充颜色，最后使用“交互式透明”工具为图形添加透明度，制作出水晶特殊的材质效果。如图8-3所示，为本实例的制作流程图。

图8-3　制作流程

制作步骤

01 运行 CorelDRAW X3，执行“文件”→“打开”命令，打开本书附带光盘\Chapter-08\“素材.cdr”文件，如图 8-4 所示。

02 使用“贝塞尔”工具，参照图 8-5 所示在页面中绘制苹果外轮廓图形。选择“挑选”工具，按小键盘上的<+>键，将其原位置再制。使用“交互式填充”工具，为其填充渐变色。

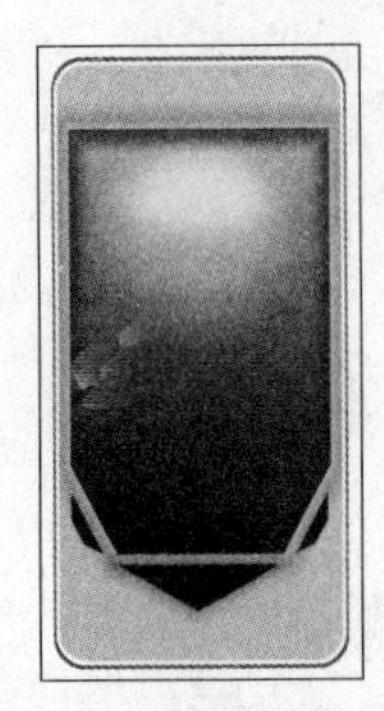

图 8-4　打开光盘文件

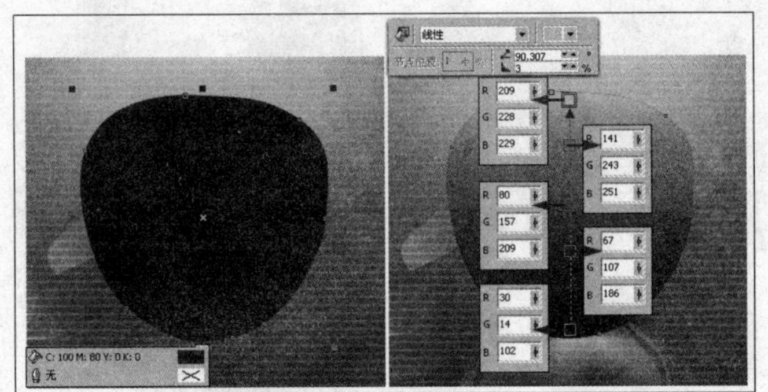

图 8-5　绘制苹果图形再制并填充渐变分

03 使用“交互式透明”工具，为苹果图形添加透明效果，并参照图 8-6 所示设置其属性栏。

04 使用“椭圆形”工具，参照图 8-7 所示在苹果上面绘制椭圆。使用“交互式透明”工具，为其添加透明效果。

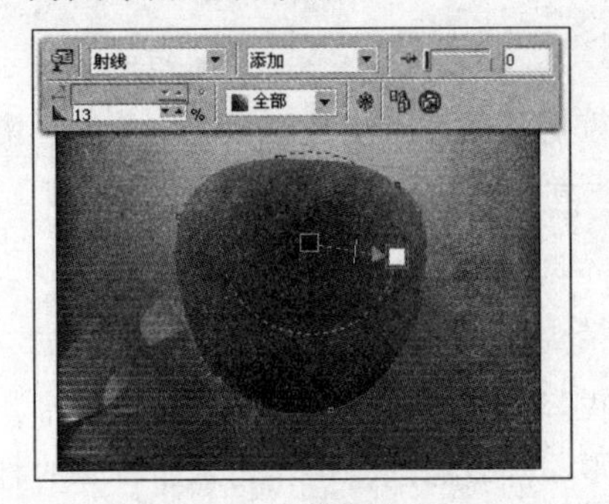

图 8-6　添加透明效果

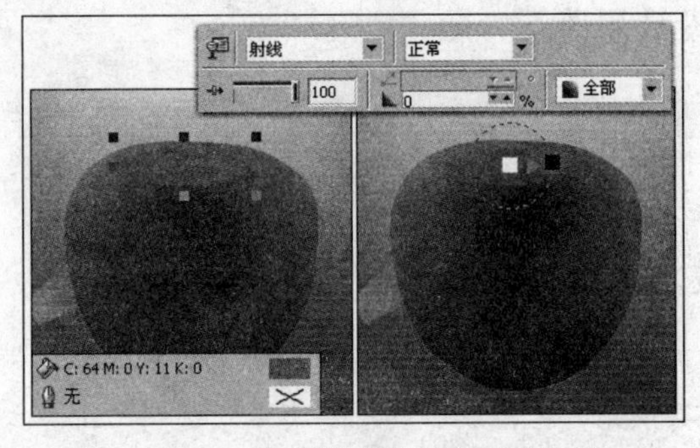

图 8-7　绘制椭圆并添加透明效果

05 使用“贝塞尔”工具，参照图 8-8 所示绘制苹果梗图形，并为相应图形添加透明效果。

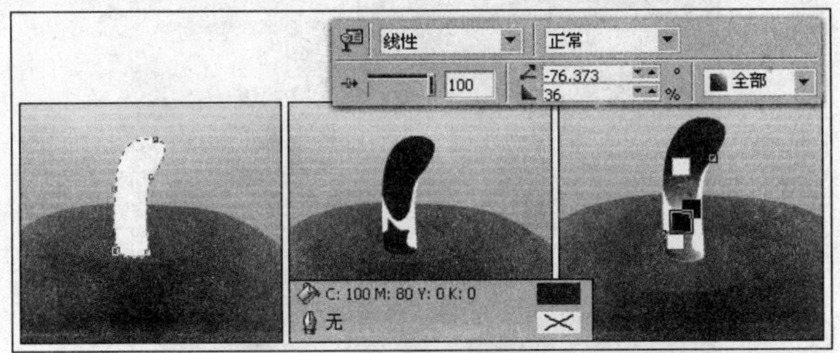

图 8-8　绘制图形并添加透明效果

06 参照以上方法，在苹果图形上绘制暗部图形，将其填充为蓝色，轮廓色为无。使用“交互式透明”工具，为其添加透明效果，如图8-9所示。

07 在苹果左侧绘制高光图形，并填充为白色。使用“交互式透明”工具，参照图8-10所示为其添加透明效果。

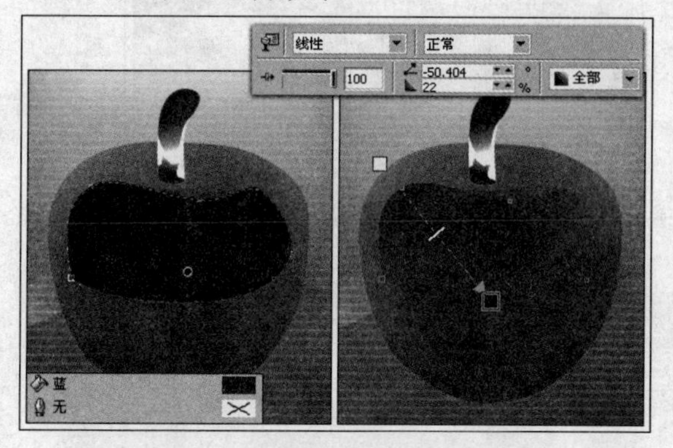

图8-9 绘制图形并添加透明效果

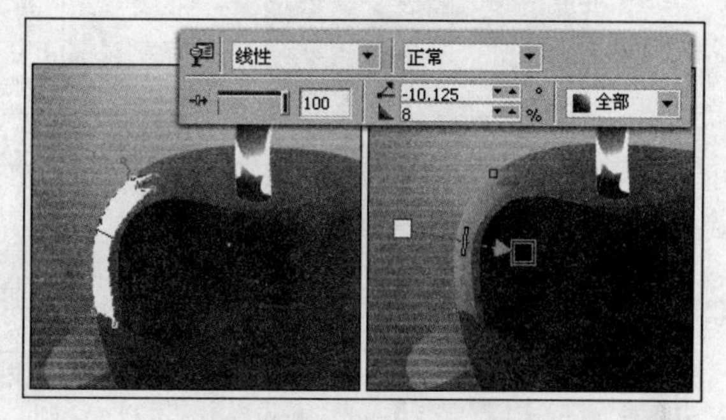

图8-10 制作苹果高光效果

08 参照以上方法，再制作苹果图形上的其他高光和反光图形，完成苹果图形的制作，如图8-11所示。使用“挑选”工具框选苹果图形，按<Ctrl+G>键将其群组。

09 将苹果图形再制，单击属性栏中的“垂直镜像”按钮，将其垂直翻转并调整位置，接着按<Ctrl+PageDown>键调整其图层顺序。执行“位图”→“转换为位图”命令，打开“转换为位图”对话框，如图8-12所示，单击“确定”按钮，将其转换为位图。

图8-11 制作苹果高光和反光效果

图8-12 再制苹果图形并转换为位图

10 使用“交互式透明”工具，为图像添加透明效果，制作苹果的倒影效果，如图8-13所示。

11 使用“椭圆形”工具，在页面中绘制椭圆，为其填充任意颜色。使用“交互式阴影”工具，为圆形上添加阴影效果，并参照图8-14所示设置属性栏。

12 按<Ctrl+K>键拆分阴影群组，将椭圆删除。参照图8-15所示调整阴影图形的顺序和位置。使用“贝塞尔”工具绘制图形，填充任意颜色，使用“交互式阴影”工具，为其添加阴影效果。

13 按<Ctrl+K>键拆分阴影群组，将原图形删除，将阴影转换为位图。将阴影图像水平翻转，在上面双击，出现旋转控制柄，参照图8-16所示将其倾斜。使用“交互式透明”工具，为其添加透明效果。

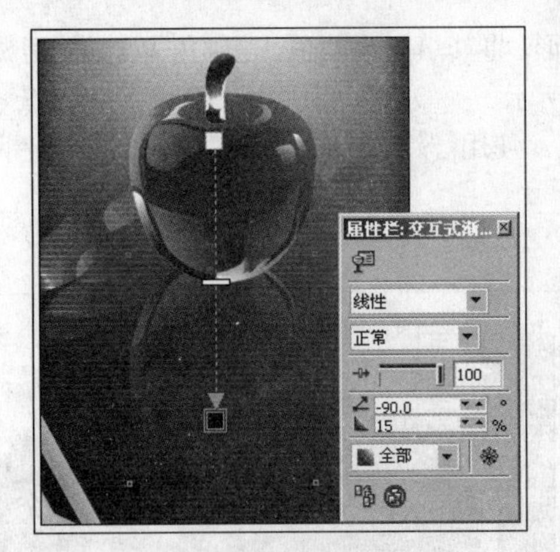

图 8-13　制作苹果倒影效果

图 8-14　绘制椭圆并添加阴影

图 8-15　绘制图形并添加阴影效果

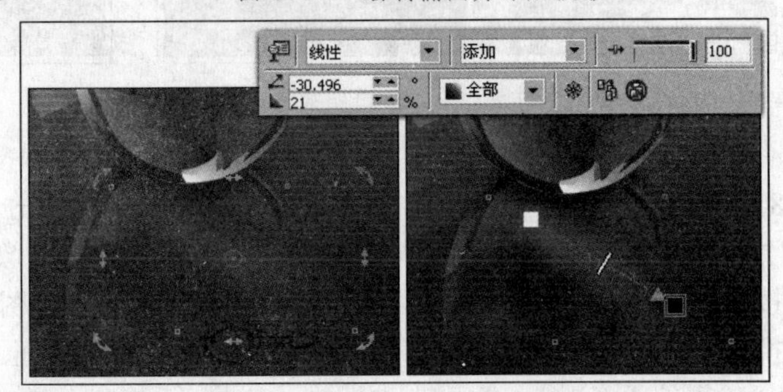

图 8-16　调整阴影并添加透明效果

14 保持该图像的选择状态，调整其位置和顺序到苹果图形的下面。完毕后将其原位置再制并将其缩小，增强折射效果，如图 8-17 所示。

15 参照同样的操作方法，再次将折射图像再制，分别调整大小和位置，制作出其他折射光效果，如图 8-18 所示。

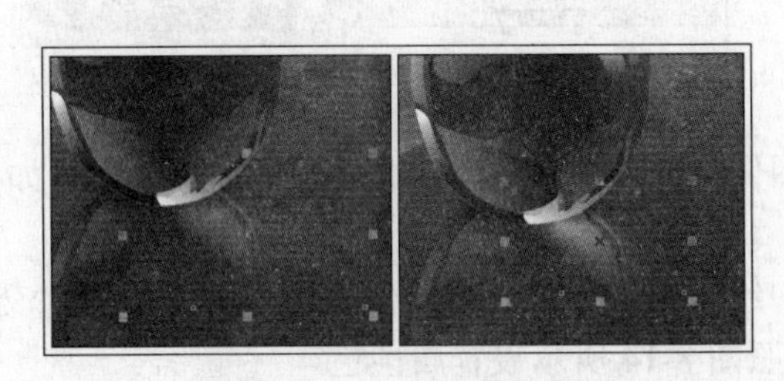

图 8-17　再制阴影并调整

图 8-18　制作折射效果

16 最后执行“文件”→“导入”命令，导入本书附带光盘\Chapter-08\“文字装饰.cdr”文件，并调整其位置，完成本实例的制作，效果如图 8-19 所示。可打开本书附带光盘\Chapter-08\“产品宣传海报.cdr”文件进行查阅。

图 8-19　完成效果

实例 2　饰品 pop 海报

POP 广告可以起到告知商品信息、增强购买意识和营造销售气氛的作用。在本节的实例学习中，将制作一个饰品店的 POP 海报。在该实例中主体造型占据了画面的大部分区域，对比强烈的色彩搭配和设计元素，在第一时间传递了商品的信息。图 8-20 展示了本节实例的完成效果。

图 8-20　完成效果

设计思路

本实例使用讨人喜爱的卡通女孩作为画面主体，并搭配以丰富的装饰图案，使整个画面给人一种活泼可爱的视觉感受，达到宣传店铺形象的效果。

技术剖析

本实例画面看起来比较复杂，绘制起来相对比较简单，主要通过使用“贝塞尔”工具绘制人物的轮廓，为图形填充内容，制作出本实例中的画面效果。图 8-21 展示了本实例的制作流程图。

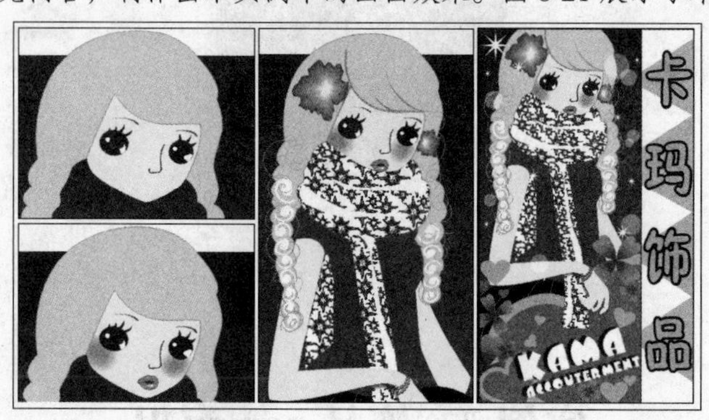

图 8-21　制作流程

制作步骤

1.绘制卡通女孩图形

01 运行 CorelDRAW X3，新建一个空白文档，参照图 8-22 所示设置属性栏，调整页面大小。

02 双击“矩形”工具按钮，绘制一个与页面等大且重合的白色矩形。选择“挑选”工具，按小键盘上的<+>键，将矩形原位再制，并调整大小。使用“交互式填充”工具，参照图 8-23 所示为矩形填充渐变色。

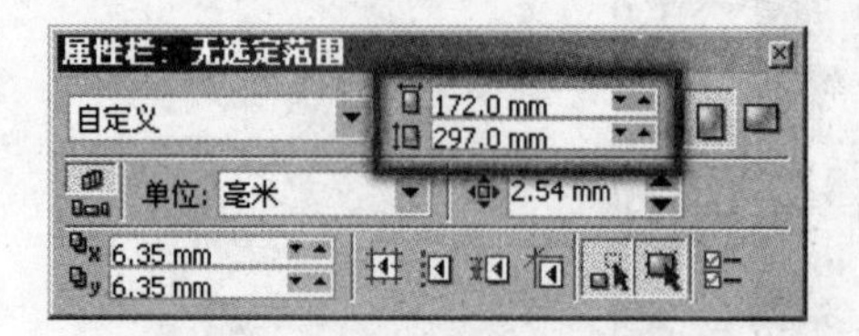

图 8-22　设置属性栏

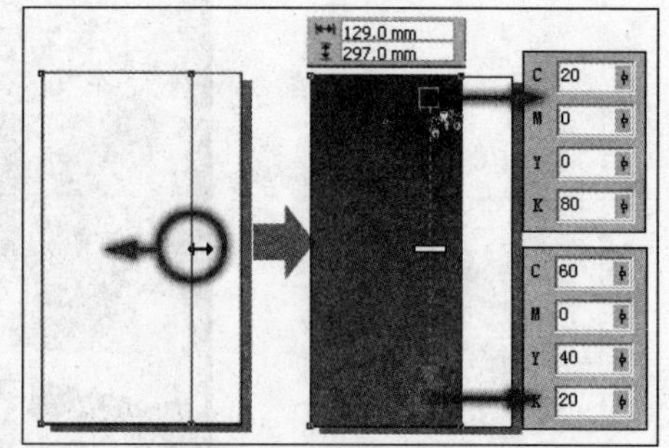

图 8-23　制作背景

03 使用“贝塞尔”工具，参照图 8-24 所示绘制小女孩的脸部和头发图形，并分别为图形填充颜色和轮廓色。

提示　可以将本书附带光盘\Chapter-08\“小女孩轮廓图形.cdr”文件导入文档中使用。

04 使用“椭圆形”工具和“贝塞尔”工具，参照图 8-25 所示，绘制眼睛和眼睫毛图形，完成后使用“挑选”工具将两只眼睛框选，按<Ctrl+G>键将其群组。

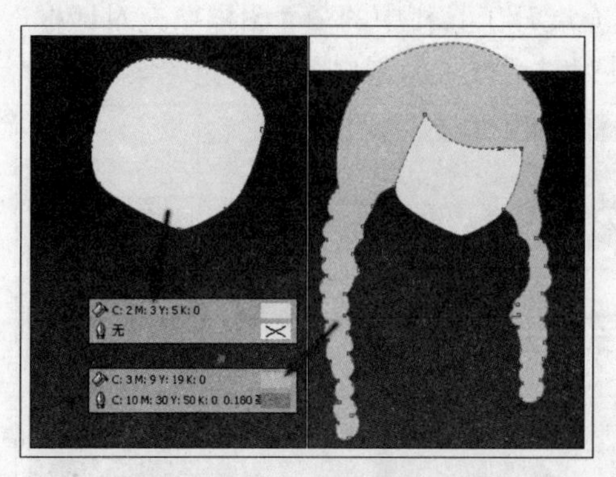

图 8-24　绘制脸部和头发图形

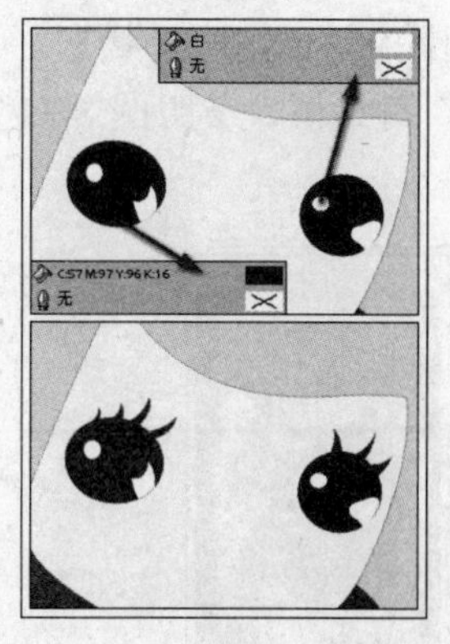

图 8-25　绘制眼睛

05 选择“艺术笔”工具，参照图 8-26 所示设置其属性栏，然后在相应位置绘制出眉毛图形，并更改其填充颜色。

06 使用“贝塞尔”工具，参照图 8-27 所示绘制出鼻子和嘴唇图形，并将嘴唇图形群组。

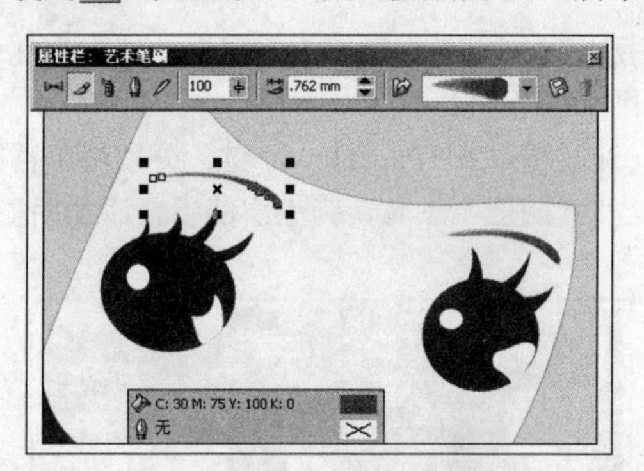

图 8-26　绘制眉毛图形

图 8-27　绘制鼻子和嘴唇

07 使用“椭圆形”工具，绘制椭圆并填充任意颜色。使用“交互式阴影”工具，参照图 8-28 所示为椭圆图形添加阴影效果。

08 按<Ctrl+K>键拆分阴影群组，并将椭圆图形删除。调整阴影图形的位置和旋转角度，通过按<Ctrl+PageDown>键，调整其顺序到头发图形的下面。将阴影再制，参照图 8-29 所示调整其位置、旋转角度和顺序，制作另一侧腮红效果。

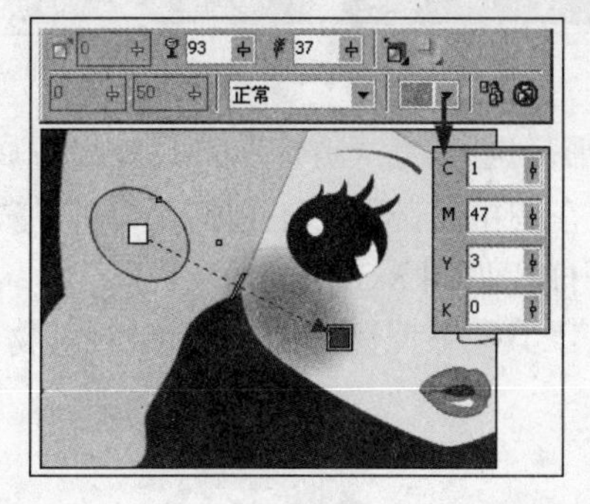

图 8-28　绘制腮红

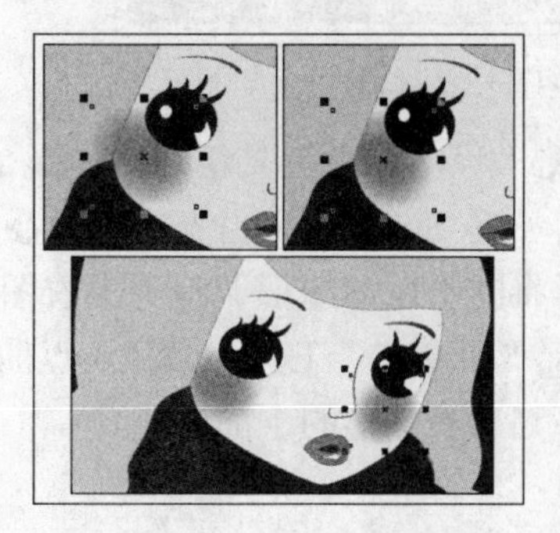

图 8-29　再制阴影并调整

09 使用“贝塞尔”工具，参照图 8-30 所示绘制围巾图形，并通过按<Ctrl+PageDown>键，调整其顺序到头发图形下面。

10 保持围巾图形的选择状态，单击填充展开工具栏中的“图样填充对话框”按钮，打开“图样填充”对话框，参照图 8-31 所示设置对话框，为围巾图形填充图案。

图 8-30　绘制围巾图形

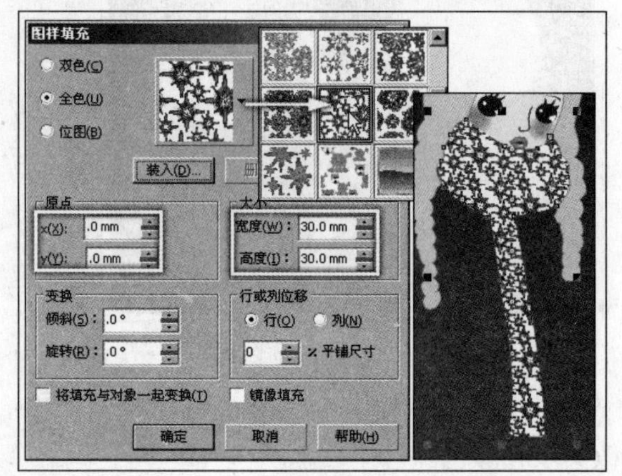

图 8-31　设置“图样填充”对话框

11 使用“贝塞尔”工具，参照图 8-32 所示绘制出小女孩的上衣图形，填充为红色，通过按<Ctrl+PageDown>键，调整其顺序到围巾图形的下面。

12 接下来绘制手臂图形，为其填充颜色。通过按<Ctrl+PageDown>键，分别将手臂图形调整到头发图形和上衣图形的下面。使用“交互式阴影”工具，为上层的手臂添加阴影效果，如图 8-33 所示。

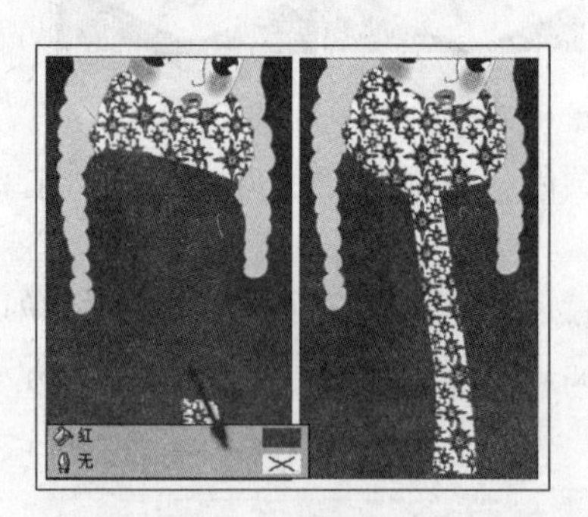

图 8-32　绘制上衣图形

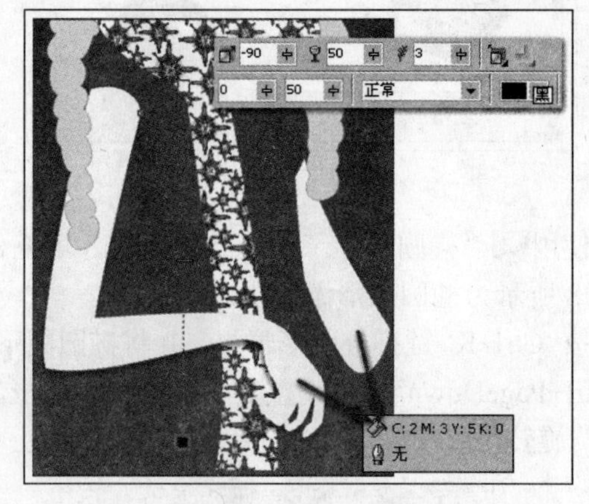

图 8-33　添加阴影效果

13 使用“贝塞尔”工具绘制围巾尾部图形。选择“滴管”工具，设置属性栏，在围巾图形上单击。按<Shift>键，当光标变为时，在围巾尾部图形上单击，为其填充同样的图案效果。完毕后将围巾尾部图形调整到上衣图形下面，如图 8-34 所示。

14 使用“贝塞尔”工具和“3 点曲线”工具，参照图 8-35 所示绘制人物的裙子图形，并调整其顺序到上衣图形的下面。

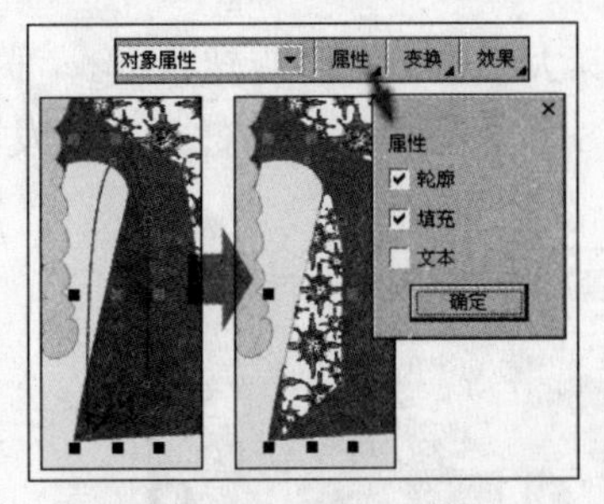

图 8-34　绘制图形并填充图案

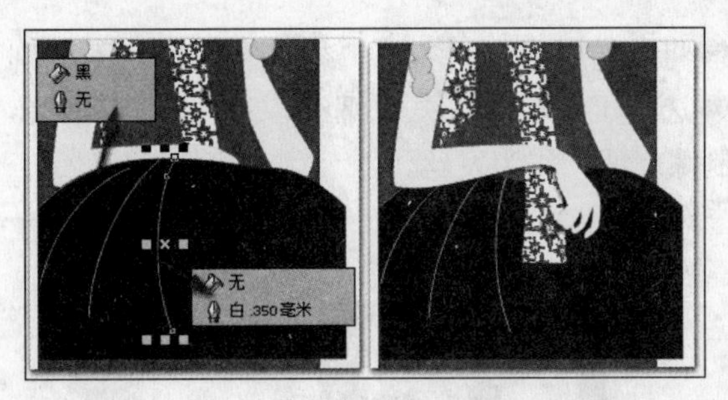

图 8-35　绘制裙子图形

2.刻画人物各部位的细节

01 选择“艺术笔”工具，参照图 8-36 所示设置其属性栏，在小女孩头发图形上面绘制发丝图形，并填充颜色，轮廓色为无。

02 参照上一步骤中同样的操作方法，使用不同的艺术笔触，绘制出如图 8-37 所示的发丝图形，并填充为枯黄色，轮廓色为无。

图 8-36　绘制发丝图形

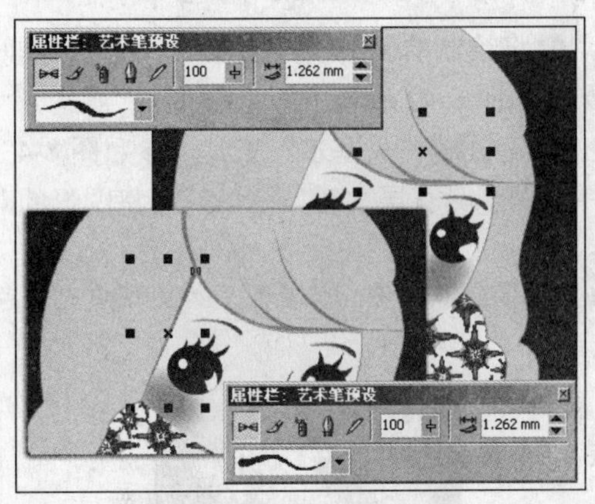

图 8-37　绘制图形

03 执行“文件”→“导入”命令，将本书附带光盘\Chapter-08\“头花.cdr”文件导入到文档中相应位置，如图 8-38 所示。

04 使用“矩形”工具，绘制一个白色矩形。选择“交互式变形”工具，参照图 8-39 所示设置其属性栏，在矩形上单击拖动并旋转鼠标，对图形进行变形。选择“挑选”工具，调整图形角度。

图 8-38　导入素材

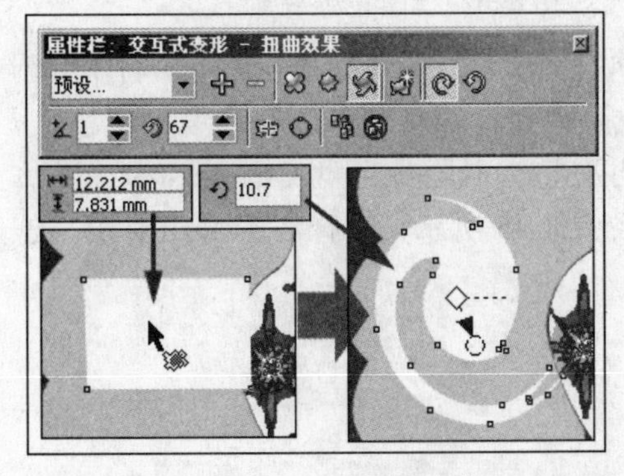

图 8-39　制作发卷图形

05 将发卷图形再制多个，参照图 8-40 所示分别调整其大小、位置和旋转角度。

06 选择工具箱中的"螺纹"工具，参照图 8-41 所示设置其属性栏，然后在头发图形上面绘制螺旋线，作为发丝。

图 8-40 再制图形并调整

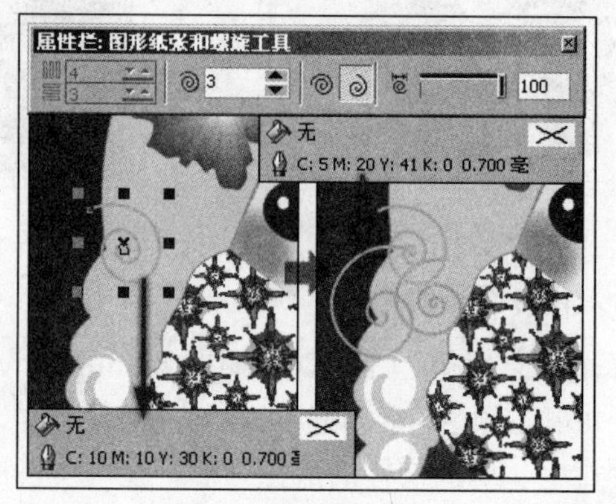

图 8-41 绘制螺旋线

07 将绘制的螺旋线再制多个，分别调整再制图形的大小、位置和顺序，制作出蓬松的卷发效果，如图 8-42 所示。

08 使用"贝塞尔"工具，参照图 8-43 所示，在围巾图形上面绘制图形并填充为白色，使围巾图形具有层次感。完毕后调整图形的顺序。

提示 为了方便查看，这里暂时为图形填充黑色。

图 8-42 制作卷发效果

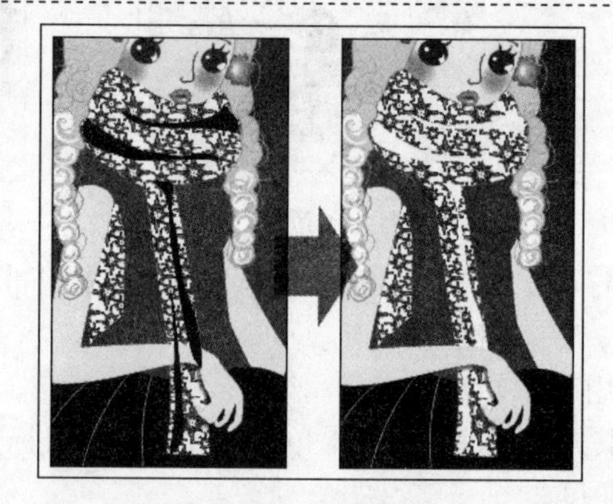

图 8-43 绘制图形

09 执行"文件"→"导入"命令，将本书附带光盘\Chapter-08\"手链.cdr"文件导入文档中相应位置，如图 8-44 所示。

10 再次将本书附带光盘\Chapter-08\"装饰素材.cdr"文件导入，按<Ctrl+U>键取消群组。参照图 8-45 所示，选择心形群组对象，连续按<Ctrl+PageDown>键，将其调整到围巾下方。

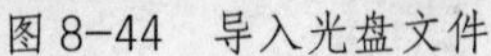

图 8-44　导入光盘文件

图 8-45　导入装饰素材

11 将除背景矩形之外的所有图形选中，执行“效果”→“图框精确剪裁”→“放置在容器中”命令，当鼠标变为黑色箭头时单击背景矩形，将所选择的图形放置在背景矩形中，如图 8-46 所示。

提示　在执行完“图框精确剪裁”→“放置在容器中”命令后，可以通过执行“编辑内容”和“结束编辑”命令对背景矩形当中的图形位置作进一步的调整。

12 最后在页面右侧添加装饰图形和文字信息，完成本实例的制作，效果如图 8-47 所示。在制作过程中遇到问题，可以打开本书附带光盘\Chapter-08\“饰品 pop 海报.cdr”文件进行查阅。

图 8-46　编辑内容

图 8-47　完成效果

实例 3　店面 POP 海报设计

这是为一个以年轻女性为消费群体的服饰店制作的 POP 海报，在构图与文字的安排上，应体现出女性柔美浪漫的感觉，如图 8-48 所示，为本实例的完成效果。

图 8-48　完成效果

设计思路

该服饰店是为了促销换季产品而制作的这幅海报。海报画面用色清新淡雅，装饰图形充满了女性的柔美感觉。结合该服饰店的整体风格，搭配以颜色醒目的装饰字体，清楚地点明了海报的宣传主题。

技术剖析

在本实例的制作过程中，主要使用了“椭圆形”工具、“矩形”工具等多种基础工具来绘制海报中的装饰图形。如图 8-49 所示，为本实例的制作流程。

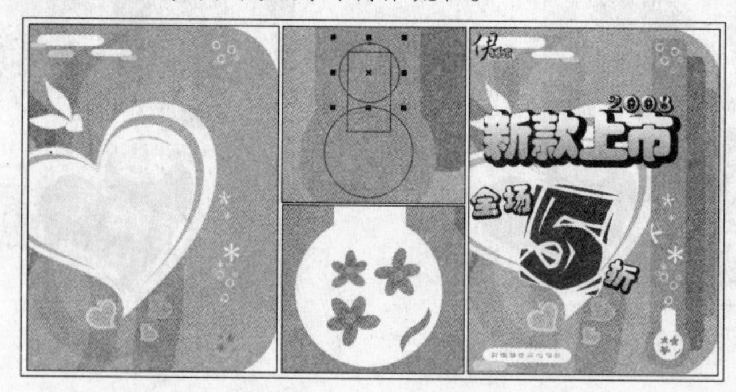

图 8-49　制作流程

制作步骤

01 运行 CorelDRAW X3，新建一个空白文档，参照图 8-50 所示设置其属性栏，调整页面大小。

02 双击工具箱中的 “矩形” 工具，创建一个与页面等大且重合的矩形，将其填充为白色，如图8-51所示。

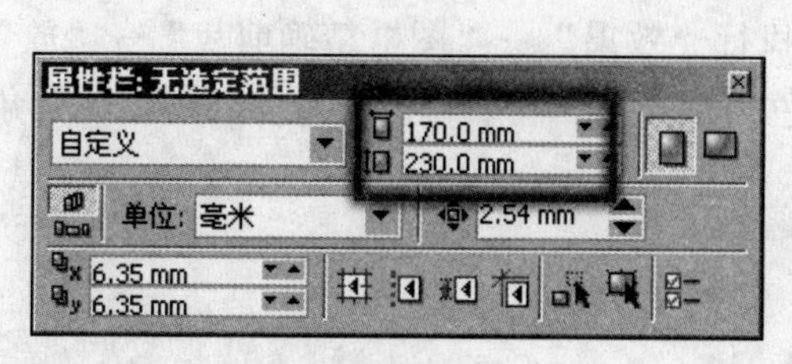

图8-50 新建文档

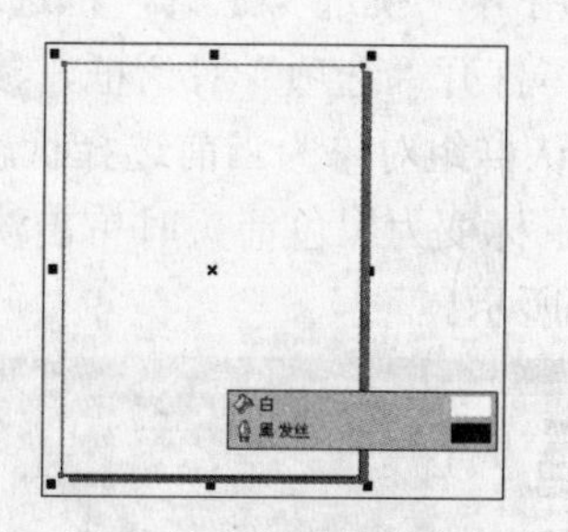

图8-51 创建矩形并填充颜色

03选择“挑选”工具，按小键盘上的<+>键，将矩形原位置再制，并设置填充色为淡绿色，轮廓色为无。在属性栏中单击“全部圆角”按钮，取消其选择状态，并参照图8-52所示设置矩形的“边角圆滑度”参数。

04选择“基本形状”工具，参照图8-53所示设置其属性栏，在页面中绘制心形。

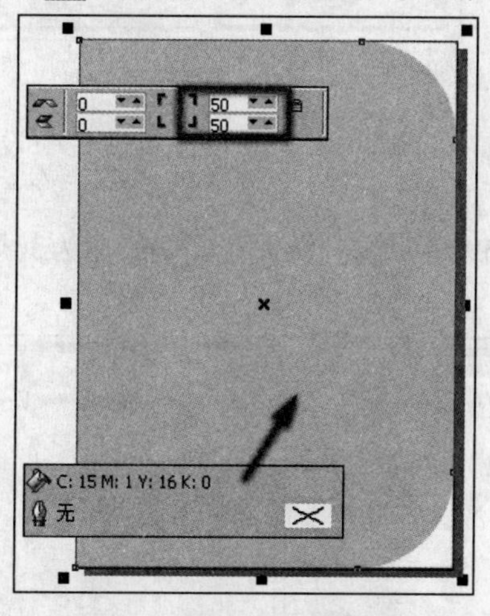

图8-52 再制矩形并设置圆角

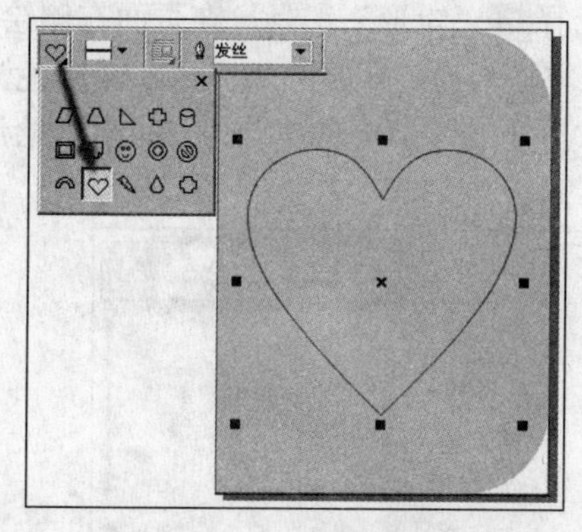

图8-53 绘制心形

05保持心形的选择状态，按<Ctrl+Q>键将其转换为曲线。使用“形状”工具，参照图8-54所示对图形进行调整。然后调整其位置并填充为白色，轮廓色为灰色。

06执行“文件”→“导入”命令，将本书附带光盘\Chapter-08\“装饰图形.cdr”文件，导入到文档中相应位置。按<Ctrl+U>键取消群组，并调整图形的顺序，如图8-55所示。

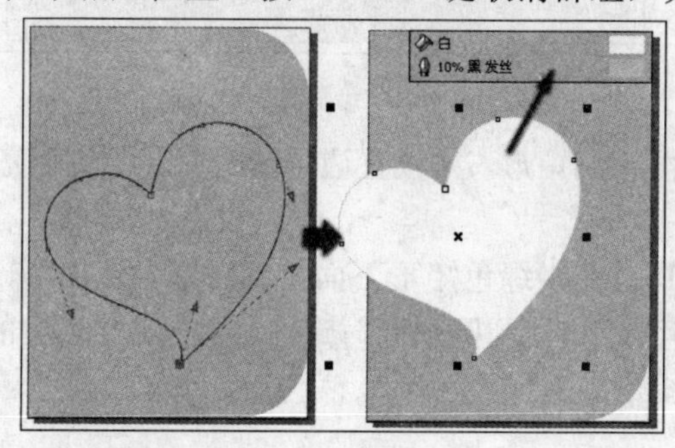

图8-54 调整图形

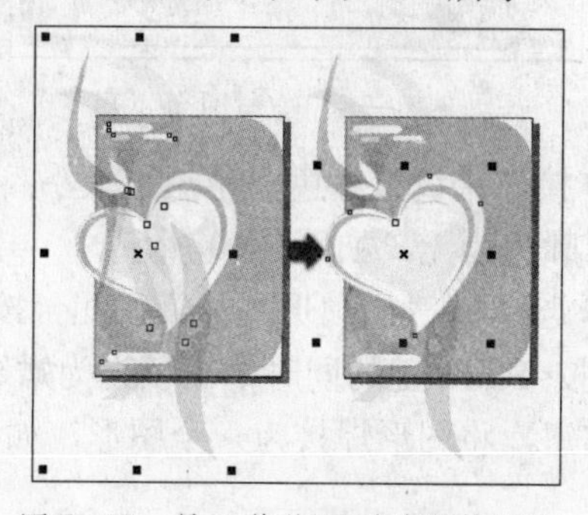
图8-55 导入装饰图形并调整顺序

07 使用"挑选"工具，框选装饰图形，按<Ctrl+G>键将其群组。执行"工具"→"选项"命令，打开"选项"对话框，参照图 8-56 所示设置对话框。

08 确认群组对象为当前选择状态，执行"效果"→"图框精确剪裁"→"放置在容器中"命令，当鼠标变为黑色箭头时单击淡绿色圆角矩形，将装饰图形放置在淡绿色圆角矩形当中，如图 8-57 所示。

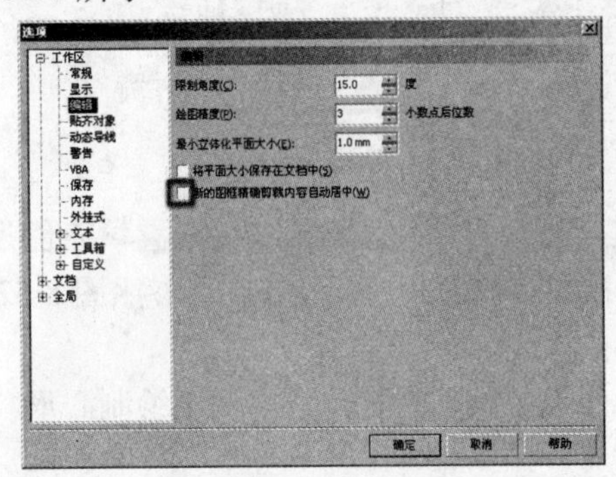

图 8-56 设置"选项"对话框

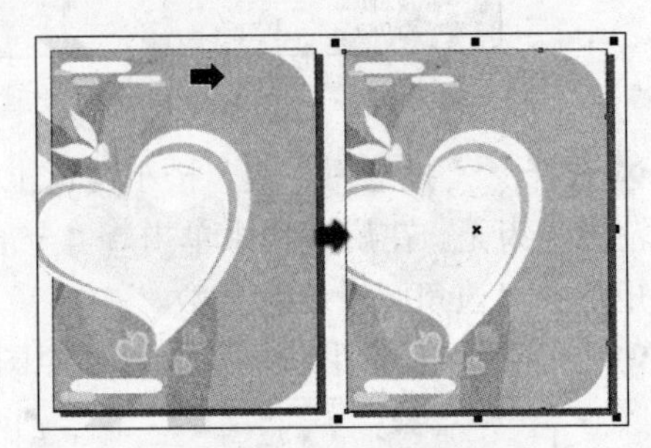

图 8-57 图框精确剪裁

09 选择"矩形"工具，在页面右侧绘制矩形，参照图 8-58 所示在属性栏中设置其边角圆滑度。完毕后设置矩形的填充色，轮廓色为无。

10 参照上一步骤中的操作方法，再次绘制出 8-59 所示的圆角矩形。完毕后为其填充绿色，轮廓色为无。

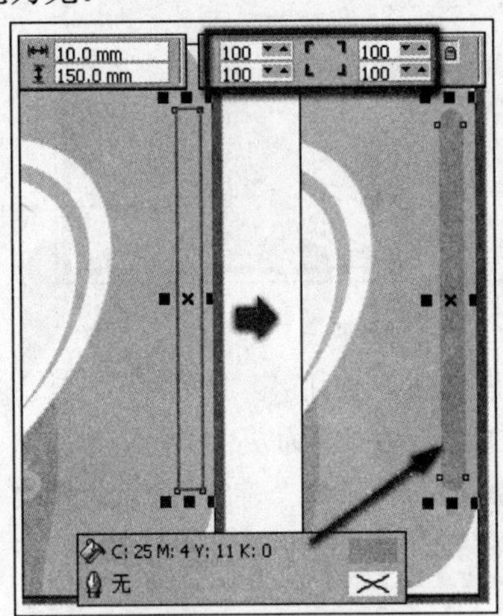

图 8-58 绘制圆角矩形

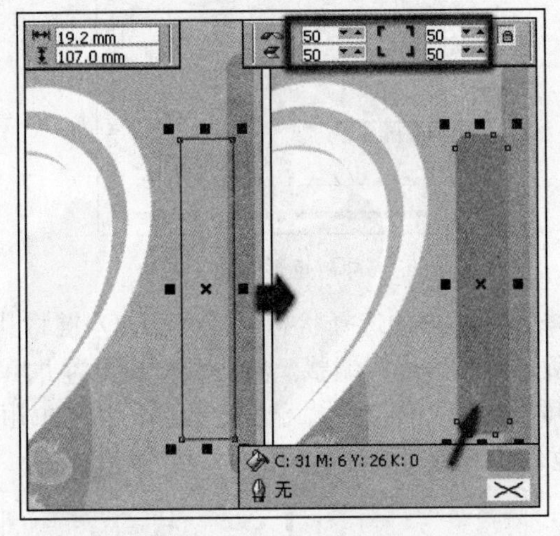

图 8-59 绘制圆角矩形

11 接下来调整绿色圆角矩形大小，然后再绘制矩形，并设置边角圆滑度，将其填充为嫩绿色，轮廓色为无，如图 8-60 所示。

12 选择"椭圆形"工具，配合按<Ctrl>键在嫩绿色矩形下面绘制圆形。使用"挑选"工具，按<Shift>键的同时单击填充为嫩绿色矩形，将其与圆形同时选中。单击属性栏中的"焊接"按钮，将图形焊接为一个图形，如图 8-61 所示。

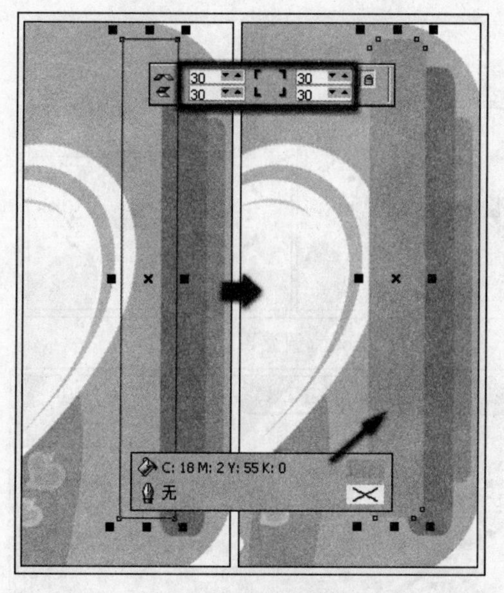

图 8-60　绘制圆角矩形

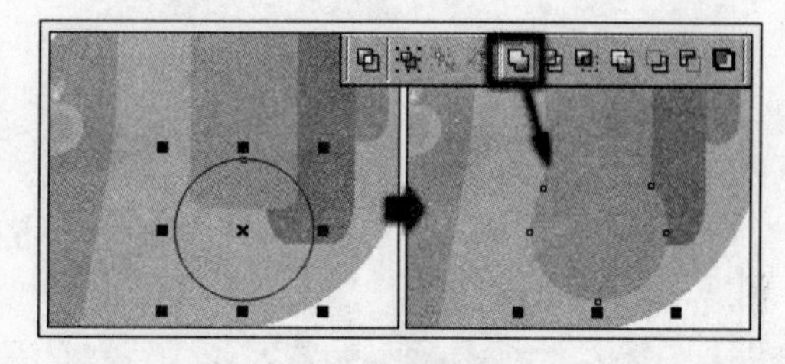

图 8-61　绘制圆形并焊接

13使用"椭圆形"和"矩形"工具，绘制圆形和矩形。保持上方的椭圆为选择状态，参照图 8-62 所示设置属性栏，将其调整为饼形。

14参照之前焊接图形的方法，将圆形、矩形和饼形焊接，并将其填充为白色，轮廓色为无，如图 8-63 所示。

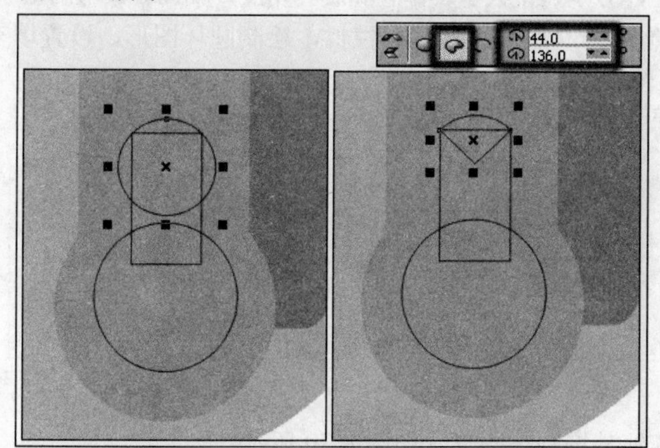

图 8-62　绘制矩形和圆形

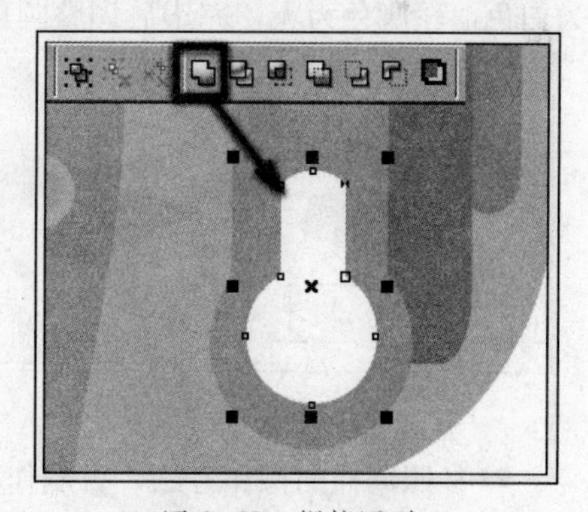

图 8-63　焊接图形

15单击工具箱中的"基本形状"工具，在展开的工具栏中单击"标题形状"按钮，参照图 8-64 所示设置属性栏，绘制标题形状。

16拖动标题形状左侧的红色滑块，对其形状进行调整。在图形×标记上单击，出现旋转控制柄，参照图 8-65 所示将其倾斜，填充色、轮廓色为无。

17调整标题形状图形的位置和旋转角度。使用"椭圆形"工具参照图 8-66 所示绘制椭圆，并调整旋转角度，制作出小花图形。

18将绘制的椭圆图形焊接，设置其填充色和轮廓色。将其再制并调整大小和填充色，如图 8-67 所示。

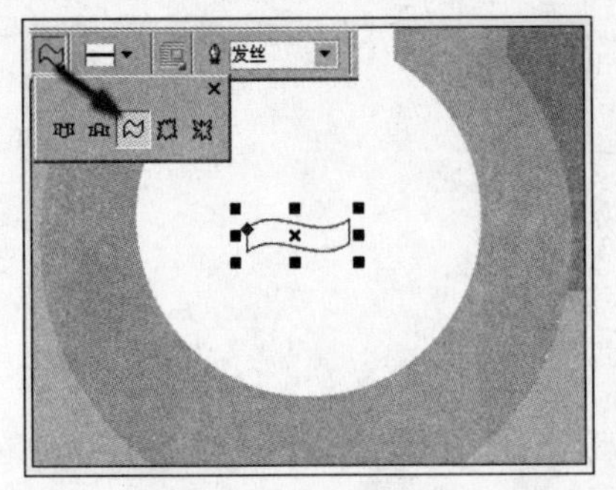

图 8-64　绘制图形

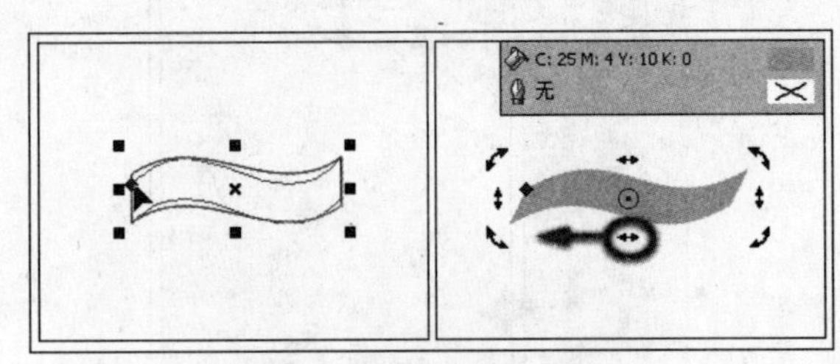

图 8-65　调整图形

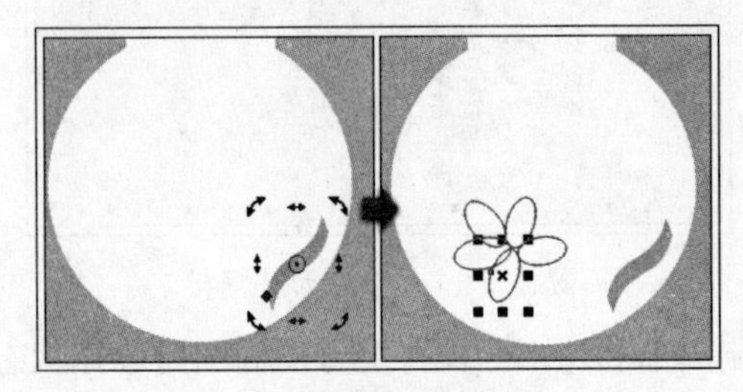

图 8-66　绘制椭圆

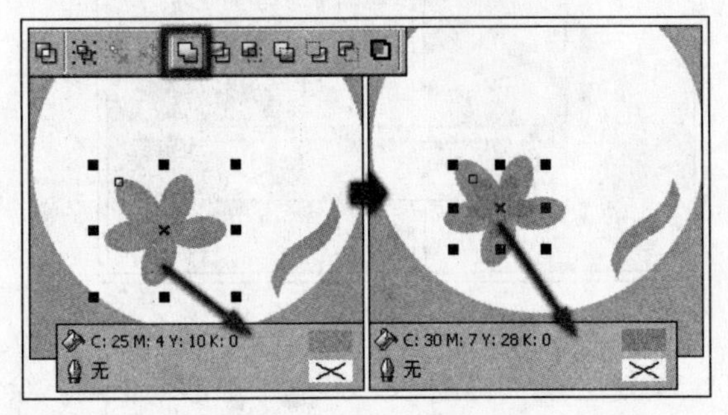

图 8-67　焊接图形并调整

19 使用"椭圆形"工具，在小花中间绘制椭圆并调整旋转角度，将其填充为黄色，轮廓色为无。将制作的小花图形群组并再制两个，分别调整大小、位置和旋转角度，如图 8-68 所示。

20 选择"基本形状"工具，参照图 8-69 所示设置其属性栏，绘制圆环图形，设置填充为白色，轮廓色为无，完毕后调整圆环图形的形状。

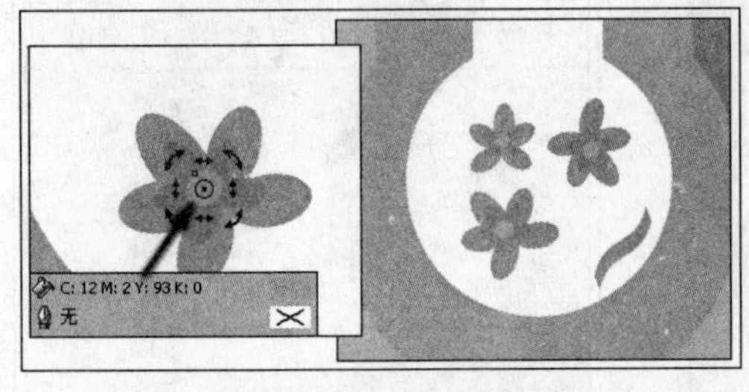

图 8-68　制作装饰图形

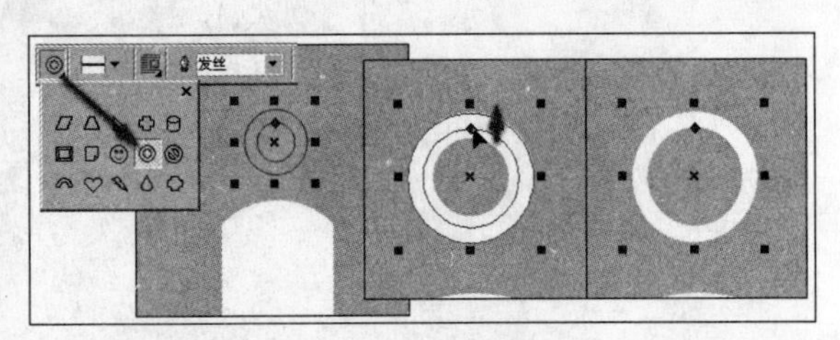

图 8-69　绘制圆环图形

21 参照同样的操作方法，再制作其他装饰圆环图形，如图 8-70 所示。

22 接下来再在嫩绿色图形中间和上方制作装饰图形，如图 8-71 所示。

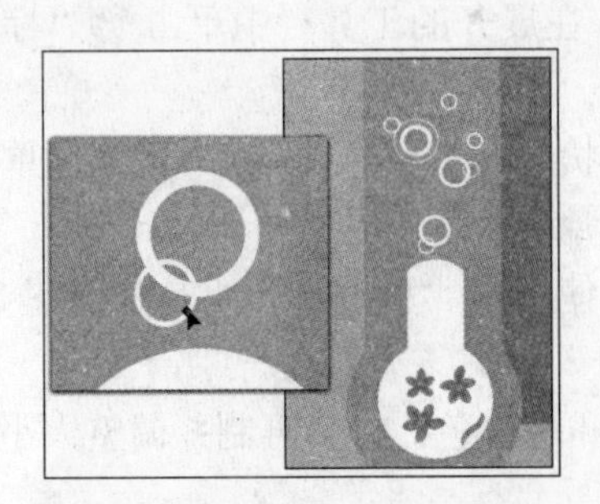

图 8-70　制作装饰圆环图形

图 8-71　制作装饰图形

23 最后添加相关文字信息，完成本实例的制作，效果如图 8-72 所示。在制作过程中遇到问题，可以打开本书附带光盘\Chapter-08\“店面 POP 海报设计.cdr”文件进行查阅。

图 8-72 完成效果

实例 4 玩具海报

玩具是每个人童年时代都接触过的东西，可以给孩子们带来无穷的乐趣。在本节中将制作一个益智类儿童玩具海报，图 8-73 展示了本实例的完成效果。

图 8-73 完成效果

设计思路

为了使海报的风格与用户群的年龄相吻合，特意将画面的色彩设计得很鲜明。另外还采用了卡通画的画风，使整个画面生动活泼，充满童趣。

技术剖析

在本节实例的制作过程中，通过使用基础工具绘制卡通轮廓图形。使用了“交互式封套”工具和“交互式轮廓图”工具，对图形进行变形和添加轮廓图效果，制作出该实例中的画面效果。图 8-74 展示了本实例的制作流程。

图 8-74　制作流程

制作步骤

01 运行 CorelDRAW　X3，执行“文件”→“打开”命令，打开本书附带光盘\Chapter-08\“梦幻背景.cdr”文件，如图 8-75 所示。

02 使用“椭圆形”工具，按<Ctrl>键的同时在页面空白处绘制圆形，并为其填充绿色，轮廓色设置为无，如图 8-76 所示。

图 8-75　梦幻背景

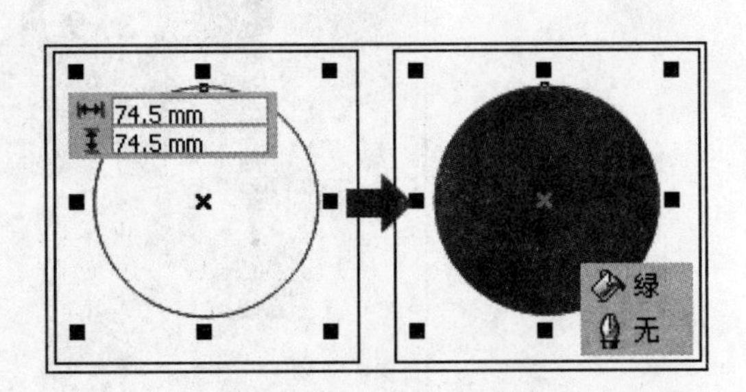

图 8-76　填充图形颜色

03 保持圆形的选择状态，执行“效果”→“封套”命令，打开“封套”泊坞窗。单击“添加预设”按钮，在“封套”列表框内选择相应的封套类型，单击“应用”按钮，为图形添加封套效果，如图 8-77 所示。

04选择“挑选”工具，连续两次按小键盘上的<+>键，将图形原位置再制两个，然后参照图 8-78 所示调整顶部再制图形的位置，将其错位摆放。

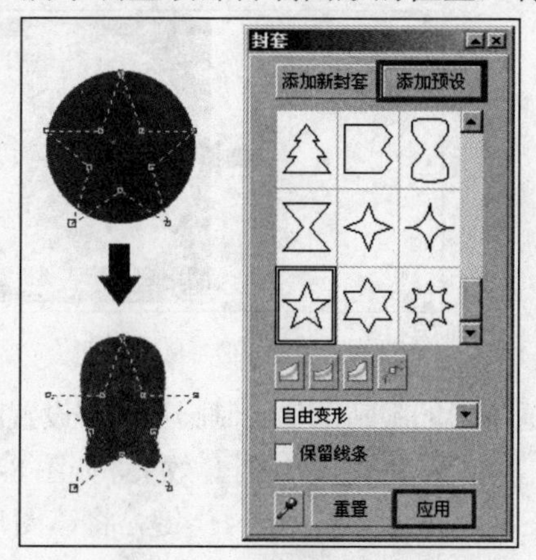

图 8-77 添加封套效果

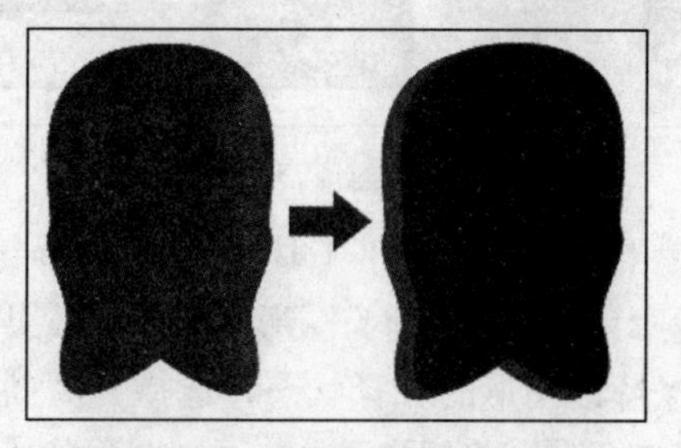

图 8-78 调整图形的位置

在这里为了便于观察效果，暂时将调整位置后的图形填充色设置为黑色。

05按<Shift>键的同时，使用“挑选”工具在两个副本图形上单击，将其同时选中，单击属性栏中的“后减前”按钮进行修剪，并设置修剪后图形的填充色和轮廓色，如图 8-79 所示。

为了便于观察图形修剪后的效果，在该图示中已经对修剪后图形的位置进行了调整，读者并不需要执行该操作。

06使用“交互式轮廓图”工具，选择原绿色图形，参照图 8-80 所示设置属性栏参数，为图形添加轮廓图效果，制作出卡通图形。

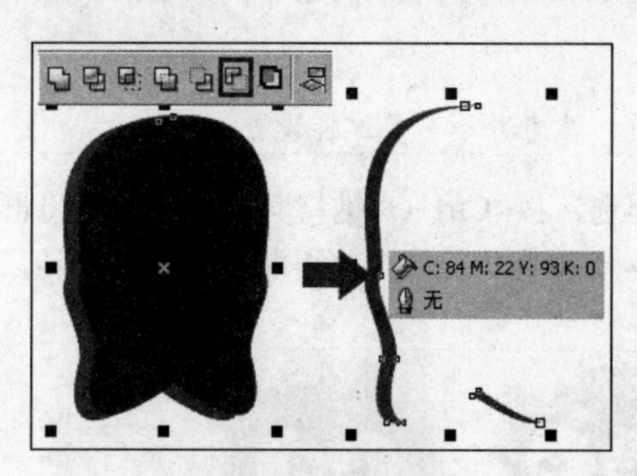

图 8-79 修剪图形

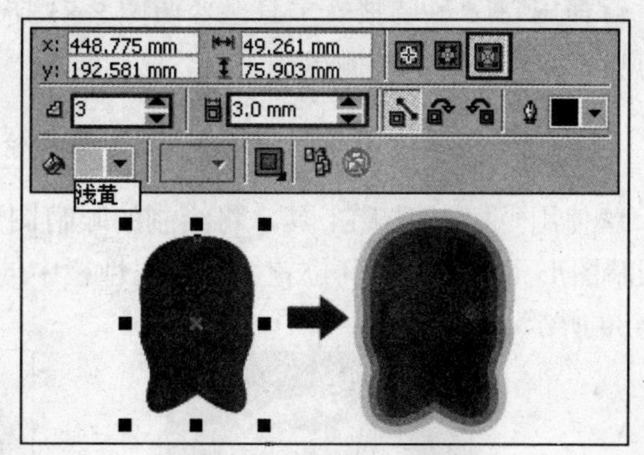

图 8-80 轮廓图效果

07使用“椭圆形”工具，按<Ctrl>键绘制圆形，并对圆形的填充色和轮廓色进行设置，如图 8-81 所示。

08参照之前修剪图形的操作方法，将该圆形原位置再制两个并错位摆放。使用“挑选”工具，配合<Shift>键将两个再制圆形同时选中，单击属性栏中的“后减前”按钮，修剪图形。完毕后为修剪后的图形填充颜色，如图 8-82 所示。

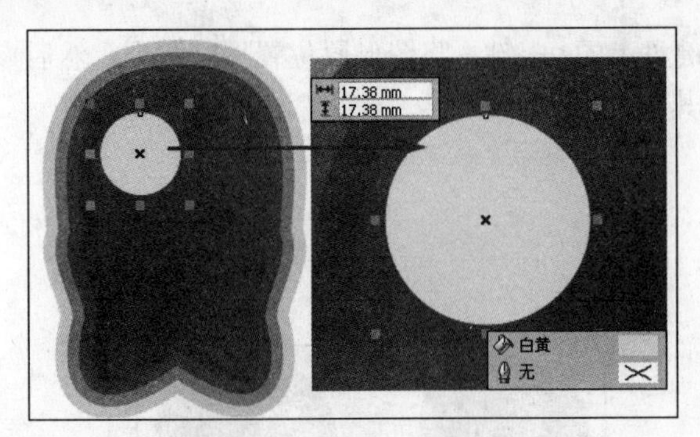

图 8-81 绘制圆形并填充颜色

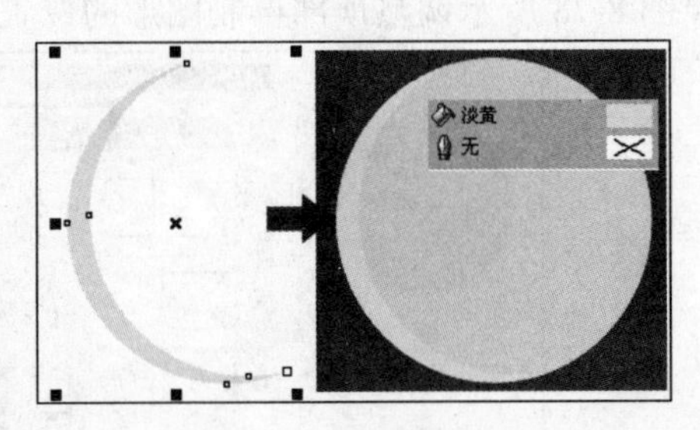

图 8-82 修剪图形

09 使用"椭圆形"工具，配合<Ctrl>键在卡通图形的眼睛部位绘制圆形，并设置圆形的填充色和轮廓色。参照之前为图形添加封套效果的方法，再为该圆形添加封套效果，如图 8-83 所示。

10 保持该图形的选择状态，选择"挑选"工具，按小键盘上的<+>键，将该图形原位再制，然后参照图 8-84 所示调整再制图形的大小、位置和填充颜色。

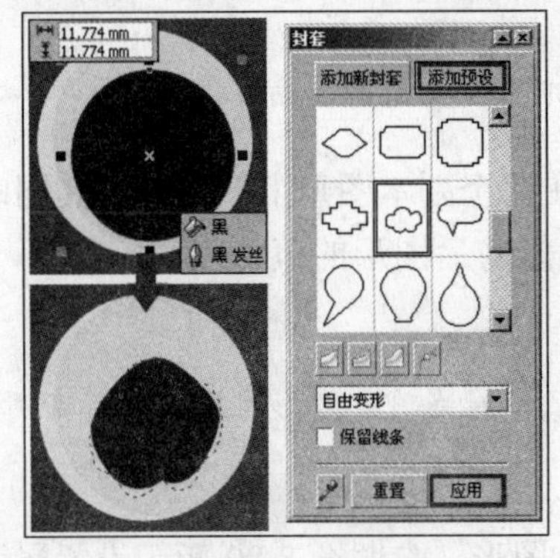

图 8-83 封套效果

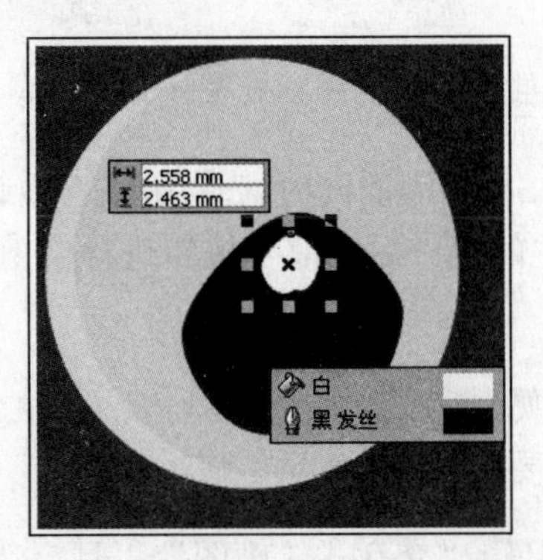

图 8-84 再制图形

11 使用"椭圆形"工具，参照图 8-85 所示，在相应位置绘制两个不同大小的圆形，然后为其填充白黄色，轮廓色为无。

为了便于观察效果，暂时将左边圆形添加轮廓色，读者并不需要这样设置。

12 使用"挑选"工具，将绘制的眼睛图形框选，按<Ctrl+G>键将其群组。接着将群组的眼睛图形再制并调整其位置。单击属性栏中的"镜像"按钮，将再制图形水平翻转，如图 8-86 所示。

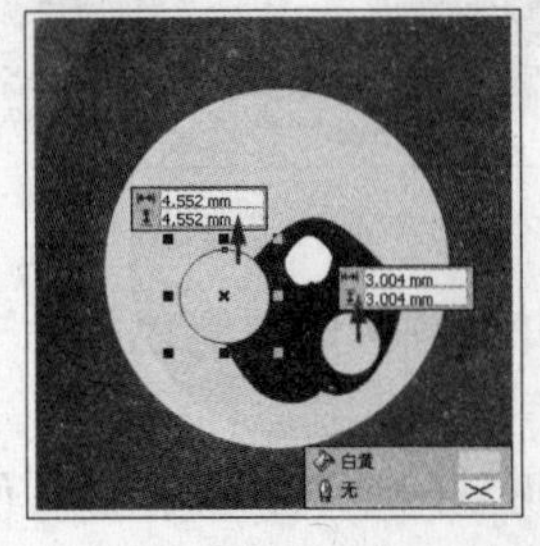

图 8-85 调整圆形的大小和位置

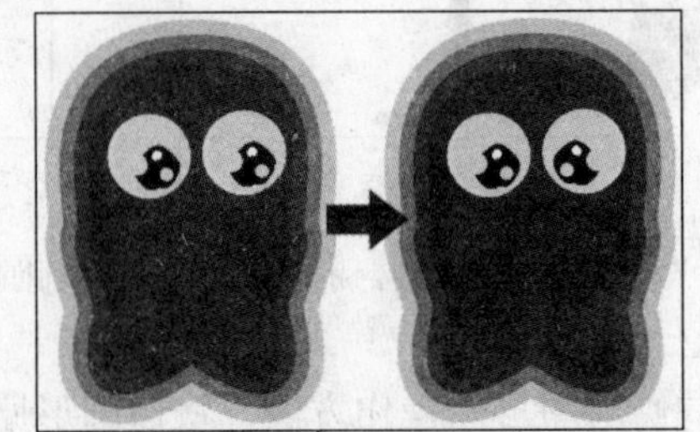

图 8-86 再制并调整图形

13 使用"贝塞尔"工具，参照图 8-87 所示，绘制路径并设置路径的轮廓属性，制作出卡通图形嘴巴。

14 使用 “矩形”工具绘制矩形，并调整矩形的圆角参数，然后对矩形的填充色和轮廓色进行设置。按<Ctrl+PageDown>键，将绘制好的舌头图形调整到嘴巴图形的下面，如图 8-88 所示。

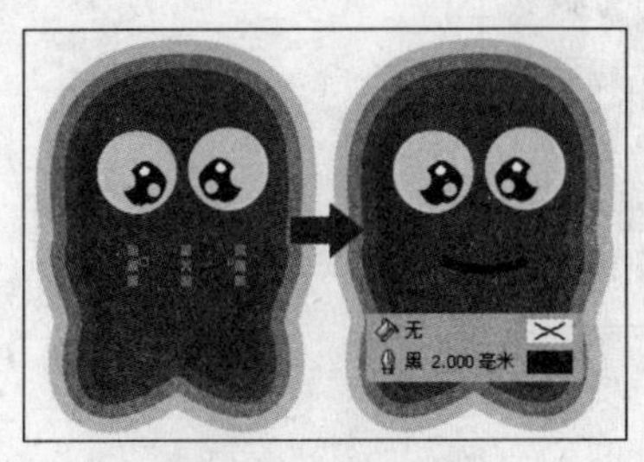
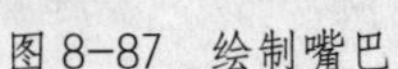

图 8-87 绘制嘴巴

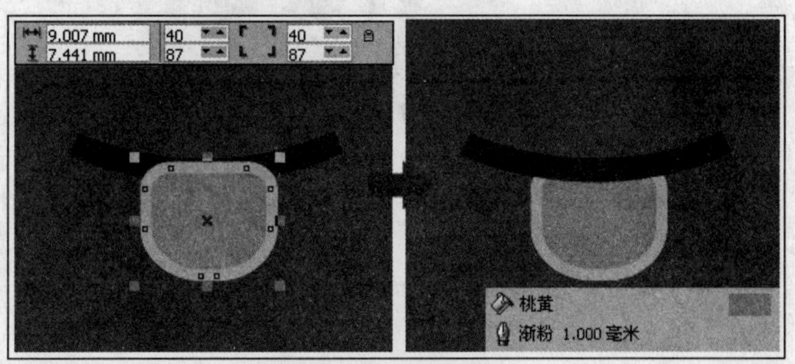

图 8-88 绘制舌头图形

15 将制作好的卡通图形再制三个，然后分别调整卡通图形的大小、位置和顺序，以及部分图形的脸部表情，如图 8-89 所示。

16 最后在页面中添加相关的文字信息，完成本实例的制作，效果如图 8-90 所示。在制作过程中遇到问题，可以打开本书附带光盘\Chapter-08\“玩具海报.cdr”文件进行查看。

图 8-89 调整图形

图 8-90 完成效果

实例 5 海洋馆宣传海报

海洋馆是海洋生物的世界，是充满童年回忆的地方。在本节中制作了一个海洋馆宣传海报，完成效果如图 8-91 所示。

图 8-91　完成效果

设计思路

这是一则为海洋馆设计的宣传海报。在制作该海报时使用海洋馆中的动物作为主体物，通过拟人的手法表现出海洋动物的生命力，使人们产生怜惜和怜爱的情感，从而达到了宣传的效果。

技术剖析

本实例的制作较为简单，主要使用了“星形”工具、“基础形状”工具、“箭头形状”工具等基础图形绘制工具，绘制出该实例中的画面效果。图 8-92 展示了本实例的制作流程。

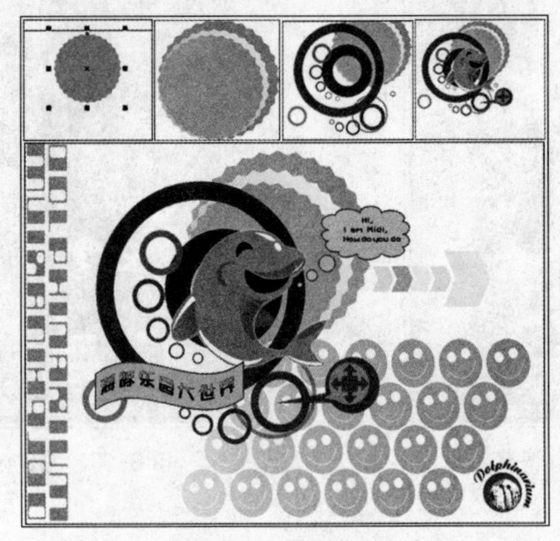

图 8-92　制作流程

制作步骤

01 运行 CorelDRAW X3，执行“文件”→“新建”命令，新建一个空白文档。单击属性栏中的“横向”按钮，将页面横向摆放，其他参数保持默认属性，如图 8-93 所示。

02选择☆“星形”工具，参照图8-94所示设置其属性栏，在绘图页面中绘制星形，并为其填充草绿色，轮廓色设置为无。

在该步骤中绘制星形的同时，可以按<Ctrl>键，绘制出边长相等的星形。

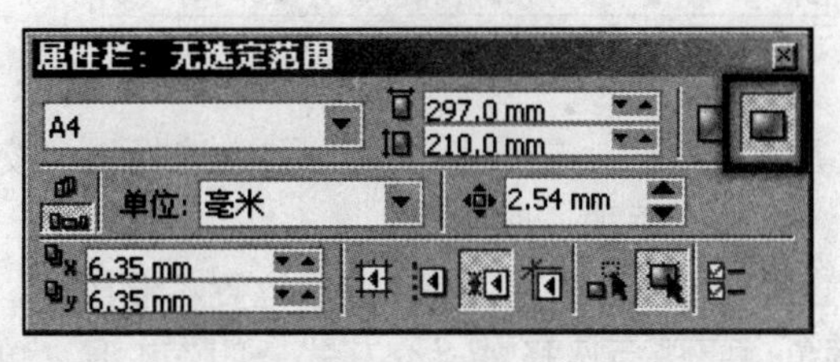

图8-93 新建文档

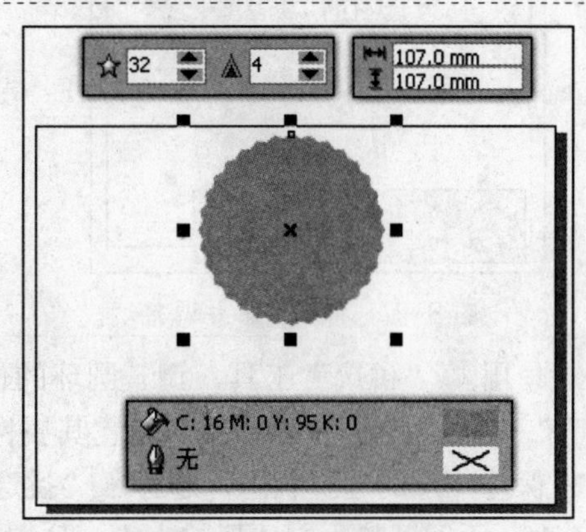

图8-94 绘制星形

03保持星形的选择状态，按小键盘上的<+>键将其原位再制，将再制图形填充为白色，轮廓色为无，并调整图形的大小和位置，如图8-95所示。

04保持该图形的选择状态，使用“交互式透明”工具，参照图8-96所示，为其添加透明效果。

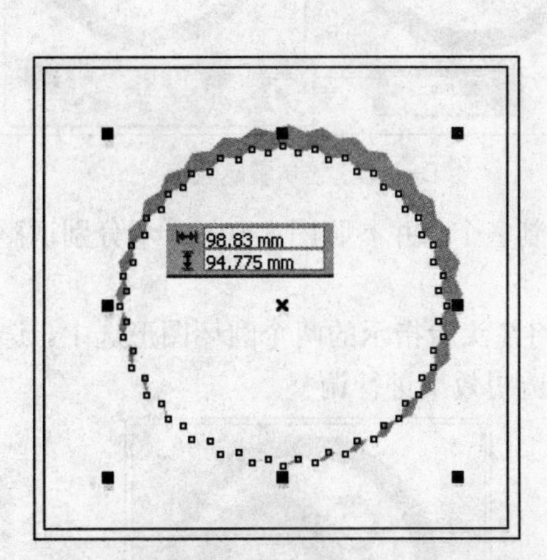

图8-95 再制并调整图形的大小及位置

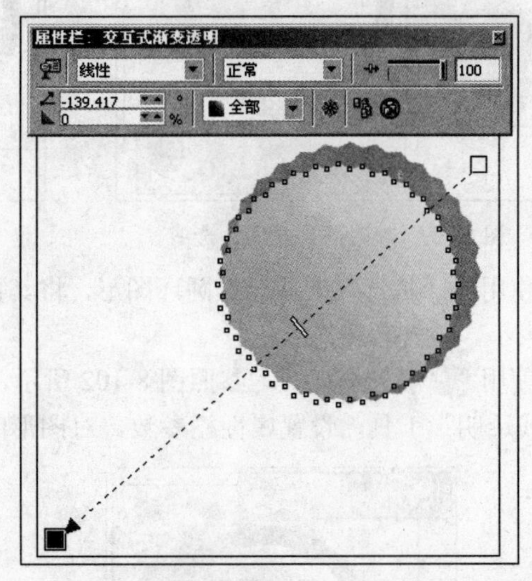

图8-96 为图形添加透明效果

05将添加透明效果的图形再制，将其填充为草绿色，轮廓色为无，并调整其大小和位置，如图8-97所示。使用“挑选”工具，框选绘制的星形图形，按<Ctrl+G>键进行群组。

06选择“基本形状”工具，参照图8-98所示设置其属性栏，在页面中绘制环形，并调整环形宽度。

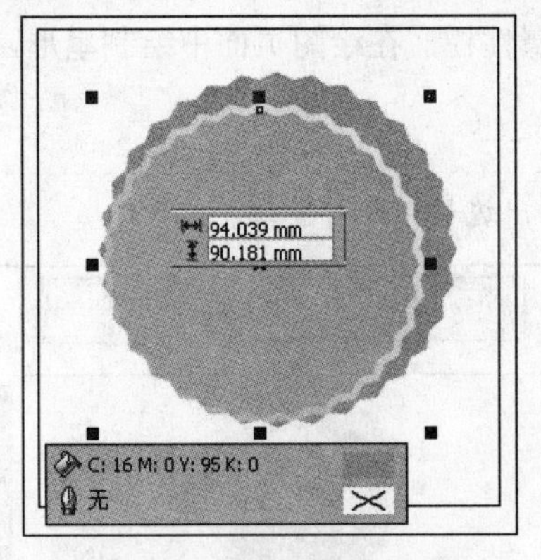

图 8-97 再制图形并调整

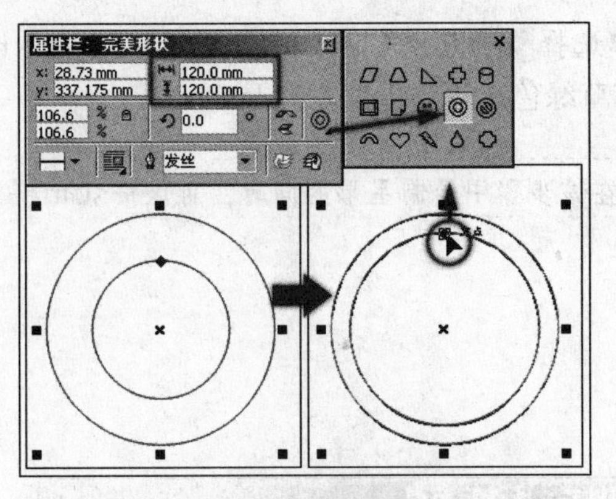

图 8-98 绘制圆环

07 使用"挑选"工具，调整圆环的位置并填充红色，轮廓色设置为无。选择"交互式透明"工具，参照图 8-99 所示设置其属性栏，为圆环添加透明效果。

08 保持环形的选择状态，选择"挑选"工具，按小键盘上的<+>键原位置再制图形，参照图 8-100 所示调整再制环形的大小、位置和颜色。完毕后选择"交互式透明"工具，单击属性栏中的"清除透明度"按钮，清除再制图形的透明效果。

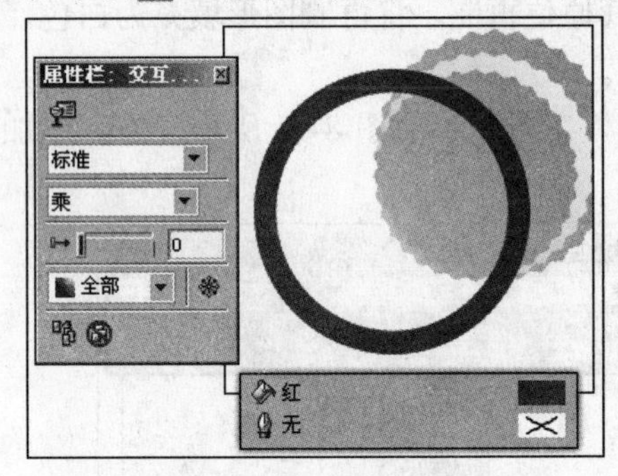

图 8-99 填充颜色并添加透明

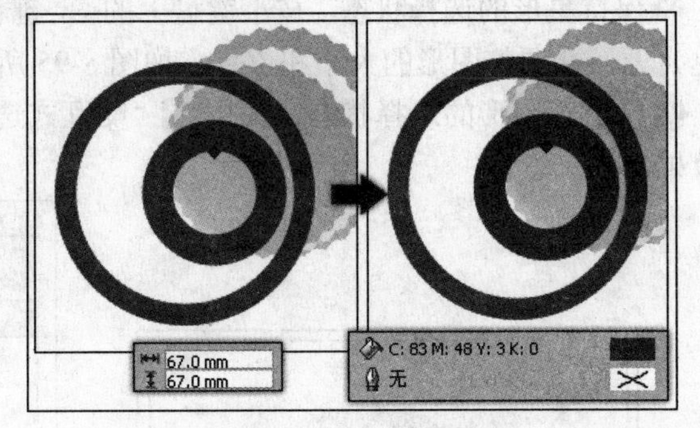

图 8-100 绘制蓝色圆环

09 使用"挑选"工具选择圆环图形，将其再制多个，并参照图 8-101 所示分别调整再制图形的大小、位置和填充颜色。

10 使用"挑选"工具，参照图 8-102 所示，将箭头所指示的两个圆环图形选中。选择"交互式透明"工具，设置属性栏参数，对图形的透明效果进行调整。

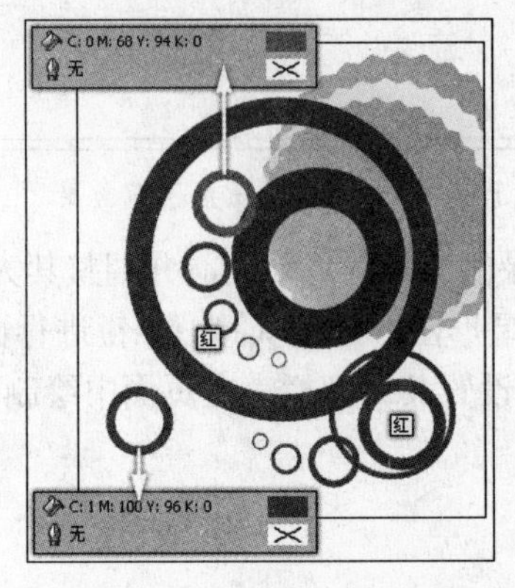

图 8-101 复制并调整图形

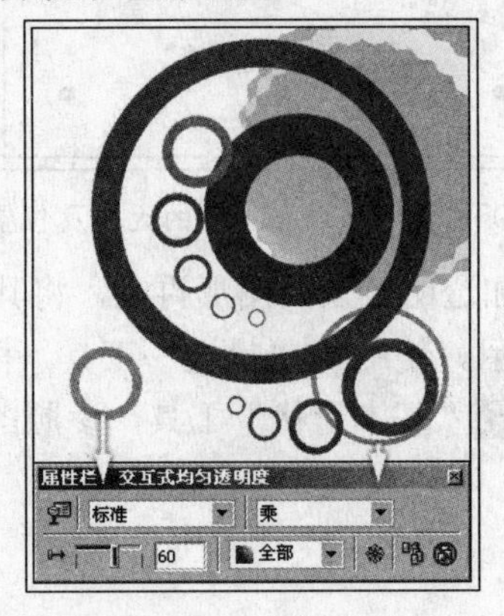

图 8-102 调整透明度

11 选择“标注形状”工具，单击属性栏中的“完美形状”按钮，在展开的面板中选择创作所需的形状，参照图8-103所示在页面中绘制图形，并使用鼠标拖动图形中红色圆点来改变图形箭头的方向。

12 将标注图形填充为红色，轮廓色设置为“无”。接着将其再制并填充粉红色，完毕后，参照图8-104所示调整图形大小和位置。

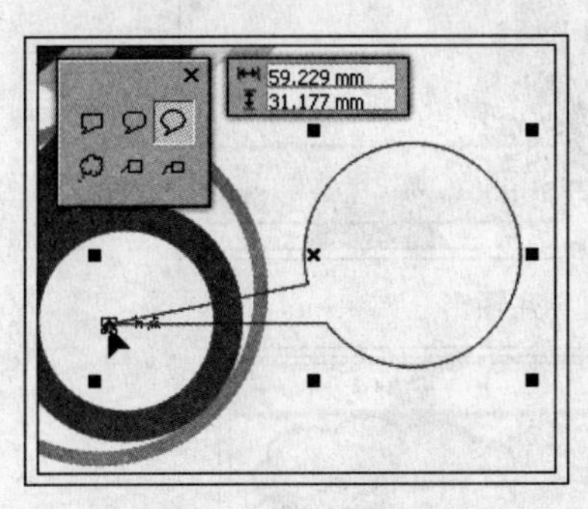

图8-103　绘制形状

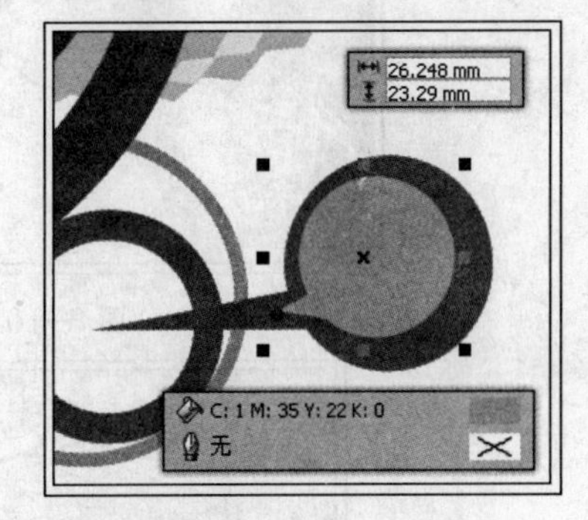

图8-104　再制图形

13 选择“箭头形状”工具，参照图8-105所示设置其属性栏，按<Ctrl>键的同时，在页面中拖动鼠标绘制图形。通过拖动图形中黄色、红色、蓝色菱形控制点，调整图形形状。完毕后，设置图形的填充色和轮廓色。

提示

黄色菱形控制点调整三角形的大小，红色菱形控制点调整矩形大小，蓝色菱形控制点调整箭头的长度。

14 调整箭头图形在页面中的位置。执行“文件”→“导入”命令，将本书附带光盘\Chapter-08\“海豚.cdr”文件导入到绘图页面中相应位置，如图8-106所示。

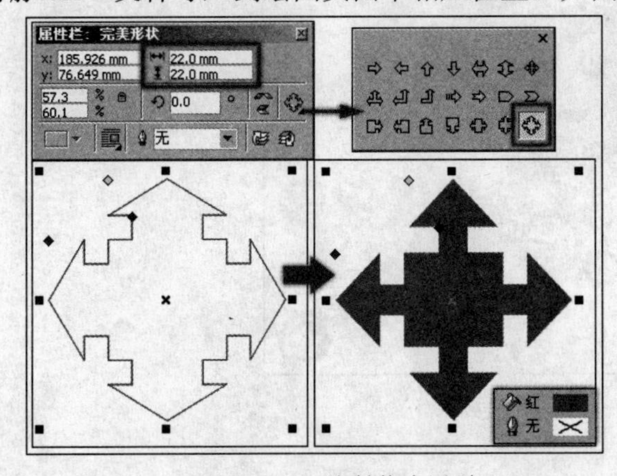

图8-105　绘制箭头图形

图8-106　导入光盘文件

15 选择“标注形状”工具，参照图8-107所示设置其属性栏，在页面中相应位置绘制图形，并为其设置填充色和轮廓属性。

16 保持图形的选择状态，使用“文本”工具在图形的边框上单击鼠标，并在图形中输入英文字母，参照图8-108所示设置字母的字体类型和大小，完毕后设置填充色为“蓝”色。

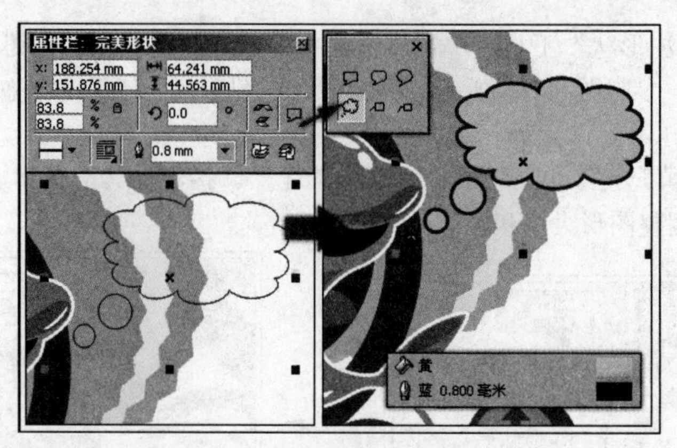

图 8-107　绘制标注图形

图 8-108　输入文本

17 最后将本书附带光盘\Chapter-08\“文字和装饰图形.cdr”文件导入文档，取消群组并分别调整图形在页面中的位置和顺序，完成本实例的制作，效果如图 8-109 所示。在制作过程中遇到问题，可以打开本书附带光盘\Chapter-08\“海洋馆宣传海报.cdr”文件进行查看。

图 8-109　完成效果

实例 6　葡萄酒宣传海报

在海报的创意设计中，拟人化的手法是比较常见的一种。让没有生命的酒瓶、酒杯拥有人的情感动作，可以增添画面的趣味性，容易与消费者产生共鸣。在本小节中，将制作一幅葡萄酒的宣传海报。图 8-110 展示为本实例的完成效果。

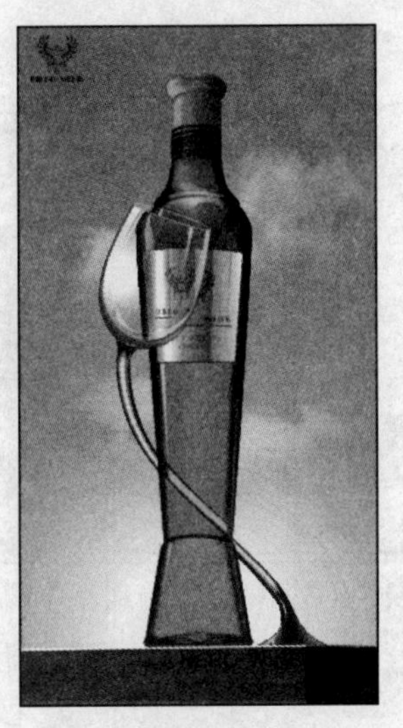

图 8-110 完成效果

设计思路

这是为一个葡萄酒产品设计制作的宣传海报，在海报的中心位置绘制一个被酒杯依恋的、诱人的葡萄酒产品，从侧面表现了该葡萄酒的美味，从而刺激消费者对产品产生购买欲望。

技术剖析

在广告的制作过程中，葡萄酒瓶的绘制是这幅作品中的重点所在。在制作酒瓶的过程中，主要使用到了“交互式填充”工具、“交互式轮廓图”工具、“交互式阴影”工具以及“交互式透明”工具。如图 8-111 所示，为本实例的制作流程。

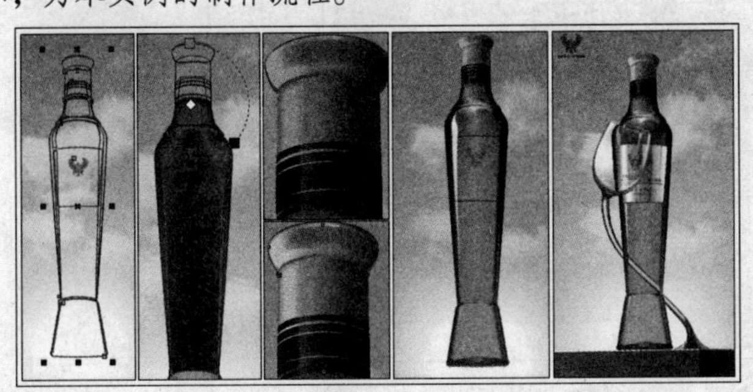

图 8-111 制作流程

制作步骤

1. 绘制酒瓶

01 启动 CorelDRAW X3，执行“文件”→“打开”命令，打开本书附带光盘\Chapter-08\“背景.cdr”文件，如图 8-112 所示。

02 选择瓶身轮廓图形，使用“交互式填充”工具为其填充渐变颜色，并设置轮廓色为无，如图 8-113 所示。

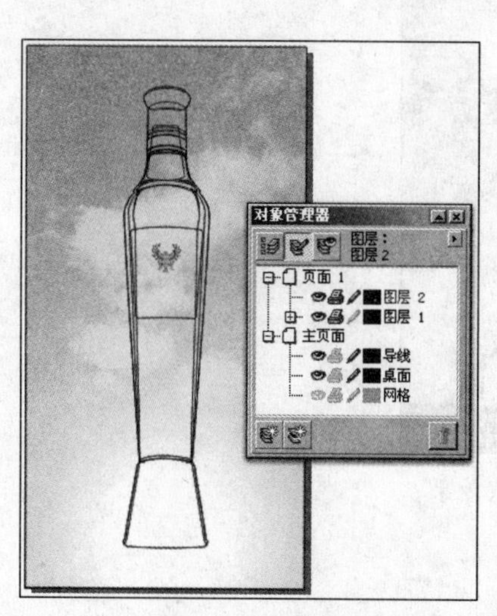

图 8-112　打开光盘文件

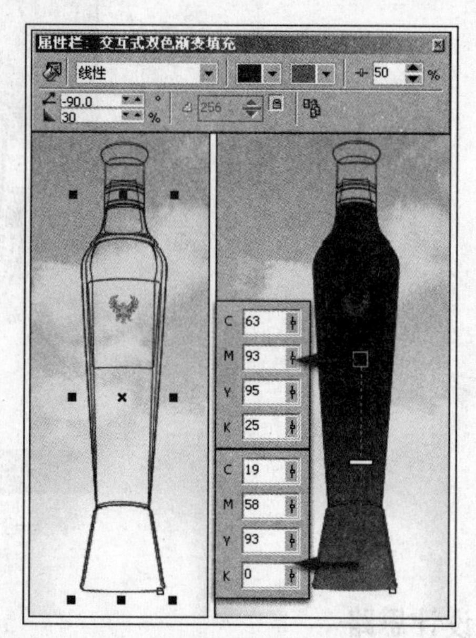

图 8-113　为图形添充渐变

03 保持瓶身图形的选择状态，选择"交互式轮廓图"工具，参照图 8-114 所示设置属性栏参数，为瓶身图形添加轮廓图效果。

04 选择图 8-115 所示曲线图形，使用"交互式填充"工具，为其填充渐变色并设置轮廓色为无。

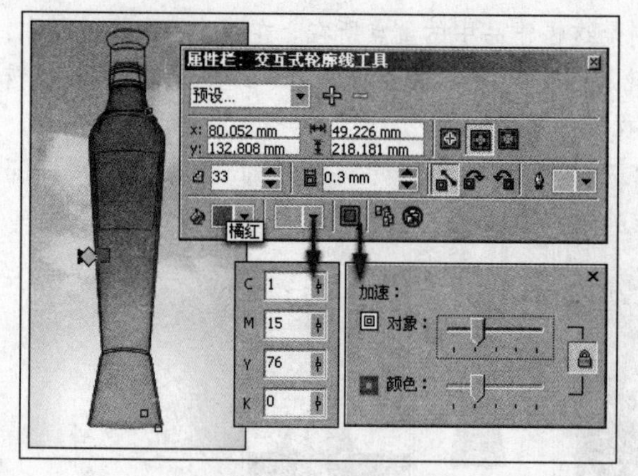

图 8-114　添加轮廓图效果

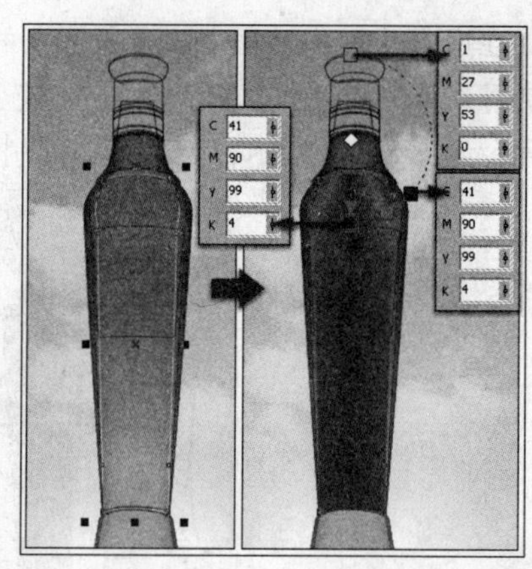

图 8-115　选择图形并填充渐变

提示

为了方便观察，这里将所选曲线图形的轮廓色设置成了白色。

05 保持渐变图形的选择状态，选择"交互式轮廓图"工具，参照图 8-116 所示设置属性栏，为渐变图形添加轮廓图效果。

06 参照图 8-117 所示选择瓶口曲线图形，使用"交互式填充"工具，为其填充渐变色并设置轮廓色为无。

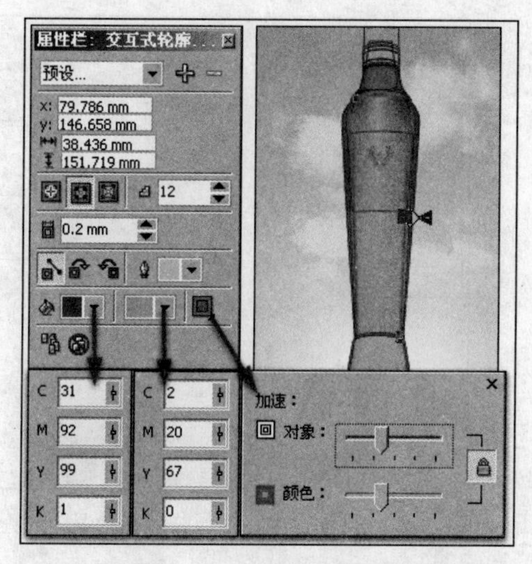

图 8-116 添加轮廓图效果

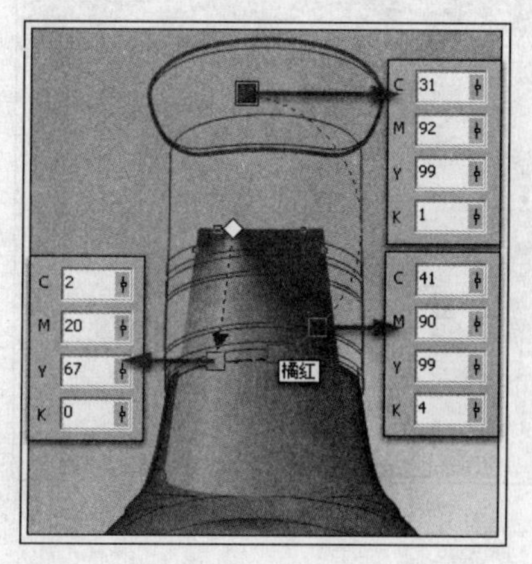

图 8-117 填充渐变

07 参照图 8-118 所示选择曲线图形，为其填充渐变色并设置轮廓色为无。使用"交互式阴影"工具，为其添加阴影效果。

08 使用"挑选"工具，选择填充渐变的图形，按小键盘上的<+>键将其原位再制。选择"交互式轮廓图"工具，参照图 8-119 所示设置属性栏，为图形添加轮廓图效果。

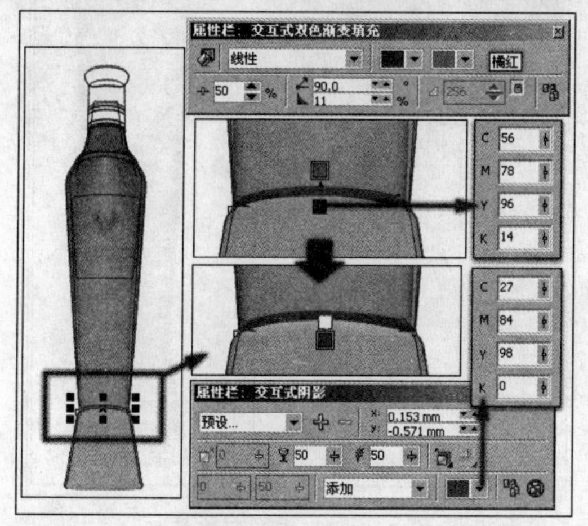

图 8-118 填充渐变并添加阴影效果

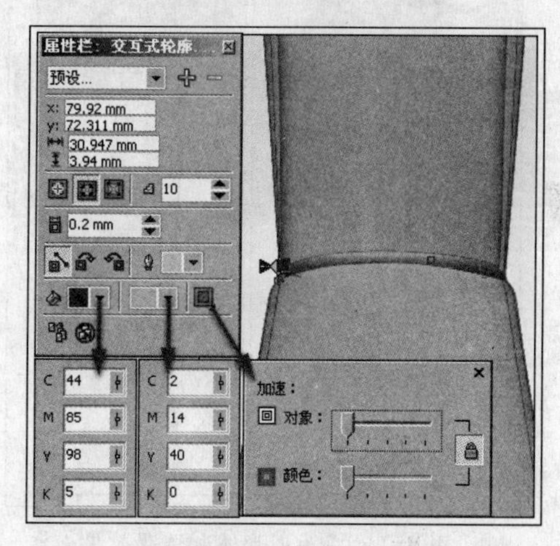

图 8-119 再制图形并添加轮廓图效果

09 参照之前的操作方法，选择瓶颈部位的曲线图形，为其填充渐变颜色，轮廓色设置为无，如图 8-120 所示。使用"交互式轮廓图"工具，为其添加轮廓图效果，效果如图 8-121 所示。

10 选择瓶身左侧的曲线图形，使用"交互式填充"工具为其填充线性渐变颜色，并设置轮廓色为无。选择"交互式透明"工具，参照图 8-122 所示设置属性栏，为该图形添加透明效果。

11 使用"交互式阴影"工具，为瓶身左侧的渐变图形添加阴影效果，并参照图 8-123 所示设置属性栏。完毕后使用同样的操作方法再制作出右侧的阴影图形。

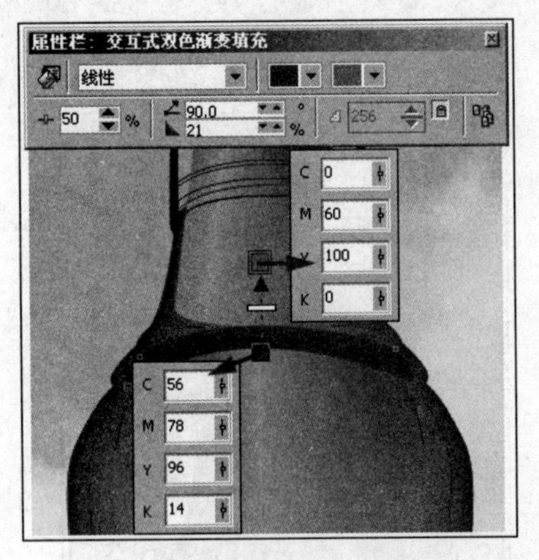

图 8-120　为图形填充渐变颜色

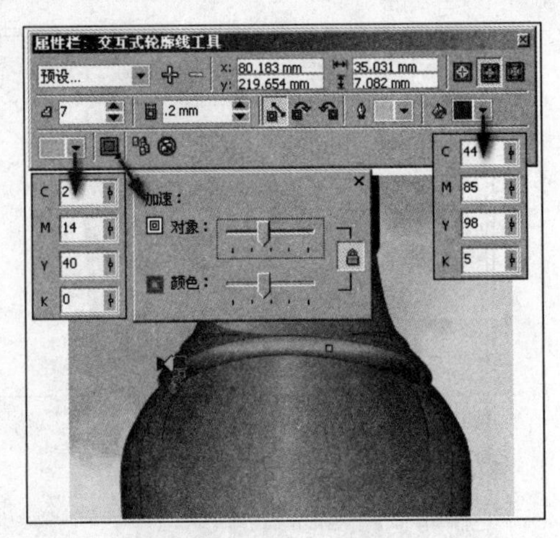

图 8-121　添加轮廓图效果

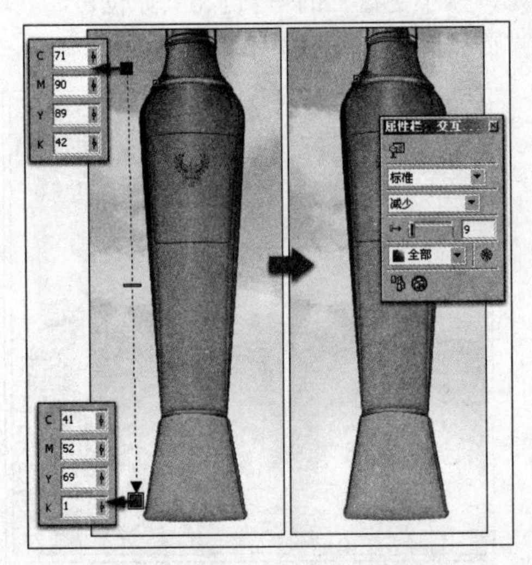

图 8-122　为图形添加透明效果

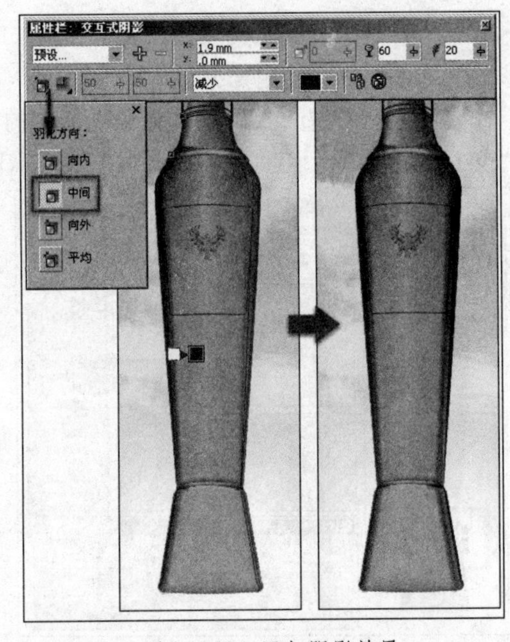

图 8-123　添加阴影效果

12 使用“钢笔”工具，参照图 8-124 所示绘制曲线图形。使用“交互式填充”工具，为其填充渐变颜色，设置轮廓色为无，制作出瓶底图形。

13 执行“文件”→“导入”命令，将本书附带光盘\Chapter-08\“花形.cdr”文件导入到文档，并调整其位置，如图 8-125 所示。

2.绘制瓶盖并添加装饰

01 使用“交互式填充”工具，参照图 8-126 和 8-127 所示，分别为曲线图形填充渐变色。

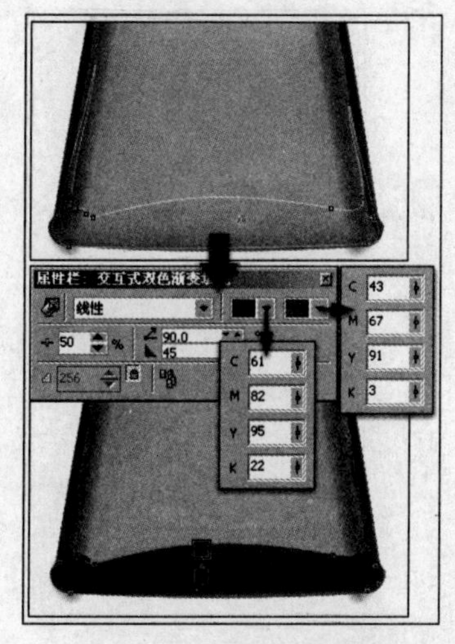

图 8-124　绘制瓶底图形

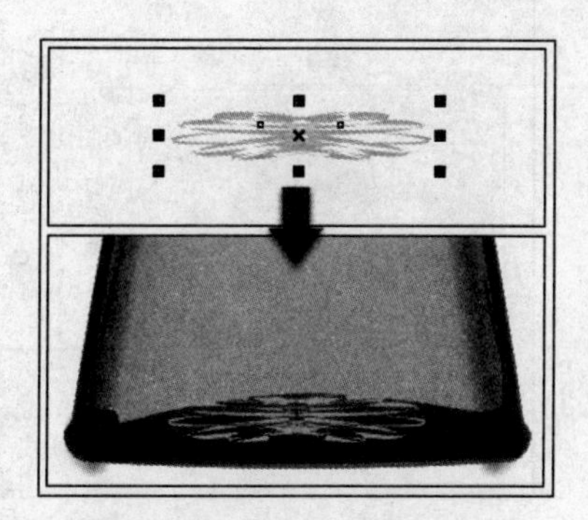

图 8-125　导入光盘文件

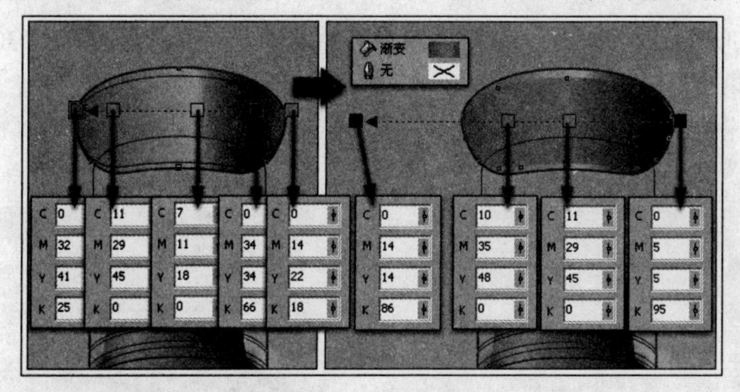

图 8-126　填充渐变

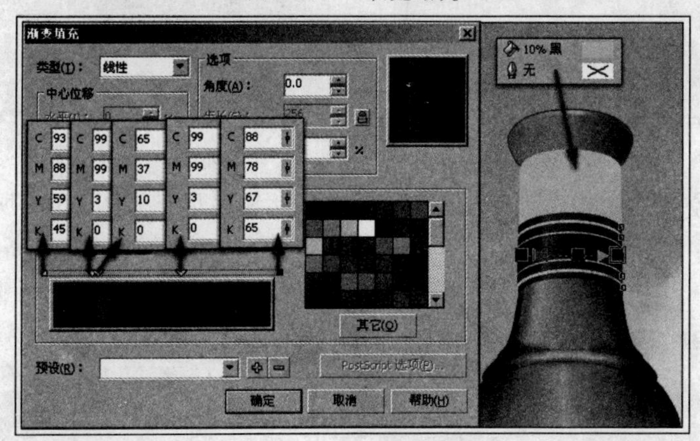

图 8-127　设置填充色

02 使用“交互式阴影”工具，为填充灰色的图形添加阴影效果并设置其属性栏参数，如图 8-128 所示。

03 使用“挑选”工具，选择灰色图形并按小键盘上的<+>键将其原位再制，参照图 8-129 所示为其填充渐变色。

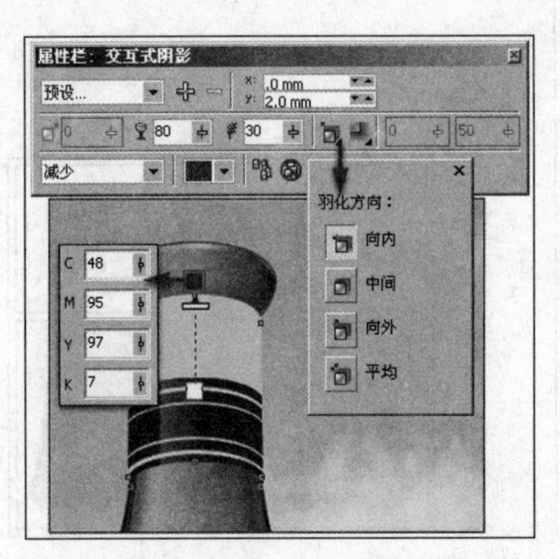

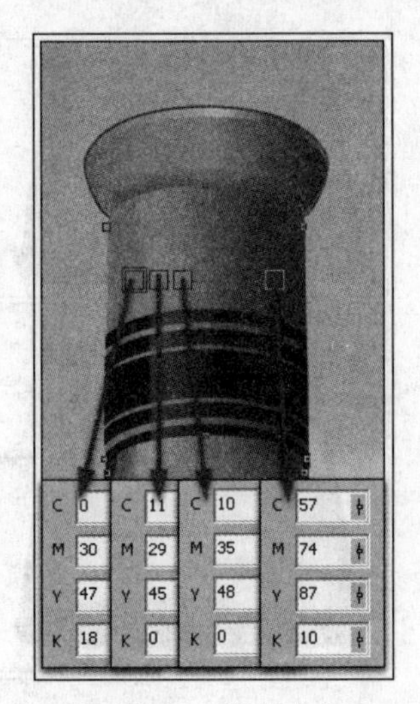

图 8-128　添加阴影效果　　　　图 8-129　填充渐变

04 保持该图形的选择状态，选择“交互式轮廓图”工具，参照图 8-130 所示设置其属性栏，为图形添加轮廓图效果。

05 使用“钢笔”工具，参照图 8-131 所示绘制图形并填充颜色，轮廓色设置为无。使用“交互式透明”工具，为图形添加透明效果。

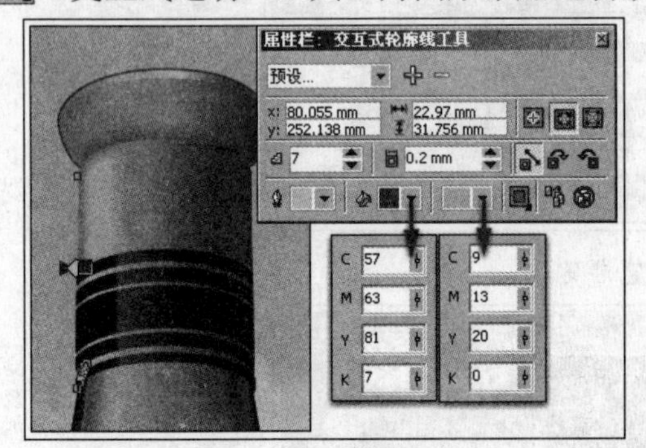

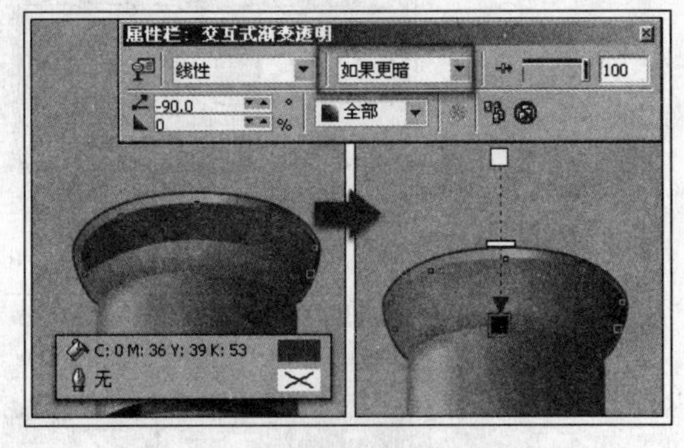

图 8-130　添加轮廓图效果　　　　图 8-131　绘制图形并添加透明效果

06 使用“交互式阴影”工具，为该图形添加阴影效果，如图 8-132 所示。

07 执行“文件”→“导入”命令，将本书附带光盘\Chapter-08\“瓶盖高光及阴影图形.cdr”文件导入到文档中，按<Ctrl+U>键取消群组并调整图形的位置及顺序，如图 8-133 所示。

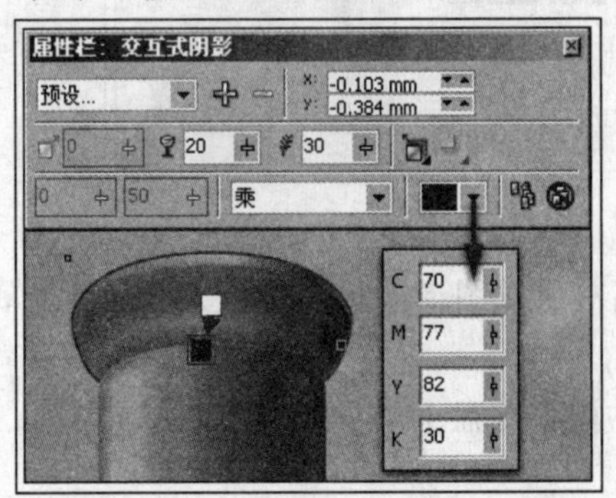

图 8-132　添加阴影效果　　　　图 8-133　导入光盘文件

08 在“对象管理器”泊坞窗中，选择灰色的曲线图形和填充渐变色的瓶盖图形。依次按<Ctrl+C>键和<Ctrl+V>键，将其复制并粘贴，接着单击属性栏中的“焊接”按钮，将图形焊接，如图 8-134 所示。

09 保持焊接图形的选择状态，单击填充展开工具栏中的“底纹填充对话框”按钮，打开“底纹填充”对话框，参照图 8-135 所示设置对话框，为图形填充纹理效果。

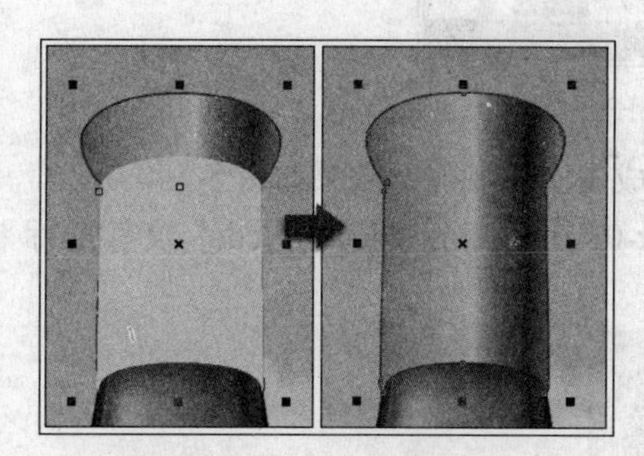

图 8-134 复制图形并焊接

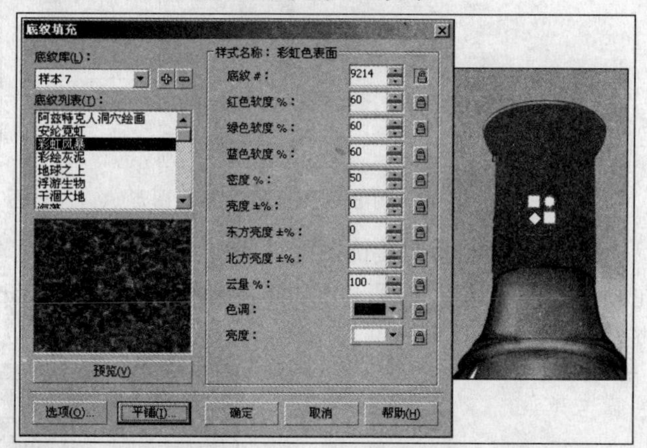

图 8-135 设置“底纹填充”对话框

10 选择“交互式透明”工具，参照图 8-136 所示设置属性栏，为纹理图形添加透明效果。

11 使用“贝塞尔”工具，参照图 8-137 所示绘制图形并填充白色，轮廓色设置为无。使用“交互式透明”工具，为其添加透明效果，制作出瓶身高光效果。

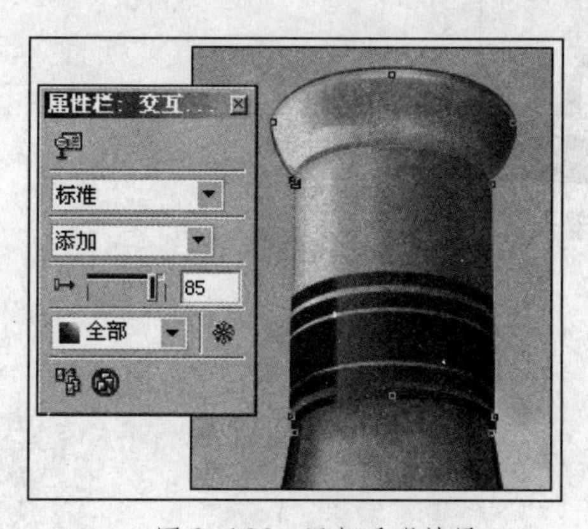

图 8-136 添加透明效果

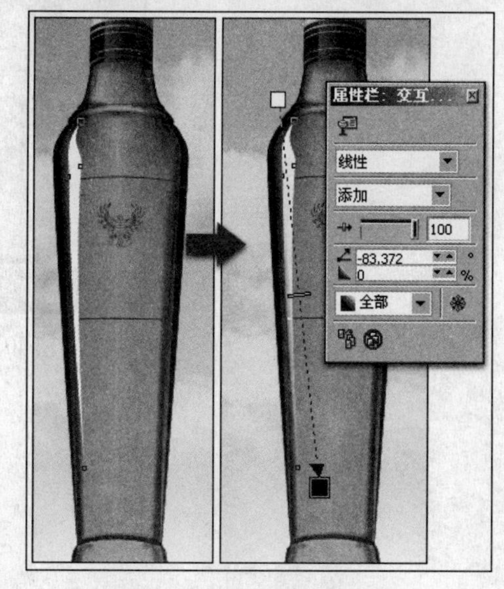

图 8-137 绘制高光图形

12 参照上一步骤中同样的操作方法，再绘制出其他高光图形，如图 8-138 所示。

13 执行“文件”→“导入”命令，将本书附带光盘\Chapter-08\“酒杯和装饰.cdr”文件导入文档，按<Ctrl+U>键取消其群组，分别调整图形的位置和顺序，如图 8-139 所示。

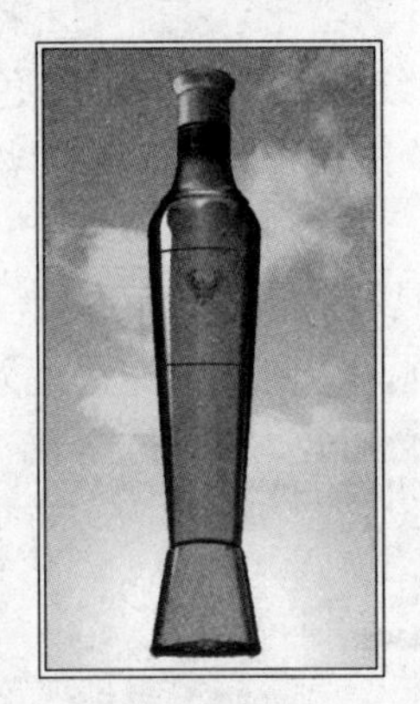

图 8-138 绘制高光图形

图 8-139 导入光盘文件

14 最后绘制其他装饰图形并添加相关文字信息，完成本实例制作，效果如图 8-140 所示。在制作过程中遇到问题，可以打开本书附带光盘\Chapter-08\“葡萄酒宣传海报.cdr”文件进行查看。

图 8-140 完成效果

第 9 章　广告招贴设计

广告招贴是指在公共场所中张贴用于宣传的一种印刷品广告。它的种类繁多，根据其性质可以划分为商业性质、文化性质以及公益性质。在设计制作广告招贴的过程中，主体形象应精练，并易于记忆和传播。招贴不同于一般的艺术作品，很难引起人们有意识的关注。因此其设计必须做到主题高度概括，形象生动简练。本章将安排 6 组实例，分别为“广告招贴”、“卡通招贴设计”、“童话图书宣传招贴”、“京剧宣传招贴”、“文艺节招贴”和“海滨度假村宣传招贴”，如图 9-1 所示，为本章实例的完成效果。

图 9-1　本章完成效果

本章实例

实例 1　广告招贴	实例 4　京剧宣传招贴
实例 2　卡通招贴设计	实例 5　文艺节招贴
实例 3　童话图书宣传招贴	实例 6　海滨度假村宣传招贴

实例 1　广告招贴

本节制作了一幅关于红酒的招贴，通过这个实例练习，可以掌握制作玻璃透明物品的方法和技巧。图 9-2 所示为本实例的完成效果。

图 9-2　完成效果

设计思路

本实例制作的是关于红酒的招贴。为了体现红酒的甘甜和醇美，使用了夸张的手法。酒瓶掉入到深蓝的大海中，蝴蝶依然依恋红酒的美味追随酒瓶进入到大海的深处，从侧面体现了红酒的美味，刺激消费者购买。

技术剖析

制作玻璃透明器物的难点在于绘制玻璃器物的高光和暗部。在本实例中，使用“贝塞尔”工具绘制高光和暗部的图形，在绘制图形时要注意图形的形状和位置，再使用“交互式填充”工具为图形填充内容，最后使用“交互式透明”工具，为图形添加透明效果。图 9-3 为本实例的制作流程。

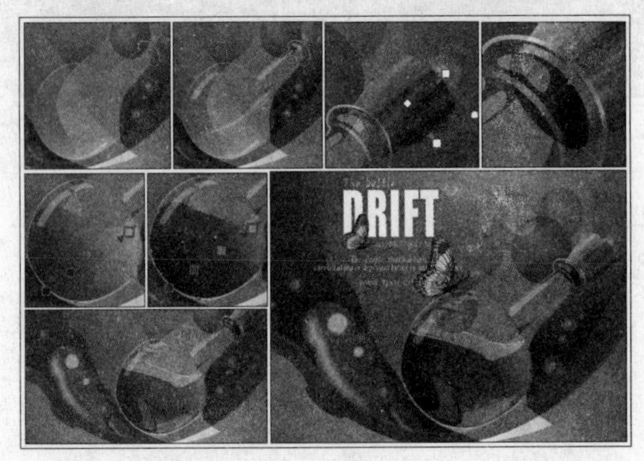

图 9-3　制作流程

制作步骤

01 启动 CorelDRAW X3，执行“文件”→“打开”命令，打开本书附带光盘\Chapter-09\“海洋背景.cdr”文件，如图 9-4 所示。

02 使用“贝塞尔”工具，在页面中绘制出瓶子图形并填充为深蓝色，轮廓色设置为无，如图 9-5 所示。

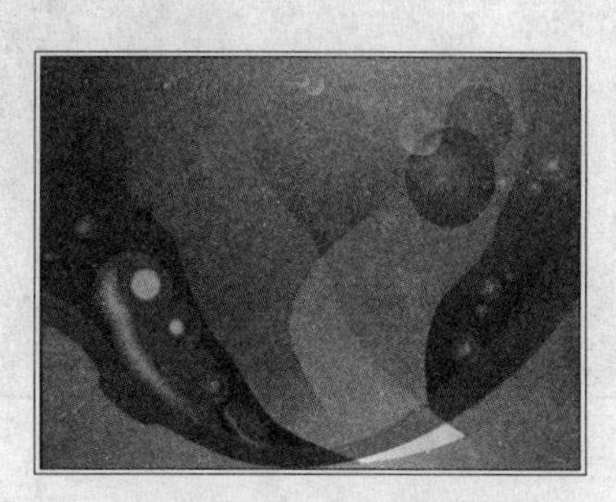

图 9-4　打开光盘文件

图 9-5　绘制瓶子图形

03 使用“交互式透明”工具，分别为绘制的瓶子图形添加射线透明效果，如图 9-6 所示。

04 使用“挑选”工具，选择瓶身图形并按小键盘上的<+>键将其原位置再制。选择“交互式透明”工具，单击属性栏中的“清除透明度”按钮，清除再制图形透明度，并设置填充色为无，轮廓色为黑色，如图 9-7 所示。

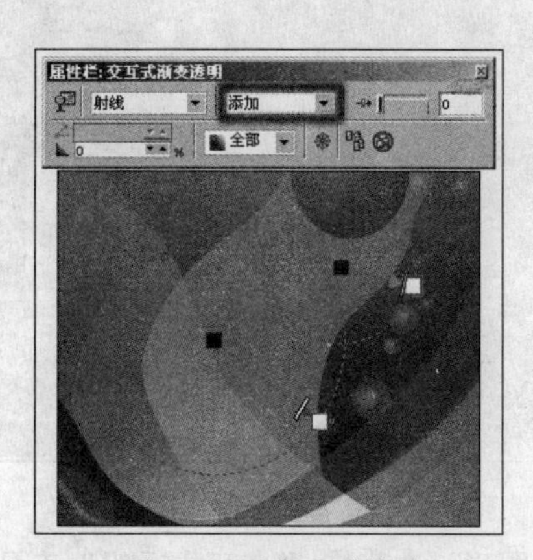

图 9-6　添加透明效果

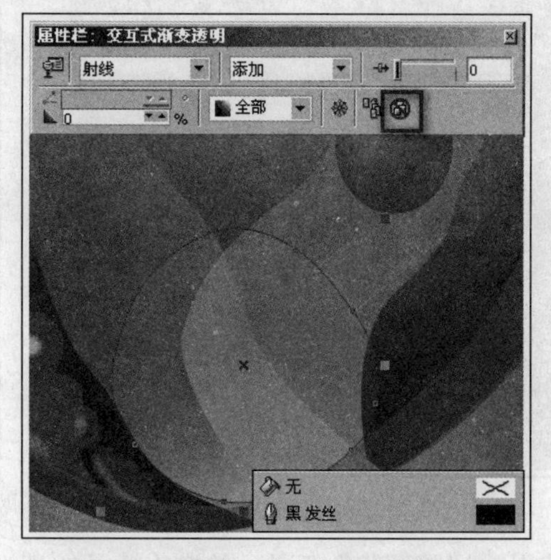

图 9-7　再制图形并消除透明效果

05 保持该图形的选择状态，然后选择“挑选”工具，接着将其原位置再制，并按<Shift>键的同时，向内拖动角控制柄，将再制图形等比例缩小。完毕后，将这两个轮廓图形同时选中，单击属性栏中的“结合”按钮，结合为一个整体，如图 9-8 所示。

06 使用“交互式填充”工具，为其填充线性渐变色，轮廓色设置为无，如图 9-9 所示。

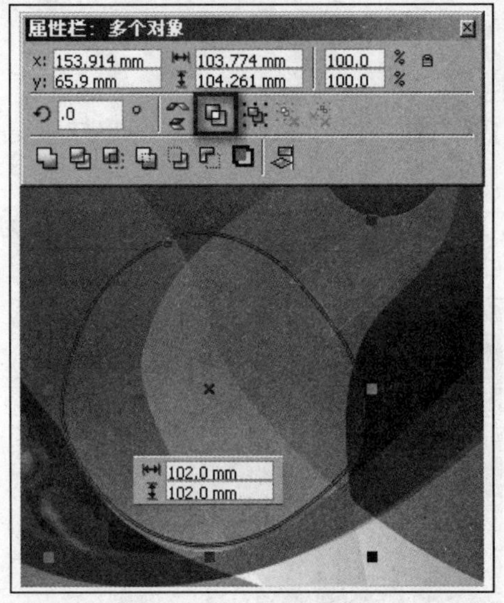

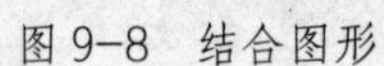
图 9-8 结合图形

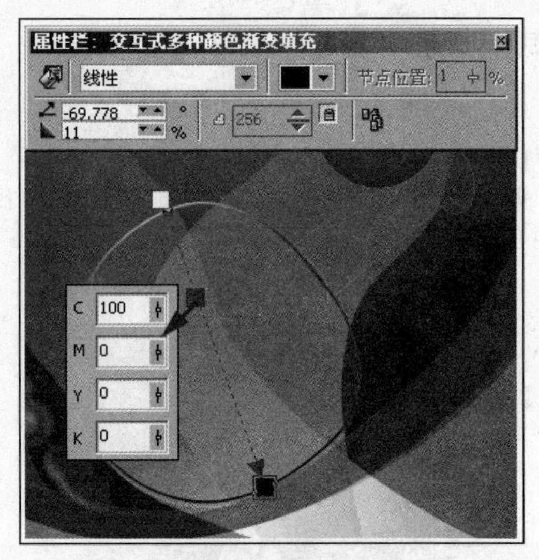

图 9-9 为图形填充渐变色

07 使用“交互式透明”工具，参照图 9-10 所示为其添加线性透明效果。完毕后按<Ctrl+PageDown>键，调整图形的顺序到瓶身图形的下面。

08 参照之前同样的操作方法，制作出瓶颈的边缘图形，如图 9-11 所示。

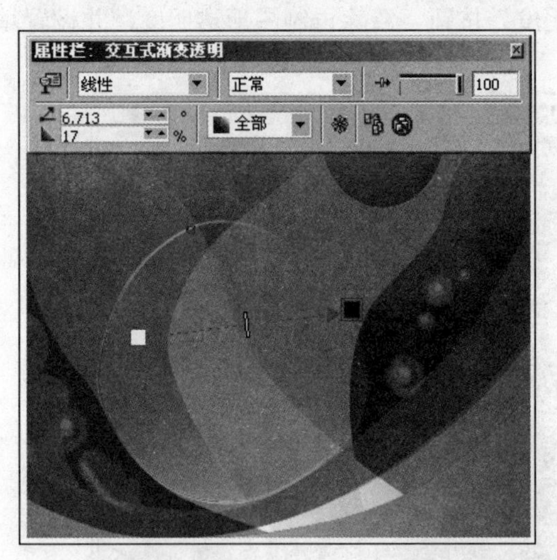

图 9-10 为图形添加透明效果

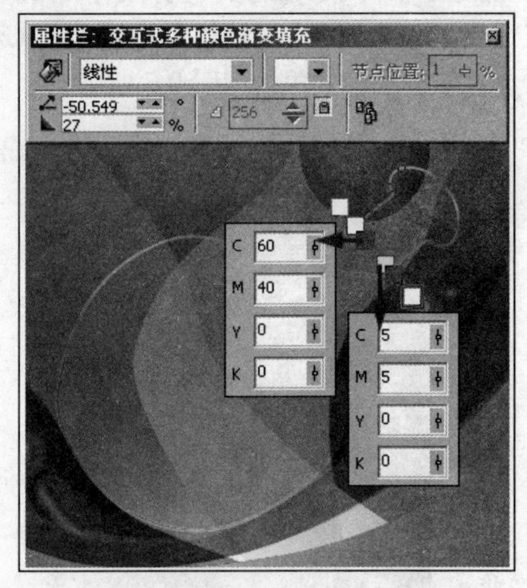

图 9-11 绘制瓶颈边缘图形

09 使用“贝塞尔”工具，绘制出瓶子的高光图形。选择“交互式透明”工具，参照图 9-12 所示设置其属性栏，为其添加透明效果。

10 参照上一步骤中的操作方法，再次绘制出其他高光图形并添加透明效果，如图 9-13 所示。

图 9-12 绘制高光图形并添加透明效果

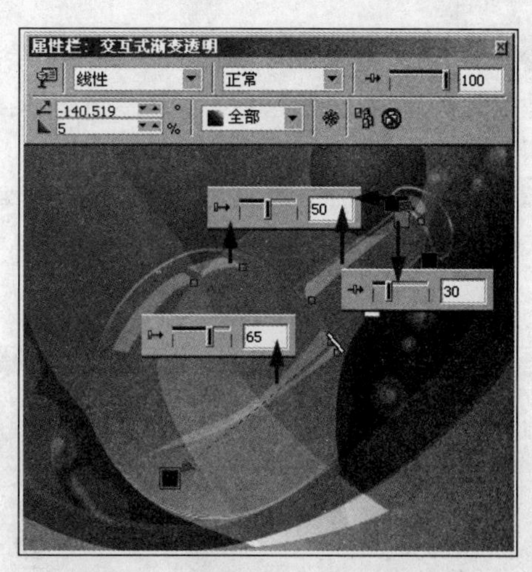

图 9-13 绘制其他高光图形

11 参照之前的操作方法绘制出瓶子的反光图形，并为其添加透明效果，如图 9-14 所示。

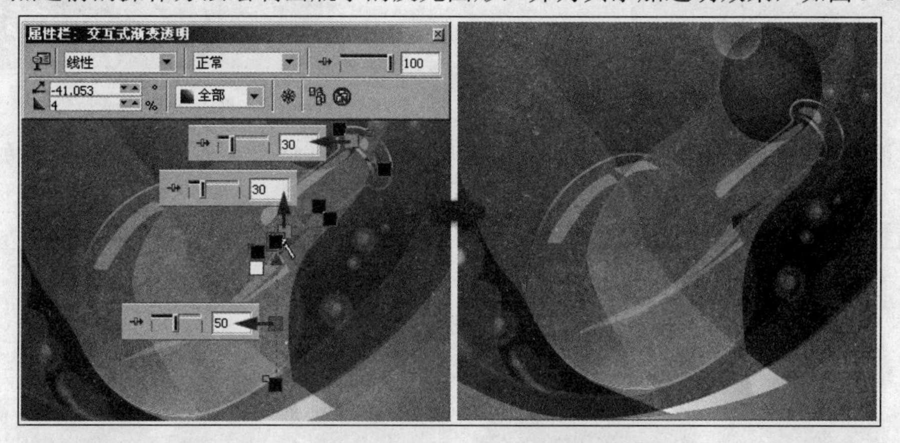

图 9-14 绘制反光图形

12 参照图 9-15 所示，绘制一个圆环图形并填充颜色。使用“交互式透明”工具，为图形添加线性透明效果，制作出瓶子的立体效果。

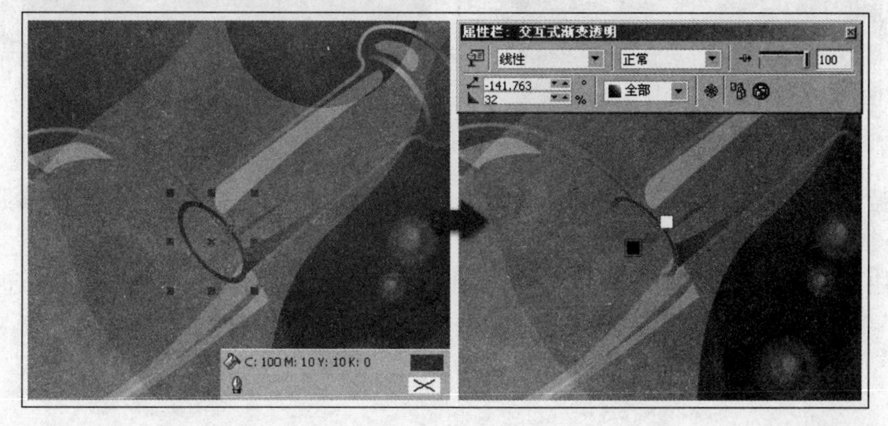

图 9-15 绘制圆环图形并添加透明效果

13 使用“贝塞尔”工具，在瓶口处绘制瓶塞图形。选择“交互式填充”工具，设置其属性栏为图形填充纹理效果，并参照图 9-16 所示调整填充纹理的比例及旋转角度，完毕后调整图形顺序至瓶颈边缘图形的下方。

14 使用“挑选”工具选择瓶塞图形，按小键盘上的<+>键，将其原位置再制并填充黑色。完毕后使用“交互式透明”工具，参照图 9-17 所示，为图形添加透明效果。

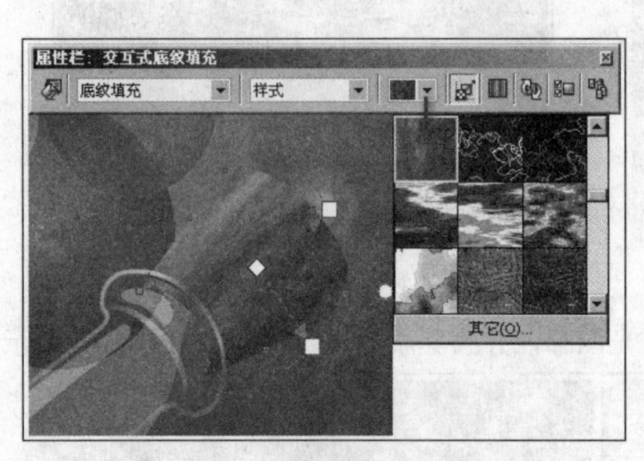

图 9-16　绘制瓶塞图形

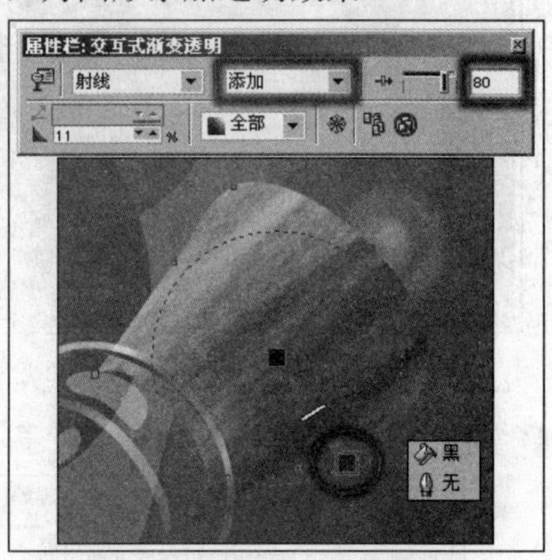

图 9-17　再制图形并添加透明效果

15 参照之前绘制瓶塞图形的操作方法，再绘制出瓶塞底部图形并填充纹理，如图 9-18 所示。

16 选择“交互式透明”工具，参照图 9-19 所示设置其属性栏，为图形添加透明效果。

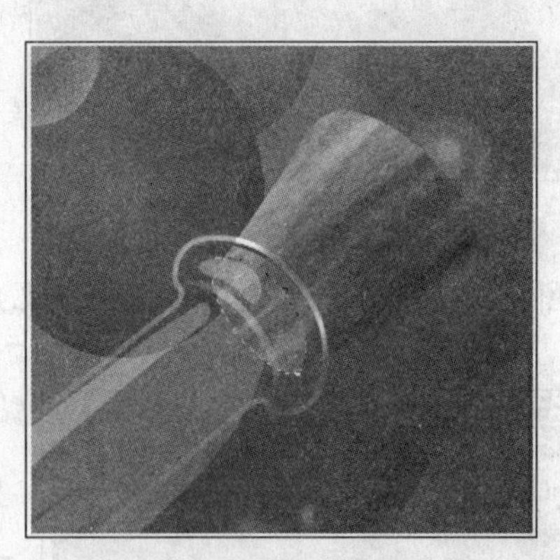

图 9-18　绘制瓶塞底部图形并填充纹理

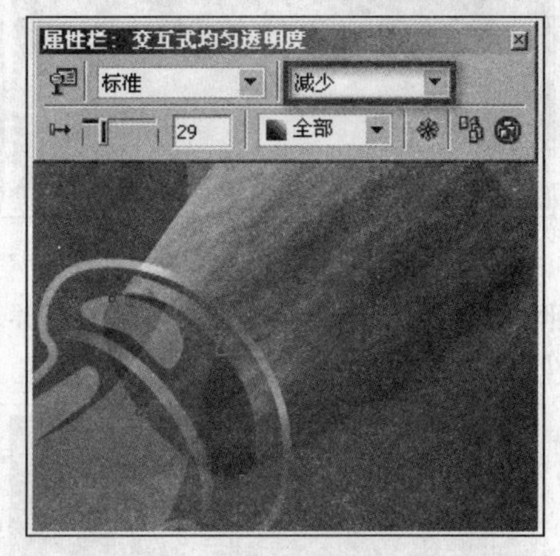

图 9-19　为图形添加透明效果

17 保持该图形的选择状态，将其原位置再制。选择“交互式透明”工具，参照图 9-20 所示设置属性栏，改变图形的透明效果。

18 使用“贝塞尔”工具，绘制瓶内液体图形并填充渐变色，轮廓色设置为无。选择“交互式透明”工具，参照图 9-21 所示设置其属性栏，为图形添加透明效果。

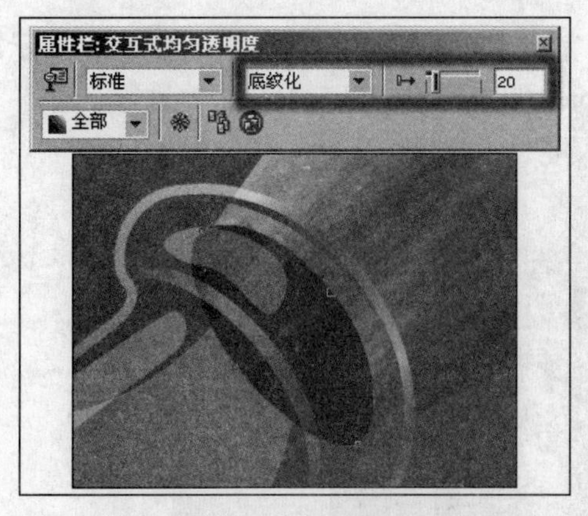

图 9-20　再制并调整图形的透明效果

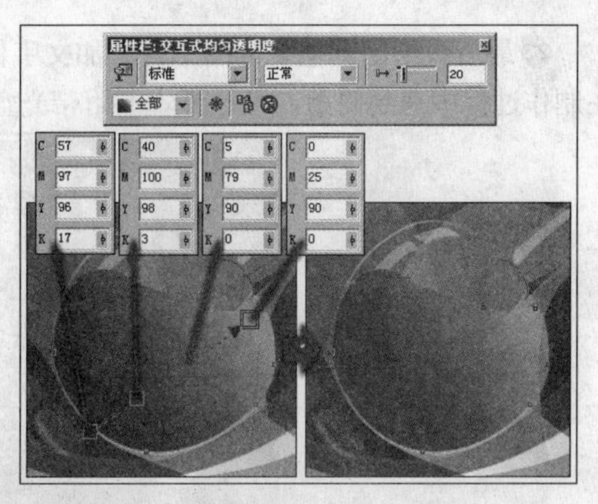

图 9-21　绘制液体图形并添加透明效果

19 将液体图形原位置再制，并调整其渐变颜色。选择“交互式透明”工具，参照图 9-22 所示，设置其属性栏更改图形的透明效果。

20 参照之前的操作方法，再绘制出液体的亮部、暗部和反光区域图形，分别为其添加透明效果，如图 9-23 所示。

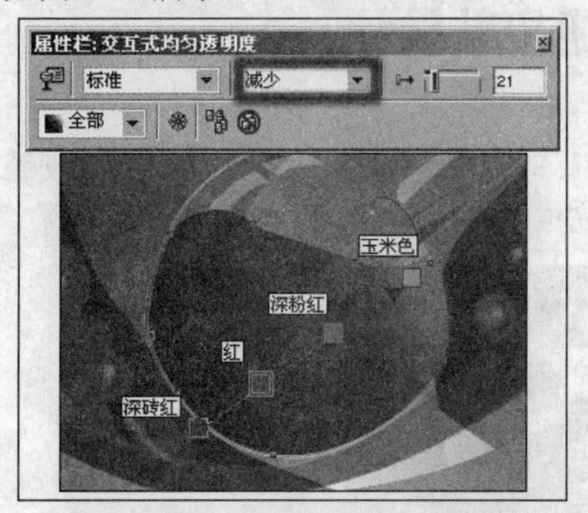

图 9-22　再制并调整图形的透明效果

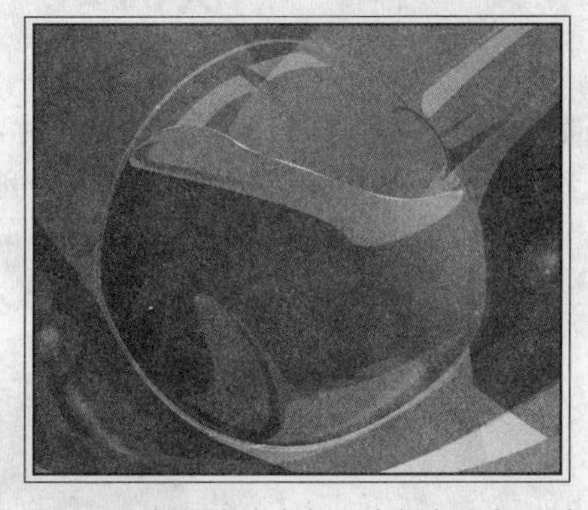

图 9-23　绘制液体的亮部、暗部和反光图形

21 使用“挑选”工具，选择瓶子上的高光和右侧边缘的暗部图形，按<Shift+PageUp>键将其调整到最顶层，如图 9-24 所示。

22 执行“文件”→“导入”命令，将本书附带光盘\Chapter-09\“蝴蝶.cdr”文件导入到文档中相应位置，如图 9-25 所示。

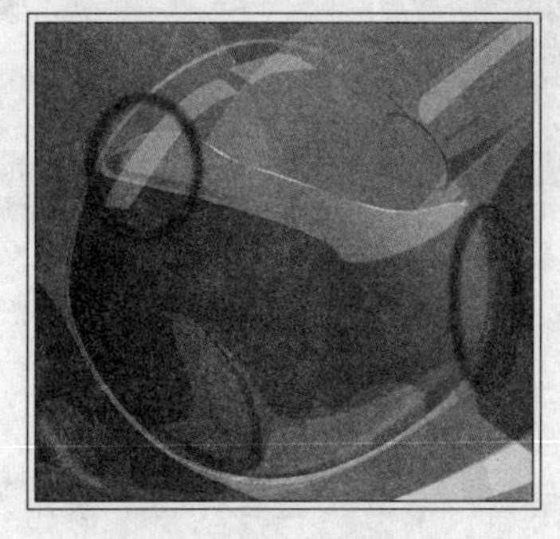

图 9-24　调整图形顺序

图 9-25　导入光盘文件

23 最后再绘制其他装饰图形并添加文字信息，完成本实例的制作，效果如图 9-26 所示。在制作过程中遇到问题，可打开本书附带光盘\Chapter-09\“广告招贴.cdr”文件进行查看。

图 9-26　完成效果

实例 2　卡通招贴设计

在本小节中，将制作一幅卡通招贴设计，趣味的卡通形象和艳丽的色彩搭配，使整个画面充满了梦幻色彩。如图 9-27 所示，为本实例的完成效果。

图 9-27　完成效果

设计思路

这是为卡通网站设计制作的一则宣传招贴，招贴使用该网站的卡通吉祥物形象作为画面主体，在丰富画面的同时也起到了宣传作用。

技术剖析

在该实例的制作过程中，通过使用“椭圆形”、“贝塞尔”等工具绘制出卡通形象的基本图形。使用“交互式调和”工具分别为图形添加调和效果，制作出光滑的渐变效果。如图9-28所示，为本实例的制作流程。

图9-28 制作流程

制作步骤

01 运行 CorelDRAW X3，执行“文件”→“新建”命令，新建一个空白文档，并参照图9-29所示设置属性栏。

02 使用工具箱中的“矩形”工具绘制矩形，并在属性栏中设置大小。执行“排列”→“对齐和分布”→“对齐和分布”命令，打开并参照图9-30所示设置“对齐与分布”对话框，调整矩形在页面中的位置。

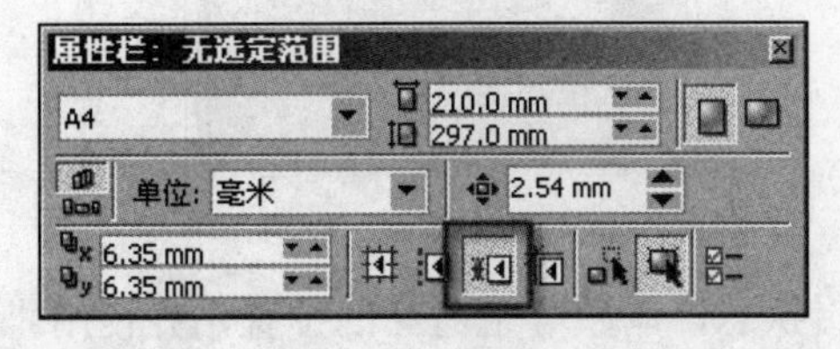

图9-29 新建文档

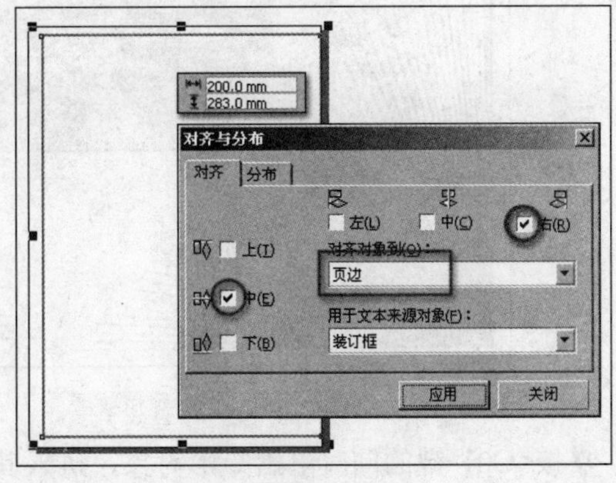

图9-30 绘制矩形

03 使用“交互式填充”工具，参照图9-31所示为矩形填充渐变颜色，并设置轮廓色为无。

04 使用“手绘”工具，按<Ctrl>键绘制一条水平直线，并设置其轮廓属性。按<Alt+F8>键，打开“变换”泊坞窗，参照图9-32所示设置泊坞窗，单击“应用到再制”按钮，将直线旋转再制。

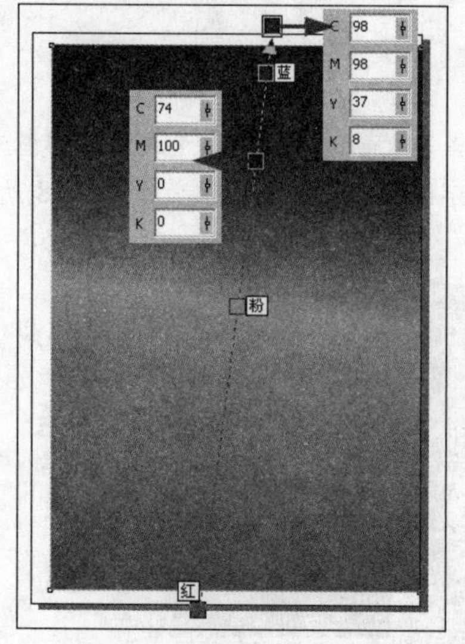

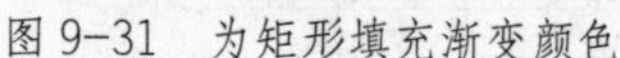
图 9-31 为矩形填充渐变颜色

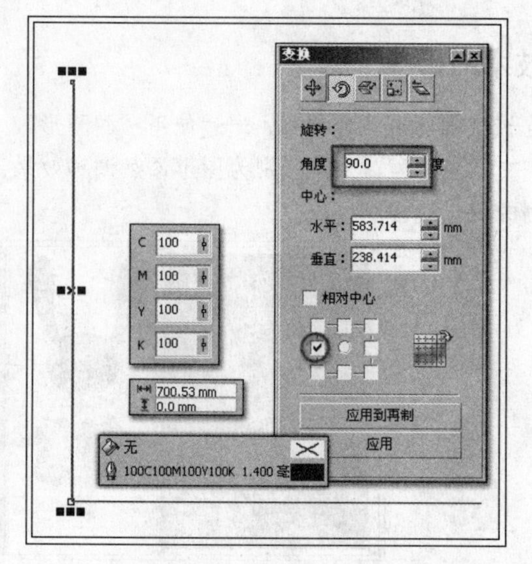

图 9-32 绘制直线

05 使用“交互式调和”工具，在任意一条直线上单击并向另一条直线拖动，为直线添加调和效果，参照图 9-33 所示设置属性栏参数，调整调和效果。

06 依次按<Ctrl+K>键和<Ctrl+G>键，拆分调和并群组对象。执行“效果”→“图框精确剪裁”→“放置在容器中”命令，当光标变成黑色箭头时，单击填充渐变色的矩形，将群组对象放置其中，如图 9-34 所示。

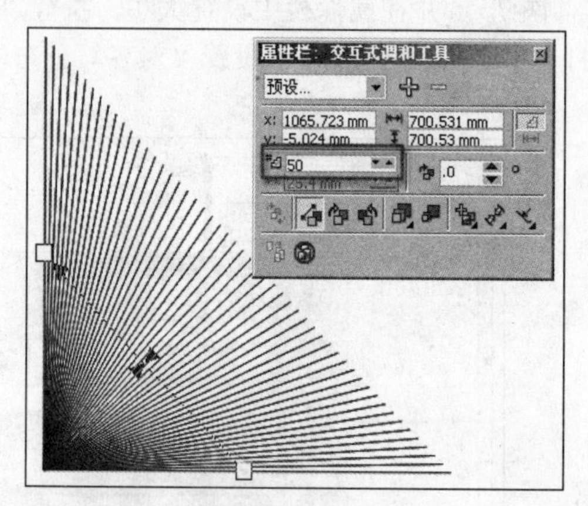

图 9-33 添加调和效果

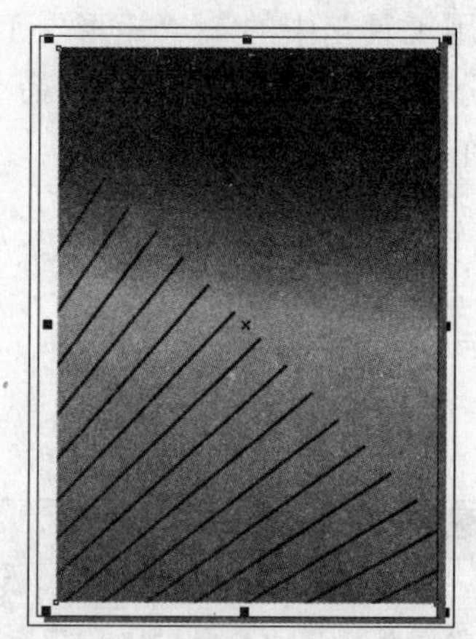

图 9-34 精确剪裁直线图形

07 按<Ctrl>键的同时单击矩形对象，进入其编辑状态，调整群组对象的位置，并使用“交互式透明”工具为其添加透明效果。完毕后再次按<Ctrl>键的同时，单击页面空白处，退出当前编辑状态，如图 9-35 所示。

08 使用“矩形”工具绘制矩形，并参照图 9-36 所示在属性栏中设置矩形的大小和圆角，按<Ctrl+Q>键，将其转换为曲线，使用“形状”工具选择多余节点并删除，对图形形状进行调整。

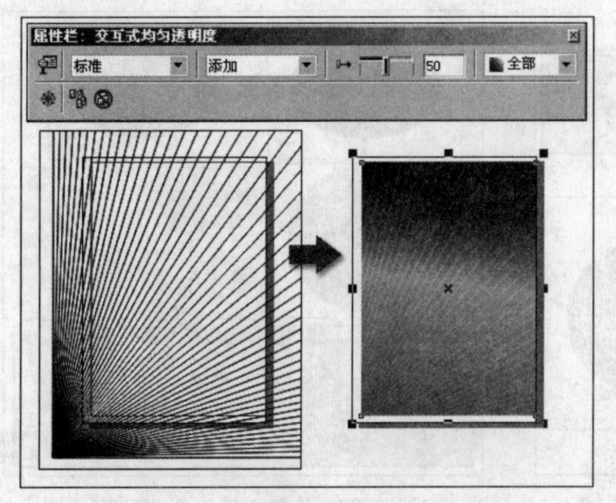

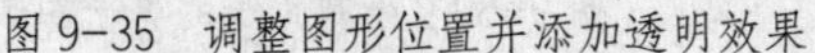
图 9-35 调整图形位置并添加透明效果

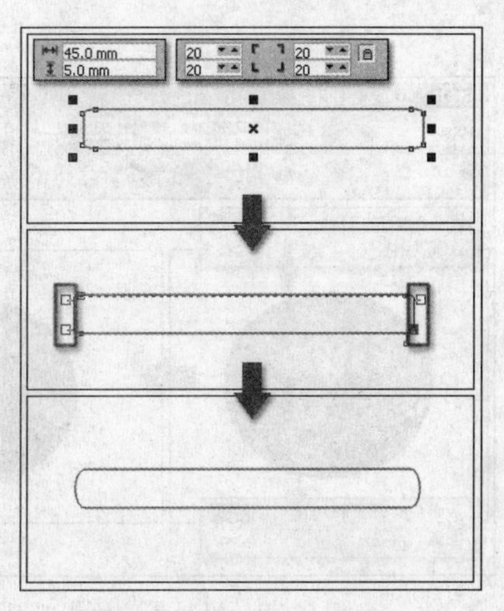

图 9-36 绘制圆角矩形

09 保持该图形的选择状态，按<Ctrl+D>键将其再制，分别调整这两个图形的大小、位置并填充颜色。使用“交互式调和”工具，为图形添加调和效果，如图 9-37 所示。

提示

为了便于观察，这里暂时为再制图形添加黑色轮廓。

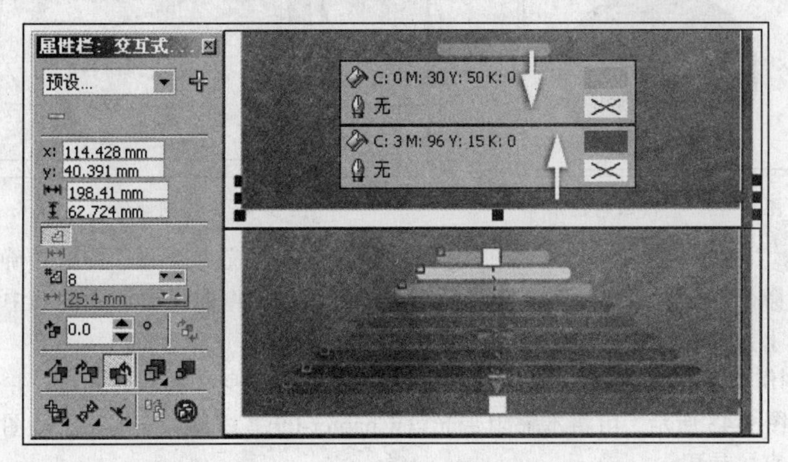

图 9-37 复制图形并添加调和效果

10 使用“椭圆形”工具，参照图 9-38 所示绘制两个椭圆形，分别填充颜色并设置轮廓色为无。使用“交互式调和”工具为图形添加调和效果，制作出玩偶兔子的头部图形。

11 使用“椭圆形”工具，参照图 9-39 所示绘制椭圆，分别填充颜色并设置轮廓色为无。使用“交互式调和”工具，为椭圆添加调和效果，制作出玩偶兔子的鼻子图形。

12 使用相同的操作方法，绘制椭圆图形并添加交互式调和效果，制作出兔子的眼睛图形，如图 9-40 所示。

13 绘制一个与兔子头部图形等大的椭圆形，使用“贝塞尔”工具，参照图 9-41 所示绘制曲线，并在属性栏中设置曲线的轮廓样式和轮廓宽度。

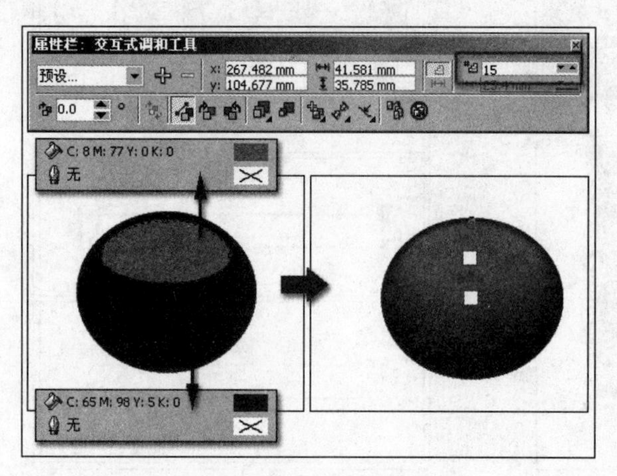

图 9-38　绘制兔子的头部图形

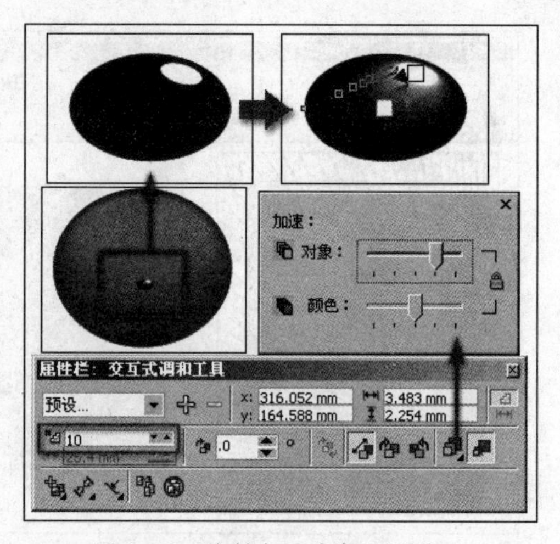

图 9-39　绘制兔子的鼻子图形

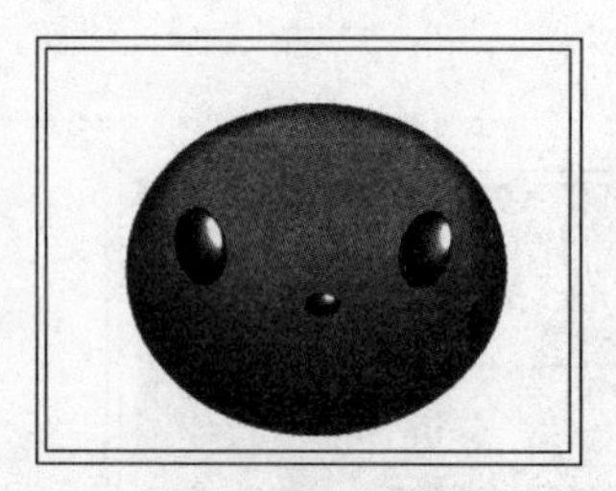

图 9-40　制作眼睛图形

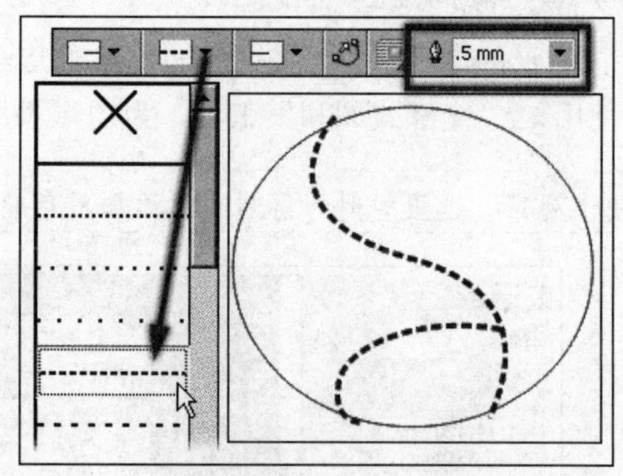

图 9-41　绘制曲线

14 使用“挑选”工具，将两条曲线同时框选，执行“效果”→“图框精确剪裁”→“放置在容器中”命令，当鼠标变为黑色箭头后单击椭圆图形，将曲线放置到椭圆中，然后调整椭圆到头部图形上方，并设置其轮廓色为无，如图 9-42 所示。

15 参照制作兔子头部图形的方法，绘制出兔子的耳朵、身体和四肢图形，并分别为其添加调和效果，如图 9-43 所示。可将本书附带光盘\Chapter-09\“耳朵、身体和四肢图形.cdr”文件，导入到文档中直接使用。

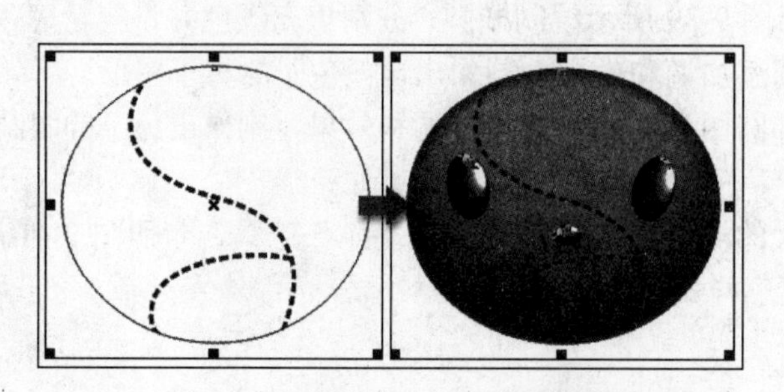

图 9-42　精确剪裁曲线并调整位置

图 9-43　绘制其他部位图形

16 使用"贝塞尔"工具，绘制兔子轮廓图形。按<F12>键打开"轮廓笔"对话框，参照图 9-44 所示设置该对话框，更改轮廓属性。完毕后调整轮廓图形的位置。

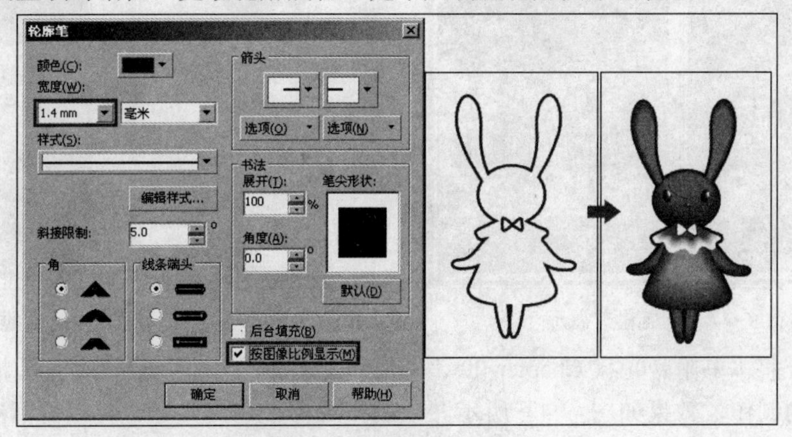

图 9-44　绘制轮廓图形

17 选择组成兔子玩偶图形的调和对象，通过按<Ctrl+K>键和<Ctrl+G>键，分别拆分调和并群组图形，完毕后将兔子图形全部选择并群组。将群组对象复制，并等比例缩小副本图形，参照图 9-45 所示调整副本图形的大小、位置和顺序。

18 使用"交互式调和"工具，为兔子图形添加调和效果，并设置其属性栏。完毕后将该调和对象复制一组并水平翻转，调整其位置如图 9-46 所示。

图 9-45　再制图形并缩小

图 9-46　为图形添加调和效果并镜像复制

19 使用"矩形"工具，绘制一个与背景图形等大的矩形。执行"效果"→"图框精确剪裁"→"放置在容器中"命令，将兔子图形和底下的调和图形放置到矩形中，如图 9-47 所示。

20 双击"矩形"工具，创建一个与页面等大的矩形，按<Shift+PageUp>键调整其顺序到最顶层，为其填充白色。接着按小键盘上的<+>键将其原位再制，参照图 9-48 所示调整再制图形的大小和位置。然后将两个矩形同时选择，单击属性栏中的"结合"按钮，将其结合为一个整体。

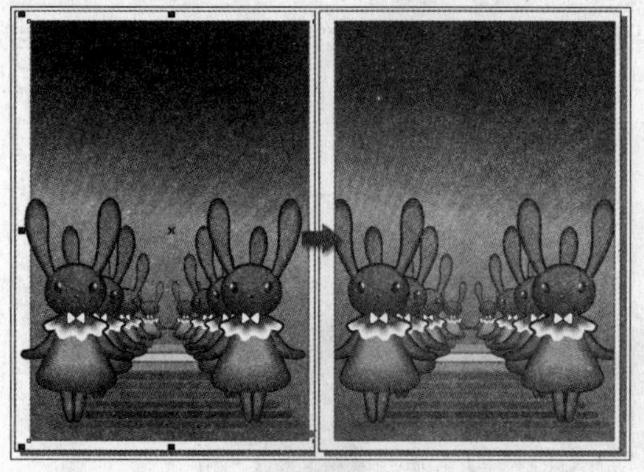

图 9-47 精确裁剪图形

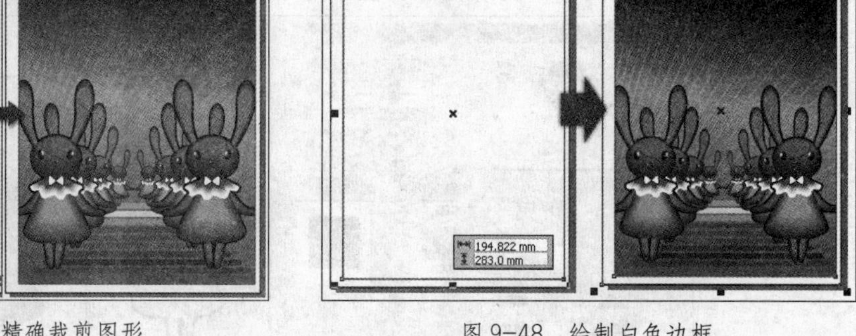

图 9-48 绘制白色边框

21 最后，将本书附带光盘\Chapter-09\“心形和文字.cdr”文件导入文档，调整图形位置，完成本实例的制作，效果如图 9-49 所示。在制作过程中遇到问题，可以打开本书附带光盘\Chapter-09\“卡通招贴设计.cdr”文件进行查看。

图 9-49 完成效果

实例 3 童话图书宣传招贴

本节制作了一个童话图书宣传招贴，通过本实例的制作，可以对“艺术笔”工具绘制图形的方法，有一个崭新的认识。图 9-50 展示了本实例的完成效果。

图 9-50 完成效果

设计思路

在儿童的世界里是无所不能、充满想象的，招贴画面抓住了儿童的这一特点，绘制了一个在夜晚时刻金鱼游到一个以枫叶为地毯的天堂，从而引起家长和儿童的注意，继而对图书进行介绍和推广。

技术剖析

在本实例的制作过程中，主要使用了“艺术笔”工具绘制图形，将绘制的图形拆分后，更改颜色，从而使画面产生丰富多彩的效果。图 9-51 为本实例的制作流程。

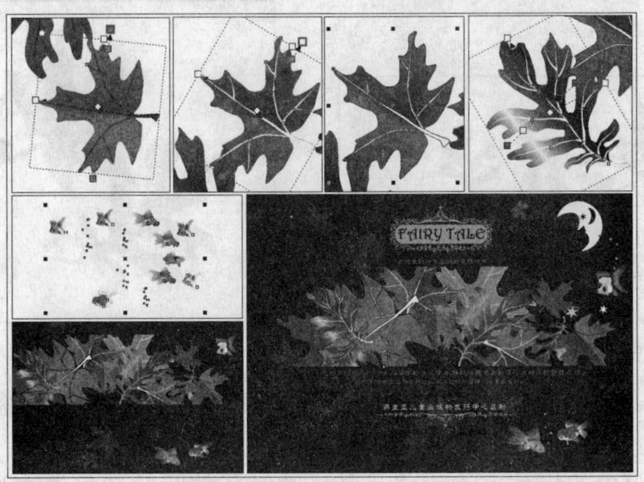

图 9-51 制作流程

制作步骤

01 运行 CorelDRAW X3，新建一个工作文档，单击属性栏中的“横向”按钮，将页面横向摆放，其他参数保持系统默认设置。

02 使用 “矩形”工具，在页面中绘制一个矩形，设置其填充色为深蓝色，如图 9-52 所示。

03 使用工具箱中的 “艺术笔”工具，参照图 9-53 所示设置属性栏中的参数，在页面空白处绘制树叶图形。

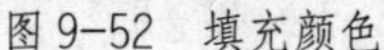
图 9-52 填充颜色

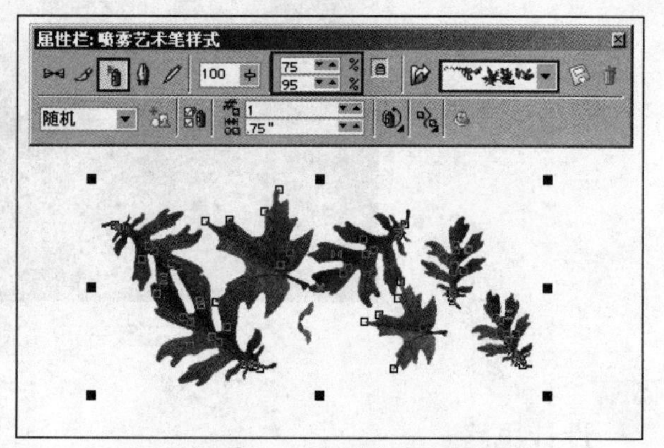

图 9-53 绘制图形

提示 使用“艺术笔”工具绘制的图形随机性很强，在绘制时可能和图示中的图形不相同，可以多试几次，使绘制的图形和出示的图形接近。

04 保持树叶图形的选择状态，执行“排列”→“拆分艺术笔群组”命令，将艺术笔群组拆分，使用 “挑选”工具，将拆分出的路径删除，如图 9-54 所示。

05 选择树叶图形，单击属性栏中的 “取消群组”按钮，取消树叶图形的群组，参照图 9-55 所示，将不需要的图形删除。

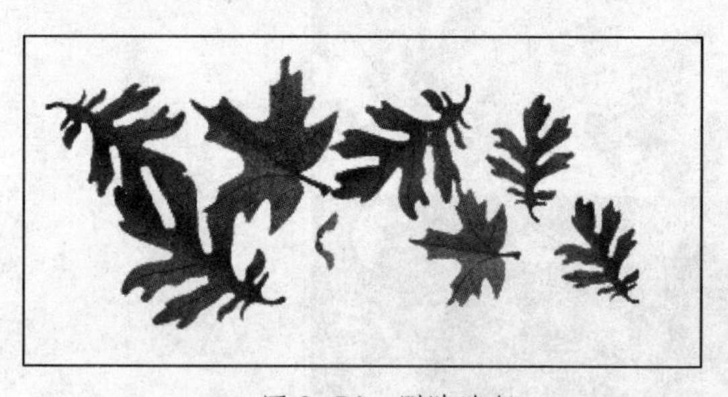
图 9-54 删除路径

图 9-55 删除树叶图形

06 选中右侧的一片树叶图形，选择 “交互式填充”工具，单击屏幕右侧调色板中的淡黄色色块，对树叶的叶脉颜色进行调整，如图 9-56 所示。

07 参照上一步骤中的操作方法，将另外一片叶子的叶脉颜色更改为白色，如图 9-57 所示。

08 选择 “挑选”工具，双击状态栏右侧的轮廓色色块，打开“轮廓笔”对话框，参照图 9-58 所示设置对话框，更改树叶的轮廓色和轮廓宽度。

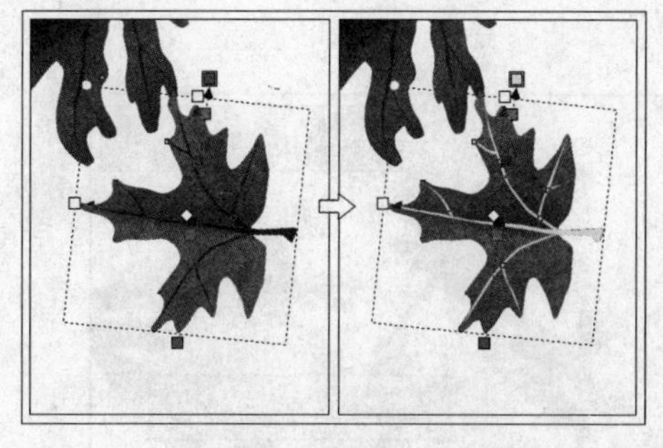

图 9-56　调整树叶图形

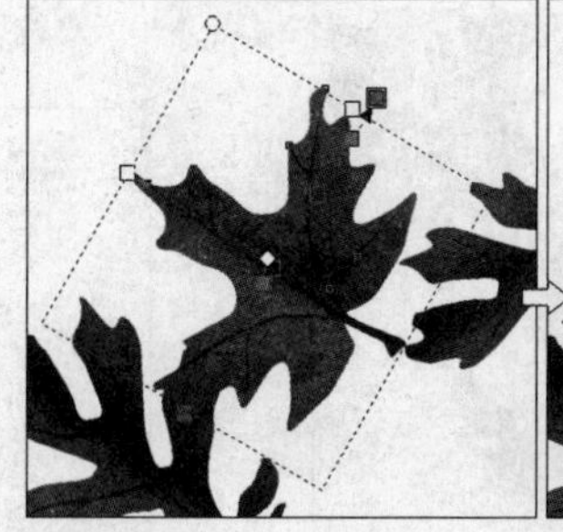
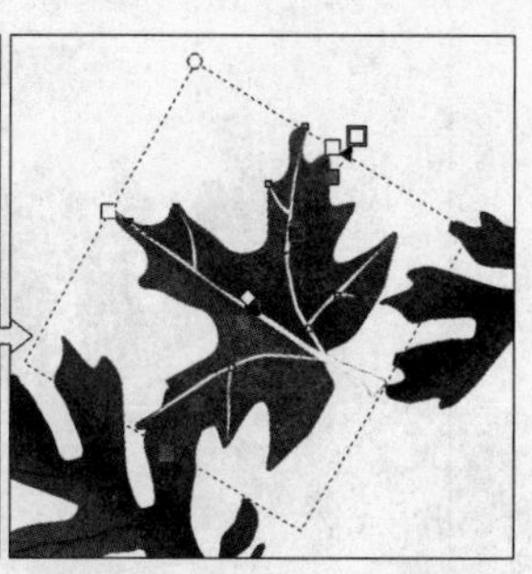

图 9-57　调整树叶

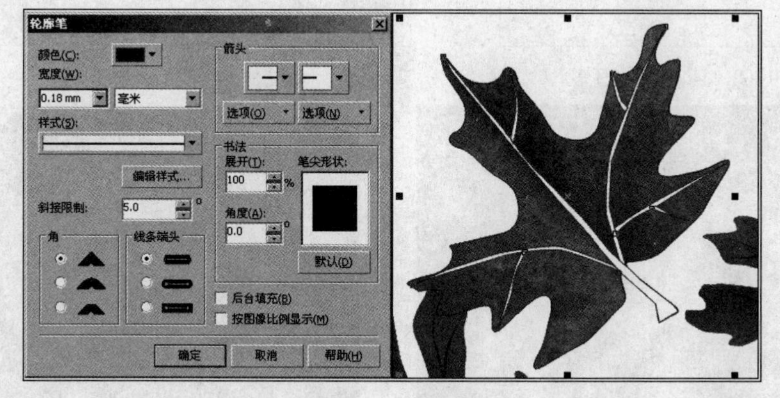

图 9-58　设置轮廓色

09 使用“交互式填充”工具，选择如图 9-59 所示树叶图形，设置其叶脉颜色为沙黄色，拖动调色板中的沙黄色色块到图示中红色圈内的渐变色块上，调整树叶的颜色。

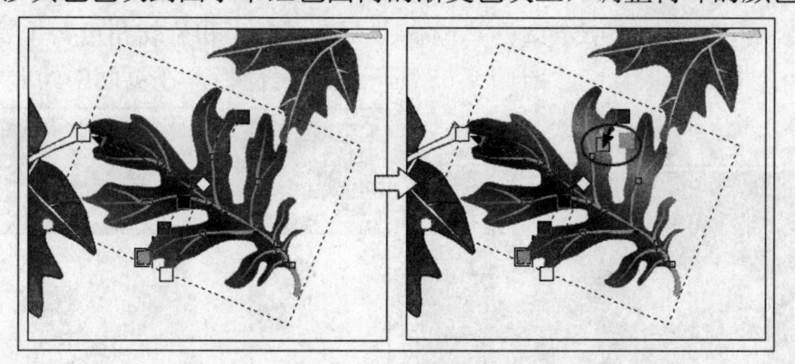

图 9-59　调整颜色

10 使用“交互式填充”工具，对另一个树叶的颜色进行调整，如图 9-60 所示。

11 使用“挑选”工具选择相应的枫叶图形，将其再制，并分别设置填充色和轮廓色，如图 9-61 所示。

12 参照图 9-62 所示，分别调整树叶图形的位置、大小、旋转角度和顺序。也可以打开本书附带光盘\Chapter-09\“树叶.cdr”文件，继续接下来的绘制操作。

13 使用“矩形”工具，参照图 9-63 所示，在绘图页面的顶部和底部分别绘制矩形，并填充与背景色相同的颜色，轮廓色为无。

提示

为便于观察，暂时将绘制的矩形轮廓色设置为白色。

图 9-60 调整树叶图形

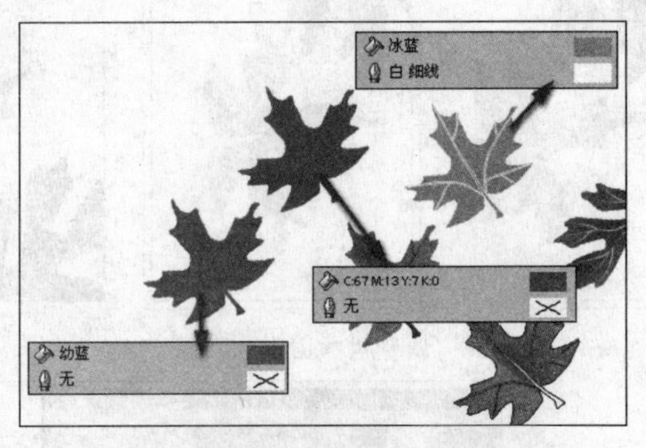

图 9-61 再制并调整图形

图 9-62 调整图形

图 9-63 绘制矩形

14 使用"挑选"工具选择树叶图形，将其再制多个，并将再制的树叶图形填充为海军蓝，轮廓色为无。参照图 9-64 所示调整其位置、大小、顺序和旋转角度，丰富画面效果。

15 使用"艺术笔"工具，参照图 9-65 所示设置属性栏，在页面中绘制小鱼图形。

图 9-64 复制并调整图形

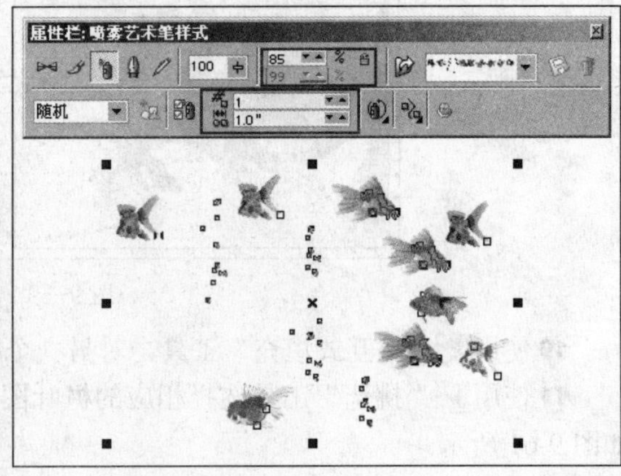

图 9-65 绘制小鱼图形

16 执行"排列"→"拆分艺术笔群组"命令，拆分艺术笔群组，使用"挑选"工具，选择分离出的路径将其删除。选择小鱼图形，按<Ctrl+U>键取消群组，并将多余的小鱼和气泡图形删除，如图 9-66 所示。

17 选择如图 9-67 所示的小鱼图形，并按<Ctrl+U>键取消小鱼图形的群组，选择"交互式填充”工具，参照图 9-67 所示分别拖动调色板中的色块到相应位置，调整小鱼图形的颜色。

图 9-66 删除图形

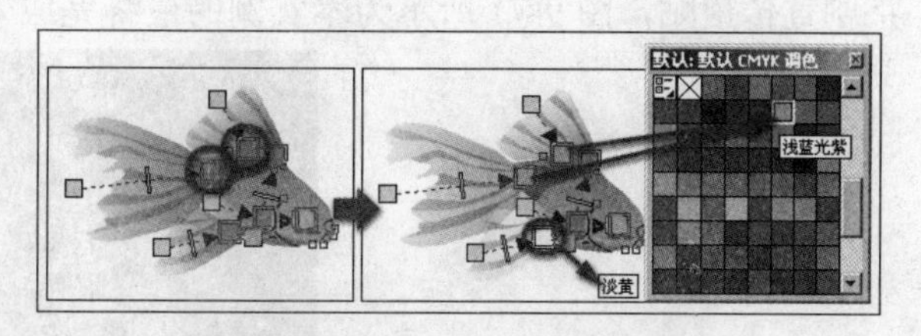

图 9-67 调整小鱼图形局部颜色

18 参照以上方法，调整其他小鱼局部的颜色，参照图 9-68 所示分别调整小鱼和气泡图形的大小和位置。

19 执行“文件”→“导入”命令，导入本书附带光盘\Chapter-09\“图案.cdr”文件，按<Ctrl+U>键取消群组并分别调整图形的位置，如图 9-69 所示。

图 9-68 调整图形

图 9-69 添加素材

20 最后在页面中添加相关文字信息，完成本实例的制作，效果如图 9-70 所示。在制作过程中遇到问题，可以打开本书附带光盘\Chapter-09\“童话图书宣传招贴.cdr”文件进行查看。

图 9-70 完成效果

实例 4　京剧宣传招贴

戏剧是我国的传统文化，在全国各地有各自的戏剧，在唱腔上各有不同。本节将制作一个京剧宣传招贴，图 9-71 所示为本实例的最终完成效果。

图 9-71　最终完成效果

设计思路

京剧是我国的国粹，有着千年的发展历史，与我国悠久的历史有着很深的渊源。招贴在设计上使用深沉的颜色表现这一点，主题使用京剧的脸谱，直观地表现了招贴的内容，达到了宣传的作用。

技术剖析

在本实例的制作过程中，主要讲述了两个技术要点。一个是使用“交互式调和”工具沿路径调和图形，一个是使用“艺术笔”工具沿路径绘制图形。图 9-72 为本实例的制作流程。

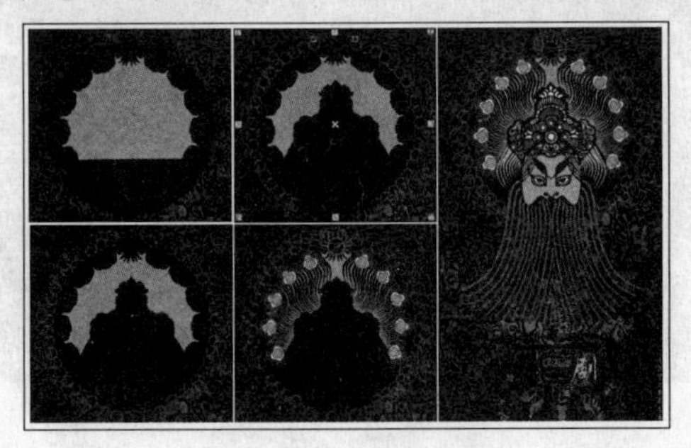

图 9-72　制作流程

制作步骤

01 启动 CorelDRAW X3，执行“文件”→“打开”命令，打开本书附带光盘\Chapter-09\“背景.cdr”文件，如图 9-73 所示。

02 选择工具箱中的“椭圆形”工具，按<Ctrl>键的同时，在页面上方绘制一个圆形，为图形填充黑色，如图 9-74 所示。

图 9-73　打开背景文件

图 9-74　绘制圆形

03 使用“贝塞尔”工具，配合使用“形状”工具，在页面中绘制曲线图形，然后对图形的轮廓色和填充色进行设置，如图 9-75 所示。

04 使用“贝塞尔”工具，在页面中绘制图形，将其填充深绿色，轮廓色设置为无。也可以通过执行“文件”→“导入”命令，导入本书附带光盘\Chapter-09\“剪纸轮廓.cdr”文件，并将其放置到页面相应位置，如图 9-76 所示。

提示　为方便观察，图 9-76 中暂时将图形的轮廓色设置为白色，来衬托图形边缘的形状。

图 9-75　绘制并调整图形

图 9-76　绘制图形

05 使用"挑选"工具，选择下面的圆形图形，按小键盘上的<+>键将其原位再制，并设置其填充色为无，轮廓色为白色，如图 9-77 所示。

06 选择"椭圆形"工具，在页面中绘制圆形，并设置其轮廓属性，如图 9-78 所示。

图 9-77　再制并调整圆形

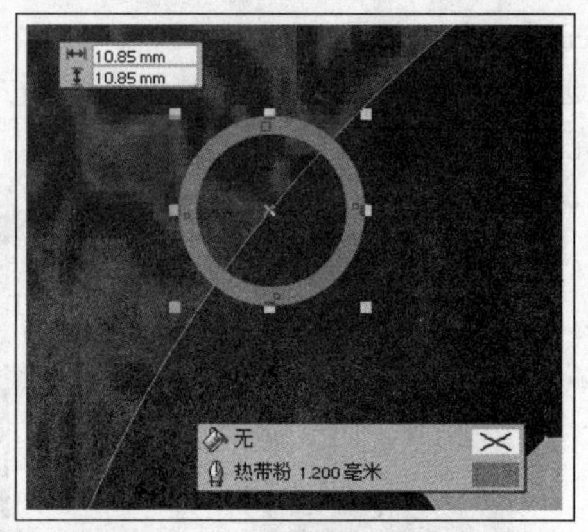

图 9-78　绘制图形

07 将圆环图形再制并调整其位置。使用"交互式调和"工具，在两个圆环之间添加调和效果，完毕后参照图 9-79 所示设置其属性栏参数，调整调和效果。

08 保持调和对象的选择状态，单击属性栏中的"路径属性"按钮，在弹出的面板中单击"新路径"命令，当鼠标变为黑色向下的箭头时，在图 9-80 所示位置单击鼠标拾取路径，并调整两端圆形的位置。

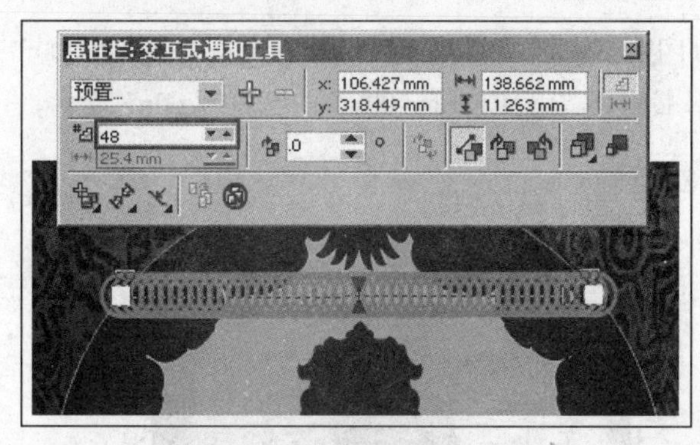

图 9-79　再制图形并添加调和效果

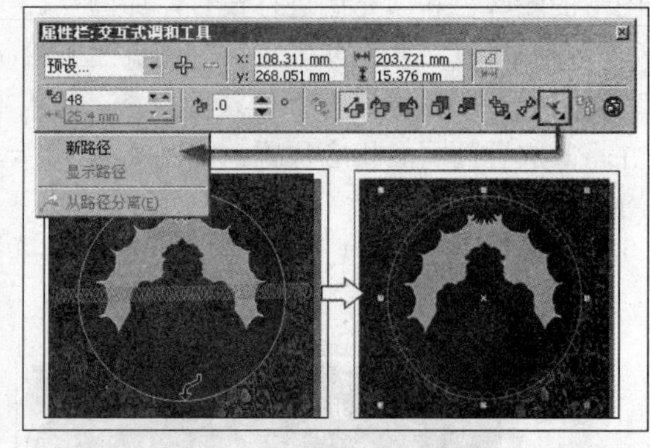

图 9-80　使调和对象适合路径

09 选择调和对象，按<Ctrl+K>键拆分路径，将轮廓色填充为白色的圆形删除。使用"挑选"工具，将拆分出来的群组对象选中，按<Ctrl+U>键取消群组，选择并删除多余的圆环图形，如图 9-81 所示。

10 参照之前同样的操作方法，再制作出图 9-82 所示的图形效果。

11 使用"椭圆形"工具和"贝塞尔"工具，并调整图形的轮廓色为（C0、M30、Y50、K0），轮廓宽度为 1.411mm，从而制作出图 9-83 所示的图形效果。

12 使用"贝塞尔"工具，在页面中绘制一条曲线路径。选择"艺术笔"工具，设置属性栏，为该曲线添加艺术样式效果并填充为深绿色，如图 9-84 所示。

图 9-81 删除部分图形

图 9-82 绘制其他图形

图 9-83 绘制图形

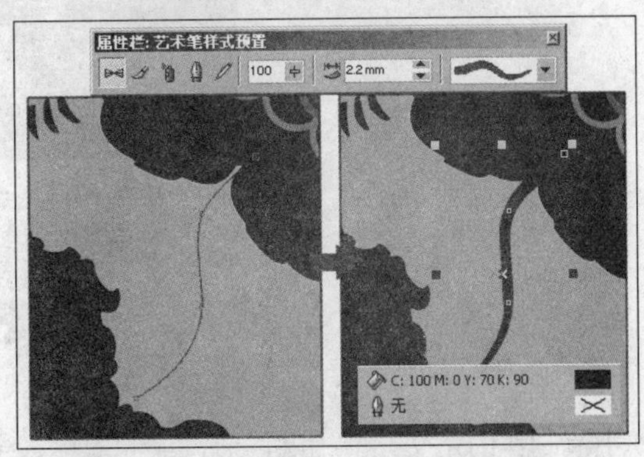

图 9-84 绘制路径并添加艺术笔触效果

13 参照上一步骤的操作方法，在页面中制作出其他图形效果，并将绘制出的图形群组，如图 9-85 所示。

14 参照之前绘制图形的操作方法，再绘制出如图 9-86 所示的京戏脸谱。也可以将本书附带光盘\Chapter-09\“人物.cdr”文件，导入到文档中直接使用。

图 9-85 绘制其他图形

图 9-86 导入光盘文件

15 最后在页面中添加相关的文字信息，完成本实例的制作，效果如图 9-87 所示。在制作过程中遇到问题，可以打开本书附带光盘\Chapter-09\“京剧宣传招贴.cdr”文件进行查看。

图 9-87　完成效果

实例 5　文艺节招贴

本小节制作的是文艺节招贴，通过绘制简单、生动的文字图形，再加以浪漫、唯美的色调，整个画面给人带来时尚、前卫的视觉感受，从而达到宣传的效果。图 9-88 所示为本实例完成效果。

图 9-88　完成效果

设计思路

本实例为一幅文艺节招贴，因此在设计上首先要考虑文艺节的性质和特点，采用与其特点相配的具有浪漫色彩的紫色调，然后搭配以图形化的文字来表现画面，增添招贴的文艺色彩。

技术剖析

在本实例的制作中以文字为制作重点。首先输入文字，将文字转换为曲线，使用“形状”工具进行调整，并为文字添加轮廓图效果。然后绘制图形，围绕图形输入文字，制作花形的文字效果。如图9-89所示，为本实例的制作流程。

图9-89　制作流程

制作步骤

01 启动 CorelDRAW X3，执行“文件”→“打开”命令，打开本书附带光盘\Chapter-09\“招贴背景.cdr”文件，如图9-90所示。

02 执行“工具”→“对象管理器”命令，打开“对象管理器”泊坞窗，单击泊坞窗左下角的“新建图层”按钮，新建“图层 2”，如图9-91所示，

图9-90　打开背景

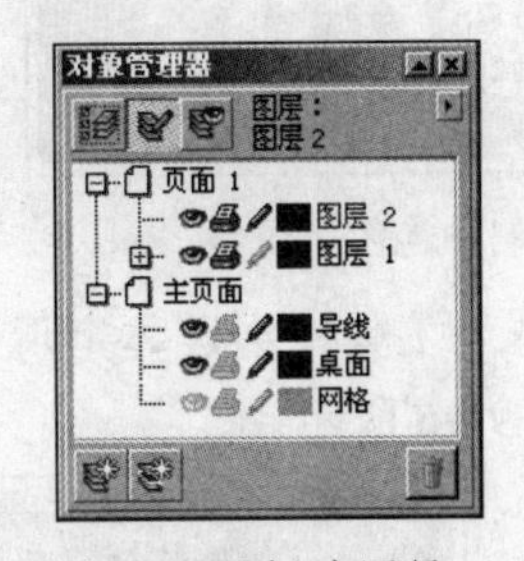

图9-91　新建图层

03 使用“文本”工具，在页面中输入两行大写英文字母，设置其填充色为白色，参照图9-92所示，在属性栏中设置字体类型和大小。完毕后执行“文本”→“段落格式化”命令，在打开的“段落格式化”泊坞窗中对字母的行间距进行设置。

提示　如果系统中缺少该字体，可以将本书附带光盘\Chapter-09\“字母.cdr”文件导入到文档中直接使用。

04 保持文字选择状态，按<Ctrl+Q>键将其转换为曲线。使用“形状”工具框选字母“G”的部分节点，并参照图9-93所示，向右水平移动选择节点的位置，制作出连体字效果。

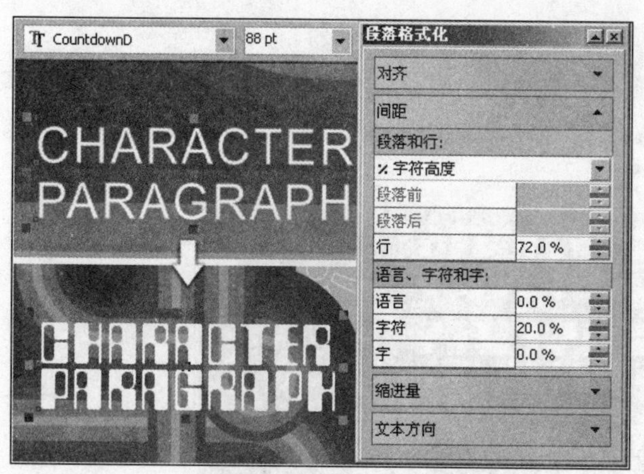

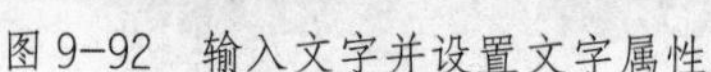

图 9-92 输入文字并设置文字属性

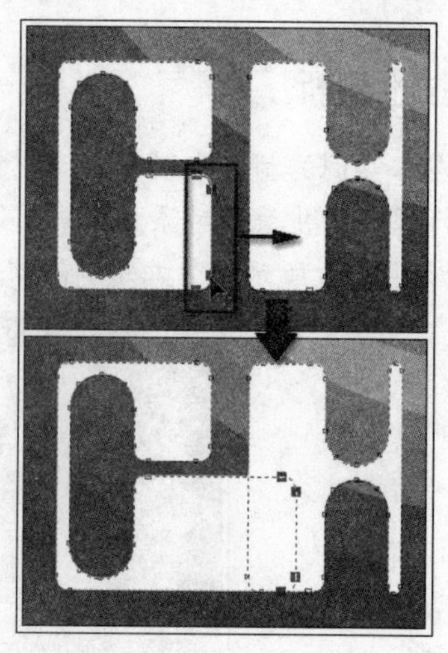

图 9-93 制作连体字

05 参照同样的方法，使用"形状"工具，调整部分字母的节点位置，制作出其他连体字图形，如图 9-94 所示。

06 选择"交互式轮廓图"工具选择字母图形，参照图 9-95 所示设置属性栏，为其添加轮廓图效果。

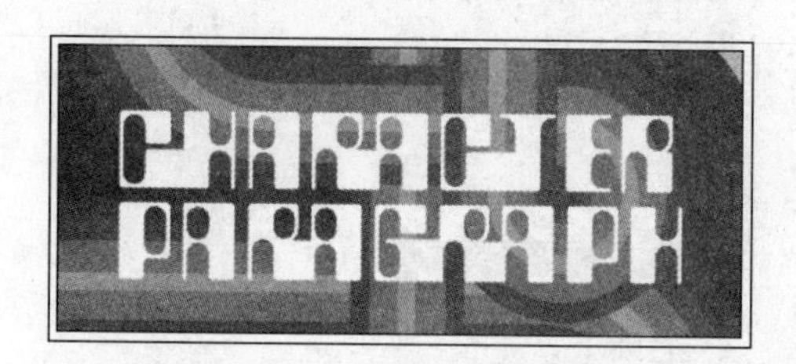

图 9-94 制作连体字图形

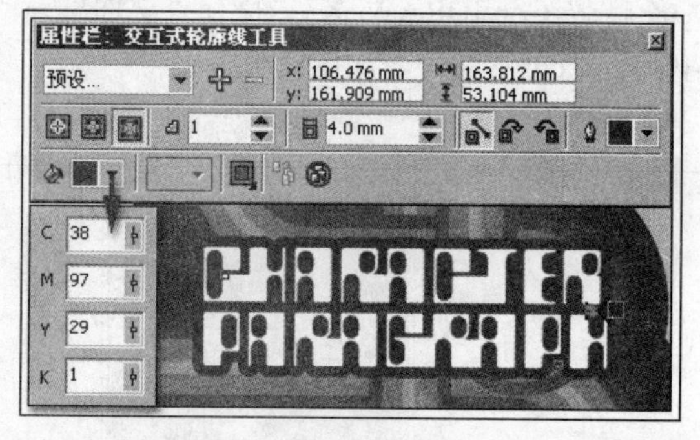

图 9-95 添加轮廓图效果

07 使用"文本"工具，在连体字母图形下方单击并拖动鼠标，绘制段落文本框，然后输入一段数字，如图 9-96 所示。

图 9-96 输入段落文本

08 执行"文件"→"导入"命令，将本书附带光盘\Chapter-09\"文本图像.psd"文件导入文档，并调整其位置到段落文本的中间部位，如图 9-97 所示。

图 9-97 导入文本图像

09 保持文本图像的选择状态，按<Alt+Enter>键，打开“对象属性”泊坞窗，并在泊坞窗中设置段落文本换行方式，如图 9-98 所示。

10 执行“文本”→“插入符号字符”命令，打开“插入字符”泊坞窗，参照图 9-99 所示设置泊坞窗。完毕后单击“插入”按钮，将花形字符插入文档。

图 9-98 设置段落文本换行方式

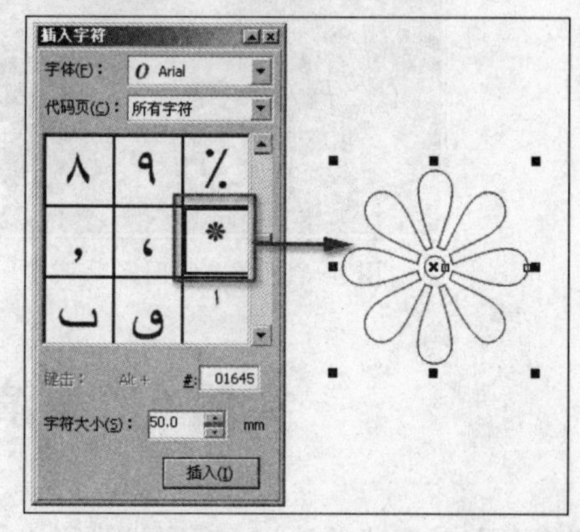

图 9-99 插入字符

11 调整花形字符的大小，使用“文本”工具在花形字符边缘上单击，使文字可以沿着路径输入，如图 9-100 所示。

提示 在这里可以输入任意字母。

12 选择文字图形并按<Ctrl+Q>键将其转换为曲线，按<Ctrl+K>键拆分曲线上的文本，使用“挑选”工具选择拆分出的花形曲线将其删除。接着再将文字图形填充为白色并参照图 9-101 所示调整文字图形的位置。

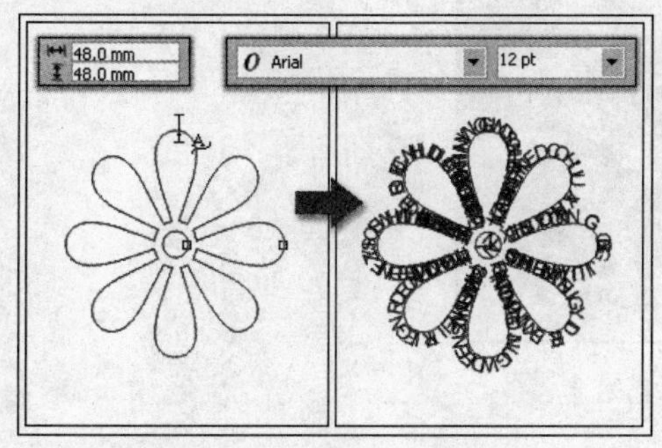

图 9-100 沿路径输入文字

图 9-101 将文字转换为曲线

13 保持图形的选择状态，按<Ctrl+D>键将其再制多个，并参照图 9-102 所示分别调整再制图形的大小和位置。

14 最后在页面添加其他图形和文字信息，完成本实例的制作，效果如图 9-103 所示。在制作过程中遇到问题，可以打开本书附带光盘\Chapter-09\“文艺节招贴.cdr”文件进行查看。

图 9-102 再制图形并调整

图 9-103 完成效果

实例 6 海滨度假村宣传招贴

随着人们对消费的认识，度假成为了一种时尚的消费活动，因此出现了形形色色的度假村。在本节中将为大家制作一幅度假村的宣传招贴，图 9-104 展示了本实例的完成效果。

图 9-104 完成效果

设计思路

本实例制作的是一幅海滨度假村的宣传招贴，以清新鲜亮的颜色作为招贴的主色调，用度假村的景色作为画面的主题，起到了宣传作用。

技术剖析

该实例分为两部分制作完成，第一部分制作背景；第二部分添加景物。在第一部分中主要使用了“艺术笔”工具，通过绘制图形制作出丰富的背景。在第二部分中，主要使用了“贝塞尔”工具和“粗糙笔刷”工具，制作出生动形象的椰子树图形。图9-105展示了本实例的制作流程。

图9-105 制作流程

制作步骤

1.制作背景

01 启动 CorelDRAW X3，执行“文件”→“打开”命令，打开本书附带光盘\Chapter-09\“沙滩.cdr”文件，如图9-106所示。

02 选择工具箱中的“艺术笔”工具，参照图9-107所示设置属性栏，在页面中绘制云彩图形。

图9-106 打开光盘文件

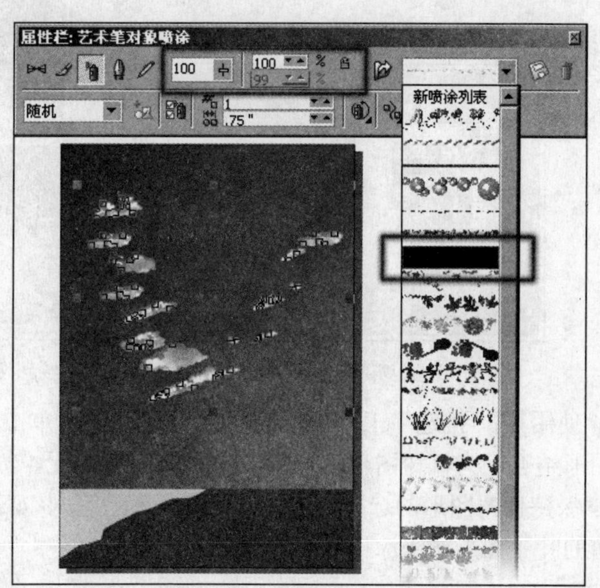

图9-107 绘制云彩图形

03 保持该图形的选择状态，按<Ctrl+K>键拆分艺术笔群组，将拆分出来的路径删除，如图 9-108 所示。完毕后选择云彩图形，单击属性栏中的“取消群组”按钮，取消云彩图形的群组状态。

04 使用“挑选”工具，参照图 9-109 所示调整云彩图形的大小和位置，并将多余的云彩图形删除。

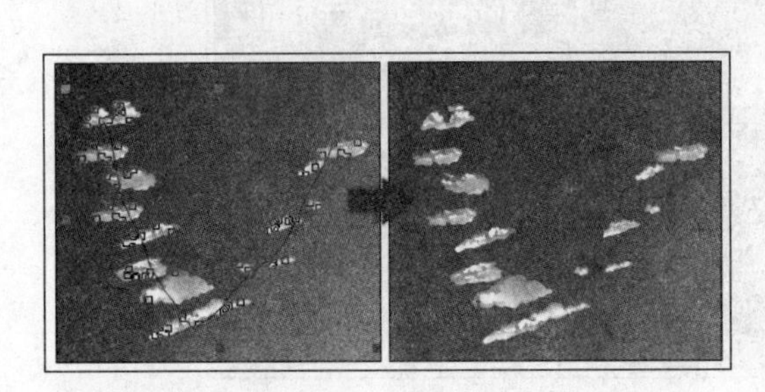

图 9-108 拆分云彩群组

图 9-109 调整云彩图形大小和位置

05 使用“挑选”工具，框选所有云彩图形，按<Ctrl+G>键将其群组。执行“工具”→“对象管理器”命令，打开“对象管理器”泊坞窗，将群组对象重名为“云彩”，完成背景的制作，如图 9-110 所示。

2.添加景物

01 使用“贝塞尔”工具，参照图 9-111 所示在视图左侧绘制出椰树的外轮廓图形。也可以直接将本书附带光盘\Chapter-09\“椰树路径.cdr”文件导入到文档中进行使用。

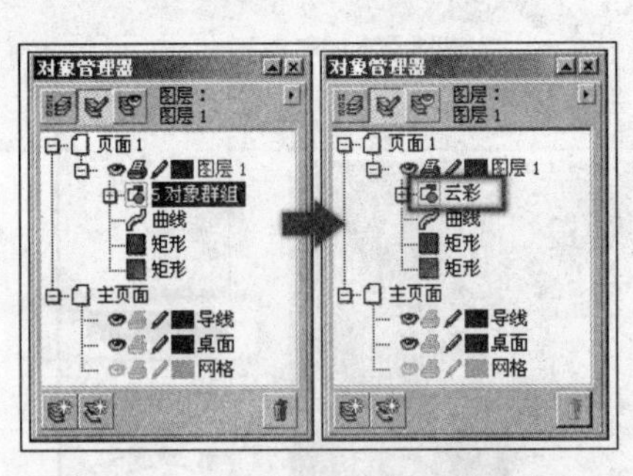

图 9-110 群组云彩图形并重命名

图 9-111 绘制椰树轮廓图形

02 使用“挑选”工具框选绘制的椰树图形，单击属性栏中的“结合”按钮，将所绘制的图形结合。为椰树图形填充为黑色，轮廓色为无，如图 9-112 所示。

03 保持椰树图形的选择状态。选择“粗糙笔刷”工具，参照图 9-113 所示设置其属性栏，在椰树的叶子图形边缘涂抹，将叶子边缘粗糙化。

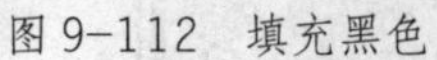

图 9-112 填充黑色　　　　图 9-113 调整叶子图形

04 参照以上方法，再制作出其他椰树图形，如图 9-114 所示。也可以将本书附带光盘\Chapter-09\“椰树.cdr”文件导入文档进行使用。完毕后将绘制椰树图形群组，并在“对象管理器”泊坞窗将其重命名为“椰树”。

05 使用“贝塞尔”工具，参照图 9-115 所示绘制帆船的轮廓图形，为其填充颜色，轮廓色为无。

图 9-114 再制椰树图形并群组　　　　图 9-115 绘制帆船轮廓图形

06 参照图 9-116 所示在帆船图形右侧绘制亮部图形，为其填充为白色，轮廓色设置为无。使用“交互式透明”工具，为亮部图形添加透明效果。

图 9-116 制作帆船亮部效果

07 使用“贝塞尔”工具，参照图 9-117 所示在帆船图形上面绘制条纹图形，填充为洋红色，轮廓色为无。

08 使用“手绘”工具，参照图 9-118 所示在条纹图形上绘制高光图形，并填充颜色，轮廓色为无。

图 9-117　绘制条纹图形并填充

图 9-118　绘制高光图形

09 将制作的帆船图形群组并重命名为“帆船 1”，再制两个。参照图 9-119 所示分别调整它们的颜色、大小和位置。完毕后分别重命名为“帆船 2”和“帆船 3”。

图 9-119　再制帆船并调整

10 使用“贝塞尔”工具，在图 9-120 所示位置绘制海豚图形，填充颜色为黑色。完毕后将其再制，调整大小和位置。将两个海豚图形群组，并在“对象管理器”泊坞窗中将群组对象重命名为“海豚”。完毕后调整海豚图形的顺序到“帆船 2”图形的下面。

图 9-120　调整顺序

11 使用“挑选”工具，配合按<Ctrl>键的同时，在“对象管理器”泊坞窗中，将天空图形之外的全部图形选中，并记下属性栏中 X、Y 坐标值。

12 执行“效果”→“图框精确剪裁”→“放置在容器中”命令，当光标变为黑色箭头时单击背景图形，将所选图形放置在背景图形当中，如图 9-121 所示。

13 按<Ctrl>键的同时单击图框精确剪裁矩形对象，进入其编辑状态。框选全部对象，在属性栏中的 X、Y 坐标值文本框中输入之前记下的数值，调整图形的位置。完毕后单击窗口左下

角的 完成编辑对象 按钮，完成对图形的编辑，如图 9-122 所示。

图 9-121　精确剪裁图形

图 9-122　调整图形位置

14 执行“文件”→“导入”命令，将本书附带光盘\Chapter-09\“浪花.cdr”文件导入文档，参照图 9-123 所示调整图形的位置。

15 选择“艺术笔”工具，参照图 9-124 所示设置属性栏，在页面中绘制一组海鸟图形。完毕后按<Ctrl+K>键拆分艺术笔群组，将拆分出来的路径删除。

图 9-123　导入浪花图形

图 9-124　绘制海鸟

16 保持海鸟图形的选择状态，按<Ctrl+U>键取消对象群组，将多余的海鸟图形删除，并参照图 9-125 所示分别调整海鸟图形的位置与大小。完毕后将海鸟图形群组，在“对象管理器”泊坞窗将其重命名为“海鸟”。

17 最后绘制其他装饰图形并添加相关文字信息，完成本实例的制作，效果如图 9-126 所示。在制作过程中遇到问题，可以打开本书附带光盘\Chapter-09\“海滨度假村宣传招贴.cdr”文件进行查看。

图 9-125　调整海鸟图形

图 9-126　完成效果

第 4 篇　户外广告

现代广告包罗万象，按照其性质的不同可以将广告分为三类，商业广告，文化广告与公益广告。商业广告是日常生活中最常见的一种广告形式，它以特定的用户为宣传对象，是企业推销商品或服务的最主要手段。为了更好地发挥广告传达信息的功能，设计人员要秉持着向消费者负责的原则，遵循真实可信、内容健康向上和简练易于记忆传播的设计基本要求来进行创作。希望通过本篇的学习，使读者掌握在 CorelDRAW 中制作户外广告的方法和技巧。

第 10 章 产品广告设计

本章重点讲述如何设计制作以宣传产品为重点的广告。这类广告，一般以产品本身作为广告画面的重点刻画对象，这样有助于人们对产品的直观了解。本章安排了 12 组实例，如图 10-1 所示，为本章实例的完成效果。

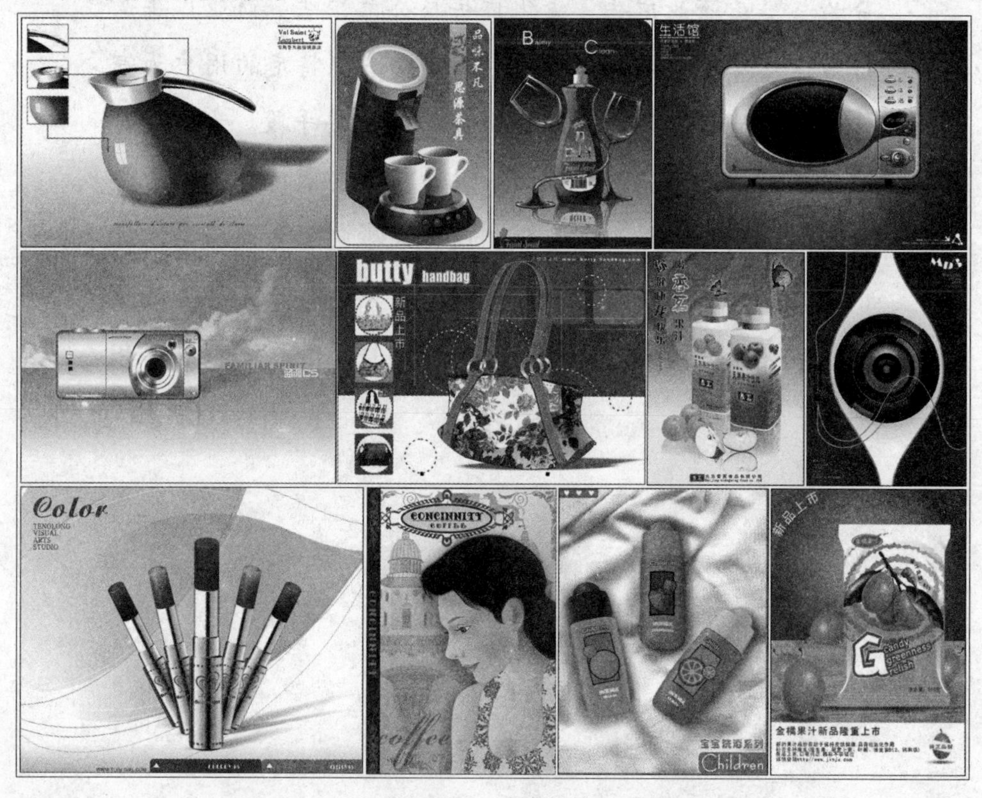

图 10-1 完成效果

本章实例

实例 1 MP3 宣传广告	实例 7 洗浴用品广告
实例 2 数码产品广告	实例 8 化妆品广告
实例 3 洗涤剂广告	实例 9 果汁广告（一）
实例 4 咖啡壶广告	实例 10 果汁广告（二）
实例 5 家用电器广告	实例 11 手提包广告
实例 6 茶具宣传广告	实例 12 咖啡广告

实例1　MP3宣传广告

MP3播放器的特点是外形时尚、小巧精致，且功能实用，该海报主要表现播放器材质，以及突出产品时尚的外观。图10-2展示了本实例的完成效果。

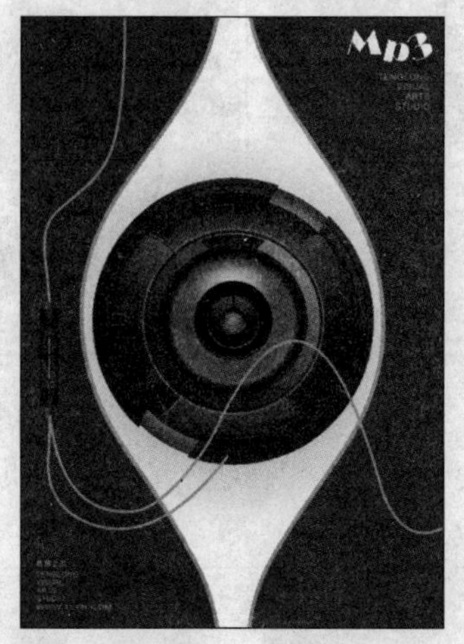

图10-2　完成效果

设计思路

该实例主要注重产品对象的真实性，造型的准确性，通过这些来表现产品的特点，使消费者客观地了解产品。

技术剖析

本实例主要针对MP3产品进行刻画，制作过程中使用"椭圆形"工具绘制产品外形，使用"交互式轮廓图"、"交互式阴影"、"交互式填充"和"交互式透明"等工具绘制出逼真的产品效果。如图10-3所示，为本实例的制作流程。

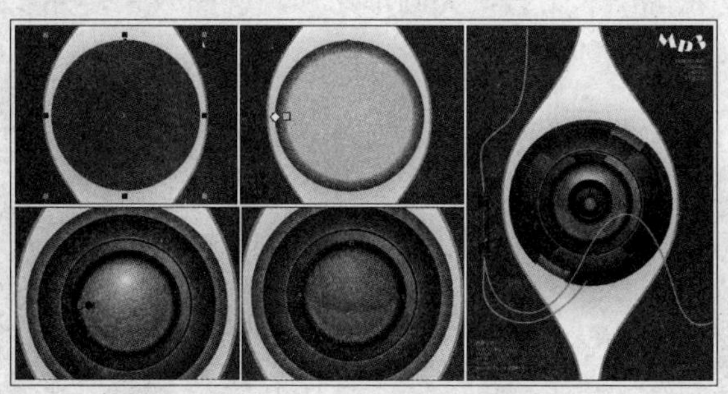

图10-3　制作流程

制作步骤

01 运行CorelDRAW X3，在欢迎屏幕中单击"打开"图标，打开本书附带光盘\Chapter-10\

“背景 1.cdr”文件，如图 10-4 所示。

02 使用“椭圆形”工具，配合按<Ctrl>键的同时绘制圆形，将其填充为灰色，轮廓色为无，如图 10-5 所示。

图 10-4 打开光盘文件

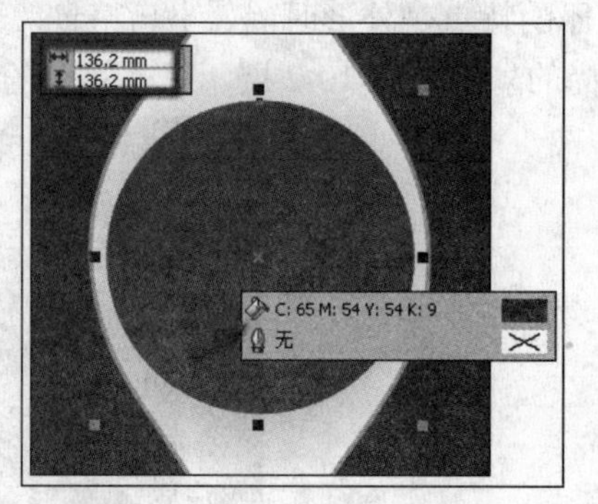

图 10-5 绘制圆形并填充颜色

03 保持圆形的选择状态，使用“交互式轮廓图”工具，为圆形添加轮廓图效果，并参照图 10-6 所示设置其属性栏参数。

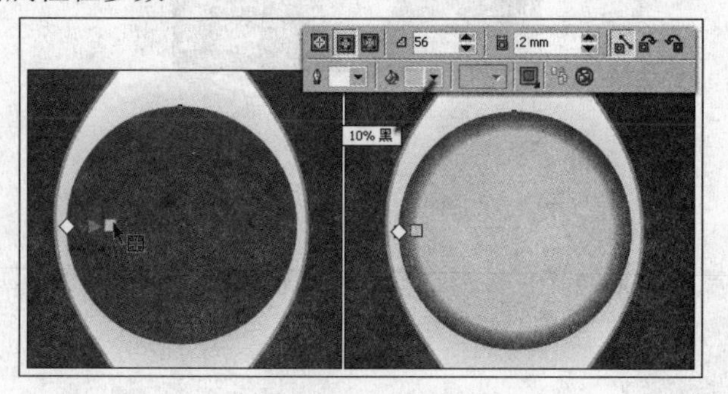

图 10-6 添加轮廓图效果

04 选择“挑选”工具，按<Ctrl>键的同时在圆形上单击，将圆形单独选中。按小键盘上的<+>键，将其原位置再制，并配合按<Shift>键同时向内拖动角控制柄，等比例向中心缩小图形，如图 10-7 所示，完毕后更改图形的填充色。

05 使用“交互式轮廓图”工具，为圆形添加轮廓图效果，并参照图 10-8 所示设置其属性栏参数。

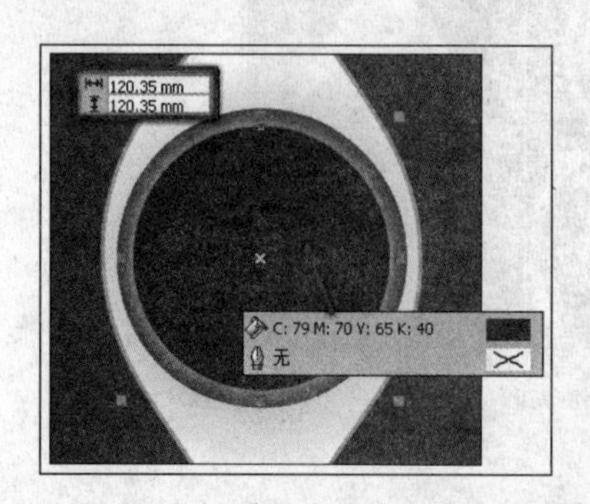

图 10-7 再制圆形并调整大小及填充色

图 10-8 添加轮廓图效果

06 使用“挑选”工具，按<Ctrl>键的同时单击添加轮廓图效果的图形，将圆形单独选中。

按小键盘上的<+>键，将圆形原位置再制，调整其大小并填充颜色。完毕后选择"交互式轮廓图"工具，参照图10-9所示设置其属性栏，为圆形添加轮廓图效果。

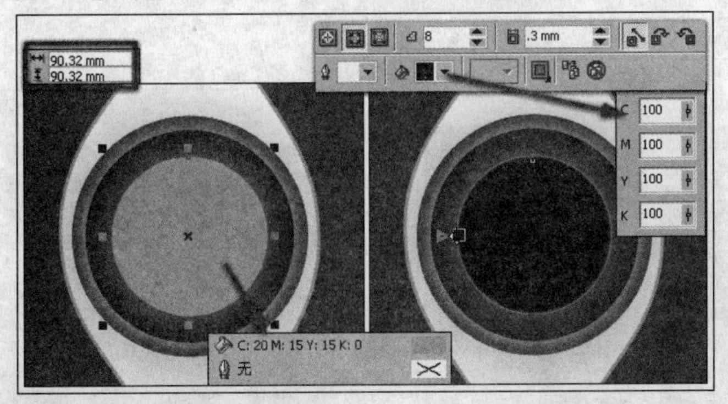

图10-9　再制圆形并添加轮廓图效果

07 参照之前的操作方法，再制两个圆形调整其大小并填充颜色，如图10-10所示。

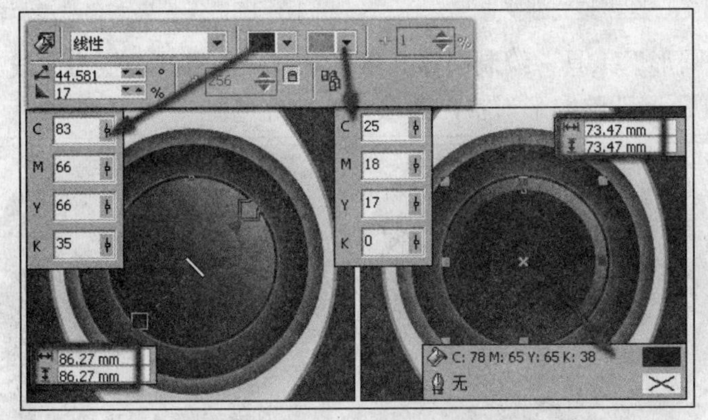

图10-10　再制圆形并调整颜色

08 保持最上层圆形的选择状态，将其原位置再制，调整大小并填充颜色为黑色（C100、M100、Y100、K100）。使用"交互式轮廓图"工具，为其添加轮廓图效果，如图10-11所示。

为了便于观察调整圆形，暂时设置其轮廓色为白色。

图10-11　再制图形并添加轮廓图效果

09 选择"挑选"工具，按<Ctrl>键的同时在圆形上单击，将圆形单独选中。将其再制并缩小，使用“交互式填充”工具，为其填充渐变色，如图 10-12 所示。

10 使用“交互式轮廓图”工具，为填充渐变色圆形添加轮廓图效果，并设置其属性栏参数如图 10-13 所示。

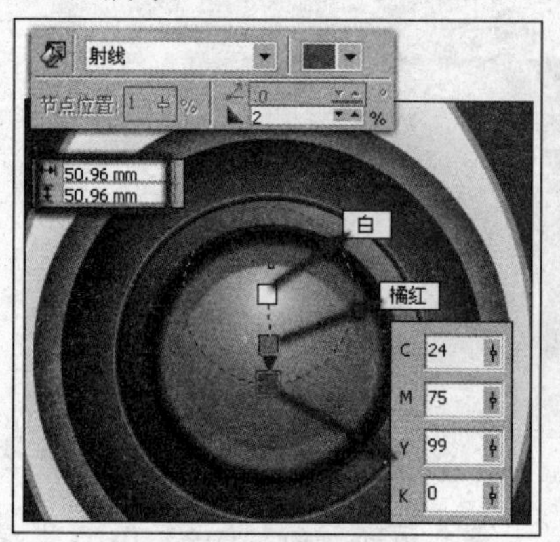

图 10-12　填充渐变色

图 10-13　设置填充色并添加轮廓图效果

11 使用“椭圆形”工具，绘制圆形并按<Ctrl+Q>键将其转换为曲线。使用“形状”工具，参照图 10-14 所示调整圆形形状，并填充为深红色。

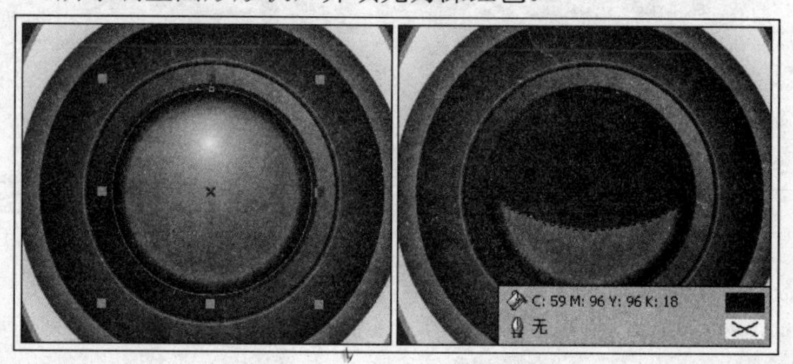

图 10-14　绘制圆形并调整形状

12 选择“交互式透明”工具，参照图 10-15 所示设置其属性栏参数，为图形添加透明效果。

13 使用“椭圆形”工具，绘制椭圆并为其填充任意色。使用“交互式阴影”工具，为椭圆添加阴影效果，如图 10-16 所示。完毕后按<Ctrl+K>键拆分阴影群组，并将椭圆删除。

图 10-15　添加透明效果

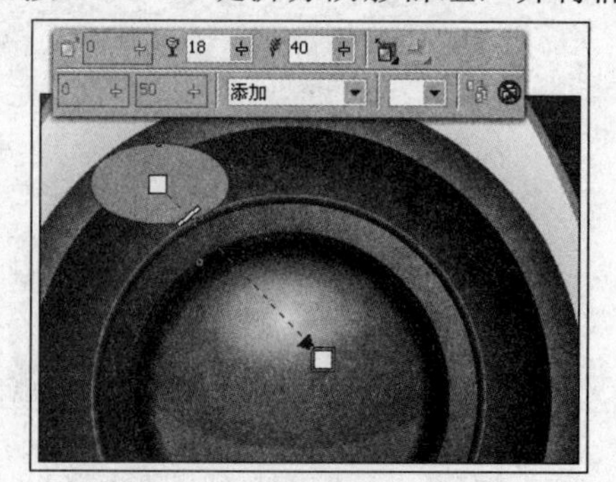

图 10-16　制作高光图形

14 使用“椭圆形”工具，再绘制圆形并填充渐变色，轮廓色设置为无。完毕后为其添加轮廓图效果，如图 10-17 所示。

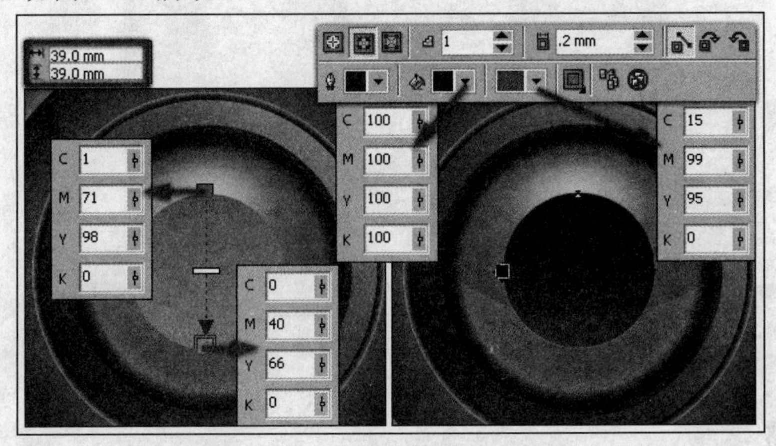

图 10-17 绘制圆形并添加轮廓效果

15 执行“文件”→“导入”命令，将本书附带光盘\Chapter-10\“mp3 外壳及装饰.cdr”文件，导入到文档中相应位置，如图 10-18 所示。

16 最后添加相关文字信息完成本实例的制作，效果如图 10-19 所示。在制作过程中遇到问题，可以打开本书附带光盘\Chapter-10\“MP3 播放器.cdr”文件进行查阅。

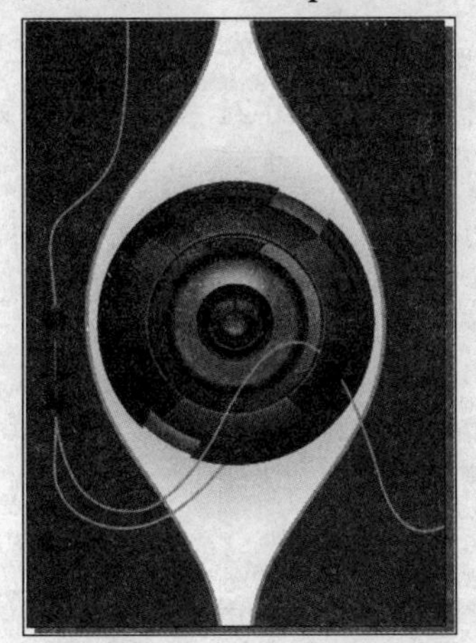

图 10-18 导入光盘文件

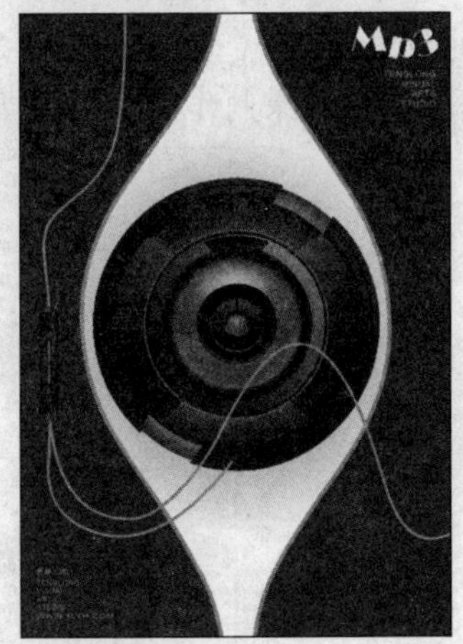

图 10-19 完成效果

实例 2 数码产品广告

本节实例将制作一幅数码产品的宣传广告，整个画面简洁、时尚。将该数码产品的品质与高贵完美地展现在消费者的面前。图 10-20 展示了本实例的完成效果。

图 10-20　完成效果

设计思路

这是为一款数码相机制作的宣传广告。整个画面以洁净的蓝色为主色调，通过与数码相机金属质感的外壳进行完美地搭配，彰显出该相机的非凡品质。

技术剖析

在本实例的制作过程中，主要使用了“交互式填充”工具和“交互式透明”工具，对图形填充渐变色以及添加透明效果制作出生动、形象的数码相机图形。图 10-21 展示了本实例的制作流程。

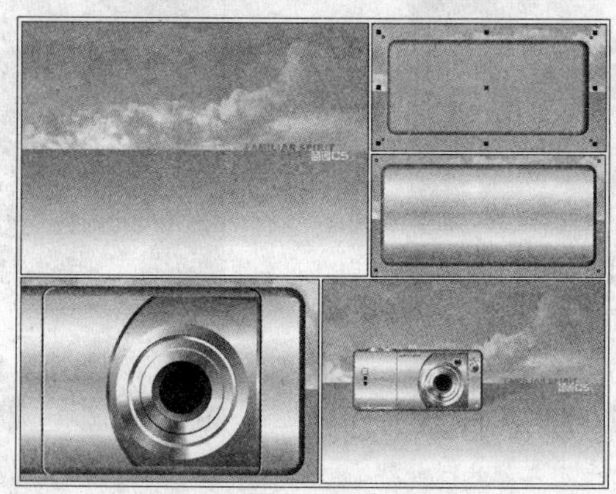

图 10-21　制作流程

制作步骤

01 启动 CorelDRAW X3，执行“文件”→“打开”命令，打开本书附带光盘\Chapter-10\“数码产品广告背景.cdr”文件，如图 10-22 所示。

02 选择“矩形”工具，参照图 10-23 所示设置其属性栏，在页面中绘制圆角矩形并填充颜色，设置轮廓色为无。

图 10-22 打开光盘文件

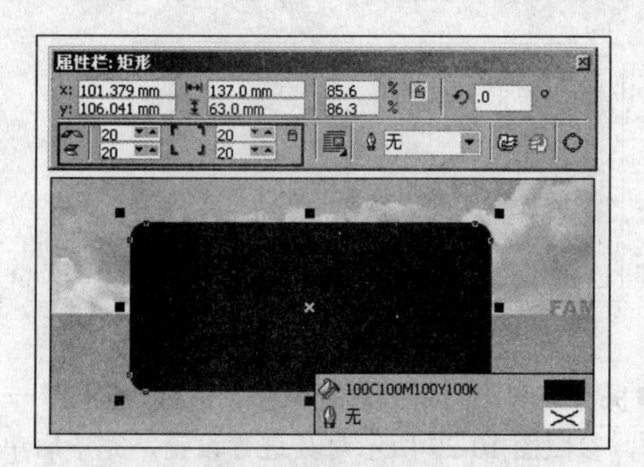

图 10-23 绘制圆角矩形

03 再次绘制圆角矩形并设置其属性栏，参照图 10-24 所示填充渐变色，设置轮廓色为无。

04 使用“交互式阴影”工具，为矩形添加阴影效果，并设置其属性栏，如图 10-25 所示。

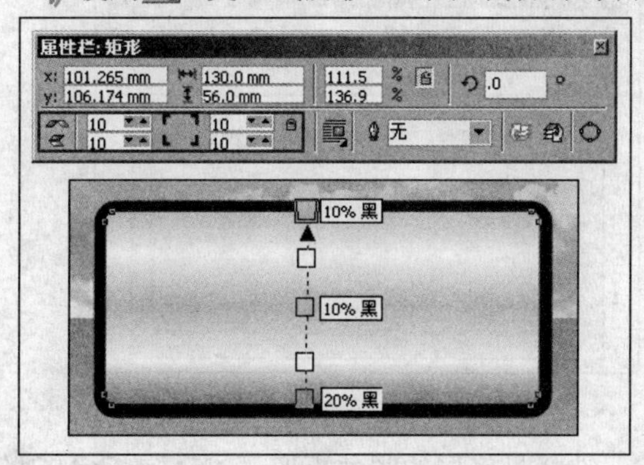

图 10-24 再次绘制圆角矩形

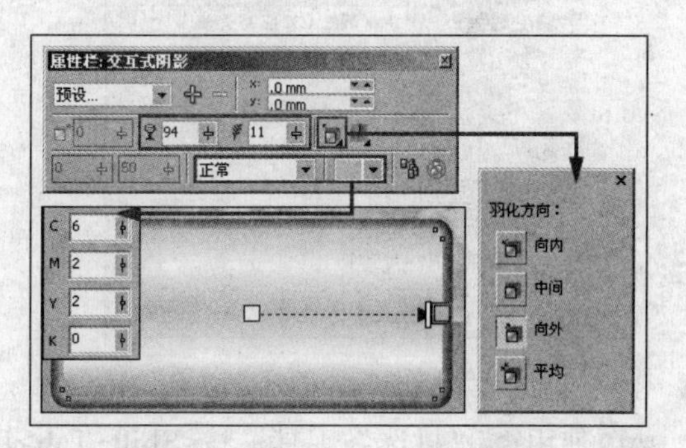

图 10-25 添加阴影效果

05 保持该图形的选择状态，按<Ctrl+K>键拆分阴影群组，并调整拆分后阴影图形的位置，如图 10-26 所示。

提示

为便于观察阴影图形移动后的位置，暂时将顶端矩形放置到页面空白处。

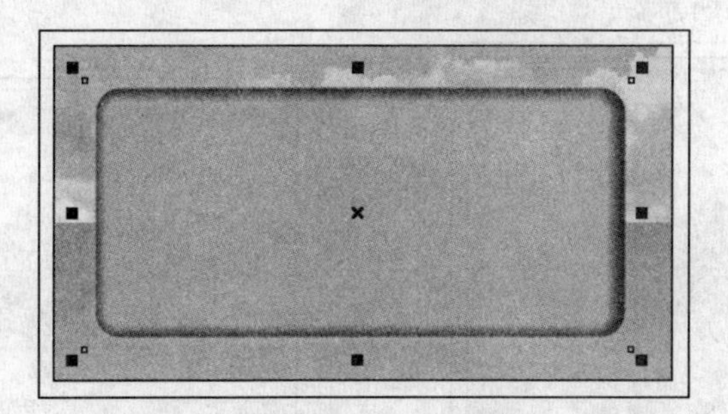

图 10-26 拆分阴影群组

06 选择“挑选”工具，参照图 10-27 所示，选择并调整矩形的大小。

07 按<Alt>键的同时单击矩形，选择矩形后面的阴影图形，按小键盘上的<+>键将其原位置再制，并按<Ctrl+PageUp>键调整其顺序，如图 10-28 所示。

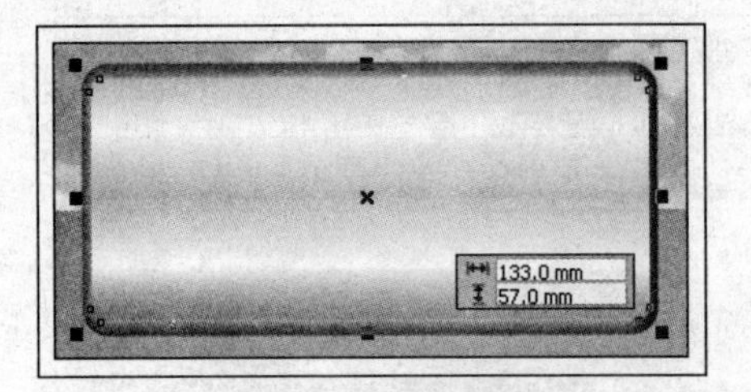

图 10-27 调整图形大小

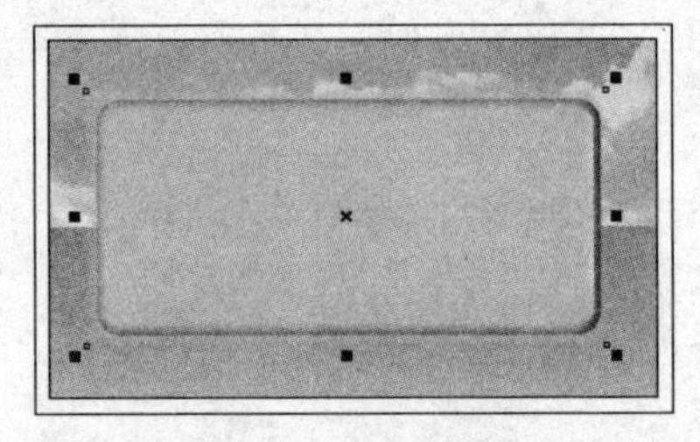

图 10-28 复制并调整阴影图形

08 保持该阴影图形的选择状态，执行"位图"→"转换为位图"命令，打开"转换为位图"对话框，参照图 10-29 所示对其进行设置，完毕后单击"确定"按钮将阴影图形转换为位图。

09 保持位图的选择状态，选择"交互式透明"工具，参照图 10-30 所示设置其属性栏，为位图添加透明效果。

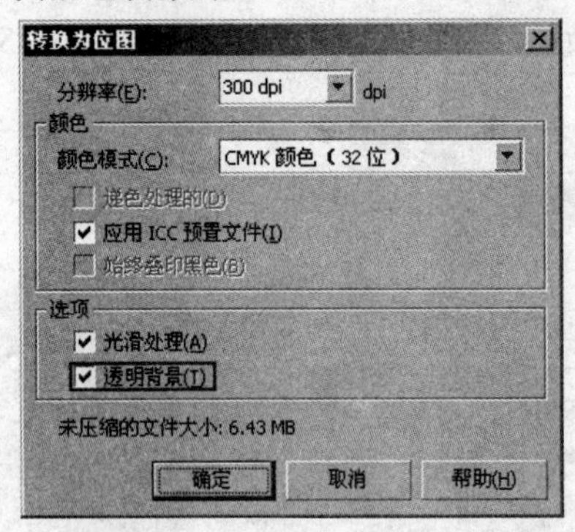

图 10-29 将图形转换为位图

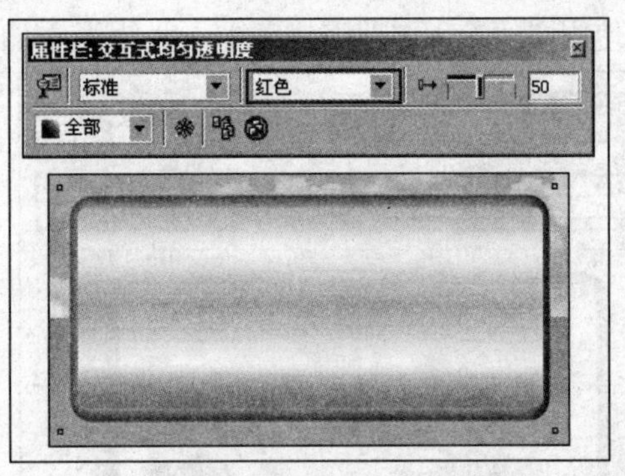

图 10-30 添加透明效果

10 使用"挑选"工具，按<Shift+Tab>键，选择最底层的圆角矩形，依次按<Ctrl+C>键和<Ctrl+V>键，复制并粘贴图形，设置其填充色和轮廓色均为无。

11 使用"贝塞尔"工具，参照图 10-31 所示，在页面中绘制曲线，并设置其轮廓属性。

12 使用"挑选"工具，将绘制的曲线再制并调整其位置，完毕后设置其轮廓属性并按<Ctrl+PageDown>键调整白色曲线的顺序到黑色曲线下面。参照同样的操作方法再绘制出右侧的曲线图形，如图 10-32 所示。

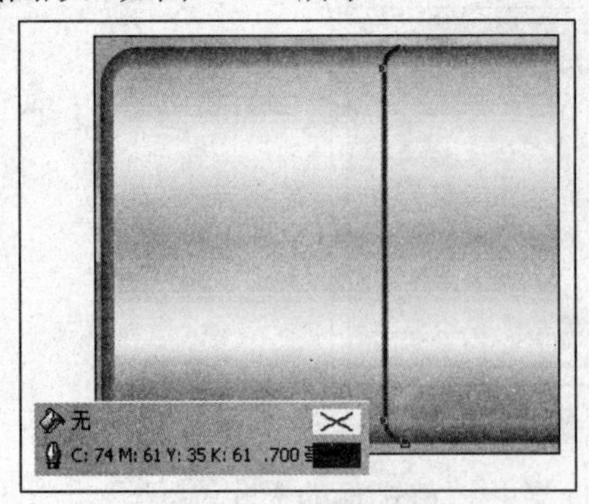

图 10-31 绘制曲线

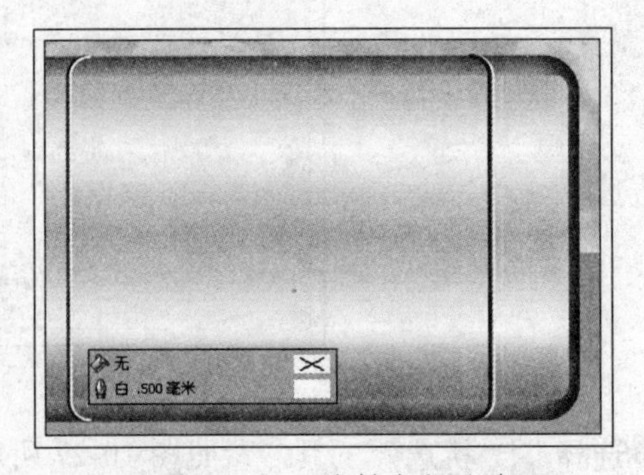

图 10-32 绘制曲线图形

13 框选绘制的曲线图形，执行"效果"→"图框精确剪裁"→"放置在容器中"命令，当鼠标变为黑色向右箭头时，在图 10-33 所示的位置单击，将曲线图形放置到指定的图形中并调整曲线图形的位置。

在该步骤中由于放置对象的容器在视图中不可见（填充色及轮廓色为无）。可以在执行该步骤之前，选择“挑选”工具，并按<Esc>键，取消当前对象的选择状态，在属性栏中单击“视为已填充”按钮，以便该步骤能够顺序的进行操作。

14 选择“贝塞尔”工具，参照图10-34所示绘制图形并填充渐变色，设置轮廓色为无。

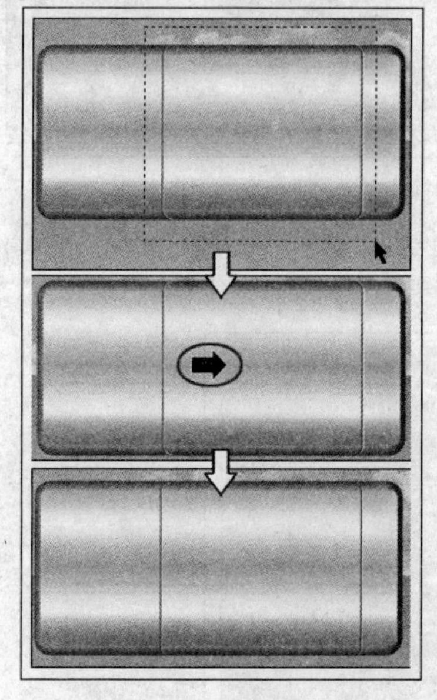

图 10-33 图框精确剪裁

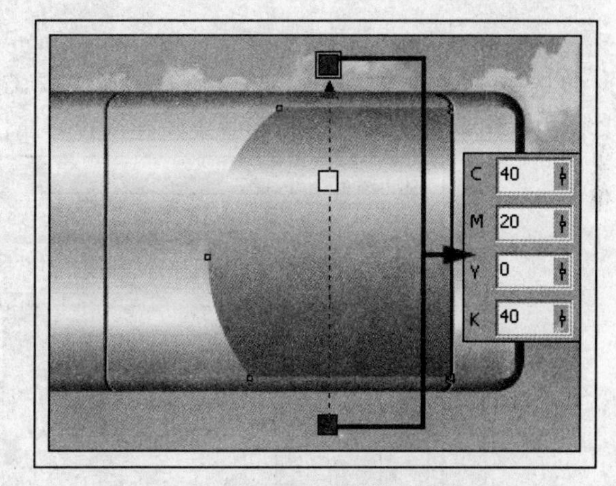

图 10-34 绘制图形并填充渐变色

15 使用“贝塞尔”工具，参照图10-35所示，分别绘制图形并填充渐变色。

16 使用“椭圆形”工具，按<Ctrl>键的同时，在页面中相应位置绘制圆形，并填充渐变色，如图10-36所示。

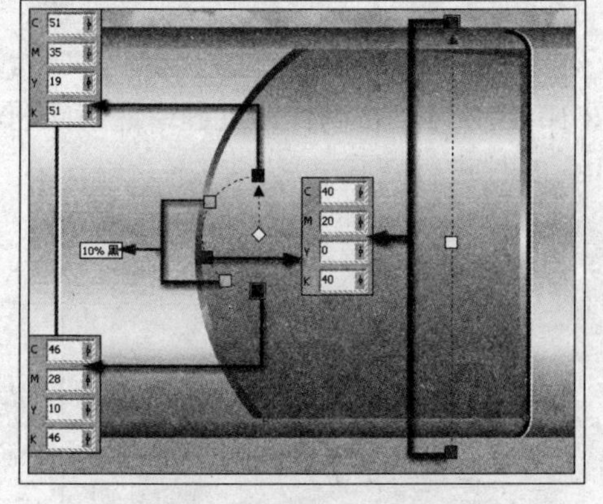

图 10-35 绘制图形并填充渐变色

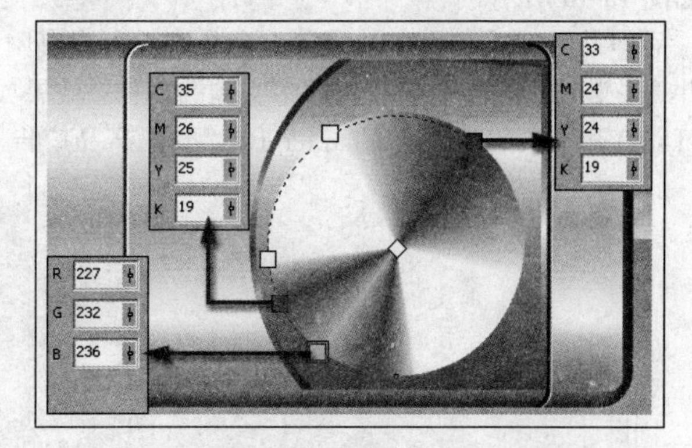

图 10-36 绘制圆形

17 保持该图形的选择状态，选择“挑选”工具，按小键盘上的<+>键将圆形原位置再制。按<Shift>键的同时拖动圆形的角控制柄，将其以中心等比例缩放。完毕后调整圆形的渐变色，如图10-37所示。

18 使用同样的操作方法再绘制出其他同心圆形并填充颜色，如图10-38所示。

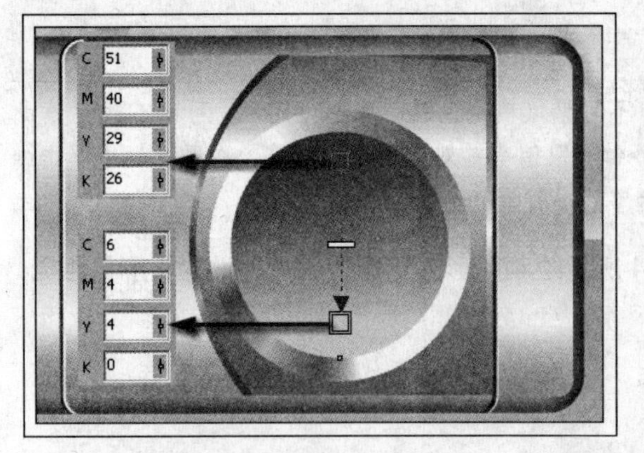

图 10-37 再制并调整图形

图 10-38 绘制其他同心圆

19 选择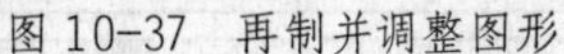“挑选”工具，框选所有图形，按<Ctrl+G>键将其群组。使用“交互式阴影”工具，为群组后的图形添加阴影效果，并设置其属性栏，如图 10-39 所示。

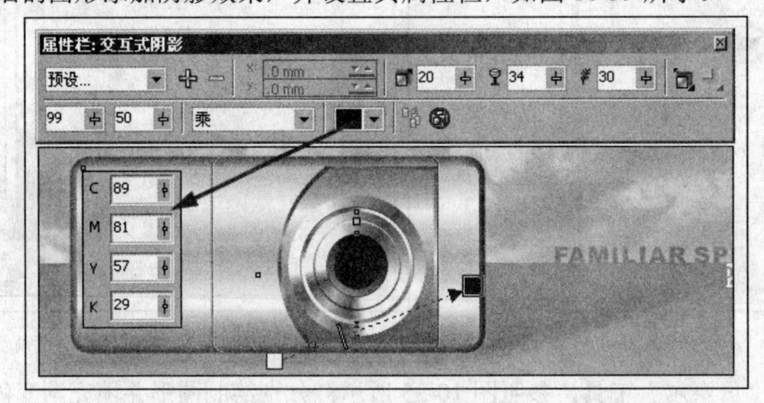

图 10-39 添加阴影效果

20 保持该图形的选择状态，按<Ctrl+K>键拆分阴影群组，调整拆分出来的阴影图形的位置，如图 10-40 所示。

21 执行“文件”→“导入”命令，导入本书附带光盘\Chapter-10\“装饰图形.cdr”文件，并调整装饰图形的位置，完成本实例的制作，效果如图 10-41 所示。在制作的过程中遇到问题，可以打开本书附带光盘\Chapter-10\“数码产品广告.cdr”文件进行查看。

图 10-40 拆分并调整阴影图形

图 10-41 完成效果

实例3 洗涤剂广告

本节将制作是一幅洗涤剂的宣传广告。整个画面构思独特，富有创意，如图 10-42 展示了本节实例的完成效果。

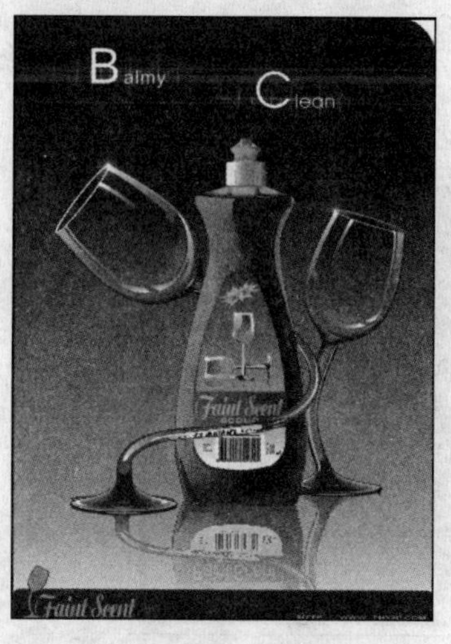

图 10-42 完成效果

设计思路

为了表现出该洗涤剂的特点以及适用范围。通过将两个拟人化的高脚杯缠绕在洗涤剂的瓶子上，从而突出该清洁剂的洁净功效。

技术剖析

本实例主要针对洗涤剂产品进行深入地刻画。主要使用了“交互式调和”工具，通过对图形添加调和效果制作出各种光滑的过渡效果。需注意的是，在使用“交互式调和”工具调和图形时，两个图形的节点数量、方向以及位置应尽量保持一致，因为只有这样创建出的调和效果才会更加光滑细腻。图 10-43 展示了本实例的制作流程。

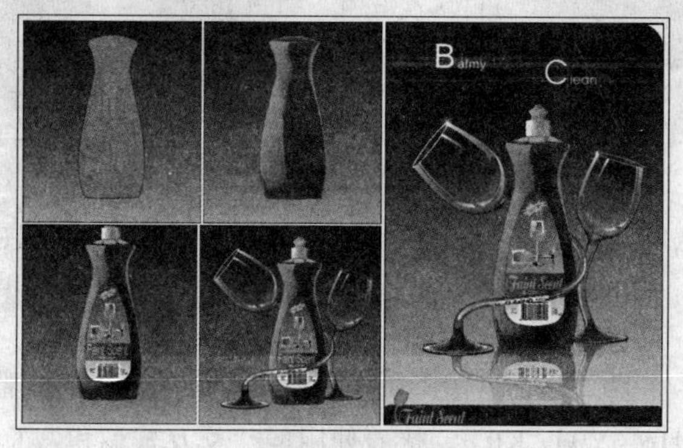

图 10-43 制作流程

制作步骤

01 启动 CorelDRAW X3，新建一个空白的工作文档，保持属性栏的默认设置。双击工具箱中的"矩形"工具，创建一个与页面等大的矩形，设置其属性栏，并填充渐变色，如图 10-44 所示。

02 使用"贝塞尔"工具，参照图 10-45 所示绘制曲线图形，并调整其填充色和轮廓色。

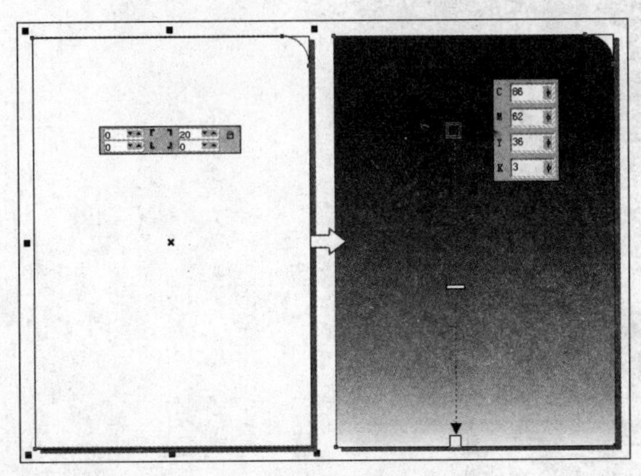

图 10-44　绘制矩形并填充渐变色

图 10-45　绘制图形

03 保持该图形的选择状态，按小键盘上的<+>键，将其原位置再制。使用"形状"工具，对再制的图形进行调整，并填充颜色，设置轮廓色为无，如图 10-46 所示。

04 使用"交互式调和"工具，为图形添加调和效果，并参照图 10-47 所示设置其属性栏。

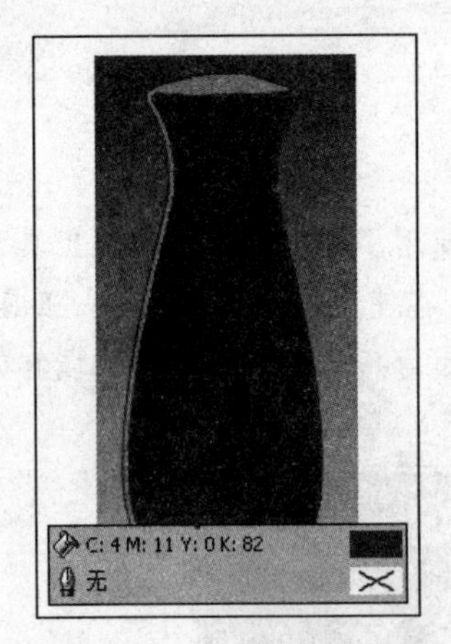

图 10-46　再制并调整图形

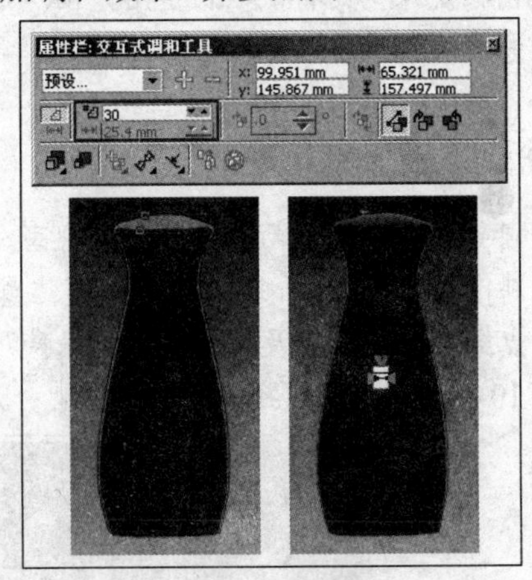

图 10-47　添加调和效果

05 使用"贝塞尔"工具，参照图 10-48 所示在页面中绘制曲线图形，并设置填充色为草绿色（C17、M1、Y72、K0），轮廓色为无。完毕后选择"挑选"工具，并按小键盘上的<+>键，将其原位再制。

06 使用"形状"工具，参照图 10-49 所示对再制的图形进行调整。完毕后再更改图形的填充色为绿色（C80、M16、Y94、K0），接着使用"交互式调和"工具为图形添加调和效果。

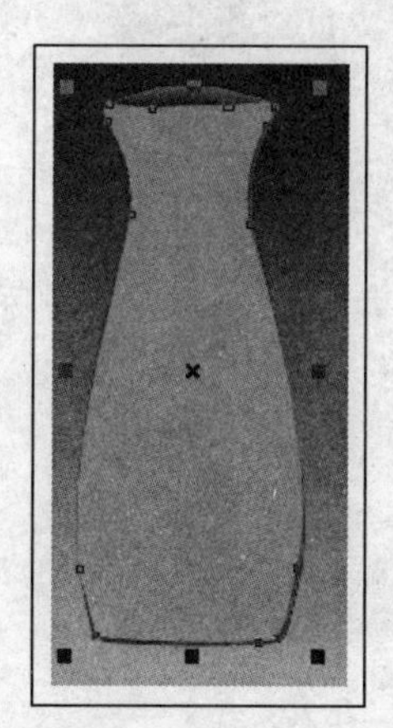

图 10-48　绘制图形并再制

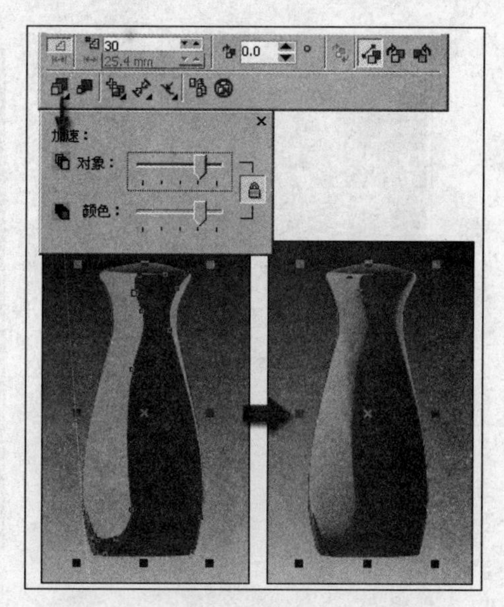

图 10-49　调整图形并添加调和效果

07 使用同样的操作方法，再绘制出洗涤剂瓶子的暗部图形并添加调和效果，如图 10-50 所示。

提示

为方便观察，暂时将图形的轮廓设置为黑色。

08 使用“贝塞尔”工具，绘制出洗涤剂瓶子的最暗处图形并填充为深绿色。使用“交互式阴影”工具，为该图形添加阴影效果，设置其属性栏如图 10-51 所示。

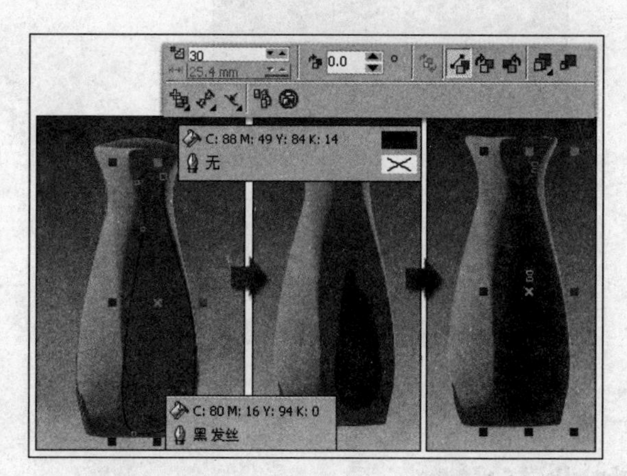

图 10-50　绘制图形并添加调和效果

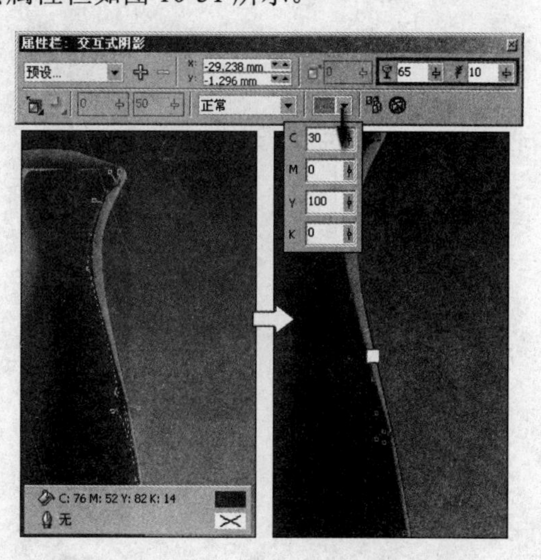

图 10-51　绘制图形并添加阴影效果

09 保持该图形的选择状态，按<Ctrl+K>键，拆分阴影群组。使用“交互式阴影”工具，再次为暗处图形添加阴影效果，如图 10-52 所示。

10 执行“文件”→“导入”命令，导入本书附带光盘\Chapter-10\“商标及瓶盖图形.cdr”文件，按<Ctrl+U>键取消群组，分别调整图形的位置，如图 10-53 所示。

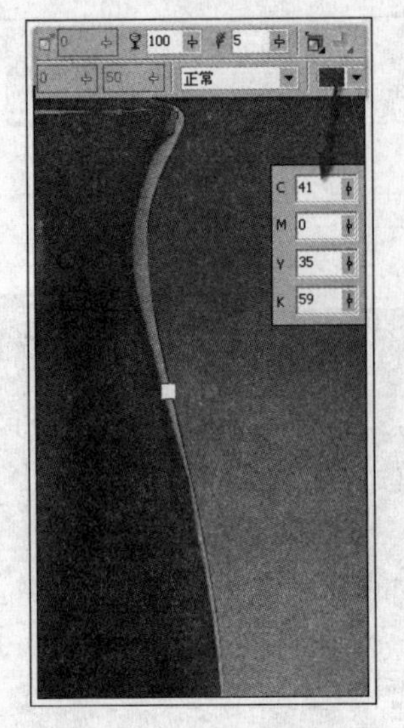

图 10-52　添加阴影效果

图 10-53　导入光盘文件

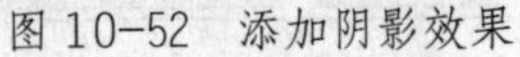

11 再次执行“文件”→“导入”命令，导入本书附带光盘\Chapter-10\“高脚杯.cdr”文件，按<Ctrl+U>键取消群组，完毕后分别调整其位置和顺序，如图 10-54 所示。

12 最后在页面中添加相关的文字信息和装饰图形，完成本实例的制作，效果如图 10-55 所示。在制作过程中遇到问题，可以打开本书附带光盘\Chapter-10\“洗涤剂广告.cdr”文件进行查看。

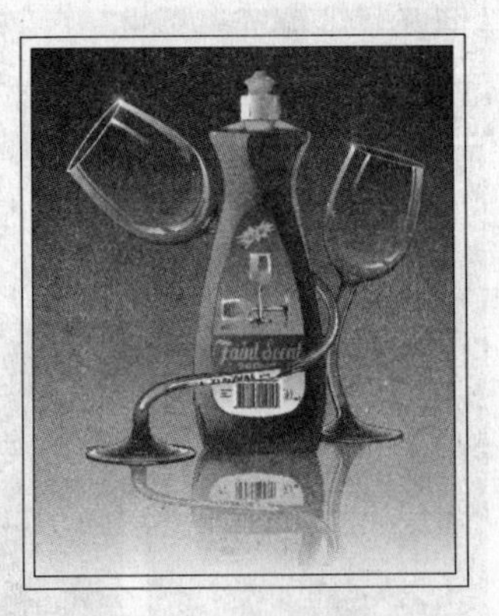

图 10-54　导入高脚杯图形

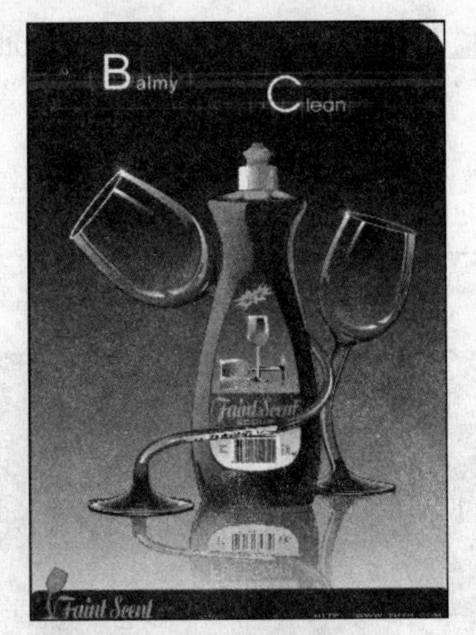

图 10-55　完成效果

实例 4　咖啡壶广告

本小节将制作一个咖啡壶广告，造型优美的咖啡壶，配合简单的背景，有效的加深了消费者对产品的印象。如图 10-56 所示，为本实例的完成效果。

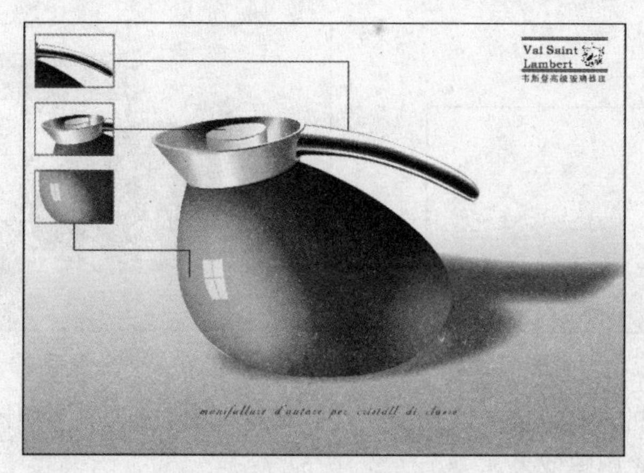

图 10-56　完成效果

设计思路

本实例是为咖啡壶所制作的宣传广告，画面以咖啡壶产品本身作为主体表述对象，整体画面单纯简洁，突出产品特点，将产品靓丽的造型完全展现在消费者面前，进一步提升品牌形象。

技术剖析

本实例主要使用了“贝塞尔”工具和“交互式轮廓图”工具绘制咖啡壶基本形状。使用“交互式阴影”工具与“交互式透明”工具为图形添加高光、阴影，将咖啡壶的立体效果表现出来。如图10-57所示，为本实例的制作流程。

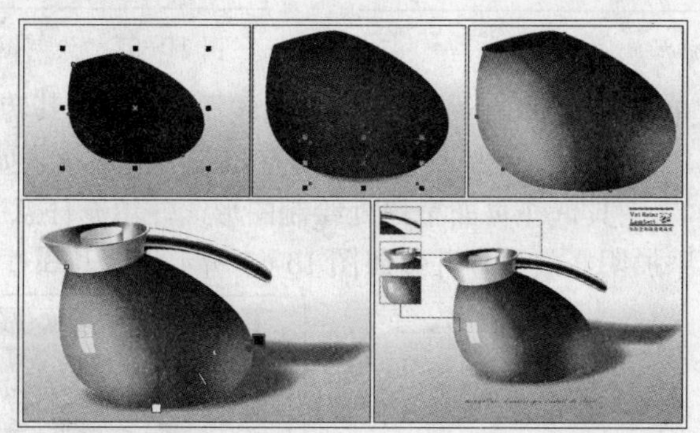

图 10-57　制作流程

制作步骤

1．绘制壶身

01 运行 CorelDRAW X3，执行“文件”→“打开”命令，打开本书附带光盘\Chapter-10\“广告背景.cdr”文件，如图10-58所示。

02 使用“贝塞尔”工具在页面中心绘制咖啡壶的壶身外形，并为其填充颜色，轮廓色设置为无，如图10-59所示。

图 10-58　打开光盘文件

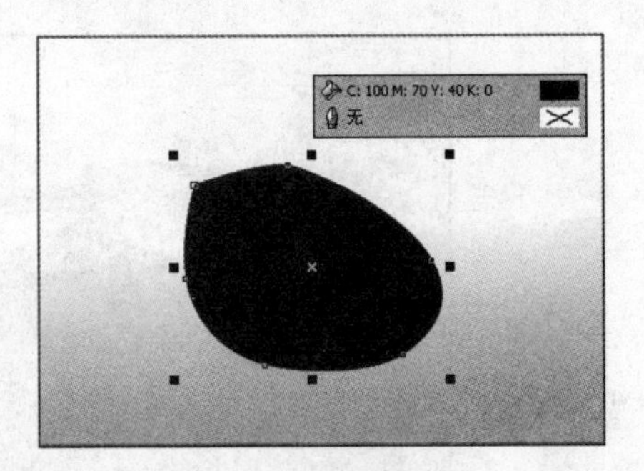

图 10-59　绘制壶身

03 保持壶身图形的选择状态，选择“交互式轮廓图”工具，参照图 10-60 所示设置属性栏，为壶身图形添加轮廓图效果。

04 使用“椭圆形”工具，参照图 10-61 所示绘制椭圆并填充任意颜色。使用“交互式阴影”工具为椭圆形添加阴影效果，并按<Ctrl+K>键拆分阴影，删除原图形。

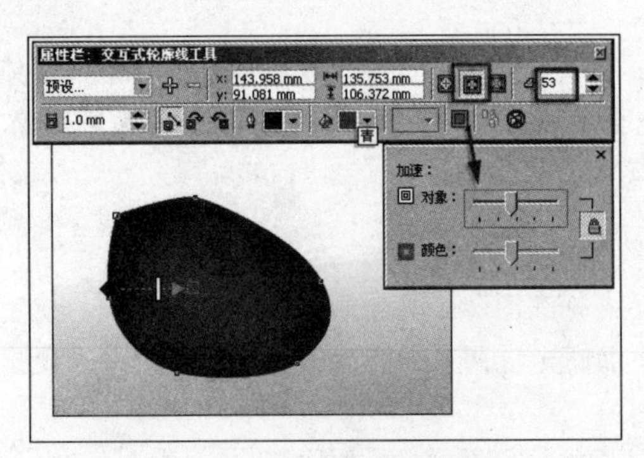

图 10-60 添加轮廓图效果

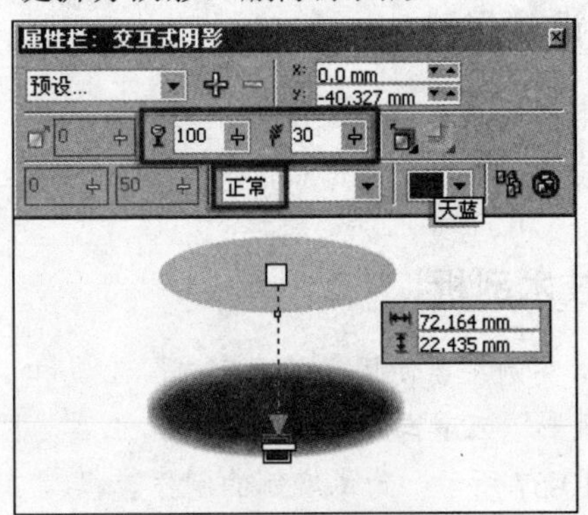

图 10-61　绘制图形并添加阴影

05 选择阴影图形，单击属性栏中的“转换为曲线”按钮，将其转换为曲线。将阴影图形放置到壶身图形的底部，并使用“形状”工具调整该图形的形状，如图 10-62 所示。

06 使用“贝塞尔”工具，在页面空白处绘制图形，并填充任意颜色。使用“交互式阴影”工具，为该图形添加阴影效果，并参照图 10-63 所示设置其属性栏参数。

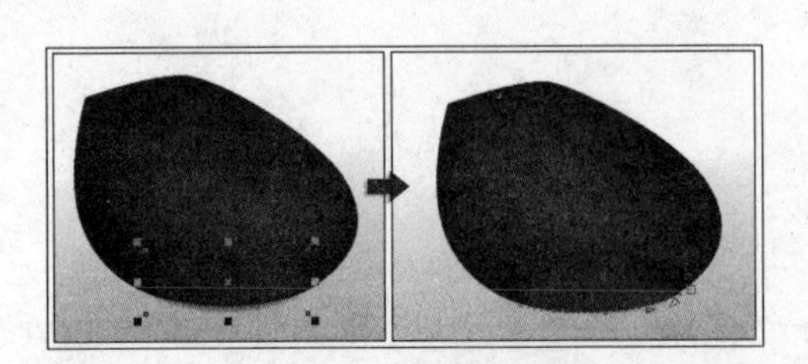

图 10-62　调整图像形状

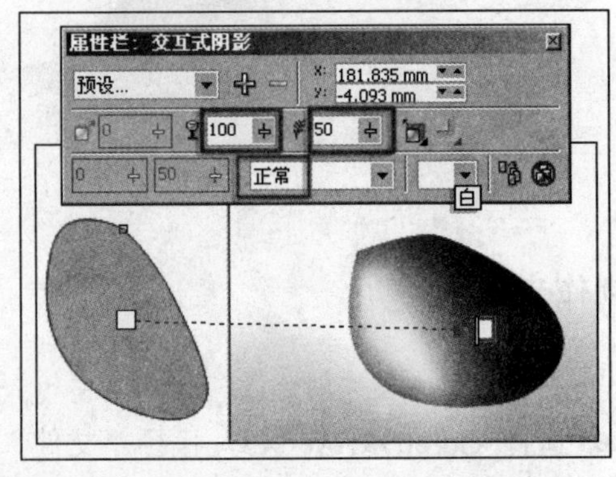

图 10-63　绘制图形并添加阴影效果

07 按<Ctrl+K>键拆分阴影群组，删除原图形。选择阴影图形，执行“位图”→“转换为位图”命令，设置弹出的“转换为位图”对话框参数，单击“确定”按钮，将阴影图形转换成位图，如图 10-64 所示。

08 使用“形状”工具对阴影图像的边缘进行调整。选择“交互式透明”工具，参照图 10-65 所示设置属性栏，为图像添加透明效果。

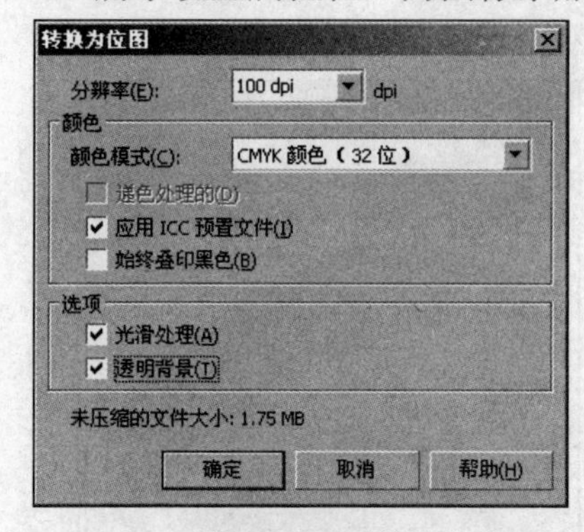

图 10-64 将阴影图形转换为位图

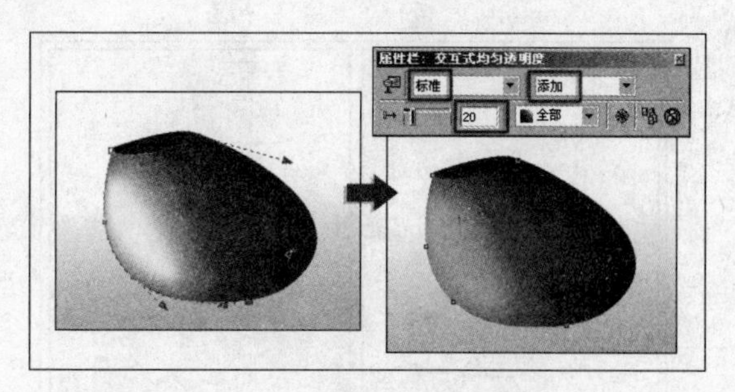

图 10-65 添加透明效果

09 保持该图像的选择状态，选择“挑选”工具，按小键盘上的<+>键将其原位再制。选择“交互式透明”工具，参照图 10-66 所示设置其属性栏，调整再制图像的透明效果。

10 使用“椭圆形”工具，在壶身图形的右侧绘制圆形，并为其填充任意色。使用“交互式阴影”工具为其添加阴影，并参照图 10-67 所示设置其属性栏参数。

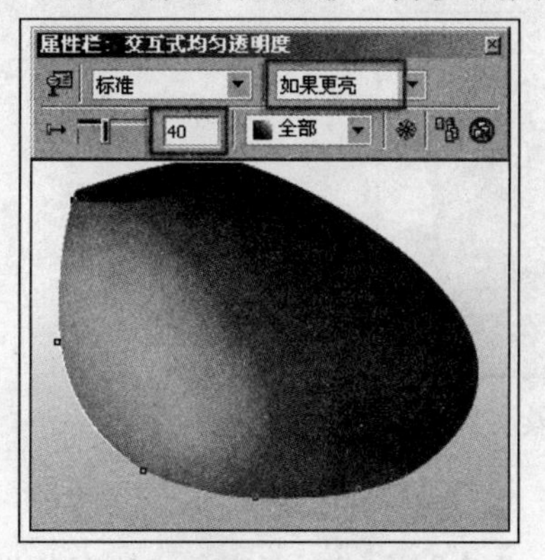

图 10-66 再制阴影图像并调整透明效果

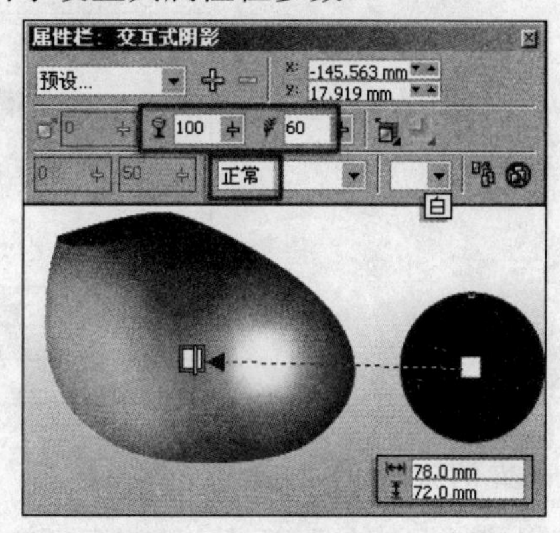

图 10-67 添加阴影效果

11 按<Ctrl+K>键拆分阴影群组，并删除原图形。将阴影图形转换为位图，使用“形状”工具调整阴影图像的边缘与壶身边缘对齐。完毕后选择“交互式透明”工具，参照图 10-68 所示设置属性栏，为其添加透明效果。

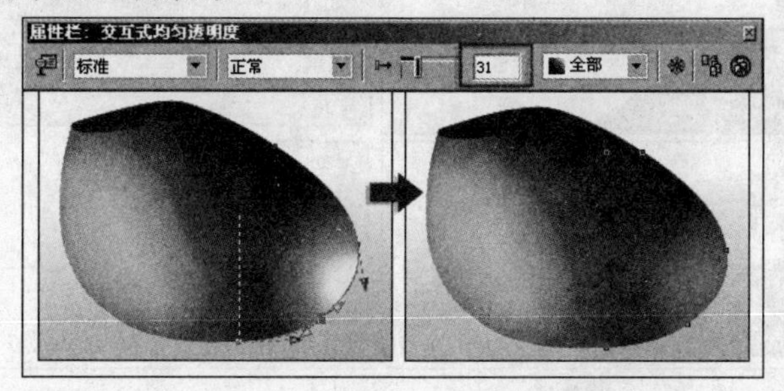

图 10-68 调整形状并添加透明效果

12 使用“贝塞尔”工具，参照图 10-69 所示绘制图形。使用“挑选”工具，框选绘制的图形，单击属性栏中的“后减前”按钮进行修剪。

13 将修剪后的图形放置到相应位置并填充白色，设置轮廓色为无。选择“交互式透明”工具，参照图 10-70 所示设置其属性栏参数，为该图形添加透明效果。

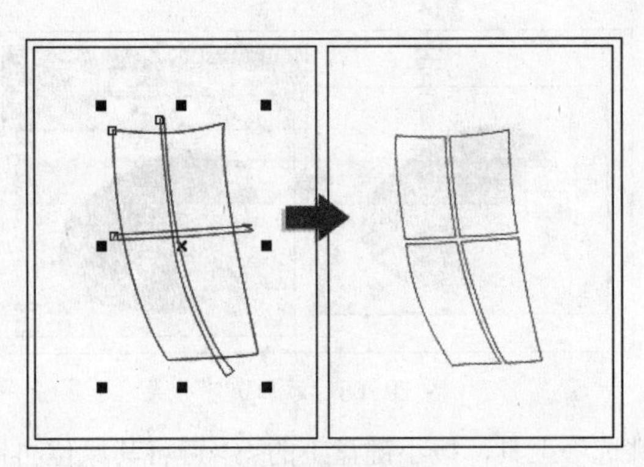

图 10-69 修剪图形

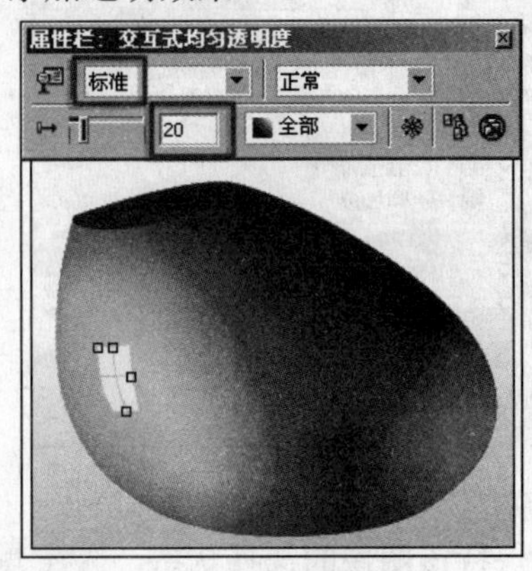

图 10-70 绘制高光图形

14 使用“贝塞尔”工具，在壶身图形的上方绘制如图 10-71 所示的壶口图形。也可以直接将本书附带光盘\Chapter-10\“壶口.cdr”文件导入到文档中进行使用。

图 10-71 导入光盘文件

3. 绘制壶柄

01 使用“贝塞尔”工具，绘制壶柄轮廓图形，并为图形填充渐变色，轮廓色设置为无。通过按<Ctrl+PageDown>键，将其放置在壶盖图形的下方，如图 10-72 所示。

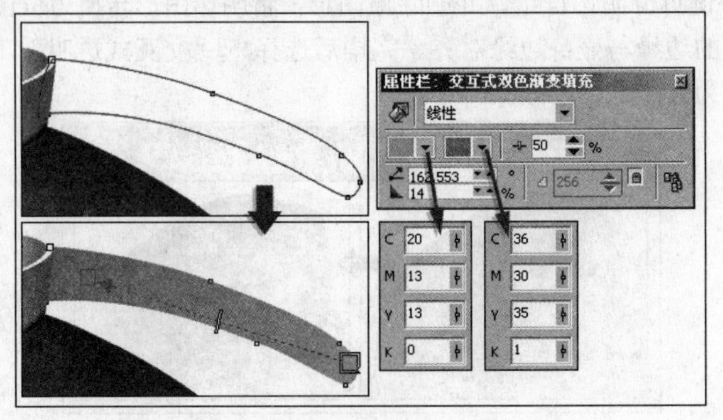

图 10-72 绘制壶柄图形

02 使用“贝塞尔”工具在壶柄图形的上方绘制亮部和暗部图形，并分别填充黑色和白色，轮廓色均设置为无，如图 10-73 所示。

03 选择黑色图形，使用“交互式阴影”工具为图形添加阴影效果，并设置属性栏。如图 10-74 所示。

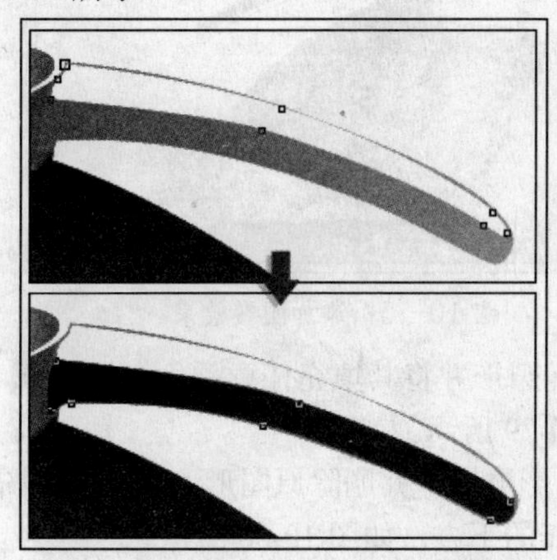

图 10-73 绘制亮部、暗部

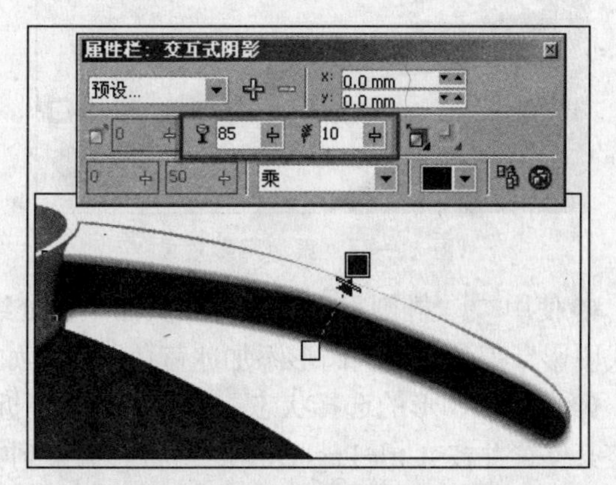

图 10-74 为图形添加阴影效果

04 按<Ctrl+K>键拆分阴影群组，使用“挑选”工具选择阴影图形，将其稍微向上移动并转换为位图。使用“形状”工具调整阴影边缘与壶柄图形边缘对齐，制作出壶柄转折面，如图 10-75 所示。

05 使用“贝塞尔”工具，在壶柄图形上绘制转折处的亮部图形，并使用“交互式填充”工具填充渐变颜色，设置轮廓色为无，如图 10-76 所示。

注意 这里为了便于观察，先将图形填充为白色，再使用“交互式填充”工具填充渐变颜色。用户在操作过程中可以直接填充渐变颜色。

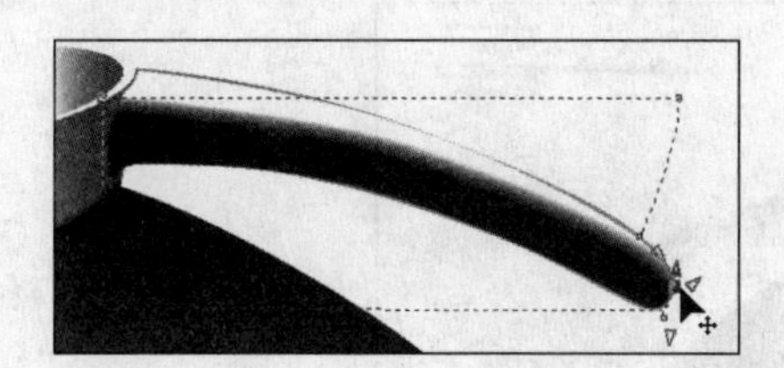

图 10-75 绘制壶柄的转折面

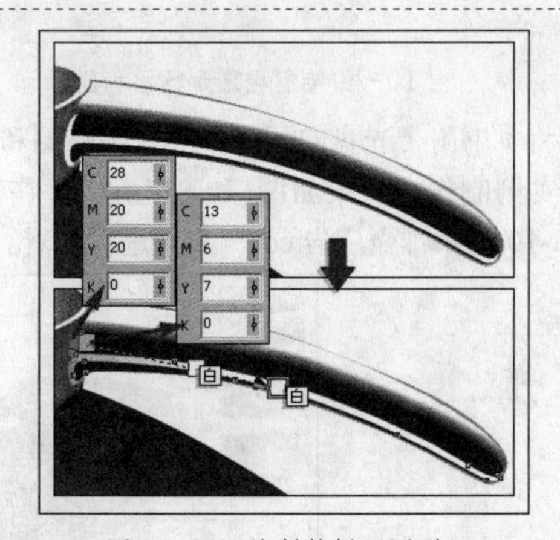

图 10-76 绘制转折面图形

06 使用“交互式阴影”工具，为转折面图形添加阴影效果，并参照图 10-77 所示设置其属性栏。

07 框选绘制完成的咖啡壶图形，按<Ctrl+G>键群组对象。使用“交互式阴影”工具，为图形添加阴影效果，并参照图 10-78 所示设置属性栏。完毕后按<Ctrl+K>键拆分阴影群组。

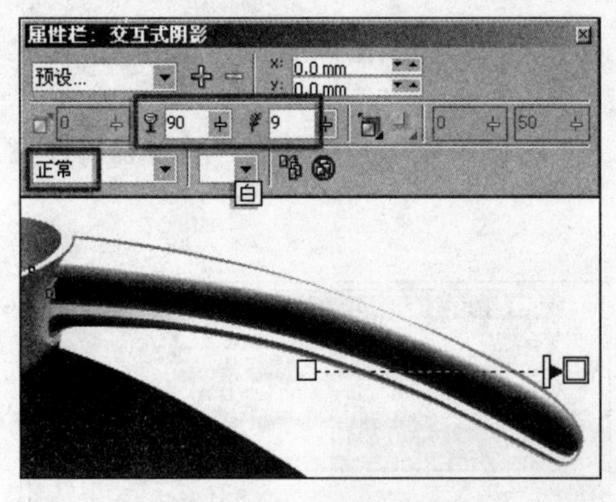

图 10-77　添加阴影效果

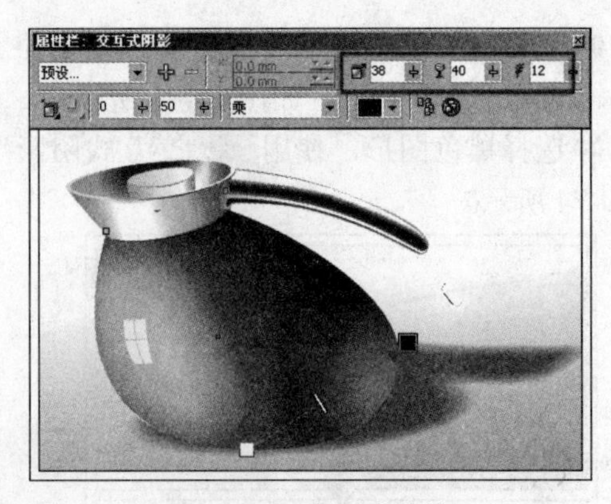

图 10-78　添加阴影效果

08 使用"椭圆形"工具，在页面空白处绘制椭圆形并将其填充任意颜色。使用"交互式阴影"工具，为椭圆形添加冰蓝色阴影，如图 10-79 所示。

09 保持该图形的选择状态，按<Ctrl+K>键拆分阴影群组，并删除原图形。选择阴影图形，调整其位置并按<Ctrl+PageDown>键将其调整到咖啡壶的下方，如图 10-80 所示。

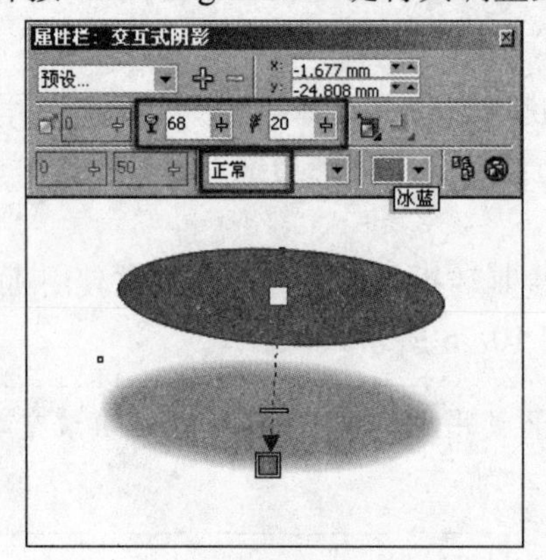

图 10-79 绘制椭圆形冰添加阴影

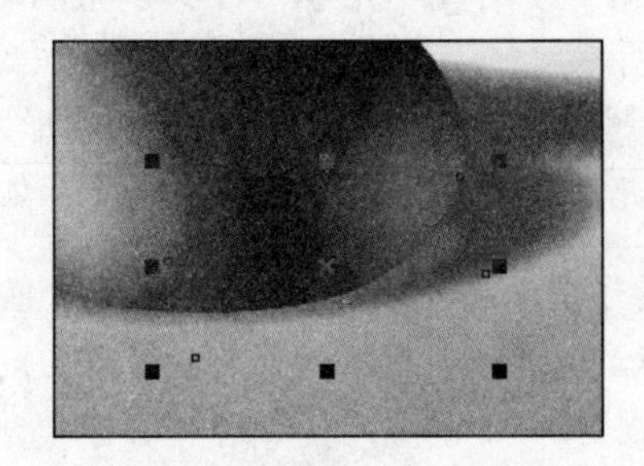

图 10-80 调整图形位置

10 将本书附带光盘\Chapter-10\"缩略图和文字信息.cdr"文件导入到文档，并调整位置，完成本实例制作，效果如图 10-81 所示。在制作过程中遇到问题，可以打开本书附带光盘\Chapter-10\"咖啡壶广告.cdr"文件进行查看。

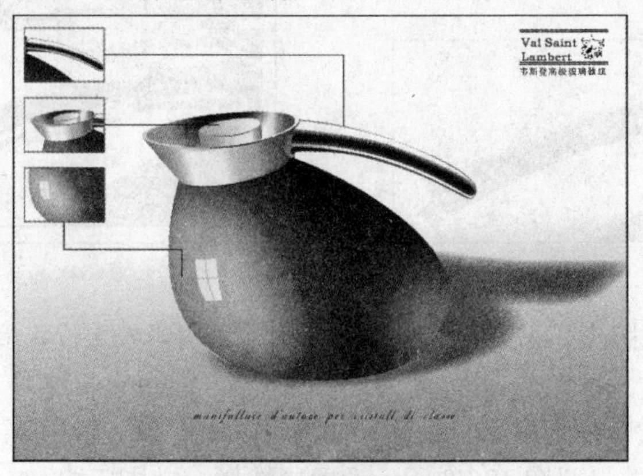

图 10-81　完成效果

实例5 家用电器广告

本节是为微波炉制作的宣传广告，整个画面以暗色调为主，通过绘制金属质感的微波炉，使其在背景的衬托下，更为突出、醒目达到广告宣传的目的，图10-82展示了本实例的完成效果。

图10-82 完成效果

设计思路

该实例制作的是一款微波炉的宣传广告。其消费对象主要是成年人或中老年人。根据这一特性在设计该广告时，就应秉着成熟与大方的视觉效果进行创意与制作。

技术剖析

在该实例的制作过程中，主要使用“交互式轮廓图”工具，对图形添加轮廓图效果，制作出微波炉的立体效果；使用“交互式填充”工具，对图形填充渐变制作出微波炉的金属外观；使用“交互式透明”工具，制作出微波炉面板上透明玻璃的质感。图10-83展示了本实例的制作流程。

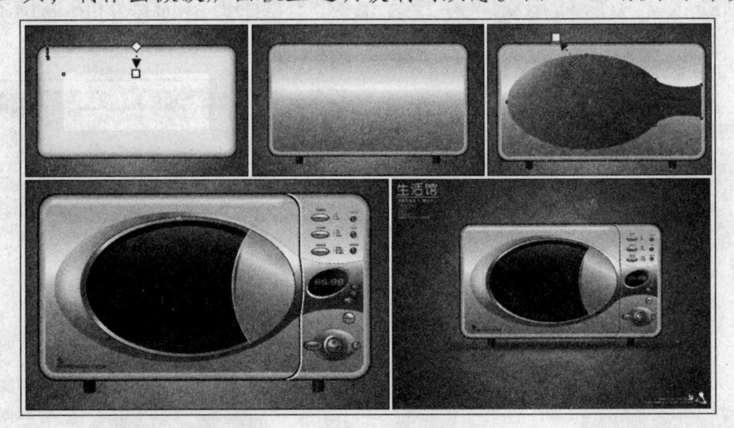

图10-83 制作流程

制作步骤

01 运行 CorelDRAW X3，执行“文件”→“打开”命令，打开本书附带光盘\Chapter-10\

“家用电器广告背景.cdr”文件，如图 10-84 所示。

图 10-84　打开素材

02 使用“矩形”工具，参照图 10-85 所示设置其属性栏，在页面中绘制两个重叠摆放的圆角矩形，并分别为其设置填充颜色和设置轮廓色。

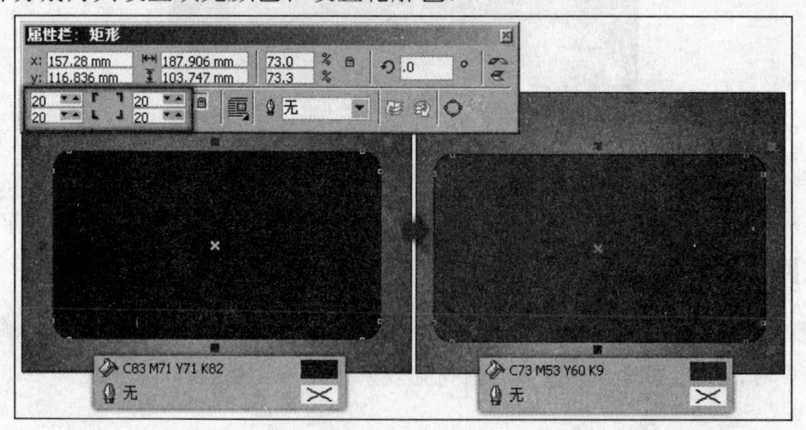

图 10-85　绘制矩形

03 使用“交互式轮廓图”工具，为绘制的圆角矩形添加轮廓图效果，并在属性栏中进行设置，如图 10-86 所示。

04 依次按<Ctrl+K>键和<Ctrl+U>键，将添加轮廓效果的对象拆分并取消群组。将最上面的 6 个矩形删除，完毕后使用“交互式填充”工具为最顶层的矩形填充渐变色，如图 10-87 所示。

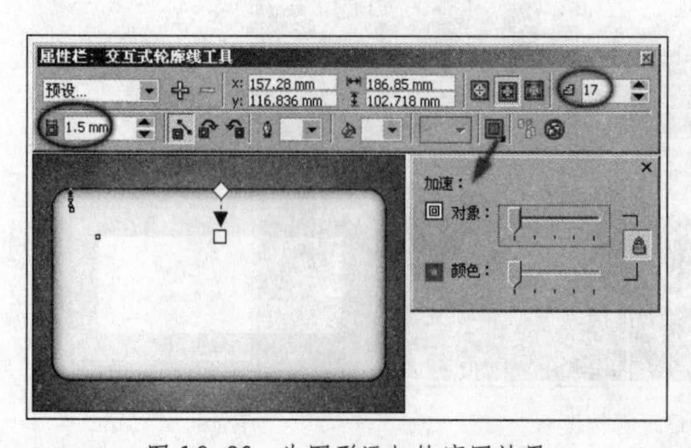

图 10-86　为图形添加轮廓图效果

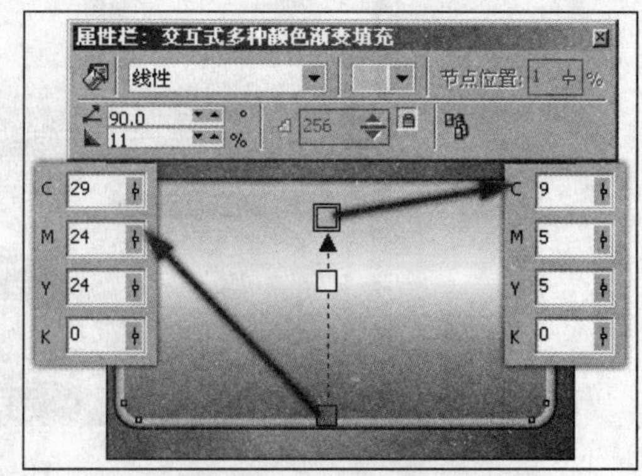

图 10-87　为图形填充渐变色

05 使用“贝塞尔”工具，在页面中分别绘制图形并填充渐变色，设置轮廓色为无。完毕后调整图形的顺序，如图 10-88 所示。

06 使用“贝塞尔”工具在页面中绘制轮廓图形，使用“交互式填充”工具为其填充线性渐变色，并设置轮廓色为无，如图 10-89 所示。

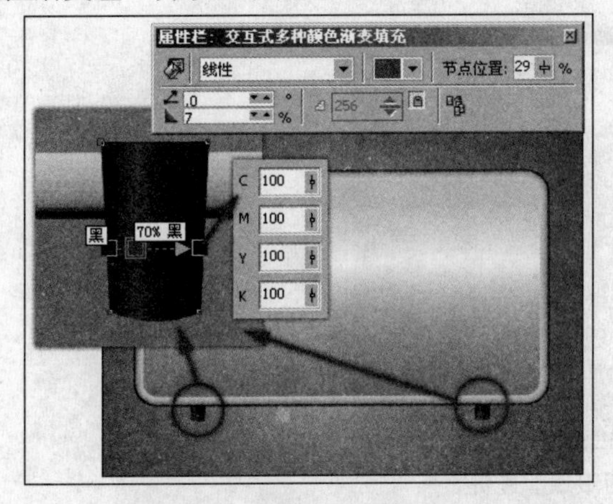

图 10-88　绘制图形并调整顺序

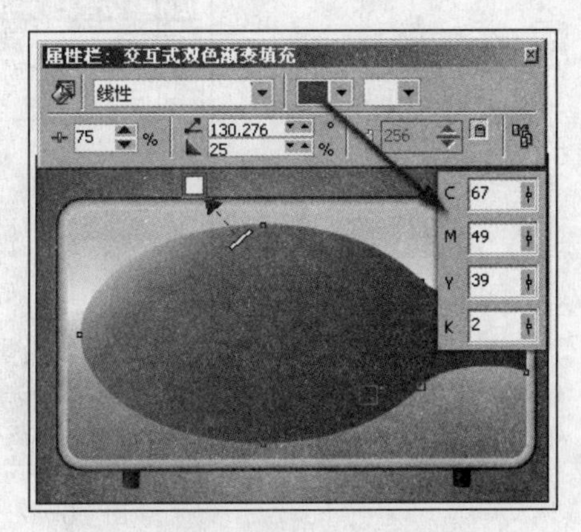

图 10-89　绘制图形并填充渐变色

07 使用“椭圆形”工具在页面中绘制椭圆形，使用“交互式填充”工具为其填充渐变色，并设置轮廓色为无，如图 10-90 所示。

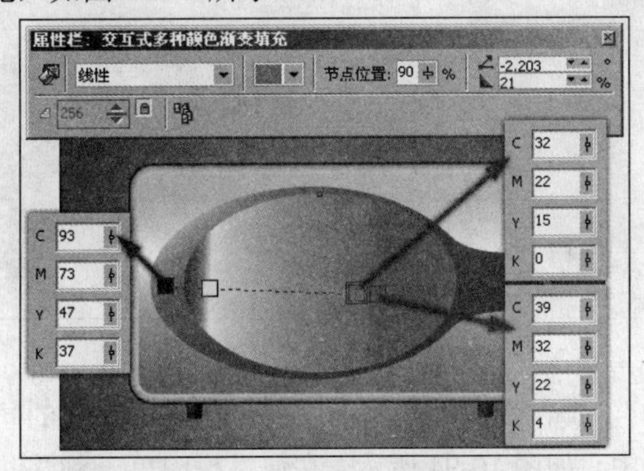

图 10-90　绘制椭圆形并填充渐变色

08 将椭圆形原位置复制，并设置复制对象的填充色为无。按<F12>键打开“轮廓笔”对话框，参照图 10-91 所示设置该对话框，更改复制对象的轮廓属性。

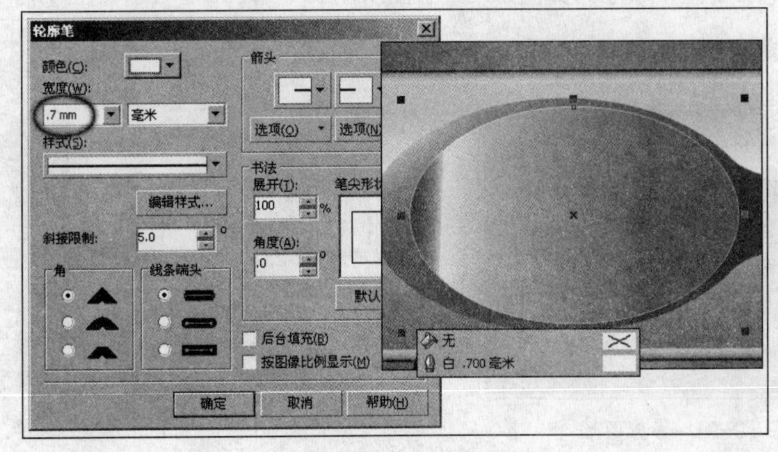

图 10-91　为图形设置轮廓属性

09 使用“交互式透明”工具，参照图10-92所示，为该椭圆轮廓图形添加透明效果。

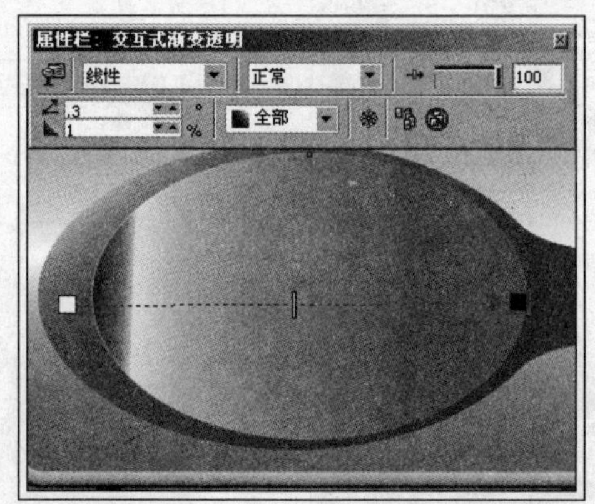

图10-92 为图形添加透明效果

10 将该椭圆轮廓图形复制两个，并取消复制对象的透明效果，完毕后再分别调整复制对象的大小和颜色，如图10-93所示。

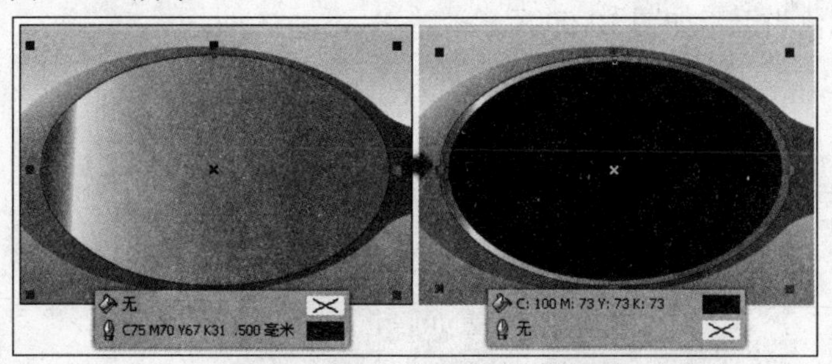

图10-93 复制图形并调整

11 使用“椭圆形”工具在页面中绘制椭圆形，按<Shift>键的同时在最小的椭圆形上单击，将两个椭圆形同时选中，如图10-94所示，在属性栏中单击“相交”按钮，将图形修剪。

12 完毕后将刚绘制的椭圆形删除，并使用“交互式填充”工具为相交图形填充渐变色，然后再对该图形的大小进行调整，如图10-95左图所示。使用“贝塞尔”工具，在页面中绘制曲线并设置轮廓属性和顺序，如图10-95右图所示。

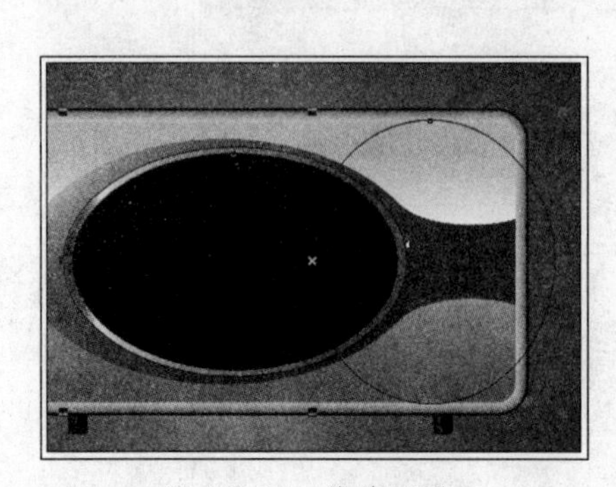

图10-94 修剪图形

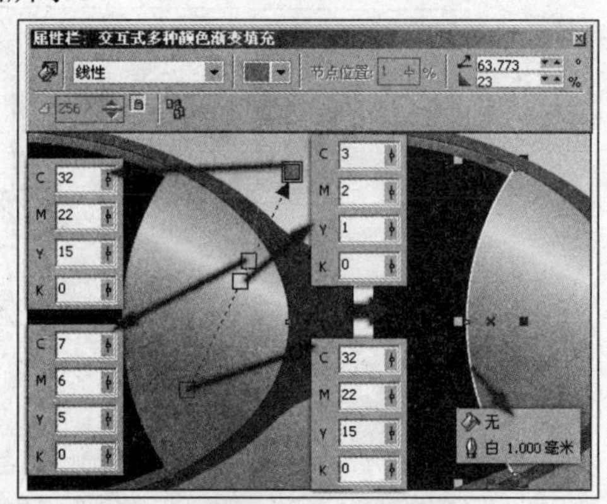

图10-95 为图形填充渐变色

13 使用“贝塞尔”工具，在页面中绘制图形并设置其填充色和轮廓色。使用“交互式透明”工具为其添加透明效果，如图10-96所示。

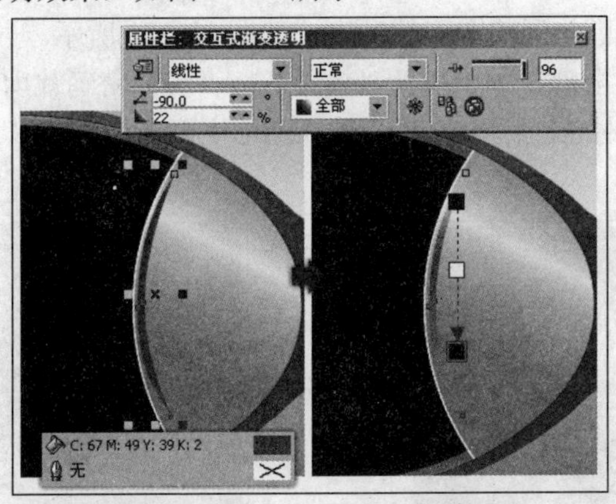

图10-96 绘制图形并添加透明效果

14参照以上的制作方法，使用“贝塞尔”工具在页面中绘制图形，并分别为其添加透明效果，完毕后再对该图形的顺序时行调整，制作出反光图形，如图10-97、图10-98所示。

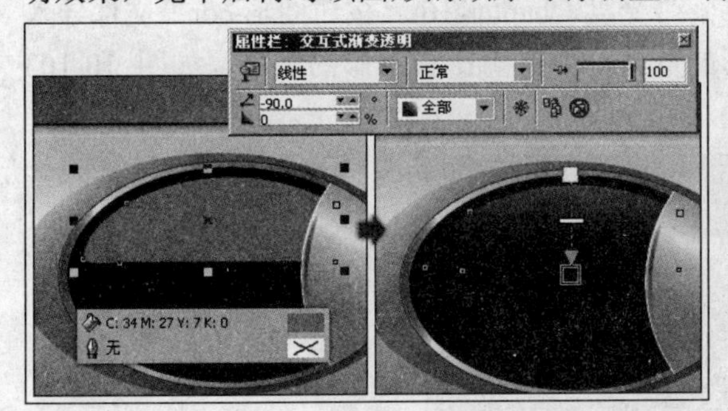

图10-97 绘制图形并添加透明效果

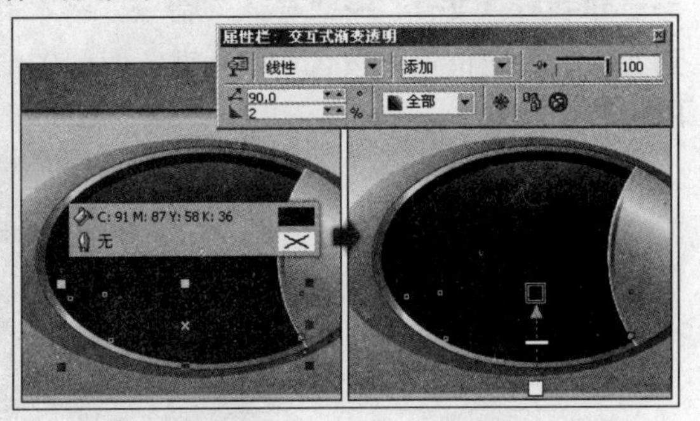

图10-98 绘制图形并添加透明效果

15使用“挑选”工具，参照图10-99所示，在页面中选择图形并按<Ctrl+G>键，将选择的图形群组。

16使用“贝塞尔”工具，在页面中绘制图形并填充任意色，设置轮廓色为无。使用“交互式阴影”工具，为其添加阴影效果，并参照图10-100所示设置其属性栏。

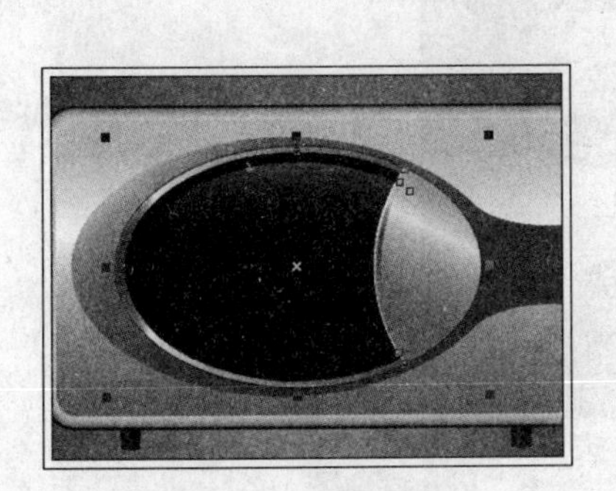

图10-99 群组图形

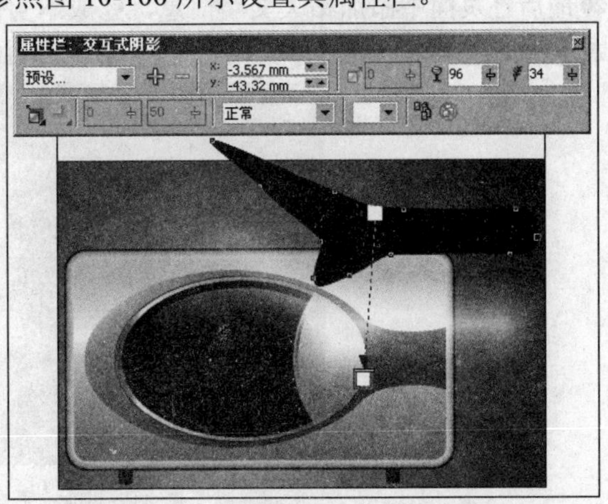

图10-100 绘制图形并添加阴影效果

17 按<Ctrl+K>键将阴影群组折分，删除原图形并调整阴影图形的顺序，使用同样的操作方法，制作出其他的高光图形并调整图形的顺序，如图 10-101 所示。

18 将绘制的高光图形全部选中，执行“效果”→“图框精确裁剪”→“放置在容器中”命令，当光标变为黑色箭头时，在添加过渐变装饰图形上面单击，将其放置到该图形当中，如图 10-102 所示。

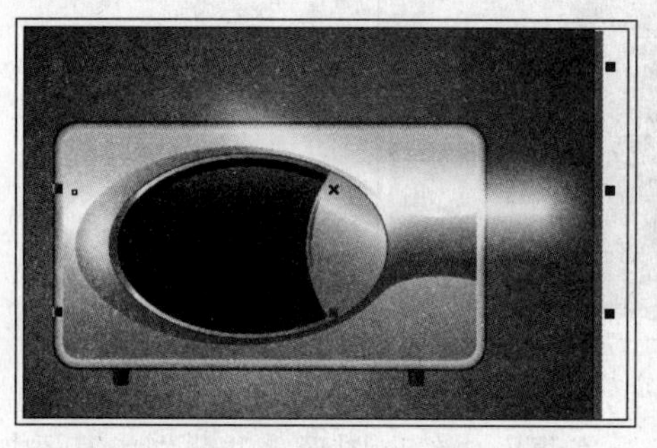

图 10-101　制作出其他高光图形

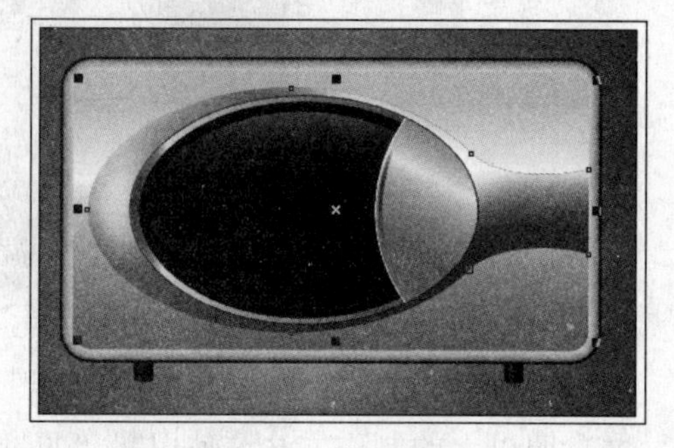

图 10-102　精确剪裁图形

19 执行“文件”→“导入”命令，将本书附带光盘\Chapter-10\“按钮图形.cdr”文件导入到文档中相应位置，按<Ctrl+U>键，取消图形的群组，调整阴影和倒影的顺序，如图 10-103 所示。

图 10-103　导入光盘文件

20 最后在页面中添加相关文字信息，完成本实例的制作，效果如图 10-104 所示。在制作过程中遇到问题，可以打开本书附带光盘\Chapter-10\“家用电器广告.cdr”文件进行查看。

图 10-104　完成效果

实例6 茶具宣传广告

好的广告设计不仅可以直观地传达给消费者产品的信息内容，还可以反映出产品的风格、类型等信息。该实例制作的是一个品牌茶具的宣传广告，图10-105展示了本实例的完成效果。

图10-105 完成效果

设计思路

该实例是为一个品牌茶具设计制作的宣传广告。为了突出该品牌茶具简约、时尚的风格，设计采用了较为简洁的构图，以茶具为重点刻画对象，增强消费者对产品的印象。

技术剖析

本小节实例的操作并不复杂，主要使用了“贝塞尔”等手绘工具对茶壶图形进行绘制。使用“交互式填充”和“交互式透明”等工具为图形填充颜色，添加光影效果制作出该实例中的画面效果。如图10-106所示，为本实例的制作流程。

图10-106 制作流程

制作步骤

01 运行 CorelDRAW X3，执行“文件”→“打开”命令，打开本书附带光盘\Chapter-10\“茶具背景.cdr”文件，如图 10-107 所示。

02 使用“贝塞尔”工具，在页面中绘制壶身轮廓路径，使用“交互式填充”工具，为其填充渐变色并设置轮廓色为无，如图 10-108 所示。

图 10-107　打开光盘文件

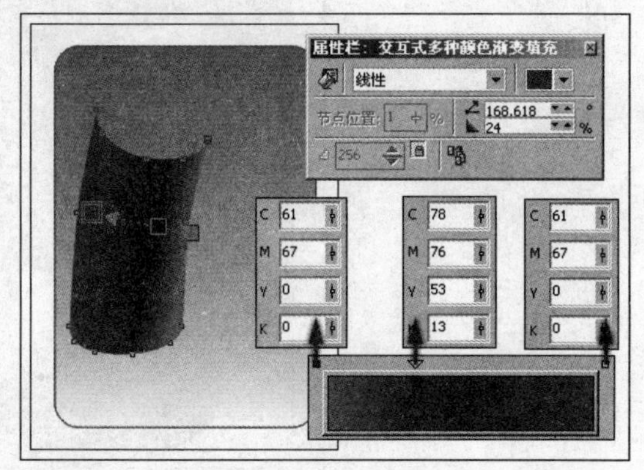

图 10-108　绘制壶身

03 使用“贝塞尔”工具，在壶身底部绘制轮廓路径，使用“交互式填充”工具，为其填充渐变色并设置轮廓色为无，如图 10-109 所示。

04 参照以上方法，再绘制壶身上高光图形，为其填充渐变色，轮廓色为无。在壶身底部绘制曲线，如图 10-110 所示。

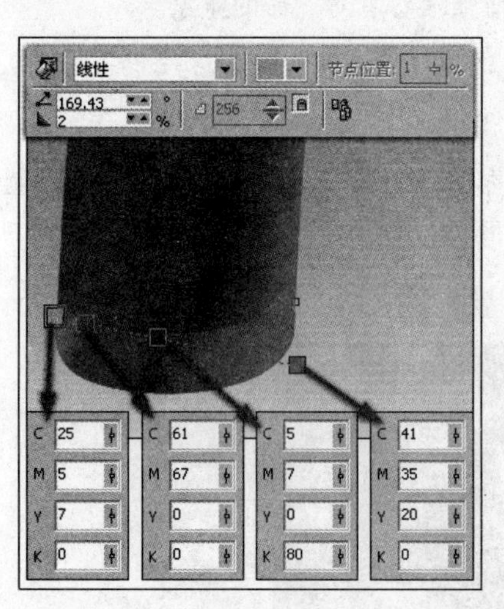

图 10-109　绘制图形并填充渐变色

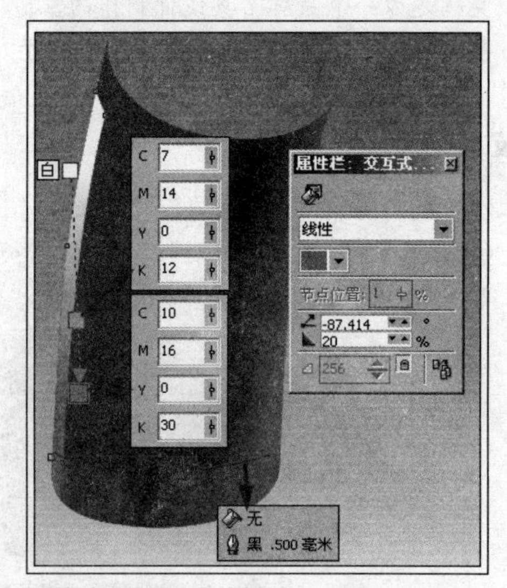

图 10-110　绘制高光图形

05 使用“挑选”工具，选择壶身轮廓图形，按小键盘上的<+>键，将其原位置再制，并按<Shift+PageUp>键，调整其顺序到最上层。

06 单击“填充”工具，在展开的工具栏中单击“底纹填充对话框”按钮，参照图 10-111 所示设置“底纹填充”对话框，为图形填充底纹。完毕后使用“交互式填充”工具，调整控制柄，对填充纹理进行调整。

07 保持填充底纹图形的选择状态，使用“交互式透明”工具，参照图10-112所示设置其属性栏，为其添加透明效果。

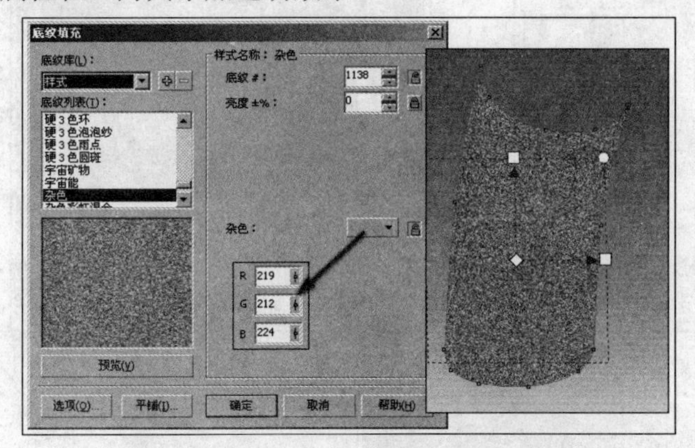

图10-111 再制图形并填充底纹

图10-112 添加透明效果

08 使用“贝塞尔”工具，参照图10-113所示在壶身上绘制反光图形，将其填充为紫色，轮廓色为无。完毕后选择“交互式透明”工具，设置其属性栏参数，为图形添加透明效果。

09 使用“椭圆形”工具，绘制椭圆，并为其填充灰色，轮廓色设置为无。参照图10-114所示调整椭圆的旋转角度和位置，并按<Ctrl+Q>键将其转换为曲线。使用“形状”工具调整曲线形状。

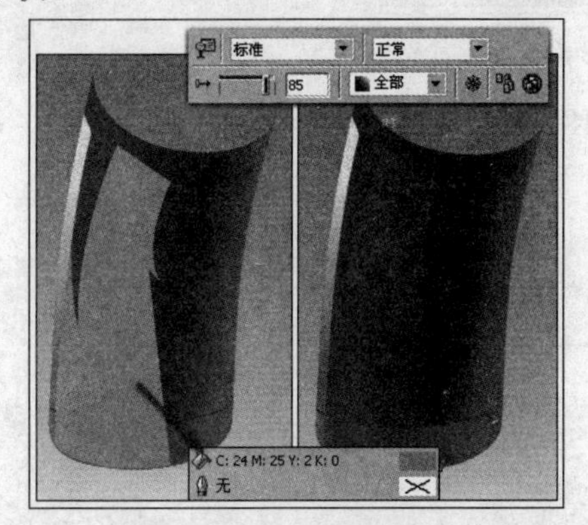

图10-113 制作反光效果

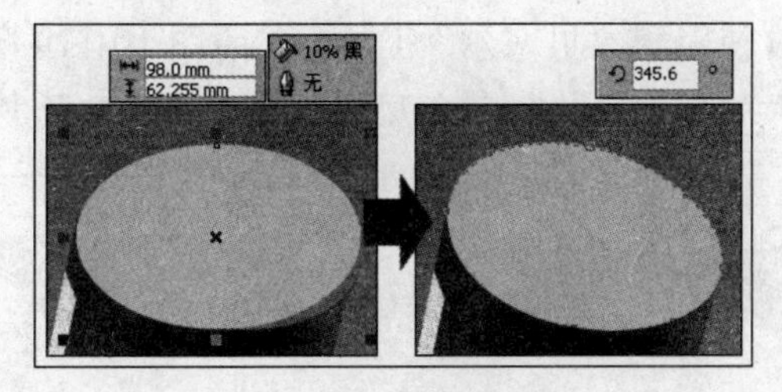

图10-114 绘制图形

10 保持图形的选择状态，使用“交互式立体化”工具，为其添加立体化效果，如图10-115所示。

11 使用“贝塞尔”工具，参照图10-116所示绘制图形，并为其填充渐变色，轮廓色为无。通过按<Ctrl+PageDown>键，调整其顺序到添加立体化椭圆图形的下面。

12 使用“椭圆形”工具绘制椭圆，按<Ctrl+Q>键将其转换为曲线。使用“形状”工具，调整椭圆形状并填充渐变色，轮廓色设置为无，如图10-117所示。

为了便于观察调整椭圆后的形状，暂不更改其轮廓色。

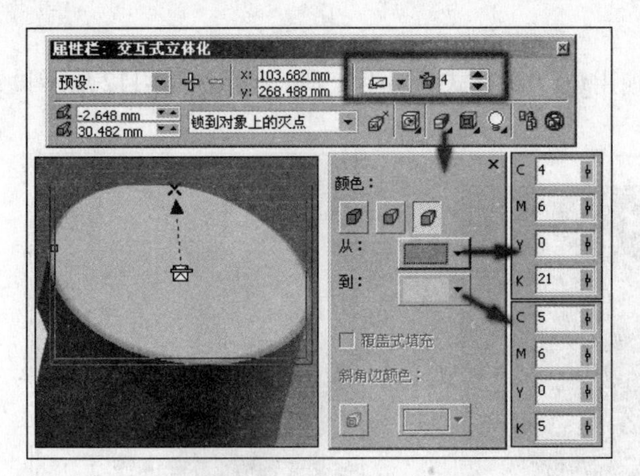

图 10-115　添加立体化效果

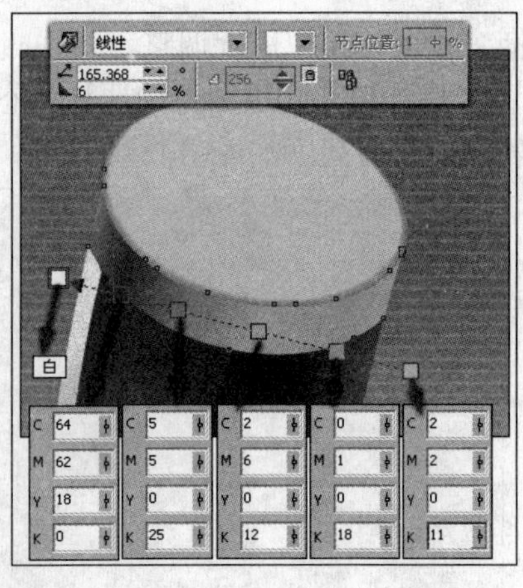

图 10-116　绘制图形并填充渐变色

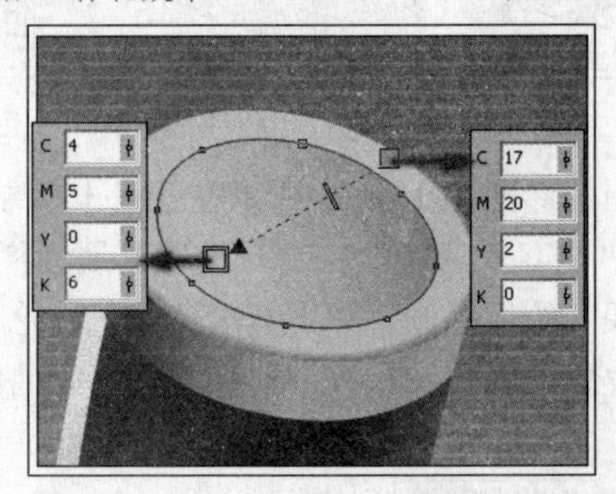

图 10-117　绘制图形并填充渐变色

13 使用“交互式阴影”工具，参照图 10-118 所示，为椭圆图形添加阴影效果，制作出壶盖图形。

14 使用“贝塞尔”工具，参照图 10-119 所示在壶盖上绘制高光图形，将其填充为白色，轮廓色为无。使用“交互式阴影”工具，为其添加阴影效果。

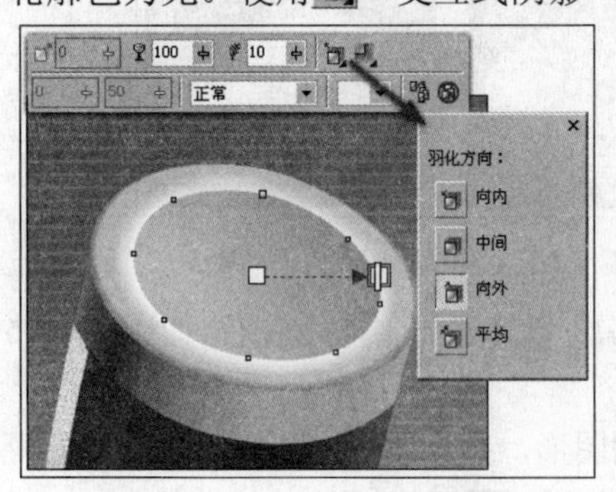

图 10-118　添加阴影效果

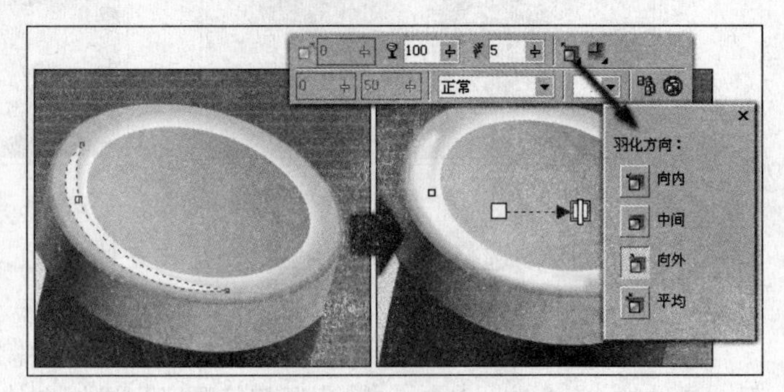

图 10-119　绘制图形并添加阴影

15 执行“文件”→“导入”命令，将本书附带光盘\Chapter-10\“茶杯和装饰.cdr”文件导入到图 10-120 所示位置。按<Ctrl+U>键取消图形的群组，调整阴影图形的顺序到茶壶图形下面。

16 最后在页面中添加装饰图形和相关的文字信息，完成本实例的制作，效果如图 10-121 所示。在制作过程中遇到问题，可以打开本书附带光盘\Chapter-10\“茶具宣传广告.cdr”文件进行查阅。

图 10-120 导入光盘文件

图 10-121 完成效果

实例 7 洗浴用品广告

在本小节中，将制作一幅洗浴用品的宣传广告。因为该产品针对的消费群体是儿童，因此产品用色大胆、色彩靓丽。如图 10-122 所示，为本实例的完成效果。

图 10-122 完成效果

设计思路

这是为儿童沐浴系列产品制作的宣传广告。儿童用品一般颜色丰富，画面简洁且具有趣味性，表现出儿童天真活泼的形象。

技术剖析

本实例的制作，主要使用了基础绘图工具绘制出产品轮廓。使用“交互式填充”工具分别为图形填充渐变颜色，制作出产品包装瓶的立体效果，最后添加相关素材图片与文字信息。如图10-123所示，为本实例的制作流程。

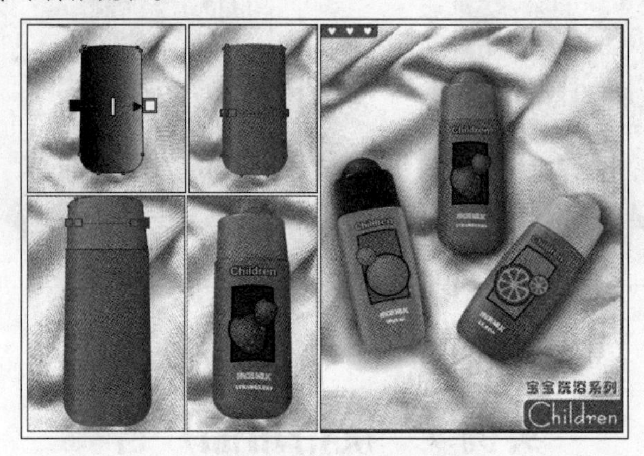

图 10-123 制作流程

制作步骤

01 启动 CorelDRAW X3，执行“文件”→“打开”命令，打开本书附带光盘\Chapter-10\“布纹.cdr”文件，如图 10-124 所示。

02 使用“矩形”工具，在布纹图形上方绘制矩形，并在属性栏中设置其边角圆滑度，如图 10-125 所示。

提示：在该步骤中，可以单击“全部圆角”按钮，取消其启用状态，以便于分别设置矩形的各个圆角参数。

图 10-124 打开光盘文件

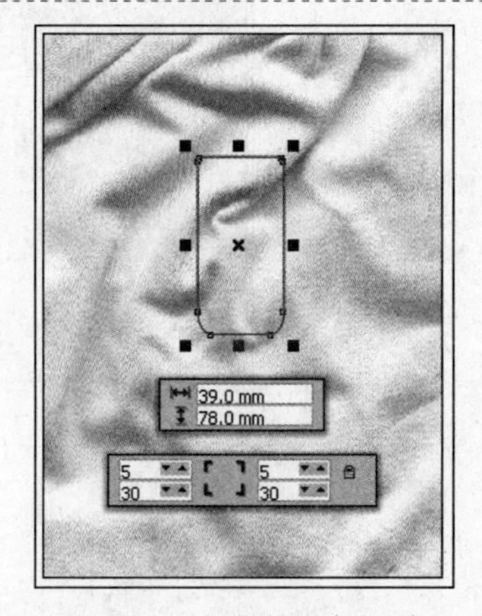

图 10-125 绘制圆角矩形

03 保持圆角矩形的选择状态，按<Ctrl+Q>键将其转换为曲线，使用“形状”工具调整其节点，制作瓶身的轮廓图形，如图 10-126 所示。

04 单击工具箱中的“填充”工具，在展开的工具栏中单击“渐变填充对话框”按钮。打开“渐变填充”对话框，并参照图 10-127 所示，设置该对话框，为图形填充渐变色。完毕后设置图形轮廓为无。

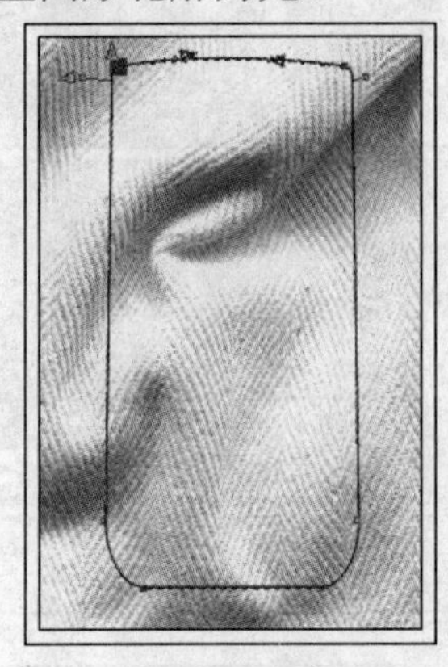

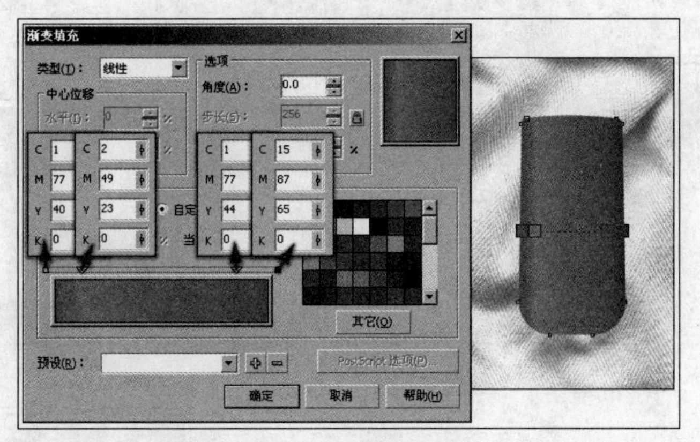

图 10-126 调整形状

图 10-127 填充渐变色

05 使用“钢笔”工具，再绘制出瓶盖的轮廓图形。使用“交互式填充”工具，为其填充渐变颜色，如图 10-128 所示。

06 接着再对瓶盖图形的轮廓色进行设置，完毕后并按<Ctrl+PageDown>键调整其顺序到瓶身图形的下方，如图 10-129 所示。

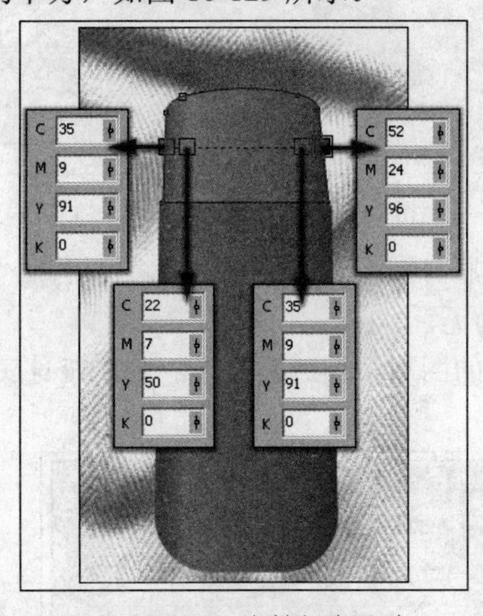

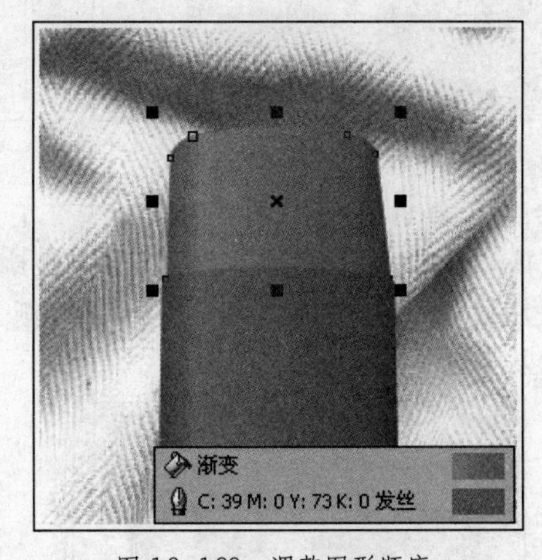

图 10-128 绘制瓶盖图形

图 10-129 调整图形顺序

07 使用“椭圆形”工具，参照图 10-130 所示在瓶盖上方绘制椭圆形。使用“交互式填充”工具，为圆形添加射线渐变，设置其轮廓色为无，并调整其顺序到瓶盖图形的下方。

08 使用“钢笔”工具和“椭圆形”工具，参照图 10-131 所示绘制图形，为其填充颜色，设置轮廓色为无，制作出瓶盖上的高光图形。

09 使用“钢笔”工具在瓶盖图形和瓶身图形上分别绘制高光图形，为其填充颜色，设置轮廓色为无，如图 10-132 所示。

10 使用“交互式透明”工具，分别为绘制的高光图形添加透明效果，如图 10-133 所示。

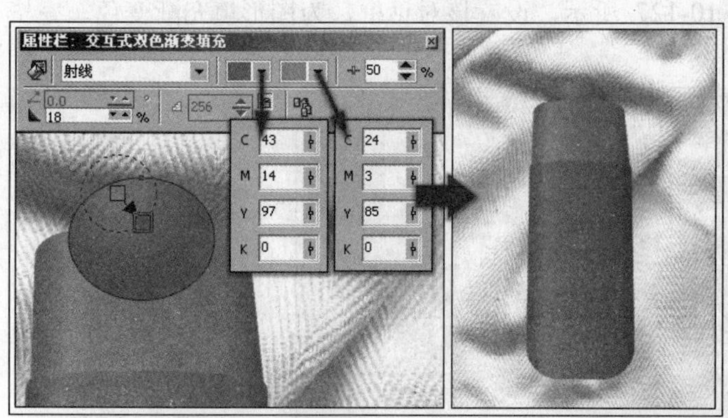

图 10-130 填充渐变

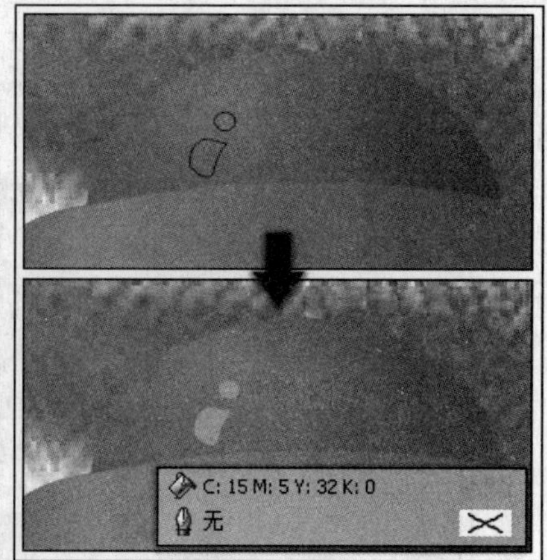

图 10-131 绘制高光图形

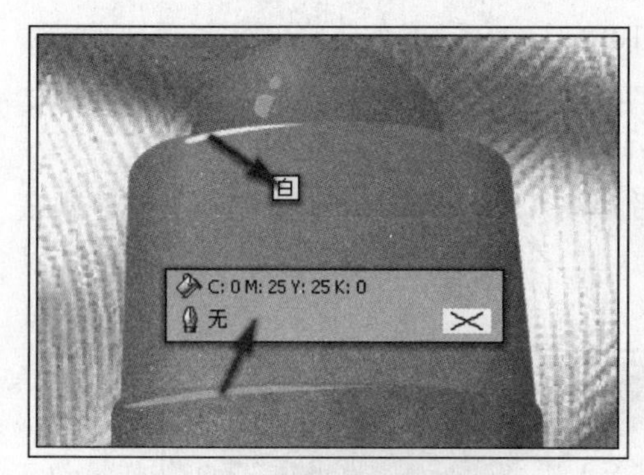

图 10-132 绘制高光图形

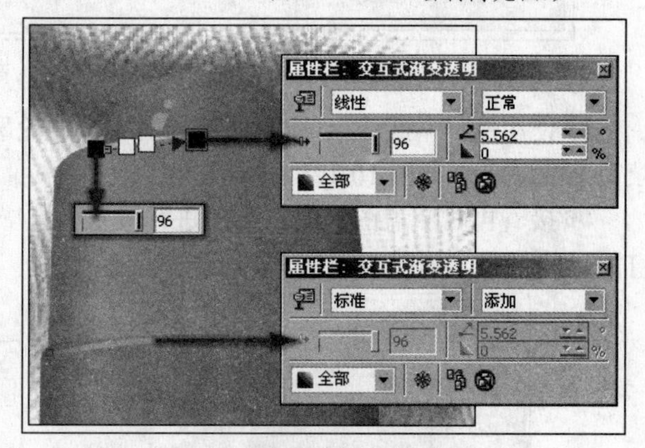

图 10-133 添加透明效果

11 参照图 10-134 所示，使用“钢笔”工具在瓶身图形底部绘制图形。使用“交互式填充”工具，为其填充线性渐变色并设置其轮廓色为无。

12 使用“交互式透明”工具，为填充渐变色的图形添加透明效果，制作瓶身底部圆滑的过渡效果，如图 10-135 所示。

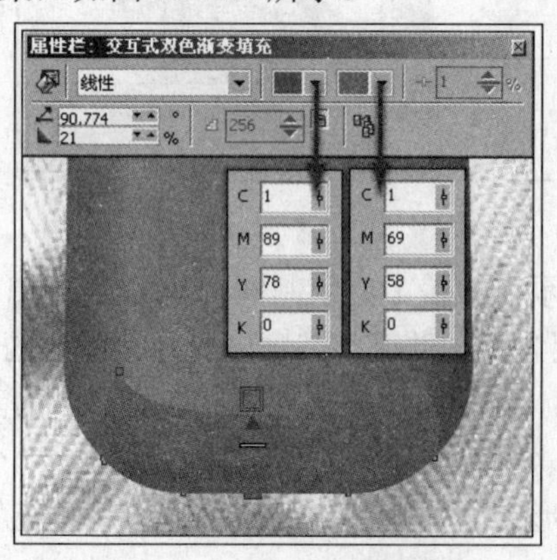

图 10-134 绘制图形并填充渐变

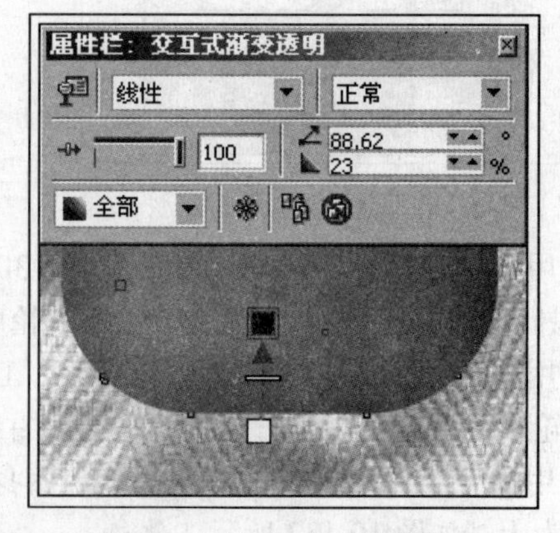

图 10-135 添加透明效果

13 使用“矩形”工具，参照图 10-136 所示在瓶身图形上方绘制矩形，填充颜色并设置其轮廓属性。按<Ctrl+Q>键将矩形转换为曲线，使用“形状”工具调整其形状。

14 执行“文件”→“导入”命令，将本书附带光盘\Chapter-10\“水果和标志.cdr”文件导入文档，并调整其位置，如图 10-137 所示。

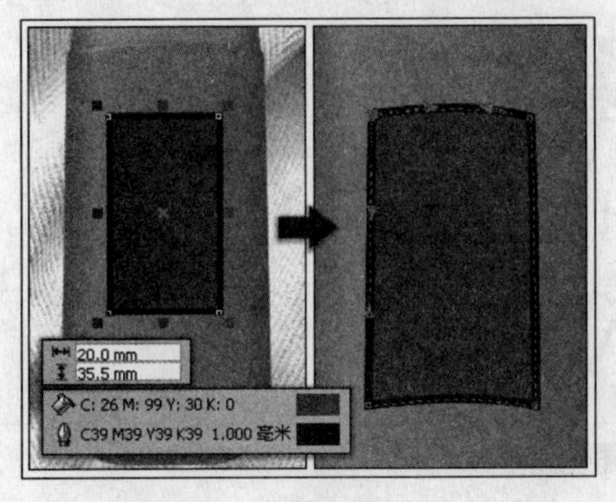

图 10-136 绘制矩形并调整

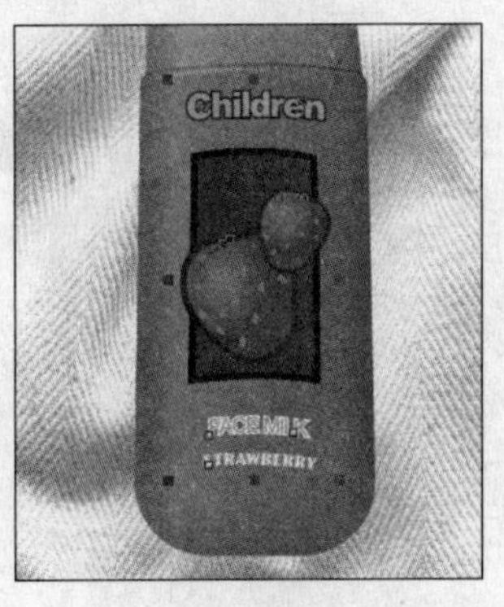

图 10-137 导入光盘文件

15 再次将本书附带光盘\Chapter-10\“产品素材和阴影.cdr”文件，导入到文档中相应位置，按<Ctrl+U>键取消群组，调整相应阴影图形的顺序，如图 10-138 所示。

16 最后添加其他装饰图形和相关文字信息，完成本实例制作，效果如图 10-139 所示。在制作过程中遇到问题，可以打开本书附带光盘\Chapter-10\“洗浴用品广告.cdr”文件进行查看。

图 10-138 导入光盘文件

图 10-139 完成效果

实例 8 化妆品广告

本节实例将制作一幅化妆品广告。整体画面颜色明快、简洁、时尚。图 10-140 展示了本实例的完成效果。

图 10-140　完成效果

设计思路

这是一款口红的宣传广告，主要消费群体为年青女性。根据这一特点，在设计时采用了柔美的线条和图形，并配以淡雅的粉红色调，使得该广告更贴近年青爱美的女性，从而达到广告宣传的目的。

技术剖析

在该实例的制作过程中，主要使用了“交互式填充”工具，通过填充丰富的渐变色制作出口红图形。图 10-141 展示了本实例的制作流程。

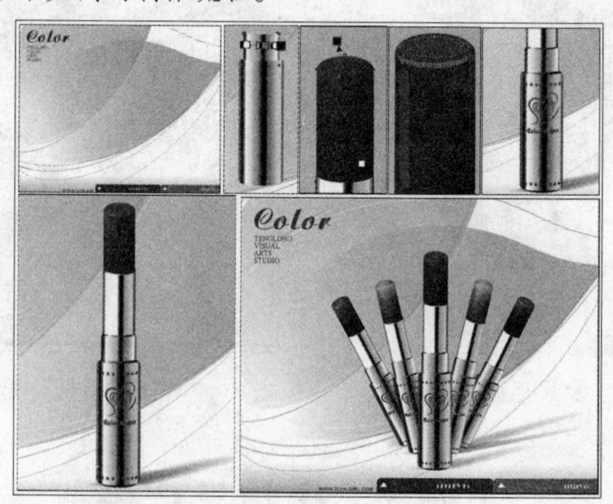

图 10-141　制作流程

制作步骤

01 启动 CorelDRAW X3，执行“文件”→“打开”命令，打开本书附带光盘\Chapter-10\“化妆品背景.cdr”文件，如图 10-142 所示。

02选择“矩形”工具，参照图 10-143 所示设置其属性栏参数，绘制圆角矩形。按<Ctrl+Q>键，将圆角矩形转换为曲线，使用“形状”工具对其形状进行调整。

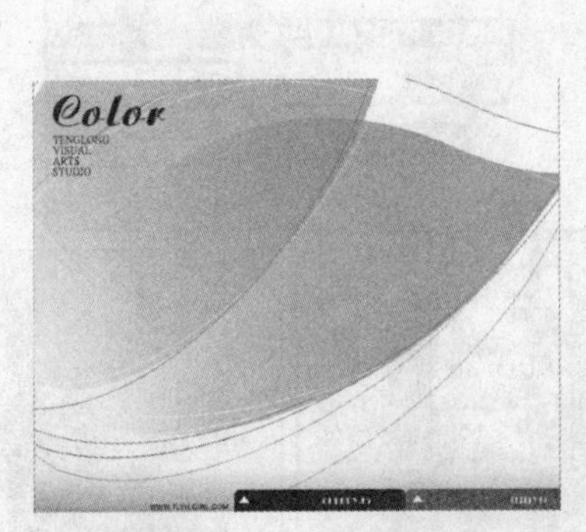

图 10-142　打开光盘文件

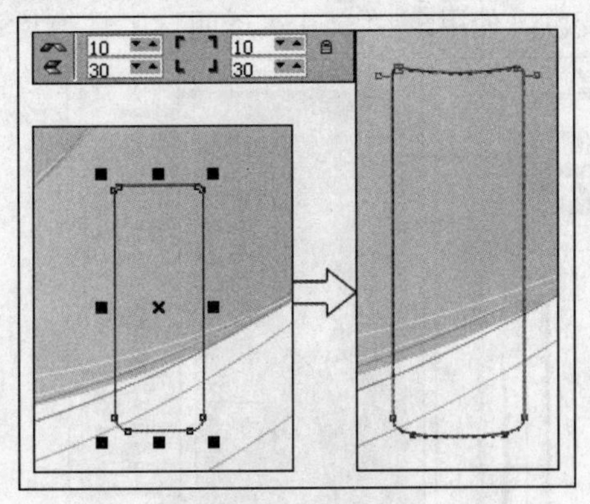

图 10-143　绘制圆角矩形

03使用“交互式填充”工具，参照图 10-144 所示为图形填充渐变色，设置轮廓为无。

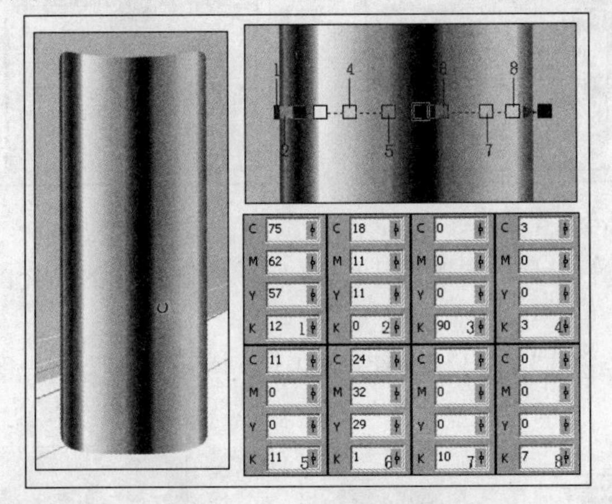

图 10-144　渐变填充

04选择“挑选”工具，将圆角矩形再制并调整其大小、位置、顺序和渐变色，如图 10-145 所示。

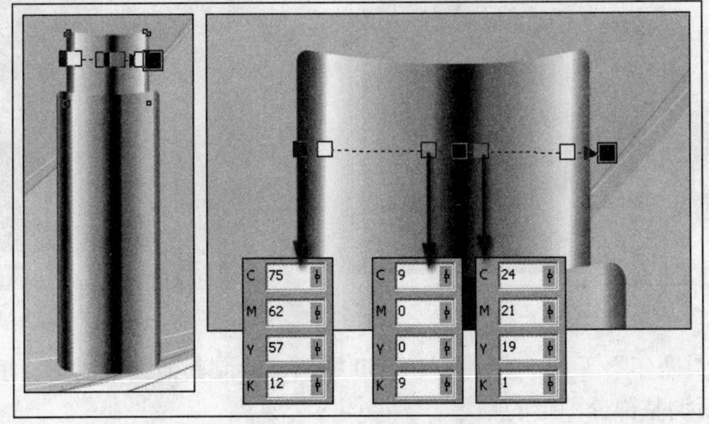

图 10-145　再制并调整图形

05 参照以上操作方法，再绘制出口红其他部分的图形，如图 10-146 所示。

06 使用"挑选"工具，选择口红顶端的图形，按小键盘上的<+>键，将其原位再制，并调整渐变色。使用"交互式透明"工具为其添加透明效果，如图 10-147 所示。

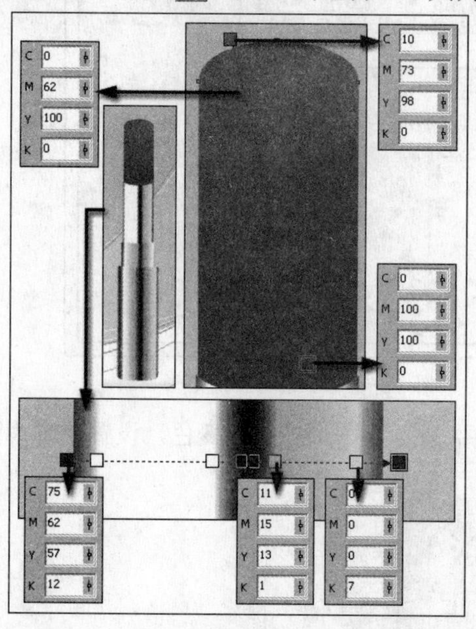

图 10-146　再制图形并调整

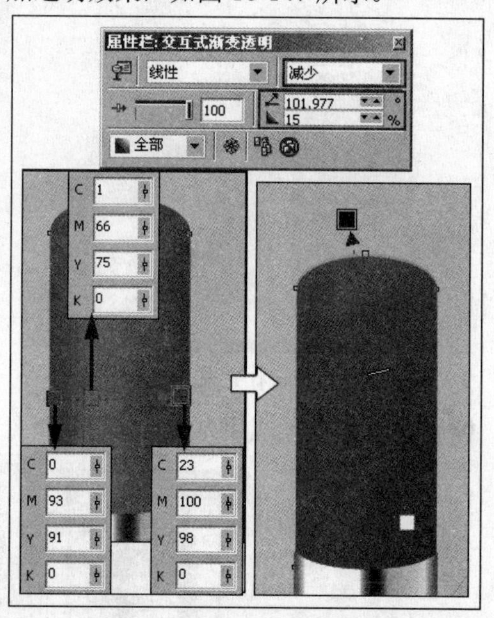

图 10-147　添加透明效果

07 使用"贝塞尔"工具，参照图 10-148 所示绘制口红的高光图形，并填充颜色，轮廓色设置为无。

08 使用"交互式透明"工具，参照图 10-149 所示分别为高光图形添加透明效果，并设置其属性栏。

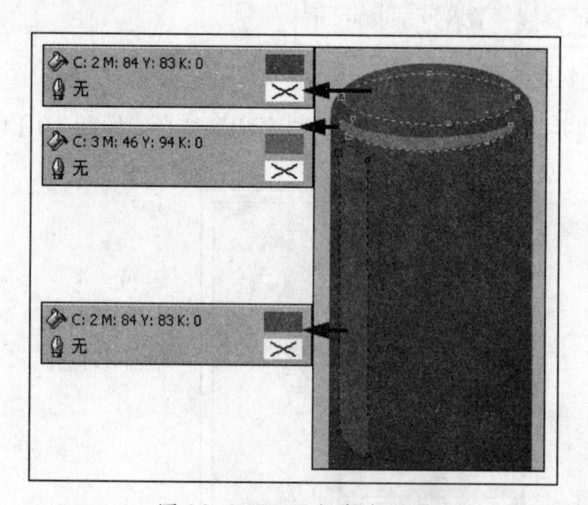

图 10-148　添加高光图形

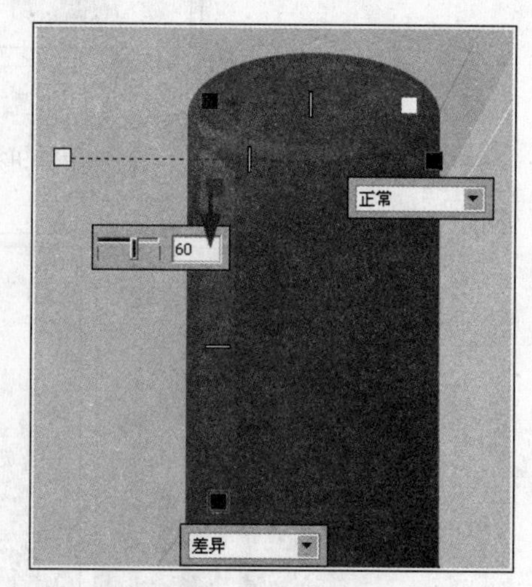

图 10-149　添加透明效果

09 使用"贝塞尔"工具，参照图 10-150 所示，绘制其他细节图形并填充颜色，设置轮廓色为无。完毕后调整部分图形的顺序。

10 使用"钢笔"工具，参照图 10-151 所示绘制路径。

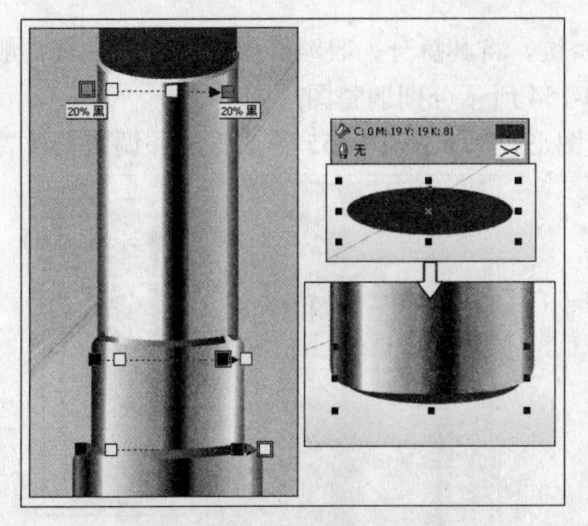

图 10-150 绘制细节图形

图 10-151 绘制路径

11 使用"矩形"工具，绘制两个红色矩形。使用"交互式调和"工具，为两个矩形添加调和效果，完毕后参照图 10-152 所示设置其属性栏参数。

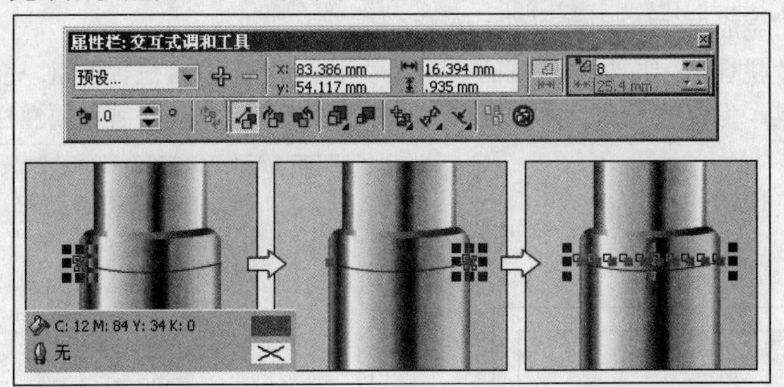

图 10-152 绘制矩形并添加调和效果

12 保持调和对象的选择状态，单击属性栏中的"路径属性"按钮，在弹出的下拉列表中选择"新路径"命令，当鼠标变为黑色向下箭头时，在图 10-153 所示位置单击鼠标拾取路径。

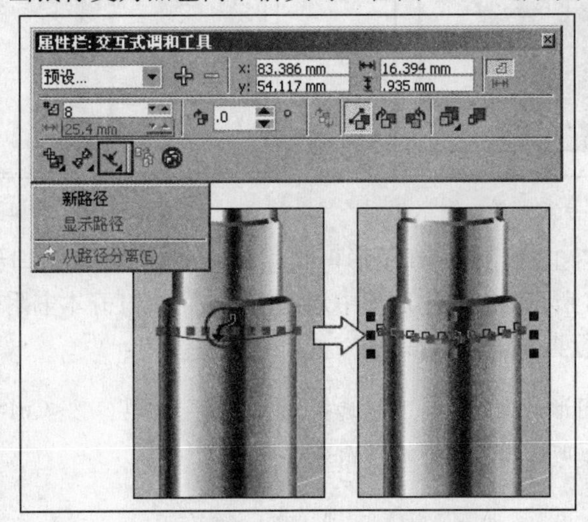

图 10-153 使调和对象适合路径

13 依次按<Ctrl+K>、<Ctrl+U>、<Ctrl+Q>键，将其拆分、取消群组并转换为曲线。删除原黑色路径，使用“形状”工具，参照图 10-154 所示分别调整图形。

14 使用“挑选”工具，框选调整后的图形，参照图 10-155 所示再制并调整其位置。

图 10-154　调整图形

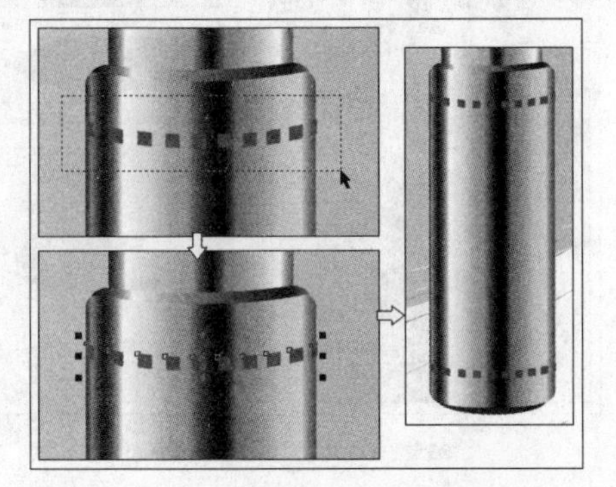

图 10-155　再制并调整位置

15 执行“文件”→“导入”命令，将本书附带光盘\Chapter-10\“标志.cdr”文件导入到文档中相应位置，完成口红的制作，如图 10-156 所示。

16 使用“挑选”工具，框选绘制的口红图形并按<Ctrl+G>键进行群组。完毕后使用“交互式阴影”工具，为该图形添加阴影效果，并参照图 10-157 所示设置其属性栏参数。

图 10-156　导入光盘文件

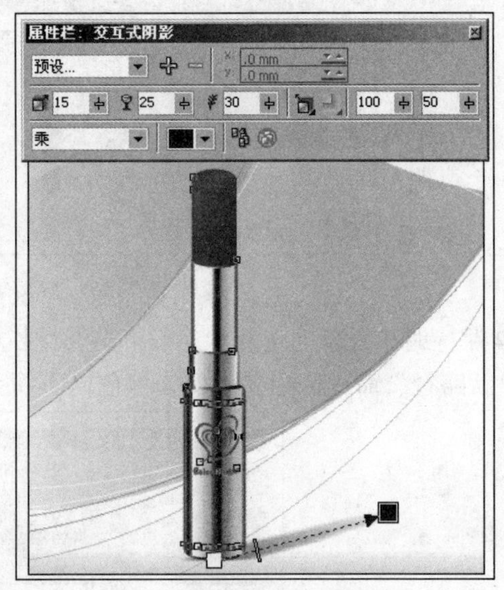

图 10-157　添加阴影效果

17 使用“挑选”工具，将口红图形再制并调整，制作出其他口红图形，完成本实例的制作，效果如图 10-158 所示。在制作过程中遇到问题，可以打开本书附带光盘\Chapter-10\“化妆品广告.cdr”文件进行查看。

技巧　在调整再制口红图形的颜色时，可以选择“挑选”工具，按<Ctrl>键的同时单击口红群组中的对象，将相应的图形选中并进行调整。

图 10-158 完成效果

实例9 果汁广告（一）

本节实例将制作一幅金橘果汁广告。为了更贴和产品的特点，整个包装以黄色、橙色为主色调。通过合理的图文编排使得整个广告主体突出、内容明确。图 10-159 展示了本实例的完成效果。

图 10-159 完成效果

设计思路

在制作广告时，首先应充分了解产品的信息内容，再进行设计制作。在该实例中，通过将绘制矢量的水纹图形与位图及文字进行合理地编排，使得整个广告生动、直观地传达给消费者宣传的信息内容。

技术剖析

在该实例的制作过程中，主要使用了“交互式变形”工具，通过为图形添加变形效果制作出旋转的水纹图形。使用“粗糙笔刷”工具，使水纹图形更加生动。图 10-160 展示了本实例的制作流程。

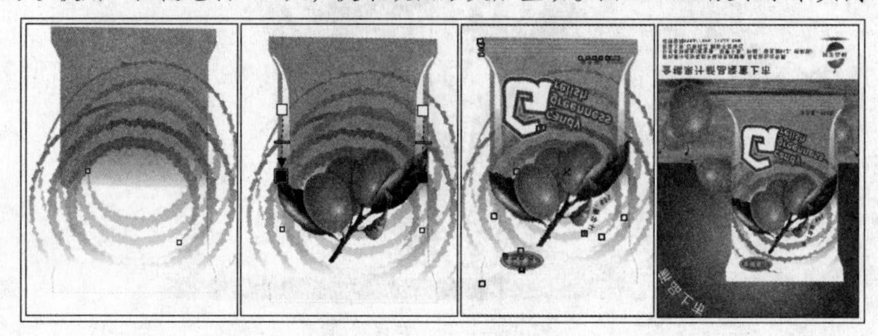

图 10-160 制作流程

制作步骤

01 启动 CorelDRAW X3，新建一个空白的工作文档，参照图 10-161 所示设置其属性栏。

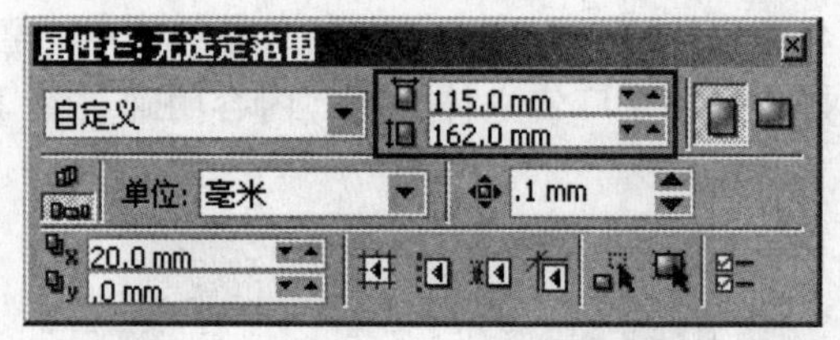

图 10-161 新建文件

02 使用“贝塞尔”工具，参照图 10-162 所示，在页面中绘制包装袋图形，并为其填充颜色轮廓色为无。

03 使用“贝塞尔”工具，沿绘包装袋的上半部分绘制图形并填充白色，设置轮廓色为无。使用“交互式透明”工具，为其添加透明效果，如图 10-163 所示。

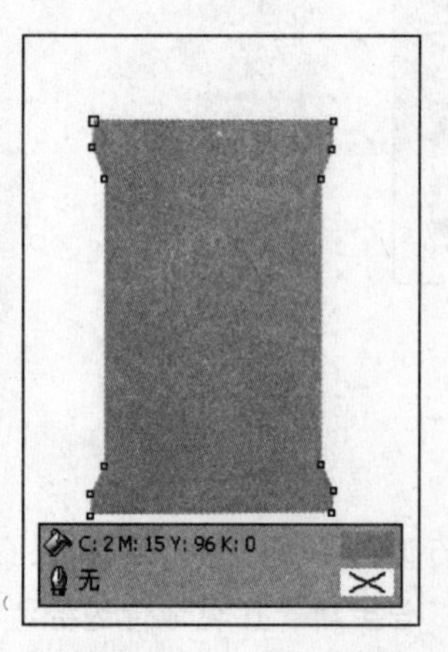

图 10-162 绘制图形

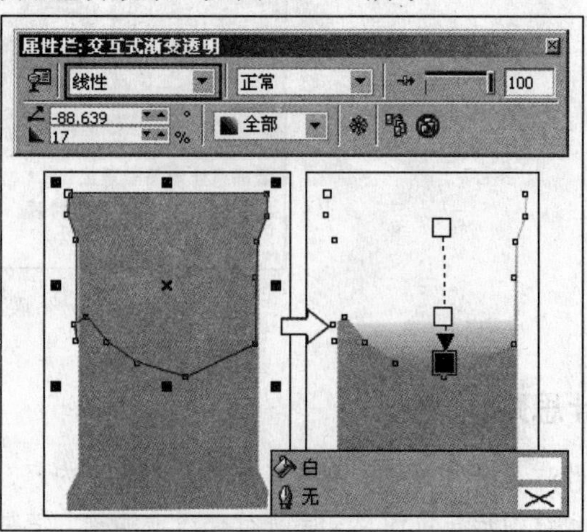

图 10-163 绘制图形并添加透明效果

04使用“椭圆形”工具，绘制圆形。选择“交互式变形”工具，参照图10-164所示设置属性栏，对圆形添加变形效果。完毕后按<Ctrl+Q>键将其转换为曲线，使用“形状”工具对曲线图形进行调整。

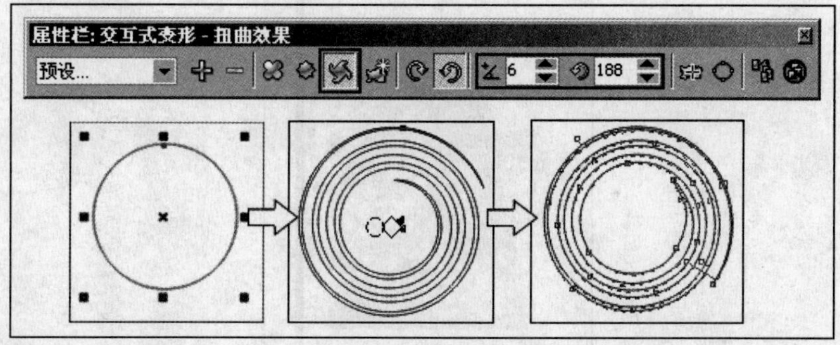

图10-164　调整图形

05选择“粗糙笔刷”工具，参照图10-165所示设置属性栏。在图形的边缘进行涂抹为曲线添加粗糙效果，完毕后为其填充橘红色，轮廓色设置为无。

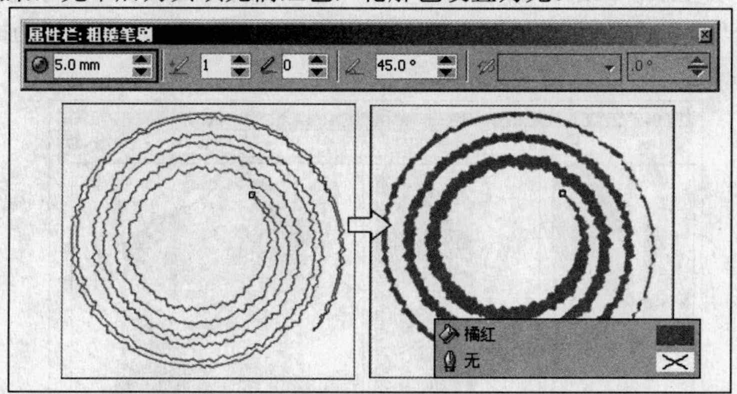

图10-165　调整图形

06使用“交互式透明”工具，参照图10-166所示，为图形添加透明效果。

07使用“挑选”工具，将该图形再制，调整其颜色、大小和旋转角度，完毕后将之两个图形移动到页面的相应位置，如图10-167所示。

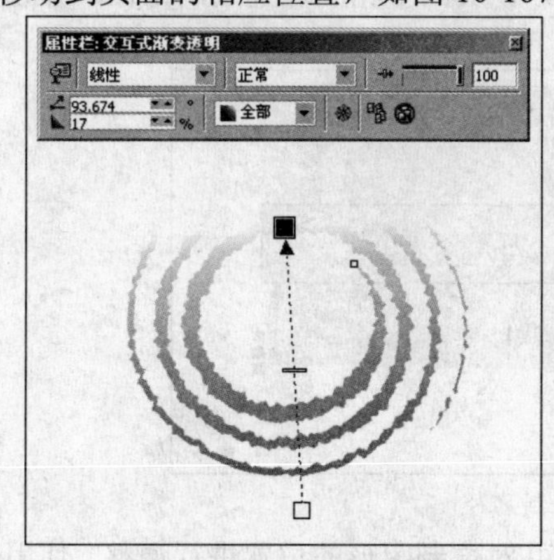

图10-166　添加透明效果

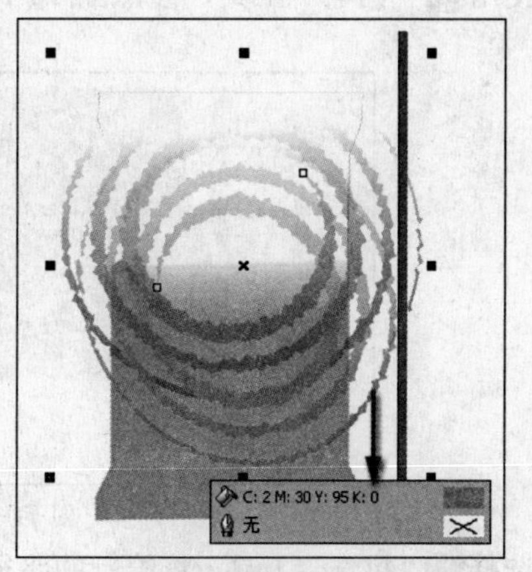

图10-167　再制并调整图形

08 执行“文件”→“导入”命令，导入本书附带光盘\Chapter-10\“水果.cdr”文件，并参照图 10-168 所示对水果的大小和位置进行调整。

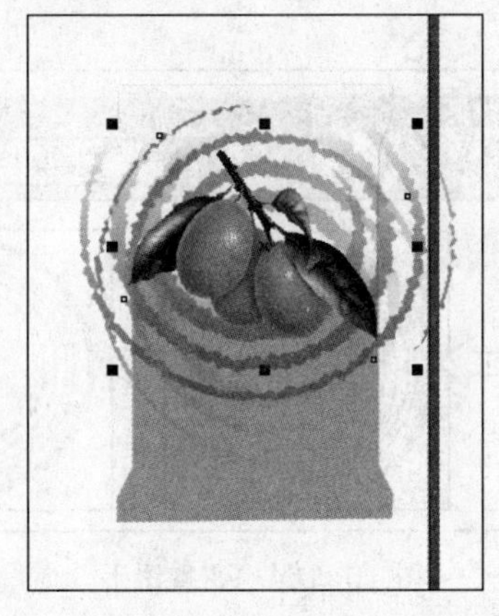

图 10-168 导入光盘文件

09 使用“贝塞尔”工具，参照图 10-169 所示，绘制高光图形，并将其填充为白色，轮廓为无。使用“交互式透明”工具，为高光图形添加透明效果。参照同样的操作方法绘制另一侧的高光图形。

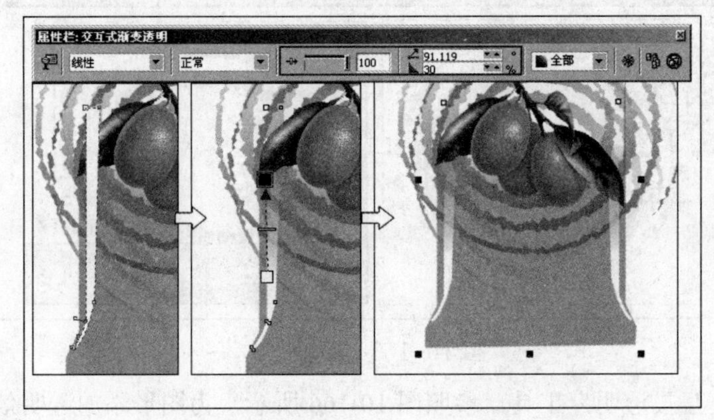

图 10-169 绘制高光图形

10 使用“钢笔”工具，参照图 10-170 所示，在页面中相应位置绘制路径，并设置其轮廓属性。

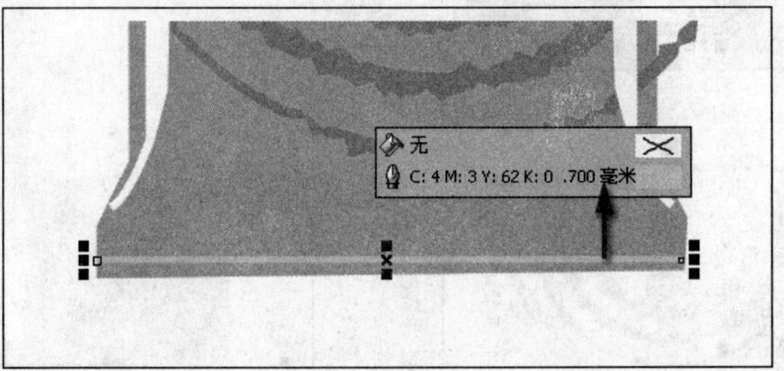

图 10-170 绘制路径

11 选择“挑选”工具，将绘制的路径再制，并对再制图形的位置进行调整。使用“交互式调和”工具，参照图10-171所示为路径添加调和效果，制作出包装袋底部封口处的纹理。

12 执行“文件”→“导入”命令，将本书附带光盘\Chapter-10\“装饰文字.cdr”文件，导入到文档中相应位置，如图10-172所示。

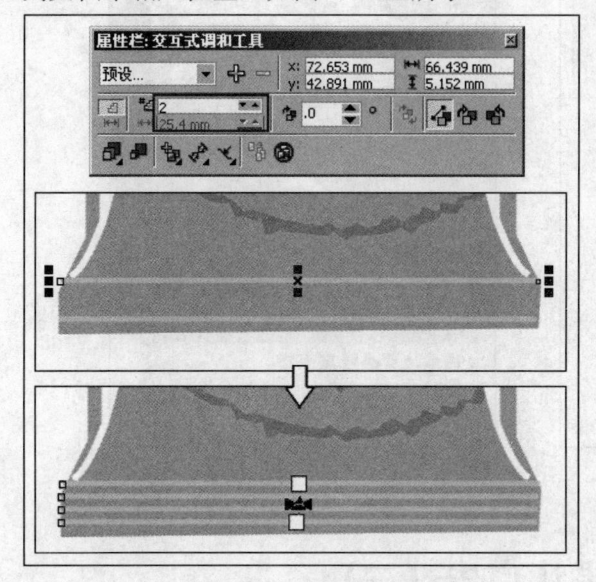

图10-171 绘制底部纹理

图10-172 导入光盘文件

13 使用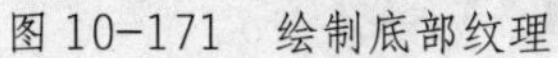“挑选”工具，选择包装袋轮廓图形以外的其他图形，按<Ctrl+G>键进行群组。

14 执行“效果”→“图框精确剪裁”→“放置在容器中”命令，当光标变成黑色向右的箭头时，单击包装袋轮廓，将图形放置在包装袋内，如图10-173所示。

15 保持图形的选择状态，使用“挑选”工具，按<Ctrl>键的同时单击包装袋，进入其编辑内容状态，调整包装袋内图形的位置。完毕后再次按<Ctrl>键的同时，单击页面空白处，退出编辑内容状态，如图10-174所示。

图10-173 图框精确剪裁

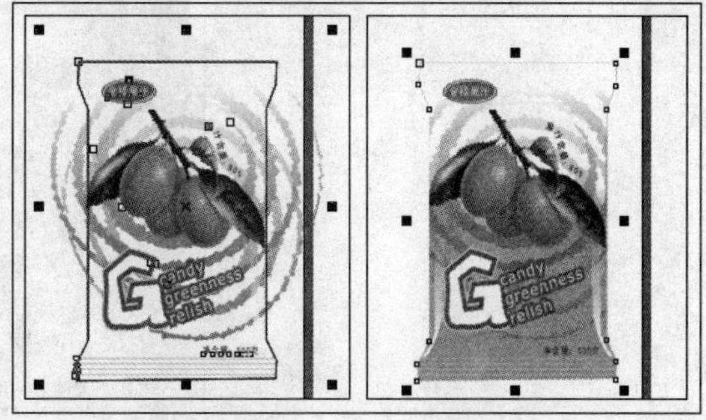

图10-174 调整图形

16 使用“交互式阴影”工具，为包装袋添加阴影效果，并设置其属性栏，如图10-175所示。

17 执行“文件”→“导入”命令，导入本书附带光盘\Chapter-10\“果汁广告背景.cdr”文件，按<Ctrl+U>键取消群组，分别调整图形的位置和顺序，完成本实例的制作，效果如图10-176所示。在制作的过程中遇到问题，可以打开本书附带光盘\Chapter-10\“果汁广告.cdr”文件进行查看。

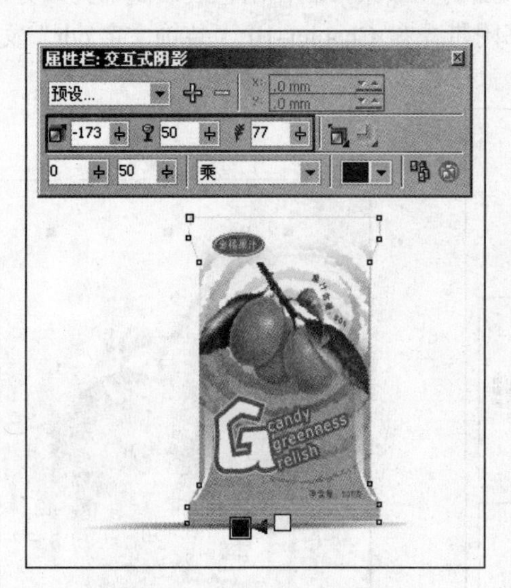

图 10-175 添加阴影效果

图 10-176 完成效果

实例 10 果汁广告（二）

本节实例与上一小节实例类似同样制作的是一幅果汁的宣传广告。整体画面清新淡雅，给人一种清凉的视觉感受。图 10-177 展示了本实例的完成效果。

图 10-177 完成效果

设计思路

考虑到该实例制作的是一幅果汁的宣传广告，在设计制作时，以水果的颜色作为主色调进行创作，使整个画面色调统一，更加吸引人们的注意力。

技术剖析

在该实例的制作过程中，主要使用了“交互式阴影”工具，通过对图形添加阴影效果并拆分，制作出瓶子的转折面。使用“交互式填充”工具，为图形填充渐变色制作出瓶盖图形。图 10-178 展示了本实例的制作流程。

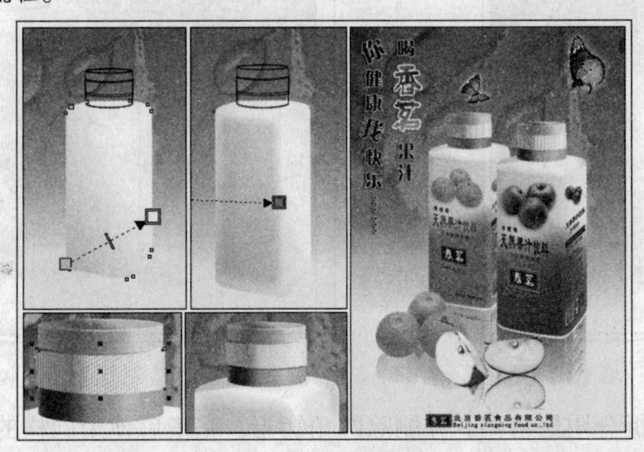

图 10-178 制作流程

制作步骤

01 启动 CorelDRAW X3，执行“文件”→“打开”命令，打开本书附带光盘\Chapter-10\“背景 2.cdr”文件，如图 10-179 所示。

02 使用“钢笔”工具，参照图 10-180 所示，绘制瓶子轮廓图形。读者也可以执行“文件”→“导入”命令，导入本书附带光盘\Chapter-10\“瓶子轮廓.cdr”文件，按<Ctrl+U>键取消群组进行使用。

图 10-179 打开光盘文件

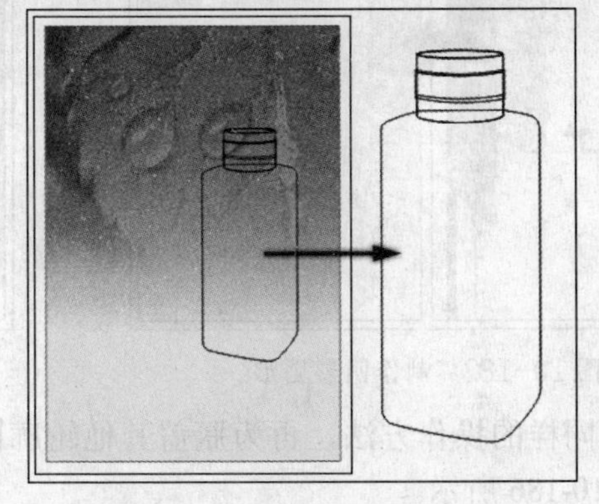

图 10-180 绘制瓶子轮廓

03 参照图 10-181 所示选择瓶身轮廓图形，使用“交互式填充”工具为其填充渐变颜色，设置轮廓色为无。

04 使用“矩形”工具，绘制圆角矩形并对圆角矩形进行调整，为其填充任意颜色。使用“交互式阴影”工具，为圆角矩形添加阴影效果，并设置属性栏参数，如图 10-182 所示。

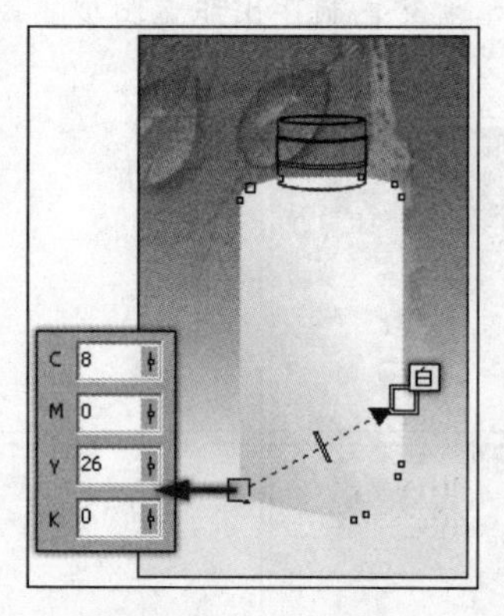

图 10-181　填充渐变

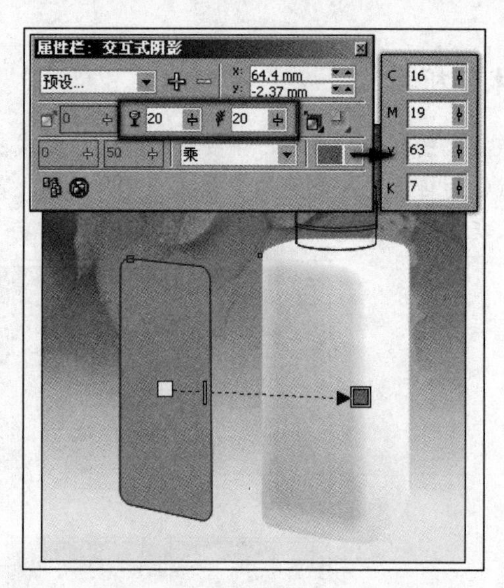

图 10-182　绘制矩形并添加阴影效果

05 按<Ctrl+K>键拆分阴影群组，并删除圆角矩形。完毕后使用同样的操作方法，制作出瓶身右侧的阴影图形，如图 10-183 所示，

06 参照图 10-184 所示，选择瓶盖轮廓图形，使用"交互式填充"工具为其填充线性渐变色，轮廓色设置为无。

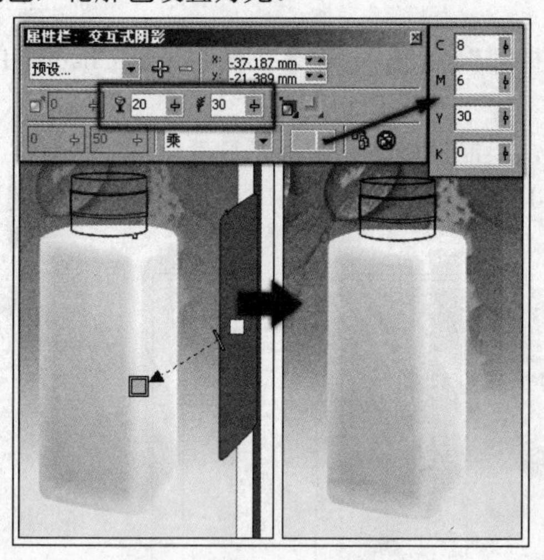

图 10-183　制作阴影图形

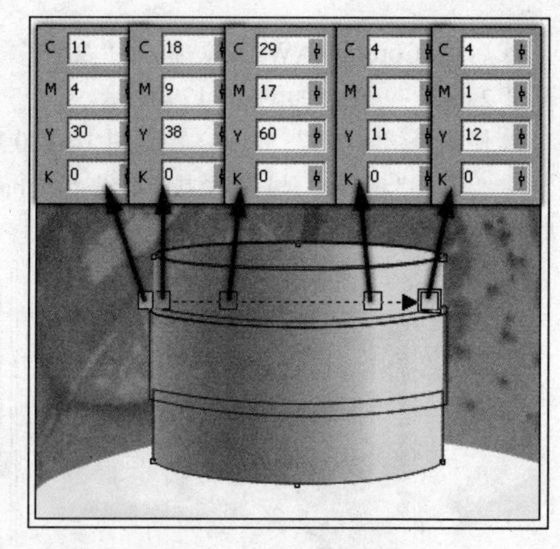

图 10-184　填充渐变

07 参照同样的操作方法，再为瓶盖其他轮廓图形填充渐变色，设置轮廓色为无，如图 10-185、图 10-186 所示。

08 使用"矩形"工具，绘制矩形并填充灰色，轮廓色设置为无。按<Ctrl+D>键将其再制并调整位置，如图 10-187 所示。

09 使用"交互式调和"工具和"交互式透明"工具，依次为矩形添加调和效果和透明效果，并参照图 10-188 所示设置属性栏参数。

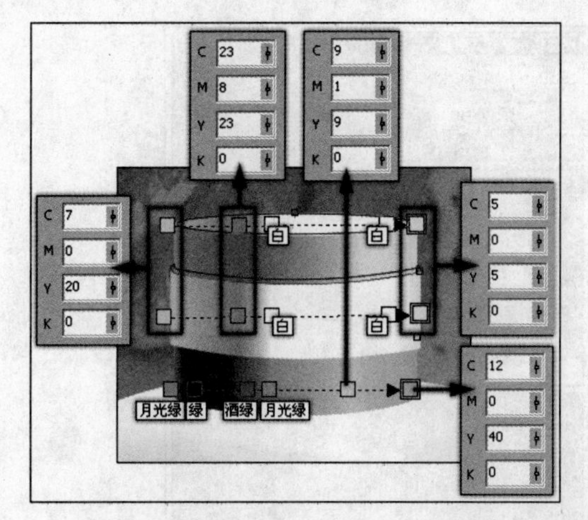

图 10-185 为图形填充渐变色

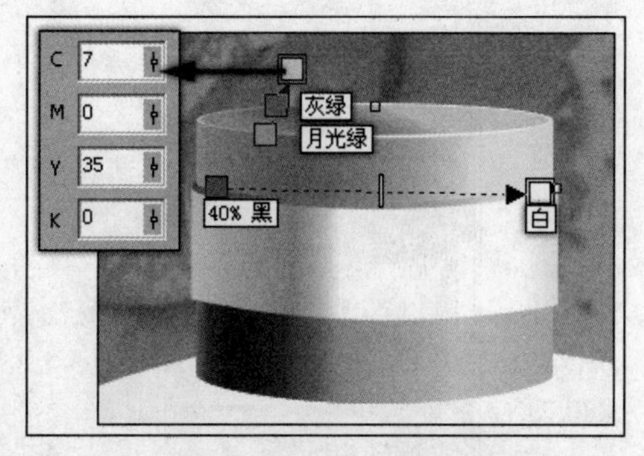

图 10-186 填充渐变

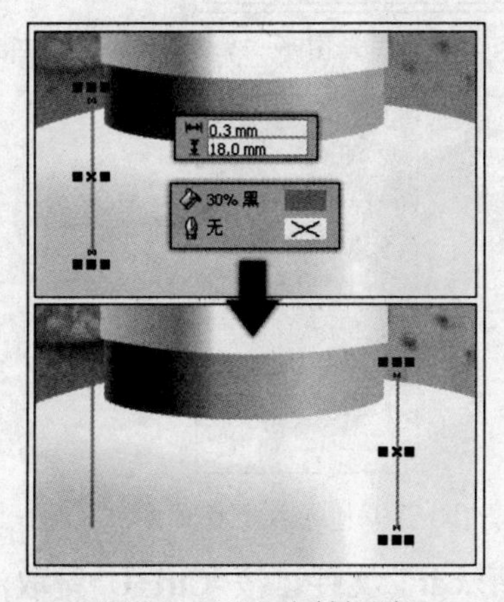

图 10-187 绘制矩形

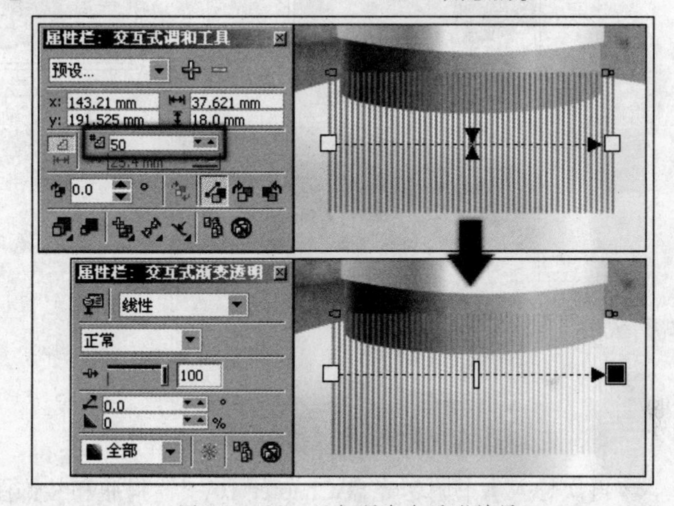

图 10-188 添加调和和透明效果

10 保持调和对象的选择状态，执行“效果”→“图框精确剪裁”→“放置在容器中”命令，当光标变成黑色箭头时，在图 10-189 所示图形上单击，将调和对象放置在瓶盖图形中。

11 使用“贝塞尔”工具，参照图 10-190 所示绘制图形并填充任意色。使用“交互式阴影”工具，为其添加阴影效果。完毕后按<Ctrl+K>键拆分阴影群组，将曲线图形删除，并调整阴影图形的位置和顺序。

12 参照同样的操作方法，再制作出瓶身其他暗部、阴影和反光图形，如图 10-191 所示。

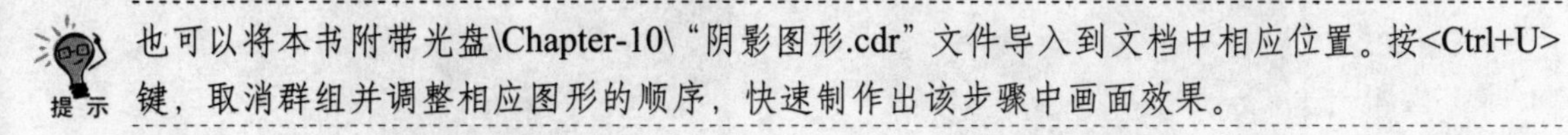

提示 也可以将本书附带光盘\Chapter-10\“阴影图形.cdr”文件导入到文档中相应位置。按<Ctrl+U>键，取消群组并调整相应图形的顺序，快速制作出该步骤中画面效果。

13 执行“文件”→“导入”命令，将本书附带光盘\Chapter-10\“包装.cdr”文件导入到文档中相应位置，如图 10-192 所示。使用“挑选”工具框选瓶子图形，按<Ctrl+G>键将其群组。

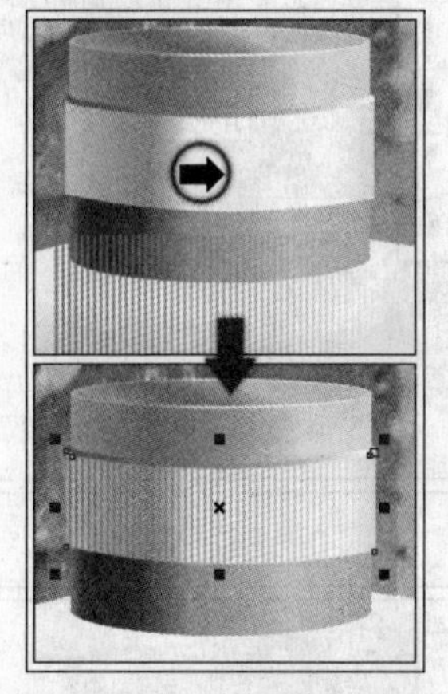

图 10-189　精确剪裁图形

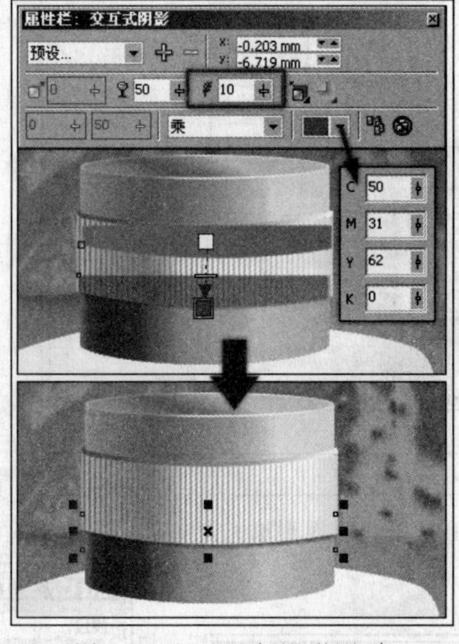

图 10-190　添加阴影图形

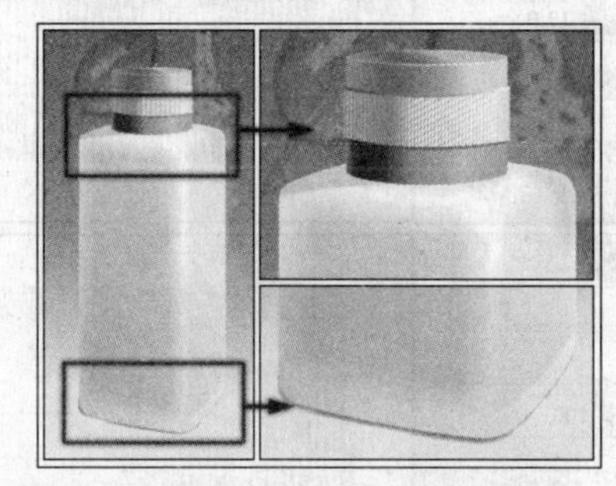

图 10-191　制作暗部、阴影和反光图形

图 10-192　导入光盘文件

14 再次导入本书附带光盘\Chapter-10\“饮料瓶和装饰图形.cdr”文件。按<Ctrl+U>键取消其群组，参照图 10-193 所示，分别调整对象的位置和顺序。

15 最后在页面添加相关文字信息，完成本实例的制作，效果如图 10-194 所示。在制作过程中遇到问题，可以打开本书附带光盘\Chapter-10\“果汁广告 2.cdr”文件进行查看。

图 10-193　添加装饰图形

图 10-194　完成效果

实例11　手提包广告

本节将制作一幅手提包的宣传广告。整个画面以红色为主色调，通过绘制精美的手提包图形，并展现在消费者的面前，从达到最终的宣传目的。图10-195展示了本实例的完成效果。

图10-195　手提包广告

设计思路

为了使新款上市的手提包得到更多人的认可与购买，在设计时通过概括的手法绘制出生动、形象的手提包图形。不仅加深了消费对该款手提包的印象，还起到了促销的作用。

技术剖析

在本实例的制作过程中，通过将导入的图像进行精确裁剪，制作出手提包的整体纹理效果。使用“交互式透明”工具，为图形添加透明效果制作出手提包亮部和暗部的图形，使手提包产生立体效果。图10-196展示了本实例的制作流程。

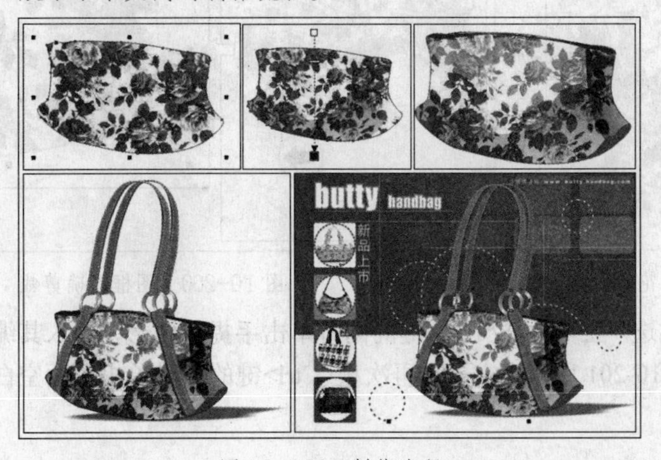

图10-196　制作流程

制作步骤

01 启动 CorelDRAW X3，执行“文件”→“打开”命令，打开本书附带光盘\Chapter-10\“手提包广告背景.cdr”文件，如图 10-197 所示。

02 使用“贝塞尔”工具，参照图 10-198 所示在页面空白处绘制手提包的轮廓图形。

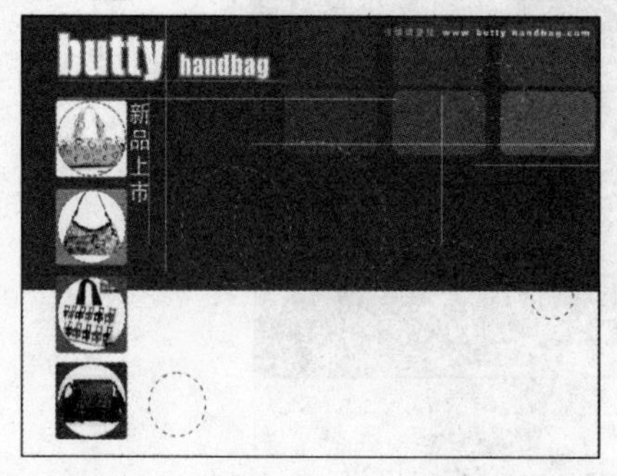

图 10-197 打开光盘文件

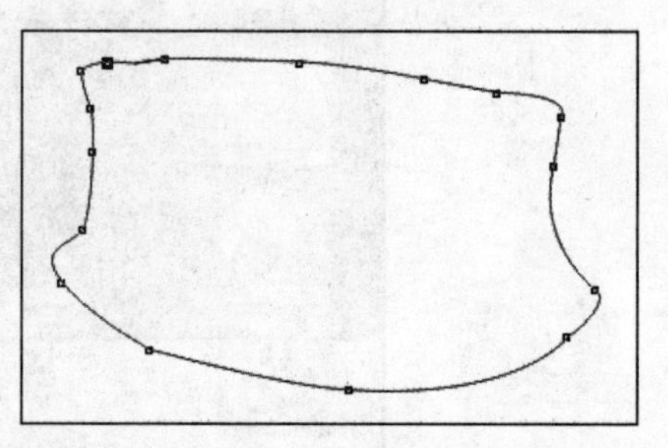

图 10-198 绘制轮廓图形

提示：可以打开本书附带光盘\Chapter-10\“手提包轮廓.cdr”文件，将手提包轮廓图形复制到“手提包广告背景.cdr”文档中，继续接下来的操作。在后面的制作过程中，也可以使用该文档中的图形内容。

03 执行“文件”→“导入”命令，将本书附带光盘\Chapter-10\“花布.tif”文件导入，如图 10-199 所示。

04 保持花布图像的选择状态，执行“效果”→“图框精确剪裁”→“放置在容器中”命令，当光标变成向右的黑色箭头时，单击手提包轮廓图形，将花布图像放置到该图形中，如图 10-200 所示。

图 10-199 导入花布图像

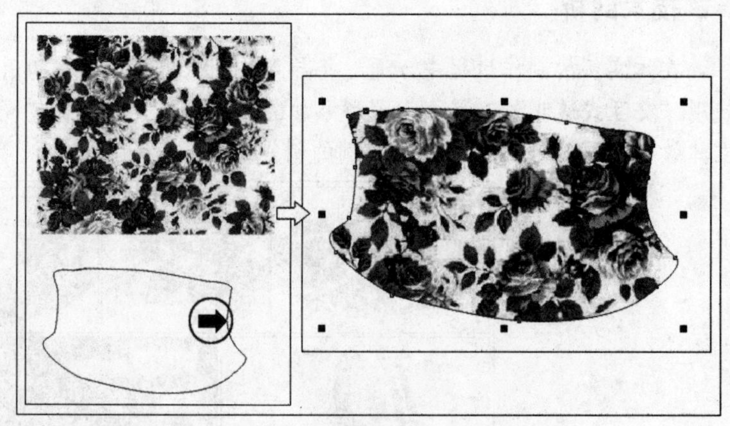

图 10-200 图框精确剪裁

05 使用“挑选”工具，按<Ctrl>键的同时单击手提包图形，进入其编辑内容状态，移动花布的位置，如图 10-201 所示。完毕后再次按<Ctrl>键的同时单击页面空白处，退出当前的编辑状态。

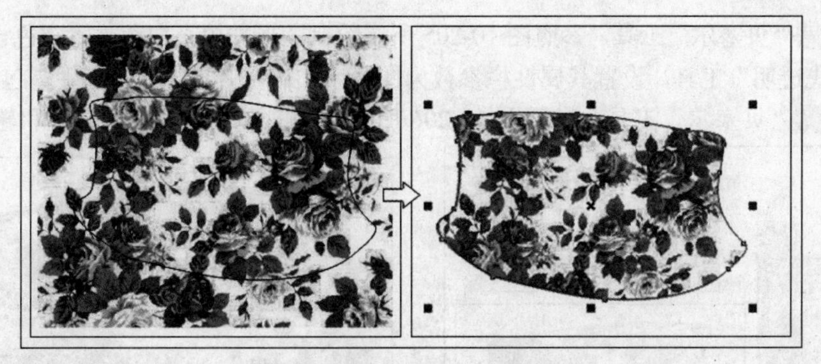

图 10-201　调整图像位置

06 使用“贝塞尔”工具，参照图 10-202 所示绘制出手提包暗部的轮廓图形，填充黑色，轮廓色设置为无。

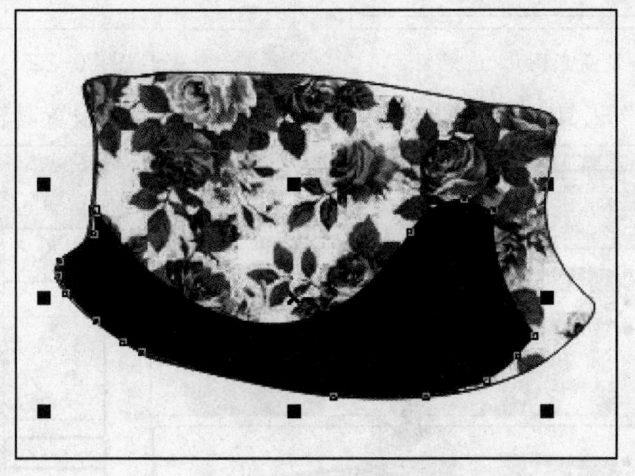

图 10-202　绘制图形

07 保持该图形的选择状态，使用“交互式透明”工具，为暗部图形添加透明效果，如图 10-203 所示。

08 参照之前的操作方法，使用“贝塞尔”工具，绘制手提包右侧的暗部图形，并使用“交互式透明”工具，为图形添加透明效果，如图 10-204 所示。

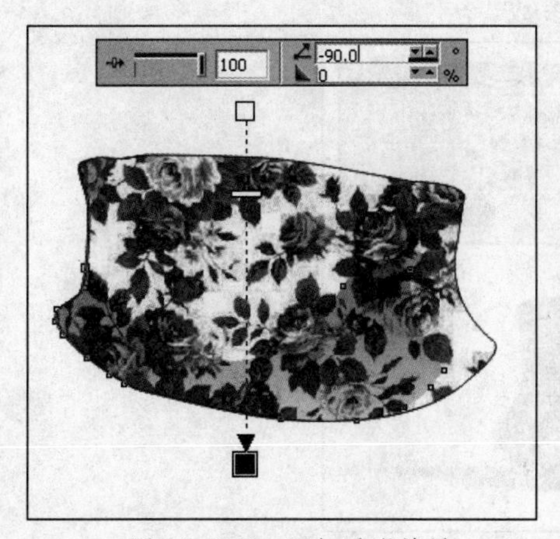

图 10-203　添加透明效果

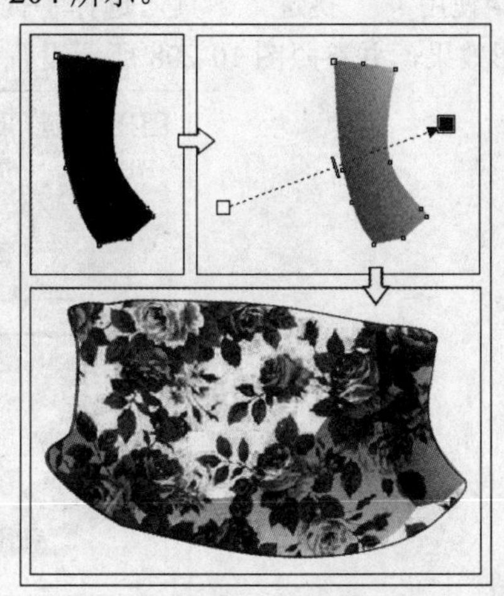

图 10-204　绘制图形

09 使用“贝塞尔”工具，参照图 10-205 所示绘制图形并填充白色，轮廓色设置为无。选择“交互式透明”工具，设置其属性栏参数为图形添加透明效果，制作出手提包的高光图形。

10 使用“贝塞尔”工具，参照图 10-206 所示绘制图形并设置其填充色和轮廓。

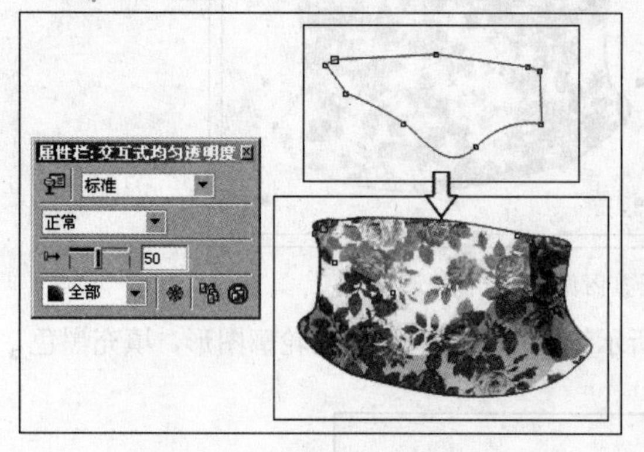

图 10-205 绘制高光图形

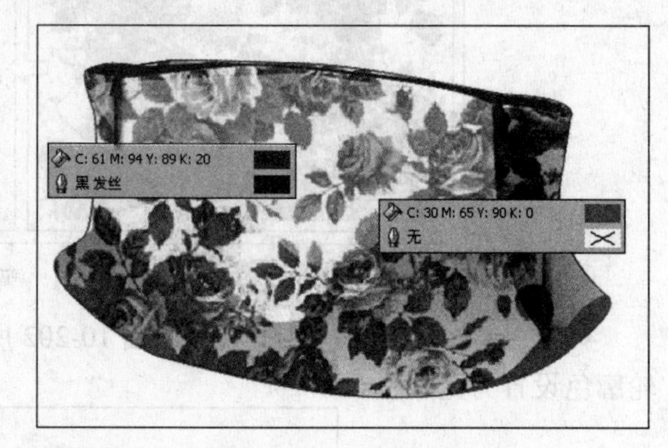

图 10-206 绘制底部图形

11 使用“钢笔”工具，参照图 10-207 所示绘制路径，并设置其轮廓属性。

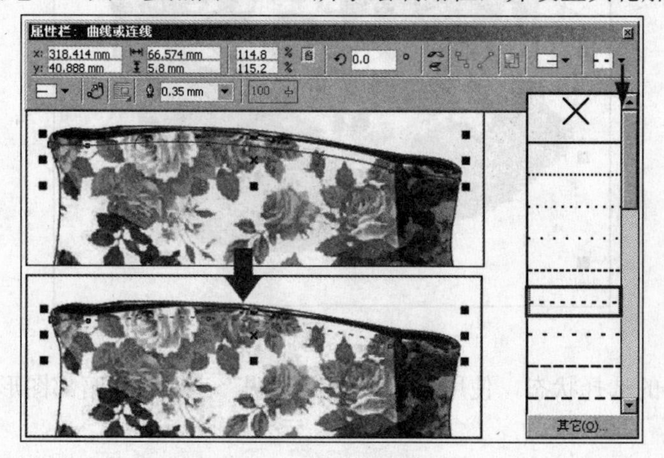

图 10-207 绘制路径

12 使用“挑选”工具，选择手提包的轮廓图形。使用“交互式阴影”工具，为其添加阴影效果，并参照图 10-208 所示设置其属性栏参数。

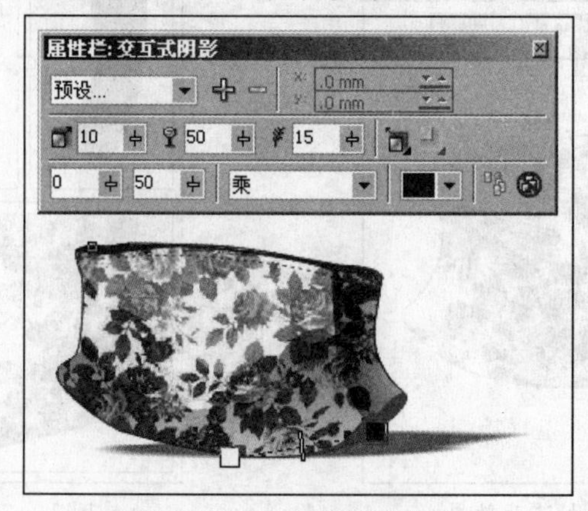

图 10-208 添加阴影效果

13 执行“文件”→“导入”命令，导入本书附带光盘\Chapter-10\“手提带.cdr”文件，按<Ctrl+U>键取消群组，并参照图 10-209 所示，调整图形的位置和顺序。

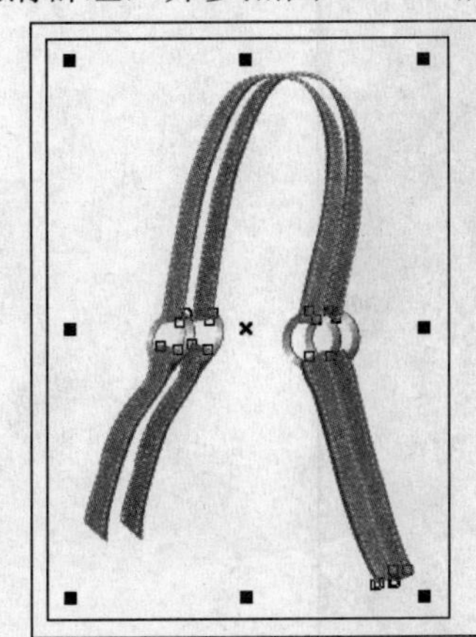

图 10-209　导入图形并调整位置及顺序

14 使用“挑选”工具，框选手提包图形，将其移动到页面中相应位置，完成本实例的制作，效果如图 10-210 所示。在制作的过程中遇到问题，可以打开本书附带光盘\Chapter-10\“手提包广告.cdr”文件进行查看。

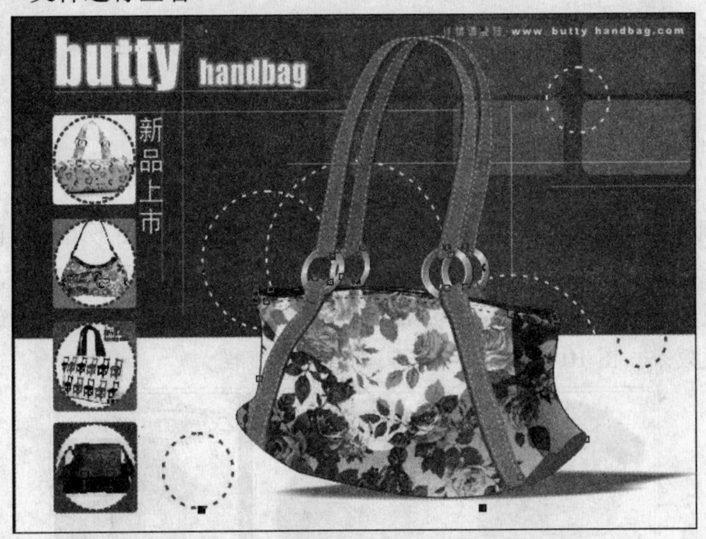

图 10-210　完成效果

实例 12　咖啡广告

本节将制作一幅咖啡的宣传广告。整个画面色调统一、用色温和、淡雅，并以一名西方女性为主题来宣传咖啡。图 10-211 展示了本实例的完成效果。

图 10-211 完成效果

设计思路

考虑到该实例制作的是一幅咖啡的宣传广告。在设计时整个画面也采用了较浅咖啡色，使整个画面给人以浓郁的异国风情。

技术剖析

在该实例的制作过程中，主要使用了“交互式填充”工具，为图形填充颜色制作出人物各个部位。使用“交互式调和”工具，为图形添加调和效果制作出发丝图形。此外，通过使用“交互式阴影”工具，对图形添加阴影效果并拆分调整，制作出人物面部和皮肤的暗部图形，使其产生光滑、细腻的过渡效果。图 10-212 展示了本实例的制作流程。

图 10-212 制作流程

制作步骤

01 运行 CorelDRAW X3，执行“文件”→“打开”命令，打开本书附带光盘\Chapter-10“人物轮廓图形.cdr”文件，如图 10-213 所示。

02 使用“挑选”工具，在页面中选择人物的衣服轮廓图形，单击工具箱中“填充”工具，在弹出的工具栏中单击“填充对话框”按钮，设置打开的“均匀填充”对话框，为所选图形填充颜色，并设置轮廓色为粉蓝色，如图 10-214 所示。

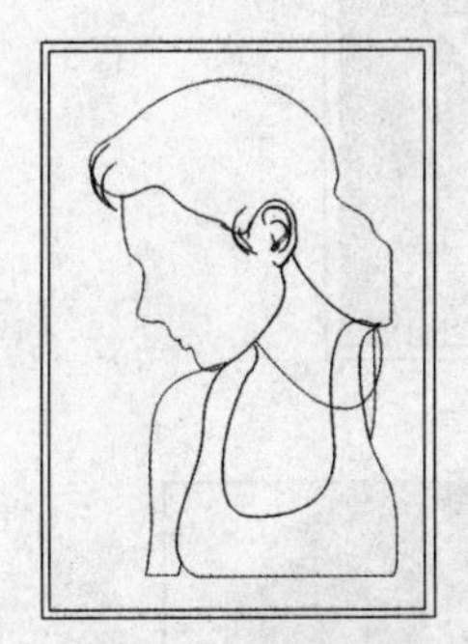

图 10-213 打开素材

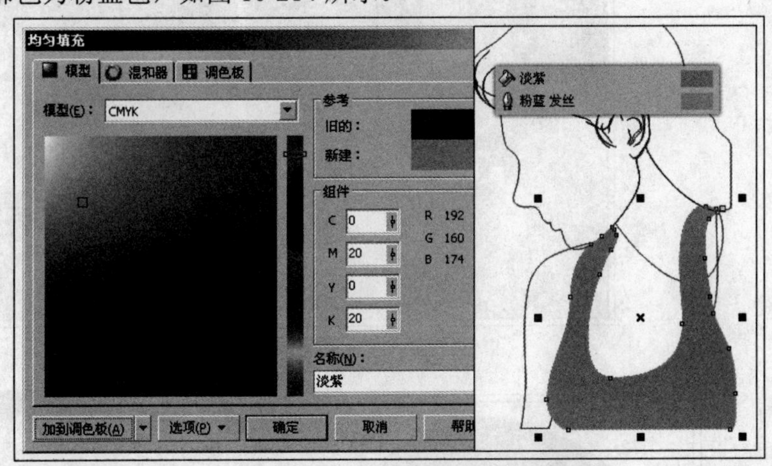

图 10-214 为衣服图形填充颜色

03 使用“交互式填充”工具，为人物左侧的胳膊轮廓图形填充渐变色，并设置轮廓色为无，如图 10-215 所示。

04 参照以上的操作方法，为人物的其他轮廓图形分别设置填充色和轮廓色，如图 10-216 所示。也可以打开本书附带光盘\Chapter-10\“人物.cdr”文件，继续接下来的操作。

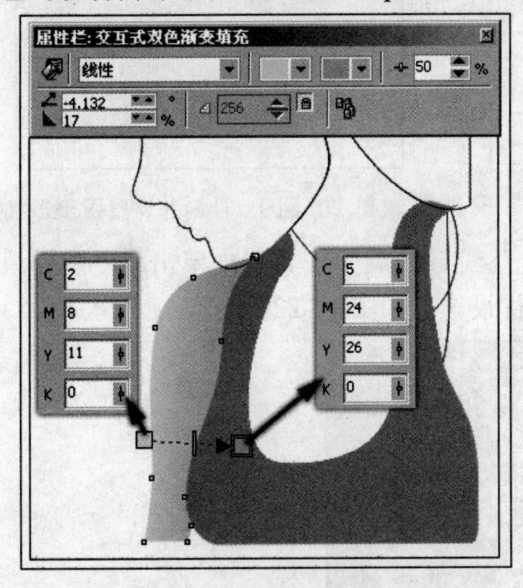

图 10-215 为图形填充渐变色

图 10-216 为其他轮廓图形填充渐变色

05 使用“交互式调和”工具，在页面中为图形添加调和效果，并在属性栏中进行设置。完毕后再次为图形添加调和效果并设置其属性栏，如图 10-217 所示。

06 使用相同的制作方法，绘制图形并分别为其添加调和效果，制作出发丝图形，如图 10-218 所示。也可以将本书附带光盘\Chapter-10\“发丝.cdr”文件导入到文档中相应位置直接使用。

07 使用“挑选”工具，选择衣服图形，按小键盘上的<+>号键，将其原位置再制。使用“形状”工具，调整再制图形的形状，如图 10-219 所示。

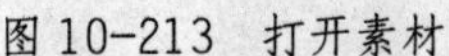

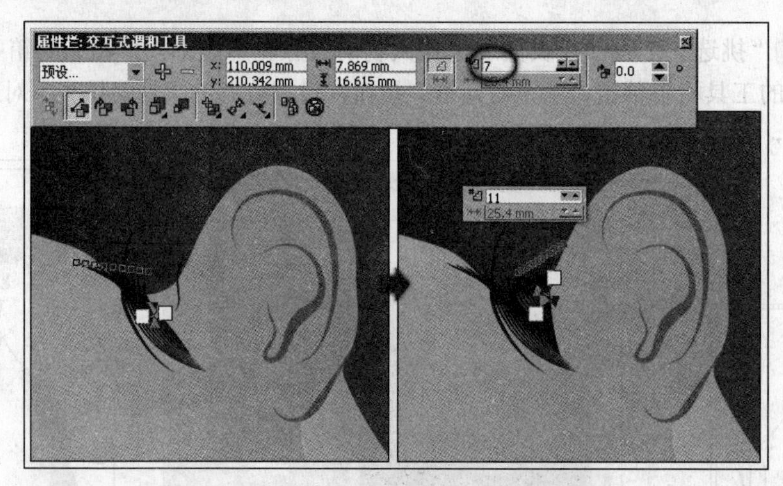

图 10-217 依次为图形添加调和效果

图 10-218 制作发丝图形

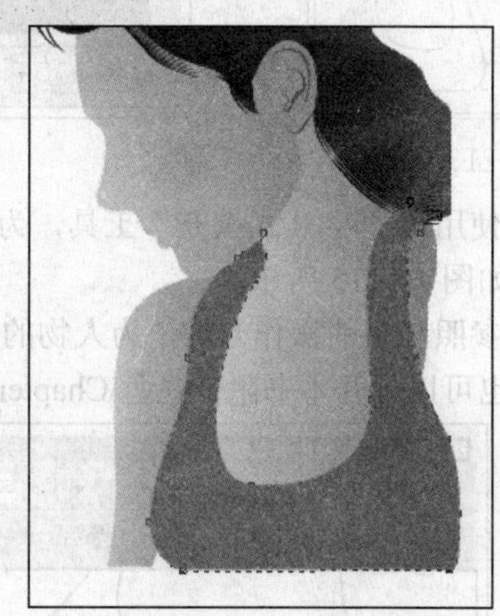

图 10-219 再制并调整图形形状

08 保持该图形的选择状态，单击“填充”工具在展开工具栏中单击“图样填充对话框”按钮，在打开的“图样填充”对话框中进行设置，如图 10-220 所示。

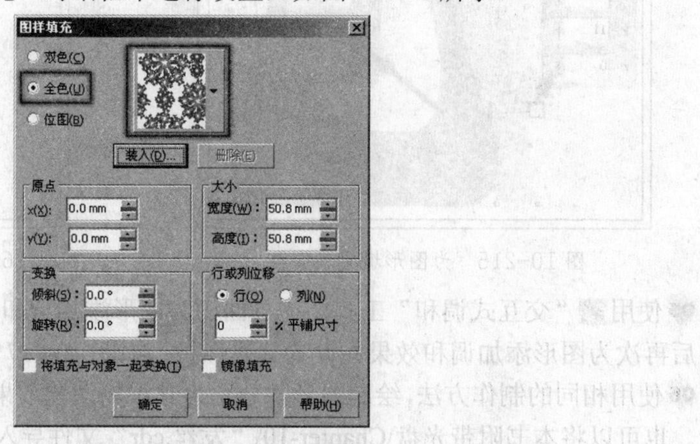

图 10-220 “图样填充”对话框

09 设置完毕后单击“确定”按钮关闭对话框，为图形填充图样效果，完毕后再将该图形的轮廓色设置为无。使用“交互式填充”工具，调整填充图样的大小，如图 10-221 所示。

10 选择“交互式透明”工具，参照图 10-222 所示设置其属性栏，为填充图样的图形添加透明效果。

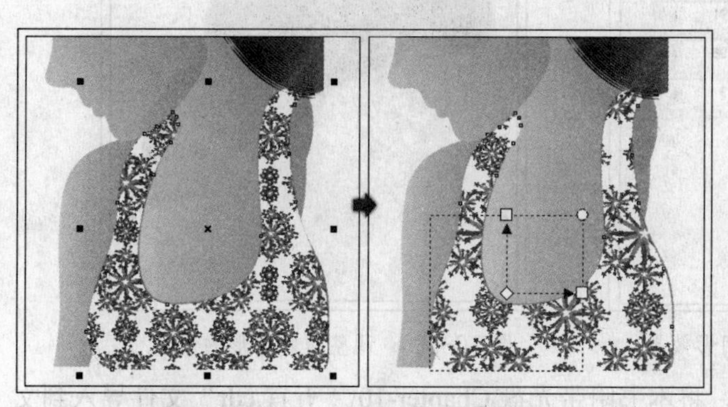

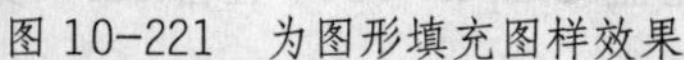

图 10-221　为图形填充图样效果

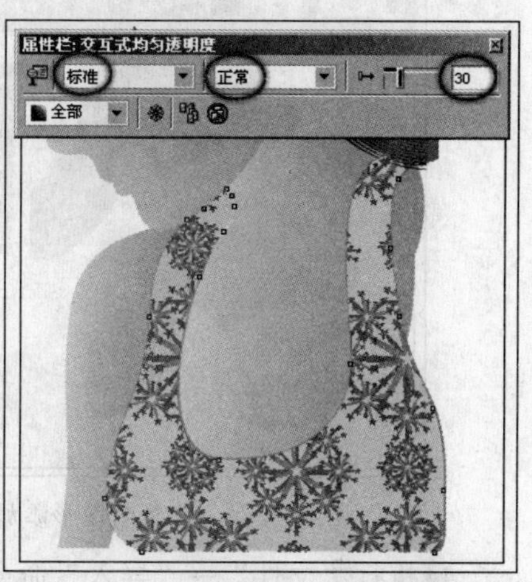

图 10-222　为图形添加透明效果

11 使用“挑选”工具，在页面中选择图形，按小键盘上的<+>键将其原位置再制，并为复制图形填充渐变色，使用“交互式透明”工具为其添加透明效果，如图 10-223 所示。

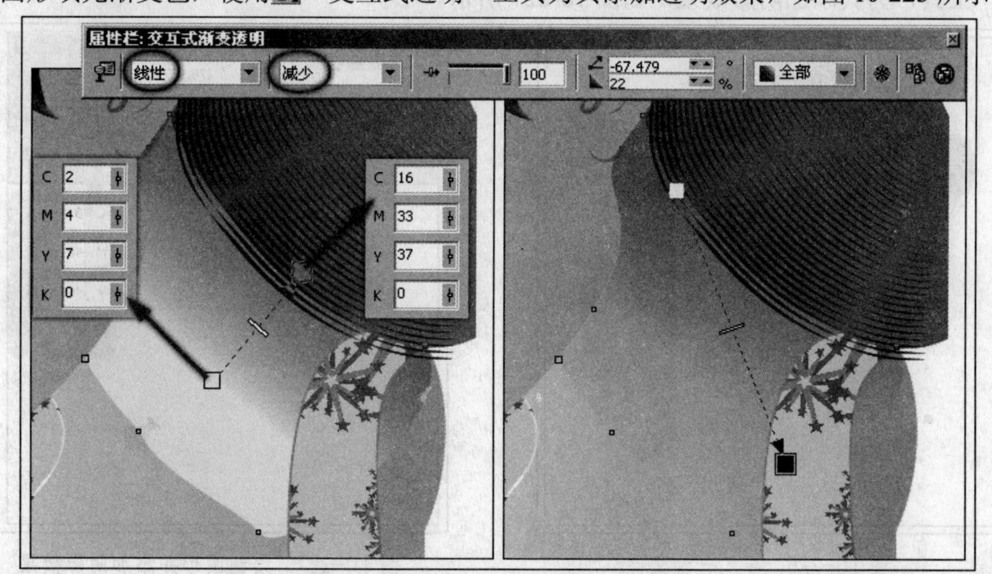

图 10-223　为图形填充渐变色并添加透明效果

12 使用“挑选”工具，按<Alt>键的同时在人物的头部单击，选择人物的头发图形并将其复制到页面空白处。使用“交互式阴影”工具为其添加阴影效果，如图 10-224 所示。

13 在阴影图形上右击，在弹出的菜单中选择“拆分阴影群组”命令，将阴影群组拆分并调整阴影图形的位置和顺序，完毕后将原图形删除，如图 10-225 所示。

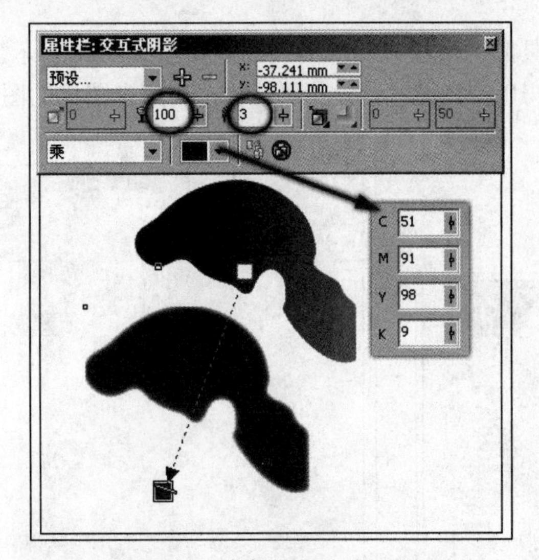

图 10-224 为复制图形添加阴影效果

图 10-225 调整阴影图形的位置

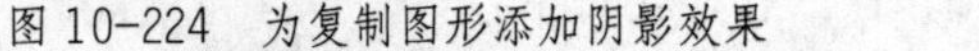

14 执行“文件”→“导入”命令，将本书附带光盘\Chapter-10\“五官.cdr”文件导入到文档的相应位置，如图 10-226 所示。

15 使用“椭圆形”工具，在页面空白处绘制椭圆形并填充任意颜色。使用“交互式阴影”工具，为其添加阴影效果，如图 10-227 所示。

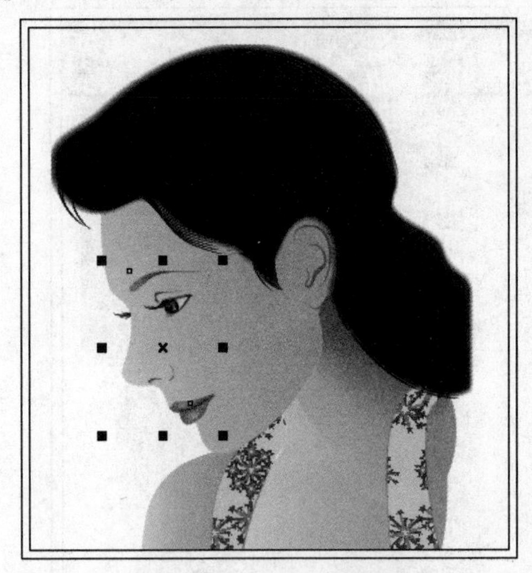

图 10-226 导入光盘文件

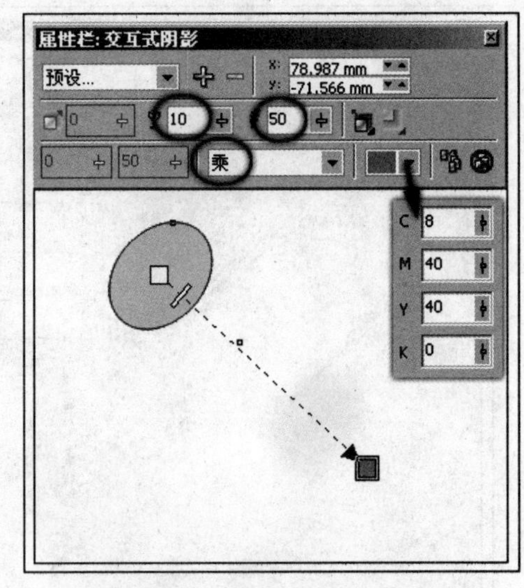

图 10-227 绘制图形并添加阴影效果

16 按<Ctrl+K>键，将阴影群组拆分。选择阴影图形，执行“位图”→“转换为位图”命令，在打开的“转换为位图”对话框中进行设置，将阴影图形转换为位图，如图 10-228 所示。

17 使用“挑选”工具，调整阴影图像的大小和位置，并调整其顺序到衣服图形的下方。使用“形状”工具将部分图形隐藏，制作出人物皮肤的暗部图形，如图 10-229 所示。

18 参照同样的操作方法，制作出人物皮肤其他位置的暗部图形，如图 10-230 所示。

19 使用“挑选”工具，将绘制的人物图形选中并按<Ctrl+G>键将其群组。双击工具箱中的“矩形”工具，创建一个与页面等大的矩形，如图 10-231 所示。

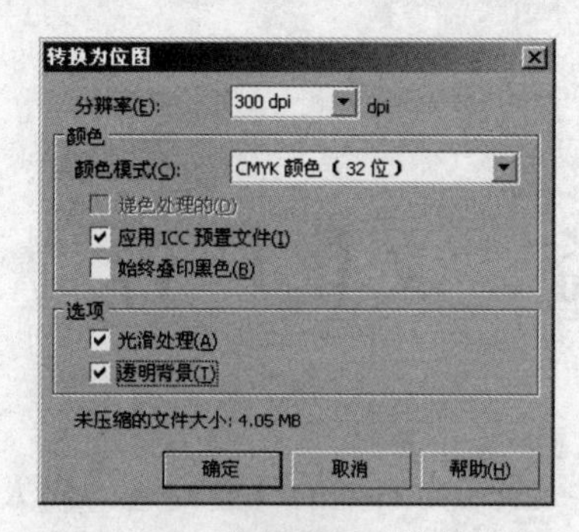

图 10-228　将阴影图形转换为位图

图 10-229　调整阴影图形

图 10-230　制作其他暗部图形

图 10-231　绘制矩形

20 执行“效果”→“图框精确剪裁”→“放置容器中”命令，将群组对象放置在绘制的矩形当中，如图 10-232 所示。

提示：在该步骤操作完毕后，可以通过执行“效果”→“图框精确剪裁”→“编辑内容”命令，在页面中对人物图形的位置进行调整。执行“结束编辑”命令，即可退出当前编辑状态。

21 最后将本书附带光盘\Chapter-10\“背景 3.cdr”文件导入到文档中，调整图形的位置和顺序，完成本实例的制作，效果如图 10-233 所示。在制作过程遇到问题，可以打开本书附带光盘\Chapter-10\“咖啡广告.cdr”文件进行查看。

图 10-232　图框精确剪裁

图 10-233　完成效果

第 11 章　公益、文化广告

公益性广告都是非营利性质的，它主要针对一些较为典型的社会问题，向人们提出警示、发出号召等，从而促进社会的发展和人类的进步。而文化广告则是，将举办的商业或公益性活动的内容、时间、地点等信息传达给大众，以扩大活动的影响力，吸引更多的参与者。希望通过本章的实例练习，使读者掌握公益、文化广告的制作方法与技巧。图 11-1 展示了本章实例的完成效果。

图 11-1　完成效果

本章实例

实例 1　公益广告

实例 2　玉器工艺文化广告

实例 3　旅游文化节宣传广告

实例1　公益广告

本节实例制作的是京剧宣传广告，整个画面以红色为主色调，营造出一种喜庆、热烈、活力的气氛。图11-2展示了本实例的完成效果。

图11-2　完成效果

设计思路

京剧是我们国家的国粹。在设计时应以展现浓郁的中国民族文化为主题进行设计与创作。广告在设计上采用传统与古典的花纹，制作出怀旧效果的背景。通过京剧脸谱突出广告宣传的主题内容。

技术剖析

该实例的制作分为两部分制作完成。第一部分绘制背景；第二部分绘制主体并添加装饰。在第一部分中主要使用了“交互式填充”工具和“交互式透明”工具，制作出丰富的背景效果。在第二部分中，使用“交互式阴影”工具，为装饰图形添加阴影效果制作出外发光的效果。图11-3展示了本实例的制作流程。

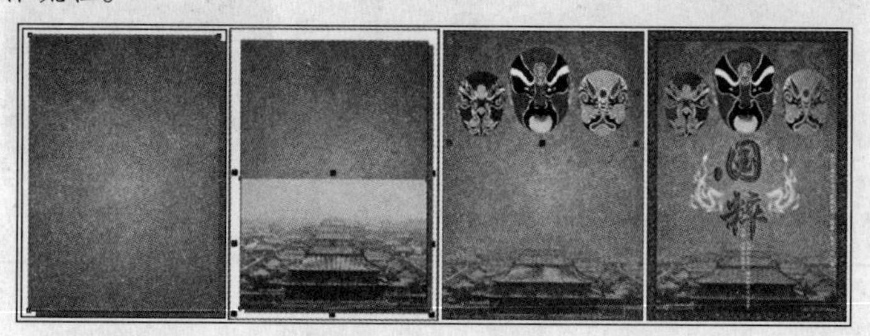

图11-3　制作流程

制作步骤

1.绘制背景

01 运行 CorelDRAW X3，执行“文件”→“新建”命令，新建一个空白文档，并保持属性栏的默认设置。

02 双击工具箱中的“矩形”工具按钮，创建一个与页面等大的矩形。使用“交互式填充”工具，为矩形填充射线渐变颜色，如图 11-4 所示。

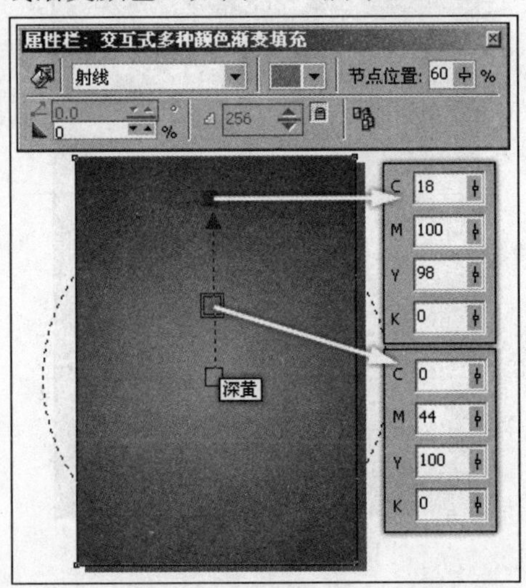

图 11-4 创建矩形并填充渐变

03 选择“挑选”工具，按小键盘上<+>键将矩形原位置再制，单击填充展开工具栏中的“底纹填充对话框”按钮，打开“底纹填充”对话框，参照图 11-5 所示设置对话框，完毕后单击“确定”按钮，为矩形填充底纹效果。

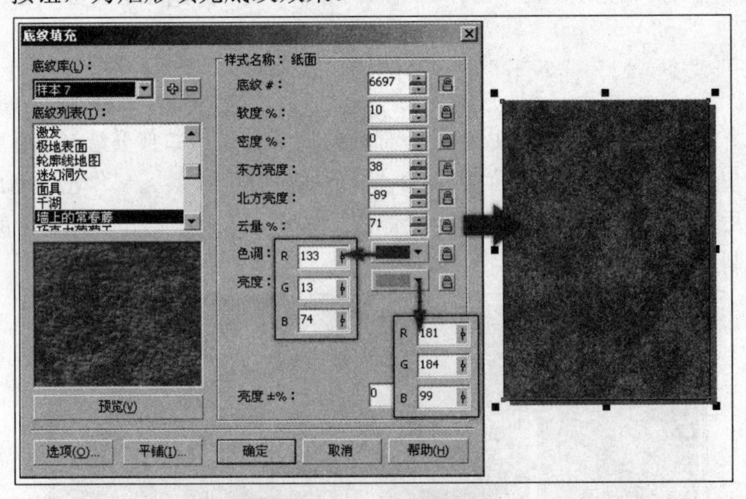

图 11-5 填充底纹

04 保持再制矩形的选择状态，选择“交互式透明”工具，参照图 11-6 所示设置属性栏参数，为填充底纹的矩形添加透明效果。

05执行“文件”→“导入”命令，将本书附带光盘\Chapter-11\“古建筑.jpg”文件导入文档，调整其位置和大小，如图11-7所示。

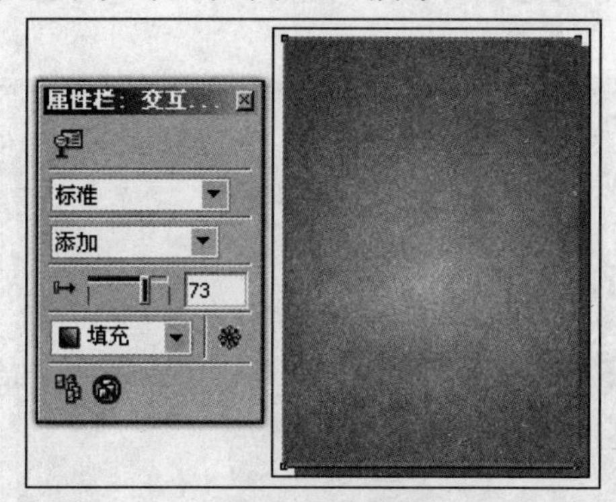

图11-6　添加透明效果

图11-7　导入图像

06执行“效果”→“调整”→“颜色平衡”命令，打开“颜色平衡”对话框，参照图11-8所示设置该对话框，完毕后单击“确定”按钮，调整图像的颜色。

图11-8　调整图像

07使用“交互式透明”工具，为图像添加透明效果，如图11-9所示。

08执行“文件”→“导入”命令，导入本书附带光盘\Chapter-11\“装饰图案.jpg”文件，调整其大小和位置，如图11-10所示。

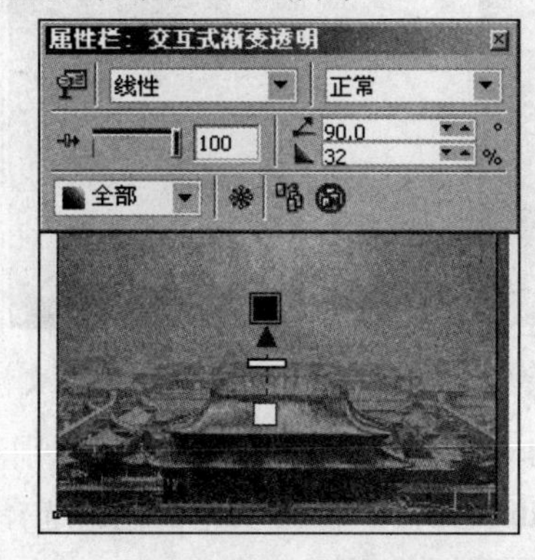

图11-9　添加透明效果

图11-10　导入图像

09 单击属性栏中的“描摹位图(T)”按钮，在弹出的面板中选择“剪贴画”命令，打开“PowerTRACE”对话框，参照图 11-11 所示设置该对话框，完毕后单击“确定”按钮，关闭对话框。

图 11-11　设置“PowerTRACE”对话框

10 选择描摹后的装饰图形，依次单击属性栏中的“取消群组”和“结合”按钮将图形结合。完毕后使用“交互式透明”工具，为图形添加透明效果，如图 11-12 所示。

2.绘制主体并添加装饰

01 执行“文件”→“导入”命令，导入本书附带光盘\Chapter-11\“脸谱.cdr”文件，调整其位置并按<Ctrl+U>键取消其群组，如图 11-13 所示。

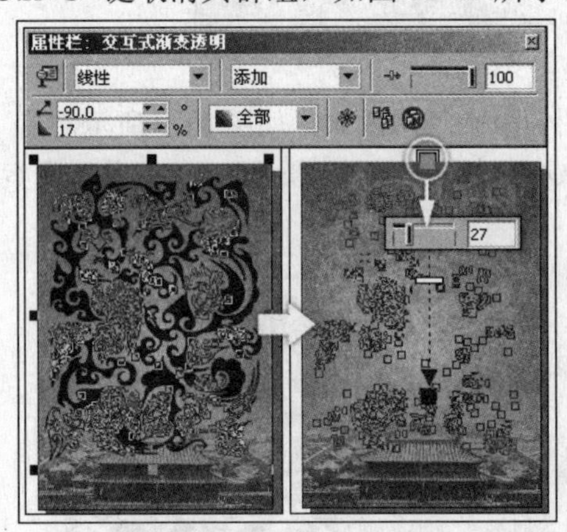

图 11-12　结合图形并添加透明效果

图 11-13　导入光盘文件

02 使用“交互式透明”工具，参照图 11-14 所示，为两侧的脸谱图像分别添加透明效果。

03 再次导入本书附带光盘\Chapter-11\“龙.cdr”文件，将其填充白色。选择“交互式透明”工具，参照图 11-15 所示，设置其属性栏为图形添加透明效果。

04 使用“交互式阴影”工具，为龙图形添阴影效果，并参照图 11-16 所示设置其属性栏参数。

图 11-14 添加透明效果

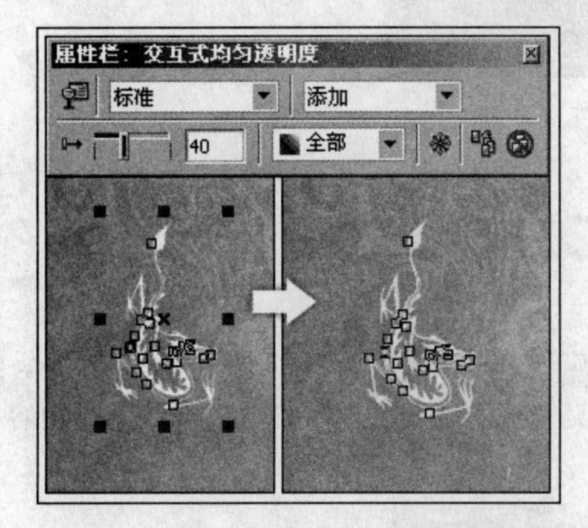

图 11-15 导入龙图形并添加透明

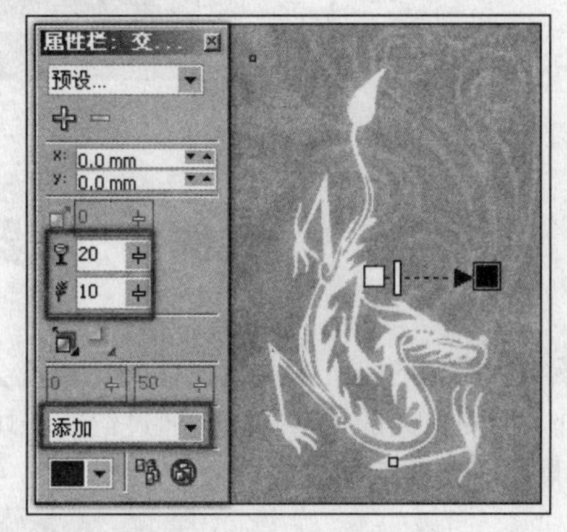

图 11-16 添加阴影效果

05 使用“挑选”工具选择龙图形，按小键盘上<+>键将其再制，单击属性栏中的“镜像”按钮将再制图形水平镜像，分别调整龙图形的位置，如图 11-17 所示。

06 执行“文件”→“导入”命令，将本书附带光盘\Chapter-11\“边框和文字.cdr”文件导入文档，并调整其在页面中的位置，如图 11-18 所示。

图 11-17 再制图形并镜像

图 11-18 导入装饰图形

07 最后在页面中添加其他相关文字信息，完成本实例的制作，效果如图 11-19 所示。在制作过程中遇到问题，可以打开本书附带光盘\Chapter-11\“公益广告.cdr”文件进行查看。

图 11-19　完成效果

实例 2　玉器工艺文化广告

该实例制作的是一幅玉器工艺文化交流会的广告。整个画面背景以地黄色为主色调，给人以古朴、历史悠久的视觉感受。通过绘制一块精美的玉器点明主题，传达广告的信息内容。图 11-20 展示了本实例的完成效果。

图 11-20　完成效果

设计思路

在设计制作该广告时，整体画面应体现出浓厚的中国文化。在绘制玉器时应注意玉器的高光以及质感的表达，通过抓住这几点进行设计与制作。

技术剖析

该实例分为两部分制作完成。第一部分绘制玉器的整体效果；第二部分为玉器添加细节图形。在第一部分中，通过使用“交互式轮廓图”工具，制作出玉器的立体效果，使用“交互式透明”工具，为填充纹理的图形添加透明效果，制作出玉器的纹理。在第二部分中，通过使用“交互式阴影”工具，为图形添加阴影效果并拆分，制作出玉器的高光及阴影。图 11-21 展示了本实例的制作流程。

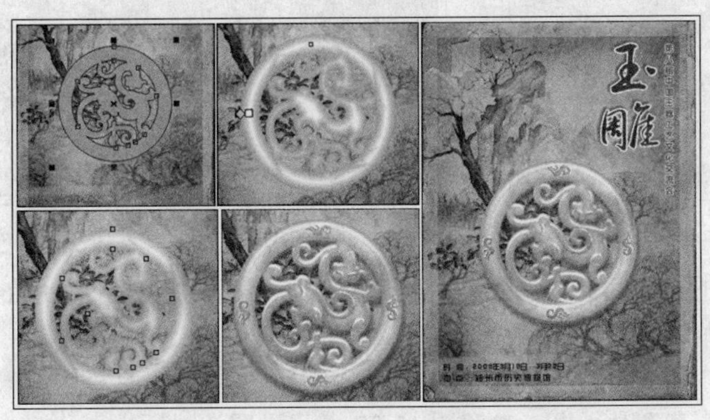

图 11-21　制作流程

制作步骤

1.绘制玉器整体效果

01 启动 CorelDRAW X3，执行“文件”→“打开”命令，打开本书附带光盘\Chapter-11\“背景.cdr”文件，如图 11-22 所示。

02 执行“文件”→“导入”命令，将本书附带光盘\Chapter-11\“玉器轮廓.cdr”文件导入文档，参照图 11-23 所示调整该图形的位置。完毕后设置玉器轮廓图形的轮廓色为无，按<Ctrl+C>键将其复制到 Windows 剪贴板中，以备接下来的操作使用。

图 11-22　打开背景文件

图 11-23　导入玉器轮廓

03 使用“交互式轮廓图”工具，为其添加轮廓图效果，参照图 11-24 所示设置属性栏参数，调整轮廓图效果。

04 按<Ctrl+V>键，将之前复制的图形粘贴，使用“交互式填充”工具为其填充线性渐变颜色，如图 11-25 所示。

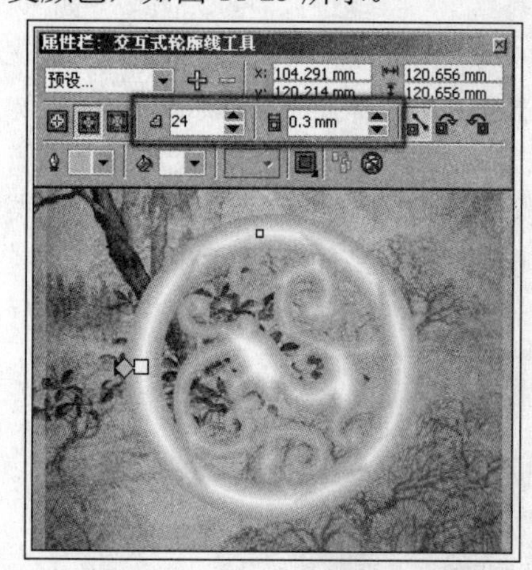

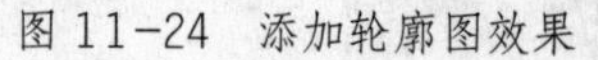
图 11-24 添加轮廓图效果

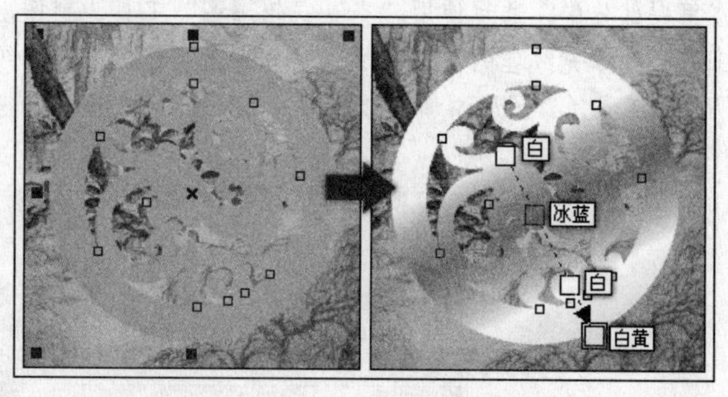

图 11-25 粘贴图形并填充渐变

05 保持该图形的选择状态，选择“交互式透明”工具，参照图 11-26 所示设置属性栏参数，为渐变图形添加透明效果。

06 再按<Ctrl+V>键将复制的图形再次粘贴，单击填充展开工具栏中的“底纹填充对话框”按钮，打开“底纹填充”对话框，参照图 11-27 所示设置该对话框。

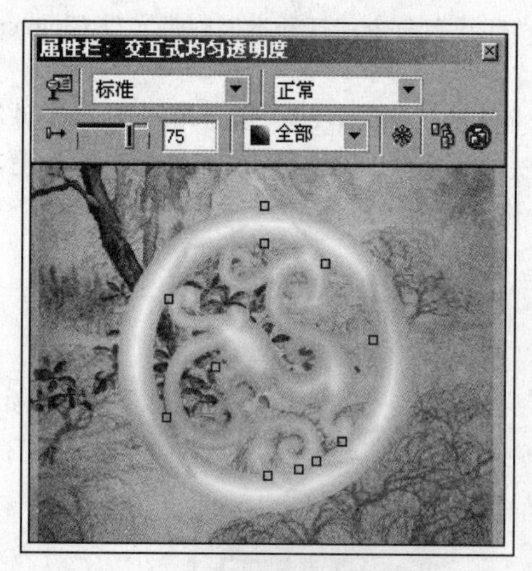

图 11-26 添加透明效果

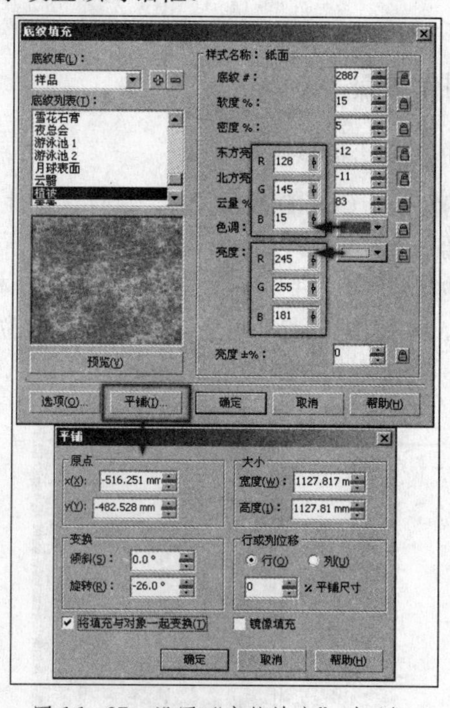

图 11-27 设置“底纹填充”对话框

07 单击“确定”按钮关闭该对话框，为图形填充纹理。接着选择“交互式透明”工具，参照图 11-28 所示设置其属性栏参数，为图形添加透明效果。

提示

为了方便观察，这里将图形的背景色设置成了白色。

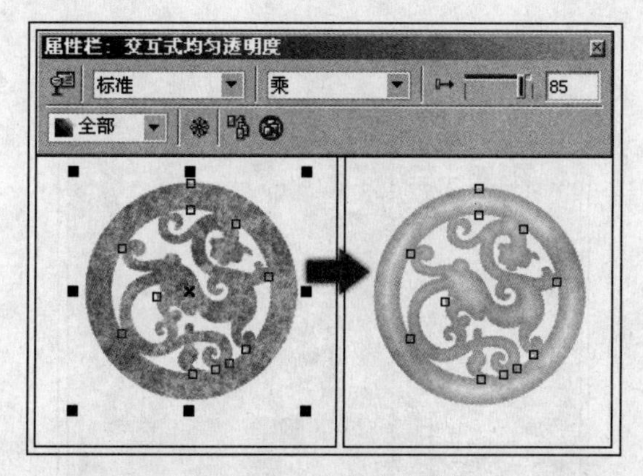

图 11-28　填充底纹效果

2.添加细节图形

01 再次按<Ctrl+V>键两次，将图形粘贴两个并错位摆放。使用“挑选”工具，配合<Shift>键将两个图形同时选中，单击属性栏中的“后减前”按钮，对图形进行修剪，如图 11-29 所示。

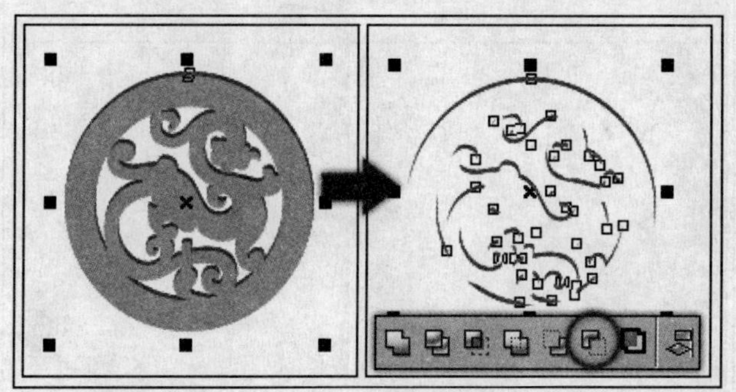

图 11-29　修剪图形

为了方便观察，在这里添加了一个白色背景，并将图形分别填充了蓝色和灰色。

02 使用“形状”工具，参照图 11-30 所示，调整图形的形状。

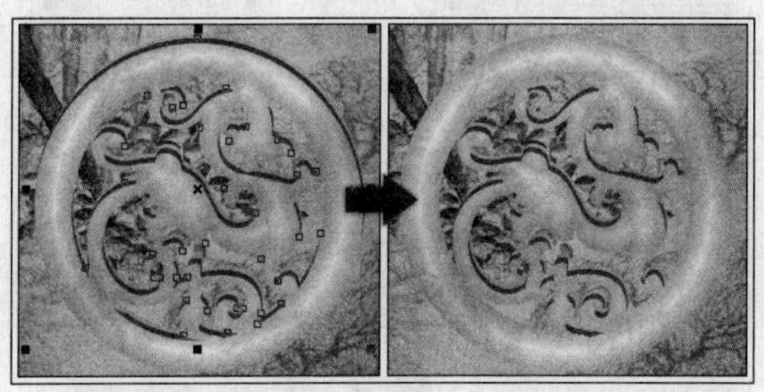

图 11-30　调整图形形状

03 参照图 11-31 所示调整图形的位置，使用“交互式阴影”工具为其添加阴影效果，并设置属性栏参数。完毕后按<Ctrl+K>键拆分阴影群组，将原图形删除。

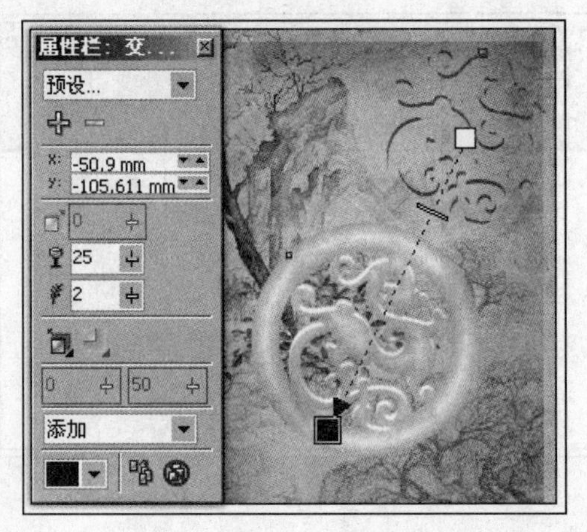

图 11-31　添加阴影效果

04 参照之前的操作方法，在玉器的上方再添加高光图形，如图 11-32 所示。

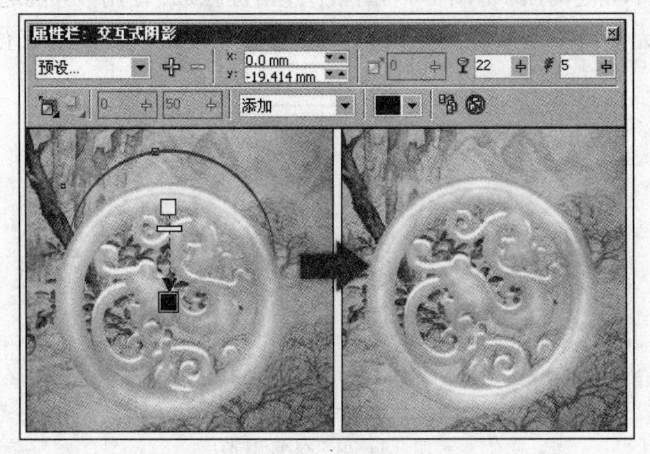

图 11-32　添加高光图形

05 按<Ctrl+V>键将复制的图形再次粘贴，使用“交互式阴影”工具为其添加阴影效果，参照图 11-33 所示设置属性栏参数，完毕后按<Ctrl+K>键拆分阴影群组。

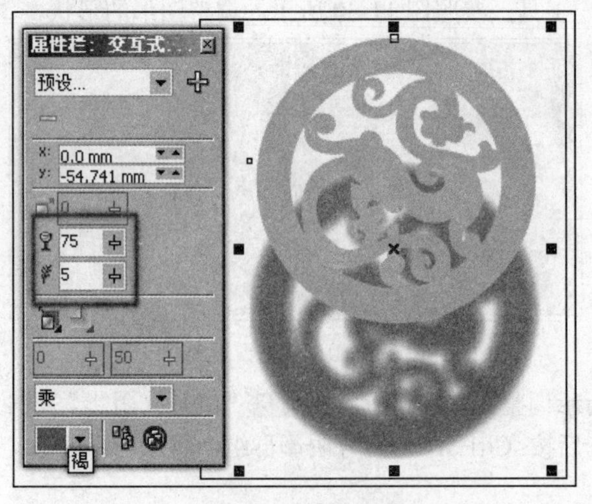

图 11-33　添加阴影效果

06 使用“挑选”工具，调整阴影图形的位置并通过按<Ctrl+PageDown>键，调整其顺序到玉器图形的下方，如图 11-34 所示。

07 使用同样的操作方法，再制作出玉器的反光图形，如图 11-35 所示。

图 11-34　调整图形的位置和顺序

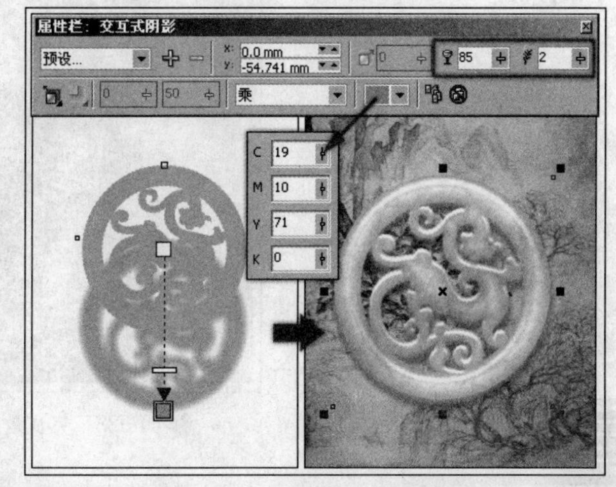

图 11-35　制作反光图形

08 导入本书附带光盘\Chapter-11\“装饰纹理.cdr”文件，调整其位置，如图 11-36 所示。

09 最后在页面中添加相关的文字信息，完成本实例的制作，效果如图 11-37 所示。在制作过程中遇到问题，可以打开本书附带光盘\Chapter-11\“玉器工艺文化广告.cdr”文件进行查看。

图 11-36　导入装饰纹理

图 11-37　完成效果

实例 3　旅游文化节宣传广告

本节实例将制作一幅旅游文化节的宣传广告。整个画面紧扣主题，将宣传内容清晰、明了地传达给公众。图 11-38 展示了本实例的完成效果。

图 11-38　完成效果

设计思路

由于这是为旅游文化节制作的宣传广告，在设计制作时应围绕景点的特色展开设计。在该实例中，根据景点独特的文化特色，在制作时采用了甲古文作为背景，方鼎为主题物，将该景点的特色生动、直观地传达给公众。

技术剖析

该实例分为两部分制作完成。第一部分绘制背景；第二部分绘制主题物。在第一部分中通过设置“底纹填充”对话框，制作出带有纹理的背景图形。使用“交互式透明”工具，为导入的图像添加透明效果丰富背景画面。在第二部分中主要通过各种调整命令并配合使用“交互式透明”工具，处理主体物图像制作出虚实模糊的画面效果。图 11-39 展示了本实例的制作流程。

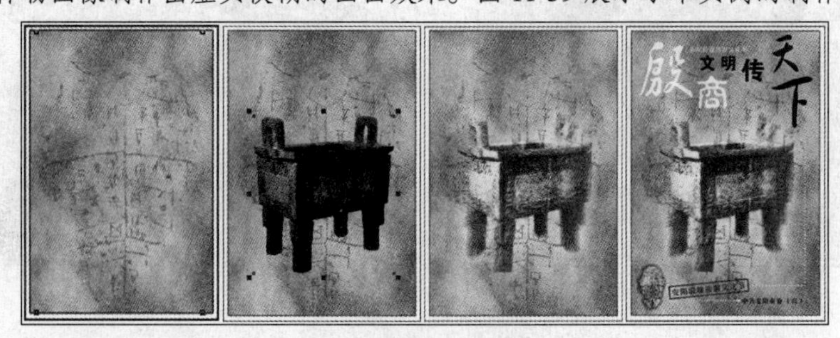

图 11-39　制作流程

制作步骤

1.绘制背景

01 启动 CorelDRAW X3，执行“文件”→“新建”命令，新建一个空白文档，并在属性栏中设置页面大小，如图 11-40 所示。

02 双击工具箱中的 “矩形” 工具按钮，创建一个与页面等大的矩形。参照图 11-41 所示在属性栏中调整矩形大小，按 Enter 键确认操作。

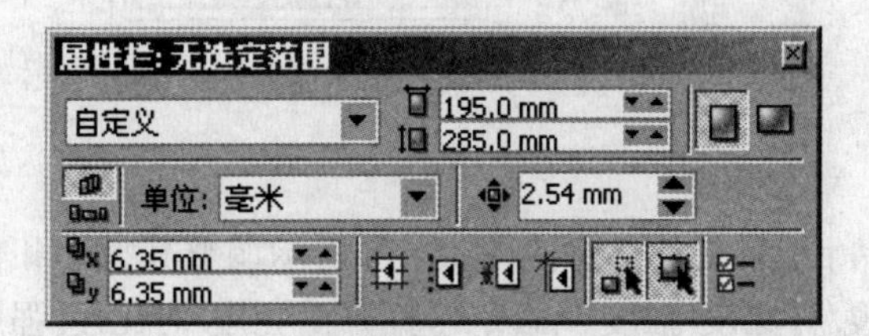

图 11-40　设置页面大小

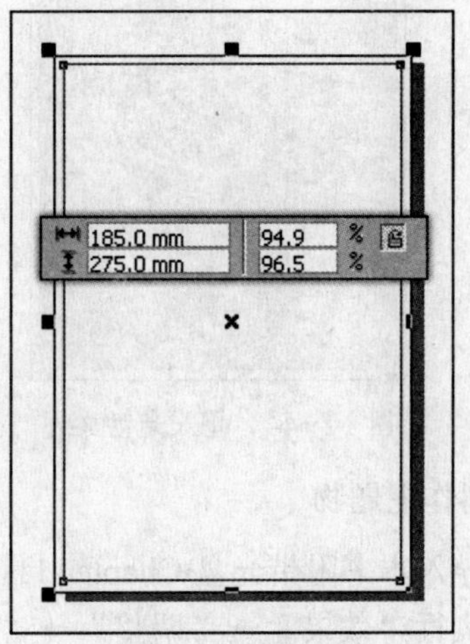

图 11-41　创建矩形

03 保持矩形的选择状态，单击填充展开工具栏中 “底纹填充对话框” 按钮，打开 “底纹填充” 对话框，参照图 11-42 所示设置该对话框。

04 完毕后单击 “确定” 按钮关闭 “底纹填充” 对话框。选择 “交互式填充” 工具，对填充的底纹进行调整，如图 11-43 所示。

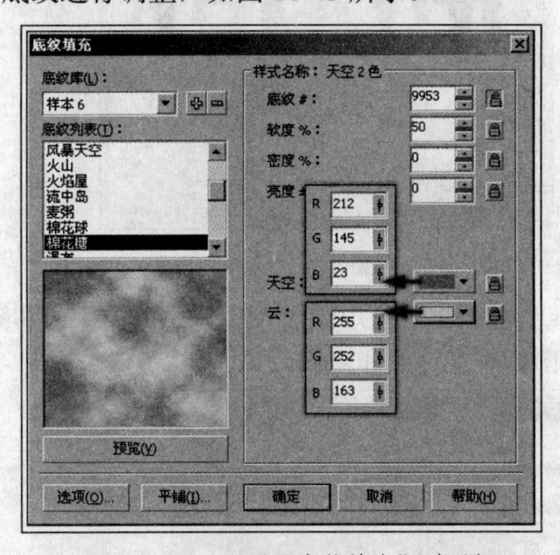

图 11-42　设置 “底纹填充” 对话框

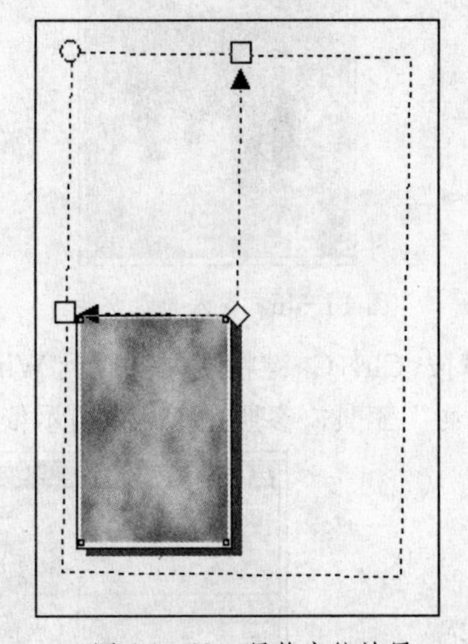

图 11-43　调整底纹效果

05 执行 “文件” → “导入” 命令，将本书附带光盘\Chapter-11\ “甲骨文.psd” 文件导入到文档中并调整位置，如图 11-44 所示。

06 保持该图像的选择状态。选择 “交互式透明” 工具，参照图 11-45 所示设置属性栏参数，为图像添加透明效果。

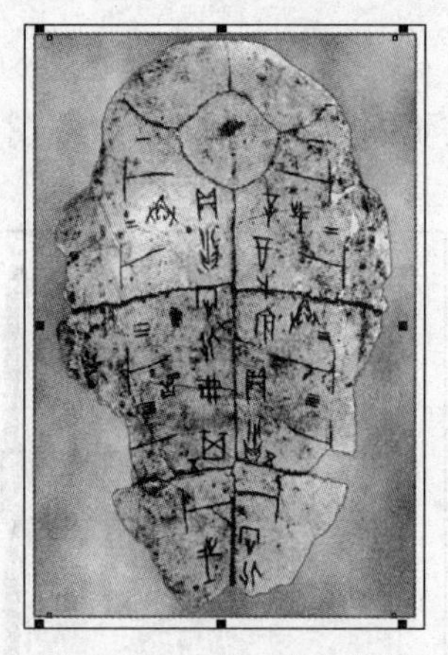

图 11-44　导入光盘文件

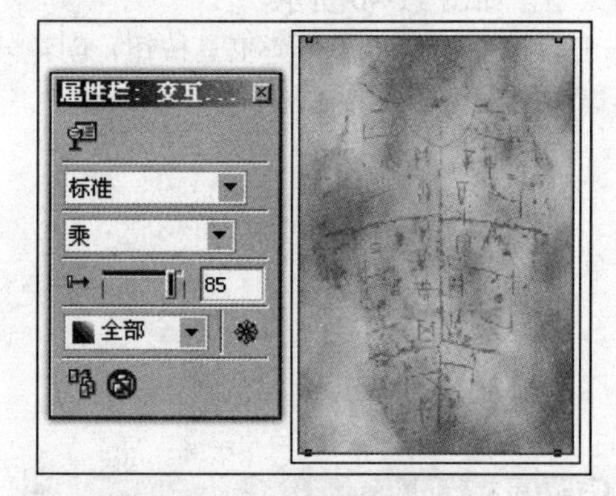

图 11-45　添加透明效果

2.制作主题物

01 导入本书附带光盘\Chapter-11\“鼎.psd”文件，参照图 11-46 所示调整其大小和位置。

02 执行“效果”→“调整”→“亮度/对比度/强度”命令，打开“亮度/对比度/强度”对话框，参照图 11-47 所示设置该对话框，完毕后单击“确定”按钮关闭对话框。

图 11-46　导入光盘文件

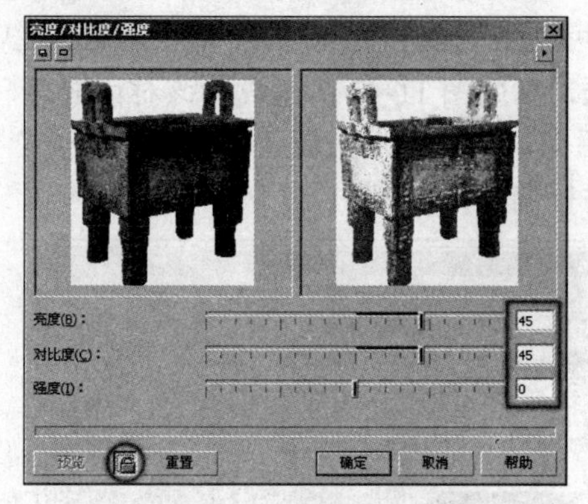

图 11-47　调整图像亮度、对比度

03 按<Ctrl+C>键将图像复制到 Windows 剪贴板上。使用“交互式透明”工具和“交互式阴影”工具，参照图 11-48 所示依次为图像添加透明和阴影效果。

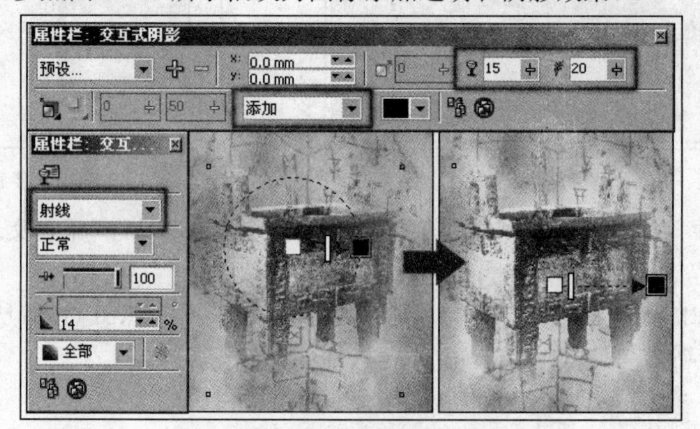

图 11-48　添加透明和阴影效果

04按<Ctrl+V>键将复制图像粘贴，执行“位图”→“模糊”→“缩放”命令，打开“缩放”对话框，参照图11-49所示设置对话框，完毕后单击“确定”按钮关闭对话框。

05选择“交互式透明”工具，参照图11-50所示设置属性栏参数，为调整后的图像添加透明效果。

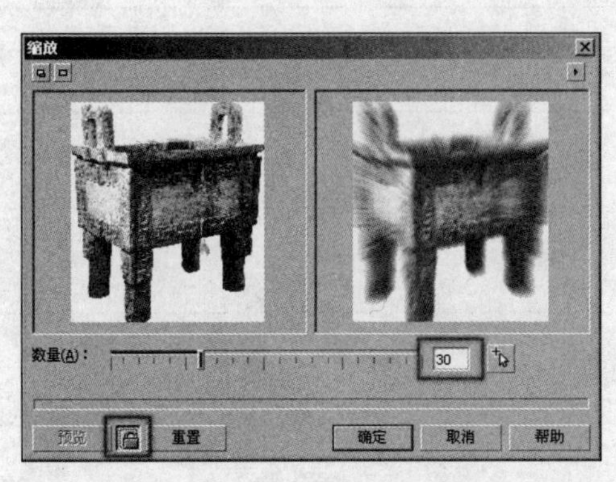

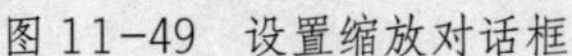

图 11-49 设置缩放对话框

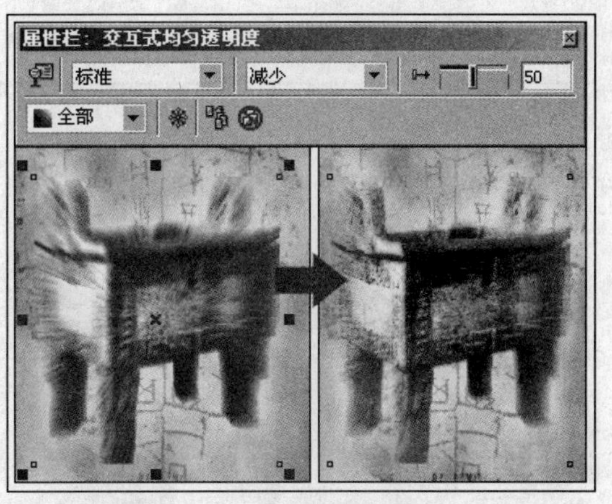

图 11-50 添加透明效果

06保持该图像的选择状态，按<Ctrl+PageDown>键调整其顺序到原图像下方，如图 11-51所示。

07最后，在页面中添加相关的文字信息和装饰图形，完成本实例的制作，效果如图11-52所示。在制作过程中遇到问题，可以打开本书附带光盘\Chapter-11\“旅游文化节宣传广告.cdr”文件进行查看。

图 11-51 调整图像顺序

图 11-52 完成效果

读者笔记

第 5 篇　包装与封面设计

在日常生活中，琳琅满目的商品通过各式各样的包装向消费者传递着商品信息。现代包装设计是一门容纳艺术、科学与技术等多种学科的综合艺术门类。包装作为一种促销商品的重要广告形式，往往决定了消费者的最终购买行为。因此在进行包装设计时，既要能够起到保护商品的作用，还要能够美化提升产品形象、树立良好的品牌形象和企业形象，使消费者对产品产生好感，达到促销的目的。本篇安排了“书籍封面设计”与“产品包装设计”两部分，希望通过本章的学习，读者可以掌握包装与封面的一些表现方法和制作技巧。

第 12 章　书籍封面设计

书籍的封面除了对书籍具有保护作用之外，还是传达书籍内容最直接的表现方法之一。我们在设计书籍封面时，一定要注意封面的风格要与书籍的内容相统一，这样才能达到设计封面的目的。本章安排了 5 个封面设计实例，如图 12-1 所示，为本章实例的完成效果。

图 12-1　完成效果

本章实例

实例 1　书籍封面设计	实例 4　电子杂志封面设计
实例 2　作品集封面设计	实例 5　宣传册封面设计
实例 3　悬疑小说书籍封面设计	

实例1　书籍封面设计

在本节将制作一个文学作品的封面。如图 12-2 所示，为本实例的完成效果。通过本节的学习会对书籍封面的设计和制作流程有了一定了解。

图 12-2　完成效果

设计思路

这是为纪实性长篇小说《朝夕望湖》设计制作的书籍封面，根据小说的故事背景及内容特点。通过对导入的图片进行处理与调整，使得整个封面真实、直观地传达给阅读者书籍的内容信息。

技术剖析

该实例分为两部分制作完成。第一部分绘制封面、封底及书脊。第二部分添加封面内容信息及装饰图形。在第一部分中，通过设置辅助线精确定义书籍的封面、封底及书脊尺寸。在第二部分中主要通过对导入的素材图片，执行“调合曲线”、“颜色平衡”和“色度/饱和度/亮度”命令，调整图像的效果。使用“交互式透明”工具为图片添加透明效果，制作出书籍的封面。图 12-3 展示了本实例的制作流程。

图 12-3　制作流程

制作步骤

1.绘制封面、封底及书脊

01 启动 CorelDRAW X3，执行“文件”→“新建”命令，新建空白文档。单击属性栏中的“横向”按钮，将页面横向摆放，参照图 12-4 所示设置属性栏中的其他选项。

02 执行“视图”→“辅助线设置”命令，打开“选项”对话框，参照图 12-5 所示，在“水平”位置和“垂直”位置逐次添加辅助线，完毕后单击“确定”按钮关闭对话框。

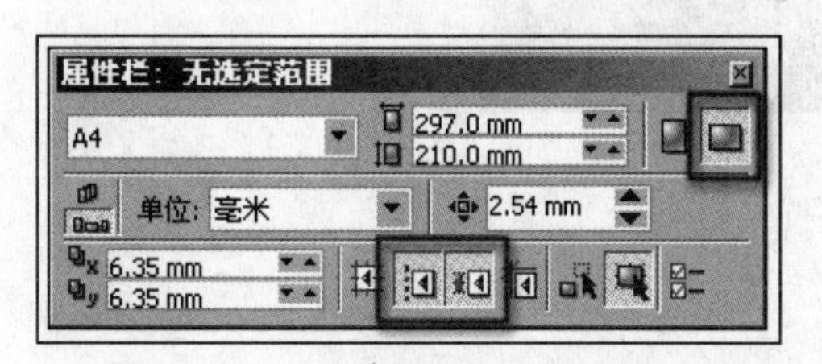

图 12-4　新建文档并设置属性栏

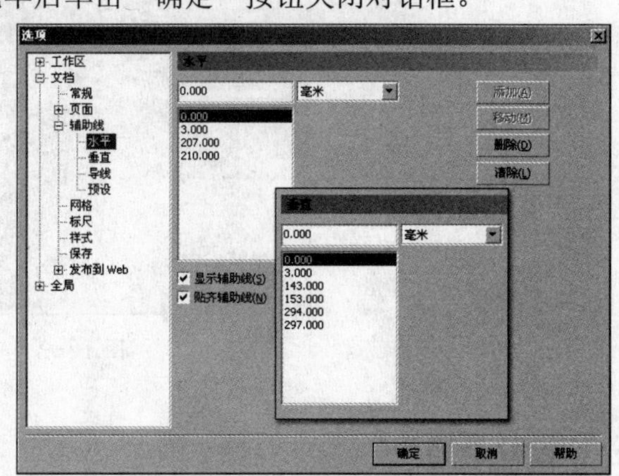

图 12-5　设置辅助线

03 执行“工具”→“对象管理器”命令，打开“对象管理器”泊坞窗，参照图 12-6 所示单击“导线”图层前的笔形图标锁定辅助线，防止在后面的制作过程中对其进行误操作。完毕后单击“图层 1”，进入可编辑状态。

04 双击工具箱中的“矩形”工具按钮，创建一个与页面等大的矩形。单击填充展开工具栏中的“底纹填充对话框”按钮，打开“底纹填充”对话框，参照图 12-7 所示设置该对话框。

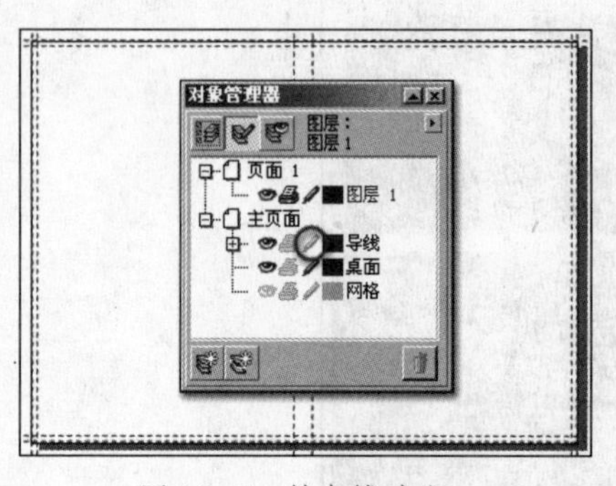

图 12-6　锁定辅助线

图 12-7　设置“底纹填充”对话框

05 完毕后单击“确定”按钮关闭对话框，为矩形填充底纹效果，并设置轮廓色为无，如图

12-8 所示。

06 使用“矩形”工具和“椭圆形”工具分别绘制矩形和圆形，并参照图 12-9 所示，为矩形和圆形填充深红色，设置轮廓色均为无。

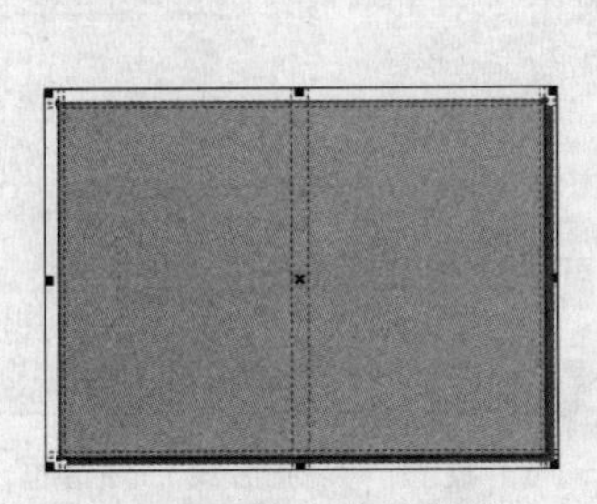

图 12-8　填充底纹效果

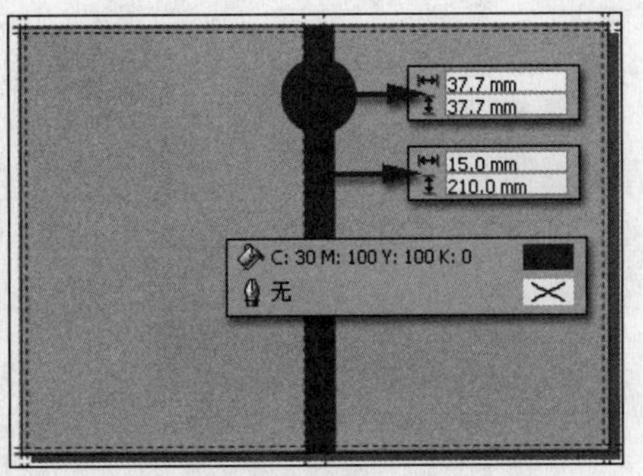

图 12-9　绘制矩形和圆形

07 使用“挑选”工具选择圆形，参照图 12-10 所示设置属性栏参数，将圆形调整为饼形。

08 参照图 12-11 所示，使用“矩形”工具沿着页面右侧边缘绘制三个矩形。使用“挑选”工具将其框选，单击属性栏中的“焊接”按钮将矩形焊接，接着为其填充颜色并设置轮廓色为无。

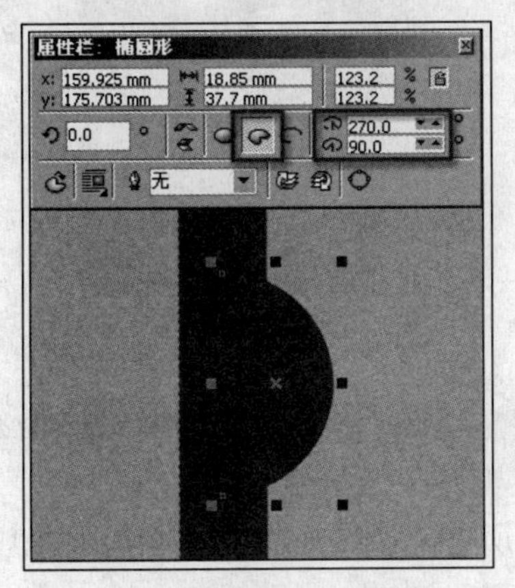

图 12-10　调整椭圆为饼形

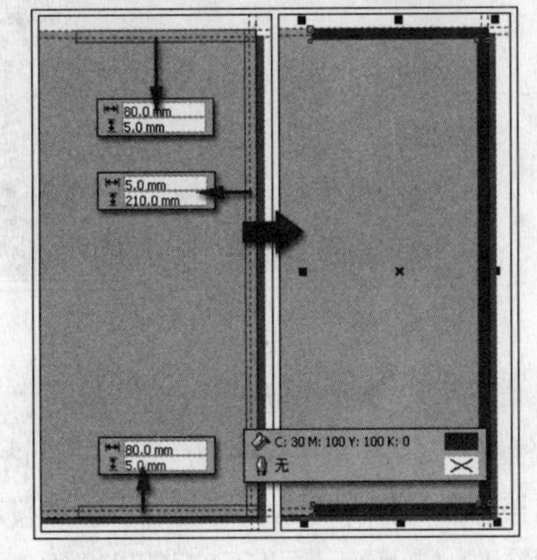

图 12-11　绘制矩形并焊接

2.添加封面内容信息及装饰图形

01 执行“文件”→“导入”命令，将本书附带光盘\Chapter-12\“河流.jpg”文件导入到文档中，并参照辅助线调整图像的大小和位置，如图 12-12 所示。

02 保持图像的选择状态，执行“效果”→“调整”→“调合曲线”命令，打开“调合曲线”对话框，参照图 12-13 所示调整对话框右侧的曲线，完毕后单击“确定”按钮，将图像色彩调亮。

03 通过按<Ctrl+PageDown>键，调整图像的顺序到左侧红色矩形的下面。使用“交互式透明”工具，为其添加线性透明效果，如图 12-14 所示。

04 导入本书附带光盘\Chapter-12\“天空.jpg”文件，参照辅助线调整图像的大小和位置，如图 12-15 所示。

图 12-12　导入光盘文件

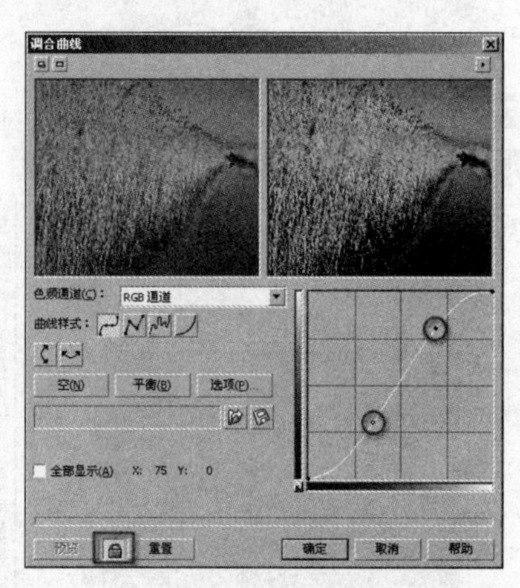

图 12-13　设置“调合曲线”对话框

图 12-14　添加透明效果

图 12-15　导入光盘文件

05 保持“天空”图像的选择状态，执行“效果”→“调整”→“颜色平衡”命令，打开“颜色平衡”对话框，参照图 12-16 所示设置对话框，调整图像色调。

06 通过按<Ctrl+PageDown>键，调整其顺序到所有红色图形的下方。使用“交互式透明”工具，参照图 12-17 所示为“天空”图像添加线性透明效果。

图 12-16　设置“颜色平衡”对话框

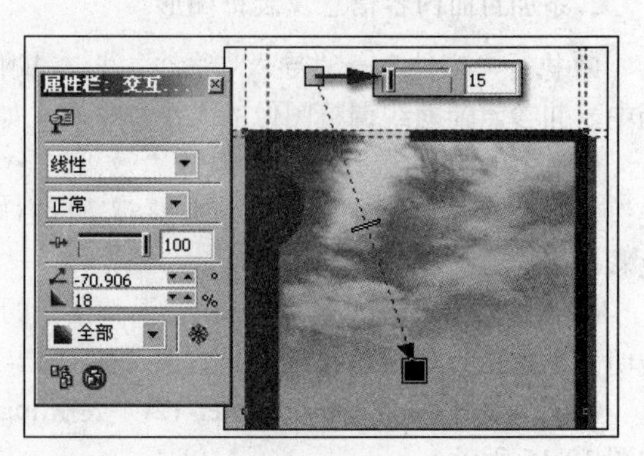

图 12-17　添加透明效果

07 执行“文件”→“导入”命令，导入本书附带光盘\Chapter-12\“水鸟.cdr”文件，参照辅助线调整其大小和位置，如图12-18所示。

08 保持水鸟图像的选择状态，执行“效果”→“调整”→“色度/饱和度/亮度”命令，打开“色度/饱和度/亮度”对话框，参照图12-19所示设置对话框，增强图像的饱和度。

图12-18　导入光盘文件

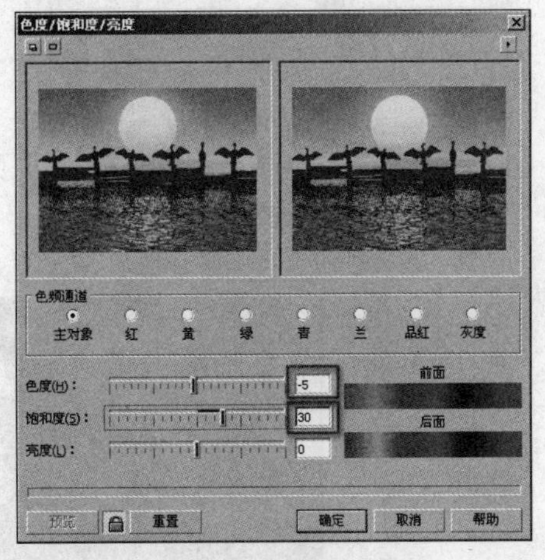

图12-19　设置“色度/饱和度/亮度”对话框

09 使用“交互式透明”工具，为图像添加线性透明效果，如图12-20所示。

图12-20　添加透明效果

10 使用“贝塞尔”工具，参照图12-21所示在页面空白处绘制装饰图形，并为其填充深砖红色，设置轮廓色为无。

11 调整装饰图形在封面中的位置和大小。使用“交互式透明”工具，为其添加线性透明效果，按<Ctrl+D>键将其再制，并调整再制图形的位置，如图12-22所示。

12 最后导入本书附带光盘\Chapter-12\“文字.cdr”文件，调整其位置完成本实例的制作，效果如图12-23所示。在制作过程中遇到问题，可以打开本书附带光盘\Chapter-12\“书籍封面设计.cdr”文件进行查看。

在实例制作完成后，可以执行“视图”→“辅助线”命令，将辅助线隐藏，以便更好的观察书籍封面的效果。

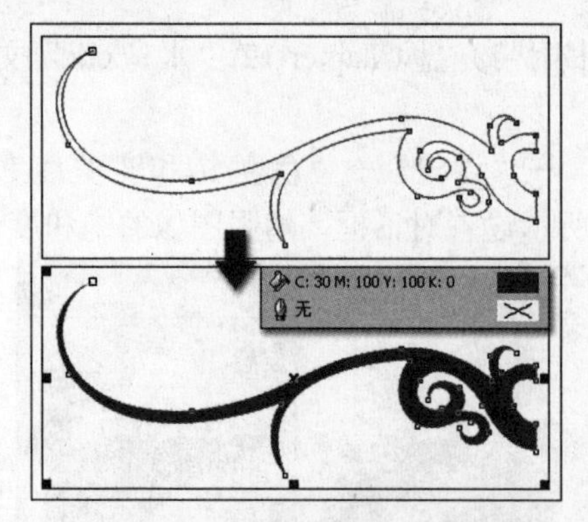

图 12-21　绘制装饰图形

图 12-22　调整文字图形并添加阴影

图 12-23　完成效果

实例 2　作品集封面设计

本小节将制作一个作品集封面的实例，该封面的设计从体现书籍的主题内容出发，通过图形、文字、色彩、构图等视觉要素来吸引读者，如图 12-24 所示，为本实例的完成效果。

图 12-24　完成效果

设计思路

本实例在制作中为了体现优秀作品集的特殊气氛，将工作室的名称作为主题图形，并为其添加立体效果，制作出厚重的体积感。集中的光束图形使人们的视线集中在文字图形上，增强宣传力度，整个封面给人以大气、恢宏的视觉感受。

技术剖析

在本实例的制作过程中，主要通过对图形进行“添加透视”命令，制作出具有透视效果的字母图形。使用“交互式立体化”工具，制作出主体图形的立体效果。画面中立体字母的质感则是由填充纹理并添加透明效果制作而成。如图 12-25 展示了本实例的制作流程图。

图 12-25　制作流程

制作步骤

01 运行 CorelDRAW X3，执行“文件”→“打开”命令，打开本书附带光盘\Chapter-12\“背景.cdr”文件，如图 12-26 所示。

图 12-26　打开光盘文件

02 使用“文本”工具和“矩形”工具，输入文字并绘制图形。完毕后使用“挑选”工具，将输入的文字和字母图形同是选中，单击属性栏中的“焊接”按钮，进行焊接，如图 12-27 所示。

提示　也可以执行“文件”→“导入”命令，直接将本书附带光盘\Chapter-12\“文字图形.cdr”文件，导入文档空白处直接使用。

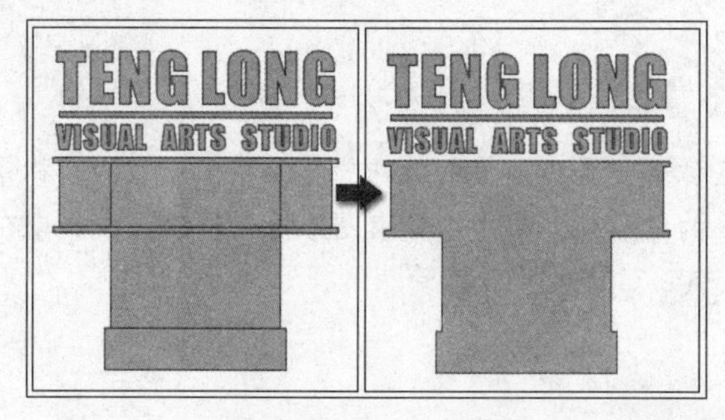

图 12-27　导入文字图形

03 保持文字图形的选择状态，执行“效果”→“添加透视”命令，为图形添加透视点并调整，如图 12-28 所示。

04 使用“交互式立体化”工具，为文字图形添加立体效果，如图 12-29 所示。

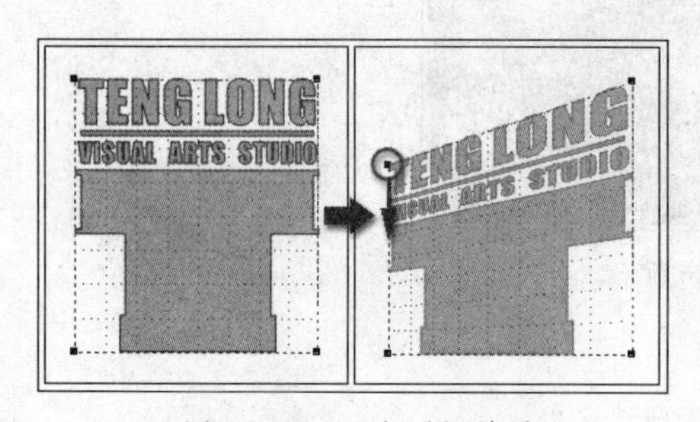

图 12-28　添加透视效果

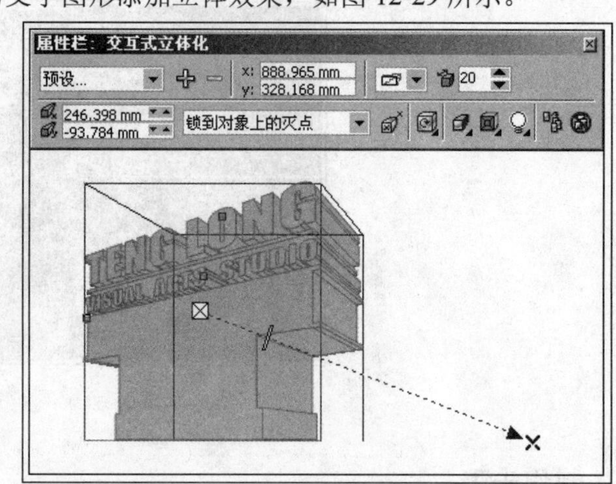

图 12-29　为图形添加立体化效果

05 按<Ctrl+K>键，拆分立体化群组，使用“交互式填充”工具，分别为立体效果图形和原图形添加渐变填充，轮廓色均为无，如图 12-30 所示。

06 选择立体化效果的图形，使用“交互式填充”工具，在其属性栏中的“填充类型”选项中，依次选择“射线”和“线性”，为立体化图形中的每一个图形应用相同的渐变填充，如图 12-31 所示。

图 12-30　为图形填充渐变颜色

图 12-31　为每个对象填充渐变

07 选择立体效果图形，按<Ctrl+U>键取消其群组。执行“效果”→“创建边界”命令，完毕后单击"底纹填充对话框"按钮，打开"底纹填充"对话框，参照图12-32所示设置对话框，为边界图形填充纹理，并使用"交互式填充"工具调整填充效果。

图12-32 填充纹理

08 使用"挑选"工具选择边界图形，按<Ctrl+PageDown>键，调整其顺序到原文字图形下方。选择"交互式透明"工具，参照图12-33所示设置属性栏，为边界图形添加透明效果。

09 选择原文字图形，按<Ctrl+C>和<Ctrl+V>键，复制并粘贴图形，接着参照之前同样的操作方法为其添加纹理和透明效果，如图12-34所示。

图12-33 为纹理图形添加透明效果

图12-34 填充纹理和透明

10 再次按<Ctrl+V>键两次，将文字图形复制两个，并参照图12-35所示错位摆放，完毕后将两个图形同时选中，单击属性栏中的"后减前"按钮，对图形进行修剪。

提示 为了方便观察，这里暂时将复制的两个图形的填充色，设置为一红一黄。

11 使用"交互式填充"工具，参照图12-36所示，为修剪后的图形填充渐变颜色。

图12-35 复制并修剪图形

图12-36 填充渐变色

12 将绘制的立体文字图形全部选中，按<Ctrl+G>键群组对象。执行“工具”→“选项”命令，打开“选项”对话框，参照图 12-37 所示，取消对“新的图框精确剪裁内容自动居中”选项的勾选。

13 使用“矩形”工具，参照图 12-38 所示绘制矩形。然后选择立体文字图形，执行“效果”→“图框精确剪裁”→“放置在容器中”命令，当光标变成黑色箭头时单击矩形，将文字图形放置到矩形中。

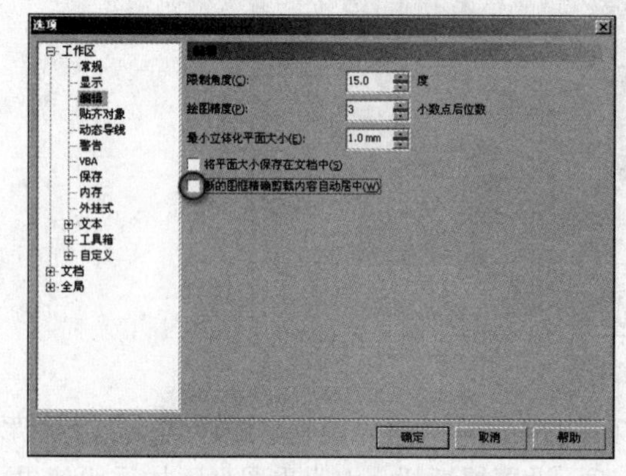

图 12-37 设置“选项”对话框

图 12-38 图框精确剪裁图形

14 设置矩形轮廓色为无，并调整图形的位置，如图 12-39 所示。

15 使用“贝塞尔”工具，参照图 12-40 所示绘制光束图形，填充颜色并设置轮廓色为无。完毕后，使用“交互式透明”工具，为图形添加线性透明效果。

图 12-39 调整图形位置

图 12-40 绘制图形并添加透明效果

16 参照同样的操作方法，绘制出其他光束图形，并分别调整图形的前后顺序，效果如图 12-41 所示。

17 将本书附带光盘\Chapter-12\“文字及装饰.cdr”文件导入文档，取消群组并调整其位置，完成本实例的制作，效果如图 12-42 所示。在制作过程中遇到问题，可以打开本书附带光盘\Chapter-12\“作品集封面设计.cdr”文件进行查看。

图 12-41　绘制其他光束图形

图 12-42　完成效果

实例 3　悬疑小说书籍封面设计

小说类的封面设计，要能够与书籍的内容保持一致，使人们从封面上可以大致了解到小说要表达的思想感情，如图 12-43 所示，为本实例的完成效果。

图 12-43　完成效果

设计思路

这是为一本名为《骗局》的悬疑小说设计制作的封面，为了使封面的设计风格与故事内容保持一致，这里采用了红色、黑色与白色的搭配，并配合令人恐怖的眼睛图像，营造出神秘、恐怖的气氛。

技术剖析

在该实例的制作过程中，通过设置辅助线精确定义封面、封底和书脊的尺寸。使用“矩形”工具，绘制封面图形。导入位图图像，通过“亮度/对比度/强度”命令调整图像效果，最后添加相关文字信息和装饰图形。如图 12-44 所示，为本实例的制作流程。

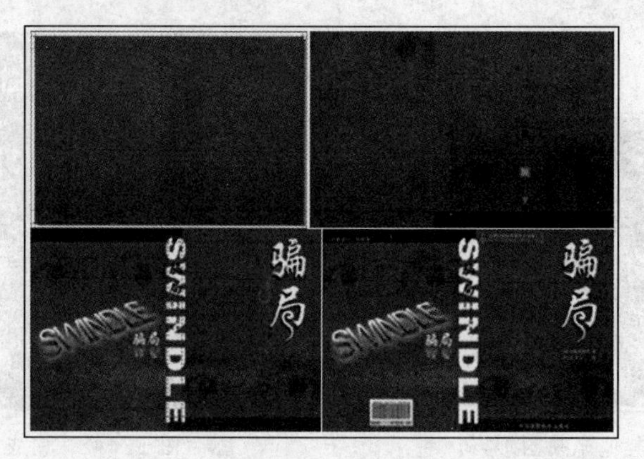

图 12-44 制作流程

制作步骤

01 运行 CorelDRAW X3，执行“文件”→“新建”命令，新建一个工作文档，并参照图 12-45 所示设置属性栏。

02 在“水平标尺”和“垂直标尺”交叉点处单击并拖动鼠标，至页面左上角节点处释放按键，设定标尺原点，如图 12-46 所示。

提示：为了准确定位标尺原点，可以使用“缩放”工具将页面左上角放大到最大缩放级，然后再设置标尺原点。

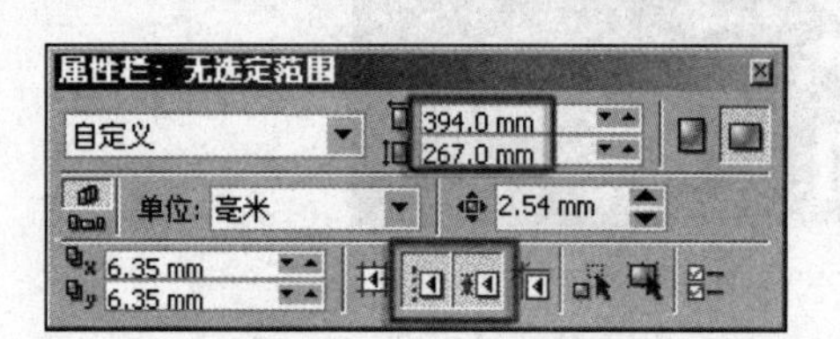

图 12-45 设置页面

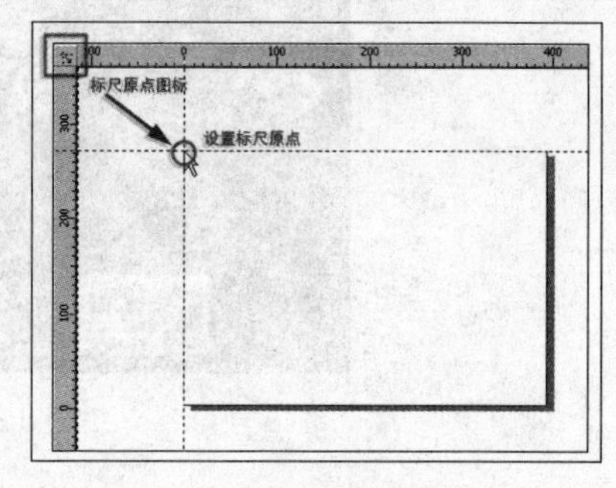

图 12-46 设置标尺原点

03 执行“视图”→“辅助线设置”命令，打开“选项”对话框，参照图 12-47 所示分别单击“垂直”和“水平”选项，在对话框中逐次添加各条辅助线，完毕后单击“确定”按钮关闭对话框。

04 双击工具箱中的“矩形”工具，创建一个与页面等大的矩形，使用“交互式填充”工具，参照图 12-48 所示为矩形填充渐变色。

05 使用“挑选”工具选择矩形，按小键盘上的<+>键将其原位置再制。单击工具箱中的“图样填充对话框”按钮，打开“图样填充”对话框，参照图 12-49 所示设置对话框，完毕后单击“确定”按钮为再制矩形填充图案。

06 选择“交互式透明”工具，参照图 12-50 所示设置其属性栏，为填充图案的矩形添加透明效果。

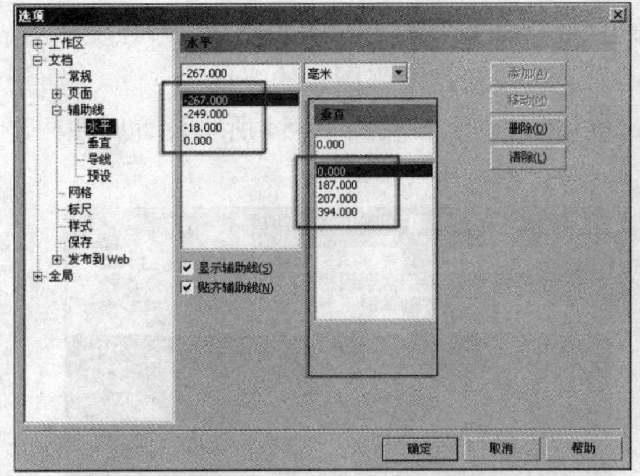

图 12-47　设置辅助线

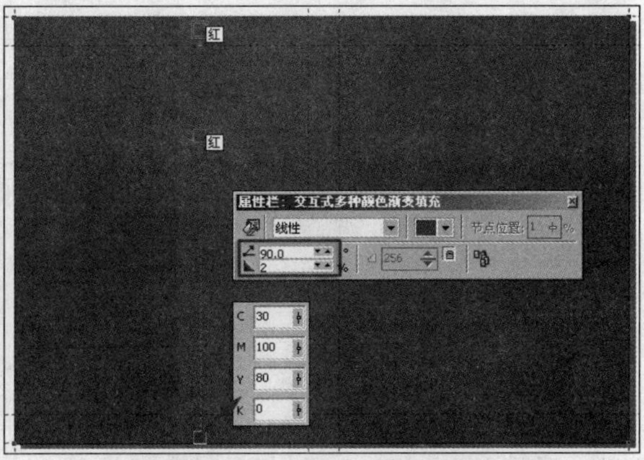

图 12-48　创建矩形并填充渐变

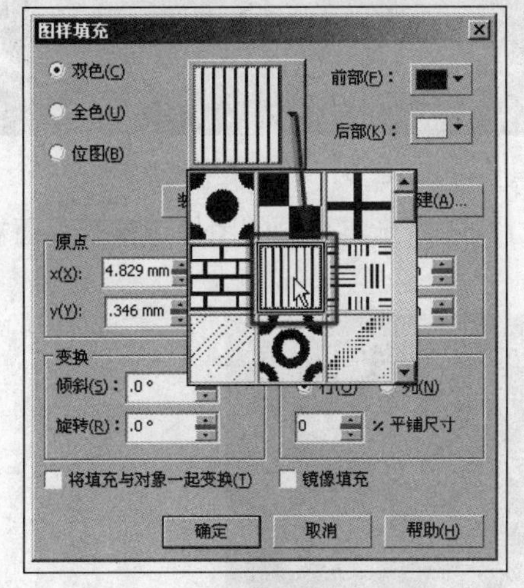

图 12-49　设置“填充图案”对话框

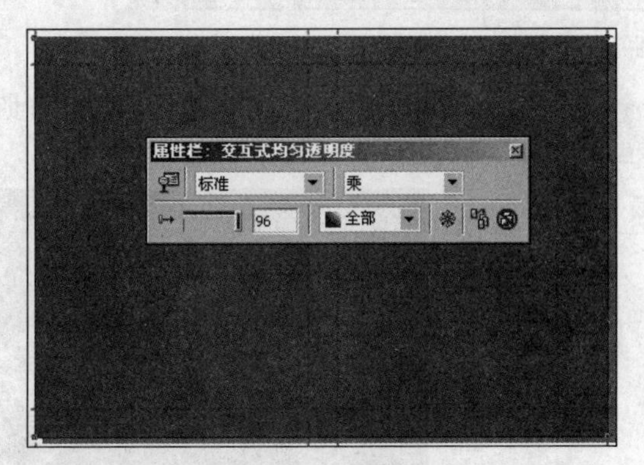

图 12-50　添加透明效果

07 参照图 12-51 所示，使用“矩形”工具在页面左上角单击并拖动鼠标，沿辅助线绘制矩形，并将其填充为黑色，轮廓色设置为无。将黑色矩形复制并调整至页面右下角位置，与辅助线对齐。

08 执行“文件”→“导入”命令，将本书附带光盘\Chapter-12\“眼睛.jpg”文件导入文档，参照图 12-52 所示，沿辅助线交点单击鼠标，将图像导入。

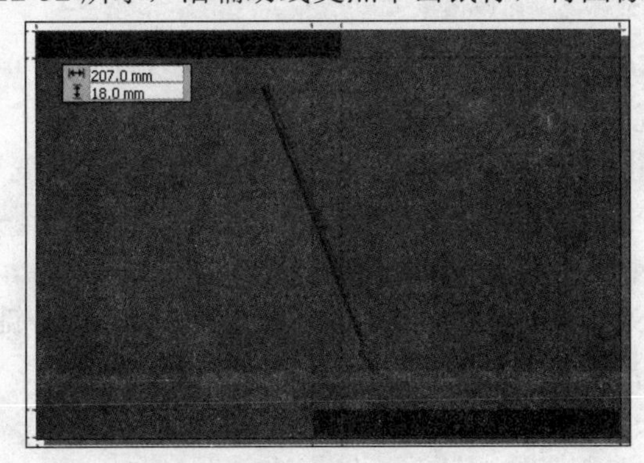

图 12-51　绘制矩形

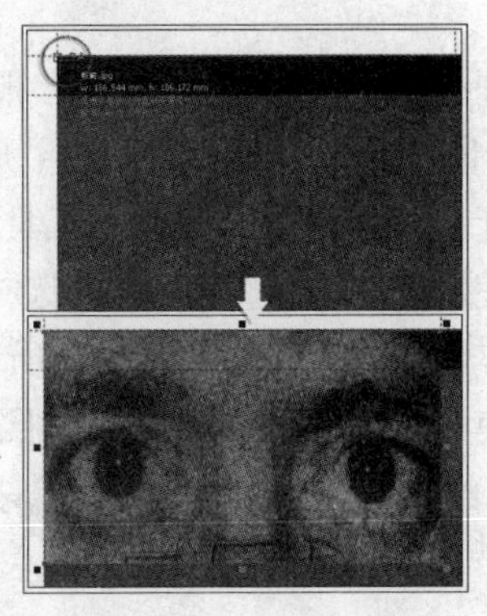

图 12-52　导入光盘文件

09 执行“效果”→“调整”→“亮度/对比度/强度”命令，打开“亮度/对比度/强度”对话框，参照图 12-53 所设置对话框，完毕后单击“确定”按钮，增强图像的亮度。

10 保持眼睛图片的选择状态，选择“交互式透明”工具，参照图 12-54 所示设置属性栏，为图像添加透明效果。

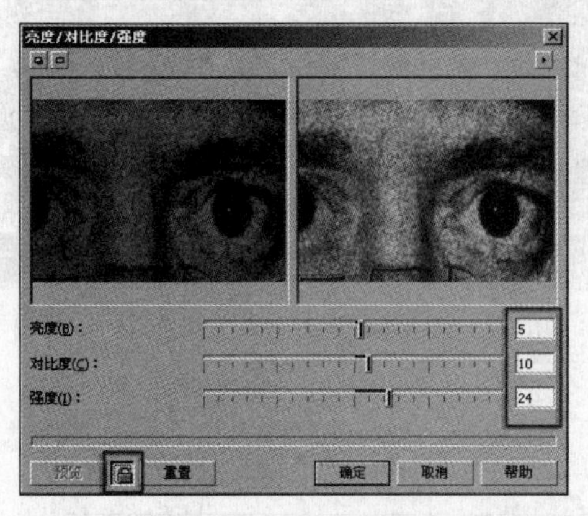

图 12-53 设置“亮度/对比度/强度”对话框

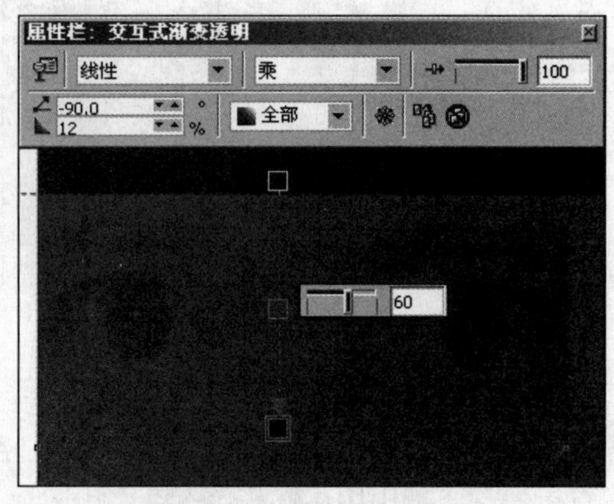

图 12-54 添加透明效果

11 按键盘上<Ctrl+D>键将眼睛图像再制，参照图 12-55 所示将再制的图像调整至页面右下角，与辅助线对齐，并调整其透明属性。

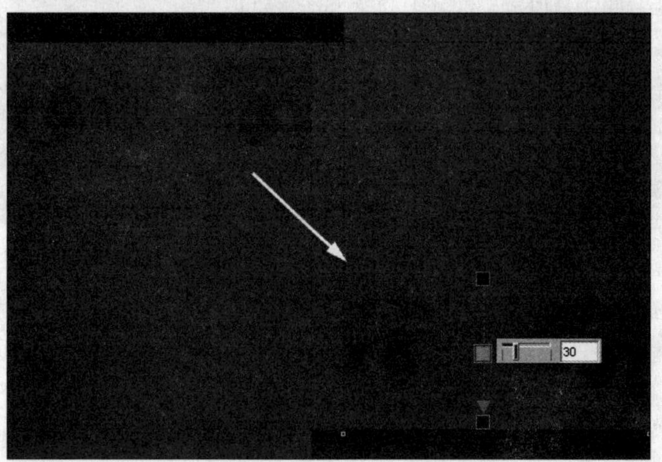

图 12-55 复制眼睛图像

12 选择“星形”工具，参照图 12-56 所示设置属性栏参数，按<Ctrl>键同时，单击并拖动鼠标绘制出边长相等的 16 角星形，设置其填充色为黑色，轮廓色为无。

13 选择“交互式变形”工具，参照图 12-57 所示设置属性栏，为星形添加扭曲变形效果。

14 使用“挑选”工具，选择添加变形效果的星形，调整其大小和位置。选择“交互式透明”工具，参照如图 12-58 所示设置属性栏，为其添加透明效果。

15 使用“文本”工具，参照图 12-59 所示在封面的右侧输入文字，按<Ctrl+Q>键将文字转换为曲线。使用“形状”工具，选择局部节点并删除。

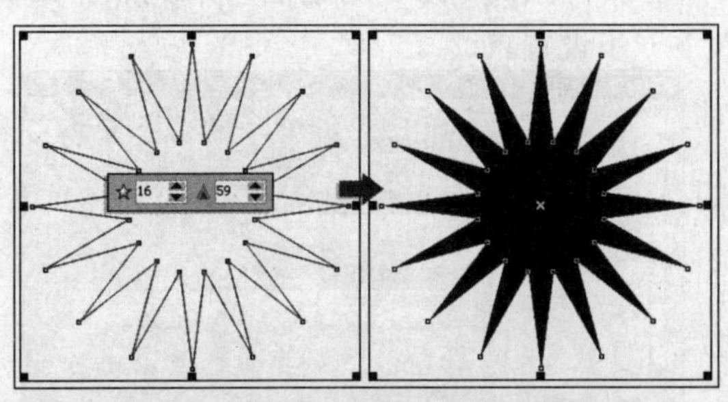

图 12-56　绘制星形

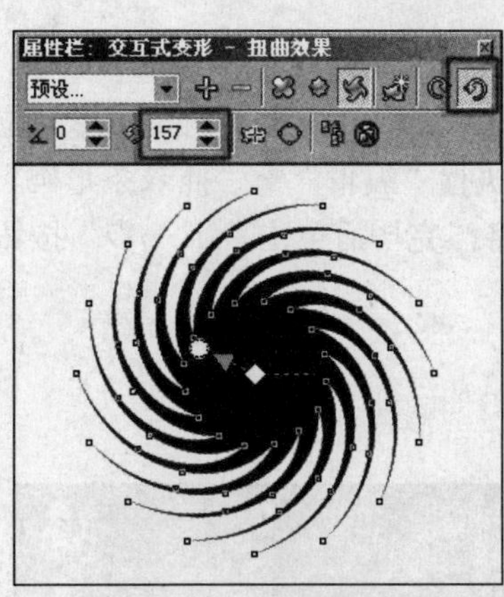

图 12-57　添加变形效果

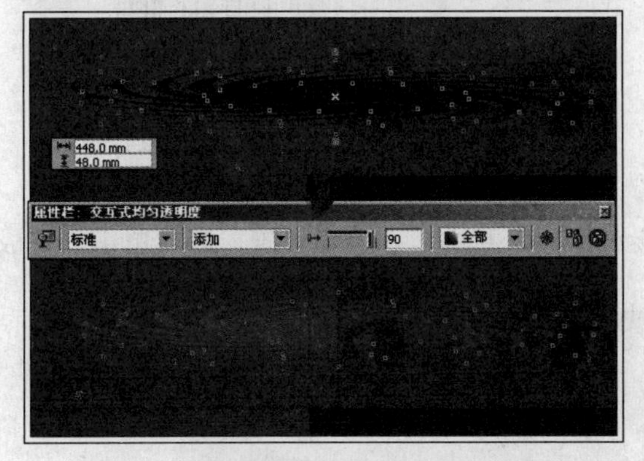

图 12-58　调整图形并添加透明效果

图 12-59　输入文字

16 使用“贝塞尔”工具，参照图 12-60 所示绘制曲线。选择“艺术笔”工具，设置属性栏，为曲线添加艺术笔效果，完毕后设置其填充色为白色，轮廓色设置为无。

提示　在该步骤中绘制曲线时，可以由上至下绘制曲线。曲线起始节点的位置将直接影响到添加艺术笔触的效果。

---

17 按<Ctrl+K>键，拆分艺术笔群组，并将分离出的路径删除。选择“粗糙笔刷”工具，设置其属性栏，对整个文字图形边缘进行粗糙化处理，如图 12-61 所示。

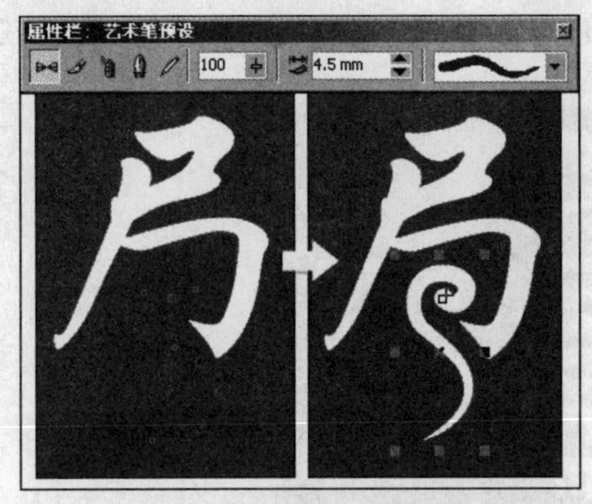

图 12-60　绘制曲线并添加艺术笔样式

图 12-61　调整图形

18 执行“文件”→“导入”命令，导入本书附带光盘\Chapter-12\“装饰文字.cdr”文件，按<Ctrl+U>键取消群组并调整图形的位置和顺序，如图 12-62 所示。

19 执行“编辑”→“插入条形码”命令，打开“条码向导”对话框，并参照图 12-63 所示输入数字，完毕后单击“下一步”按钮进入下一步设置。

图 12-62　导入装饰文字

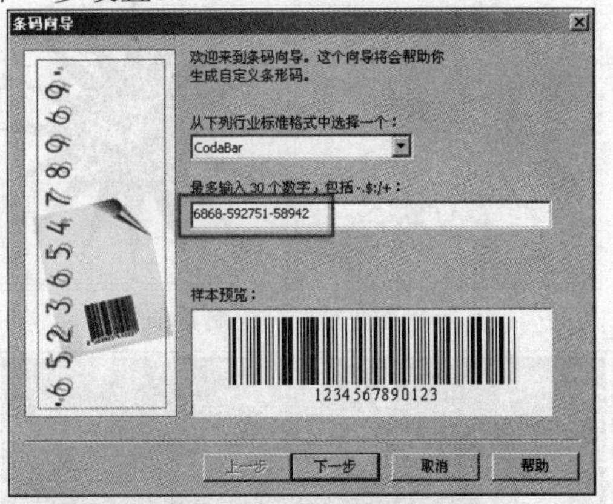

图 12-63　打开“条码向导”对话框

20 接着参照图 12-64 所示，继续设置该对话框，并进入下一步设置，最后单击“完成”按钮插入条形码。

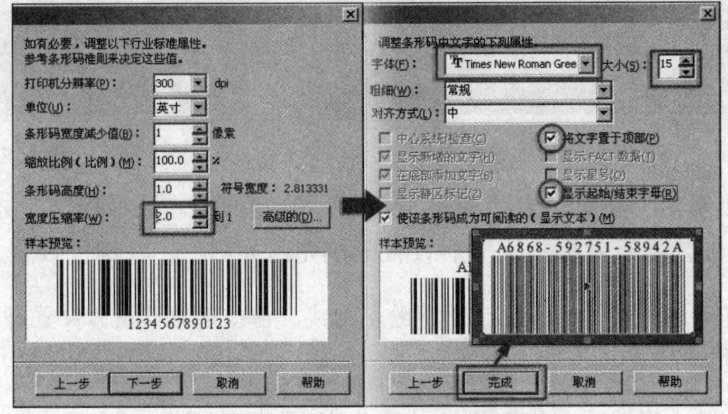

图 12-64　插入条形码

21 调整条形码的位置与大小，并添加其他相应文字信息，完成本实例的制作，效果如图 12-65 所示。在制作过程中遇到问题，可以打开本书附带光盘\Chapter-12\“悬疑小说书籍封面设计.cdr”文件进行查阅。

图 12-65　完成效果

实例4　电子杂志封面设计

电子图书与普通书籍的封面相比，省略了护封和书脊的设计。本小节将制作一个电子杂志的封面，如图12-66所示，为本实例的完成效果。

图12-66　完成效果

设计思路

该电子杂志主要内容是关于玉器的，因此在封面设计中，采用了古色古香的设计风格，通过一件造型优美、做工精致的玉器作为点明主题的图案，直观的表达出了杂志所要描述的内容。

技术剖析

在该实例的制作过程中，主要使用“矩形”工具，绘制出封面和封底图形。通过使用“交互式透明”工具，对导入的图片添加透明效果制作而成。图12-67展示了本实例的制作流程。

图12-67　制作流程

制作步骤

01 运行CorelDRAW X3，创建一个空白文档，单击属性栏中的“横向”按钮，将页面横向摆放。双击“矩形”工具，创建一个与页面等大的矩形，并将其填充为灰蓝色，轮廓色为无，如图-12-68所示。

02 保持矩形的选择状态。选择"挑选"工具，按小键盘上的<+>键，将其原位置再制并调整宽度。使用"交互式填充"工具，为矩形填充渐变色，如图 12-69 所示。

图 12-68 创建矩形并填充

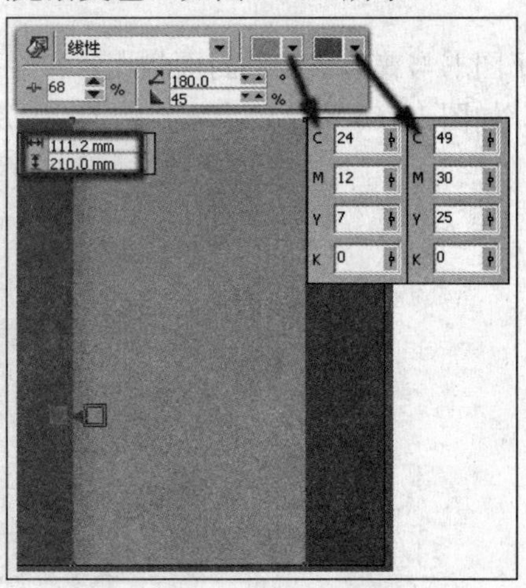

图 12-69 再制矩形并调整

03 执行"文件"→"导入"命令，导入本书附带光盘\Chapter-12\"纹样.jpg"文件，并参照图 12-70 所示调整其大小、位置和旋转角度。然后按<Ctrl+D>键将其再制，并摆放到页面空白处，以便接下来的操作中再次用到。

04 选择"交互式透明"工具，参照图 12-71 所示设置其属性栏，为纹样图像添加透明效果。

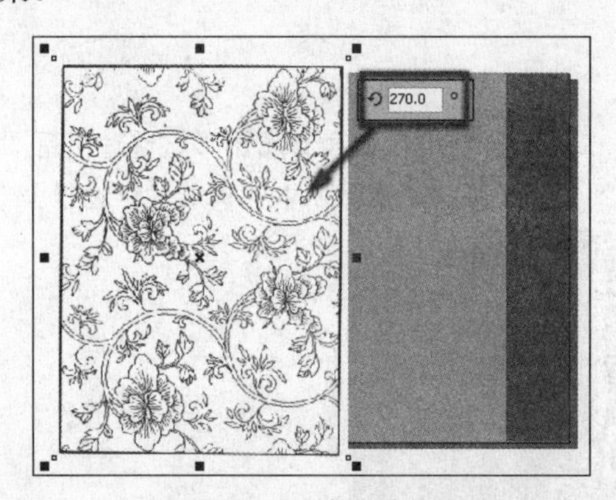

图 12-70 导入光盘文件

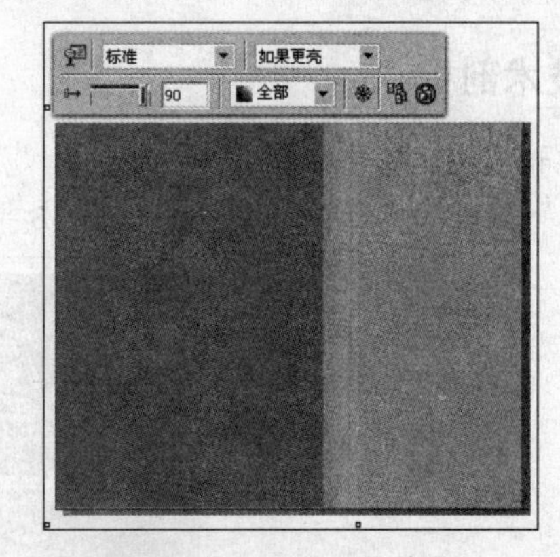

图 12-71 添加透明效果

05 执行"工具"→"选项"命令，打开"选项"对话框，参照图 12-72 所示设置对话框，完毕后单击"确定"按钮，关闭对话框。

06 保持纹样图像的选择状态，执行"效果"→"图框精确剪裁"→"放置在容器中"命令，当鼠标变为黑色箭头时单击底部的灰蓝色矩形，将纹样图像放置到矩形当中，如图 12-73 所示。

07 选择页面空白处的纹样图像，参照图 12-74 所示调整其大小和位置。使用"交互式透明"工具，为其添加透明效果。

08 按<Ctrl+PageDown>键调整其顺序到中间填充渐变色矩形下面。通过图框精确剪裁的方法，将纹样图像放置到填充渐变色矩形当中，如图 12-75 所示。

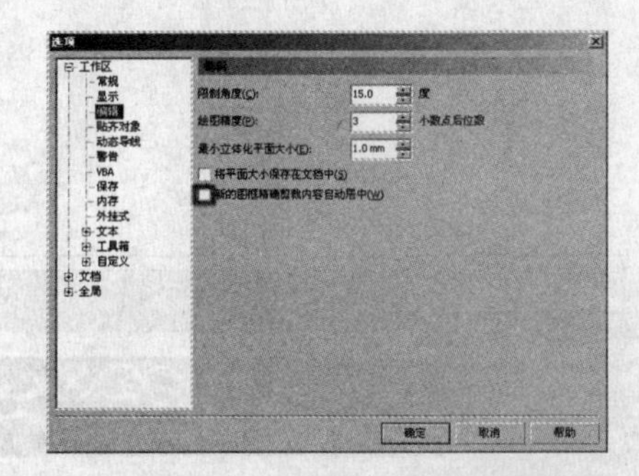

图 12-72　设置“选项”对话框

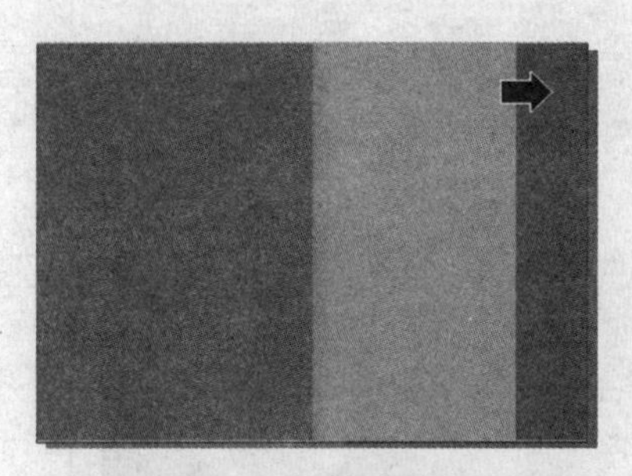

图 12-73　图框精确剪裁

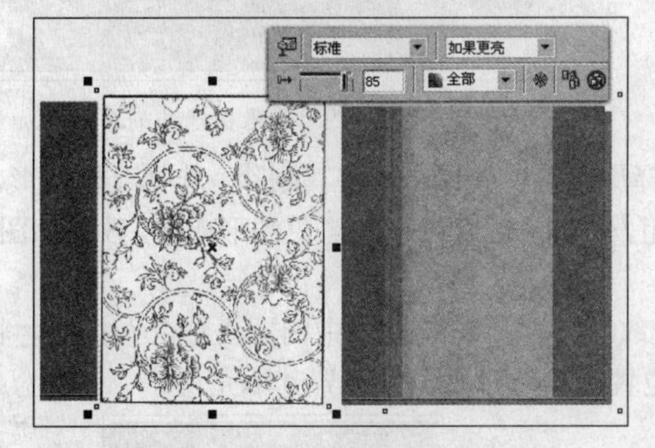

图 12-74　添加透明效果

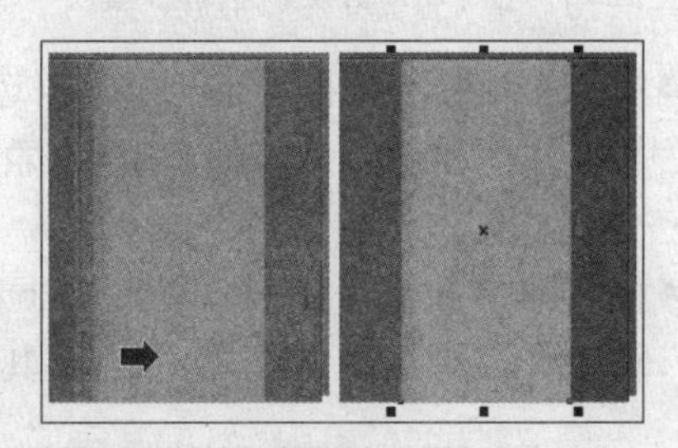

图 12-75　图框精确剪裁

09 导入本书附带光盘\Chapter-12\“国画.cdr”文件，调整其大小和位置。选择“交互式透明”工具，参照图 12-76 所示设置其属性栏，为导入的国画图像添加透明效果。

10 参照之前对图像进行精确剪裁的方法，将国画图像放置到填充渐变色的矩形当中。使用“矩形”工具，在页面相应位置绘制矩形条并填充颜色，如图 12-77 所示。

图 12-76　导入图像并添加透明效果

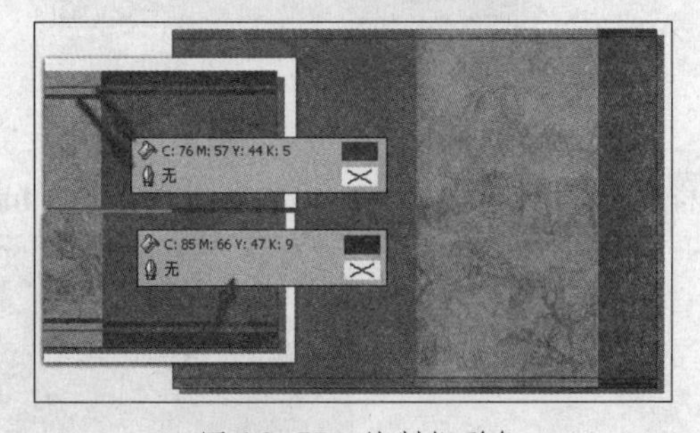

图 12-77　绘制矩形条

11 执行“文件”→“导入”命令，导入本书附带光盘\Chapter-12\“玉.psd”文件，参照图 12-78 所示调整其大小和位置。使用“交互式阴影”工具，为玉图像添加阴影效果。

12 再导入本书附带光盘中的“纹样 2.jpg”文件，并调整其大小和位置。单击属性栏中的“描摹位图”按钮，在弹出的面板中选择“快速描摹”命令，对位图图像进行描摹，如图 12-79 所示。

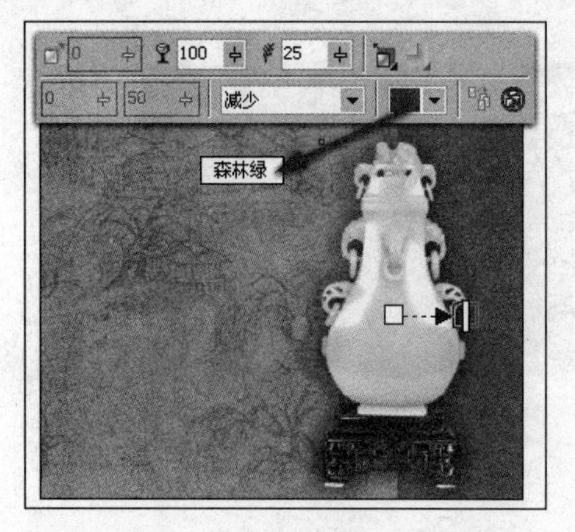

图 12-78　导入图像并添加阴影效果

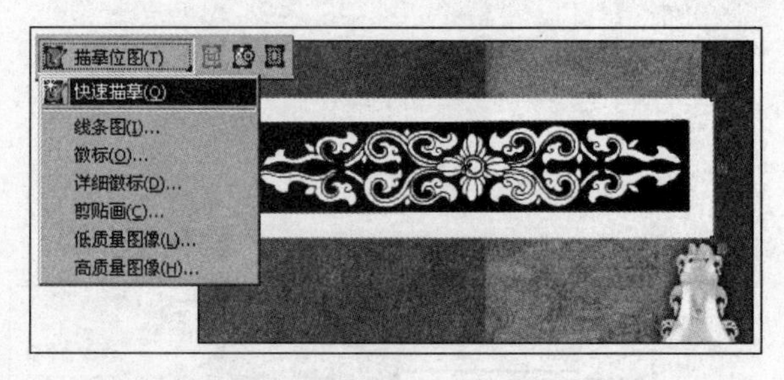

图 12-79　导入图像并描摹

13 将描摹后的纹样图形向下移动，选择原来的位图图像，将其删除。选择纹样图形，单击属性栏中的“取消群组”按钮，取消其群组，将白色边缘图形和黑色图形删除，效果如图 12-80 所示。

14 使用“挑选”工具，框选剩下花纹图形，单击属性栏中的“结合”按钮，将其结合为一个整体。参照图 12-81 所示调整其位置和旋转角度，并设置其填充色。

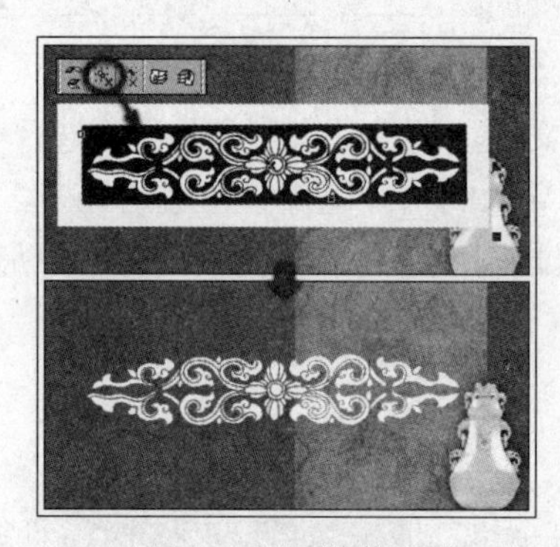

图 12-80　调整图形

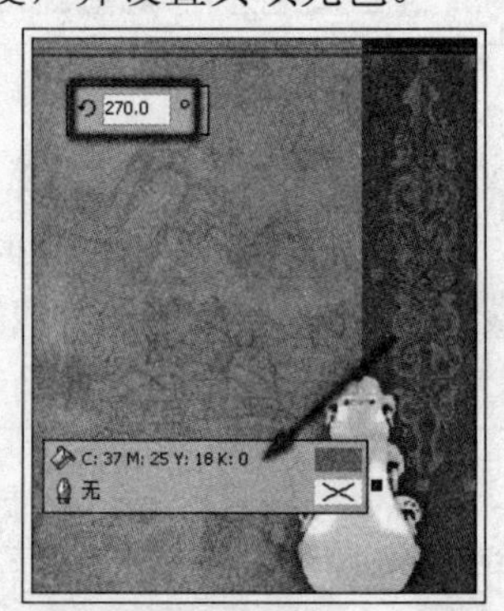

图 12-81　调整花纹图形

15 最后添加相关文字信息和装饰图形，完成本实例的制作，效果如图 12-82 所示。在制作过程中遇到问题，可以打开本书附带光盘\Chapter-12\“电子杂志封面设计.cdr”文件进行查阅。

图 12-82　完成效果

实例5　宣传册封面设计

在本小节中，将制作一本以名表为主题的宣传册封面，如图12-83所示，为本实例的完成效果。

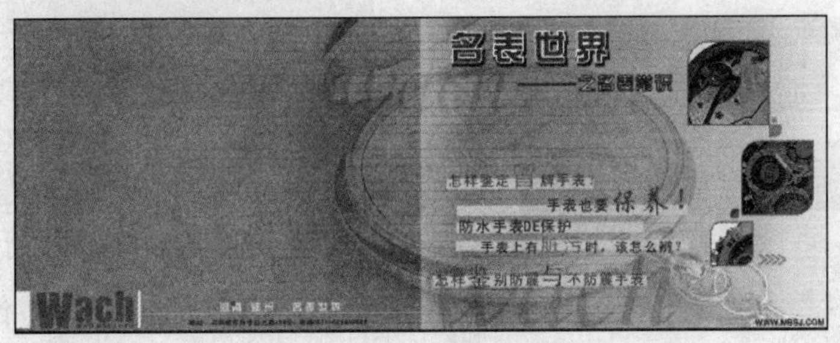

图12-83　完成效果

设计思路

宣传册与书籍不同，它主要是以宣传产品为主，在版式设计上并没有书籍封面那么多要求。在制作宣传册封面的时候，只需要注意将主题表述清楚，综合色彩、文字、创意、构图等手段，使封面内容美观大方，符合人们的审美情趣。

技术剖析

在该实例的制作过程中，通过使用“矩形”工具和“交互式填充”工具，制作出封面和封底图形。使用“交互式透明”工具，为图形添加透明效果，制作出丰富的底纹效果。图12-84展示了本实例的制作流程。

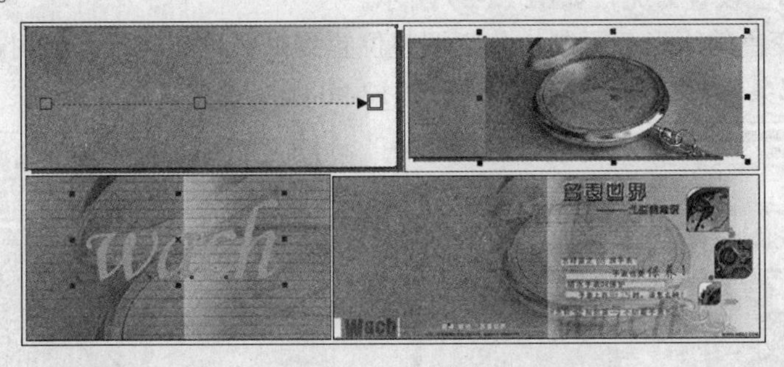

图12-84　制作流程

制作步骤

01 运行CorelDRAW X3，创建一个空白文档，参照图12-85所示设置属性栏参数，设置页面大小。

02 双击工具箱中的“矩形”工具，创建一个与页面等大的矩形。使用“交互式填充”工具，为矩形填充渐变色，如图12-86所示。

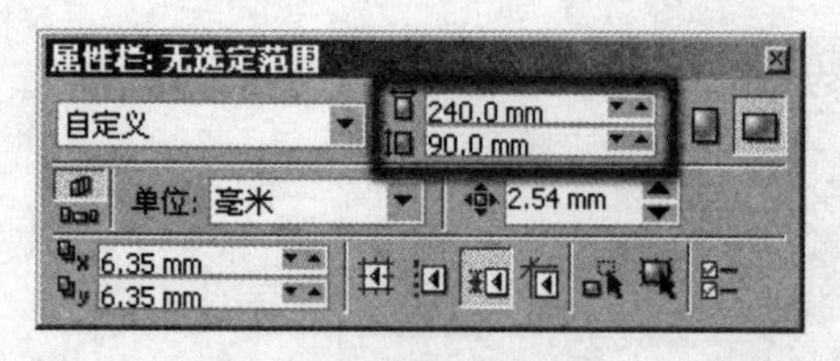

图 12-85 设置属性栏

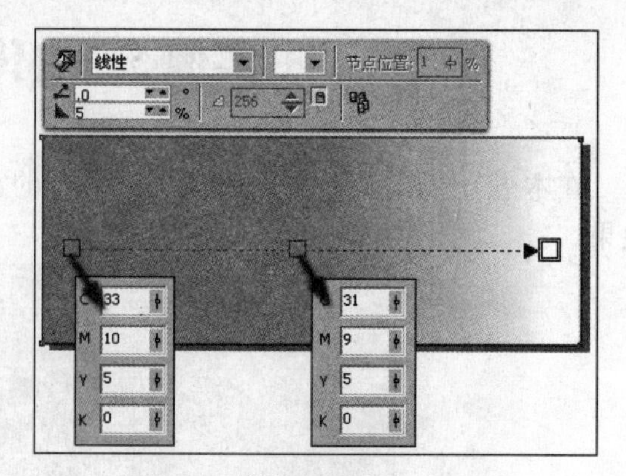

图 12-86 创建矩形并填充渐变色

03 执行“文件”→“导入”命令，导入本书附带光盘\Chapter-12\“表.jpg”文件，参照图 12-87 所示调整其大小和位置。

04 保持该图像的选择状态，使用“交互式透明”工具，为其添加线性透明效果。分别拖动屏幕右侧调板中的灰色色块到透明虚线上，添加透明控制点，如图 12-88 所示。

图 12-87 导入素材

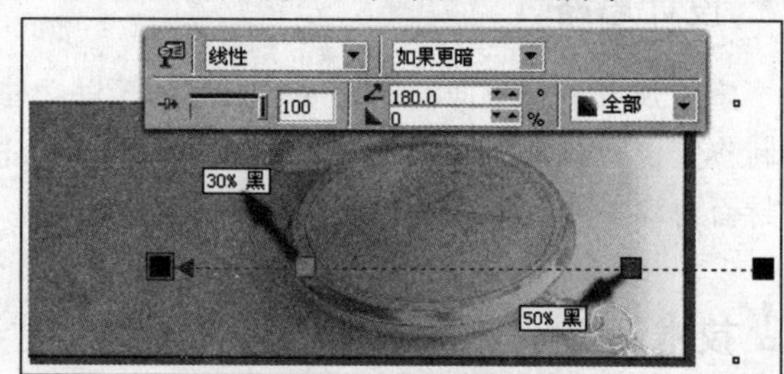

图 12-88 添加透明效果

05 使用“矩形”工具，在页面上方绘制矩形条。使用“交互式填充”工具，为矩形填充渐变色，轮廓色设置为无，如图 12-89 所示。

06 将填充渐变色的矩形条再制，分别调整位置到页面顶和底部。使用“交互式调和”工具，为两个矩形条添加调和效果，并参照图 12-90 所示设置其属性栏。

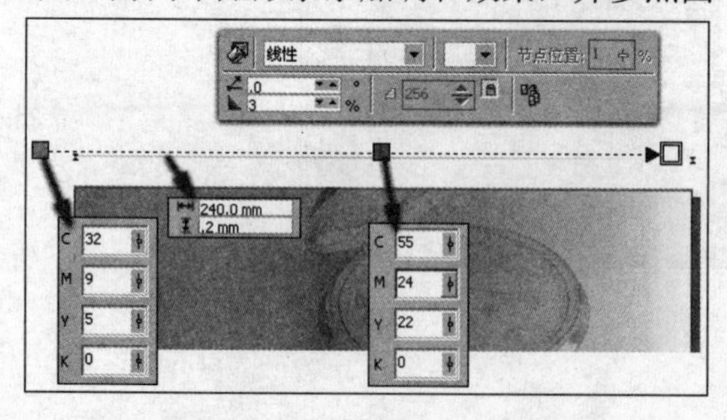

图 12-89 绘制矩形并填充渐变色

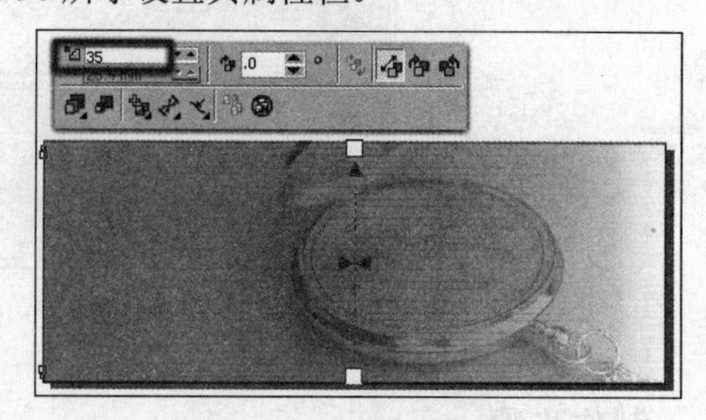

图 12-90 添加调和效果

07 使用“矩形”工具，在页面右侧绘制矩形，并填充为白色，轮廓色为无。使用“交互式透明”工具，为其添加线性透明效果，如图 12-91 所示。

08 使用“文本”工具，参照图 12-92 所示，在页面中输入英文，并在属性栏中设置其字体和大小，将其填充为淡蓝色。完毕后按<Ctrl+Q>键将其转换为曲线。

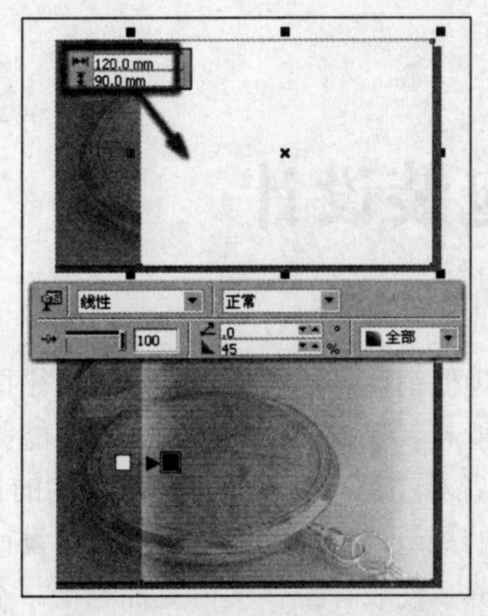

图 12-91 绘制矩形并添加透明效果

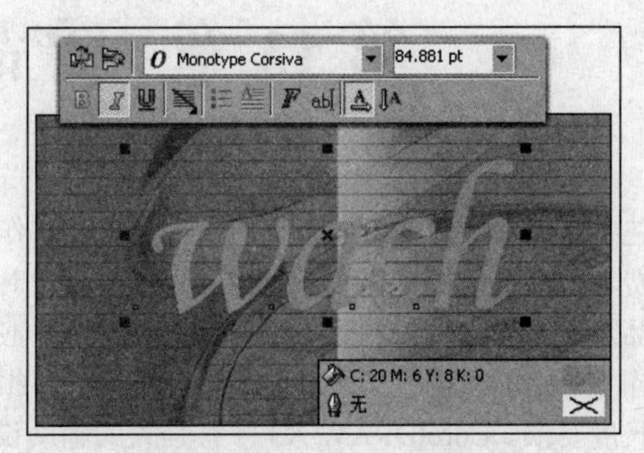

图 12-92 输入文字

09 保持字母图形的选择状态，按<Ctrl+PageDown>键调整其顺序到右侧添加透明效果的矩形下面。选择“交互式透明”工具，参照图 12-93 所示设置属性栏，为其添加透明效果。完毕后将该字母图形再制，适当调整其大小和位置。

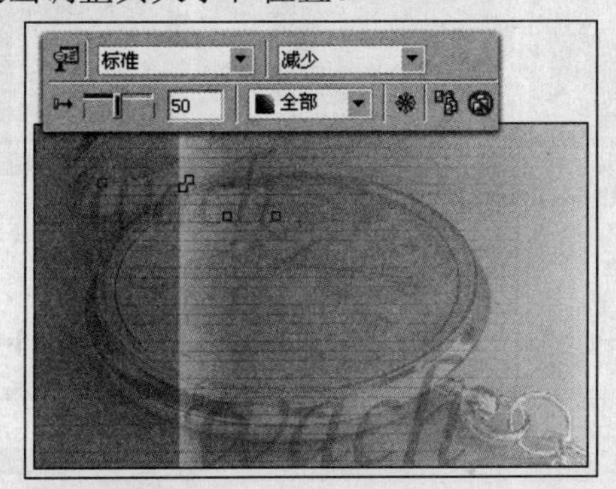

图 12-93 添加透明效果

10 最后导入本书附带光盘\Chapter-12\“装饰和文字.cdr”文件，并调整其位置，完成本实例的制作，效果如图 12-94 所示。在制作过程中遇到问题，可以打开本书附带光盘\Chapter-12\“宣传册封面设计.cdr”文件进行查阅。

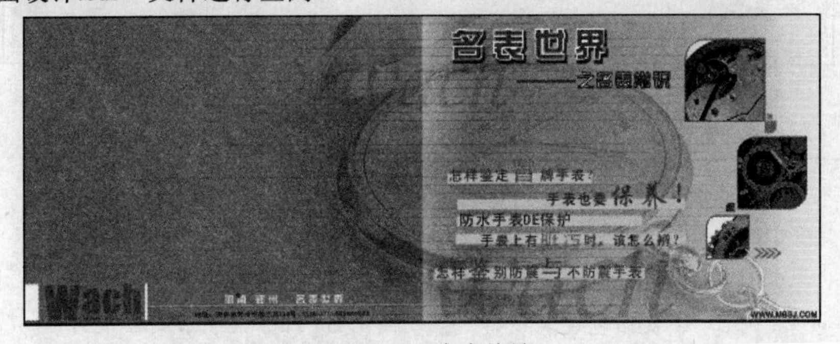

图 12-94 完成效果

第 13 章　产品包装设计

包装是产品最外在、最直观的表现形式，它作为一种促销商品的重要广告形式，往往决定了消费者的最终购买行为。因此在进行包装设计时既要能起到保护商品的作用，还要能美化提升产品形象、树立良好的品牌形象和企业形象，使消费者对产品产生好感，达到促销的目的。

作为一些产品的包装设计，在印刷排版上有很严格的规范，同时也相对提高了在设计制作中的尺度要求。CorelDRAW X3 中有强大的辅助设计工具，使设计工作变得更加轻松。本章安排了 9 组实例，讲述了如何利用 CorelDRAW X3 中的辅助工具设计产品包装。如图 13-1 所示为本章实例的完成效果。

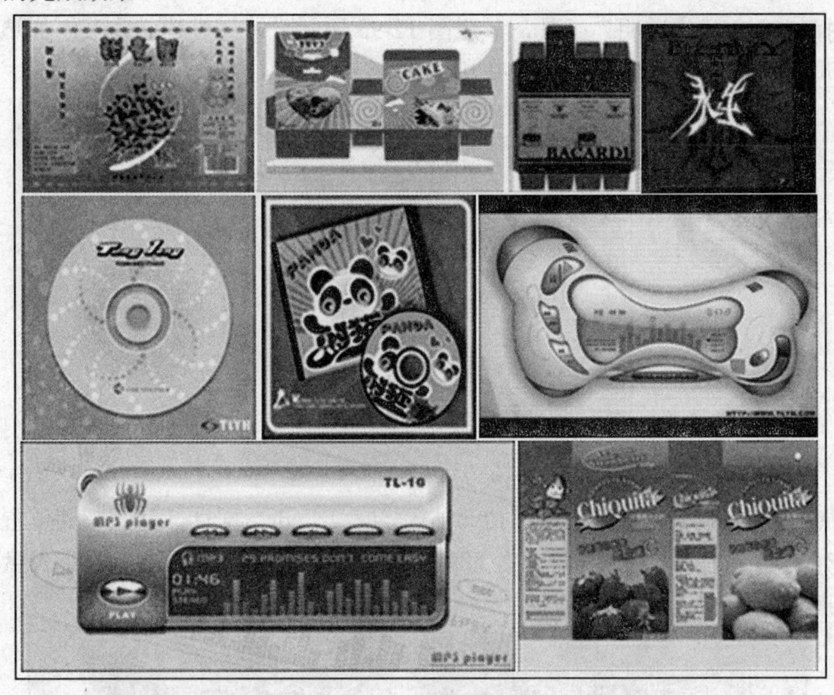

图 13-1　完成效果图

本章实例

实例 1　什锦果汁包装设计　　实例 6　CD 包装封面设计（二）
实例 2　食品包装盒设计　　实例 7　光盘封面设计
实例 3　小食品包装袋设计　　实例 8　MP3 说明书封面设计
实例 4　巴卡第酒包装设计　　实例 9　播放器包装盒封面设计
实例 5　CD 包装封面设计（一）

实例 1　什锦果汁包装设计

产品包装设计必须能够体现出产品的特点，使消费者在瞬间能看出这是什么商品。因此根据什锦果汁的产品特点，在设计时使用了柠檬和草莓等图片，使消费者一目了然。另外该包装中其他装饰图片和文字的编排，也都围绕什锦果汁产品的特点进行设计。如图 13-2 所示，展示了本实例的完成效果。

图 13-2　完成效果

设计思路

该实例制作的是一幅什锦果汁的包装设计。为了更加吸引消费者的注意，在设计时根据产品的特性，以生色诱人的水果图片为主体展开设计，生动、形象地传达给消费者产品的信息。

技术剖析

在该实例的制作过程中，通过创建辅助线来精确定义包装的结构图。通过使用“交互式阴影”工具，为导入的图像添加阴影效果，使导入的位图图像与背景的矢量图形完美的组合在一起，达到协调、统一的画面效果。图 13-3 展示了本实例制作流程。

图 13-3　制作流程

制作步骤

01 运行 CorelDRAW X3，执行“文件”→“新建”命令，新建一个空白文档，并参照图13-4所示设置属性栏参数，更改纸张的大小。

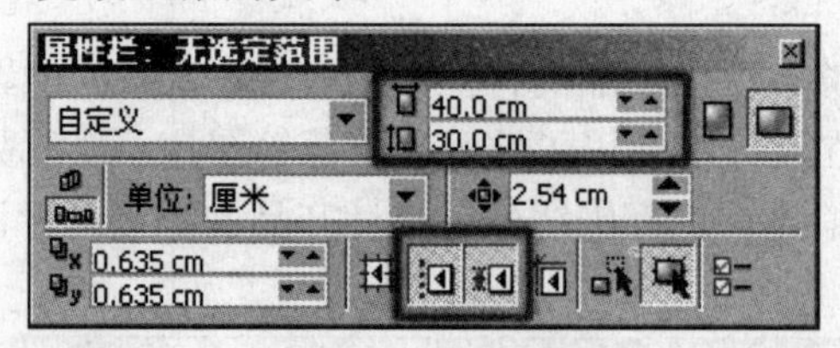

图13-4 设置属性栏

02 使用“矩形”工具，在图13-5所示位置绘制矩形。使用鼠标在“水平标尺”和“垂直标尺”交叉点处单击并拖动鼠标至矩形左上角节点处释放鼠标，设定标尺原点。

03 执行“视图”→“辅助线设置”命令，打开“选项”对话框，参照图13-6所示，分别在“水平”和“垂直”位置逐次添加各条辅助线，完毕后单击“确定”按钮关闭对话框。

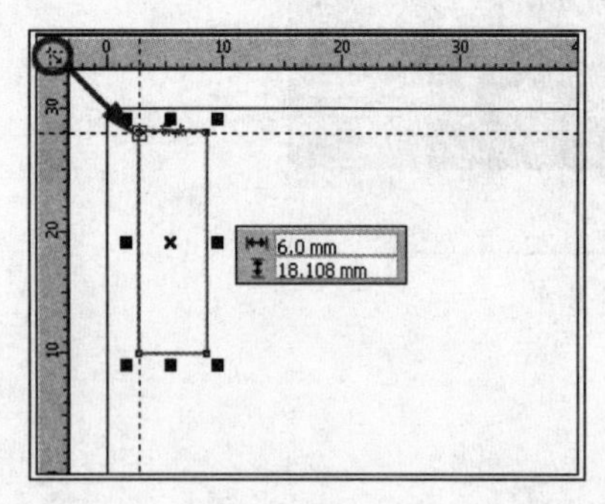

图13-5 绘制矩形并设定标尺原点

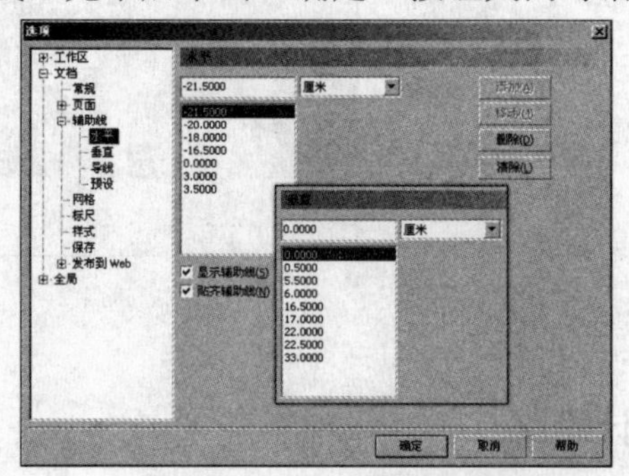

图13-6 设置辅助线

04 执行“工具”→“对象管理器”命令，打开“对象管理器”泊坞窗，单击“导线”图层前的笔形图标将辅助线锁定，以免在接下来制作中对其进行误操作，如图13-7所示。

05 使用“矩形”工具，沿着辅助线再绘制出其他矩形，制作出包装平面图的结构，如图13-8所示。

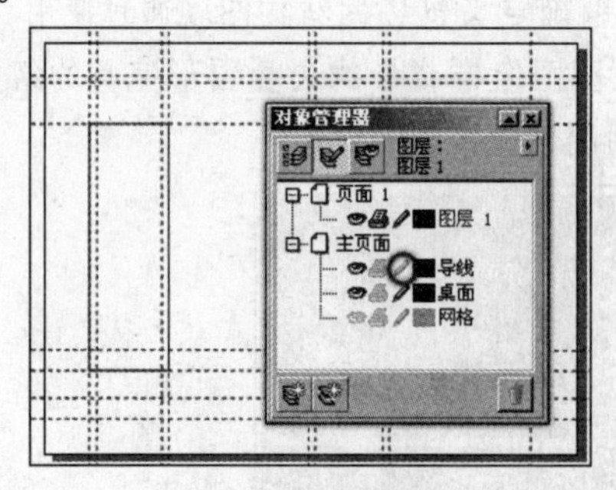

图13-7 锁定辅助线

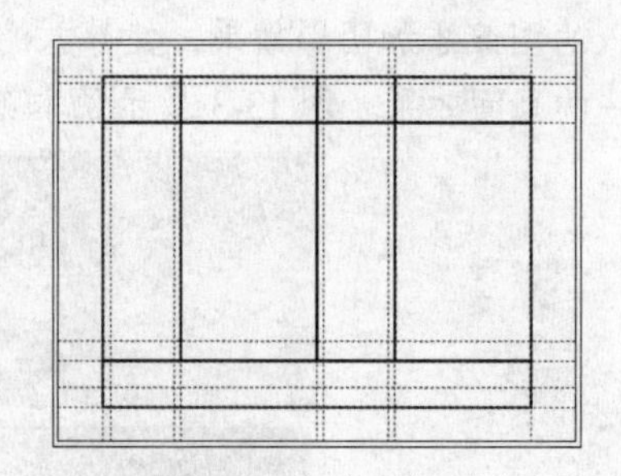

图13-8 绘制矩形

提示

为了方便观察，这里暂时将矩形轮廓线设置成了粗线。

06 使用“交互式填充”工具，参照图13-9所示，分别为图形填充颜色。

07执行“文件”→“导入”命令，导入本书附带光盘\Chapter-13\“柠檬.jpg”文件，参照图13-10所示调整其大小和位置。

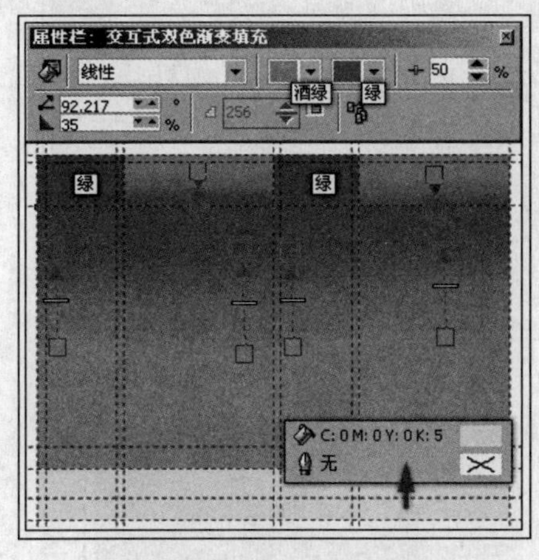

图13-9 填充渐变色

图13-10 导入图像

08保持导入图像的选择状态，执行“效果”→“调整”→“色度/饱和度/亮度”命令，打开“色度/饱和度/亮度”对话框，参照图13-11所示设置对话框，完毕后单击“确定”按钮，增强图像的饱和度。

09执行“效果”→“调整”→“亮度/对比度/强度”命令，打开“亮度/对比度/强度”对话框，参照图13-12所示设置对话框，完毕后单击“确定”按钮，将图像调亮。

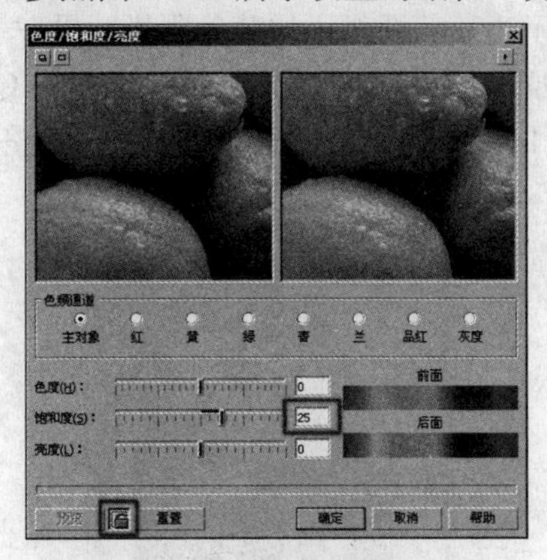

图13-11 设置图像的饱和度

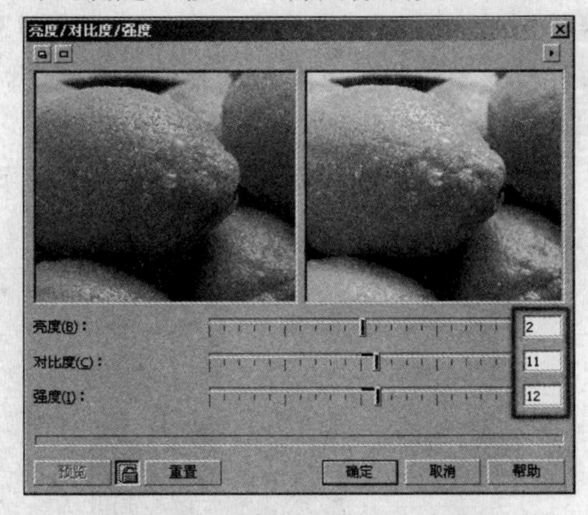

图13-12 设置“亮度/对比度/强度”对话框

10使用“形状”工具，在图像边缘适当位置双击，添加节点。并通过更改节点属性的方法，对柠檬图像边缘进行调整，如图13-13所示。

11保持图像的选择状态，使用“交互式阴影”工具，在图像上单击并拖动鼠标，为其添加阴影效果，参照图13-14所示设置属性栏参数，调整阴影效果。

12按<Ctrl+K>键拆分阴影群组，选择拆分出的阴影图形，按<Ctrl+Q>将其转换为曲线。使用“形状”工具，调整阴影图形节点的位置，将其边缘与柠檬图像边缘对齐，如图13-15所示。

13执行“文件”→“导入”命令，导入本书附带光盘\Chapter-13\“草莓.cdr”文件，并参照图13-16所示调整其大小和位置。

图 13-13 调整图像边缘

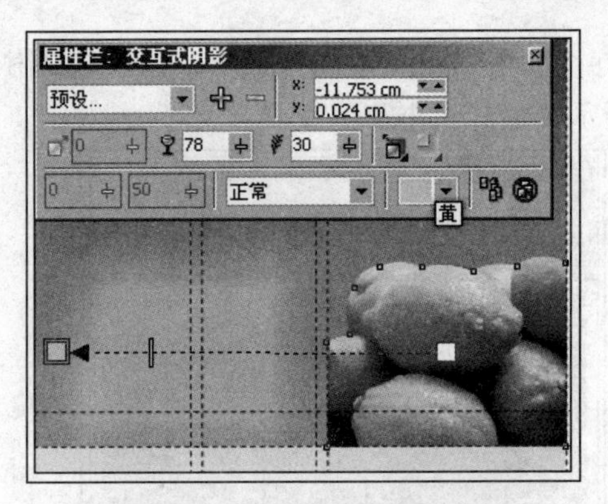

图 13-14 为图像添加阴影效果

图 13-15 调整阴影

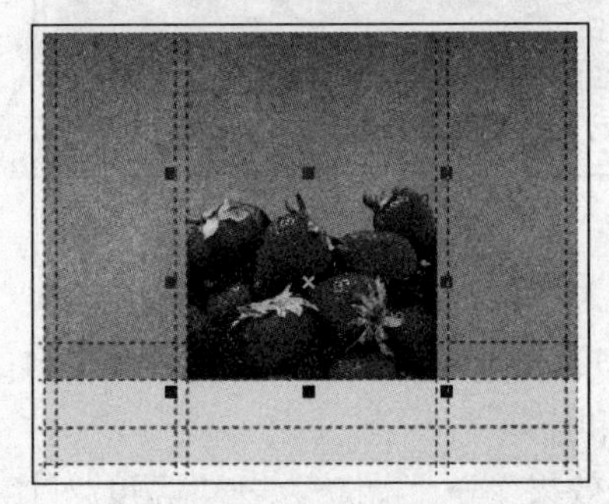

图 13-16 导入草莓图像

14 使用“交互式阴影”工具，参照图 13-17 所示为草莓图像添加黄色阴影效果。

15 保持该图形的选择状态，按<Ctrl+K>键拆分阴影群组，接着选择阴影图形，按<Ctrl+Q>键，将阴影图形转换为曲线。使用“形状”工具，参照图 13-18 所示对阴影图形边缘进行调整。

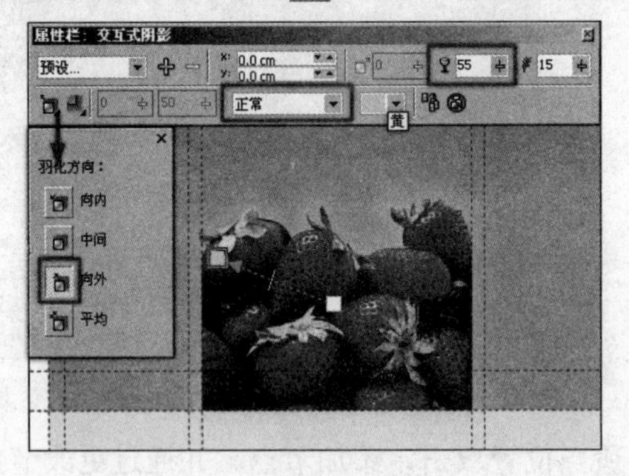

图 13-17 为图像添加阴影效果

图 13-18 调整阴影

16 执行“文件”→“导入”命令，将本书附带光盘\Chapter-13\“标志及装饰文字.cdr”文件导入到文档中，并调整其位置，如图 13-19 所示。

17 将标志图形和文字信息再制，并参照图 13-20 所示调整其大小和位置。

18 使用“矩形”工具，在包装的侧面位置绘制圆角矩形，并分别填充颜色，轮廓色均设置为无，如图 13-21 所示。

19 执行“文件”→“导入”命令，导入本书附带光盘\Chapter-13\“卡通装饰.cdr”文件到文档中相应位置，如图 13-22 所示。

图 13-19　导入光盘文件

图 13-20　图形再制

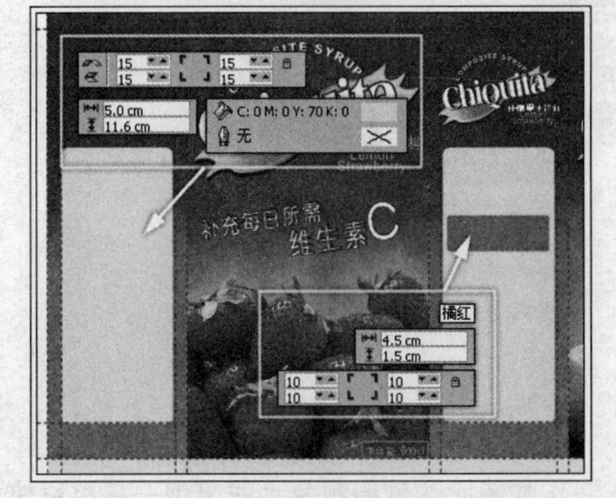

图 13-21　绘制圆角矩形

图 13-22　添加装饰图形

20 最后绘制其他装饰图形并添加相关文字信息，完成本实例的制作，效果如图 13-23 所示。在制作过程中遇到问题，可以打开本书附带光盘\Chapter-13\“什锦果汁包装设计.cdr”文件进行查看。

在实例制作完成后，可以执行“视图”→“辅助线”命令，将辅助线隐藏，以便更好的观察制作后的画面效果。

图 13-23　完成效果

实例 2　食品包装盒设计

本节实例制作是蛋糕的包装盒设计。整个包装以橙色为主色调，给人以细嫩、温馨、暖和的视觉感受，进一步衬托出蛋糕的美味。图 13-24 展示了本实例的完成效果。

图 13-24　完成效果

设计思路

考虑到该蛋糕主要的消费群体为青少年，在制作包装时通过绘制简单的图形并搭配明快的色彩，从而达到吸引消费者的目的。

技术剖析

该实例分为两部分制作完成。第一部分绘制包装平面结构；第二部分绘制装饰图形。在第一部分中，通过设置辅助线精确定义平面包装的尺寸大小，使用“矩形”工具绘制出各个包装平面图形，并使用“形状”工具进行调整。在第二部分中，通过使用“螺纹”、“基本形状”等工具，绘制出各种装饰图形。图 13-25 展示了本实例的制作流程。

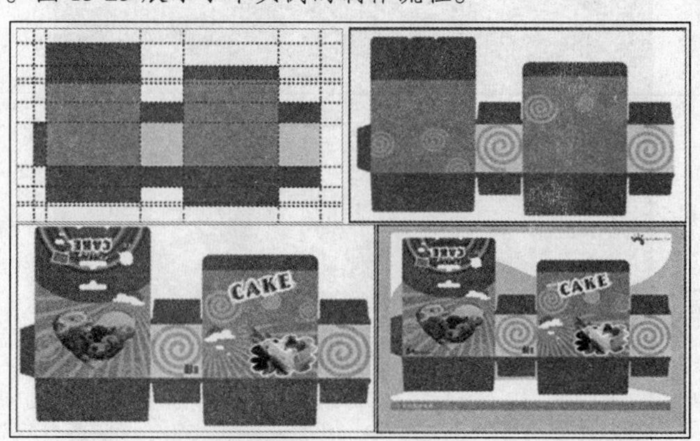

图 13-25　制作流程

制作步骤

1.绘制包装平面结构

01 启动CorelDRAW X3，执行“文件”→“新建”命令，新建一个空白的工作文档，参照图13-26所示设置其属性栏，更改纸张大小。

02 执行“视图”→“辅助线设置”命令，打开“选项”对话框，参照图13-27所示设置其水平和垂直辅助线，完毕后单击“确定”按钮，关闭该对话框添加辅助线。

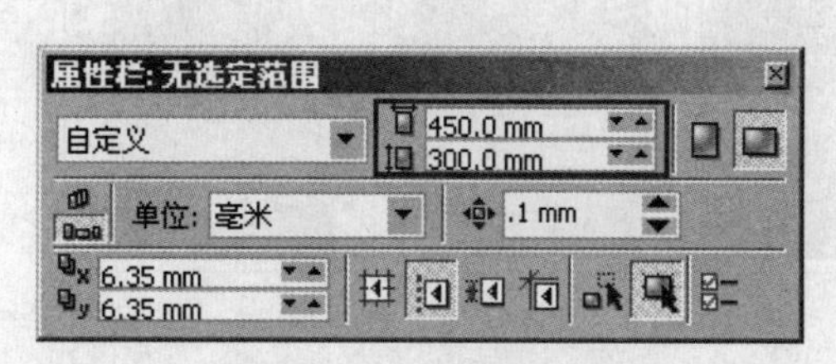

图13-26　设置页面属性

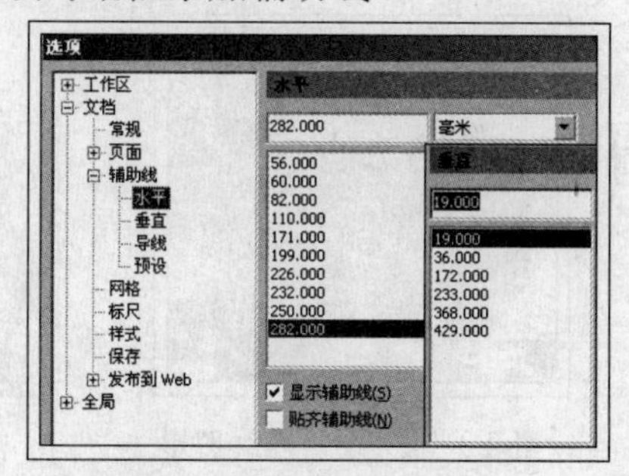

图13-27　添加辅助线

03 使用“矩形”工具，参照图13-28所示沿辅助线绘制矩形并分别为其填充颜色和轮廓。

04 使用“挑选”工具，参照图13-29所示选择矩形并设置其属性栏。

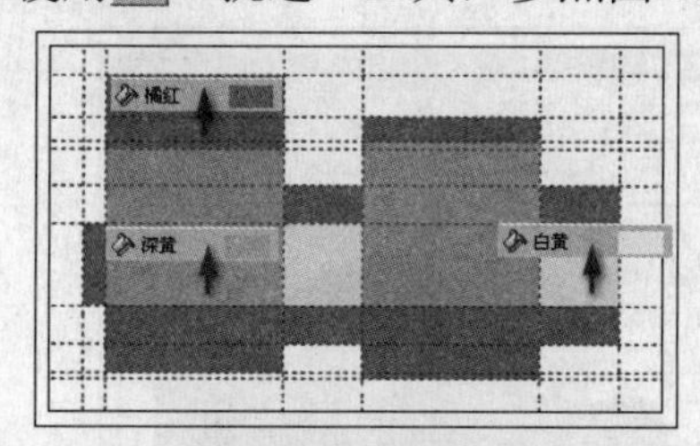

图13-28　绘制图形并填充颜色

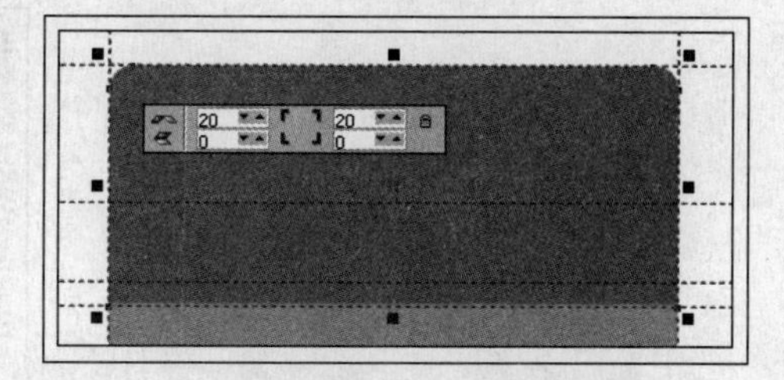
图13-29　调整图形

05 使用同样的方法，选择其他矩形并设置属性栏，如图13-30所示。

06 使用“挑选”工具，将矩形全部选中，按<Ctrl+Q>键将其转换为曲线。使用“形状”工具，参照图13-31所示分别调整矩形。

提示　也可以导入本书附带光盘\Chapter-13\“包装盒.cdr”文件，继续接下来的操作。

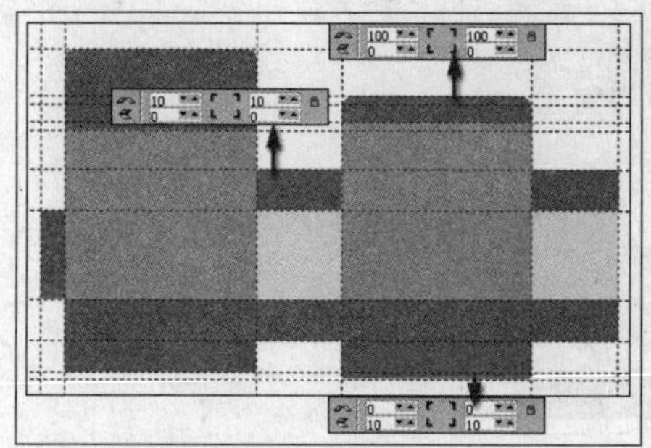
图13-30　调整其他图形

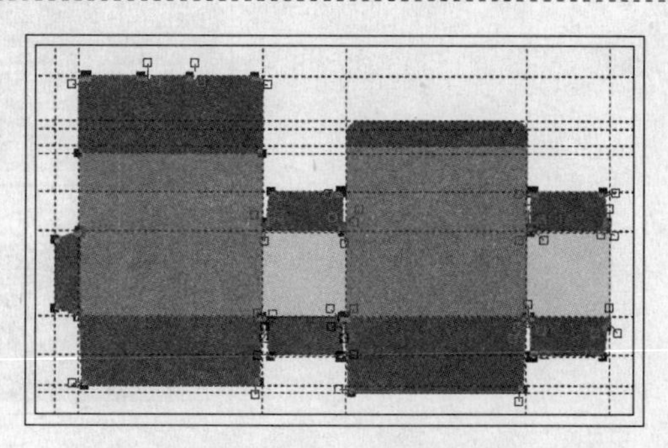
图13-31　调整图形

2.绘制装饰图形

01 执行“视图”→“辅助线”命令，将辅助线隐藏。使用“螺纹”工具，参照图 13-32 所示绘制多个大小不等的螺纹图形，并设置其轮廓属性。

02 将绘制的螺纹图形全部选中，执行“效果”→“图框精确剪裁”→“放置在容器中”命令，当鼠标变为黑色向右箭头时，单击矩形将螺旋线放入矩形中。

03 使用“挑选”工具，按<Ctrl>键的同时单击矩形，进入编辑内容状态，调整螺旋线的位置。完毕后再次按<Ctrl>键的同时单击页面空白处，退出当前编辑内容状态，如图 13-33 所示。

图 13-32 绘制螺纹图形

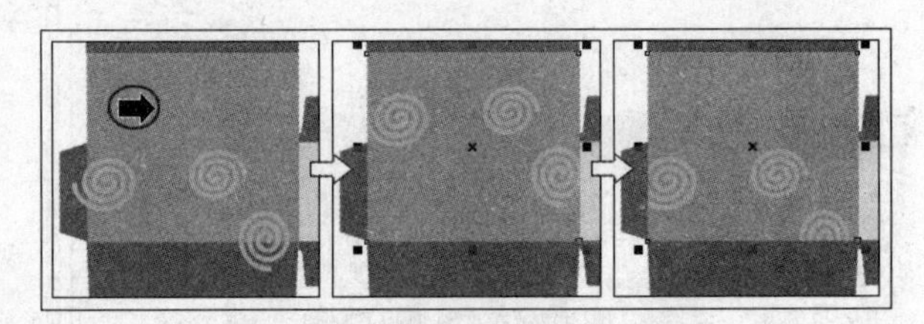

图 13-33 图框精确剪裁效果

04 使用同样的方法，再绘制其他螺纹图形，并进行图框精确剪裁，如图 13-34 所示。

05 选择“基本形状”工具，参照图 13-35 所示设置其属性栏，在页面中绘制形状并填充红色，设置轮廓为无。

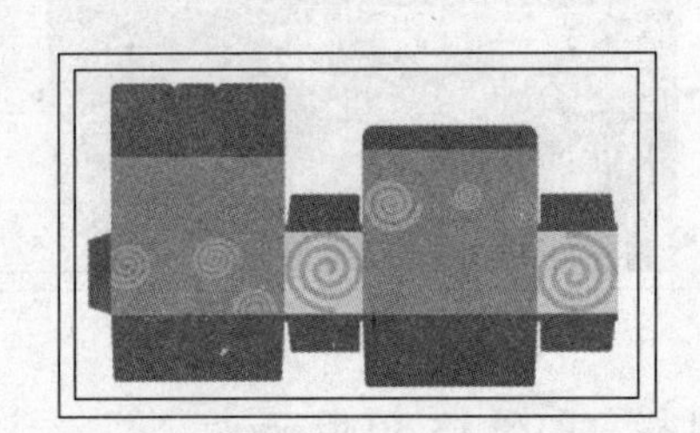

图 13-34 添加其他螺纹图形

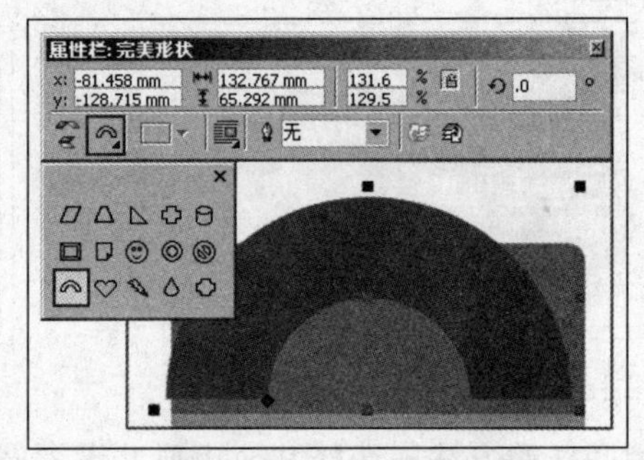

图 13-35 绘制完美形状

06 保持该图形的选择状态，单击属性栏中的“垂直镜像”按钮，将其垂直镜像。使用“交互式轮廓图”工具，参照图 13-36 所示设置其属性栏，为图形添加轮廓图效果。

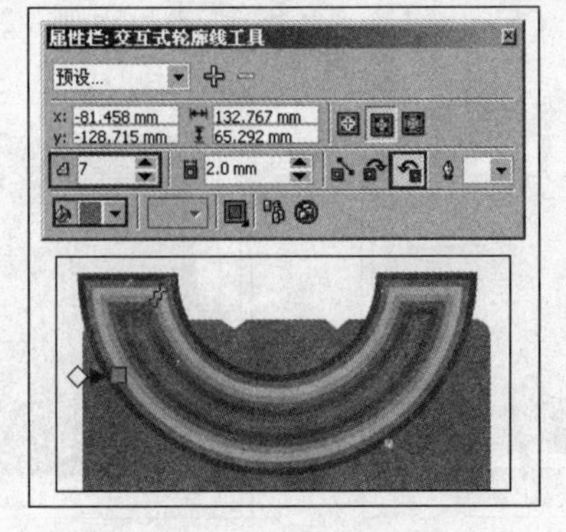

图 13-36 添加轮廓图效果

07 参照图 13-37 所示，将添加轮廓图效果的图形再制多个并分别调整其位置、大小和旋转角度。完毕后通过执行“效果”→“图框精确剪裁”→“放置在容器中”命令，将原彩虹图形放置到相应矩形中。

在该步骤中将再制的彩虹轮廓图缩小后，会发现轮廓图效果与图示中的不完全一样，这是由于图形轮廓缩小而“轮廓图偏移”值不变产生的效果。可以适当调小其属性栏中的“轮廓图偏移”参数值，从而达到该步骤中的画面效果。

08 使用“标注形状”工具，参照图 13-38 所示，绘制图形并填充白色，设置轮廓为无。

图 13-37 再制并调整图形

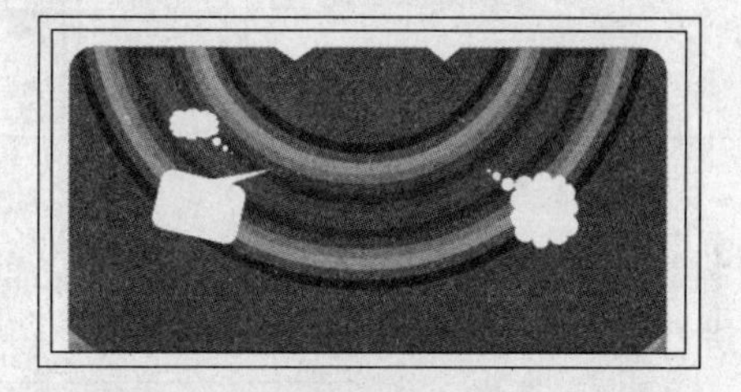

图 13-38 绘制标注图形

09 参照图 13-39 所示绘制出其他图形。使用“交互式轮廓图”工具，选择图形并设置其属性栏，为图形添加轮廓图效果。

10 执行“文件”→“导入”命令，将本书附带光盘\Chapter-13\“装饰及文字.cdr”文件导入到文档中，按<Ctrl+U>键取消群组并调整图形的位置，如图 13-40 所示。

图 13-39 绘制其他图形并添加轮廓图效果

图 13-40 导入装饰图形

11 使用“基本形状”工具，参照图 13-41 所示设置其属性栏，在页面空白处绘制图形填充黄色，设置轮廓为无。

12 执行“排列”→“变换”→“旋转”命令，在打开的“变换”泊坞窗中进行设置，并通过单击“应用到再制”按钮，将其旋转再制，如图 13-42 所示。完毕后将再制的图形全部选中，按<Ctrl+G>键进行群组。

也可以导入本书附带光盘\Chapter-13\“完美形状.cdr”文件，继续接下来的操作。

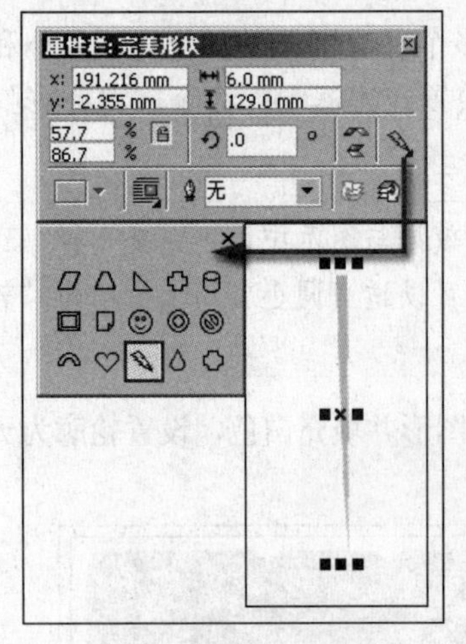

图 13-41 绘制图形

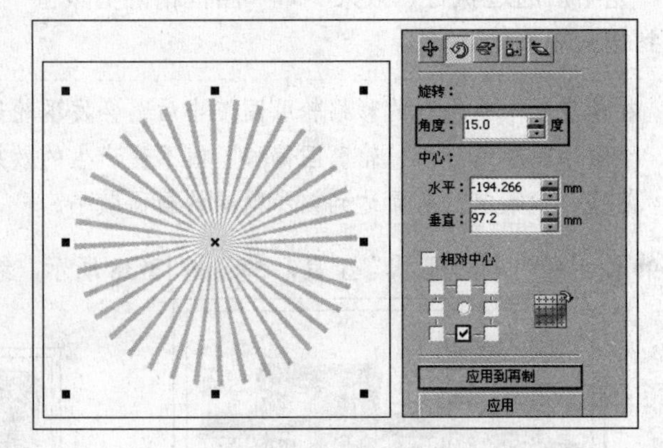

图 13-42 旋转再制图形

13 将群组后的图形再制一个，并参照之前的操作方法，将群组图形分别放置到相应的矩形容器中进行精确剪裁，如图 13-43 所示。

图 13-43 精确剪裁对象

14 执行"文件"→"导入"命令，将本书附带光盘\Chapter-13\"背景.cdr"文件，导入到页面中相应位置并调整顺序。

15 添加相关文字信息，完成本实例的制作，效果如图 13-44 所示。在制作的过程中遇到问题，可以打开本书附带光盘\Chapter-13\"食品包装盒设计.cdr"文件进行查看。

图 13-44 完成效果

实例3 小食品包装袋设计

本节将制作一个小食品的包装袋设计。整个包装构图简洁明了，使消费者一眼就能看出销售的产品。图 13-45 展示了本实例的完成效果。

图 13-45 完成效果

设计思路

该包装采用了与产品相近的色调，透露出食品的美味，突出了产品的特点。包装上的透明窗口设计，使包装内部产品的形象一览无余，更大地增加了对消费者的诱惑性。

技术剖析

该实例分为两部分制作完成。第一部分绘制包装背景；第二部分绘制包装封面。在第一部分中，主要使用了“交互式填充”工具，为图形填充渐变色制作出包装的整体效果；使用“交互式变形”工具和“艺术笔”工具，制作出花边及装饰图形。在第二部分中同样使用了“交互式变形”工具，通过对图形添加变形效果制作出透明窗口；通过“图框精确剪裁”命令将导入的位图放置到制作的透明窗口中。图 13-46 展示了本实例的制作流程。

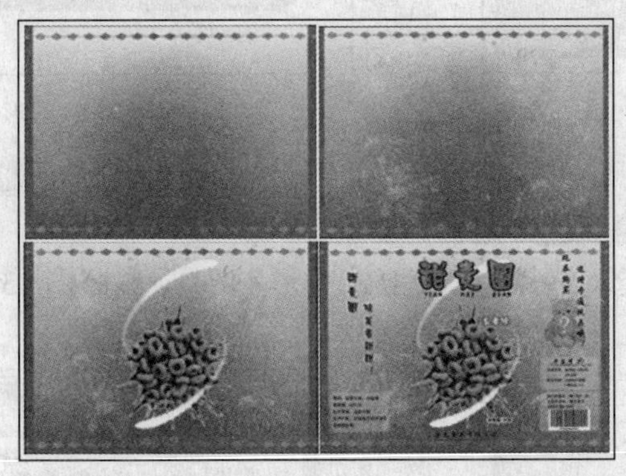

图 13-46 制作流程

制作步骤

1.绘制包装背景

01 运行 CorelDRAW X3，执行“文件”→“新建”命令，新建空白文档。单击属性栏中的“横向”按钮，更改页面的方向，如图 13-47 所示。

02 双击工具箱中的“矩形”工具按钮，创建一个与页面等大的矩形，为其填充橘红色，如图 13-48 所示。

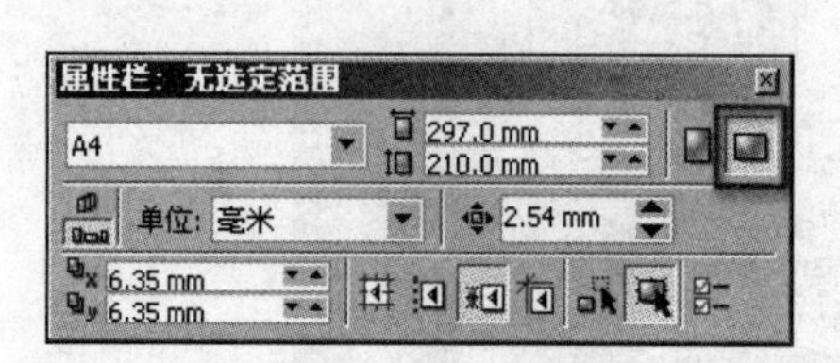

图 13-47　更改页面方向

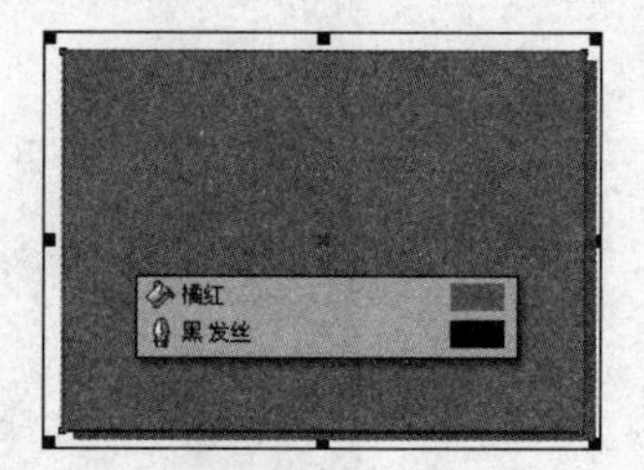

图 13-48　绘制矩形

03 保持矩形的选择状态，按小键盘上的<+>键将矩形原位再制，并在属性栏中设置矩形的宽度。使用“交互式填充”工具，为矩形填充线性渐变色，如图 13-49 所示。

04 使用“椭圆形”工具，配合按<Ctrl>键绘制圆形，为其填充任意色。使用“交互式阴影”工具为圆形添加阴影效果，并参照图 13-50 所示设置属性栏参数。完毕后按<Ctrl+K>键拆分阴影群组，并将圆形删除。

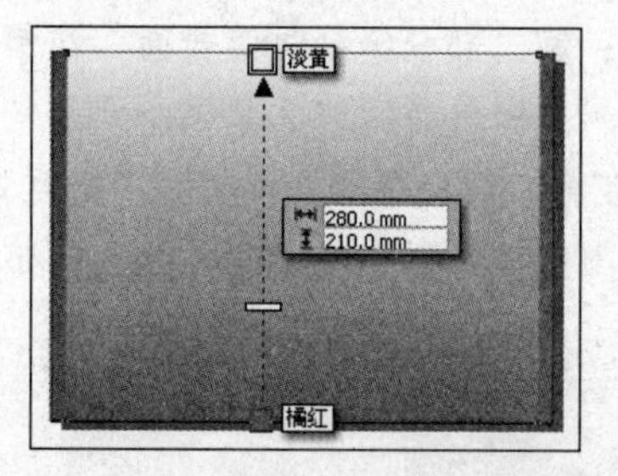

图 13-49　再制矩形并填充渐变色

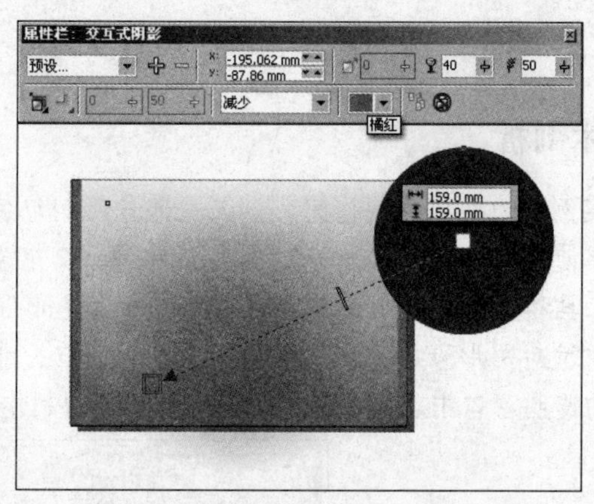

图 13-50　绘制圆形并添加阴影

05 使用“矩形”工具，参照图 13-51 所示绘制矩形。使用“交互式填充”工具为矩形填充渐变颜色，并设置轮廓色为无。

06 保持矩形的选择状态，选择“交互式变形”工具，参照图 13-52 所示设置属性栏参数，为矩形添加拉链变形效果。

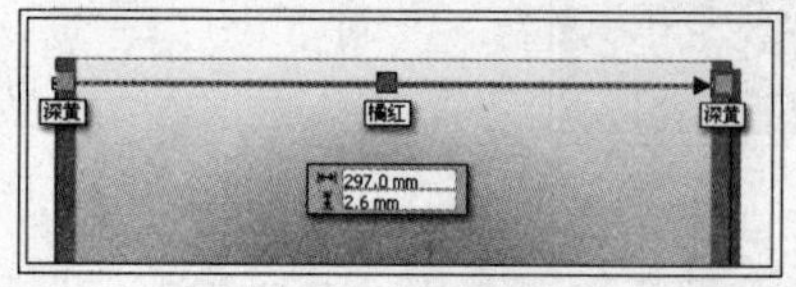

图 13-51　绘制矩形并填充渐变色

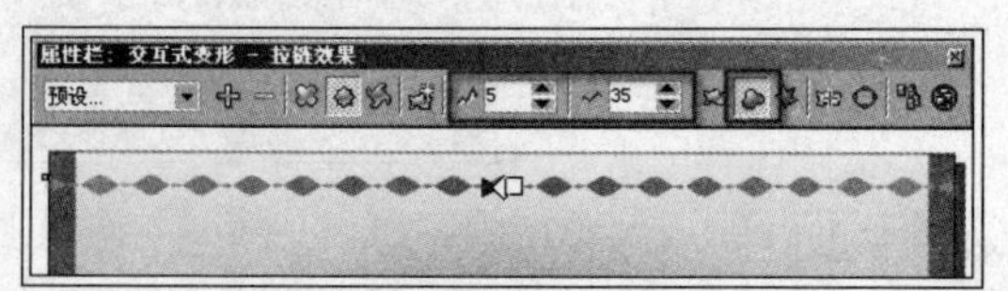

图 13-52　添加拉链变形效果

07 保持该图形的选择状态，选择“挑选”工具，按小键盘上的<+>键将其原位再制，并参照图 13-53 所示调整再制图形的位置。

08 选择“艺术笔”工具，参照图 13-54 所示设置属性栏，在页面中绘制图形。

该工具绘制的图形随机性较强，不必追求与图示效果完全相同。

图 13-53　复制图形并调整位置

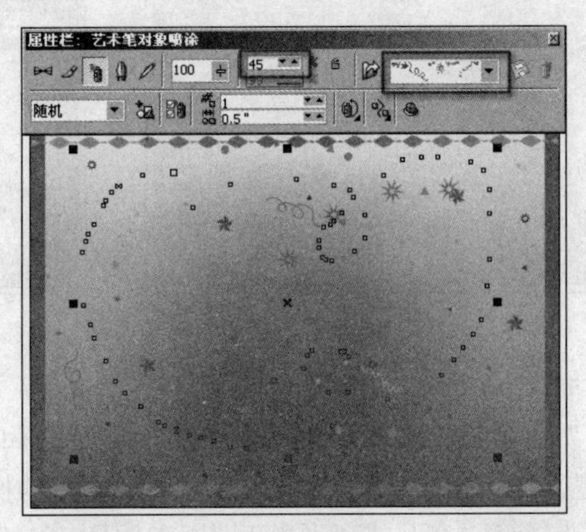

图 13-54　绘制图形

09 保持喷涂图形的选择状态，为其设置填充色，按<Ctrl+PageDown>键，调整喷绘图形的顺序到阴影图像的下面，如图 13-55 所示。

10 再次选择“艺术笔”工具并设置属性栏，在页面添加烟花图形，如图 13-56 所示。至此，包装背景图形就绘制完成了。

也可以执行“文件”→“打开”命令，打开本书附带光盘\Chapter-13\“小食品包装袋背景.cdr”文件继续接下来的操作。

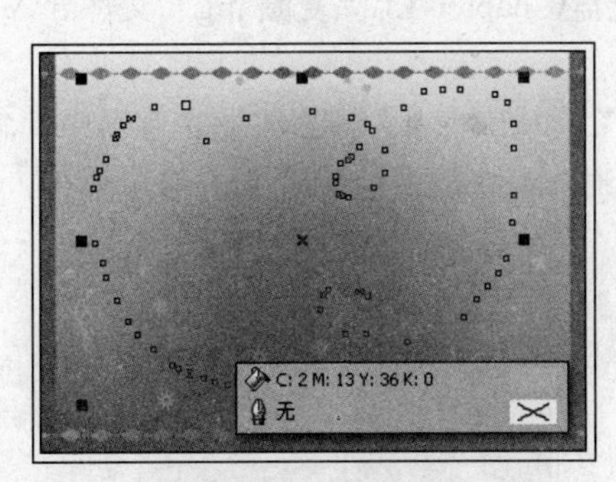

图 13-55　为图形填充颜色并调整顺序

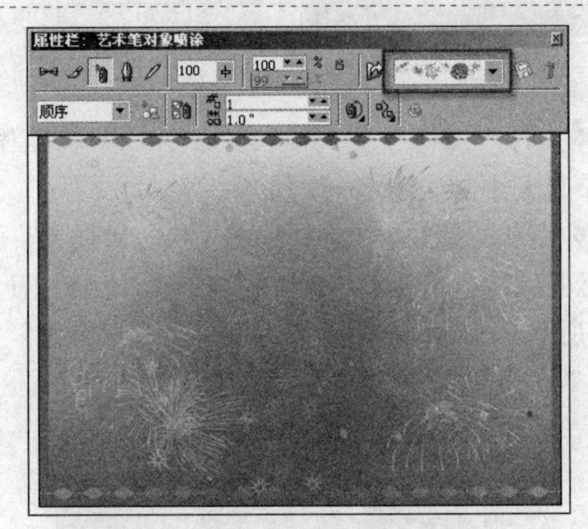

图 13-56　绘制烟花图形

2.绘制包装封面

01 选择“星形”工具，参照图 13-57 所示设置属性栏参数，按<Ctrl>键的同时，在页面中心位置绘制一个边长相等的五角星形，并填充颜色。

02 保持五角星的选择状态，按<F12>键打开“轮廓笔”对话框，参照图13-58所示设置对话框，完毕后单击“确定”按钮，更改图形的轮廓属性。

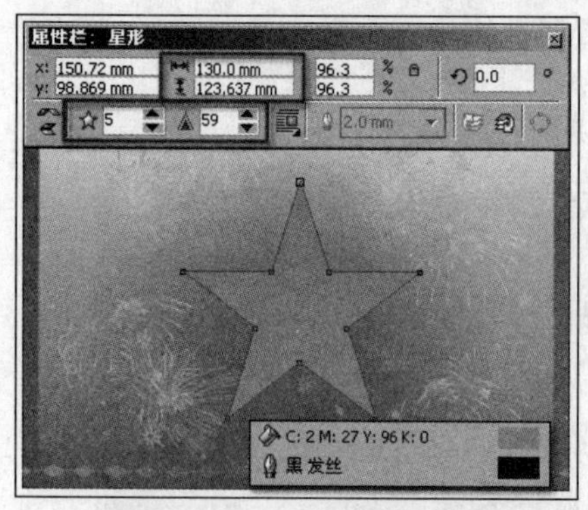

图13-57 绘制五角星形

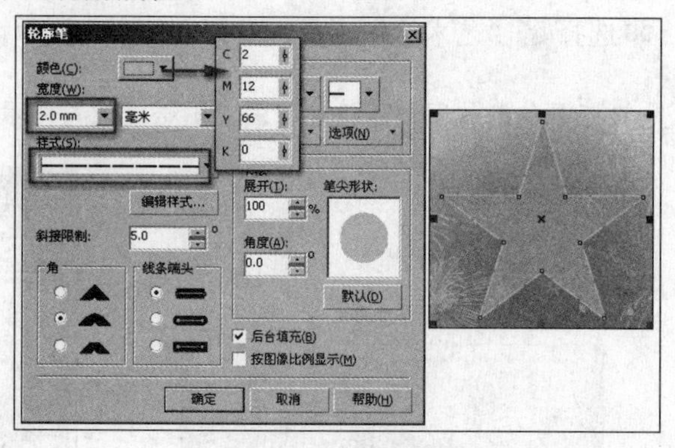

图13-58 设置星形的轮廓属性

03 按<Ctrl+Q>键，将星形图形转换为曲线。执行“窗口”→“泊坞窗”→“圆角/扇形切角/倒角”命令，打开“圆角/扇形切角/倒角”泊坞窗，参照图13-59所示设置泊坞窗，完毕后单击“应用”按钮，对五角星形进行扇形切角的操作。

04 选择“交互式变形”工具，参照图13-60所示设置属性栏，依次为该图形添加推拉变形和拉链变形的效果。

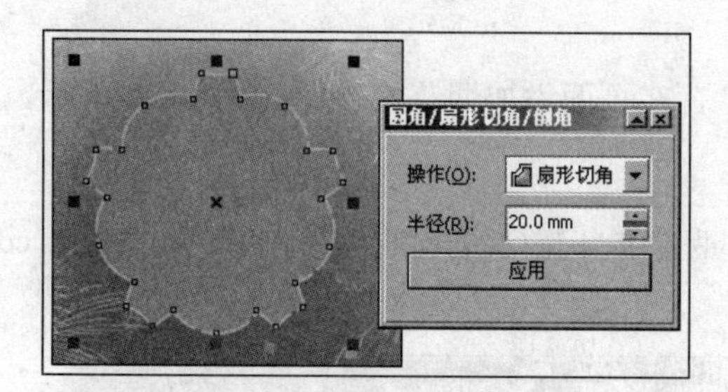

图13-59 应用扇形切角效果

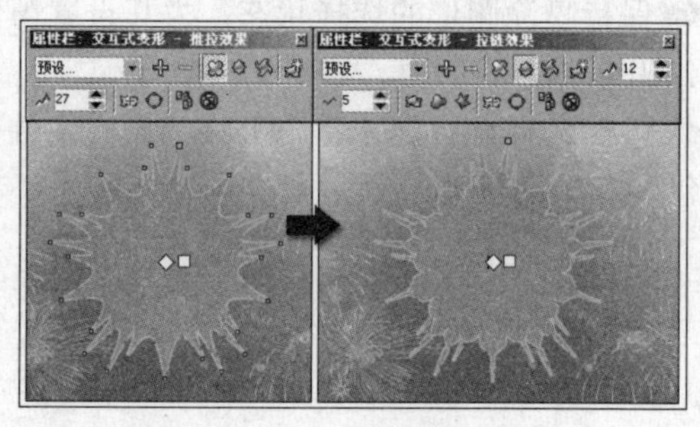

图13-60 添加变形效果

05 执行“文件”→“导入”命令，将本书附带光盘\Chapter-13\“麦圈.jpg”文件导入文档并调整其大小，如图13-61所示。

06 保持麦圈图像的选择状态，执行“效果”→“图框精确剪裁”→“放置在容器中”命令，当鼠标变成黑色箭头时，单击添加变形效果的五角星形，将麦圈图像放置到五角星形中，如图13-62所示。

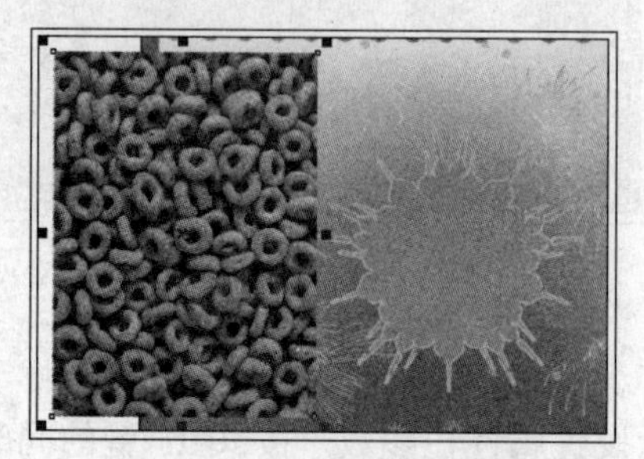

图13-61 导入光盘文件

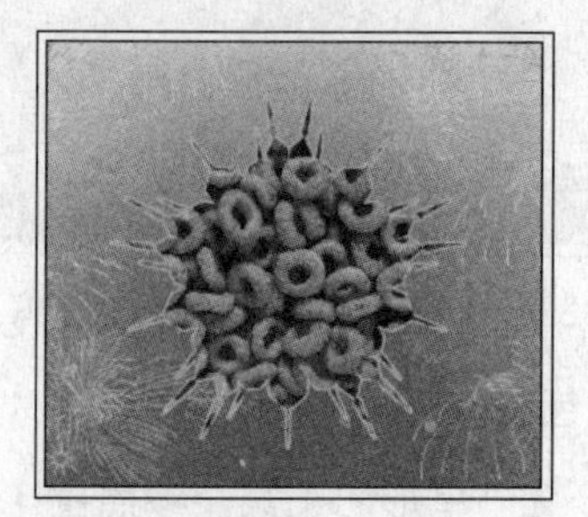

图13-62 精确剪裁图像

07 使用“贝塞尔”工具绘制曲线。选择“艺术笔”工具，在属性栏中单击“笔刷”按钮，选择曲线，并参照图 13-63 所示设置属性栏参数，为其添加艺术笔触效果。

08 保持该图形的选择状态，调整其位置并填充色为白色。按<Ctrl+D>键将艺术笔触图形再制，并调整其旋转角度和位置，如图 13-64 所示。

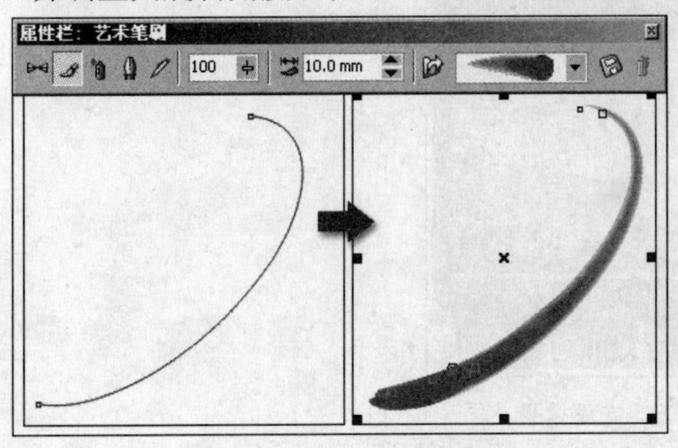

图 13-63 绘制曲线并添加艺术笔触效果

图 13-64 复制图形并调整

09 执行“文件”→“导入”命令，将本书附带光盘\Chapter-13\“文字及装饰.cdr”文件导入到文档中相应位置，完成本实例的制作，效果如图 13-65 所示。在制作过程中遇到问题，可以打开本书附带光盘\Chapter-13\“小食品包装袋设计.cdr”文件进行查看。

图 13-65 完成效果

实例 4 巴卡第酒包装设计

本节将制作一幅巴卡第酒的包装设计，整个画面古朴典雅。通过对文字和图片进行合理的编排，使得整个包装图文并茂、生动、直观地传达给消费者产品的信息。图 13-66 展示了本实例的完成效果。

图 13-66　完成效果

设计思路

产品包装设计必须能体现出产品的性质和特点，使消费者能在瞬间看出是什么商品。根据这一要素，在设计时用一个酒杯图像与文字进行合理编排，并配以深沉的色调，将产品的性质和特点完美的展现在消费者面前。

技术剖析

该实例分为两部分制作完成。第一部分绘制包装平面结构；第二部分绘制装饰图形。在第一部分中，通过设置辅助线精确定义包装的尺寸大小；使用“矩形”工具，通过绘制图形并填充颜色制作出包装的各个平面图形。在第二部分中，通过使用了“交互式透明”工具，为图像添加透明效果，使整个画面更加协调。图 13-67 展示了本实例的制作流程。

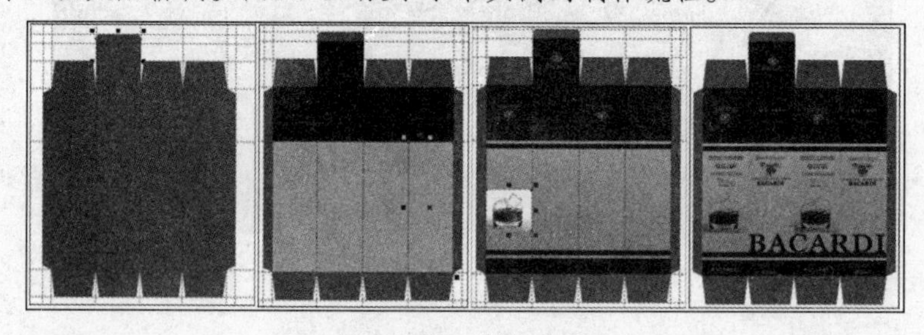

图 13-67　制作流程

制作步骤

1.绘制包装平面结构

01 运行 CorelDRAW X3，新建一个空白文档，参照图 13-68 所示设置页面大小。

02 使用“矩形”工具，在页面中绘制一个矩形，并填充颜色，如图 13-69 所示。

在该步骤中绘制的矩形的大小及坐标都应保持与图示中的一致，以便于在之后的操作中正确设置辅助线位置。

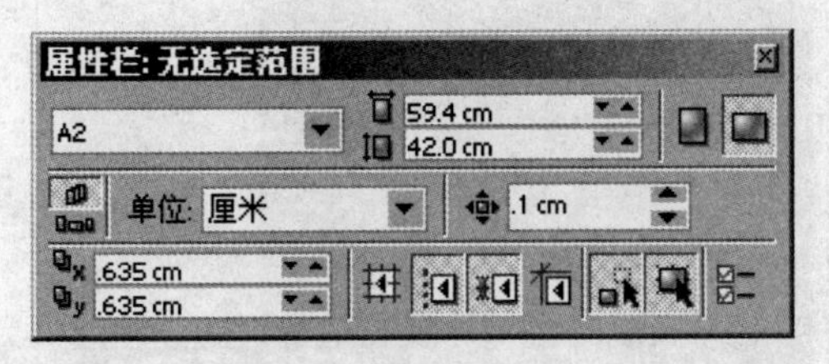

图 13-68　设置文档属性

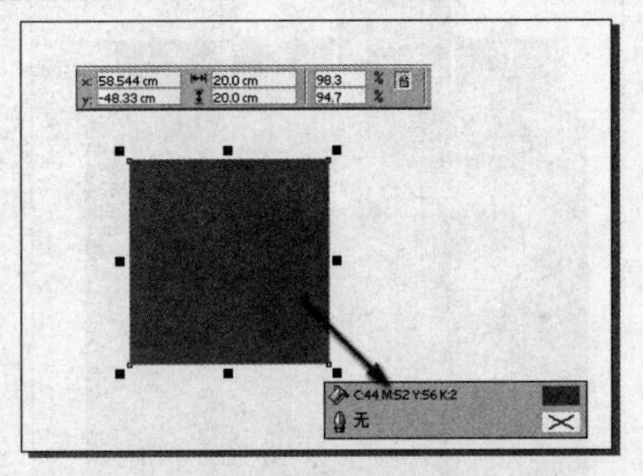

图 13-69　绘制矩形

03将鼠标移动“水平标尺”和“垂直标尺”交叉点处，单击并拖动鼠标至矩形左上角节点处释放鼠标，设置标尺原点位置，如图 13-70 所示。

04执行“查看”→“辅助线设置”命令，打开“选项”对话框，参照图 13-71 所示依次添加水平辅助线和垂直辅助线。

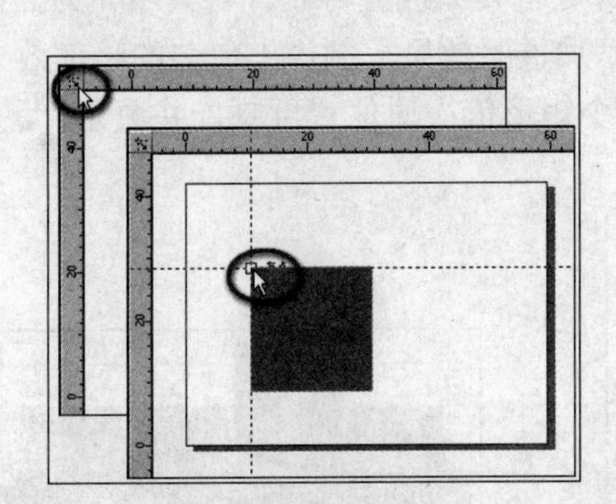

图 13-70　设置标尺原点位置

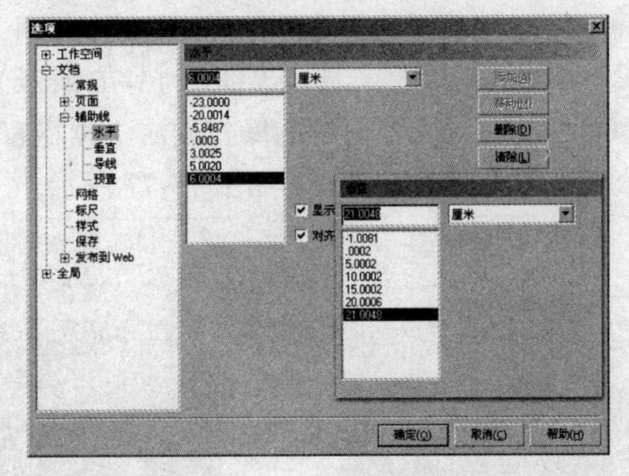

图 13-71　设置辅助线

05执行“工具”→“对象管理器”命令，打开“对象管理器”泊坞窗，单击“导线”图层前的笔形图标，将导线图层锁定，如图 13-72 所示，以便于在以下操作中不会误选辅助线。

06使用“矩形”工具，在图 13-73 所示辅助线内绘制矩形，按<Ctrl+Q>键将其转换为曲线，使用“形状”工具对其节点进行调整。

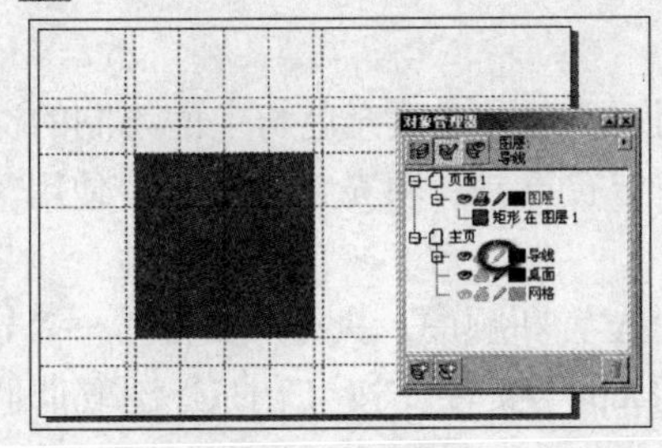

图 13-72　锁定导线

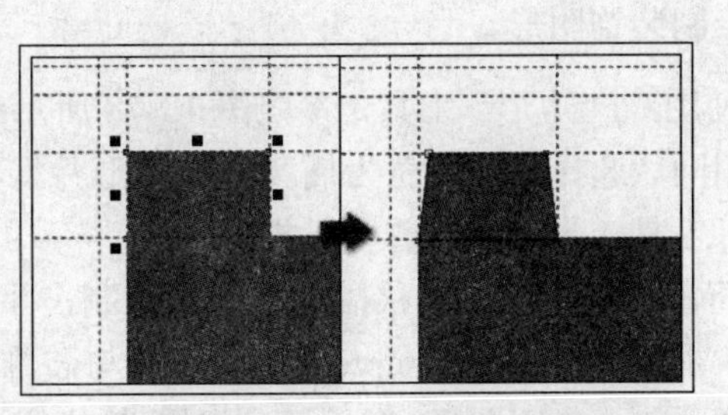

图 13-73　绘制矩形并调整

07参照以上方法，再制作如图 13-74 所示其他图形，制作出包装的平面效果图。

08 使用"矩形"工具，参照图 13-75 所示绘制矩形，并分别填充颜色。

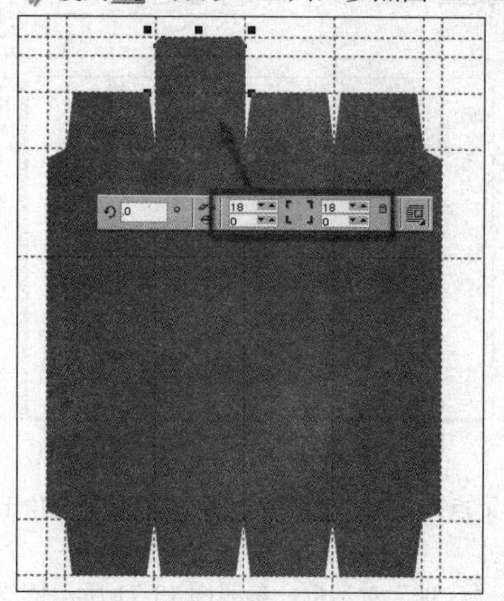

图 13-74　绘制矩形并调整

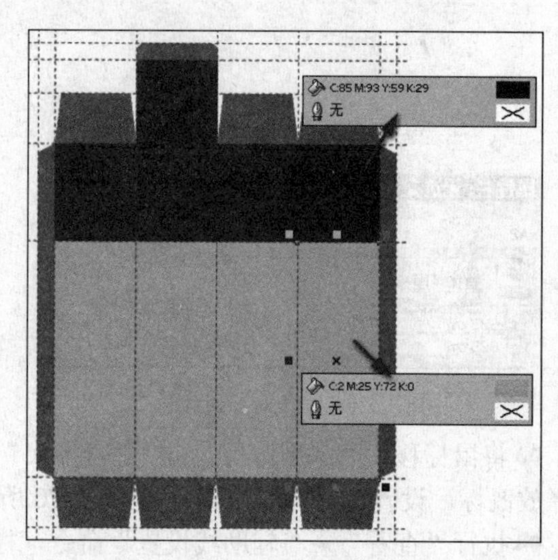

图 13-75　绘制矩形

09 选择左侧顶部的深蓝色矩形，按小键盘上的<+>键将其原位置再制。将其填充为黑色。使用"交互式透明"工具，参照图 13-76 所示为其添加透明效果，制作出包装的暗部效果。

10 参照上一步骤中同样的操作方法，再将右侧两个矩形依次原位置再制，并填充为黑色。然后分别为其添加透明效果，如图 13-77 所示。

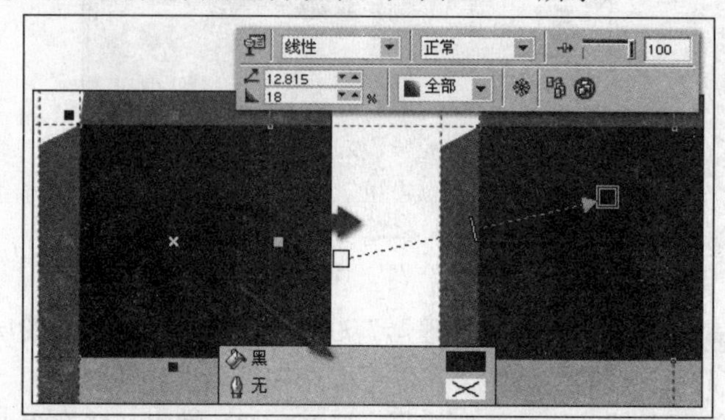

图 13-76　再制矩形并添加透明效果

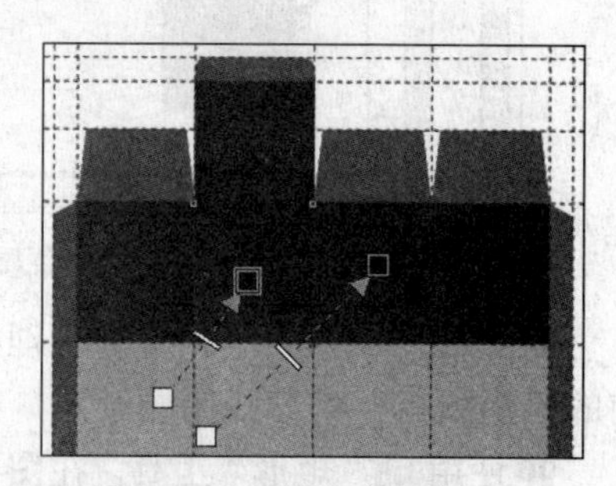

图 13-77　制作暗部效果

2. 绘制装饰图形

01 使用"矩形"工具，参照图 13-78 所示绘制矩形，设置填充色与上面绘制的深蓝色矩形颜色相同。选择左侧填充为橘黄色的矩形并将其原位置再制，填充为秋橘红，使用"交互式透明"工具，为其添加透明效果。

02 将添加透明效果的秋橘红色矩形再制，并调整位置和顺序。执行"文件"→"导入"命令，导入本书附带光盘\Chapter-13\"标志与装饰图形.cdr"文件，按<Ctrl+U>键取消群组，将标志图形再制，参照图 13-79 所示分别调整位置。

03 选择"交互式透明"工具，参照图 13-80 所示设置其属性栏，为酒杯图像添加透明效果。完毕后将其再制并调整位置。

04 选择包装盖上面的标志图形，将其再制并按<Ctrl+U>键取消群组。将其填充为深蓝色，并对其进行调整，再添加其他相关文字信息，如图 13-81 所示。

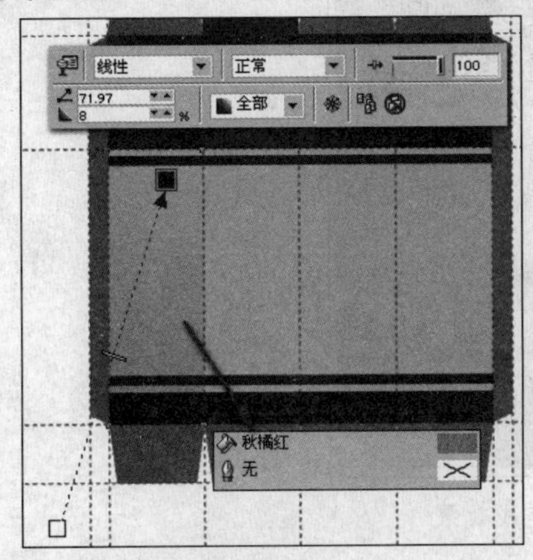

图 13-78　绘制矩形并添加透明效果

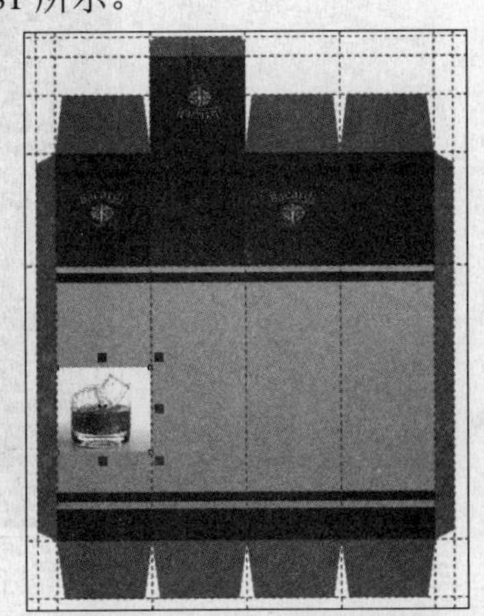

图 13-79　导入光盘文件

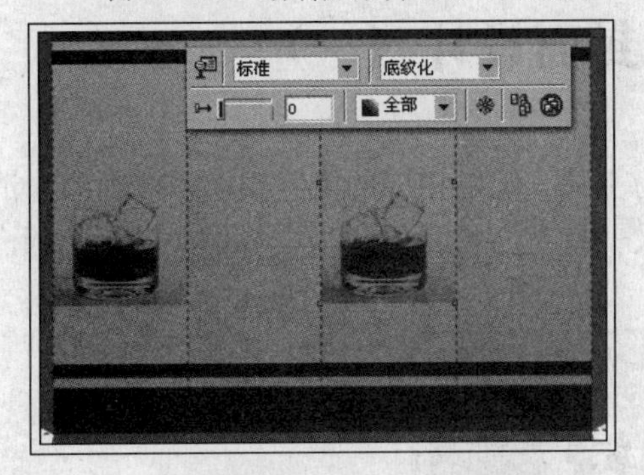

图 13-80　添加透明效果

图 13-81　调整标志并添加文字信息

05 使用"文本"工具，参照图 13-82 所示输入文字信息。

06 使用"交互式阴影"工具，参照图 13-83 所示为文字图形添加阴影效果。

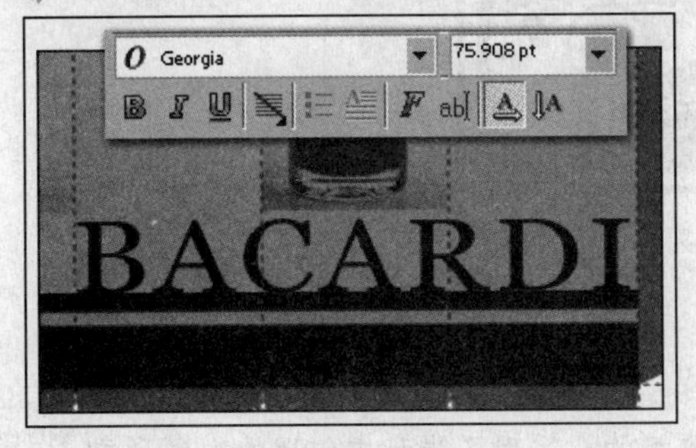

图 13-82　输入文字

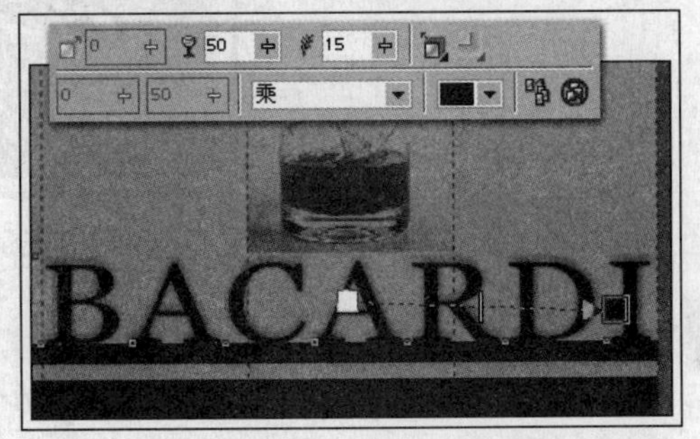

图 13-83　添加阴影效果

07 最后，添加相关文字信息，完成本实例的制作，效果如图 13-84 所示。在制作过程中遇到问题，可以打开本书附带光盘\Chapter-13\"巴卡第酒包装设计.cdr"文件进行查阅。

图 13-84　完成效果

实例 5　CD 包装封面设计（一）

该包装设计使用了色彩艳丽的装饰图形作为主体，配以相应的文字说明，准确地向消费者传达了产品的信息。同时包装的独特设计也给人一种赏心悦目的享受。如图 13-85 所示，为本实例的完成效果。

图 13-85　完成效果

设计思路

本实例在设计上，以表现光盘中的内容为主要目的，采用了光盘中叙述的主题形象——熊猫作为包装中的展示主体，配合艳丽的色彩搭配来吸引人们的注意，从而达到促销和宣传的目的。

技术剖析

该实例绘制方法很简单，主要讲述了如何操作和管理对象。图 13-86 展示了实例的制作流程。

图 13-86 制作流程

制作步骤

01 运行 CorelDRAW X3，在欢迎界面中单击“打开”图标，打开本书附带光盘\Chapter-13\“背景图形.cdr”文件，如图 13-87 所示。

02 保持背景图形的选择状态，在图形上右击鼠标，从弹出的菜单中选择“锁定对象”命令，将背景图形锁定，如图 13-88 所示，这样在下面的操作中就不会误选择背景图形。

图 13-87 打开背景图形

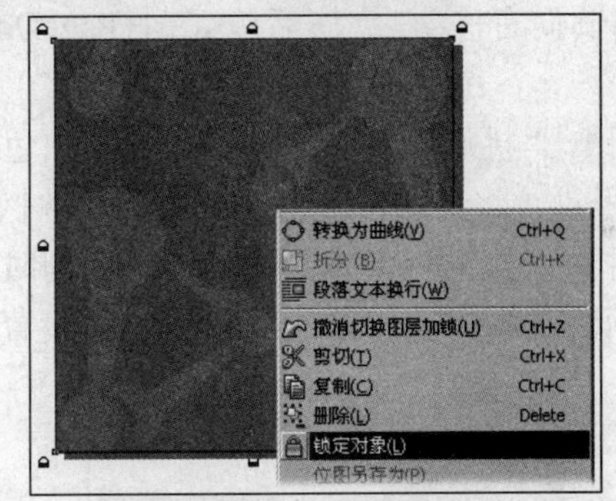

图 13-88 锁定对象

03 使用“矩形”工具，在页面中绘制矩形，并将其填充为嫩绿色，如图 13-89 所示。

04 执行“文件”→“导入”命令，将本书附带光盘\Chapter-13\“熊猫.cdr”文件导入到文档。选择“挑选”工具并移动到熊猫图形上，当光标变为✥标记时，单击并拖动鼠标，调整熊猫图形到图 13-90 所示位置。

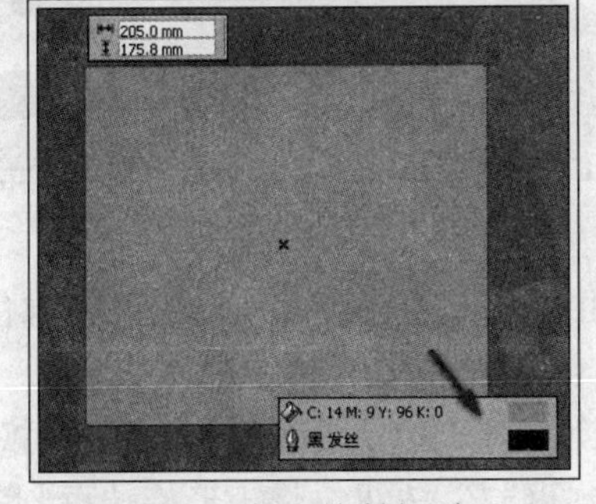

图 13-89 绘制矩形

图 13-90 导入素材图形

05 使用"矩形"工具，在页面中绘制矩形条，将其填充为黑色，如图13-91所示。

06 保持黑色矩形的选择状态，使用"挑选"工具，按<Shift>键同时单击嫩绿色矩形，将两个矩形同时选中。

07 单击属性栏中的"对齐与分布"按钮，参照图13-92所示，在打开的"对齐与分布"对话框中进行设置，并依次单击"应用"和"关闭"按钮，将两个矩形对齐。

图13-91 绘制矩形条

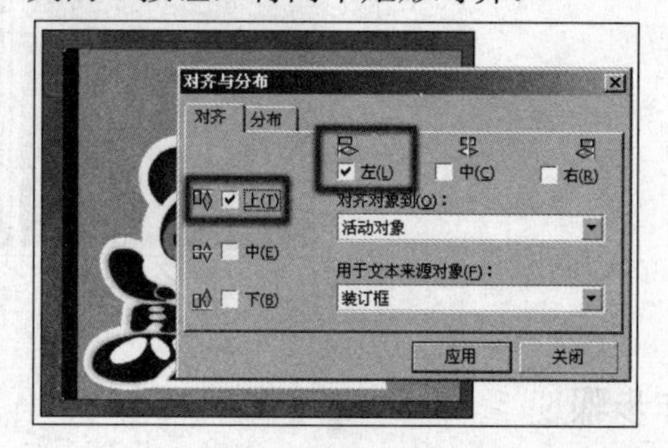

图13-92 设置对齐与分布

08 使用"挑选"工具，单击页面空白处，使任何图形不被选中，在属性栏中设置微调偏移参数。

09 选中黑色矩形条，按小键盘上的<+>键，将其原位置再制，填充为白色，按键盘上<→>键13次，将其向右移动，完毕后按<Ctrl+PageDown>键调整其顺序到黑色矩形下面，如图13-93所示。

10 使用"挑选"工具，框选黑色和白色矩形，并按<Ctrl+G>键进行群组。完毕后按小键上的<+>号键，将其原位置再制并单击属性栏中的"镜像"按钮，进行水平镜像。

11 使用"挑选"工具，按<Shift>的同时，将镜像的图形与嫩绿色矩形同时选中，单击属性栏中的"对齐与分布"按钮，打开并设置"对齐与分布"对话框，对齐图形，如图13-94所示。

图13-93 再制矩形并调整

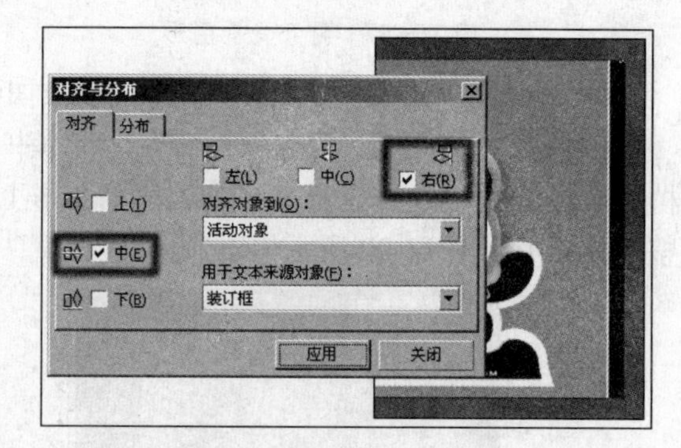

图13-94 对齐图形

12 使用"矩形"工具，在页面空白处绘制矩形条，并填充为橘红色，轮廓色为无，如图13-95所示。

13 保持矩形的选择状态。执行"排列"→"变换"→"旋转"命令，打开"变换"泊坞窗，参照13-96图所示设置泊坞窗，并通过单击"应用到再制"按钮，将矩形旋转再制多个。

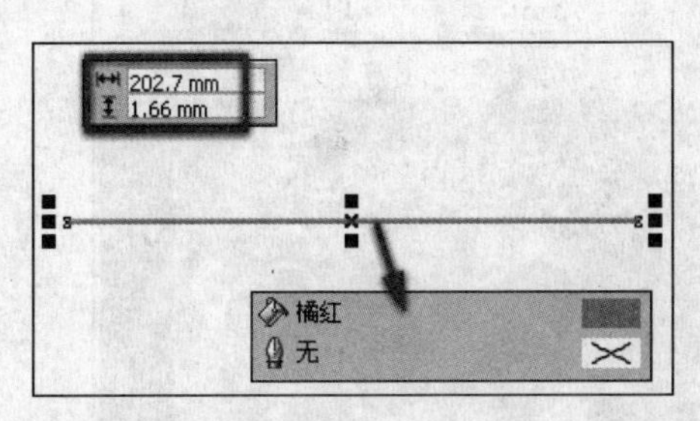

图 13-95　绘制矩形

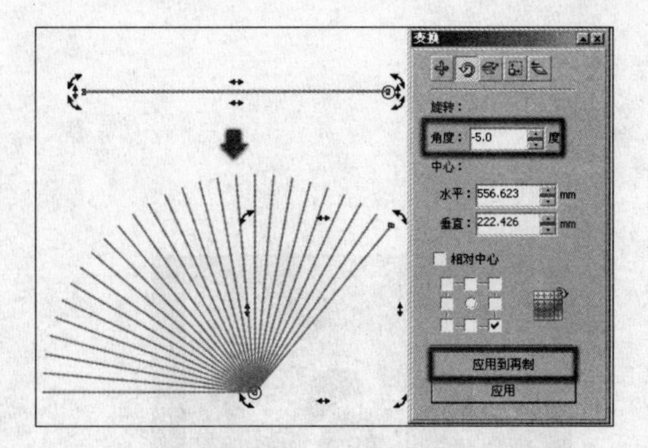

图 13-96　旋转再制图形

14 使用 “挑选” 工具，框选装饰线条图形，对其大小及角度进行调整。选中如图 13-97 所示矩形图形，按下<Ctrl+Q>键将其转换为曲线，并使用 “形状” 工具，对形状进行调整。

15 框选绘制的装饰线条图形，并按<Ctrl+G>键进行群组。执行“效果”→“图框精确剪裁”→“放置在容器中”命令，当鼠标变为黑色箭头时单击底部嫩绿色矩形，将装饰图形放置在容器中，效果如图 13-98 所示。

在该步骤操作完毕后，可以通过执行“效果”→“图框精确剪裁”→“编辑内容”命令，调整装饰线条图形在矩形中的位置。执行“效果”→“图框精确剪裁”→“结束编辑”命令，完成编辑的操作。

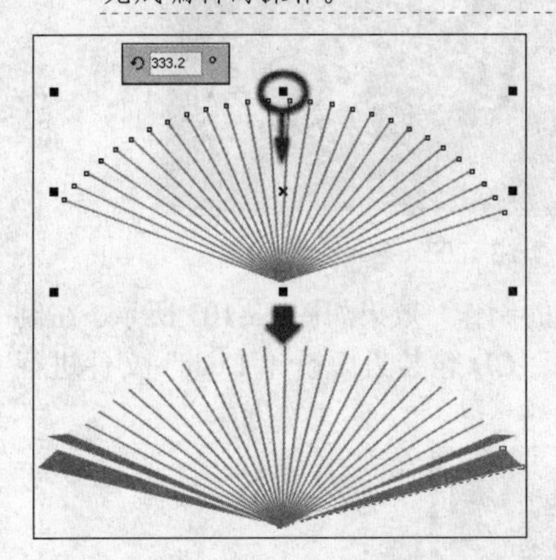

图 13-97　调整图形

图 13-98　精确剪裁对象

16 执行“文件”→“导入”命令，导入本书附带光盘\Chapter-13\“装饰.cdr”文件，按<Ctrl+U>键取消群组，参照图 13-99 所示分别调整其位置。选择小熊猫头部图形，配合按<Ctrl+PageDown>键调整其顺序到大熊猫图形下面。

17 选择嫩绿色图形，使用工具箱中的 “交互式阴影” 工具，为图形添加阴影效果，并参照图 13-100 所示设置其属性栏。

18 使用 “挑选” 工具，框选除背景外的所有图形，在其属性栏中设置“旋转角度”参数值，调整图形的旋转角度，如图 13-101 所示。

19 执行“文件”→“导入”命令，将本书附带光盘\Chapter-13\“光盘.cdr”文件导入文档，并参照图 13-102 所示调整其位置。

图 13-99　添加装饰图形

图 13-100　添加阴影效果

图 13-101　调整图形的旋转角度

图 13-102　导入光盘文件

20 最后添加相关文字信息和标志图形，完成本实例的制作，效果如图 13-103 所示。在制作过程中遇到问题，可以打开本书附带光盘\Chapter-13\“CD 包装封面设计 1.cdr”文件进行查看。

图 13-103　完成效果

实例6 CD包装封面设计（二）

好的光盘封面设计不仅可以直观地传达给消费者光盘的信息内容，方便消费者有选择性地购买，还可以反映出音乐的风格、艺术类型等信息。该实例制作的是一个具有摇滚曲风的光盘封面，图13-104展示了本实例的完成效果。

图13-104 实例的完成效果

设计思路

根据音乐的风格及内容，在该实例中采用了黑色和红色作为主色调，红色给人以兴奋、热情。黑色则给人以严肃、刚健的视觉感觉。主题文字采用了富有张力的夸张变形效果，从封面设计角度来体现音乐的演奏风格。

技术剖析

该实例分为两部分制作完成，第一部分绘制背景；第二部分绘制速度线并添加装饰图形。在第一部分中主要使用了“矩形”工具和“形状”工具，绘制出封面的整体效果。在第二部分中，通过将拆分的阴影图形转换为位图并添加“放射状模糊”、“添加杂色”、“龟纹”等滤镜命令，制作出放射的速度线。图13-105展示了本实例的制作流程。

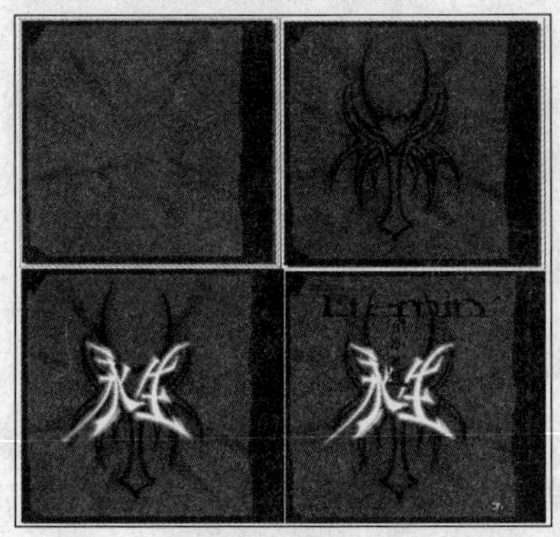

图13-105 实例的制作流程

制作步骤

1.绘制背景

01 启动 CorelDRAW X3，新建一个工作文档。参照图 13-106 所示，在属性栏中对纸张的大小进行调整，其他参数保持默认设置。

02 双击工具箱中的"矩形"工具，创建一个与页面等大的矩形对象。使用"矩形"工具，在页面中再绘制一个较小的矩形，如图 13-107 所示。

图 13-106 设置属性栏

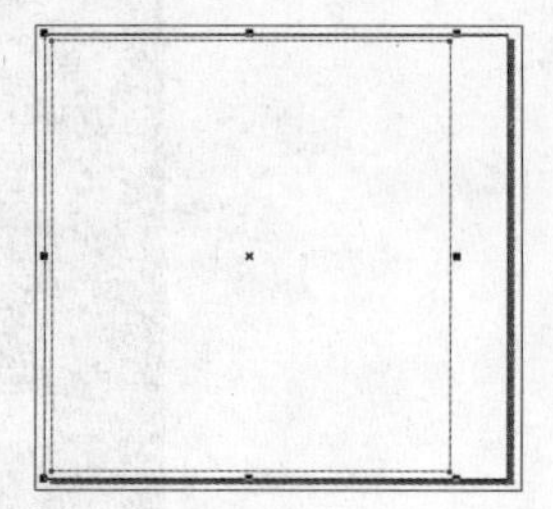

图 13-107 绘制矩形

03 使用"挑选"工具，将绘制的两个矩形框选，单击属性栏中的"结合"按钮，将其结合为一个整体。

04 使用"形状"工具，在曲线的左上角边缘处双击添加节点，并将部分节点删除，如图 13-108 所示。

05 将调整后的图形填充为黑色，轮廓色设置为无。再次双击工具箱中的"矩形"工具，创建与页面等大的矩形，并将其填充为红色，如图 13-109 所示。

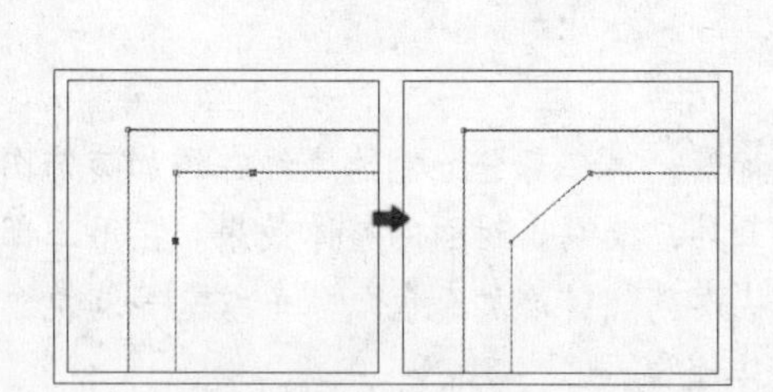

图 13-108 调整图形形状

图 13-109 创建矩形

06 选择工具箱中的"艺术笔"工具，参照图 13-110 所示设置其属性栏中的各选项参数，在页面中绘制图形，并将图形填充为黑色。

提示：使用"艺术笔"工具，绘制图形使其边缘产生粗糙的效果。

2.绘制速度线并添加装饰图形

01 使用"贝塞尔"工具，在页面中绘制图形并填充任意颜色。使用"交互式阴影"工具，为图形添加阴影效果，完毕后参照图 13-111 所示设置其属性栏参数。

02 按<Ctrl+K>键拆分阴影群组，并将添加阴影效果的原图形删除。

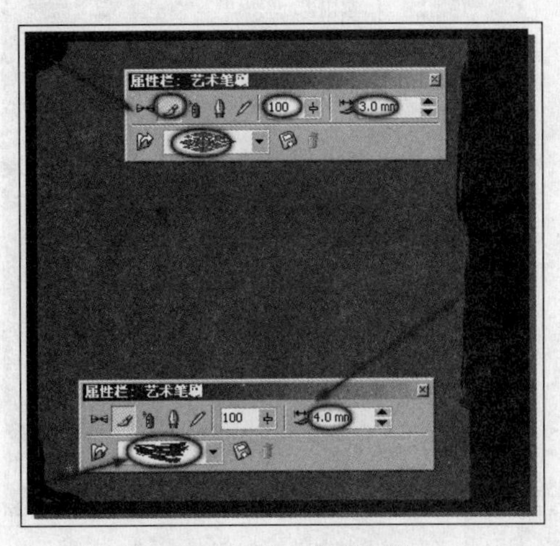

图 13-110 绘制图形

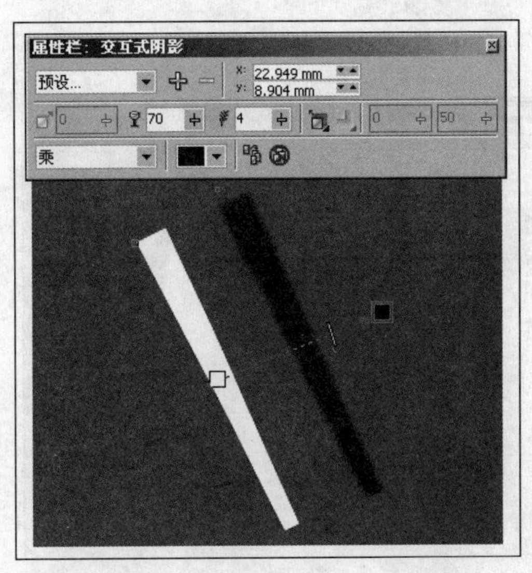

图 13-111 绘制图形并添加阴影效果

03选择阴影图形并执行“位图”→“转换为位图”命令，弹出“转换为位图”对话框，单击“确定”按钮关闭对话框，将阴影图形转换为位图，如图 13-112 所示。

04执行“位图”→“模糊”→“放射式模糊”命令，打开“放射状模糊”对话框。

05参照图 13-113 所示设置对话框，并单击“预览”按钮，通过对话框右侧的窗口可以预览效果，完毕后单击“确定”按钮关闭对话框，为其添加模糊效果。

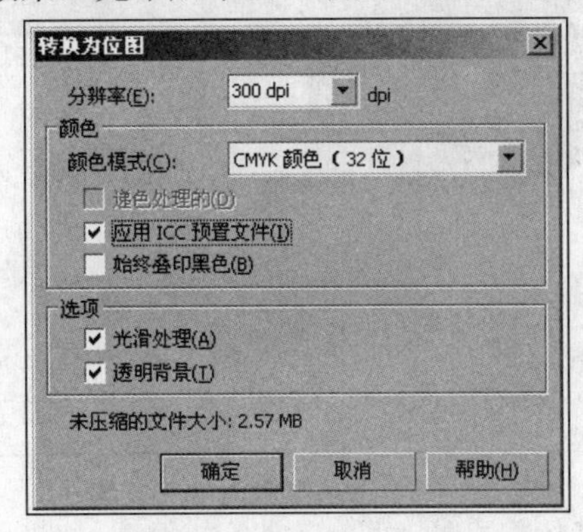

图 13-112 将阴影转换为位图

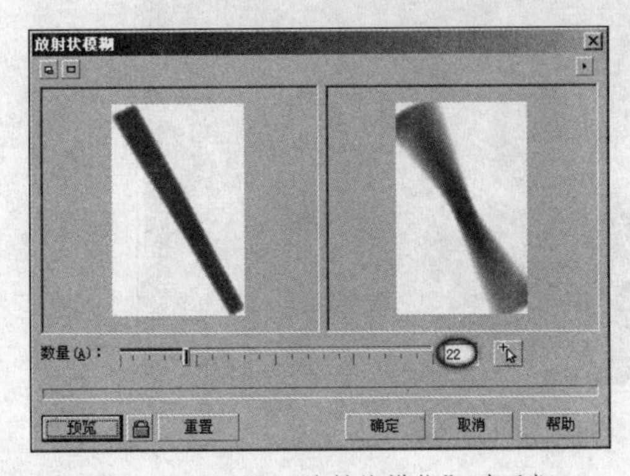

图 13-113 设置“放射状模糊”对话框

06执行“位图”→“杂点”→“添加杂点”命令，打开“添加杂点”对话框。

07参照图 13-114 所示，设置该对话框并单击“确定”按钮关闭对话框，为图像添加杂点效果。

08使用“交互式透明”工具，为添加杂点后的图像再添加线性透明效果，并参照图 13-115 所示设置其属性栏。

09将添加线性透明效果后的图像复制 5 个，并分别对复制图像的大小、位置和角度进行调整，如图 13-116 所示。

10使用“椭圆形”工具，在页面中绘制椭圆并填充任意颜色。使用“交互式阴影”工具，为椭圆添加阴影效果，参照图 13-117 所示设置其属性栏中的各选项参数。

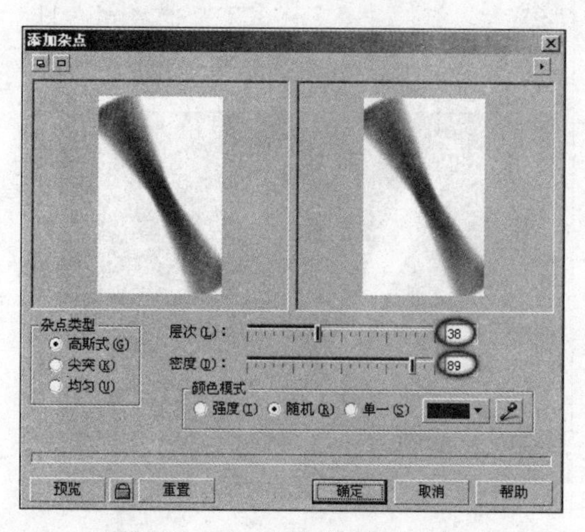

图 13-114 设置“添加杂点”对话框

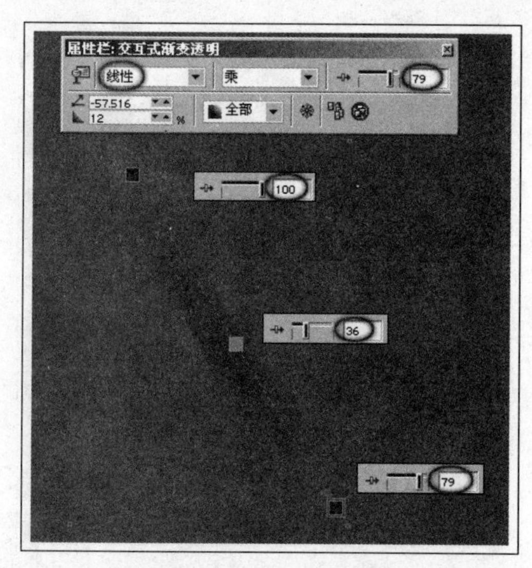

图 13-115 添加透明效果

图 13-116 复制并调整图像

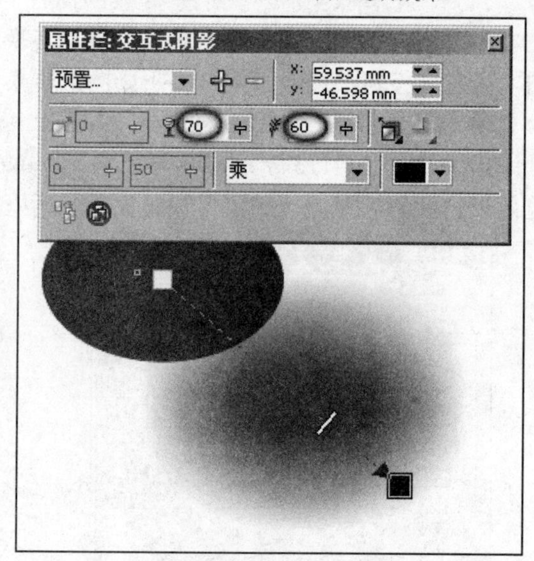

图 13-117 绘制椭圆并添加阴影效果

11 按<Ctrl+K>键拆分阴影群组，选择绘制的椭圆形并删除。参照之前转换为位图的操作方法，将阴影转换为位图。

12 执行“位图”→“扭曲”→“龟纹”命令，打开“龟纹”对话框，参照图 13-118 所示设置对话框，单击“确定”按钮关闭对话框，为其添加扭曲效果。

13 保持该图像的选择状态，调整其位置、大小和旋转角度，如图 13-119 所示。

14 选择“交互式透明”工具，参照图 13-120 所示设置其属性栏，为图像添加透明效果。

15 保持该图像的选择状态，将其再制并调整制作出其他放射图像，如图 13-121 所示。

提示：通过对图像进行放射性的摆放，使画面效果产生速度感及纵深感。

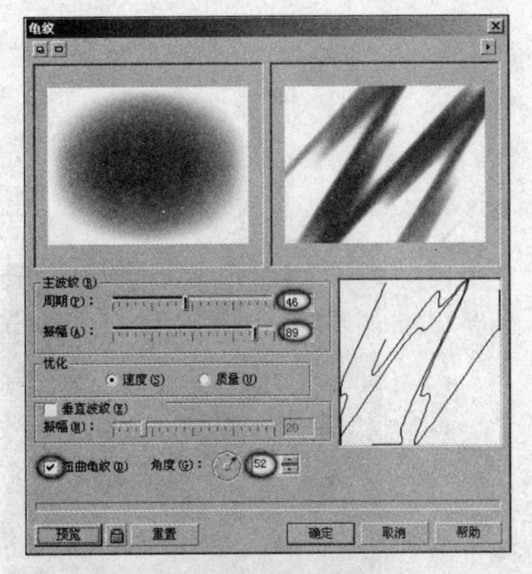

图 13-118　设置“龟纹”对话框

图 13-119　调整图像

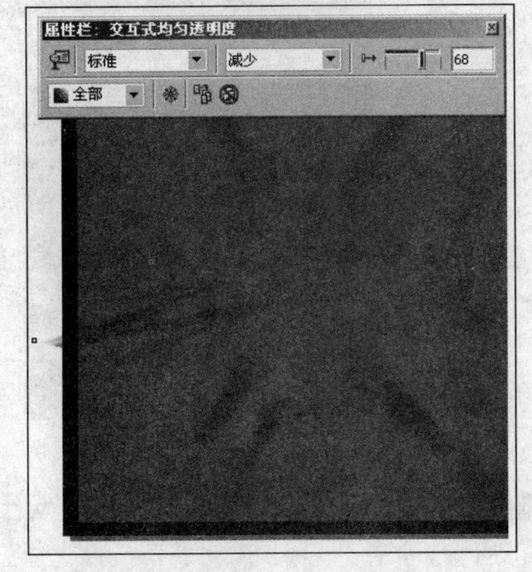

图 13-120　设置透明效果

图 13-121　复制并调整图像

16 执行“文件”→“导入”命令，将本书附带光盘\Chapter-13\“图案.cdr”文件导入到文档中相应位置。使用“交互式阴影”工具，为其添加阴影效果，并参照图 13-122 所示设置其属性栏中的各选项参数。

17 使用“挑选”工具，配合按<Shift>键的同时，将图案和放射图像选中，按<Ctrl+G>键进行群组。使用“矩形”工具，在页面中绘制一个矩形，如图 13-123 所示。

18 使用“挑选”工具，选择群组对象。执行“效果”→“精确剪裁”→“放置在容器中”命令，当鼠标变为向右的黑色箭头时，在绘制的矩形的边缘上单击，将群组对象放置在该矩形内，如图 13-124 所示。

19 在该图形上右击，在弹出的菜单中执行“编辑内容”命令，将群组对象调整到原来位置。再次在图形上右击，在弹出的菜单中选择“结束编辑”命令，完成对图形的编辑。最后将矩形的轮廓色设置为无，如图 13-125 所示。

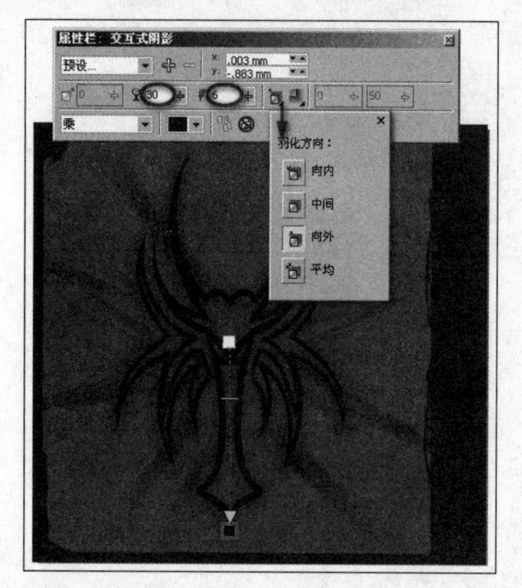

图 13-122　添加阴影效果

图 13-123　绘制矩形

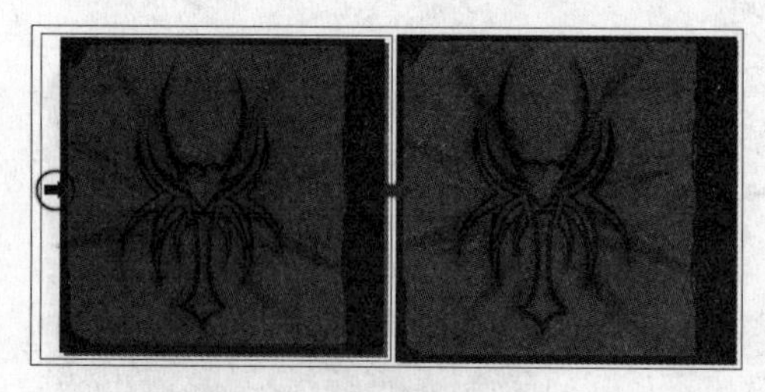

图 13-124　精确剪裁图形

图 13-125　调整图形位置

20 执行“文件”→“导入”命令，将本书附带光盘\Chapter-13\“文字图形.cdr”文件导入到文档中相应位置，如图 13-126 所示。

21 最后在页面中绘制其他装饰图形并添加相关的文字信息，完成本实例的制作，效果如图 13-127 所示。在制作过程中遇到问题，可以打开本书附带光盘\Chapter-13\“CD 包装封面设计 2.cdr”文件进行查看。

图 13-126　导入光盘文件

图 13-127　完成效果

实例7　光盘封面设计

本节是制作一幅光盘的封面设计，整个光盘封面内容简洁、明了，以简单的图形主体物加以规律地变化，给人以来一种规律、层次的美感。图13-128展示了本实例的完成效果。

图13-128　完成效果

设计思路

根据光盘放入光驱旋转时产生具有规律性的图案这一特点。在该实例的制作过程中，可以将整个盘面点缀不同大小的圆形组成装饰图案，使光盘画面富有韵律和节奏感。

技术剖析

该实例的制作较为简单，主要使用“交互式调和”工具，通过对“交互式调和”工具的灵活运用制作出本实例中的画面效果。图13-129展示了本实例的制作流程。

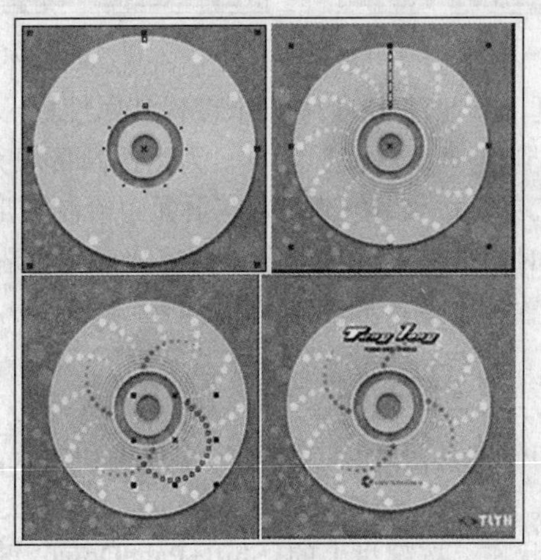

图13-129　制作流程

制作步骤

01 启动 CorelDRAW X3，执行“文件”→“打开”命令，打开本书附带光盘\Chapter-13\“光盘及背景图形.cdr”文件，如图 13-130 所示。

02 执行“文件”→“导入”命令，导入本书附带光盘\Chapter-13\“装饰图形.cdr”文件。按<P>键将其与页面中心对齐，按<Ctrl+U>键取消群组，如图 13-131 所示。

图 13-130　打开光盘文件

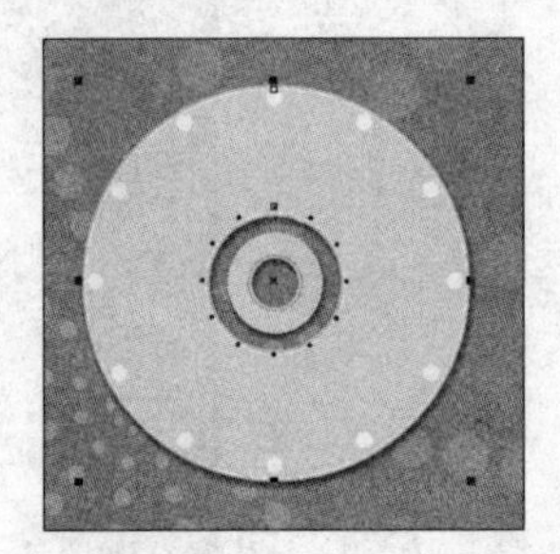

图 13-131　导入光盘文件

03 使用“交互式调和”工具在黑色图形上单击，并拖动鼠标到白色图形上，为图形添加调和效果，参照图 13-132 所示设置属性栏参数，调整调和效果。

04 参照图 13-133 所示，在属性栏中设置“调和方向”参数，调整图形调和时的旋转角度。单击“环绕调和”按钮，使调和对象产生环绕调和效果。

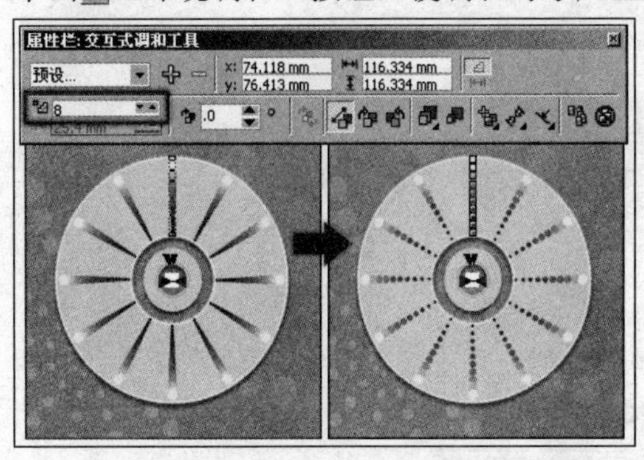

图 13-132　添加调和效果

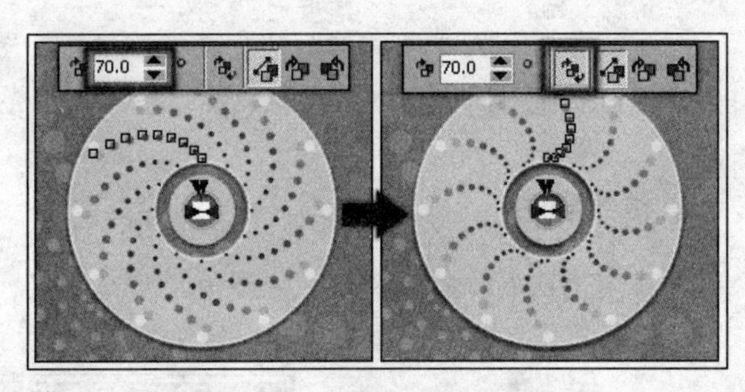

图 13-133　启用环绕调和效果

05 选择“滴管”工具，参照图 13-134 所示设置其属性栏，并在页面中单击吸取颜色，然后按<Shift>键的同时切换到“颜料桶”工具，为黑色圆形填充颜色。

06 使用“椭圆形”工具，按<Ctrl>键同时在页面中绘制圆形。按<P>键将其与页面中心对齐，接着按<Shift>键的同时向内拖动角控制柄，调整圆形到合适大小时，单击鼠标右键将其复制，完毕后分别为圆形设置轮廓色，如图 13-135 所示。

提示　为了便于观察，图中较大圆形的轮廓色暂时设置为黑色。

07 使用“交互式调和”工具，为绘制的圆形添加调和效果，并参照图 13-136 所示设置属性栏，对其效果进行调整。

08 保持调和对象的选择状态，按键盘上的<Shift+PageDown>键，调整调和对象的顺序，如

图 13-137 所示。

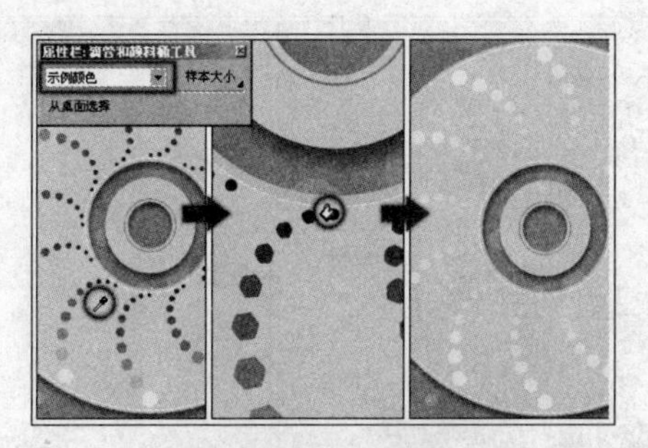

图 13-134 填充颜色

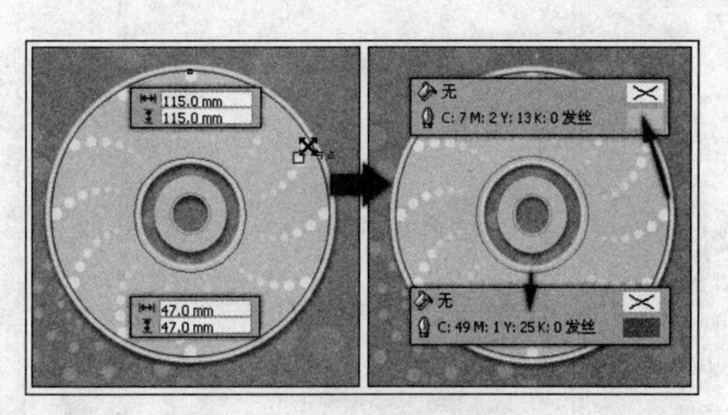

图 13-135 绘制同心圆

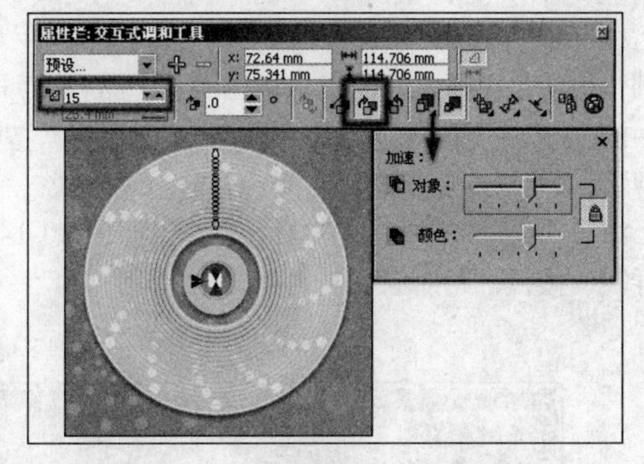

图 13-136 添加调和效果

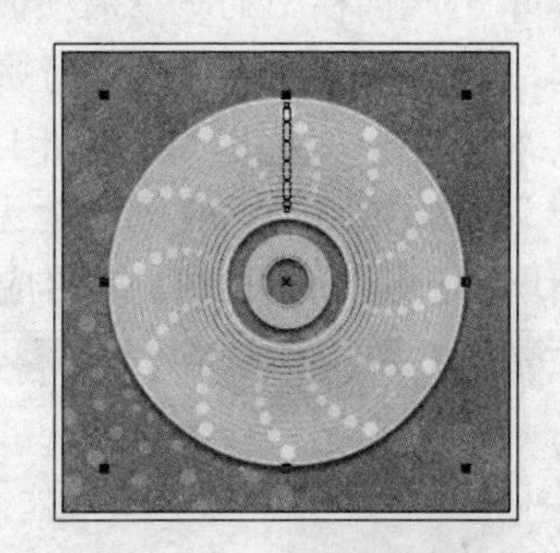

图 13-137 调整图形顺序

09 使用“椭圆形”工具，绘制圆形并在其属性栏中单击“弧形”按钮，将圆形转换成弧形。使用“形状”工具，调整弧形的形状，如图 13-138 所示。

10 导入本书附带光盘\Chapter-13\“装饰图形 2.cdr”文件，并按<Ctrl+U>键取消群组，如图 13-139 所示。

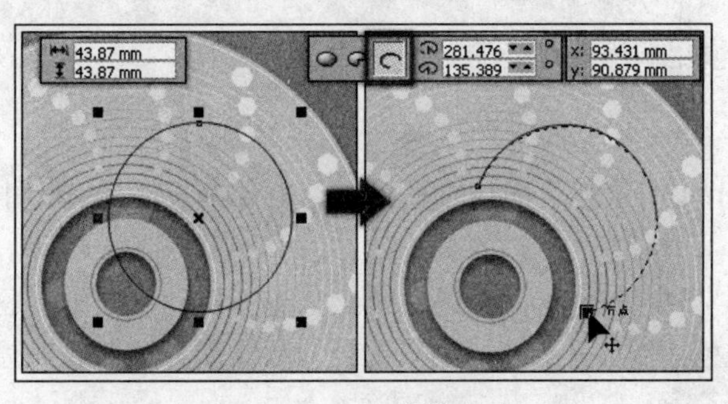

图 13-138 绘制弧形

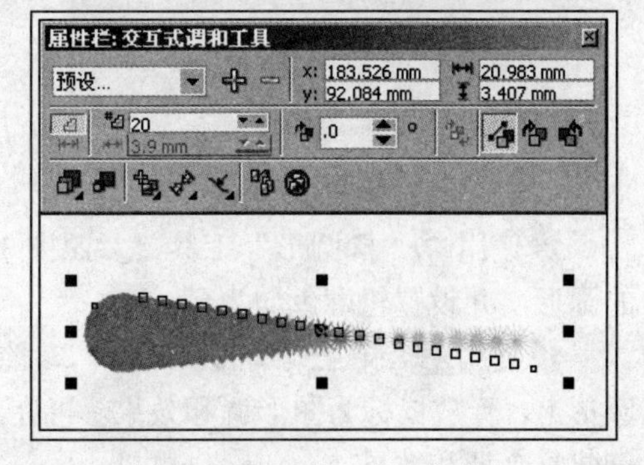

图 13-139 导入光盘文件

11 保持该调和对象的选择状态，单击属性栏中的“杂项调和选项”按钮，在弹出的菜单中单击“映射节点”按钮，此时光标变成黑色箭头，参照图 13-140 所示在图形节点上单击，设置映射节点。

12 保持调和对象的选择状态，单击属性栏中的“路径属性”按钮，在弹出的菜单中选择“新路径”选项，当光标变成时单击弧形，为调和对象指定新路径，如图 13-141 所示。

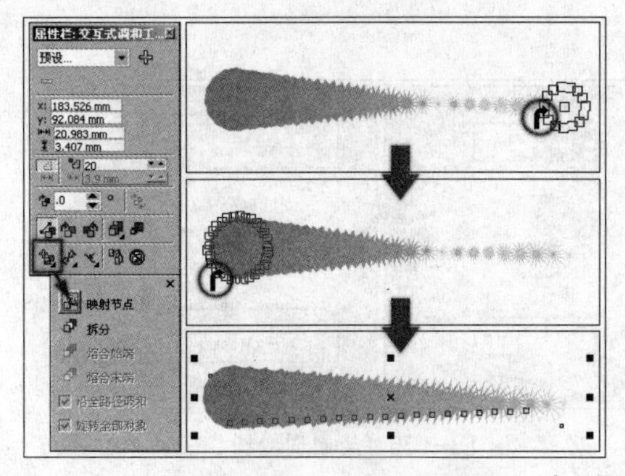

图 13-140 设置映射节点

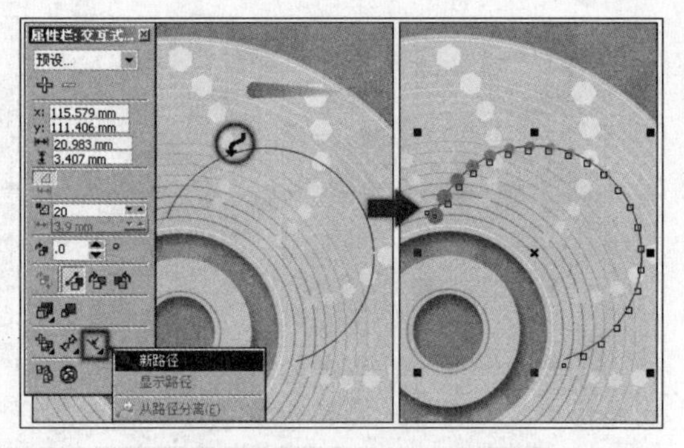

图 13-141 为调和对象指定新路径

13 单击属性栏中的“杂项调和选项”按钮，在弹出的面板上单击“沿全路径调和”前的复选框，取消其选择状态。此时属性栏中的“使用确定步数和固定间距的调和”按钮处于激活状态，单击该按钮，参照图 13-142 所示设置“步长和形状之间的偏移量”参数。

14 设置弧形路径的轮廓色为无，按<Alt+F8>键打开“变换”泊坞窗，参照图 13-143 所示设置泊坞窗，完毕后单击 3 次“应用到再制”按钮，将对象旋转再制。

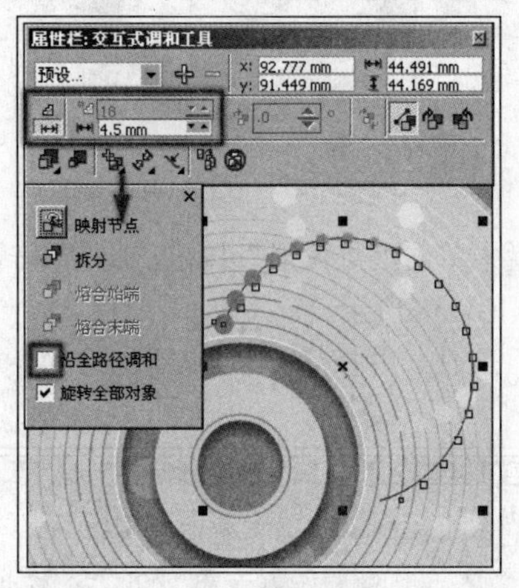

图 13-142 设置属性栏选项

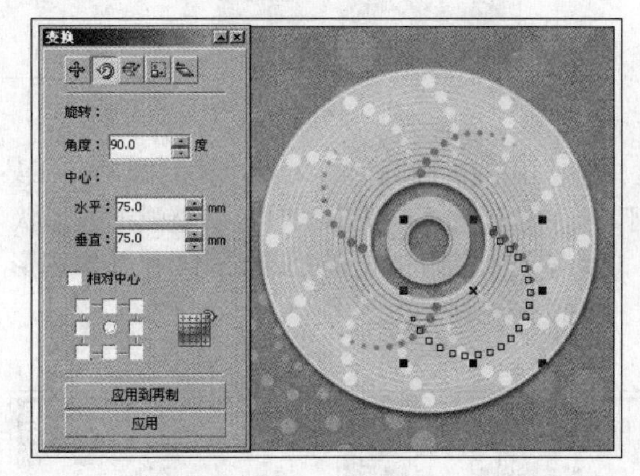

图 13-143 旋转再制图形

15 使用“椭圆形”工具，参照图 13-144 所示在页面依次绘制黄、红、绿三个相同大小的圆形，并设置轮廓色均为无。

16 使用“交互式调和”工具，参照图 13-145 所示，在黄色圆形单击并拖动鼠标到红色圆形上，释放鼠标为图形调和效果。再在红色圆形上单击并拖动鼠标到绿色圆形上，释放鼠标创建复合调和效果。

17 保持该调和对象的选择状态，参照图 13-146 所示设置属性栏中的“步长或调和形状之间的偏移量”参数。然后按<Ctrl>键同时，单击红色圆形与黄色圆形的调和对象，并再次设置属性栏，对调和步长进行调整。

18 使用“挑选”工具，参照图 13-147 所示分别调整黄色圆形和绿色圆形的大小和位置。

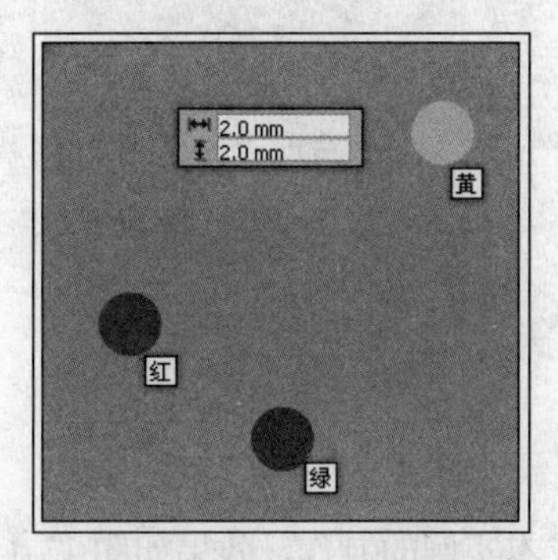

图 13-144　绘制圆形

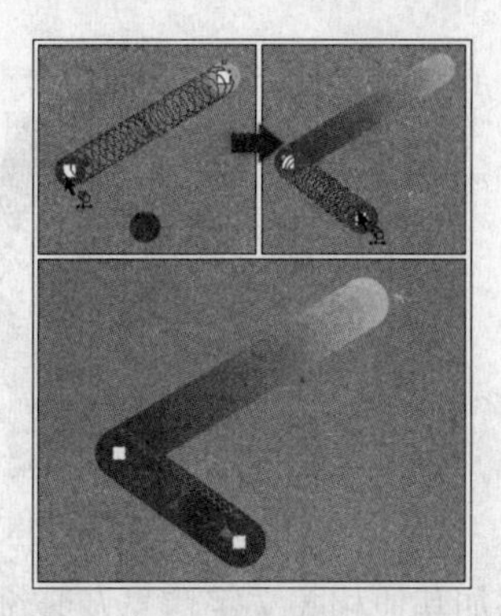

图 13-145　创建复合调和对象

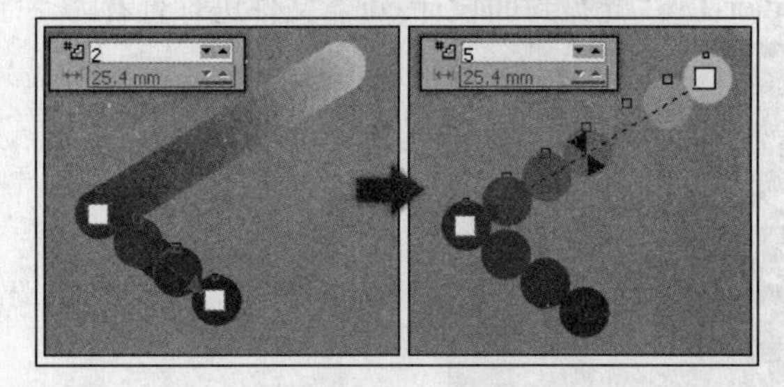

图 13-146　设置属性栏

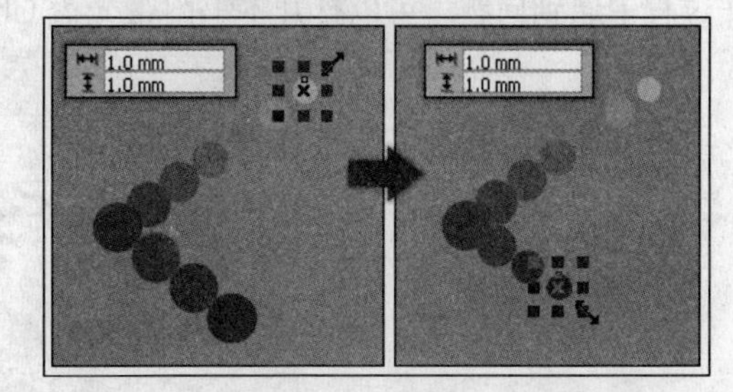

图 13-147　调整图形的大小及位置

19 使用"椭圆形"工具，参照图 13-148 所示，在页面空白处绘制圆形并填充颜色。使用"交互式调和"工具，为两个圆形添加调和效果。

20 单击其属性栏中的"杂项调和选项"按钮，在弹出的菜单中单击"拆分"按钮，当光标变成黑色向下箭头时，在调和对象上单击，拆分调和对象，如图 13-149 所示，

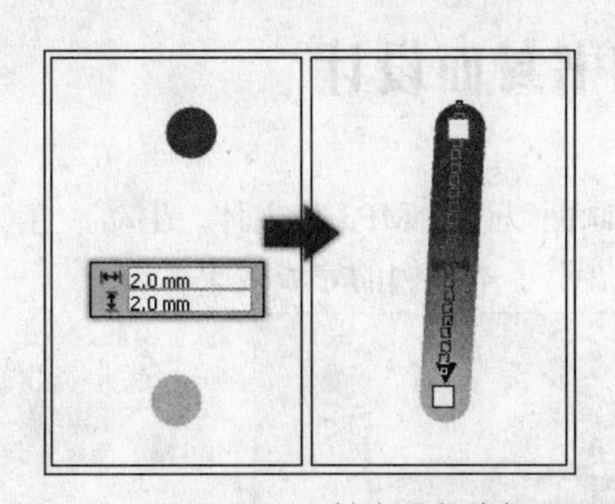

图 13-148　创建调和对象

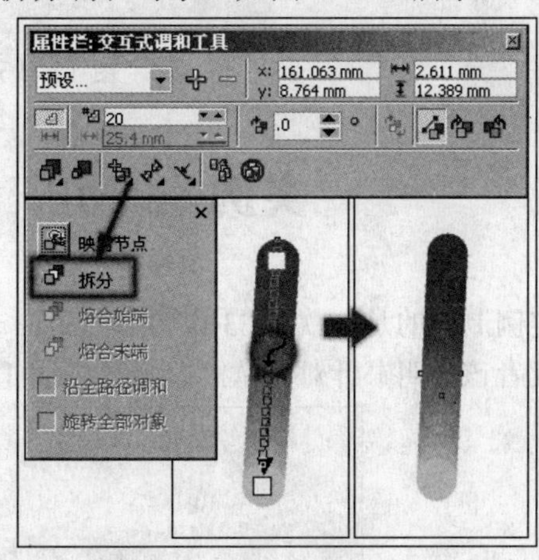

图 13-149　折分调和对象

21 保持该图形的选择状态，使用"挑选"工具调整其位置，单击屏幕调色板中的红色，调整该图形的填充色，如图 13-150 所示。

22 参照之前的操作方法，配合按<Shift>键的同时分别选择调和对象，在属性栏中设置"步长或调和形状之间的偏移量"参数，调整圆形的大小和位置。完毕后调整复合调和对象的位置，制作出商标图形，如图 13-151 所示。

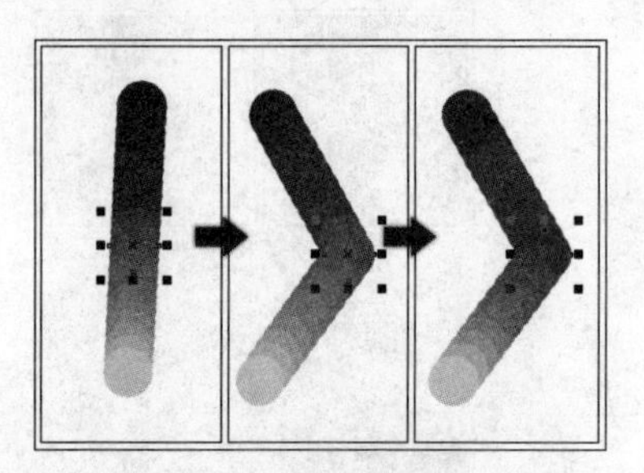

图 13-150　调整调和对象

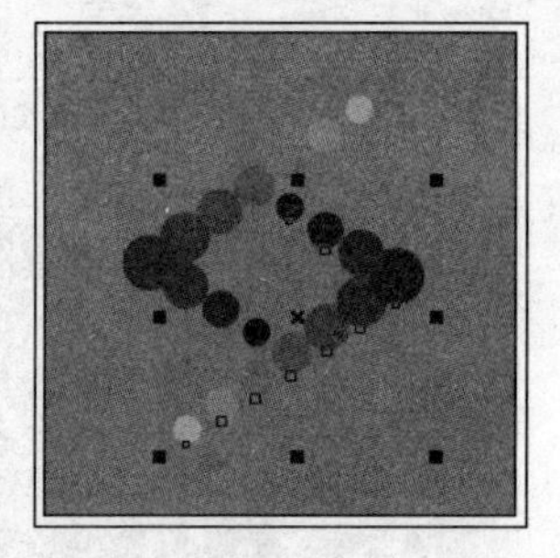

图 13-151　调整图形

23 最后添加其他相关文字信息及装饰图形，完成本实例的制作，效果如图 13-152 所示。在制作过程中遇到问题，可以打开本书附带光盘\Chapter-13\“光盘封面设计.cdr”文件进行查看。

图 13-152　完成效果

实例 8　MP3 说明书封面设计

该实例制作的是一款 MP3 说明书的封面。整体画面以该款 MP3 为主体，生动、直观地传达给阅读者该说明书针对的款式及型号。图 13-153 展示了本实例的完成效果。

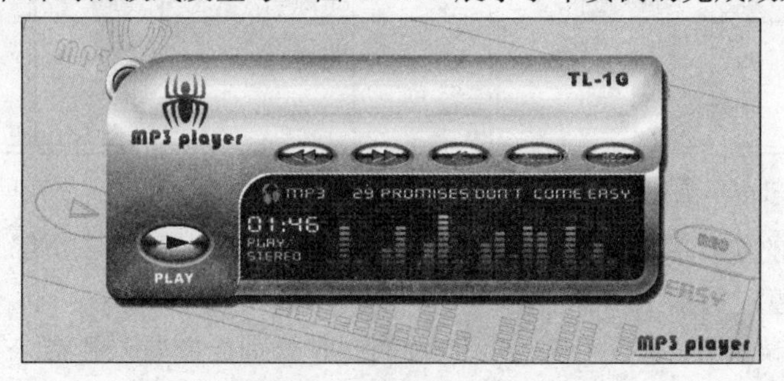

图 13-153　完成效果

设计思路

在设计说明书的封面时，应紧扣主体使阅读者在较短的时间内，充分了解到该说明书针对的款式和型号等内容，方便读者阅读。

技术剖析

在该实例的制作过程中，主要使用了“交互式轮廓图”工具，通过对图形添加各种轮廓效果制作出金属质感的播放器图形。图 13-154 展示了本实例的制作流程。

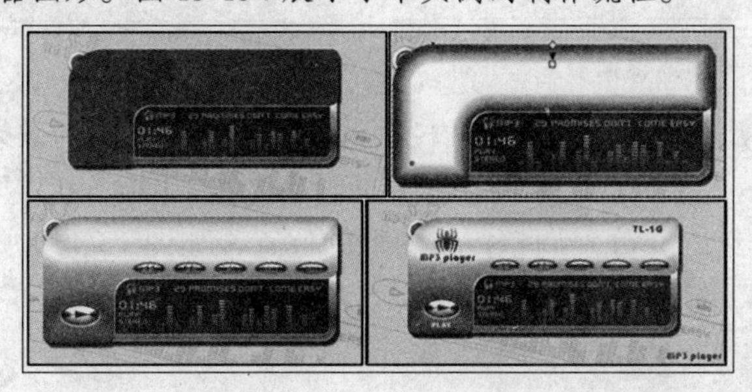

图 13-154 制作流程

制作步骤

01 启动 CorelDRAW X3，执行“文件”→“打开”命令，打开本书附带光盘\Chapter-13\“播放器外形.cdr”文件，如图 13-155 所示。

02 使用“挑选”工具，选择蓝色曲线图形。选择“交互式轮廓图”工具，参照图 13-156 所示设置属性栏参数，为其添加轮廓图效果。

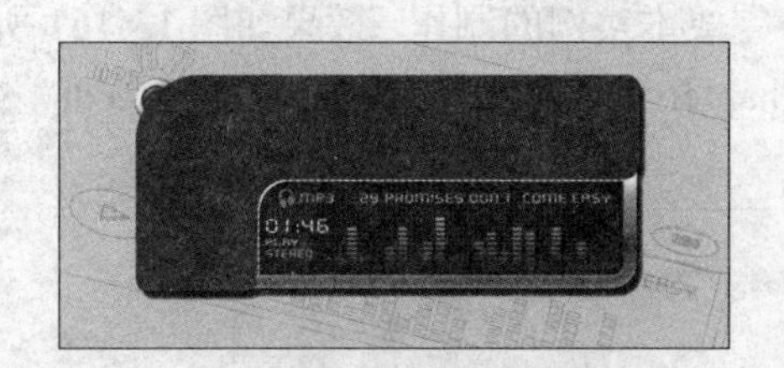

图 13-155 打开光盘文件

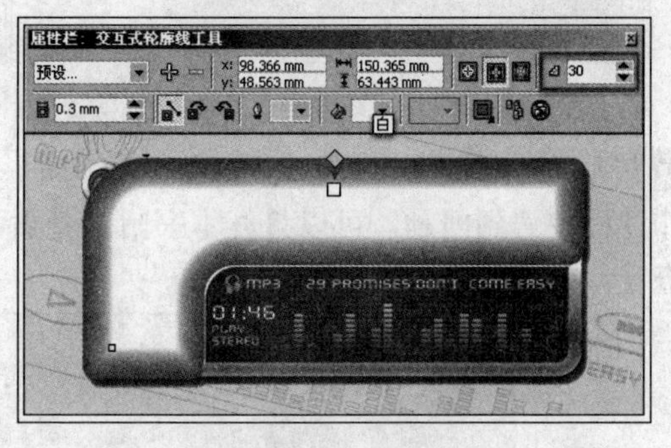

图 13-156 添加“交互式轮廓图”效果

03 单击属性栏中的“逆时针的轮廓图颜色”按钮，调整轮廓图的颜色，如图 13-157 所示。

04 保持该对象的选择状态，单击填充展开工具栏中的“渐变填充对话框”按钮，打开“渐变填充”对话框，参照图 13-158 所示设置对话框，完毕后单击“确定”按钮，为图形填充渐变颜色。

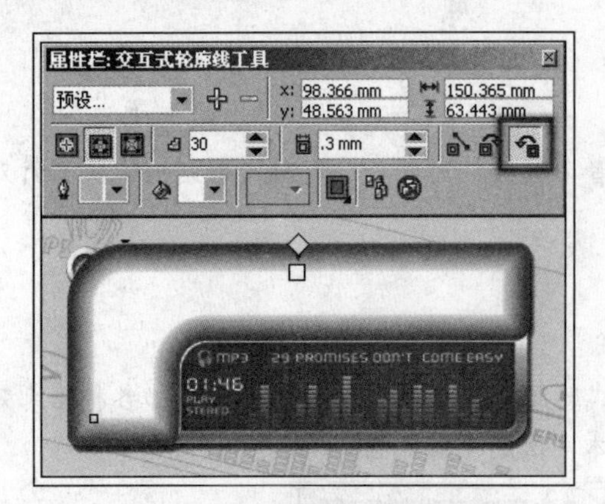

图 13-157 调整轮廓图颜色

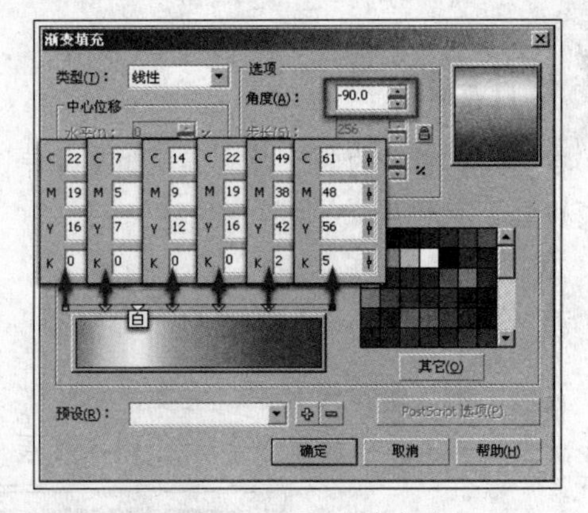

图 13-158 设置渐变颜色

05 参照图 13-159 所示，再次设置属性栏，调整交互式轮廓图的效果。

06 执行“文件”→“导入”命令，导入本书附带光盘\Chapter-13\“按钮图形.cdr”文件，按<Ctrl+U>键取消其群组，并分别调整按钮图形的位置，如图 13-160 所示。

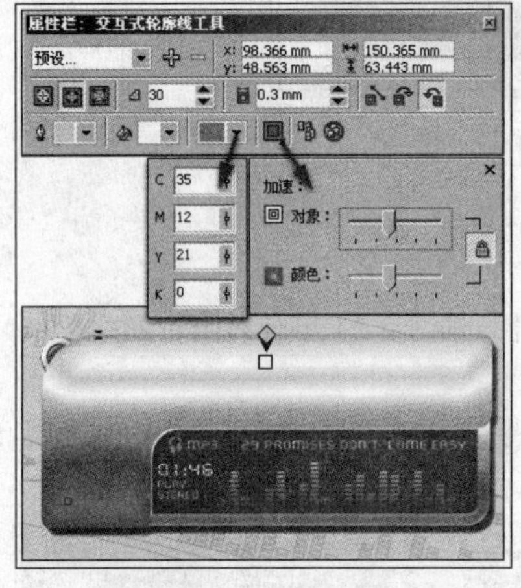

图 13-159 设置轮廓图果

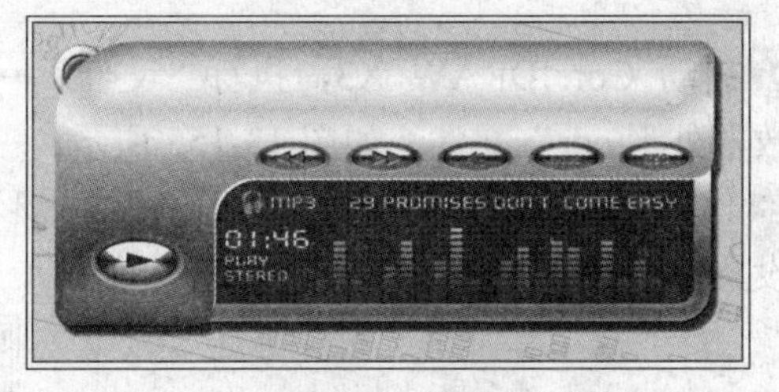

图 13-160 导入按钮图形并调整位置

07 最后在页面添加相关文字信息和装饰图形，完成本实例的制作，效果如图 13-161 所示。在制作过程中遇到问题，可以打开本书附带光盘\Chapter-13\“MP3 说明书封面设计.cdr”文件进行查看。

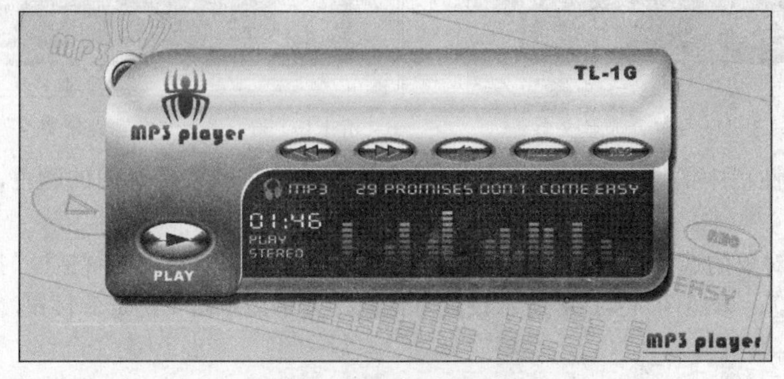

图 13-161 完成效果

实例9 播放器包装盒封面设计

该实例制作是一款播放器的包装盒封面，整个画面以蓝色为主色调，给人以清爽、明快的视觉感受。通过造型独特的播放器为主体内容，直观地传达给消费者产品的内容信息。图13-162展示了本实例的完成效果

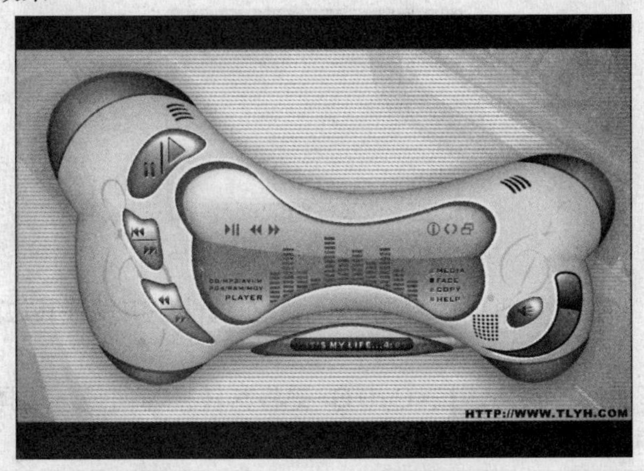

图13-162 完成效果

设计思路

在设计该包装盒封面时，以产品为设计主体，通过绘制生动形象的播放器图形，从而达到包装产品和促进销售的目的。

技术剖析

在该实例的制作过程中，主要使用“交互式封套”工具，为播放器造型；使用“交互式轮廓图”工具，制作出播放器立体效果；使用“交互式透明”工具，制作出各个部位的高光图形。图13-163展示了本实例的制作流程。

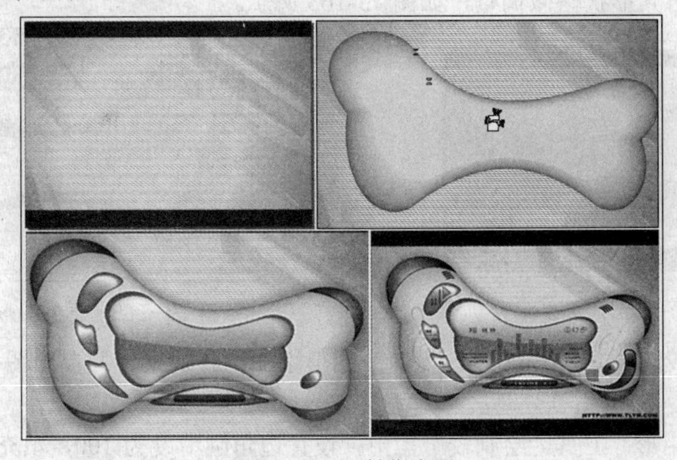

图13-163 制作流程

制作步骤

1.绘制播放器主体图形

01 运行 CorelDRAW X3，在欢迎屏幕中单击“打开”图标，打开本书附带光盘\Chapter-13\“封面背景.cdr”文件，如图 13-164 所示。

图 13-164 打开光盘文件

02 使用“矩形”工具，在页面中绘制矩形，并在属性栏中设置其边角圆滑度，如图 13-165 所示。

03 保持圆角矩形的选择状态，按<Ctrl+Q>键将其转换为曲线。选择“交互式封套”工具，图形四周将出现控制框，如图 13-166 所示。

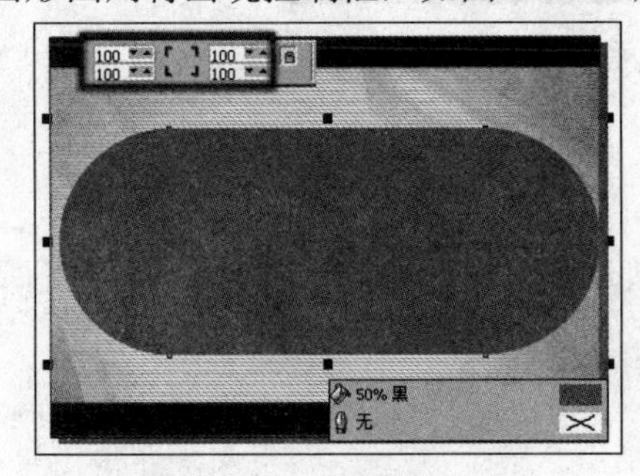

图 13-165 绘制圆角矩形

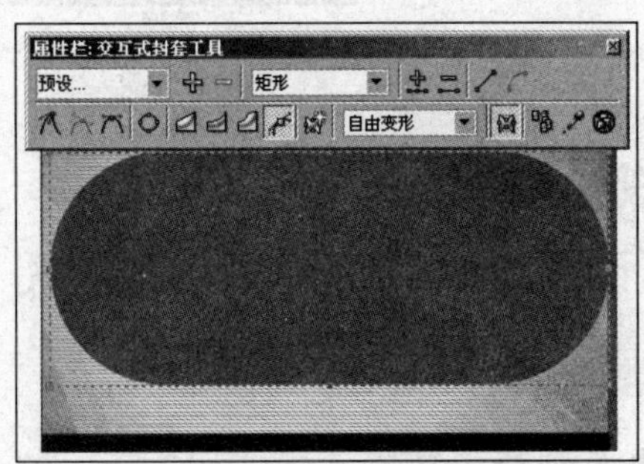

图 13-166 添加变形效果

04 分别调整节点位置和属性，为图形添加变形效果，如图 13-167 所示。

05 将添加封套效果的图形再制，调整其大小和位置。按<Ctrl+Q>键将其转换为曲线，使用“形状”工具对其形状略微调整，如图 13-168 所示。

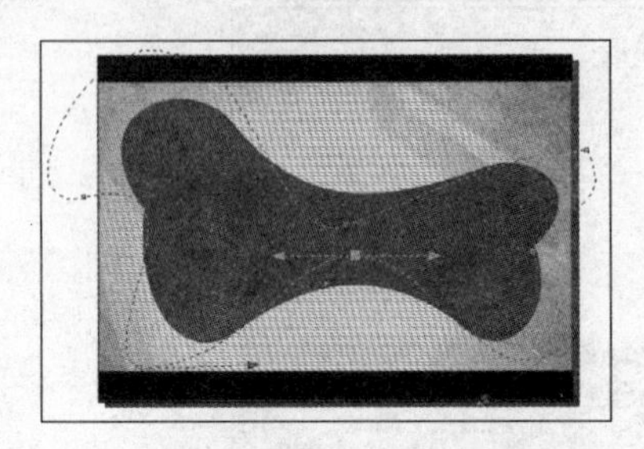

图 13-167 添加变形效果

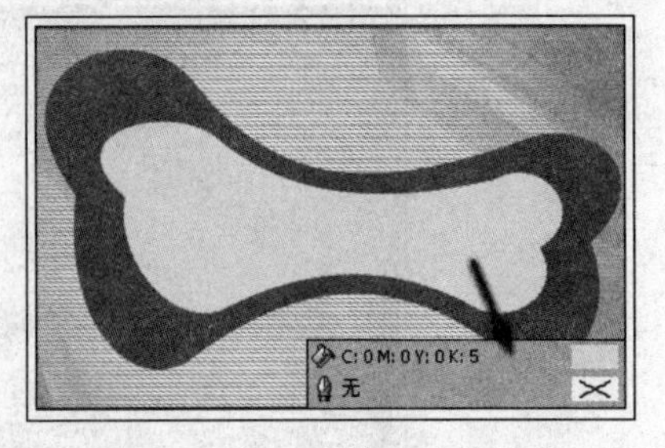

图 13-168 再制图形并调整

06 使用“交互式调和”工具，为两个图形添加调和效果，并参照图 13-169 所示设置其属性栏。

07 使用“矩形”工具，绘制较窄矩形，设置边角圆滑度为 100，填充色为 50%黑，并将其转换为曲线。使用“交互式封套”工具为其添加变形效果，如图13-170所示。

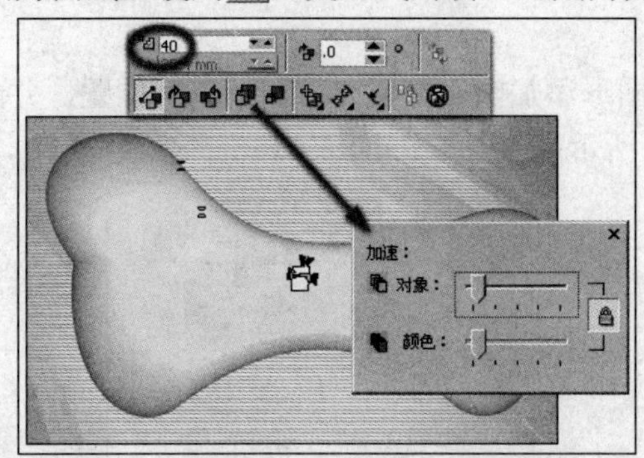

图13-169 添加调和效果

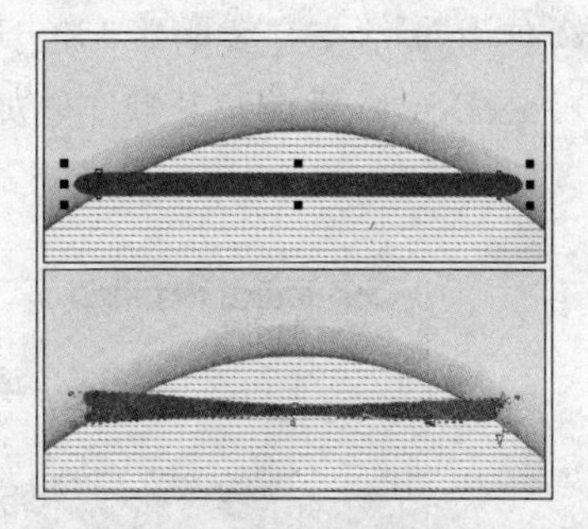

图13-170 绘制图形并添加封套效果

08 将灰色图形再制，并填充为浅灰色（C0、M0、Y0、K5），接着调整其大小和位置。使用“交互式调和”工具，为两个图形添加调和效果，如图13-171所示，并按<Ctrl+G>键将调和对象群组。完毕后按<Ctrl+PageDown>键调整其顺序到播放器轮廓图形的下面。

09 使用工具箱中的“贝塞尔”工具，在播放器左上角绘制装饰图形，使用“交互式填充”工具，为其填充渐变色，设置轮廓色为无，如图13-172所示。

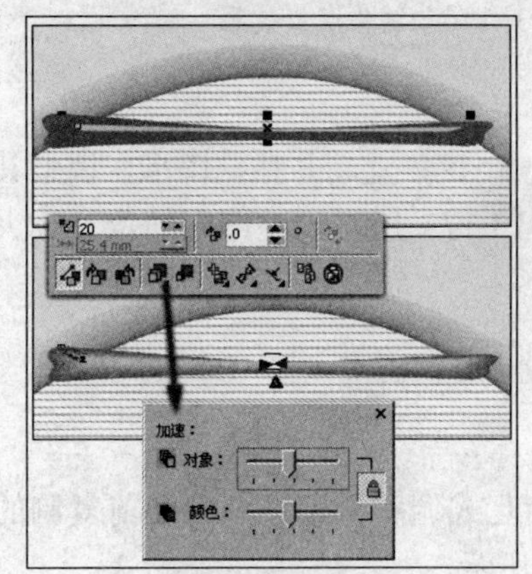

图13-171 添加调和效果

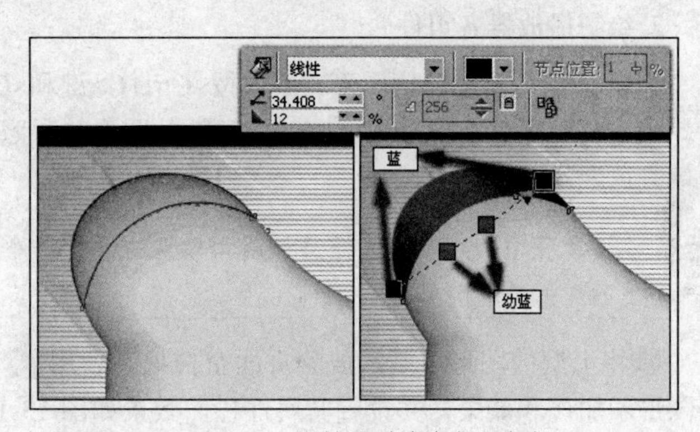

图13-172 绘制图形并填充渐变色

10 将填充渐变色的图形再制，设置填充色为沙黄色，使用“形状”工具，调整其形状。使用“交互式透明”工具，为其添加透明效果，如图13-173所示。

11 参照以上操作方法，再在播放器的其他三个角上绘制装饰图形，如图13-174所示。

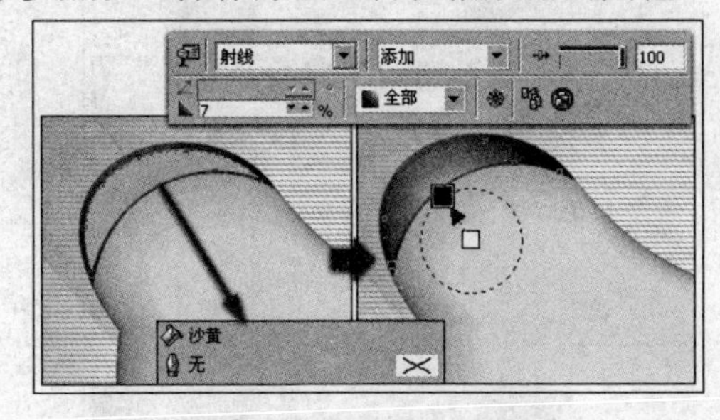

图13-173 制作高光效果

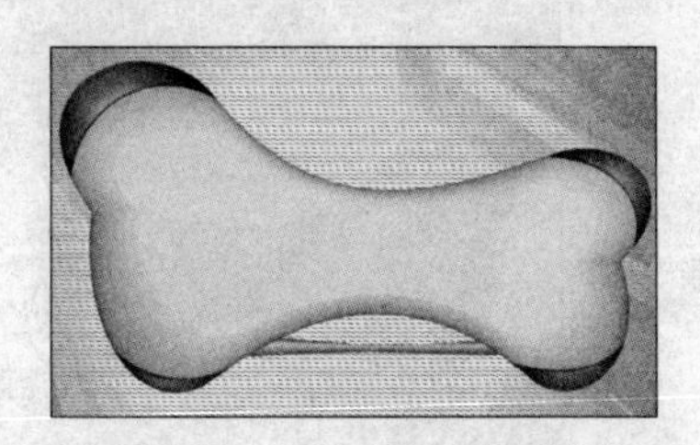

图13-174 绘制其他装饰图形

12 使用“挑选”工具，选择播放器轮廓图形和下面的横杆图形将其再制。并分别执行

"效果"→"清除调和"命令，清除其调和效果。完毕后框再制图形，单击属性栏中的"焊接"按钮，将图形焊接，如图 13-175 所示。

13 使用"交互式阴影"工具，为焊接图形添加阴影效果，接着调整其位置，并配合按<Ctrl+PageDown>键调整其顺序，如图 13-176 所示。

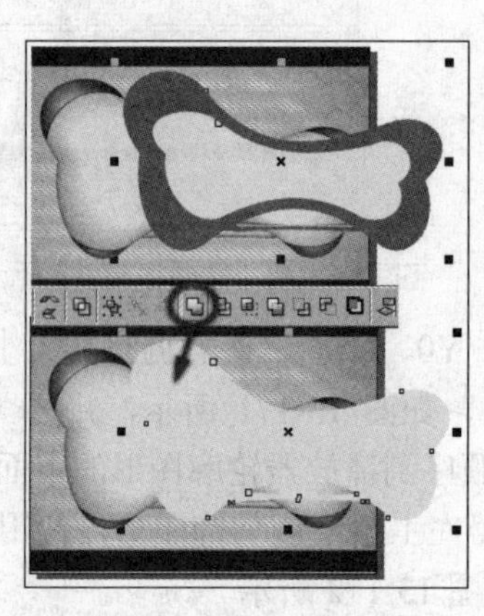

图 13-175 再制图形并焊接

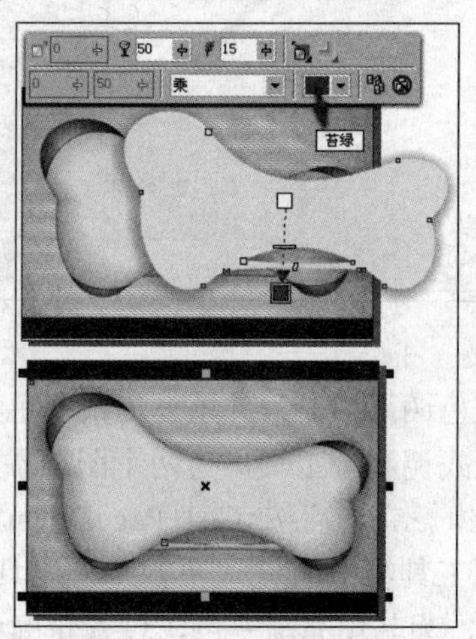

图 13-176 制作阴影效果

2.绘制播放器各组件

01 选择播放器的轮廓图形，依次按<Ctrl+C>键和<Ctrl+V>键，复制并粘贴图形，调整其位置、大小和填充色。再次按<Ctrl+V>键粘贴图形，参照图 13-177 所示调整图形的位置、大小和填充色。

提示 在该步骤中，可以先选择添加调和效果的播放器外形最上层的图形，按<Tab>键，快速选择其下方的轮廓图形。

02 将上层的图形再制，放到页面空白处。使用"交互式调和"工具，为之前复制的两个图形添加调和效果，并设置其属性栏，效果如图 13-178 所示。

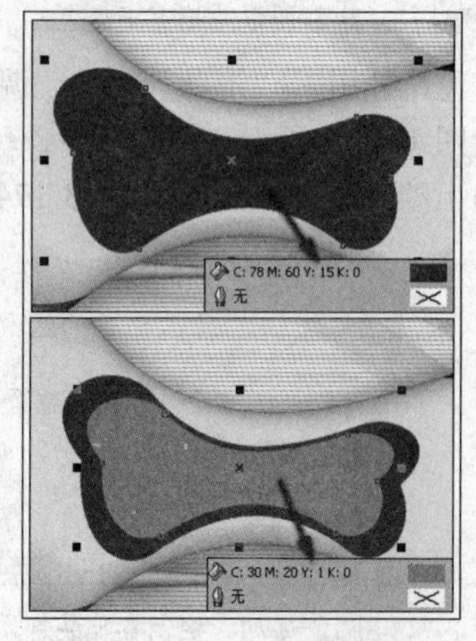

图 13-177 再制图形并调整

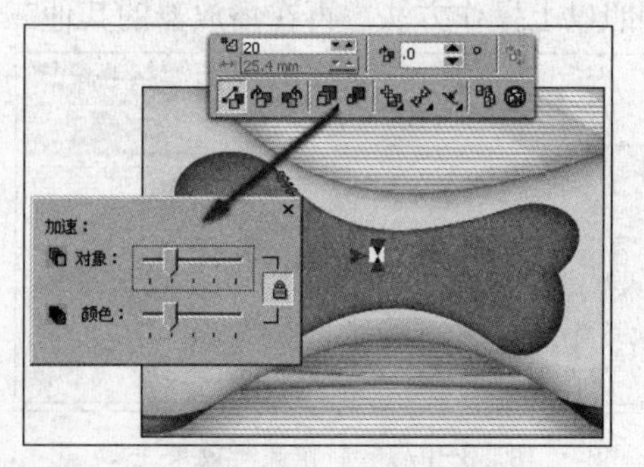

图 13-178 添加调和效果

03 保持该调和对象的选择状态，按<Ctrl+G>键将其群组。使用“交互式阴影”工具，为其添加阴影效果，并参照图13-179所示设置其属性栏。

04 选择页面空白处淡蓝色图形，参照图13-180所示调整其位置、大小和填充色。使用“交互式透明”工具，为其添加透明效果。

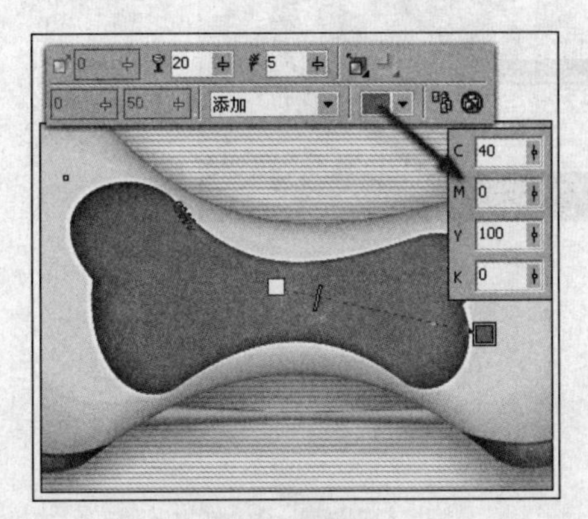

图13-179　添加阴影效果

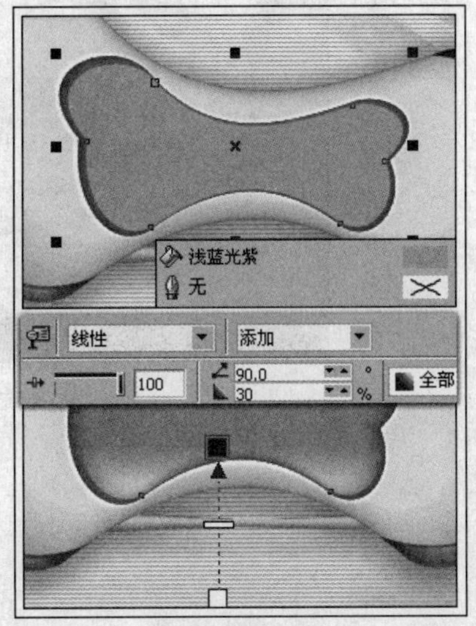

图13-180　调整图形并添加透明效果

05 使用“贝塞尔”工具，参照图13-181所示绘高光图形，将其填充为白色，轮廓色为无。使用“交互式透明”工具，为其添加透明效果，制作出播放器屏幕上的高光。

06 参照之前的操作方法再制作出其他按钮图形，如图13-182所示。也可以将本书附带光盘\Chapter-13\“播放器按钮.cdr”文件，导入到文档页面中直接使用。

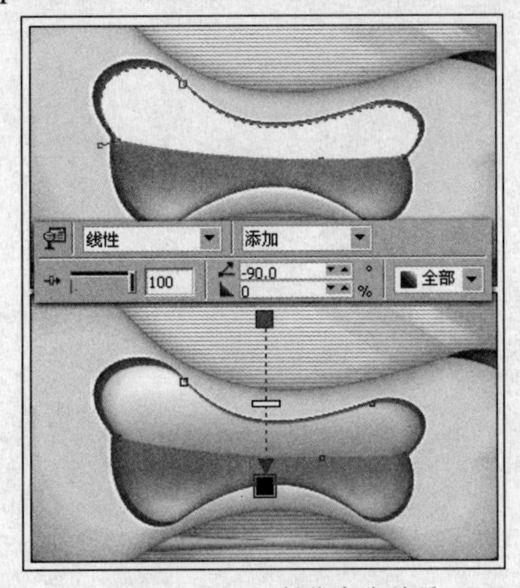

图13-181　制作高光效果

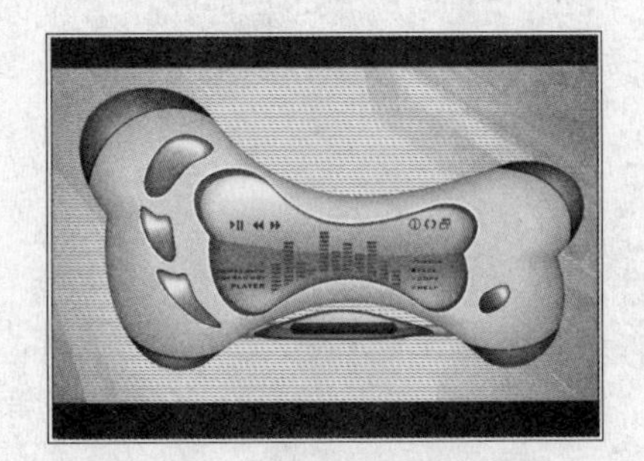
图13-182　制作其他按钮图形

07 最后添加其他装饰图形和文字信息，完成本实例的制作，效果如图13-183所示。在制作过程中遇到问题，可以打开本书附带光盘\Chapter-13\“播放器包装盒封面设计.cdr”文件进行查阅。

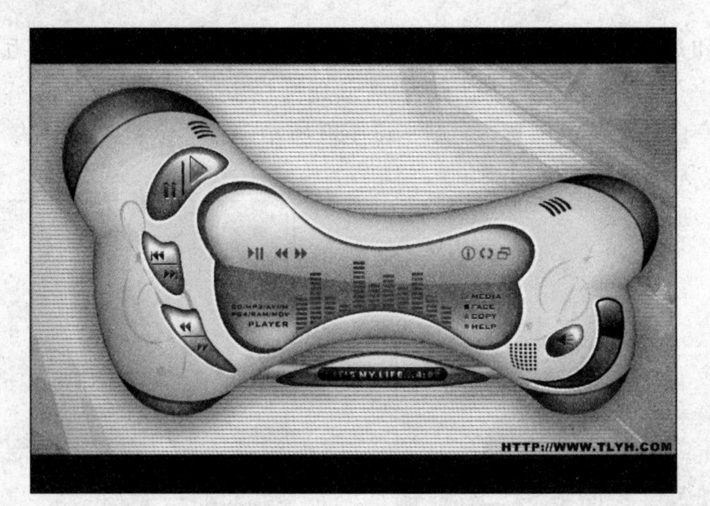
CD/MP3/AVI/M
P G4/RAM/MOV
PLAYER
MEDIA
FACE
COPY
HELP
HTTP://WWW.TLYH.COM

图 13-183　完成效果

第6篇　网页设计

随着网络科技的飞速发展和信息时代的到来，互联网以其丰富、大量的信息，和特殊的互动方式成为继电视、广播、报纸、杂志之后的第五大媒体。同时，网页设计也作为一个新兴的产业，伴随着网络的快速发展而迅速兴起，并逐步走向发展成熟的新阶段。

在互联网发展的一派繁荣景象下，只有首先了解网页的具体类别，才能更好地为设计的网页定位，才能做到有的放矢，在设计方面尽量做到合理。根据网站的不同属性，本篇安排了“商业类网页”、“娱乐类网页”与“文化设计类网页”3章内容，下面就来学习一下网页的设计方法与制作技巧。

第 14 章　商业类网页

商业性质的网页有很明确的商业目的，多表现在企业利用互联网这个优秀平台，来展示企业的形象和产品。例如电子商务网站，这类网站对商品分类详细，层次清楚，可以直接在网上进行交易。本章学习制作商业性质的网站，如图 14-1 所示为本章实例的完成效果。

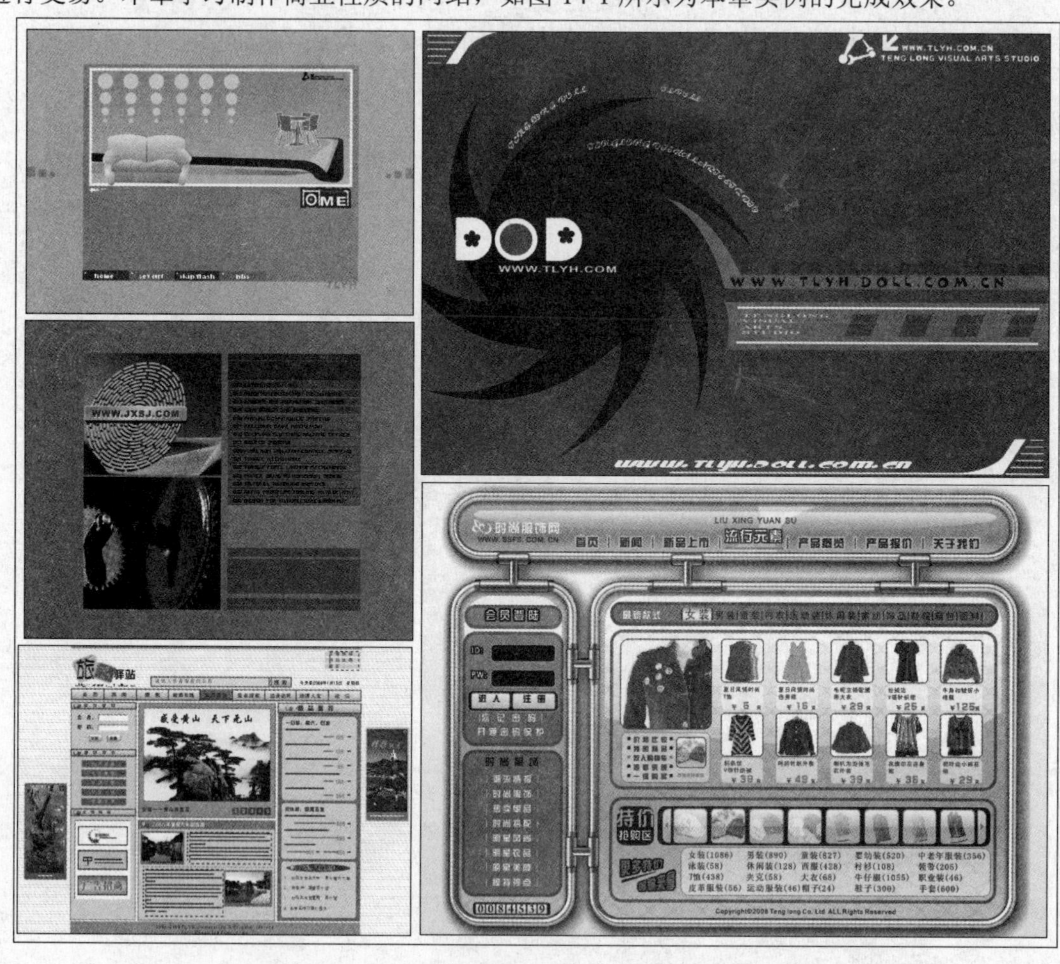

图 14-1　完成效果

本章实例

实例 1　家居网页设计

实例 2　机械设计网页

实例 3　设计公司网页设计

实例 4　时尚服饰网页设计

实例 5　旅游网页设计

实例1　家居网页设计

该实例制作的是一个家居网站的导入页面，导入页面没有庞杂的内容，通常只有 Web 名称和一些进入的链接，点击之后才进行入相关的页面，设计效果简洁精美，给浏览者以视觉美感和缓冲。图 14-2 展示了本实例的完成效果。

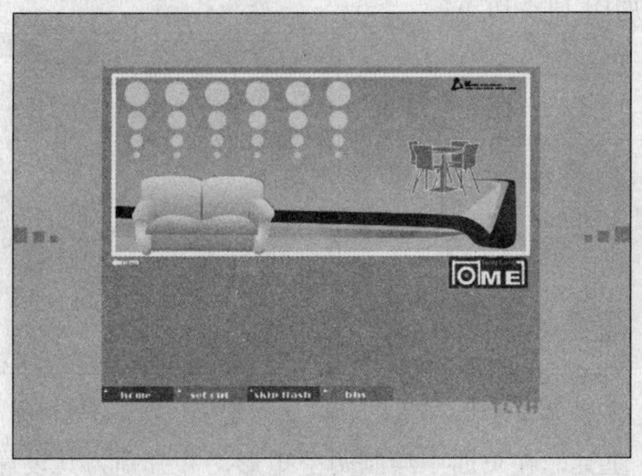

图 14-2　完成效果

设计思路

网页界面以灰色为主要色调，淡雅的背景给浏览者以平静、祥和的心情。整个网页的布局设计使浏览者更容易了解各种信息。

技术剖析

在该实例的制作过程中，主要使用了“椭圆形”工具和“贝赛尔”工具，绘制出网页中的各个元素。使用“交互式填充”工具为图形填充颜色，丰富画面色彩。图 14-3 展示了本实例的制作流程。

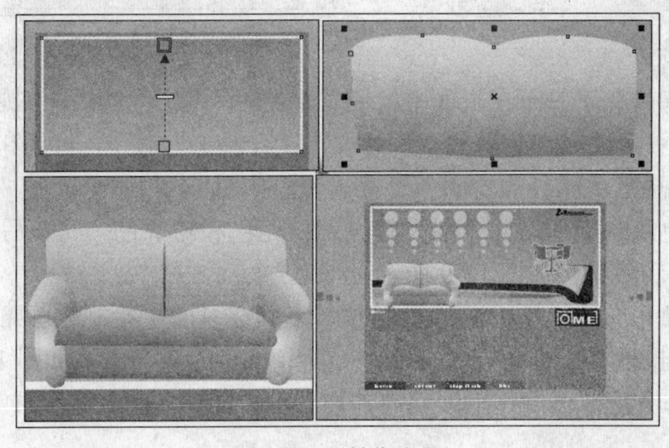

图 14-3　制作流程

制作步骤

01 启动 CorelDRAW X3，执行“文件”→“打开”命令，打开本书附带光盘\Chapter-14\“背景.cdr”文件，如图 14-4 所示。

02 使用“矩形”工具，在页面中绘制矩形，使用“交互式填充”工具为其填充渐变色，并设置轮廓属性，如图 14-5 所示。

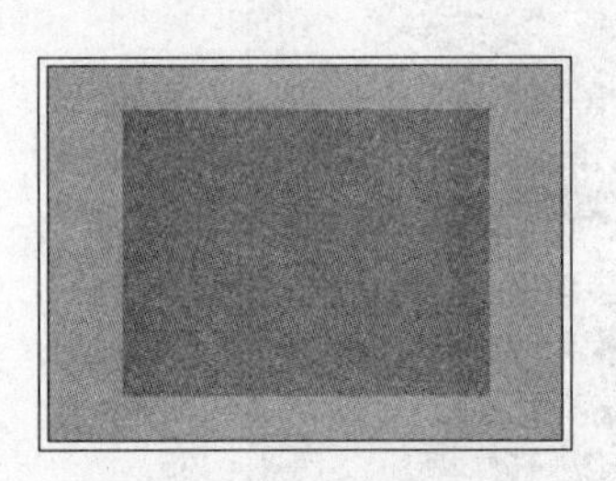

图 14-4 打开光盘文件

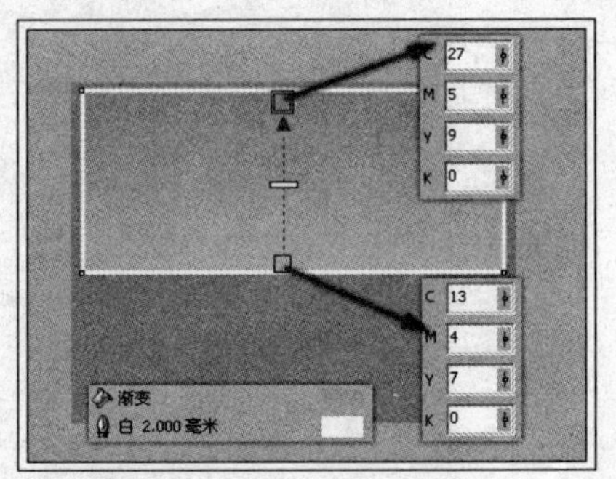

图 14-5 绘制矩形

03 使用“矩形”工具，在页面中绘制两个矩形，并分别为其设置填充色和轮廓色，如图 14-6 所示。

04 使用“交互式调和”工具，为绘制的两个矩形添加调和效果，并在属性栏中进行设置，如图 14-7 所示。

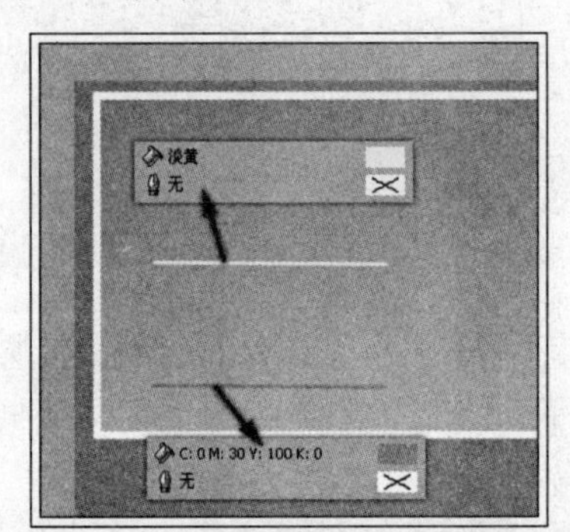

图 14-6 绘制矩形

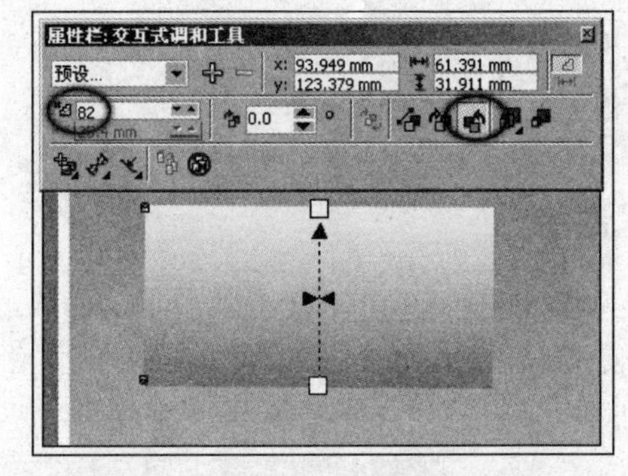

图 14-7 为图形添加调和效果

05 使用“贝塞尔”工具，在页面中绘制轮廓路径，接着使用“挑选”工具选择调和对象，执行“效果”→“图框精确剪裁”→“放置在容器中”命令，将调和对象放置在刚绘制的轮廓路径当中，完毕后将路径的轮廓色设置无为，如图 14-8 所示。

06 再次在页面中绘制矩形，并分别为其设置填充色和轮廓色。完毕后使用“交互式调和”工具为其添加调和效果，如图 14-9 所示。

07 参照之前的操作方法，使用“贝塞尔”工具在页面中绘制轮廓路径，然后将刚创建的调和对象放置在轮廓路径当中，完毕后将路径的轮廓色设置为无，如图 14-10 所示。

08 参照以上操作方法，再制作出沙发的其他图形，如图 14-11 所示。

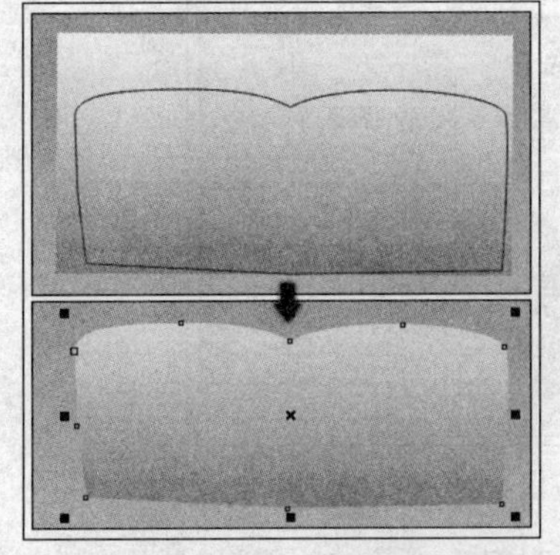

图 14-8 将调和对象放置轮廓路径中

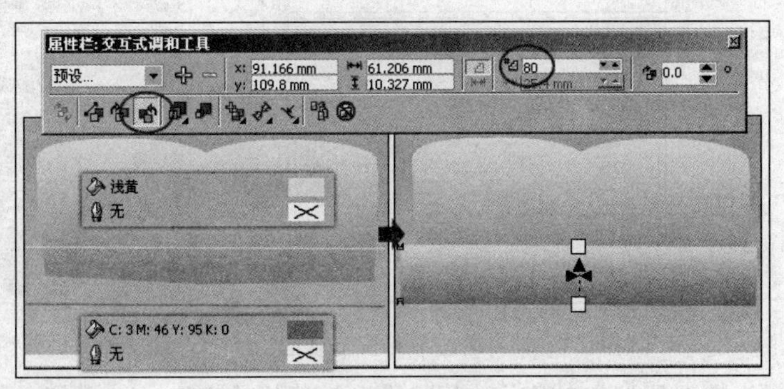

图 14-9 绘制图形并添加调和效果

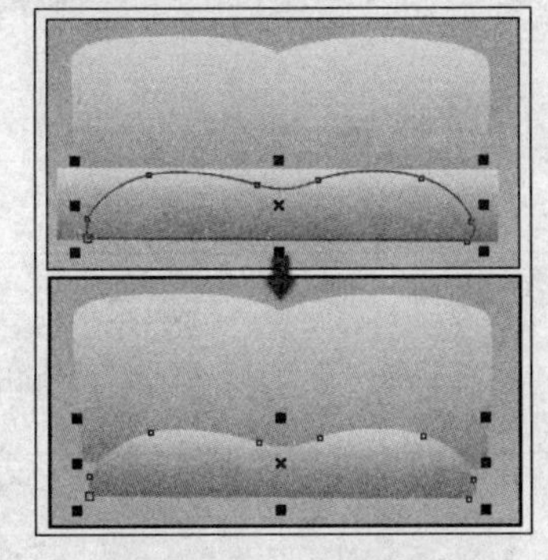

图 14-10 精确剪裁对象

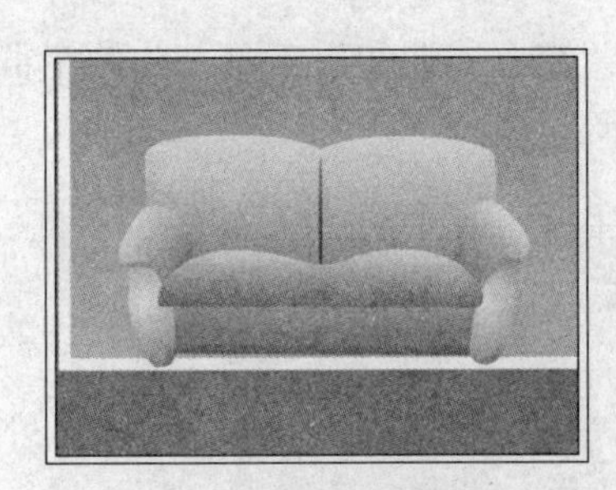

图 14-11 制作出沙发的其他图形

09 使用"挑选"工具，将绘制的所有沙发图形全部选中，并单击属性栏中的"创建围绕选定对象的新对象"按钮，创建出新轮廓图形，然后为其设置填充色和轮廓色，如图 14-12 所示。

10 使用"交互式阴影"工具，为其添加阴影效果，完毕后调整该图形的顺序，如图 14-13 所示。

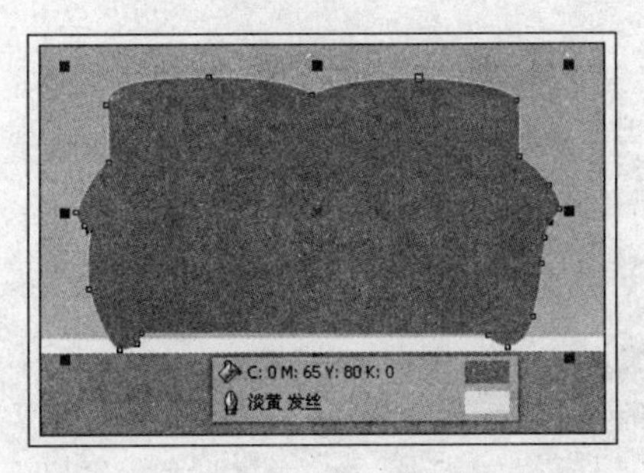

图 14-12 创建边界图形

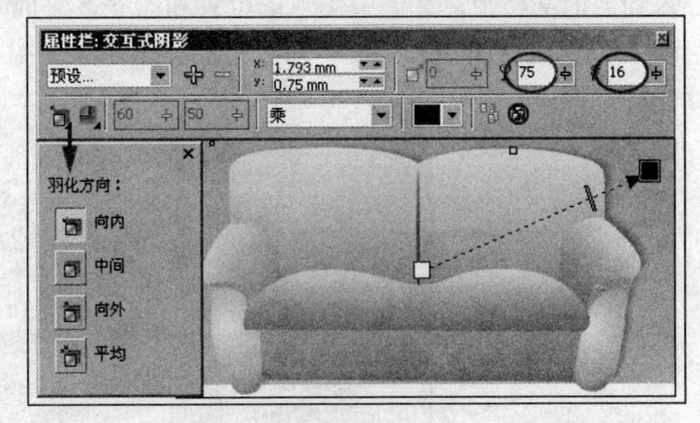

图 14-13 为图形添加阴影效果

11 使用"椭圆形"工具，在页面中绘制椭圆形，并分别为其设置填充色和轮廓色，如图 14-14 所示。

12 使用"交互式调和"工具，为刚绘制的两个椭圆形添加调和效果，并在属性栏中进行设置，如图 14-15 所示。

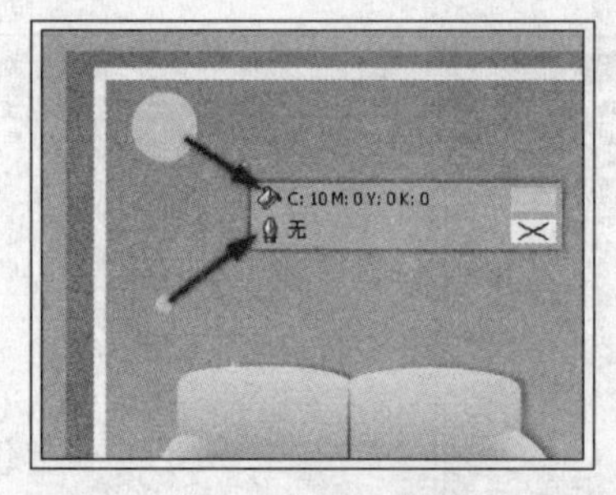

图 14-14　绘制椭圆形并填充颜色

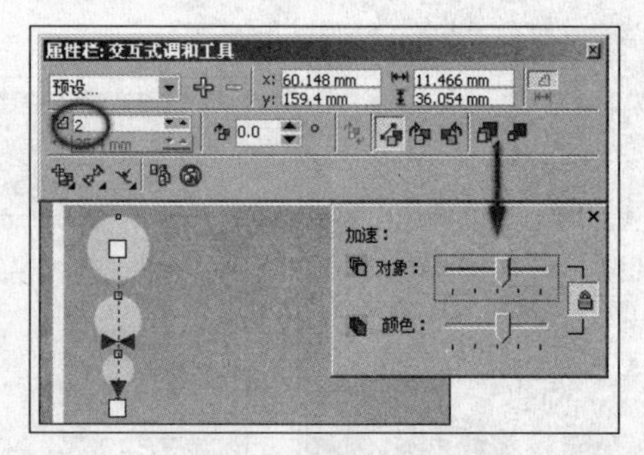

图 14-15　为图形添加调和效果

13 保持调和对象的选择状态，执行“排列”→“拆分调和群组”命令，将调和群组拆分。使用“挑选”工具选择调和对象，按<Ctrl+G>键将其群组，完毕后将其复制并调整位置，如图 14-16 所示。

14 使用“交互式调和”工具，为两个群组对象添加调和效果，并在属性栏中进行设置，如图 14-17 所示。

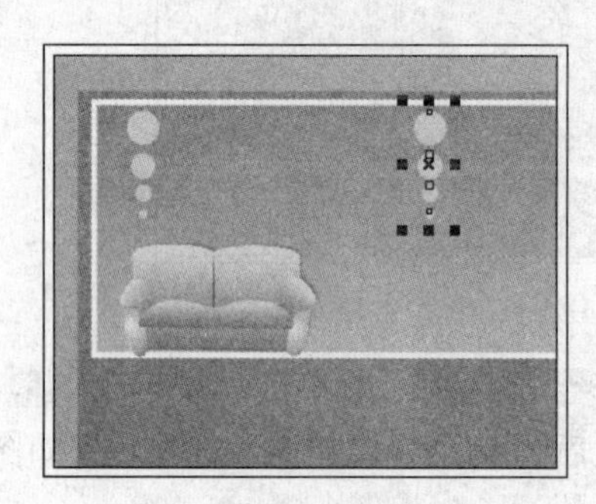

图 14-16　复制图形

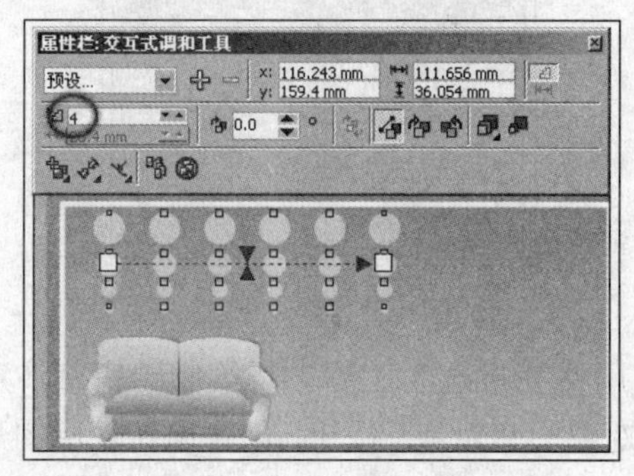

图 14-17　为图形添加调和效果

15 执行“文件”→“导入”命令，将本书附带光盘\Chapter-14\“装饰图形和文字.cdr”文件导入到当前文档中，并调整图形的位置和顺序，完成本实例的制作效果如图 14-18 所示。

16 在制作过程中遇到问题，可以打开本书附带光盘\Chapter-14\“家居网页设计.cdr”文件进行查看。

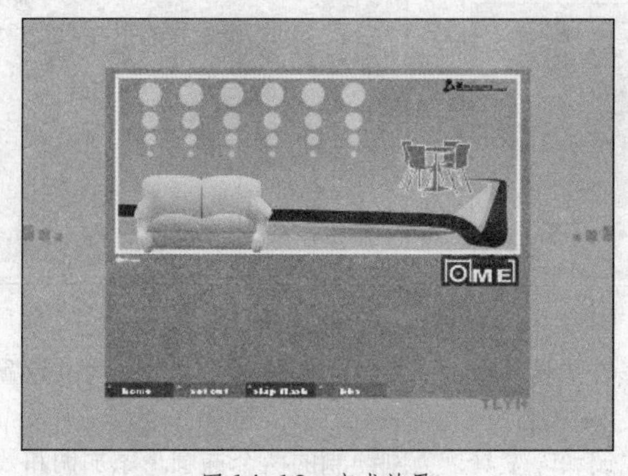

图 14-18　完成效果

实例2　机械设计网页

本节实例制作的是机械设计网页。整个页面结构，版块、内容清晰明了，给人以舒适的感觉，使更多的浏览者驻足浏览。图14-19展示了本实例的完成效果。

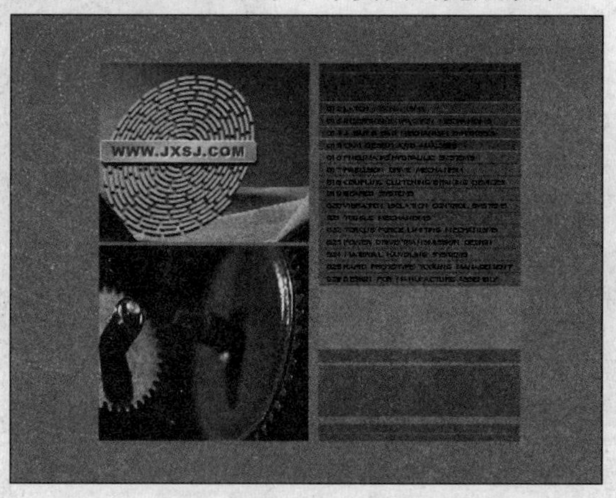

图14-19　完成效果

设计思路

根据该网页的信息内容，设计时通过绘制简单的图形、合理的图文编排，使整个网页成熟、稳重给浏览者带来诚实、可信的感受。

技术剖析

该实例的制作较为简单，主要通过使用“螺纹”工具和“矩形”工具绘制而成，图14-20展示了本实例的制作流程。

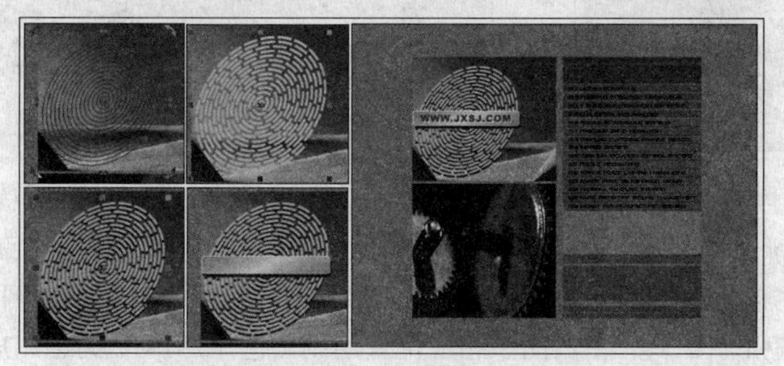

图14-20　制作流程

制作步骤

01 启动CorelDRAW X3，执行“文件”→“打开”命令，打开本书附带光盘\Chapter-14\“机械设计网页背景.cdr”文件，如图14-21所示。

02 选择“螺纹”工具，参照图 14-22 所示设置其属性栏中的参数，在页面中绘制螺纹图形。

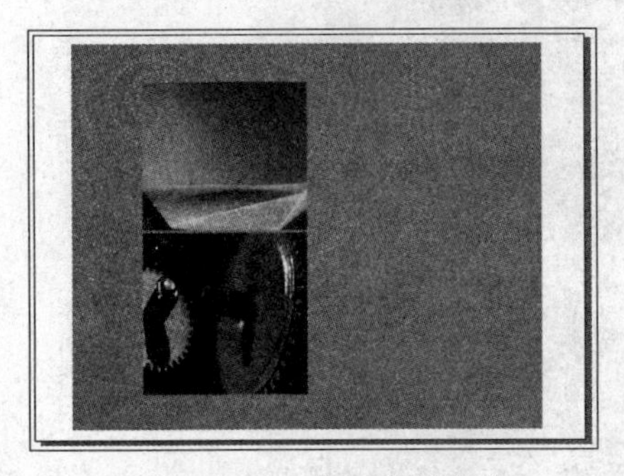

图 14-21　打开背景文件

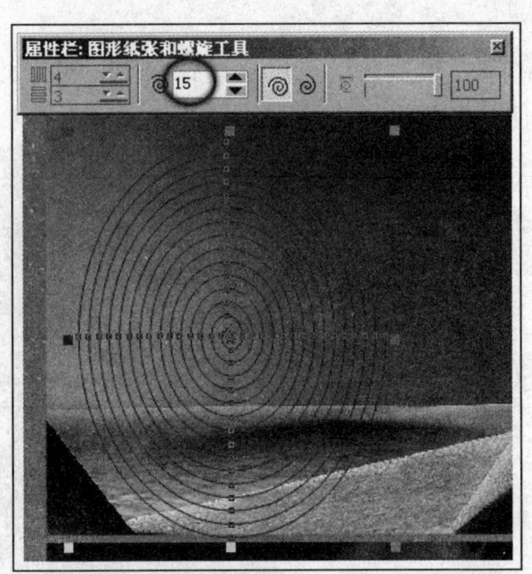

图 14-22　绘制图形

03 保持该螺纹图形的选择状态，使用“挑选”工具在该图形上单击，当图形周围出现旋转控制柄时，调整其中的一个控制柄，对图形进行旋转，如图 14-23 所示。

04 按键盘上的<F12>键，打开“轮廓笔”对话框，参照图 14-24 所示设置该对话框，完毕后单击“确定”按钮关闭对话框，调整螺纹图形的轮廓属性。

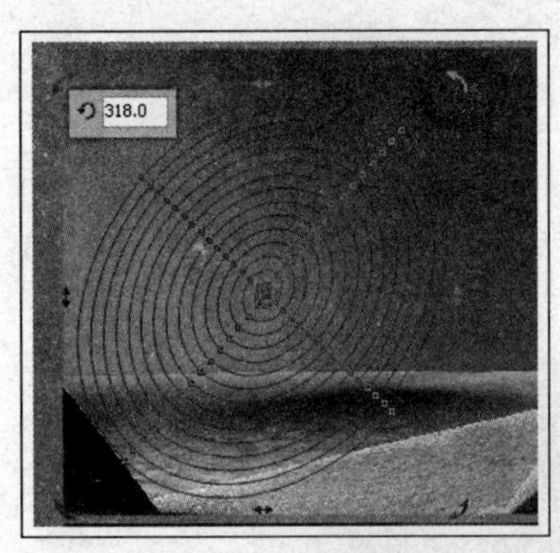

图 14-23　对图形进行旋转

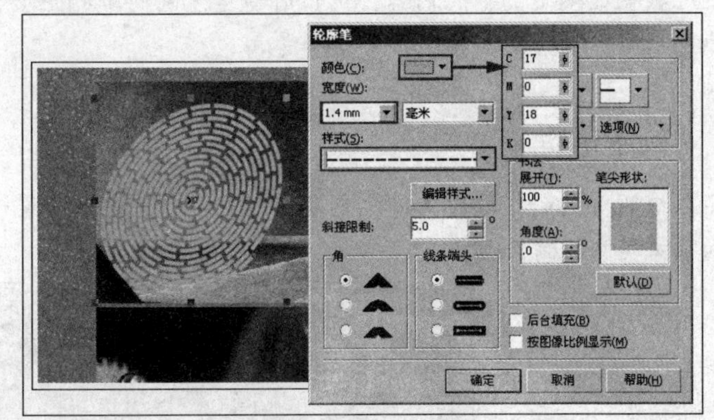

图 14-24　设置图形轮廓属性

05 使用“挑选”工具，选择螺旋线并按小键盘上的<+>键，将图形原位置再制，设置轮廓色为黑色。完毕后按<Ctrl+PageDown>键，调整图形的顺序及位置，如图 12-25 所示。

06 使用“矩形”工具，在页面中相应位置绘制黑色矩形，并参照图 14-26 所示设置其属性栏。

07 保持矩形的选择状态，按小键盘上的<+>键，将矩形原位置再制，并为再制的矩形填充渐变色，设置轮廓色为白色，调整其位置，如图 14-27 所示。

08 执行“文件”→“导入”命令，将本书附带光盘\Chapter-14\“文字背景.cdr”文件导入到页面中相应位置，如图 14-28 所示。

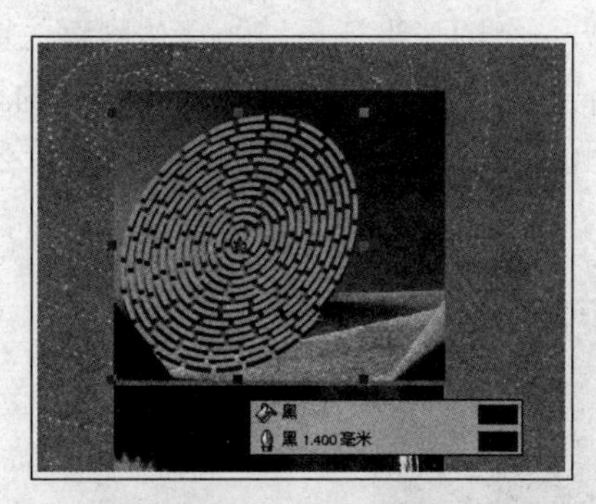

图 14-25　再制并调整图形

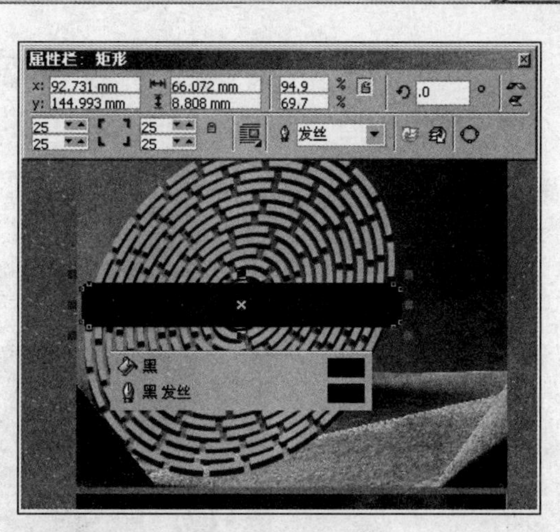

图 14-26　绘制矩形

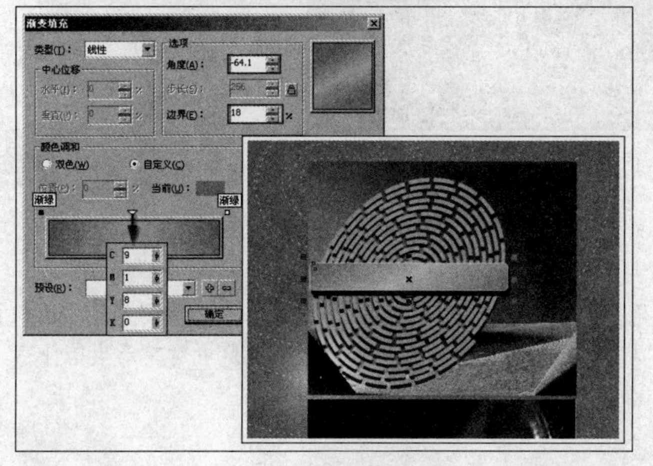

图 14-27　调整图形

图 14-28　导入光盘文件

09 最后添加相关文字信息，完成本实例的制作，效果如图 14-29 所示。在制作过程中遇到问题，可以打开本书附带光盘\Chapter-14\“机械设计网页.cdr”文件进行查看。

图 14-29　完成效果

实例3　设计公司网页设计

本小节将学习制作一个图形设计公司的网页。作为一个图形设计公司的宣传网页，其页面设计与其他文体类网站的页面设计相比，更加注重独特的页面设计。无论是网页设计的构思、布局、配色还是具体内容的协调和安排，都需要体现出它的与众不同，以达到展示设计公司的目的。如图 14-30 所示为本实例的完成效果。

图 14-30　完成效果

设计思路

这是一个专门从事图形设计的公司网页，主要向客户介绍和展示公司业务范围以及作品。页面的设计在体现艺术网站特色的同时，还要彰显出独特的企业文化特色，使浏览者对其产生信任感。

技术剖析

本节实例的制作过程较为简单，主要使用“交互式变形”工具，通过对图形添加各种变形效果制作出该实例中的画面效果。需注意的是，在使用“交互式变形”工具对图形添加变形效果时，图形节点的数量将直接影响到最终的变形效果。可以在之后的练习中慢慢体会。图 14-31 展示了本实例的制作流程。

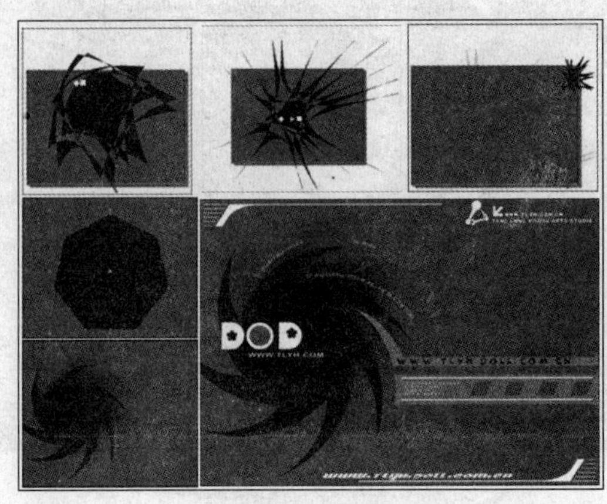

图 14-31　制作流程

制作步骤

01 运行 CorelDRAW X3，新建一个空白文档，单击属性栏中的"横向"按钮，将页面横向摆放，其他参数保持属性栏默认设置。

02 双击工具箱中的"矩形"工具，创建一个与页面等大且重合的矩形，将其填充为深绿色，轮廓色为无，如图 14-32 所示。

03 使用"椭圆形"工具，配合按<Ctrl>键的同时绘制圆形并填充颜色，轮廓色为无，如图 14-33 所示。

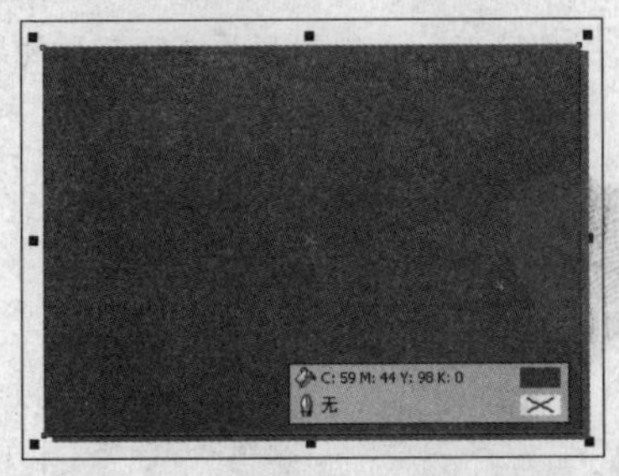

图 14-32　创建矩形并填充颜色

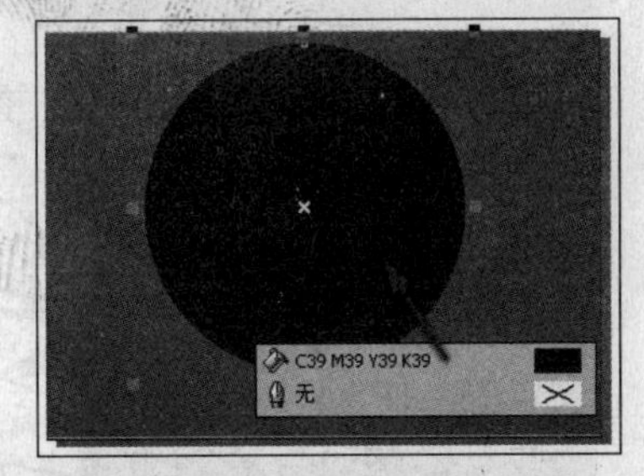

图 14-33　绘制圆形

04 选择"交互式变形"工具，参照图 14-34 所示设置其属性栏，为圆形添加扭曲变形效果。

05 保持该图形的选择状态，依次单击属性栏中的"添加新的变形"按钮和"推拉变形"按钮，然后在图形上单击并拖动鼠标，为其添加推拉变形效果，如图 14-35 所示。

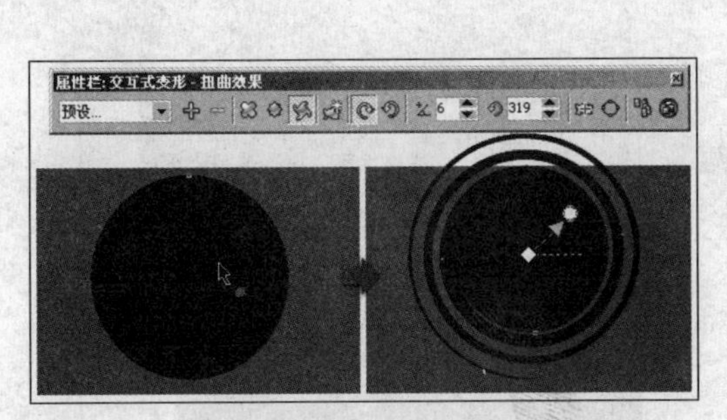

图 14-34　添加变形效果

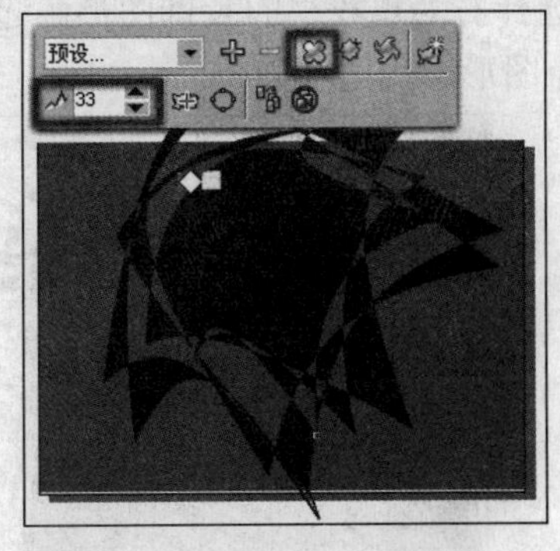

图 14-35　添加变形效果

06 参照上一步骤中同样的操作方法，再次为图形添加新的推拉变形效果，如图 14-36 所示。

07 使用"挑选"工具，选中变形后图形，按<Ctrl+D>键将其再制，并调整其大小和位置。选择"交互式变形"工具，单击属性栏中的"清除变形"按钮两次，清除最后两次添加的变形效果，如图 14-37 所示。

08 保持该图形的选择状态，依次单击属性栏中的"添加新的变形"按钮和"推拉变形"按钮，在图形上单击并拖动鼠标，为其添加推拉变形效果，如图 14-38 所示。

09 参照之前的操作方法，再在页面右下角制作装饰图形，如图 14-39 所示。

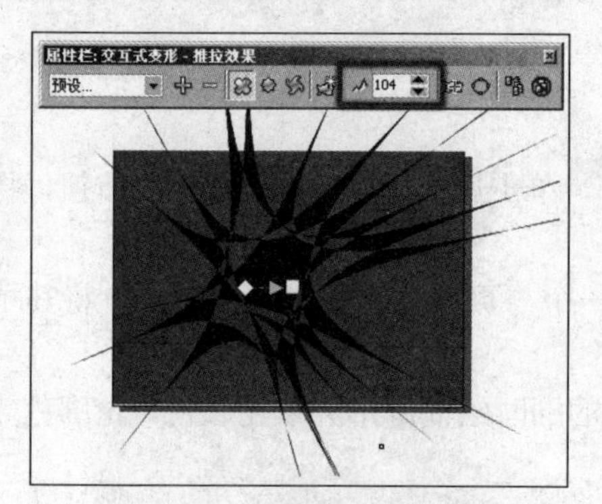

图 14-36　再次添加变形效果

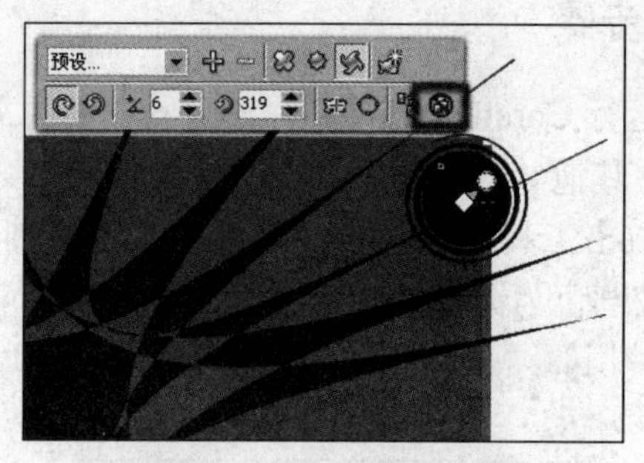

图 14-37　再制图形并消除变形效果

图 14-38　添加变形效果

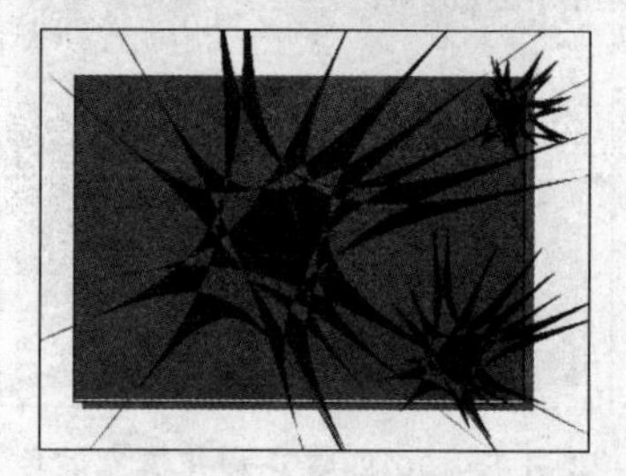

图 14-39　绘制装饰图形

10 保持右下角装饰图形的选择状态，使用"挑选"工具，按<Shift>键同时单击中间较大的装饰图形，将两个图形同时选中。选择"交互式透明"工具，参照图 14-40 所示设置属性栏参数，为图形添加透明效果。

11 选择右上角较小的装饰图形。选择"交互式透明"工具，参照图 14-41 所示设置其属性栏，为图形添加透明效果。

图 14-40　添加透明效果

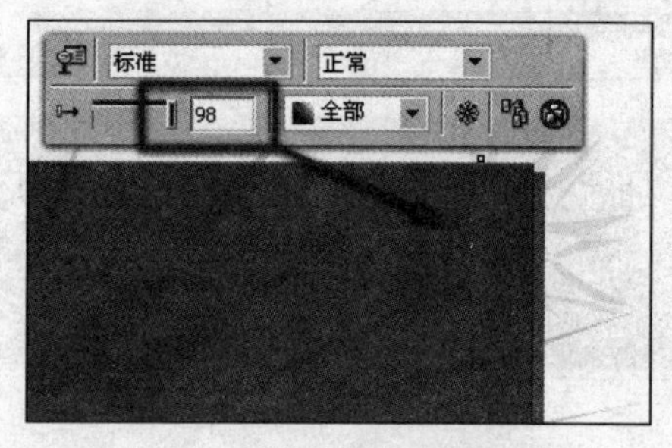

图 14-41　为图形添加透明效果

12 选择工具箱中的"多边形"工具，参照图 14-42 所示设置属性栏，在页面中绘制多边形并填充黑色，轮廓色设置为无。

13 使用"形状"工具，参照图 14-43 所示，调整多边形的形状。使用"交互式变形"工具，为多边形添加扭曲变形效果。

14 使用"交互式阴影"工具，为黑色图形添加阴影效果，并设置属性栏参数，完毕后调整该图形的位置，如图 14-44 所示。

15 执行"工具"→"选项"命令，打开"选项"对话框，参照图 14-45 所示设置对话框，单击"确定"按钮，关闭对话框。

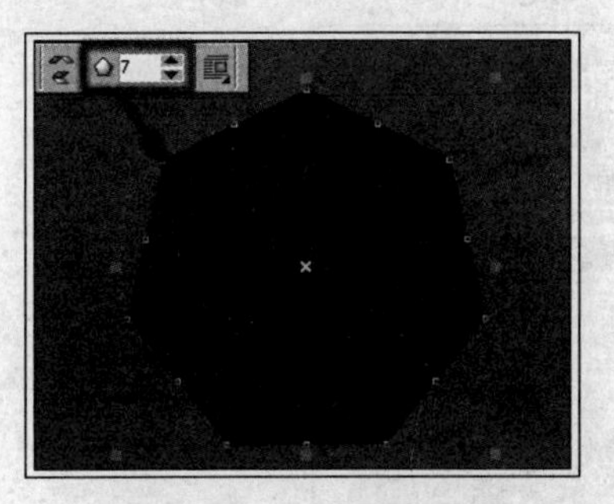

图 14-42 绘制多边形

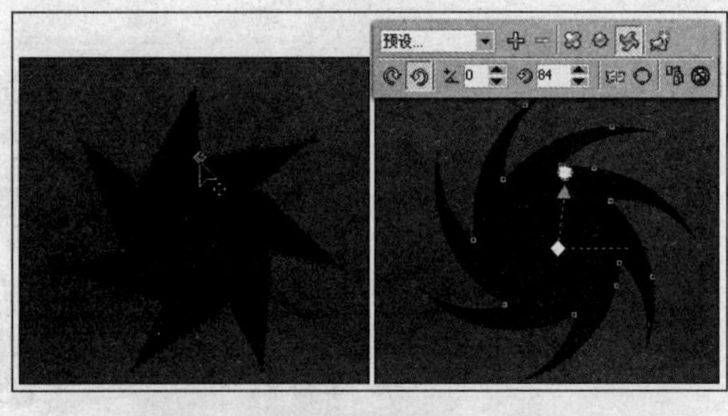

图 14-43 添加扭曲变形效果

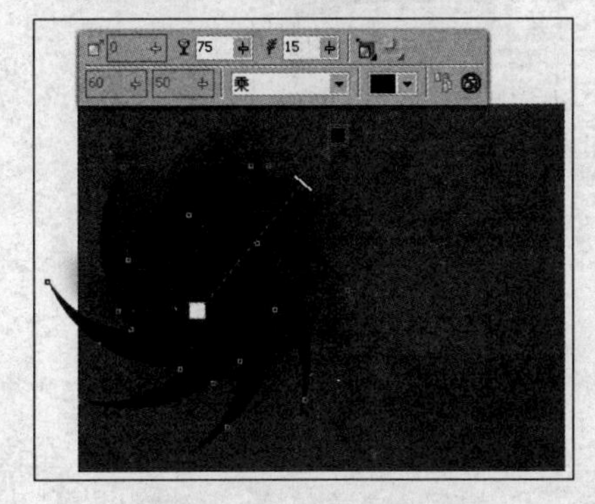

图 14-44 添加阴影效果

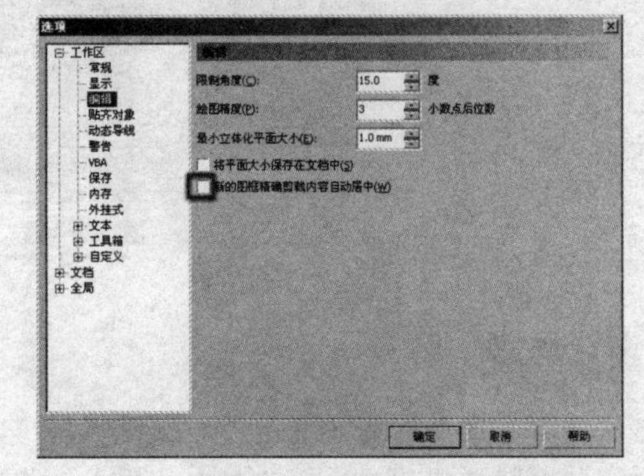

图 14-45 设置“选项”对话框

16 使用“挑选”工具，将页面中除背景矩形之外的所有图形选中，执行“效果”→“图框精确剪裁”→“放置在容器中”命令。当鼠标变为黑色箭头时单击背景矩形，将所选中的图形放置在背景矩形当中，如图 14-46 所示。

17 执行“文件”→“导入”命令，将本书附带光盘\Chapter-14\“文字.cdr”文件导入到文档中相应位置，完成本实例的制作，效果如图 14-47 所示。

18 在制作过程中遇到问题，可以打开本书附带光盘\Chapter-14\“设计公司网页设计.cdr”文件进行查阅。

图 14-46 图框精确剪裁

图 14-47 完成效果

实例 4 时尚服饰网页设计

本节制作的是时尚服饰网页设计，整个页面充满了青春、时尚、现代的气息，感染每个追求时尚、个性的浏览者。图 14-48 展示了本实例的完成效果。

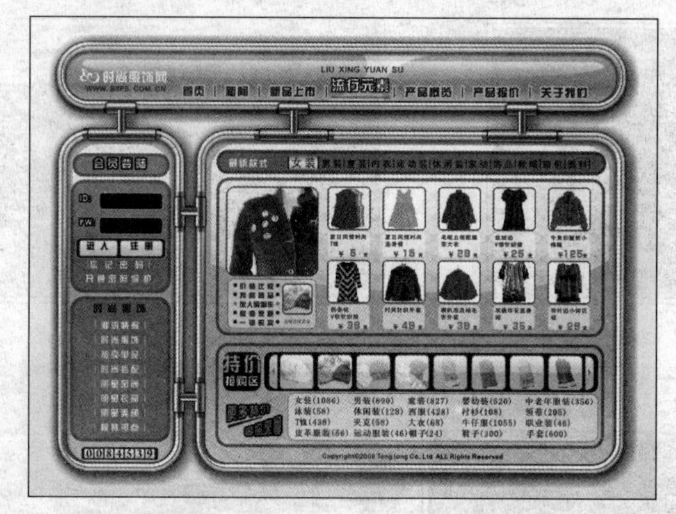

图 14-48　完成效果

设计思路

该实例制作的是时尚服饰网页。在设计制作时紧扣主题，突出时尚、个性的风格。在该实例中通过绘制金属质感的网页框架与水晶质感的版块内容，将这两者完美组合，营造出个性、时尚的视觉效果。

技术剖析

该实例分为两部分制作完成。第一部分绘制网页主菜栏。第二部分绘制网页中其他框架框结构。在实例制作过程中，主要使用了“交互式轮廓图”工具，制作出金属边框的立体效果。通过对金属边框的高光和反光进行准确的表达，进一步加强金属边框的质感。此外，在该实例中晶莹剔透的水晶效果，则是使用“交互式透明”工具，对图形添加透明制作而成。图 14-49 展示了本实例的制作流程。

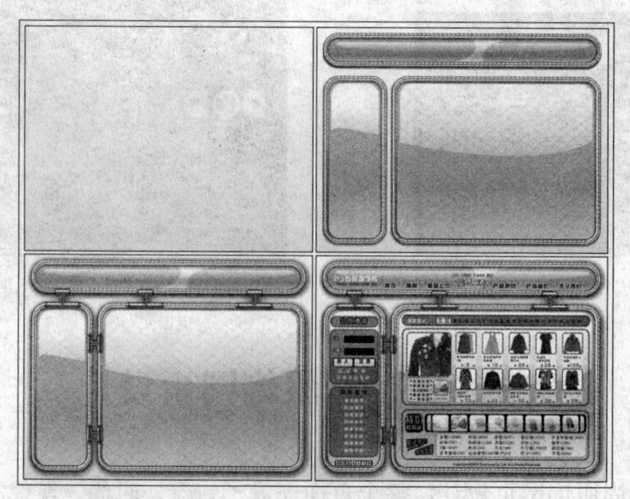

图 14-49　制作流程

制作步骤

1.绘制网页主菜单栏

01 运行 CorelDRAW X3，执行“文件”→“打开”命令，打开本书附带光盘\Chapter-14\“服饰网页背景.cdr”文件，如图 14-50 所示。

02 使用“矩形”工具，在页面中绘制圆角矩形。使用“交互式填充”工具，为其填充渐变色，并设置轮廓色，如图 14-51 所示。

图 14-50　打开光盘文件

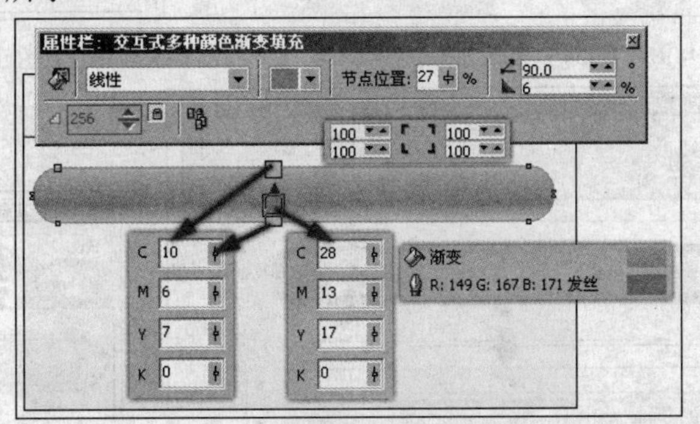

图 14-51　绘制矩形并填充颜色

03 保持该图形的选择状态。选择“挑选”工具，按小键盘上的<+>键将其原位置再制，并调整再制图形的填充色和轮廓属性，如图 14-52 所示。

04 执行“排列”→“将轮廓转换为对象”命令，将其转换为对象。完毕后按键盘上的<Tab>键选择转换前的原图形，调整图形的位置到页面的空白处，设置填充色为无，轮廓色为淡蓝色，如图 14-53 所示。

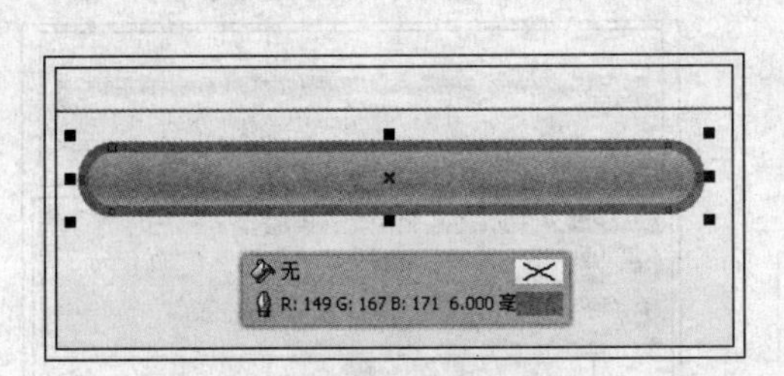

图 14-52　复制图形并调整

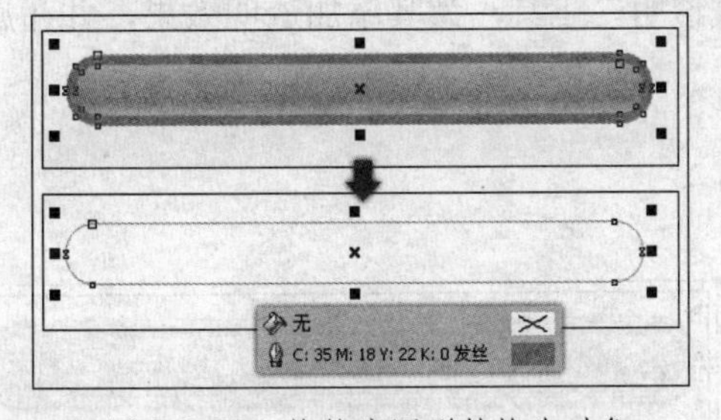

图 14-53　将轮廓图形转换为对象

05 在页面中选择转换为对象后的图形，使用“交互式填充”工具为其填充渐变色，如图 14-54 所示。

06 选择“交互式轮廓图”工具，参照图 14-55 所示设置其属性栏，为图形添加轮廓图效果。

07 选择“挑选”工具，按小键盘上的<+>键将其原位置再制，并取消再制图形的轮廓图效果。使用“交互式阴影”工具，为其添加阴影效果，完毕后按<Ctrl+PageDown>键调整该图形的顺序，如图 14-56 所示。

08 使用“挑选”工具，选择页面空白处的图形，调整图形的位置和顺序。选择“交互式轮廓图”工具，参照图 14-57 所示设置属性栏，为其添加轮廓图效果。

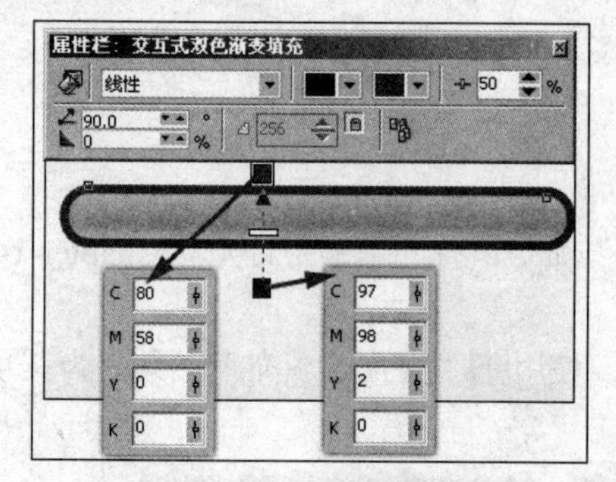

图 14-54 为图形填充渐变色

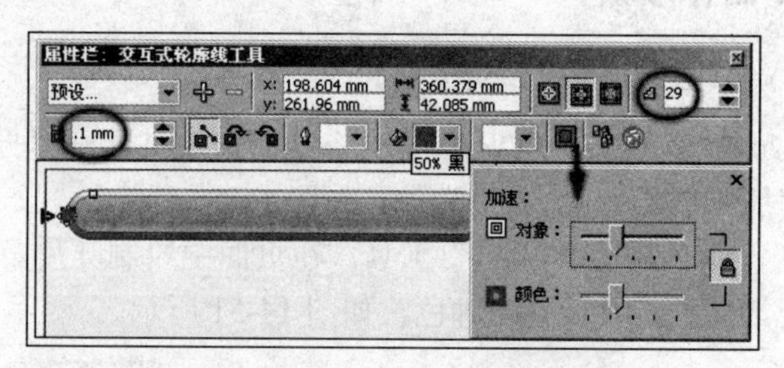

图 14-55 为图形添加轮廓图效果

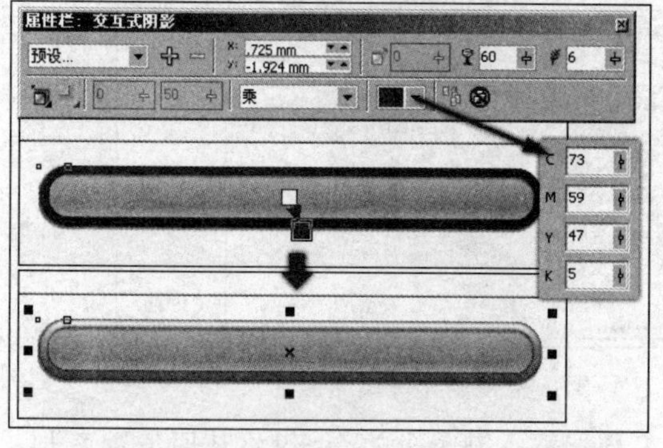

图 14-56 为图形添加阴影效果并调整顺序

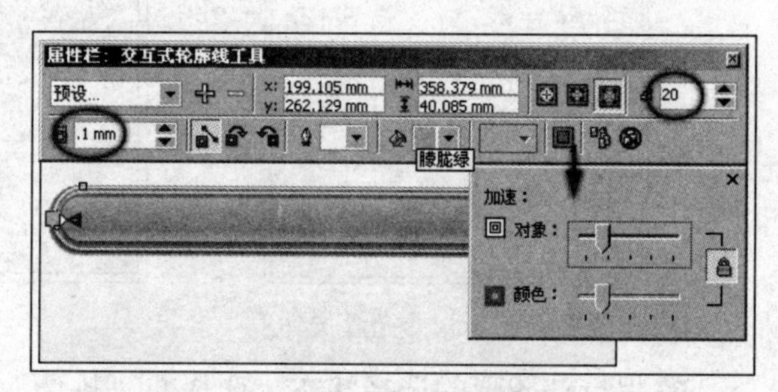

图 14-57 为图形添加轮廓图效果

09将该轮廓图形原位置再制，并取消再制图形的轮廓图效果。完毕后调整该图形的轮廓属性和位置，并通过按<Ctrl+PageDown>键，调整该图形的顺序，如图 14-58 所示。

10使用“贝赛尔”工具，在页面中绘制图形并填充白色，设置轮廓色为无。使用“交互式透明”工具，为其添加透明效果，并在属性栏中进行设置，如图 14-59 所示。

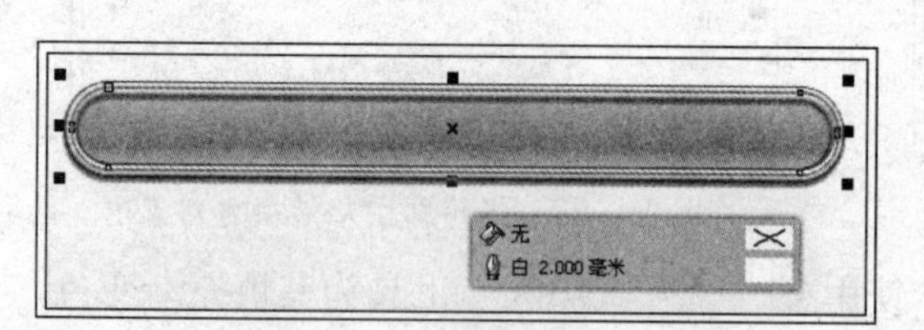

图 14-58 再制图形并调整

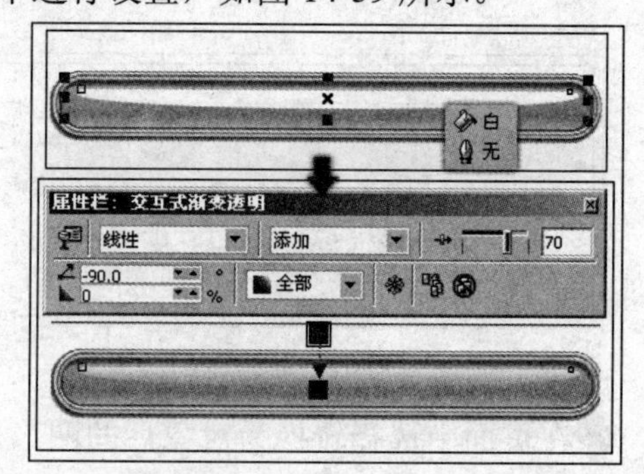

图 14-59 绘制图形并添加透明效果

11使用“矩形”工具和“椭圆形”工具，依次绘制矩形和椭圆形。使用“挑选”工具，将绘制的矩形和椭圆形同时选中，在属性栏中单击“后剪前”按钮，将图形修剪，并为修剪后的图形设置填充色和轮廓色，如图 14-60 所示。

12选择“交互式透明”工具，参照图 14-61 所示设置其属性栏，为修剪后的图形添加透明效果。

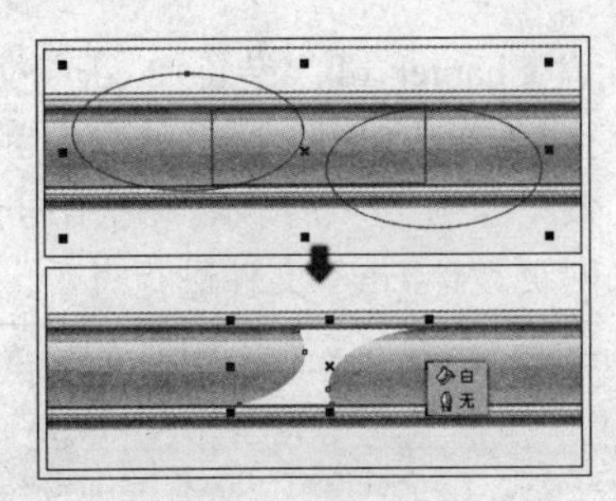

图 14-60 绘制图形并修剪

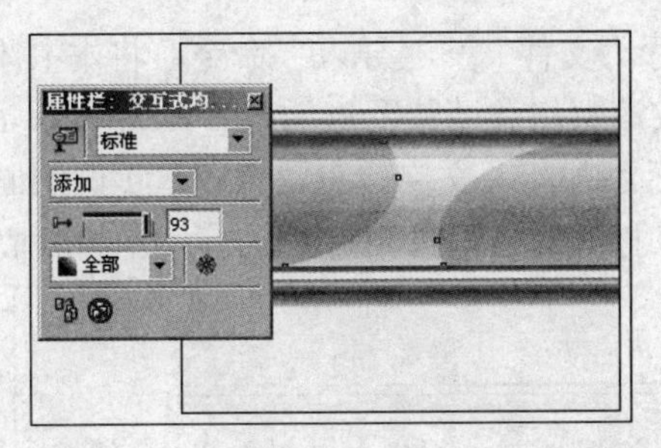

图 14-61 为图形添加透明效果

2.绘制网页中其他框架结构

01 参照之前的操作方法，在页面中绘制出网页的其他框架结构图形。也可以将本书附带光盘\Chapter-14\“网页框架结构.cdr”文件导入到文档中，取消群组并调整图形的位置，如图 14-62 所示。

02 执行“文件”→“导入”命令，将本书附带光盘\Chapter-14\“装饰.cdr”文件导入到文档中，并调整图形的位置，如图 14-63 所示。

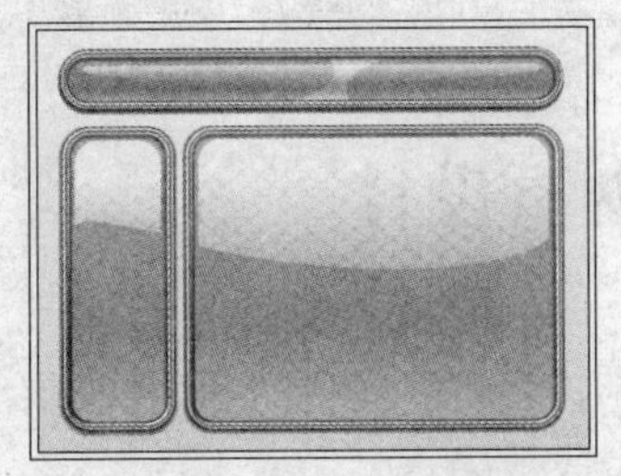

图 14-62 制作出其他框架结构图形

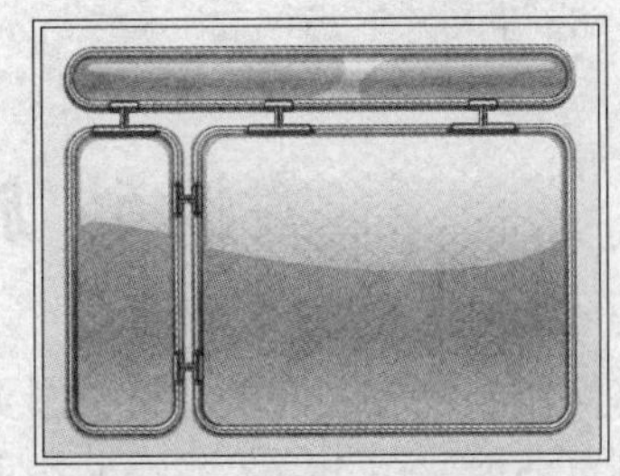

图 14-63 导入素材

03 按<Ctrl+A>键，将绘制的框架图形全部选中，将其复制并放置在页面的空白处。将复制对象中多余的图形删除并取消为图形添加的各种效果。完毕后将剩下的图形进行焊接并为其填充黑色，如图 14-64 所示。

04 使用“交互式阴影”工具，为其添加阴影效果，并在属性栏中进行设置，完毕后调整该对象的位置和顺序，如图 14-65 所示。

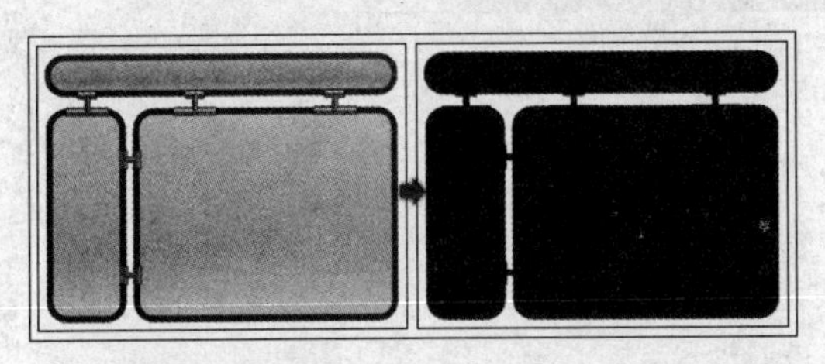

图 14-64 删除多余的图形并焊接

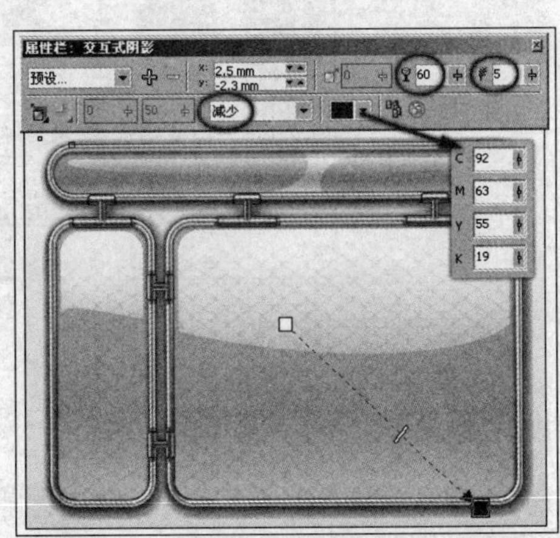

图 14-65 为图形添加阴影效果并调整

05 执行“文件”→“导入”命令，将本书附带光盘\Chapter-14\“装饰 2.cdr”文件导入到文档中，取消群组并调整图形的位置，如图 14-66 所示。

06 最后添加相关文字信息，完成本实例的制作，效果如图 14-67 所示。在制作过程中遇到问题，可以打开本书附带光盘\Chapter-14\“时尚服饰网页设计.cdr”文件进行查看。

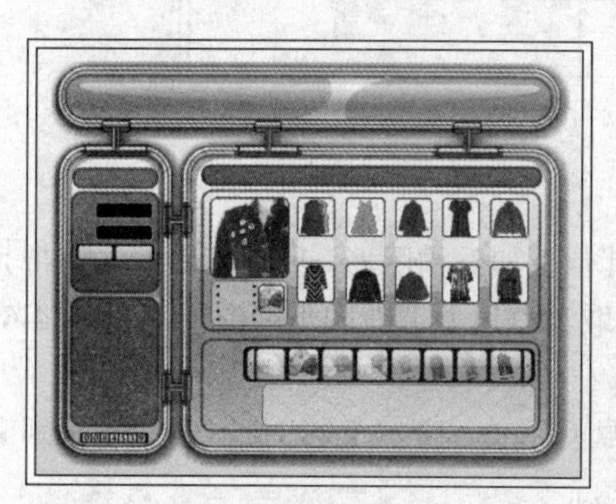

图 14-66 导入光盘文件

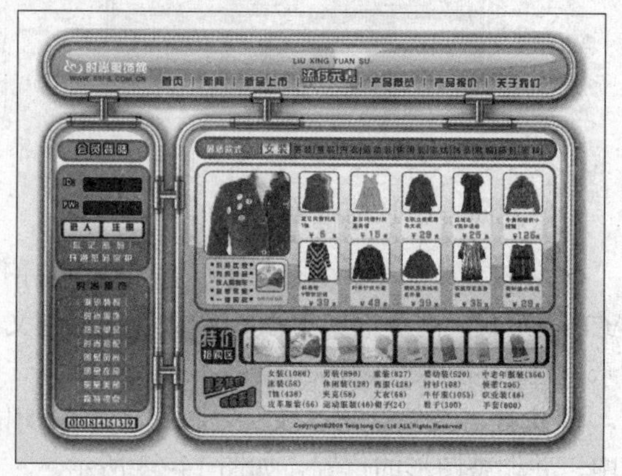

图 14-67 完成效果

实例 5 旅游网页设计

本节实例将制作一幅旅游网页。整个网页界面结构合理、颜色清新明快，给浏览者营造出舒适、自然的浏览环境。图 14-68 展示了本实例的完成效果。

图 14-68 完成效果

设计思路

该实例制作的是旅游网页设计，在设计时采用了淡雅、明快的颜色，给浏览者以舒适、自然的视觉感受，并以此为整个网页的主体风格展开设计。

技术剖析

该实例分为两部分制作完成。第一部分绘制网页框架及结构；第二部分绘制网页内容。在第一部分中主要通过添加辅助线来定义网页的框架，使用“矩形”工具，绘制出网页中各版块的结构。在第二部分中通过使用“斜角”泊坞窗，为图形添加斜角效果制作出文字输入区域，使用“交互式调和”工具，为图形添加调和效果制作出水晶质感的按钮图形。图14-69展示了本实例的制作流程。

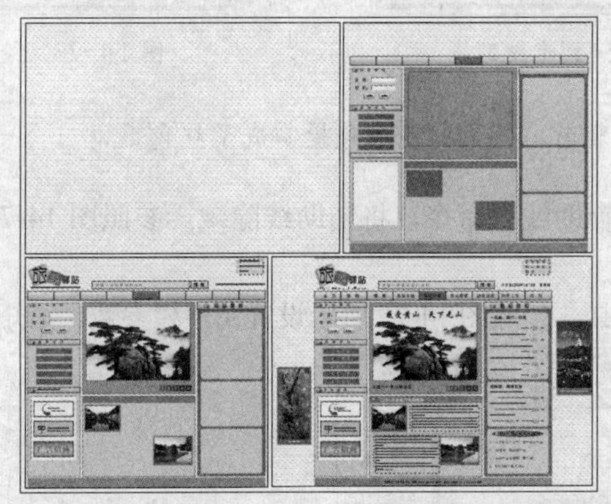

图 14-69　制作流程

制作步骤

1.绘制网页框架及结构

01 启动 CorelDRAW X3，执行“文件”→“打开”命令，打开本书附带光盘\Chapter-14\“旅游网页背景.cdr”文件，如图14-70所示。

02 执行“视图”→“辅助线设置”命令，打开“选项”对话框，参照图14-71所示逐次添加辅助线，完毕后单击“确定”按钮，关闭该对话框。

图 14-70　打开背景文件

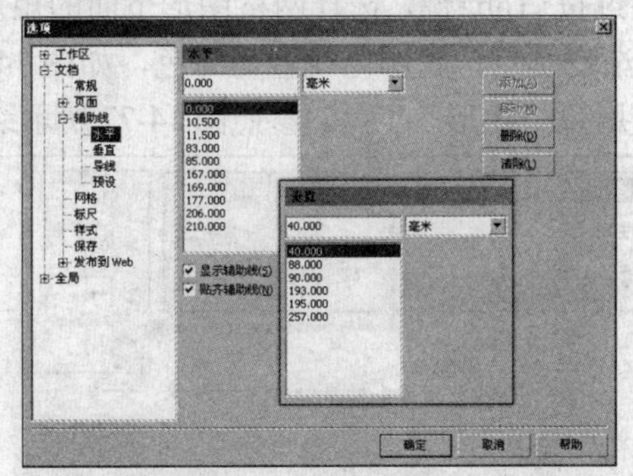

图 14-71　设置“选项”对话框

03 执行“工具”→“对象管理器”命令，打开“对象管理器”泊坞窗。单击“导线”图层前的笔形图标将辅助线锁定，以避免在接下来的操作中对其进行误操作，完毕后选择“图层 1”，使其成为当前可编辑状态，如图14-72所示。

04 使用“矩形”工具，参照图14-73所示沿着辅助线绘制矩形。

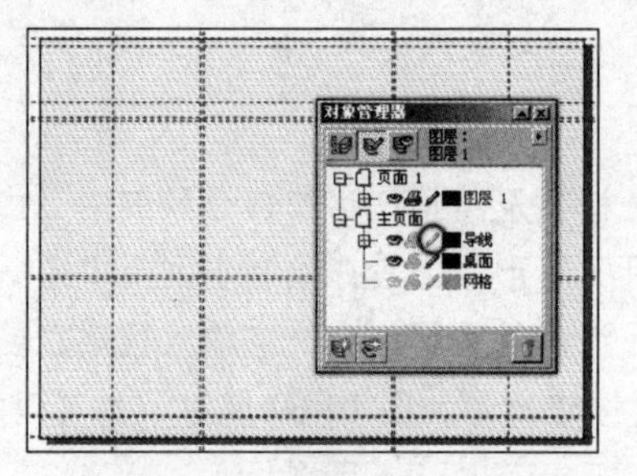

图 14-72 锁定辅助线

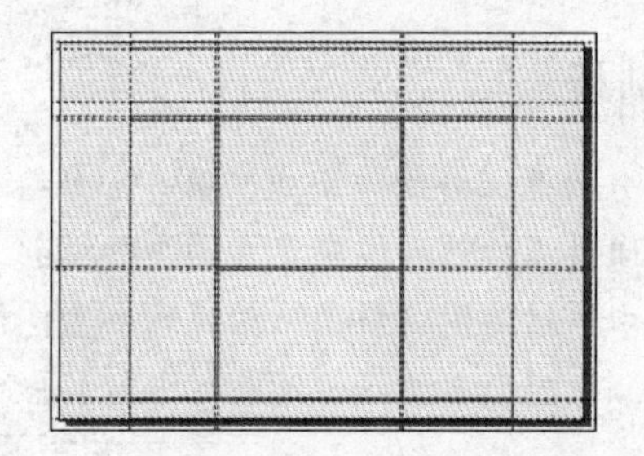
图 14-73 绘制矩形

提示 为了方便观察，这里暂时将矩形的轮廓色摄制成了红色。

05 执行“视图”→“辅助线”命令，将辅助线隐藏。参照图 14-74 所示，分别为矩形设置填充色和轮廓色。

06 选择“图纸”工具，参照图 14-75 所示设置属性栏参数，沿矩形节点绘制网格图形。

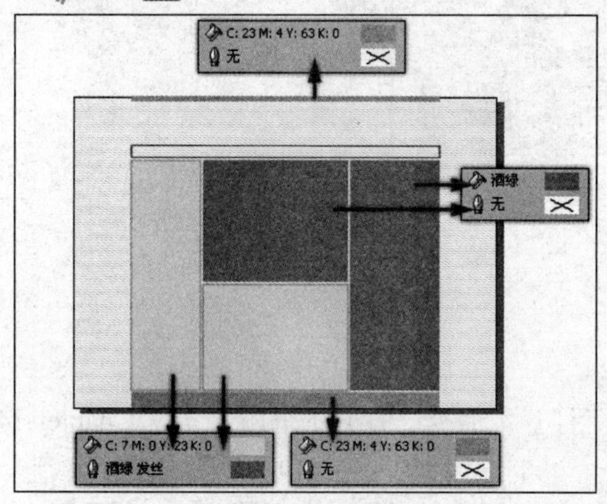

图 14-74 为矩形设置填充色和轮廓色

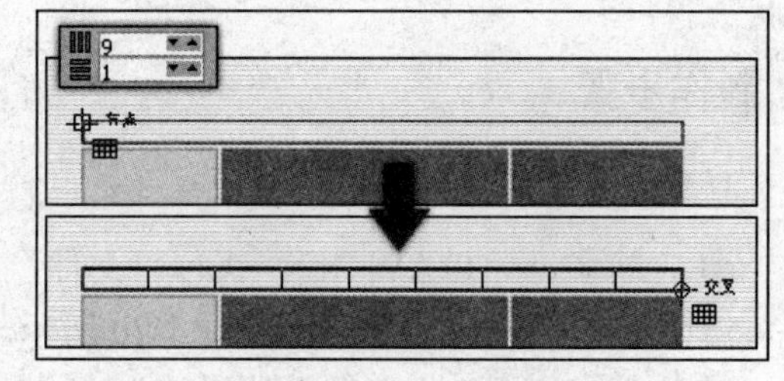

图 14-75 绘制网格图形

07 通过按<Tab>键，选择网格图形下面的矩形并删除。使用“交互式填充”工具为网格图形填充渐变颜色，轮廓色设置为绿色，如图 14-76 所示。

08 使用“矩形”工具，参照图 14-77 所示绘制矩形，为其填充绿色，轮廓色设置为无。

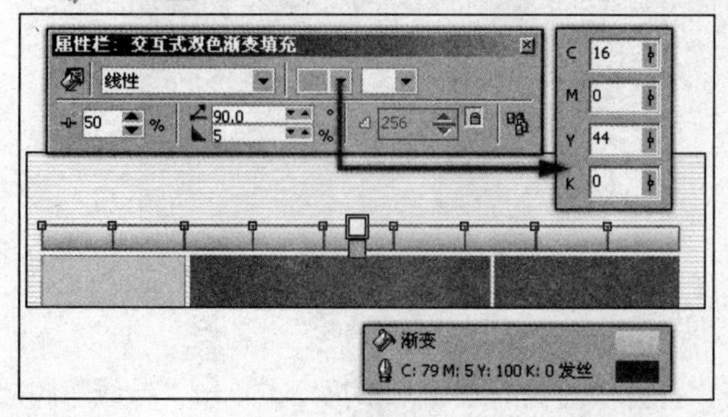

图 14-76 添充渐变颜色

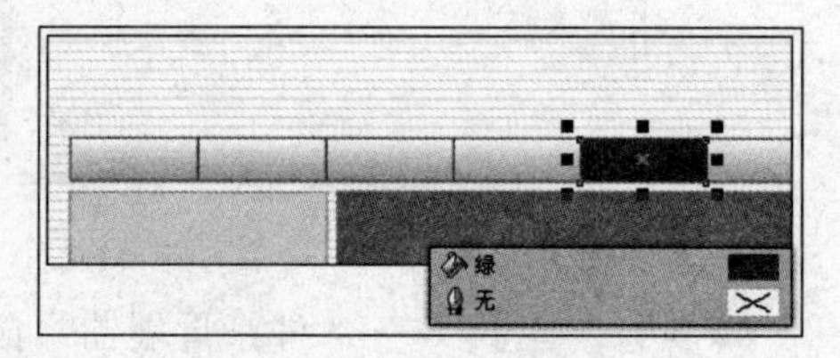

图 14-77 绘制矩形

09 保持绿色矩形的选择状态，选择“交互式透明”工具，参照图 14-78 所示设置属性栏，为矩形添加透明效果。接着将添加透明效果的矩形原位再制，使其颜色更明快。

10 参照以上操作方法，使用 “矩形”工具绘制矩形并填充渐变色，制作出其他标题栏图形，如图 14-79 所示。

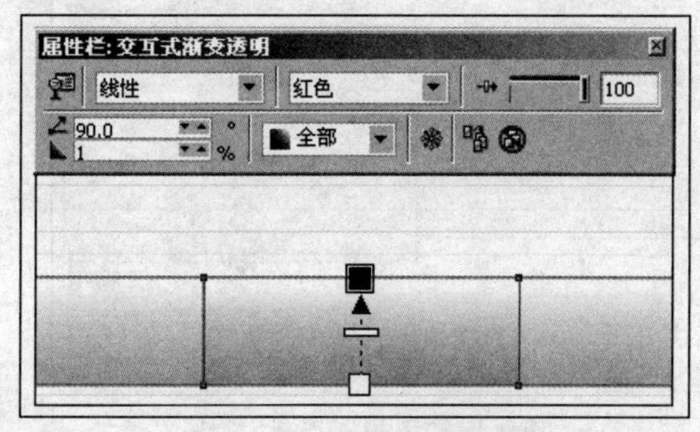

图 14-78　添加透明效果

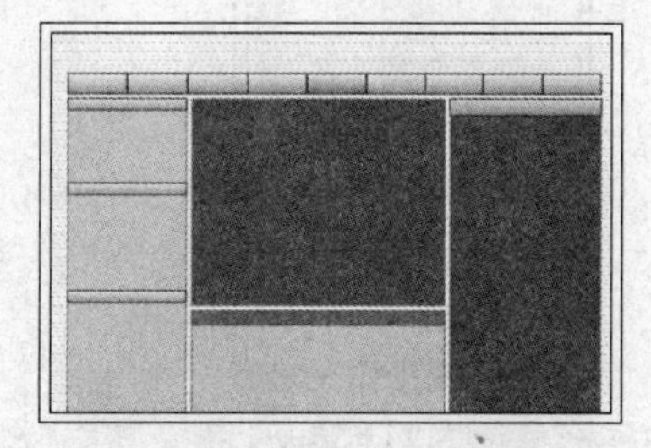

图 14-79　绘制其他标题栏图形

2.绘制网页内容

01 使用 “文本”工具，在图 14-80 所示位置输入文字。使用 “矩形”工具，绘制一个白色矩形，设置其轮廓色为无。

02 保持矩形的选择状态，执行“窗口”→“泊坞窗”→“斜角”命令，打开“斜角”泊坞窗。参照图 14-81 所示设置该泊坞窗，完毕后单击“应用”按钮，对图形应用斜角效果。完毕后将其再制并调整位置。

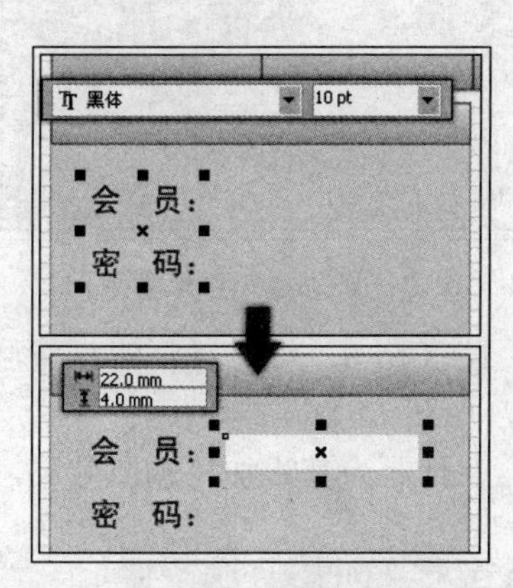

图 14-80　输入文字并绘制矩形

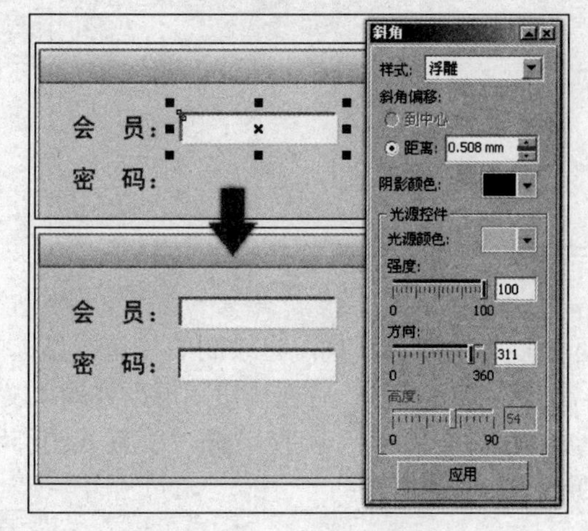

图 14-81　设置斜角泊坞窗

03 参照同样的操作方法，在图 14-82 所示位置绘制矩形，并添加斜角效果。

04 使用 “矩形”工具，参照图 14-83 所示，分别绘制两个圆角矩形并填充颜色，设置轮廓色为无。完毕后选择较大的绿色圆角矩形并按<Ctrl+C>键，将该图形复制到 Windows 剪贴板中，以备之后的操作使用。

05 使用 “交互式调和”工具，为绘制图形添加调和效果，制作出按钮图形，如图 14-84 所示。

06 按<Ctrl+V>键，将之前复制的圆角矩形粘贴。使用 “交互式阴影”工具，为矩形添加阴影效果，并参照图 14-85 所示设置属性栏参数。完毕后通过按<Ctrl+PageDown>键，调整其顺序到按钮图形的下方。

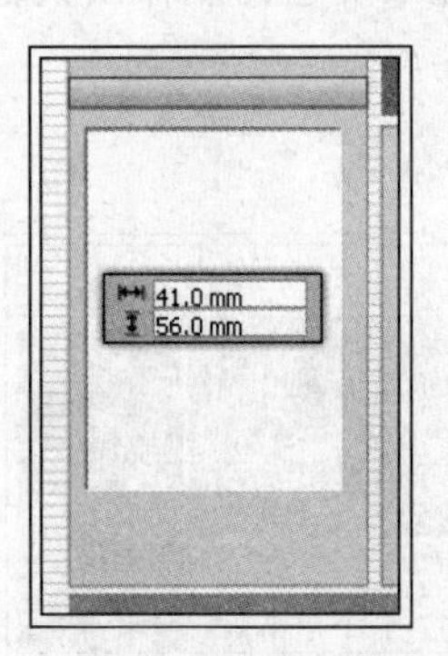

图 14-82　绘制图形并添加斜角效果

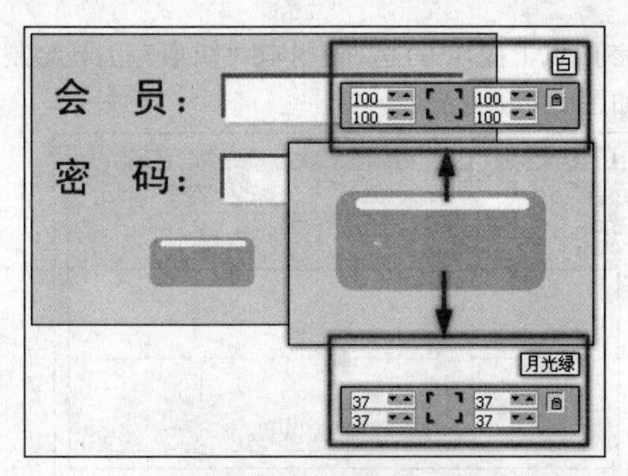

图 14-83　绘制矩形

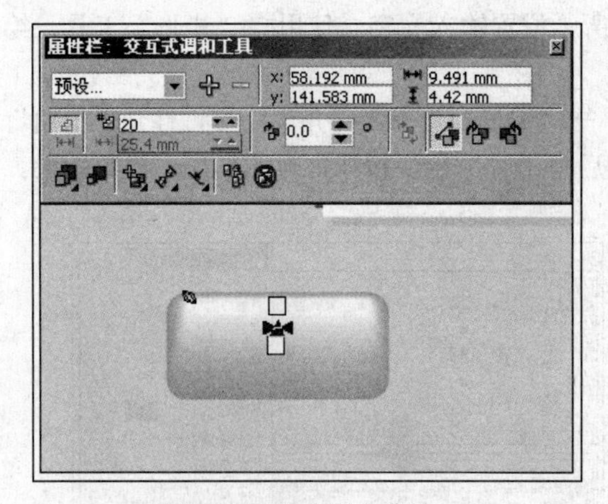

图 14-84　添加调和效果

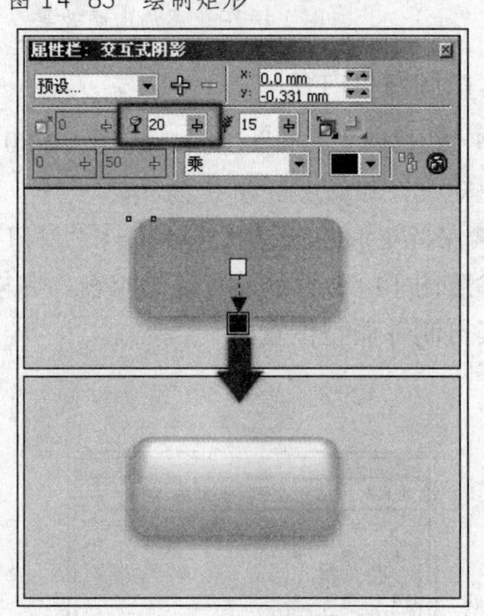

图 14-85　添加阴影效果

07 使用"挑选"工具，将绘制的按钮图形选中，按<Ctrl+G>键进行群组。将群组的按钮图形再制并调整位置，然后在按钮图形上方输入文字，如图 14-86 所示。

08 选择页面中间的矩形，使用"交互式轮廓图"工具，为其添加轮廓图效果，并参照图 14-87 所示设置属性栏。

图 14-86　再制图形并输入文字

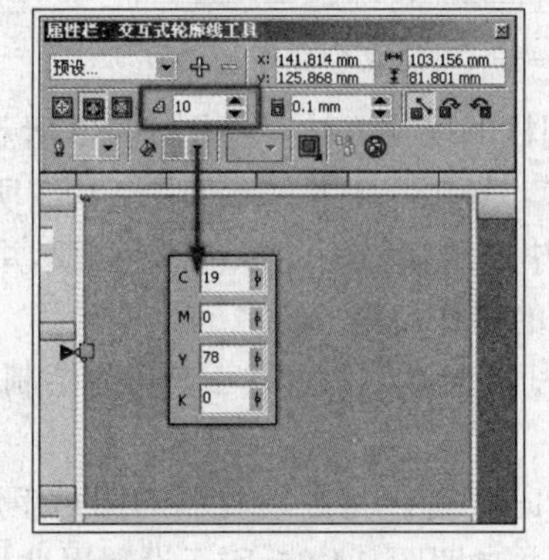

图 14-87　添加轮廓图效果

09 使用"矩形"工具，参照图 14-88 所示，绘制矩形和圆角矩形，并分别为其设置填充色和轮廓色。

10 执行“文件”→“导入”命令，将本书附带光盘\Chapter-14\“装饰图形.cdr”文件导入到文档中相应位置，如图 14-89 所示。

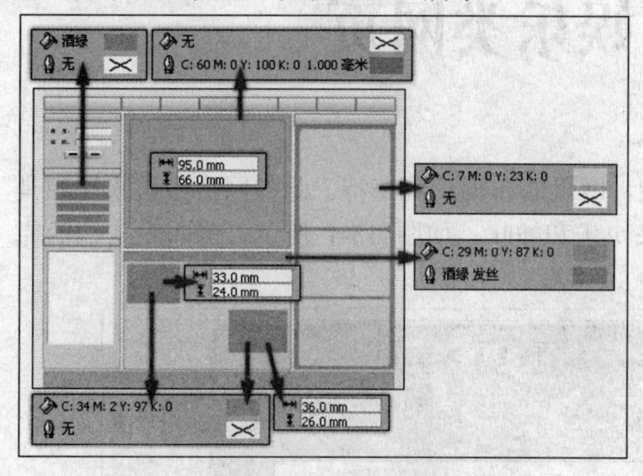

图 14-88 绘制矩形

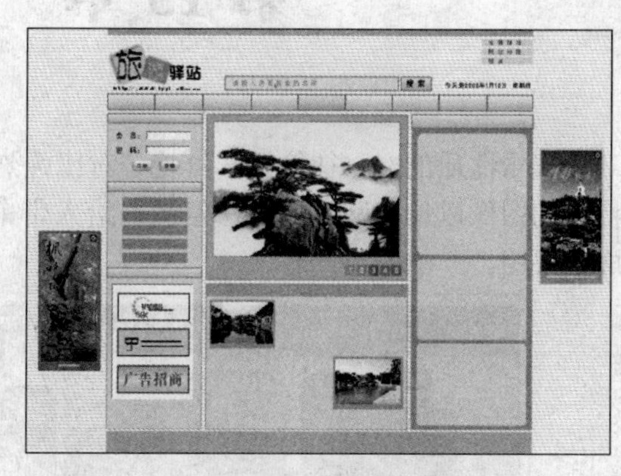

图 14-89 导入光盘文件

11 最后在页面中添加相关文字信息完成本实例的制作，效果如图 14-90 所示。在制作过程遇到问题，可以打开本书附带光盘\Chapter-14\“旅游网页设计.cdr”文件进行查看。

图 14-90 完成效果

第 15 章　娱乐类网页

娱乐性质的网页往往色彩鲜艳、对比强烈，网页的布局形式奇特。此类网页经常采用独具特色的图像以增强网页的轻松氛围，给人带来快乐和趣味。如图 15-1 所示，为本章实例的完成效果图。

图 15-1　完成效果

本章实例

实例 1　音乐网页设计（一）

实例 2　音乐网页设计（二）

实例 3　玩偶网页设计

实例 4　游戏网页设计（一）

实例 5　游戏网页设计（二）

实例1 音乐网页设计（一）

本节实例将制作一幅音乐网页，整个页面以蓝色为主色调，给人以天空、大海的遐想，为浏览者在听音乐时营造出更为和谐的氛围。图15-2展示了本实例的完成效果。

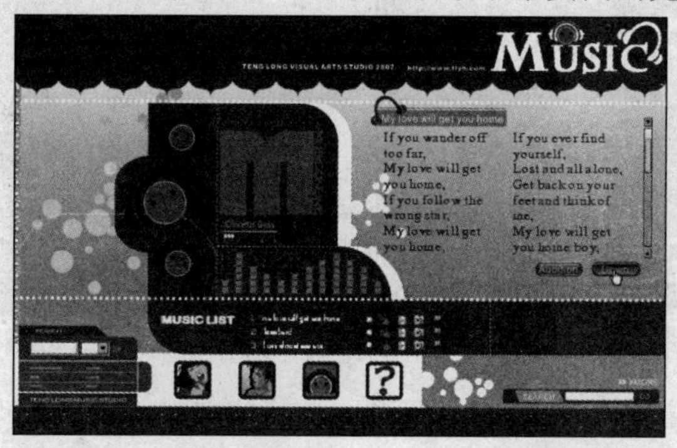

图15-2 完成效果

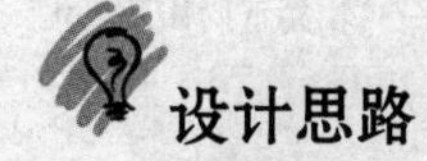

设计思路

在该网页设计中，为了给浏览者欣赏音乐时带来更多乐趣，在页面内放置了最流行的歌曲列表，和搜索栏等信息内容，最大限度地满足浏览者的各种需求。

技术剖析

在该实例的制作过程中，主要使用“文本”工具，通过对文字进行合理的编排，使网页的信息内容以轻松、活泼的方式传达给浏览者。图15-3展示了本实例的制作流程。

图15-3 制作流程

制作步骤

01 启动 CorelDRAW X3，执行“文件”→“打开”命令，打开本书附带光盘\Chapter-15\“背景.cdr”文件，如图15-4所示。

02 使用字"文本"工具，在图 15-5 所示位置单击，当出现闪烁的文字插入符后，在属性栏中设置字体类型和字体大小，输入大写字母"M"。

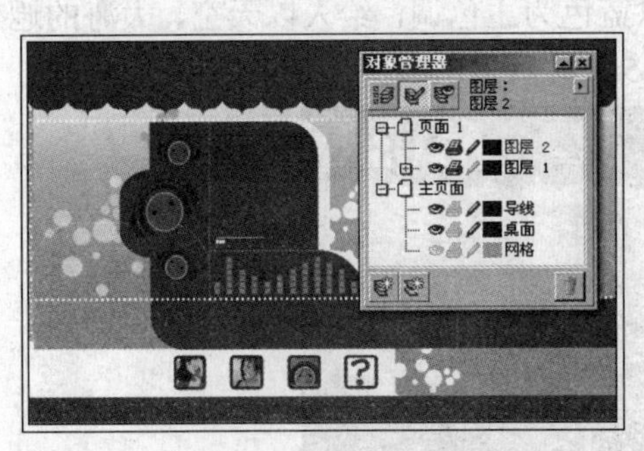

图 15-4　打开"背景.cdr"文件

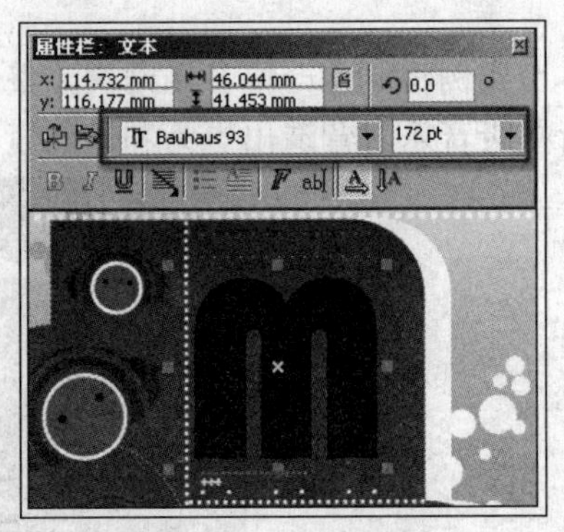

图 15-5　输入文字

03 使用"挑选"工具，选择字母图形，为其填充淡蓝色。按<Ctrl+Q>键将文字转换为曲线。使用"形状"工具，参照图 15-6 所示调整字母的形状。

04 使用字"文本"工具，参照图 15-7 所示在页面空白处输入字母，并设置字体类型和大小。

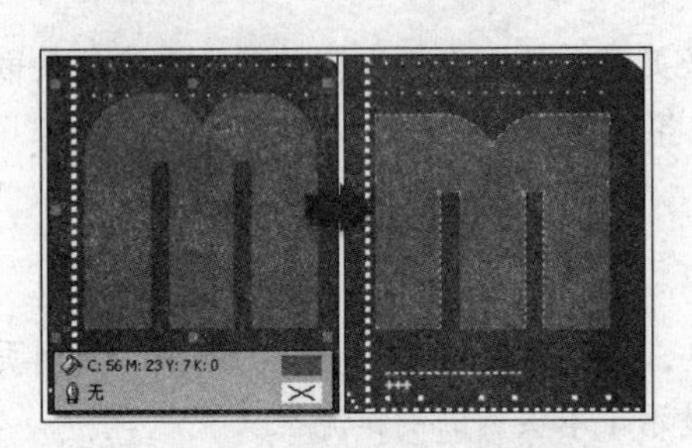

图 15-6　填充颜色并调整字母形状

图 15-7　输入字母

05 单击属性栏中的"将文本更改为垂直方向"按钮，更改文本的方向。调整字母图形的位置，并为其填充与字母"M"相同的颜色，如图 15-8 所示。

06 使用"文本"工具，在字母图形"M"下方输入一行字母，并调整字体的大小，如图 15-9 所示。

图 15-8　调整文本方向

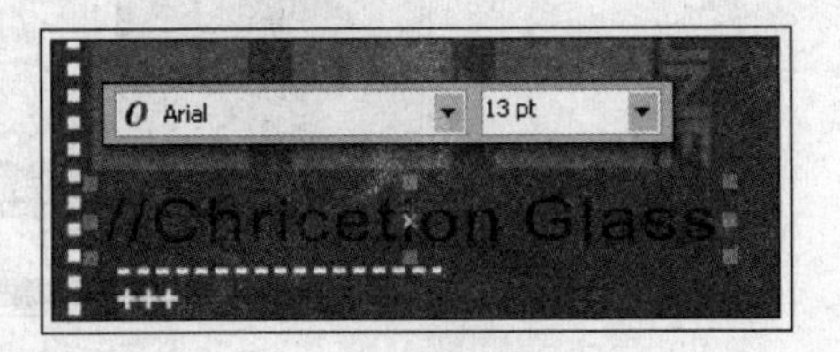

图 15-9　输入字母

07 使用"挑选"工具，选择字母图形并填充白色，单击并拖动字母右侧的控制柄，调整字母图形的大小，如图 15-10 所示。

08 使用"文本"工具，在视图右侧单击并拖动鼠标，绘制段落文本框。使用"挑选"工具选择文本框，参照图 15-11 所示，在属性栏中设置文本框的大小。然后选择字"文本"工具，文本框呈可编辑状态。

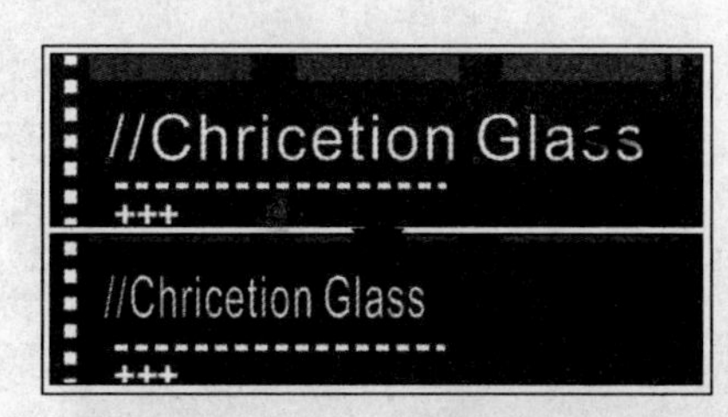

图 15-10　调整字母的大小

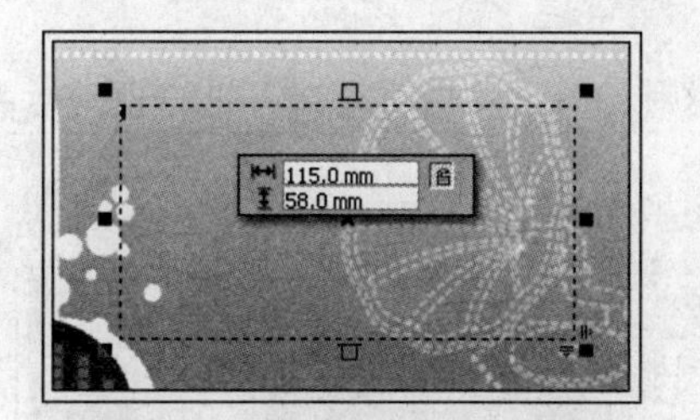

图 15-11　绘制段落文本框

09 在文本框中输入一段字母，使用 “挑选”工具选择文本框，为文字填充青色，接着在属性栏中设置字体类型和大小，如图 15-12 所示。

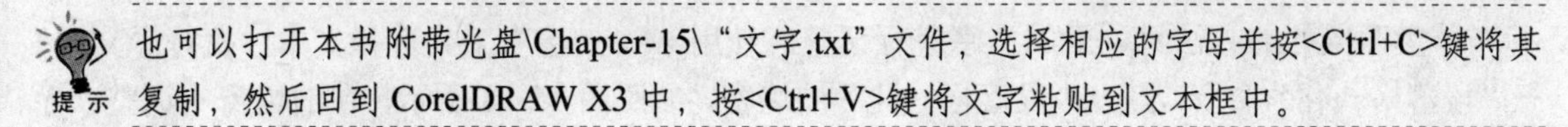

提示　也可以打开本书附带光盘\Chapter-15\“文字.txt”文件，选择相应的字母并按<Ctrl+C>键将其复制，然后回到 CorelDRAW X3 中，按<Ctrl+V>键将文字粘贴到文本框中。

10 保持文本框的选择状态，执行“文本”→“栏”命令，打开“栏设置”对话框，参照图 15-13 所示设置对话框，单击“确定”按钮，将文字分成两栏。

图 15-12　输入字母并设置文字属性

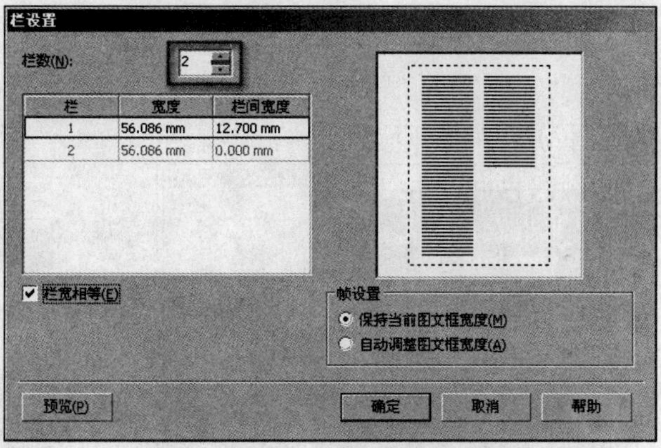

图 15-13　设置“栏设置”对话框

11 双击段落文本框，进入文本编辑状态。拖动文本栏，调整栏宽度，如图 15-14 所示。

12 参照图 15-15 所示，使用“文本”工具在视图中输入一段字母，为其填充白色，并在属性栏设置其字体类型。

图 15-14　调整栏宽度

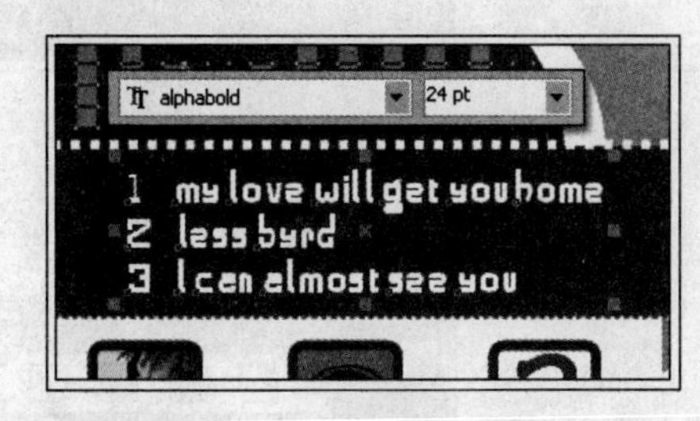

图 15-15　输入文字

13 使用“文本”工具，在字母图形上单击并水平拖动鼠标将文字选中，被选中的文字将变成阴影状态，在属性栏中设置字体大小，如图 15-16 所示。

这种选择文字的方法，可以方便地对每一行、或者每一个文字进行单独编辑。

14 选择数字“1”，设置其字体大小，如图 15-17 所示。

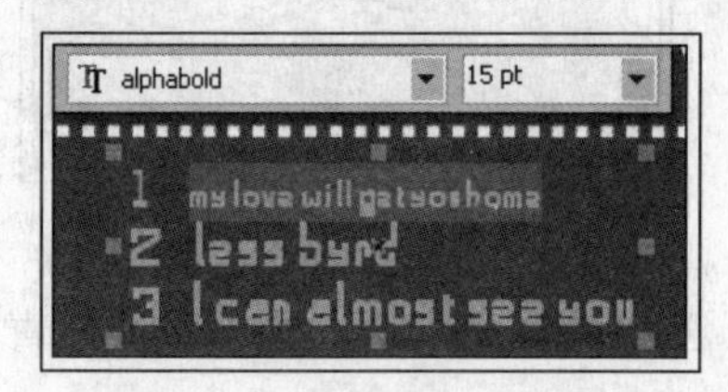

图 15-16　选择文字并调整字体大小

图 15-17　调整字体大小

15 参照同样的方法对剩下的文字进行调整，使用“挑选”工具选择文本，执行“文本”→“段落格式化”命令，打开“段落格式化”泊坞窗，参照图 15-18 所示，在泊坞窗中调整“行间距”和“字间距”。

也可以使用“形状”工具，通过拖动文字右下角的控制柄，对文字的行间距和字间距进行调整。

16 执行“文件”→“导入”命令，将本书附带光盘\Chapter-15\“装饰文字.cdr”文件导入文档并调整位置，如图 15-19 所示。

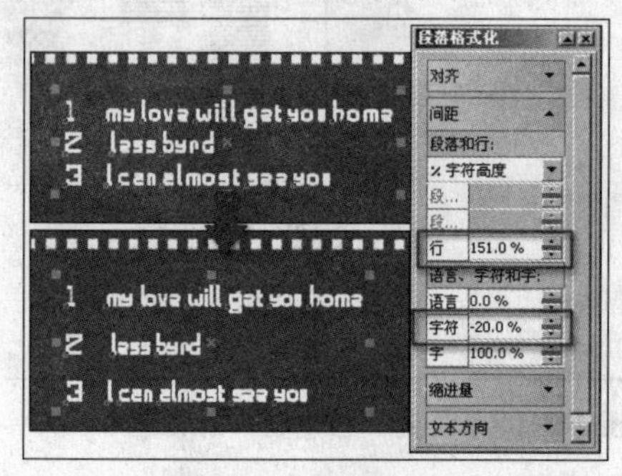

图 15-18　设置段落格式

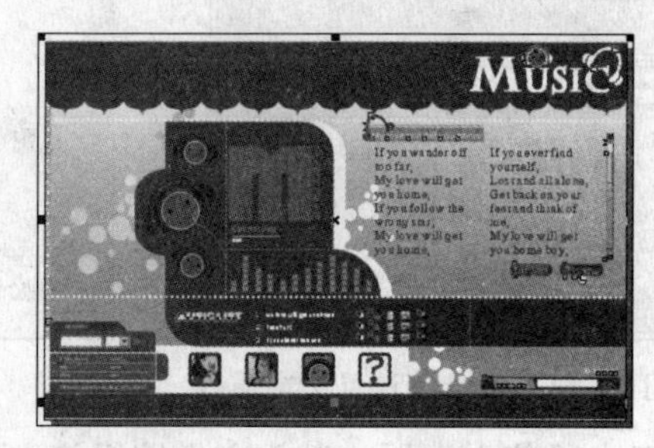

图 15-19　导入光盘文件

17 最后在页面中添加其他相关文字信息，完成本实例的制作，效果如图 15-20 所示。在制作过程中遇到问题，可以打开本书附带光盘\Chapter-15\“音乐网页设计 1.cdr”文件进行查看。

图 15-20　完成效果

实例2 音乐网页设计（二）

本节中同样制作一幅音乐网页的设计，与之前音乐网页的设计风格截然不同。该网页采用了更为夸张的手法，来营造出个性与时尚的网页效果，图15-21展示了本实例的完成效果。

图 15-21 完成效果

设计思路

该网页以流行、时尚的音乐为主要内容，主要浏览对象为青少年。根据这一特点，在设计制作时可以大胆的创意与设计，制作出别具风格的网页效果，从而吸引更多青少年。

技术剖析

该实例分为两部分制作完成。第一部分绘制网页框架及结构；第二部分绘制网页内容。在该实例的制作过程中，主要使用了“交互式轮廓图”工具和“交互式调和”工具，通过对图形添加轮廓图效果和调和效果制作出本实例中的各种特效。图15-22展示了本实例的制作流程。

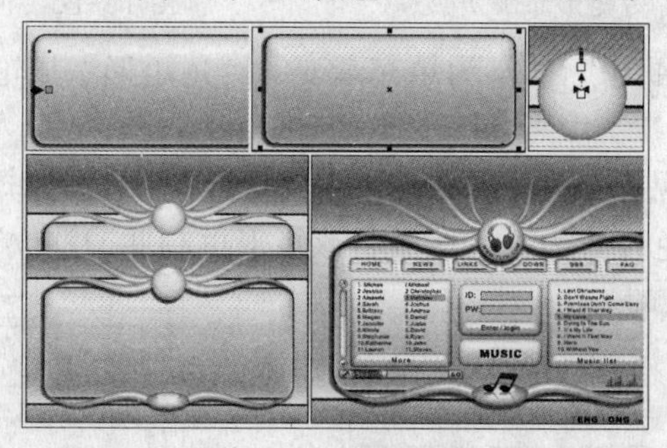

图 15-22 制作流程

制作步骤

1.绘制网页框架及结构

01 启动 CorelDRAW X3，执行“文件”→“打开”命令，打开本书附带光盘\Chapter-15\

“网页背景.cdr”文件，如图 15-23 所示。

02 使用“矩形”工具，绘制矩形并设置属性栏中“边角圆滑度”选项参数，将矩形调整为圆角矩形。为其设置填充色和轮廓色，如图 15-24 所示。

图 15-23 打开网页背景

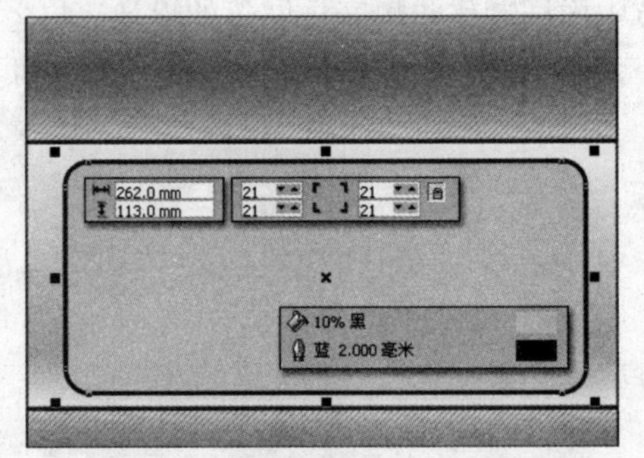

图 15-24 绘制圆角矩形并填充颜色

03 保持圆角矩形的选择状态，按<Ctrl+C>键将其复制到剪贴板中以备接下来的操作使用。参照图 15-25 所示，使用“交互式阴影”工具为圆角矩形添加阴影效果。

04 按<Ctrl+V>键，将之前复制的圆角矩形粘贴，设置其轮廓色为无，使用“交互式填充”工具，为图形填充渐变颜色，如图 15-26 所示。

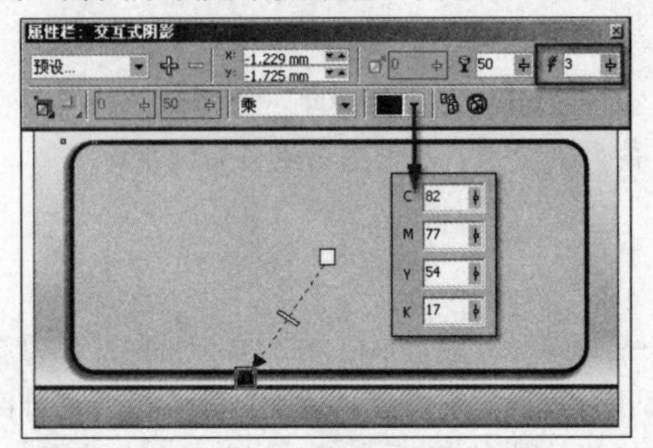

图 15-25 为矩形添加阴影

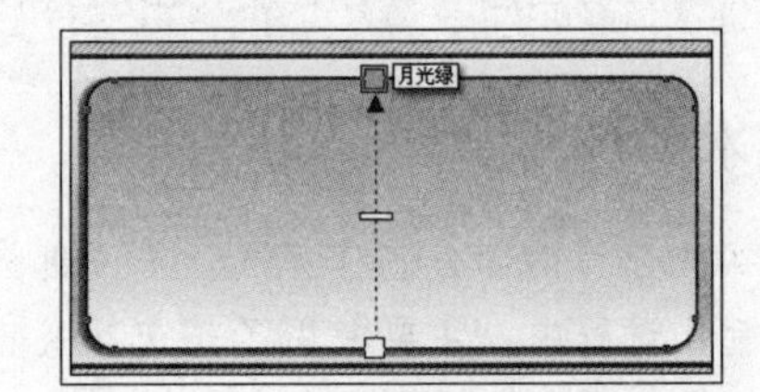

图 15-26 再制图形并填充渐变

05 使用“交互式轮廓图”工具，为填充渐变的圆角矩形添加轮廓图效果，并参照图 15-27 所示设置属性栏参数。

06 再次按<Ctrl+V>键粘贴圆角矩形。使用“矩形”工具绘制矩形，并参照图 15-28 所示，为其填充马丁绿色，轮廓色设置为无。然后将该矩形再制并调整位置。

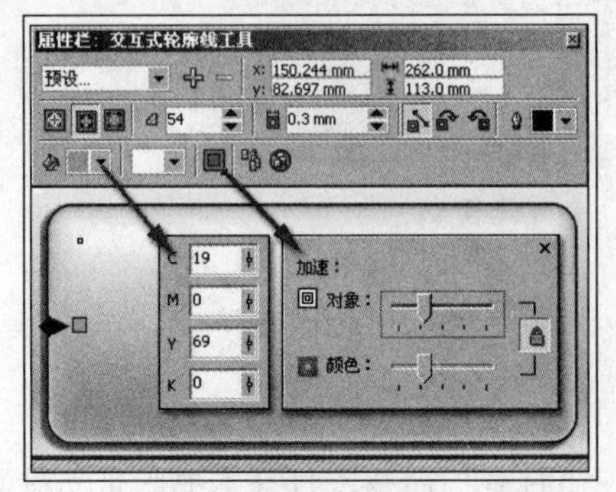

图 15-27 添加轮廓图效果

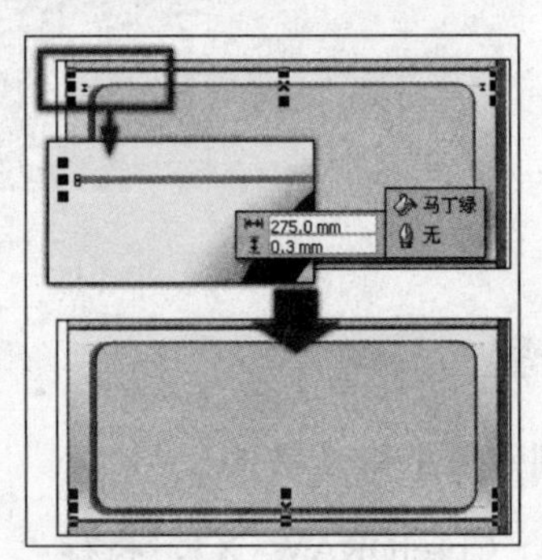

图 15-28 绘制矩形

07 使用“交互式调和”工具，单击绿色矩形，然后向另一个绿色矩形拖动鼠标，为其添加调和效果，并参照图15-29所示设置属性栏参数。

08 使用“交互式透明”工具，参照图15-30所示为调和对象添加透明效果。

图15-29 添加调和效果

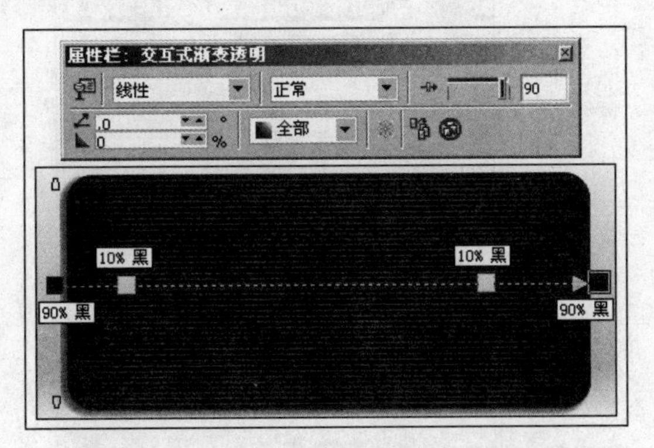

图15-30 添加透明效果

提示

这里为了方便查看，暂时为圆角矩形填充蓝色。

09 调整调和对象的位置，露出下面的圆角矩形，执行“效果”→“图框精确剪裁”→“放置在容器中”命令，当光标变成黑色箭头时，单击圆角矩形，将调和对象放置其中。完毕后设置该圆角矩形的填充色和轮廓色均为无，如图15-31所示。

10 使用“椭圆形”工具，在图15-32所示位置绘制两个椭圆。分别填充颜色，设置轮廓色为无。使用“交互式调和”工具，为椭圆图形添加调和效果，并设置其属性栏参数。

图15-31 精确剪裁图形

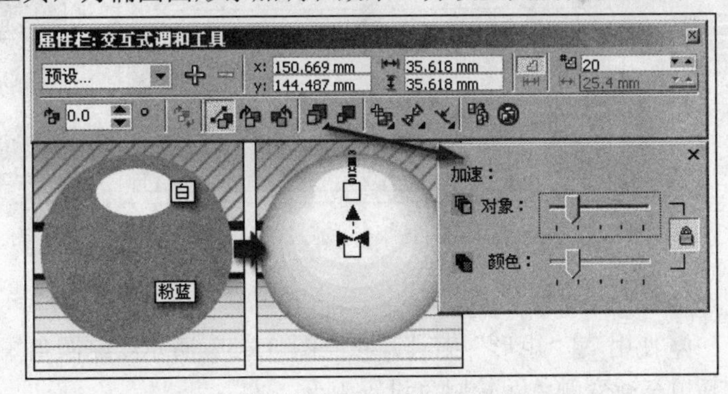

图15-32 绘制椭圆形并添加调和效果

11 使用“贝塞尔”工具，参照图15-33所示绘制触角图形。使用“交互式轮廓图”工具，为图形添加轮廓图效果，并设置属性栏参数。

12 使用“挑选”工具，选择触角图形，按<Ctrl+PageDown>键，调整其顺序到圆形的后面。通过按小键盘上的<+>键，再制多个触角图形，并分别调整图形的大小、位置和旋转角度，如图15-34所示。

13 参照图15-35所示，将圆形和两边触角图形原位再制，分别取消轮廓图效果和调和效果。将圆形和触角图形同时选中，单击属性栏中“焊接”按钮将图形焊接。完毕后为其添加阴影效果并调整图形顺序。

14执行“文件”→“导入”命令，将本书附带光盘\Chapter-15\“装饰图形.cdr”文件导入到文档中相应的位置，如图15-36所示。

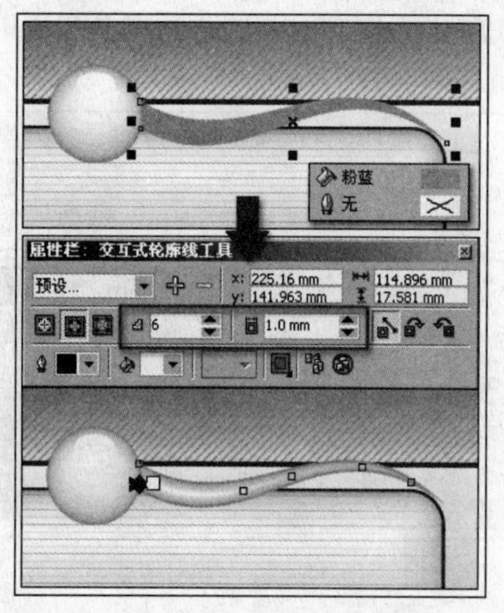

图15-33 绘制图形并添加轮廓图效果

图15-34 复制图形并调整

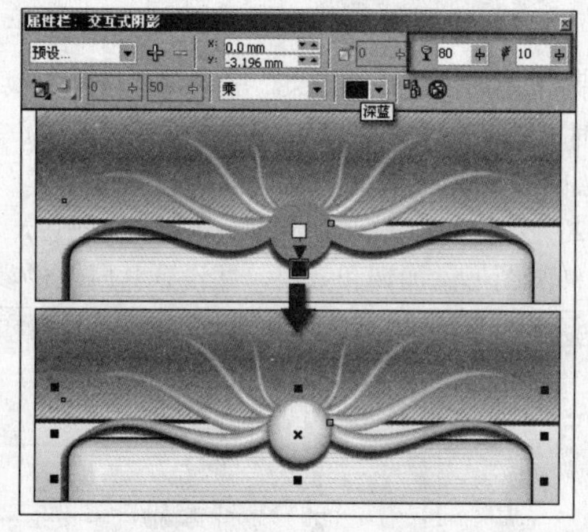

图15-35 制作阴影效果

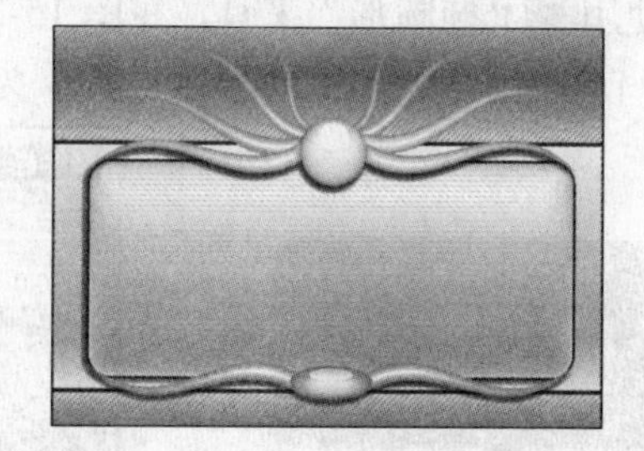

图15-36 导入附带光盘

2.绘制网页内容

01使用“矩形”工具，参照图15-37所示绘制圆角矩形。使用“交互式填充”工具为其填充渐变颜色，轮廓色设置为无。

02选择“交互式轮廓图”工具，参照图15-38所示设置属性栏，为圆角矩形添加轮廓图效果。

03使用“矩形”工具，绘制圆角矩形并按<Ctrl+Q>将其转换为曲线，并使用“形状”工具调整其形状。完毕后使用“交互式填充”工具为其填充渐变颜色，设置轮廓色为无，如图15-39所示。

04选择“交互式轮廓图”工具，参照图15-40所示设置其属性栏，为图形添加轮廓图效果。

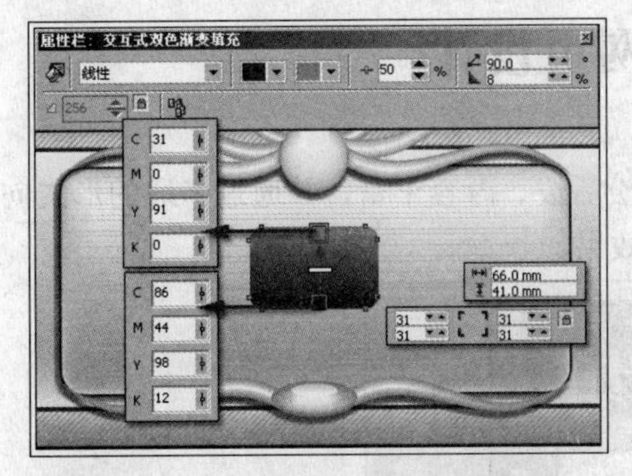

图 15-37　绘制圆角矩形并填充颜色

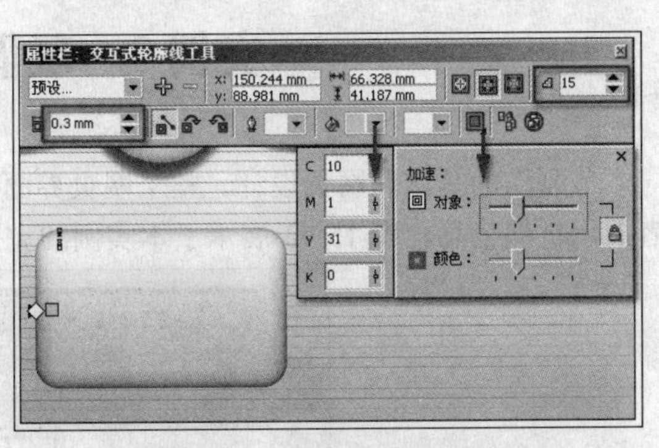

图 15-38　添加轮廓图效果

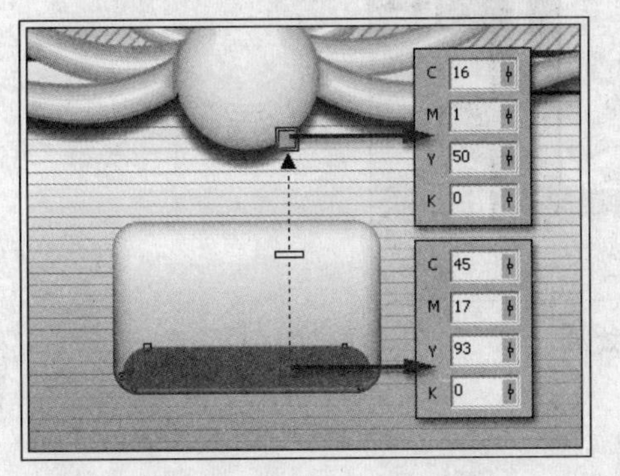

图 15-39　绘制图形并填充渐变

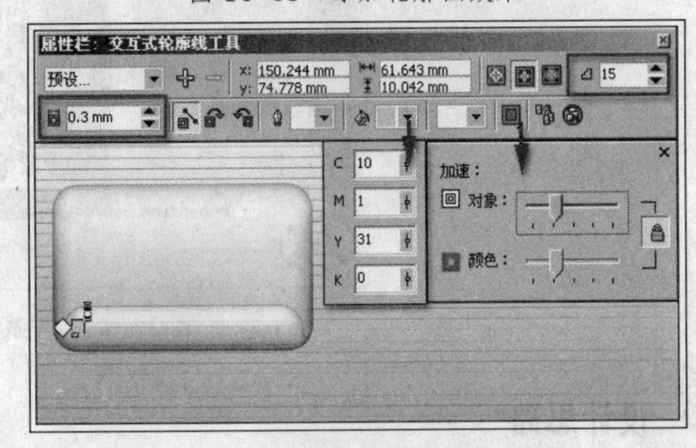

图 15-40　添加轮廓图效果

05 使用"文本"工具，参照图 15-41 所示输入文字。使用"矩形"工具，绘制矩形并分别为矩形和文字图形设置填充色和轮廓色。

06 参照同样的操作方法，再制作出网页的其他元素图形，读者也可以将本书附带光盘\Chapter-15\"其他网页元素.cdr"文件导入到文档，取消其群组并调整位置，完成本实例的制作，效果如图 15-42 所示。

07 在制作过程中遇到问题，可以打开本书附带光盘\Chapter-15\"音乐网页设计 2.cdr"文件进行查看。

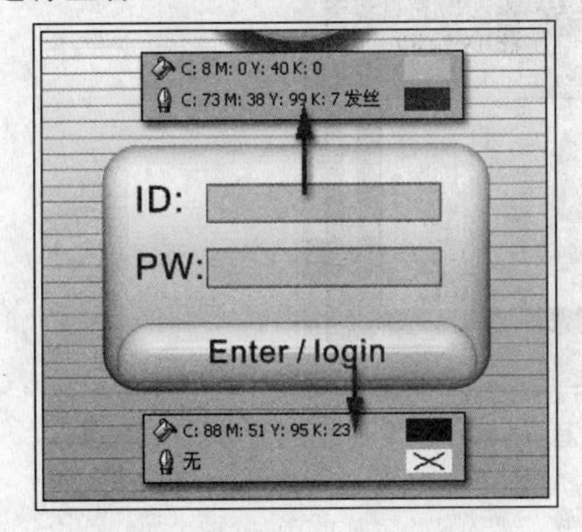

图 15-41　输入文字并绘制矩形

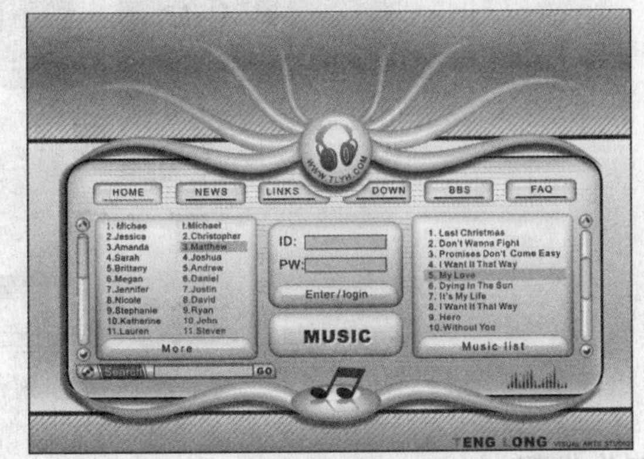

图 15-42　完成效果

实例 3　玩偶网页设计

本节制作的是玩偶网页设计。整个网页界面轻松活泼、内容丰富，并通过卡通的形式向浏览者展示玩偶信息。图 15-43 展示了本实例的完成效果。

图 15-43　完成效果

设计思路

在网页中文字是与浏览者直接交流的重要方式之一。但太多的文字会引起浏览者的反感。这就需要我们对文字进行合理地编排，使浏览者轻松地阅读浏览。

技术剖析

在该实例的制作过程中主要使用“文本”工具，通过对图片与文字的合理编排，丰富网页的内容。图 15-44 展示了本实例的制作流程。

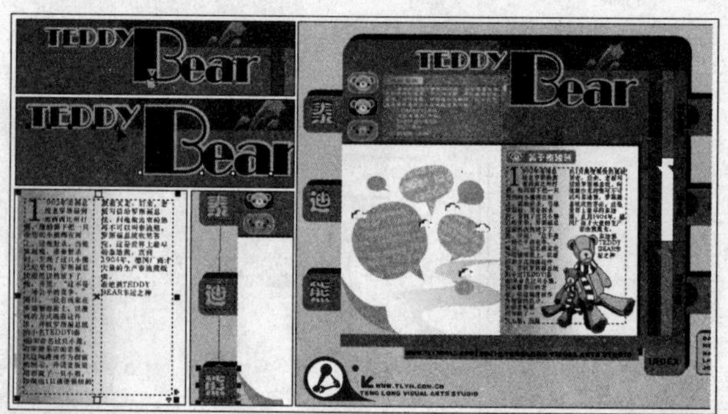

图 15-44　制作流程

制作步骤

01 运行 CorelDRAW X3，执行“文件”→“打开”命令，打开本书附带光盘\Chapter-15\“框架背景.cdr”文件，如图 15-45 所示。

02 使用字“文本”工具，在页面的空白处输入文字，按<Ctrl+A>键将输入的文字全部选中，在属性栏中设置文字的字体和大小，如图 15-46 所示。

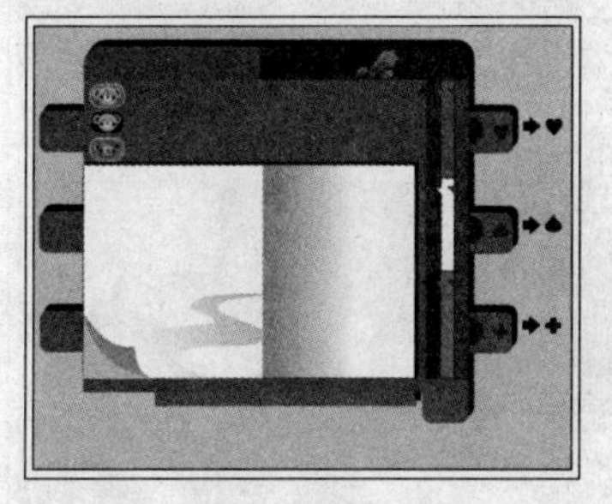

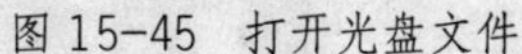
图 15-45 打开光盘文件

图 15-46 输入文字并调整

03 使用字“文本”工具，在刚输入的文字中选择部分文字，执行“文本”→“字符格式化”命令，在打开的“字符格式化”泊坞窗中进行设置，如图 15-47 所示。

04 在页面中再次选择文字，并在“字符格式化”泊坞窗中设置字符间距，如图 15-48 所示。

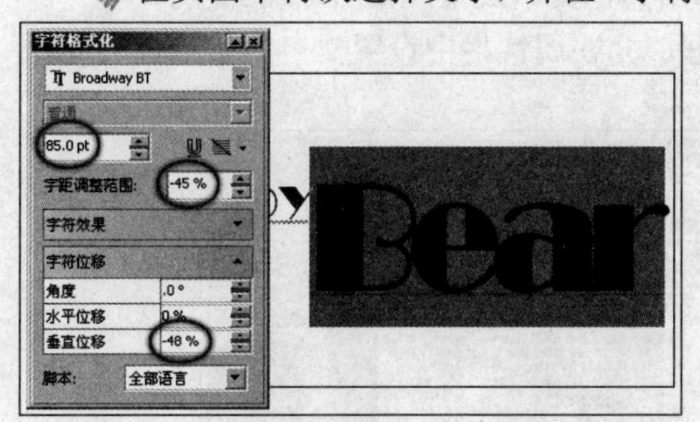

图 15-47 调整文字

图 15-48 设置字符间距

05 使用字“文本”工具在页面中选择文字，在“字符格式化”泊坞窗中设置文字的大小和垂直位移距离，如图 15-49 所示。

06 使用“交互式轮廓图”工具，参照图 15-50 所示，为文字图形添加轮廓图效果。完毕后调整文字图形的位置。

图 15-49 调整文字

图 15-50 为图形添加轮廓图效果并调整其位置

07 保持文字的选择状态，使用“形状”工具，在页面中框选文字图形的上节点，然后调整被选择文字的位置，如图 15-51 所示。

08 使用字“文本”工具在页面的相应位置输入文字，并在属性栏中设置文字的大小、字体和方向，如图 15-52 所示。

图 15-51 调整文字的位置

图 15-52 输入文字并调整

09 参照以上操作方法，在页面中相应位置制作出其他文字效果，如图 15-53 所示。

10 使用字“文本”工具，在页面中绘制文本框，并在属性栏中设置文字的字体和大小，在文本框中输入文字，如图 15-54 所示。

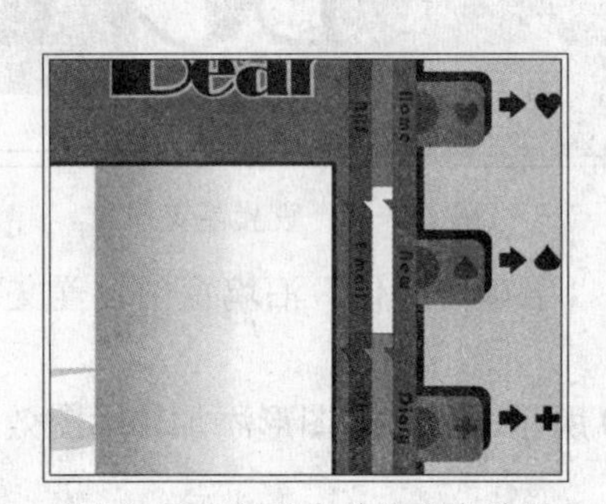

图 15-53 制作出其他文字效果

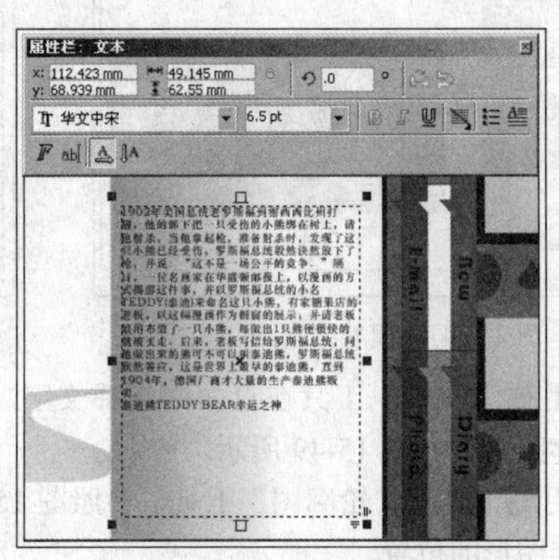

图 15-54 绘制文本框并输入文字

11 保持文本框的选择状态，执行“文本”→“栏”命令，打开“栏设置”对话框，并参照图 15-55 所示设置该对话框。

12 设置完毕后单击“确定”按钮关闭对话框，并调整栏的宽度。单击属性栏中“显示\隐藏首字下沉”按钮，将文字进行首字下沉的操作，如图 15-56 所示。

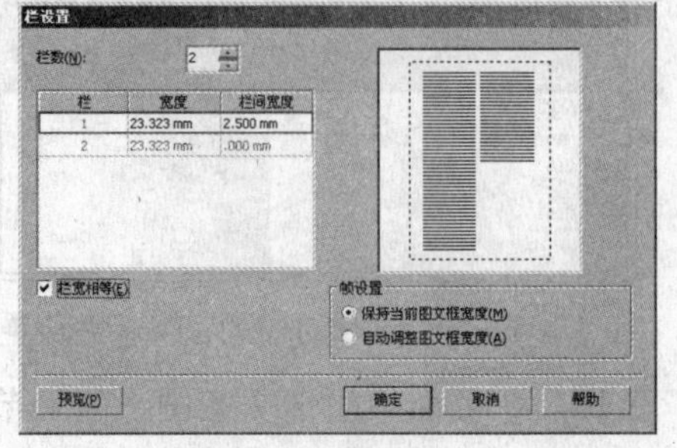

图 15-55 “栏设置”对话框

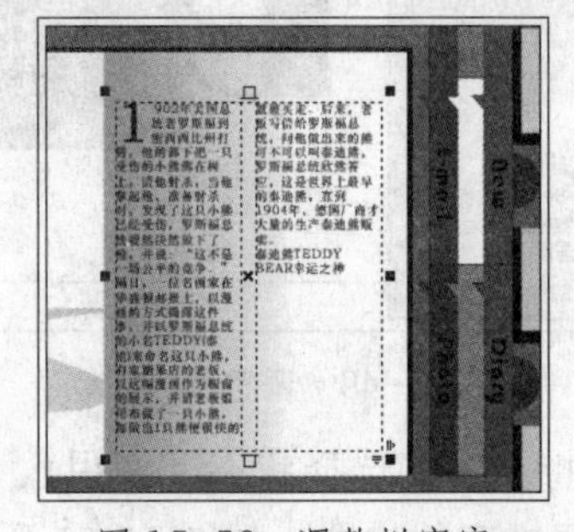

图 15-56 调整栏宽度

13执行“文件”→“导入”命令，将本书附带光盘\Chapter-15\“熊.cdr”文件导入到文档的相应位置。执行“编辑”→“属性”命令，在打开的“对象属性”泊坞窗中进行设置，更改图形的属性，如图15-57所示。

14使用“文本”工具，在页面中绘制文本框，在文本框中输入文字“泰”，按<Enter>键换行输入文字“迪”，再次换行输入文字“熊”，按<Ctrl+A>将其全部选中，并设置文字的大小、字体和颜色，如图15-58所示。

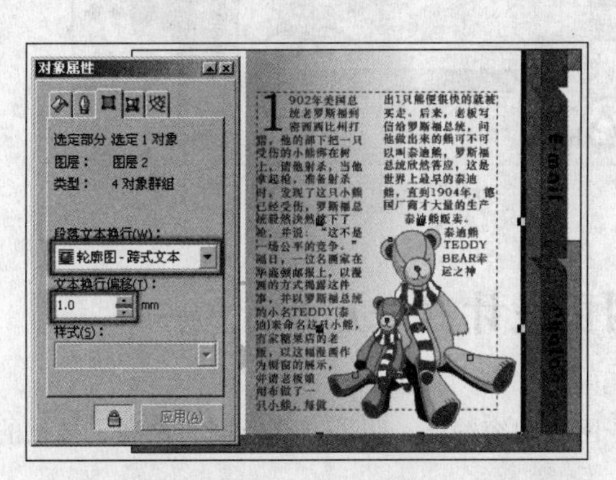

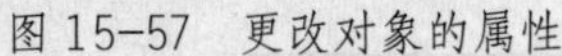

图15-57　更改对象的属性

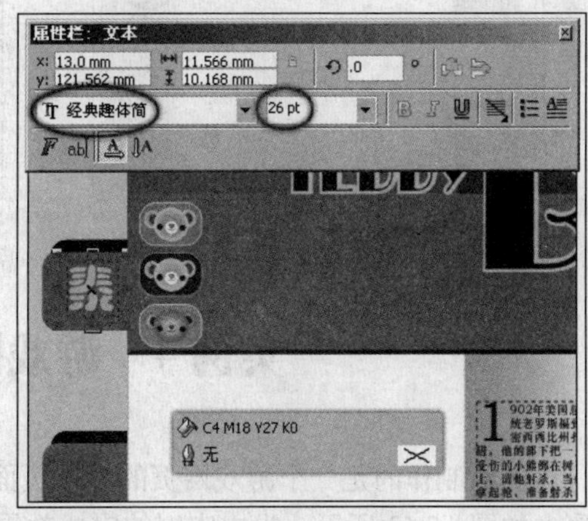

图15-58　输入文字

15使用“文本”工具，在页面中绘制两个文本框，使用“文本”工具选择之前绘制的文本框，单击溢出标记，在刚绘制的第一个空白文本框上单击，将溢出的文字“迪熊”放置在该文本框中，如图15-59所示。

16使用同样的操作方法，单击“迪熊”所在文本框底部的溢出标记，然后在绘制的第二个空白文本框中单击，将溢出的文字“熊”放置在该文本框中，如图15-60所示。

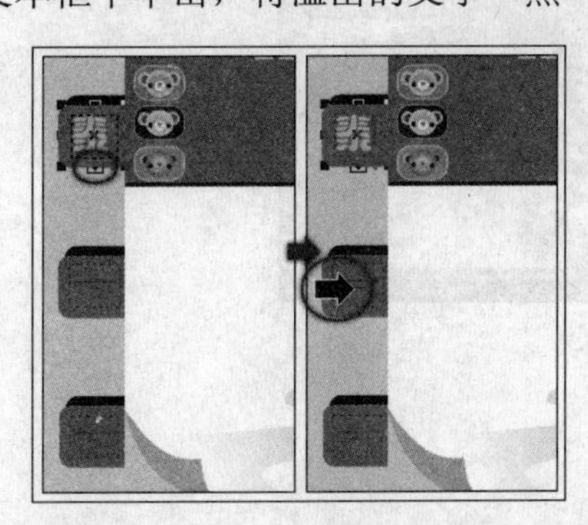

图15-59　链接文本

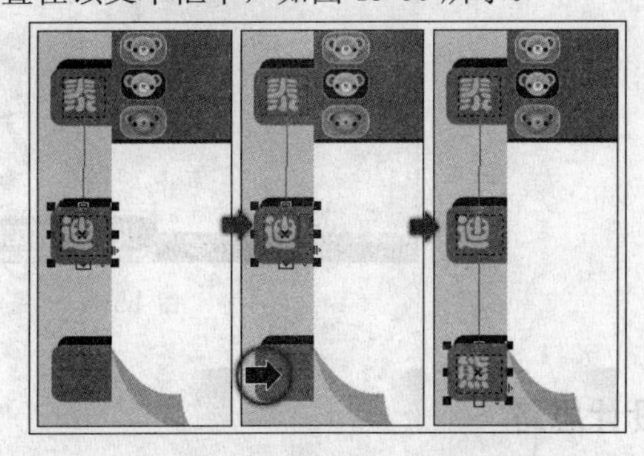

图15-60　链接文本

17使用“挑选”工具，将创建的三个文本框全部选中，按<Ctrl+Q>键将其转换为曲线。按小键盘上的<+>键将其原位置再制，并调整复制图形的颜色、位置和顺序，如图15-61所示。

18执行“文件”→“导入”命令，将本书附带光盘\Chapter-15\“玩偶网页装饰文字.cdr”文件导入到文档中相应位置，完成本实例的制作，效果如图15-62所示。在制作过程中遇到问题，可以打开本书附带光盘\Chapter-15\“玩偶网页设计.cdr”文件进行查看。

图 15-61 复制图形并调整

图 15-62 完成效果

实例 4 游戏网页设计（一）

该实例制作的是一个游戏网页的导入页面，网页内容简洁、明了，整个页面充满了神秘的色彩。如图 15-63 所示，为本实例的完成效果。

图 15-63 完成效果

设计思路

在设计时整个画面以紫色调为背景，给人以神秘的视觉感受，从而引起游戏爱好者的注意和好奇心。通过绘制发光字体特效，在清晰、明了传达游戏内容的同时，起到引导玩家的效果。

技术剖析

在该实例的制作过程中，主要使用“交互式变形”工具和“交互式阴影”工具制作出发光的文字效果。通过“透镜”泊坞窗，为图形添加球面化效果。图 15-64 展示了本实例的制作流程。

图 15-64 制作流程图

制作步骤

01 执行“文件”→“打开”命令，打开本书附带光盘\Chapter-15\“游戏网页背景.cdr”文件，如图 15-65 所示。

02 使用“挑选”工具，选择文字图形并复制到页面空白处。

03 使用“交互式变形”工具，参照图 15-66 所示，在图形上单击并拖动鼠标为图形添加变形效果，完毕后设置其属性栏参数。

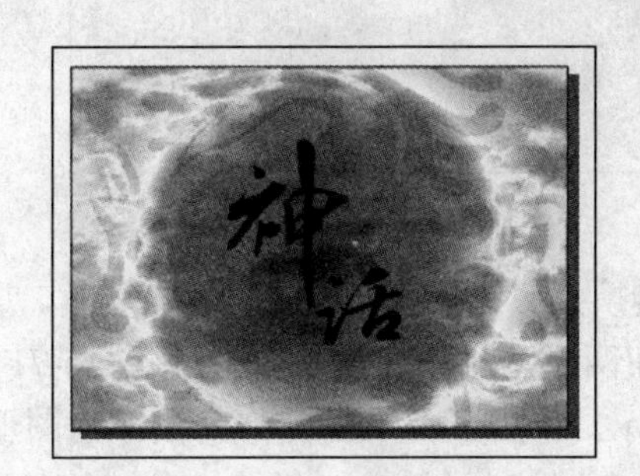

图 15-65 打开光盘文件

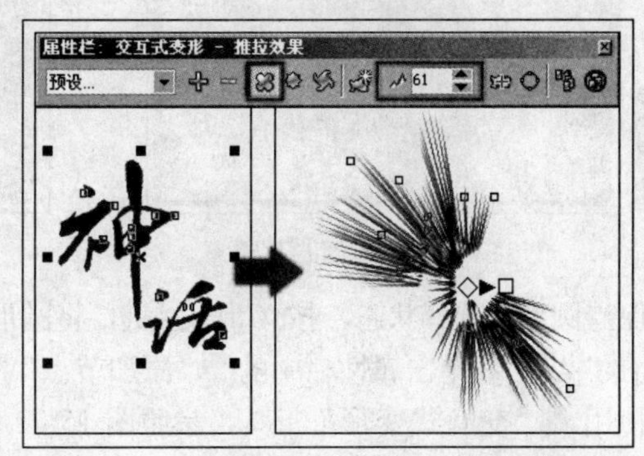

图 15-66 复制图形并为其添加变形效果

04 使用“挑选”工具，选择添加变形效果的文字图形，并参照图 15-67 所示，调整文字图形的大小。

05 使用“交互式阴影”工具，参照图 15-68 所示，为添加变形效果的文字图形，添加阴影效果，完毕后设置其属性栏。

06 保持该对象的选择状态，按<Ctrl+K>键，拆分阴影群组并调整阴影图形的大小及位置。

07 使用“挑选”工具，选择被拆分出的阴影图形，按<Ctrl+D>键将其再制并调整图形的位置和大小，如图 15-69 所示。

08 使用“椭圆形”工具，在绘图页面中绘制圆形，为其填充白色并设置轮廓色为无，如图 15-70 所示。

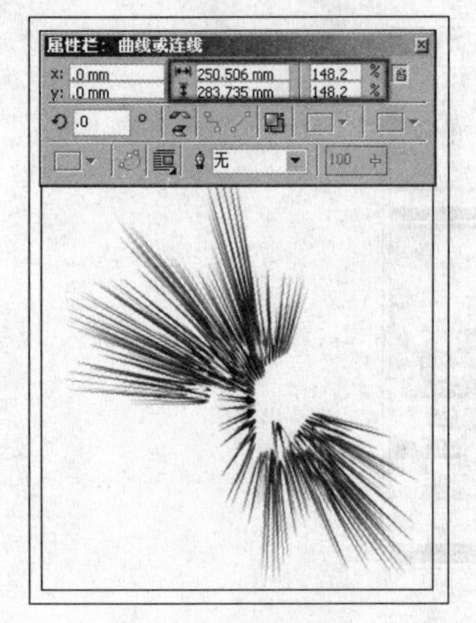

图 15-67　调整图形大小

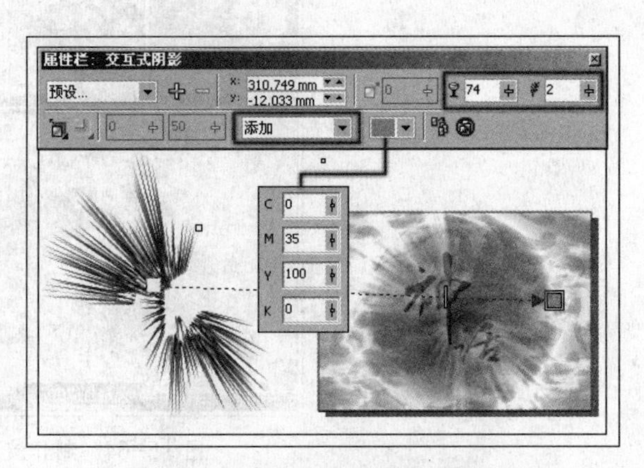

图 15-68　添加阴影效果

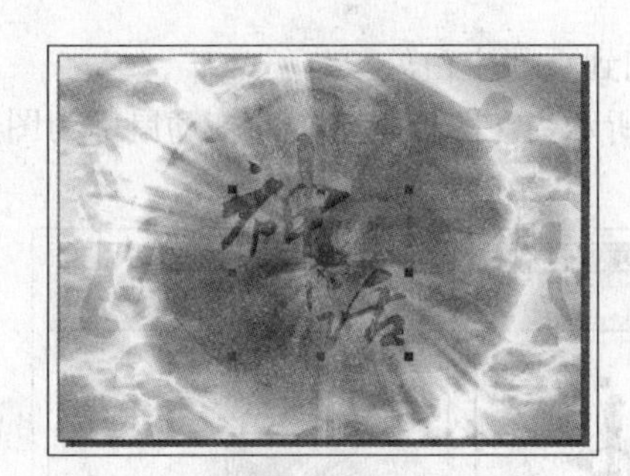

图 15-69　再制图形并调整

图 15-70　绘制图形

09 保持圆形的选择状态，按<Ctrl+Q>键，将圆形转换为曲线。双击“形状”工具，选中图形上所有的节点，并单击属性栏中的“添加节点”按钮两次，为图形添加节点，如图 15-71 所示。

10 使用“交互式变形”工具，参照图 15-72 所示，在图形上单击并拖动鼠标为图形添加变形效果，完毕后设置其属性栏参数。

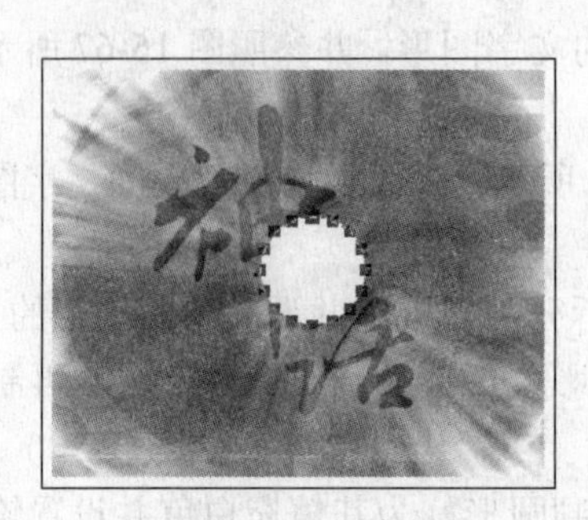

图 15-71　添加节点

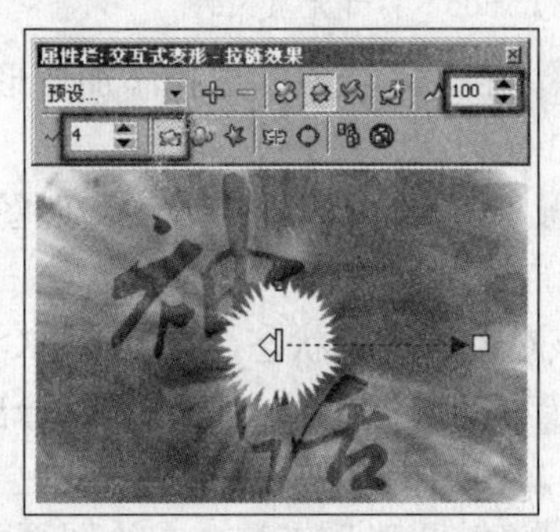

图 15-72　为图形添加变形效果

11 再次在属性栏中调整变形类型和参数，为该图形添加推拉变形效果，如图 15-73 所示。

12 使用“交互式透明”工具，参照图 15-74 所示设置其属性栏，为该图形添加透明效果。

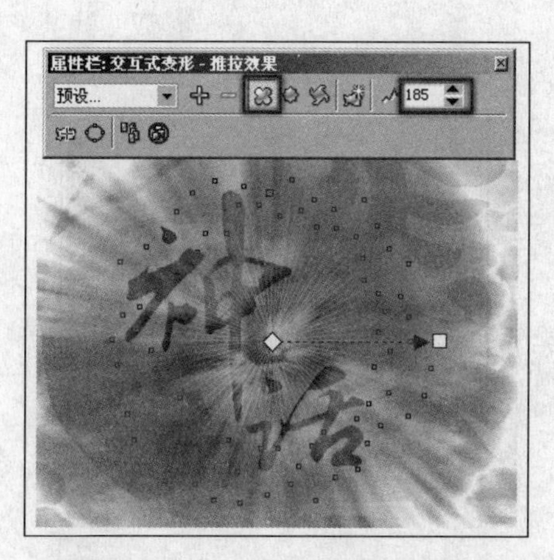

图 15-73　再次为图形添加变形效果

图 15-74　添加透明效果

13 调整该图形的大小，再将该图形复制一个并调整复制图形的位置和旋转角度，如图 15-75 所示。

14 保持复制对象的选择状态，通过按<Ctrl+D>键 4 次将该对象复制，并调整复制对象的大小和位置，如图 15-76 所示。

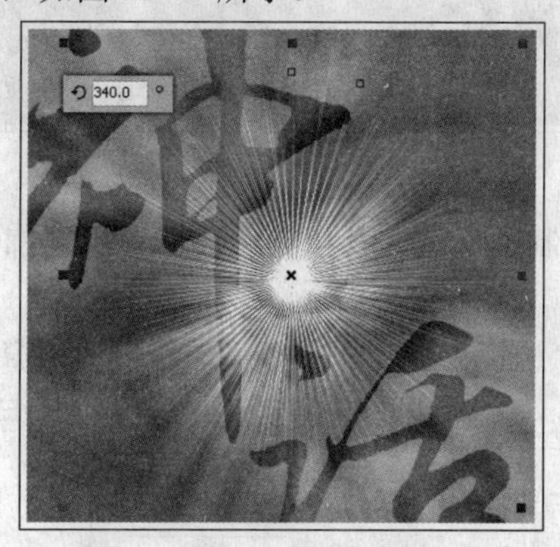

图 15-75　复制图形并调整

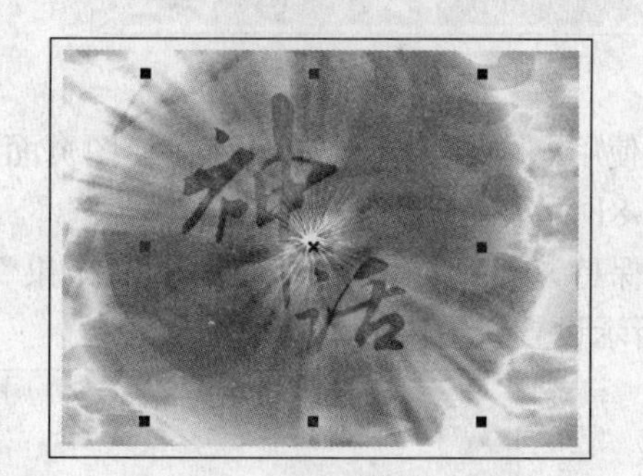

图 15-76　复制图形并调整

15 选择添加变形效果后的图形，将其填充为白色，轮廓色为无，并调整其位置至最顶层。使用“交互式透明”工具，为其添加透明效果，参照图 15-77 所示设置其属性栏。

16 在视图中选择“神话”文字图形，通过按<Ctrl+PageUp>键将该文字图形放置在被拆分出的原图形的后一层，如图 15-78 所示。

17 执行“文件”→“导入”命令，将本书附带光盘\Chapter-15\“龙.cdr”文件导入到文档中相应的位置，如图 15-79 所示。

18 保持该图形的选择状态，按<Ctrl+U>键将其取消群组。参照图 15-80 所示选择下方的龙图形，通过按<Ctrl+PageDown>键将其放置在“神话”文字图形的后一层。

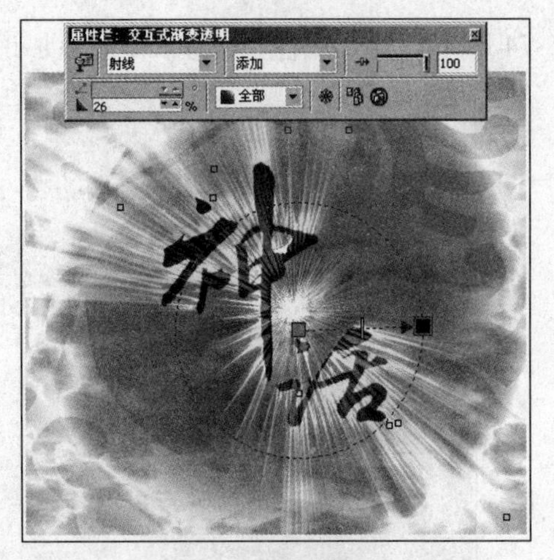

图 15-77 为图形添加透明效果

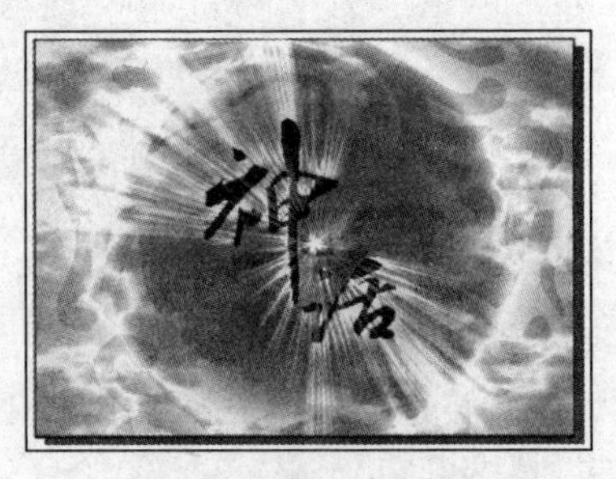

图 15-78 调整图形顺序

图 15-79 导入光盘文件

图 15-80 调整图形顺序

19 使用"椭圆形"工具，在绘图页面中绘制圆形，为其填充白色并设置轮廓色为无，如图 15-81 所示。

20 保持该图形的选择状态，执行"效果"→"透镜"命令，打开"透镜"泊坞窗，参照图 15-82 所示设置该泊坞窗。

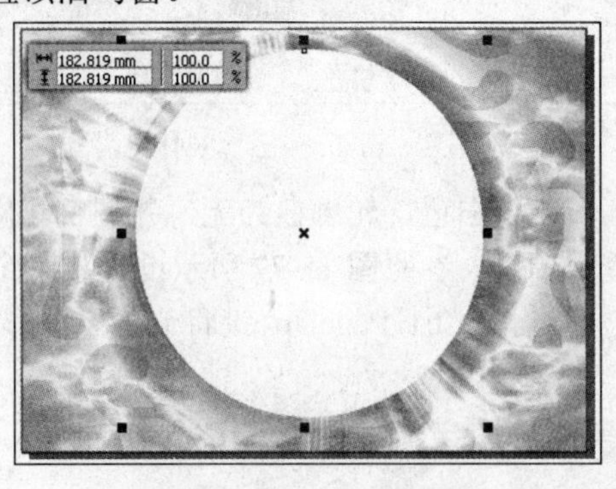

图 15-81 绘制图形

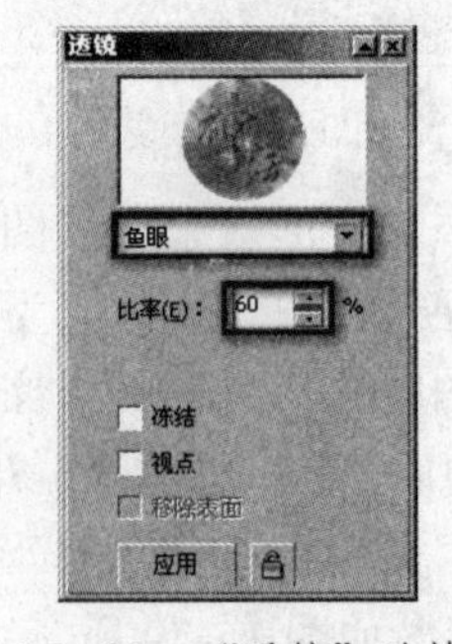

图 15-82 "透镜"泊坞窗

21 完毕后单击"应用"按钮，为图形添加透镜效果，如图 15-83 所示。

22 使用"椭圆形"工具，绘制圆形并按<Ctrl+Q>键，转换为曲线。使用"形状"工具调整其形状并填充白色，轮廓色为无，如图 15-84 所示。

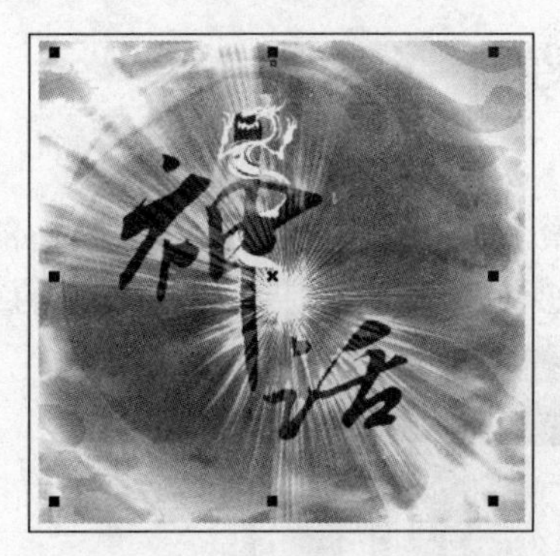

图 15-83 添加透镜效果

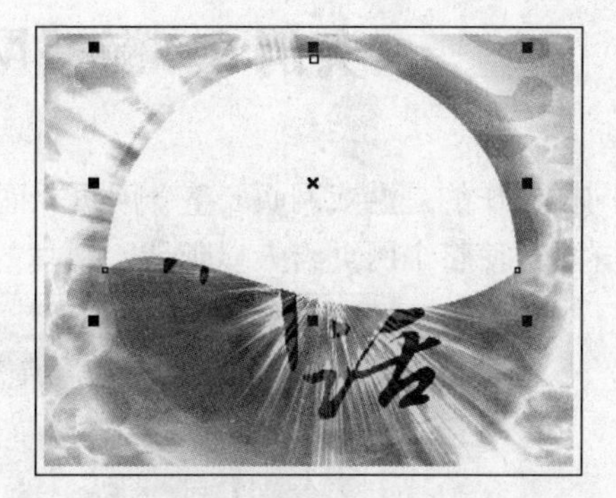

图 15-84 绘制曲线

23 使用 “交互式透明”工具，在该对象上单击并拖动鼠标为其添加线性透明效果，然后参照图 15-85 所示在属性栏中进行设置。

24 参照之前同样的操作方法，再次绘制图形并添加透明效果，如图 15-86 所示。

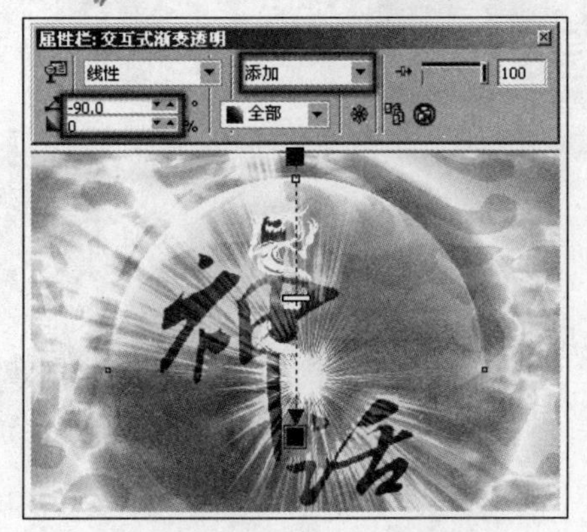

图 15-85 为图形添加透明效果

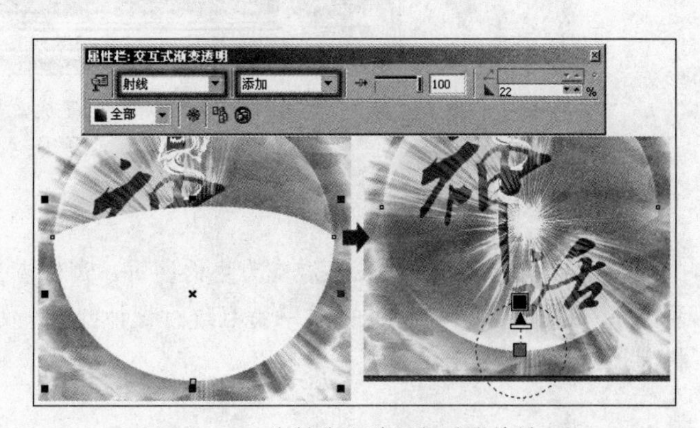

图 15-86 绘制曲线并添加透明效果

25 执行“文件”→“导入”命令，将本书附带光盘\Chapter-15\“按钮和装饰图形.cdr”文件导入到文档的相应位置，并调整图形的顺序，如图 15-87 所示。

26 最后在绘图页面中添加其他相关文字信息，完成本实例的制作，效果如图 15-88 所示。在制作过程中遇到问题，可以打开本书附带光盘\Chapter-15\“游戏网页设计 1.cdr”文件进行查看。

图 15-87 导入光盘文件

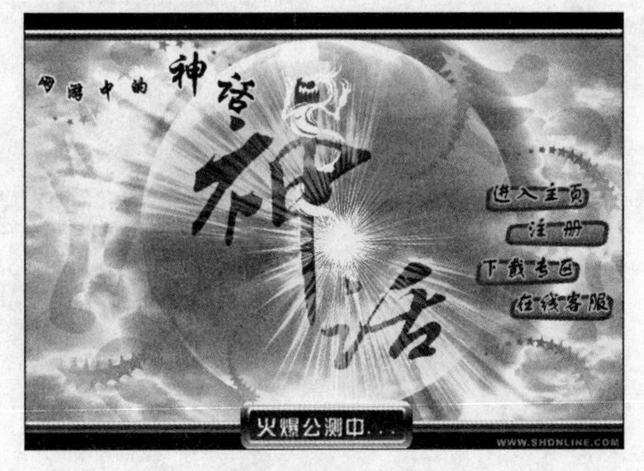

图 15-88 完成效果

实例 5　游戏网页设计（二）

本节同样制作的是游戏网页。整个网页界面结构紧密、连贯。通过绘制金属质感的外壳与玻璃质感的屏幕，使整个网页给人以现代、科技的视觉感受。图 18-89 展示了本实例的完成效果。

图 15-89　完成效果

设计思路

考虑到这是一个以在线小游戏为主的网页，浏览者多为喜欢接受新事物，追求时尚、个性的青少年。在该实例中也将根据这一特点进行设计创作，使浏览者在浏览网页时充满了未知与神秘，极大地提高了浏览者的浏览兴趣。

技术剖析

该实例分为两部分制作完成。第一部分绘制网页背景；第二部分绘制网页内容。在第一部分中主要使用了“交互式轮廓图”工具和“交互式透明”工具，制作出金属面板效果的网页背景。在第二部分中同样使用了这两个工具并配合“交互式阴影”工具，制作出屏幕及其边框图形。图 15-90 展示了本实例的制作流程。

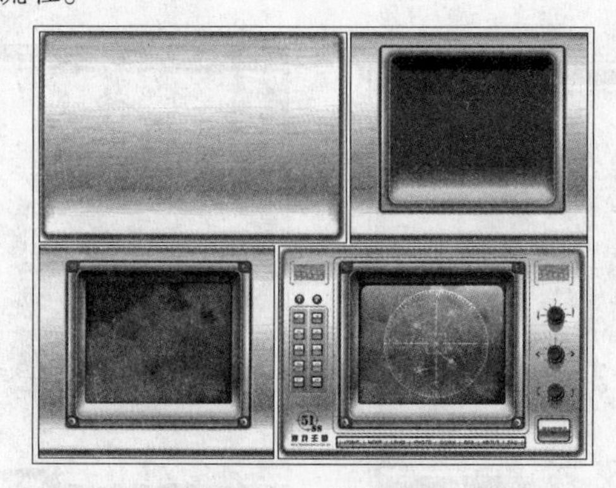

图 15-90　制作流程

制作步骤

1.绘制网页背景

01 运行 CorelDRAW X3，执行“文件”→“新建”命令，新建一个空白文档。单击属性栏中的“横向”按钮，将页面横向摆放。

02 使用“矩形”工具，在页面中绘制圆角矩形，并设置填充色和轮廓色。按下小键盘上的<+>键，将其原位置再制，使用“交互式填充”工具，为再制的图形填充渐变色，如图15-91所示。

03 保持该图形的选择状态。选择“交互式轮廓图”工具，参照图15-92所示设置其属性栏，为图形添加轮廓图效果。

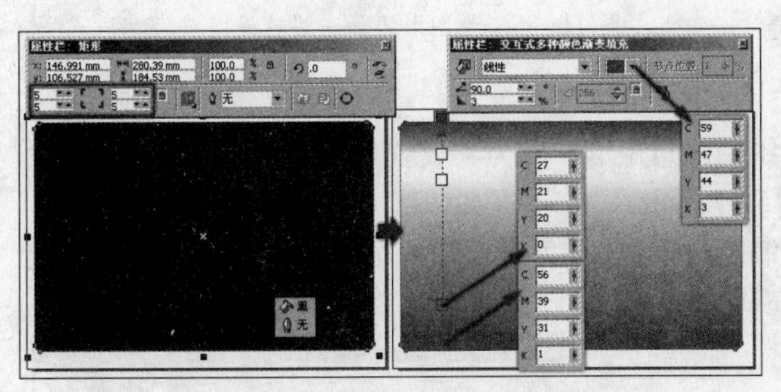

图15-91　绘制并复制图形

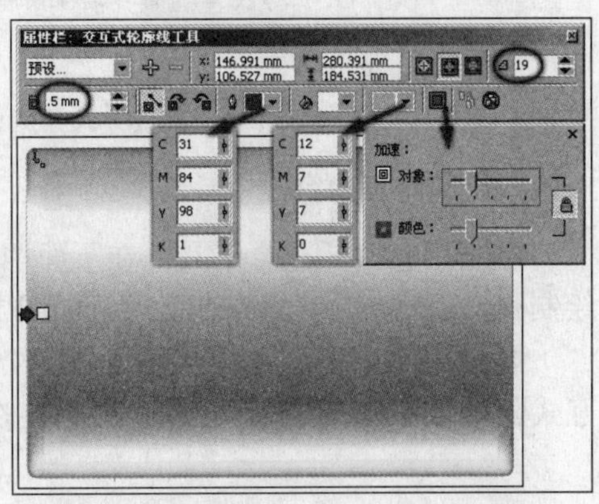

图15-92　为图形添加轮廓图效果

04 使用“挑选”工具，按<Alt>键的同时在绘制的矩形上单击，选择下方的黑色圆角矩形。使用“交互式阴影”工具为其添加阴影效果，并在属性栏中设置，如图15-93所示。

05 参照上一步骤中的操作方法，使用“挑选”工具，再次选择底层的黑色圆角矩形，依次按<Ctrl+C>和<Ctrl+V>键将选择的图形复制并粘贴，单击填充展开工具栏中的“底纹填充对话框”按钮，在打开的“底纹填充”对话框中进行设置，如图15-94所示。

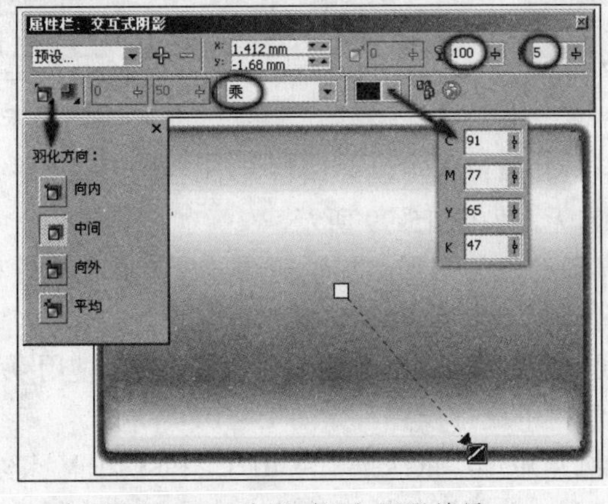

图15-93　为图形添加阴影效果

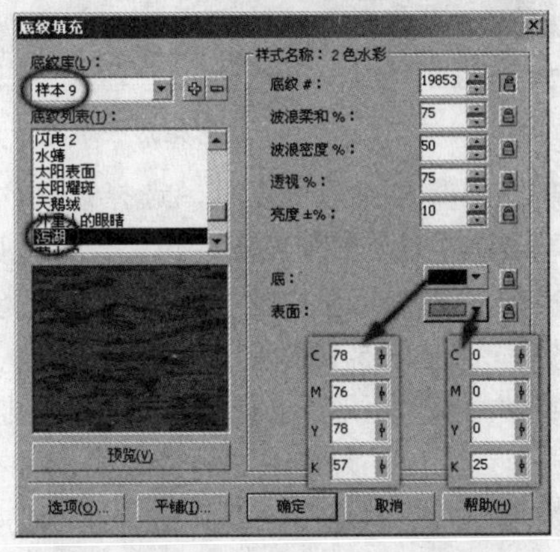

图15-94　“底纹填充”对话框

06 设置完毕后单击“确定”按钮，为复制的图形填充底纹效果。使用“交互式填充”

工具，调整底纹的大小和位置，如图 15-95 所示。

07 选择“交互式透明”工具，参照图 15-96 所示，设置其属性栏参数为填充底纹的图形添加透明效果。

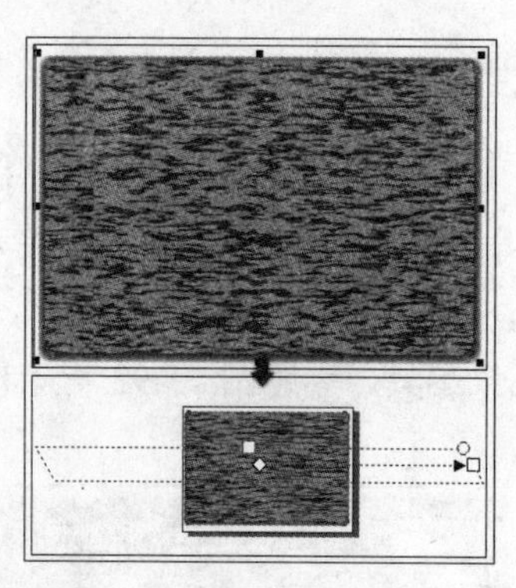

图 15-95　为图形填充底纹效果并调整

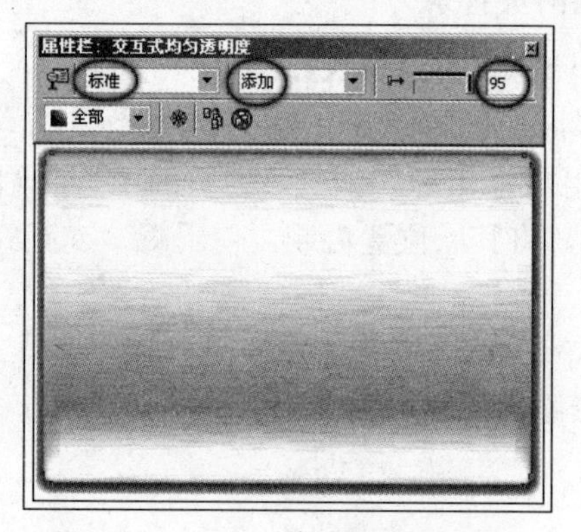

图 15-96　为图形添加透明效果

2.绘制网页内容

01 使用“矩形”工具，在页面中绘制圆角矩形，并为其设置填充色和轮廓属性，再次绘制圆角矩形，为其填充渐变色，如图 15-97 所示。

02 使用“矩形”工具，在页面中绘制圆角矩形，并为其设置填充色和轮廓色。使用“交互式阴影”工具，为其添加阴影效果，在属性栏中进行设置，如图 15-98 所示。

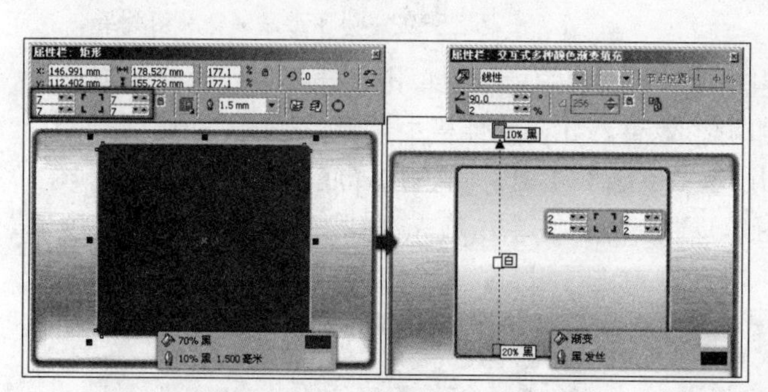

图 15-97　绘制矩形并填充颜色

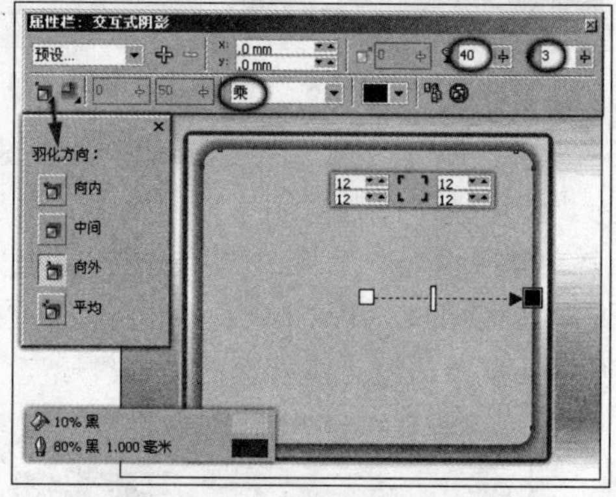

图 15-98　绘制矩形并添加阴影效果

03 使用“挑选”工具，选择绘制的矩形将其原位置再制并调整大小，使用“交互式填充”工具，为图形填充渐变色，设置轮廓色为无，如图 15-99 所示。

04 使用“交互式轮廓图”工具，为填充渐变色的图形添加轮廓图效果，并在属性栏中进行设置，如图 15-100 所示。

05 使用“矩形”工具，在页面中绘制圆角矩形，填充颜色，设置轮廓色为无。使用“交互式阴影”工具，为其添加阴影效果，并在属性栏中进行设置，如图 15-101 所示。

06 使用“挑选”工具，选择绘制的黑色圆角矩形，依次按下<Ctrl+C>和<Ctrl+V>键将其复制并粘贴。完毕后使用“交互式轮廓图”工具，为其添加轮廓效果，如图 15-102 所示。

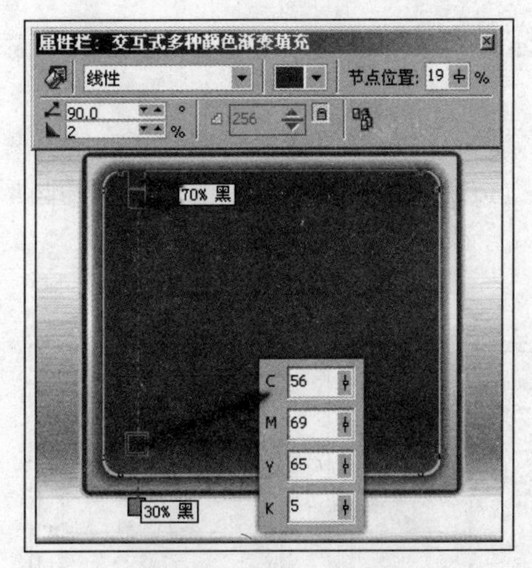

图 15-99　复制图形并填充渐变色

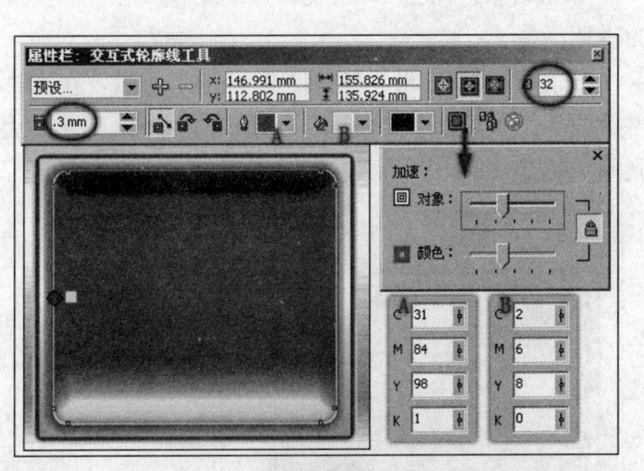

图 15-100　为图形添加轮廓图效果

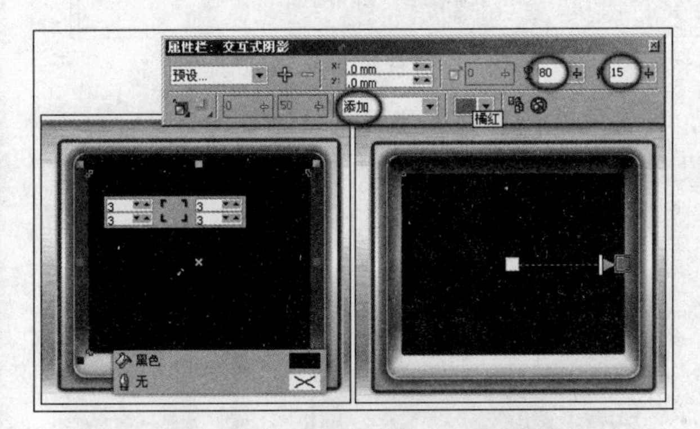

图 15-101　绘制图形并添加阴影效果

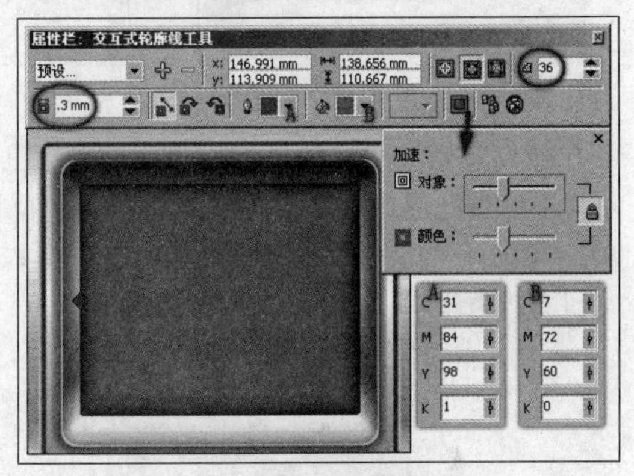

图 15-102　为复制图形添加轮廓图效果

07 再次按<Ctrl+V>键将之前复制的图形粘贴，并稍微调整复制图形的大小。单击填充展开工具栏中的“底纹填充对话框”按钮，在打开的“底纹填充”对话框中进行设置，如图 15-103 所示。

08 设置完毕后单击“确定”按钮，为复制的图形填充底纹效果。使用“交互式填充”工具，在页面中调整底纹的大小及位置，如图 15-104 所示。

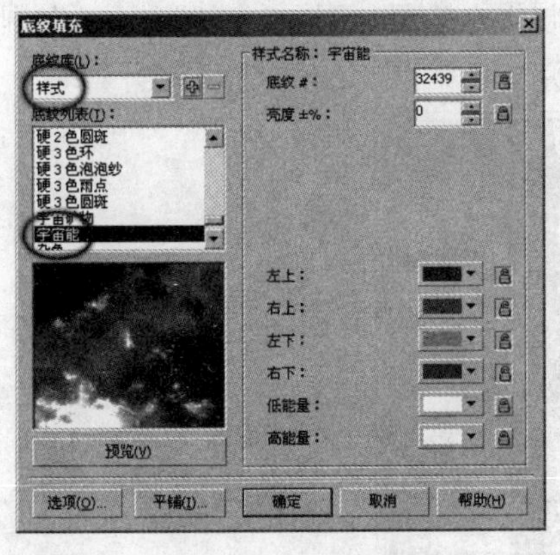

图 15-103　“底纹填充”对话框

图 15-104　为图形填充底纹效果并调整

09 选择"交互式透明"工具，参照图15-105所示设置其属性栏，为填充底纹的图形添加透明效果。

10 使用"矩形"和"椭圆形"工具，在页面的空白处绘制圆角矩形和椭圆形。使用"挑选"工具将其同时选中，在属性栏中单击"相交"按钮，完毕后将绘制的矩形和椭圆形删除，如图15-106所示。

图15-105 为图形添加透明效果

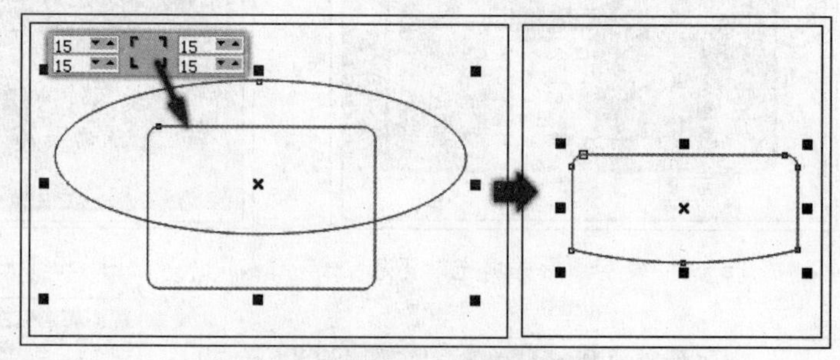

图15-106 修剪图形

11 调整相交图形的位置，为其填充白色，设置轮廓色为无。使用"交互式透明"工具，为其添加线性透明效果，并在属性栏中进行设置，如图15-107所示。

12 执行"文件"→"导入"命令，将本书附带光盘\Chapter-15\"按钮及装饰.cdr"文件导入到文档的相应位置，如图15-108所示。

图15-107 为图形添加透明效果

图15-108 导入素材

13 最后在页面中添加相关文字信息，完成本实例的制作，效果如图15-109所示。在制作过程中遇到问题，可以打开本书附带光盘\Chapter-15\"游戏网页设计.cdr"文件进行查看。

图15-109 完成效果

第 16 章　文化设计类网页

在众多的网页中，如在线杂志、网络教育网站和传统文化网站等等，以专业的资讯和出版物的许多特征，赢得了广大网民的好评，它们都属于文化设计类网站的范畴。本章将讲述文化设计类网页的制作方法与技巧。如图 16-1 所示，为本章实例的完成效果。

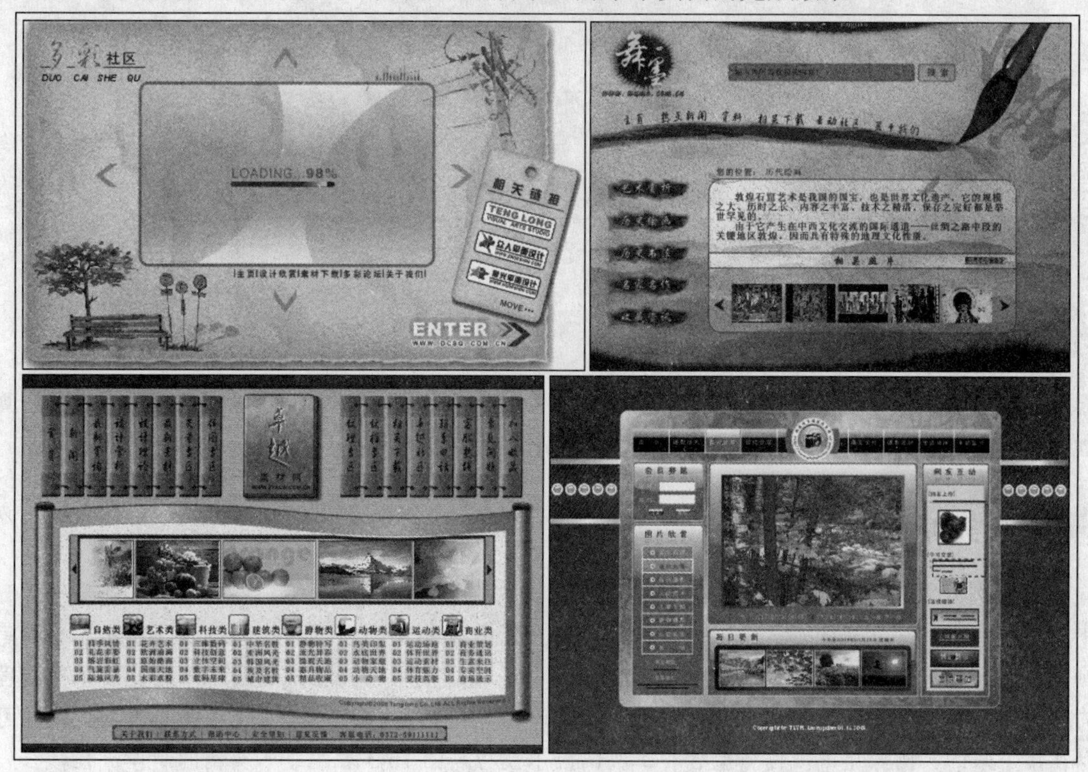

图 16-1　完成效果

本章实例

实例 1　多彩社区网页设计

实例 2　艺术网页设计

实例 3　卓越素材网页设计

实例 4　摄影网页设计

实例 1　多彩社区网页设计

本节制作的是多彩社区的网页设计。整个网页界面以浅褐色为主色调，给浏览者以亲切、熟悉的视觉感受。图 16-2 展示了本实例的完成效果。

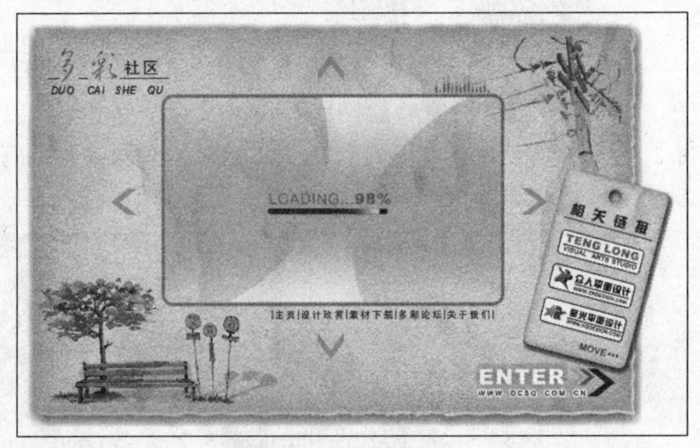

图 16-2　完成效果

设计思路

多彩社区网页主要是针对平面设计作品进行交流的一个平台。在设计与制作该网页时，应更加注重网页的艺术性，使浏览者感受到艺术的气息。

技术剖析

该实例分为两部分制作完成。第一部分绘制网页背景；第二部分绘制网页内容。在第一部分中，通过使用“交互式变形”工具，对矩形添加变形效果制作出纸张粗糙的边缘，使用“粗糙笔刷”工具，进一步丰富纸张边缘的粗糙纹理。此外，通过使用“交互式透明”工具，对填充纹理的图形添加透明效果制作出纸张纹理。在第二部分中同样使用到了“交互式透明”工具。读者可以在接下来的实例操作中慢慢体会各种工具的应用技巧。图 16-3 展示了本实例的制作流程。

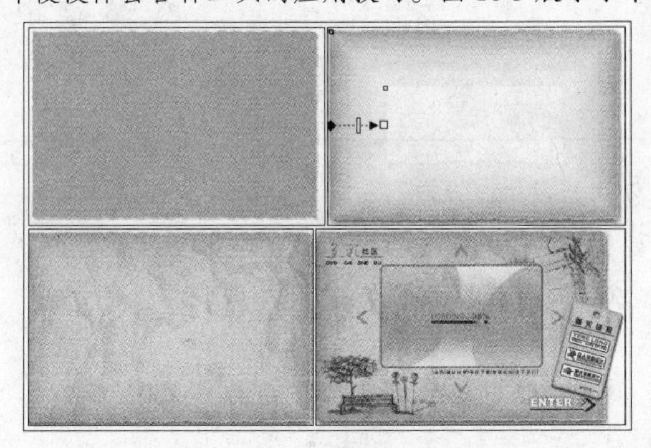

图 16-3　制作流程

制作步骤

1.绘制网页背景

01 运行 CorelDRAW X3，执行“文件”→“新建”命令，新建一个空白文档，参照如图 16-4 所示，设置纸张大小和微调偏移量。

02 使用“矩形”工具，参照图 16-5 所示绘制矩形，为其填充颜色并设置轮廓为无。

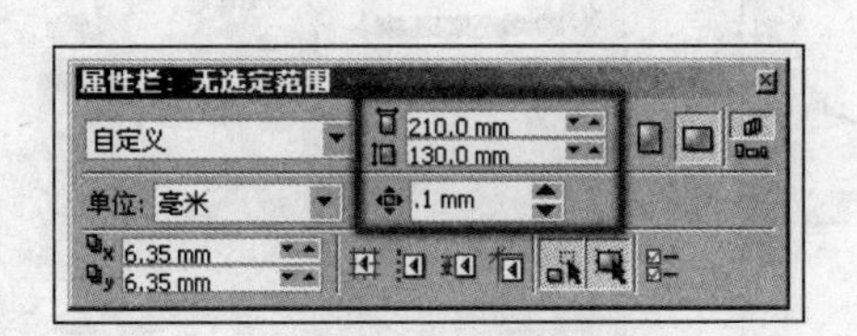

图 16-4　设置属性栏

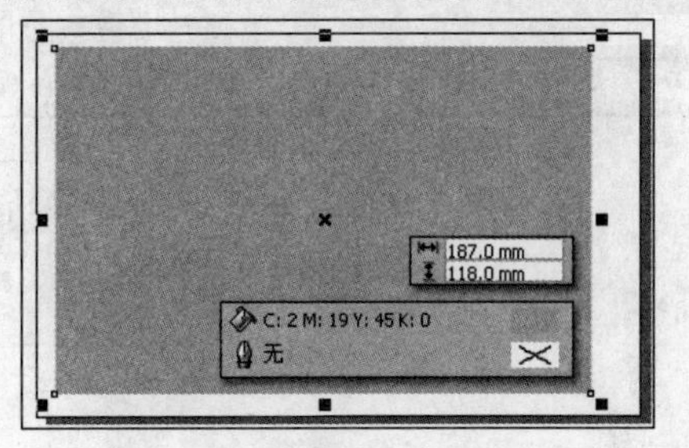

图 16-5　绘制矩形并填充颜色

03 保持矩形的选择状态，选择“交互式变形”工具，参照图 16-6 所示为图形添加拉链变形效果。

04 按<Ctrl+Q>键将矩形转换为曲线。选择“粗糙笔刷”工具，设置属性栏参数，对曲线图形的边缘进行涂抹，效果如图 16-7 所示。完毕后按<Ctrl+C>键将其复制到剪贴板中以备之后的操作使用。

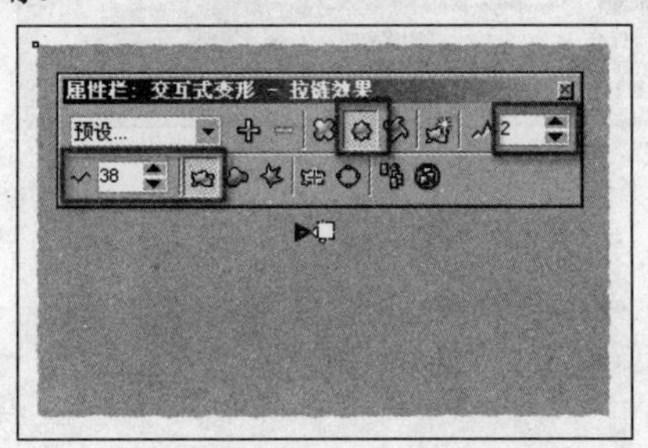

图 16-6　添加变形效果

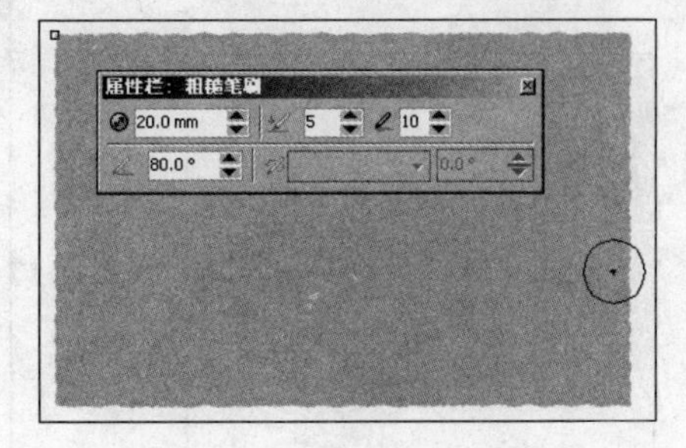

图 16-7　调整图形边缘

05 使用“交互式阴影”工具，为图形添加阴影效果，并参照图 16-8 所示设置属性栏参数。

06 按<Ctrl+V>键粘贴之前复制的矩形，并调整副本矩形的填充色，如图 16-9 所示。

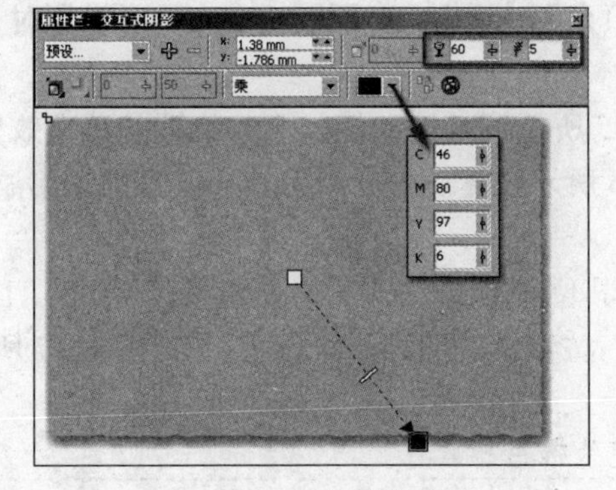

图 16-8　添加阴影效果

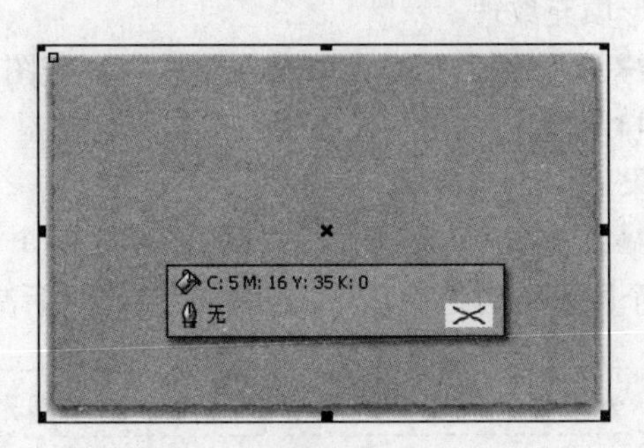

图 16-9　粘贴图形并填充颜色

07 保持该图形的选择状态。使用“交互式轮廓图”工具，为其添加轮廓图效果，并参照图 16-10 所示设置属性栏参数。

08 再次按<Ctrl+V>键粘贴之前复制的矩形。单击填充展开工具栏中的“底纹填充对话框”按钮，打开“底纹填充”对话框，参照图 16-11 所示设置对话框，完毕后单击“确定”按钮，为矩形填充底纹效果。

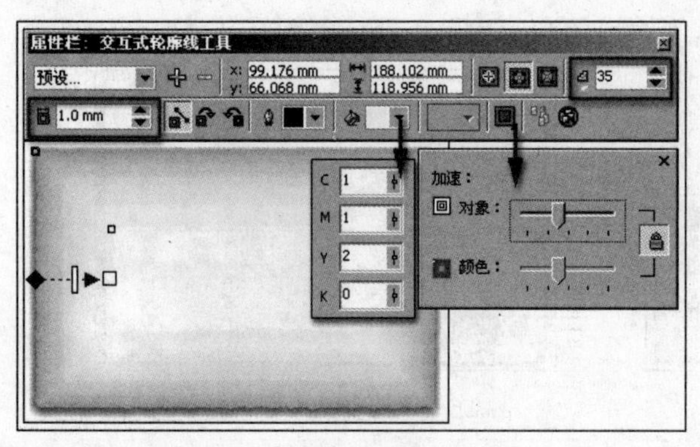

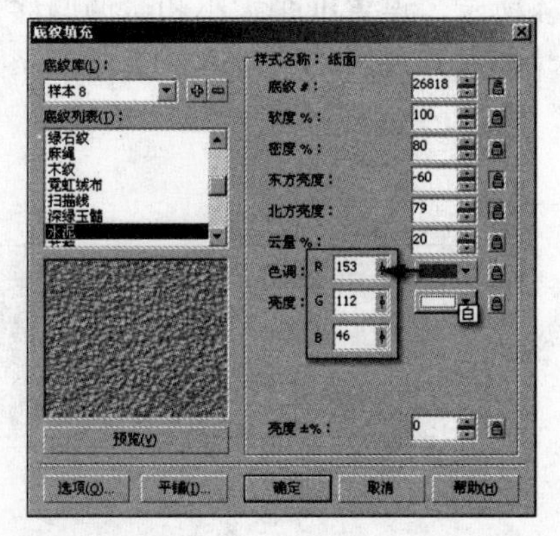

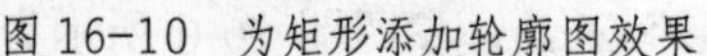
图 16-10　为矩形添加轮廓图效果　　　图 16-11　设置“底纹填充”对话框

09 使用“交互式填充”工具，参照图 16-12 所示调整控制柄，更改纹理的填充效果。

10 选择“交互式透明”工具，参照图 16-13 所示设置属性栏，为填充底纹的图形添加透明效果。

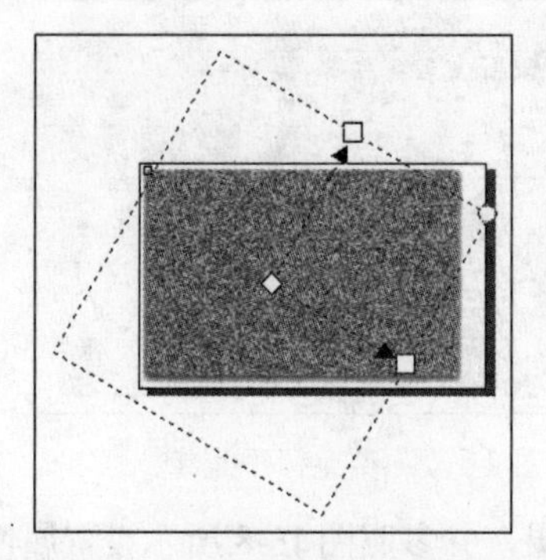

图 16-12　调整填充的纹理效果

图 16-13　添加透明效果

11 再次按<Ctrl+V>键粘贴图形，打开“底纹填充”对话框，参照图 16-14 所示设置对话框，为矩形填充纹理。

12 选择“交互式填充”工具，参照图 16-15 所示调整控制柄，更改纹理的填充效果。

13 选择“交互式透明”工具，参照图 16-16 所示设置属性栏，为填充纹理的矩形添加透明效果。

14 按<Ctrl+V>键两次，将图形粘贴两个调整其位置并错位摆放。使用“挑选”工具，将两个图形同时选中，单击属性栏中“后减前”按钮，对图形进行修剪，如图 16-17 所示。

提示

为了便于观察，这里暂时将两个副本图形填充为橙色和蓝色。

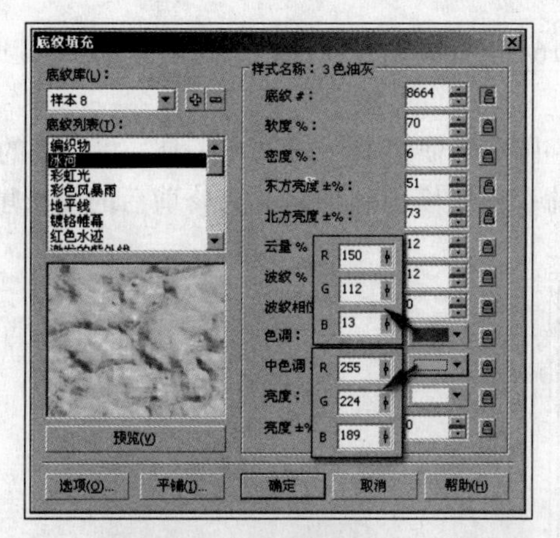

图 16-14　设置“底纹填充”对话框

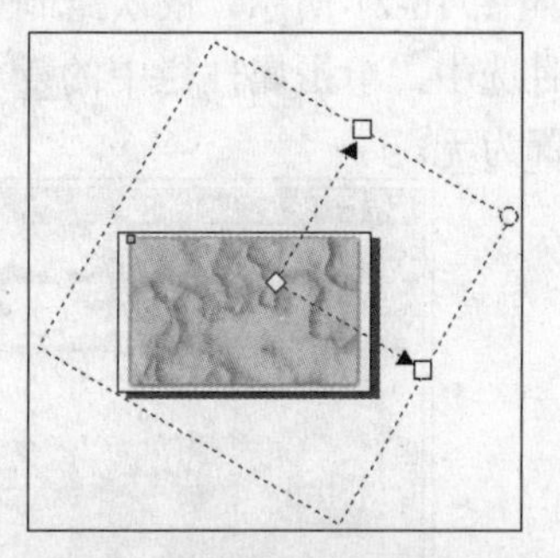

图 16-15　更改纹理填充效果

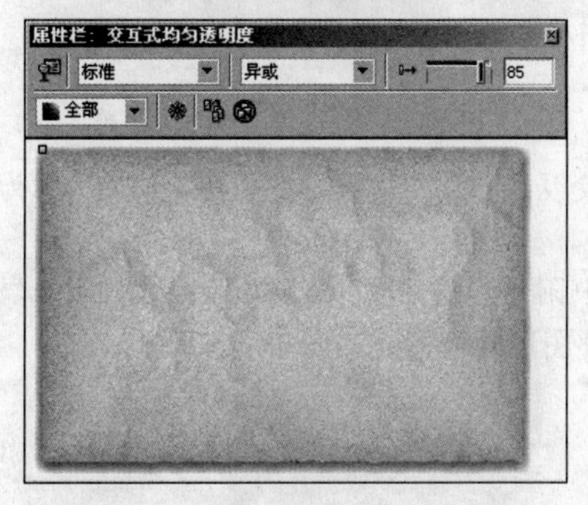

图 16-16　添加透明效果

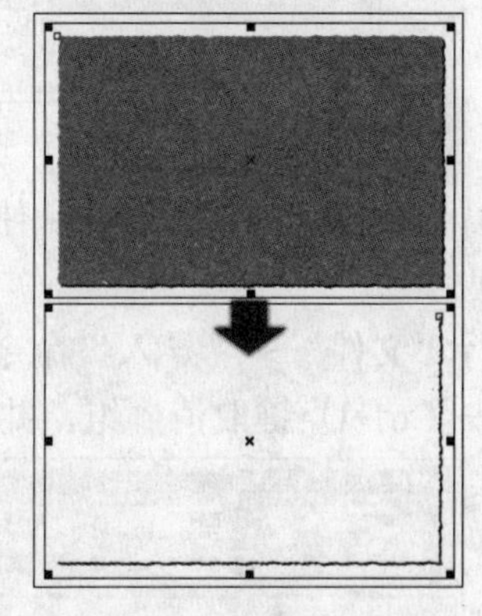

图 16-17　修剪图形

15 使用“交互式填充”工具，参照图 16-18 所示，为修剪后的图形填充线性渐变色并调整其位置，制作出纸张边缘的厚度效果。

2.绘制网页内容

01 使用“矩形”工具，绘制圆角矩形并设置其轮廓宽度和轮廓色，使用“交互式填充”工具，为其填充线性渐变色，如图 16-19 所示。

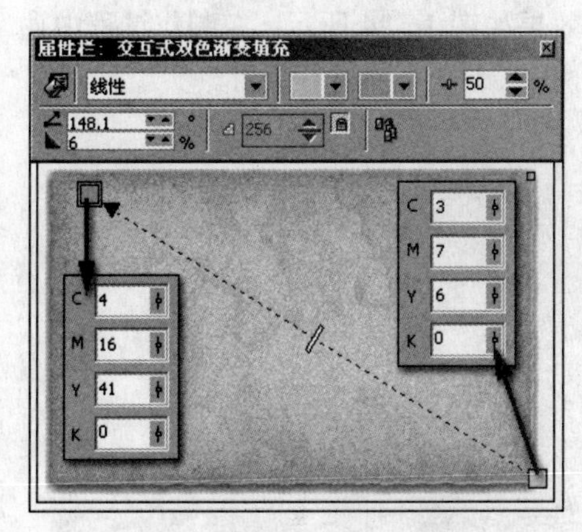

图 16-18　为修剪后的图形填充渐变色

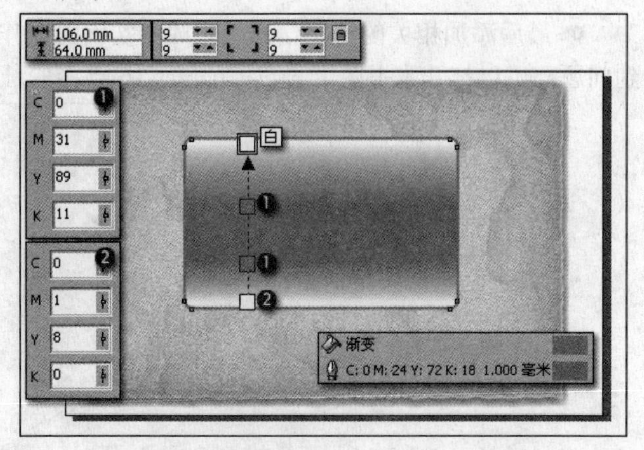

图 16-19　绘制圆角矩形并填充渐变颜色

02 选择“交互式透明”工具，参照图 16-20 所示设置属性栏，为填充渐变的圆角矩形添加透明效果。

03 参照图 16-21 所示，依次绘制矩形和椭圆形。使用“挑选”工具，将绘制的矩形和椭圆图形同时选中，单击属性栏中的“后减前”按钮修剪图形，并为修剪后的图形填充白色，轮廓色设置为无。

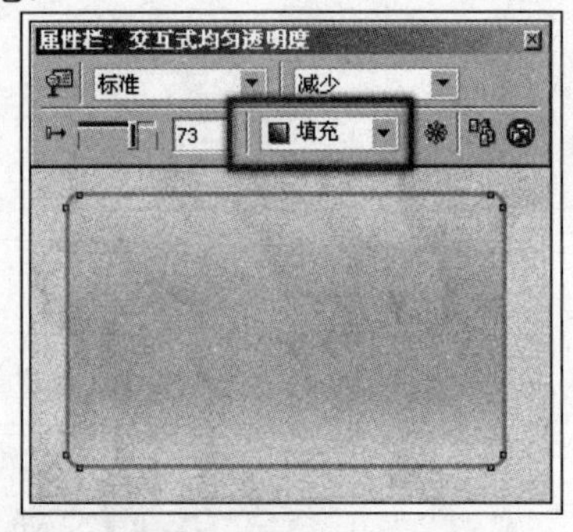

图 16-20　添加透明效果

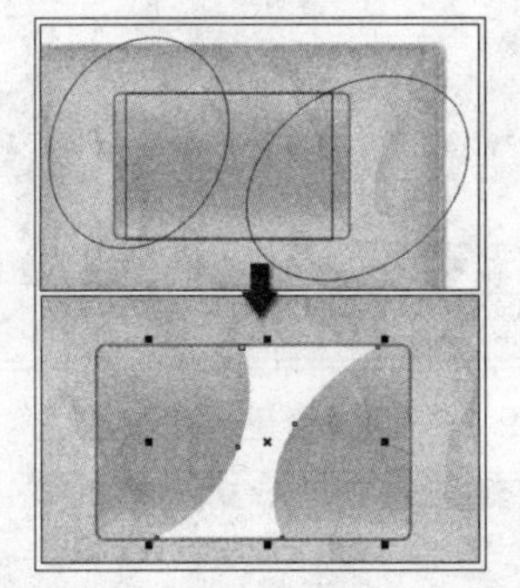

图 16-21　绘制图形并修剪

04 保持白色图形的选择状态，使用“交互式透明”工具，参照图 16-22 所示为其添加线性透明效果。

05 执行“文件”→“导入”命令，将本书附带光盘\Chapter-16\“装饰图形.cdr”文件导入到文档，按<Ctrl+U>键取消群组，并分别调整图形的位置，如图 16-23 所示。

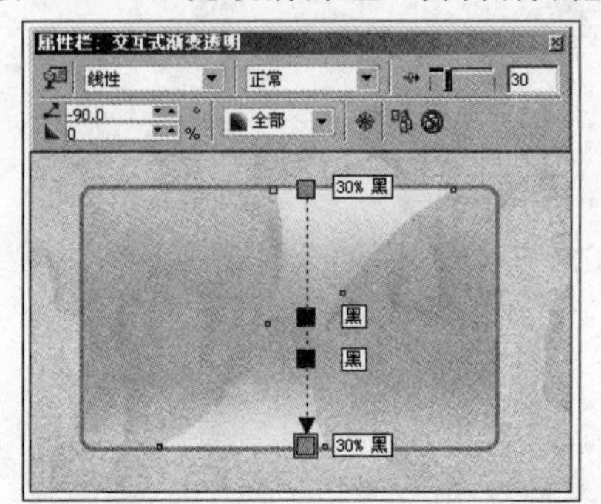

图 16-22　添加透明效果

图 16-23　导入光盘文件

06 最后添加相关的文字信息，完成本实例的制作，效果如图 16-24 所示。在制作过程中遇到问题，可以打开本书附带光盘\Chapter-16\“多彩社区网页.cdr”文件进行查看。

图 16-24　完成效果

实例2　艺术网页设计

艺术网页往往给人以浓厚的文化气息和艺术底蕴感染每位浏览者。图16-25展示了本实例的完成效果。

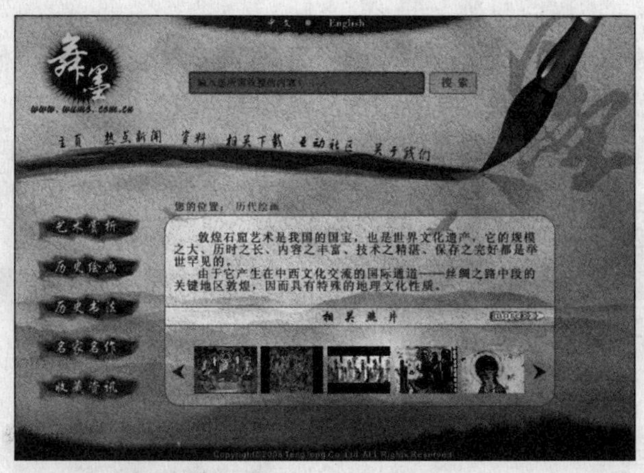

图 16-25　完成效果

设计思路

根据该网页的内容，在绘制时以褐色为主色调，给人以古朴的视觉感受。通过墨点、笔触以及毛笔图形的合理编排与设计，使得整个网页充满了艺术的气息。

技术剖析

该实例分为两部分制作完成。第一部分绘制网页背景；第二部分绘制网页内容。在第一部分中主要使用“交互式填充”工具和“交互式透明”工具，制作出发黄的纸张效果。在第二部分中通过使用“艺术笔”工具，绘制出毛笔的笔触效果。此外，在该实例中的墨点形状则是通过“交互式变形”工具和“交互式阴影”工具制作而成。图16-26展示了本实例的制作流程。

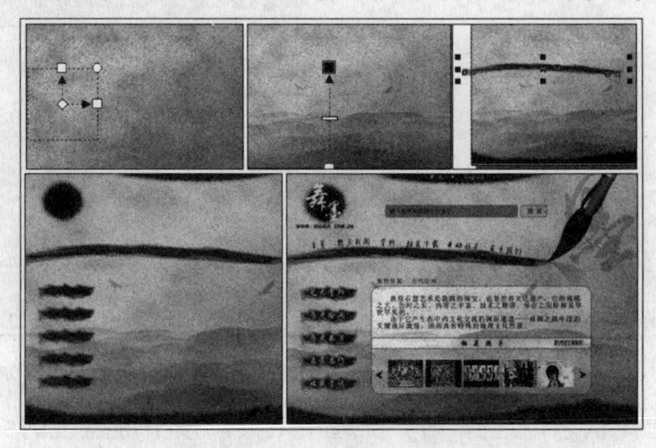

图 16-26 制作流程

制作步骤

1.绘制网页背景

01 运行 CorelDRAW X3，执行“文件”→“新建”命令，新建一个空白文档，单击属性栏中“横向”按钮，将页面横向摆放。

02 双击工具箱中的“矩形”工具，创建一个与页面等大的矩形。使用“交互式填充”工具，为其填充渐变色，如图 16-27 所示。

03 选择“挑选”工具，按小键盘上的<+>键将矩形原位置复制。单击工具箱中的“填充”工具，在展开的工具栏中单击“底纹填充对话框”按钮，在打开的“底纹填充”对话框中进行设置，如图 16-28 所示。

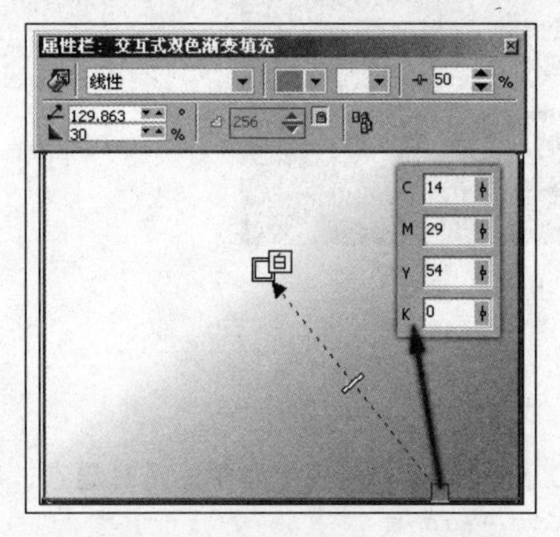

图 16-27　绘制矩形并填充渐变色

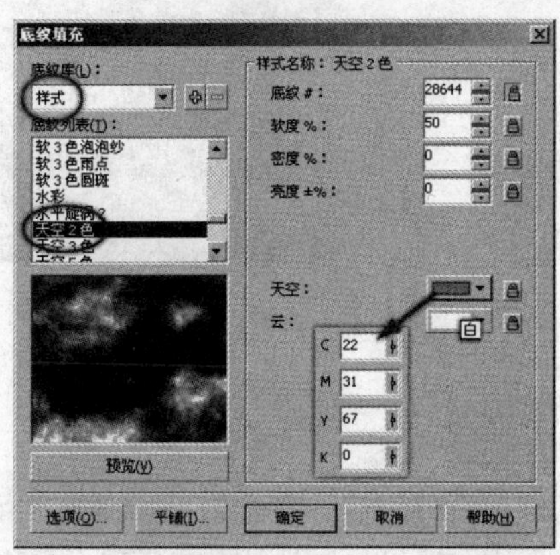

图 16-28　设置“底纹填充”对话框

04 完毕后单击“确定”按钮关闭对话框，为复制的矩形填充底纹，然后使用“交互式填充”工具，调整底纹的填充效果，如图 16-29 所示。

05 选择“交互式透明”工具，参照图 16-30 所示设置其属性栏，为填充底纹的图形添加透明效果。

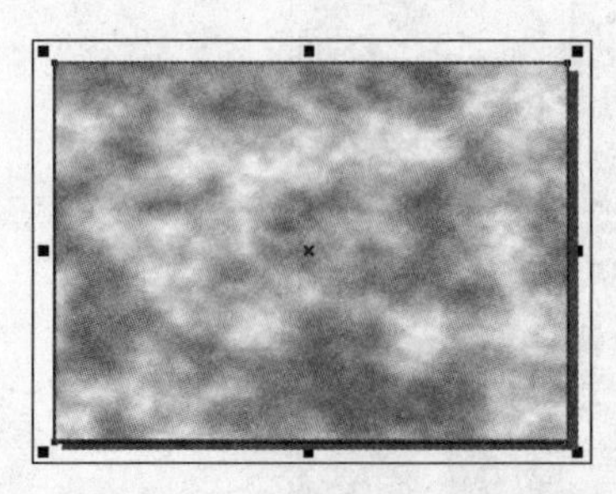

图 16-29　为图形填充底纹效果

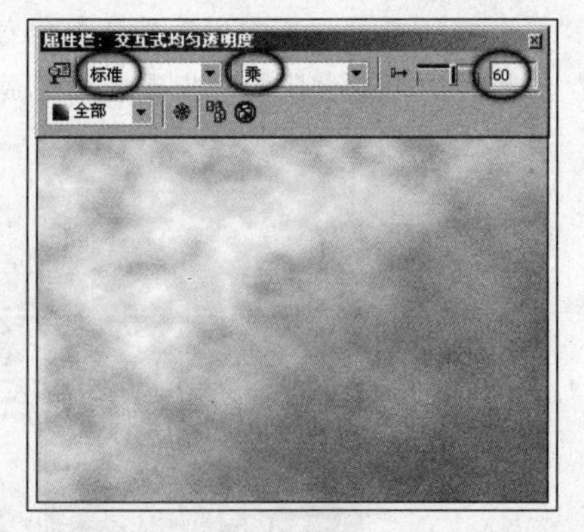

图 16-30　为图形添加透明效果

06 保持该图形的选择状态，选择“挑选”工具，按小键盘上的<+>键，将其原位置再制。双击状态右侧的填充色块，打开“底纹填充”对话框，并在对话框中进行设置，如图 16-31 所示。

07完毕后单击“确定”按钮关闭对话框，更改复制对象的底纹效果。使用“交互式填充”工具，在页面中对填充的底纹进行调整，如图16-32所示。

图16-31 “底纹填充”对话框

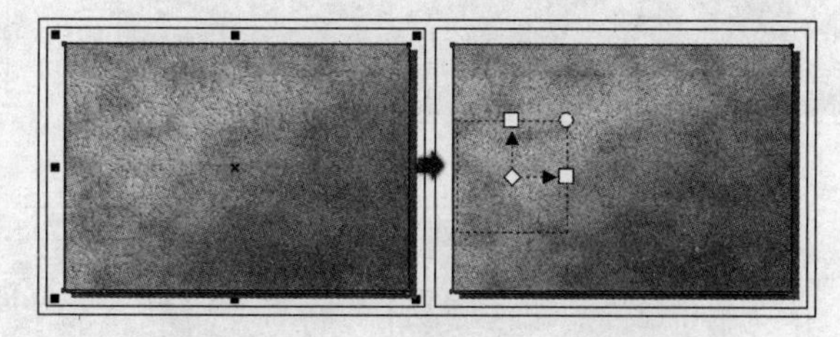

图16-32 调整底纹的大小

08保持该图形的选择状态。选择“交互式透明”工具，在属性栏中调整该图形的透明效果，如图16-33所示。

09执行“文件”→“导入”命令，将本书附带光盘\Chapter-16\“风景.jpg”文件导入到文档中，并调整其大小和位置。完毕后使用“交互式透明”工具，为其添加透明效果，如图16-34所示。

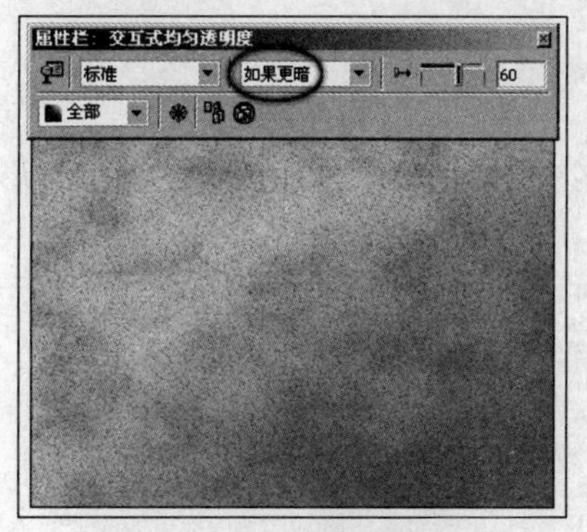

图16-33 调整透明效果

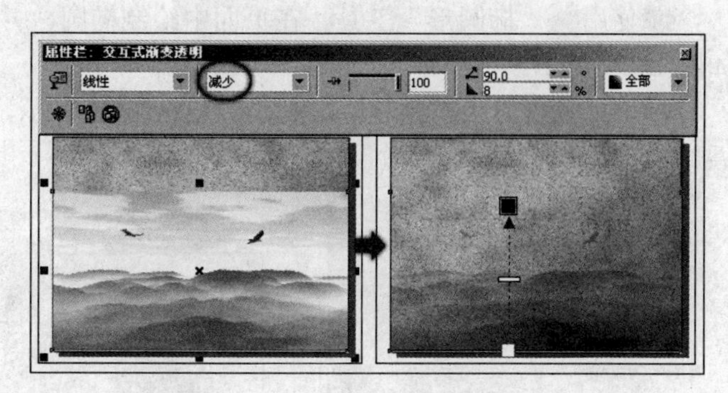

图16-34 导入素材并添加透明效果

2.绘制网页内容

01使用“贝赛尔”工具，在页面中绘制图形并填充颜色，设置轮廓色为无。选择“粗糙笔刷”工具，参照图16-35所示设置其属性栏，在图形边缘涂抹，使其产生粗糙的锯齿效果。

02使用“交互式阴影”工具，为该图形添加阴影效果，并在属性栏中进行设置，如图16-36所示。

03使用“贝赛尔”工具，在页面中绘制曲线。选择“艺术笔”工具，设置其属性栏为曲线添加艺术笔触效果，完毕后为图形设置填充色，如图16-37所示。

04参照上一步骤中同样的操作方法，再制作出其他装饰图形，如图16-38所示。

图 16-35　绘制图形并调整

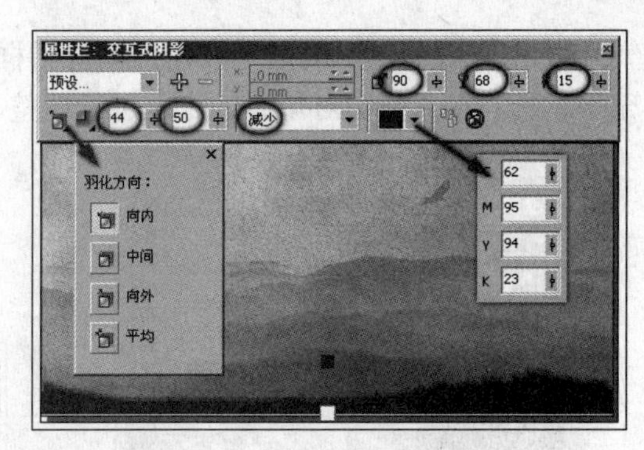

图 16-36　为图形添加阴影效果

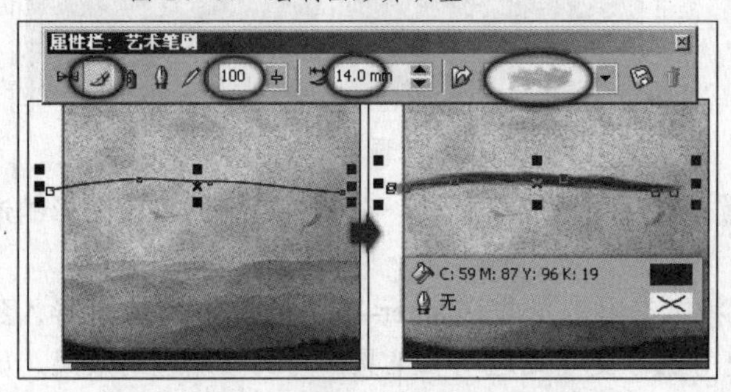

图 16-37　绘制曲线并为添加艺术笔效果

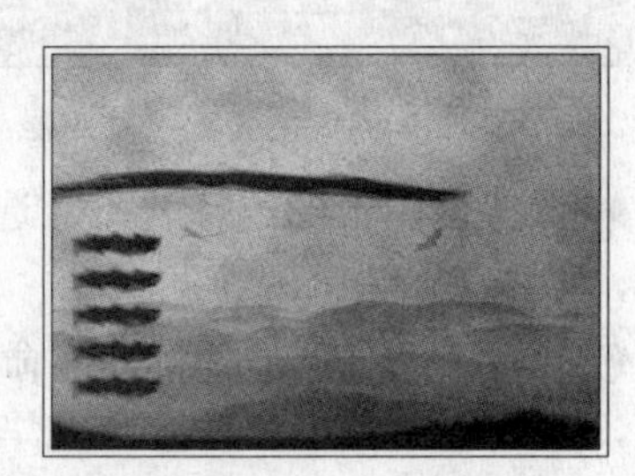

图 16-38　绘制出其他图形

05 使用“椭圆形”工具，在页面中绘制椭圆，并为其填充渐变色，轮廓色设置为无，如图 16-39 所示。

06 选择“交互式变形”工具，参照图 16-40 所示，依次在属性栏中进行设置，为椭圆形添加拉链变形和推拉变形效果。

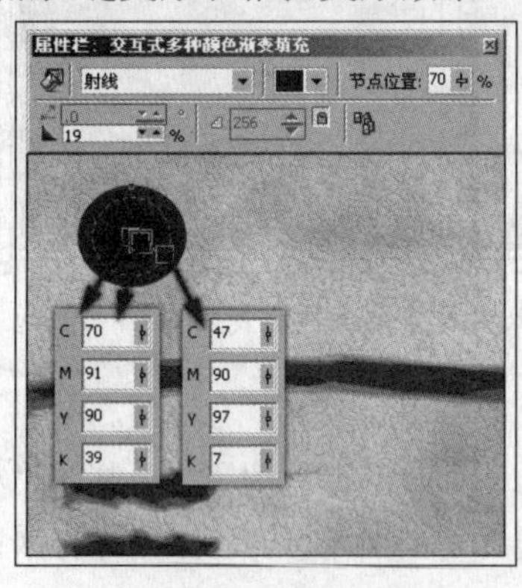

图 16-39　绘制椭圆形

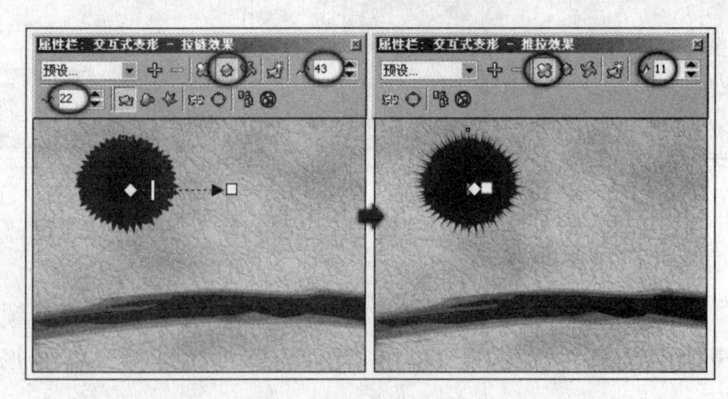

图 16-40　为图形添加变形效果

07 使用“交互式阴影”工具，为该图形添加阴影效果，并在属性栏中进行设置。完毕后将该图形复制并调整其大小和位置，使用“交互式透明”工具为副本图形添加透明效果，如图 16-41 所示。

08 依次按<Ctrl+A>键和<Ctrl+G>键，将绘制的图形全部选中并群组。使用“挑选”工具，调整群组对象的位置。双击工具箱中的“矩形”工具，创建一个与页面等大的矩形，如图 16-42 所示。

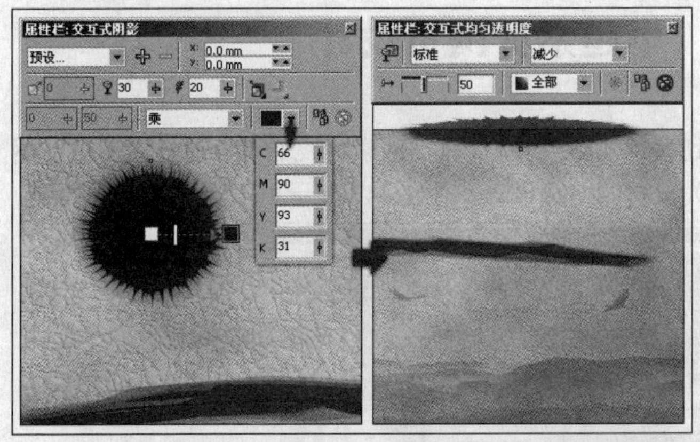

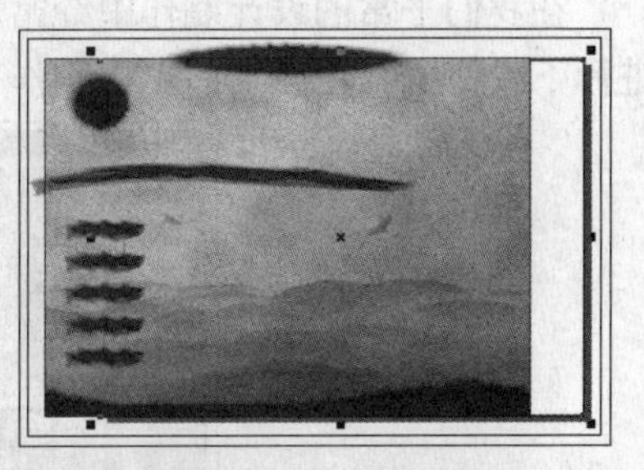

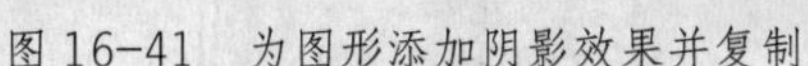
图 16-41 为图形添加阴影效果并复制

图 16-42 绘制矩形

09 使用 “挑选”工具，选择群组对象，执行“效果”→“图框精确剪裁”→“放置在容器中”命令，当光标变成黑色箭头时在创建的矩形上单击，将选择的群组放置在矩形当中，如图 16-43 所示。

10 执行“效果”→“图框精确剪裁”→“编辑内容”命令，使用 “挑选”工具对图形的位置进行调整，完毕后执行“结束编辑”命令，如图 16-44 所示。

图 16-43 将图形放置在矩形中

图 16-44 调整图形的位置

11 执行“文件”→“导入”命令，将本书附带光盘\Chapter-16\“艺术网页装饰.cdr”文件导入到文档的相应位置，如图 16-45 所示。

12 最后在页面中添加相关文字信息，完成本实例的制作，效果如图 16-46 所示。在制作过程中遇到问题，可以打开本书附带光盘\Chapter-16\“艺术网页设计.cdr”文件进行查看。

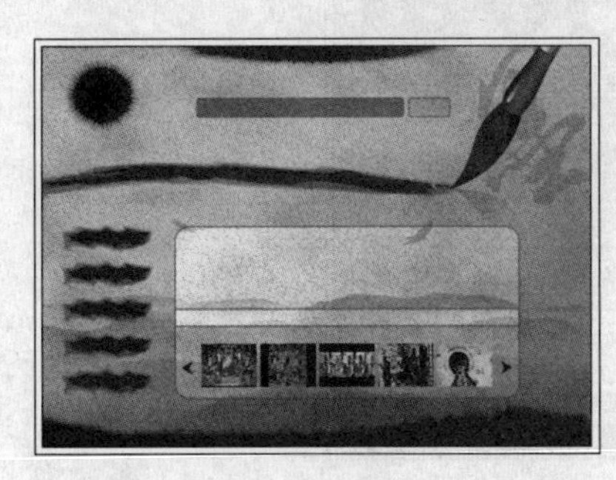

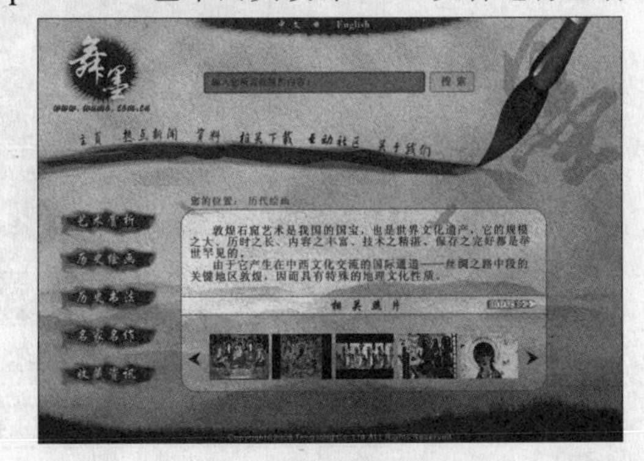

图 16-45 导入光盘文件

图 16-46 完成效果

实例 3　卓越素材网页设计

在我们平常的设计制作中经常用到各种各样的素材，而这些素材我们可以通过图库或从网上进行下载使用，在该实例中将制作有关素材的网页设计。图 16-47 展示了本实例的完成效果。

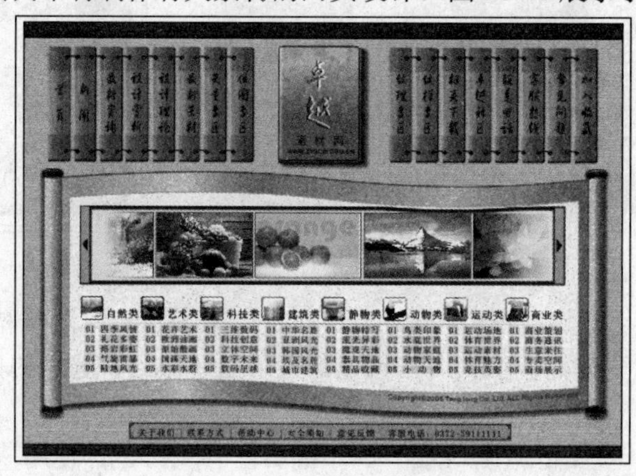

图 16-47　完成效果

设计思路

本节实例制作的是卓越素材网页。整个网页界面结构合理、版块内容清晰明了。在有限的空间内将该网页丰富的内容一览无余的展现在浏览者的面前，方便浏览者有选择性的浏览。

技术剖析

该实例分为两部分制作完成。第一部分绘制网页主菜单栏；第二部分绘制网页主内容区域。在第一部分中主要使用了“交互式填充”工具和“交互式透明”工具，制作出带有纹理的竹签图形。在第二部分的制作中同样使用到这两个工具。通过本实例的学习中，希望读者灵活地掌握这两个工具的使用方法及应用技巧。图 16-48 展示了本实例的制作流程。

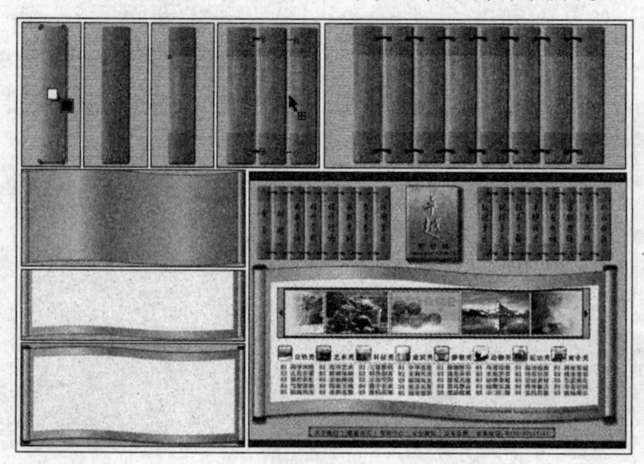

图 16-48　制作流程

制作步骤

1.绘制网页主菜单栏

01 运行 CorelDRAW X3，执行“文件”→“打开”命令，打开本书附带光盘\Chapter-16\“素材网页背景.cdr”文件，如图 16-49 所示。

02 使用“矩形”工具，在页面中绘制一个圆角矩形，并为其填充渐变色，轮廓色为无。使用“交互式阴影”工具，为其添加阴影效果，如图 16-50 所示。

图 16-49 打开光盘文件

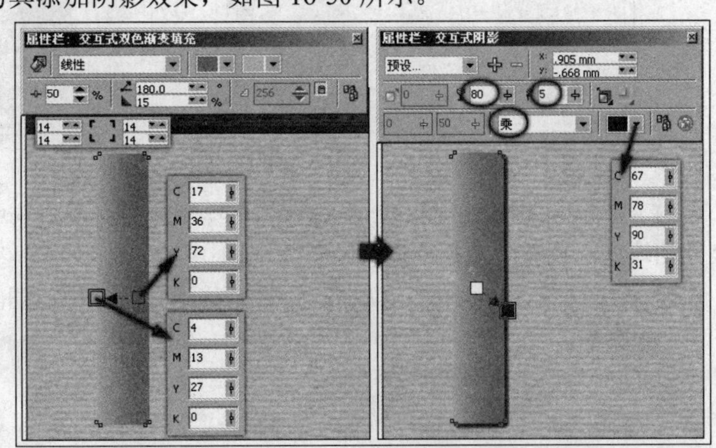

图 16-50 绘制图形并添加阴影效果

03 使用“挑选”工具，选择圆角矩形并按小键盘上的<+>键将其原位置再制。完毕后单击填充展开工具栏中的“底纹填充对话框”按钮，在打开的“底纹填充”对话框中进行设置，如图 16-51 所示。

04 设置完毕后单击“确定”按钮关闭对话框，为再制图形填充底纹效果。使用“交互式填充”工具，调整底纹的大小和位置，如图 16-52 所示。

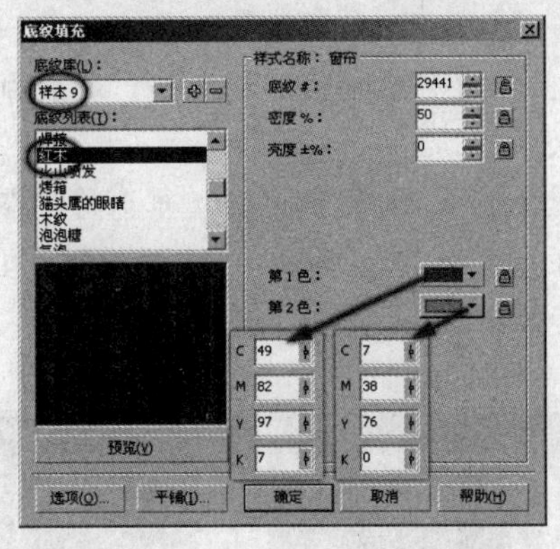

图 16-51 “底纹填充”对话框

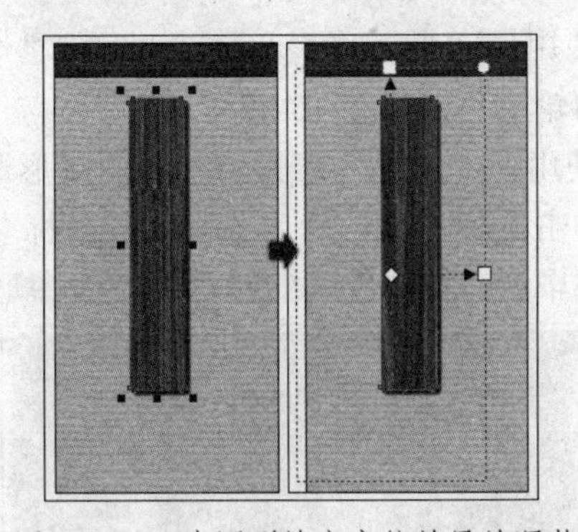

图 16-52 为图形填充底纹效果并调整

05 选择“交互式透明”工具，参照图 16-53 所示设置其属性栏，为填充底纹的图形添加透明效果。

06 使用“矩形”工具，在页面中绘制矩形并填充颜色，轮廓色设置为无。选择“交互式透明”工具，参照图 16-54 所示设置其属性栏，为图形添加透明效果。

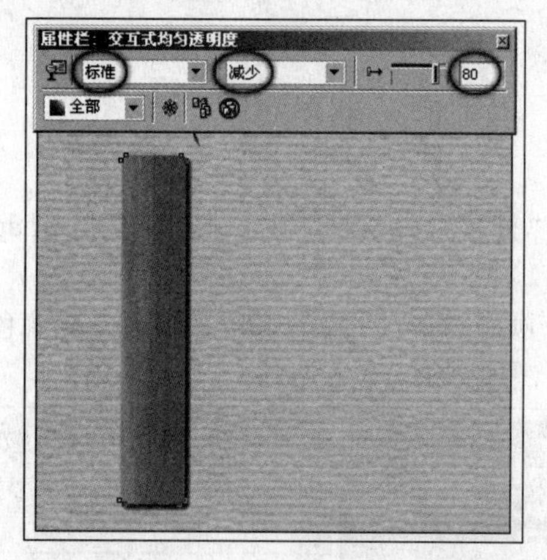

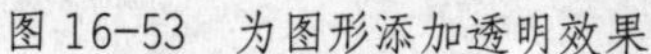

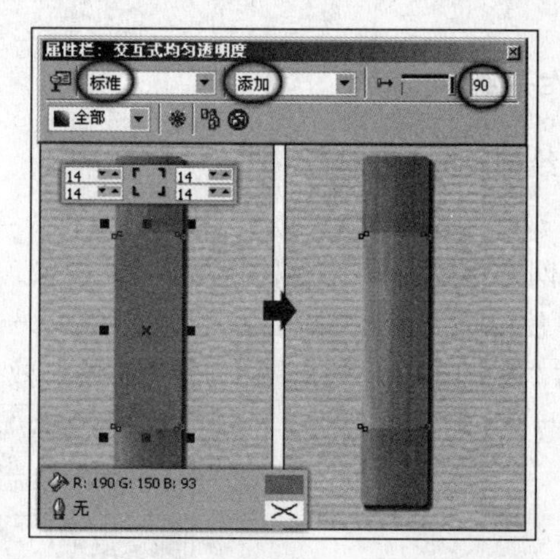

图 16-53　为图形添加透明效果　　　　图 16-54　绘制矩形并添透明效果

07 依次按<Ctrl+A>键和<Ctrl+G>键，将绘制的所有图形选中并群组。按<Alt+F7>键打开“变换”泊坞窗，并在泊坞窗中进行设置，如图 16-55 所示。

08 设置完毕后，通过多次单击“应用到再制”按钮，将群组对象水平向右复制 20 个，如图 16-56 所示。

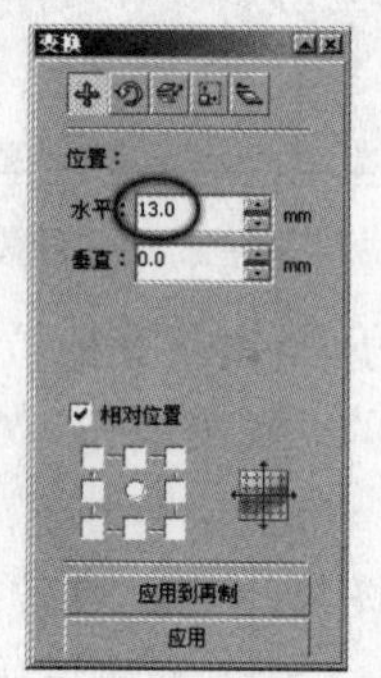

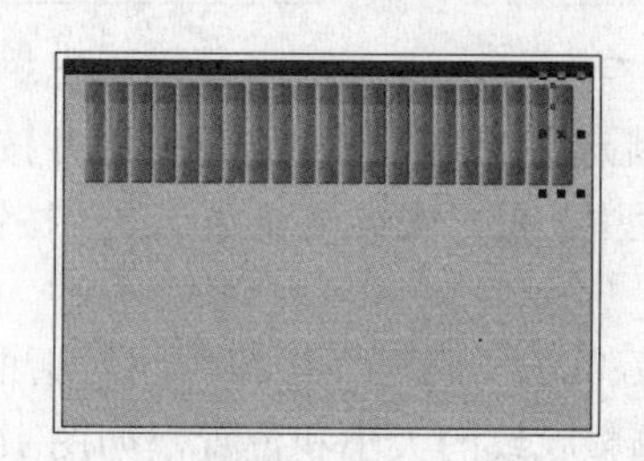

图 16-55　“变换”泊坞窗　　　　图 16-56　复制图形

09 使用“椭圆形”和“贝塞尔”工具，在页面中绘制圆形和曲线，并分别为其设置填充色和轮廓色，如图 16-57 所示。

10 使用“挑选”工具将绘制的图形选中，配合按<Ctrl>键的同时，垂直移动图形到合适位置并单击鼠标右键，然后依次释放鼠标左键和<Ctrl>键，垂直移动并复制图形，如图 16-58 所示。完毕后，框选绘制的圆形和曲线图形，并按<Ctrl+G>键进行群组。

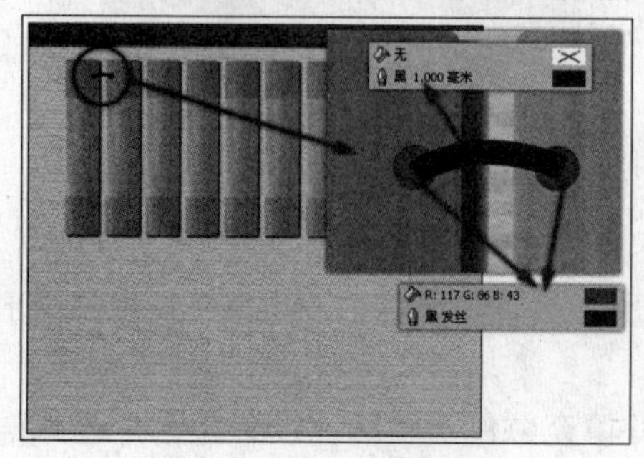

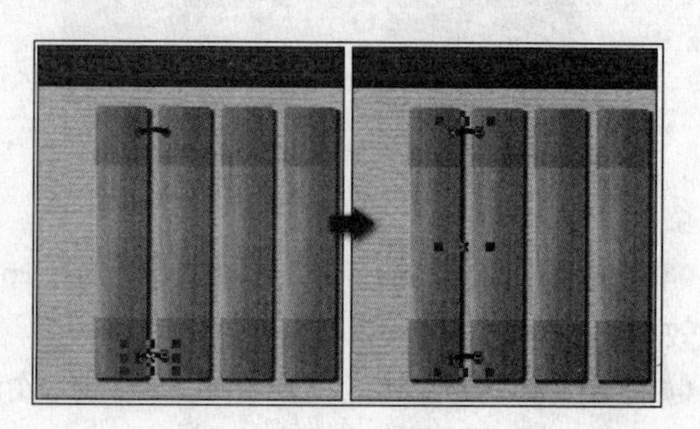

图 16-57　绘制图形　　　　图 16-58　移动并复制图形

11 参照上一步骤中同样的操作方法，框选之前绘制的圆形和曲线图形，然后水平向右移动并复制图形，如图16-59所示。

12 保持复制图形的选择状态，通过按<Ctrl+D>键将选择的图形水平向右再制18个，完毕后调整再制图形的位置，如图16-60所示。

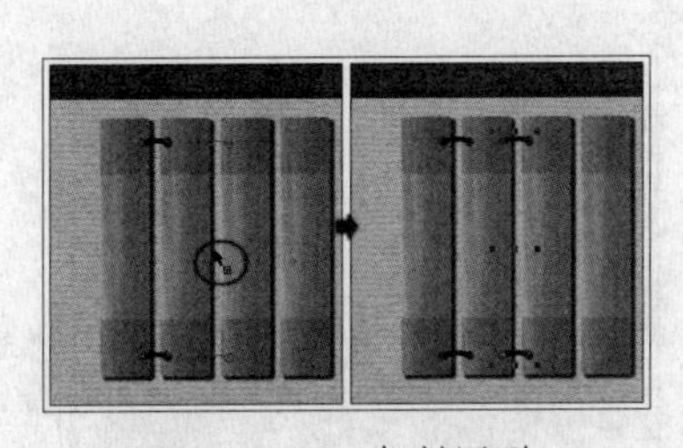

图16-59　复制图形

图16-60　再制图形并调整位置

13 使用“挑选”工具，在页面中框选刚复制的图形，执行“排列”→“对齐和分布”→“对齐和分布”命令，在打开的“对齐与分布”对话框中进行设置，完毕后依次单击“应用”和“关闭”按钮，将选择的图形水平分散排列间距，如图16-61所示。

14 使用“挑选”工具，在页面中选择图形，并按<Delete>键删除多余图形，如图16-62所示。

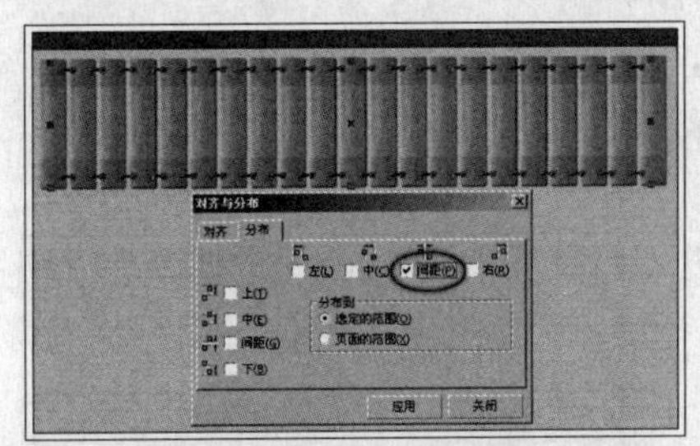

图16-61　水平分散排列间距

图16-62　删除图形

2.绘制网页主内容区域

01 使用“矩形”工具，在页面中绘制矩形并为其填充渐变色。使用“交互式封套”工具，为其添加封套效果，如图16-63所示。

02 参照上一步骤中同样的操作方法，在页面中绘制白色矩形并添加封套效果，如图16-64所示。

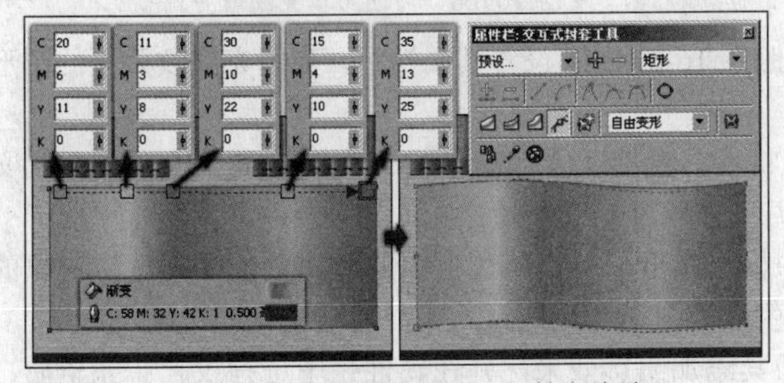

图16-63　绘制图形并添加封套效果

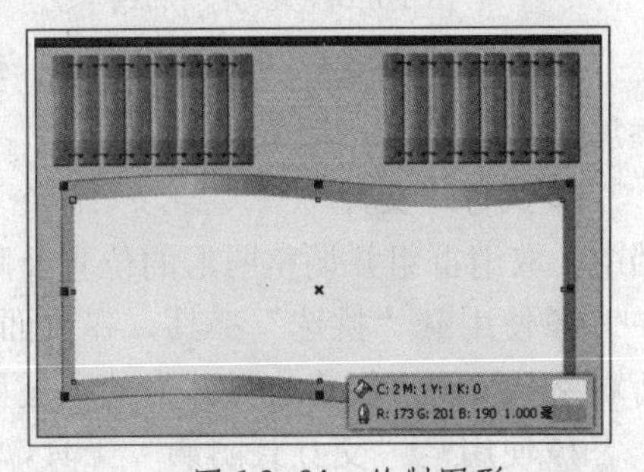

图16-64　绘制图形

03 使用“矩形”工具，绘制矩形并按<Ctrl+Q>键，将其转换为曲线。完毕后使用“形状”工具调整矩形形状并填充渐变色。参照同样的操作方法，再制作出另一侧图形。如图 16-65 所示。

04 使用“挑选”工具，参照图 16-66 所示框选图形并按小键盘上的<+>键将其原位置再制，单击属性栏中的“焊接”按钮，将选择的图形焊接。完毕后按<Shift+PageUp>键，调整图形的顺序到最顶层。

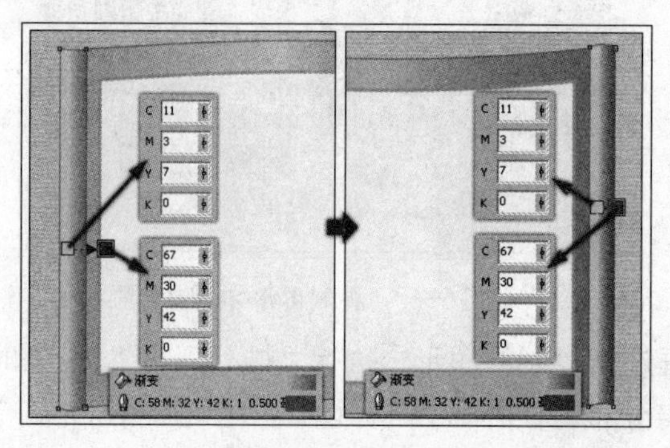

图 16-65 绘制图形

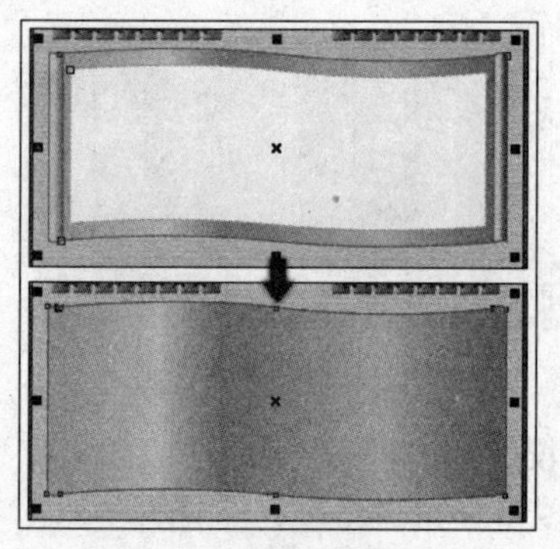

图 16-66 再制并焊接图形

05 保持该图形的选择状态。单击填充展开工具栏中的“底纹填充对话框”按钮，在打开的“底纹填充”对话框中进行设置，如图 16-67 所示。

06 设置完毕后单击“确定”按钮关闭对话框，为图形填充底纹效果。使用“交互式填充”工具，调整底纹的大小和位置，如图 16-68 所示。

图 16-67 设置“底纹填充”对话框

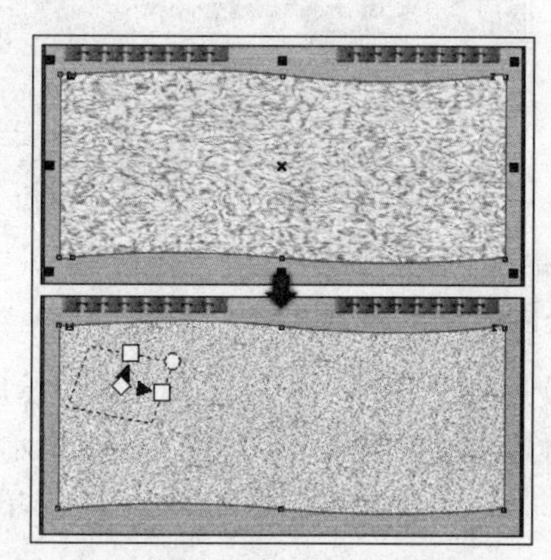

图 16-68 为图形填充纹理并调整

07 选择“交互式透明”工具，参照图 16-69 所示设置其属性栏，为填充底纹效果的图形添加透明效果。

08 执行“文件”←“导入”命令，将本书附带光盘\Chapter-16\“卷轴.cdr”文件导入到文档中，取消群组并调整图形的位置及顺序，如图 16-70 所示。

09 使用“挑选”工具，在页面中框选图形，单击属性栏中的“创建围绕选定对象的新对象”按钮，创建边界并为其填充黑色，如图 16-71 所示。

10 使用“交互式阴影”工具，为其添加阴影效果，并在属性栏中进行设置。完毕后，通过按<Ctrl+PageDown>键调整该图形的顺序，如图 16-72 所示。

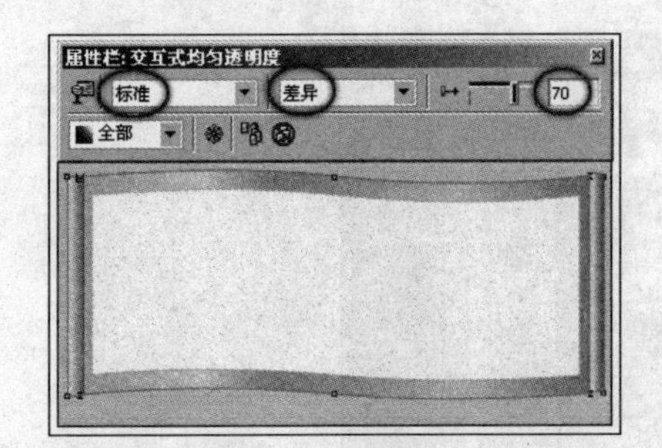

图 16-69 为图形添加透明效果

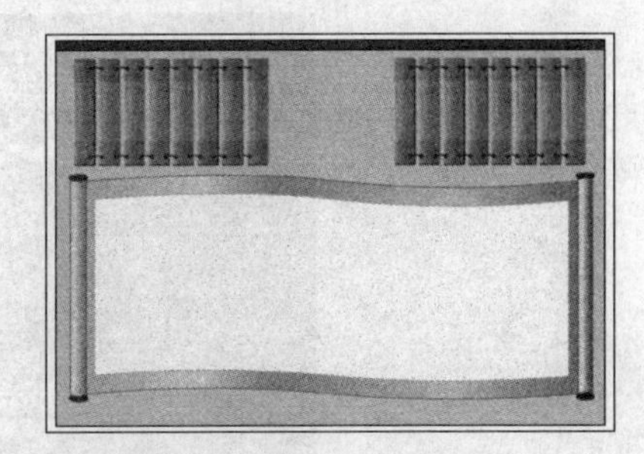

图 16-70 导入光盘文件

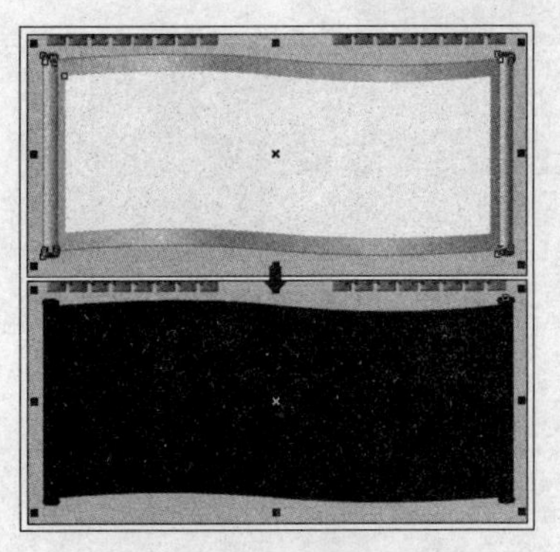

图 16-71 创建新边界

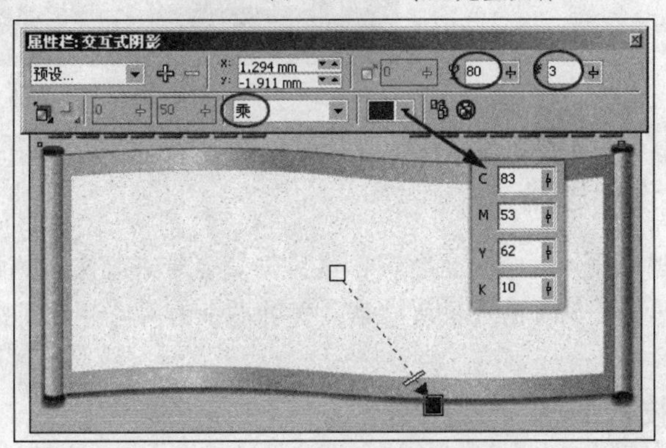

图 16-72 为图形添加阴影效果

11 执行“文件”→“导入”命令，将本书附带光盘\Chapter-16\“标志及信息内容.cdr”文件导入到文档的相应位置，如图 16-73 所示。

12 最后在页面中添加相关文字信息，完成本实例的制作，效果如图 16-74 所示。在制作过程中遇到问题，可以打开本书附带光盘\Chapter-16\“卓越素材网页设计.cdr”文件进行查看。

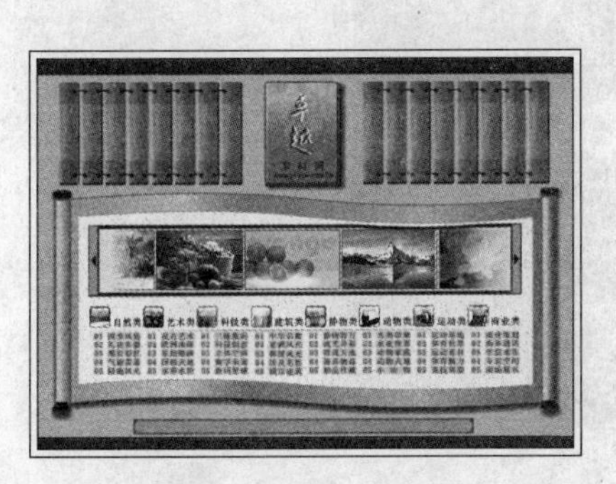

图 16-73 导入光盘文件

图 16-74 完成效果

实例 4 摄影网页设计

每个网页的气质都因其不同的内容特点而与众不同，本小节将学习制作一个摄影艺术网站。图 16-75 展示了本实例的完成效果。

图 16-75　完成效果

设计思路

该网页以红色为主色调，在给浏览者带来喜庆、热情、蓬勃向上的视觉感受的同时，也使浏览者被整个网页的气氛所感染，吸引更多的网民驻足浏览。

技术剖析

该实例分为两部分制作完成。第一部分绘制网页背景；第二部分绘制网页框架及内容。在第一部分中主要使用了“矩形”工具和“交互式填充”工具，绘制出金属边框的效果，使用“交互式调和”工具，对图形添加调和效果制作出条纹纹理。在第二部分中主要使用了“交互式透明”工具，通过对图形添加透明效果制作出各个面的高光图形。图 16-76 展示了本实例的制作流程。

图 16-76　制作流程

制作步骤

1.绘制网页背景

01 启动 CorelDRAW X3，执行“文件”→“打开”命令，打开本书附带光盘\Chapter-16\“摄影网页背景.cdr”文件，如图 16-77 所示。

02 使用“矩形”工具，参照图 16-78 所示在背景上方绘制矩形，使用“交互式填充”

工具，为矩形填充线性渐变色，轮廓色设置为无。

图 16-77 打开背景文件

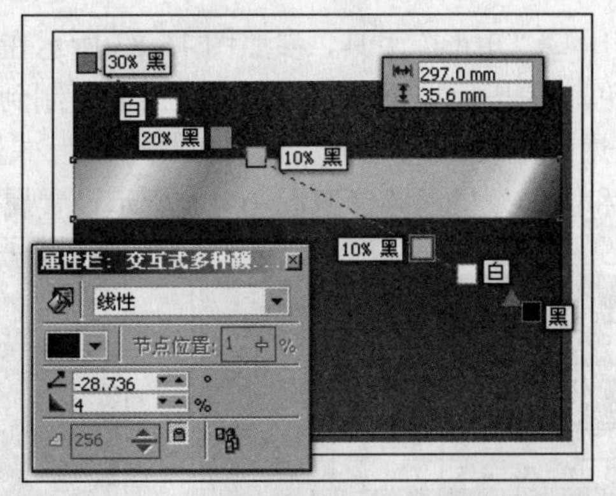

图 16-78 绘制矩形并填充渐变

03使用“挑选”工具，选择填充渐变色的矩形，按小键盘上的<+>键将其原位再制，并在属性栏中调整其大小。选择“交互式填充”工具，调整其渐变颜色，如图 16-79 所示。

04使用“矩形”工具，参照图 16-80 所示绘制矩形并填充颜色，轮廓色设置为无。接着在属性栏中设置其“旋转角度”值，将矩形旋转。

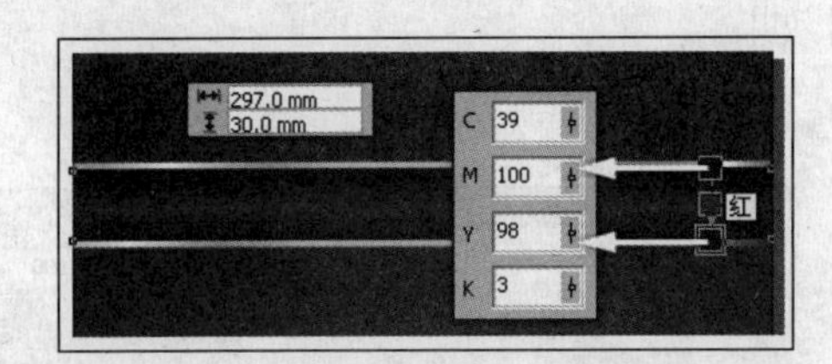

图 16-79 再制矩形并调整

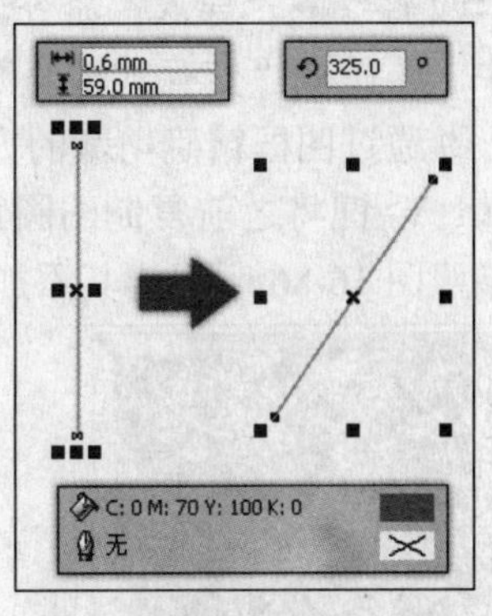

图 16-80 绘制矩形

05将矩形再制一个，并调整位置。使用“交互式调和”工具，为这两个矩形添加调和效果，并参照图 16-81 所示设置属性栏参数，对效果进行调整。

06保持调和对象的选择状态，执行“效果”→“图框精确剪裁”→“放置在容器中”命令，当光标变成黑色箭头时，在图 16-82 所示位置单击，将调和对象放置到指定的矩形中。

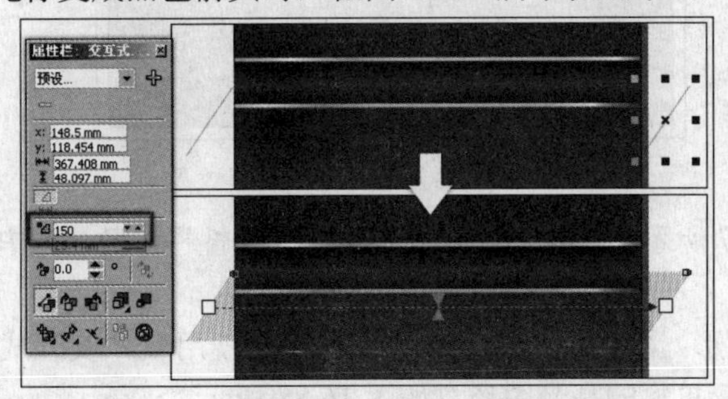

图 16-81 添加调和效果

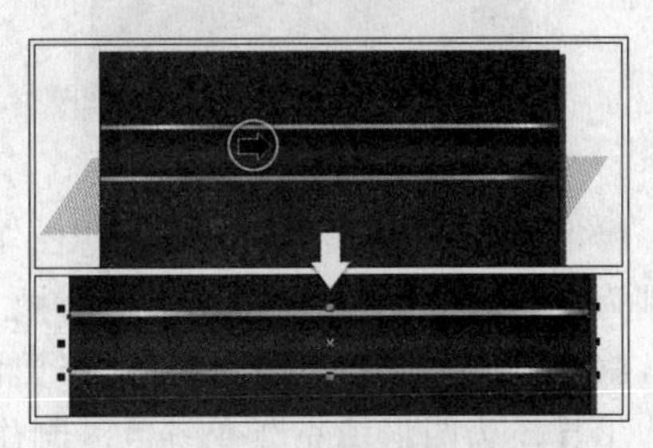

图 16-82 精确剪裁图形

2.绘制网页框架及内容

01 使用"矩形"工具，参照图 16-83 所示在页面绘制圆角矩形并填充为橘红色，轮廓色设置为白色。完毕后按下<Ctrl+C>将该矩形复制到剪贴板上，以备接下来的操作使用。

02 使用"交互式透明"工具和"交互式阴影"工具，依次为橘红色的圆角矩形添加透明效果和阴影效果，并参照图 16-84 所示设置属性栏参数。

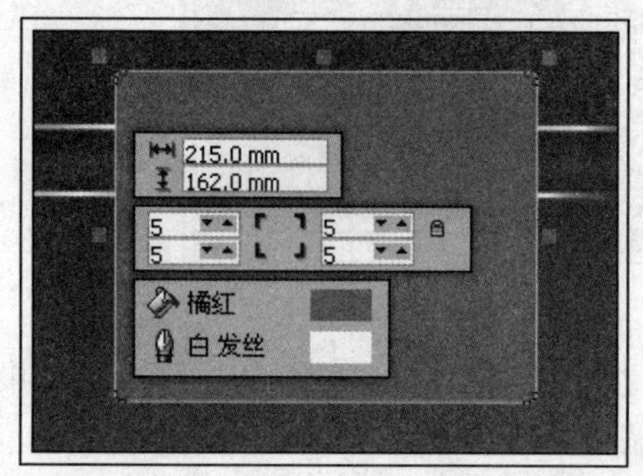

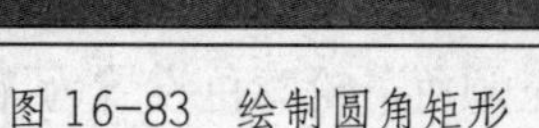

图 16-83　绘制圆角矩形

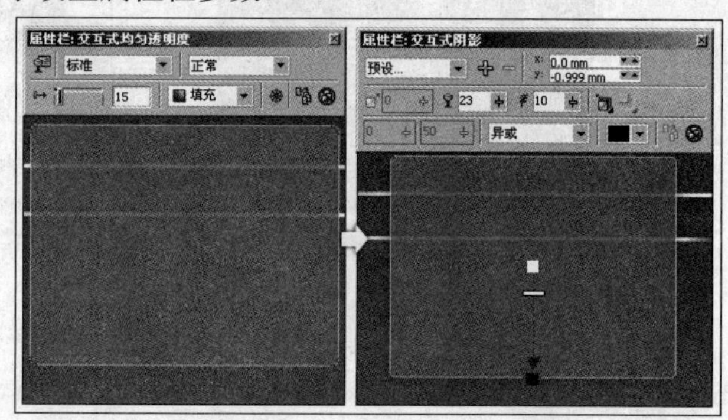

图 16-84　为图形添加透明和阴影效果

03 执行"文件"→"导入"命令，将本书附带光盘\Chapter-16\"摄影网页纹理.jpg"文件导入到文档中。选择"交互式透明"工具，参照图 16-85 所示设置其属性栏，为纹理图像添加透明效果，并通过图框精确剪裁的方法，将纹理图像放置在下面的圆角矩形中。

04 按<Ctrl+V>键将之前复制的圆角矩形粘贴，设置其填充色为白色，使用"交互式透明"工具，参照图 16-86 所示为其添加透明效果。

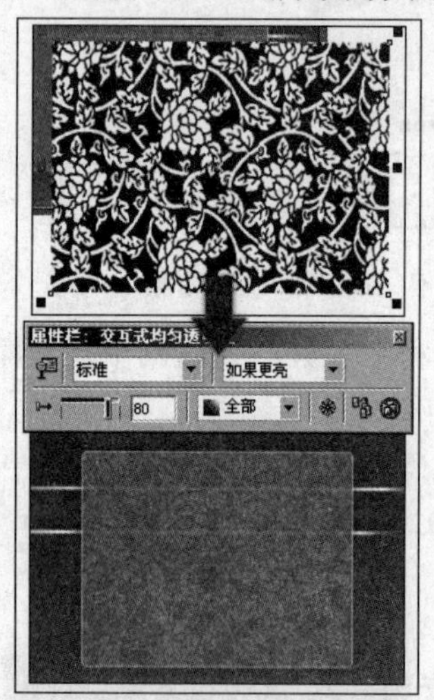

图 16-85　导入纹理图像

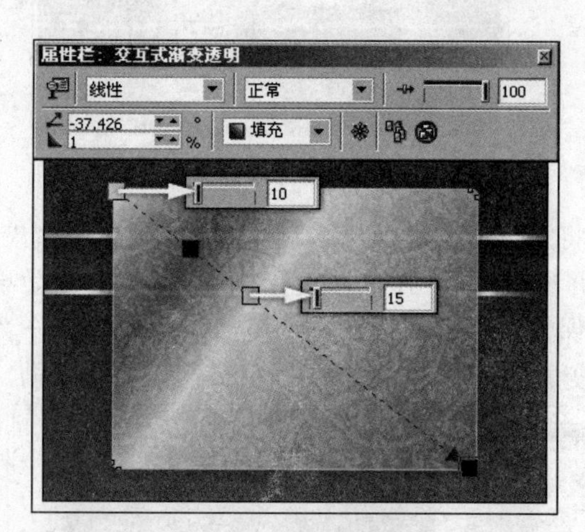

图 16-86　粘贴矩形并添加透明效果

05 使用"矩形"工具，参照图 16-87 所示绘制矩形，并分别设置其属性栏参数。完毕后分别为图形填充颜色并设置轮廓属性。

06 使用"挑选"工具，选择黑色矩形，将其原位再制并调整大小。使用"交互式填充"工具，为图形填充渐变颜色，制作出菜单栏的高光图形，如图 16-88 所示。

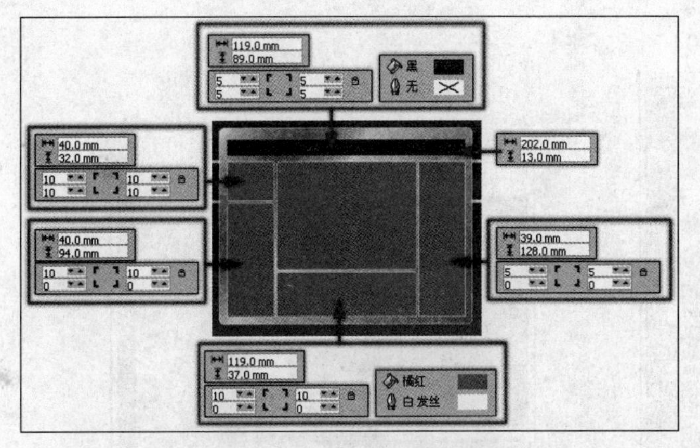

图 16-87 绘制图形并填充颜色

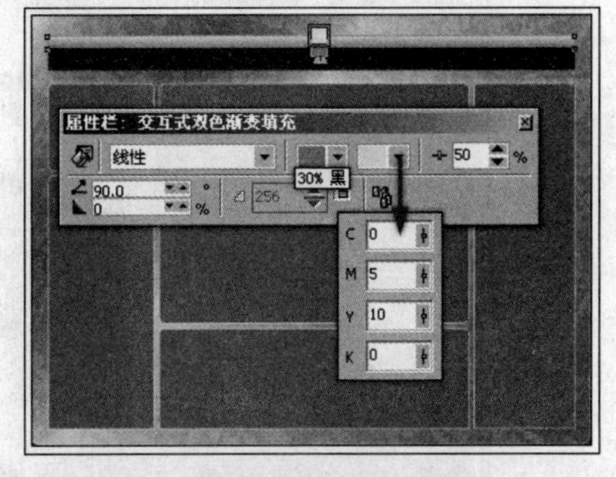

图 16-88 再制矩形并调整

07 选择“图纸”工具，参照图 16-89 所示设置属性栏参数。沿着黑色矩形边缘拖动鼠标绘制网格对象，并设置该对象的轮廓色和轮廓宽度。

08 使用“矩形”工具，参照图 16-90 所示绘制矩形，为其设置填充色和轮廓色。参照之前的操作方法，再制作出按钮图形的高光效果。

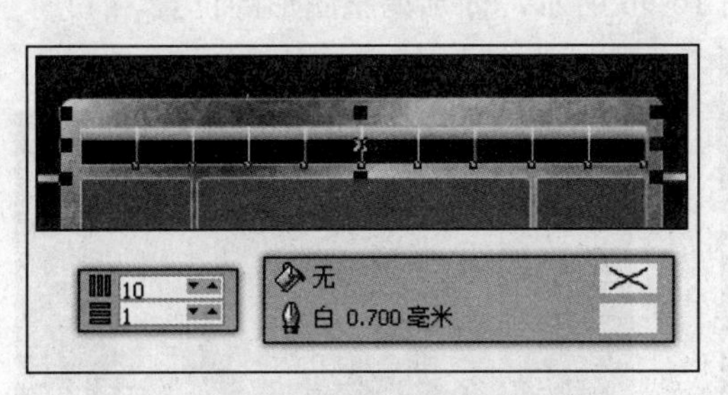

图 16-89 绘制网格图形

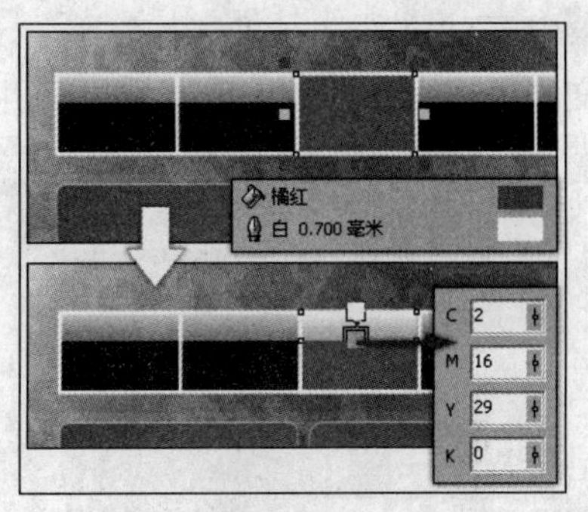

图 16-90 绘制橘红色按钮

09 使用“矩形”工具，参照图 16-91 所示绘制圆角矩形，将其填充白色，轮廓色设置为无。按<Ctrl+Q>键将其转换为曲线，使用“形状”工具，调整曲线图形的形状。完毕后使用“交互式透明”工具为其添加透明效果。

10 参照上一步骤中同样的操作方法，再绘制出其他高光图形，如图 16-92 所示。

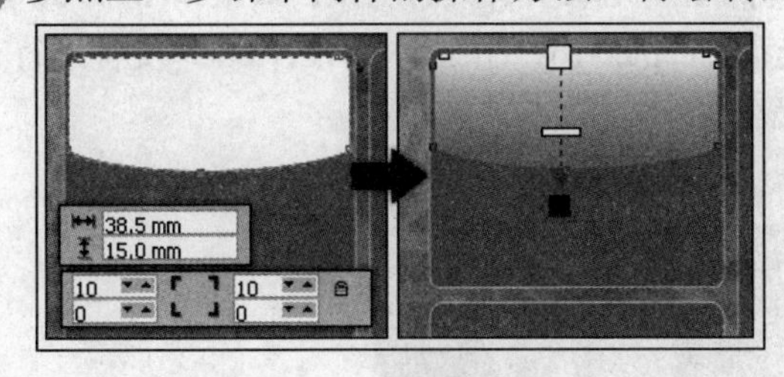

图 16-91 绘制高光图形

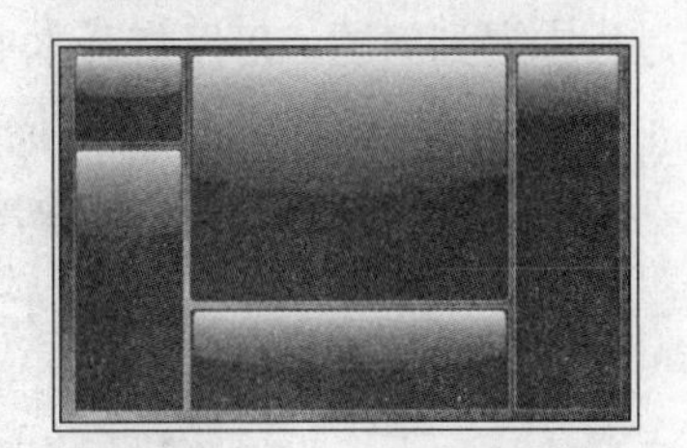

图 16-92 绘制高光图形

11 使用“矩形”工具，在页面中绘制白色矩形。执行“窗口”→“泊坞窗”→“斜角”命令，打开“斜角”泊坞窗，参照图 16-93 所示设置该泊坞窗，并单击“应用”按钮，为矩形添加斜角效果。

12 保持该图形的选择状态，将其再制并调整位置。接着参照同样的操作方法，在页面右侧

再绘制一个较大的斜角图形，如图 16-94 所示。

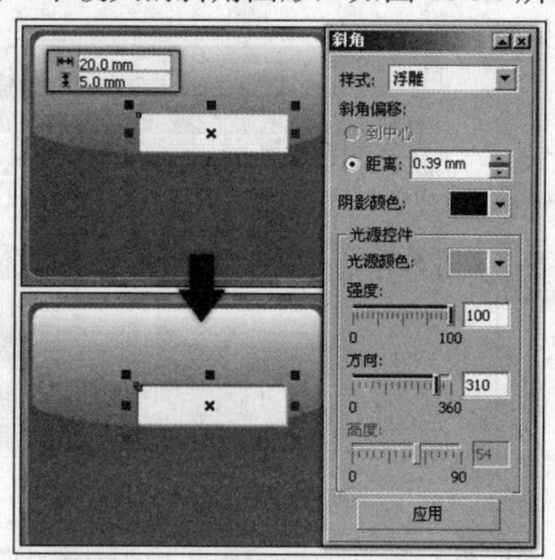

图 16-93 绘制矩形并添加斜角效果

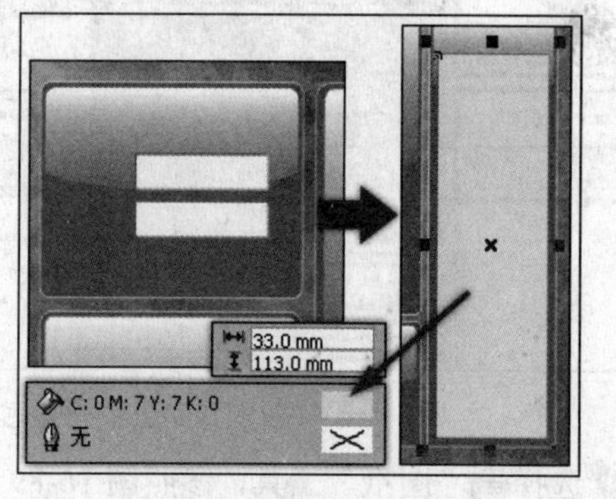

图 16-94 绘制斜角图形

13 使用“矩形”工具，参照图 16-95 所示，在页面中绘制两个矩形并分别填充渐变颜色，轮廓色设置为无。

14 执行“文件”→“导入”命令，将本书附带光盘\Chapter-16\“摄影网页装饰.cdr”文件导入文档，按<Ctrl+U>键取消群组，并参照图 16-96 所示，分别调整图形的位置。

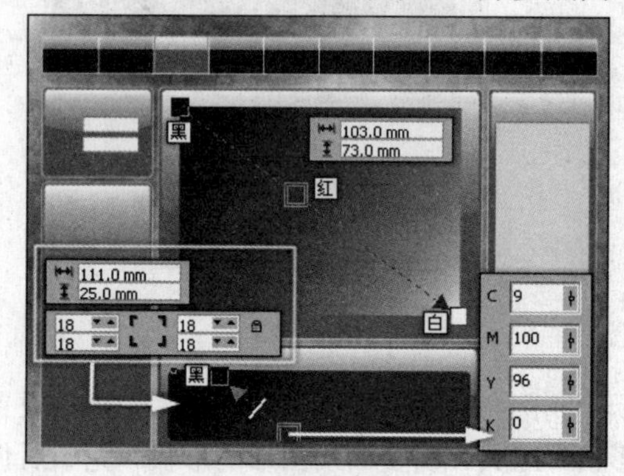

图 16-95 绘制矩形并填充渐变

图 16-96 导入光盘文件

15 最后在页面添加相关的文字信息和装饰图形，完成本实例的制作，效果如图 16-97 所示。在制作过程中遇到问题，可以打开本书附带光盘\Chapter-16\“摄影网页设计.cdr”文件进行查看。

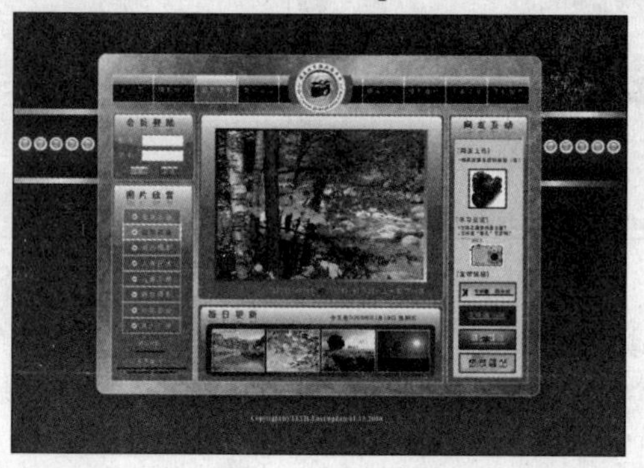

图 16-97 完成效果